Water Distribution Systems Handbook

배·급수 시스템 핸드북

K water

박한영·배상식
김진근·이근영
신언호·박영오
전화성·이 경
노선민 공역

McGraw Hill Education

홍릉과학출판사

The McGraw-Hill companies

Water Distribution Systems Handbook

1 2 3 4 5 6 7 8 9 10 HR 20 10

Original : Water Distribution Systems Handbook
By LARRY W. MAYS
ISBN 978-0-07-134213-1

This book is exclusively distributed in Hongrung Publishing Company.

When ordering this title, please use ISBN 978-89-7283-943-9

Printed in Korea

머리말

배 · 급수시스템은 정수장에서 정수처리된 물을 소비자에게 공급하기 위해 배관, 밸브, 물탱크, 펌프, 유량계 등의 다양하고 복잡한 기반설비로 구성된 유기적인 시스템으로서 이 시스템을 설계, 운영하기 위해서는 고도의 지식과 많은 know-how가 필요하다. 최근에는 수질에 대한 소비자의 기대수준이 상승되어 관망에서의 수질해석이 요구되고, 관로의 수명을 연장하기 위한 부식방지설비가 추가되고, 운영자들이 시스템운영을 효율화하기 위한 감시제어시스템인 SCADA가 도입되면서 한층 복잡해졌다. 선진국에서는 약 10년 전부터 시도되었고, 녹색성장을 추구하는 정부의 방침에 따라 K-water에서 "소비자의 요구조건을 만족시키면서 수송에너지 최소화를 위한 최적화기법"을 도입 · 개발하면서, 그리고 환경부 주관으로 시행되고 있는 지방상수도 통합운영 정책에 따라 배 · 급수시스템은 그야말로 기술의 종합체라 불러도 과언이 아닐 정도로 발전하고 있다.

그러나 배 · 급수시스템을 최적화하기 위해서는 배관, 밸브, 펌프, 유량계, 전기방식, SCADA 시스템 등에 대한 해박한 지식은 물론 수질모의, 정상유동해석, 부정류해석, 수요예측, 최적화기법 등 다양한 학문 분야를 충분히 숙지하여야 한다. 그러나 국내 이러한 기술도서들이 발간된 바가 없어 저자는 2002년부터 『펌프핸드북』, 『그림으로 푸는 수충격해석』, 『전산기로 푸는 수충격해석 입문』, 『전산기로 푸는 수충격해석 완성』, 『밸브핸드북』, 『상하수도 관망해석 · 설계』, 『펌프장설계』, 『Pipe 2010을 이용한 관망해석 · 설계』, 『정수설비핸드북』, 『배관핸드북』, 『전산유체따라잡기』 총 11권을 집필하였으며, 이제 관망운영에 필요한 전반적인 기술들을 소개하는 『배 · 급수시스템핸드북』을 발간하게 되었다.

본서는 미국 수도협회인 AWWA에서 발간한 『Water Distribution System Handbook』을 기초로 하였지만 관망운영에 필요한 SCADA, 유량계, 내부부식 및 외부부식 내용들을 추가하여 완벽성을 기하였다.

GNP 2만 달러를 막 진입한 현 시점에서 본서가 한국 국민 총 생산규모에 부합되도록 관련 기술자들의 기술력을 향상시키고 더 나아가 우리나라 물산업의 고부가가치 창출을 위한 밑거름이 되기를 기대하며 본서가 발간되기까지 도와주신 수공 선후배님, 직장동료 및 홍릉과학출판사 관계자들, 그리고 특히 최종 마무리를 도와주신 박진훈, 강청진, 이경, 정성욱, 유정호, 노선민, 차인호, 박태영, 임성호, 반재혁, 박홍성, 임한식, 심성현, 이영재, 조해진 팀원들께 감사드립니다.

끝으로 외고에 다니면서 마음고생이 큰 사랑하는 딸 정연이가 내년에는 원하는 대학에 진학하길 기도하고, 이제 중3이 되는 듬직한 정민이가 더욱 노력하는 모습을 보여주길 기대하고, 아이들 뒷바라지에 불철주야 고민하는 사랑하는 그리고 인생의 반려자인 진희수에게 고마운 마음을 이 한 권의 책에 담아 보냅니다.

2011년 2월 저자 박한영 씀

차 례

제5장 펌프 시스템 설계

제6장 관로시스템 부정류 설계

제7장 배 · 급수시스템 최적설계

제8장 수질측면에서 배수관망의 건설 및 운영

제9장 수질

제10장 배 · 급수시스템의 저류탱크 설계

제11장 저류시설에서의 수질관리

제12장 유량계

제13장 수질모델링－사례연구

제14장 관망 모델링의 구축 및 캘리브레이션

제19장 원격감시제어(SCADA)시스템

제20장 전기방식(Cathodic Protection)

제21장 내부부식(Internal Corrosion)

CHAPTER 1

소개

역자: 박한영, 신언호, 이근영

1.1 배경

안전한 음용수는 건강한 삶의 기본이다. 1981년부터 1990년까지 10년간 유엔의 목표는 음용수공급 및 위생이였다. 유엔은 인류에게 음용수와 위생 서비스를 제공하기 위해 많은 노력을 기울여 왔으나 불행하게도 개발도상국에서의 인구 증가로 이와 같은 목표달성이 불가능하게 되었다. 시작점인 1980년대에도 그랬듯이 오늘날에도 많은 사람들이 이러한 서비스를 필요로 한다(Gleick, 1993). 표 1.1은 개발도상국의 도시와 시외에서 필요한 물 공급량과 하수처리량을 보여준다. 이 표의 수치는 지구 인구의 4/5 그리고 개발도상국 인구의 약 100%를 포함하고 있으며, 상세한 내용은 Gleick(1998)을 참조하기로 한다.

사회적 요구와 산업 성장에 필요한 안전한 음용수의 중요성 때문에 최근에 사회기반시설이 상당히 강조되고 있으며, 관련 시스템을 보다 높은 수준의 서비스로 끌어올리고 산업에 활력을 불어 넣기 위해 그리고 세계경제에서 경쟁력을 갖추기 위해서는 대규모 자본 투자가 필요하다. 산업성장에 대한 가장 중요한 서비스 중 하나는 충분한 상수도시스템이며 물 공급이 없는 산업은 생존할 수 없다.

도시화가 오래된 지역에서의 상수도시스템 노후화와 미국 남서부와 같이 도시화가 급속하게 진행되는 많은 지역에서는 충분한 상수도시스템이 부족한 실정이다. 다시 말해 국가차원의 상수도시스템 계획시에는 기존 도시 급수시스템의 개량뿐만 아니라 미래 인구 증가

표 1.1 ▌ 개발도상국의 상수 및 하수 현황

비 고	서비스 받지 못하는 인구 1990년(10^6)	예상되는 인구 증가 1990~2000(10^6)	2000년까지 서비스가 필요한 전체 추가 인구(10^6)
상수			
도시	243	570	813
시골	989	312	1301
전체	1232	882	2114
하수			
도시	377	570	947
시골	1364	312	1676
전체	1741	882	2623

에 대비한 새로운 상수도시스템의 개발을 고려해야 한다. 미래와 현존하는 상수도시스템의 효용성, 비용-효과성, 그리고 산업성장을 위해 필요한 시설들을 개선하기 위해서는 기존 기술들의 채택과 새로운 혁신적인 기술 개발 모두가 필요하다.

미국 환경보호청(EPA; Environmental Protection Agency)의 상수도프로젝트 조사결과 상수도시스템 중 급수시설들이 미래의 유지관리 예산중 가장 큰 비용 항목이 될 것이라는 결론에 도달하였다(Clark et al., 1982). 많은 지역에서 노화에 따른 시스템성능 저하는 유지관리 의사결정시 상당한 문제를 발생시키고 있으며 기존 시스템 확장시에는 더욱 복잡할 수 있다. 많은 지역에서 급수시스템 성능을 저하시키는 주된 요인은 누수이며, 이는 소중한 자산의 손실뿐만 아니라 균열이 발생된 배관에서의 오염 가능성 때문에 안전한 음용수 공급에 문제를 발생시킨다.

현재 노화화로 인해 시스템의 신뢰도는 지속적으로 저하된다(Mays, 1989). 최근에 들어 지자체는 관로의 성능이 저하되었을 때 개량하려 하고, 재해가 발생할 때 또는 누수의 손실이 보수비용 보다 클 때만 필요한 시스템 요소들의 유지관리 및 대체를 연기한다. 따라서 많은 도시에서 물 메인관 파손이 광범위하게 발생한다.

이제 정부의 규정과 수용가 중심의 주된 관심은 급수시스템 내 용해된 물질의 이동과 소멸이다. 1974년 미국 Safe Drinking Water Act의 통과와 1986년 개정안(SDWAA)에 따라 미국 내 물의 처리 및 공급방법이 변경되었고, 따라서 EPA는 인체 건강에 악영향을 줄 수 있는 각 오염물에 대한 최대 오염수준(MCL; maximum contaminant level)을 확립할 필요가 있었다. 이러한 오염수준들은 인체 건강에 악영향을 미칠 수 있는 예상되는 수치를 설정하는 것이다. 선행규정은 급수시스템 내에서 발생하는 수질변화를 무시하고 안전의 여유를 고려하여 급수시스템에 유입되기 전인 정수장을 떠나는 물에 집중되었다(Clark, 1987).

우리가 어디에 있고 그리고 어디로 갈 것인지 보다 잘 이해하기 위해서는 우리가 어디에 있었는지를 고찰하는 것이 때로는 현명하다. 이는 물 관리의 역사를 이해하면 현재와 미래 문제들 중 일부를 해결하는 데 필요한 실마리를 얻을 수 있다. 다음 절에서는 급수시스템의 역사에 대해 집중 토론하기로 한다.

1.2 수도시설의 역사

1.2.1 고대 도시의 상수도시스템

인류는 사냥꾼으로서 그리고 식량 채집인으로서 역사의 대부분을 소비하였다. 오직 9,000~10,000년 전부터 인류는 곡식재배 및 가축사육 방법을 알게 되었다. 현재 이라크와 시리아의 북쪽 언덕에서 최초로 이 농업혁명이 시작된 것으로 추정된다. 농업혁명은 이곳

표 1.2 ▌ 물 지식의 연대기

선사 시대	Spring
B.C 3~2천년	천연 저수지(Cisterns)
B.C 3천년	댐
B.C 3천년	우물
? 아마도 초기년도	배설물을 비료로 재이용
B.C 2천년	중력유동 공급, 배관 또는 수로 및 배수로, 압력 배관
B.C 800~600	마제형 터널 및 교량을 갖춘 장거리 송·배수 라인
최소한 B.C 600	욕조 또는 샤워기, 족욕, 세면대, 화장실, 세탁시설로 구성된 공공 및 개인 욕실 시설
최소한 B.C 600	아마도 하수와 조합된 우수를 사용한 관개를 포함한 음용수, 준음용수, 그리고 비음용수 2개 또는 3개의 수질 사용
B.C 600~300	압력배관 및 사이폰 시스템

출처 : Crouch(1993)
* : 발견된, 아마도 잊혀진, 그리고 후에 재발견된 요소
? 지식에 기초한 추정

으로부터 나일강과 인더스강 유역으로 퍼져나갔다. 이 농업혁명 동안 인간은 유목생활에서 정착생활을 시작하였다. 대략 6,000~7,000년 전에 중동의 농업마을이 도시화되었다. 최초의 성공적인 물의 유동 제어에 대한 노력은 메소포타미아와 이집트에서 수행되었다. 이러한 선사시대 관개수로의 잔재는 아직도 존재한다. Crouch(1993)가 작성한 표 1.2는 물 지식의 연대기를 제공한다. Crouch(1993)는 전통적인 물 지식은 지질학적 관측 및 기상학적 관측, 사회적 공감대, 특히 고대 그리스인들 사이 관리 조직체에 의존한다고 지적하였다.

이라클리온(Herakleion)으로부터 약 5km 떨어진 최근 크레타(Crete)의 수도인 크노소스(Knossos)는 에게해(Aegean Sea)와 유럽에서 가장 오래된 고대도시이면서 독특한 도시였다. BC6000 직후 최초로 사람이 크노소스에 거주하였고, 크노소스는 신석기(Neolithic Age, ca. 5700~28B.C) 3000년 동안 에게(Aegean)에서 가장 큰 정착지가 되었다. 청동기 시대(ca. 2800~1100B.C) 동안 미노아(Minoan) 문명이 발달하였으며, 이 문명은 Aegean world의 첫 번째 그리스 문명의 기적으로서 절정에 도달하였다. 크노소스는 Neopalatial 기간(1700~1400B.C) 동안 절정기를 이루었으며 수만명의 인구가 75,000~125,000m^2 지역에 거주한 것으로 추정되었다. 크노소스에서 상수도시스템은 매우 흥미롭다. Knunavoi 및 Archanges 지역으로부터 원통형 수로를 통해 물을 공급하였고 이 수로로부터 분지관을 사용하여 도시와 궁전에 물을 공급하였다. 그림 1.1은 궁전 안으로 물을 공급하기 위해 사용한 압력수로의 형식을 보여준다. 불행하게도 약 B.C 1450년경 지진과 화재가 발생하여 미케네(Mycenean) 궁전은 물론 크레타의 모든 궁전과 도시들이 파괴되었다.

그리스 아테네 아크로폴리스는 초기 정착의 중심이 되어왔다. 이 지역은 방어능력뿐만 아니라 물 확보가 용이하여 지배계층에게 적당한 위치로 자리 잡게 되었다. 암석 채취, 자연적으로 발생하는 물, 그리고 빗물을 저장할 수 있는 지리적 조건은 천연 저수지(cisterns),

그림 1.1

우물(well), 그리고 샘(spring)을 포함한 다양한 수원확보를 가능케 하였다. 그림 1.2는 아크로폴리스 현장에서 원시적인 수갱(shaft)을 보여준다.

소아시아라고도 불리는 현재 터키공화국의 일부분인 아나톨리아(Anatolia)는 최근 10,000년 동안 많은 문명의 교차로가 되어왔다. 이 지역에서는 Hittite 시대까지 거슬러 올라간 배관, 수로, 터널, 역사이폰, 수로, 저수지, 우물, 댐을 포함한 고대 상수도시스템의 많은 잔재들이 존재한다.

그림 1.2

그림 1.3

터키의 아나톨리아(Anatolia) 내에 위치한 에베소(Ephesus)는 잘 발달된 상수도시스템을 가진 고대 도시의 한 예이고, 이 도시는 아르테미스(Artemis) 신전을 둘러싼 이오니아(Ionian, 그리스 민족의 한 분파) 도시로서 B.C 10세기까지 발견되었다. B.C 6세기까지 에베소 도시는 현재 위치에 재확립되었고 로마시대 동안 더욱 발전하였다. 물을 확보하기 위해 A.D 414까지 건설된 거대한 샘의 물은 Marnss에 위치한 작은 댐으로 전환되었고 하나의 큰 점토배관과 두 개의 작은 점토 배관으로 구성된 6km 관로시스템을 이용하여 도시로 운송되었다. 그림 1.3은 에베소에서 송·배수 목적으로 사용한 점토배관의 종류들을 보여준다.

에베소 내에 위치한 하나의 객실과 중앙난방을 갖는 Skolaccetica 욕실들과 같이 고대 도시의 욕실들은 독특하였다. 이 욕실들은 고온욕실(caldarium), 미온욕실(tepidarium), 냉수욕실(frigidarium), 그리고 탈의실(apodyterium)로 구성되었다. A.D 2세기에 건설된 이 욕실의 첫 번째 빌딩은 3층이었다. Skolacticia라 불리는 여인은 A.D 4세기에 욕실을 수정하였으며 이 욕실은 많은 사람들의 관심을 끌었다. 이 욕실에는 공동방들과 개인방들이 있었으며 원하는 사람들은 수일 동안 체류하였다. 커다란 보일러와 노를 사용하여 물을 가열하여 뜨거운 물을 공급하였다.

아나톨리아에 위치한 베르게(Perge)는 독특한 용수공급기반시설을 갖는 또 다른 고대 도시이다. 그림 1.4는 웅장한 수원(Nymphasion)을 보여주며 이 수원은 넓은 유역과 화려하게 장식된 건축물 외관으로 구성되었다. 이 수원의 건축양식과 보존상태 때문에 베르게의 가장 웅장한 건축물이었다. 그림 1.4에서 물은 수로의 중심부까지 도달하여 각 도로로 보내져서 도시에 삶을 부여하고 여름철에는 냉각효과도 제공하였다. 베르게의 욕실들은 웅장하며 아나톨리아 내 고대 도시들에서와 같이 3개의 별도 욕조(고온욕실, 미온욕실, 그리고 냉수욕실)들이 존재한다.

그림 1.4

초기 로마인들은 시간의 대부분을 선박 건조, 항구, 수로, 신전, 포럼, 시청, 원형경기장 욕실 그리고 하수와 같은 유용한 공공 시설물 프로젝트에 심혈을 기울였다. 초기 로마의 번영하는 중산층은 통상적으로 다수의 방으로 구성된 가옥을 소유하였으며 지붕에는 사각 구멍이 있어 빗물을 유입시켜 지붕 밑 수조에 저장하였다. 로마인들은 많은 수로를 건설하였지만 최초는 아니었다. Sennacherio 왕은 페니키아인과 그리스인들이 그러했듯이 수로를 건설하였다. 로마인들과 그리스인들은 그들의 분수와 욕실 그리고 정원을 위해 광대한 수로 시스템이 필요하였다. 또한 그들은 샘으로부터 이송된 물은 강물보다 건강에 유익하고 강물과 같이 도로 높이까지 물을 양수할 필요가 없다는 것을 깨달았다. 로마인들은 물의 유동에 필요한 구배를 확보하기 위해 수로를 높은 구조물에 건설하였다. 청동, 납, 나무, 타일, 그리고 콘크리트를 사용하는 배관 제작 지식은 초기 단계였고, 배관제작의 어려움이 장애물이었다. 대부분 로마 배관은 납으로 제작되었지만 납 배관으로 수송된 물이 건강에 해롭다는 사실을 로마인들은 인지하였다.

로마 도시의 전형적인 상수도시스템을 위한 수원은 샘(spring) 또는 우물이며 통상적으로 버켓 엘리베이터를 사용하여 물을 퍼 올린다. 만일 우물물이 깨끗하고 수량이 충분하면 수로에 의해 도시로 수송된다. 또한 여러 수원으로부터 저수지로 집수한 후 수로 또는 압력수로를 사용하여 배수지 또는 급수탱크로 물을 이송한다. 3개 배관을 사용하여 물을 이송하였으며 첫 번째 배관은 풀과 분수로, 두 번째 배관은 공중 욕실로, 그리고 세 번째 배관은 수로를 유지관리하기 위한 재정 목적으로 개인 주택(Rouse and Ince, 1957)에 물을 공급하였다. 그림 1.5는 고대 로마의 주 수로를 보여준다. 그림 1.6은 스페인 세고비아에 존재하는 로마형식의 수로를 보여주며, 이는 아마도 세계에서 가장 흥미로운 로마 유물 중 하나일 것이다. A.D 1세기 후반 또는 A.D 2세기 초기 년도 동안 건설된 이 수로의 최대 높이는 28.9m이다.

로마 수로 내 유동은 기본적으로 중력에 의한 것이다. 물은 폐쇄된 수로(specus 또는 rivus)를 통해 흐르며 이 수로는 수원으로부터 종착지 또는 배수탱크까지 전형적으로

그림 1.5

지하에 매설되었다. 지상수로는 상승된 제방 또는 아케이드 또는 교량 위에 설치되었다. 침전물과 이물질들을 제거하기 위해 수로에 따라 침전 탱크들을 설치하였다. 물을 추가로 공급하기 위해 수로에 따라 일부 위치에 보조 관로를 건설하였으며, 또한 보조 또는 분지 관로들을 사용하였다. 급수지점에서 타일 또는 납으로 제작된 배관을 통해 물이 배달되었다. 이 배관들은 이형관 또는 노즐을 사용하여 급수탱크에 연결되고 통상적으로 주 도로에 따라 지반 고도 아래에 위치한다. 로마제국에서 로마 도시 및 다른 도시에서의 상수도에 대한 상세한 추가 정보는 Evans(1994), Frontius(1973), Garbrecht(1982), Robbins (1946), 및 Van Deman(1934)을 참조하기로 한다.

Evans(1994)에 따르면 폼페이와 Nines에서 존재하는 배수탱크의 유물은 용도와 반대로 지형에 따라 탱크들이 물을 공급한 것을 보여준다. 주 도로에 따라 위치한 배수탱크로부터 공공 계류지와 개인 주택에 물을 공급하기 위해 분지된 배관을 사용하여 지정된 이웃들에 물을 수송하였다(Richardson, 1988).

그림 1.6

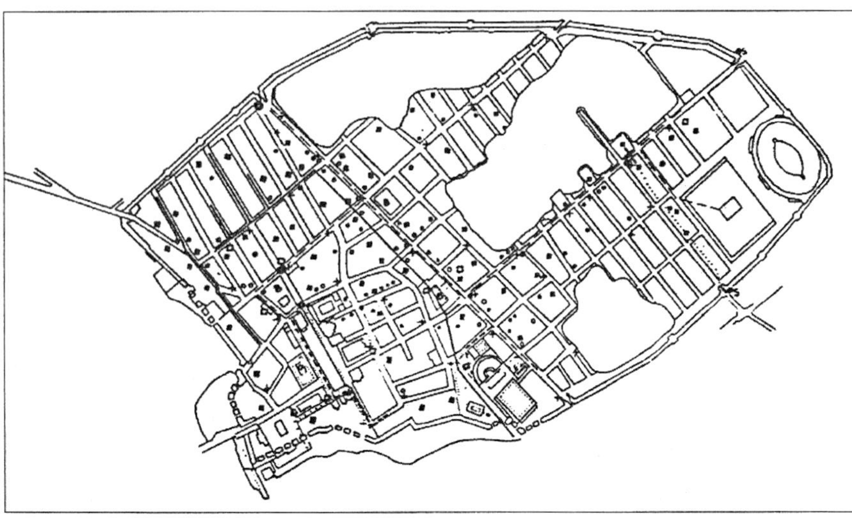

그림 1.7

폼페이의 그레코-로마 도시는 이태리 베수비오(Vesuvius) 산의 동남부 나폴리만에 위치해 있었다. 폼페이에 물을 공급하기 위한 송·배수시스템의 수원은 우물, 천연저수지 및 기타 저수지로 구성되며 장거리 상수도관로를 포함하였다(Crouch, 1993). Richardson(1988)에 따르면 폼페이의 도시 내에는 샘이 존재하지 않았다. 폼페이 안의 지하수면(water table)은 지표면으로부터 38m 아래에 위치하여 이 깊이까지 우물을 개발하였으며(Maiuri, 1931) 언덕으로부터 동쪽과 북동쪽까지 장거리 상수도관로를 이용하여 도시에 물을 공급하였다. 그림 1.7은 폼페이의 배·급수시스템(ca. 79 A.D)을 보여준다.

로마제국의 몰락은 암흑기(Dark Ages)라 불리는 1,000년 과도기간에 걸쳐 계속되었다. 이 기간 동안 수자원과 관련된 과학은 퇴보하였다. 로마제국 몰락 후 유럽에서 물 위생과 공중보건은 쇠퇴하였다. 이 기간 동안 역사는 오염된 물, 도로에는 인간과 동물의 배설물, 그리고 창문으로 행인들에게 물을 투척하는 등 믿을 수 없는 비위생적인 조건들에 대해 기술하고 있다. 동일한 기간 동안 유럽 주변 이슬람 문화권에서는 상당히 개발된 상수도시스템 및 충분한 위생시스템과 더불어 종교적으로 강요된 높은 개인위생 수준을 유지하였다.

1.2.2 19세기 배수시스템

J.T. Fanning의 "Practical Treatise on Hydraulic and Water Supply Engineering (1980)" 전문의 일부 내용을 다음과 같이 인용하였다.

생활용수 공급의 유익성과 풍부함에 관련된 주제 보다 더 흥미롭거나 또는 매력적인 일반 관심의 주제는 존재하지 않는다.

지방자치제에 밀집하여 거주하는 각 시민은 반드시 시민의 생리학적 인내 또는 시민의 재정적 능력 그리고 둘 모두에 관심이 있다. 인구밀도가 높은 도시에서는 반드시 이러한 시민의 인내 및 능력을 고려해야 한다.

1875년경 미국 연방 중 50개 도시는 9천5백만 달러보다 많은 총 비용으로 공공용수를 공급하였고, 250개 이하 도시 및 타운들은 5천5백만 달러보다 많은 총계 비용으로 공공용수를 공급하였다.

Fanning(1890)은 목관의 사용은 물론 보링(bored)된 배관 및 Wychoff 배관의 특허에 대해 다음과 같이 기술하였다.

보링된(bored) 배관. 약 75년전 런던에서 발생한 대화재에 의해 파괴된 납 배관을 대체하기 위해 사용된 목관들의 전체 길이는 4백 마일을 초과하였다. 독특한 코어 나사송곳을 사용하여 목관들을 보링하여 큰 목관으로부터 작은 목관들을 제작하였다.

미국에 설치된 최초 수도-메인관들은 주로 보링된 통나무이고, 오랜 도시에서 최근 굴착 도중 물 공급을 위해 개인 또는 일부 관련된 시민들이 수년전에 설치하였던 오래된 삼나무, 소나무, 또는 밤나무 배관들이 출토되었다.

동심 수도꼭지와 스피곳 말단부, 단조밴드로 강화된 수도꼭지 말단부를 갖는 보링된 소나무 통나무들이 1797년에 필라델피아에 설치되었다.

한 때는 디트로이트 도로에 한번에 130 마일의 작은 나무 배수배관이 설치되었다.

Wyckoff 특허 배관. 미시간 Bay City에서 제작된 이 특허 목관은 최근에 여러 서부 도시에 설치되어 왔고, 목관으로서의 강도가 매우 크다. 이 배관의 주된 특징은 압력과 수충격에 대한 저항력을 증가시키기 위해 띠쇠(hoop-iron)의 스파이럴 밴드, 배관 몸통 외부를 보호하기 위한 아스팔트 코팅, 그리고 씩움고리(thimble)-조인트를 갖는 특별한 형태로 제작되었다는 것이다.

그림 1.8~1.13은 Fanning(1890)이 제공한 다양한 송·배수 구성품의 일부를 보여준다.

그림 1.8

그림 1.9

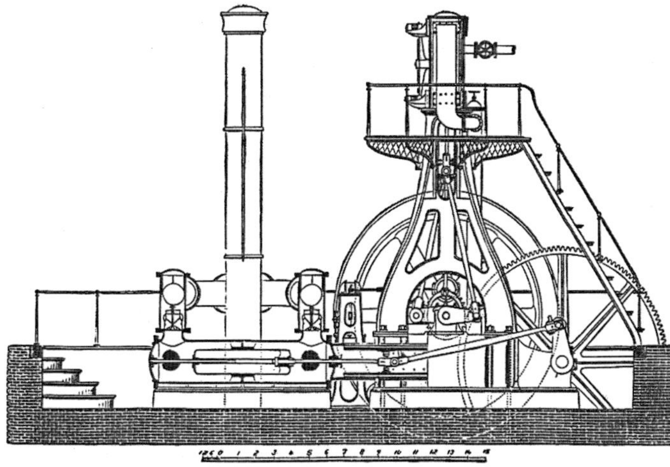

FRONT ELEVATION—Sectional through Centre of Pump.
NAGLE'S GEARED PUMPING ENGINE.

그림 1.10

A FLOWERS STOP-VALVE.—(Flowers Brothers, Detroit.)

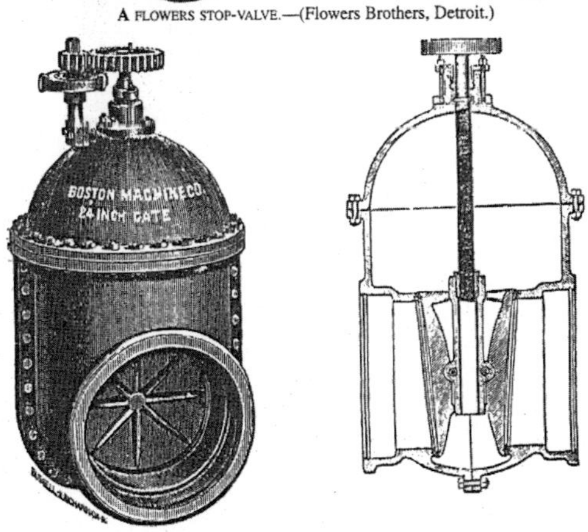

B COFFIN'S STOP-VALVE.—(Boston Machine Co., Boston.)

그림 1.11

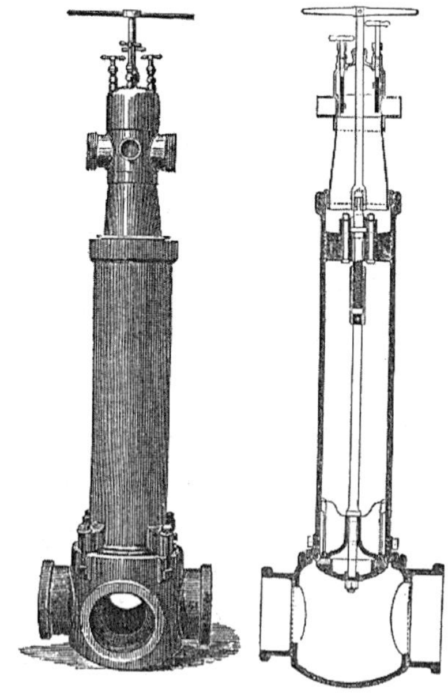

그림 1.12

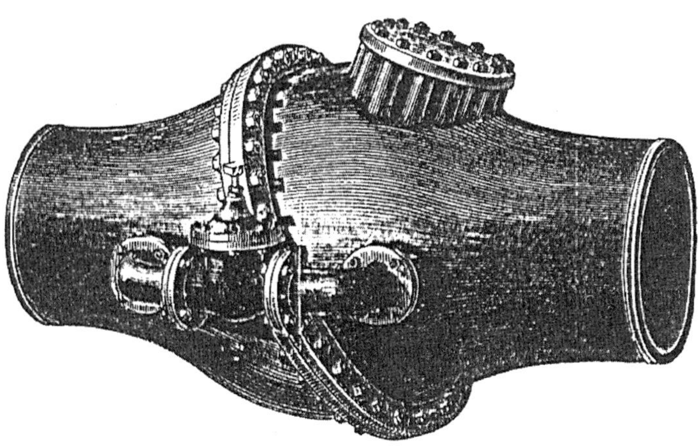

그림 1.13

1.2.3 미국 내 관로 재질의 변천사

미국 내 배수시스템의 건설은 펜실베니아 Bethehem에서 모라비아인들이 정착하기 위해 배수시스템을 건설한 때인 1754년으로 거슬러 올라간다(American Public Works Association, 1976). 이 배수시스템은 펌프를 이용하여 보링된 통나무를 통해 샘물을 공급하였다. 필라델피아도 동일한 기간 동안 배수시스템을 개발 중이었으며 배수시스템은 말로 구동되는 펌프들로 구성되었다.

수도 메인관에 대한 다음 전망은 미국 감사관의 의회 보고서(1980)로부터 발췌한 것이다.

오래된 도시에서 대부분의 배수 메인관은 수명이 극히 긴 재질인 주철로 제작되었다. 지난 100년에 걸쳐 미국 내 많은 도시들에 설치된 주철 메인관들은 아직도 만족스러운 서비스를 제공한다. 수명에 기초한 주철 메인관을 대체하기 위한 산업 표준은 존재하지 않는다. 통상적으로 메인관에서의 파괴와 누수가 발생하면 메인관들을 보수하지만 메인관들이 상당히 퇴화하거나 규격이 너무 작을 때에만 대체한다. 덕타일 주철이라 불리는 새로운 형태의 주철은 최근에 들어 일반적인 용도로 사용되었다. 이 제품은 파괴가 거의 발생하지 않아 미래의 청신호가 되었다. 내부부식의 산물인 결절로 인해 통수능력의 감소는 오래된 주철 메인관에서 많이 발생하나 대체보다 비용이 적은 해법인 현장에서 청소 및 시멘트 몰탈 라이닝으로 처방할 수 있다. 외부 부식에 의한 성능저하는 사소한 것으로 판단된다.

오래된 도시에서 배수 메인관

주철은 1800년도 초기 미국 내 도입된 이래 오래된 도시에서 배수 메인관으로 가장 많이 사용된 재질이다. 전체 배수 메인관, 또는 주철 메인관 길이에 대한 공식적인 수치는 현재까지도 추정할 수 없으며, 1960년도 후반 주철관 연구소(현재 덕타일 주철관 연구협회라 불린다)가 수행한 조사에 따르면, 가장 큰 100개 도시에서 4인치 이상 수도 메인관의 약 90%(87,000마일)는 주철인 것으로 보고되었다. 또한 28개 도시는 100년 이상된 주철 메인관을 소유한 것으로 보고되었다. 이러한 조사에 기초하여 이 연구소는 1970년도에 400,000마일이 넘은 주철 수도 메인관이 미국 내에서 사용되는 것으로 추정하였다. 보스톤, 워싱턴 D.C 그리고 뉴올린에서 배수시스템의 99%, 95% 그리고 69%가 주철 및 덕타일 주철이다.

초기 발전

1652년 보스톤에서 샘과 우물로부터 현재의 Quinay Market 지역 인근으로 물을 끌어오기 위해 최초로 배관을 사용하였다. 1746년경 현재 펜실베니아 Schaefferstown에서 전체 지역에 물을 공급하기 위해 배관을 이용한 시스템이 최초로 건설되었다. 상기 두 경우 인력으로 버켓을 이용하여 물을 나무 탱크에 저장하였다. 초기 시스템은 중력과 목관을 이용하여 물을 높은 위치에서 낮은 위치로 이송하였다. 펜실베니아 Bethlehem 언덕으로 물을 이동시키기 위해 1764년 처음 스팀-구동 펌프를 사용하여 오늘날 우리가 알고 있는 송·배수 시스템이 시작되었다.

주철관의 발전

미국 내 최초 주철 수도 메인관은 1817년 필라델피아에 설치되었다. 이때는 미국 역사 초기이지만 프랑스 Versailles 지방에서는 이 보다 153년 전인 1664년에 주철 메인관이 설치되었으며 아직도 3세기 넘게 사용되고 있다.

대부분의 제작품들과 같이 주철배관도 수년간에 걸쳐 변화하고 개선되어 왔다. 초기에는 수평 모래 몰드에서 정적으로 주물 작업하여 주철관으로 제작하였다. 1800년 후반까지 대부분 배관들은 수직 정적 모래 몰드 내에서 주물 작업하여 대부분의 주철관을 제작하였으며, 이를 pit 주물이라 불렀다. 상기 두 방법으로 제작할 때 배관 보어(bore)를 형성하기 위해 맨드럴 주변에 주물을 유입하고 이 맨드럴이 이동하기 때문에 일부 배관은 다른 부분에 비해 배관 두께가 얇은 부분을 갖는다. 오늘날에도 많은 도시들에서 "thick and thin" 배관들이 아직도 사용되고 있지만 최근에 제작된 배관보다 허용응력이 작다.

1908년 AWWA는 수직 pit 주물을 위한 최초 기준을 발간하였다. 벽 두께를 결정하기 위한 공식은 내부압력을 고려하는 것은 물론 설계시 미지의 또는 불확실한 응력들을 고려하기 위한 임의요소를 포함하였다.

원심주물방법을 사용한 시기인 약 1921년까지 정적 주물방법이 지속적으로 사용되었다. 모래몰드 또는 금속몰드를 사용하는 원심주물방법은 오늘날에도 사용되고 있다. 금속학의 발달과 조합된 원심주물방법을 사용하여 pit 주물배관보다 상당히 인장강도가 큰 배관을 생산하였다. 그러나 초기 원심 주물배관의 일부는 벽 두께가 매우 얇아 쉽게 파괴되었다.

1948년 강과 주철의 우호적인 특성을 갖는 금속학적으로 다른 주물배관이 발명되었다. 덕타일 주철관이라 불리는 이 배관은 총체적으로 회주철이라 불리는 주철관보다 취성이 적고, 우수한 강도, 유연성, 그리고 충격저항을 갖는다. 이 배관을 위한 국가 표준은 1965년도 최초로 발간되었다. 지난 3~4년 실제 모든 주철관들은 덕타일 주철관이다.

보스톤은 1968년부터 덕타일 주철관을 사용하기 시작하였고 1970년부터 독점적으로 사용하였다. 1979년말 최소한 73마일 또는 시스템의 7%가 덕타일 주철관이다. 뉴올린과 워싱톤에 설치된 메인관 중 오직 소량만이 덕타일 주철관이다.

주철관의 내구성은 매우 우수하기 때문에 오래된 도시들에서는 각종 형식의 메인관들이 아직도 사용되고 있다. 예를 들어 루이즈빌이 1862년 이래로 1976년까지 사용하고 있는 메인관 중 일부가 주철관이다. 보스톤에서는 1853년에 설치된 메인관 중 일부가 주철관이며 1900년 이전까지 시스템의 약 20%가 주철관으로 설치된 것으로 공식적으로 추정되었다. 뉴올린에서 주철 메인관의 약 절반이 1904년과 1908년 사이에 설치되었고 대부분이 1909년부터 1950년까지 유지되었다. 워싱톤의 현재 시스템은 1800년 후반부터 서비스를 개시하였고 당초 주철 메인관의 대부분이 아직도 잔존한다.

주철관 연결 방법

수년간에 걸쳐 배관들을 연결하는 방법들이 변화하여 왔다. 약 1935년까지 주철배관의 일반적인 조인트는 "벨 및 스피곳(bell and spigot)"이였다. 직선부(스피곳)의 직경이 보다 큰 말단부(벨)에 직선부를 삽입하고 이들 사이 공간을 납으로 코킹하였다. 그러나 배관이 이동하면 납 코킹은 헐거워진다. 1851년 한 보고서에서 보스톤시는 벨에 홈(groove)을 가공하고 이 홈을 납으로 채우면 연결부를 보다 강하게 유지할 수 있도록 벨을 개선한 것에 주목하였다. 약 1920년부터 1955년까지 일부 도시들은 납 대신 황 합성물을 사용하였다. 이 재질은 보다 저렴하고 사용하기에 용이하였다. 그러나 일부 수도공무원들은 이 재질이 연결부를 극도로 강하게 만들어 주철 메인관의 파괴를 초래한다고 주장하였다. 또한 1920년 천연가스 산업용으로 개발된 볼트로 체결하는 미케니컬 조인트를 수도 메인관에 최초로 사용하였다. 다음 발전은 벨과 스피곳 배관 사이 납 또는 황 코킹 대신 고무링 개스킷의 사용이다. 1955년 이후 벨 내부 홈에 고무 개스킷을 갖는 새로운 주철 또는 덕타일 주철 배관들이 설치되어 왔다. 이 방법은 상당한 유연성을 갖는 동시에 차수 조인트를 제공한다.

1.2.4 관망해석 방법의 변천사

Fanning의 Practical Treatise on Hydraulic and Water Supply Engineering (1980)에서 사용한 배관유동 공식들을 표 1.3에 나타내었다. 본서는 단순한 분지시스템 또는 병렬배관시스템과 같은 임의 형식의 배관시스템 유동은 기술하지 않았다. Le Conte(1926) & King et al.(1941)은 3개 저수지들에 연결된 분지 배관들과 직렬 및 병렬 배관들을 토론하였다.

Babbitt and Donald(1939)가 저술한 Water Supply Engineering은 "최근(1936)에 Hardy Cross 교수가 성공적인 단순화의 방법을 개발하였고 이 방법은 단순히 연필, 종이 및 슬라이더 자를 이용하여 보다 복잡한 시스템을 해석하는 것을 가능하게 만들었다"고 진술하였다. 저자들은 Cross(1936)의 해결 방법을 다음과 같이 인용하였다.

(a) 임의 유동 분포를 가정한다.

(b) 부호(잠재적인 저하의 방향)에 주의하여 각 배관 내 수두손실 $h = rQ^n$을 계산하고, 폐쇄된 회로 각 요소 둘레 전체 수두손실 $\sum h = \sum rQ^n$을 계산한다.

(c) 또한 이와 같이 폐쇄된 회로 내의 부호와 관계없이 $R = nrQ^{n-1}$을 계산한다.

(d) 회로 내에서 수두가 다음과 같이 평형이($\sum rQ^n = 0$이 되도록) 되도록 각 회로 내에서 counterbalancing 유동을 설정한다.

$$\Delta Q = \frac{\sum rQ^n(\text{with due attention to direction of flow})}{\sum rQ^{n-1}(\text{with reference to direction of flow})}$$

(e) 수정된 유량을 계산하고 절차를 반복한다. 원하는 정밀도까지 계속한다. 상기 방법을 적용함에 있어 회로의 연속적인 연산을 시스템의 동일한 선도상에 입력할 것을 권장한다. 통상적으로 사무실에서 이와 같은 선도는 백사진(white prints)이다. 각 요소 회로에서 수치 $\sum R$을 작성하고, 회로 외부 주변 시계방향 유동에서 첫 번째

(상부) $\sum h$ 수치를 작성한다. 이 그림의 오른쪽에 커다란 그림을 향해 화살표를 작성한다. 이 화살표는 회로 내 counter 유동의 방향을 올바르게 보여줄 것이다.

1.3 최근 급수시스템

1.3.1 전체 시스템

수도사업자들은 상수도시스템을 건설, 운영 및 유지 관리한다. 이러한 수도사업자들의 기본 기능은 수원으로부터 물을 취수하고, 물을 허용할 수 있는 수질로 처리한 후 적정한 시간, 적정한 장소로 원하는 수량을 공급하는 것이다. 수도시설은 수원 개발, 원수 수송, 원수 저장, 정수 처리, 정수 처리된 물의 저장, 그리고 관련된 하부요소는 물론 처리된 물의 송·배수와 같이 6개의 주요 기능적 요소로 구성된다. 그들의 상호작용 때문에 통상적으로 처리된 송·배수와 연계하여 처리된 물의 저장을 평가하고 수원과 연계하여 원수 저장을 평가한다. 그림 1.14는 상수도시설의 6개 기능적 요소를 예증한다.

도시 배수시스템은 배수 배관, 배수 저장, 펌프장 3개의 주된 요소로 구성된다. 이러한 요소들은 펌프 구동기, 제어, 동력 전달, 그리고 배관 및 밸브 등과 같이 더욱 상세하게 세분화할 수 있다. 요소(components), 세부요소(sub-components), 그리고 세부-세부요소(sub-sub-components)의 엄격한 정의는 다소 유동적이고 필요한 분석의 상세한 수준과 유용한 자료의 상세한 수준에 따라 결정된다. 사실 요소, 세부요소, 세부-세부요소의 개념은

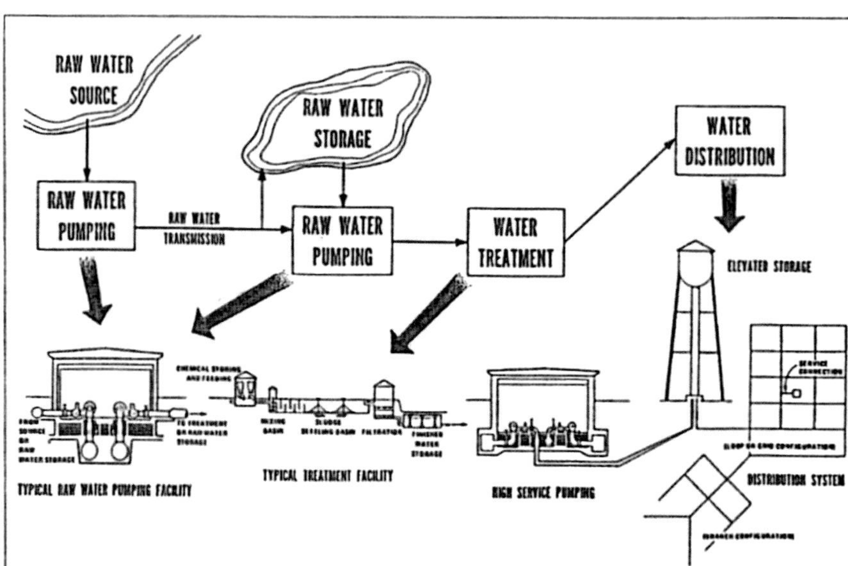

그림 1.14

표 1.3 ▌ 압력을 받는 매끄러운 배관에서 여러 유량공식에 의한 유속(수두 H=100ft, 직경 d=1ft, 그리고 배관 길이는 상기 표 참조)

저 자	공 식	길 이				
		5ft 유속	50ft 유속	100ft 유속	1000ft 유속	10,000ft 유속
Equation(12)	$\nu=\left\{\dfrac{2gH}{(1.5)+4m\dfrac{l}{d}}\right\}^{\frac{1}{2}}$	63.463	51.111	43.111	17.386	5.392
Chezy	$\nu=\left\{\dfrac{ghS}{\dfrac{1}{2}mlC}\right\}^{\frac{1}{2}}$	223.607	70.710	50.000	15.810	5.000
Du Buat	$\nu=\dfrac{88.5r^{\frac{1}{2}}-.03}{(\dfrac{l}{h})^{\frac{1}{2}}-hyp.Log.(\dfrac{l}{h}+1.6)^{\frac{1}{2}}}-.84(r^{\frac{1}{2}}-0.03)$		102.918	81.510	13.662	3.9781
Prony(a)	$\nu=(9419.75ri+.00665)^{\frac{1}{2}}-.0816$	216.94	68.54	48.446	15.258	4.770
Prony(b)	$\nu=(9978.76ri+.02375)^{\frac{1}{2}}-.15412$	223.214	70.480	49.792	15.641	4.842
Eytelwein(a)	$\nu=(11703.95ri+.01698)^{\frac{1}{2}}-.1308$	241.778	76.367	53.960	16.975	5.280
Eytelwein(b)	$\nu=50\left\{\dfrac{dh}{l+50d}\right\}^{\frac{1}{2}}$	67.40	50.00	40.82	15.427	4.985
Saint Vennant	$\nu=105.926(ri)^{\frac{11}{21}}$	246.171	73.682	51.247	15.232	4.592
D'Aubuisson(a)	$\nu=(9579ri+.00813)^{\frac{1}{2}}-.0902$	218.758	69.114	48.845	15.384	4.800
D'Aubuisson(b)	$\nu=95.6\sqrt{ri}$	213.761	67.589	47.804	15.114	4.780
Neville(a)	$\nu=\left\{\dfrac{Hr}{.0234r+.0001085l}\right\}^{\frac{1}{2}}$	62.540	47.080	38.750	14.780	4.780
Neville(b)	$\nu=140(ri)^{\frac{1}{2}}-11(ri)^{\frac{1}{3}}$	294.650	90.263	63.070	18.917	5.507
Blackwell	$\nu=47.913\left\{\dfrac{hd}{l}\right\}^{\frac{1}{2}}$	214.267	67.715	47.913	15.140	4.791
D'arcy	$\nu=\left\{\dfrac{ri}{.00007726+\dfrac{.00000162}{r}}\right\}^{\frac{1}{2}}$	244.120	77.133	56.640	17.279	5.464
Leslie	$\nu=100\sqrt{ri}$	223.607	70.710	50.000	15.810	5.000
Jackson	$\nu=50c(di)^{\frac{1}{2}}$	223.607	70.710	50.000	15.810	5.000
Hawksley	$\nu=48.045\left\{\dfrac{dh}{l+54d}\right\}^{\frac{1}{2}}$	62.555	47.084	38.724	14.797	4.804

In which

$C=$ contour of pipe, in feet;
$c=$ unity for smooth pipes, and is reduced for rough pipes.
$d=$ 배관직경 ft
$H=$ 전체수두 ft
$h^{11}=$ 저항수두 ft
$l=$ 배관길이 ft
$m=$ 유량계수
$r=$ 수력반경 ft, $(d/4)$
$S=$ 배관 단면적 ft^2
$i=$ 경사 사인 ft, (h^{11}/t)
$\nu=$ 유속 ft/sec

출처 : Fanning (1890).

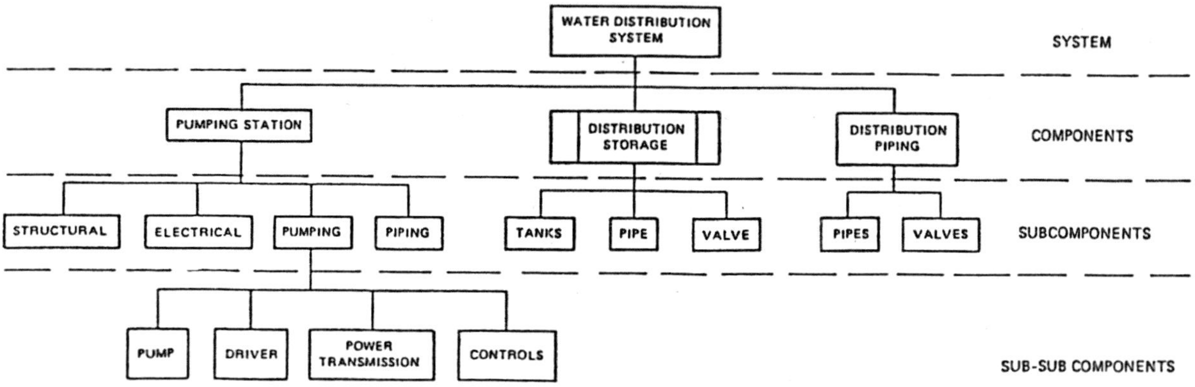

그림 1.15

단순히 도시배수시스템을 작성하기 위해 사용한 블록 형성의 계층을 정의한다. 그림 1.15는 요소와 세부요소의 상관관계를 요약한다.

1. 세부-세부-요소. 세부-세부-요소들은 시스템의 기본 블록을 의미한다. 각각의 세부-세부-요소들은 배수시스템 안에서의 세부요소들과 공통될 수 있다. 분석목적으로 7개의 세부-세부-요소들을 배관, 밸브, 펌프, 구동기, 동력전달 unit, 제어 그리고 저류탱크와 같이 쉽게 구분할 수 있다.

2. 세부-요소. 요소들의 기본적인 블록을 형성하는 세부-요소는 공동 운영 요소에 일체화된 하나 이상의 세부요소들로 구성된다. 예를 들어 펌핑 설비의 세부-요소는 배관, 밸브, 펌프, 구동기, 동력전달, 그리고 제어의 세부-세부-요소로 구성된다. 도시 배수시스템의 신뢰성을 평가하기 위해서는 펌핑설비, 관망, 그리고 저류탱크 3개의 세부-요소들을 사용할 수 있다.

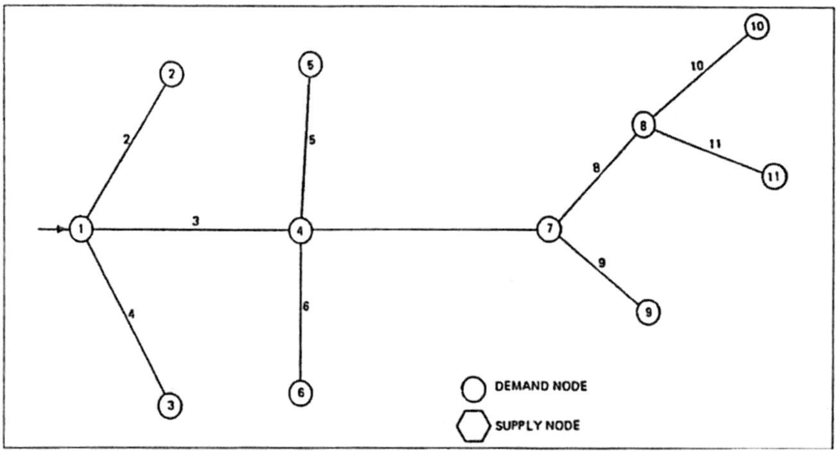

그림 1.16

3. 요소. 요소들은 도시 배수시스템에서 가장 큰 기능적 요소들을 의미한다. 요소들은 하나 이상의 세부요소들로 구성된다. 요소들은 배수 배관, 배수 저장, 그리고 펌프장을 포함한다. 배수 배관은 그림 1.16과 같이 가지관 또는 그림 1.17과 같이 루프, 또는 가지관과 루프의 조합일 수 있다. 대표적인 펌프장은 그림 1.18과 같다. 대표적인 고가 저류탱크 설치는 그림 1.19와 같다. 그림 1.17은 관망 모델에서 배수시스템을 표현한 예를 보여준다. 대표적인 배수모델 표현은 그림 1.20과 같다.

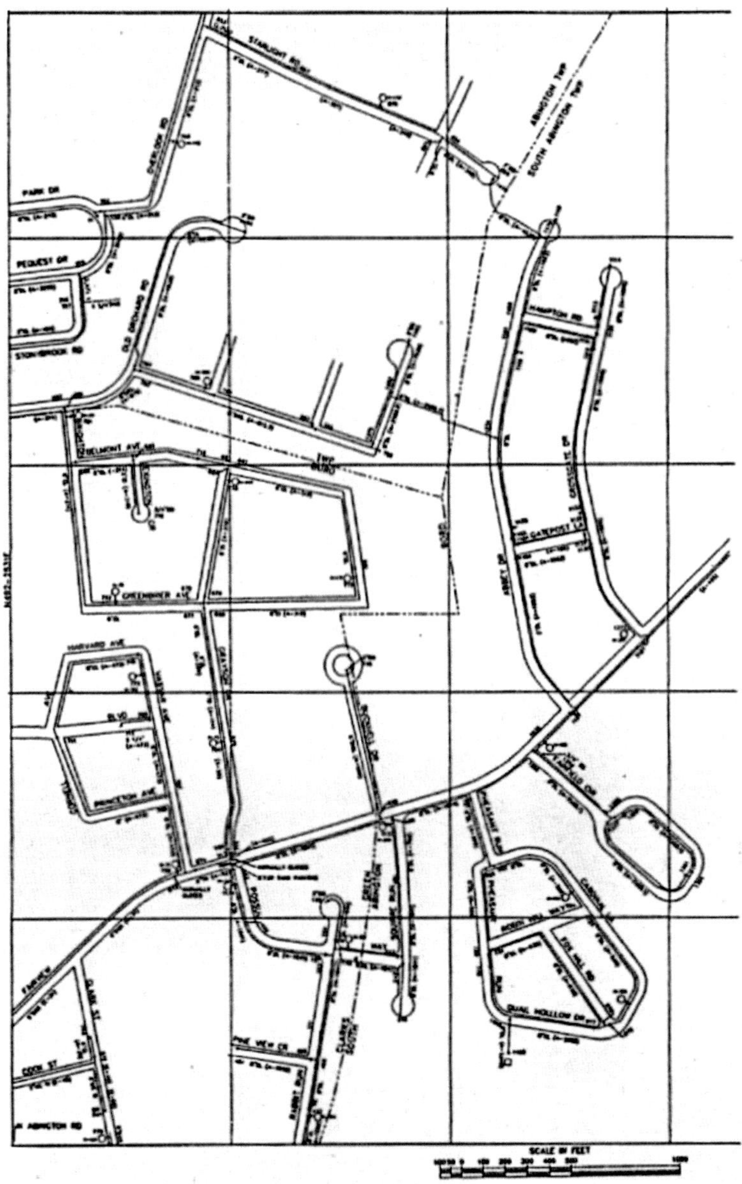

그림 1.17

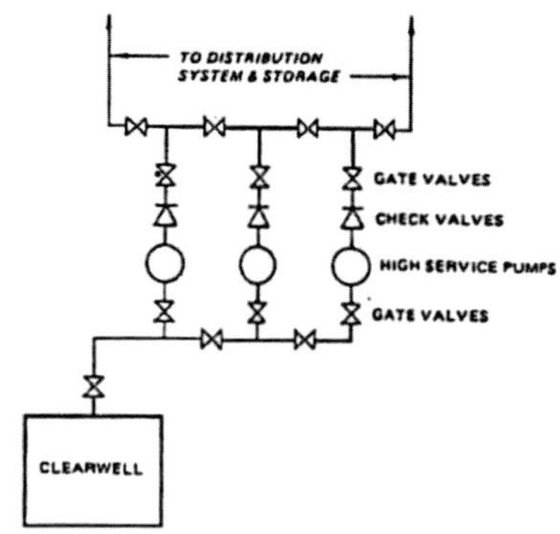

그림 1.18

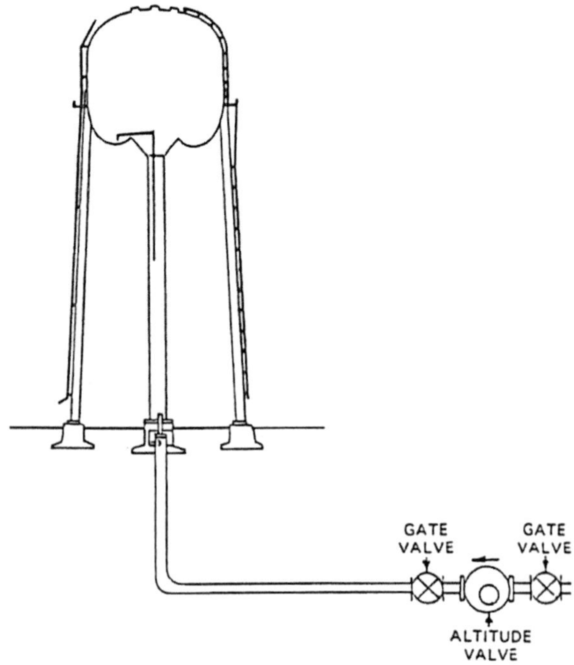

그림 1.19

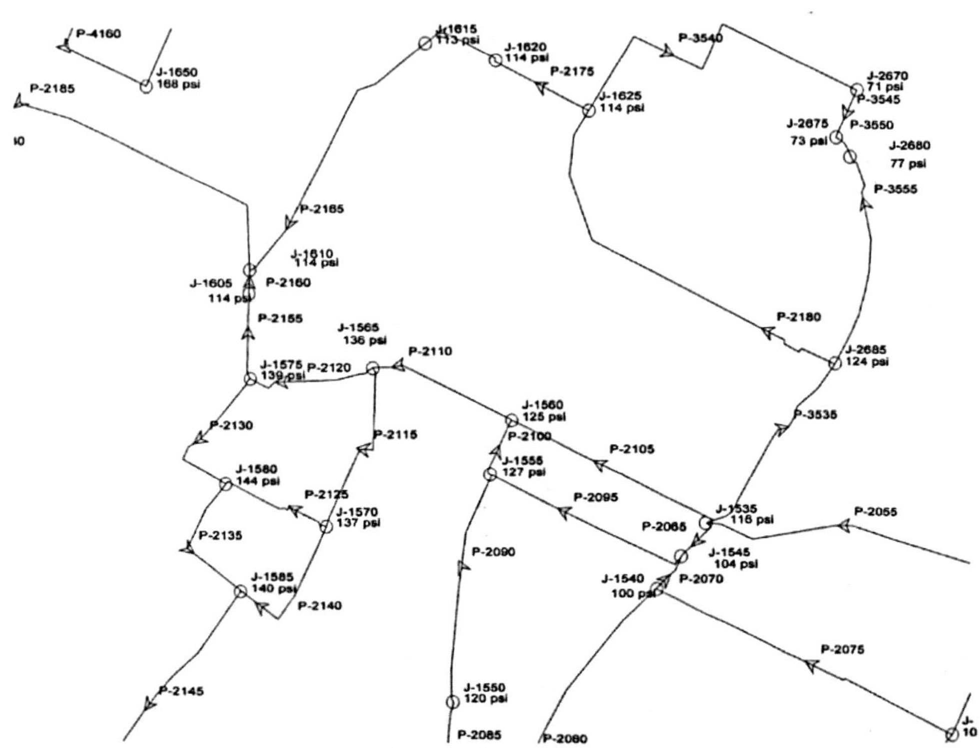

그림 1.20

1.3.2 배수관망시스템 요소

배관부(pipe section) 또는 링크(link)는 관망에서 가장 많은 요소들이다. 배관부들은 직경이 일정하고 이형관들과 밸브, 저장설비, 그리고 펌프들과 같은 부속설비들을 포함할 수 있다. 배관들은 다른 규격으로 제작되고, 강, 주철, 보강 또는 prestressed 콘크리트, 석면 시멘트, PVC, PE 그리고 유리섬유와 같은 다른 재질로 제작된다. AWWA는 배관의 제작, 설치, 그리고 성능을 위한 기준으로 C-series 기준을 발간한다. 배관은 배수시스템에서 가장 큰 자산투자이다. 그림 1.21은 PE 테이프로 코팅되고 현장에서 시멘트 몰탈로 1회 라이닝된 강관을 보여준다. 그림 1.22는 테이프 코팅 및 에폭시 라이닝된 강관을 보여준다. 그림 1.23은 prestressed 콘크리트 실린더 배관(PCCP)을 보여준다.

그림 1.21

그림 1.22

그림 1.23

절점은 배관의 말단부를 말한다. 절점들의 2개 범주는 접합부 절점(junction node)과 고정된 수위 절점(fixed grade node)이다. 유입량 또는 유출량이 기저인 절점들을 접합부 절점이라 부른다. 이 절점들은 시간마다 다를 수 있는 일괄 수요량을 갖는다. 저수지에 연결된 절점을 고정된-수위 절점이라 한다. 이러한 절점들은 탱크 또는 주된 일정-압력의 형태를 취할 수 있다.

제어밸브는 배수시스템에서 유량 또는 압력을 조정한다. 만일 유동방향이 역으로 되는 조건이 존재하면 밸브는 폐쇄되어 유동은 통과하지 않는다. 가장 공통적인 제어밸브의 형식은 감압밸브(PRV; pressure reducing valve, 또는 압력 조정)로서 이는 압력을 감소시키기 위해 압력 영역의 경계에 설치된다. PRV는 모든 유동조건에서도 상류측 압력보다는 밸브의 하류측에서 압력을 낮게 그리고 일정하게 유지한다. 고압과 저압 배수시스템을 연결할 때 PRV는 저압측에서 압력이 설정압력을 초과하면 고압 시스템으로부터 유동을 허용하지 않는다.

밸브를 통과하면서 발생하는 수두손실은 배관에서 유량이 아니라 하류측 압력에 따라 변화한다. 만일 하류측 압력이 PRV 설정압력보다 크면 챔버 A에서의 내부압력은 밸브를 폐쇄시킨다. 다른 형식의 역지밸브인 수평 스윙역지밸브도 유사한 원리로 동작한다. 압력유지밸브는 밸브의 상류측 압력을 모니터링하여 PRV와 유사하게 동작한다. 그림 1.24는 감압밸브와 압력유지밸브를 조합한 것이며, 그림 1.25는 이 밸브의 대표적인 적용사례를 보여준다.

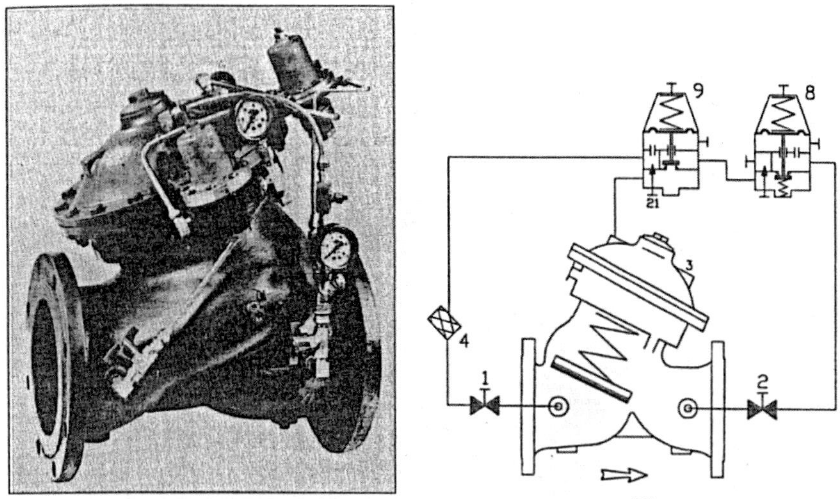

(A) (B)

그림 1.24

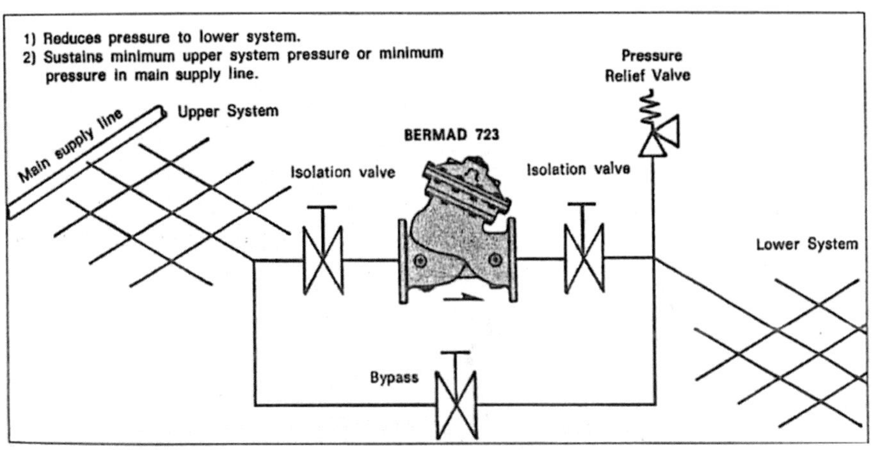

그림 1.25

배수시스템의 일부 구간을 차단하기 위한 분리밸브, 한쪽 방향으로의 유동을 허용하기 위한 스윙식 역지밸브, rubber-flapper 역지밸브, 경사역지밸브, double-door 역지밸브와 같은 방향성 역지밸브, 주 관로에서 유량을 제어하기 위한 공기-배출/진공-파괴 밸브를 포함하여 여러 형식의 밸브들이 존재한다.

수요량 변화에도 불구하고 효율적인 운전점 인근에서 펌프 토출량을 균등화하기 위해, 각 요소들의 운전중지 동안 물을 공급하기 위해, 화재시 물을 공급하기 위해, 그리고 수충격을 완화시키기 위해서는 저장설비가 필요하다(Walski, 1996). 배수관망에서 저장설비는 배수탱크와 밀접하게 관련된다. 통상적으로 탱크들은 강으로 제조되어 지반 또는 지반으로부터 높은 위치에 설치된다. 시스템 수요 동안 또는 펌프가 수요 절점들에서 압력요구조건을

그림 1.26

그림 1.27

충분히 만족시킬 수 없을 때와 같은 비상조건 동안 물을 공급하기 위해 배수 탱크를 사용한다. 만일 모든 시간 동안 탱크의 수위를 낮게 유지하면 예상 밖의 높은 수요량을 만족시킬 수 없다. 펌프 토출량이 클수록 펌프 수두는 낮게 되므로 첨두수요기간 동안 펌프 수두는 낮게 유지된다.

배수시스템에서 에너지를 증가시키기 위해 펌프들을 사용하며, 용적형 펌프, 터빈 펌프, 수평원심펌프, 수직펌프 및 수평펌프와 같이 많은 종류의 펌프들이 존재한다. 배수시스템에서 가장 광범위하게 사용되는 펌프는 원심펌프이다. 그림 1.26은 수평 원심펌프를, 그림 1.27은 수직 펌프를 갖는 펌프장을 보여준다. 펌프장은 펌프, 전동기, 그리고 보조설비로 구성된다.

유량측정장치는 전자식, 초음파식, 프로펠러 또는 터빈미터, 용적형 미터, multijet 미터, 비례 미터, 그리고 조합미터와 같이 많은 종류가 있으며 이들을 조합하여 설치하기도 한다. 전자식 유량계는 절연된 부분 주위에 형성되는 자기장으로 유량을 측정한다. 초음파 유량계는 배관의 측면에 부착된 음파 발생기와 음파 수신기를 사용한다. 그림 1.28의 터빈 미터들은 유량에 의해 회전하는 측정 챔버를 갖는다. Multijet 미터는 실린더형 측정 챔버 내부 수직 스핀들에 장착된 multiblade 회전차를 갖는다. 비례미터는 주 관로에서의 유량에 비례하는 물의 일부를 터빈 또는 용적형 미터가 설치된 이차 관로로 전환하여 측정한다. 조합 미터는 그림 1.29와 같이 다른 규격의 미터들을 병렬로 연결한다. 이 조합미터는 하나의 multijet 미터와 병렬로 하나의 터빈미터를 갖는다. 그림 1.30은 소유량과 대유량에서 이 미터들의 운영방법을 보여 준다. 그림 1.31은 조합 미터의 대표적인 설치 사례를 보여준다.

유량계 및 수도미터에 대한 상세한 내용은 제12장 유량계를 참조하기로 한다.

그림 1.28

그림 1.29

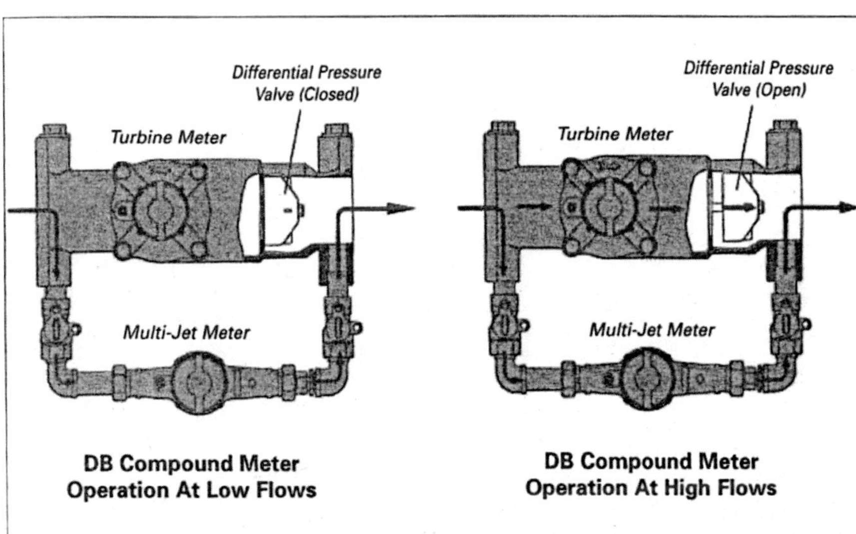

그림 1.30

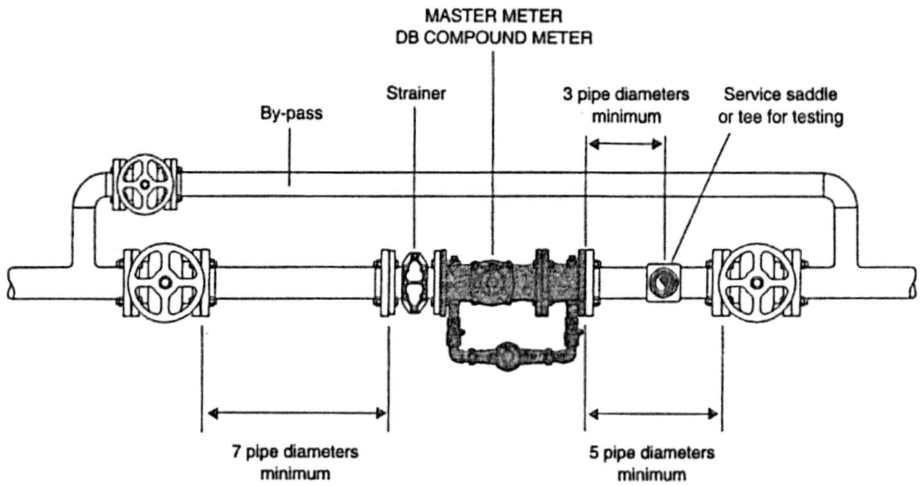

그림 1.31

1.3.3 배수시스템 운영과 향후 전망

배수시스템 운영시 반드시 결정해야 할 가장 중요한 사항은 임의 시간에서 펌프의 운전 방법이다. Walski(1996)는 배수시스템 운영을 위한 3개의 중요한 목표를 다음과 같이 기술하였다.

1. 배관 파괴 및 화재와 같은 비상시 저장시설에서 최대 물량을 유지하여 얻을 수 있는 신뢰성을 최대화한다.
2. 펌프의 최대 효율점 인근에서 가능한 낮은 수두로 펌프를 운전하여 에너지 비용을 최소화한다.
3. 저류탱크 수위변화를 가능한 최대로 유지하여 배수시스템과 저류탱크에서의 물의 노화를 최소화시켜 수질 기준을 만족시킨다.

펌핑 운영의 제어는 각 펌프 또는 밸브를 단순히 수동으로 운영하는 것부터 SCADA (Supervisory control and Data Acquisition) 시스템의 사용까지 광범위하다. 대부분 수도사업자들은 시스템운영에 필요한 일정한 수준의 SCADA 시스템을 갖는다. 제15장과 제20장에서 SCADA 시스템에 대해 상세히 기술한다. 최근에 수리모의 모델과 SCADA 시스템의 통합을 시도하고 있으나 아직은 초기단계이다.

1.3.4 향후전망

배수시스템의 운영은 그림 1.32와 같이 최적제어시스템을 갖출 것으로 예상되며, 일부 선진국에서는 운영 초기단계에 있다. SCADA 시스템은 실시간 수리 매개변수뿐만 아니라 수리학과 수질 모두를 해결하는 관망 모델에 실시간 수질 정보를 제공한다. 수 시간 후 수요량을 예측하기 위한 실시간 운영에서 수요-예측 모델을 사용할 수 있다. 수리학과 수질 모두에 근거한 운영 결정을 돕기 위해 최적화 모델을 사용할 수 있다.

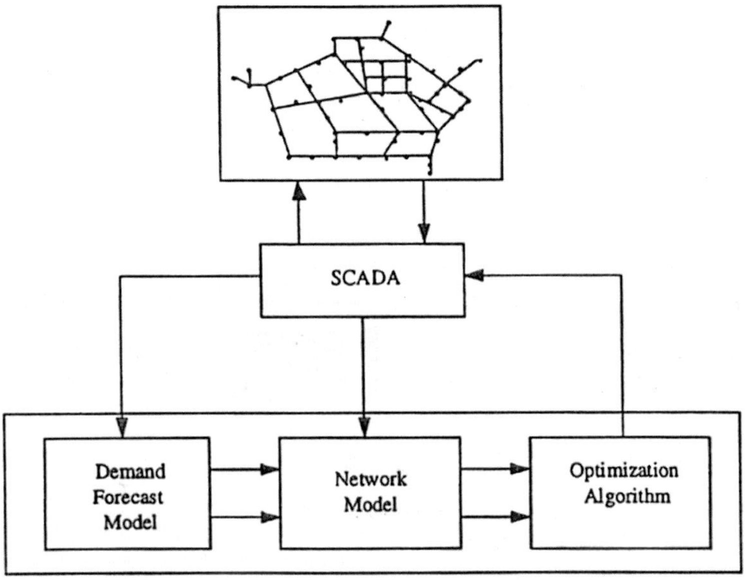

그림 1.32

CHAPTER 2

관망시스템의 수리학

역자: 박한영, 신언호, 이근영, 박진훈, 차인호

2.1 서론

관로시스템의 합리적인 설계, 해석, 실행, 그리고 많은 수자원 프로젝트들의 운영시 관로시스템의 수리학적 이해는 기본이다. 본장에서는 수력발전, 수도, 또는 하수 시스템과 관계없이 적용되는 압력관로의 수리 계산시 필요한 기본지식을 기술한다. 압력관로(pressurized pipeline) 용어는 관로 내부에서 자유수면(free water surface)이 절대 발생하지 않는 배관시스템을 의미한다. 가압된 관로시스템에서 조차 저수지와 탱크에서 자유수면이 존재하며 때로는 부정류 발생시 짧은 시간 동안 관로 자체에서도 자유수면이 발생하기 때문에 압력관로의 정의를 더욱 정확하게 표현하는 것은 어렵다. 그러나 개수로시스템과 대조적으로 관수로시스템 내부에서의 압력은 통상적으로 대기압 이상이 된다.

압력관로의 가장 중요한 것은 수리적 용량(hydraulic capacity) 즉, 설계 유량을 통과시키는 능력이며 이와 관련된 논제는 유량제어 문제가 된다. 즉, 설계유량을 확립하고, 수정하고, 또는 조정하는 방법이다. 이러한 수리적 능력과 유량제어 두 논제들을 충분히 기술하기 위해 본장에서는 수두손실 계산을 상세히 설명하고 펌핑, 관로내 유동, 그리고 비정상유동에 대해 소개한다. 본장의 후반부에서 또는 참고문헌 Chaudhry & Yevjevich(1981)에서 이러한 주제들의 많은 부분들이 상세히 기술되었다.

본장에서는 주요 공식을 제공하는 것 보다 수리설계를 위한 기본을 제공하도록 노력하며 논의된 상관관계 이외 다른 상관관계보다 특정 상관관계를 사용하는 이유, 여러 공식들이 가정한 내용들, 상관관계를 잘못 사용하면 무엇이 잘못되는지 등을 토론하기로 한다. 비록 본 절에서는 유도과정을 제공하지 않았지만 여러 공식들의 장점과 단점 모두 이해하는데 중점을 두었다.

2.2 관망시스템의 중요성

지난 수십 년에 걸쳐 관수로시스템은 상수와 하수를 포함하여 많은 물질들을 이송하는 수단으로서 상당한 경쟁력이 생겼다. 사실 모든 상상할 수 있는 환경과 모든 가능한 지형을 통해 유체를 수송하는 관로를 지구상에서 발견할 수 있다.

이와 같이 증가된 사용에 대한 여러 이유들이 존재한다. 건설기법과 제조과정의 발전은 관로의 비용을 감소시켜 왔다. 더욱이 인구와 인구밀도의 증가는 관로시스템과 관련하여 규모경제를 우호적으로 만드는 경향이 있다. 수자원의 보존에 대한 필요성 특히 증발 및 삼투에 의한 손실을 제한할 필요성 때문에 개수로시스템 보다 관로시스템이 더욱 매력적인 대안이 되었다. 더욱이 유체 거동에 대한 개선된 이해는 신뢰도를 증가시켰고 관로시스템의 성능을 향상시켰다. 이러한 이유로 이제는 대규모 장대 관로 건설이 일반적이고 이들 중 많은 관로들은 높은 압력하에서 유체를 수송한다. 이러한 시스템들 중 일부는 상대적으로 단순하게 수지상으로 연결된 배관들로만 구성되며, 다른 시스템에서 배관들은 수천 개의 분지관로와 상호 연계된 배관을 갖는 복합 관망에 연결된다.

빈번하게 관로들은 일련의 처리공정에서 중대한 링크들을 형성한다. 따라서 관로 파괴에 따른 직접비용(관로 보수, 손실된 유체의 비용, 파괴와 연관된 손상)은 물론 서비스 장애 모두에 높은 범칙금이 부과될 수 있으며, 이는 특히 제지공장, 광산, 그리고 발전소와 같은 산업체에서 명백하다. 지자체 시스템에서 배관 파괴는 상당한 자산 손상을 유발할 수 있다. 더욱이 파괴는 다른 종류의 문제들을 간접적으로 유발시킬 수 있다. 예를 들어 주 관로의 파괴는 도로 범람으로 인해 교통사고를 유발시키거나 또는 화재진압을 어렵게 만들 수 있다.

비록 관로가 경제적이고 유체의 지속적인 공급을 보장하는 것으로 보일지라도 설계, 해석, 유지관리, 그리고 운영의 중대한 문제를 제기한다. 성공적인 설계는 수리학, 구조학, 건설, 조사, 지질, 그리고 기계공학자의 협력을 요구한다. 더욱이 설계자와 계획자는 관로 건설의 사회적, 환경적, 그리고 법적 수행을 반드시 고려해야 한다. 본장은 수리적 고려사항에 대해 집중하지만 이러한 고려사항들은 관로공학자가 직면하는 유일하거나 또는 가장 중요한 논제는 아니라는 사실을 상기해야 한다. 즉, 성공적이 되려면 관로는 반드시 경제적으로 그리고 환경적으로 실행 가능한 것은 물론 기술적으로도 적정해야 한다. 그러나 기술 경쟁력은 임의의 성공적인 관로 프로젝트에 대해 필요한 요구조건이기 때문에 주된 관심거리이다.

2.3 관망시스템의 수치모델링

수리시스템 설계자는 많은 질문에 직면한다. 필요한 유량을 수송하기 위해 각 배관의 크기는? 파괴되지 않기 위해 배관은 얼마나 강해야 하는지? 저수지, 펌프, 또는 다른 장치들이 필요한지? 만일 그렇다면 얼마나 커야 하고 어디에 위치시켜야 하는지?

이러한 종류의 질문을 해결하기 위해 최소한 일반적인 두 방법이 존재한다. 첫 번째 방법은 최상의 추정(best guess) 설계에 기초하여 관로시스템을 건설하고 운영하면서 시스템의 성능에 대해 배우는 것이다. 이제 만일 준공된 원래 시스템이 불충분하다면 만족스런 해를 발견할 때까지 연속적으로 수정한다. 역사적으로 수많은 대규모 관로시스템들은 이러한 방법으로 건설되어 왔다. 예를 들어 로마는 정식 유체역학의 지식 없이도 인상적인 상수도시스템들을 많이 건설하였다. 오늘날에도 많은 소규모 관로시스템들은 아직도 해석을 수행하지 않고 건설되고 있다. 이러한 방법에서 중요한 점은 시스템을 유연하고 강건하게 설계해야 한다는 것이다.

두 번째 방법은 시스템을 실제로 건설하고 실험하는 대신 먼저 대체 또는 시스템의 모델을 개발하는 것이다. 이 모델은 원형의 축소버전으로부터 일련의 수학공식들과 같은 여러 형태를 취할 수 있다. 사실 현재 가장 공통적인 방법은 전산기로 코드화(encode)하여 원래 시스템의 추상적인 수치 표현을 전개하는 것이다. 한번 이 모델을 운영하면 실제 또는 제안된 시스템의 거동을 예측하기 위해 전산기로 실험을 수행할 수 있다. 만일 이러한 예측 방법에서 설계가 불충분하면 설계조건들을 만족시킬 때까지 모델의 매개변수들을 변경하고 시스템을 다시 시험한다. 그리고 모델링 결과가 적정하게 만족스러울 때 전체 시스템 건설을 시작해야 한다.

사실 최근 대부분의 관로시스템들을 건설하기 위해서는 광범위한 모델링이 필요하다. 이에 대한 이유 중 하나는 모델에서 수행한 놀라운 결과들이 때로는 원형에서 수행된 결과보다 양호하기 때문이다. 그러나 양호하다는 것은 상대적인 단어이기 때문에 주의해야 한다. 좋은 면에서 관로시스템의 거동을 모델링하는 것은 다음과 같은 수많은 고유의 장점들을 갖는다.

비용 : 관로시스템 모델의 건설 및 실험은 원형 관로시스템 실험보다 상당히 저렴하다.

시간 : 관로시스템 모델의 반응은 원형보다 상당히 신속하고 편리하다. 예를 들어 10년 후 물 수요에서 관로시스템의 반응을 예측하는 데 전산 프로그램은 불과 수초가 소요된다.

안전 : 실제 관로시스템에 대한 실험은 위험스러울 수 있는 반면 통상적인 모델시험은 위험이 거의 없다.

수정의 용이성 : 통상적으로 단순히 입력파일을 편집하여 설계 또는 운영 규칙을 개선, 조정, 또는 수정하여 모델에서 더욱 쉽게 반영시킬 수 있다.

통신 도움 : 모델은 개인과 그룹 사이 통신을 원활하게 해주며 일치점, 불일치점, 오해, 또는 명백하게 할 필요가 있는 논제들을 확인할 수 있도록 해 준다. 그림 2.1과 같은 단순한 스케치도 토론을 도와준다.

상기와 같은 장점들로 인해 첫 번째 방법이 유용하다는 사실을 망각하게 만든다. 특히 모델은 현실이 아니라는 사실을 항상 상기해야 한다. 사실 모델을 유용하게 만드는 것은 모델의 단순성으로 인해 원래 관로시스템과 같이 복잡하거나 또는 고가가 아니다. 더욱 설득력 있게 진술하면 모델이 그릇되기 때문에 모델이 유용하다는 것이다. 모델은 명백하게 이러한 의도된 목적에서 충분하게 정확하여야 하며 그렇지 않으면 모델의 예측은 무용지물이 될 것이다. 그러나 어디까지나 예측은 완벽하지 않다는 사실은 놀랄 일이 아니다.

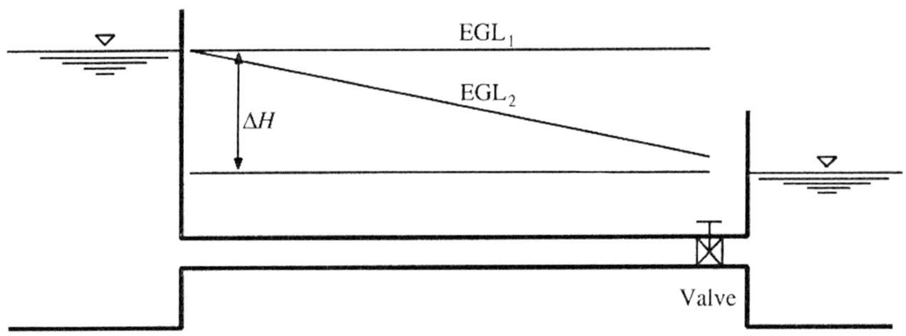

그림 2.1 ▌ 단순관로에서 에너지 관계

일반적으로 관로시스템이 대규모, 고가, 복잡성, 그리고 중요한 시스템들일수록 복잡한 고가의 모델을 사용하는 것이 정당화된다. 유사하게 관로시스템의 세련도가 증가하면서 이 전략은 특정 가능성들이 발생하기 전에 이러한 가능성의 결과들을 고려하도록 그리고 실제에서 불가능할 수 있는 조건들을(예를 들어 기후특성, 이자율, 미래 수요량, 제어시스템 고장) 제어하도록 허락하기 때문에 모델링 방법의 이점과 장점들이 증가한다. 빈번하게 모델들은 원인 및 영향에 대한 이해를 개선하는 데 도움을 준다.

더욱 구체적으로 관로시스템의 계획모델과 운영모델을 위해 다음 두 종류의 전산기 모델들을 자주 사용한다.

계획모델(Planning models). 제안된 관로시스템의 품질 또는 경제적 영향 및 성능, 운영 절차에서 변화, 제어밸브들, 저류탱크와 같은 설비의 역할을 평가하기 위해 이 모델들을 사용한다.

운영모델(Operational models). 상대적으로 짧은 기간에(수 시간, 수 일, 몇 개월) 걸쳐 거동 예측, 압력 또는 유량 조정, 수위 수정, 운영자 교육을 하기 위해 이 모델들을 사용한다.

본 장에서는 상기 두 종류 모델의 기본에 대해 토론한다. 그러나 전산 프로그램이 생산한 숫자, 그래프를 믿기 전에 또는 본 장의 나머지를 학습하기 전에 모든 모델은 어느 측면에서 모조품인(즉, 모델은 임의 실체의 대체, 대역 또는 대리인이다) 사실을 명심해야 한다. 모델들은 항상 다소 그릇되나 모델을 강력하게 만드는 단순성과 정확성의 특성을 동시에 소유한다.

2.4 관망모델링 접근방법

관로시스템의 성능을 예측하기 위해 전산기 모델을 사용하고자 한다면 어떻게 해야 할까? 모델 내에서 원형의 어떤 측면을 강조해야 하나? 단순화의 기초는 무엇인가? 어떤 원리가 방법을 제약하는가? 이러한 주제들을 본 절에서 토론한다.

임의로 물리적 시스템의 거동을 모델링할 때 놀랍게도 상당히 적은 기본 관계식들이 사용된다. 본질적으로 3개의 단순한 질문인 “어디로?”, “무엇을?” 그리고 “어떻게?”에 대한 해답을 추구한다. 다음 절에서는 이에 대한 해답을 제공한다.

첫 번째 질문은 가장 쉽게 해결된다. 배관시스템 내 유동은 항상 일차원으로 가정할 수 있기 때문에 각 배관의 링크에서 유동의 방향을 가정하여 어디로란 질문을 해결할 수 있다. 이 가정된 방향은 거리, 유량, 그리고 속도의 명시에 대한 유일한 방침을 제공한다. 이 변수들의 + 수치들은 가정된 방향으로의 유동을 나타내며, - 수치들은 역방향 유동을 나타낸다. “무엇을” 그리고 “어떻게”에 대해서는 더욱 조심스런 전개를 요구한다.

2.4.1 물리적 특성

“무엇”이란 질문은 우리의 주의력을 제어시스템 내부 물질로 집중시킨다. 수리시스템의 경우 관벽을 구성하거나 또는 관 내부를 채우거나 펌프를 통해 유동하는 것은 물질이다. 궁극적으로 모델기는 반드시 이 모든 논제들을 고려해야 하나 우리는 전형적으로 어느 정도 불순물을 갖는 물로 구성된 유동부터 시작한다.

사실 물의 역할에 대해서는 거의 의문을 갖지 않는 우리의 생활에서 물은 많은 부분을 차지한다. 그러나 물은 많은 목적에 이상적으로 적합하도록 만드는 독특한 화학적, 물리적, 그리고 열역학적 조합특성을 소유한다. 더욱이 물이 지역적으로는 부족할 수 있지만 지구 표면에는 상당량이 존재한다. 이러한 두 이유 때문에 물은 인간 활동과 자연과정 모두에 중심 역할을 수행한다.

물 분자의 놀라운 특징은 두 개의 2가 가스들인 수소 H_2와 산소 O_2로부터 형성되는 단순성이다. 그러나 물 특성의 범위와 다양성은 주목할 만하다(표 2.1은 부분적인 목록을 보여준다). 관로기술자들은 표에서 특히 밀도와 점도 수치들을 일상적으로 사용한다. 압축성과 열역학적 수치들과 같은 다른 특성들을 간접적으로 사용하여 등온 및 비압축성 유동과 같은 모델링 가정들을 정당화한다. 물의 많은 특성들은 물 분자들 사이 강력한 인력을 형성하는 내부 분자력에 의해 좌우된다. 즉, 물 분자는 전기적으로 중성일지라도 두 개의 수소 원자들은 물분자상 사면체 전위(tetrahedral charge) 분포를 형성하도록 위치하여 정전기적 인력의 도움으로 물 분자들이 서로 강하게 유지되도록 허락한다. 전형적으로 “수소결합”이라 불리는 이 강한 내부력은 전위의 비대칭 분포로부터 직접 발생한다.

또한 물의 화학적 거동은 특이하다. 물 분자들은 약간의 이온을 띄어 물은 전해질과 비전해질 모두에게 우수한 용제가 된다. 사실 물은 거의 완전한 용제로서 산도 마모시키고, 용질을 수송하고, 그리고 생명체들의 생화학을 유지하게 한다. 그러나 이와 같은 특성들은 많은 이점들은 물론 문제들도 발생시킨다. 관로기술자들은 이러한 많은 문제들에 직면한다. 독성 화학물, 소독부산물, 공격적이고 부식성을 띠는 성분, 그리고 관로 내에서 이동하는 물은 많은 다른 물질들을 포함할 수 있어 배관을 손상시키고 소비자들에게 위험을 제공한다.

표 2.1 ▌ 물의 특성

물리적 특성
1. 높은 밀도-$\rho_{liq} \approx 1000\ kg/m^3$
2. 4℃에서 밀도가 최대가 되며 결빙온도에서의 밀도보다 높다
3. Newtonian 유체를 제외하고 점도가 높다-$\mu \approx 10^{-3}\ N \cdot s/m^2$
4. 높은 표면장력-$\sigma \approx 73\ N/m$
5. 높은 체적계수 (통상적으로 비압축성으로 가정된다)-$K \approx 2.07$ GPa
열 특성
1. NH_3을 제외하고 가장 높은 비열 -c ≈ 4.187kJ(kg·℃)
2. 높은 증발열량-$c_v \approx 2.45MJ/kg$
3. 높은 용융열-$c_f \approx 0.36MJ/kg$
4. 결빙시 팽창-다른 모든 설분들에서, $\rho_{solid} > \rho_{liq}$
5. 높은 비등점-c.f., H_2 (20K), O_2 (90K) and H_2O (373 K)
6. 다른 액체와 비금속체에 비해 양호한 열전달체
화학 및 기타 특성
1. 약이온-물은 전해질 및 비전해질에 양호한 용제이다
2. 가시광선에서는 투명하나 적외선 근방에서는 불투명
3. 고전도상수-극초단파 및 전자기장에 반응

물의 결빙시 독특한 팽창특성은 관로를 쉽게 파괴시킬 수 있다. 결과적으로 관로기술자는 관로를 매설하거나 또는 관로가 결빙기후에 노출되는 경우에는 고가의 난방시스템을 제공할 필요가 있다. 물의 높은 점도는 큰 마찰손실과 높은 에너지 비용의 직접적인 원인이며 증기 특성은 펌프, 밸브, 그리고 배관 내부에서 공동화 문제를 발생시킬 수 있다. 더욱이 물의 높은 밀도와 작은 압축성의 조합은 잠재적이고 극적인 부정류 조건을 발생시킨다. 어떻게 관로 유동이 다양한 물리적 제약조건과 영향에 반응하는지 고려한 후 이 중요한 논제에 대해 토론하기로 한다.

2.4.2 보존법칙

물 특성의 의미는 너무 광범위하여 표 2.1과 같은 물 특성의 단순한 목록으로는 물리적 특성을 완벽하게 기술하지 못한다. 저수지에서 수질, 배관 내 부정류에 대한 관심여부와 관계없이 자연현상은 시스템 반응의 특징 및 본질에 공헌하는 일련의 물리적 법칙을 준수한다. 만일 기술자가 정량적으로 거동을 예측해야 한다면 이 거동을 모델로 하는 물리적 법칙과 수학적 법칙을 먼저 이해해야 한다.

반드시 기본 물리법칙을 이해하고 펌프를 통한 유동으로부터 관로 내 부정류 조건까지 상당히 다른 환경에서 광범위하게 적용해야 한다. 이러한 공식들의 유도는 상당한 시간과 노력이 필요하기 때문에 다른 문헌을 참조하기로 한다. 대신 관로의 관계에서 법칙들을 제공하고, 요약하고, 토론하기로 한다. 더욱 정확하게는 유체 거동의 정량적 표현은 (1)검사체적 내 질량보존법칙으로 얻는 kinematic 공식, (2)뉴튼 제2법칙과 에너지공식이 제공하는 운동공식, (3)대부분 정상유동에서 유체를 비압축성으로 가정하여도 타당하지만 부정류에서는 파손을 초래하는 압축성을 고려한 상태공식 3개의 본질적인 상관관계를 필요로 한다.

질량보존과 뉴튼 제2법칙에 대한 중요한 내용은 다음 절에서 간략하게 검토한다. 비정상적인 유동의 고려와 더불어 상태공식에 대한 더욱 상세한 내용은 기술하지만 정상유동을 더욱 구체적으로 토론할 때까지 에너지공식에 대한 기술은 유보한다.

2.4.3 질량보존

본 절에서는 관로기술자의 가장 기본적인 그러나 가장 강력한 도구 중 하나를 소개한다. 중심 개념은 질량보존법칙으로 이것의 핵심 표현은 연속공식 또는 질량보존공식이다.

물리적 시스템에서의 변화에 대한 하나의 특이한 사실은 모든 것이 변화하는 것이 아니라는 사실이다. 사실 대부분 물리적 법칙들은 보존법칙들이다. 즉, 다음과 같이 Ford(1973)가 주장하였듯이 보존법칙은 변화의 중심에서 발생하는 불변성에 대한 보편적인 진술이다.

> 보존법칙은 본질적으로 특히 변화하는 동안 불변성의 진술이다. 만일 분리된 시스템의 경우 시스템 내 변화의 발생과 무관하게 정확하게 불변으로 유지하는 정량(quantity)을 정의할 수 있으면 이 정량은 절대적으로 보존된다고 말한다.

Ford 공식의 측면에서 보존되는 많은 물리적 정량들이 발견되어 왔다. 이들은 에너지(만일 질량을 고려하면), 모멘텀, 유출량, 그리고 각 모멘텀을 포함한다. 특히 질량보존법칙의 중요한 일반론은 핵반응과 화학반응 모두를 포함한다(Hatsopoulos & Keenan, 1965).

2.4.3.1 화학종(chemical species) 보존법칙

"화학반응이 없으면 분자 종(molecular species)은 보존되고 원자반응이 없으면 핵 종들은 보존된다." 본질적으로 보존법칙은 주어진 변화 이전에 존재하였던 핵 또는 분자의 수량은 변화 후 존재하는 수량과 동일하다고 진술하는 것에 지나지 않는다. 수리학 및 수문학 모두 지구상 물의 이동 및 분포를 추적하는 것과 관련되기 때문에 이는 단지 특정 분자 종에 지나지 않으며, 이 법칙의 공식화된 진술이 빈번하게 사용되는 것은 놀라운 사실이 아니다. 전형적으로 토지 영역에 적용되면 이러한 공식화된 진술들을 water budget이라 부른다.

수표장(checkbook)을 정리할 때마다 예산 또는 연속공식의 원리를 적용한다. 임의 기간 종료시점에서 수지(account balance)는 초기 잔고에 모든 입금액을 더한 것으로부터 인출액을 뺀 것과 동일하다. 이를 다음과 같은 공식으로 표현할 수 있다.

$$(\text{balance})_f = (\text{balance})_i + \sum \text{deposits} - \sum \text{withdrawls}$$

물에 유사한 절차를 적용하기 전에 반드시 고려하고자 하는 시스템을 명확하게 정의해야 한다. 수리학과 수문학에서 요구사항은 물질이 자유롭게 통과할 수 있는 검사표면으로 둘러싸인 공간상 고정된 영역인 검사체적을 정의하는 것이다. 영역을 정확하게 정의해야 입력과 출력을 애매하지 않게 확인할 수 있다.

만일 물 평형에서 변경 또는 조정(ΔS)에 관심이 있으면 다음과 같이 예산 개념을 표현할 수 있다.

$$\Delta S = S_f - S_i = (\text{balance})_f - (\text{balance})_i = V_i - V_o \tag{2.1}$$

여기서 V_i는 한 영역으로 유입되는 모든 물의 합을 나타내며, V_o는 동일한 영역을 유출하는 물의 전체 체적을 나타낸다. 그러나 더욱 공통적으로 식 (2.1)과 같은 예산관계식을 비율 공식으로 작성한다. "평형" 공식을 Δt로 나누고 Δt의 크기를 0에 가깝게 제한하면

$$S' = \frac{dS}{dt} = I - O \tag{2.2}$$

여기서 도함수 항 S'는 시간에 따른 저장량의 변화율이고, S는 검사체적에 저장된 물, I는 물이 시스템으로 유입되는 비율이고, O는 유출비율이다. 이 공식을 일관된 체적 단위로 적용할 수 있다(예를 들어 m^3/s, ft^3/s, L/s, ML/day).

관로와 같은 유동을 갖는 시스템에 질량보존의 개념을 적용할 때 배관 내부로 유입되는 유체의 순수 량은 배관 내부 유체 저장으로 설명할 수 있다. 임의 질량 불평형(또는 다른 말로 순수 질량 교환)은 압축성 효과 때문에 관로 내 커다란 압력변화를 초래할 것이다.

2.4.3.2 정상유동(Steady flow)

유동을 정상상태로 가정하면 식 (2.2)를 유입량=유출량 또는 $I = O$로 더욱 간략하게 나타낼 수 있다. 여러 지점들에서 유입과 유출이 발생할 수 있으므로 다음과 같이 작성할 수 있다.

$$\sum_{\text{inflow}} V_i A_i = \sum_{\text{outflow}} V_i A_i \tag{2.3}$$

식 (2.3)은 검사체적으로의 유입율은 유출율과 동일하다는 것을 의미한다. 정상유동조건에서는 검사체적에서 질량 또는 체적의 축적이 발생하지 않으므로 상기 공식은 직관적으로 만족된다. 만일 검사체적을 배관들의 접합부로 취하면 이 법칙은 Kirchhoff의 전류법칙의(접합부로 유입되는 배관들 내 모든 질량유량의 합은 접합부로부터 유출하는 질량유량의

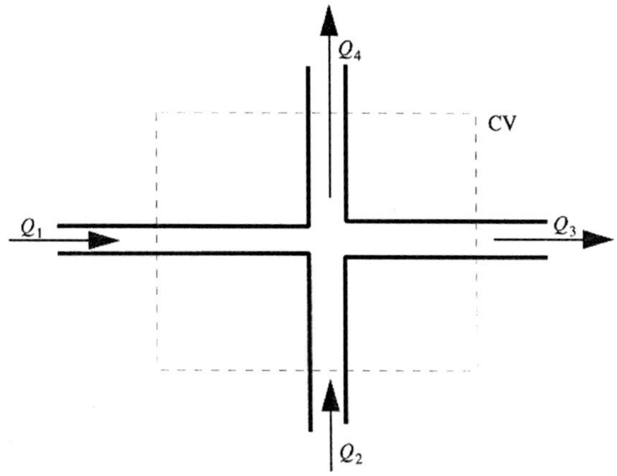

그림 2.2 ▌ 배관 접합부에서 연속성

합과 동일하다) 형태를 취한다. 예를 들어 그림 2.2에서 접합부의 검사체적의 연속성은 다음 식을 진술한다.

$$Q_1 + Q_2 = Q_3 + Q_4 \tag{2.4}$$

2.4.4 뉴튼 제2법칙

유체의 질량 비율이 관심이 될 때 화학종의 단일 성분에 관심이 집중된다. 그러나 뉴튼의 운동법칙과 같은 물리법칙을 소개할 때는 외관상으로 힘과 가속도와는 무관한 정량들 사이 상관관계와 같이 보다 더욱 심오한 것들이 존재한다.

더욱 구체적으로는 뉴튼 제2법칙은 유체 또는 고체의 운동에서 변화를 야기하는 힘들을 관련시킨다. 따라서 시스템에 작용하는 body 힘을 포함한 모든 외부힘의 결과는 시간에 관해 이 시스템의 모멘텀 변화율과 동일하다. 수학적으로 표현하면 다음과 같다.

$$\sum F_{ext} = \frac{d(mv)}{dt} \tag{2.5}$$

여기서 t는 시간이고, F_{ext}는 속도 v로 이동하는 질량 m의 몸체에 작용하는 외부힘들을 나타낸다. 만일 몸체의 질량이 일정하면 식 (2.5)는 다음과 같이 된다.

$$\sum F_{ext} = m\frac{dv}{dt} = ma \tag{2.6}$$

여기서 a는 시스템의 가속도이다.

폐쇄된 수로에서 관심이 되는 주된 힘들은 정수압, 유체 중량, 그리고 마찰의 결과이다. 이러한 힘들은 배관의 각 부분에 작용하여 순수 가속도를 생성한다. 만일 이러한 힘들과 유체 운동을 수학적으로 모델링하면 그 결과는 관로의 부정류 반응을 기술하는 "동적 상관 관계(dynamic relation)"가 된다.

만일 검사체적의 주어진 위치에서 유동 특성들이 시간에 따라 변화하지 않으면 다음과 같이 정상유동 형태의 모멘텀공식을 작성할 수 있다.

$$\sum F_{ext} = \int_{cs} \rho v(v \cdot n) dA \tag{2.7}$$

여기서 좌변은 검사체적에 작용하는 순수 외부힘이고, 우변은 검사 표면을 통한 순수 모멘텀 플럭스(flux)를 표현한다. 검사체적의 전체 표면에 걸쳐 적분을 취하고, 적분함수는 검사체적을 떠나는 모멘텀의 증분량이다.

통상적으로 검사표면은 유동의 수직이 되며 유동은 비압축이고 균등한 것으로 가정할 수 있다. 이러한 가정으로 다음과 같이 모멘텀공식을 더욱 간략화할 수 있다.

$$\sum F_{ext} = (\rho A v v)_{out} - (\rho A v v)_{in} = \rho Q(v_{out} - v_{in}) \tag{2.8}$$

여기서 Q는 체적 유량이다.

모멘텀공식의 직접적인 적용 예는 엘보에서 유동과 힘들을 나타내는 그림 2.3과 같다. 엘보는 수평면에서 장착되어 중량은 수직력에 의해 평형을 이루는 것으로 가정한다.

만일 엘보를 고정된 상태로 유지하려면 선도에 나타낸 반발력들의 평형이 요구된다. 특히 힘 F_x는 반드시 압력힘을 저항해야 하고 모멘텀 플럭스 항을 고려해야 한다. 즉, 오른쪽으로 향하는 x를 +로 택하고 모멘텀공식을 직접 적용하면 다음과 같이 된다.

$$(PA)_1 - F_x = -\rho Q V_1 \tag{2.9}$$

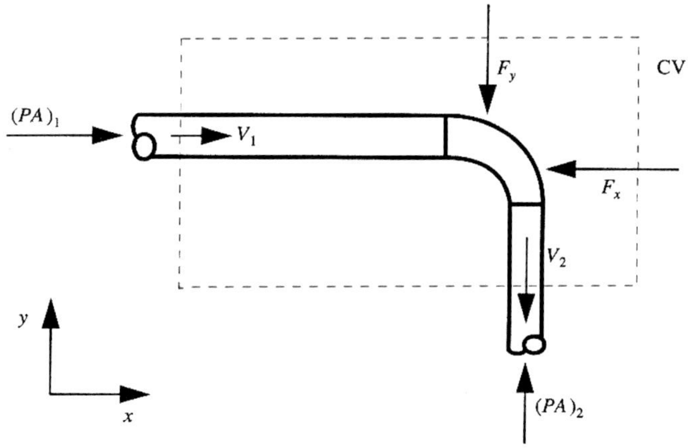

그림 2.3 ▌ 엘보에 작용하는 힘과 모멘텀

따라서

$$F_x = (PA)_1 + \rho Q V_1 \qquad (2.10)$$

유사한 방법으로 상부를 향하는 y를 +로 택하고 모멘텀공식을 적용하면 다음과 같이 된다.

$$(PA)_2 - F_y = \rho Q(-V_2) \qquad (2.11)$$

여기서 유출방향은 + 부호이나, 유속방향은 - 방향이다. 따라서

$$F_y = (PA)_2 + \rho Q V_2 \qquad (2.12)$$

상기 두 경우 보여진 방향에서 관련된 모멘텀을 확립하거나 제거해야 하기 때문에 실제로 반발력은 정적인 경우에서의 반발력 이상으로 증가한다. 추력 보호공 설계시 일상적으로 이러한 종류의 해석을 적용하며 관로의 이동을 제약하기 위해 엘보 또는 곡관에서 앵커를 사용한다.

2.5 시스템 용량 계산을 위한 시간과 공간에서의 문제

송수관로 또는 배수관로는 단순히 하나의 둘러싼 튜브가 아니라 중력을 이용하거나 또는 펌핑의 도움으로 수원으로부터 수요자까지 물을 수송하는 전체시스템이다. 이는 전형적으로 펌프, 밸브, 기타 다른 요소들과 관련된 배관 또는 관로로 구성된다. 통상적으로 서로 연결된 배관들의 복잡한 관망으로 형성된 배수관로시스템과 대조적으로 송수관로시스템은 단일 직렬관로로 구성된다.

앞에서 언급하였듯이 이와 같은 시스템 설계자들이 직면하는 여러 실질적인 문제들이 존재한다. 배관, 저수지, 그리고 펌프들이 충분한 수리적 용량을 가졌는가? 바람직한 수리적 조건들을 달성하기 위해 유동을 제어할 수 있는가? 경제적으로 시스템을 운영할 수 있는가? 비정상압력과 정상압력 모두를 지지하기에 배관과 연결부의 강도가 충분한가?

흥미롭게도 이러한 질문에 대답하기 위해 유동의 특성과 정당화된 단순화에 따라 다른 종류의 모델들을 사용한다. 더욱 구체적으로 정상유동 조건으로 시스템을 해석하고 수요량을 추정하여 수리적 용량을 결정한다. 여기서 시스템 내 주 배관들의 규격을 결정하고 선정하기 위해 미래 수요량의 추정을 사용한다. 공급과 수요를 연결시키는 것은 주로 관로의 유효 직경에 의해 결정되는 시스템의 수리적 용량이다.

1일 평균 또는 1일 최대와 같이 상대적으로 짧은 기간에 걸쳐 수요량의 완만한 변화를 고려하여 펌프 및 저수지의 규격과 운영에 대한 질문들에 답한다. 이와 같은 경우 빈번하게 유체의 가속은 무시할 수 있고 해석자들은 유사-정상유동을 사용한다. 즉, 정상유동으

로 가정하여 힘과 에너지 평형을 계산하나 비정상유동 형태의 연속 공식을 사용하여 유량의 축적과 저장을 계산할 수 있다.

최종적으로 부정류 조건들을 고려하여 배관 및 이형관들의 압력등급과 같은 필요한 강도를 결정한다. 따라서 관로의 강도는 최소한 유동상태 사이 급격한 변이에 의해 발생하는 압력으로 결정한다. 이 단계에서 큰 힘들과 위험한 압력들이 가끔 발생할 수 있기 때문에 단기간 그리고 급속한 변이를 반드시 고려해야 한다. 여기서 힘들은 가속과 평형을 이루고 질량 유동율은 압력변화와 평형을 이룬다. 이러한 부정류 조건들은 2.8절과 제6장에서 더욱 상세하게 기술한다.

관로시스템 내에서 수많은 다른 유동 조건들을 직면한다. 해석을 용이하게 하기 위해 여러 판단기준에 따라 이러한 조건들을 분류한다. 유동 분류는 수로 형상, 재질 특성, 동적(dynamic) 고려사항(kinematic 및 kinetic 모두), 또는 일부 다른 유동의 특성에 기초한다. 예를 들어 유동형식과 수로형상에 기초하여 유동을 개수로, 관수로, 또는 가스유동으로 분류할 수 있다. 아마도 가장 중요한 구별은 유동의 동역학(dynamics)에 기초한다. 이러한 방법에서 유동은 정상 또는 비정상, 난류 또는 층류, 균등 또는 불균등, 압축성 또는 비압축성, 또는 단상 또는 다상으로 분류된다. 해석자에게 이러한 모든 구별들은 극히 중요하다. 즉, 집합적으로 해석자들은 임의 적용시 어떤 물리 법칙과 재질 특성들이 지배하는지를 판단해야 한다.

정상유동(Steady flow). 한 지점에서 유동 조건이 시간에 따라 변화하지 않으면 정상유동(steady flow)이라고 말한다. 그렇지 않으면 비정상(unsteady) 또는 부정류(transient)라 한다. 이 정의에 의해 모든 난류 유동들과 공학적으로 중요한 대부분의 유동들은 비정상유동이다. 통상적인 이러한 이유로 더욱 제한적인 정의가 필요하다. 즉, 유동의 평균 속도가 짧은 기간에 걸쳐 변화하지 않으면 정상유동으로 간주한다. 비록 이러한 가정은 공식적으로 요구되지는 않지만 통상적으로 관로 유동들은 정상유동으로 간주된다. 따라서 부정류 조건들은 한 정상유동상태로부터 다른 정상유동상태로의 "비정상적인(abnormal)" 또는 불평형 변이를 표현한다. 달리 진술하지 않는 한 통상적으로 부정류 문제에서 초기 조건들은 정상유동으로 가정한다.

관로시스템 내 정상조건 또는 평형 조건들은 물리적 법칙들 사이 평형을 암시한다. 평형조건은 개방수로와 폐쇄수로 모두에서 정상 등류로 대표된다. 이러한 적용들에서 각 분절의 유체 유입율은 유출율과 동일하고, 유동에 작용하는 외부 힘들은 모멘텀의 변화에 의해 평형이 되고, 기계적 에너지의 손실은 외부일을 보상한다. 이에 따른 결과로서 유체는 에너지구배에 따라 이동하고 이를 수력구배선 고도로 기술되는 방향 유동으로 가시화할 수 있다(그림 2.1 참조).

유사-정상유동(Quasi-steady flow). 유동이 비정상유동으로 변화할 때 얼마나 신속하게 변화하느냐에 따라 사용해야 할 모델이 다르다. 유동의 변화가 상당히 완만할 때, 예를 들어 수 시간 또는 수일에 걸쳐 변화가 발생하면 유체의 가속을 무시할 수 있다. 물 수요는 완만하게 변화하므로 유사-정상유동 또는 시간확장-기간 모의 모델을 사용하여 모델링할 수 있다.

압축성 및 비압축성. 만일 유체의 밀도 ρ가 시간과 유동장 모두에서 일정하게 유동할 때 비압축성유동이라 부른다. 따라서 ρ는 비압축 유동의 시간 또는 위치의 함수가 아니다. 반대로 밀도가 변화하는 유동은 압축성유동이다.

서지(Surge). 전형적으로 수분의 시간에 걸쳐 유동이 변화하면 빈번하게 서지모델을 사용한다. 북미에서 서지 개념은 다음 가정들이 만족되었을 때 관로 내 비정상 유동 조건들의 해석을 의미한다. 유체는 비압축성이고(따라서 밀도는 일정) 배관 벽은 강성체이고 변형하지 않는다. 이러한 두 가정사항들로 인해 유속은 일정 단면의 배관에 따른 위치의 함수가 아니고 유동은 균등한 것을 의미한다. 다시 말해 압력이 변화하면서 배관의 길이에서 유체가 추가로 저장되지 않는다. 즉, 속도는 균등하기 때문에 유체가 배관으로 유입되는 비율은 항상 유출되는 비율과 동일하다. 그러나 서지 모델은 유체의 가속, 유체의 축적 그리고 저수지 고갈을 고려한다.

수충격(waterhammer). 폐쇄된 관로시스템 내에서 급속한 비정상 유동이 발생할 때 부정류 조건은 때로는 망치질 하는 소음으로 표현되며 이를 수충격현상이라 부른다. 그러나 청취할 수 없는 충격파가 생성되지 않을지라도 급속하게 변화하는 모든 유동 조건들을 이 개념으로 인용하는 것이 공통적이다. 통상적으로 수충격 모델에서 유체는 약간 압축성이고 배관 벽은 내부압력 변화에 따라 변형하는 것으로 가정한다. 수충격파는 관로 내 음속과 동일하게 유한한 속도로 전파한다.

교란이 전파하는 것으로 가정할 때 이 전파속도는 서지 모델과 수충격 모델을 구별하는 주된 인자이다. 파속 매개변수 a는 유체 저장과 관련되기 때문에 파속은 서지 또는 유사-정상 모델 내에서 무한하다. 따라서 실제로 교란은 관로시스템을 걸쳐 순간적으로 전파하는 것으로 가정된다. 물론 파속은 직경, 벽두께 또는 관로 재질과 같은 관로시스템의 유한한 물리적 특성과 관련되기 때문에 교란은 이와 같이 무한 속도로 전파하지 않는다.

비록 비정상유동해석 또는 부정류해석은 정상유동상태 모델링보다 더욱 복잡하지만 관로 내 이러한 영향들을 무시하면 다음 이유 때문에 문제가 될 수 있다. 관로가 예상대로 수행하지 않을 수 있어 커다란 처방비용을 발생시킬 수 있고 또는 부정류 조건들에 대해 과대 설계하여 불필요하게 큰 자산 비용을 유발시킬 수 있다. 따라서 부정류 거동을 명확하게 이해하고 전산모델을 사용할 수 있는 능력을 갖추어야 한다.

한 가지 흥미로운 점은 유동을 압축성으로 가정하면 사전에 압축성의 중요성을 알 필요가 없다는 것이다. 사실 모든 비압축성유동, 유사-정상유동, 그리고 정상유동공식들은 완전 부정류 공식들의 특별한 경우이다. 따라서 만일 압축성의 중요성 또는 가속 영향이 미지수이면 모의 자체가 올바르게 압축성 유동 거동을 가정하고 해석결과는 이러한 가정을 증명하거나 반박하도록 허락한다.

어떤 모델이나 물리적 장치의 사용 여부와 관계없이 물을 재분배하기 위해서는 유체를 제어하기 위한 힘들을 필요로 하고, 유체를 제어하기 위해서 물리적 법칙뿐만 아니라 재료 특성과 이들의 함축성을 이해할 필요가 있다. 따라서 이러한 일들에 대해 더욱 구체적이고 정량적이 되도록 시도한다.

본 장을 진행하면서 일반적으로 정상유동에서 유체는 수력구배선 고도가 감소하는 방향으로 흐른다. 밸브와 같은 특정 설비는 부분 압력을 저하시키고 기계 에너지를 소산시킨다. 따라서 펌프의 운영으로 유체에 에너지를 가하여 하류측 압력을 증가시키며 마찰은 배관 길이에 따라 균등하게 수두손실을 발생시킨다. 그러나 부정류 적용시 이와 같이 정리된 상황은 거의 존재하지 않는다. 대신 유량과 압력의 급작스런 커다란 변화가 발생하여 시스템 내 전파되어 해석을 상당히 어렵게 만든다.

2.6 관수로의 정상유동

W / A / T / E / R

관로시스템 내 정상유동의 설계는 두 개의 주된 목적을 갖는다. 첫 번째, 수리적 목적은 시스템 내 특정 위치에서 바람직한 압력과 유량을 보장하는 것이다. 두 번째, 경제적 목적은 최소 비용으로 수리적 요구사항을 만족시키는 것이다.

관수로 또는 개수로에서 유체가 유동할 때 다양한 형태의 기계에너지의 변환을 경험한다. 특히 압력차이를 통해 유체가 이동하는 것과 관련된 과업은 중력 위치에너지와 동에너지(kinetic) 모두에서의 변화와 관련된다. 더욱이 기계적 에너지는 유동하는 유체의 극도로 작은 온도상승에 의해 설명되는 마찰손실로 변환된다. 즉, 기계적 에너지는 열 형태로 변환된다.

특히 베르누이 공식의 확장된 버전을 사용하여 이러한 에너지 변환들을 설명할 수 있다. 만일 마찰로 인해 발생하는 에너지 손실들을 무시할 수 있으면 베르누이 공식은 다음 형식을 취한다.

$$\frac{p_1}{\gamma}+\frac{V_1^2}{2g}+z_1=\frac{p_2}{\gamma}+\frac{V_2^2}{2g}+z_2 \tag{2.13}$$

여기서 p_1 및 p_2는 각 말단부에서의 압력이고, γ는 유체의 비중량, V_1 및 V_2는 각 말단부에서의 평균 유속, 그리고 z_1 및 z_2는 임의 기준선에 대한 말단부의 고도이다. 상기 식에서 여러 항들은 생생하게 표현되기 때문에 특별한 호칭들이 부여되며, 이 항들은 수직거리와 관련되기 때문에 역사적으로 수두라 부른다.

수두(head)	정의	관련사항
압력수두	p/γ	유동일
위치수두	z	중력위치에너지
속도수두	$V^2/2g$	동에너지
피에조미터수두	$p/\gamma+z$	압력수두+위치수두
전체수두	$p/\gamma+z+V^2/2g$	압력수두+위치수두+속도수두

관로길이에 따라 피에조미터수두를 작성하면 수력구배선(HGL;hydraulic grade line)이 된다. 유사하게 관로길이에 따른 전체 수두를 작성하면 에너지구배선(EGL)이 된다. 통상적으로 급수시스템에서 속도수두는 무시할 수 있으므로 EGL과 HGL는 본질적으로 동일하다.

그러나 손실이 발생하면 상황은 다소 복잡해진다. 배관 시작점으로부터 전체 길이가 L인 말단부에서 발생하는 전체 수두의 차이를 수두손실 h_f로 정의한다. 따라서 h_f는 EGL의 구배 S_f와 배관길이 L의 곱과 동일한 $h_f = L \cdot S_f$이 된다. 유동이 균등할 때 EGL의 구배는 HGL의 구배와 평행하게 되고, 이 차이는 배관 말단부 사이에서 피에조미터 수두 차이가 된다. 수두손실 항을 에너지공식에 포함하면 1차원 배관유동을 기술하는 유용한 공식이 된다.

$$\frac{p_1}{\gamma}+\frac{V_1^2}{2g}+z_1=\frac{p_2}{\gamma}+\frac{V_2^2}{2g}+z_2+h_f \tag{2.14}$$

상기 식에서 점 1로부터 점 2로 유동하는 것으로 가정하고 h_f는 +로 가정한다. 전체 수두를 나타내기 위해 대문자 H를 사용하면 상기 공식을 다음과 같이 작성할 수 있다.

$$H_1 = H_2 + h_f$$

통상적으로 속도 수두항은 작으므로 상기 공식에서 전체수두는 빈번하게 피에조미터수두로 단순화된다.

관로시스템 설계시 설계유량을 수용하기 위해 수두손실을 이해하는 것은 매우 중요하다. 더욱이 수두손실들은 펌프용량과 펌프의 동력소비 모두에 직접적으로 영향을 미친다. 결과적으로 수두손실의 이해는 경제적인 관로시스템의 설계시 매우 중요하다.

경계층 이론 영역인 배관 벽에서 무슨 일이 발생하는지 이해하여 수두손실의 발생을 설명할 수 있다. 이 이론의 기본적인 주장은 이동하는 유체가 고체 표면을 통과할 때 표면과 직접적으로 접촉하는 유체는 표면의 속도에 도달한다(표면의 관점으로부터 zero). 이 "no slip" 조건은 표면으로부터 멀수록 표면에서 속도와 상대적으로 더욱 큰 속도(nonzero)를 갖는 속도구배를 야기하며 따라서 유체에서 전단응력이 형성된다. 고체 표면으로부터 멀리 떨어졌으나 표면 인근에서 완만하게 이동하는 유체에 인접하는 유체는 유체 자체의 응집력 때문에 감속하게 된다. 배관단면에 걸친 전단응력은 배관 중심에서 0이며 선형적으로 증가하여 배관 벽에서 최대가 된다. 또한 배관 중심에서 평균속도가 가장 크다. 전단응력의 분포는 유동이 층류일 때 포물선 속도분포를 발생시킨다.

관로 내 유동은 거의 대부분이 난류이다. 유동 내부에서 난류는 복잡하고 무작위 속도성분을 도입하기 때문에 난류 유동의 정확한 정량적 기술은 불가능하다. 배관 벽의 불규칙성은 신속하게 이동하는 유체와 완만하게 이동하는 유체 사이 모멘텀을 전달하는 와류(eddy currents)를 형성시켜 기계적 에너지를 소산시킨다. 평균 속도가 증가하면서 이러한 유체의 무작위 운동은 증가한다. 따라서 난류유동에서는 층류유동에서 존재하는 전단응력 이외에 이러한 에너지 변환 때문에 겉보기(apparent) 전단응력이 존재한다.

일반적으로 층류, 난류, 또는 천이유동과 같은 유동영역은 무차원 레이놀즈수에 의해 분류된다. 관로에서 레이놀즈수는 다음과 같이 주어진다.

$$Re = \frac{VD\rho}{\mu} \tag{2.15}$$

식 (2.15)에서 V는 유체의 평균속도, D는 배관직경, ρ는 유체밀도, 그리고 μ는 점도이다. 레이놀즈수에 따른 유동영역은 문헌마다 다소 다르지만 다음과 같이 정의한다.

(1) 층류유동 $Re \leq 2000$

(2) 천이유동 $2000 \leq Re \leq 4000$

(3) 난류유동 $Re > 4000$

이러한 유동 영역은 관로시스템 내에서 경험하는 수두손실에 직접적인 영향을 미친다.

2.6.1 관수로의 난류유동

유동하는 유체를 이송하는 관로 내 유속을 측정하기 위해 민감한 탐침봉을 사용하는 실험을 고려하자. 탐침봉은 유동의 축방향에서 평균속도 또는 순수 속도성분을 기록할 것이다. 만일 관로 내 유동이 난류이면 탐침봉은 3개 공간 방향에서 작고 급격한 수많은 속도변화를 기록할 것이다. 난류 운동의 결과로서 유동 패턴의 상세한 내용은 시간에 따라 무작위로 그리고 계속하여 변화할 것이다. 고도가 일정한 상류측 저수지로부터 하류측 밸브까지 물을 수송하는 가장 단순한 균등 관로시스템에서 조차도 상세한 속도장의 구조는 비정상이고 과도하게 복잡하게 된다. 게다가 저수지와 밸브 모두에서 외부 조건들이 시간에 따라 변화하지 않아도 순간 속도의 비정상 수치들이 존재하게 될 것이다. 그럼에도 불구하고 외부조건들이 변경되지 않는 한 속도와 압력의 평균 수치들은 고정될 것이다. 이러한 측면에서 난류유동은 정상유동으로 간주할 수 있다.

공학에서 대부분의 유동은 난류이다. 따라서 공학자는 불가피하게 난류의 바람직하거나 바람직하지 않은 특성들을 처리해야 한다. 긍정적인 측면에서 난류유동은 유체 사이에서 효율적인 질량, 모멘텀, 그리고 에너지를 전달한다. 사실 "stir up the pot"에 대한 표현은 난류의 이미지이다. 즉, 이는 유체 내 대규모 질서와 구조를 파괴하는 강렬한 혼합을 암시한다. 그러나 급속한 혼합은 관로공학자에게 문제를 발생시킨다. 이 부정적인 측면은 높은 에너지 손실, 높은 부식율, 급속한 스카우어링(scouring) 및 침식(erosion), 과도한 소음 및 진동, 그리고 다른 악영향을 포함할 수 있다.

난류 유체에서 어떻게 효과적인 혼합이 발생할까? 물리적으로 혼합은 유동의 다른 영역 사이 유체를 교환하는 속도에서 무작위 동요와 혼돈의 동요에 기인한다. 순간 속도에서 급격한 small-scale 변화들은 신속하게 이동하는 유체의 "패킷(packets; package+bucket의 합성어)"을 낮은 속도로 이동하는 유체의 패킷들과 위치를 교환하거나 그 반대의 경향이 있다. 이러한 방법으로 유동장은 끊임없이 휘어지고, 접혀지고, 그리고 중첩된다. 결과적으로 유동 내의 대규모 차원과 구조는 신속하게 파괴되어 찢어진다. 그러나 유체는 모멘텀뿐만 아니라 유동과 관련된 다른 특성들도 교환한다. 본질적으로 난류 유동 내부에서 유체의 급속하고 지속적인 상호 교환은 효율적인 혼합의 축복과 저주 모두를 제공한다.

난류유동의 선천적인 복잡성을 해결하기 위해 많은 도전이 시도되어 왔다. 반면 만일 유체 특성의 평균 수치를 사용하여 속도변화를 무시하면 어느 정도의 불확도는 필연적으로 발생한다. 의도적으로 유동 과정의 상세한 내용과 유동의 변화성을 피하면 평균 유동 특성의 경험적 예측이 필요하다(예를 들어 수두손실 계수 및 마찰 계수). 그러나 만일 속도장의 상세 내용들을 분석하면 작은 시간 단계를 사용하여 해결해야 할 일련의 절망적으로 복잡한 공식이 생성된다. 가장 빠른 전산기를 사용해도 이와 같은 모델들은 거의 해결되지 않는다. 공학자의 입장에서 유일한 실용적인 처방은 유동 난류에 의해 필요한 경험주의론을 수용하는 한편 이 경험주의론의 어려움을 완전하게 이해하는 것이다. 유체 운동의 상세한 내용을 무시하면 평균 유동계산(평균화 과정은 중요할 수 있는 많은 부분들을 감춘다)에서도 상당한 오차가 발생한다.

유동 내에서 조건들이 한 점과 평균 모두에서 순간적으로 변화할 때 유동은 완전하게 비정상유동이 된다. 예를 들어 저수지에 연결된 단순관로의 하류측 밸브가 급속하게 폐쇄되면 관로의 상류측과 하류측으로 이동하는 충격파가 발생한다. 유동 특성의 평균 수치들에서 불안정(unsteadiness)은 이미 복잡한 문제에 어려움을 더한다. 정상적인 난류유동에서 제대로 정당화된 자료를 평균화하고, 수집하고, 해석하는 여러 절차들은 비정상유동 적용시 빈번하게 문제가 될 수 있다. 전체 상황은 평균 압력, 평균속도, 그리고 다른 특성들에서의 급격한 동요는 배관 또는 다른 장비를 파괴하거나 손상을 줄 수 있는 동적인 상태가 된다. 일상적인 적용에서도 비정상 유동이 빈번하게 발생하는 시스템을 제어, 예측, 그리고 운영할 때는 각별한 주의가 요구된다.

미시적 관점으로부터 난류유동을 관찰하면 이 난류유동은 당황할 정도로 복잡하게 된다. 따라서 거시적 관점으로부터 관찰하면 상대적으로 예측 가능하기 때문에 난류 유동을 해석할 수 있다. 난류는 대략적인 경험법칙의 필요성을 창조하는 것은 물론 이 법칙의 사용과 관련하여 불확도를 결정한다. 경험 공식들과 상당히 많은 문헌은 난류유동과 관련된 상당한 불규칙성을 완화시키는 경향이 있다.

2.6.2 마찰에 의한 수두손실

관로시스템의 수리 설계시 사용하는 기본공식은 유체의 유동과 배관 벽 사이 마찰에 의해 발생한 수두손실 h_f에 유량 Q가 종속되는 것으로 기술하는 공식이다. 본 절에서는 가장 광범위하게 사용되는 수두손실 공식들 중 달시-바하와 하젠-윌리엄공식에 대해 기술한다.

달시-바하공식은 배관 내 유동으로 인해 발생하는 수두손실을 계산하기 위해 사용된다. 이 공식은 재료의 조도가 배관 내부 벽 표면에 미치는 영향과 유동을 지체시키는 유동 영역을 기술하는 무차원 마찰 계수를 결합시키는 장점을 갖는다. 다음과 같이 달시-바하공식을 작성할 수 있다.

$$h_{f'DW} = f\frac{L}{D}\frac{V^2}{2g} = 0.0826 L_f \frac{Q^2}{D^5} \tag{2.16}$$

여기서 $h_{f'DW}$는 마찰에 의한 수두손실(m), f는 무차원 마찰계수, L은 배관길이(m), D는 배관직경(m), $V = Q/A$ 평균속도(m/s), Q는 유량(m^3/s), A는 배관 단면적(m^2), 그리고 g는 중력가속도(m/s^2)이다.

비원형관의 경우 $D = 4R$이 되며 여기서 R은 수력반경이다. 수력반경은 단면적을 접수길이(wetted perimeter)로 나눈 $R = A/P$로 정의된다.

수두손실은 관로의 길이와 마찰계수에 직접적으로 비례한다는 사실에 유의해야 한다. 명백하게 배관의 조도가 클수록 그리고 유체가 이동해야 할 길이가 길수록 에너지손실이 커진다. 또한 상기 공식으로부터 수두손실은 배관 직경과 역으로 관련된다는 것을 알 수 있다. 즉, 배관 직경이 증가하면서 배관 벽에서 전단응력의 영향이 적어지므로 굴착 및 건설비용이 과중하지 않으면 직경이 큰 배관이 유리하다는 것을 의미한다. 특히 배관 직경 D에 대한 유량 Q의 종속도는 고차원 비선형이다. 즉, 부적합하게 작은 배관은 부분적으로 폐쇄된 밸브와 같이 상당히 유동을 제한할 수 있는 반면 큰 직경의 배관을 사용하여 수두손실을 극적으로 감소시킬 수 있기 때문에 이러한 사실은 관로설계자에게 상당히 중요하다.

층류유동의 경우 마찰계수는 단순한 공식 $f = 64/Re$와 같이 오직 Re에 선형적으로 종속된다. 난류유동의 경우 마찰계수는 Re와 배관의 상대조도와의 함수이다. Nikuradse (1933)가 배관 벽 내부에 균일한 모래 입자들을 부착시킨 여러 배관들에서 유량에 따른 저항을 실험적으로 측정하였다. 여기서 상대조도는 등가 균일 모래입자규격과 배관직경의 비율이다. 비록 상업용 배관들의 조도 특성은 위치에 따라 약간은 다르지만 이 배관들도 모래입자 크기 e의 균일 분포를 갖는 배관과 동일한 저항 특성을 갖는다. 따라서 만일 유체의 속도를 알고, Re, 그리고 상대조도가 기저이면 무디선도 또는 Colebrook-White 공식을 사용하여 마찰계수 f를 결정할 수 있다.

Jeppson(1976)은 달시-바하공식에서 마찰계수를 계산하기 위해 무디선도 대신 사용할 수 있는 마찰손실공식들을 요약하여 제공하였다. Re가 4000인 경우 이 공식들을 적용할 수 있으며 난류 유동의 형식에 따라 (1) 부드러운 난류, (2) 부드러운 난류와 완전 난류 사이의 천이, 그리고 (3) 거친 난류로 분류된다.

부드러운 난류유동의 경우 마찰계수는 Re의 함수이다.

$$\frac{1}{\sqrt{f}} = 2log\left(Re\sqrt{f}\right) \tag{2.17}$$

부드러운 난류유동과 완전 거친 난류유동 사이의 천이영역에서 마찰계수는 Re와 상대조도 e/D의 함수이다. 이 마찰계수공식을 Colebrook-White 공식이라 부른다.

$$\frac{1}{\sqrt{f}} = -2log\left(\frac{e/D}{3.7} + \frac{2.51}{Re\sqrt{f}}\right) \tag{2.18}$$

완전 발달된 난류유동인 경우 달시-바하 마찰계수는 Re와는 무관하며 오직 상대조도만의 함수가 된다.

$$\frac{1}{\sqrt{f}} = 1.14 - 2log\left(\frac{e}{D}\right) \tag{2.19}$$

일반적으로 식 (2.19)는 수리적으로 거친 유동의 경우에 유효한 공식인 반면 배관 내 모든 난류 유동 영역에 식 (2.16)이 유효하다. 매끄러운-배관 유동에서 점성 하부층은 유동에서 e의 영향을 완벽하게 소멸시킨다. 따라서 이 경우 마찰계수 f는 Re의 함수이고 상대조도 e/D와는 독립적이다. 거친 배관 유동에서 점성 하부층은 매우 얇아 f는 벽의 조도에 의해 지배되므로 오직 e/D의 함수이고 Re와는 독립적이다. 천이영역에서 f는 e/D와 Re의 함수이다.

설계시 f를 구하기 위해 식 (2.18)을 사용하는 것은 불편해 보인다. 그러나 무디선도의 도움과 많은 양해적 단순화들 중 하나를 사용하여 이러한 어려움을 쉽게 극복할 수 있다. 무디선도의 횡축은 Re이고, 종축의 하나는 마찰계수이고, 다른 종축은 매개변수 e/D을 나타내는 곡선군이다. 만일 상대조도 e/D가 기저이면 올바른 Re와 교차할 때까지 상대조도 곡선을 따라 이동한다. 반대 좌표에 상응하는 점이 바로 적합한 마찰계수 f이다. 즉, 다양한 상업용 배관 재질과 직경에서 e/D는 여러 제작사가 제공하며 실험적으로 결정된다.

무디선도에 대한 더욱 인기 있는 대안은 묵시적 Colebrook-White 공식을 단순화하는 양해적 수학 형태의 마찰계수 공식을 사용하는 것이다. 인기 있는 관망해석 프로그래밍 EPANET와 여러 다른 코드들은 다음과 같은 Swanee & Jain(1976) 공식을 사용한다.

$$f=\frac{0.25}{\left[log\left(\frac{e}{3.7D}+\frac{5.74}{Re^{0.9}}\right)\right]^2} \tag{2.20}$$

상기 식에서의 조도 추정과 Re 종속을 배제시키기 위해 빈번하게 더욱 직접적인 공식을 사용한다. 아마도 가장 광범위하게 사용되는 실험 수두손실공식은 하젠-윌리엄공식으로 다음과 같다.

$$Q=C_uCD^{2.63}S^{0.54} \tag{2.21}$$

여기서 C_u는 단위계수(영국단위인 경우 $C_u=0.134$, 미터단위인 경우 $C_u=0.278$), Q는 배관 내 유량(g/s 또는 m^3/s), L은 배관길이(ft 또는 m), d는 배관 내경(인치 또는 mm), C는 하젠-윌리엄 조도계수, S는 에너지선의 구배로서 h_f/L과 동일하다.

하젠-윌리웜 계수 C는 일정하고 유량(즉, Re)에 독립적인 것으로 가정한다. 이 수치는 매끄러운 직관의 경우 140부터, 오래되고 라이닝되지 않아 결절이 발생한 배관의 경우 90 또는 80이 된다. 평균 조건의 경우 100 인근 수치가 대표적이다. 다양한 단위의 조합에서 단위 계수의 수치는 표 2.2와 같다.

표 2.2 ▌ 하젠-윌리엄공식의 C_u 계수

유량 Q 단위	직경 D 단위	단위 계수 C_u
MGD	ft	0.279
ft^3/s	ft	0.432
GPM	in	0.285
GPD	in	405
m^3/s	m	0.278

국제규격 단위에서 수두손실을 위한 하젠-윌리엄 공식은 다음과 같다.

$$h_{f'HW}=10.654\left(\frac{Q}{C}\right)^{\frac{1}{0.54}}\frac{1}{D^{4.87}}L \tag{2.22}$$

여기서 $h_{f'HW}$는 하젠-윌리엄 수두손실이다. 사실 하젠-윌리엄공식은 유일한 경험 손실공식이 아니다. 또 다른 손실공식인 매닝(Manning) 공식은 개수로 유동 연산에서 광범위하게 사용된다. 다른 공식들과 같이 매닝 공식은 수로의 조도를 기술하기 위한 하나의 매개변수로 매닝의 n을 사용한다.

가장 중요하고 의외로 어려운 수리적 매개변수들 중 하나는 배관 직경이다. 앞에서 언급하였듯이 수두손실 공식에서 직경의 지수가 커서 직경 수치에 매우 민감한 것을 의미한다.

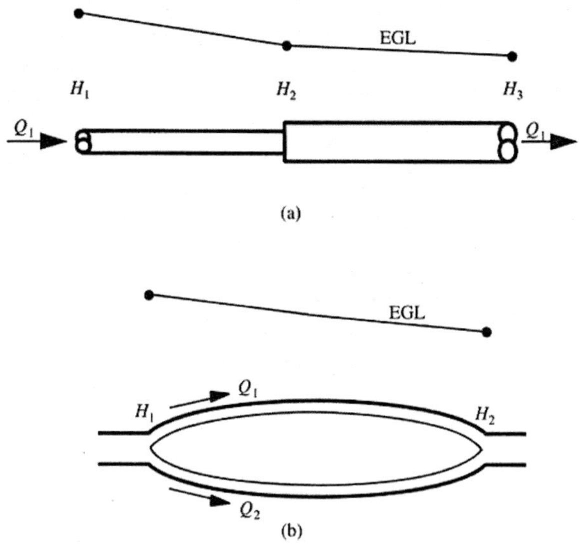

그림 2.4 ▌ 직렬 및 병렬관로에서 유동

이러한 이유로 공학자들과 해석자들은 실제 배관 직경을 결정하기 위해서 매우 신중해야 하며 빈번하게 제작사들이 제공하는 공칭직경의 사용은 권장되지 않는다. 그러나 아직 또 다른 복잡성이 발생할 수 있다. 전형적으로 배관 벽체에서 화학적 분해의 결과로서 빈번하게 배관 직경은 시간에 따라 변화한다. 오래된 배관의 경우 증가된 배관 저항의 수치를 사용하여 이러한 직경의 감소를 간접적으로 설명할 수 있다. 일부 상황에서 이러한 방법이 타당할지라도 특히 비정상 조건과 같은 다른 조건들에서는 문제가 될 수 있다. 가능하다면 모든 수리적 계산시 정확한 직경이 권장된다. 그러나 실제로 일부 배관들의 조합을 단일 등가 배관 직경으로 나타낼 수 있다(그림 2.4와 같이 직렬 또는 병렬 배관).

2.6.3 손실수두 공식의 비교

일반적으로 매닝공식과 하젠-윌리엄공식은 경험적으로 결정된 저항 계수를 사용하는 반면 달시-바하공식은 이론에 바탕을 두므로 달시-바하공식이 우수한 것으로 주장한다. 달시-바하공식의 함수적 관계가 여러 항들의 차원으로 함축된 논리적 결합을 반영하는 것이 사실일지라도 등가 균일 모재-입자 규격의 결정은 본질적으로 경험적이다. 즉, 무디선도 또는 Colebrook-White 공식에서 사용된 상대조도 매개변수는 이론적으로 결정되지 않는다. 본 절에서는 단순 배관을 사용하여 달시-바하공식과 하젠-윌리엄공식을 간략하게 비교한다.

식 (2.16)에 대한 식 (2.22)의 비율을 조사할 때 수리적 조도 범위에서 Δh_f의 증가를 설명할 수 있다. 수리적으로 거친 유동의 경우 식 (2.18)의 우변의 두 번째 항 $2.51/(Re\sqrt{f})$을 무시하여 식 (2.18)을 단순화할 수 있다. 이 비교는 다음 형태를 취한다.

$$\frac{h_{f'HW}}{h_{f'DW}} = 128.94\left(1.14 - 2log\ \frac{e}{D}\right)^2 \frac{D^{0.13}}{C^{1.852}} \frac{1}{Q^{0.148}} \tag{2.23}$$

상기 식은 대부분 수리적 조도에서 동일한 유량 Q의 경우 식 (2.22)를 사용할 때보다 식 (2.16)을 사용하면 더 큰 수두손실 h_f가 예측되는 것을 보여준다. 대안적으로 동일한 수두손실의 경우 식 (2.22)는 식 (2.16)보다 작은 유량을 제공한다.

더욱 일반적인 경우에서 수두손실 관계를 비교할 때 중요하지 않은 논제에 걸쳐 상당한 논란이 빈번하게 발생한다. 예를 들어 무디선도상에 여러 공식들과 그들의 차이에 대한 해설을 작성하는 것이 일반적이다. 그러나 이와 같은 비교는 별로 중요하지 않다. 수리적 관점으로부터 요점은 다음과 같다. 공식들은 서로 다르지만 유사한 수두-유량 거동을 제공한다는 것이다. 즉, 임의 실용적인 손실공식을 사용하여 배관 분절에서 수두손실과 유량 사이 물리적 관계를 잘 예측할 수 있다는 것이다. 더욱 단순하게 말하면 요점은 얼마나 잘 $h_f\ vs\ Q$ 곡선을 비교하냐는 것이다.

식 (2.16)과 식 (2.22)로부터 결정된 h_f의 수치들을 비교하기 위해 매개변수 D, L 및 C가 명시된 한 관로를 고려한다. Q가 주어지면 하젠-윌리엄공식을 사용해서 h_f를 계산하는 것이 가능하다. 이렇게 해서 달시-바하 f를 얻을 수 있으며, 이제 Colebrook 식 (2.18)을 사용하여 등가 조도수치 e를 구할 수 있다. 최종적으로 유량의 범위에 걸쳐 수두변화를 작성할 수 있다.

$e = 0.1\,\text{mm}$인 두 개의 아연도금강관에서 이러한 해석을 수행한다. 한 배관은 직경이 0.1m이고 길이는 100m이다. 다른 배관의 직경은 1.0m이고 길이는 1000m이다. 아연도금강관의 하젠-윌리엄 C는 약 130이다. Δh_f가 작은 범위의 이동과 변화를 증명하기 위해 이 두 배관에 대해 다른 C 수치들을 사용할 것이다. 유량이 동일한 경우 두 방법들의 수두손실의 차이 Δh_f와 계산된 $h_f - Q$ 관계의 결과를 그림 2.5 및 2.6에 나타내었다.

만일 식 (2.16)을 사용하여 결정한 수두손실을 $h_{f,DW}$로 표기하고 식 (2.22)를 사용하여 결정한 수두손실을 $h_{f'HW}$으로 표기하면 달시-바하 수두손실 $h_{f'DW}$를 기준으로 한 수두차이 $\Delta h_f(m)$는 다음과 같이 된다.

$$\Delta h_f = h_{f'DW} - h_{f'HW} \tag{2.24}$$

그림 2.5와 2.6은 세 개의 범위가 존재하는 것을 보여준다. 첫 번째 범위 내에서는 수두손실이 작고 $h_{f'HW} > h_{f'DW}$이다. 이 범위에서 발생하는 Δh_f의 차이는 수리적으로 매끄러운 그리고 매끄러운-천이 영역에서 하젠-윌리엄공식은 유효하지 않은 사실의 결과인 것으로 보인다. 다행하게도 설계시 이 유량영역은 거의 사용되지 않는다. 높은 수두손실에서 하젠-윌리엄공식은 달시-바하공식이 제공하는 유량보다 작은 유량을 제공하는 경향이 있다.

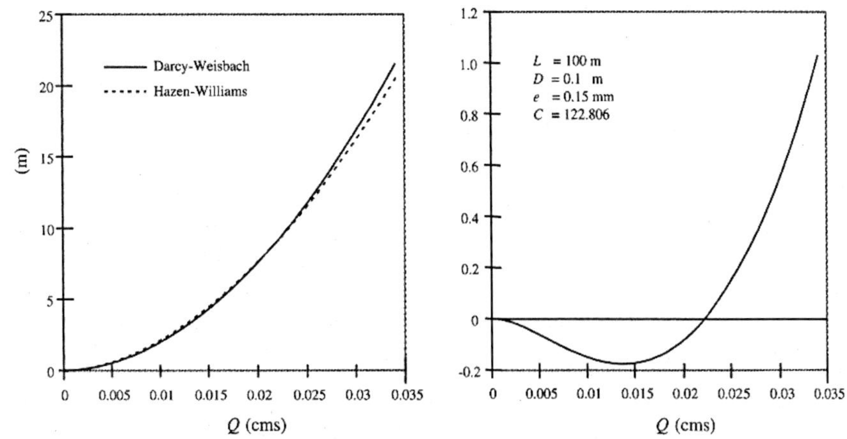

그림 2.5 ▌ 하젠-윌리엄과 달시-바하 공식의 손실 비교(작은 직경)

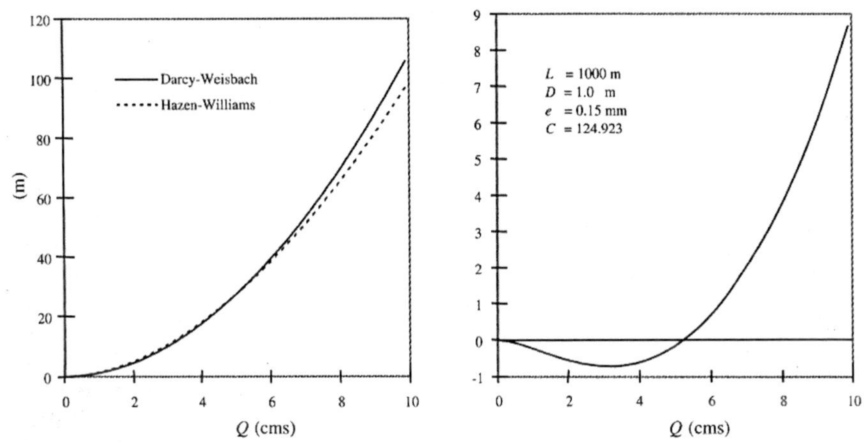

그림 2.6 ▌ 하젠-윌리엄과 달시-바하 공식의 손실 비교(큰 직경)

주로 $h_{f'DW} > h_{f'HW}$ 범위인 곡선의 상당한 부분에서 절대 수두손실과 비교할 때 Δh_f는 작다. 계산시 하젠-윌리엄의 C의 다른 수치들을 사용하면 작은 Δh_f 변화의 범위는 이동되는 것을 볼 수 있다. 따라서 수두-유량 곡선에서 적합한 점을 나타내는 적정한 C 수치를 선정하는 것은 중요하다. 만일 이와 같은 C 수치를 사용하면 Δh_f는 작고, 설계가 그리 중요하지 않는 경우 하젠-윌리엄 공식 또는 달시-바하 공식을 사용할 수 있다.

이 예는 식 (2.16)에 대한 단순화로 식 (2.22)를 사용하는 장점과 단점 모두를 보여준다. 이러한 어려움에도 불구하고 보수적인 결과와 사용의 단순함 때문에 하젠-윌리엄 공식이 정당화된다. 그러나 적정한 하젠-윌리엄의 C 또는 상대조도 e/D의 수치를 선정하는 것은 상당히 어렵다. 다양한 재질로 제작된 새로운 배관의 C 수치 범위는 문헌에 주어진다. 오래된 배관에 적합한 C 수치를 선정하는 것은 더욱 어렵다. 그러나 만일 적정한 C 또는 e 수치를 사용하면 수두손실 공식들 사이의 차이는 미소할 수 있다.

또한 수두손실은 시간의 함수이다. 배관이 노화하면서 특히 금속재질 배관의 경우 배관 내부에 녹이 형성되면 부식될 수 있으며 이는 배관의 상대 조도를 증가시킨다. 유체 내 포함된 화학약품 또는 고체입자들은 배관 벽의 조도를 완만하게 퇴화시킨다. 경수의 경우 배관 내부 스케일링이 발생할 수 있다. 일부의 경우 생물학적 요소들은 시간종속 수두손실을 유발시킨다. 조개 및 얼룩말 홍합은 일부 취수배관 내에서 성장하여 통수능력을 극적으로 감소시킬 수 있다.

2.6.4 부분손실 수두

배관 벽 마찰 이외 다른 수두손실이 발생할 수 있다. 사실 유동 속도의 변화가 발생하는 곳에서는(예를 들어 곡관에서와 같은 수로 내 방향의 변화, 개구부, 밸브 또는 게이지와 같은 단면적에서 변화) 부분손실이 발생한다. 벤트리 축소의 경우 기본적인 유량 및 압력분포를 그림 2.7에 나타내었다.

벤트리에서의 수두손실 미케니즘은 부분 손실을 포함하는 많은 적용들의 전형적인 예이다. 선도가 나타내는 것과 같이 유동 축소부가 존재하며 이 부분에서 유동이 가속된 후 확장부분에서 유동이 감속된다. 벤트리의 이러한 부분 또는 일부 밸브 개방에서의 유동은 연속공식으로 잘 기술된다. 그러나 압력에 무슨 일이 일어나는지가 더욱 흥미롭고 중요하다.

베르누이 공식에 의거 유동이 가속하면서 압력은 감소한다. 이 경우 압력저하와 유동은 동일한 방향이기 때문에 모든 것이 순조롭다. 그러나 확장부분의 하류측 방향에서 압력이 증가한다. 이것이 중요한 이유를 살펴보기 위해 단면에 걸쳐 분포된 유동을 고려하자. 배관 중심에서 유동 속도는 높으나 유체는 더욱 큰 압력 영역으로 이동하면서 단순하게 속도가 느려지게 된다. 그러나 배관 벽에서의 유동은 속도를 갖지 않기 때문에 하류측 방향에서의 압력 상승에 반응하여 정상적인 유동방향의 반대인 상류측으로 유동하는 경향이 있다.

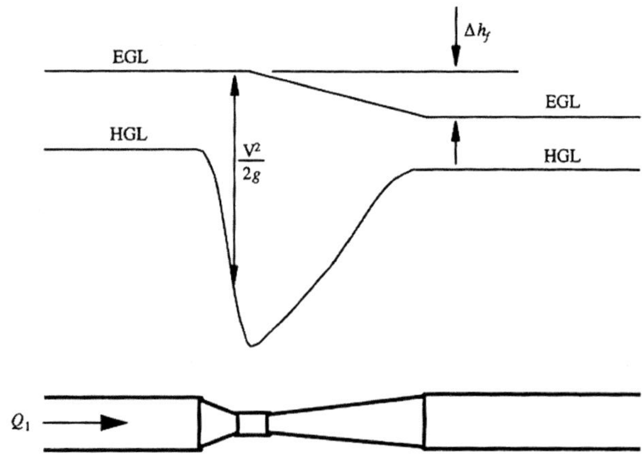

그림 2.7 ▌ 벤트리관에서 압력관계

배관 중심에서 유동 속도는 높으나 유체는 더욱 큰 압력 영역으로 이동하면서 단순하게 속도가 느려지게 된다. 그러나 배관 벽에서 유동은 속도를 갖지 않기 때문에 하류측 방향에서의 압력 상승에 반응하여 정상적인 유동방향의 반대인 상류측으로 유동하는 경향이 있다.

보다 신속하게 이동하는 유체가 점도를 사용하여 “pull it along”할 수 있을 때만이 이와 같이 분리되는 경향이 있는 유동을 방지할 수 있다. 만일 확장이 너무 급작스러우면 이러한 과정은 충분하지 않고 유동은 분리되어 메인 유로 안에서 재순환하는 유동 영역이 발생한다. 이와 같은 영역에서는 높은 전단응력, 불규칙적인 동작, 그리고 큰 에너지 손실이 발생한다. 따라서 부분 손실의 관점으로부터 압력변화시 대칭-역압력 구배 또는 재순환 유동 영역은 매우 중요하다.

다음 식과 같이 속도수두의 항으로 부분 수두손실을 표현할 수 있다.

$$h_1 = k\frac{V^2}{2g} \tag{2.25}$$

여기서 k는 밸브, 게이지 등의 수두손실 시험으로부터 실험적으로 유도된 상수이며, 장비 제작사가 이 수치들을 제공하며 전형적인 k 수치는 표 2.3과 같다.

2.6.5 소류력(Tractive Force)

또한 유체 저항은 수송 모멘텀 내 플럭스를 포함하고 소류력(유속이 커지면서 강바닥의 토사와 자갈이 이동하는 것)을 생성하며 특히 슬러지 형성 및 슬러리 적용시 2상(액체-고체) 유동에서 중요한 많은 논제를 제공한다. 이러한 상황에서 수류력은 설계 속도에 중요한 영향을 갖는다. 속도가 너무 작으면 부유된 침전물을 이송하기에 소류력이 충분하지 않아 침전이 발생한다. 반대로 설계 속도가 너무 크면 큰 소류력은 수로 또는 관로 내에서 침식과 부식율을 증가시켜 유지관리 및 운영비용이 늘어날 것이다. 따라서 소류력의 중요성은 자기-청소(self-cleansing) 관로 및 압력유동시스템 설계와 관련되고 침식 가능한 수로의 경우 안정된 수로 설계와 관련된다. 만일 소류력이 너무 크면 생물막 sloughing 미케니즘 또는 부식 부산물의 부유를 통해 급수시스템 관로 내에서 수질 문제를 야기시킬 수 있다.

2.6.6 관망시스템 계산 : 정상 균등 유동

본 장은 공학자의 능력을 배양하기 위해 원리들의 체계적인 제공 및 문제 해결의 절차에 대해 역점을 둔다. 수리해석의 원리를 예증하기 위해 본 절은 에너지공식의 적용과 가장 공통적인 수두손실 공식들의 적용 모두를 증명하는 하나의 예제를 포함한다. 부차적인 목적은 관로 유동에 대한 공통적인 두 가정들인 비압축성과 등온의 정당성을 증명하는 것이다.

표 2.3 ▌ 부분손실 계수

구 분	스케치	자료	K		출처*
배관 유입부 $h_L = K_e V^2/2g$	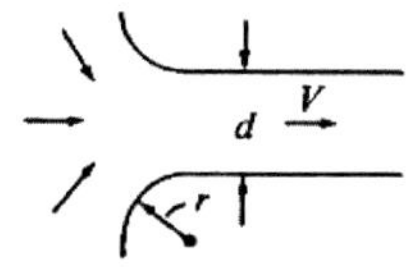	r/d	K_e		(1)
		0.0	0.50		
		0.1	0.12		
		> 0.2	0.03		
축소부 $h_L = K_c V_2^2/2g$	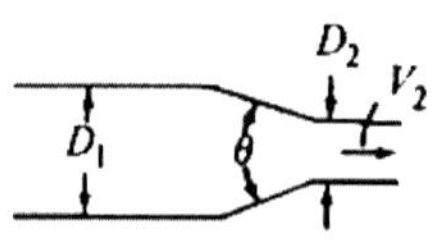		K_c	K_c	(1)
		D_2/D_1	$\theta = 60°$	$\theta = 180°$	
		0.0	0.08	0.50	
		0.20	0.08	0.49	
		0.40	0.07	0.42	
		0.60	0.06	0.32	
		0.80	0.05	0.18	
		0.90	0.04	0.10	
확대부 $h_L = K_E V_1^2/2g$	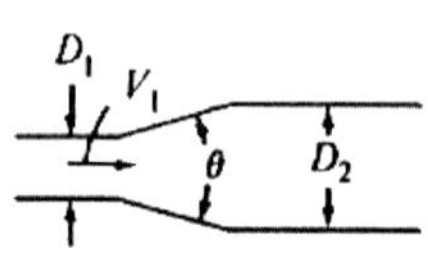		K_E	K_E	(1)
		D_1/D_2	$\theta = 10°$	$\theta = 180°$	
		0.0		1.00	
		0.20	0.13	0.92	
		0.40	0.11	0.72	
		0.60	0.06	0.42	
		0.80	0.03	0.16	
90°miter 곡관	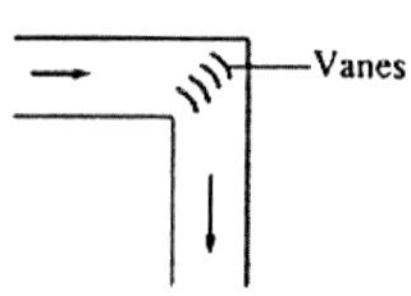	Without vanes	$K_b = 1.1$		(26)
		With vanes	$K_b = 0.2$		(26)
90°miter smooth	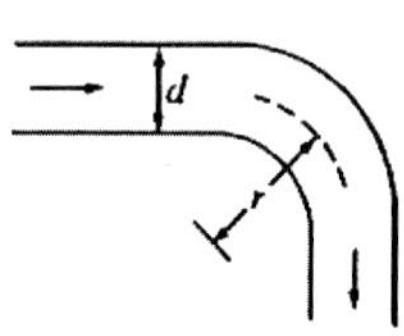	r/d			(3), (13)
		1	$K_b = 0.35$		
		2	0.19		
		4	0.16		
		6	0.21		
		8	0.28		
		10	0.32		
나사 배관 이형관	Globe valve-wide open		$K_v = 10.0$		(26)
	Angle valve-wide open		$K_v = 5.0$		
	Gate valve-wide open		$K_v = 0.2$		
	Gate valve-half open		$K_v = 5.6$		
	Return bend		$K_b = 2.2$		
	Tee		$K_t = 1.8$		
	90°elbow		$K_b = 0.9$		
	45°elbow		$K_b = 0.4$		

출처 : Roberson and Crowe(1993).
*Given in Roberson and Crowe(1993).

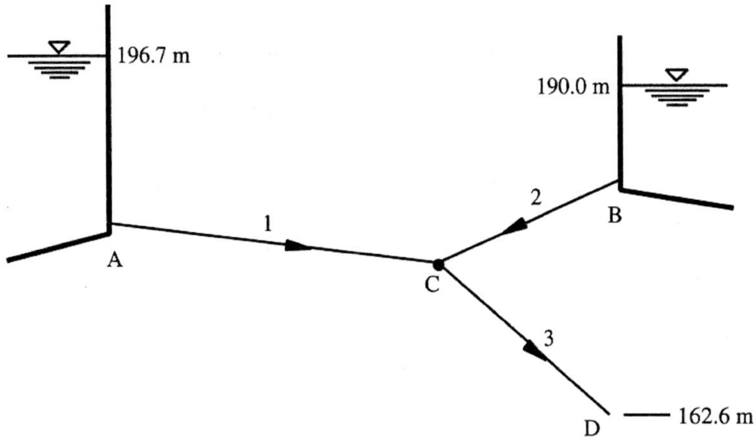

그림 2.8 ▌ 단순관로에서 유동

예제 2.1 직경 27인치, 길이 2500m 직선 배관은 수온 10℃ 물을 대기로 유량 1.80m^3/s을 방출한다. 배관 상류측 말단부 고도는 100m이고, 압력계의 읽음 값은 3.0MPa이다. 배관의 구배는 +4%이다.

1. 이 관로 양 말단부에서 압력수두, 위치수두, 전체수두, 그리고 피에조미터 수위를 결정하라.
2. 이 관로와 유량에 관련된 달시-바하 마찰계수 f와 하젠-윌리엄 C를 결정하라.
3. 관로 상류측과 하류측 말단부들 사이 밀도변화를 추정하기 위해 기저 압력변화를 사용하라. 내부 직경을 일정하게 27인치로 가정하여 배관 양 말단부 사이 속도변화를 추정하라. 이 계산으로부터 도달한 결론은?
4. 배관 내 모든 마찰 손실은 물의 온도 상승으로 변환되는 것으로 가정하여 이 수두손실과 유동과 관련된 온도의 변화를 추정하라. 이 계산으로부터 도달한 결론은?

해답 이 문제에서 초기 가정은 물의 밀도와 온도가 일정하다는 것이다. 문제의 종료시점에서 이 가정들은(수치해석시 자주 사용된 predictor-corrector 방법에 유사한 절차) 매우 우수한 것으로 확인된다. 문제의 여러 부분에서 공통적으로 사용할 계산부터 시작한다.

형상 좌측으로부터 우측으로 유동을 가시화하면 관로 좌측 말단부의 고도가 100m이면 우측 말단부 고도는 100+0.04(2500)=200m가 된다. 따라서 관로 우측 말단부에서는 100m의 위치수두를 얻는다.

특성 10℃에서 물의 밀도는 999.7kg/m^{3}이고, 체적계수 $K=\rho\Delta\rho/P/\Delta\rho=2.26\,\text{GPa}$, 비열은 $C=4187\text{J/(kg}\cdot℃)$이다. 비중량은 $\gamma=\rho g=9.81\,\text{kN/m}^3$이다.

내부 직경 27인치 또는 0.686m인 경우 배관의 단면적은

$$A = \frac{\pi}{4}D^2 = \frac{3.14 \times 0.686^2}{4} = 0.370\text{m}^2$$

유량 $Q = 1.80\text{m}^3/\text{s}$ 이므로 평균유속은

$$V = \frac{Q}{A} = \frac{1.80\text{m}^3/\text{s}}{0.37\text{m}^2} = 4.87\text{m/s}$$

상기 속도는 대부분 수도 관로에서 허용되는 수치보다 높다.

1. 속도수두는 다음 식으로 주어진다.

$$h_v = \frac{V^2}{2g} = \frac{4.87^2}{2 \times 9.8} = 1.21\text{m}$$

따라서 다음 표를 완성할 수 있다.

변 수	식	상 류	하 류
압력(MPa)	P	3.0	0.0
압력수두(m)	P/γ	305.9	0.0
위치수두(m)	z	100.0	200.0
피에조미터수두(m)	$P/\gamma + z$	405.9	200.0
전체수두(m)	$P/\gamma + z + V^2/2g$	407.1	201.2

2. 마찰에 의해 발생된 수두손실은 배관길이에 걸친 전체수두의 순수한 감소와 동일하다. 즉, $h_f = 407.1 - 201.2 = 205.9\text{m}$ 이다. 이 배관의 직경은 균등하기 때문에 피에조미터 수두 항으로부터 이 수치들을 얻을 수 있다.

달시-바하공식 (2.6)으로부터 무차원 f를 구하기 위한 다음 식을 얻을 수 있다.

$$f = \frac{h_f D}{L\frac{V^2}{2g}} = \frac{205.9 \times 0.686}{2500 \times 1.21} = 0.047$$

하젠-윌리엄공식 (2.21)로부터 무차원 C를 얻을 수 있다.

$$C = \frac{Q}{0.278D^{2.63}(h_f/L)^{0.54}} = \frac{1.8}{0.278(0.686)^{2.63}(205.9/2500)^{0.54}} = 67.2$$

상기 수치는 배관이 불량한 조건인 것을 나타내며 아마도 보수 또는 대체가 필요하다.

3. 정상유동을 포함하는 대부분 문제들에서 물의 압축성은 무시할 수 있는 것으로 가정한다. 압력과 관련된 밀도 변화는 쉽게 계산되므로 이러한 가정은 쉽게 증명된다. 현재 문제에서 압력변화는 3.0MPa이고 체적계수는 2200MPa이다. 따라서 체적계수 K의 정의에 의해

$$\frac{\Delta\rho}{\rho}=\frac{\Delta P}{K}=\frac{3}{2200}=0.0014$$

명백하게 이 문제에서도 상당히 극적인 압력변화에서도 상대밀도의 변화는 0.14% 이하이다. 높은 압력을 받는 배관 상류측 말단부에서의 밀도는 다음과 같다.

$$\rho_1=\rho_2+\Delta\rho=999.7(1+0.0014)=1001.1\,\mathrm{kg/m^3}$$

질량연속공식을 사용하면

$$\rho(AV)_1=\rho(AV)_2$$

이 경우 배관은 완벽하게 강성체이고 압력변화는 오직 밀도변화만을 초래하는 것으로 가정한다(대부분 적용에서 이 두 가정은 동등하게 중요하다). 더욱이 하류측 말단부(지점 2)에 이미 계산한 속도를 적용한다. 따라서 연속공식으로부터

$$V_1=V_2\frac{\rho_2}{\rho_1}=4.87\frac{999.7}{1001.1}=4.86\,\mathrm{m/s}$$

이 경우에서도 명백하게 속도와 밀도 변화는 무시할 수 있으므로 비압축성 유동의 가정은 극히 양호하다.

4. 유동을 비압축성으로 가정하고 피에조미터 유동에서 변화를 통한 유체 이동에 사용된 일을 사용하여 소산된 에너지 P_d를 계산할 수 있다(사실 수두손실은 전달된 유체의 단위 비중량 당 소산되는 에너지에 지나지 않는다). 따라서

$$P_d=\gamma Qh_f$$

엄격하게 말하면 이 에너지는 소실되는 것이 아니라 덜 유용한 형태인 열로 변환되는 것이다. 에너지는 유체 온도의 상승과 관련되므로 열은 유체 내부에 보유되는 것으로 가정하여 에너지 소산과 관련된 유체 온도의 상승을 쉽게 추정할 수 있다. 즉, $P_f=\rho Qc\Delta T=\rho gQh_f$이므로 이 식으로부터 온도상승을 구하면 등온유동의 가정은 타당한 것으로 보인다.

$$\Delta T=\frac{gh_f}{c}=\frac{9.91\mathrm{m/s^2}\times205.9\mathrm{m}}{4187\mathrm{J/kg\cdot℃}}=0.48℃$$

2.6.7 펌프

비록 물은 지구 표면에서 발견할 수 있는 가장 흔한 물질일지라도 물의 자연 분포는 공학자의 요구조건을 거의 만족시키지 못한다. 따라서 상수와 하수에서 바람직한 유량분포를 달성하기 위해 펌핑이 필요하다. 본질적으로 펌프는 펌프 유입측보다 고도가 높은 토출측으로 물을 보내기 위해 유체에 일을 가해 유량을 제어한다. 펌프에 의해 증가된 수두는 후속적으로 하류측 관로 안에서 마찰 손실로서 소산된다. 본 절은 펌프가 어떻게 관로시스템과 상호작용하는지 간략하게 소개하며 더욱 상세한 내용은 제5장에서 기술한다.

펌프의 역할을 정확하게 정량화하기 위한 중요 정의는 펌프의 전체 동수두(TDH; total dynamic head)이다. 이 용어는 토출측과 흡입측 사이의 수두차이를 기술한다. 사실 TDH H_P는 펌프의 흡입측과 토출측에서 절대 전체 수두 사이 차이다. 즉,

$$H_P = \left(h_P + \frac{V^2}{2g}\right)_d - \left(h_P + \frac{V^2}{2g}\right)_s \tag{2.26}$$

여기서 h_P는 수력구배선 고도(즉, 압력+고정된 기준선에 관한 위치수두), 아래첨자 d와 s는 토출 및 흡입 플랜지를 나타낸다. 전형적으로 관심은 유량에 따라 TDH 수두가 어떻게 변화하는가이다. 펌프의 경우 이 $H-Q$ 관계를 특성곡선이라 부른다.

만일 그림 2.9와 같은 전형적인 펌프시스템을 고려하면 TDH 정의를 보다 용이하게 이해할 수 있다. 이 관계에서 베르누이 공식은 점 1과 2 그리고 점 3과 4 사이에서 무슨 일이 발생하는지 설명하나 유동에 에너지가 가해지기 때문에 점 2와 3 사이에는 적용할 수 없다. 그러나 TDH 정의는 이 차이를 매꾸어 준다.

이를 더욱 명백하게 살펴보기 위해 점 1과 2 사이 에너지 관계를 작성하면

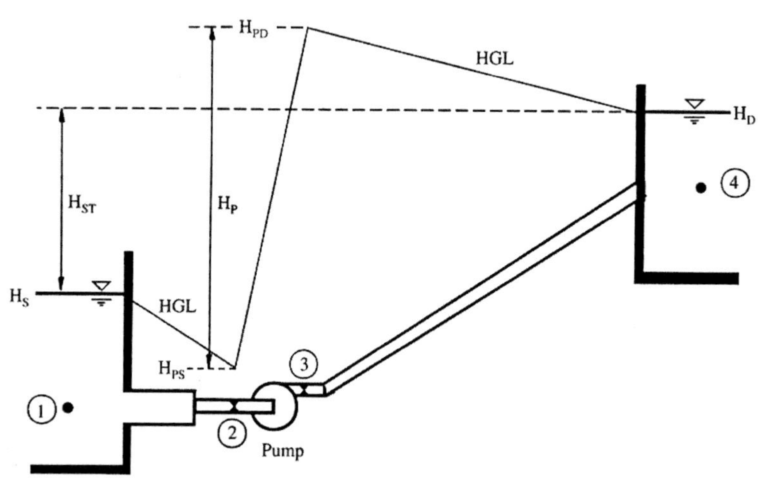

그림 2.9 ▎ 펌프 시스템을 위한 개략도

$$H_S = H_{PS} + h_{fs} \tag{2.27}$$

여기서 H_S는 흡입 저수지 수두, H_{PS}는 펌프 흡입 플랜지에서 전체수두, 그리고 h_{fs}는 흡입배관에서 마찰손실이다. 유사하게 점 3과 4 사이 에너지 관계는 다음과 같다.

$$H_{PD} = H_D + h_{fd} \tag{2.28}$$

여기서 H_D는 토출 저수지 수두, H_{PD}는 펌프 토출 플랜지에서 전체수두, 그리고 h_{fd}는 토출배관에서 마찰손실이다. 만일 식 (2.27)을 식 (2.28)에 더하여 정리하면

$$H_{PD} - H_{PS} = H_D - H_S + h_{fd} + h_{fs} \tag{2.29}$$

식 (2.26)을 사용하면 상기 식은 다음과 같다.

$$H_P = H_{ST} + h_f \tag{2.30}$$

여기서 H_{ST}는 전체 정수두(static lift)이고 h_f는 전체 마찰손실이다. 펌프가 수행한 전체 일은 하부 저수지로부터 물을 높은 저수지로 보내기 위해 필요한 에너지와 흡입 및 토출관로 내 마찰손실을 극복하기 위해 필요한 에너지의 합과 동일하다.

2.6.8 펌프를 포함한 유동해석

예제 2.2 그림 2.10과 같이 동일 규격 두 대의 펌프를 병렬로 설치하여 송수 관로시스템으로 물을 송수한다. 수요자 고도와 $C=120$인 배관의 길이는 그림과 같으며 직경 $d_2 = 60\,\text{in}$, $d_3 = 42\,\text{in}$인 이 시스템 내 부분 손실들은 무시할 수 있다. 수요량은 다음과 같으며

$$D_1 = 1.2\text{m}^3/\text{s},\ D_2 = 1.6\text{m}^3/\text{s},\ D_3 = 2.2\text{m}^3/\text{s}$$

펌프의 수두-양정 곡선은 다음 공식으로 나타낼 수 있다.

$$H = 90 - 6Q^{1.70}$$

1. 시스템 내 모든 곳에서 수두를 최소 40m로 유지해야 한다면 상업적으로 유용한 배관의 최소 직경 d_1을 결정하라. 이 유동에서 펌프의 전체 동수두와 전체 수동력은?
2. 앞에서 설계된 시스템의 경우 특정 비상 상황 아래 수요량은 다음과 같이 변경될 수 있다.

$$D_1 = 0.8\text{m}^3/\text{s},\ D_2 = 1.2\text{m}^3/\text{s},\ D_3 = 4.2\text{m}^3/\text{s}$$

이 새로운 배수시스템 내 잔류 압력수두 20m를 유지할 수 있는가?

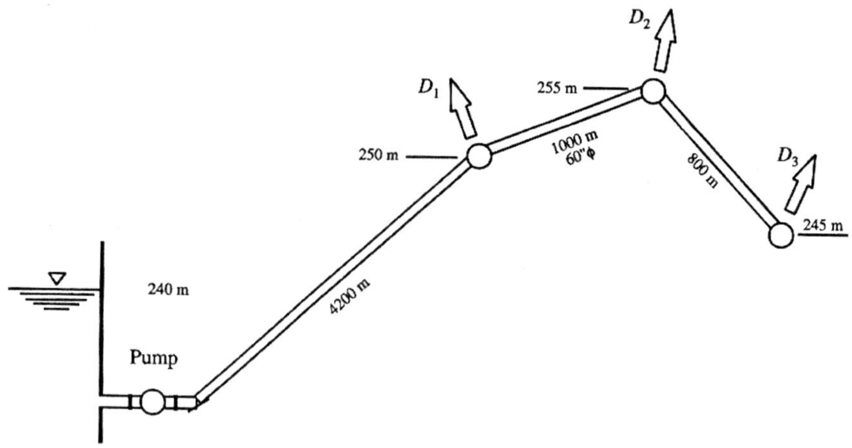

그림 2.10 ▌ 배관 및 펌프 시스템 예

해결 전체 유량은 $Q_t = D_1 + D_2 + D_3 = 1.2 + 1.6 + 2.2 = 5.0\text{m}^3/\text{s}$ 이고, 각 펌프는 이 유량의 절반을 송수한다. 즉, $Q_{pump} = Q/2 = 2.5\text{m}^3/\text{s}$. 펌프의 전체 동수두 H_{pump}는 다음과 같다.

$$H_{pump} = 90 - 6 \times 2.5^{1.7} = 61.51\,\text{m}$$

전체 수동력은 다음과 같다.

$$\text{Power} = 2(\gamma Q_{pump} H_{pump}) = \gamma Q_t H_{pump}$$

따라서 수치를 대입하면 다음과 같다.

$$\text{Power} = \left(9810 \frac{\text{N}}{\text{m}^3}\right)\left(5.0 \frac{\text{m}^3}{\text{s}}\right)(61.51\text{m}) = 3017\text{kW}$$

유동을 수리적 조도 범위 이내로 가정할 수 있으므로 하젠-윌리엄공식을 사용하여 길이 4.2km인 배관의 직경 d_1, 각 배관에서 마찰에 의해 발생된 수두손실 Δh_i를 결정할 수 있다. d_1이 미지수이기 때문에 먼저 Δh_2, Δh_3 그리고 Δh_1을 계산한다. 가장 낮은 압력수두가 발생하는 곳은 다음과 같이 절점 2(시스템 내 가장 높은 절점)로 나타낼 수 있다. 식(2.22)로부터

$$\Delta h_3 = L_3 \left(\frac{Q_3}{0.278\,Cd^{2.63}}\right)^{\frac{1}{0.54}} = 800\left(\frac{2.2}{0.278 \times 120 \times 1.067^{2.63}}\right)^{\frac{1}{0.54}} = 3.80\text{m}$$

손실수두 Δh_3는 D_2와 D_3의 고도차이 255m−245m=10m 보다 적기 때문에 하류측 압력이 절점 2에서 수두 40m을 유지하면 절점 3에서 수두는 이 보다 크게 된다. 따라서 가장

낮은 압력을 갖는 측면에서 절점 $2(D_2)$가 중요하게 될 것이다. 따라서 만일 이 절점에서 압력수두가 40m 이상이면 관망전체에 걸쳐 최소압력수두 40m를 유지할 수 있다. 계산을 계속하면

$$\Delta h_2 = L_2\left(\frac{Q_2}{0.278Cd^{2.63}}\right)^{\frac{1}{0.54}} = 1000\left(\frac{3.8}{0.278\times120\times1.524^{2.63}}\right)^{\frac{1}{0.54}} = 2.30\text{m}$$

이제 절점 2에서 압력수두 40m를 유지하기 위해서는

$$h_{p2} = (z_R + H_{pump} - \Delta h_1 - \Delta h_2 - z_2) = 40\text{m}$$

이는 다음을 의미한다.

$$\Delta h_1 = (z_R - z_2) + H_{pump} - \Delta h_2 - 40 = (240 - 255) + 61.51 - 2.30 - 40 = 4.21\text{m}$$

여기서 z는 고도이고 아래첨자 R과 2는 저수지와 절점 2를 나타낸다. 따라서 최소 직경 d_1은 식 (2.21)로부터

$$d_1 = \left(\frac{Q}{0.278CS^{0.54}}\right)^{\frac{1}{2.63}} = \left(\frac{5.0}{0.278\times120\times\left(\frac{4.21}{4200}\right)^{0.54}}\right)^{\frac{1}{2.63}} = 2.006\text{m}$$

최종적으로 상업적으로 유용한 최소 직경은 84인치(2.134m)이다.

비상 상황에서(예를 들어 화재시) 전체유량은 다음과 같다.

$$Q_t = D_1 + D_2 + D_3 = 0.8 + 1.2 + 4.2 = 6.2\text{m}^3/\text{s}$$

유량이 증가하면 마찰 증가로 인해 손실수두가 증가하므로 펌프가 공급한 수두는 감소한다는 사실에 유의한다. 이 두 사실은 정상운영시보다 많은 유량을 공급하는 한 압력조건을 만족시키는 것을 어렵게 만드는 경향이 있다. 더욱 구체적으로 동일한 펌프를 사용할 경우

$$H_{pump} = 90 - 6\times3.1^{1.7} = 48.90\text{m}$$

그리고

$$\Delta h_3 = 800\left(\frac{4.2}{0.278\times120\times1.067^{2.63}}\right)^{\frac{1}{0.54}} = 12.6\text{m}$$

이제 이 손실은 절점 2와 3의 고도 차이를 초과하므로 절점 3은 시스템 내에서 중요하다. 이제 최소압력은 시스템 하류 말단부에서 발생한다. 다른 손실들은 다음과 같다.

$$\Delta h_2 = 1000\left(\frac{5.4}{0.278\times 120\times 1.524^{2.63}}\right)^{\frac{1}{0.54}} = 4.4\text{m}$$

$$\Delta h_1 = 4200\left(\frac{6.2}{0.278\times 120\times 2.134^{2.63}}\right)^{\frac{1}{0.54}} = 4.6\text{m}$$

따라서 절점 3에서 압력수두는

$$h_{p3} = (z_R - z_3) + H_{pump} - \Delta h_1 - \Delta h_2 - \Delta h_3 = -5 + 48.9 - 12.6 - 4.4 - 4.6 = 22.3\text{m}$$

명백하게 비상조건 아래에서도 아직 시스템 내에서 20m의 잔류압력수두가 유지되므로 압력 요구조건을 만족시킨다.

2.6.9 관망의 절점 수요 및 공급

송·배수시스템을 구성하는 배관, 펌프, 그리고 밸브는 복잡한 배열 또는 관망에 연결된다. 이러한 위상학적 복잡성은 설계자에게 많은 장점(유연성, 신뢰성, 수질)을 제공하나 해석자에게는 수많은 도전을 의미한다. 관망에서 "링크된(linked)" 계산과 관련된 본질적인 문제들은 제4장에서 기술하기로 한다.

2.7 유사-정상유동 : 시스템 운영

압력유동의 수리학은 시스템 내 펌프장, 저장 저수지의 위치, 규격 및 운영에 따라 수정되고 조정된다. 본 절에서는 이러한 요소들에 대한 판단기준 및 방법에 대해 토론하고 후반부에 방법들을 전개한다.

유사-정상유동의 일반적인 적용은 저수지 공학에서 발생한다. 이 경우 중요한 단계는 유출량 Q를 저수지의 저수량과 관련시키는 것이다(즉, 전체 체적 또는 깊이). 통상적으로 유입량은 시간의 함수로 기저일지라도 반드시 일반 1차 미분공식으로 식 (2.2)를 처리해야 한다. 그러나 통상적으로 Runge-Kutter 또는 Adams-방법과 같은 표준 수치기법을 사용하여 효율적으로 해들을 추정할 수 있다. 여수로, 댐, 수차, 그리고 저수지의 운영정책을 수립할 때 이러한 적용은 특히 중요하다. 다음 단순한 경우의 예제를 통해 예증하기로 한다.

통상적으로 저장시스템에 대한 임의 형태의 입력함수는 복잡한 저장-유출 관계가 필요한 저수지 routing 문제들을 간혹 수치적으로 해결한다. 그러나 다음과 같이 분석적 해결방법을 적용할 수 있는 충분히 단순한 특별한 경우가 존재한다.

예제 2.3 물로 채워진 대규모 저수지의 자유수면 고도는 기준선 기준 100m이다. 이 저수지는 배관($L=50$m, $D=6$cm, $f=0.02$, $h_f=fLV^2/2gD$)으로 직경 3m인 인근 수직 실린더 탱크의 바닥에 연결된다. 저수지와 탱크 모두 대기에 노출되고, 연결 관로에 설치된 밸브의 개도로 이들 사이 중력 유동이 확립된다.
모든 미소손실들을 무시하고 배수탱크의 수위 고도를 75m에서 80m로 상승시키기 위해 필요한 시간 T(hr)를 결정하라.

해결 만일 미소손실들과 속도수두항을 무시하면 공급 저수지와 유한 면적 탱크사이의 에너지공식을 작성할 수 있다. 상류측 저수지 수위를 h_r, 기준선 상부 하류측 탱크의 가변 수위를 h, 그리고 마찰손실수두를 h_f로 표기하면 에너지공식은 다음 단순 형태를 취한다.

$$h_r = h + h_f$$

상기 에너지공식은 임의 부정류 항(시간에 양해적으로 종속되는 항)을 직접적으로 설명하지 않으므로 유사-정상유동이라 부른다.

만일 에너지 손실을 유량 $Q=VA$와 관련시키기 위해 달시-바하공식을 사용하면 더욱 유용한 표현식을 얻을 수 있다.

$$h_f = f\frac{L}{D}\frac{V^2}{2g} = f\frac{L}{D}\frac{Q^2}{2gA^2} = \frac{8fL}{g\pi^2 D^5}Q^2$$

그러나 상기 식에서 중요한 사항은 Q를 제외한 모든 항들은 기저이고 단일 상수로 취급할 수 있다는 것이다. 따라서 다음과 같이 작성할 수 있다.

$$Q = C\sqrt{h_r - h}$$

여기서 $C^2 = g\pi^2 D^5/8fL$

이제 유입 탱크에서 수두 h와 유량 Q 두 개의 미지수를 포함하는 하나의 공식을 갖게 되므로 공식 한 개가 더 필요하다. 유체를 비압축성으로 처리할 수 있기 때문에 탱크 내 유량(즉, 탱크 면적과 유속의 곱 즉, $A_t \times dh/dt$)은 반드시 배관 내 유량과 동일해야 한다(연속공식).

$$A_t\frac{dh}{dt} = Q$$

따라서 에너지공식을 사용하면

$$\frac{dh}{dt} = \frac{C}{A_t}\sqrt{h_r - h}$$

변수분리 및 적분하면

$$\int_{h_1}^{h_2} \frac{dh}{\sqrt{h_r - h}} = \int_0^t \frac{C}{A_t} dt$$

그리고 적합한 한계를 적용하여 적분하면

$$2\left(\sqrt{h_r - h_1} - \sqrt{h_r - h_2}\right) = \frac{C}{A_t} t$$

최종적으로 일정 수두 저수지에 연결된 유한 면적 탱크에서 유사-정상유동을 위해 필요한 최종 공식은 다음과 같다.

$$t = \frac{2A_t}{C}\left(\sqrt{h_r - h_1} - \sqrt{h_r - h_2}\right)$$

여기서

$$C = \left(\frac{g\pi^2 0.06^5}{8 \times 0.02 \times 50}\right)^{0.5} = 3.068 \times 10^{-3} \mathrm{m}^{5/2}/\mathrm{s}$$

$h_r = 100\mathrm{m}$, $h_1 = 75\mathrm{m}$, $h_2 = 80\mathrm{m}$ 이면

$$t = \left(\frac{2\frac{\pi}{4}3^2}{3.068 \times 10^{-3}}\right)\left(\sqrt{25} - \sqrt{20}\right) = 2432.6\mathrm{s}$$

초를 분으로 변환하면 40.5분이다.

제어 변수들의 완만한 변화를 포함하는 문제에서 계산을 확인하는 것은 간단하다. 본 예제의 경우 평균 구동 수두 22.5m(평균 탱크 수위 77.5m와 관련)를 사용하여 양호한 단순화를 얻을 수 있고 관로 내 관련된 평균 속도를 결정할 수 있다. 이 동일한 평균 속도를 사용하여 탱크 5m를 채우기 위해 필요한 시간을 추정한다. 관심 있는 독자는 이를 시도하여 이 단순 시간이 상대적으로 정확하다는 것을 증명할 것을 권장한다.

2.8 비정상 유동 : 부정류의 소개

송·배수시스템에서 수리적 조건은 거의 연속적으로 변화한다. 산업과 가정에서 물 사용은 빈번하게 변경되어 정수지와 저류탱크에서의 수위가 변화하거나 또는 펌프를 기동 또는 정지시켜 공급조건들을 조정한다. 이러한 동적 조건 아래에서도 정상유동상태들이 상수와

하수 엔지니어링을 지배하였던 사실이 놀랍다. 다음 절은 관로에서 너무 빈번하게 무시된 주제인 관로시스템 내 비정상유동을 소개한다. 목적은 부정류전문가의 전문지식을 제공하는 것이 아니라 부정류에 대해 상세히 기술하는 제6장을 위한 기본 지식을 제공하는 것이다.

2.8.1 수충격 이해의 중요성

압력관로시스템은 상당한 물리적 하중을 받으면서 운영 요구조건을 만족시켜야 한다. 예를 들어 매설관로시스템은 반드시 유체 압력, 부등침하, 그리고 집중 하중에 의해 야기된 물리적 하중을 지지해야 한다. 또한 배관을 건설하는 동안 어느 정도의 용접응력과 충격하중을 허용해야 한다. 또한 배관은 반드시 부식과 여러 종류의 화학적 공격에 저항해야 한다. 내부압력은 배관의 필요한 벽두께에 직접적으로 영향을 미칠 뿐만 아니라 빈번하게 배관 제작사들은 제작사의 압력 등급으로 관로의 기계적 강도를 특징지우기 때문에 매우 중요하다.

관로 내 수충격(부정류) 압력과 정상상태 압력을 더하여 관로에 작용하는 전체 힘을 구할 수 있다. 밸브 폐쇄 또는 펌프 정지에 의해 유량이 급속하게 변화할 때 부정류 압력이 가장 중요하다. 의도적이던 사고에 의하던 이로 인해 야기된 교란은 상당한 크기로 이동하는 압력파를 생성한다. 이 부정류 압력은 정상상태 수치에 중첩되어 배관에 작용하는 전체 압력부하를 생성한다.

많은 사람들이 수충격영향을 경험한다. 일반적인 예는 수도꼭지를 급격히 폐쇄할 때 들을 수 있는 충격 또는 망치질 소리이다. 사실 이 단순한 예제는 관로에서의 전형적인 부정류 미케니즘이다. 유체에 의해 수송된 동에너지는 배관 벽과 유체의 변형 에너지로 변환된다. 이 변형에너지와 유체마찰과 같은 다른 에너지 변형 손실들은 압력파가 정상 압력 및 정상 유속으로 다시 복원될 때까지 완만하게 감쇄한다.

수충격현상은 유속의 모든 변화(완만하던, 급속하던)를 얻는 직접적인 수단으로 밝혀졌다. 속도 또는 압력을 완만하게 조정하면 유동이 하나의 수치로부터 다른 수치로 부드럽게 변화하는 것으로 나타나는 작은 교란을 생성한다. 그러나 평형에 가까운 이와 같은 경우에도 보존공식을 만족시키는 것은 이동하는 압력파이다. 이를 예증하기 위해 전체 관로를 위한 정상 연속공식을 고려하자. 이 연속공식은 관로 한 말단부에서 유출하는 유량은 다른 말단부에서 유입하는 유량과 동일할 것을 요구한다. 관로의 두 말단부에서 발생하는 일들 사이의 조정력은 우연한 기회 또는 모의(conspiracy)로 얻을 수 없으며 부정류에서 교란을 전파시키는 동일한 물리법칙과 재료특성에 의해 얻을 수 있다.

만일 수충격파가 항상 작다면 관로 기술자에게 부정류 조건들의 고찰은 거의 관심이 되지 않는다. 수충격파는 배관을 파괴하고 장비에 손상을 줄 수 있으며 일부 극적인 관로 사고를 발생시켜 왔다. 특히 대규모 관로의 합리적인 설계는 신뢰성 있는 부정류해석을 필요로 한다. 대규모 관로에서 왜 부정류 조건들이 특별한 관심이 되는지 여러 이유들이 있다.

배관이 클수록 비용이 커질 뿐만 아니라 필요한 벽두께는 배관의 압력등급에도 더욱 민감하다. 따라서 대규모 배관을 불량하게 설계하면 극도로 높은 비용을 지불하게 된다.

부정류를 고려해야 하는 중요성에도 불구하고 관로시스템을 설계하거나 또는 건설할 때 빈번하게 부차적인 고려사항으로 격하된다. 즉, 관로의 프로파일, 직경, 그리고 설계유량을 결정한 후에야 부정류조건이 고려된다. 이러한 실행은 다음과 같은 문제를 야기 시킬 수 있다. 첫 번째 관로는 예상대로 수행하지 않을 수 있고 또한 높은 처방 비용을 발생시킬 수 있다. 두 번째 관로를 과대 설계하여 불필요하게 고비용이 들 수 있다. 상수도 산업에서 이러한 정상유동 조건만을 고려하는 설계 경향은 일반적이었다. 더욱이 복잡한 관로의 배열은 수충격파를 반사 또는 감쇄한다고 광범위하고 그릇되게 알려져 있다. 관망 내에서 파가 반사해도 완화여부는 많은 요소들에 의해 결정되며 또한 보장될 수 없다. 관망은 본질적으로 단순 관로보다 양호하게 거동하고, 일부 복잡한 시스템들은 부정류 조건에 더 심각하게 반응할 수 있다(Karney & McInnis, 1990).

본 장의 나머지 부분에서는 부정류 조건들에 관련된 여러 중요한 개념들을 수학식을 사용하지 않고 부담없는 방법으로 소개한다. 수학적인 유도과정과 상세한 내용을 생략하였지만 토론은 구체적이고 정확하다. 목표는 두 개의 중요 질문에 대한 해답을 제공하는 것이다. 어떻게 부정류가 발생하여 관로 내에서 전파되는가? 그리고 어떤 상황 아래에서 부정류 조건이 가장 심각한가?

“일괄처리” 또는 “분산된” 방법을 사용하여 압력관로 내 부정류 조건들을 모델링한다. 분산된 시스템에서 유체는 압축성으로 가정하고, 부정류현상은 유한 속도 a로 전파하는 이동파의 형태로 발생한다. 이와 대조적으로 “일괄처리”된 시스템에서는 유동을 비압축성으로 간주하고 배관벽을 비탄성으로 간주한다. 따라서 유동 시스템 내 한 점에서의 압력 또는 속도 변화는 모든 곳에서 동시에 그리고 동일한 크기로 변화하는 것으로 가정하는 강성체로서 유체는 거동한다. 짧은 관로에 부착된 서지탱크 내에서 수위가 완만하게 동요하는 시스템은 압축성의 영향을 무시할 수 있는 변형적인 시스템이다.

관로시스템 내 부정류 조건들을 예측하는 문제는 실질적으로 상당히 중요하지만 해석자는 많은 도전을 받게 된다. 유동을 기술하는 편미분 지배방정식들은 비선형이고, 흔히 사용하는 수리 장비의 거동이 복잡하고, 그리고 시스템의 성능에 대한 자료들은 얻기가 힘들거나 또는 고가이다. 관로 내 맥동파 전파의 놀라운 특성은 일을 더욱 어렵게 만든다. 조건들이 부정류해석을 보장하는지 여부를 결정하는 기본적인 질문에 대해 대답하기도 어렵다. 이러한 이유 때문에 부정류 거동의 명확한 물리적 이해는 필수이다.

2.8.2 부정류 원인

일반적으로 관로시스템 내 평균 유동 조건에서 임의 변화가 발생하면 연속적인 부정류파가 발생한다. 우리는 실제로 관로에 설치된 설비들 또는 경계조건들에 영향을 주는 변화 또는 동작에 관심이 있다. 시스템에 동력을 공급하기 위해 또는 유동을 제어하기 위해 이러한 설비들을 사용한다. 부정류 발생원인들 중 일부는 다음과 같다.

1. 밸브 개도 변경(사고로 또는 계획에 의해; 수동 또는 자동)
2. 가압 펌프의 기동 또는 정지
3. 소화유량의 개시를 포함한 수요량 조건들에서 변경
4. 저수지 수위 변화(예를 들어 수표면에서 파동 또는 시간에 따른 완만한 깊이의 변화)
5. 불안정한 펌프 특성, 밸브 불안정성, 수차의 헌팅 등을 포함한 불안정한 장비 특성
6. 배관 파괴시와 같은 송수조건에서의 변경
7. 열적 조건들에서 변화(만일 유체가 결빙되거나 온도변화에 의한 특성 변화가 발생)
8. 공기 배출, 축적, 포획, 또는 극적인 교란을 야기하는 배출(예를 들어 통과하는 차량에 의해 야기된 프로파일 내 높은 점에서 배출밸브로부터 공기의 급속한 배출); 에어챔버 내 압력변화; 충수 동안 공기의 급속한 배출
9. 압력 수로 내 충수조작 동안 또는 하수관거와 같은 우수 동안 개수로에서의 압력유동으로의 천이
10. 수차발전기 부하 변화에 의해 야기된 추가 부정류 이벤트, 보텍스에 의해 야기된 흡출관 불안정성, 왕복펌프의 동작, 그리고 펌프, 팬, 또는 수차에서 안내깃 또는 임펠러의 진동

2.8.3 부정류 유동의 본질

본질적으로 유동은 비정상이면서 난류이기 때문에 관로에서 부정류 이벤트의 개시에 따른 관로시스템의 반응을 이해하기 위해서는 많은 단순화와 가정들이 필요하다. 이러한 가정들 중 많은 가정들은 모델이 실제 유동의 거동을 충분히 표현할 수 있는 단순화를 제공하는 사실이 실험적으로 확인되었다. 그러나 임의 가정에 대해 의문을 갖고 수학적 모델에 대해 조심하는 것이 현명하다. 지금까지 강조하였듯이 임의 모델은 오직 실체(reality)를 어느 정도 단순화한다. 모델이 불량하게 모델링하는 경우에는 무엇을 이해하지 못하였는지 정량화하고 불확도의 근원들을 정확하게 찾아내는 것이 최상의 방법이 될 수 있다.

빈번하게 폐쇄된 관로에서의 부정류 현상의 전개, 역할, 그리고 중요성은 신비로운 분위기로 쌓인다. 사실 지배미분방정식과 시스템반응의 동적 특성은 초보자를 위협할 수 있다. 그러나 유체의 특성과 수 개의 단순한 보존법칙에 대한 지식만으로도 부정류 거동을 상당히 이해할 수 있다.

전형적인 상수도 관로에서와 같이 자유 표면이 존재하지 않도록 물이 폐쇄된 관로 내에서 유동하거나 보유될 때 유동하는 유체의 특성들은 부정류 조건들의 역할과 중요성에 대한 일부 직접적인 암시를 갖는다. 물 관로의 경우 물의 높은 밀도와 커다란 체적계수(즉,

물은 무겁고 압축하기 어렵다) 두 특성들이 특히 중요하다. 놀랍게도 이 두 사실들은 관로 내 부정류 조건들이 왜 그렇게 극적인지 설명한다.

2.8.3.1 물의 높은 밀도

물의 밀도($\approx 1000\text{kg/m}^3$)는 상대적으로 높고 통상적으로 관로는 길게 설계되는 경향이 있기 때문에 관로들은 상당한 질량, 모멘텀, 그리고 동에너지를 수송한다. 예증하기 위해 단면적 $A=1.0\text{m}^2$, 길이 $L=1000\text{m}$인 관로가 유속 $V=2.0\text{m/s}$로 유체를 수송하는 것으로 가정한다. 이 배관 내 포함된 동에너지는 다음과 같다.

$$KE=\frac{1}{2}mV^2=\frac{1}{2}\rho LAV^2\approx 2{,}000{,}000\,\text{J}$$

상기 예에서 유속은 적정하고 배관은 길지 않음에도 불구하고 배관은 30층 건물에서 낙하하는 픽업트럭에 상응하는 에너지를 포함한다. 명백하게 유동 속도의 한 수치에서 다른 수치로 변화시키기 위해서는 커다란 일 상호작용이 필요하다.

배관은 동에너지 이외 전형적으로 대량의 질량과 모멘텀을 수송한다. 예를 들어 상기 관로는 $2\times10^6\text{kg}\cdot\text{m/s}$ 모멘텀을 포함한다. 이와 같이 커다란 모멘텀 수치는 유동 조건을 변경시키기 위해 큰 힘이 필요하다는 것을 의미한다.

2.8.3.2 물은 오직 약간 압축된다

물의 압축성은 매우 작기 때문에 관로 내로 적은 양의 유체를 강제로 밀어 넣으면 커다란 수두변화가 발생한다. 단순한 방법으로 압축성의 영향을 설명하기 위해 균일 배관의 한쪽 말단부에서 피스톤을 묘사하는 그림 2.11을 고려하자. 만일 이 피스톤을 완만하게 움직이면 물을 포함한 체적이 변화하고 따라서 제한하는 압력은 점차적으로 변화할 것이다. 그러나 변화의 크기는 배관 자체가 증가하는 압력에 어떻게 반응할 것인지에 따라 결정된다. 예를 들어 물의 체적계수는 다음과 같이 정의된다.

$$K=\frac{\Delta P}{\Delta\rho/\rho}\approx 2{,}070\text{MPa} \tag{2.31}$$

따라서 만일 유체의 밀도를 0.1%(이는 강성 배관 내에서 상상된 피스톤을 1m 이동하는 것에 상응)와 같이 작게 증가시키면 압력은 약 수두 200m(2MPa) 만큼 증가할 것이다. 만일 배관이 강성체가 아니면 압력증가는 배관 벽과 유체 사이에 공유되어 피스톤의 주어진 동작에서 보다 작은 수두변화가 발생한다. 전형적인 수치들은 그림 2.11과 같다. 예를 들어 중간 직선은 배관 벽의 탄성과 유체의 압축성이 거의 동일한 강관의 경우 대표적인 수치를 나타낸다. 이 경우 주어진 잘량 불평형(피스톤 이동)에서 수두변화는 앞의 수치의 약 절반이다.

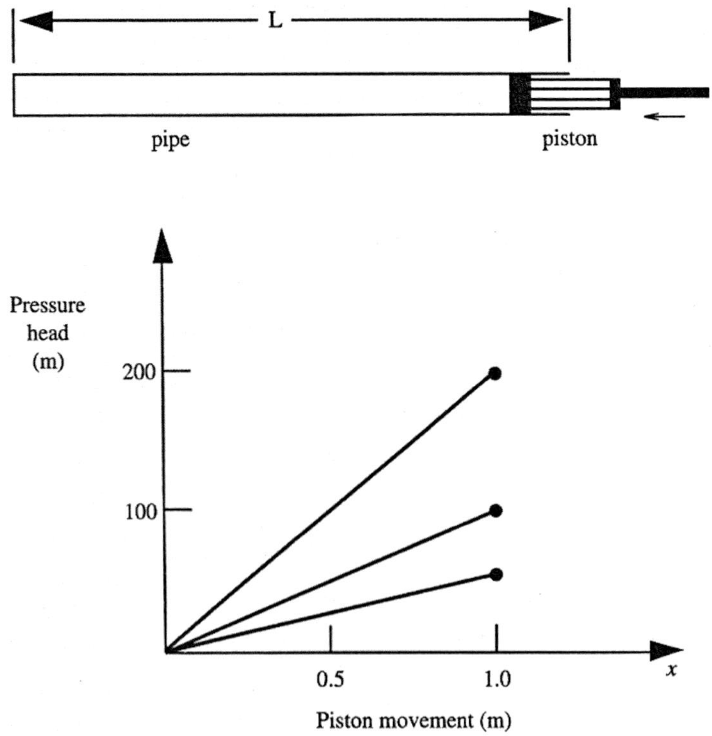

그림 2.11 ▌ 폐쇄된 배관 내 피스톤 운동(질량 불평형)과 수두변화

관로는 유체로 충만해야 한다는 것은 중요하다. 이러한 이유로 관로에서 유동 조건들에서 변화들을 수용하는 많은 선택사항들을 사용할 수 있지만 관로에서는 유용하지 않다. 특히 중력에 대항하여 유체를 끌어올리기 위한 일을 수행할 수 없다. 또한 얼마나 느리게 수행할 수 있는지와 관계없이 피스톤의 임의 동작은 반드시 유체 밀도의 변화, 관로크기의 변화에 의해 수용되어야 한다는 점에 유의해야 한다. 제한된 유체의 경우 변화속도를 교란 전파속도와 관련시키는 Cauchy와 마하수는 압축 영향의 중요성을 제대로 반영하지 못하는 불량한 지표이다.

2.8.3.3 밸브의 부분 동작 및 부분 제어

임의 정상유동상태 속도 V_0로 유체를 수송하는 직렬로 연결된 관로시스템의 하류측 말단부에 밸브 또는 다른 장비가 설치된 것으로 가정하자. 만일 밸브의 개도가 급격하게 변경되면 즉, 단순하게 밸브가 순간적으로 폐쇄되면 상기에서 토론한 물의 높은 밀도와 비압축성은 관로와 결합하여 부정류 반응을 생성하며 다음과 같이 추론할 수 있다.

하류측 밸브는 오직 부분적으로만 동작할 수 있어 밸브를 통한 유량과 수두손실 사이에 상관관계를 제공한다. 급격한 폐쇄의 경우 밸브에서 유량과 유속은 0이 되고 밸브는 순간적으로 폐쇄된다. 그러나 유체 덩어리를 하나의 몸체로서 정지시켜야 할 경우 유체의 상당한 모멘텀을 제거하기 위해 반드시 충분한 감속력을 적용해야 한다. 그러나 어떻게 이와 같은 힘이 발생할까? 유체는 갈 곳이 없기 때문에 중력은 우리에게 도움을 줄 수 없다는 것을 이미 언급하였다. 사실 필요한 감속력을 제공하는 유일한 방법이 존재한다. 즉, 유동을 정지시킬 수 있는 충분히 큰 압력으로 상승시키도록 반드시 유체는 충분하게 압축되어야 한다. 물은 무겁기 때문에 필요한 힘은 크다. 그러나 물은 오직 약간 압축되기 때문에 파 또는 교란은 신속하게 이동할 것이다. 그림 2.11과 같은 시스템 내에서 수두가 약 100m인 압력파는 약 1000m/s 속도로 관로 상류측으로 전파한다.

많은 측면에서 우리가 지금까지 기술한 시스템의 반응은 전형적이다. 폐쇄된 관로시스템에서 유체 유동을 제어하기 위한 유일하게 유용한 미케니즘은 유체와 관로의 탄성에 기인한 충격파의 전파이다. 본질적으로 부정류 중요성은 관로 내 유체의 유동을 새로운 방법으로 고찰하도록 야기한다. 즉, 임의 유동에서 우리는 이 유동의 현재 중요성뿐만 아니라 유동이 변화하면 큰 크기의 압력 맥동은 관로를 파열시킬 수 있기 때문에 어떻게 이 조건들이 얻어지고 언제 유동이 변경될지를 고려한다. 비록 이 정성적 전개가 유효할지라도 더욱 복잡한 시스템과 장비들은 세련된 정량적 분석을 요구한다. 다음 절에서는 어떻게 더 많은 일반 관계식들을 얻을 수 있는지 간략하게 요약한다(상세한 내용은 제6장 참조).

2.8.4 상태-파속 관계 공식

관로에서 압축성 상관관계를 통해 유체 압력을 밀도와 관련시켜 상태공식을 얻는다. 특히 배관 벽에서 응력들을 유체의 압력 및 밀도와 관련시킬 필요가 있으며, 그 결과는 유체와 배관 재료의 특성 그리고 충격파가 전파하는 속도(파속)의 상관관계이다.

통상적으로 무한 탄성 유체에서 파속을 기술하는 가장 기본적인 관계는 다음과 같다.

$$a = \gamma\sqrt{\frac{K}{\rho}} \tag{2.32}$$

여기서 a는 파속, γ는 유체의 비열비, K는 유체의 체적계수, ρ는 유체 밀도이다. 만일 유체가 강성 관로에 포함되면 모든 밀도변화들은 유체에서 발생하므로 상기 식을 적용할 수 있다. 다음 논평은 식 (2.32)를 참조한다.

1. 유체가 강성체일수록 K가 증가하고 따라서 a가 증가한다. 만일 유체를 비압축성으로 가정하면 파속은 무한하게 되고 교란은 한 위치에서 다른 위치로 순간적으로 전파한다. 엄격하게 말하면 이것은 불가능하나 전파속도가 경계 조건들이 반응하는 속도보다 상당히 더 크면 유익하게 된다.
2. 가열해도 거의 팽창하지 않는 액체의 경우 γ는 거의 1이다. 예를 들어 10℃에서 물은 비열 $\gamma = 1.001$을 갖는다.

3. 유체의 특성 변화는 파속 수치에 극적인 영향을 미칠 수 있다. 예를 들어 물 속에 소량의 공기가 포획되면(예를 들어 체적으로 1/10000) 정상적인 온도에서 공기는 유체 보다 압축성이 상당히 크기 때문에 K가 상당히 감소한다. 그러나 소량의 가스가 존재하면 유체밀도 ρ는 오직 약하게 영향을 받는다. 따라서 가스-액체 혼합체의 파속은 유체 단독에서의 파속보다 상당히 작게 된다.

탄성 배관의 경우 배관을 통해 이동하는 파속 a는 유체특성, 배관 재질, 그리고 배관의 고정방법과 관련된다. 탄성배관에서 파속의 일반적인 표현은 다음과 같다.

$$a = \sqrt{\frac{\frac{K}{\rho_w}}{1 + c_1 \frac{KD}{Ee}}} \tag{2.33}$$

여기서 K는 유체의 체적계수, ρ_w는 유체 밀도, E는 배관의 탄성계수, D와 e는 배관의 직경과 벽두께이다. 상수 c_1은 관로 고정방법을 설명한다. 전형적으로 c_1은 다음과 같이 분류된다.

Case a. 관로의 상류측 말단부만이 고정되었을 때

$$c_1 = 1 - \frac{\mu}{2} \tag{2.34}$$

Case b. 관로의 길이방향 이동이 제한되도록 고정 되었을 때

$$c_1 = 1 - \mu^2 \tag{2.35}$$

Case c. 관로가 신축관으로 연결되었을 때

$$c_1 = 1 \tag{2.36}$$

배관이 극도로 강성체이고 두께가 두꺼운 경우 상기 식에서 $KD/Ee \rightarrow 0$이 되면서 $a = \sqrt{K/\rho_w}$로 단순화되며, 이는 무한 유체($\gamma = 1$으로 가정) 내에서 음속 크기의 파속 공식이 된다.

부정류해석시 대부분의 경우 파속은 상수로 간주할 수 있다. 파속과 관련하여 일부 불확도가 존재하여도 첨두압력에 관한 지배공식들의 해들은 상대적으로 이러한 매개변수들에서의 변화에 둔감하다. 표준 수치기법으로 해결할 때 시간 단계를 일정하게 유지하기 위해 파속을 최대 ±15% 변화시키는 것은 특이한 사항이 아니다(Wylie and Streeter).

파속들은 광범위한 환경 조건과 재료조건의 범위에 민감하다. 예를 들어 특수 라이닝

또는 제한 조건들(예를 들어 터널); 시간, 온도, 또는 성분에 따른 재료특성의 변화; 그리고 압력파의 크기 및 부호는 관로 내 파속에 영향을 줄 수 있다. 상세한 내용은 Wylie and Streeter, 1993; Chaudhry, 1987; 또는 Hodgson, 1983을 참조하기로 한다.

2.8.5 수두변화크기의 관련공식

뉴튼 제2법칙, 질량 보존법칙, 그리고 파속 세 개의 물리적 관계식을 조합하면 관로 내 부정류 유동을 위한 지배공식을 얻을 수 있다. 이 지배공식은 분석적 해가 존재하지 않는 일련의 미분방정식이다. 따라서 모든 수충격 해석 프로그램은 수치해석방법을 채택한다.

일부 적용에서 관로시스템의 부정류 반응 결과를 얻기 위해 때로는 단순화된 공식을 사용한다. 마찰에 의해 발생하는 수두손실들은 무시할 수 있고 관로 말단부에 도달한 압력파들과 경계조건들 사이에서 상호작용이 발생하지 않는다고 가정하여 이 단순화된 공식을 유도할 수 있으며, 이 수두변화를 표현하는 공식을 Joukowsky 공식이라 부른다.

$$\Delta H = \pm a \frac{\Delta V}{g} \tag{2.37}$$

여기서 ΔH는 수두변화, ΔV는 배관 내 유속변화, a는 파속, 그리고 g는 중력가속도이다. 상기 공식에서 - 부호는 상류측으로 전파하는 교란에 적용할 수 있으며 + 부호는 하류측으로 전파하는 교란에 적용할 수 있다. a/g의 전형적인 수치는 빈번하게 100s 이상이므로 상기 공식은 커다란 수두상승을 예측한다. 예를 들어 만일 $a/g = 100s$이고, 초기 유속 1m/s가 급격하게 하류측 말단부에서 정지되면 배관 내에서 100m의 수두상승이 발생한다.

불행하게도 여러 측면에서 Joukowsky 공식을 잘 못 이해하고 있다. 이 공식을 고찰하면 다음 내용들은 진실을 암시하는 것처럼 보인다.

1. 초기속도가 클수록(따라서 최대 ΔV는 보다 클 수 있다) 부정류 압력변화가 크다.
2. 파속 a가 클수록 수두 변화는 더욱 극적이 된다.
3. 시스템 내에서 정수두가 낮으면(낮은 저수지 수위 또는 마찰에 의해 발생된 커다란 수두손실들) 관로시스템이 받는 전체 수두(정수두+동수두)가 낮아지는 경향이 있다

적합한 제한들을 강제할 때 비록 상기 내용들은 진실일지라도 이들 내용모두는 더욱 복잡한 수리시스템 내에서 그릇되거나 현혹시킬 수 있다. 부정류해석시 "최악의 경우" 시나리오를 확인하기 위한 단순한 규칙에 대해 의심하는 것이 중요하다. Karney와 McInnis (1990)는 이러한 점에 대한 상세한 내용을 제공한다. 그러나 이러한 복잡한 관로시스템을 고려하기 전에 단순한 관로시스템 내의 가장 기본적인 아이디어를 명확하게 이해해야 한다.

2.8.6 밸브에서 부정류 조건들

관로시스템 내에서 유동을 제어하고 관리하기 위해 많은 특별한 장치들이 개발되어 왔다. 관로 내 물의 통과를 제어하는 것이 불가능하면 제한적으로 운영해야 하는 사소한 불편함으로부터 관로 사고 또는 파괴와 관련된 주된 경제적 손실에 이르기까지 많은 결과들을 초래할 수 있다. 문제의 심각성은 명백하게 사고 시간과 크기에 따라 좌우된다.

제어밸브는 본질적으로 관로 내 유량과 압력저하 사이에 명시된 그리고 예측할 수 있는 상관관계에 기초하여 기능을 수행한다. 수동이나 자동으로 밸브 개도(또는 펌프의 속도)를 변경하여 바람직한 유량 특성을 얻기 위해 수두-유량 상관관계를 사용한다. 이러한 변경의 결과는 압력 또는 유량의 증가 또는 감소, 사전 설정된 압력 또는 유량을 유지, 또는 시스템 내 비상 조건에 반응하는 것이 될 수 있다.

관로시스템 기술자와 운영자가 직면하는 대부분의 어려움은 밸브제어기능에서 발생한다. 정상 조건 아래에서도 밸브는 통과 유량을 제한하여 밸브를 통과하는 유체를 높은 속도로 가속시켜 유량을 제어한다. 높은 속도는 고체 경계에서 no-slip 조건과 조합하여 가파른 속도구배를 형성하여 유체 내 높은 전단응력을 발생시킨다. 이제 이러한 전단응력들은 밸브 내에서 유체의 난류 동작을 통해 기계 에너지를 열에너지로 급격하게 변환시킨다. 이러한 결과로서 주어진 유량은 밸브를 통과하면서 커다란 압력저하가 나타난다. 유량제어를 가능하게 만드는 것은 주어진 개도에서 $\Delta h - Q$ 상관관계이다. 그러나 정상유동 조건 아래에서도 동일한 높은 유속은 공동화, 소음, 에너지 손실, 마모, 그리고 밸브와 관련된 유지관리 문제에 대한 원인이 된다.

본 절에서는 제어밸브관련 수리학의 개관을 기술하고 관로 내에서 제어밸브의 기본적인 역할을 고려한다. 제어밸브의 기능과 구성으로 밸브들을 분류한다. 차수제어나 압력제어 또는 유량제어를 위해 밸브를 사용할 수 있고 밸브구조는 용도에 따라 상당히 다르다. 일반적으로 사용하는 밸브종류는 전통적인 게이트밸브 및 글로브 밸브로부터 상당히 복잡하고 서서히 폐쇄되는 공기밸브 및 서지-예상밸브에 이른다. 밸브를 동작시키는 작동기 또한 자동제어 또는 수동제어에 따라 다르다. 단일 관로에서 많은 종류의 밸브들을 사용할 수 있으나 부정류 해석가가 이해해야 할 도전적인 상호작용이 발생될 수 있다. 가장 기본적인 상호작용은 다음 절에서 더욱 상세하게 토론한다.

2.8.6.1 게이트 유량공식

많은 관로 내에서의 부정류 발생원인중 가장 중요한 원인은 유량제어밸브의 폐쇄이다. 이 밸브들을 모델링하는 상세한 내용은 관로에서 경험하는 최대압력 결정에 영향을 미칠 수 있다. 이러한 이유와 모의 프로그램의 결과를 해석하기 위해서는 밸브거동의 지식이 필요하기 때문에 밸브 이론을 간략하게 검토하는 것은 가치가 있다.

그림 2.12에서와 같이 저수지에 직접적으로 연결된 밸브를 갖는 단순관로를 고려하자. 만일 초기에 밸브가 완전 개방된 것으로 가정하면 통상적인 오리피스공식을 사용하여 밸브를 통한 유량 Q_0를 예측할 수 있다.

$$Q_0 = (C_d A_v)_0 \sqrt{2g \Delta H_0} \tag{2.38}$$

여기서 C_d는 유출계수, A_v는 오리피스 면적, g는 중력가속도, ΔH_0는 밸브를 통한 수두 차이, 그리고 아래첨자 0은 밸브가 완전 개방된 것을 나타낸다. 만일 밸브를 통한 수두 차이를 속도로 완전하게 변환할 수 있다면 유출계수 $C_d = 1$이 된다. 완전한 변환은 불가능하므로 C_d 수치는 1보다 작고, 완전 개방된 밸브의 경우 통상적으로 이 수치들은 0.7~0.9이다. 오리피스 면적 A_v와 유출계수 C_d의 곱을 빈번하게 밸브의 유효면적이라 부른다. 밸브 내부 구조에 따라 결정되는 이 유효면적은 밸브를 통한 유량을 제어한다.

식 (2.38)은 광범위한 수두와 유량 범위에 걸쳐 유효하다. 예를 들어 그림 2.12에서 실선은 완전 개방된 밸브에서 $Q-H$ 관계를 묘사한다. 그러나 밸브의 설정 위치가 변경되면 명백하게 유출계수와 오리피스 밸브 면적 모두 변경되기 때문에 공식도 반드시 변경되어야 한다. 밸브특성을 완벽하게 기술하는 것은 상당한 양의 $C_d A_v$ 자료들을 요구하는 것으로 보이지만 다행하게도 더욱 효율적으로 밸브특성을 표현할 수 있다.

식 (2.38)과 같은 유사한 방법으로 밸브개도가 변경된 위치에서 밸브의 유량을 모델링한다고 가정하면

$$Q = (C_d A_v) \sqrt{2g \Delta H} \tag{2.39}$$

여기서 C_d와 A_v는 변경된 개도에서 유출계수와 오리피스면적이다. 만일 식 (2.39)를 식 (2.38)로 나눈다면 결과는 다음과 같다.

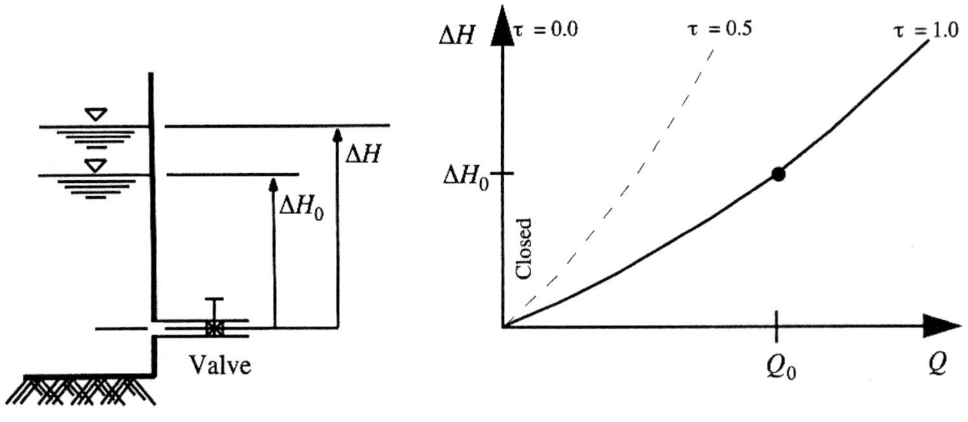

그림 2.12 ▌ 밸브에서 수두와 유량 관계

$$Q = E_s \tau \sqrt{\triangle H} \tag{2.40}$$

상기 공식에서 E_s는 완전 개방된 개도에서 수두차이 $\triangle H_0$의 루트에 대한 완전 개방된 개도에서 유량의 비율을 나타내는 새로운 밸브 상수이다.

$$E_s = \frac{Q_0}{\sqrt{\triangle H_0}}$$

본질적으로 E_s는 밸브 규격, 구조, 그리고 형상에서 완전 개방된 밸브를 통한 수두손실을 스케일한다. 더욱이 τ는 다음과 같은 무차원 유효 게이트 개도를 나타낸다.

$$\tau = \frac{C_d A_v}{(C_d A_v)_0}$$

게이트 개도를 나타내기 위한 τ 수치는 유효 범위 0(밸브가 완전 폐쇄)~1(밸브가 완전 개방)까지 사용하므로 편리하다.

밸브가 폐쇄되면서 τ 수치가 변화하는 것을 정확하게 나타내는 방법은 밸브마다 다르다. 이 폐쇄 곡선의 상세내용은 밸브의 수두-유량 상관관계를 결정하고 빈번하게 관로 내 부정류 조건들에 상당한 영향을 미친다.

2.8.6.2 대안적 밸브 표현

밸브를 기술하는 문헌에서 그리고 본장 초반부에서 기술한 것과 같이 부분손실을 속도수두의 자승으로 모델하는 것이 보통이다.

$$\triangle H = \Psi \frac{V^2}{2g} \tag{2.41}$$

여기서 V는 밸브 상류측 관로 내의 평균 속도이고, Ψ는 대안적 밸브 상수이다. 이와 같은 사소한 변경은 수치 계산에 결정적인 영향력을 갖는다. 즉, Ψ는 완전 개방된 밸브에서 최소수치로부터 완전 폐쇄된 밸브에서 무한한 수치로 변화한다. 이와 같은 수치 범위는 부정류 문제에서 수치 불안정을 유발할 수 있다. 이러한 이유로 부정류해석시 τ 수치를 포함한 역수(reciprocal) 상관관계를 사용하는 것을 선호한다.

2.8.6.3 압력조정 밸브

많은 적용에서 밸브 폐쇄 관계들은 방금 기술한 상황보다 더욱 복잡하다. 관로 하류측에서 사전 설정된 압력을 유지하기 위해 통상적으로 압력-조정 밸브들을 설치한다. 즉, 압력조정 밸브를 부분 폐쇄하여 밸브를 통한 상당한 압력저하를 유발하여 이러한 기능을 수행한다. 그러나 만일 정전 또는 다른 부정류 조건이 관로 내에서 발생하면 임의 “active” 압력조정 밸브는 이미 부분적으로 폐쇄된 위치로부터 시작한다. 초기 설정에 따라 압력조정 밸브는 밸브 설계수치 또는 이론수치보다 상당히 적은 시간에 폐쇄할 수 있다. 밸브 초기 위치의 영향은 가장 큰 압력을 단절시키는 조정 밸브에서 가장 심각하고, 이는 빈번하게 나머지 관로 내부에서 상대적으로 낮은 수두손실과 관련된다. 따라서 적은 유량을 수송하는 시스템 내에서 압력조정 밸브를 사용할 때 가장 심각한 부정류 조건들이 발생할 수 있다.

2.8.7 결론

수충격, oil hammer 등으로 불리는 부정류는 정상상태의 유동과 압력에서 변화를 취득하는 수단이다. 밸브 폐쇄 또는 펌프 기동과 같이 관로 내에서 조건들이 변경될 때 연속적인 파들이 생성된다. 이러한 교란은 교란들이 감쇄 또는 마찰의 일부 형태의 작용으로 새로운 정상 상태의 수준으로 소산될 때까지 매체 내에서 음속의 속도로 전파된다. 관로 내 유동에서 이러한 유체 부정류는 유체 속도에서 모든 변화(급격하던 완만하던)를 얻는 직접적인 수단들이다. 그러나 급격한 변화가 발생할 때 상당한 크기의 압력파가 발생할 수 있고 배관을 파괴시킬 수 있기 때문에 결과는 극단적이 될 수 있다. 오로지 유동을 극도로 완만하게 조정하면 압력수두 또는 배관 속도에서 커다란 동요 없이 한 정상유동상태로부터 다른 정상유동상태로 부드럽게 이동하는 것이 가능하다.

제어동작은 극도로 중요할 수 있고, 수리시스템 설계는 물론 운영적인 면에서도 밀접한 관계를 갖는다. 제어시스템의 상세 내용은 배관 배열 및 프로파일 선정, 시스템 내 제어 요소 위치 결정, 그리고 설비운영 규칙 선정과 같은 문제들에 영향을 미친다. 합리적이고 경제적으로 관로시스템을 운영하기 위해서는 정확한 자료, 조심스럽게 캘리브레이션된 모델, 미래 수요량의 진행 예측 및 부정류 부하에 대한 시스템 반응, 그리고 개별 설비와 처방전략 모두의 올바른 선정을 필요로 한다. 이러한 설계 결정들을 거의 완전한 설계에 부속되는 재고(afterthought)로 간주해서는 안된다. 부정류해석은 합성적인 관로 설계의 기본적이고 도전적인 부분이다.

CHAPTER 3 관망시스템 설계 개념

역자: 박한영, 신언호, 이근영, 박진훈, 차인호, 박홍성

3.1 서론

송·배수시스템의 주된 목적은 필요한 수량을 충분한 압력으로 각 소비자들에게 물을 공급하는 것이다. 송·배수시스템은 대표적으로 음용수를 거주민, 산업체, 그리고 상업 및 산업시설로 운반한다. 일부 지자체들은 화재시 고압 시스템 또는 음용수 용도가 아닌 경우 중수도 시스템과 같은 별개 송·배수시스템을 갖지만 대부분 지자체 송·배수시스템은 음용수 용도는 물론 소화용수와 관개용수와 같은 비음용수 용도의 물을 공급할 능력을 갖추어야 한다.

송·배수시스템의 적정 기능은 충분한 음용수를 소비자에게 공급하는 것은 물론 소화용수로 사용하기 위해 충분한 물을 공급해야 하는 것이 중요하다. 이들 시스템들은 반드시 적정한 기능을 해야 하므로 송·배수시스템의 계획, 설계 그리고 건설에 대한 이해가 충분해야 한다. 본 장에서는 송·배수시스템의 계획 및 설계의 중요한 요소들에 대해 집중 기술하기로 한다. 본 장에서 기술하는 내용은 주로 대표적인 송·배수시스템에 대해 토론하나 소화 및 중수도와 같은 다른 형식의 관수로시스템의 계획과 설계를 위해 수리학과 설계 원리를 용이하게 적용할 수 있다.

3.1.1 시스템 구성

지자체 상수도시스템은 대표적으로 하나 이상의 수원, 적합한 처리시설, 그리고 송·배수시스템으로 구성된다. 수원은 강 또는 호수와 같은 표면수, 지하수, 그리고 일부의 경우 담수를 포함한다. 본장에서 기술된 정보는 송·배수시스템의 계획 및 설계로 제한되며, 공급 수원을 확보하는 것과 적합한 수처리 설비의 설계 및 건설에 관련된 내용들은 기술하지 않는다. 통상적으로 송·배수시스템은 물을 소비자에게 수송하기 위해 배관들을 연계시키는 관망, 수요량의 동요시 물을 공급하기 위한 저류탱크, 펌핑 시설로 구성된다.

3.1.2 용어의 정의

상수도시스템 계획 및 설계시 빈번하게 사용되는 많은 용어들을 다음과 같이 정의한다.

평균 1일 수요량 : 기관 또는 지자체의 연간 물 총 생산량을 365로 나는 것

최대 1일 수요량 : 1년 중 24시간 동안 가장 많은 수요량

첨두 시간 수요량 : 1년 중 1시간 동안 가장 많은 수요량

첨두계수 : 명시된 기간동안 경험한 평균 년간 수요량 이상으로 상승. 첨두계수는 통상적으로 최대 1일 수요량과 첨두시간 수요량을 표현하기 위해 평균 1일 수요량의 승수로 사용된다.

송수관로(Distribution Pipeline) 또는 배수 메인관 : 상대적으로 작은 지역에 서비스하는 소구경 배수관로. 개인 소비자에게 급수 서비스는 정상적으로 급수 관로에 위치한다. 배수시스템 관로들은 통상적으로 150~400mm(6~16인치) 사이이다.

송수관로(Transmission Pipeline) 또는 배수 메인관 : 첨두 수요기간 동안 대량의 물을 수송하기 위해 설계된 대구경 관로. 일반적으로 개인 소비자들을 위한 물 공급은 송수관로에 위치하지 않는다. 송수 메인관들은 통상적으로 400mm(16인치) 이상의 관로이다.

3.2 송 · 배수시스템 계획

송 · 배수시스템 계획자와 설계자가 갖는 기본적인 질문은 "시스템을 통해 얼마나 많은 수량을 어디로 수송할 것이냐?"이다. 이에 대한 대답은 물 사용량의 기록, 인구 경향, 계획된 성장, 지형도, 그리고 현존하는 시스템의 능력을 포함하는 지역사회에 대한 기본 정보의 취득이 필요하다. 현존하는 시스템의 효율적 확장을 위한 계획과 적정한 압력으로 충분한 물을 공급하기 위하여 필요한 개선을 결정하기 위해 이와 같은 정보를 사용할 수 있다.

3.2.1 물 수요량의 결정

송 · 배수시스템 설계에서 첫 번째 단계는 추정된 미래 수요량을 포함하여 필요한 수량을 결정하는 것이다.

통상적으로 전체 유량의 개념에서 지역사회에서 수요량은 1인당 수요량을 기초하여 추정한다. 미국 Geological Survey가 발행한 연구발표에 따르면 1990년도 공공 수도 평균 수량은 1일 1인당 약 397L로(Lpdc) 또는 1일 1인당 105 갤런(gpdc)으로 추정되었다. 주마다 수요량을 요약한 결과는 표 3.1과 같다. 이 표에서 보고된 물 사용량은 상당히 다르게 나타나는 것을 알 수 있다. 1인당 물 사용량은 펜실베니아에서 62gpdc로부터 네바다에서는 213gpdc로 상당히 다르다. 이러한 차이는 지형학적 위치, 기후, 지역의 규모, 산업화 정도, 그리고 각 지역에서의 고유 영향 요소들에 따라 결정된다. 이러한 차이 때문에 미래

표 3.1 ▌ 미국 내 추정 물 사용량(1990)

주	L/per Capita/per day	gal/per Capita/per day
Alabama	379	100
Alaska	299	79
Arizona	568	150
Arkansas	401	106
california	556	147
Colorado	549	145
Connecticut	265	70
Delaware	295	78
District of Columbia	678	179
Florida	420	111
Georgia	435	115
Hawaii	450	119
Idaho	704	186
Illinois	341	90
Indiana	288	76
Iowa	250	66
Kansas	326	86
Kentucky	265	70
Louisiana	469	124
Maine	220	58
Maryland	397	105
Massachusetts	250	66
Michigan	291	77
Minnesota	560	148
Mississippi	466	123
Missouri	326	86
Montana	488	129
Nebraska	435	115
Nevada	806	213
New Hampshire	269	71
New Jersey	284	75
New Mexico	511	135
New York	450	119
North Carolina	254	67
North Dakota	326	86
Ohio	189	50
Oklahoma	322	85
Oregon	420	111

표 3.1 | (Continued)

주	L/per Capita/per day	gal/per Capita/per day
Pennsylvania	235	62
Rhode Island	254	67
South Carolina	288	76
South Dakota	307	81
Tennessee	322	85
Texas	541	143
Utah	825	218
Vermont	303	80
Virginia	284	75
Washington	522	138
West Virginia	280	74
Wisconsin	197	52
Wyoming	617	163
Puerto Rico	182	48
Virgin Island	87	23
United States total	397	105

출처 : Solley et al. (1993)

수요량을 예측하기 위한 신뢰성 있는 유일한 방법은 각 지역사회를 별개로 연구하여 현존하는 물 사용 특성을 결정하고 인구 경향을 사용하여 미래 물 수요량을 외삽하는 것이다.

하루동안 지역 사회에서 어떻게 전체적으로 물 사용이 분배되는지의 개념으로 최상의 결정인자는 아마도 토지용도(land use)일 것이다. 한정된 지역사회에서 토지용도에 의한 물 수요량을 결정하는 최상의 방법은 다양한 형식의 토지용도에서 실제 물 사용을 검토하는 것이다. 실제 물 사용량을 검토하는 목적은 미래 계획을 위해 사용할 수 있는 다양한 형식의 토지용도를 위한 "*water duties*"를 개발하는 것이다. 통상적으로 다음 토지용도를 위해 "*water duties*"을 개발한다.

- 단일 가족 주거용도(일부 사회는 저밀도, 중간 밀도, 그리고 고밀도 지역을 갖는다)
- 다가족 주거용도
- 상업용도(통상적으로 light와 heavy 범주로 나뉘어지고 매우 높은 사용자들의 경우 별개 범주로 나누어진다)
- 공공용도(통상적으로 공원, 개방된 공간, 그리고 학교로 나뉘어진다)

통상적으로 water duties는 1일 에이커 당 갤런으로 표현된다. 표 3.2는 미국 서부지역에서 대표적인 water duties을 보여준다. "저밀도 주거", "중간밀도 주거" 등과 같이 토지용도 개념의 정의는 지역사회에 따라 다르고 조심스럽게 검토해야 한다는 사실에 유의한다.

표 3.2 | Typical Water Duties

Land Use	Water Duty.(gal/day/acre)		
	Low	High	Average
Low-density residential	400	3300	1670
Medium-density residential	900	3800	2610
High-density residential	2300	12000	4160
Single-family residential	1300	2900	2300
Multifamily residential	2600	6600	4160
Office commercial	1100	5100	2030
Retail commercial	1100	5100	2040
Light industrial	200	4700	1620
Heavy industrial	200	4800	2270
Parks	400	3100	2020
Schools	400	2500	1700

출처 : Adapted from Montagomery Watson study of data of 28 western U.Scities.
Note : gal×3.7854=L

물 수요량 예측의 또 다른 방법은 각 사용자들의 물의 용도를 검토하는 것이다. 이는 각 소비자가 전체 시스템 수요량의 상당한 부분을 구성할 때 사용할 수 있는 특별한 방법이다. 표 3.3은 많은 다른 공공기관의 물 용도를 나타낸다. 비율이 상당히 다르지만 다른 유용한 자료가 없을 때에는 각 사용자들의 전체 물 사용량을 추정함에 있어 유익하다.

표 3.3 | Typical Rates of Water Use for Various Establishments

User	Range of Flow	
	L/person or unit/day	gal/person or unit/day
Airport, per passenger	10-20	3-5
Assembly hall, per seat	6-10	2-3
Bowling alley, per alley	60-100	16-26
Camp		
Pioneer type	80-120	21-32
Children's, central toilet and bath	160-200	42-53
Day, no meals	40-70	11-18
Luxury, private bath	300-400	79-106
Labor	140-200	37-53
Trailer with private toilet and bath, per unit(2 1/2 persons)	500-600	132-159
Country clubs		
Resident type	300-600	79-159
Transient type serving meals	60-100	16-26
Dwelling unit, residential		
Apartment house on individual well	300-400	79-106

표 3.3 | (Continued)

User	Range of Flow	
	L/person or unit/day	gal/person or unit/day
Apartment house on public water supply, unmetered	300–500	79–132
Boardinghouse	150–220	40–58
Hotel	200–400	53–106
Lodging house and tourist home	120–200	32–53
Motel	400–600	106–159
Private dwelling on individual well or metered supply	200–600	53–159
Private dwelling on public water supply, unmetered	400–800	106–211
Factory, sanitary wastes, per shift	40–100	11–26
Fairground (based on daily attendance)	2–6	1–2
Institution		
Average type	400–600	106–159
Hospital	700–1200	185–317
Office	40–60	11–16
Picnic park, with 플로트 toilets	20–40	5–11
Restaurant (including toilet)		
Average	25–40	7–11
Kitchen wastes only	10–20	3–5
Short order	10–20	3–5
Short order, paper service	4–8	1–2
Bar and cocktail lounge	8–12	2–3
Average type, per seat	120–180	32–48
Average type 24 h, per seat	160–220	42–58
Tavern, per seat	60–100	16–26
Service area, per counter seat (toll road)	1000–1600	264–423
Service area, per table seat (toll road)	600–800	159–211
School		
Day, with cafeteria or lunchroom	40–60	11–16
Day, with cafeteria and showers	60–80	16–21
Boarding	200–400	53–106
Self-service laundry, per machine	1000–3000	264–793
Store		
First 7.5m(≈ 25ft) of frontage	1600–2000	423–528
Each additional 7.5 m of frontage	1400–1600	370–423
Swimming pool and beach, toilet and shower	40–60	11–16
Theater		
Indoor, per seat, two showings per day	10–20	3–5
Outdoor, including food stand, per car (3 1/3 persons)	10–20	3–5

출처 : Adapted from Metcalf and Eddy (1979).

3.2.2 계획 및 설계 기준

효과적으로 배수시스템을 계획 및 설계하기 위해서는 반드시 기준을 개발 적용해야 한다. 현존하는 그리고 향후 계획 중인 시스템의 타당성을 비교할 수 있는 대표적인 기준 요소들은 다음 사항들을 포함한다.

- 공급
- 저장
- 소화용수
- 배수관망 해석
- 공급 수압

3.2.2.1 공급

상수도 시설의 타당성을 결정함에 있어 다양한 물 수요 조건을 만족시키기 위해 그리고 정전 및 재해와 같은 비상시 동안 정상 수요량의 최소한 일부분을 만족시킬 수 있도록 공급원은 반드시 충분히 커야 한다. 최소한 수원은 반드시 최대 1일 수요량을 만족시킬 수 있어야 한다. 최대 1일 수요량을 만족시키기 위한 공급량의 부족한 수량을 보충하기 위해 저장설비에 의존하는 것은 권장하지 않는다. 시스템 계획자와 설계자는 최대 1일 수요량이 연속적으로 여러 날 동안 발생할 수 있다는 사실을 간과해서는 안된다. 수도사업자가 첨두시간 수요량을 만족시키기 위해 저장설비로부터 추가 공급을 갖는 최대 1일 수요량을 만족시키는 수원을 제공하는 것이 일반적이다.

또한 수원의 예비용량을 고려하는 것도 좋은 방안이다. 전체 급수량이 최대 수요량을 만족시키도록 시스템을 설계한 경우에도 오작동 또는 잘못된 유지관리로 인해 일부 공급이 불가능하여 충분하지 못한 공급을 초래할 수 있다. 예를 들어 급수량을 주로 지하수에 의존하는 수도사업자는 최소한 가장 큰 관정을 사용할 수 없는 경우에도 최대 1일 수요량을 만족시킬 수 있어야 한다.

3.2.2.2 저장

저장의 주된 기능은 (1) 운영 균등화, (2) 소화, 그리고 (3) 비상시 공급할 수 있도록 물을 저장하는 것이다.

운영저장(operational storage)은 첨두 수요량을 만족시키기 위해 필요한 물의 양과 직접적으로 관련된다. 운영저장의 목적은 첨두 수요량과 시스템의 공급 가능한 양 사이의 차이를 보충하는 것이다. 운영저장은 극단적인 수요량 변화가 발생하여도 공급수원에 영향을 미치지 않으면서 수요의 동요를 조정하기 위해 저장된 바람직한 물의 양이다. 통상적으로 운영저장을 갖게 되면 시스템 압력들은 개선되고 확립된다. 필요한 운영저장의 체적은 지역에서 낮 수요량 동요의 함수이고 통상적으로 전체 최대 1일 수요량의 25%로 추정된다.

소화용수저장은 대표적으로 명시된 기간 동안 명시된 소화용수를 공급하기 위해 저장된 물의 양이다. 명확한 소화 유량과 시간은 지역에 따라 상당히 다르다. 통상적으로 지역 소방서를 통해 이러한 수치들을 얻을 수 있으며, 통상적으로 Insurance Service Office에 의해 확립된 가이드라인에 기초한다.

비상저장은 공급 수원의 실패, 주 송수관로의 실패, 펌프 실패, 정전, 또는 자연재해와 같은 비상 상황 동안 수요량을 만족시키기 위해 저장해야 할 물의 체적이다. 특정 배수시스템에 포함된 비상저장의 양은 대표적으로 소유주의 선택사항으로 위험 평가와 시스템의 의존도에 기초한다. 비상저장을 고려함에 있어 비상기간 동안 상당히 감소된 공급을 제공하는 것을 평가하는 것은 드물지 않다. 예를 들어 자연재해 동안 최소 수요량을 추정하는 것은 논리적이지 않다.

3.2.2.3 소화용수

소화용수를 공급하기 위한 유량은 대표적으로 토지용도에 종속되고 지역사회에 따라 다르다. 대표적인 소화용수량은 표 3.4와 같다.

표 3.4 ▌ Typical Fire Flow Requirements

토지용도	Fire Flow Requirements, gal/m
Single-family residential	500-2000
Multifamily residential	1500-3000
Commercial	2500-5000
Industrial	3500-10,000
Central business district	2500-15,000

Note : gal×3.7854＝L

3.2.2.4 배수관망 해석

현존하는 시스템의 평가 또는 제안된 시스템을 계획함에 있어 비교할 시스템의 운영 시나리오의 기준을 확립하는 것이 중요하다. 만일 확립된 기준이 충분히 엄격하면 임의 시스템은 불충분한 것으로 나타날 수 있다. 많은 시스템들은 1일 평균 조건들을 만족시키는 충분한 능력을 갖는다. 오직 부족함이 표출되기 시작할 때만 시스템이 강조된다. 시스템이 실질적으로 강조되는 정도는 배수시스템 분석 기준 확립의 핵심이다. 하나의 시스템을 평가함에 있어 다음 시나리오에서 시스템이 어떻게 수행되는지 고찰하는 것이 일반적이다.

- 첨두 시간 수요량
- 최대 1일 수요량+소화용수량

첨두 시간 수요량에서 시스템의 평가는 설계자에게 시스템의 광범위한 성능에 대한 지식을 제공한다. 최대 1일 수요량과 동등한 "background" 수요량 동안 시스템 내 다른 위치들에서 소화용수를 사용하면 시스템 부족량이 발생할 것이다. 첨두 시간 수요 동안 화재가 발생할 가능성이 있지만 최대 1일 수요량 동안 화재가 발생하는 것보다는 확률이 적다. 따라서 통상적으로 시스템 설계를 위한 적합한 기준으로는 이를 고려하지 않는다.

3.2.2.5 공급 수압

다양한 지역사회 배수시스템에서 관습적으로 유지되는 압력에서 차이가 존재한다. 수요자 거주지 또는 상업지역에서 수압은 너무 낮아도 너무 높아도 안된다. 압력이 30psi(21m) 이하가 될 때 하나 이상의 물 사용 장치를 사용하면 유량이 감소하는 문제가 발생한다. 고압은 수도꼭지에서 누수, 밸브 시트를 급속하게 마모시키고, 압력릴리프밸브가 동작하여 물이 분출될 수 있다. 또한 비정상적으로 높은 압력은 시스템 누수의 결과를 초래할 수 있다. Uniform Plumbing Code는 감압장치를 사용하지 않을 경우 서비스 접합부에서 수압이 80psi(57m)을 초과하지 않도록 권장한다. 소화용수와 관련된 또 다른 압력기준은 소화용수로 사용되는 소화전에 연결된 지점에서 최소압력 20psi(14m)을 권장한다. 표 3.5는 대표적인 서비스 압력 기준을 제공한다.

표 3.5 ▌ 대표적인 공급 수압기준

조 건	공급 수압기준(psi/m)
최대압력	65~75/46~53
최대 1일 수요량 동안 최소압력	30~40/21~28
첨두시간 최소압력	25~35/18~25
화재시 최소압력	20/14

Note : psi/14.223 = kg/cm^2

3.2.3 첨두계수 결정

물 소비는 계절, 주일, 그리고 1일 시간에 따라 변화한다. 소비변화는 (1) 커다란 지역사회보다 작은 지역사회에서 그리고 (2) 긴 기간보다 짧은 기간에서 더욱 크다. 통상적으로 물 소비 변화는 평균 1일 수요량에 대한 비율로서 표현된다. 통상적으로 이러한 비율을 첨두계수(peaking coefficients)라 부른다. 각 수요자의 실제 물사용 자료로부터 첨두계수들을 전개해야 하며, 독자들의 이해를 돕기 위해 대표적인 첨두계수들을 표 3.6에 열거하였다.

표 3.6 ▌ 대표적인 첨두계수

비 율	미 국	범 용
일 최대 : 일 평균	1.5~3.5 : 1	1.8~2.8 : 1
시간 첨두 : 일 평균	2.0~7.0 : 1	2.5~4.0 : 1

3.2.4 전산기를 이용한 관망 모델링

전산기를 사용한 배수시스템 모델링은 광범위한 수리적 조건들에서 시스템 거동을 분석하고 모의하기 위한 증명되고, 효과적인, 그리고 신뢰성 있는 기법이다. 물이 시스템으로 유입 및 유출되는 절점들로 명시된 망의 형태(topology)로 상호 연결된 배관 길이들의 집합에 의해 관망모델을 나타낸다. 전산 모델들은 질량 및 에너지 보존법칙을 사용하여 관망을 통한 압력과 유량을 결정한다. 질량 보존은 각 절점에서 유량의 합계는 반드시 0이 되어야 한다는 것을 진술한다. 에너지 보존은 각 폐쇄된 루프에 따라 축적된 에너지 손실은 반드시 0이 되어야 하는 사실을 요구한다. 이러한 법칙들은 압력(절점공식) 또는 유량(루프 또는 배관공식)의 항으로 비선형공식으로 표현된다. 이 비선형성은 배관길이를 통한 배관 유량과 압력저하 사이 상관관계를 반영한다. 이 공식들에서 비선형성이 존재하기 때문에 수치해석방법은 반복적이 된다. 초기 추정된 압력과 유량의 수치를 반복적으로 조정하여 연속되는 두 반복에서 차이가 허용된 오차 사이에 들어올 때까지 반복한다. 여러 수치반복 기법들 중 뉴튼법이 가장 광범위하게 사용된다. 이에 대한 상세한 내용은『상하수도 관망 해석설계』문헌을 참조한다(박한영, 2007).

3.2.4.1 전산기 모델의 역사

전산화 이전에는 관망의 유량과 압력을 구하기 위해 지루하고 많은 시간을 소비하는 수계산이 필요하였다. 이러한 계산들은 한정된 관망을 해석하기 위해 Hardy-Cross 수치 방법을 사용하여 수행하였다. 해를 얻기 위해 필요한 고된 노력 때문에 한정된 조건아래 그리고 소수의 루프로 구성된 단순한 관로시스템만을 모델링하였다. 관망 모델링에서 최초 전산기의 출현은 전기 아날로그였고, 그 후 대형 디지털 전산기와 소형 마이크로전산기가 뒤 따랐다. 오늘날 랩탑 전산기의 연산능력은 최초 전산기보다 월등히 우수하며 최초 전산기는 사무실 빌딩 여러 층을 차지하였으며 전산기 비용도 상당히 고가였다.

초창기 전산기 모델들 중 많은 모델들은 그래픽과 상호작용하지 않아 모델 수행 결과를 해석하고 개발하는 공학자의 능력을 제한하였다. 사용자 상호작용은 매우 기본적인 것이고 때로는 추가 표현을 가능하게 하였다. 펀치 카드 또는 문서 편집자가 생성한 ASCII(American Standard Code for Information Interchange) 파일은 실수 투성이었으며 모델링하고자 하는 관망의 복잡성과 규격에 따라 수행할 자료 파일을 작성하는데 수일 또는 수주가 소요되었다. 통상적으로 모델결과는 중요한 관망 결과를 열거하는 상당한 분량의 표 형태로 출력된다. 이러한 결과의 해석은 물론 대표적으로 시스템 지도상에 압력등고선을 작성하기 위해 많은 시간이 소비되었다.

지난 20년 동안 마이크로전산기의 광범위한 사용 때문에 관망 모델링은 새로운 차원의 형태를 취하게 되었다. 오늘날 공학자들은 광범위한 수리학 문제를 해결하기 위해 전산기 모델에 의존한다. 관망 자료를 입력 및 편집 그리고 관망 지도를 표현하고 색상 코드, 속성,

그리고 결과를 해석하기 위해 그래픽 상 상호작용의 활용은 물산업에서 진부한 것이 되었다. 이와 같은 활용은 공학자가 모델을 작성, 캘리브레이션하고, 조작하고 시스템 성능 기준을 벗어날 경우와 같은 다양한 상황에서 관망에서 어떤 일이 일어나는지 가시화하는 것을 상당히 용이하게 해준다. 이제 공학자는 분량이 많은 전산기 출력물에 시간을 덜 소비하고 시스템 개선에 대한 사고와 평가에 더욱 많은 시간을 할애할 수 있어 개선된 운영 및 설계 권장사항을 제시할 수 있다. 전산기 모델의 새로운 세대는 관망 자료의 수집 및 구성 그리고 대량의 결과를 이해하는데 소요되는 많은 일량을 상당히 단순화시켰다.

3.2.4.2 소프트웨어 패키지

사용할 수 있는 소프트웨어들 중 많은 것들은 표준 수리학적 모델링 이외 수질 평가[종(species)의 보존 및 상호작용], 수질이 다른 수원들의 혼합, 이동 시간 결정, 에너지 및 동력 비용 계산, 누수 및 압력 관리, 소화유량 모델링, 서지 분석, 시스템 수두 곡선 작성, 자동화된 관망 캘리브레이션, 실시간 모의, 그리고 관망 최적화와 같은 추가 능력을 제공한다. 일부 고도화된 모델은 압력-조정 밸브, 압력-유지 밸브, 압력 파괴 밸브, 유량조정밸브, 플로트 밸브, 교축제어밸브, 고정 및 가변 속도 펌프, 수차, 원통형 및 가변 단면적 탱크, 가변 수두 저수지, 그리고 복수 유입/유출 탱크 및 저수지를 포함한 수리학적 관망 구성품의 완전한 자료들을 수용할 수 있다. 전산 관망모델들은 소프트웨어의 예측 능력을 통해 많은 건설 프로젝트와 정책들을 지지하기 위한 정보에 근거하여 의사결정을 수행하기 위한 강력한 도구를 제공한다. 이제 모델링은 시스템의 동적 거동의 이해, 운영자 교육, 현존하는 시설물을 이용한 최적화, 운영비용 절감, 미래 설비 결정, 그리고 수질분포 논제를 이해하기 위해 매우 중요한 요소가 되었다.

오늘날 상업용 관망 모델링 소프트웨어는 풍부하다. EPANET과 같은 소프트웨어는 무료이고 KYPIPE와 같은 소프트웨어는 적정한 가격으로 구매할 수 있다. 비용은 모델에서의 특징과 범위 그리고 제공하는 능력에 따라 상당히 변화할 수 있다. 전산기 모델 4개의 주요 공급원은 용역회사, 상업용 소프트웨어 회사, 대학, 그리고 정부기관이다. 이 공급처들로부터 구입할 수 있는 프로그램들 중 많은 것들은 지난 수년 동안 시장에 출시되었으며 현재까지 실적을 확립하여 왔다. 그러나 최근 전산기 모델들 중 대부분은 매우 고도의 그리고 직관적인 그래픽 사용자 상호작용 그리고 상관적인 데이터베이스와 그래픽 정보 시스템과 같은 정보 관리 시스템과의 직접적인 연계는 물론 결과 표현 환경을 제공한다. 표 3.7은 관망 모델링 소프트웨어의 명칭, 주소, 그리고 전화번호는 물론 그들의 주된 모델링 제품을 열거한 것이다.

표 3.7 | 급수시스템 모델링 소프트웨어

Software	Vendor	주소	도시	주	국가	Zip	전화	Fax
AQUA	Computer Modeling, Inc.	2121 Front Street	Cuyahoga Falls	OH	USA	44221	(330)020-7886	(330)929-2756
AVWater	CEDRA	65 West Broad Street	Rochester	NY	USA	14614	(716)232-6998	(716)262-2042
BOSS EMS	BOSS International	6612 Mineral Point Road	Madison	WI	USA	53705-4200	1-800-488-4775	(608)258-9943
CYBERNET	Haestad Methods, Inc.	37 Brookside Road	Waterbury	CT	USA	06708	1-800-727-6555	(203)597-1488
EPANET	US EPA	26 W. Martin Luther King Drive	Cincinnati	OH	USA	45268	(513)569-7603	(513)569-7185
FAAST	Faast Software	3062 East Avenue	Livermore	CA	USA	94550-4738	(510)455-8086	(510)455-8087
FLOW NETWORK	Kelix Software Systems	11814 Coursey Blvd. Avenue, Suite 220	Baton Rouge	LA	USA	70816	(504)769-6785	-
ANALYSIS								
H_2ONET	MW Soft, Inc.	300 N. Lake Avenue, Suite 1200	Pasadena	CA	USA	91101	(626)568-6868	(626)568-6619
HYDRONET	Tahoe Designs Software	P.O.Box 8128	Truckee	CA	USA	92162	(530)582-1525	(530)582-8579
InWater	Intergraph	One Madison Industrial Park	Huntsville	AL	USA	35898	1-800-345-4856	(205)730-6109
KYPIPE	University of Kentucky	Civil Engineering Software center, University of Kentucky	Lexington	KY	USA	40506	(606)257-3436	(606)257-8005
PICCOLO	SAFEGE Consulting Engrs.	P.O.Box 727 Parc de l'Ile, 15-27 rue du Port	NANTERRE CEDEX		France	92007	01133146147181	01133147247202
POPE-FLO	Engineered Software, Inc.	4531 Intelco Loop	Lacey	WA	USA	98503	(360)412-0702	(360)412-0672
PIPES	Watercom Pty Ltd.	105 Queen Victoria Street	Bexley, NSW 2217		Aus.		612-9587-5384	612-9587-5384
RINCAD	CEDEGER	1417 rue Michelin	Laval	Quebec	Canada	H7L4S2	(514)629-8888	(514)382-3077
RJN CASS WORKS	RJN Computer Services, Inc.	200 W.Fornt Street	Wheaton	IL	USA	60187	(630)682-4700	(630)682-4754
SDP	Charles Howard & Assoc. Ltd.	852 Fort St. 2nd Floor	Victoria	BC	Canada	V8W 2H7	(250)385-0206	(250)385-7737
Stoner Workstation	Stoner Associates, Inc.	P.O.Box 86	Carlisle	PA	USA	17013	(717)243-1900	(717)243-5564
TDHNET	TDH Engineering	607 Ninth Street	Laurel	MD	USA	20707	(301)490-4515	(301)490-4515
USU-NETWK	Utah State University	Utah State Uni. Dept. of Civil & Environmental Engineering	Logan	UT	USA	84322-4100	(801)797-2943	(801)750-1185
WADISO- water distribution systems : simulation and sizing	Lewis Publisheres - 1990	2000 Corporate Blvd. NW	Boca Raton	FL	USA	33431-9868	1-800-272-7737	1-800-374-3401
Water Works	Syntex Systems Corporation	800-1188 West Georgia Street	Vancouver	BC	Canada	V6E4A2	(604)688-8271	(604)688-1286
WATER/WGRAPH	Municipal Hydraulics Ltd.	2474 Pylades Drive RR3	Ladysmith	BC	Canada	VOR2EO	(250)722-3810	(250)722-3088
WaterMax	The Pitometer Associates	20 N.Wacker Drive, Suite 1530	Chicago	IL	USA	60606	(312)236-5655	(312)580-2691
WATNET	WRc	8 Neshaminy Interplex, Suite 219	Trevose	PA	USA	19053	(215)244-9972	(215)244-9977
WATSYS	Expertware Dev. Corp.	27 Linden Avenue	Victoria	BC	Canada	V8V4C9	(250)384-5955	(250)383-1692

3.2.4.3 시스템 모델의 개발

오늘날 공학자가 사용할 수 있는 전산도구들은 매우 인상적이고 강력하다. 한번 적합한 소프트웨어를 선정하면 물 시스템의 전산기 모델을 전개하기 위해 반드시 소프트웨어에 자료들을 입력해야 한다. 입력자료는 배관 규격과 길이, 지형도, 그리고 예상된 절점 수요량은 물론 저수지 및 펌프 특성과 같은 시스템의 물리적 속성을 포함해야 한다.

통상적으로 절점 수요량 분배시 토지용도에 비례하여 관망시스템을 통해 평균 1일 유량을 분산시키는 것을 포함한다. 이는 각 절점의 수요지역을 결정하고, 수요지역 내의 각기 다른 토지용도의 지역을 측량하고, 이들의 면적을 각각의 평균 1일 water duty(gal/min 또는 L/sec로 변환)로 곱하고, 이를 water duties를 가정하여 절점에서 합계를 적용하여 수행한다. 과거에는 이를 수행하기 위해 광범위한 mapping과 면적계(planimeter) 또는 인력측량으로 토지용도면적을 결정하였다. 오늘날 GIS(graphical information system) 소프트웨어의 출현으로 통상적인 절점 수요량의 분배는 전산기-기반 mapping을 포함하는 하나의 기능이 되었다. GIS 소프트웨어 내부 별개 층(layer)에서 시스템의 요소들, 수요 지역들, 그리고 토지용도 모두가 지도로 작성된다. GIS 소프트웨어의 "polygon processing" 능력은 다른 층들을 교차하고 자동으로 다양한 수요 지역으로 토지용도 합계를 연산한다. 각 토지용도를 water duties로 곱한 결과는 평균 1일 시스템 수요가 되며, 이는 토지용도에 따라 각 절점에 비례한다. 이제 배수시스템 전산기 모델을 사용하여 앞에서 기술한 것과 같이 전역 첨두계수를 적용한다.

3.3 관망의 기본설계

상기에서 언급한 관망시스템 계획을 수행하는 목적은 시스템 결함을 수정하고 미래 성장을 보장하기 위한 장기계획을 수행하는 것이다. 통상적으로 시스템 개선들을 우선시하고 유용한 현재 또는 미래 예산에 기초하여 스케줄 또는 예산 절약 프로그램을 전개한다. 프로젝트 진행과정에서 정밀 계획단계가 종료되면 기본적인 설계를 시작한다. 기본설계 동안 관로 노선, 지하시설물 충돌, 그리고 전용도로 등을 조사한다.

3.3.1 관로 노선(Alignment)

관로의 적합한 노선을 결정함에 있어 전용도로, 건설용이성, 미래 유지관리를 위한 접근, 그리고 다른 시설로부터 분리 등을 반드시 고려해야 한다. 미국 내 많은 지자체들은 관로매설을 위해 표준화된 위치들을(예를 들어 일반적으로 급수관로는 도로 중심선의 북쪽과 동쪽 15ft에 위치한다) 채택하고 있다.

3.3.2 지하시설물 예비검토(Subsurface Conflicts)

제안된 관로 노선 전개시 중요한 요소는 지하시설물 충돌에 대한 평가이다. 지하시설물을 적합하게 평가하기 위해 설계자는 제안된 관로 노선에 따른 다른 모든 지하 시설물의 형식, 규격, 그리고 정확한 위치를 파악할 필요가 있다. 설계시 이러한 정보를 반드시 고려하고 프로젝트 계획에 정확하게 반영하여 계약자가 잠재적인 충돌 요소들을 완전하게 숙지할 수 있어야 한다.

잠재적인 시설물 충돌을 철저하게 조사하는 것은 좋은 방법이다. 예를 들어 단순히 제안된 관로 노선이 전력선을 교차하는 것으로 결정하는 것은 충분하지 않다. 즉, 설계된 배수관로에 전력선의 정확한 위치와 크기를 표시해야 할 필요가 있다. 시공사 도면에서 단일선으로 나타낸 전력선은 폭 2ft와 깊이 4ft인 횡단면을 갖는 콘크리트 내부에 포설된 여러 전선관을 갖는 주 동력선으로 판명될 수 있다. 또는 매설된 3/4인치 전화선은 광섬유 통신케이블로 판명될 수 있고, 건설 중 훼손할 경우 과도한 범칙금을 부담할 수 있다.

또 다른 배수관로 노선 고찰은 인접한 위생하수관로로부터의 이격거리이다. 미국 내 많은 주와 지방 보건 공무원들은 음용수와 위생하수관로는 외벽으로부터 최소 10ft 간격을 확보할 것을 요구한다.

3.3.3 전용도로

적합한 전용도로를 확보한 후 관로의 최종 위치를 선정하고 건설을 시작할 수 있다. 성공적인 설치를 위해서는 건설 및 향후 접근을 위한 충분한 전용도로가 필요하다. 통상적으로 배수관로들은 공용부지인 도로와 차도에 위치한다. 송수-형식 관로의 경우 때로는 개인 토지를 횡단하는 전용도로를 확보할 필요가 있다. 이 경우 건설하는 동안 필요한 임시 사용지역(easement)의 폭과 향후 접근을 위해 필요한 영구 사용지역의 폭을 적합하게 평가하는 것이 매우 중요하다. 만일 사유물을 통과하여 관로를 설치해야 한다면 관로를 소유하고 유지하는 독립체에게는 영구 사용지역 이내에서 영구 구조물들을 건설하지 않는다는 합의를 얻는 것과 관로에 대한 접근을 보장하기 위한 사유물에서 건설을 모니터링하는 프로그램을 수행하는 것이 매우 중요하다. 그렇지 않으면 향후 소유주가 변경되면서 관로는 접근이 불가능할 가능성이 크게 된다.

3.4 관종별 특성 및 연결방법

W / A / T / E / R

본 절에서 압력 배수시스템에 사용하는 배관 및 이형관들의 형식들을 토론한다. 배관 재질을 먼저 기술하고 설계자가 선정하는 재질 형식에 영향을 미치는 요소들을 3.4.7절에서 기술한다. 본 절을 통해 직경 100mm 이상의 배관을 중심으로 기술한다.

본 절에서는 ANSI(American National Standard Institute) B36.10과 같이 문자와 숫자코드를 사용하여 단축된 형태로 기준 또는 시방들에 대한 기준들을 표현한다. AWWA C115/ANSI A21.15와 같은 이중 표기는 AWWA C115는 ANSI A21.15와 동일하다는 것을 의미한다. 대부분 기준들은 주기적으로 개정되므로 기술자들은 최근 개정판을 사용할 것을 권장하며, 배관에 상세한 내용은 『배관핸드북』(박한영, 2010) 문헌을 참고하기로 한다.

3.4.1 덕타일 주철관(DIP;Ductile Iron Pipe)

DIP 유용 규격은 4~54인치(100~1350mm)이고 미국 상수도시스템에서 광범위하게 사용되고 있다. 동부와 중서부에서 DIP는 작은 배수시스템의 주 배관 및 대규모 송수 주 배관으로 사용된다. 서부에서 DIP는 일반적으로 400mm(16인치) 이하 배수관로로 사용되며, 비용 측면에서 보다 큰 관로의 대안으로 채택된다. 설계와 관련된 상세한 DIP, 이형관, 조인트, 설치, 추력 보호공, 그리고 다른 요소들은 물론 ANSI/AWWA 시방서들은 Ductile Iron Pipe Research Association(DIPRA) 핸드북(DIPRA, 1984)에 포함되었다.

3.4.1.1 재질

DIP는 주철제품이다. 주철배관은 모래몰드 또는 금속몰드 내부에서 원심력으로 캐스트되어 철합금으로 제작된다. 1970년대 초반 이전까지 대부분 주철배관 및 이형관들은 회주철로서 인장에 약한 취성 재질이었다. 그러나 이제 토양배관(비압력 배관에 사용됨)을 제외하고 모든 주철배관은 덕타일 주철이다. 용해된 저황(low -sulfur) 주철에 마그네슘을 첨가하여 자유 흑연이 구 형상으로 형성되게 하여 강(steel)과 동일하게 만들어 덕타일 주철을 생산한다. DIP(AWWA C151) 규정상 브리넬경도(BNH; Brinell hardness)는 약 165이다.

오차, 강도, 코팅 및 라이닝, 그리고 매설부하에 대한 저항은 ANSI/AWWA C151/A21.51에 주어진다.

3.4.1.2 유용한 규격 및 두께

사용할 수 있는 DIP의 규격은 100~1350mm(4~54인치)이다. 표준 길이는 5.5m(18ft), 압력등급은 1380~2400kPa(200~350lb/in^2)이다.

통상적으로 배관 두께는 클래스 50~56에 따라 명시된다(DIPRA, 1984 또는 ANSI/AWWA C150/A21.50 참조).

3.4.1.3 조인트

매설용 DIP의 경우 고무 개스킷 push-on 및 미케니컬 조인트를 가장 많이 사용한다. 이 조인트들은 차수(water tightness)를 유지하면서 약간의 배관 처짐(deflection, 배관 규격에 따라 2~5°)을 허락한다. 이 조인트들은 조인트에 작용하는 추력에 저항할 능력이

그림 3.1 ▌ 덕타일 주철관의 커플링과 조인트 : (a) 플렉시블 커플링, (b) 미케니컬 조인트, (c) push-on 조인트, (d) 볼 조인트

없어 곡관부와 유동 방향의 변화에서 추력공 또는 일부 다른 종류의 추력 제한을 필요로 한다.

때로는 이형관과 밸브 연결부에 플랜지 조인트(AWWA C115 또는 ANSI B16.1)를 사용한다. 통상적으로 노출 용도로 홈단면 조인트(AWWA C606)들을 사용하며 매설용도로는 이 조인트를 거의 사용하지 않는다. 플랜지 조인트는 강성이고 홈단면 조인트는 유연하다. 둘 모두 제약된 조인트들이고 전형적으로 추력 제약을 필요로 하지 않는다. 제약된 미케니컬 조인트들과 같은 다른 형식의 제약된 조인트들을 매설용도로 사용할 수 있다.

다양한 형식의 덕타일 주철배관 조인트들은 그림 3.1과 같다.

3.4.1.4 개스킷

AWWA C111에 기술된 덕탁일 주철관 push-on 및 미케니컬 조인트를 위한 개스킷들은 가황처리된 천연고무 또는 가황처리된 합성고무이다. 천연 고무는 급수관로에 적합하나 원수 또는 재생 하수에 노출될 때 약화된다.

DIP 플랜지용 개스킷들은 반드시 두께 3.2mm(1/8인치) 고무여야 한다. 홈단면 조인트를 위한 개스킷들은 에틸렌 프로필렌 이중(diene) 단량체(EPDM), 니트릴(Buna-N), 할로겐화된 부틸고무, 네오프렌, 실리콘, 그리고 fluorelastomers로 제작된다. 통상적으로 EPDM은 상수용도로 사용되고 Buna-N은 재활용하수에 사용된다.

3.4.1.5 이형관

일부 표준 덕타일 또는 회주철 이형관들은 그림 3.2와 같다. 또한 표준 이형관과 특별한 이형관 목록은 표 3.8에 주어진다. 통상적으로 덕타일 주철 이형관들은 AWWA C110에서 기술된 것과 같이 표준 형상으로만 제작된다. 특별한 이형관들은 고가이고 제작기간이 길다. 이형관들은 개구부 규격과 휨 각도로 설계된다. 250mm 배관용 90° 엘보는 250mm×90° 엘보로 명시한다. 축소 관, 축소 티, 또는 축소 cross들은 가장 큰 개구부의 배관 직경과 다른 개구부 규격을 연속으로 명시한다. 따라서 배관 300mm 배관에서 150mm 소화전에 연결하는 축소 티는 300mm×150mm×300mm으로 명시된다.

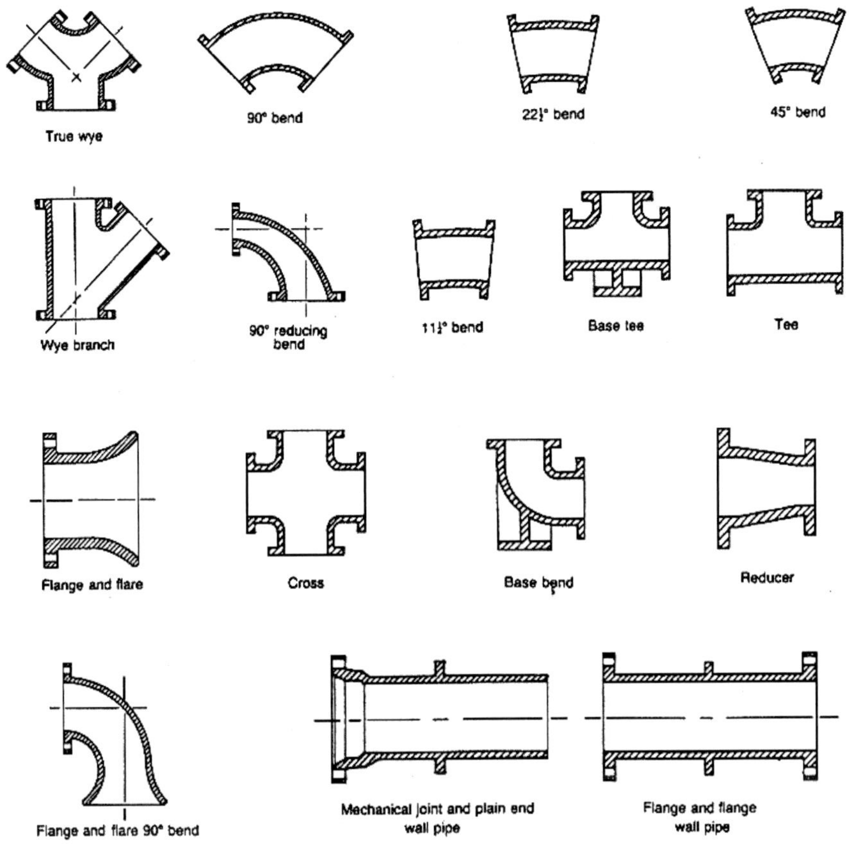

그림 3.2 | 덕타일 플랜지 이형관

표 3.8 | 덕타일 및 회주철 이형관, 플랜지, 미케니컬 조인트, 또는 벨 및 스피곳

표준 이형관	특별 이형관
Bends (90°, 45°, 22.5°, 11.25°)	Reducing bends (90°)
Base bends	Flared bends (90°, 45°)
Caps	Flange and flares
Crosses	Reducing tees
Blind flanges	Side outlet tees
Offsets	Wall pipes
Plugs	True wyes
Reducers	Wye branches
Eccentric reducers	
Tees	
Base tees	
Side outlet tees	
Wyes	

*규격 100~350mm(4-54인치)

통상적으로 표준 덕타일 주철 이형관들로는 플랜지 조인트, 미케니컬 조인트, 그리고 push-on ends 조인트가 사용된다. 예상되는 연결부 조인트 형식을 확실히 명시하기 위해 건설계획과 시방서에 상세한 내용을 충분히 포함하는 것이 좋다. 설계시 제약된 조인트를 상세하게 명시하지 않으면 건설시 불안전한 요소가 발생할 수 있다.

3.4.1.6 라이닝

저렴한 비용, 긴 수명, 그리고 조도 유지를 고려하면 배수시스템에서 DIP의 시멘트라이닝은 가장 유익하고 일반적이다. 표 3.9는 AWWA C104에 명시된 공장 라이닝을 위한 표준 두께를 보여준다. 또한 표 3.10은 현장에서 배관을 라이닝할 때의 두께를 보여준다. 기준에 따른 공장 몰탈 라이닝은 상대적으로 얇아 일부 설계자들은 공장 라이닝을 이중 두께로 명시하는 것을 선호한다. 또한 설계자는 시스템 밸브내경과 배관내경을 일치시키기 위해 몰탈 라이닝 두께를 명시할 때 주의해야 한다. 특히 밸브 베인이 배관 내부로 돌출하는

표 3.9 ▌ 공장 제작 시멘트-몰탈 라이닝 두께

라이닝 두께					
공칭 직경		덕타일 주철관*		강관†	
mm	인치	mm	인치	mm	인치
100~250	4~10	1.6	1/16	6.4	1/4
300	1~2	1.6	1/16	7.9	5/16
350~550	14~22	2.4	3/32	7.9	5/16
600	24	2.4	3/32	9.5	3/8
750~900	30~36	3.2	1/8	9.5	3/8
1050~1350	42~54	3.2	1/8	12.7	1/2

*AWWA C104에 따른 단일 두께. 이중 두께 라이닝도 가능함.
†AWWA C205 의거.

표 3.10 ▌ AWWA C602에 따른 현장에서 시멘트-몰탈 라이닝 두께

덕타일 또는 회주철				강관			
공칭 직경		신규 또는 구 배관		구 배관		신규 배관	
mm	인치	mm	인치	mm	인치	mm	인치
100~250	4~10	3.2	1/8	6.4	1/4	4.8	3/16
300	12	4.8	3/16	6.4	1/4	4.8	3/16
350~550	14~22	4.8	3/16	7.9	5/16	6.4	1/4
600~900	24~36	4.8	3/16	9.5	3/8	6.4	1/4
1050~1350	42~54	6.4	1/4	9.5	3/8	9.5	3/8
1500	60	~	~	9.5	3/8	9.5	3/8
1650~2250	66~90	~	~	12.7	1/2	11.1	7/16
>2250	>90	~	~	12.7	1/2	12.7	1/2

표 3.11 ▌ 덕타일 주철관 및 강관의 라이닝

라이닝 재질	관련 기준	권장 서비스
시멘트 몰탈	AWWA C104, C205	Potable water, raw water and sewage, activated and secondary sludge
유리	None	Primary sludge, very aggressive fluids
에폭시	AWWA C210	Raw and potable water
융접 에폭시	AWWA C213	Potable water, raw water and sewage
콜탈 에폭시	AWWA C210	Not recommended for potable water
콜탈 에나멜	AWWA C203	Potabe water
폴리우레탄	None	Raw sewage, water
폴리에틸렌	ASTM D 1248	Raw sewage

짧은 몸통을 갖는 버터플라이밸브는 조심해야 한다. 만일 배관 내경이 너무 작으면 밸브는 완전하게 개방될 수 없다.

통상적으로 시멘트-몰탈 라이닝의 내구성은 매우 높지만 전체 용해된 고형물(40mg/L이하)이 낮은 연수, 높은 황산염 물, 또는 침식성 유리 탄산염 물에 의해 서서히 공격받을 수 있다. 이 경우 설계자는 조심스럽게 시멘트-몰탈의 내구성을 조사하고 다른 라이닝의 사용을 고려해야 한다. 다른 라이닝의 용도는 표 3.11과 같다. 일반적으로 시멘트 몰탈의 비용은 다른 라이닝 재료의 약 20%이므로, 시멘트 몰탈이 만족할 만한 서비스를 제공하지 못하는 곳을 제외하고 다른 라이닝의 사용은 정당화되지 못한다.

3.4.1.7 코팅

DIP가 상대적으로 부식에 강하지만 일부 토양[토탄, 슬래그, 신더(cinder), 분뇨, 광산 폐석, 또는 미주전류]은 배관을 약화시킬 수 있다. 이 경우 덕타일 주철관 제작사는 일반적으로 "baggies"로 알려진 두께 0.2mm 연성 헐거운 폴리에틸렌 튜브로 배관을 감쌀 것을 권장한다(ANSI/AWWA C105/A21.5 참조). 두께 약 0.25mm 아스팔트 코팅은 부식성이 없는 토양 내에 설치한 덕타일 주철관의 일반적인 코팅이다. 일부 부식성 환경에서는 부착성이 있고, 열간 압출된 폴리에틸렌 wrap과 같은 코팅이 필요할 수 있다. 부식성 토양에서 배관을 보호하기 위한 적합한 코팅들은 다음과 같다.

- 부착성, 압출된 폴리에틸렌 wrap
- 플라스틱 wrapping(AWWA C105)
- 열간 석탄-타르 에나멜(AWWA C203)
- 열간 석탄-타르 테이프(AWWA C203)
- 압축 폴리에틸렌[ASTM D 1248(재질만)]
- 석탄-타르 에폭시(MIL-P-23236)

- 냉간 테이프(AWWA C209)
- 융접-본드 에폭시(AWWA C213)

상기 코팅들은 각 시방서에 상세하게 기술되었다. 각 코팅 시스템은 적용이 제한되므로 NACE 기준 또는 부식 공학자의 권장에 따라 사용해야 한다.

3.4.2 염화비닐관(PVC;Polyvinyl Chloride) 배관

미국내에서 상수와 하수 용도로 사용되는 PVC는 지자체 급·배수시스템에서 가장 많이 사용되는 플라스틱 배관이다. 부식에 대한 저항, 경량 및 중량에 비해 높은 강도, 설치의 용이성, 그리고 매끄러운 내부 벽 표면 때문에 1960년 이후 지자체 급·배수시스템에서 이용이 급속하게 확대되었다. 다른 여러 형식의 플라스틱 배관이 존재하나 PVC가 지자체 급·배수시스템에 사용되는 가장 공통적인 플라스틱 배관이고 본 절에서 언급할 유일한 플라스틱 배관형식이다. 또한 다른 여러 PVC 배관시방서들도 존재한다. AWWA가 승인한 배관시방서들이 지자체 급·배수시스템에 적용되므로 본 절에서는 이 시방서들만을 기술하기로 한다. 고밀도 폴리에틸렌(HDPE;High Density Polyethylene Pipe)은 3.4.5절에서 토론한다.

3.4.2.1 재질

PVC는 열과 압력을 받는 상태에서 대기로 압출되는 폴리머로서 대부분 산, 알카리, 연료, 그리고 부식성 물질에 노출될 때 거의 불활성이나 가끔 산업 하수에서 발견되는 케톤(그리고 다른 솔벤트들)에 의해 공격을 받는다. PVC 성분의 기본 특성은 ASTM D 1784에 상세히 기술되었고, ASTM D 3915는 주요 성능 특성, 또는 cell 분류, 압력 배관으로 사용할 PVC 성분들을 다룬다. 일반적으로 PVC는 장기간 햇빛에 직접 노출되면 안된다. 만일 햇빛에 노출되면 PVC 충격 강도는 감소될 것이고 지상 용도로 사용되어서는 안된다.

북미에서 PVC 배관은 온도 23℃(73.4℉)에서 압력용량을 등급으로 매긴다. PVC 배관의 압력 용량은 운영온도와 상당히 관련이 깊다. 통상적인 매설 용도에서와 같이 온도가 23℃(73.4℉) 이하로 저하되면 PVC 배관의 압력 용량은 이 배관의 압력 등급 또는 클래스보다 높은 수준까지 상승한다. 실제로 이 압력용량의 상승은 설계 과정에서 고려하지 않은 운영 안전계수로 간주할 수 있다. 반면 운영온도가 23℃(73.4℉) 이상으로 상승하면 PVC 배관의 압력 용량은 이 배관의 압력 등급 또는 클래스 이하의 수준까지 감소한다. 만일 이 보다 높은 온도에서 PVC 배관을 사용하면 열적 등급저하 요소들 또는 승수들을 사용해야 한다. 권장되는 열적 등급저하 요소들은 표 3.12와 같다. 예를 들어 서비스 온도 27℃(80℉)에서 PVC 배관의 압력 등급 또는 클래스는 열적 등급저하 요소 0.88로 곱할 필요가 있고, 서비스 온도 60℃(140℉)에서 PVC 배관의 압력 등급 또는 클래스는 열적 등급저하 요소 0.22를 곱할 필요가 있다.

표 3.12 ▎ Thermal Derating Factors for PVC Pressure Pipes and Fettings

최대 서비스 온도		Multiply the Pressure Ratting or Pressure Class at 73.4°F(23℃) by These Factors
℃	°F	
27	80	0.88
32	90	0.75
38	100	0.62
43	110	0.50
49	120	0.40
54	130	0.30
60	140	0.22

출처 : Handbook of PVC Pipe (1991).

3.4.2.2 유용한 규격 및 두께

AWWA C900은 규격 100~300mm(4~12인치) PVC배관을 다룬다. AWWA C905는 규격 350~900mm(14~36인치) PVC배관을 기술한다. 이 두 시방서에서 설계자가 반드시 이해해야 할 중요한 두가지 차이점이 있다. AWWA C900 PVC 배관은 3개의 "압력 클래스" 100, 150, 및 200로 제작된다. 통상적으로 압력 클래스는 가장 높은 정상 운영시스템 압력으로서 단위는 psi이다. AWWA C900 PVC 배관 설계는 안전 계수 2.5와 수리적 부정류(서지)를 허용한 수치에 기초한다. AWWA C905는 "압력 클래스"를 제공하지 않으나 "압력 등급"의 용어로 PVC 압력 배관을 인용한다. 압력 클래스에서와 같이 압력 등급 또한 시스템 압력을 인용한다(단위 psi). AWWA C905는 6개 압력 등급범주를(100, 125, 160, 165, 200, 그리고 235) 다루지만 가장 공통적으로 유용한 압력 등급은 165와 235이다. AWWA C905 PVC 배관의 설계는 안전계수 2.0에 기초하며 서지를 고려하지 않는다. 설계자들은 빈번하게 두 시방 사이 중요한 관점의 차이로부터 설계 안전의 감소된 계수를 고려하기 위해 시스템압력 보다 높은 C905 PVC 배관의 압력 등급을 명시하는 경향이 있다.

C900과 C905 모두 필요한 배관 치수 비를 포함한다. 치수비는 외경과 벽두께 비율을 정의한다. 치수비가 주어지면 배관규격과 관계없이 압력용량과 배관 강성도는 일정하게 유지된다. 표 3.13은 AWWA C900에서 정의한 것에 상응하는 압력 클래스와 함께 치수비(DR)를 제공한다. 표 3.14는 AWWA C905에서 정의한 것에 상응하는 압력 등급과 함께 치수비(DR)를 제공한다.

표 3.13 ▎ 압력 클래스 versus DR-AWWA C900

DR	Pressure Class at Safety Factor=2.5 psi (kPa)
14	200 (1380)
18	150 (1030)
25	100 (690)

표 3.14 ▌ 압력 등급 versus DR-AWWA C905

DR	Pressure Ratting at Safety Factor=2.0 psi (kPa)
18	235*
21	200
25	165*
26	160
32.5	125
41	100

*Most commonly used ratings for municipal systems.

3.4.2.3 조인트

지자체 매설 용도로 사용되는 PVC 배관의 경우 고무개스킷과 스피곳 형식이 가장 일반적으로 사용되는 조인트이다. 벨과 스피곳 조인트는 차수(water tightness)를 유지하면서 약간의 배관 처짐을 허용한다(PVC 배관 핸드북, 1991). 이 조인트는 조인트에 걸친 추력에 저항할 수 없어 곡관 그리고 유동 방향이 변경되는 곳에 추력공 또는 다른 형식의 추력 제약을 필요로 한다. PVC 조인트부에 필요한 제약을 제공하기 위해 미케니컬 구속장비들을 사용한다.

PVC 배관 조인트들은 ASTM D 3139에 명시된다. 통상적으로 이형관과 다른 형식의 배관 연결부에 plain end(현장 절단 배관) PVC 배관을 사용한다. 미케니컬 조인트 덕타일 주철 이형관과 플랜지 어댑터들에 연결하기 위해 plain end 배관을 사용한다.

3.4.2.4 개스킷

PVC 조인트에 사용되는 개스킷은 ASTM F 477에 명시되었다. DIP에 사용되는 개스킷과 같이 PVC 배관을 위한 개스킷은 가황처리된 천연 고무 또는 가황처리된 합성 고무이다. 천연고무는 급·배수 관로에 적합하나 원수 또는 재생 하수에 노출되면 약화된다. EPDM은 물 용도로 많이 사용되며 nitrile(Buna N)은 재생 하수에 많이 사용된다.

3.4.2.5 이형관

지자체 용도를 위한 AWWA C900과 C905 PVC 배관들은 덕타일 주철관 외경 규격으로 제작되므로 AWWA C110을 준수하는 덕타일 주철 이형관들은 모든 유용한 규격에서 사용된다. 덕타일 주철 이형관에 대한 내용은 3.4.1.5절을 참조한다. 광범위하게 사용되지는 않지만 덕타일 주철 이형관과 형상이 유사한 PVC 이형관들은 이 보다 작은 배관 규격에도 유용하다. AWWA C907은 압력 클래스 100과 150인 배관 규격 100~200mm를 위한 PVC 압력배관 이형관을 다룬다.

3.4.2.6 라이닝 및 코팅

PVC 배관은 라이닝 또는 코팅이 필요하지 않다.

3.4.3 강관(Steel Pipe)

강관은 상수도관망시스템 용도로 100~3600mm(4~144인치)까지 실제로 모든 규격에 유용하다. 400mm(16인치) 이하 관로에서는 거의 사용되지 않지만 미국 서부 송수관로의 600mm(24인치) 이상 관로에서는 광범위하게 사용된다. 강관의 주된 장점은 높은 강도, 파괴되지 않고 휘어지는 능력, 설치의 용이성, 충격 저항, 덕타일 주철관에 비해 경량, 대규모 배관 제작의 용이성, 용접으로 특별한 형상 제작 가능, 다양한 강도, 현장 수정의 용이성을 포함한다.

3.4.3.1 재질

전통적인 강관의 명명법에 따라 (1)공장배관과 (2)제작배관 두 형식으로 분류된다.

공장배관은 명시된 배관시방을 만족시키기 위해 강관 공장에서 생산된 규격의 강관을 포함한다. 공장 배관은 seamless, furnace 버트 용접, 전기저항용접, 또는 직선 또는 스파이럴 seam 융접으로 제작된다. 공장배관의 규격은 일정한 외경으로 제작되고 필요한 벽두께에 따라 내경은 변화한다.

제작배관은 판 또는 시트를 사용하며 이 배관은 직선 또는 스파이럴 seam 용접 또는 융접배관으로 제작될 수 있고, 내경 또는 외경이 명시될 수 있다. 스파이럴-seam, 융접을 사용하여 공장배관 또는 제작배관을 제작할 수 있다.

강관은 다양한 항복점과 극한 인장강도를 갖는 여러 가지 강 합금으로 제작될 수 있다. 합금, 직경, 그리고 벽두께에 따라 내부 운영 압력 등급은 690~17,000kPa(100~2,500lb/in^2)까지 변화한다. 관망시스템에서 강관은 AWWA C200을 준수하며 이 시방서에는 재질에 대한 많은 ASTM 기준들이 제공된다(제작 공정은 ANSI B31.1 참조).

3.4.3.2 유용 규격 및 두께

AWWA M11의 표 4.2에는 관망시스템에 사용되는 강관의 규격[100~3600mm(4~144인치)], 두께, 그리고 운영압력을 열거한다. 강관의 표준 길이는 12.2m(40ft)이다.

강관의 규격과 두께의 유용성은 제작사와 반드시 의논해야 한다. AWWA M11의 표 4.2는 규격과 두께의 상당한 변화를 허용한다. ANSI B36.10에 따르면

- 표준 중량(STD)과 스케줄 40 배관은 직경 250mm(10인치) 까지 동일하다. 300mm(12인치) 이상의 표준중량배관은 벽두께 0.5mm(3/8인치)를 갖는다. 300mm(12인치) 이하

표준중량배관의 내경은 대략적으로 공칭 배관 직경과 동일하다. 300mm(12인치) 이상 배관의 외경은 공칭 배관직경과 동일하다.

- Extra strong(XS)와 스케줄 80 배관은 직경 200mm(10인치)까지 동일하다. 이 보다 큰 모든 extra strong-중량 배관은 벽두께 12.7mm(1/2인치)를 갖는다.
- Double extra strong(XXS) 배관은 오직 강관 직경 300mm(12인치) 이하에만 적용된다. XXS와 스케줄과는 아무런 관계가 없다. 대부분의 경우 XS 벽 두께의 두 배인 XXS 배관은 ANSI B36.10을 참조한다.

규격 350mm(14인치) 이상의 경우 대부분 강관 제작사들은 스파이럴 용접기계를 사용하고 이론적으로 원하는 임의 규격의 배관을 제작할 수 있다. 그러나 실제로 대부분 강관 제작사는 주어진 내경 규격을 생산하기 위해 장비를 선택하여 설치한다. 따라서 제작사의 표준 규격을 벗어나면 고비용이 되므로 설계자는 항상 설계하는 동안 배관 제작사와 의논하는 것이 좋다. 혼란을 배제하기 위해 설계자는 계획상 명시된 배관 규격의 상세한 내용을 제시하고 시방서에 직경을 일람표로 작성해야 한다. 시멘트-몰탈 강관의 경우 AWWA C200, C205, C207, 그리고 C208을 적용한다.

때로는 강관의 노즐 또는 개구부를 보강하거나 보다 두꺼운 벽두께를 반드시 명시해야 한다. 추가 보강의 필요 여부를 결정하는 상세한 절차는 ANSI B31.3의 부록 H와 Ⅱ장에 기술되었다. 만일 추가 보강이 필요하다면 노즐 또는 분지관 둘레 클램프 또는 pad, wrapper plate, 또는 croth plate로 보강할 수 있다. 이러한 보강들은 그림 3.3과 같고 설계를 위한 계산은 AWWA M11에 주어진다.

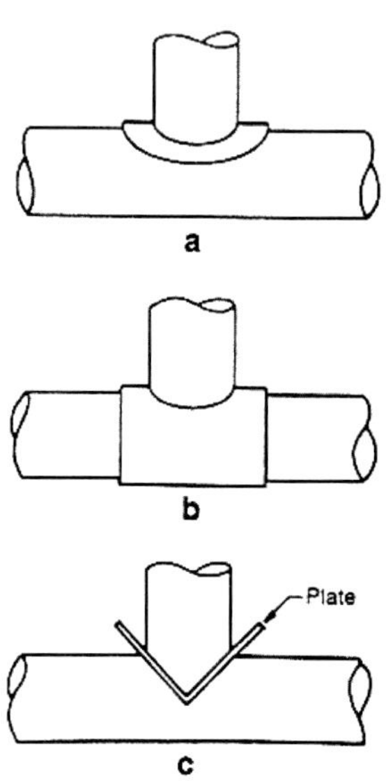

그림 3.3 ▌ 강관 개구부 보강. (a) collar plate, (b) wrapper plate, (c) crotch plate

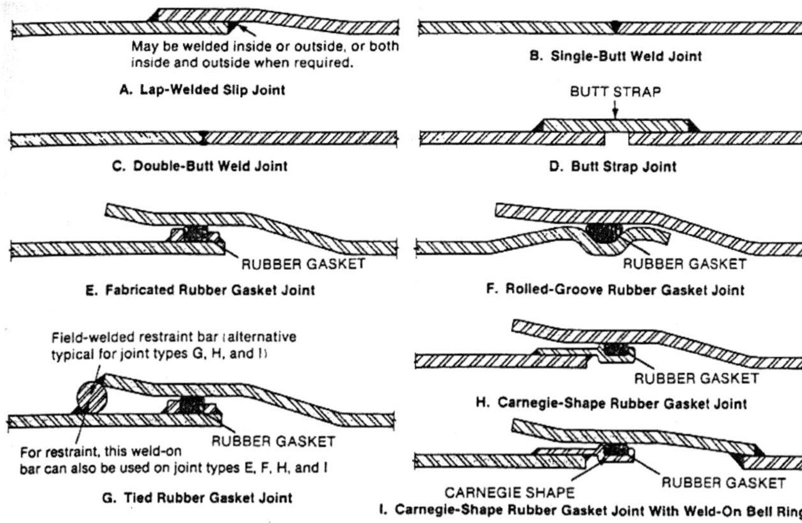

그림 3.4 ▌ 강관 용접 및 고무-개스킷 조인트

3.4.3.3 조인트

매설 용도의 경우 통상적으로 고무 개스킷을 갖는 벨 및 스피곳 조인트, 또는 미케니컬 커플링(추력 harnesses가 있거나 또는 없거나)을 사용한다. 직경 600mm(24인치) 이상인 배관의 경우 용접된 조인트들도 흔하다. 용접열로 인해 부분적으로 라이닝이 파괴되므로 반드시 배관 말단부들의 피복을 벗겨야 하고 현장에서 조인트부에 라이닝을 적용해야 한다. 철저한 검사를 수행하지 않으면 현장용접의 신뢰성은 문제가 될 수 있으나 현장에서 적합하게 용접하면 조인트보다도 강하다. 현장 용접을 포함하는 강관 프로젝트 시방서는 항상 품질보증부에 용접준비사항과 용접시험을 포함해야 한다. 강관 조인트의 다른 형식들은 그림 3.4와 같다.

3.4.3.4 개스킷

강관 플랜지에 사용되는 개스킷은 통상적으로 두께 1.6mm(1/16인치) 또는 3.2mm(1/8인치) 헝겊이 삽입된 고무로 제작되며, 다음과 같이 두 형식이 사용된다.

- 링(ring) : 플랜지의 내경으로부터 볼트 구멍의 내부 가장자리까지 연장
- 전체 면(full face) : 플랜지의 내경으로부터 외경으로 연장

강관의 미케니컬 조인트와 push-on 조인트에 사용되는 개스킷들은 덕타일 주철관에 사용되는 3.4.1.4절에 기술된 것과 동일하다.

3.4.3.5 이형관

100mm(4인치) 이상인 배관의 경우 강 이형관 시방서는 일반적으로 조인트와 배관 규격에 따라 다음과 같이 두 클래스로 나눌 수 있다.

- 플랜지, 용접(ANSI B16.9)
- 제작(AWWA C208)

직경 100mm(4인치) 이상인 이형관은 ANSI B16.9("smooth" 또는 wrought) 또는 AWWA C208(mitered)를 준수해야 한다. 직경 100mm(4인치) 이상 배관의 경우 나사 이형관은 반드시 피해야 한다. 직경 300~400mm(12~16인치) 까지 ANSI B16.9 이형관들을 쉽게 사용할 수 있다. 이 보다 큰 경우 mitered 이형관들을 더욱 쉽게 사용할 수 있으며 저렴하다.

Mitered 엘보의 곡률반경은 배관 직경의 1~4배에 이른다. 배관 직경의 2.5배 이하인 곡률반경을 갖는 엘보의 경우 내부 후프 인장응력집중은 안전운영응력을 초과할 수 있다. ANSI B31, AWWA C208, 그리고 Piping Engineering(Tube Turns Division, 1974)에 기술된 것과 같이 벽두께를 증가하여 이 인장 집중을 안전한 수준까지 감소시킬 수 있다. mitered 곡관의 설계 절차는 ANSI B31.1과 B31.3에 기술되었다. 강 이형관들의 형식은 표 3.15, 그림 3.5 및 3.6과 같다.

표 3.13 ▌ 강 이형관

Mitered 이형관	Wrought 이형관
Crosses	Caps
Two-piece elbows, 0-30° bend	45° elbows
Three-piece elbows, 31-60° bend	90° elbows, long radius
Four-piece elbows, 61-90° bend	90° elbows, short radius
Four-piece long radius elbows	90° reducing elbows, long
Laterals, equal diameters	radius
Laterals, unequal diameters	Multiple-outlet fittings
Reducers	Blind flanges
Eccentric reducers	Lap joing flanges
Tees	Slip-on flanges
Reducing tees	Socket-type welding flanges
True wyes	Reducing flanges
	threaded flanges
	Welding neck flanges
	Reducers
	Eccentric reducers
	180° returns, long radius
	Saddles
	Reducing outlet tees
	Split tees
	Straight tees
	True wyes

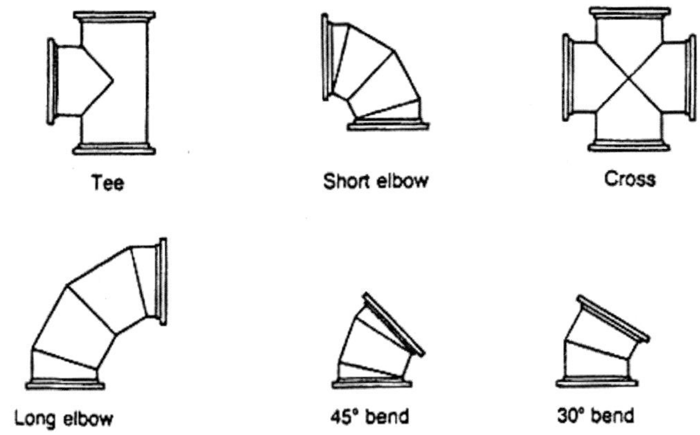

그림 3.5 ▌ 전형적인 mitered 강관 이형관

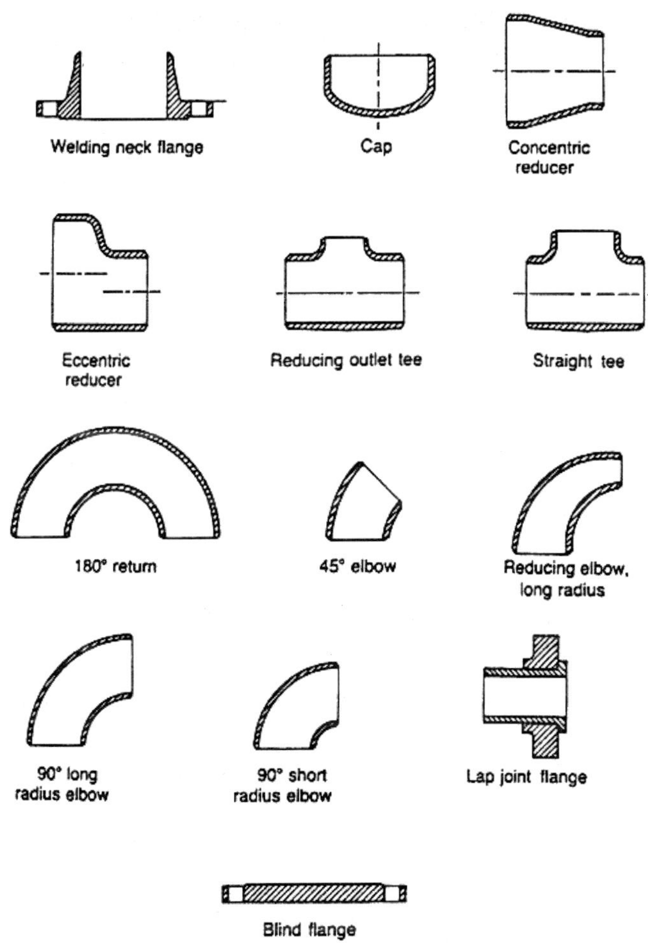

그림 3.6 ▌ 용접된 플랜지와 사용하기 위한 wrought(단조) 강 이형관

3.4.3.6 라이닝 및 코팅

시멘트 몰탈은 강관에 우수한 라이닝이다. 표 3.9와 3.10은 강관의 라이닝두께를 보여준다.

또한 시멘트 몰탈로 강관을 코팅할 수 있다. AWWA C205는 권장된 몰탈 코팅 두께를 보여준다. 그러나 이 두께들은 충분한 보호를 제공하기 위해 필요한 두께보다 얇다. 많은 설계자들은 최소한 19mm(3/4인치)의 시멘트 몰탈 코팅 두께를 명시한다.

부식성 토양에서 강관을 보호하기 위해 적합한 코팅들은 다음과 같다.

- 열간 석탄-타르 에나멜(AWWA C203)
- 냉간 테이프 시스템(AWWA C214)
- 융접-본드 에폭시(AWWA C213)
- 석탄-타르 에폭시(AWWA C210)
- 열간 압축 폴리에틸렌[ASTM D1248(오직 재질만)]

또 다른 대안으로 에폭시 라이닝된 그리고 코팅된 강관을 사용할 수 있다. 이 라이닝은 오직 두께가 0.3~0.6mm(0.12~0.20인치) 이므로 라이닝을 해도 배관 내경은 약간 감소될 뿐이다. AWWA C203, C210, 그리고 C213 기준은 에폭시 라이닝 강관을 다룬다. 에폭시 라이닝 및 코팅을 명시하기 전에 에폭시로 라이닝할 수 있는 배관의 길이와 규격의 한계를 결정하기 위해서는 반드시 배관공급자와 상의해야 한다. AWWA C207에 따라 serrated 처리된 플랜지를 사용할 경우 에폭시로 플랜지 면을 코팅하면 안된다.

3.4.4 보강 콘크리트 압력 배관(RCPP; Reinforced Concrete Pressure Pipe)

여러 형식의 RCPP가 북미에서 제작되어 사용되고 있다. 이 배관은 강 실린더(AWWA C300), prestressed 강 실린더(AWWA C301), 비실린더(AWWA C302), 그리고 pretensioned 강 실린더(AWWA 303)을 포함한다. 이 형식들 중 일부는 특별한 형식의 서비스 조건을 위해 제작되고, 다른 형식들은 광범위한 서비스 조건들에 적합하다. RCPP 형식들의 일반적인 기술은 표 3.16과 같다. 모든 RCPP 제작사들이 표 3.16에 열거된 모든 형식의 배관들을 제작하지는 않는다는 사실에 주의해야 한다.

3.4.4.1 강 실린더 배관, AWWA C300

prestressed 강 실린더 배관(AWWA C301) 도입 이전 1940년 초 미국 내 대부분의 RCPP는 강 실린더 형식 배관이었다. AWWA C301과 C303 배관이 제작되면서 강 실린더 배관의 신규 설치는 감소되어 왔다. 강 실린더 배관은 직경 750~3600mm(30~44인치)으로 제작되며 표준길이는 3.6~7.2m(12~24ft)이다.

표 3.16 | General Description of Reinforced Concrete Pressure Pipe

배관 형식	AWWA 기준	강 실린더	보 강	설계 기준*
강 실린더	C300	×	Mild reinforcing steel	강성
Prestressed, 강 실린더	C301	×	Prestressed wire	강성
비실린더	C302	None	Mild reinforcing steel	강성
Pretensioned, 강 실린더	C303	×	Mild reinforcing steel	반강성

* "Rigid" and "semirigid" are terms used in AWWA M9 and are intended to differentiate between tow design theories. Rigid pipe does not depend on the passive resistance of the soil adjacent to the pipe for support of vertical loads. Semirigid pipe requires passive soil resistance for vertical load support. The terms "rigid" and "semirigid" as used here should not be confused with the definitions with the definitions stated by Marston in Iowa State Experiment Station Bullein No.96

AWWA C300은 케이지(cage) 내부에 사용할 보강용 강을 배관 내 전체 보강용 강의 40% 이상으로 제한한다. 이와 같은 형식의 배관일 경우 최대부하 및 압력은 배관 직경, 벽 두께, 그리고 콘크리트 및 강의 강도 제한에 따라 결정된다. 설계자는 높은 내부압력에서 이 형식의 배관을 설계할 수 있으나 외부 부하용량이 제한된다는 사실에 주의해야 한다. AWWA C300에 기술된 강 실린더배관의 단면과 전형적인 조인트 형상은 그림 3.7과 같다.

3.4.4.2 Prestressed 강 실린더 배관, AWWA C301

1942년 이후 prestressed 강 실린더 배관은 미국 내에서 제작되어 왔고 미국 서부를 제외하고 가장 광범위하게 사용되는 형식의 콘크리트 압력 배관이다. 비용을 고려하여 AWWA C301 배관이 고압 주 송수관로로 빈번하게 사용되며, 또한 많은 저압 및 고압의 주 배수관으로도 사용되어 왔다.

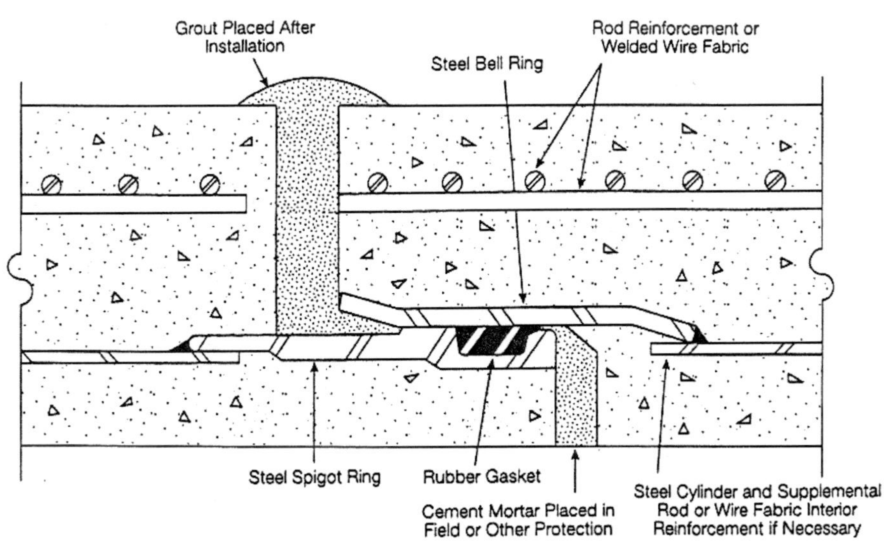

그림 3.7 | AWWA C300 배관 단면(AWWA M9, 1995)

미국 내에서 이 배관의 distressing 파손 발생건수가 주로 1980년도 동안 발생하였다. 외부 몸통에 균열이 발생하여 보강재를 부식시키고 후속적으로 배관을 파손시켰다. 이러한 파손으로 인해 이 배관의 설계를 다루는 기준들이 상당한 개정이 이루어졌다. 따라서 설계자는 AWWA 시방서 또는 제작사의 보증에만 의존해서는 안되며 내부압력(수충격 포함)과 외부하중을 조심스럽게 해석해야 한다. 외부 콘크리트에서 인장변형이 상당히 작아 균열이 전혀 발생하지 않거나, 외부와 내부하중의 최악의 조합 아래에서도 균열이 강으로 침투되지 않도록 보장해야 한다.

Prestressed 강 실린더 배관은 (1) 콘크리트 코어로 라이닝된 강 실린더 또는 (2) 콘크리트 코어 내부에 매립된 강 실린더 두 형식으로 제작된다. 내경 400~1,200mm(16~48인치) 라이닝된 배관이 일반적으로 유용하다. 일부 제작사들은 규격 1,500mm(60인치)까지 제작한다. 매립된 강 실린더 배관은 일반적으로 내경 1,200mm(48인치) 이상 유용하다. 일반적으로 배관 길이는 4.9~7.3m(16~24ft)이다.

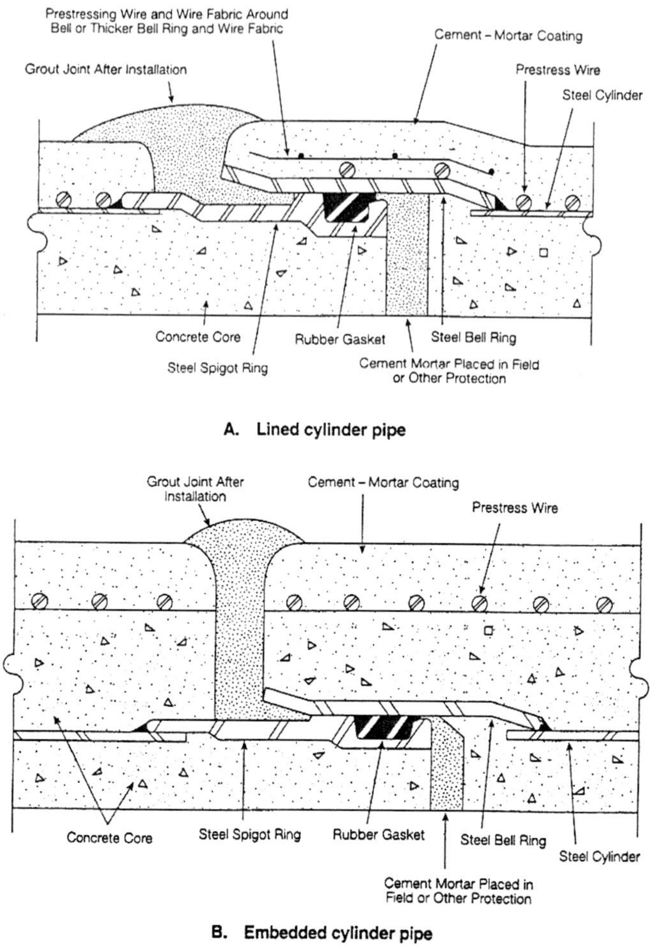

그림 3.8 ▌ AWWA C301 배관 단면(AWWA M9, 1995)

AWWA C304 prestressed 콘크리트 강 실린더 배관의 설계를 위한 기준은 이 배관의 설계를 다룬다. 이 배관의 최대 운영 압력은 정상적으로 2758kPa(400psi)이다. 설계 방법은 조합하중조건(강성배관에서 최악의 하중형식)에 기초하고 서지 압력과 활하중을 포함한다.

AWWA C301 prestressed 강 실린더배관의 단면과 전형적인 조인트 형상은 그림 3.8과 같다.

3.4.4.3 비실린더 배관, AWWA C302

실린더 형상이 아닌 배관의 최대 운영압력은 379kPa(55psi)이고, 일반적으로 지자체 시스템에 적합하지 않다.

일반적으로 비실린더 배관의 규격은 직경 300~3600mm(12~144인치)로 제작되나 만일 선적 제한이 허용되면 이보다 큰 직경으로 제작할 수 있다. 표준 길이는 각 배관 규격에서 제공될 수 있는 AWWA C302가 제한하는 최대 길이인 2.4~7.3m(8~24ft)이다.

강과 콘크리트 조인트 링 형상을 갖는 AWWA C302 배관의 단면은 그림 3.9와 같다.

3.4.4.4 Pretensioned 강 실린더, AWWA C303

흔히 콘크리트 실린더 배관(CCP)이라 불리는 pretensioned 강 실린더는 캐나다와 미국의 서부와 남서부 지역에서 제작된다. 이 배관의 유용 직경은 300~1350mm(12~54인치)

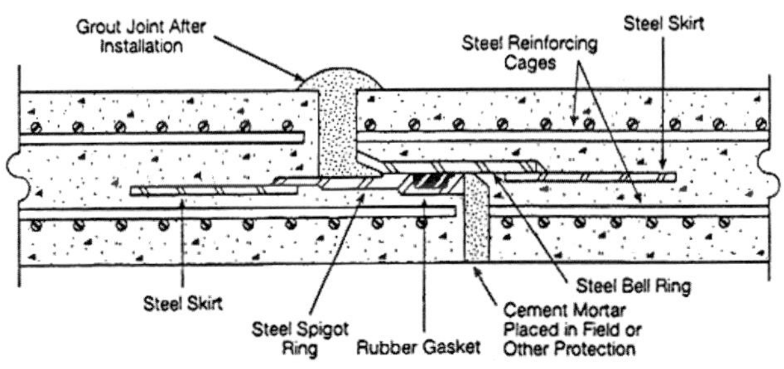

A. AWWA C302-type pipe with steel joint rings

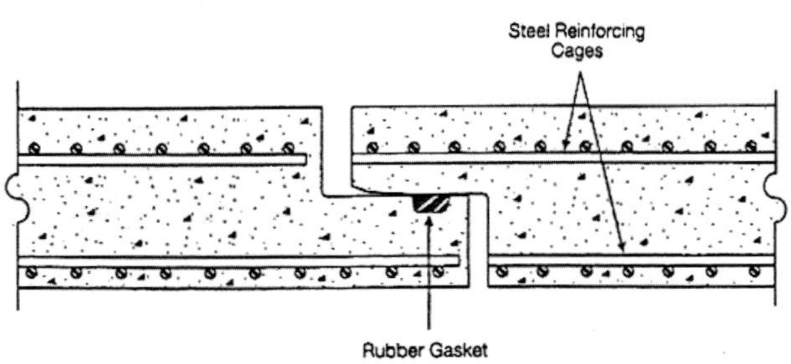

B. AWWA C302-type pipe with concrete joint rings

그림 3.9 ▌ AWWA C302 배관 단면(AWWA M9, 1995)

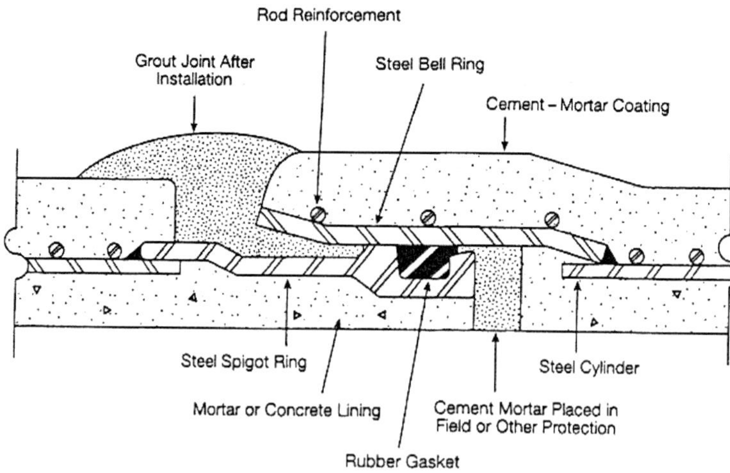

그림 3.10 | AWWA C303 배관 단면(AWWA M9, 1995)

이다. 일반적으로 표준길이는 7.3~12.2m(24~40ft)이다. 최대압력용량은 2758kPa(400psi)에 이르며 배관 길이가 길수록 전체 취급 중량은 가벼워진다. 많은 설계자들이 지자체 송수관로 및 배수관로를 포함하여 여러 용도로 AWWA C303을 선호한다.

수압시험을 거친 조인트 링으로 제작된 강 실린더 내부에 원심력을 이용하여 시멘트-몰탈 라이닝을 실시하여 CCP를 제작한다. 400mm(16인치)까지 공칭 라이닝 두께는 13mm(1/2인치)이고 이 이상의 배관은 19mm(3/4인치)이다. 라이닝이 양생된 후 중간 정도의 인장력을 사용하여 매끄럽고, 열간 rolled 강봉을 pretension을 주어 실린더를 헬리컬 형태로 wrap한다. 강 실린더의 두께는 물론 강봉의 간격 및 규격은 필요한 배관 강도를 제공하기 위해 비례한다. 시멘트 슬러리와 시멘트가 풍부한 고밀도 몰탈 코팅으로 실린더 및 강봉의 wrapping을 도포한다.

CCP 설계는 내부압력과 외부하중들을 조합하지 않고 별개로 설계하는 반강성(semirigid) 이론에 기초한다. 배관 상부 흙 하중을 고려하는 반강성 배관 설계 이론은 배관 측면에 인접한 수동 토압에 기초하므로 반드시 설치 조건들과 밀접하게 조화시켜 설계해야 한다.

AWWA C303 배관의 단면과 전형적인 조인트 형상은 그림 3.10과 같다.

3.4.5 고밀도 폴리에틸렌 배관(HDPE; High Density Polyethylene Pipe)

미국 내 여러 수도사업자는 수년 동안 폴리에틸렌 배관을 사용하여 왔다. 1970년 이래 미국 내 설치된 거의 모든 천연 가스 배관은 폴리에틸렌이다. 그리고 최근에 폴리에틸렌 배관은 AWWA가 승인한 송수 및 배수시스템 배관 재질로도 유용하게 되었다. 4~63인치(100~1650mm) 배수용 폴리에틸렌 압력배관 및 이형관을 위한 AWWA standard C906가

1992년 3월 1일부터 유효하게 되었다. AWWA Standard C901, 폴리에틸렌 압력 배관, 튜빙, 및 이형관 1/2～3인치 물 용도가 1978년 이래 유효하여 왔다. 1992년 이전까지 지자체 급수시스템 내 폴리에틸렌 배관의 사용은 보통은 물 용도로만 제한되었다. 그러나 1992년 AWWA 승인이래 폴리에틸렌 배관은 송수 및 배수시스템에도 적용된다. 부식에 대한 저항, 경량 및 중량에 비해 높은 강도, 균열에 대한 저항, 내부 벽 표면의 매끄러움, 그리고 지진 동안 손상에 대한 증명된 저항 때문에 HDPE 배관은 지자체 물 시스템에서 사용이 허용되었다.

3.4.5.1 재질

저밀도 폴리에틸렌은 1930년대에 영국에, 그리고 1940년도에 미국에 소개되었다. 이 재질은 케이블 코팅으로 흔히 사용되었다. 1950년도에 배관 등급 수지들이 개발되어 오늘날 고밀도, 고분자 중량 재질로 개발되어 왔다. AWWA C906은 여러 다른 수지들을 명시하지만 오늘날 미국 내에서 제작된 모든 HDPE 물 배관은 cell 분류 345434c에 의해 ASTM D 3350에 명시된 재질로 제작된다.

HDPE 배관은 23℃(73.4°F)에서 압력용량등급을 매긴다. 이 재질은 열가소성이므로 이 배관의 압력용량은 운영온도와 관계된다. 지자체 물 시스템의 정상적인 온도 범위 0～24℃(32°F～75°F)에 걸쳐 HDPE 배관의 압력 등급은 상대적으로 일정하게 유지한다. 그러나 운영온도가 23℃(73.4°F) 이상으로 상승하면서 HDPE 배관의 압력 등급은 압력등급 이하로 감소한다. 서비스 온도 60℃(140°F)에서 HDPE 배관의 압력등급은 23℃(73.4°F)에서 압력등급의 약 절반이 된다.

3.4.5.2 유용한 규격 및 두께

AWWA C906은 규격 100～600mm(4～63인치) HDPE 배관을 다룬다. AWWA C906에 따른 HDPE 배관의 설계는 "압력 클래스"에 따라 등급이 매겨지는 AWWA C900 PVC 배관과 유사하다. AWWA C906에 상술된 압력 클래스는 우발적인 + 부정류압력에 기인한 그러나 공칭 압력 클래스의 두 배를 초과하지 않는다. 그리고 재발하는 압력서지가 공칭 압력 클래스의 1.5배를 초과하지 않는 운영 압력 이상으로의 압력상승을 허용한다. AWWA C906은 IPS(강관) 그리고 ISO(미터) 규격 시스템에 따라 HDPE 배관 규격을 열거하며 또한 덕타일 주철관 규격들도 유용하다.

AWWA C900과 C905(PVC 배관)에서와 같이 AWWA C906은 치수비(벽두께에 대한 외경)를 포함한다. 표 3.17은 흔히 유용한 HDPE 배관을 위한 AWWA C906에서 정의된 것과 같이 압력 클래스들에 상응하는 치수비를 제공한다.

표 3.17 ▎압력 클래스 versus DR-AWWA C906

DR*	Pressure Ratting at Safety Factor=2.0 psi (kPa)
11	160 (1100)
13.5	130 (900)
17	100 (690)
21	80 (550)

*These DRs are from the standard dimension ratio series established by ASTM F 412.

3.4.5.3 조인트

배관 제작사가 권장한 것과 같이 열 버트-융접, 플랜지체결, 또는 미케니컬 방법으로 HDPE 배관을 조인트할 수 있다. HDPE 배관은 솔벤트 시멘트, 접착제(에폭시와 같은), 또는 나사형식 조인트로 연결되지 않는다. HDPE 배관을 조인트하기 위해서는 열 버트-융접이 가장 광범위하게 사용되고 있다. 이 절차는 이동용 현장 장비를 사용하여 배관 및 이형관들을 정열하고, 버트 말단부들을 일치시키고, 청소하고, 열을 가해 서로 용해(fused)시킨 후 배관제작사와 융해장비 공급자가 권장하는 융해 매개변수 아래 냉각시킨다.

각 폴리에틸렌 재질들의 융해 온도, 상호작용압력, 그리고 냉각시간과 같은 최적 융해조건 범위가 존재한다. 배관 제작사와 융해장비 공급자의 권장에 따라 융해 장비사용법 교육을 받은 사람만이 열 융해 작업을 수행할 수 있다. 다른 폴리에틸렌 배관 재질을 열 버트-융해로 조인트해야 하는 상황에서는 적합한 융해 절차를 결정하기 위해 두 배관 제작사들과 상의해야 한다. ASTM D 2657은 HDPE 배관의 열 버트-융해를 다룬다. 통상적으로 HDPE는 지상에서 조인트하여 트렌치 내부로 배관을 설치한다. 열 버트-융해 조인트는 추력으로 인해 이동하지 않으므로 추력공과 같은 추력 구속을 필요로 하지 않는다.

HDPE 배관을 밸브 및 덕타일 주철 이형관에 연결하기 위해 플랜지 및 미케니컬 조인트 어댑터들을 사용할 수 있다. 배관과 이형관 사이의 적정한 체결을 보장하기 위해 설계자는 반드시 배관제작사와 상의해야 한다. 또한 설계자는 반드시 버터플라이밸브를 연결할 때 밸브 디스크가 stub 말단부 또는 플랜지 어댑터의 면과 접촉되지 않으면서 완전개방위치까지 자유롭게 스윙할 수 있도록 해야 한다.

3.4.5.4 개스킷

열 버트-융해 조인트를 사용하는 HDPE 배관은 개스킷을 필요로 하지 않는다.

3.4.5.5 이형관

지자체 급수용도를 위한 AWWA C906 HDPE 배관은 덕타일 주철관 외경 규격으로 제작되므로 AWWA C110을 준수하는 덕타일 주철 이형관에 사용되는 모든 규격들에 적용할 수 있다. 주철관 이형관에 대한 내용은 3.4.1.5절을 참조한다. 또한 널리 사용되지는 않지만 형상이 덕타일 주철 이형관과 유사한 HDPE 이형관들도 유용하다. AWWA C906은 HDPE 압력배관 이형관들을 다룬다.

3.4.5.6 라이닝 및 코팅

HDPE 배관은 라이닝 또는 코팅을 필요로 하지 않는다.

3.4.6 석면-시멘트 배관

1930년 이래 미국에서 사용된 석면시멘트 배관은 압력을 가해 포트랜드 시멘트와 석면 섬유를 혼합한 후 가열하여 단단하고 강하게 제작되며 기계로 가공할 수 있다. 현재 미국 내에서는 480,000km가 넘게 ACP가 사용되고 있는 것으로 추정된다.

1970년 후반 환경 및 특히, 음용수에서 석면의 위험성에 대해 관심이 집중되었으며 이 위험성에 대해 상당한 논쟁이 있었다. 한 전문가 그룹은 잠재적 위험을 조언하였고 다른 전문가 그룹은 석면으로 제작된 배관은 물에서 석면의 농도를 증가시키지 않는다고 주장하였다. 고찰 결과 ACP로 이송된 물과 일반 질병 사이 관계가 없는 것을 보여주었다. 그러나 반론으로 야기된 막연한 염려가 미국 내 ACP 사용에 대해 상당한 부정적인 영향을 미쳤다. 건강관련 ACP 사용에 대한 논쟁으로 인해 지자체 배수시스템에서 PVC 배관이 도입되면서 ACP 사용이 급격히 감소되었다.

3.4.6.1 유용한 규격 및 두께

직경 100～1050mm(4～42인치) ACP 배관이 유용하다. 배관 두께와 압력 등급은 ASTM C 296 및 AWWA C401, C402, 그리고 C403을 참조하고 상세한 설계절차는 AWWA C401 및 C403을 참조한다. 직경 100～400mm(4～16인치) ACP 배관을 위한 AWWA C401은 직경 100～1050mm(4～42인치) ACP 배관을 위한 AWWA C403과 유사하다. 배수배관(AWWA C400)과 송수배관(AWWA C402)의 석면-시멘트 특성들은 동일하다. 그러나 AWWA C403(송수배관)은 운영압력과 외부하중에 대해 최소안전계수 2.0과 1.5을 권장하는 반면, AWWA C402(급수배관)는 안전계수 4.0과 2.5를 권장하며 규격이 클수록 안전계수는 작아진다.

AWWA C403 section 4에서는 직경이 큰 배관에서의 서지압력은 직경이 작은 배관에서의 서지압력보다 작아지는 경향이 있는 것을 근거로 직경이 클수록 작은 안전계수 수치의 사용을 정당화하고 있다. 그러나 서지압력은 배관 직경만의 함수가 아니므로 배관 클래스를 설정하기 이전에 서지압력을 포함한 임의 제안된 관로설치에서 운영조건들을 밀접하게 평가해야 한다. 안전계수 수치 결정은 설계기술자의 특권이다. AWWA C400은 만일 서지해석을 수행하지 않으면 안전계수를 최소한 4.0과 2.5 이상으로 설정할 것을 권장한다. 모든 부하(외부, 내부, 그리고 부정류)를 조심스럽게 그리고 정확하게 평가하였을 때 AWWA C403에 주어진 낮은 안전계수를 사용할 수 있다.

3.4.6.2 조인트 및 이형관

ACP를 덕타일 주철 이형관에 연결하기 위해 미케니컬 및 고무 개스킷 push-on 조인트를 사용할 수 있지만 통상적으로 조인트들은 push-on, 이중-개스킷 커플링이다.

ACP와 함께 ANSI/AWWA C110/A21.10을 준수하는 덕타일 주철 이형관들을 사용하고, ACP를 플랜지 또는 미케니컬 덕타일 주철 이형관에 연결하기 위해 어댑터를 사용할 수 있다. 고무 개스킷 조인트와 함께 제작된 강 이형관들도 사용할 수 있다.

3.4.7 관종 선정

지자체 송수 및 배수를 위한 매설배관은 반드시 내부압력, 외부하중, 부등침하, 그리고 토양과 물 모두의 부식에 저항해야 한다. 배관 선정시 고려해야 할 일반적인 요소들은 다음을 포함한다.

- 서비스 조건
  - 압력(서지 및 부정류 포함)
  - 토양 부하, 토양의 지지용량, 잠재적 침하
  - 토양의 부식 전위
  - 일부 물의 부식 전위 특성
- 유용성
  - 지역 유용성 및 경험을 갖춘 설치 인력
  - 규격 및 두께(압력 등급 및 클래스)
  - 유용한 이형관들과의 호환성
- 배관 특성
  - 강도(정적 그리고 피로, 특히 수충격)
  - 내구성
  - 부식저항
  - 유체 마찰저항(송수 관로에서 더욱 중요함)
- 경제성
  - 비용(설치비용, 현장까지 배달 및 설치 포함)
  - 수명
  - 유지관리 및 보수 비용

상기에 열거된 항목들은 관로 설계시 고려해야 할 배관 선정과 관련된 일반적인 요소들이다. 대부분 지자체 관망시스템 프로젝트는 가격경쟁을 통해 건설되므로 설계자는 명시된 서비스 조건들이 약간 만족스럽지 못하더라도 설치비용이 최소가 되는 배관선정을 강요하는

표 3.18 | 지자체 관종 비교

배관	장점	단점/한계
Ductile iron (DIP)	Yield strength : 290,000kPa(42,0001b/in^2); E=166×106kPa (24×1061b/in^2); ductile, elongation≈10%; good corrosion resistance, wide cariety of available fittings and joints; available sizes : 100–1350mm (4–54in); ID, wide range of available thicknesses, good resistance to waterhammer, high strength for supporting earth loads	Maximum pressure=2400kPa (3501b/in^2); hihg cost especially for long freight hauls, no diameters above 1350mm (54in); difficult to weld, may require wrapping or cathodic protection in carrosive soils
Steel	Yield strengths : 207,000–414,000kPa (30,000–60,0001b/in^2); ultimate strengths : 338,000–518,000kPa (49,000–75,0001b/in^2); E=207×106kPa (30×1061b/in^2); ductile, elongation varies from 17 to 35%, pressure rating to 17,000kPa (25001b/in^2); diameters to 3.66m (12ft) ; widest variety of available fitting and joints, custom fittings can be mitered and welded, excellent resistance to waterhammer, low cost, high strength for supporting earth loads	Poor corrosion resistance unless both lined and coated or wrapped, may require cathodic protection in corrosive soils, higher unit cost in smaller diameters
Polyviny1 chloride (PVC)	Tensile strength (hydrostatic design basis) =260,400kPa (40001b/in^2); E=2,600,000kPa (400,0001b/in^2); light weight, very durable, very smooth, liners and wrapping not required, can use ductile iron fittings with adapters, diameters from 100 to 375mm (4–36in)	Maximum pressure=2400kPa (3501b/in^2); waterhammer not included in AWWA C905; Limited resistance to cyclic loading, unsuited for outdoor use above ground
High–density polyethylene (HDPE)	Tensile strength (hydrostatic design basis) = 11,000kPa(16001b/in^2); E=896,000kPa (130,0001b/in^2); lightweight, very durable, very smooth, liners and wrapping not required, can use ductile iron fittings, diameters from 100 to 1600 mm (4 to 63 in)	Maximum pressure=1750kPa (2501b/in^2); relatively new product, 750mm (30in) is largest size available for municipal system pressures, thermal butt–fusion joints, requires higher laborer skill
Reinforced concrete pressure (RCPP)	Several types available to suit different conditions, high strength for supporting earth loads, wide variety of sizes from 300 to 3600mm (24–144in)	Attacked by soft water, acids, sulfides. sulfates, and chlorides, often requires protective coatings; waterhammer can crack outer shell, exposing reinfor–cement to corrosion and destroying its strength with time; maximum pressure =1380kPa (2001b/in^2)
Asbestos–cement (ACP)	Yield strength : not applicable; design based on crushing strength, see ASTM C 296 and C 500; E=23,500,000 kPa (3,400,000 1b/in^2); rigid, lightweight in long lenghts, low cost ; diameters from 100 to 1050 mm (4–42 in), compatible with cast–iron fittings, pressure ratings from 1600 to 3100kPa (225–4501b/in^2) for large pipe 450mm (18in) or more	Attacked by soft water, acids, sulfates; requires thrust blocks at elbows tees, and dead ends; maximum pressure=1380kPa (2001b/in^2) for pipe up to 400mm (16in); health hazards of asbestos in potable water service are controversial

경향이 있다. 예를 들어 강관과 보강 콘크리트 압력배관 모두는 직경 300mm(12인치)가 유용하다. 그러나 통상적으로 지자체에서 사용되는 300mm(12인치) 덕타일 주철관 또는 PVC 배관의 설치비용은 낮다. 따라서 만일 서비스 조건이 높은 압력 용량의 강관 또는 보강된 콘크리트 압력배관을 요구하지 않으면 300mm(12인치) 덕타일 주철관 또는 PVC 배관이 최적이 될 것이다. 반대로 만일 제안된 관로의 직경이 900mm(36인치)이면 강관 및 보강 콘크리트 압력배관 모두의 설치비용은 위치에 따라 상당히 더 경쟁력이 있는 경향이 있다.

지자체 관망시스템에서 사용되는 다양한 형식의 배관들의 비교결과는 표 3.18과 같다.

3.5 관망 설계

본 절에서는 배수관로 및 송수관로 설계시 관련된 논제들에 대해 토론한다. 압력 관로는 반드시 내부압력, 외부하중(흙 및 충격하중), 추력구속 그리고 건설시 배관-토양 마찰을 사용할 때 배관에 따라 전달된 힘에 저항할 수 있어야 한다. 이 설계 논제들 각각에 대해 토론하고 관련 공식을 제공한다.

3.5.1 내부압력

관로의 내부압력은 후프 응력이라 불리는 원주방향 인장응력을 발생시키며 이 응력에 따라 관로의 벽 두께를 결정한다. 설계시 사용한 내부압력은 배관 수명 동안 배관이 받는 내부압력이다. 배수시스템에서 내부압력은 최대 운영압력에 서지를 고려한 것이 될 수 있다. 또한 내부압력은 관로의 시험압력 또는 펌프의 체절수두압력이 될 수 있다. 송수관로에서 배관 중심선과 수력구배선 사이 수직 거리로 압력을 측정한다. 만일 관로 하류측 밸브가 폐쇄되면 송수관로상 잠재적 수력구배선은 동구배선(dynamic grade line) 보다 상당히 높게 된다.

후프인장응력은 다음 식으로 주어진다.

$$s = \frac{pD}{2t} \tag{3.1}$$

여기서 s는 허용 원주응력[kPa(lb/in^2)], p는 내부압력 [kPa(lb/in^2)], D는 배관의 외경[mm(인치)], 그리고 t는 배관 두께[mm(인치)]이다. 상기 공식은 강관 및 보강 압력 배관에서 원주응력을 결정하기 위한 그리고 실제로 모든 다른 형식의 압력 배관의 압력 클래스 및 압력등급을 결정하기 위한 기본공식이다.

3.5.2 매설배관에 작용하는 하중

매설된 배관은 배관 상부 토양의 중량과 차량 및 장비의 차륜하중과 같은 임의 활하중을 더한 외부 중첩된 하중들을 반드시 지지해야 한다. 배관 외부 구조설계를 위한 두 개의 범주는 강성배관(rigid pipe) 및 연성배관(flexible pipe)이다. 강성배관은 배관 자체의 강도가 외부하중들을 지지한다. 연성배관은 외부하중들을 주변 토양 및 베딩(bedding) 재료에 분산시킨다. 강성배관의 경우 배관과 트렌치 벽 사이의 흙은 배관 보다 더욱 압축성이므로 배관은 트렌치 폭에 걸친 대부분의 하중을 담당한다. 연성배관의 경우 배관이 처지면서(deflection) 배관 상부 흙은 주변 흙보다 더욱 침하한다. 이 침하는 연성배관에 작용하는 하중을 감소하는 경향이 있는 전단력을 생성한다. DIP, 강관, PVC 배관, 그리고 HDPE 배관은 연성배관으로 고려하며 이에 따라 설계해야 한다. AWWA C300(강 실린더 배관), C301(prestressed 강 실린더 배관), 그리고 C302(비실린더 배관) 배관 그리고 AC(석면-시멘트) 배관은 강성배관으로 고려해야 한다. AWWA C303(pretensioned 강 실린더) 배관은 배관 하중과 연성배관에서와 같이 배관 처짐을 제어하기 위해 강성배관 공식을 사용하는 "반강성"으로서 AWWA M9(AWWA, 1995)에 따라 설계한다.

일반적으로 연성배관에서 지지강도들은 직경의 %로 표현되는 처짐을 발생시키기 위해 필요한 부하로서 주어진다. 덕타일 주철관은 ANSI A21.50에 따라 직경의 3%까지 처짐을 허용하도록 설계할 수 있다. 통상적으로 플라스틱 배관 제작사들은 직경의 5%까지 처짐을 허용할 수 있다고 주장하지만 일부 제작사들은 7%까지 허용할 수 있다고 제안한다. 그러나 많은 기술자들은 이 수치는 너무 관대한 것으로 믿고 2%~3%를 사용한다. 연성배관의 권장된 설계 처짐은 표 3.19와 같다.

다음은 매설배관에 작용하는 중첩된 하중해석에 대해 기술한다. 매설배관의 설계는 배관의 강성(stiffness), 트렌치의 폭과 깊이, 베딩 종류, 주변 흙의 종류, 그리고 배관 규격을

표 3.19 ▌ 연성배관의 권장 최대 처짐

배관 형식	최대 처짐*,†
DIP	2-3%
PVC	3-5%
HDPE	3-5%
Steel, mortar lined and coated	1.5-2%
Steel, mortar lined flexible coated (tape)	2-3%
Steel, flexible coating and lining	3-5%
AWWA C303	$D^2/4000$

*Percentages are of pipe diameter.
†D in AWWA C303 is pipe diameter.

포함한다. 설치조건이 다르면 관로에 작용하는 부하가 다르게 되므로 설계기술자는 여러 형식의 관로 설치 조건들을 숙지해야 한다. 본서에서 언급한 유일한 설치조건은 일반적인 트렌치 조건을 인용하며 여기서 관로를 위한 트렌치 폭은 배관 폭의 두 배보다 크지 않다. 자연적으로 이 조건은 주변 흙이 수직 벽을 유지할 것을 요구한다. 관로기술자는 매설된 배관이 어떻게 흙 하중에 저항하는지 철저하게 이해해야 하나 이 내용에 대한 완벽한 기술은 본서의 범위 밖이므로 더욱 상세한 내용은 AWWA M11(American Water Works Association, 1984), PVC Pipe(Uni-Bell PVC Pipe Association, 1991), DIPRA handbook (Ductile Iron Pipe Research Association, 1984) 등 많은 다른 문헌을 참고하기로 한다.

3.5.2.1 흙 하중

매설된 배관에 부과되는 주변 흙 하중을 결정하기 위해 일반적으로 Marston 이론을 사용한다. 이 이론은 다양한 조건들로 설치된 연성배관 및 강성배관 모두에 적용할 수 있다.

트렌치 관로는 수동적 또는 교란되지 않은 흙 속에 상대적으로 협소하게 굴착된 곳에 설치된 후 원래 지표면까지 흙으로 채워진다. 트렌치 부하이론은 다음 가정들에 기초한다.

- 채움은 주변 흙과 동일한 밀도로 다짐되지 않기 때문에 배관에 작용하는 하중이 형성된다.
- 지하 구조물에 작용하는 결과적 하중은 관로의 상단부 상부 재료의 중량에서 트렌치 측면에 작용하는 전단력 또는 마찰력을 뺀 것과 동일하다. Rankine 이론에 따라 이 전단력들을 계산한다.
- (1) 채움재료와 트렌치의 측면 사이에서 유효한 점착력이 형성되기까지 상당한 시간이 경과해야 한다. 그리고 (2) 점착력이 없는 것으로 가정하면 관로상에 작용하는 최대 하중을 초래하기 때문에 점착력을 무시할 수 있는 것으로 가정한다.
- 강성배관의 경우 측면 채움은 상대적으로 압축성이고 배관 자체는 트렌치 전체 폭에 걸쳐 형성된 모든 부하를 실질적으로 부담한다.

배관을 트렌치 내부에 위치시킬 때 배관 상부에 위치한 채움 프리즘은 아래 방향으로 침하하는 경향이 있다. 채움이 침하하고 트렌치 벽의 측면에 따라 침하방향 반대인 상부방향으로 작용하는 마찰력이 형성될 것이다. 배관에 작용하는 채움 하중은 채움 재료의 중량에서 마찰력의 합을 뺀 것과 동일하다.

3.5.2.2 강성배관(Rigid pipe)

매설된 강성배관에 작용하는 부하는 다음 공식으로 표현할 수 있다.

$$W_d = C_d w B_d^2 \tag{3.2}$$

여기서 W_d는 트렌치 채움 부하(lb/ft), C_d는 트렌치 부하계수, w는 채움재료의 비중량(lb/ft^3), B_d는 배관 상단부에서 트렌치 폭(ft), 그리고 C_d는 다음과 같이 정의된다.

$$C_d = \frac{1 - e - 2^{K_u(H/B_d)}}{2Ku'} \tag{3.3}$$

여기서 C_d는 트렌치 부하계수, e는 자연로그, $K = tan(15 - \phi'/2)$는 수직 단위 압력에 대한 주동 토압비인 Rankine 비, ϕ'는 채움과 흙 사이 마찰각, $u' = \tan\phi'$는 채움 재료와 트렌치 측면 사이 마찰 계수, H는 배관 상단부 상부 채움 높이(ft), 그리고 B_d는 배관 상단부에서 트렌치 폭(ft)이다.

다양한 흙에 따른 Ku' 곱의 권장수치는 다음과 같다.

- $Ku' = 0.1924$ 점착력이 없는 입상 재료
- $Ku' = 0.1650$ 모래 및 자갈에서 최대수치
- $Ku' = 0.1500$ 포화된 상단부 흙에서 최대수치
- $Ku' = 0.1300$ 정상적인 점토에서 최대수치
- $Ku' = 0.1100$ 포화된 점토에서 최대수치

매우 깊은 트렌치의 경우 부하계수 C_d는 $Ku'/2$에 접근하므로 적합한 Ku' 수치의 정확한 선정은 더욱 중요하게 된다. 설계기술자는 지질공학자가 경험한 이러한 자료들을 사용할 수 있다. 일반적으로 흙의 특성이 불확실할 때에도 예비 설계시 $Ku' = 0.1500$ 그리고 $w = 120\,\text{lb/ft}^3\,(1922\text{kg/m}^3)$으로 가정해도 충분하다.

부하공식을 고찰하면, 트렌치 폭 B_d가 증가시 부하도 상당히 증가하는 것을 보여준다. 결과적으로 안전한 건설과 요구조건을 충분히 만족시키기 위해 B_d 수치를 유지해야 한다. 만일 트렌치 측면들이 sloped back 또는 트렌치 폭이 배관과 비교하여 크면 보다 넓은 트렌치의 바닥에서 좁은 하부-트렌치를 건설하여 배관에 작용하는 흙 하중과 B_d를 감소시킬 수 있다.

최종적으로 배관설치는 "배관의 상단부가 자연지반(또는 다짐된 채움) 상부로 돌출되도록 배관을 설치한 후 흙 채움을 하는" positive projecting 제방 조건과 동일한 특성을 가질 때까지 트렌치 폭이 증가하면서 배관에 작용하는 부하가 감소되며 상부마찰력의 효과 또한 감소된다. B_d가 대략적으로 H와 동일하거나 클 때 이러한 상황이 흔하게 발생한다. positive projection 제방조건은 배관이 노출될 수 있는 여러 부하를 나타낸다. 트렌치 폭을 더 이상 증가시켜도 트렌치 하중에 영향을 미치지 않는다. positive projecting 제방조건이 발생하는 최대 유효 트렌치 폭을 "transition 트렌치 폭"이라 인용한다. transition 트렌치 폭을 초과하면 트렌치 부하공식을 적용할 수 없다.

3.5.2.3 연성배관(Flexible pipe)

균열을 발생시키지 않고 휘어지는 연성배관의 능력은 배관 직 상부 토양 중심 프리즘이 배관과 트렌치 벽 사이 인접 흙 프리즘보다 더 침하하는 상황을 발생시킨다. 이러한 부등침하는 연성배관에 작용하는 부하를 감소시키는 전단력을 발생시킨다. 만일 배관 폭의 2배보다 적은 트렌치에 연성배관을 매설하면 연성배관에 작용하는 하중은 다음 식으로 계산할 수 있다.

$$W_d = C_d w B_d^2 \left(\frac{B_c}{B_d} \right) = C_d w B_d B_c \tag{3.4}$$

여기서 W_d는 트렌치 채움 하중(lb/ft), C_d는 트렌치 부하계수, w는 채움 재료의 비중량(lb/ft^3), B_d는 배관 상단부에서 트렌치 폭(ft), 그리고 B_c는 배관 외경(ft)이다.

적정하게 설계된 연성배관의 처짐은 배관 강성도와 주변 흙에 의해 제한된다. 흙 하중 아래 배관은 휘어져 배관 측면에서 수동적 흙 지지가 형성되는 경향이 있다. 다양한 형식의 배관의 권장 처짐 한계는 앞에서 기술하였다. M. G. Spangler가 Iowa 처짐 공식을 처음 제안하였다. 후에 Watkins와 Spangler가 이 식을 수정하였으며 다른 사람들이 재정리하였다. 많이 사용되는 처짐 공식 중 하나는 다음과 같다.

$$\triangle x = D \left(\frac{KWr^3}{EI + 0.061E'r^3} \right) \tag{3.5}$$

여기서 $\triangle x$는 배관의 수평 처짐(인치), D는 처짐 지연계수 1.0~1.5, K는 베딩상수 0.1, W는 배관 단위 길이당 하중(lb/in), r은 반경(in), E는 배관의 탄성계수(lb/in^2), I는 배관 벽의 단위 길이당 transverse 관성모멘트(in^4/in=in^3), 그리고 E'는 흙 반작용 계수이다(lb/in^2).

흙을 포함하는 모든 공학시스템에서와 같이 배관-흙 시스템에서 배관의 측면에서 토양 압밀은 최대 부하가 배관 상단부에 도달한 후 시간에 따라 지속된다. Spangler는 일부 배관 처짐은 40년 동안 30%까지 증가한 것을 인지하였다. 이러한 이유로 보수적인 설계 절차로서 추가 처짐 지연계수 1.5D_1을 권장하였다. 다른 사람들은 $D_1 = 1$과 극한 하중을 사용할 것을 권장한다.

미국 개척국의 Amster K. Howard는 E' 수치에 대한 정보의 전개를 시도하였다. Howard는 많은 출처로부터 실험실자료 및 현장자료 모두를 검토하였다. Howard는 100개 이상의 실험실 및 현장시험으로부터 정보를 사용하여 여러 흙 형태와 밀도에서 평균 E' 수치 표를 편집하였다. 표 3.20에 Howard 자료를 나타내었다. 배관-흙 설치시 이 자료들을 사용할 수 있다.

표 3.20 ▌ 흙의 반발 계수 E'의 평균값(연성배관의 초기 처짐의 경우)

흙의 종류-배관 베딩 재료 (통일토질분류법 USCS*)	베딩 다짐정도에 따른 E', lb/ft^2			
	덤핑	저, <85% 프록터다짐도 <40% 상대밀도	중, 85-95% 프록터다짐도 40-70% 상대밀도	고, >95% 프록터다짐도 >70% 상대밀도
세립토 (LL〈50)† 중~고소성 토 CH, MH, CH-MH	가용한 데이터 없음. 자격을 갖춘 지반기술자와 상의할 것. 그렇지 않으면 E'=0를 사용			
세립토 (LL〈50) 중~비소성 토 CL, ML, ML-CL (조립자가 25% 이하일 것)	50	200	400	1000
세립토 (LL〈50) 중~비소성 토 CL, ML, ML-CL (조립자가 25% 이하일 것) 세립분이 있는 조립토 GM, GC, SM SC (세립분이 12% 이상일 것)	100	400	1000	2000
세립분이 적거나 없는 조립토 GW, GP, SW, SP‡ (세립분이 12% 이하일 것)	200	1000	2000	3000
쇄석	1000	3000	3000	3000
처짐율 정도§	±2	±2	±1	±0.5

* ASTM D 2487, USBR E-3

† LL=liquid limit(액성한계)

‡ 또는 이 심볼의 하나로 시작하는 임의 경계 흙(즉, GM-GC, GC-SC)

§ ±1 % 정확도인 경우 예측된 처짐량이 3%이면 실제 처짐량은 2~4%

주의 : 50ft(15m) 이하의 채움의 경우 적용할 수 있는 수치. 표는 임의 안전계수를 포함하지 않는다. 초기 처짐만을 예측하기 위해 사용하는 경우 장기 처짐을 구하기 위해 반드시 적합한 처짐 지연 계수를 적용해야 한다. 만일 베딩이 두 다짐 범주 사이 경계선에 위치하면 낮은 E', 또는 두 수치의 평균치를 선택한다. 약 12,500ft·lb/ft^3(598,000J/m^3)(ASTM D 698, AASHTO T-99, USBR E-11)을 사용한 시험 표준 실험실 최대 건조 밀도에 기초한 % 프록터. 1lb/in^2=6.9kN/m^2

출처 : Amster K. Howard(1977), "Modulus of Soil Reaction(E') Values for Buried flexible Pipe," J. Geotech. Eng. Div., ASCE, January 1977, pp. 33-43.

3.5.3 추력 구속(Restraint)

추력은 압력관로에서 방향이 변화하는 곳(곡관, wye, tee 등과 같은), 단면적이 변화하는 곳(레듀서와 같은), 또는 관로 종결부(맹플랜지부와 같은)에서 발생하는 불평형력이다. 충분하게 구속하지 않으면 이러한 힘들은 구속되지 않은 조인트들을 이탈시키는 경향이 있다. 두 형식의 추력들은 (1) 관로의 내부 압력에 기인한 정수압적 추력 그리고 (2) 유동하는 물의 모멘텀 변화에 기인한 동수압적 추력이다. 대부분 상하수도 관로들은 상대적으로 낮은 속도에서 운영되므로 동적 힘은 미소하고 추력을 계산할 때 통상적으로 무시한다. 예를 들어 2.4m/s(8ft/s)로 유동하는 물에 의해 발생된 동적 힘은 6.9kPa(1psi)에 의해 발생된 정적인 힘보다 적다.

전형적인 정수압 추력의 예제는 그림 3.11과 같다. 사수부(dead end), 유출부, 수평, 그리고 레듀서에서 추력은 내부압력 P와 배관 조인트에서 단면적 A의 함수이다. 또한 곡관에서의 추력은 다음과 같이 처짐 각도 Δ의 함수이다.

$$T = 2PA\sin(\Delta/2) \tag{3.6}$$

여기서 T는 정수압 추력(ib), P는 내부압력(lb/in^2), A는 배관 조인트의 단면적(in^2), Δ는 곡관의 처짐 각도(°)이다.

매설관로에서 고무-개스킷 조인트를 갖는 표준배관 및 베벨(bevel)처리된 배관에서 작은 각 처짐에 기인한 추력은 중량물 또는 배관의 마찰력으로 저항되므로 통상적으로 추가 구속은 필요하지 않다. 밸브와 축소관과 같은 관로상 이형관에서 추력은 통상적으로 하류측

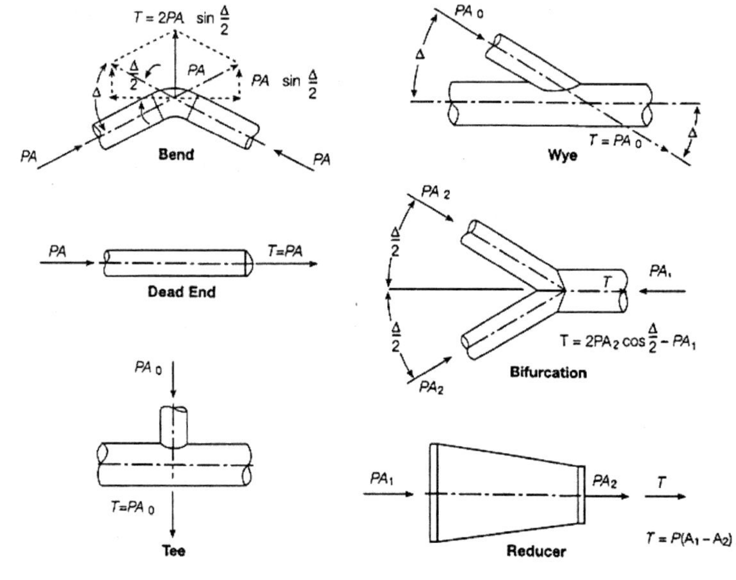

그림 3.11 ▌ 전형적인 이형관에서 정수압 추력

배관 길이방향에서 발생하는 마찰력에 의해 구속된다. 불평형 수평 추력을 받는 다른 이형관들은 (1) 이형관의 중량, 토피, 그리고 포함된 물 그리고 (2) 이형관의 back에 대항하는 흙의 수동적 저항 두 개의 근본적인 저항력을 갖는다. 만일 마찰력 및 수동적 저항이 추력을 저항하기에 충분하지 않으면 추력공과 함께 이형관의 지지 측면에서 지지 면적을 증가시키거나 또는 인근 배관을 이형관에 "tying"하여 관로의 마찰력을 증가시켜 보충해야 한다.

수직 처짐에서 불평형 상부 추력은 이형관, 토피, 그리고 포함된 물의 중량에 의해 저항을 받는다. 추력에 저항하기에 충분하지 않으면 중력형식의 추력공을 갖춘 중량물을 증가시키거나 또는 인접 배관을 이형관에 "tying"하여 관로의 중량을 증가시켜 보충해야 한다.

높은 지하수 면(water table) 또는 침수된 조건들을 직면할 때 반드시 모든 재료들에 대한 부력 영향들도 고려해야 한다.

3.5.3.1 추력공(Thrust blocks)

추력공은 지지면적을 증가시켜 이동에 저항하는 이형관의 능력을 향상시킨다. 전형적인 추력공은 그림 3.12와 같다. 다음과 같이 흙의 지지용량에 기초하여 추력공의 규격을 계산할 수 있다.

$$A_T = L_B \times H_B = \frac{T}{\sigma} \tag{3.7}$$

여기서 $L_B \times H_B$는 추력공의 지지표면적(ft^2), T는 추력(lb), σ는 흙의 안전 지지수치(lb/ft^2)이다.

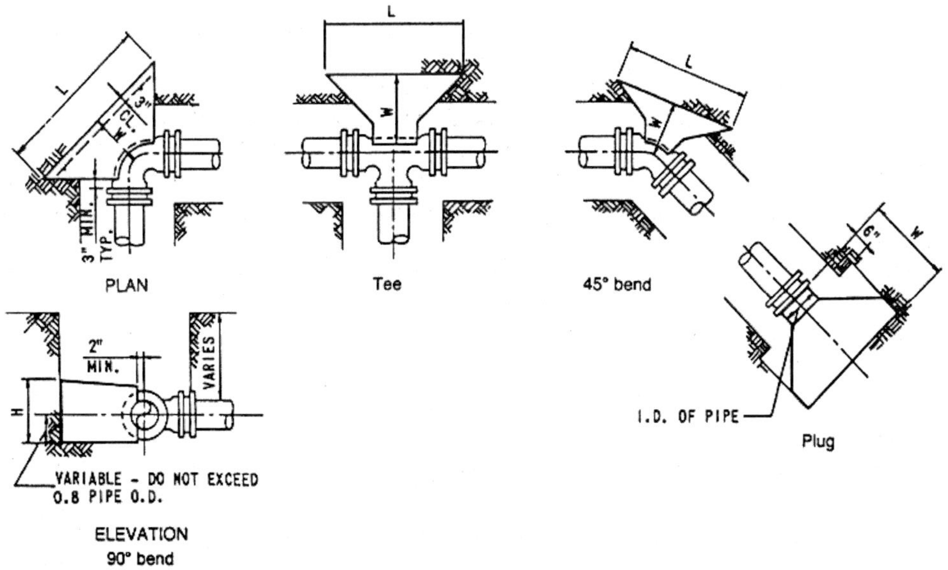

그림 3.12 ▎ 전형적인 추력 보호공(상세)

흙 지지 면적의 기하학적 중심을 통과하는 추력에 대하여 추력공을 설계하는 것은 비현실적이나 안정성을 위해 설계시 이를 평가해야 한다.

안전 지지수치를 결정하는 것은 추력공의 규격을 결정하는 핵심이다. 매우 부드러운 흙의 경우 안전 지지수치는 1,000lb/ft^2 (488kg/cm^2)부터 견고한 암반의 경우 수 천lb/ft^2 (kg/cm^2)까지 변화한다. 흙의 안전 지지 수치를 결정하는 것은 본서의 범위 밖이다. 흙의 안전 지지수치가 의심스러울 때마다 지질전문가와 상의해야 한다.

대부분 추력공 파손은 부적합한 건설에 기인한다. 적합하게 건설되지 않으면 올바르게 규격을 결정한 추력공도 파손될 수 있다. 추력공은 반드시 교란되지 않은 흙에 위치해야 하고, 추력공의 면(face)은 추력 작용선의 방향의 중심에 수직이 되어야 한다. 건설과 관련된 많은 사람들은 수반된 추력의 크기를 실감하지 못한다. 예로서 100psi(689kPa)로 운영되는 36인치(900mm) 90° 곡관 후방 추력공은 반드시 150,000lb(667kN)을 초과하는 추력을 지지할 수 있어야 한다. 빈번하게 간과되는 또 다른 요소는 배관 직경의 자승에 비례하여 추력이 상승한다는 사실이다. 직경 36인치(900mm) 배관은 동일한 내부 압력에서 운영되는 18인치(450mm) 배관에 의해 발생된 추력의 약 4배이다.

추력공 후방 흙이 교란되면 적합하게 설계되고 건설된 추력공도 파손될 수 있다. 관로가 가압되면 추력공 직후방에 또 다른 굴착이 붕괴되기 때문에 적정한 규격의 추력공들은 교란되지 않은 흙으로 쏟아져 파손된다. 추력공 후방에서 미래 굴착의 문제 그리고 단순히 관로 전용도로 내 매설된 콘크리트의 “chunk(큰 덩어리)” 문제로 인해 일부 기술자가 연결된 조인트만을 사용하게 되었다.

3.5.3.2 구속 조인트(Restrained joints)

많은 기술자들은 인접 배관 조인트를 연결하여 이형관에서의 추력을 구속하는 것을 선택한다. 이 방법은 연결된 배관의 마찰 제동력을 증가시키기 위해 그리고 이형관 추력에 저항하기 위해 이형관의 각 측면에 많은 배관 조인트를 고정시킨다.

정수압 추력에 저항하기 위해 필요한 배관 길이에 대해 많은 부분이 기술되었다. 특히 수평 곡관의 각 다리에서 필요한 배관의 길이에 관해 여러 참고 문헌에 다른 공식들이 권장된다. AWWA M9(AWWA, 1995)는 다음 식을 제공한다.

$$L = \frac{PA\sin(\Delta/2)}{f(2W_e + W_p + W_w)} \tag{3.8}$$

여기서 L은 각 곡관 다리에 고정된 배관 길이(ft), P은 내부압력(lb/in^2), A는 첫 번째 구속되지 않은 배관 조인트의 단면적(in^2), Δ은 곡관의 처짐 각도(°), f는 배관과 흙 사이 마찰계수, W_e는 배관 상부 흙 프리즘 중량(lb/ft), W_P는 배관 중량(lb/ft), W_w는 배관 내 물의 중량(lb/ft)이다.

이 공식은 정수압 추력에 직접적으로 반대편으로 작용하는 마찰력에 의해 추력이 해결되는 것으로 가정한다. 또한 설치 깊이와 관계없이 마찰 계산시 배관 상단부에 작용하는 흙 중량을 포함시킬 수 있다고 가정한다. 분모에 나타나는 $2W_e$는 배관의 상부와 하부에 작용하는 흙의 중량을 나타낸다.

AWWA M11(AWWA, 1989)은 다음 대안적 공식을 제안한다.

$$L = \frac{PA(1-\cos\Delta)}{f(W_e + W_p + W_w)} \tag{3.9}$$

이 공식은 배관의 길이에 따라 작용하는 마찰력에 의해 추력이 해결되는 것으로 가정하나 흙 중량은 배관 상부와 하부 두 곳에 작용하는 것으로 가정하지 않는다.

곡관의 각 측면 구속된 조인트 배관의 길이에 의한 각도 Δ의 곡관에 작용하는 정수압적 추력의 해결은 다음 가정에 기초한다.

- 배관과 배관 길이에 따른 배관과 흙 사이 마찰 그리고 배관에 수직인 수동적 흙 압력을 포함한 정확히 규정할 수 없는 힘들의 조합으로 배관의 구속은 수행된다.
- 배관이 압력을 받을 때 엘보(그리고 구속된 배관의 길이)가 마찰과 수동적 압력을 유발시키기에 충분한(매우 작을지라도) 양을 이동시킬 때까지 추력 T는 대응하지 않는다.
- 배관 상단부에서 마찰 저항을 형성하기 위해 배관 상부 흙 프리즘의 이동을 구속할 필요가 있다.

상기 가정들이 만족되면 독자는 그림 3.13을 참조할 수 있으나 다음 사항들을 유의해야 한다.

- AWWA M9(AWWA, 1995)에 제안된 방법은 추력 해결을 배관 길이에 따라 작용하는 마찰력에 직접적으로 관련시키지 않는다.
- AWWA M11(AWWA, 1989)에 제안된 방법은 추력해결을 구속해야 할 배관의 하나의 다리에 따라 작용하는 마찰력과 관련된다. 실제로 곡관 각 측면 두 다리들은 구속된다.
- 해결된 힘 방법은 추력을 해결하기 위해 작용하는 힘들의 합리적인 분포를 표현한다.

그림 3.13에 따라 추력 T를 해결하기 위한 배관 길이에 작용하는 마찰력은 다음 공식으로 주어진다.

$$R_f = PA\sin^2\Delta/2 \tag{3.10}$$

여기서 R_f는 각도 Δ의 곡관으로부터 배관 각 다리에 따라 작용하는 마찰력이다.

또한 그림 3.13을 고찰하면 다음 사항을 알 수 있다.

- 힘 $PA\sin\Delta/2\cos\Delta/2$는 배관 조인트에 걸쳐 작용하는 전단력이다. 작은 Δ에서도 이 힘들은 상당할 수 있으므로 설계시 반드시 고려해야 한다.

- AWWA M9(AWWA, 1995) 또는 AWWA M11(AWWA, 1989) 공식을 사용할 때 구속할 배관 길이는 해결된 힘 방법 $PA\sin^2\Delta/2$을 사용할 때 길이보다 항상 크므로 상기 AWWA 방법을 보수적인 해석으로 사용할 수 있다.

상기에서 기술하였듯이 배관 상단부에서 마찰 저항을 형성시키기 위해서는 배관 상부 흙 프리즘의 이동을 구속할 필요가 있다. 이는 진실인 것으로 가정할 수 있으며, 다음과 같이 증명되면 배관 상단부에서 마찰 저항은 계산에 포함할 수 있다.

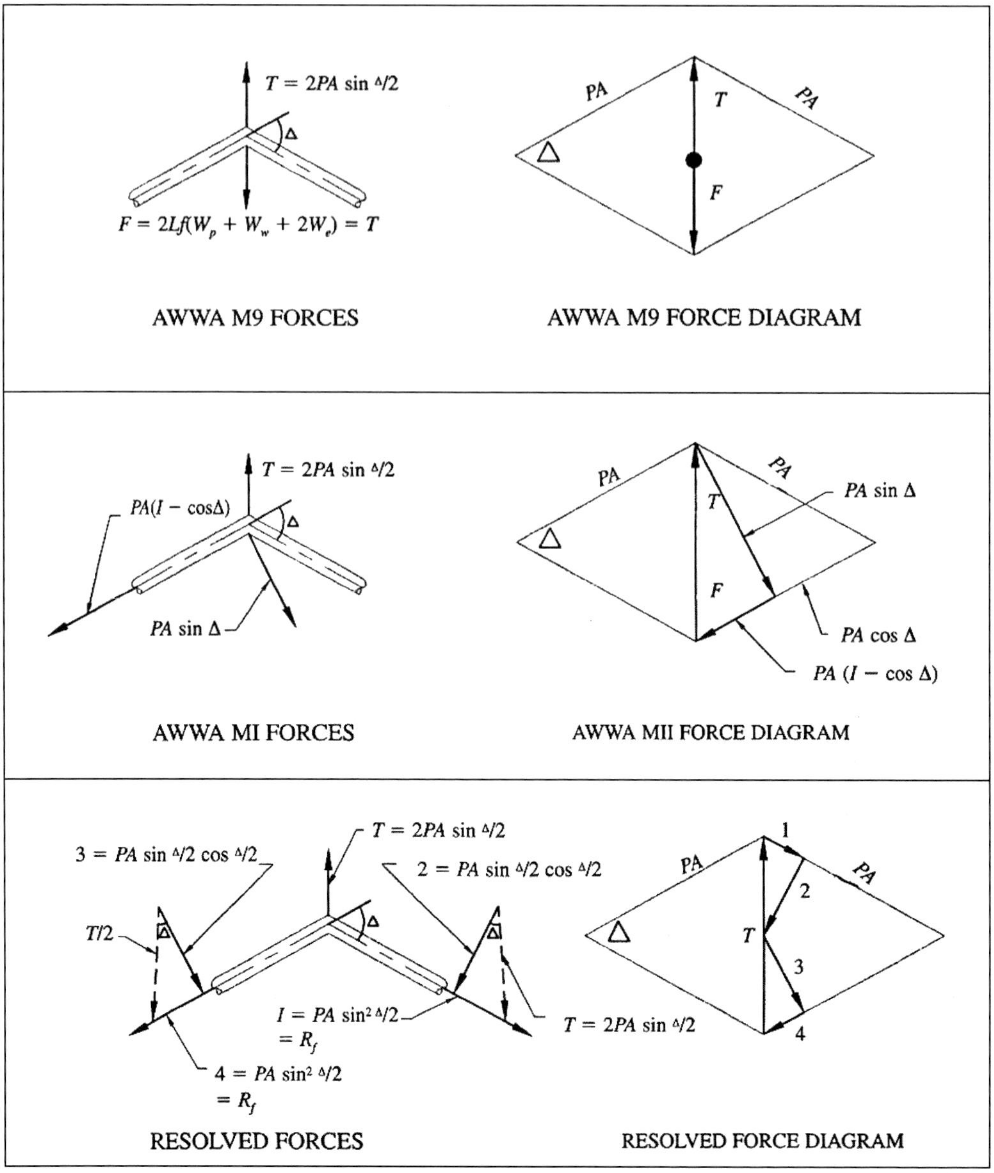

그림 3.13 | 마찰 추력 저항

$$2P_0 \tan\varphi \geq Wf \tag{3.11}$$

상기 식의 P_0는 다음과 같이 정의된다.

$$P_0 = \frac{\gamma}{2} H^2 k_0$$

여기서 P_0는 마찰 저항을 제공하기에 흙 프리즘으로부터 유용한 힘(lb), W는 배관 상부 흙 프리즘 중량(lb), f는 배관과 흙 사이 마찰계수, H는 배관 상단부 상부 토피(ft), k_0는 정지 상태 흙 계수로서 파쇄암의 경우 0.4, 포화된 침적토 모래의 경우 0.6, 그리고 φ는 흙 마찰 내부각(흙 형식에 따라 다르므로 지질학 전문가와 상의해야 한다)이다.

따라서 배관 상부 흙 프리즘의 이동을 구속하여 마찰력을 계산에 포함시킬 수 있으면 그림 3.13에 따라 구속된 조인트를 갖는 배관의 길이를 위한 공식은 다음과 같다.

$$L = \frac{PA\sin^2(\Delta/2)}{f(2W_e + W_p + W_w)} \tag{3.12}$$

만일 배관 상부 흙 프리즘의 이동이 구속되지 않아 구속 계산에 포함할 수 없으면 그림 3.13에 따라 구속된 조인트를 갖는 배관의 길이를 위한 공식은 다음과 같다.

$$L = \frac{PA\sin^2(\Delta/2)}{f(W_e + W_p + W_w)} \tag{3.13}$$

상기 모든 식들에서 배관과 흙 사이의 마찰 계수 f 수치는 구속해야 할 필요가 있는 배관 길이에 영향을 미친다. 시험과 경험으로부터 f 수치는 흙 형식의 함수일 뿐만 아니라 다짐과 채움 함수량의 정도, 배관 외부, 그리고 배관 조인트 형상에 의해서도 상당히 영향을 받는 것으로 나타났다. 따라서 f 수치 선정시 상당히 조심해야 한다. 일반적으로 마찰계수는 PVC 또는 폴리에틸렌 bag의 경우 0.2부터 시멘트 몰탈 코팅의 경우 0.35~0.4까지 된다.

3.6 배수 및 송수시스템 밸브

지자체 배수시스템에서 특히 정수장과 펌프장이 포함되면 다양한 형식의 밸브가 사용된다. 그러나 배수시스템과 주 송수관로에는 상대적으로 밸브 형식이 크게 다르지 않다. 본 절에서 토론 내용은 통상적으로 지자체 배수 및 송수시스템에서 사용되는 밸브로 제한한다.

3.6.1 제수밸브

명칭과 같이 제수밸브는 보수, 검사, 또는 유지관리를 위해 시스템의 한 부분을 분리하기 위해 시스템 내에 설치된다. 통상적으로 이 밸브는 완전 폐쇄 또는 완전 개방된 상태로 유지된다. 한 개도에서 장기간 유지되는 밸브는 주기적으로 동작시켜주지 않으면 운영하기가 어렵고 때로는 불가능할 수도 있다. 밸브들은 최소한 1년에 1회 정도 동작시켜 주어야 하며 만일 물이 부식성이거나 더러우면 이 보다 빈번하게 동작시켜 주어야 한다.

통상적으로 배수시스템에서 제수밸브들은 접합부(junction)에 설치된다. 경험법칙으로부터 접합부에 설치해야 할 밸브 수량은 접합부에 연결된 분지관로 수량보다 하나 적은 수량으로 결정한다. 다시 말해 교차 접합부(cross junction)에는 분지관로가 4개이므로 밸브는 3개가 필요하고 티 접합부에는 분지관로가 3개이므로 밸브 2개가 필요하다. 그러나 설계자는 중대한 관로 분절을 분리할 필요성을 심각하게 평가하고 적합한 valving을 수행할 수 있도록 설계해야 한다. 예를 들어 설계시 경험법칙을 사용한다면 두 교차 접합부 사이 중요한 분절을 분리시키기 위해서 6개의 분리밸브를 폐쇄시켜야 한다. 이러한 불편함 때문에 일부 설계자는 더욱 보수적인 방법을 채택하는 것을 선호하여 접합부의 각 분지관로에 하나의 밸브를 명시한다.

통상적으로 대규모 직경 송수관로에서는 검사 또는 유지관리를 위해 배수시켜야 할 관로의 부분을 최소화하기 위해 관로상 주기적인 지점마다 제수밸브를 설치한다. 관로의 직경에 따라 5마일 간격의 제수밸브를 설치하는 것은 특이하지 않다.

지자체 배수 및 송수시스템에서 가장 공통적인 두 개의 제수밸브 형식은 게이트밸브와 버터플라이밸브이다.

3.6.1.1 게이트밸브

관로 규격이 전형적으로 150～400mm(6～16인치) 사이인 배수시스템에서 게이트밸브는 매우 흔하다. 게이트밸브는 본네트 내부에서 유동 직각방향으로 슬라이딩하는 디스크를 갖는다. 게이트밸브의 상세 분류는 다음과 같다.

- 이중 디스크(Double disc) 게이트밸브
- Solid wedge resilient seated 게이트밸브
- 나이프 게이트밸브

*이중 디스크 게이트밸브*는 지자체 배수시스템에서 사용되는 가장 일반적인 형식들 중 하나이다. 디스크가 시트 내부로 하강한 후 스템을 더 이동시키면 디스크가 외부로 쐐기 역할을 하여 1700kPa(250lb/in^2)를 초과하는 압력에서 조차도 완전차수가 된다. 밸브 개방은 상기 절차의 반대이다. 따라서 디스크는 쐐기효과가 완화될 때까지 슬라이드하지 않으므로 디스크 링과 바디 링 사이의 슬라이딩과 그라인딩은 최소화된다.

*Solid wedge resilient seated 게이트 밸브*는 특히 물이 소량의 모래 또는 침전물을 포함할 때 매우 효과적이다. 게이트밸브의 시트는 고형물을 포획할 수 있는 포켓이고 밸브가 완전히 폐쇄되는 것을 방해한다. 탄성 시트 형식은 게이트가 안치되는 몸체 내 포켓이 없기 때문에 이러한 문제를 상당히 감소시킨다(AWWA C590 참조). 대신 디스크의 고무 테두리는 밸브 몸체에 직접적으로 안치된다. 디스크는 탄성 재료(통상적으로 가황처리된 고무)로 밀봉되어 밸브의 매끄러운 각주 몸체에 압착된다. 밸브의 바닥에 디스크를 위한 포켓이 없어 협잡물이 수집되지 않기 때문에 탄성 시트 게이트밸브는 음용수는 물론 고형물이 많은 물에도 적합하다.

*나이프 게이트밸브*는 다른 형식의 게이트밸브보다 경량이고 더 많은 협잡물을 처리할 수 있으나 효과적으로 폐쇄되지 않으며 스템 패킹 주변으로 누수가 발생한다. 나이프 게이트밸브는 오직 약간의 누수가 허용되고 최대 압력이 170~350kPa(25~50lb/in^2)일 때만 적합하다. 이 밸브는 지자체 용수시스템에서 흔하지 않다.

*게이트밸브*는 이동-스템과 고정-스템으로 제작된다. 대부분의 매설용도 게이트밸브들은 고정-스템이고 밸브를 운영하기 위해 지표면으로부터 접근이 가능한 2in^2 너트가 공급된다.

3.6.1.2 버터플라이 밸브

버터플라이밸브는 1/4회전하며, 디스크는 축에 설치되어 회전하고, 디스크는 밸브 몸체 내 링에 위치한다. 통상적으로 시트 재질은 엘라스토머이고 디스크 또는 몸체에 본드 또는 고정된다. 전부는 아니지만 대부분 제작사들은 짧은 몸체형식을 표준화하였다(AWWA C504 참조). 긴 몸체형식 밸브의 디스크는 완전 개방되어도 밸브 몸체 내에서 완전하게 포함된다. 짧은 몸체형식밸브의 디스크는 완전 개방되면 인접 배관 내부로 돌출한다. 짧은 몸체형식의 버터플라이밸브를 사용할 때 설계자는 내부 라이닝을 포함하여 배관이 디스크를 수용할 수 있도록 배관의 규격을 충분히 크게 설계해야 한다.

밸브를 교축해야 한다면 설계자는 반드시 시트 설계에 세심한 주의를 기울여야 한다. AWWA C504 단독으로는 버터플라이밸브 시트가 장기간에 걸쳐 매우 강인해야 할 펌프 제어밸브와 같이 가혹한 교축에서도 충분히 견딜 수 있는 것을 보장하지 않는다.

일부 수도사업자는 규격과 관계없이 모든 분리밸브로 버터플라이밸브를 사용한다. 버터플라이밸브의 디스크는 피그(pig)의 통과를 방해하고 배수시스템 관로를 피깅(pigging)하는 것은 통상적인 유지관리 활동으로 간주되기 때문에 많은 수도사업자들은 300mm(12인치) 이하 배수시스템 관로에서는 게이트밸브를 사용한다. 경제적 측면을 고려하여 밸브 규격이 300mm(12인치) 이상인 송수 주관로에서는 게이트밸브보다는 버터플라이밸브를 더욱 대중적으로 사용한다.

3.6.2 제어밸브(Control valves)

때로는 밸브를 부분 개도로 운영하여 밸브 상류측과 하류측 사이 차압과 수두손실을 발생시켜 유량 또는 압력을 조정하기 위해 특별한 제어밸브들을 사용한다. 일부 제어밸브들은 수동으로 운전된다(예를 들어 중요한 작동기 내 유체의 유동을 제어하기 위해 사용된 니들밸브). 일부 밸브는 프로그램된 제어기를 사용하여 제어밸브들을 동력으로 작동시킨다. 이 밸브들은 송수 및 배수시스템 내 감압, 압력유지, 유량제어, 압력완화 목적으로 광범위하게 사용되는 특별한 제어밸브들이다.

수리시스템의 요구조건에 기초하여 제어밸브들을 선정한다. 설계자는 밸브가 제어하여야 할 유량범위를 조심스럽게 평가하여 제어밸브의 형식 및 규격 선정시 상당한 주의를 기울여야 한다. 만일 너무 큰 밸브를 선정하면 밸브를 통한 수두손실이 충분하지 않아 밸브가 적정한 기능을 할 수 없게 된다. 반면 너무 작은 밸브를 선정하면 밸브를 통해 과도한 차압이 발생하여 소음, 진동, 밸브 디스크의 플러터링, 그리고 밸브 시트의 과도한 마모를 야기 시키는 공동화현상을 초래할 수 있다. 일부 밸브들은 밸브 상류측 배관에서 최대 6.1m/s(20ft/s) 속도를 유지할 수 있으나 통상적으로 유속 2.4~3.74m/s(8~12ft/s)을 유지하도록 설계한다. 만일 설계자가 하나의 밸브와 하나의 규격으로 처리하기에 유량범위가 너무 크면 규격이 다른 두 개 이상의 밸브를 조합하여 설치한다. 이러한 형식의 설치에서 작은 밸브는 적은 유량에서 운영되도록, 그리고 큰 밸브는 유량이 큰 주기 동안 운영되도록 설계한다.

대부분 특별한 제어밸브들은 동일한 몸체를 갖는다. 밸브가 원하는 기능 즉, 일정유량, 일정압력, 또는 비례유량의 형식에 적합하도록 본네트 내부에서 수압작동기(다이아프램 또는 피스톤)까지의 외부 배관(좀 더 정확하게는 튜빙)만이 변경된다.

대부분 제어밸브들은 앵글 또는 글로브 형식이다. 앵글밸브에서 유출부는 유입부와 직각이고 수두손실은 직선 글로브밸브에서 발생하는 것의 절반 정도인 점을 제외하고 앵글밸브와 글로브밸브들의 구조 및 운영은 유사하다. 90° 엘보와 밸브의 이중 목적으로 앵글밸브를 사용할 수 있다. 역으로 앵글밸브는 글로브밸브가 사용되는 직선 관로에는 사용할 수 없다. 앵글밸브에서와 같이 글로브밸브는 벌브모양의 몸체 내에서 수직으로 이동하는 하나의 디스크 또는 플러그를 갖는다. 글로브밸브를 통한 유동은 2회의 90° 회전(상부 및 외부)을 통해 유출되고 디스크 또는 플러그에 의해 제어된다. 글로브 밸브를 통한 압력저하는 앵글밸브와 비교하여 높다. 글로브밸브는 다이아프램 또는 피스톤으로 구동된다.

3.6.2.1 감압밸브(Pressure-reducing valve)

하나 이상의 압력 영역을 갖는 시스템 내에서 보다 낮은 압력을 유지하기 위해서 종종 감압밸브를 사용한다. 감압밸브는 상류측 압력과 독립적으로 사전 설정된 하류측의 압력을 유지하기 위해 조정된다. 상류측 압력이 증가하면 밸브는 패쇄되어 하류측의 설정압력을 얻을 때 까지 밸브를 통한 수두손실을 더욱 증가시킨다. 역으로 상류측 압력이 감소하면 밸브는 개방된다. 만일 상류측 압력이 목표 압력보다 낮은 점까지 감소하면 밸브는 완전개방된다.

3.6.2.2 압력유지밸브(Pressure-sustaining valve)

압력유지밸브는 독특한 목적으로 사용되며 이 밸브의 적용은 제한된다. 본질적으로 이 밸브는 감압밸브와 반대의 형식으로 동작한다. 압력유지밸브는 상류측 압력이 저하하면 밸브를 폐쇄하고, 상류측 압력이 상승하면 밸브를 개방하여 상류측 최소압력을 유지하도록 동작한다. 압력 영역이 여러 개이고 제어하지 않으면 하류측 영역 수요량이 시스템 내에서 너무 낮은 압력을 발생시킬 수 있으면 이 밸브들을 사용할 수 있다. 이 경우 압력유지밸브로 상류측 압력을 유지할 수 있다. 자연스럽게 하류측 영역에서 수요량은 다른 수원으로 만족시킬 필요가 있다.

3.6.2.3 유량제어밸브(Flow-control valves)

감압밸브와 같이 유량제어밸브는 하류측 유동특성 중 압력이 아닌 사전에 설정된 유량을 유지하기 위해 제어된다. 유량은 많은 대안들로 결정될 수 있다. 수압밸브는 배관 내 오리피스 플레이트 또는 전자장치에 반응하여 동작할 수 있다. 벤트리유량계, 전자유량계, 그리고 프로펠러 유량계들이 흔히 설치된다. 상류측 압력이 변화하면 유량제어밸브는 사전에 설정된 유량을 공급하기 위해 개방 또는 패쇄된다.

3.6.2.4 고도밸브(Altitude Valve)

서지제어 목적으로 저수지 또는 일방향 탱크에 물을 공급하기 위해 고도밸브를 사용한다. 고도밸브는 다음 두 기능에 따라 설계 및 제작된다.

- 첫 번째 탱크 내 고수위 즉시 밸브가 폐쇄되고 별개 라인을 통해 물이 빠져 나가 탱크 내 수위가 떨어질 때까지 다시 개방하지 않는다.
- 두 번째 탱크 내 고수위 즉시 밸브가 폐쇄되고 밸브 유입측 압력이 사전 설정된 수치 이하로 저하할 때 또는 밸브 하류측 저수지 압력 이하로 저하할 때 탱크로부터 물이 유출되도록 개방한다.

3.6.2.5 압력완화밸브(Pressure-relief valve)

명칭이 암시하듯이 고압이 발생하여 배관 및 밸브에 과도한 응력을 주기 이전에 압력관로시스템 내 유체를 방출하기 위해 사용한다. 펌프장 또는 밸브 운영시 압력이 시스템이 허용할 수 있는 압력을 초과하는 위치에 빈번하게 압력완화밸브를 사용한다. 압력완화밸브는 사전에 설정된 압력에서 개방되도록 설정된다. 통상적으로 이 밸브는 대기로 방출하므로 이 밸브를 통해 유출되는 물이 안전하게 처리되고 환경적으로 건전하게 처리되도록 밸브 위치를 계획해야 한다.

3.6.3 분출장치(Blow-off)

최상의 계획에도 불구하고 대부분의 배수시스템은 물이 정체되는 사수부를 갖는다. 이 사수부는 최종 수요자를 초월한 배수시스템의 막다른 관로를 포함할 수 있다. 통상적으로 관로시스템으로부터 정체된 물을 제거하기 위해 주기적으로 개방할 수 있는 분출장치를 이와 같은 사수부의 위치에 설치한다. 사수부의 물을 제거하기 위해 분출장치는 빈번하게 지표면까지 연장된 밸브를 갖춘 밸브 박스와 작은 직경의 배관으로 구성된다. 통상적인 분출장치의 규격은 50~100mm(2~4인치)이다.

송수관로에서 분출장치의 기능은 유지관리 또는 검사 그리고 건설기간동안 관로를 플러싱하기 위해 배수를 허락하는 것이다. 플러싱 기능과 주 관로 내의 청소 유속을 고려하여 분출장치의 규격을 결정해야 한다.

3.6.4 공기배출(Air-release)밸브 및 진공완화(Vacuum-relief)밸브

관로 내부로 공기를 유입시키거나 관로 내부의 공기를 외부로 배출시키기 위해 관로에 공기밸브를 설치한다. 공기밸브는 기본적으로 공기배출밸브와 공기진공밸브 두 형식이 존재한다. 또한 공기배출 및 진공밸브의 기능을 조합하는 조합공기밸브가 유용하다.

물의 유동으로 공기를 이송하기에 배관 경사가 너무 급격한 관로의 높은 지점에 포획된 공기를 배출시키기 위해 공기배출밸브를 사용한다. 공기가 많이 축적되면 관로 통수능력에 손상을 줄 수 있다. 축적된 공기를 연속적으로 배기시키기 위해 높은 지점에 공기배출밸브를 설치한다. 공기배출밸브는 공기가 축적되면서 챔버 상단부에 작은 공기 배기구를 개방하고 수위가 상승하면서 배기구를 폐쇄하도록 레버를 통해 플로트(float)가 동작하는 하나의 챔버로 구성된다. 플로트는 수압과 동일한 공기압력에 대항하여 운영되고 최대 관로 압력을 유지할 수 있어야 한다.

밸브 운영, 급속한 배수 또는 배관의 파손, 수주분리, 또는 다른 원인의 결과로 진공이 형성되는 것을 방지하기 위해 배관 내부로 공기를 유입시키기 위해 공기-진공밸브를 사용한다. 흔하지는 않지만 관로 내 진공은 배관을 붕괴시킬 수 있다. 또한 충수하는 동안 관로로부터 공기를 배기시키기 위해 공기-진공 밸브를 사용할 수 있다. 통상적으로 공기-진공 밸브는 플로트를 갖춘 챔버로 구성된다. 플로트는 대량의 배기에 대항하여 개방되고 폐쇄된다. 챔버 내 수위가 저하되면서 공기가 유입되고 수위가 상승하면서 공기가 배기된다. 서지제어장치로서 공기-진공밸브가 빈번하게 사용되고 이 목적으로 사용할 때는 규격 결정시 신중을 기해야 한다. 공기-진공밸브는 압력을 받는 상태에서 배기하지 않는다.

공기배출밸브와 공기-진공밸브를 배관 직 상부에 설치할 수 없으면 관로에 인접하여 설치할 수 있다. 수평 연결배관을 이용하여 관로와 공기밸브를 연결한다. 이 연결 배관은 공기를 배기시키기 위해 공기밸브까지 완만하게 상승해야 한다. 밸브의 성능 요구조건은 배기 용량과 밸브를 통한 압력차이에 기초한다(시스템 수압은 대기압력보다 적다). 밸브가 동결되지 않도록 보호해야 하며, 지표면 이상에서 배기하거나 운영시 오염되는 것을 방지하기 위해 밸브의 위치를 고려해야 한다. 정확한 규격 정보는 제작사의 카다로그를 참조하면 된다.

3.7 밸브의 수리적 특성

본 절에서는 밸브설계시 고려해야 할 수리적 성능인 유량계수와 공동화현상에 대해 기술한다. 수리성능은 밸브형식과 설치조건에 따라 특정밸브가 유량을 조정할 수 있는 범위가 결정되는 매우 중요한 인자이다. 관로가 긴 경우 유량조정범위가 밸브의 개도 5~10%로 제한되며 특히 게이트밸브를 사용할 경우 밸브의 유량조정 범위가 더욱 제한되는 현상이 현장에서 실제로 발생한다. 이러한 현상은 밸브의 각 개도별 손실계수와 관로의 손실계수의 항으로 설명할 수 있다. 본 절에서는 이와 같은 현상이 발생하는 원인을 규명하고 예제를 통해 이해를 돕기로 한다.

또한 밸브의 교축시 높은 유속으로 인해 국부 압력이 포화증기압 이하로 저하하여 캐비테이션현상 또는 공동화현상이 발생하여 밸브의 수명을 단축시킬 수 있다. 따라서 밸브 설계시 유량계수는 물론 공동화현상의 발생여부도 검토하여 밸브의 수명을 연장시킬 수 있도록 세심한 주의를 기울여야 한다.

3.7.1 밸브 유량계수

밸브개도와 유량과의 관계를 표시한 것을 밸브특성이라 하며, 이를 밸브 상류측과 하류측의 압력차 1bar로 일정하게 유지한 상태에서 각 개도별 통과유량을 나타낸 고유유량계수와 관로의 영향(관로손실)을 고려하여 각 개도별 통과유량을 나타낸 유효유량계수로 표현한다.

3.7.1.1 고유유량계수

고유유량계수 K_v는 각 밸브개도에서 압력 손실 $\triangle p_0 = 1\text{bar}(1 \times 10^5\text{N/m}^2)$ 발생시 통과하는 유량 $Q(\text{m}^3/\text{hr})$으로 정의되며 이를 식으로 표현하면

$$\triangle p = K\frac{v^2\rho}{2} = \frac{K\rho}{2}\left(\frac{Q}{A}\right)^2 = 811.4K\frac{Q^2}{d^4} \tag{3.14}$$

여기서 v : 유속(m/sec)

Q : 유량(m^3/sec)

ρ : 액체 밀도(1,000kg/m^3)

상기 식을 유량을 나타내는 식으로 표현하면 다음과 같다.

$$Q^2 = \frac{\Delta p \times d^4}{811.4K} \tag{3.15}$$

$$Q = \sqrt{\frac{\Delta p \times d^4}{811.4K}} = 0.0351\sqrt{\frac{\Delta p \times d^4}{K}}\left(\frac{\mathrm{m}^3}{\mathrm{sec}}\right)$$

상기 식에서 차압 Δp를 표준차압 Δp_0과 동일하게 유지할 경우 유량계수와 유량은 동일하게 된다. 따라서 식 (3.15)에 $\Delta p = 1\mathrm{bar}(1 \times 10^5 \mathrm{N/m^2})$ 을 대입하여 정리하면 다음과 같다.

$$K_v = Q = 39{,}960\sqrt{\frac{d^4}{K}}\left(\frac{\mathrm{m}^3}{\mathrm{hr}}\right) \tag{3.16}$$

예를 들어 버터플라이밸브의 각 개도별 손실계수가 표 3.21과 같고 400mm 배관에 사용되는 버터플라이밸브가 완전 전개된 상태의 경우 즉, $K = 0.17$인 경우 유량계수는 다음과 같다.

$$K_v = 39{,}960\sqrt{\frac{0.4^4}{0.17}} = 15{,}506\frac{\mathrm{m}^3}{\mathrm{hr}}$$

밸브 개도 80°에서 유량계수는 식 (3.16)에서 $K = 0.34$을 대입하면

$$K_v = 39{,}960\sqrt{\frac{0.4^4}{0.34}} = 10{,}965\frac{\mathrm{m}^3}{\mathrm{hr}}$$

동일한 방법으로 다른 개도에서 유량계수를 구한 결과는 다음 표와 같다.

표 3.21 ▌ 버터플라이밸브 개도에 따른 유량계수 K_v(D=400mm)

각도(°)	K	K_v
0(완전 폐쇄)	∝	0
10	800.0	226
20	120.0	584
30	35.0	1,081
40	15.5	1,624
50	5.1	2,831
60	1.7	4,903
70	0.68	7,753
80	0.34	10,965
90	0.17	15,506

상기 표는 밸브에서 표준차압 $\Delta p = 1\,\text{bar}$이 발생하는 경우에 해당된다. 그러나 동일한 개도의 밸브에서 발생하는 차압은 상황에 따라 다르고, 밸브 상류측 저수지의 수위를 동일하게 유지하는 상태에서도 밸브 개도에 따라 밸브에 작용하는 압력이 다르게 된다.

임의 차압에서의 유량은 식 (3.15)를 이용하여 구할 수 있다. 즉, 밸브에서 차압 $\Delta p = 2\,\text{bar}(2 \times 10^5\,\text{N/m}^2)$인 경우 밸브 각 개도에서 유량 Q는 표 3.21에서 유량계수 K_v의 $\sqrt{2}$이고, $\Delta p = 0.5\,\text{bar}(0.5 \times 10^5\,\text{N/m}^2)$인 경우 밸브 각 개도에서 유량 Q는 유량계수 K_v의 $\sqrt{0.5}$가 된다. 이와 같은 방법으로 계산한 결과는 표 3.22와 같다.

표 3.22 ▌ 버터플라이밸브 개도와 차압에 따른 유량계수 K_v 및 유량 Q(D=400mm)

각도(°)	K	K_v ($\Delta p = 1\text{bar}$)	Q ($\Delta p = 2\text{bar}$)	Q ($\Delta p = 0.5\text{bar}$)
0(완전 폐쇄)	∞	0		
10	800.0	226	320	160
20	120.0	584	825	413
30	35.0	1,081	1,530	764
40	15.5	1,624	2,300	1,150
50	5.1	2,831	4,000	2,000
60	1.7	4,903	6,940	3,470
70	0.68	7,753	10,970	5,490
80	0.34	10,965	15,500	7,750
90	0.17	15,506	21,930	10,970

고유유량계수는 밸브 구조에 따라서 개도와 유량과의 관계가 등간격눈금 도표상에서 직선이 되는 선형특성, 로그 도표상에서 직선이 되는 등비특성, 유량이 개도의 제곱근 형태로 나타나는 제곱근특성 그리고 밸브 개도에 따른 유량이 제곱근특성보다 더욱 큰 급속 개방특성이 있다. 이러한 개도와 유량계수 K_v의 관계를 그림 3.14에 나타내었다.

그림 3.14에서 글로브밸브-선형특성, 버터플라이밸브-등비특성, 게이트밸브-급속개방특성이 되는 이유는 그림 6.2에서와 같이 각 밸브 스템의 이동거리에 따른 밸브디스크의 개방면적의 비로서 설명할 수 있다.

글로브밸브 스템의 이동거리에 따라 디스크의 개방면적은 선형적으로 비례한다. 따라서 스템의 이동거리 10%에서 개방면적이 10%가 되고, 100%에서는 개방면적이 100%가 되는 완전 선형특성을 갖는다.

게이트밸브는 완전 폐쇄된 상태에서 스템이 10%만 상승되어도 개방면적은 16% 정도가 되고, 50% 상승되면 디스크의 하단이 밸브 개구부의 50%에 위치하여 개방면적은 60% 정도가 개방된다. 따라서 초기 스템 이동거리에 비해 개방면적이 커서 다른 밸브와 비교하여 상대적으로 많은 유량이 형성되는 특징을 갖는다.

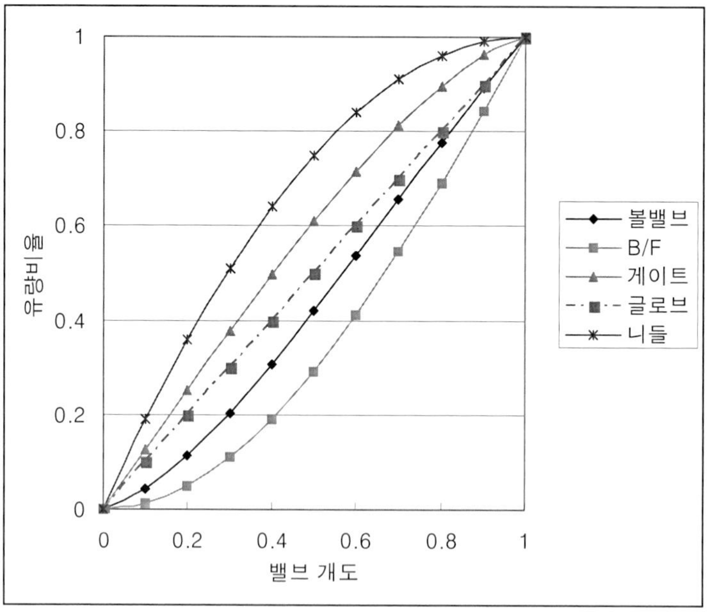

그림 3.14 ▌ 밸브 유량 특성

버터플라이밸브는 완전 폐쇄위치에서 스템을 회전각 30°로 개방하면 개방면적은 다음과 같이 약 15%가 되지만 이는 원형의 상단부에서의 개방비율이기 때문에 실제로 개방면적은 이보다 더 적게 된다.

$$A_O = 1 - \cos 30 = 0.15$$

스템의 회진각도가 증가할수록 개방면적의 비율은 점차적으로 증가하나 90° 근방에서 개방면적의 비율이 최대로 증가한다.

- **선형 특성**. 개도와 유량이 비례하는 특성이며 이것에 가까운 특성을 갖는 밸브로는 글로브밸브가 있다.
- **등비 특성**. 이 특성은 개도 동일 증가분에 대하여 유량증가비율 즉, 유량계수의 변화율이 같게 되어 적은 개도에서는 유량변화가 비교적 작고 큰 개도에서는 유량변화가 크다. 유량의 광범위한 제어에 적합하며 버터플라이밸브 및 볼밸브가 여기에 해당된다.
- **제곱근 특성**. 이 특성은 전폐로부터 중간 개도부분까지는 개도의 변화량에 대하여 유량변화의 비율이 크지만 그 이상의 개도부분에서는 유량변화비율이 작게 된다. 게이트밸브와 같은 차단용 밸브가 여기에 해당된다.
- **급속 개방 특성**. 이 특성은 전폐로부터 중간 개도부분까지는 개도의 변화량에 대하여 유량변화의 비율이 제곱근 특성보다 크고 그 이상의 개도부분에서는 유량 변화비율이 매우 작게 된다. 니들밸브가 여기에 해당된다.

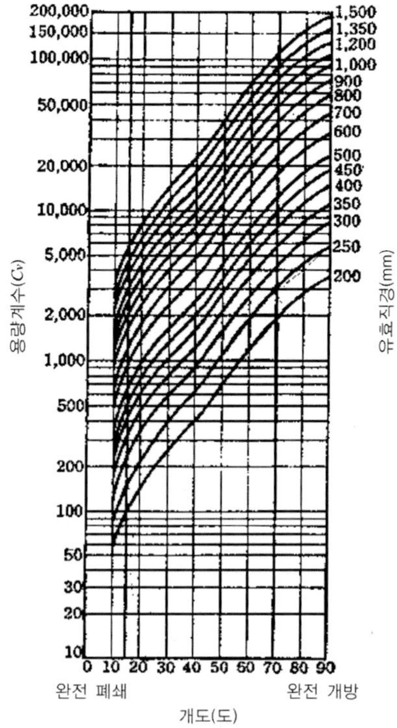

그림 3.15 ▍ 버터플라이밸브 고유유량계수

상기와 유사한 방법으로 버터플라이밸브의 규격별 고유유량계수를 계산한 결과는 그림 3.15와 같다.

3.7.1.2 유효용량특성

고유유량특성은 밸브의 각 개도에 있어서 전후의 압력차를 일정하게 유지하면서 얻은 것이다. 그러나 실제 관로에서는 관로손실수두가 존재하기 때문에 밸브의 개도가 같아도 그 밸브의 고유유량특성과 일치하지 않는다. 유효유량특성은 이러한 관로의 영향을 고려한 밸브의 유량특성이다. 특히 관로의 손실계수가 클수록 밸브 개폐에 의한 영향이 적어져 유량제어가 어렵게 되고 반대로 관로 손실계수가 작을수록 밸브 개도의 영향이 커져 유량을 제어하기가 용이하게 된다.

상류측이 대기압을 받고 있는 저수지이고 이로부터 단순관로로 연결된 하류측 말단부에 밸브가 설치되어 대기로 방출하는 경우 베르누이 공식을 적용하면 다음과 같다.

$$\frac{p_1}{\gamma}+\frac{v_1^2}{2g}+z_1=\frac{p_2}{\gamma}+\frac{v_2^2}{2g}+z_2+h_l \tag{3.17}$$

상기 식에서 아래첨자 1은 상류측, 2는 하류측을 나타낸다. 대기압을 받고 있는 상태이고 직경이 동일한 단순관로이므로 상기 공식에서 $p_1=p_2$, $v_1=v_2$가 되므로

$$z_1 - z_2 = h_l \tag{3.18}$$

상기 식에서 고도차이 $z_1 - z_2 = h_0$로, 밸브의 손실계수 K, 그리고 관로의 손실계수 $C_P = fL/D$로 표현하면 식 (3.18)을 다음과 같이 나타낼 수 있다.

$$(K + C_P)\frac{v^2}{2g} = h_0$$

상기 식으로부터

$$v = \sqrt{\frac{2gh_0}{K + C_P}} \ \frac{\mathrm{m}}{\mathrm{sec}} \tag{3.19}$$

상기 식은 유속 m/sec이고, 이를 시간당 유량으로 계산하면

$$Q = Av = 3600\frac{\pi d^2}{4}\sqrt{\frac{2gh_0}{K + C_P}} \tag{3.20}$$

상기 식의 상수들을 정리하면, 유효유량계수를 다음과 같이 표현할 수 있다.

$$Q = 12,518\sqrt{\frac{h_0 d^4}{K + C_P}} \ m^3/hr \tag{3.21}$$

고유유량계수의 조건인 $\triangle p = h_0 = 10.133m$와 $C_P = 0$인 경우 상기 식은 3.16과 동일하다.

관로에서 발생하는 손실이 밸브의 유효유량특성에 미치는 영향을 고찰하기 위해 다음과 같은 시스템을 고려해 본다.

그림 3.16에서와 같이 두 개의 배수지간을 연결하는 단일관로에 밸브가 설치될 경우 관로 전체의 손실수두는 다음 식과 같다.

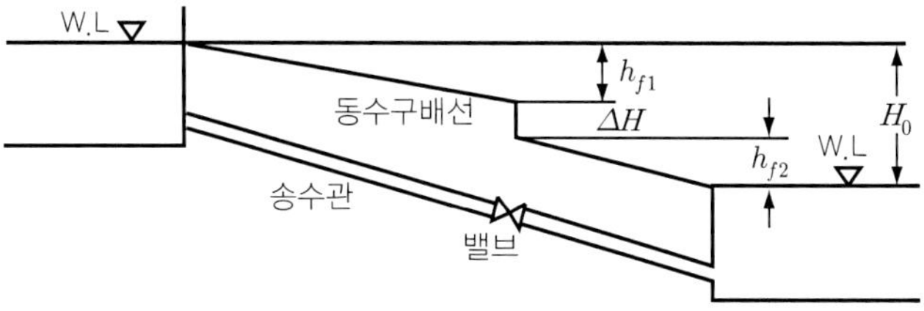

그림 3.16 ▌ 송수관로와 밸브의 관계

$$h_0 = h_{f1} + \Delta h + h_{f2}$$
$$h_{f1} = C_{P1}\frac{v^2}{2g} \quad (3.22)$$
$$h_{f1} = C_{P2}\frac{v^2}{2g}$$

여기서 Δh : 밸브에서 손실수두

h_{f1} : 밸브 상류측 관로에서 손실수두

h_{f2} : 밸브 하류측 관로에서 손실수두

C_{P1}, C_{P2} : 관로손실계수

K : 밸브손실계수

상기 그림에서 밸브를 포함한 관로 전체의 손실수두는 수두차 h_0와 같으므로

$$h_0 = (C_{P1} + K + C_{P2})\frac{v^2}{2g} \quad (3.23)$$

밸브 및 관로 직경 $d = 0.4\text{m}$, 저수지 수위차가 $h_0 = 10.133\text{m}$, 밸브 상하류측 관로에서의 임의 손실계수 조건에서 유효유량계수를 계산한 결과는 표 3.23과 같다.

표 3.23 ▌ 유효유량계수($D = 400\text{mm}$)

개도	C_P(m³/hr)							
	0	1	4	16	64	250	1,000	4,000
0	0	0	0	0	0	0	0	0
10	226	226	225	224	218	197	151	92
20	584	581	574	548	471	332	191	100
30	1,081	1,066	1,024	895	643	379	199	101
40	1,624	1,574	1,448	1,139	717	392	201	101
50	2,831	2,589	2,119	1,392	769	400	202	101
60	4,903	3,891	2,678	1,520	789	403	202	101
70	7,753	4,933	2,955	1,565	795	404	202	101
80	10,965	5,523	3,069	1,582	797	404	202	101
90	15,506	5,911	3,131	1,590	798	404	202	101

상기 표의 각 C_P 수치에서 밸브 완전 개방시 유량을 기준으로 밸브 각 개도에서 유량을 비율로 나타내어 정규화한 결과는 표 3.24 및 그림 3.17과 같다.

표 3.24 ▌ 관로손실 C_P를 고려한 유량비

개도	C_P							
	0	1	4	16	64	250	1,000	4,000
0	0.00	0.00	0.00	0.00	0.00	0.00	0.00	0.00
10	0.01	0.04	0.07	0.14	0.27	0.49	0.75	0.91
20	0.04	0.10	0.18	0.34	0.59	0.82	0.94	0.99
30	0.07	0.18	0.33	0.56	0.81	0.94	0.98	1.00
40	0.10	0.27	0.46	0.72	0.90	0.97	0.99	1.00
50	0.18	0.44	0.68	0.88	0.96	0.99	1.00	1.00
60	0.32	0.66	0.86	0.96	0.99	1.00	1.00	1.00
70	0.50	0.83	0.94	0.98	1.00	1.00	1.00	1.00
80	0.71	0.93	0.98	0.99	1.00	1.00	1.00	1.00
90	1.00	1.00	1.00	1.00	1.00	1.00	1.00	1.00

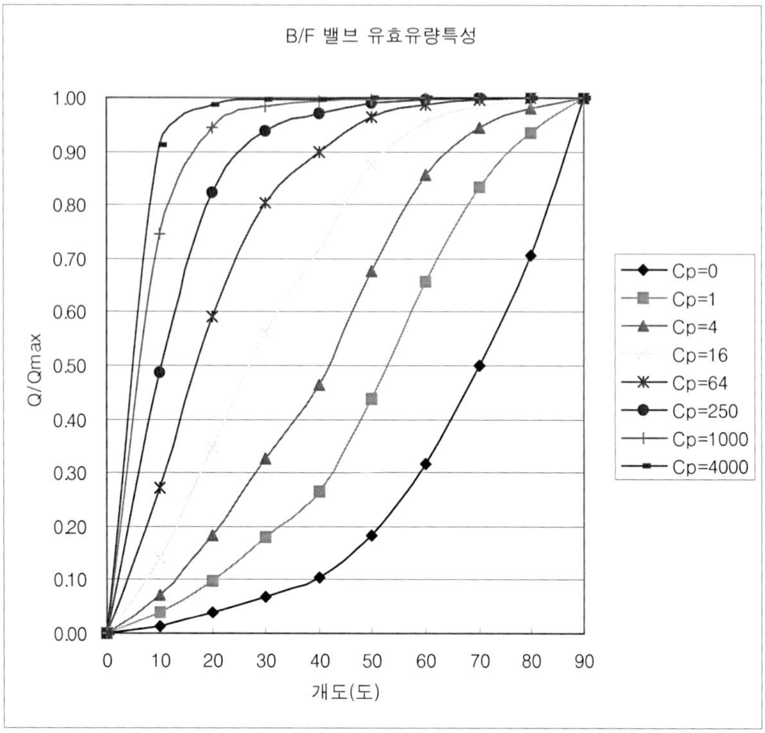

그림 3.17 ▌ 버터플라이밸브의 유효유량특성

그림에서와 같이 $C_P = 0$일 때의 특성은 밸브 고유의 특성이 된다. 결국 관로손실계수 C_P가 작은 관로에서는 밸브의 고유특성에 가깝게 되고 밸브 자체의 특성을 유지하는 것이 가능하지만, 관로가 길고 마찰손실이 크면 유량제어특성이 나빠지므로 미리 관로의 C_P값을 검토할 필요가 있다. 그림 3.17에서 $C_P = 250$일 때 개도가 30°가 되면 전개시의 94% 유량이 흐르게 되고, 그 이상 밸브를 열어도 유량증가는 6%를 넘지 못하게 된다. 버터플라이밸브의 경우에는 $C_P = 64$ 이하의 범위에서 유량제어특성이 좋고 제어가 적합하다. 또한 이미 설치된 밸브의 유효유량특성을 알면 유량변화가 적은 개도영역에서는 급속히 개폐조작을 하여도 수격작용에 대한 염려가 적으므로 밸브의 긴급조작이 필요한 때에 개폐시간의 단축을 도모할 수가 있다. 이와 같이 밸브의 수리특성은 실제 밸브의 설치 또는 조작 등 실무측면에서 중요한 역할을 한다.

이제 그림 3.14의 밸브고유유량계수도표로부터 유량조절밸브로 게이트밸브보다 버터플라이밸브를 사용하는 이유를 알 수 있다. 즉, 그림 3.17에서 버터플라이밸브에서 볼 수 있는 것과 같이 모든 밸브의 고유유량계수곡선은 관로가 길수록 즉, 유효유량계수는 좌측 상방향으로 이동하는 경향을 보여주므로 그림 3.14의 게이트밸브의 고유유량계수는 이미 좌측 상향의 특성을 갖고 있기 때문에 동일한 조건의 유효유량계수는 버터플라이밸브보다 더욱 심하게 좌측 상방향으로 이동하여 유량조절범위가 더욱 제한되는 것을 알 수 있다.

3.7.2 밸브 캐비테이션

부분적으로 폐쇄된 밸브를 유체가 통과하면 유속이 증가하는 영역에서 정 압력(static pressure)은 저하되어 유체의 증기압에 도달할 수 있으며 낮은 압력 영역 유체에서는 기포로 충만된 공동이 발생하기 시작한다. 이 공동은 아주 미소한 가스 기포와 유체에 유입된 불순물 둘레에서 성장한다. 유체가 다시 높은 정 압력 영역에 도달하면 증기 기포(vapor bubbles)는 급속히 붕괴되거나 파열한다. 이러한 과정을 캐비테이션(공동화 현상)이라 한다.

붕괴하는 증기 기포의 공간을 채우기 위해 주변 유체 분자가 돌입하게 되면 짧은 시간 동안 부분적으로 높은 압력이 발생한다. 이러한 유체입자의 돌입이 밸브 몸체 또는 배관벽 근방에서 발생하면 기포 파열 압력강도가 밸브나 배관 재료의 인장 강도에 도달할 수 있다. 기계 표면에서 급속한 응력의 반전과 압력 충격(pressure shock)으로 인해 경계층 표면의 세공(pore)에서 부분 피로파괴가 발생하여 경계층 표면이 거칠게 되고 최종적으로 상당히 커다란 구멍이 형성된다.

일반적으로 캐비테이션 발생의 유무를 나타내는 지표로서 캐비테이션계수 σ을 사용한다. σ의 계산에는 실용상 다음 두 가지 식이 이용된다.

$$\sigma = \frac{H_d - H_v}{H_u - H_d} \tag{3.24}$$

$$\sigma = \frac{H_d - H_v}{H_u - H_d + \dfrac{v^2}{2g}} \tag{3.25}$$

여기서 H_v : 유체의 포화증기압수두(−10m)

H_u : 밸브상류측 압력수두(m)

H_d : 밸브하류측 압력수두(m)

통상적으로 식 3.24를 사용하나 평균유속이 큰 경우 또는 밸브 설치장소의 고도가 높은 경우에는 속도수두 값이 σ에 큰 영향을 미치므로 식 3.25를 사용하는 것이 보다 안전하다. 이 식으로부터 캐비테이션계수가 작은 경우는 밸브 전후의 압력차가 크고 하류측 압력이 작음을 알 수 있다. 따라서 이와 같은 장소 즉 송수관로의 말단에 있는 배수지의 유입밸브용으로 설치하는 밸브는 캐비테이션에 대한 조건이 엄격해진다. 그러므로 관로 조건을 미리 알고 있으면 계획단계에서부터 캐비테이션에 대한 검토가 가능하며 적정한 고유 캐비테이션계수를 갖는 밸브를 선정하는 것이 가능해진다.

밸브는 형식 차이에 의한 구조, 형상 등에 따라 각각 고유의 캐비테이션 특성을 나타낸다. 이 때문에 실험에 의해 구해지는 캐비테이션계수는 밸브 고유의 캐비테이션계수라 부르고 일반적으로 σ_c로 표시하며 앞의 설치조건으로부터 계산으로 구한 계수 σ와는 구별하고 있다.

캐비테이션이 발생하지 않도록 밸브를 선정 또는 설치하기 위해서는 다음과 같은 조건을 만족시킬 필요가 있다.

$$\sigma > \sigma_c \tag{3.26}$$

예를 들면 밸브의 형식이 콘밸브이고 개도가 20%, 밸브의 상류측 압력 H_u이 20m, 밸브의 하류측 압력 H_d가 10m일 때 캐비테이션계수 σ를 구하면

$$\sigma = \frac{H_d - H_v}{H_u - H_d} = \frac{10-(-10)}{20-10} = 2.0$$

그림 3.18에서 콘밸브의 개도가 20%일 때 캐비테이션계수 σ_c는 1.8이고 상기 조건에 의한 캐비테이션계수 σ는 2.0이다. 그러므로 $\sigma > \sigma_c$가 되어 이 조건에서 캐비테이션은 발생하지 않는다. 이와 같이 밸브에 의한 캐비테이션 발생을 방지하기 위해서는 고유 캐비테이션계수 σ_c가 작은 밸브를 선정하든지 밸브설치위치를 변경할 수가 있다면 σ값을 크게 하기 위해 상류측으로 설치장소를 이동시키는 방법을 강구한다. 보통 전자의 방법이 많이 적용되고 있다. 한편 σ_c값은 캐비테이션의 초기상태를 나타내지만 이 외에 유해한 캐비테이션 상태를 표시하는 실용치로서 σ_1을 적용하는 사례도 있으므로 이런 경우에는 제작사에 확인해야 한다.

초기 캐비테이션 단계에서는 큰 소음이나 진동 등이 발생하지 않으므로 침식에 대한 염려는 없다. 그러므로 σ_c값으로 초기값을 사용하여 식 3.26이 성립하면 캐비테이션은 전혀

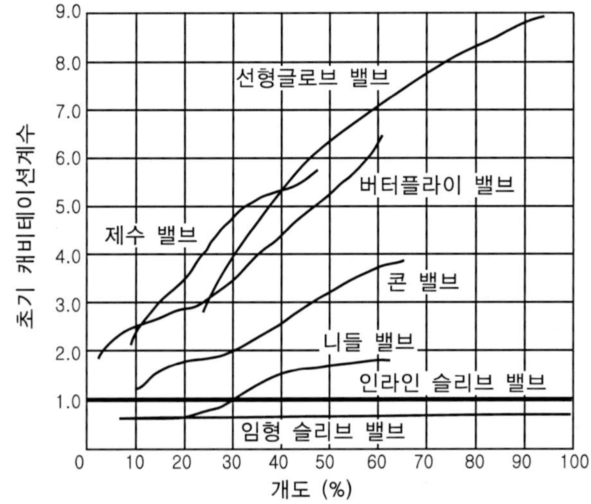

그림 3.18 ▌ 밸브 개도 및 초기 캐비테이션 계수

발생하지 않으나 밸브조작의 과도적 단계(전폐 부근)로 단시간내에 캐비테이션 상태가 종료되는 경우 등과 같이 사용상황에 따라서는 경제적으로 불합리할 때가 있다. 이런 경우에는 식 3.26의 σ_c 대신에 실용치 σ_1를 적용하는 것이 바람직하다.

밸브 캐비테이션 특성을 나타내는 또 다른 식들 중 하나는 다음과 같이 USBR에 의해 사용되는 공식이다.

$$C = \frac{H_d - H_v}{H_u - H_d} \tag{3.27}$$

여기서 C : 캐비테이션 지수

P_v : 액체 포화증기압력 수두(대기압과 상대적인 증기압 –)

P_d : 밸브 시트로부터 12D 하류측 배관 내 압력수두

P_u : 밸브 시트부터 3D 상류측 배관 내 압력수두

그림 3.19는 물을 매체로 한 버터플라이, 게이트, 글로브 및 볼 밸브의 초기 캐비테이션 특성을 나타낸다. 이 특성들은 시드니 광역시 상하수도국의 실험 결과와 여러 문헌에 기록된 자료들을 편집한 것이다. 온도, 동반된 공기, 불순물, 모델 오차, 그리고 관측자의 판단 등이 실험 결과에 영향을 미칠 수 있으므로 이 그림들은 오직 참고자료로만 사용되어야 한다.

압력 저하가 여러 단계에 걸쳐 발생하도록 하여 캐비테이션 성장을 최소화 할 수 있다. 또한 밸브 직하류에 압축공기를 주입하여 이 근처의 압력을 상승시켜 증기 기포 형성을 최소화할 수 있으나 동반된 공기는 하류측에 설치된 측정설비 기능을 방해한다.

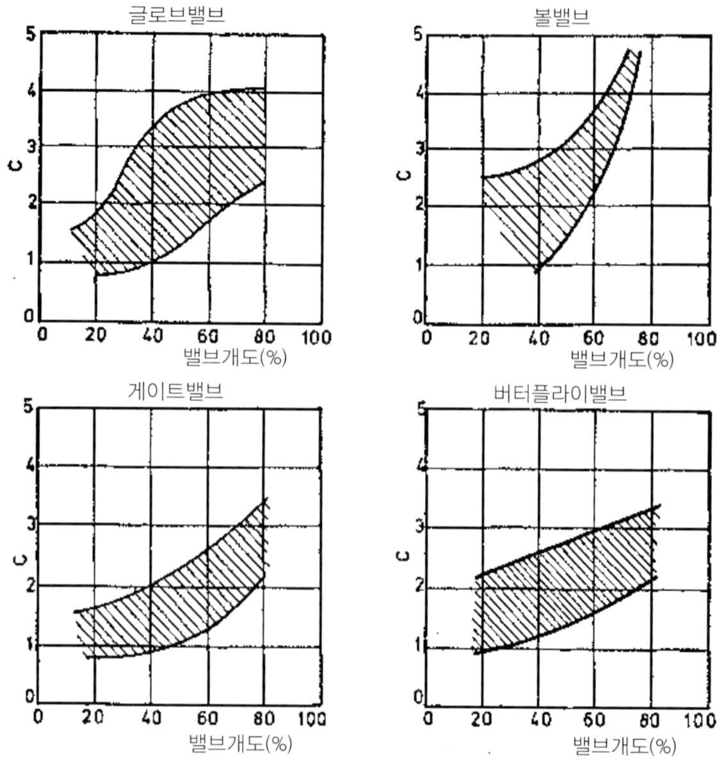

그림 3.19 ▌ 다양한 "In-Line" 밸브의 초기 캐비테이션 특성

밸브 시트 하류측에 급격하게 유로를 확대하면 캐비테이션으로 인해 밸브 몸체의 경계층과 배관이 손상되는 것을 보호할 수 있다. 배관 직경의 1.5배 되는 직경과 8배 되는 길이를 갖고 출구 테이퍼를 갖춘 챔버를 관망에 설치된 니들밸브에 사용할 경우 매우 만족스런 결과를 얻을 수 있는 것이 증명되었다.

제어용 밸브의 선정은 아래에 나타낸 순서에 따라서 실시한다.

① 밸브가 제어하는 최대유량과 구경을 산정하고 유속을 구한다.
② 유속이 사용하기로 한 밸브의 한계유속(밸브에 따라 정해지는 값으로 버터플라이 밸브에서는 6m/sec) 이하인지를 확인한다.
③ 최대유량 및 최소유량시 밸브 상하류의 각종 손실수두 및 최고, 최저압력을 산출한다.
④ 요구되는 밸브 최대, 최소유량계수를 계산하고 밸브의 유량특성도로부터 최대 개도와 최소개도를 읽어 이 개도가 제어 가능한 범위에 포함되는지를 확인한다.
⑤ 캐비테이션 발생 유무를 검토한다.
⑥ 상기 계산과정에서 ②, ④, ⑤의 조건이 만족되지 않을 경우에는 밸브의 구경 또는 종류를 변경하고 계산을 다시 수행하여 상기 조건이 만족되는 밸브의 종류와 구경을 선정한다.

예제 3.1 관로 길이 $L=1,500$m(상류측 1,400m, 하류측 100m), 관 직경 $D=0.4$m인 관로 시스템을 이용하여 다음 조건으로 운영할 경우 적정한 밸브 종류 및 규격을 선정하고 캐비테이션 발생여부를 검토하라.

- 계획최대유량 $Q_{max}=600\text{m}^3/\text{hr}(0.167\text{m}^3/\text{sec})$
- 계획최소유량 $Q_{min}=150\text{m}^3/\text{hr}(0.0417\text{m}^3/\text{sec})$

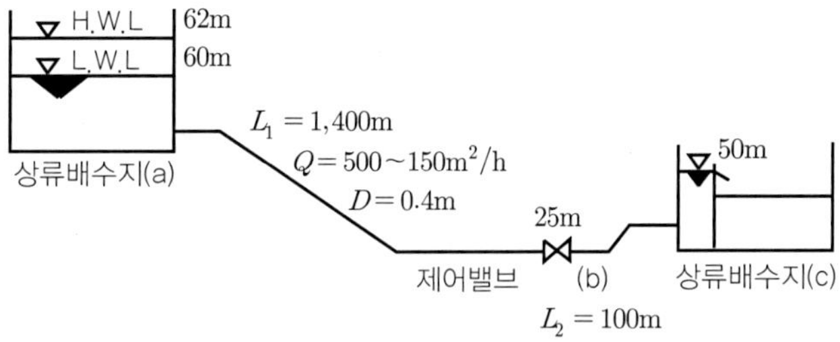

풀이

1. 밸브 규격 결정

유량제어용으로 가장 많이 사용되는 밸브 중 하나인 버터플라이밸브를 사용하기로 하며 규격은 최대유량을 기준으로 다음과 같이 계산한다.

$$v_{max}=\frac{4Q_{max}}{\pi D^2}$$

$$D=\sqrt{\frac{4Q_{max}}{\pi v_{max}}}$$

$$=\sqrt{\frac{4\times 0.167}{\pi\times 6}}$$

$$=0.188\text{m}$$

가장 가까운 상위규격의 밸브는 구경 200mm이나 관 구경과의 차이가 크므로 250mm로 가정한다. 구경 250mm일 때 최고유속 v_{max}을 다시 계산하고 한계최고유속 이하인가를 확인한다. 이 경우 3.402m/sec로 한계최고유속 6m/sec 이하가 된다.

2. 유량 및 캐비테이션 검토($C=130$일 경우)

관로손실수두의 계산은 하젠-윌리엄 공식을 이용한다. 유속계수 $C=130$으로 하고 관로의 굴곡부, 유입부의 손실 등은 관로 연장의 10%로 가정한다.

밸브 상류측 관로 손실수두 h_{f1}

계획최대유량 $Q_{max}=600\text{m}^3/\text{hr}(0.167\text{m}^3/\text{sec})$일 때 동수구배는 다음과 같다.

$$I = \frac{h_f}{L}$$

$$= 10.666 C^{-1.85} D^{-4.87} Q^{1.85}$$

$$= 10.666 \times 130^{-1.85} \times 0.4^{-4.87} \times 0.167^{1.85}$$

$$= 0.004142$$

따라서

$$h_{f1\max} = LI$$

$$= 1400 \times 1.1 \times 0.004142$$

$$= 6.379\text{m}$$

계획최소유량 $Q_{\min} = 150\text{m}^3/\text{hr}(0.0417\text{m}^3/\text{sec})$일 때 동수구배는 다음과 같다.

$$I = 10.666 \times 130^{-1.85} \times 0.4^{-4.87} \times 0.0417^{1.85}$$

$$= 0.000318$$

따라서

$$h_{f1\min} = 1400 \times 1.1 \times 0.000318$$

$$= 0.490\text{m}$$

밸브 하류측 관로 손실수두 h_{f2}

계획최대유량 $Q_{\max} = 600\text{m}^3/\text{hr}(0.167\text{m}^3/\text{sec})$일 때 동수구배는 상류측과 동일하므로 손실수두는 다음과 같다.

$$h_{f2\max} = 100 \times 1.1 \times 0.004142$$

$$= 0.456\text{m}$$

계획최소유량 $Q_{\min} = 150\text{m}^3/\text{hr}(0.0417\text{m}^3/\text{sec})$일 때 동수구배는 상류측과 동일하므로 손실수두는 다음과 같다.

$$h_{f2\min} = 100 \times 1.1 \times 0.000318$$

$$= 0.035\text{m}$$

밸브에 작용하는 최대차압과 최소차압

최대차압 $\triangle h_{max}$는 상류측 배수지가 고수위이고 최소유량일 때 발생한다.

$$H_u = \text{상류측 배수지수위} - h_{f1min} - \text{밸브설치표고}$$
$$H_d = \text{하류측 배수지수위} - h_{f2min} - \text{밸브설치표고}$$

$$\begin{aligned}\triangle h_{max} &= H_u - H_d \\ &= (62 - 0.490 - 25) - (50 + 0.035 - 25) \\ &= 36.51 - 25.04 \\ &= 11.475\text{m}\,(1.1475\text{kg}_f/\text{cm}^2)\end{aligned}$$

최소차압 $\triangle h_{min}$는 상류측 배수지가 저수위이고 최대유량일 때 발생한다.

$$\begin{aligned}\triangle h_{min} &= (60 - 6.379 - 25) - (50 + 0.456 - 25) \\ &= 28.621 - 25.456 \\ &= 3.165\text{m}\,(0.3165\text{kg}_f/\text{cm}^2)\end{aligned}$$

최대 및 최소 K_v 계산

식 (3.15)로부터 밸브 차압이 다르고, 밸브 개도에 따른 손실계수 K가 다를 경우 즉, 버터플라이밸브의 경우 사용범위는 15~70°이므로 개도 70°에서 손실계수 $K = 0.68$이고 차압 $\triangle p_{max} = 0.3165\text{kg}_f/\text{cm}^2$일 경우 유량계수 K_{vmax}는 다음과 같다.

$$\begin{aligned}K_{vmax} &= 0.0351\sqrt{\frac{\triangle p \times d^4}{K}}\left(\frac{m^3}{\text{sec}}\right) \\ &= 0.0351\sqrt{\frac{0.3165 \times 10^5 \times 0.25^4}{0.68}} \times 3600 \\ &= 1{,}700\text{m}^3/\text{hr}\end{aligned}$$

상기 유량은 계획최대유량에 비해 과다하고 이때 유속은 다음과 같다.

$$A = \frac{3.14 \times 0.25^2}{4} = 0.049\text{m}^2$$

$$v = \frac{Q}{A} = \frac{1700}{0.049 \times 3600} = 9.6\text{m/sec}$$

상기 유속은 버터플라이밸브 한계유속인 6m/sec를 초과하므로 밸브 개도를 더욱 교축할 필요가 있다. $Q_{max} = 600\text{m}^3/\text{hr}$ 을 송수하기 위한 밸브 손실계수는 다음과 같다.

$$K = \frac{\Delta p \times d^4}{\left(\dfrac{K_{vmax}}{0.0351 \times 3600}\right)^2}$$

$$= \frac{0.3165 \times 10^5 \times 0.25^4}{\left(\dfrac{600}{0.0351 \times 3600}\right)^2}$$

$$= 5.48$$

버터플라이밸브의 경우 상기 손실계수는 표 3.22로부터 보간하면 개도 48°에서 발생한다. 또한 개도 15°에서 손실계수 $K = 300$ 이고 차압 $\Delta p_{max} = 1.1475\text{kgf/cm}^2$ 일 경우 유량계수 K_{vmin} 는 다음과 같다.

$$K_{vmin} = 0.0351 \sqrt{\frac{\Delta p \times d^4}{K}} \left(\frac{\text{m}^3}{\text{sec}}\right)$$

$$= 0.0351 \sqrt{\frac{1.1475 \times 10^5 \times 0.25^4}{300}} \times 3600$$

$$= 155\text{m}^3/\text{hr}$$

상기 유량은 계획최소유량 $Q_{min} = 150\text{m}^3/\text{hr}$ 을 약간 초과하므로 밸브 개도는 15° 정도가 되는 것으로 판단된다. 따라서 계획최대유량과 최소유량은 버터플라이밸브의 제어가능 범위 15~70°를 만족시킨다.

캐비테이션 검토

최대 차압시 즉, 밸브 개도 15°에서 캐비테이션계수

$$\sigma = \frac{H_d - H_v}{H_u - H_d}$$

$$= \frac{25.04 - (-10)}{36.51 - 25.04} = 3.05$$

최소 차압시 즉, 밸브 개도 70°에서 캐비테이션계수

$$\sigma = \frac{25.456 - (-10)}{28.621 - 25.456} = 11.20$$

그림 3.19로부터 버터플라이밸브 개도 15°에서 초기 캐비테이션 계수 $\sigma_c = 2.7$이고, $\sigma = 3.05$이므로 공식 3.26$\sigma > \sigma_c$를 만족하고 있다. 밸브 개도 70°에서 실용 캐비테이션계수가 제공되지 않았으므로 검토할 수 없으나 통상적으로 최대 차압시 캐비테이션이 발생하지 않으면 캐비테이션으로부터 안전하다고 판단된다.

3. 유량 및 캐비테이션 검토($C = 110$일 경우)

관로에서 발생하는 손실수두는 관로의 사용년수에 따라 비례하여 증가한다. 따라서 신관 $C = 130$에서 $C = 110$으로 저하되는 경우에 대해 유량 및 캐비테이션에 대해 검토하기로 한다.

밸브 상류측 관로 손실수두 h_{f1}

계획최대유량 $Q_{max} = 600\text{m}^3/\text{hr}(0.167\text{m}^3/\text{sec})$일 때 동수구배는 다음과 같다.

$$
\begin{aligned}
I &= \frac{h_f}{L} \\
&= 10.666 C^{-1.85} D^{-4.87} Q^{1.85} \\
&= 10.666 \times 110^{-1.85} \times 0.4^{-4.87} \times 0.167^{1.85} \\
&= 0.00564
\end{aligned}
$$

따라서

$$
\begin{aligned}
h_{f1max} &= LI \\
&= 1400 \times 1.1 \times 0.00564 \\
&= 8.686\text{m}
\end{aligned}
$$

계획최소유량 $Q_{min} = 150\text{m}^3/\text{hr}(0.0417\text{m}^3/\text{sec})$일 때 동수구배는 다음과 같다.

$$
\begin{aligned}
I &= 10.666 \times 110^{-1.85} \times 0.4^{-4.87} \times 0.0417^{1.85} \\
&= 0.000433
\end{aligned}
$$

따라서

$$
\begin{aligned}
h_{f1min} &= 1400 \times 1.1 \times 0.000433 \\
&= 0.669\text{m}
\end{aligned}
$$

밸브 하류측 관로 손실수두 h_{f2}

계획최대유량 $Q_{\max} = 600\text{m}^3/\text{hr}(0.167\text{m}^3/\text{sec})$일 때 동수구배는 상류측과 동일하므로 손실수두는 다음과 같다.

$$h_{f2\max} = 100 \times 1.1 \times 0.00564$$
$$= 0.62\text{m}$$

계획최소유량 $Q_{\min} = 150\text{m}^3/\text{hr}(0.0417\text{m}^3/\text{sec})$일 때 동수구배는 상류측과 동일하므로 손실수두는 다음과 같다.

$$h_{f2\min} = 100 \times 1.1 \times 0.000433$$
$$= 0.048\text{m}$$

밸브에 작용하는 최대차압과 최소차압

최대차압 $\triangle h_{\max}$는 상류측 배수지가 고수위이고 최소유량일 때 발생한다.

$$H_u = \text{상류측 배수지수위} - h_{f1\min} - \text{밸브설치표고}$$
$$H_d = \text{하류측 배수지수위} - h_{f2\min} - \text{밸브설치표고}$$

$$\triangle h_{\max} = H_u - H_d$$
$$= (62 - 0.669 - 25) - (50 + 0.048 - 25)$$
$$= 36.331 - 25.048$$
$$= 11.283\text{m}(1.1283\text{kg}_\text{f}/\text{cm}^2)$$

최소차압 $\triangle h_{\min}$는 상류측 배수지가 저수위이고 최대유량일 때 발생한다.

$$\triangle h_{\min} = (60 - 8.686 - 25) - (50 + 0.62 - 25)$$
$$= 26.314 - 25.62$$
$$= 0.694\text{m}(0.0694\text{kg}_\text{f}/\text{cm}^2)$$

최대 및 최소 K_v 계산

식 (3.15)로부터 밸브 차압이 다르고, 밸브 개도에 따른 손실계수 K가 다를 경우 즉, 버터플라이밸브의 경우 사용범위는 15~70°이므로 개도 70°에서 손실계수 $K = 0.68$이고 차압 $\triangle p_{\max} = 0.0694\text{kg}_\text{f}/\text{cm}^2$일 경우 유량계수 $K_{v\max}$는 다음과 같다.

$$K_{v\max} = 0.0351\sqrt{\frac{\Delta p \times d^4}{K}}\left(\frac{m^3}{\sec}\right)$$

$$= 0.0351\sqrt{\frac{0.0694 \times 10^5 \times 0.25^4}{0.68}} \times 3600$$

$$= 800\text{m}^3/\text{hr}$$

상기 유량은 계획최대유량에 비해 과다하고 이때 유속은 다음과 같다.

$$v = \frac{Q}{A} = \frac{800}{0.049 \times 3600} = 4.5\text{m/sec}$$

상기 유속은 버터플라이밸브 한계 유속 이하가 되나 계획유량을 송수하기 위해서는 밸브 개도를 더욱 교축할 필요가 있으며 $Q_{\max} = 600\text{m}^3/\text{hr}$을 송수하기 위한 밸브 손실계수는 다음과 같다.

$$K = \frac{\Delta p \times d^4}{\left(\frac{K_{v\max}}{0.0351 \times 3600}\right)^2}$$

$$= \frac{0.0694 \times 10^5 \times 0.25^4}{\left(\frac{600}{0.0351 \times 3600}\right)^2}$$

$$= 1.2$$

버터플라이밸브의 경우 상기 손실계수는 표 3.22로부터 보간하면 개도 65°에서 발생한다. 또한 개도 15°에서 손실계수 $K = 300$이고 차압 $\Delta p_{\max} = 1.1283\text{kg}_\text{f}/\text{cm}^2$일 경우 유량계수 $K_{v\min}$는 다음과 같다.

$$K_{v\min} = 0.0351\sqrt{\frac{\Delta p \times d^4}{K}}\left(\frac{m^3}{\sec}\right)$$

$$= 0.0351\sqrt{\frac{1.1283 \times 10^5 \times 0.25^4}{300}} \times 3600$$

$$= 153\text{m}^3/\text{hr}$$

상기 유량은 계획최소유량을 $Q_{\min} = 150\text{m}^3/\text{hr}$ 약간 초과하므로 밸브 개도는 15° 정도가 되는 것으로 판단된다. 따라서 계획최대유량과 최소유량은 버터플라이밸브의 제어가능 범위 15~70°를 만족시킨다.

캐비테이션 검토

최대 차압시 즉, 밸브 개도 15°에서 캐비테이션계수

$$\sigma = \frac{H_d - H_v}{H_u - H_d}$$

$$= \frac{25.048-(-10)}{36.331-25.048}$$

$$= 3.1$$

최소 차압시 즉, 밸브 개도 70°에서 캐비테이션계수

$$\sigma = \frac{25.62-(-10)}{26.314-25.62}$$

$$= 51.32$$

그림 3.19로부터 버터플라이밸브 개도 15°에서 초기 캐비테이션 계수 $\sigma_c = 2.7$이고, $\sigma = 3.1$이므로 공식 3.26 $\sigma > \sigma_c$를 만족하고 있으나 밸브 개도 70°에서 실용 캐비테이션 계수가 제공되지 않았으므로 검토할 수 없으나 통상적으로 최대 차압시 캐비테이션이 발생하지 않으면 캐비테이션으로부터 안전하다고 판단된다. 지금까지의 계산 결과를 요약하면 다음 표와 같다.

표 3.25 ▌ 신관 및 구관의 경우 유량계수

형 식	구경 mm	최고 유속 m/sec	$C=130$				$C=110$			
			$K_{v\max}$		$K_{v\min}$		$K_{v\max}$		$K_{v\min}$	
			유량 m^3/hr	개도	유량 m^3/hr	개도	유량 m^3/hr	개도	유량 m^3/hr	개도
B/V	250	3.402	1,700 600	70 49	155	15	800 600	70 65	153	15

4. 밸브 유효유량계수 결정

지금까지의 계산과정을 그림 3.17 및 표 3.22와 같이 밸브 직경 D=250mm인 경우 밸브 고유 및 유효유량계수표를 이용하여 구할 수 있다. 먼저 밸브 직경 D=250mm인 경우 밸브 고유 및 유효유량계수를 구하면 다음 표와 같다.

표 3.26 ▌ 관로손실 C_P를 고려한 밸브 유량($D=250$mm)

개 도	C_P							
	0	1	4	16	64	250	1000	4000
0	0	0	0	0	0	0	0	0
10	88	88	88	87	85	77	59	36
20	228	227	224	214	184	130	75	39
30	422	416	400	350	251	148	78	39
40	634	615	566	445	280	153	78	39
50	1,106	1,011	828	544	300	156	79	39
60	1,915	1,520	1,046	594	308	157	79	39
70	3,029	1,927	1,154	611	311	158	79	39
80	4,283	2,157	1,199	618	311	158	79	39
90	6,057	2,309	1,223	621	312	158	79	39

C=130일 경우

앞에서 $C=130$이고 계획최대유량 $Q_{max}=600\,m^3/hr\,(0.167\,m^3/sec)$ 송수시 관로 전체 마찰손실은 다음과 같다.

$$\triangle h_{max}=6.379+0.456=6.835\text{m}$$

이를 관로손실계수 C_P로 환산하면

$$\triangle h=f\frac{L}{D}\frac{v^2}{2g}=C_P\frac{v^2}{2g}$$

$$\therefore\ C_P=\frac{\triangle h\,2g}{v^2}$$

유량 $Q_{max}=600\,m^3/hr$에서 유속 $v=3.402\,m/sec$이므로

$$C_P=\frac{6.835\times2\times9.8}{3.402^2}=11.6$$

C=110일 경우

$C=110$이고 계획최대유량 $Q_{max}=600\,m^3/hr(0.167\,m^3/sec)$ 송수시 관로 전체 마찰손실은

$$\triangle h_{max}=8.686+0.62=9.306\text{m}$$

이를 관로손실계수 C_P로 환산하면

$$\triangle h = f\frac{L}{D}\frac{v^2}{2g} = C_P\frac{v^2}{2g}$$

$$\therefore C_P = \frac{\triangle h\, 2g}{v^2}$$

유량 $Q_{\max} = 600\,\mathrm{m^3/hr}$에서 유속 $v = 3.402\,\mathrm{m/sec}$이므로

$$C_P = \frac{9.306 \times 2 \times 9.8}{3.402^2}$$

$$= 15.8$$

표 3.26과 같이 밸브 직경 $D = 250\,\mathrm{mm}$인 경우 상기 C_P수치들에 따른 유량은 다음 표 3.27과 같다. 표 3.27에서 $C = 130$, $Q_{\max} = 600\,\mathrm{m^3/hr}$, $C_P = 11.6$인 경우 밸브 개도는 대략 47°이고 $C = 110$, $Q_{\max} = 600\,\mathrm{m^3/hr}$, $C_P = 15.8$인 경우 밸브 개도는 대략 62°가 되는 것을 알 수 있으며 이는 앞에서 구한 수치와 거의 일치한다.

표 3.27 ▌ 관로손실 C_P를 고려한 밸브 유량($D = 250\,\mathrm{mm}$)

개 도	C_P	
	11.6	15.8
0	0	0
10	88	87
20	218	214
30	366	350
40	480	446
50	611	546
60	685	597
70	713	615
80	723	622
90	728	625

재차 강조하지만 밸브 고유유량계수 및 유효유량계수 등은 밸브 개도에 따른 손실계수 K에 의해 전적으로 결정되므로 실무에 적용할 때는 반드시 정확한 밸브의 손실계수 K 자료를 취득하여 검토해야 한다.

CHAPTER 4

배·급수시스템의 수리학

역자: 박한영, 신언호, 이근영, 박진훈, 노선민, 박홍성

4.1 서론

선진국에서 배수는 일반적으로 신뢰성 있는 것으로 가정하고 소비자들은 고품질 서비스를 기대한다. 상수도시스템을 설계하고 운영하기 위해서는 복잡한 시스템에서 유동 및 이와 관련된 에너지 손실을 이해할 필요가 있다. 본 장에서는 배수시스템에서 기본적인 유동 상관 관계들을 전개한다. 직렬과 병렬 배관에서 유동을 먼저 기술하고 여러 루프를 갖는 관망을 해석하기로 한다. 단순한 관망을 초월한 시스템의 유동 공식을 손으로 해결하는 것은 불가능하기 때문에 전산기 모델들을 사용해야 하며 이러한 모델들의 적용에 대해서도 기술한다.

4.1.1 배·급수시스템의 구성 및 요소

배·급수시스템은 펌프, 배수지, 그리고 배수 관망 3개의 중요 요소로 구성된다. 대부분 시스템들은 펌프를 사용하여 고도의 차이와 마찰에 의한 에너지 손실을 극복하기 위한 양정을 제공한다. 펌프 선정과 해석은 제5장에서 기술하기로 한다. 저류탱크들은 에너지 비용을 감소시키기 위해 또는 비상시 공급을 위해 시스템 내에 포함된다. 관망에는 압력 조절 또는 감압 밸브와 같은 유량-제어 장치들이 포함될 수 있으며 배·급수시스템의 개략도는 그림 4.1과 같다.

배·급수시스템의 목적은 다양한 부하 조건에서 사용자들에게 충분한 압력으로 필요한 양의 물을 공급하는 것이다. 부하조건은 사용자의 필요 유량을 정의하는 수요량의 공간적 패턴이다. 각 배관들에서 유량은 부하 조건에 기인하며 관망의 수리학 조건을 기술하는 하나의 변수이다. 피에조미터수두와 압력수두들은 다른 묘사적 변수들이다. 피에조수두 또는 압력수두는 수력구배선(HGL;hydraulic grade line) 또는 압력수두(p/γ)에 고도 수두(z)를 더한 것이다.

$$h = \frac{P}{\gamma} + z \tag{4.1}$$

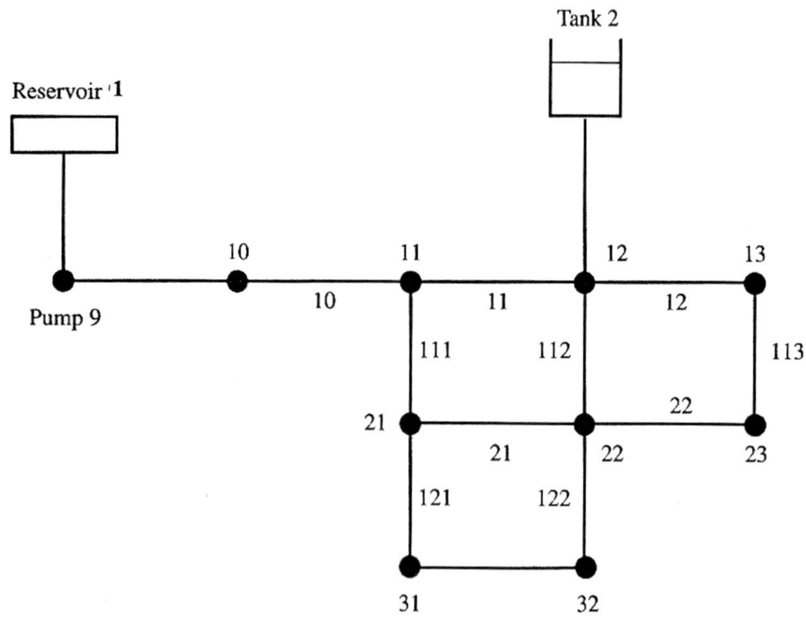

그림 4.1 ▌ 관망 개략도

일반적으로 시스템 내에서 속도수두는 압력수두에 비해 상대적으로 적으므로 속도수두를 무시한다. 통상적으로 접합부 절점에서 수두들을 계산한다. 접합부 절점은 2개 이상의 배관이 접합되거나 관망으로부터 유출(withdrawal)되는 지점이다. FGN(fixed grade node)는 탱크와 같이 전체 에너지가 기저인 절점이다.

부하조건은 시간에 걸쳐 일정하거나 변화할 수 있다. 일정한 부하 조건이 적용되고 시스템 상태(모든 배관들에서 유량과 모든 절점들에서 압력수두)가 시간에 따라 변화하지 않으면 배수시스템은 정상상태(steady state)가 된다. 반대로 시스템 상태가 시간에 따라 변화하면 비정상상태(unsteady state)가 발생된다. 시간확장모의(EPS; extended period simulation)는 탱크 고도 조건에서 시간의 변화에 따른 불연속적 수요량의 변화를 고려한다. 그러나 각 시간동안 관망에서의 유동은 정상유동상태로 가정한다. EPS의 시간 단계들 사이에서 관망에서 수행하는 유일한 변수들은 탱크 조건들로 이는 질량 보존 상관관계로 업데이트된다.

동적 모델링(dynamic modeling)은 지점들 사이 그리고 한 지점에서 순간마다 다를 수 있는 비정상유동 조건을 인용한다. 신속한 밸브 폐쇄 또는 펌프의 전환과 같은 유동에서의 급격한 변화를 평가하기 위해 부정류해석을 수행한다. 유동이 완만하게 변화하는 경우 배관은 강성체이고 유동 변화는 배관에 따라 순간적으로 발생하여 배관에 따른 속도는 균일하나 시간에 따라 변화할 수 있다고 가정한다. 본 장에서는 정상유동, 시간확장모의, 그리고 일시적으로 완만하게 변화되는 유동조건들을 기술하며 부정류는 제6장에서 기술하기로 한다.

4.1.2 관망시스템의 보존공식

정상유동상태의 관로시스템에서 유동을 지배하는 것은 질량보존과 에너지보존법칙이다. 질량보존법칙은 시스템 내에서 저장은 시스템 유입량과 유출량 사이의 차이와 동일한 것으로 표현된다. 관수로관망은 시간에 따라 탱크 내 저장량은 변화할 수 있지만 관망 안에서 저장은 발생할 수 없다. 따라서 한 배관 안에서의 요소, 또는 접합부 절점에서의 유입유량과 유출유량은 반드시 평형을 이루어야 한다. 접합부 절점의 경우

$$\sum Q_{in} - \sum Q_{out} = q_{ext} \tag{4.2}$$

여기서 Q_{in}과 Q_{out}은 절점을 통한 유입량과 유출량이고 q_{ext}는 외부 수요량 또는 공급량이다.

에너지보존법칙은 두 절점들 사이에서의 에너지 차이는 이 점들 사이 요소들에서의 유량에 가해지는 에너지와 마찰 및 미소 손실은 동일하다고 표현된다. 단일 배관의 양 말단부 지점들 사이, 직렬 배관들, 밸브들, 그리고 펌프들, 또는 동일한 점에서 시작과 종료되는 한 루프 둘레를 통한 2개의 FGN 사이 경로를 위한 하나의 에너지 평형을 작성할 수 있다. 임의 경로를 위한 에너지평형의 일반 형태는 다음과 같다.

$$\sum_{i \in I_P} h_{L,i} + \sum_{j \in J_P} h_{P,j} = \Delta E \tag{4.3}$$

여기서 $h_{L,i}$는 경로에 따른 요소 i를 통과하면서 발생하는 수두손실, $h_{P,j}$는 펌프 j에 의해 더해지는 수두, 그리고 ΔE는 경로의 말단 점들 사이에서의 에너지 차이다.

유동 방향을 고려하기 위해 부호를 식 (4.3) 각 항에 적용한다. 일반적인 협약은 루프 주변 시계방향으로 이동하는 유동방향을 기준으로 부호를 결정하는 것이다. 즉, 시계방향 유동에서 하나의 배관 또는 다른 요소의 에너지 손실은 식 (4.3)에서 + 부호가 되고 반시계방향 유동은 - 부호가 된다. 시계방향 유동을 갖는 펌프는 식 (4.3)에서 - 부호를 갖는 반면 펌프에서 반시계방향 유동은 + 부호가 된다. 4.2.3.1절 Hardy Cross 방법을 참조한다.

4.1.3 관망 요소

주 관망 요소는 배관이다. 배관 유동 Q와 각 배관의 마찰에 의해 발생하는 에너지 손실 h_L을 달시-바하 및 하젠-윌리엄 공식을 포함한 여러 공식들로 표현할 수 있다. 일반 상관관계 형태는 다음과 같다.

$$h_L = KQ^n \tag{4.4}$$

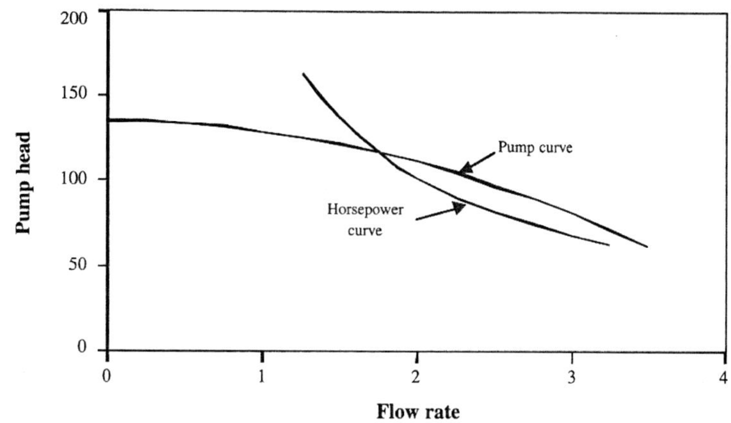

그림 4.2 ▌ 전형적인 펌프곡선

여기서 K는 배관 직경, 길이, 그리고 재질에 따른 배관 계수, n은 2 이하인 지수이다. K는 배수시스템에서 흔히 발생하는 난류 유동에서의 상수이다.

일반 배수시스템은 배관 이외 펌프, 제어밸브 및 조절밸브를 포함할 수 있다. 펌프는 유동에 수두 h_p를 추가한다. 그림 4.2와 같이 유량이 증가하면 펌프 수두는 감소한다. 펌프곡선을 추정하는 일반 공식은 다음과 같다.

$$h_p = AQ^2 + BQ + h_c \tag{4.5}$$

또는

$$h_p = h_c - CQ^m \tag{4.6}$$

여기서 A, B, C 및 m은 계수들이고, h_c는 최대 또는 체절 수두이다. 또한 다음 형태로 펌프 동력 상관관계(그림 4.2)로 펌프 곡선을 추정할 수 있다.

$$H_p = \frac{\gamma Q h_p}{550} \tag{4.7}$$

여기서 H_p는 펌프 수동력(마력)이다. 펌프와 펌프선정에 대한 상세한 내용은 제5장을 참조한다.

밸브 및 다른 이형관들도 관망에서 존재하며 다음 식과 같이 유속의 자승으로 이러한 요소들에서 수두손실을 표현할 수 있다.

$$h_m = K_v \frac{V^2}{2g} = K_v \frac{Q^2}{A^2 2g} \tag{4.8}$$

여기서 h_m은 수두손실, 그리고 K_v는 실험적 손실계수이다. 표 2.3은 다양한 장치들의 K_v 수치들을 보여준다.

관망에서 과도한 압력을 방지하거나 또는 신뢰도를 향상시키고 압력을 유지하기 위해 압력 영역을 분리할 필요가 있으며 이를 위해 관로시스템에 많은 압력조절밸브(PRV)들을 설치한다. 압력조절밸브는 유량을 교축하여 밸브의 하류측에서 일정 압력을 유지한다. PRV의 수학적 표현은 불연속일 수 있으며 특정 조건하에서는 유량이 통과하지 못한다.

4.2 정상유동 수리 해석

4.2.1 직렬 및 병렬 관로시스템

관로의 가장 단순한 배열은 그림 4.3과 같은 직렬과 병렬 구성이다. 해석을 단순화하기 위해 관로들을 당초 복잡한 형상에서의 수두손실과 유량 사이 동일한 상관관계를 갖는 등가 단일관로로 변환시킬 수 있다.

그림 4.3A와 같은 직렬 관로시스템은 여러 배관 규격 또는 형태로 구성될 수 있으나 관로 길이에 따라 유출이 발생하지 않으므로 각 관로를 통한 유량은 동일하다. 그러나 배관 규격이 다르므로 각 분절에서 발생하는 수두손실은 다르다. a부터 d까지 전체 수두손실은 각 관로들에서 수두손실의 합이다.

$$h_L = \sum_{i \in I_p} h_{L,i} = \sum_{i \in I_p} K_i Q^{n_i} \tag{4.9}$$

여기서 I_p는 직렬관로에서 일련의 관로들이다. 난류 유동 조건과 모든 관로들에서 동일한 n_i을 갖는 하나의 공통 공식을 가정하여 다음과 같은 하나의 단일 등가 관로를 구성할 수 있다.

$$h_L = K_e Q^n \tag{4.10}$$

여기서 K_e는 등가 관로의 관로 계수이다. 식 (4.9)와 (4.10)을 조합하여 K_e를 결정할 수 있다.

$$K_e = K_1 + K_2 + K_3 + \cdots = \sum_{i \in I_p} K_i \tag{4.11}$$

여기서 Q에 대해 가정된 사항이 없으므로 K_e는 유량과 독립적이다.

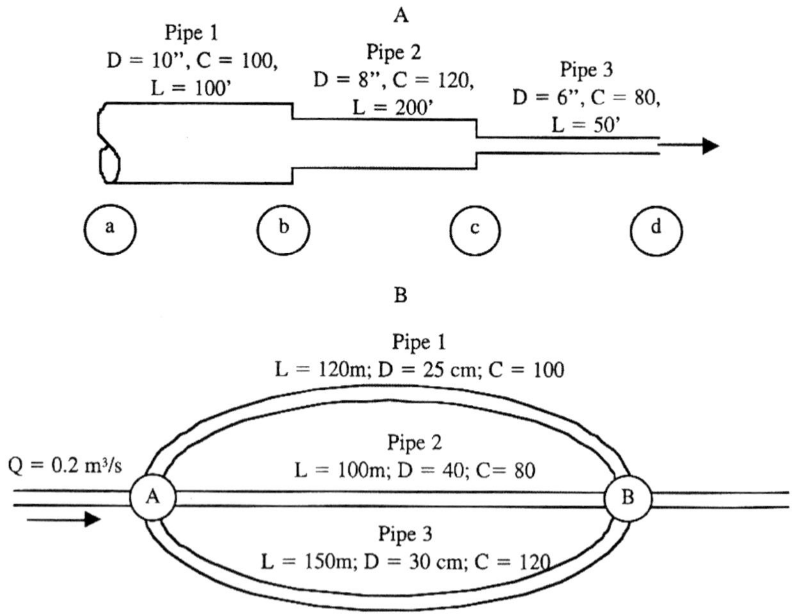

그림 4.3 ▌ 관로 시스템. (a) 직렬, (b) 병렬

예제 4.1 그림 4.3에서 3개의 배관으로 구성된 직렬관로의 경우 (1) 등가관로 계수 K_e를 구하고 (2) 전체 수두손실이 10ft인 경우 관로에서 유량을 계산하고, (3)유입부 a에서 전체 에너지가 95ft인 경우 점 b, c 그리고 d에서 피에조미터 수두를 결정하라.

풀이 영국단위의 경우 하젠-윌리엄 공식에서 계수 K는 다음과 같다.

$$K = \frac{\phi L}{C^{1.85} D^{4.87}} \tag{4.12}$$

여기서 ϕ는 단위 상수로서 4.73, L과 D는 ft, C는 하젠-윌리엄 계수이다. 관련 수치들을 대입하면 $K_1 = 0.229$, $K_2 = 0.970$ 그리고 $K_3 = 2.085$이다. 등가 K_e는 각 배관의 합(식 4.11)으로서 $K_e = 3.284$이다.

등가 손실 계수 K_e를 사용하여 식 (4.10)으로 유량을 구할 수 있다. $n = 1.85$, $h_L = 10\text{ft}$ 그리고 $K_e = 3.284$이므로 유량은 $Q = 1.83\text{ft}^3/\text{s}$가 된다. 임의 유량과 수두손실을 구하기 위해 이 상관관계와 K_e를 사용할 수 있다. 즉, 유량 $Q = 2.2\text{ft}^3/\text{s}$인 경우 식 (4.10)에 의한 수두손실은 $h_L = 3.284 \times 2.2^{1.85} = 14.1\text{ft}$가 된다.

그림 4.3 형태의 경로에 대하여 수두손실 공식을 사용하여 직렬 배관 한 점에서 에너지를 결정할 수 있다. 점 b에서 전체 에너지는 수원에서의 전체에너지에서 첫 번째 관로 구역에서 수두손실을 감한 것과 동일하다. 따라서

$$H_b = H_a - h_{L,1} = 95 - K_1 Q^{1.85} = 95 - 0.229 \times 1.83^{1.85} = 94.3\text{ft}$$

유사하게 두 번째와 세 번째 관로에서 수두손실은 2.97ft와 6.38ft이므로 점 c와 d에서 에너지는 91.33ft와 84.95ft이다.

두 개 이상의 병렬관로(그림 4.3B)를 유사한 K_e를 갖는 단일 등가 관로으로 축소시킬 수 있다. 만일 배관의 규격, 재질, 그리고 길이가 동일하지 않으면 각 관로를 통과하는 유량은 다르게 된다. 그러나 관로들은 공통된 말단 점들을 갖기 때문에 각 관로에서 에너지 손실은 반드시 동일해야 한다. 따라서

$$h_A - h_B = h_{L,1} = h_{L,2} = h_{L,j} \tag{4.13}$$

유량은 반드시 보존되어야 하므로 상류측과 하류측 관로에서 유량은 반드시 각 병렬관로에서 유량의 합과 동일해야 한다. 따라서

$$Q = Q_1 + Q_2 + \cdots = \sum_{m \in M_p} Q_m \tag{4.14}$$

여기서 관로 m은 일련의 병렬관로들 M_p안에 존재한다. 유량 공식 (4.4)를 조작하여 각 배관에서 유량 $Q = (h_L/K)^{1/n}$을 식 (4.14)에 대입하여 유량의 형태로 작성할 수 있다.

$$Q = \left(\frac{h_{L,1}}{K_1}\right)^{1/n_1} + \left(\frac{h_{L,2}}{K_2}\right)^{1/n_2} + \left(\frac{h_{L,3}}{K_3}\right)^{1/n_3} + \cdots \tag{4.15}$$

식 (4.13)에서와 같이 각 병렬관로에서 수두손실은 동일하다. 만일 모든 관로의 n을 동일한 것으로 가정하면 식 (4.15)는 다음 식과 같이 단순화된다.

$$Q = h_L^{1/n}\left[\left(\frac{1}{K_1}\right)^{1/n} + \left(\frac{1}{K_2}\right)^{1/n} + \left(\frac{1}{K_3}\right)^{1/n} + \cdots\right] = h_L^{1/n} \sum_{m \in M_p}\left(\frac{1}{K_i}\right)^{1/n} = h_L^{1/n}\left(\frac{1}{K_e}\right)^{1/n} \tag{4.16}$$

식 (4.16)을 $h_L^{1/n}$으로 나누어 다음과 같이 등가 계수를 분리한다.

$$\sum_{m \in M_p}\left(\frac{1}{K_i}\right)^{1/n} = \left(\frac{1}{K_e}\right)^{1/n} \tag{4.17}$$

각 배관의 물리적 특성을 알고 있으면 K 수치들은 기저가 되므로 K_e을 계산할 수 있으며, 이를 식 (4.10)에 대입하여 주 관로의 주어진 유량에서 병렬관로들을 통과하면서 발생되는 수두손실을 결정할 수 있다.

예제 4.2 그림 4.3B의 3개 병렬관로의 경우 점 A와 B 사이 수두손실을 결정하라. 전체 시스템 유량은 $0.2m^3/s$이다. 또 각 관로에서 유량을 구하라.

풀이 식 (4.12)를 사용하여 각 관로의 수두손실 계수 K를 계산하며 여기서 국제단위인 경우 $\phi = 10.66$이고, 길이와 직경의 단위는 m이다. 따라서 $K_1 = 218.3$, $K_2 = 27.9$ 그리고 $K_3 = 80.1$이다. 이제 식 (4.17)을 사용하여 K_e를 구할 수 있다.

$$\left(\frac{1}{K_1}\right)^{1/1.85} + \left(\frac{1}{K_2}\right)^{1/1.85} + \left(\frac{1}{K_3}\right)^{1/1.85} = \left(\frac{1}{K_e}\right)^{1/1.85} = 0.313$$

$K_e = 8.58$이 된다. 식 (4.10)에 의해 수두 손실은 다음과 같다.

$$h_L = K_e Q^{1.85} = 8.58 \times 0.2^{1.85} = 0.437\text{m}$$

각 관로에서의 유량은 각 관로유량 공식과 K를 사용하여 계산할 수 있다. 예를 들어

$$Q_1 = (h_L/K_1)^{1/1.85} = (0.437/218.3)^{1/1.85} = 0.035\text{m}^3/\text{s}$$

유사한 방법으로 구하면 $Q_2 = 0.105\text{m}^3/\text{s}$ 및 $Q_3 = 0.06\text{m}^3/\text{s}$가 된다. 이 유량의 합계가 $0.2\text{m}^3/\text{s}$인 점에 유의하면 질량보존을 만족시키는 것을 알 수 있다.

4.2.2 분기 관로시스템

세 번째 기본 관로형상은 단일 접합부 절점에 연결된 분기된 관로들로 구성되며 그림 4.4는 일반적인 3개 분기 관로들을 보여준다. 정상유동 조건하에서 이 시스템의 지배공식은 접합부에 적용되는 질량보존법칙이다. 관로에서 물은 저장되지 않으므로 접합부에서 유량은 반드시 평형이 되어야 한다.

$$Q_1 + Q_2 - Q_3 = 0 \tag{4.18}$$

여기서 각 항들의 부호는 유동 방향으로부터 또는 절점방향으로부터 결정된다. 접합부에서 연속성을 만족시키는 것은 물론 접합부에서 수두는 동일하다.

그림 4.4에서 관로시스템을 위한 모든 관로 특성들이 주어졌으므로 7개의 미지수는 각 수원에서 전체 에너지(3개), 배관 유량 (3개), 그리고 접합부 절점의 전체 수두 P(1개)이다. 이 변수들을 관련시키는 4개의 공식들(식 (4.18)의 질량보존공식 1개와 에너지손실공식 3개)이 유효하다. 따라서 7개 변수 중 3개 변수를 반드시 알아야 하며, 다음과 같은 두 개의 일반 문제들을 제기할 수 있다.

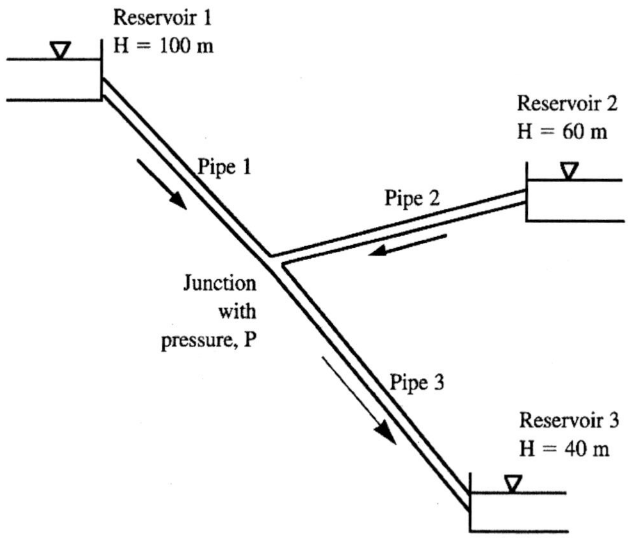

그림 4.4 ▍ 분기 관로시스템

첫 번째, 만일 수원 에너지, 수원으로부터 유량, 그리고 또 다른 하나의 유량이나 수원 에너지가 기저이면 모든 다른 미지수들을 직접 구할 수 있다. 예를 들어 저수지 1과 관로 1의 유량과 수두가 기저이면 관로유량 공식을 사용하여 다음 공식으로(유동이 접합부를 향할 때) P를 구할 수 있다.

$$H_{s1} - P = h_{L,1} = K_1 Q_1^n \tag{4.19}$$

만일 최종 기저(예를 들어 Q_2)가 유량이면 식 (4.18)을 사용하여 Q_3를 계산할 수 있다. 그 후 계산된 P를 갖고 식 (4.19)의 형태로 관로 2와 3의 유량공식을 사용하여 수원 에너지를 계산할 수 있다.

만일 최종 기저가 수원 수두이면 식 (4.19) 형태로 관로공식을 사용하여 연결 관로에서 유량을 계산할 수 있다. 최종 관로를 위해 이전 절에서 단계들을 반복한다.

다른 모든 경우에서 P가 미지수이면 P를 계산한 후 모든 미지수들을 결정할 수 있다. 식 (4.18)을 수원 수두의 항으로 작성하여 P를 가장 용이하게 구할 수 있다. 식 (4.19)로부터

$$Q_1 = sign(H_{s1} - P)\left(\frac{|H_{s1} - P|}{K_1}\right)^{1/n} \tag{4.20}$$

여기서 + 부호는 절점을 향한 유동을 나타낸다. 각 관로의 유량공식 (4.20)을 식 (4.18)에 대입하면

$$F(P) = sign(H_{s1} - P)\left(\frac{|H_{s1} - P|}{K_1}\right)^{\frac{1}{n}} + sign(H_{s2} - P)\left(\frac{|H_{s2} - P|}{K_2}\right)^{\frac{1}{n}} + sign(H_{s3} - P)\left(\frac{|H_{s3} - P|}{K_3}\right)^{\frac{1}{n}} = 0 \quad (4.21)$$

만일 하나의 관로유량이 기저이면 실제 유량 수치를 식 (4.21)에 대입한다. 이 식에서 유일한 미지수는 P이고, 이를 시행착오법 또는 뉴튼랩슨법과 같은 비선형공식 해법으로 해결할 수 있다.

뉴튼랩슨방법은 공식 $F(x)$의 루트를 구한다. x의 초기 추정치에서 테일러급수 확장을 사용하여 F를 단순화하면

$$0 = F(x) + \left.\frac{\partial F}{\partial x}\right|_x \Delta x + \left.\frac{\partial^2 F}{\partial x^2}\right|_x \Delta x^2 + \cdots \quad (4.22)$$

여기서 Δx는 $F(x)$를 만족시키기 위해 필요한 x에서의 변화이다. 확장의 첫 번째 1차 항에서 절삭하면 다음과 같은 Δx를 위한 선형 공식을 얻을 수 있다.

$$\Delta x = -\frac{F(x)}{\left.\frac{\partial F}{\partial x}\right|_x} \quad (4.23)$$

추정된 x를 $x = x + \Delta x$로 업데이트한다. 식 (4.22)에서 고차항들을 생략하였기 때문에 이와 같은 수정은 $F(x)$에 대한 엄밀해를 제공하지 못할 수 있다. 따라서 해를 구하기 위해 여러 번의 반복이 필요하다. 만일 Δx가 설정된 기준보다 작고 이때 구한 해가 최종해가 되면 해결과정은 종료된다. 그렇지 않으면 식 (4.23)에 업데이트된 x를 사용하여 또 다른 Δx를 계산한다. 3개 저수지의 경우 $x = P$이고 필요한 구배 $\partial F/\partial P$는 다음 식과 같다.

$$\frac{\partial F}{\partial P} = -\frac{1}{n}\left[\left(\frac{|H_{s1} - P|}{K_1}\right)^{\left(\frac{1}{n}-1\right)} + \left(\frac{|H_{s2} - P|}{K_2}\right)^{\left(\frac{1}{n}-1\right)} + \left(\frac{|H_{s3} - P|}{K_3}\right)^{\left(\frac{1}{n}-1\right)}\right] \quad (4.24)$$

$$= -\left(\frac{1}{nK_1|Q_1|^{n-1}} + \frac{1}{nK_2|Q_2|^{n-1}} + \frac{1}{nK_3|Q_3|^{n-1}}\right)$$

현재 추정 P를 사용하여 식 (4.21)로부터 $F(P)$를 계산한다. 그 후 $\Delta P = -F(P)/(\partial F/\partial P)$을 사용하여 ΔP를 계산하고 이전 P에 ΔP를 더하여 P를 업데이트한다. ΔP가 설정된 수치보다 작아질 때까지 반복을 계속한다. 또한 절점공식들과 같은 여러 공식들을 해결하기 위해 뉴튼랩슨법을 사용할 수 있다(4.2.3.3절 참조). 각 공식의 도함수들은 행렬을 구성하며 업데이트 벡터를 계산한다.

예제 4.3 그림 4.4와 같은 3개 분기 관로시스템의 각 관로에서 유량을 결정하라. 아래 표에서 마찰 계수들은 콘크리트 관로를 통한 난류 유동 조건을 가정한다($\epsilon = 0.08\,\text{cm}$).

관로	1	2	3
$D(cm)$	80	40	40
$L(m)$	1000	600	700
f	0.0195	0.0235	0.0235
K	4.9	113.8	132.7
저수지 고도 $H(m)$	100	60	40

해답 달시-바하 공식($n=2$)을 사용하고 아래 공식으로 K 계수를 계산한 결과는 상기 표와 같다.

$$K = \frac{8fL}{\pi^2 D^5 g}$$

반복 1

3개 유량 이외 접합부 P에서 에너지도 미지수이다. 뉴튼랩슨방법을 사용하기 위해 P의 초기 추정치를 80m로 가정하고 다음과 같이 식 (4.21)을 계산한다.

$$F(P=80m) = \left[sign(100-80)\left(\frac{|100-80|}{4.9}\right)^{1/2}\right]_{pipe1} + \left[sign(60-80)\left(\frac{|60-80|}{113.8}\right)^{1/2}\right]_{pipe2} + \left[sign(40-80)\left(\frac{|40-80|}{132.7}\right)^{1/2}\right]_{pipe3}$$

$$= 2.020 - 0.419 - 0.549$$

$$= 1.052\,\text{m}^3/\text{s}$$

상기 식은 $P=80\text{m}$에서는 관로 1을 통해 $2.020\,\text{m}^3/\text{s}$가 유입되고 관로 2와 3을 통해 $0.419\,\text{m}^3/\text{s}$와 $0.549\,\text{m}^3/\text{s}$가 유출되므로 즉, 유출량보다 유입량이 크므로 반드시 P를 증가시켜야 한다. 식 (4.24)를 사용하여 $\partial F/\partial P$을 계산한 후 수정을 계산한다.

$$\frac{\partial F}{\partial P} = -\frac{1}{2}\left(\frac{1}{4.9\times|2.02|^{2-1}} + \frac{1}{113.8\times|-0.419|^{2-1}} + \frac{1}{132.7\times|-0.549|^{2-1}}\right)$$

$$= -(0.0505 + 0.0105 + 0.0069)$$

$$= -0.0679$$

수정은 다음과 같다.

$$\triangle P = -\frac{F(P)}{\left.\frac{\partial F}{\partial P}\right|_p} = -\frac{1.052}{-0.0679} = 15.5\,\text{m}$$

다음 반복을 위한 P는 $P = 80 + 15.5 = 95.5\text{m}$가 된다. 상기와 동일한 절차를 반복하면 다음 결과를 얻을 수 있다.

반복 2 $F(P = 95.5\text{m}) = -0.247$; $\partial F/\partial P|_{p=95.5} = -0.120$; $\triangle P = -2.06\text{m}$, $P = 93.44\text{m}$

반복 3 $F(P = 93.44\text{m}) = -0.020$; $\partial F/\partial P|_{p=93.44} = -0.102$; $\triangle P = -0.20\text{m}$, $P = 93.24\text{m}$

반복 3 $F(P = 93.24\text{m}) = 0.0007$; $\partial F/\partial P|_{p=93.24} = -0.101$; $\triangle P = -0.006\text{m}$ $P = 93.25\text{m}$

$F(P)$ 또는 $\triangle P$의 수치가 사전에 설정된 수치보다 적으면 반복을 중지하고 $P = 93.25\text{m}$로 결정한다.

예제 4.4 위 예제와 동일한 관로시스템에서 관로 3에서 저수지로 유입되는 유량을 $Q_3 = 0.4\text{m}^3/\text{s}$로 설정하고자 할 때, 다른 관로에서의 유량과 저수지 3에서 필요한 전체 에너지를 구하라.

풀이 먼저 식 (4.21)을 사용하여 P를 결정한다. 그 후 관로 유동 공식으로 H_{s3}을 계산할 수 있다. Q_3는 기저이므로 식 (4.21)은 다음과 같이 된다.

$$F(P) = Q_1 + Q_2 + Q_3$$
$$= sign(H_{s1} - P)\left(\frac{|H_{s1} - P|}{K_1}\right)^{1/n} + sign(H_{s2} - P)\left(\frac{|H_{s2} - P|}{K_2}\right)^{1/n} - 0.4 = 0$$

반복 1

초기 시도 $P = 90\,\text{m}$를 사용하여 $F(P) = 0.514\,\text{m}^3/\text{s}$가 된다.

$$F(P) = sign(H_{s1} - P)\left(\frac{|H_{s1} - P|}{K_1}\right)^{1/n} + sign(H_{s2} - P)\left(\frac{|H_{s2} - P|}{K_2}\right)^{1/n} - 0.4$$

$$= +\left(\frac{|100 - 90|}{4.9}\right)^{1/2} - \left(\frac{|60 - 90|}{113.8}\right)^{1/2} - 0.4$$

$$= 1.428 - 0.5813 - 0.4 = 0.514\,\text{m}^3/\text{s}$$

식 (4.24)를 평가할 때 관로 3에서 유량이 명시되었으므로 다음과 같이 처음 두 항들만이 나타난다.

$$\frac{\partial F}{\partial P} = -\left(\frac{1}{nK_1|Q_1|} + \frac{1}{nK_2|Q_2|}\right)\bigg|_{p=90m}$$

$$= -\left(\frac{1}{1\times 4.9|1.428|} + \frac{1}{2\times 113.8|0.513|}\right)$$

$$= -(0.0714 + 0.00856)$$

$$= -0.080$$

첫 번째 반복을 위한 수정은 $\Delta p = -F(p)/\frac{\partial F}{\partial p}\Big|_p = -(0.514/-0.080) = 6.42\,\text{m}$, 따라서 새로운 $P = 96.42\,\text{m}$가 된다. 이후 반복 결과는 다음과 같다.

반복 2 $F(P=96.42\text{m}) = -0.112;\ \partial F/\partial P|_{p=96.42} = -0.127;\ \Delta P = -0.88\text{m}$
$P = 95.54\text{m}$

반복 3 $F(P=95.54\text{m}) = -0.006;\ \partial F/\partial P|_{p=95.54} = -0.115;\ \Delta P = -0.05\text{m}$
$P = 95.49\text{m}$

식 (4.20)을 사용하여 H_{s3}를 결정한다.

$$Q_3 = -0.4 = sign(H_{s3} - 95.49)\left(\frac{|H_{s3} - 95.49|}{132.7}\right)^{1/2} \Rightarrow H_{s3} = 74.26\,\text{m}$$

4.2.3 관망해석(Pipe Networks)

설계와 운영결정에 따른 결과를 고찰하기 위해 수리모델을 사용할 수 있다. 4.2.1절과 4.2.2절에서 기술한 것과 같이 단순한 관망시스템은 수 계산으로 해결할 수 있다. 그러나 이 보다 더 복잡한 관망시스템들은 정상유동 조건에서도 더욱 많은 노력을 요구한다. 그러나 단순한 시스템에서 배수시스템을 통한 유량과 압력수두는 반드시 질량과 에너지보존법칙(식 4.2와 4.3)을 만족시켜야 한다. 다른 일련의 미지수들을 해결하기 위해 이러한 상관관계를 다른 방법으로 기술하였다.

다른 요소들의 에너지 손실-획득 상관관계를 사용하여 절점, 루프, 그리고 관로공식들 3개의 형태로 보존공식들을 작성할 수 있다. 이들 모두는 비선형이므로 반복해결 스킴을 필요로 한다. 다음 4개 절에서 공식들의 형태와 공통적인 해결 방법을 기술하였다. 이러한 해결을 수행하는 프로그램들을 관망 solver 또는 simulator라 부른다.

4.2.3.1 Hard Cross 방법

전산기가 출현하기 전 1936년 Cross가 Hardy Cross 방법을 개발하였다. 따라서 이 방법은 수계산이 용이하지만 대규모 시스템의 경우에는 전산적으로 효율적이지 않다. 본질적으로 이 방법은 루프 공식에 뉴튼방법을 적용한 것이다.

루프 공식. 루프 공식은 관로유동의 항으로 질량과 에너지보존을 표현한다. 4.4.2절에서 기술한 것과 같이 분기관로의 경우 반드시 절점에서 질량은 보존되어야 한다. 관망에 있는 모든 N_j 접합부 절점들에서 질량보존법칙을 다음과 같이 적용할 수 있다.

$$\sum_{i \in I_j} Q_i = q_{ext} \tag{4.25}$$

관로와 펌프들을 포함하여 동일한 점에서($\Delta E = 0$) 시작하여 종료하는 폐쇄된 루프의 경우 에너지보존공식 4.3을 다음과 같이 작성할 수 있다.

$$\sum_{i \in I_L} K_i Q_i^n - \sum_{ip \in I_p} \left(A_{ip} Q_{ip}^2 + B_{ip} Q_{ip} + C_{ip}\right) = 0 \tag{4.26}$$

N_I 독립 폐쇄된 루프를 위해 상관관계를 작성할 수 있다. 루프는 시스템 내부에 nest되기 때문에 주된 루프로 알려진 가장 작은 루프들은 확인되고 각 관로는 일련의 루프들에서 최대 두 번 나타날 수 있다. 그림 4.1에서 관망은 3개의 주된 루프들을 포함한다.

또한 에너지는 알고 있는 고정된 에너지절점들(FGN, fixed-grade nodes) 사이에서 보존되어야 한다. 만일 관망에서 N_f FNG들이 나타나면 다음 형태로 $N_f - 1$ 독립 공식들을 작성할 수 있다.

$$\sum_{i \in I_L} K_i Q_i^n - \sum_{ip \in I_p} \left(A_{ip} Q_{ip}^2 + B_{ip} Q_{ip} + C_{ip}\right) = \Delta E_{FGN} \tag{4.27}$$

여기서 ΔE_{FGN}는 두 개의 FGN 사이의 에너지 차이다. 루프 내부에서 관로유량에 대한 연속적인 수정과 관로유량들을 직접적으로 해결하는 선형이론방법(4.2.3.2절 참조)인 Hardy Cross 방법(Cross, 1936)으로 이 일련의 공식을 해석한다.

해석 방법. Hard Cross 방법을 시작하기 위해 일련의 관로유량들은 각 절점에서 질량보존을 만족시키는 것으로 가정한다. 해결과정의 각 단계에서 각 루프를 위한 수정 ΔQ_L을 결정한다. 일련의 주어진 초기 유량에서 질량보존(식 4.25)을 유지하도록 수정들을 전개한다. 연속성은 보존되므로 이러한 상관관계들은 다음 단계에 포함되지 않는다.

이제 에너지보존을 만족시키는 관로유량을 결정하는 방법에 집중한다. 초기 유량들을 식 (4.26)과 (4.27)에 대입하면 공식들이 만족되지 않을 수 있다. 이러한 공식들을 만족시키기 위해 이러한 항을 루프공식 또는 일반 루프에 더하여 각 루프를 위한 수정 계수 ΔQ_L를 결정한다.

$$\sum_{i\in I_L} K_i(Q_i + \Delta Q_L)^n - \sum_{ip\in I_p}\left[A_{ip}(Q_{ip}+\Delta Q_L)^2 + B_{ip}(Q_{ip}+\Delta Q_L) + C_{ip}\right] = \Delta E \quad (4.28)$$

폐쇄된 루프의 경우 $\Delta E = 0$이고 각 항의 부호는 4.1.3절에서 기술한 것과 같이 결정된다. 식 (4.28)을 확장하고 고차항들을 생략할 수 있을 정도로 ΔQ_L이 작다고 가정하면

$$\sum_{i\in I_L} K_i Q_i^n + n\sum_{i\in I_L}\left|K_i Q_L^{n-1}\Delta Q_L\right| - \sum_{ip\in I_p}\left(A_{ip}Q_{ip}^2 + B_{ip}Q_{ip} + C_{ip}\right) + \quad (4.29)$$

$$\sum_{ip\in I_p}\left|(2A_{ip}Q_{ip}\Delta Q_L + B_{ip}\Delta Q_L)\right| = \Delta E$$

반복 k에서 유량을 $Q_{i,k}$로 가정하면 식 (4.29)를 해결하여 루프 L을 위한 수정유량 ΔQ_L을 구할 수 있다.

$$\Delta Q_L = -\frac{\left[\sum_{i\in I_L} K_i Q_{i,k}^n - \sum_{ip\in I_p}\left(A_{ip}Q_{ip,k}^2 + B_{ip}Q_{ip,k} + C_{ip}\right) - \Delta E\right]}{n\sum_{i\in I_p}\left|K_i Q_{i,k}^{n-1}\right| + \sum_{ip\in I_p}\left|(2A_{ip}Q_{ip,k} + B_{ip})\right|} \quad (4.30)$$

상기 식에서 분자는 루프에서 과도 수두손실(excess headloss)이고 에너지보존에 의해 반드시 0이 되어야 한다. 유동 방향과 요소를 고려하기 위해 항들을 더한다. 분자는 방향과 관계없이 산술적으로 더해진다. 대부분 문헌은 펌프 없이 폐쇄된 루프들로 구성된 관망을 표현한다. 따라서 식 (4.30)에서 펌프항들을 생략하고 $\Delta E = 0$으로 설정하면 다음과 같이 단순화할 수 있다.

$$\Delta Q_L = \frac{-\sum_{i\in I_L} K_i Q_{i,k}^n}{n\sum_{i\in I_L}\left|K_i Q_{i,k}^{n-1}\right|} = \frac{-\sum_{i\in I_L} h_{L,i}}{n\sum_{i\in I_L}\left|h_{L,i}/Q_{i,k}\right|} = \frac{-F(Q_k)}{\partial F/\partial Q|_{Q_{i,k}}} \quad (4.31)$$

식 (4.31)을 식 (4.23)과 비교하면 Hardy Cross 수정은 본질적으로 뉴튼법인 것을 알 수 있다.

순차적으로 각 루프에서 ΔQ_L 수정을 계산할 수 있고 다음 루프로 이동하기 전에 적용할 수 있다(Jeppson, 1974). 또는 모든 루프들을 위한 수정들을 동시에 결정하여 적용할 수 있다. 한번 수정을 계산하면 다음 식으로 다음 반복에서의 추정치들을 계산한다.

$$Q_{i,k+1} = Q_{i,k} + \Delta Q_L \quad (4.32)$$

이제 다음 반복에서 Q_{k+1}을 사용한다. 각 루프에서 ΔQ_L이 사전 정의된 수치보다 작을 때까지 수정을 수행하고 유량을 업데이트하는 과정을 계속한다. 유량을 계산한 후 절점 수두를 결정하기 위해 FGN으로부터 접합부 절점까지의 경로에 따라 수두손실 또는 수두취득을 계산한다.

Hardy Cross 방법은 해결원리를 이해할 수 있는 기회를 제공하고 작은 관망을 수계산으로 해결할 수 있는 도구를 제공한다. 그러나 다음 절에서 기술한 알고리즘과 비교하여 Hardy Cross 방법은 대규모 관망의 경우에는 효율적이지 않다.

예제 4.5 유동 방향을 이용하여 그림 4.5의 관망해석을 위한 루프 공식을 열거하고 각 관로에서 유량과 절점 4와 5에서 전체 에너지를 결정하라.

풀이 루프 공식들은 5개 접합부 절점들에서 질량보존과 2개의 주된 루프와 1개의 모사 루프를 위한 루프공식들로 구성된다. 질량 평형공식에서 절점으로의 유입유동은 +이고, 유출유동은 −이다.

절점 1. $Q_1 - Q_2 - Q_5 = 0$

절점 2. $Q_2 + Q_3 - Q_6 = 2$

절점 3. $-Q_3 + Q_4 - Q_7 = 0$

절점 4. $Q_5 - Q_8 = 1$

절점 5. $Q_6 + Q_7 + Q_8 = 2$

루프 Ⅰ. $h_{L,2} + h_{L,6} - h_{L,8} - h_{L,5} = 0 \Rightarrow K_2 Q_2^2 + K_6 Q_6^2 - K_8 Q_8^2 - K_5 Q_5^2$

루프 Ⅱ. $h_{L,7} - h_{L,6} - h_{L,3} = 0 \Rightarrow K_7 Q_7^2 - K_6 Q_6^2 - K_3 Q_3^2$

모사루프. $h_{L,4} - h_p + h_{L,3} - h_{L,2} - h_{L,1} - E_{FGN,2} + E_{FGN,1} = 0$

$$\Rightarrow K_4 Q_4^2 - (A_p Q_4^2 + B_p Q_4 + C_p) + K_3 Q_3^2 - K_2 Q_2^2 - K_1 Q_1^2 - E_{FGN,2} + E_{FGN,1}$$

달시-바하공식을 사용하였으므로 $n=2$이다. 루프공식은 반시계방향 유동을 +로 가정한다. 관로 5에서의 유동은 반시계방향으로 이동하여 루프 Ⅰ의 부호는 −가 된다. 루프 Ⅰ의 관로 6에서의 유동은 상대적으로 시계방향으로(+ 부호) 이동하고, 루프 Ⅱ에서는 상대적으로 반시계방향으로(− 부호) 이동한다. 모사 루프에서 펌프를 통한 유동은 반시계방향으로 이동할지라도 h_p의 부호는 유동에 에너지를 더하므로 − 부호가 된다. 질량보존을 만족시키기 위해 아래에 주어진 일련의 유량을 가정하고 달시바하 공식을 위한 K 수치는 다음 식으로 주어진다.

$$K_{DW} = \frac{fL}{A^2 Dg} = \frac{8fL}{\pi^2 D^5 g} \tag{4.33}$$

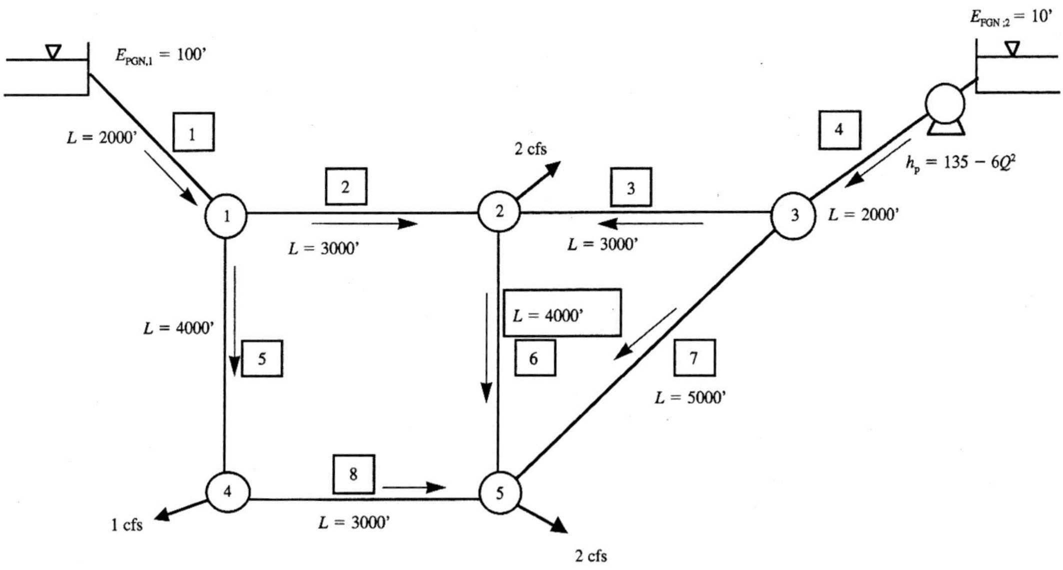

그림 4.5 ▍ 관망 예(모든 관로들의 직경은 1ft이고 마찰계수는 0.032)

콘크리트 관로의 직경은 1ft이고 난류유동에서 마찰계수 $f = 0.032$이다. 펌프특성곡선의 계수는 다음과 같다.

$$A_p = -6, \quad B_p = 0, \quad C_p = 135$$

배관	1	2	3	4	5	6	7	8
K	1.611	2.417	2.417	1.611	3.222	3.222	4.028	2.417
Q	2.5	1.0	1.5	2.5	1.5	0.5	1.0	0.5

반복 1. 모사-루프를 위한 수정유량을 계산하기 위해 식 (4.30)의 분자는

$$K_4 Q_4^2 - \left(A_p Q_4^2 + C_p\right) + K_3 Q_3^2 - K_2 Q_2^2 - K_1 Q_1^2 - E_{FGN,2} + E_{FGN,1}$$
$$= 1.611(2.5)^2 - \left(-6(2.5)^2 + 135\right) + 2.417(1.5)^2 - 2.417(1.0)^2 - 1.611(2.5)^2 - 10 + 100$$
$$= -4.48$$

식 (4.30)의 분모는

$$nK_4 Q_4 + 2A_p Q_4 + nK_3 Q_3 + nK_2 Q_2 + nK_1 Q_1$$
$$= |2 \times 1.611 \times 2.5| + |2 \times (-6) \times 2.5| + |2 \times 2.417 \times 1.5| + |2 \times 2.417 \times 1.0| + |2 \times 1.611 \times 2.5|$$
$$= 58.20$$

따라서 식 (4.30)의 모사-루프를 위한 수정유량 ΔQ_{PL}은 다음과 같다.

$$\Delta Q_{PL} = -\frac{-4.48}{58.20} = 0.077$$

루프 Ⅰ를 위한 수정유량을 계산하기 위해 식 (4.30)의 분자는

$$K_2 Q_2^2 + K_6 Q_6^2 - K_8 Q_8^2 - K_5 Q_5^2$$

$$= 2.417(1.0)^2 + 3.222(0.5)^2 - 2.417(0.5)^2 - 3.222(1.5)^2 = -4.63$$

그리고 식 (4.30)의 분모는

$$nK_2 Q_2 + nK_6 Q_6 + nK_8 Q_8$$

$$= 2(2.417(1.0)) + 2(3.222(0.5)) + 2(2.417(0.5)) + 2(3.222(1.5))$$

$$= 20.14$$

따라서 루프 Ⅰ를 위한 수정 ΔQ_{I} 은 다음과 같다.

$$\Delta Q_{\mathrm{I}} = -\frac{-4.63}{20.14} = 0.230$$

최종적으로 루프 Ⅱ를 위한 수정유량을 계산하기 위해 식 (4.30)의 분자는

$$K_7 Q_7^2 - K_6 Q_6^2 - K_3 Q_3^2$$

$$= 4.028(1.0)^2 - 3.222(0.5)^2 - 2.417(1.5)^2 = -2.22$$

그리고 식 (4.30)의 분모는

$$nK_7 Q_7 + nK_6 Q_6 + nK_3 Q_3$$

$$= 2(4.028(1.0)) + 2(3.222(0.5)) + 2(2.417(1.5)) = 18.53$$

따라서 루프 Ⅱ를 위한 수정유량 ΔQ_{II} 은 다음과 같다.

$$\Delta Q_{\mathrm{II}} = -\frac{-2.22}{18.53} = 0.120$$

반복 2를 위해 다음과 같이 배관 유량을 업데이트한다.

관로	1	2	3	4 & 펌프	5	6	7	8
$\triangle Q$	-0.077	0.230+ (-)0.077	0.077- 0.120	0.077	-0.230	0.230 -0.120	0.120	-0.230
Q	2.42	1.15	1.46	2.58	1.27	0.61	1.12	0.27

관로 1의 유동방향은 모사-루프와 상대적으로 반시계방향이므로 수정유량의 부호는 -가 된다. 유사하게 관로 2는 모사-루프에서 -로 수정유량이 된다. 또한 관로 2는 루프 Ⅰ에 있고 관로 2에서 유동은 루프 Ⅰ의 경우 시계방향이므로 그 루프를 위한 + 수정유량으로 조정된다. 관로 3과 6도 두 루프에서 나타나므로 두 개의 수정 영향을 받는다.

반복 2. 모사-루프를 위한 조정은 다음과 같다.

$$\triangle Q_{pL} = -\frac{K_4 Q_4^2 - \left(A_p Q_4^2 + C_p\right) + K_3 Q_3^2 - K_2 Q_2^2 - K_1 Q_1^2 + \left(E_{FGN,2} - E_{FGN,1}\right)}{nK_4 Q_4 + 2A_p Q_4 + nK_3 Q_3 + nK_2 Q_2 + nK_1 Q_1}$$

$$= \frac{1.611(2.58)^2 - \left(-6(2.58)^2 + 135\right) + 2.417(1.46)^2 - 2.417(1.15)^2 - 1.611(2.42)^2 - 10 + 100}{2(1.611(2.58) + 2|-6(2.58)|) + 2(2.417(1.46)) + 2(2.417(1.15)) + 2(1.611(2.42))}$$

$$= -\left(\frac{-1.82}{59.69}\right)$$

$$= 0.030$$

루프 Ⅰ를 위한 수정유량을 계산하기 위해 식 (4.30)의 분자는

$$K_2 Q_2^2 + K_6 Q_6^2 - K_8 Q_8^2 - K_5 Q_5^2$$

$$= 2.417(1.15)^2 + 3.222(0.61)^2 - 2.417(0.27)^2 - 3.222(1.27)^2$$

$$= -0.978$$

분모는 다음과 같다.

$$nK_2 Q_2 + nK_6 Q_6 + nK_8 Q_8 + nK_5 Q_5$$

$$= 2(2.417(1.15)) + 2(3.222(0.61)) + 2(2.417(0.27)) + 2(3.222(1.27))$$

$$= 18.98$$

따라서 모사 루프를 위한 수정유량 $\triangle Q_{\mathrm{I}}$ 은 다음과 같다.

$$\triangle Q_{\mathrm{I}} = -\frac{-0.978}{18.98} = 0.052$$

최종적으로 루프 Ⅱ를 위한 수정을 계산하기 위해 식 (4.30)의 분자는

$$K_7Q_7^2 - K_6Q_6^2 - K_3Q_3^2$$

$$= 4.028(1.12)^2 - 3.222(0.61)^2 - 2.417(1.46)^2$$

$$= -1.30$$

그리고 식 (4.30)의 분모는

$$nK_7Q_7 - nK_6Q_6 - nK_3Q_3$$

$$= 2(4.028(1.12)) - 2(3.222(0.61)) - 2(2.417(1.46))$$

$$= 20.01$$

따라서 루프 Ⅱ를 위한 수정유량 ΔQ_{II}는 다음과 같다.

$$\Delta Q_{\text{II}} = -\frac{-1.30}{20.01} = 0.065$$

반복 3을 위해 관로유량을 다음 표와 같이 업데이트한다.

관로	1	2	3	4 & 펌프	5	6	7	8
ΔQ	−0.030	0.052+ (−)0.030	0.030 −0.065	0.030	−0.052	0.052 −0.065	0.065	−0.052
Q	2.39	1.17	1.463	2.61	1.22	0.60	1.18	0.22

반복 3. 상기 반복과정을 반복하면 반복 3에서 모사 루프, 루프 Ⅰ, 그리고 루프 Ⅱ을 위한 수정은 0.012, 0.024, 그리고 0.024이다. 결과 유량은 다음과 같다.

관로	1	2	3	4 & 펌프	5	6	7	8
ΔQ	−0.012	0.024 −0.012	+0.012 −0.024	0.012	−0.024	0.024 −0.024	0.024	−0.024
Q	2.38	1.18	1.42	2.62	1.20	0.60	1.20	0.20

2회 더 반복하면 수정유량은 작아지게 되고 관로유량은 다음과 같이 된다. 각 반복마다 절점 질량 평형공식들이 만족되는 것에 유의한다.

관로	1	2	3	4 & 펌프	5	6	7	8
Q	2.37	1.19	1.41	2.63	1.18	0.60	1.22	0.19

두 FGN 중 하나로부터 절점들까지 경로 공식을 사용하여 절점 4와 5에서 전체에너지를

계산할 수 있다. 예를 들어 절점 4까지의 경로는 관로 1과 5 또는 관로 4(펌프 포함), 7, 그리고 8로 구성된다. 관로 1과 5로 연결되는 경우 경로 공식은

$$100 - K_1 Q_1^2 - K_5 Q_5^2 = 100 - 1.611(2.37)^2 - 3.222(1.19)^2$$

$$= 100 - 9.05 - 4.56$$

$$= 86.39\,\mathrm{m}$$

관로 4, 7, 그리고 8을 포함하는 경로의 경우

$$10 + \left(135 - 6(2.63)^2\right) - 1.611(2.63)^2 - 4.028(1.22)^2 + 2.417(0.19)^2$$

$$= 10 + 93.50 - 11.14 - 6.00 + 0.09$$

$$= 86.45\,\mathrm{m}$$

상기 수두차이는 반올림 오차에 기인할 수 있다. 두 번째 경로공식에서 관로 8의 부호는 +이다. 관로 8에서의 유동은 경로 방향의 +이므로 경로에 따른 에너지는 절점 5에서 4로 진행하면서 증가한다. 절점 5에서 전체에너지를 관로 4와 7에 따라 구하면 86.36m 또는 관로 1-2-6 경로에 따르면 다음과 같다.

$$100 - 9.05 - 3.42 - 1.16 = 86.37\,\mathrm{m}$$

4.2.3.2 선형이론방법(Linear theory method)

선형이론을 적용하여 루프공식 (4.25) 또는 Q 공식 (4.27)을 해결할 수 있다. N_p 공식 $(N_j + N_{\mathrm{I}} + N_f - 1)$을 미지의 관로유량 N_p의 항으로 작성할 수 있다. 이 공식들은 Q 항에서 비선형이므로 유량을 구하기 위해 반복절차를 적용해야 한다. Wood & Charles (1972)가 기술하였듯이 선형이론은 식 (4.26)과 (4.27) 에너지공식들 $Q_{i,k+1}$을 선형화한다. 여기서 아래첨자 $k+1$은 기저인 이전 반복에서 $Q_{i,k}$을 사용하여 현재 반복 회수를 표기한다. 이 유도과정에서 오직 관로들만을 고려한 공식들은 다음과 같다.

$$\sum_{i \in I_j} Q_{i,k+1} = q_{ext} \quad for \quad all \;\; N_j \; nodes \tag{4.34}$$

$$\sum_{i \in I_L} Q_{i,k}^{n-1} Q_{i,k+1} = 0 \quad for \quad all \;\; N_{\mathrm{I}} \;\; closed \quad loops \tag{4.35}$$

그리고

$$\sum_{i \in I_L} K_i Q_{i,k}^{n-1} Q_{i,k+1} = \Delta E_{FGN} \quad for \quad all \;\; N_f - 1 \;\; \text{독립모사루프} \tag{4.36}$$

상기 공식들은 $Q_{i,k+1}$의 수치를 구할 수 있는 일련의 선형공식들이다. 연속적인 유량 추정들 사이의 절대 차이를 계산하고 수렴 기준과 비교한다. 차이가 크면 카운터 k를 업데이트하고 반복과정을 수행한다. 최종 해에 대한 유량의 동요 때문에 Wood & Charles(1972)는 다음 반복을 위한 추정으로 이전 두 반복으로부터 유량의 평균을 사용할 것을 권장하였다. 한번 관로유량이 결정되면 FGN로부터 경로를 따르고 모든 절점들에서 손실 또는 취득을 고려하여 절점 피에조미터 수두를 결정한다.

수정된 선형이론 Newton method. Wood(1980)와 그의 동료는 미국 Kentucky 대학에서 KYPIPE 프로그램을 개발하였으나 본질적으로 당초 뉴튼방법에 대한 선형이론을 수정한 것이다. 그러나 유량의 ΔQ를 구하는 대신 Q_{k+1}를 결정한다.

공식들을 전개하기 위해 관로손실, 미소손실 및 펌프를 포함한 현재 추정 Q_k 항으로 에너지공식 4.3을 작성한다.

$$f(Q_k) = \sum_{i \in I_L} K_i Q_k^n + \sum_{im \in I_m} K_{im} Q_k^n + \sum_{ip \in I_P} \left(A_{ip} Q_k^2 + B_{ip} Q_k + C_{ip}\right) - \Delta E \qquad (4.37)$$

여기서 단순화하기 위해 사용한 관로손실, 미소손실, 그리고 펌프를 나타내기 위한 아래첨자 i, im, 그리고 ip들은 유량 항들에서 생략되고 k는 반복 카운터를 표기한다. 이 공식은 폐쇄된 루프들($\Delta E = 0$)과 모사 루프 $(\Delta E = \Delta E_{FGN})$ 모두에 적용되나 두 경우 중 하나의 수정 해에서 반드시 $f(Q_k) = 0$이 되어야 한다.

다음과 같이 절삭된 테이러급수 확장을 사용하여 공식들을 선형화시킨다.

$$f(Q_{k+1}) = f(Q_k) + \left.\frac{\partial f}{\partial Q}\right|_{Q_k} (Q_{k+1} - Q_k) = f(Q_k) + G_k(Q_{k+1} - Q_k) \qquad (4.38)$$

이제 f와 Q는 에너지공식과 관로유량의 벡터이고, G_k는 Q_k에서 평가된 구배들의 행렬인 점에 유의한다. 식 (4.38)을 0으로 설정하고 Q_{k+1}을 구하면 다음과 같다.

$$f(Q_k) + G_k(Q_{k+1} - Q_k) = 0$$

또는

$$G_k Q_{k+1} = G_k Q_k - f(Q_k) \qquad (4.39)$$

일련의 N_p 공식을 전개하기 위해 이 일련의 $(N_I + N_f - 1)$ 공식들을 Q_{k+1}의 항으로 작성된 식 (4.34)에서 N_j 접합부 공식들과 조합할 수 있다. 행렬 절차를 사용하여 이 일련의 선형 공식들을 해결하여 유량 N_p의 벡터를 구한다. Q_{k+1}의 수치를 이전 반복에서 구한 수치들과 비교한다. 만일 가장 큰 절대 차이가 설정된 허용오차 이내가 되면 과정은 중지된다. 그렇지 않으면 식 (4.39) 형태의 Q_{k+1}을 사용하여 또 다른 반복을 수행한다.

4.2.3.3 Newton-Raphson 방법과 절점공식

절점공식들은 미지의 절점 피에조미터 수두의 항으로 작성된 질량보존의 상관관계들이다. 분기된 관로시스템의 경우 이 공식들을 4.2.2절에서 기술하였다. 그림 4.4에서 만일 P와 배관유량이 미지이면 시스템은 본질적으로 하나의 접합부 절점과 세 개의 FGN을 갖는 하나의 관망이 된다. 일반적인 관망에서 절점 피에조미터 수두 N_j 항으로 N_j 접합부 공식들을 작성할 수 있다. 한번 수두들이 기저가 되면 배관 수두손실 공식으로부터 관로유량들을 계산할 수 있다.

요소의 각 말단부에 접합부 절점들을 추가하여 밸브, 펌프와 같은 다른 관망 요소들을 포함시킬 수 있다. 그 후 이 요소들의 유량 상관관계를 이용하여 절점공식들을 작성한다.

해결 방법(Solution method). Martin & Peters(1963)는 관망에서의 절점공식들을 해결하기 위해 Newton-Raphson 방법을 사용한 알고리즘을 최초로 발표하였다. Shamir & Howard(1968)는 펌프들과 밸브들을 합체시킬 수 있는 것과 절점 수두들을 제외한 미지수들을 결정할 수 있다는 것을 보여주었다.

반복 k에서 절점 수두들의 h_k를 구하기 위해 일련의 접합부 공식들 $F(h_k)$에 Newton Raphson 방법을 적용한다. 공식을 전개한 후 고차항들을 절삭하면 결과는 다음과 같다.

$$F(h_k)+\left.\frac{\partial F}{\partial h}\right|_{h_k}\Delta h_k=0 \tag{4.40}$$

여기서 F는 h_k에서 평가된 일련의 절점공식들이고, 반복 k에서 추정된 절점 수두 벡터이다. $\partial F/\partial h$는 절점 수두에 대한 절점공식의 구배인 Jacobian 행렬이다. 이 행렬은 정사각형이고 각 절점 수두는 오직 두 절점 평형 공식들에서 나타나기 때문에 희소행렬(sparse matrix)이다. 일련의 선형공식들을 해결하여 미지의 수정 Δh_k를 결정할 수 있다.

$$F(h_k)=-\left.\frac{\partial F}{\partial h}\right|_{h_k}\Delta h_k \tag{4.41}$$

이제 다음 식으로 절점 수두들을 업데이트한다.

$$h_{k+1}=h_k+\Delta h_k \tag{4.42}$$

앞의 방법에서와 같이 해결절차의 종료 여부를 결정하기 위해 절점 수두에서 변화의 크기를 고찰해야 한다. 만일 수두가 수렴하지 않으면 식 (4.41)을 h_{k+1}로 재공식화하여 또 다른 수정 벡터를 계산한다. 만일 최종 해를 구했다면 기저수두를 갖고 요소의 상관관계를 사용하여 유량을 계산한다.

모든 공식화에서와 같이 최소한 하나의 FGN은 시스템 모든 절점들과 반드시 수리적으로 연결되어야 한다. 절점 수두를 구할 때 불량한 초기 추정들을 사용하면 일부 수렴 문제가 발생하는 것으로 보고되었다. 그러나 절점공식들을 사용하면 미지수와 공식화 숫자를 최소화할 수 있다.

예제 4.6 그림 4.5의 관로시스템을 위한 절점공식들을 작성하라.

절점 1 $sign(100-h_1)\left(\frac{|100-h_1|}{K_1}\right)^{\frac{1}{n}}+sign(h_2-h_1)\left(\frac{|h_2-h_1|}{K_2}\right)^{\frac{1}{n}}+sign(h_4-h_1)\left(\frac{|h_4-h_1|}{K_5}\right)^{\frac{1}{n}}=0$

절점 2 $sign(h_1-h_2)\left(\frac{|h_1-h_2|}{K_2}\right)^{\frac{1}{n}}+sign(h_3-h_2)\left(\frac{|h_3-h_2|}{K_3}\right)^{\frac{1}{n}}+sign(h_5-h_2)\left(\frac{|h_5-h_2|}{K_6}\right)^{\frac{1}{n}}=2$

절점 3 $sign(h_2-h_3)\left(\frac{|h_2-h_3|}{K_3}\right)^{\frac{1}{n}}+sign(h_5-h_3)\left(\frac{|h_5-h_3|}{K_7}\right)^{\frac{1}{n}}+sign(h_{pd}-h_3)\left(\frac{|h_{pd}-h_3|}{K_4}\right)^{\frac{1}{n}}=0$

절점 4 $sign(h_1-h_4)\left(\frac{|h_1-h_4|}{K_5}\right)^{\frac{1}{n}}+sign(h_5-h_4)\left(\frac{|h_5-h_4|}{K_8}\right)^{\frac{1}{n}}=1$

절점 5 $sign(h_2-h_5)\left(\frac{|h_2-h_5|}{K_6}\right)^{\frac{1}{n}}+sign(h_4-h_5)\left(\frac{|h_4-h_5|}{K_8}\right)^{\frac{1}{n}}+sign(h_3-h_5)\left(\frac{|h_3-h_5|}{K_7}\right)^{\frac{1}{n}}=2$

펌프절점

$$sign(h_3-h_{pd})\left(\frac{|h_3-h_{pd}|}{K_4}\right)^{\frac{1}{n}}+\left(\frac{(h_{pd}-10)-135}{-6}\right)^{\frac{1}{2}}=0$$

펌프절점 공식에서 첫 번째 항은 펌프로부터 관로 4에 있는 절점 3을 향한 유출량이다. 두 번째 항은 펌프의 유량-수두 상관관계로부터

$$Q=\left[(135-h_p)/6\right]^{1/2}$$

여기서 순수펌핑압력은

$$h_p=h_{pd}-E_{FGN,2}=h_{pd}-10$$

으로 대체된다.

펌프 상관관계는 관로 4를 위한 상관관계와는 다르기 때문에 수요량 0을 갖는 이 새로운 절점을 펌프 유출부에 더한다(펌프 유입부는 탱크로 가정). 모든 요소(밸브, 관로, 또는 펌프)들은 절점형식에 반드시 포함되어야 한다. 따라서 요소의 정확한 위치를 반드시 알아야 한다. 예를 들어 만일 관로상에 밸브가 존재하면 시스템 표현을 정확하게 하기 위해 새로운 절점들을 밸브의 각 측면에 추가해야 하고, 밸브의 상류측과 하류측으로 관로를 분리해야 한다.

요약하면 관로시스템에서의 6개 미지수를 결정하기 위해 6개 공식들을 작성할 수 있다(절점 1~5까지를 위한 그리고 펌프 절점공식). Hardy Cross 방법을 사용하면 다음 절점 수두들을 얻을 수 있고, 절점공식을 만족시키는지 여부를 확인하기 위해 절점 수두를 사용할 수 있다.

절점	1	2	3	4	5	펌프
전체수두(m)	90.95	87.54	92.35	86.45	86.38	103.50

관로	1	2	3	4	5	6	7	8	펌프
관로유량(m^3/s)	2.37	1.19	1.41	2.63	1.18	0.60	1.22	0.18	2.63

4.2.3.4 Gradient 알고리즘

절점 및 루프 공식과는 달리 Q와 h를 구하기 위해 관로공식들을 동시에 푼다. Todini & Pilati(1987)가 개발한 gradient 알고리즘은 이와 같은 일련의 대규모 공식을 풀어야 하지만 EPANET(Rossman, 1994) 프로그램에서는 이 알고리즘은 상당히 강건한 것을 보여준다.

관로공식들을 전개하기 위해 절점 수두의 항으로 시스템 내 각 관망요소에서의 에너지보존을 작성한다. 예를 들어 한 관로공식은 다음과 같다.

$$h_a - h_b = KQ^n \tag{4.43}$$

그리고 이차 추정식을 사용하면 펌프공식은 다음과 같다.

$$h_b - h_a = AQ^2 + BQ + C \tag{4.44}$$

여기서 h_a와 h_b는 펌프 상류측과 하류측 말단부에서의 절점 수두들이다. 이 공식들을 절점 평형 상관관계들(식 4.2)과 조합하여 미지수와 동일한 수량을 갖는 $N_j + N_p$ 공식들을 얻을 수 있다.

한 절점에서 질량보존은 선형이지만 한 요소에서의 유량공식들은 비선형이다. 따라서 gradient 알고리즘으로 알려진 반복해결 스킴을 사용한다. 앞에서의 유량 추정치 Q_k를 사용하여 요소유량 공식들을 선형화하면 관로의 경우 식 (4.43)으로부터

$$KQ_k^{n-1}Q_{k+1} + (h_a - h_b) = 0 \tag{4.45}$$

선형화된 공식들을 행렬형식으로 표현하면 다음과 같다.

$$A_{12}h + A_{11}Q + A_{10}h_0 = 0 \tag{4.46}$$

그리고

$$A_{21}Q - q_{ext} = 0 \tag{4.47}$$

여기서 식 (4.46)은 각 관망 요소에서 선형화된 유량 공식들이고, 식 (4.47)은 절점 유량 평형공식이다. $A_{12}(= A_{21}^T)$은 zero의 접속행렬(incidence matrix)로서 특정 요소에 연결된 절점들을 명시하는 행렬이고, A_{10}은 FGN들을 명시한다. A_{11}은 선형계수들을(예를 들어 $|KQ_k^{n-1}|$) 포함하는 대각행렬이다.

식 (4.46)과 (4.47)을 미분하면

$$\begin{bmatrix} NA_{11} & A_{12} \\ A_{21} & 0 \end{bmatrix} \begin{bmatrix} dQ \\ dh \end{bmatrix} = \begin{vmatrix} dE \\ dq \end{vmatrix} \tag{4.48}$$

여기서 dE와 dq는 현재 Q_k와 h_k을 구하는 해에서 평가된 식 (4.2)와 (4.43)~(4.44)의 잔차다. N은 관로공식의 지수 n의 대각 행렬이다. 식 (4.48)은 dQ와 dh항의 일련의 선형 공식들이다. 한번 해를 구하면 다음 식으로 Q와 h를 업데이트한다.

$$Q_{k+1} = Q_k + dQ \tag{4.49}$$

그리고

$$h_{k+1} = h_k + dh \tag{4.50}$$

dE와 dq를 평가하여 수렴 여부를 확인하고 필요하면 추가 반복을 수행한다.

Todini & Pilati(1987)는 Q_{k+1}와 h_{k+1}를 구하기 위해 대안적 효율적 반복 스킴을 적용하였으며, 그 결과는 다음과 같다.

$$h_{k+1} = -\left(A_{21}N^{-1}A_{11}^{-1}A_{12}\right)^{-1}\left\{A_{12}N^{-1}\left(Q_k + A_{11}^{-1}A_{10}H_0\right) + \left(q_{ext} - A_{21}Q_k\right)\right\} \tag{4.51}$$

h_{k+1}을 사용하여 Q_{k+1}을 결정한다.

$$Q_{k+1} = \left(1 - N^{-1}\right)Q_k - N^{-1}A_{11}^{-1}\left(A_{12}H_{k+1} + A_{10}H_0\right) \tag{4.52}$$

Q_k에서 A_{11}을 계산한다. N과 A_{11}은 대각행렬이므로 역변환은 무시할 수 있다. 그러나 하나의 전체 행렬을 반드시 이 스킴으로 역변환시켜야 한다.

예제 4.7 그림 4.5의 관망을 위한 관로공식들을 작성하라.

풀이 관로공식들은 시스템에서 각 절점을 위한 질량 평형공식들을 포함한다. 관망은 5개의 접합부 절점들과 펌프의 하류측에 하나의 추가 절점을 포함한다. 펌프를 하나의 링크로 간주하고 FGN 직하류에 직접적으로 위치하는 것으로 가정한다.

각 관로와 펌프 링크를 위한 에너지보존공식을 작성한다. 8개의 관로공식들과 7개의 절점공식을 작성하면 전체 공식숫자는 15개이고 미지수는 8개의 관로유량, 1개 펌프유량, 그리고 펌프 유출부에서 추가 절점 h_p을 포함한 6개의 접합부 절점 수두를 포함한 15개를 갖는다.

절점 1 : $Q_1 - Q_2 - Q_5 = 0$

절점 2 : $Q_2 + Q_3 - Q_6 = 2$

절점 3 : $-Q_3 + Q_4 - Q_7 = 0$

절점 4 : $Q_5 - Q_8 = 1$

절점 5 : $Q_6 + Q_7 + Q_8 = 2$

펌프절점 : $Q_p - Q_4 = 0$

펌프 : $h_p - 10 = 135 - 6Q_p^2$

관로 1 : $100 - h_1 = K_1 Q_1^n$

관로 2 : $h_1 - h_2 = K_2 Q_2^n$

관로 3 : $h_3 - h_2 = K_3 Q_3^n$

관로 4 : $h_p - h_3 = K_4 Q_4^n$

관로 5 : $h_1 - h_4 = K_5 Q_5^n$

관로 6 : $h_2 - h_5 = K_6 Q_6^n$

관로 7 : $h_3 - h_5 = K_7 Q_7^n$

관로 8 : $h_4 - h_5 = K_8 Q_8^n$

4.2.3.5 해결 방법의 비교

앞에서 기술한 네 가지의 모든 방법들은 시스템 내의 유량 상관관계를 해결할 수 있다. Hardy Cross 방법으로 해결한 루프공식들은 다른 방법들과 비교할 때 비효율적이므로 이후 토론에서는 생략한다. 뉴튼랩슨방법은 4개 공식화를 모두 해결할 수 있으며, 가장 적은 절점공식들을 사용하기 때문에 반복시 시간이 가장 적게 소요된다. 그러나 초기 수치를 잘못 선정하여 절점공식에 적용하면 수렴문제가 발생할 수 있다.

선형이론은 루프공식들에서 최상인 것으로 보고되었으나 Hardy Cross에서 사용한 것과 같이 ΔQ를 갖는 절점공식 또는 루프 공식을 해결하기 위해 사용하면 안된다(Jeppson, 1974). Wood & Charles (1972)에 따르면 선형이론은 유량의 초기화가 필요하지 않으며 항상 신속하게 수렴한다.

Holloway(1985)는 Newton-Raphson 방법과 선형이론 방법을 비교한 결과를 보고하였으며 Newton-Raphson 스킴을 2개 코드로 프로그램하여 선형이론을 수행하는 KYPIPE와 비교하였다. 관로 수량이 200개인 관망의 경우 3개의 방법들은 8회 또는 9회 반복에서 수렴되었으며 Newton-Raphson 방법이 가장 적은 연산시간이 필요하였다.

Salgado, Todini & O'Connell(1987)은 수요량의 수준과 시스템 형상이 다른 네 개의 경우 관망을 모의하기 위해 3개 방법을 비교・분석하였으며, 그 결과를 표 4.1에 요약하였다. 경우 A는 펌프가 없고 66개 관로와 41개 절점들로 구성된 관망이다. 경우 B는 경우 A와 유사하나 6대 펌프를 사용하고 분기관이 연결된 관망이다. 경우 C는 경우 B와 동일하나

표 4.1 ‖ 해결 방법의 비교

경 우	특별 조건	절점공식	해결방법 루프공식	관로공식
A	느린 속도	수렴=16회 반복 시간=70초	수렴=17회 반복 시간=789초	수렴=16회 반복 시간=30초
B	펌프 및 분기된 관망	수렴=12회 반복 시간=92초	수렴=13회 반복 시간=962초	수렴=10회 반복 시간=34초
C	수요가 큰 경우 B	수렴=13회 반복 시간=100초	수렴=15회 반복 시간=1110초	수렴=12회 반복 시간=39초
D	폐쇄된 관로	수렴=21회 반복 시간=155초 일부 수두는 얻을 수 없음	수렴=21회 반복 시간=1552초 일부 수두는 얻을 수 없음	수렴=19회 반복 시간=57초

출처 : Modified from Todini and Pilati(1987)

수요량이 많은 관망이고, 경우 D는 동일한 관망 배열을 갖지만 관로에 제수밸브가 두 개 설치되며 이 밸브가 폐쇄되어 관망은 두 개의 관로시스템으로 분리된다. 모든 방법들은 상기 관망조건들을 모의할 수 있지만 관로공식을 해결함에 있어 gradient 방법이 분석하고자 하는 조건들을 가장 잘 해석하였다.

본 장에서는 적정한 규격의 관망에 기초하여 모든 비교들과 적용사례들을 작성하였다. 데스크 탑 전산기의 메모리 속도를 고려할 때 어느 방법을 사용해도 관망해석을 무난히 수행할 수 있다. 관로의 수량이 수 천개에 달하는 극도로 커다란 관로시스템을 해결하기 위해서는 대안적 방법 또는 맞춤 방법이 필요하다. 이러한 방법들에 대한 토론은 본서의 범위가 아니다. 그러나 이러한 시스템의 수치 모의는 제14장 관망 캘리브레이션에서 토론한 것과 같이 가능하지만 정확한 매개변수들을 갖고 관로시스템을 훌륭하게 표현하는 것은 어렵다.

4.2.3.6 시간확장모의(Extended-period simulation)

앞에서 기술하였듯이 관망 모델링에서 시간변화를 고려할 수 있다. 가장 단순한 방법은 시간확장모의로서 본 절의 초반부에 기술된 방법들 중 하나를 사용하여 순차적인 정상유동상태 모의들을 해결한다. 각 모의 기간 후 탱크 수위 및 수요량이 변화한다.

탱크 수위 또는 저수지 수위들을 기저 에너지 절점으로 사용한다. 유량이 탱크로 유입되거나 유출되면서 수위는 변화한다. 일정한 형상을 갖는 탱크의 경우 물 높이의 변화는 탱크의 체적을 탱크의 단면적으로 나눈 것으로 다음과 같다.

$$\Delta H_T = \frac{V_T}{A_T} = \frac{Q_T \Delta t}{A_T} \tag{4.53}$$

여기서 Q_T와 V_T는 일정시간 동안 탱크로 유입하는 유량과 체적, Δt는 모의의 시간 증분, A_T는 탱크 단면적, 그리고 ΔH_T는 기간 T 동안 수위변화이다. 실린더형상이 아닌 탱크의 경우 더욱 복잡한 상관관계가 필요하다. 시간확장모의는 업데이트된 탱크 수위를 갖고 다음 시간 단계에서 이 수위를 기저 에너지 절점으로 사용한다. 모든 시간 단계들을 평가할 때까지 이러한 과정을 계속한다. 더욱 복잡한 비정상류 분석은 다음 절에서 기술한다.

4.3 관망해석에서 비정상(unsteady) 유동

정상유동해석시 또는 시간확장모의시 외부 자극이 가해지면 관로 내 압력과 유량은 동시에 변화되는 것으로 가정하고 이러한 변화는 빠른 시간 내 정상유동상태에 도달한다. 일부의 경우 정상유동상태에 도달하는 시간과 부정류 동안 유량과 압력변화들은 중요할 수 있다. 최근에 유동 조건들에서 급격하고 완만한 변화들을 모델하기 위한 연구가 진행되었다. 탄성이론에 따른 부정류를 초래하는 급격한 변화는 제6장에서 기술한다. 강성체로 가정하여 완만하게 변화하는 비정상유동에 대한 두 모델링 접근들을 본장에서 기술한다.

4.3.1 지배방정식

질량보존 이외에 한 요소에 대한 모멘텀보존으로부터 강성배관으로 가정하여 비정상 유동을 위한 지배공식을 전개한다(그림 4.6). 모멘텀보존은 유체 체적에 작용하는 힘들의 합은 시간에 따른 모멘텀의 변화율과 동일한 것을 진술한다. 즉,

$$\sum F = F_1 - F_2 - F_f = \frac{d(mv)}{dt} \tag{4.54}$$

여기서 F_1과 F_2는 관로 요소의 말단부에 작용하는 힘, F_f는 물과 관로 사이 마찰에 의해 발생하는 힘, 그리고 m과 v는 관로 요소 내부 유체의 질량과 유속이다.

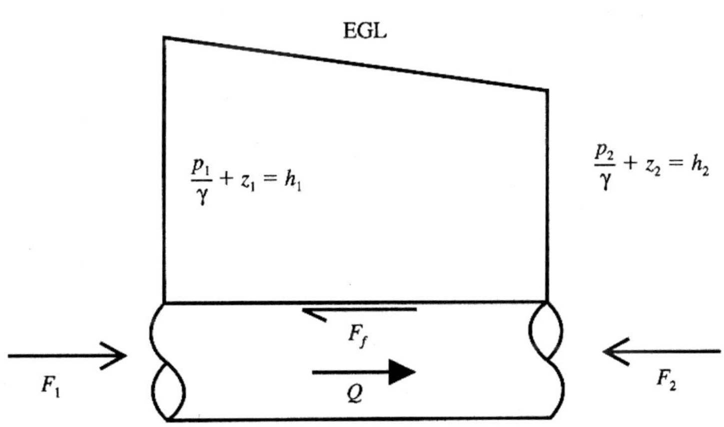

그림 4.6 ▌ 관로 요소에 작용하는 힘 평형

말단부에 작용하는 힘들은 압력과 중력에 의해 야기된 힘의 합과 동일하며, 좌측의 경우는 다음과 같다.

$$F_1 = \gamma A\left(\frac{p_1}{\gamma} + z_1\right) = \gamma A h_1 \tag{4.55}$$

마찰력은 에너지손실과 유체체적의 곱으로서 다음과 같다.

$$F_f = \gamma A h_L \tag{4.56}$$

모멘텀변화를 다음과 같이 확장할 수 있다.

$$\frac{d(mv)}{dt} = \frac{d(\rho V v)}{dt} = \frac{d\left(\frac{\gamma A L v}{g}\right)}{dt} = \frac{\gamma L}{g}\frac{d(Av)}{dt} = \frac{\gamma L}{g}\frac{dQ}{dt} \tag{4.57}$$

질량 $\rho V = \gamma AL/g$와 동일하며, 이 항들은 시간과 독립적인 상수이므로 미분항으로부터 빼 낼 수 있다. 탄성주 이론과 대조적으로 강성주 이론에서의 밀도는 상수이다. 모멘텀 평형으로부터 이 항들을 빼면

$$\gamma A(h_1 - h_2 - h_L) = \frac{\gamma L}{g}\frac{dQ}{dt} \tag{4.58}$$

정상유동상태에서의 마찰 손실 상관관계를 h_L로 대체할 수 있고, 양 변을 γA로 나누면

$$h_1 - h_2 - KQ^n = \frac{L}{gA}\frac{dQ}{dt} \tag{4.59}$$

시간에 따라 변화하는 유동 조건들을 구하기 위해서는 질량보존법칙을 적용하여 루프를 위한 상기 상미분공식을 전개하고 확장한다.

4.3.2 해석 방법

4.3.2.1 루프 공식화

Holloway(1985)과 Islam & Chaudhry (1988)은 다음과 같이 모멘텀 공식 (4.59)를 루프에 확장하였다.

$$\sum_{i \in I_P}(h_{1i} - h_{2i}) - \sum_{i \in I_P} K_i Q_i^n = \sum_{i \in I_P}\frac{L_i}{gA_i}\frac{dQ_i}{dt} \tag{4.60}$$

변수를 분리하고 시간에 걸쳐 적분하면

$$\int_{t}^{t+\Delta t}\left[\sum_{i\in I_P}(h_{1i}-h_{2i})\right]dt-\int_{t}^{t+\Delta t}\left[\sum_{i\in I_P}K_iQ_i^n\right]dt=\int_{Q_t}^{Q_{t+\Delta t}}\sum_{i\in I_P}\frac{L_i}{gA_i}dQ_i \tag{4.61}$$

임의의 순간에 폐쇄된 루프 둘레의 수두손실은 반드시 0이 되어야 하므로 첫 번째 항을 생략할 수 있다. 또한 이 항을 생략하고 미지수로서 절점 피에조미터 수두를 제거하면 오직 관로 유동만 남는다.

마찰 손실 항을 위한 다음과 같은 여러 단순화 중 하나를 사용할 수 있다.

$$KQ^{t+\Delta t}|Q^t|^{n-1}\Delta t \tag{4.62}$$

$$K\left[\frac{(Q^{t+\Delta t}+Q^t)|Q^{t+\Delta t}+Q^t|^{n-1}}{2^n}\right]\Delta t \tag{4.63}$$

$$K\left[\frac{Q^{t+\Delta t}|Q^{t+\Delta t}|^{n-1}+Q^t|Q^t|^{n-1}}{2^n}\right]\Delta t \tag{4.64}$$

Holloway(1985)는 다른 두 비선형 형태와 비교하여 우호적인 적분 단순화공식 (4.62)를 사용하였다. 식 (4.61)에 이 형태를 적용하면

$$\sum_{i\in I_P}\frac{L_i}{gA_i}Q_i^t-\sum_{i\in I_P}K_iQ_i^{t+\Delta t}|Q_i^t|^{n-1}\Delta t=\sum_{i\in I_P}\frac{L_i}{gA_i}Q_i^{t+\Delta t} \tag{4.65}$$

각 루프에 대해 상기 공식을 작성하고 미지 관로유량을 구하기 위해 주어진 N_P 공식들에 절점 질량보존공식들을 적용하여 함께 사용한다. 이 공식들은 $Q^{t+\Delta t}$ 항이 선형이고 선형 시간 단계에서 상수 항들의 수치들을 이용하여 순차적으로 각 시간단계에서 해결할 수 있다.

4.3.2.2 구배(gradient) 알고리즘을 이용한 관로공식화

Ahmed & Lansey(1999)가 개발한 대안적 해결방법은 단일 관로에 대한 모멘텀공식(식 4.59)을 사용하였고, 절점유량 평형공식을 사용하여 구배 알고리즘에서 개발된 것들과 유사한 일련의 공식들을 전개하였다. Explicit backward 차분법을 사용하여 공식들을 해결한다. 다음과 같이 식 (4.59)의 우변을 유한차분 형태로 작성한다.

$$\frac{L_i}{gA_i}\frac{dQ_i}{dt}=\frac{L_i}{gA_i}\frac{\left(Q_i^{t+\Delta t}-Q_i^t\right)}{\Delta t} \tag{4.66}$$

식 (4.59)의 좌변을 시간 단계 $t+\Delta t$에서 미지수 h와 Q 항으로 작성한다. 두 절점들 사이의 관로를 위해 일반 대수공식을 대입하고 재정렬하면 다음 식을 얻는다.

$$\left[K_i\left|Q_i^t\right|^{n-1}\Delta t-\frac{L_i}{gA_i}\right]Q_i^{t+\Delta t}+\left[h_{1i}^{t+\Delta t}-h_{2i}^{t+\Delta t}\right]\Delta t=\left[-\frac{L_i}{gA_i}\right]Q_i^t \tag{4.67}$$

각 관로 또는 다른 요소에서 상기 형태의 N_P 공식을 전개할 수 있다. N_j 절점 유량평형 공식들과 함께 미지의 관로유량과 절점 수두의 합과 동일한 수량의 항으로 전체 N_j+N_P 공식들을 작성할 수 있다. 시간 t에서 초기 조건이 주어지면, 식 (4.67)과 (4.2)를 해결하여 시간 $t+\Delta t$에서 관로유량과 절점 수두를 구할 수 있다. 이제 현재 시간단계에서 모든 미지수들을 해결하고 이렇게 구한 미지수 수치를 다음 시간단계에서 새로운 수치들로 사용한다. 루프 공식화와는 다르게 식 (4.67)은 미지수가 비선형이므로 각 시간단계에서 구한 결과는 정밀도에 영향을 미친다.

4.4 배수시스템의 전산기 모델링

가장 작은 배수시스템을 제외하고 배수시스템을 분석하기 위한 수치적 방법은 손으로 수행할 수 없기 때문에 전산기 모의 모델들이 개발되었다. 이러한 모델들의 관로유량과 절점 수두들을 구하기 위해서는 비선형 공식시스템으로 푼다. 공식 solver 이외에 많은 모델링 패키지들은 엑셀로부터 맞춤 편집기까지 입력 preprocessor들과 CAD 소프트웨어 및 GIS에 연계시키는 출력 postprocessor들을 더욱 세련되게 개발시켜 왔다. 이러한 사용자-전산기의 세련된 인터페이스는 사용자가 모의 모델을 사용하기 용이하도록 하지만, 이 보다 더욱 중요한 것은 현장 관망시스템의 수학적 모델링을 수행하기 위해 신뢰할 수 있는 solver와 적정한 모델링이라는 점이다.

패키지들을 배열할 수 있는 것과 패키지들의 세련 정도는 다르다. 모델링 패키지의 선택은 모델링 규격에 따라 결정된다. 모델링은 25개 이하의 관로를 갖는 하부 관망을 설계하는 것부터 수천개의 링크들과 절점들을 포함하는 대규모 배수관망에 이르기 까지 다양하다. 사용자는 사용 목적을 최상으로 만족시키는 패키지를 선택해야 한다.

4.4.1 모델의 적용

Clark et al.(1988)은 급수 모의 모델을 개발하고 적용하기 위해서는 다음과 같이 7단계가 필요한 것을 인식하였다.

1. 모델 선정 : 모델의 목적을 포함한 모델링 요구조건의 정의. 예상 용도에 따라 필요한 모

델의 정밀도와 상세한 정도가 다르기 때문에 한 모델(수리 또는 수질)을 선정할 때 모델의 용도는 중요하다.

2. 관망 표현 : 해석모델에서 시스템의 요소들을 어떻게 표현할 것인지의 결정. 2단계는 모델에 일부 관로들을 포함시키지 않거나 특정 형식의 모든 관로들은 동일한 조도를 갖는 것으로 가정하는 것과 같이 관로들을 위한 매개변수들의 수치들과 관련된 가정을 작성하여 관로시스템을 개략화 하는 것을 포함한다. 모델 단순화의 정도는 모델을 사용하여 어떤 문제를 다룰 것인가에 따라 결정된다.
3. 캘리브레이션 : 관로 조도 계수에 중점을 두어 측정할 수 없는 모델 매개변수들을 조정하여 예측된 모델 결과들을 측정된 현장 자료와 비교한다(4.4.2절 참조). 또한 이 단계는 관망 표현의 재검토를 필요로 할 수 있다.
4. 검증 : 관망 표현과 매개변수 추정치가 충분히 일치하는 것을 확인하기 위해 모델링 결과와 현장 실험자료(캘리브레이션을 위해 사용된 것 보다 뛰어난)를 비교한다.
5. 문제 정의 : 설계 또는 운영에서의 문제를 확인하고 모델에서 이 문제들을(즉, 수요량, 관로 상태 또는 운영 판단) 통합한다.
6. 모델 적용 : 문제 조건을 모의한다.
7. 결과의 해석/표현 : 모델하는 사람 그리고 다른 의사결정자들에게 모의 결과를 그래프 또는 표의 형식으로 표현하고 결과들이 타당한지 그리고 문제가 제대로 해결되었는지 판단하기 위해 해석결과들을 분석한다. 만일 문제가 해결되지 않았으면 5단계에서 새로운 결정을 내리고 이후 과정을 계속한다.

4.4.2 모델의 캘리브레이션

상기 3단계에서 캘리브레이션은 모델이 현장 조건들을 바람직한 조건들의 범위로 표현할 수 있도록 모델을 수정하는 과정이다. 시간, 노력, 그리고 자료 수집과 모델 캘리브레이션에 소비된 비용은 모델의 목적에 따라 결정된다. 예를 들어 예비계획단계에서 결정할 사항들은 계획 수준이고 오직 주요 요소만을 이해할 필요가 있으므로 이 단계에서의 모델은 상당히 정확할 필요가 없다. 반대로 모델을 사용하여 압력과 수질 조건들을 포함하는 시스템과 관련하여 공학적인 사항들을 결정해야 한다면 정확한 예측결과를 보장하기 위해서는 상당한 캘리브레이션 노력이 필요할 수 있다. 의사결정을 위해 모델을 사용할 때는 모델을 사용하기 전에 반드시 캘리브레이션해야 한다.

캘리브레이션 과정은 자료 수집, 모델 캘리브레이션, 그리고 모델 평가로 구성된다. 자료 수집은 탱크 수위, 절점 압력, 절점 고도, 펌프 수두 및 토출유량자료, 펌프 상태 및 유량, 관로유량, 그리고 가능하면 국부적인 수요량과 같은 현장자료 수집을 포함한다. 1회 이상의 부하 조건 동안 또는 1회 이상의 일정 시간에 걸친 자동자료 기록장치를 통해 이러한 자료들은 수집한다. Rossman(1994)은 캘리브레이션을 위한 수질 자료 사용법을 발표하였다. 성공적인 캘리브레이션을 보장하기 위해 측정 회수는 반드시 모델에서 추정하고자 하는 매개변수의 수량 이상이 되어야 한다. 이 조건이 만족되지 않으면 현장 측정과 일치하는 여러 개의 일련의 매개변수들을 얻을 수 있다. 즉, 유일 해를 결정하지 못할 수 있어 다른 조건으로 예측하면 일련의 매개변수는 극적으로 다른 결과를 제공할 수 있다.

모델 캘리브레이션 동안 현장측정자료들을 모델예측결과와 비교하고 모델예측결과와 현장측정자료가 일치하도록 모델 매개변수들을 조정한다. 두 단계로 모델 캘리브레이션을 수행하는 것이 바람직하다. 첫 번째 단계는 자료가 타당한지 그리고 주된 모델링 가정사항들이 유효한지 확인하기 위해 관망자료와 모델 예측결과를 전반적으로 고찰하는 것이다. 이 단계에서 고찰 수준은 개방된 것으로 가정된 밸브가 실제로는 폐쇄되었는지 또는 누수에 의해 예상하지 못한 것 보다 많은 유출량이 발생하는지 등을 결정하는 것으로 Walski (1990)는 이러한 캘리브레이션에서의 고찰 단계에 대해 상세하게 기술하였다.

모델 표현이 적정한 것으로 증명되면 모델 캘리브레이션의 두 번째 단계는 각 모델 매개변수들을 조정하는 것으로 시작한다. 두 번째 단계의 모델에서 두 개의 주된 실수의 근원은 수요량과 관로 조도계수이다. 짧은 기간 동안 물 소비량을 모니터링 할 수 없고 또한 물 소비량은 심하게 변화하며, 한 점으로 물이 유출되는 것으로 모델링되는 반면 실제로 물은 관로 여러 곳에서 소비되기 때문에 물 소비량은 불확실하다. 관로조도는 시간이 경과함에 따라 변화하고 직접 측정할 수 없기 때문에 반드시 현장 측정결과를 이용하여 관로조도를 추론해야 한다.

시행착오 또는 체계적인 방법을 통해 관로조도, 수요량, 밸브 개도 및 펌프 양정 등을 조정한다. 모델 캘리브레이션 문제를 해결하기 위해 여러 수학적 모델링 방법들이 제안되었다(Lansey & Basnet, 1991).

모델이 캘리브레이션되었다고 믿으면 평가를 완성해야 한다. 평가는 어떤 매개변수들이 모델 예측의 결과에 강한 영향을 미치는지 확인하기 위해 모델 매개변수들의 민감도 분석을 수반한다. 또한 평가를 통해 캘리브레이션된 매개변수들에 대해 그리고 예측된 수요량에 대해 민감한 예측결과(절점 압력수두 또는 탱크 수위)들을 확인한다. 모델 평가는 단순히 모델 예측에 대한 매개변수 수치 또는 수요량 수준의 도표가 될 수 있으며, Araujo(1992)와 Xu & Goulter(1998)가 토론한 것과 같이 더욱 세련된 불확실성의 분석이 될 수 있다.

CHAPTER 5

펌프 시스템 설계

역자: 박한영, 박진훈, 강청진, 노선민, 차인호, 조해진

5.1 펌프 형식 및 정의

5.1.1 펌프 관련기준(standard)

다음과 같이 여러 기관들이 문헌을 통해 펌프형식들을 기술하거나 정의하였다.

- Hydraulics Institute(HI) : 원심펌프의 명명법, 정의, 적용 및 운영을 위한 미국 국가기준[American National Standards Institute(ANSI)/HI 1.1-1.5-1994].
- American Petroleum Institute(API) : 석유, 중화학, 가스산업용 원심펌프 기준 8th ed., August 1995.
- American Society of Mechanical Engineering(ASME) : 원심펌프 성능시험 코드 PTC 8.2-1990.

기타 원심펌프와 관련하여 다음과 같은 미국국가기준(ANSI)과 미국수도협회(AWWA; American Water Works Associations)의 여러 기준과 시방들이 있다.

- ANSI/ASME B73.1M-1991 : 화학공정에 사용되는 수평 흡입 원심펌프를 위한 시방서
- ANSI/ASME B73.2M-1991 : 화학공정에 사용되는 수직 인라인 원심펌프를 위한 시방서
- ANSI/ASME B73.5M-1995 : 화학공정 열가소성과 열경화성 폴리머 재료 수평 흡입 원심펌프 시방서
- ANSI/AWWA E 101-88 : 수직 터빈펌프 기준-Lineshaft & Submersibel 형식

5.1.2 펌프관련 용어정의

HI[(HI) 1.1-1.5-1994]에서 기술한 펌프 정의와 용어들은 다음과 같다.

원심펌프의 정의. 원심펌프는 원심작용을 통해 기계에너지를 수리에너지로 변환하는 동적 기계

허용 운영범위. 공동화현상, 과열, 진동, 소음, 축 처짐, 피로, 그리고 다른 유사 허용기준에 따라 임펠러가 명시된 속도에서 운전할 수 있는 유량범위이다. 이 운영범위는 제작사가 정의한다.

대기압수두(h_{atm}). 액체의 높이 ft(m)로 표현된 부분 대기압력

용량 또는 유량(Capacity). 펌프의 용량은 흡입조건들 중 단위 시간 동안 통과하는 전체 체적으로서 명시된 운전 조건들에서 기체가 유입되지 않은 것으로 가정한다.

운전점

- 최고 효율점(BEP; Best efficiency point). 펌프 효율이 최대가 되는 유량 및 수두
- 정상 조건점(Normal condition point). 정상 조건점은 정격 곡선상에서 펌프가 정상적으로 운영하는 점
- 정격 조건점(Rated condition point). 주문자가 명시한 용량, 수두, net positive suction head, 그리고 펌프의 속도이다.
- 명시된 조건점(Specified condition point). 명시된 조건점은 정격조건점과 동일하다.

기준선(Datum). 펌프의 기준선은 수두측정을 위한 시험 동안 기준이 되는 수평선이다. 통상적으로 흡입측이 가압된 상태이고 개방된 pit에서 수직펌프들을 시험한다. 이 때 기준선은 임펠러 첫 단의 eye가 된다(그림 5.1). 선택적으로 흡수정 내부에 펌프를 설치하여 성능시험을 할 수 있다. 펌프의 장착과 관계없이 임펠러 첫 단의 eye를 기준선으로 유지해야 한다.

고도수두(Elevation head) (Z). 압력계의 중심으로부터 또는 기준선과 상대적인 액체의 표면에서 측정한 고도의 차이인 액체의 위치에너지

마찰수두. 마찰수두는 관로시스템 내 마찰저항을 극복하기 위해 액체 유동에 제공할 필요가 있는 수리에너지로서 액체의 수두는 ft(m)로 표현된다.

압력수두(h_g). 압력계 또는 다른 압력측정장치가 측정한 압력에 기인한 액체의 에너지.

수두(Head). 수두는 임의의 인위적인 선을 기준으로 한 액체에너지의 크기 표현이다. 수두는 단위 액체중량당 에너지의 단위로 표현된다. 수두의 측정단위는 액체의 수주 ft(m)이다.

고-에너지 펌프. 고-에너지 펌프란 1단의 수두가 650ft(200m) 이상이고 1단의 동력이 300마력(225kW) 이상인 펌프이다.

임펠러 평형(Impeller balancing)

- 단일-평면 평형(Single-plane balancing 또는 정적 평형). 단일 평면 평형이란 오직 임펠러의 한쪽 평면에 중량을 가감하여 명시된 최대 한계로 잔류 불평형을 수정하는 것을 말하며 평형 레일 또는 스피닝을 사용하여 정적으로 이를 수행할 수 있다.

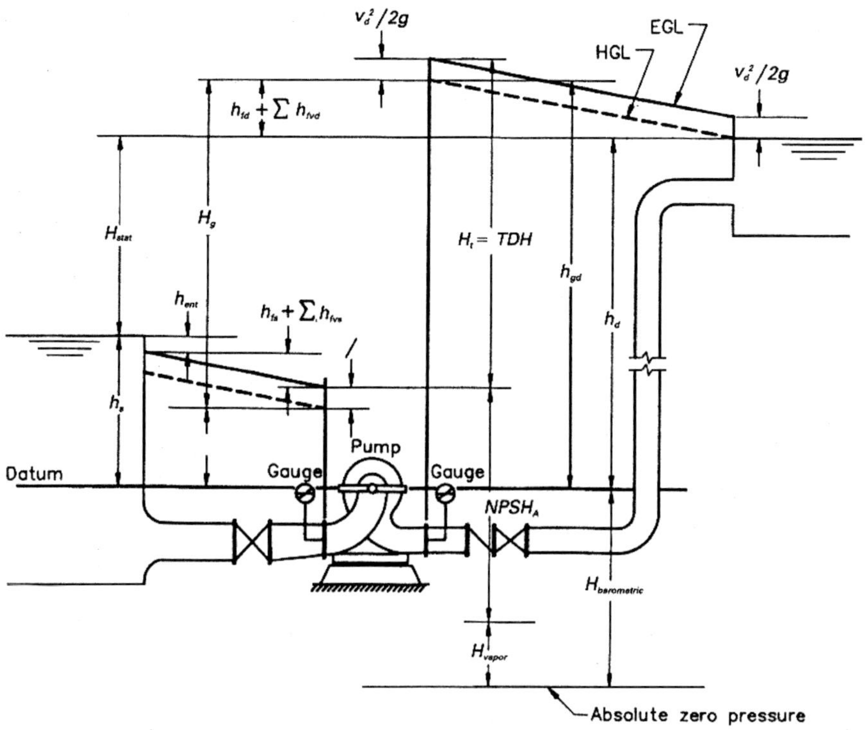

그림 5.1 ▌ + 흡입수두인 경우 펌프 용어

- 양쪽 평면 평형(Two-plane balancing 또는 동적 평형). 양쪽 평면 평형이란 오직 임펠러의 두 평면에 중량을 가감하여 명시된 최대 한계로 잔류 불평형을 수정하는 것을 말하며 적합한 평형 기계로 스피닝하여 이를 수행할 수 있다.

전체 효율(η_{OA}). 모터에 공급된 에너지 P_{mot}와 펌프를 통해 액체에 가해진 에너지의 비로서 구동기에 입력된 동력에 대한 수동력의 비로서 %로 표현된다.

동력

- **전동기 입력 동력** P_{mot}. 전동기에 입력되는 전기 동력
- **펌프 입력 동력** P_p. 구동기에서 커플링을 통해 펌프 축에 전달되는 동력으로 제동력(brake horsepower)라고도 불린다.
- **펌프 출력 동력** P_w. 펌프에 의해 액체에 전달된 동력으로 수동력(water horse power)이라고도 불린다.

$$P_w = \frac{Q \times H \times S}{3960} \qquad \text{(U.S unit)} \qquad (5.1)$$

$$P_w = \frac{Q \times H \times S}{366} \qquad \text{(S.I unit)} \qquad (5.2)$$

여기서 Q는 유량으로 U.S 단위의 경우 gal/min, S.I 단위의 경우 m^3/hr이고, H는 수두로서 U.S 단위의 경우 ft, S.I 단위의 경우 m이고, S는 비중 그리고 P_w는 동력으로 U.S 단위의 경우 마력, S.I 단위의 경우 kW이다.

- **펌프 효율**(η). 펌프 축에 전달된 에너지 P_p에 대한 액체에 전달된 에너지 P_w의 비로서 %로 표현된다.

펌프 압력

- 현장 시험 압력. 펌프가 분리되지 않을 경우 현장에서 폐쇄된 펌핑 시스템의 누수 시험을 위해 사용할 최대 정적 시험 압력으로서 통상적으로 최대 허용 케이싱 운영 압력의 125%를 취한다. 미케니컬 밀봉장치를 사용하는 경우 현장시험압력은 밀봉 능력의 압력에 의해 제한 받을 수 있다.
- 최대 허용 케이싱 운영 압력. 설계시 명시된 펌핑 온도에서 펌프 케이싱의 가장 높은 압력이다. 이 압력은 최대 토출압력과 동일하거나 커야 한다. 일부 펌프의 경우(예를 들어 양 흡입, 수직 터빈, 축 분리 케이싱, 또는 다단) 흡입측에서 최대 허용 케이싱 운영압력은 토출측에서 최대 허용 케이싱 운영압력과 다를 수 있다.
- 최대 흡입 압력. 펌프가 운영되는 동안 노출되는 가장 높은 흡입 압력이다.
- 운영 압력(p_d). 정격 속도와 정격 흡입 압력에서 운영할 때 펌프에서 발생할 수 있는 최대 토출 압력이다.
- 체절(shutoff). 펌프는 운전 중이나 유량이 펌프를 통해 통과하지 않는 조건이다.
- 속도. 단위 시간에서 펌프 축의 회전수로서 속도는 분당 회전수로 표현된다.

흡입 조건

- **최대 흡입압력**. 펌프가 운영되는 동안 노출되는 가장 높은 흡입 압력이다.
- **유효흡입수두**($NPSH_A$). 유효흡입수두는 펌프 첫 단 임펠러 기준선에서 결정된 액체의 절대 전체 흡입 수두로서 액체의 절대 진공압력보다 작다.

$$NPSH_A = h_{sa} - h_{vp} \tag{5.3}$$

여기서 h_{sa}는 절대 전체 흡입수두로서 다음과 같다.

$$h_{sa} = h_{atm} + h_s \tag{5.4}$$

또는

$$NPSH_A = h_{atm} + h_s - h_{vp} \tag{5.5}$$

- **필요흡입수두**($NPSH_R$). 명시된 유량에서 펌프를 운전할 때 펌프의 첫 단에서 전체 수두의 3% 이상의 손실이 발생하는 것을 방지하기 위해 필요한 흡입수두이다.

- **정적흡입수두**(Static suction lift I_s). 정적흡입수두는 펌프의 흡입구에서 압력이 대기압력 이하인 흡입조건으로 펌프의 흡입측이 흡상조건일 때 흡입측 수위와 펌프 흡입구의 고도 차이이다.
- **Submerged 흡입**. 펌프 흡입배관의 중심이 공급 탱크 내 액체의 수위보다 낮을 때 submerged 흡입 조건이 된다.
- **전체토출수두**(h_d). 전체토출수두 (h_d)는 토출측 게이지 수두(h_{gd})에 게이지가 설치된 지점에서 속도수두(h_{vd})와 토출측 게이지 중심선으로부터 펌프 기준선까지의 위치수두(Z_d)를 더한 것이다.

$$h_d = h_{gd} + h_{vd} + Z_d \tag{5.6}$$

- **전체수두**(Total head H). 이는 펌프에 의해 액체에 전달된 액체의 비중량당 에너지 증가의 척도로서 전체토출수두와 전체흡입수두 사이의 차이다. 이는 시스템의 완전한 특성들에 따라 필요한 전체수두가 결정되기 때문에 통상적으로 펌프 설계시 명시되는 수두이다.
- **전체흡입수두**(h_s), 폐쇄된 흡입. 펌프가 흡수정과 분리되어 설치되는 경우(dry pit) 또는 수평으로 설치되는 경우 펌프 흡입 노즐은 흡수정 수위 이상 또는 이하에 위치할 수 있다.
- **전체흡입수두**(h_s), 개방된 흡입. 펌프가 흡수정 상부에 설치되는 경우(wet pit) 또는 수직으로 설치되는 경우 bowl 조립체의 첫 번째 임펠러는 피트 내 침수된다. 기준선에서 전체흡입수두 (h_s)는 침수 깊이(Z_w)다. 만일 피트 내에서 유동의 평균 속도수두가 무시할 수 있을 정도로 작으면

$$h_s = Z_w \tag{5.7}$$

여기서 Z_w는 자유 수표면으로부터 기준선까지의 수직 거리이다.

첫 번째 단 임펠러의 eye를 기준으로 한 전체흡입수두(h_s)는 흡입 게이지 수두(h_{gs}), 게이지가 설치된 지점에서 속도수두 (h_{vs}), 흡입 게이지 중심선(또는 마노미터 0)으로부터 펌프 기준선까지의 위치수두(Z_s)의 합으로 표현된다.

$$h_s = h_{gs} + h_{vs} + Z_s \tag{5.8}$$

흡입 게이지 읽음 값이 대기압 이상이면 흡입 수두(h_s)는 위치수두와 속도수두의 합을 초과하는 양만큼 +가 되고, 대기압 이하이면 −가 된다.

- **속도수두**(h_v). 주어진 단면에서 액체의 동에너지이다. 속도수두는 다음 식으로 표현된다.

$$h_v = \frac{v^2}{2g} \tag{5.9}$$

여기서 속도 v는 게이지가 설치된 지점에서 유량을 단면으로 나눈 수치이다.

5.1.3 원심펌프 형식

HI와 API 기준에서 제시하는 원심펌프의 형식에 대한 정의는 일치하지 않는다(그림 5.2와 5.3 참조). 본질적으로 HI 기준은 원심펌프를 두 형식(overhung 임펠러와 베어링 사이 임펠러)으로 구분하는 한편 API 기준은 세 형식(overhung 임펠러, 베어링 사이 임펠러, 그리고 수직 suspended)으로 구분한다. HI 기준에서의 "수직 suspended" 형식은 "overhung 임펠러"의 세부 형식이다.

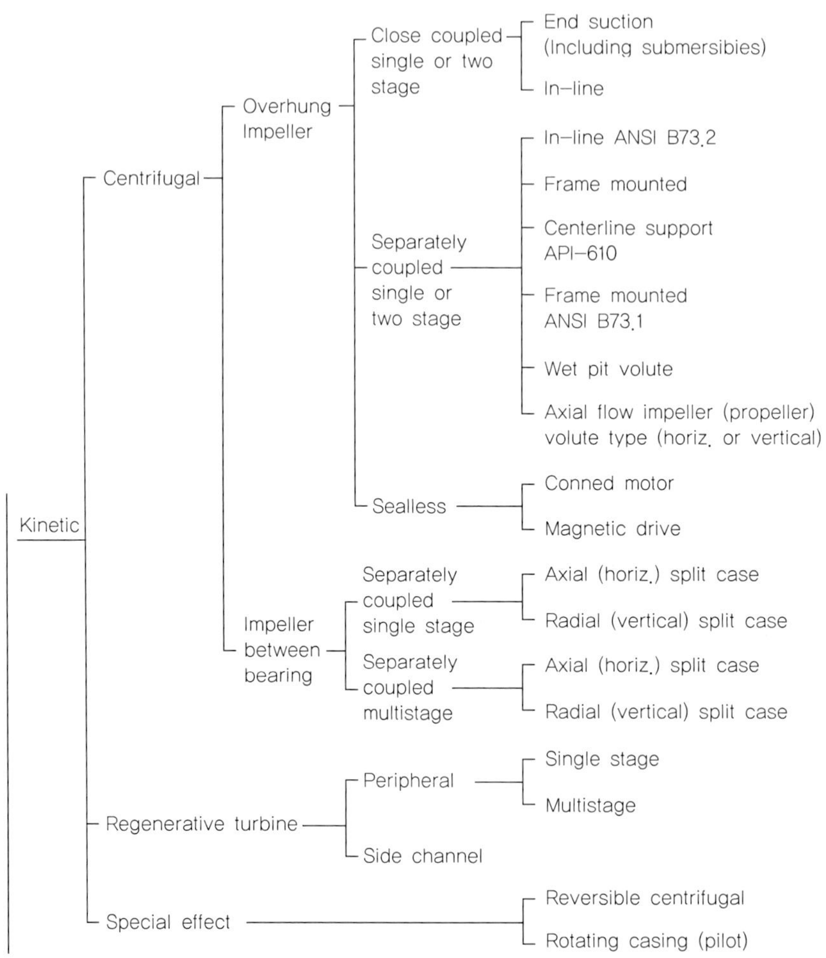

그림 5.2 ANSI/HI-1.1-1.5-1994에 따른 kinetic 형식 펌프

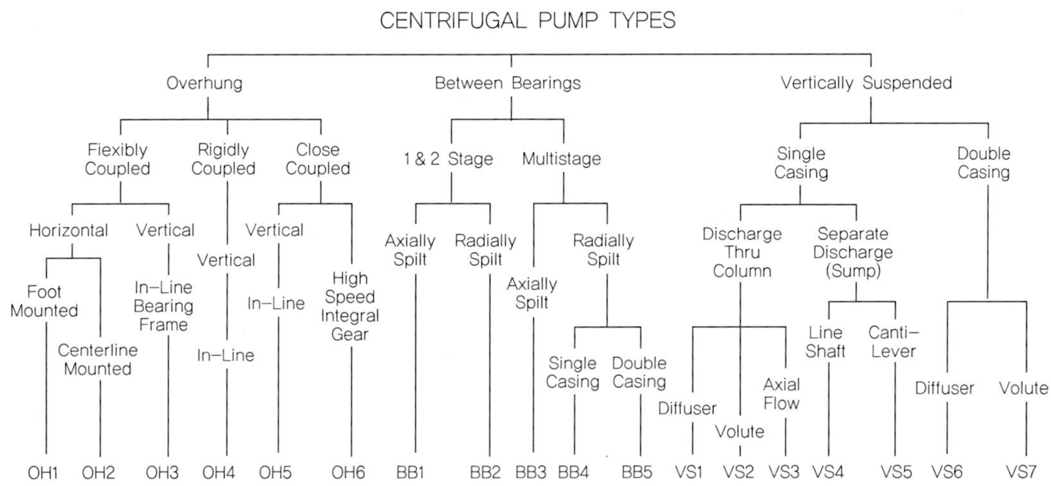

그림 5.3 ▌ API 610에 따른 펌프 분류

5.2 펌프 수리학

5.2.1 펌프성능곡선

유량범위에 걸쳐 펌프가 생성하는 수두는 그림 5.4와 같이 우하향 곡선 또는 볼록 곡선이 된다. 일부 형식의 임펠러는 유량이 증가하면서 수두 곡선이 매끄럽지 못하거나 또는 연속적으로 하향하지 않는다. 따라서 이와 같은 펌프에서는 펌프곡선에서 dip 또는 valley가 존재할 수 있다.

5.2.2 관로 수리학과 시스템곡선

시스템곡선은 그림 5.5와 같이 관로 내에서 유량과 발생된 수두손실 사이의 상관관계를 나타낸다. 시스템 곡선의 핵심적인 요소들은 다음 사항들을 포함한다.

· **시스템 정수두(static head of the system)**. 펌프의 흡입측 저수지 수위와 펌프가 최종적으로 토출하는 토출측 저수지 수위 사이의 차이를 시스템 정수두라 한다.

· **관로시스템 내 마찰손실 또는 수두손실**. 새로운 관으로부터 관의 경년에 따라 변화하는 마찰 계수들을 항상 고려해야 한다.

유량이 증가하면서 발생하는 수두손실을 정수두에 더하여 시스템곡선을 전개한다. 따라서 시스템곡선은 정수두의 수치를 원점으로 한 쌍곡선이 된다. 관로 내부에서 마찰을 결정하기 위해 가장 널리 사용되는 세 가지 이론은 다음과 같다.

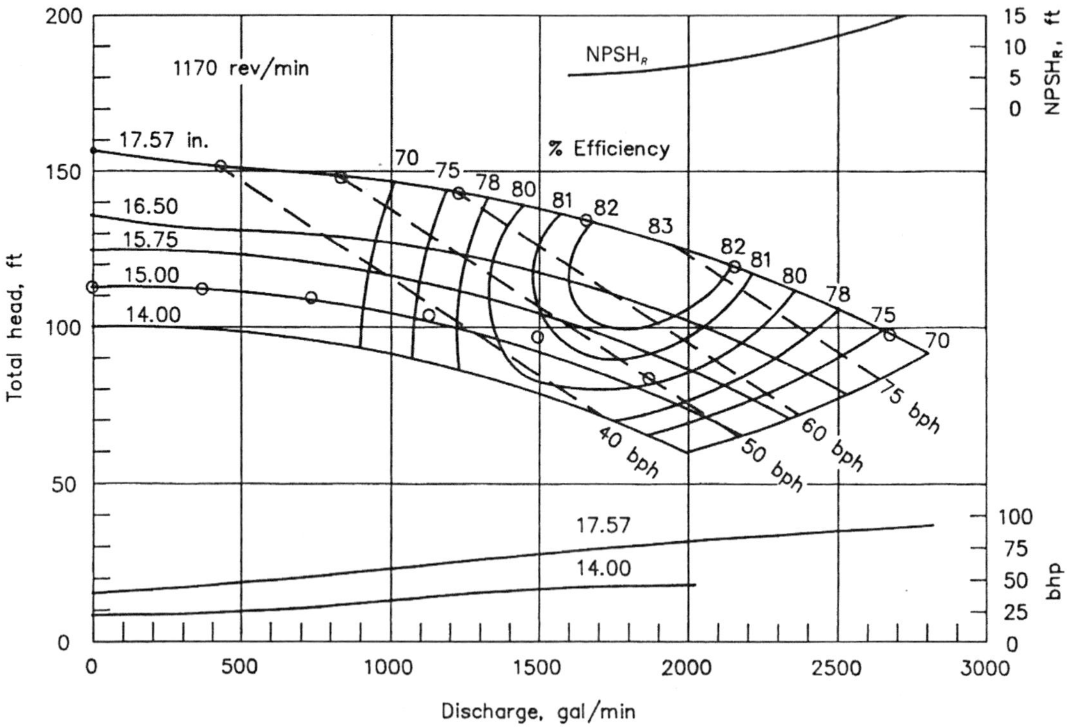

그림 5.4 ▌ 전형적인 유량곡선

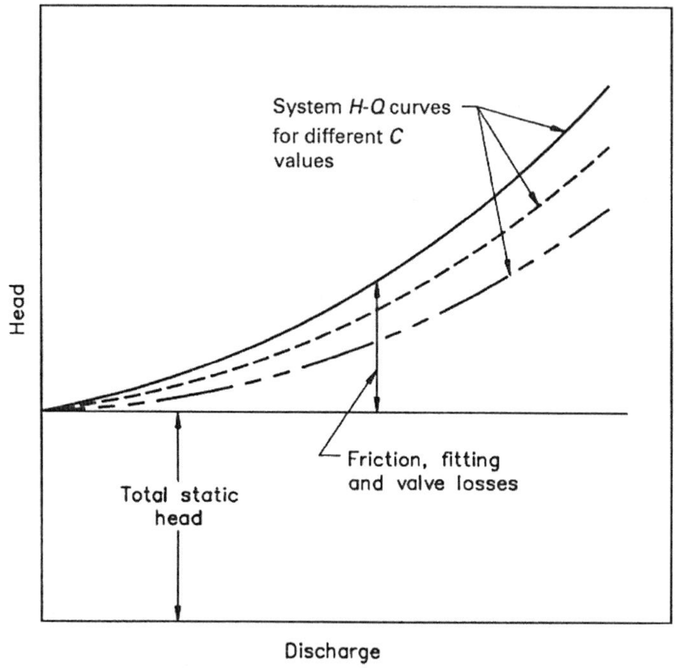

그림 5.5 ▌ 전형적인 시스템 수두–유량곡선

5.2.2.1 하젠-윌리엄 공식

하젠-윌리엄공식은 다음과 같이 표현된다.

$$V = 1.318\,CR^{0.63}S^{0.54} \quad \text{(U.S. unit)} \tag{5.10a}$$

여기서 V는 속도(ft/s), C는 조도 계수, R은 수력반경(ft), 그리고 S는 단위 길이당 마찰 수두손실 또는 에너지구배선의 경사(ft/ft). S.I 단위에서 식 (5.10a)는 다음과 같다.

$$V = 0.849\,CR^{0.63}S^{0.54} \quad \text{(S.I. unit)} \tag{5.10b}$$

여기서 V는 속도(m/s), C는 조도 계수, R은 수력반경(m), 그리고 S는 단위 길이당 마찰 수두손실 또는 에너지구배선의 경사(m/m)이다.

관로시스템에서 수두손실 또는 마찰손실을 계산하기 위한 더욱 편리한 형태의 하젠-윌리엄 공식은 다음과 같다.

$$H_L = \frac{4.72L}{D^{4.86}}\left(\frac{Q}{C}\right)^{1.85} \tag{5.11a}$$

여기서 H_L은 수두손실(ft), L은 배관 길이(ft), D는 배관 내부 직경(ft), 그리고 Q는 유량(ft^3/s), 그리고 C는 조도 계수 또는 마찰 계수이다. S.I 단위에서 식 (5.11a)는 다음과 같다.

$$H_L = \left(\frac{L}{1000}\right)\left(\frac{151\,Q}{CD^{2.63}}\right)^{1.85} = \frac{10.74L}{D^{4.86}}\left(\frac{Q}{C}\right)^{1.85} \tag{5.11b}$$

여기서 H_L은 수두손실(m), L은 배관 길이(m), D는 배관 내부 직경(m), Q는 유량 (m^3/s), 그리고 통상적으로 C 계수의 수치는 80~150이며 수치가 높을수록 배관은 더욱 매끄럽다. C 수치는 배관 재질, 수송하는 유체(상수 또는 하수), 라이닝 재질, 배관 또는 라이닝 재료의 노후도, 그리고 배관 직경에 종속된다. C의 일반적인 수치 범위는 표 5.1과 같다.

표 5.1 ▍ 하젠-윌리엄 계수

배관 재료	상수 C 수치	하수 C 수치
PVC	135~150	130~145
강관(몰탈 라이닝)	120~145	120~140
강관(라이닝되지 않은 경우) 120~140	110~130	110~130
덕타일 주철관(라이닝)	100~140	100~130
석면 시멘트	120~140	110~135
콘크리트 압력배관	130~140	120~130
덕타일 주철관(라이닝되지 않은 경우)	80~120	80~110

AWWA Manual M11, Steel Pipe-A Guide for Design and Installation(AWWA, 1989)는 C 계수와 물 용도 배관 직경 사이 다음 상관관계를 제공한다.

$$C = 140 + 0.17d \quad \text{신규 몰탈-라이닝된 강관(U.S 단위)}$$
$$= 140 + 0.0066929d \text{(d 단위는 mm)} \tag{5.12}$$

$$C = 130 + 0.16d \quad \text{슬라임 성장 등 라이닝 성능저하를 고려한 장기 관점(U.S 단위)}$$
$$= 130 + 0.0062992d \text{(d 단위는 mm)} \tag{5.13}$$

여기서 C는 마찰계수 또는 조도 계수(표 5.1 참조)이고 d는 배관 직경으로 인치 또는 mm이다.

5.2.2.2 매닝공식(Manning's equation)

매닝공식은 다음과 같다.

$$V = \frac{1.486}{n} R^{2/3} S^{1/2} \qquad \text{(U.S. unit)} \tag{5.14}$$
$$V = \frac{1}{n} R^{2/3} S^{1/2} \qquad \text{(SI unit)}$$

여기서 V는 속도(ft/s 또는 m/s), n은 조도 계수, R은 수력반경(ft 또는 m), 그리고 S는 단위 길이당 마찰 수두손실 또는 에너지구배선의 경사이다.

압력 관로시스템에서 수두손실 또는 마찰을 계산하기 위한 편리한 매닝공식의 형태는 다음과 같다.

$$H_L = \frac{4.66L(nQ)^2}{D^{16/3}} \qquad \text{(U.S. unit)} \tag{5.15}$$

$$= \frac{5.29L(nQ)^2}{D^{16/3}} \qquad \text{(SI unit)}$$

여기서 n은 조도계수, H_L은 수두손실(ft 또는 m), L은 배관길이(ft 또는 m), D는 배관직경(ft 또는 m), 그리고 Q는 유량(ft^3/s 또는 m^3/s)이다. 전형적으로 n 수치의 범위는 0.01~0.016이고 배관이 매끄러울수록 감소한다.

5.2.2.3 달시-바하공식

달시-바하공식은 다음과 같다.

$$H_L = f\frac{L}{D}\frac{V^2}{2g} \tag{5.16}$$

여기서 f는 무디선도로부터 구할 수 있는 마찰 계수, g는 중력가속도(32.2ft/s^2 또는 9.81m/s^2), H_L은 수두손실(ft 또는 m), D는 배관 직경(ft 또는 m), 그리고 V는 속도(ft/s 또는 m/s)이다.

Sanks et al. (1988)은 f 수치를 결정하기 위한 경험공식에 대해 토론하였다. 달시-바하공식 사용의 단점은 f 수치가 상대조도(e/D)와 레이놀즈수 Re 모두에 종속되어 f수치를 구하는 것이 다소 복잡하다는 것이다.

$$Re = \frac{VD}{\nu} \tag{5.17}$$

여기서 Re는 레이놀즈수로 무차원이고, V는 배관 내 유체 속도(ft/s 또는 m/s), D는 배관 내경(ft/s 또는 m/s), 그리고 ν는 동점성계수(ft/s^2 또는 m^2/s)이다.

다음 공식들을 이용하여 Re의 함수로서 f 수치를 결정할 수 있다.

$$f = \frac{64}{Re} \quad Re < 2000 \tag{5.18}$$

$$\frac{1}{\sqrt{f}} = 2\log_{10}\left(\frac{e/D}{3.7} + \frac{2.51}{Re\sqrt{f}}\right) \quad 2000 < Re < 4000 \tag{5.19}$$

$$f = \frac{0.25}{\left[\log_{10}\left(\frac{e/D}{3.7} + \frac{5.74}{Re^{0.9}}\right)\right]^2} \quad 4000 < Re \tag{5.20}$$

여기서 e/D는 상대조도, e는 절대조도(ft 또는 m), 그리고 D는 배관직경(ft 또는 m)이다. 식 (5.19)는 Colebrook-White 공식, 그리고 식 (5.20)은 Swamee & Jain이 개발한 경험공식이다. 실용적 목적으로 용수관로의 경우 f 수치는 전형적으로 0.016~0.02 범위가 된다.

5.2.2.4 f, C, 그리고 n 비교

달시-바하공식과 하젠-윌리엄공식 두 경사를 동일하게 하고 수력구배선들의 경사를 구하기 위해 두 공식을 해결하여 f와 C 계수들을 비교할 수 있다. SI 단위로 항들을 정리하면

$$f = \left(\frac{1}{C^{1.85}}\right)\left(\frac{134}{V^{0.15}D^{0.167}}\right) \tag{5.21a}$$

여기서 V의 단위는 (m/s)이고 D는 (m)이다. 상기 식을 미국단위로 표현하면

$$f = \left(\frac{1}{C^{1.85}}\right)\left(\frac{194}{V^{0.15}D^{0.167}}\right) \tag{5.21b}$$

여기서 V의 단위는 (ft/s)이고 D는 (ft)이다. 만수된 상태로 압력을 받는 배관의 경우 C와 n의 상관관계는 다음과 같다.

$$n = 1.12\frac{D^{0.037}}{CS^{0.04}} \tag{5.22a}$$

여기서 D는 내경으로 단위는 (m)이다. 상기 식을 미국단위로 표현하면

$$n = 1.07\frac{D^{0.037}}{CS^{0.04}} \tag{5.22b}$$

여기서 D는 내경으로 단위는 (ft)이다.

5.2.3 밸브의 수리학

미소손실을 구하기 위한 공식을 사용하여 밸브에서 발생하는 수두손실의 영향을 결정할 수 있다.

$$h_L = K\frac{V^2}{2g} \tag{5.23}$$

여기서 h_L은 미소손실(ft 또는 m), K는 미소손실계수, V는 유체속도(ft/s 또는 m/s), g는 중력가속도(32.2ft/s^2 또는 9.81m/s^2)이다.

다음 식으로 밸브에서 발생하는 수두손실 또는 압력손실을 결정할 수 있다.

$$Q = C_v\sqrt{\Delta p}\,(\text{U.S. unit}) = 0.3807C_v\sqrt{\Delta p}\,(\text{SI unit}) \tag{5.24}$$

여기서 Q는 유량(ft^3/s or m^3/s), C_v는 밸브고유 유량계수, 그리고 ΔP는 밸브를 통과하면서 발생하는 압력손실(psi or kPa)이다. 계수 C_v는 밸브 플러그, 디스크, 게이트의 위치 등에 따라 변화한다. C_v는 압력저하 1psi 또는 1bar에서 밸브를 통과하는 유량을 나타낸다. 플러그 또는 디스크 위치에 따른 C_v 곡선은 밸브 제작사의 카타로그 또는 문헌으로부터 구해야 한다.

C_v와 K는 다음 공식으로 서로 관련된다.

$$C_v = 29.85\frac{d^2}{\sqrt{K}}(\text{ft}^3/\text{s}) \qquad (\text{U.S. unit}) \tag{5.25a}$$

$$C_v = 10.995\frac{d^2}{\sqrt{K}}(\text{m}^3/\text{s}) \qquad (\text{SI unit}) \tag{5.25b}$$

여기서 d는 밸브 직경이다. 따라서 밸브 제작사의 자료로부터 C_v를 결정하고 상기 공식을 사용하여 K 수치를 계산할 수 있다. 밸브 수두손실을 계산하기 위해 이 K 수치를 사용할 수 있다.

5.2.4 펌프 단독운전시 펌프운전점 결정

펌프곡선에 시스템곡선을 중첩시키면 펌프곡선과 시스템곡선이 교차하는 점이 바로 펌프 운전점이 된다(그림 5.6). 시간에 따라 운전점이 변경되는 것을 관측할 수 있다. 즉, 배관 노후도에 따라 조도가 거칠게 되고 시스템곡선은 더욱 급경사가 되어 펌프 운전점은 왼쪽으로 이동하게 된다. 또한 임펠러가 마모되면서 펌프곡선은 아래로 이동한다. 따라서 시간이 경과하면 펌프의 용량은 상당히 감소하게 된다. 이러한 조합된 영향의 가시화는 그림 5.7과 같다.

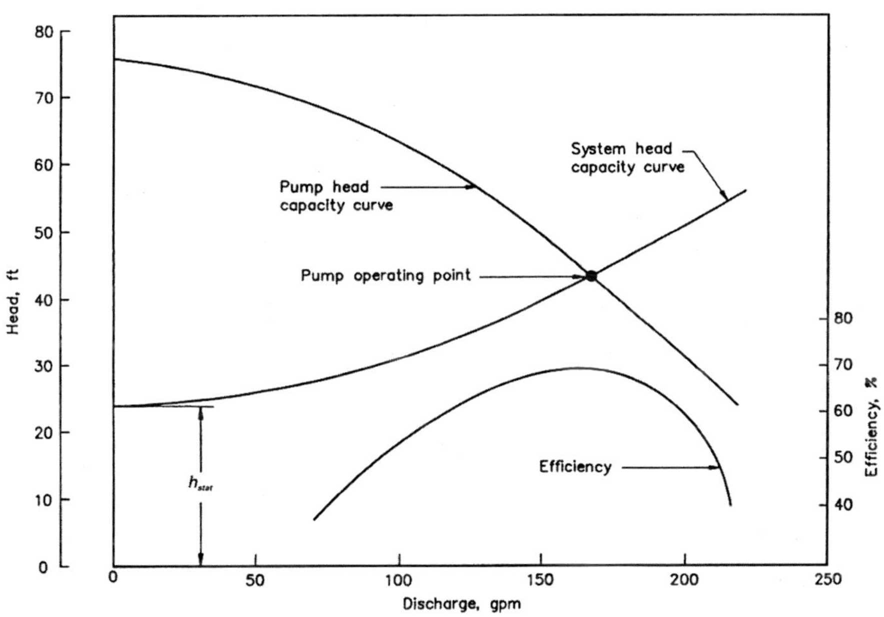

그림 5.6 ▌ 정수두가 고정된 정속펌프 운전점 결정

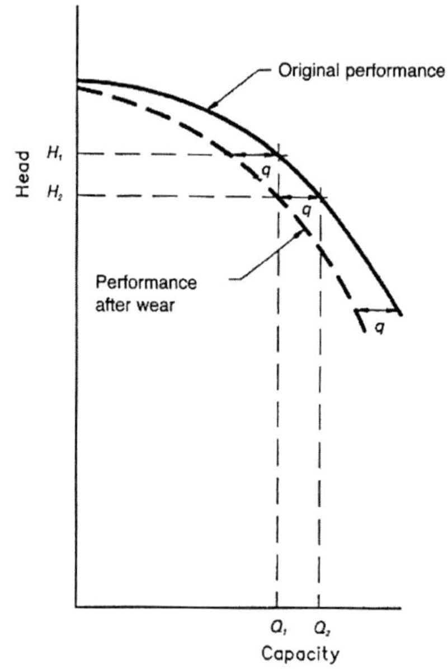

그림 5.7 ▌ 임펠러 마모의 영향

5.2.5 병렬 펌프운전

병렬로 운전되는 펌프의 조합펌프곡선을 전개하기 위해 특정 펌핑수두에서 펌프가 제공하는 유량들을 더한다(그림 5.8). 이는 동일한 용량의 펌프(유량-수두곡선이 동일)는 물론 다른 용량의 펌프(유량-수두 곡선이 다름)에도 적용할 수 있다.

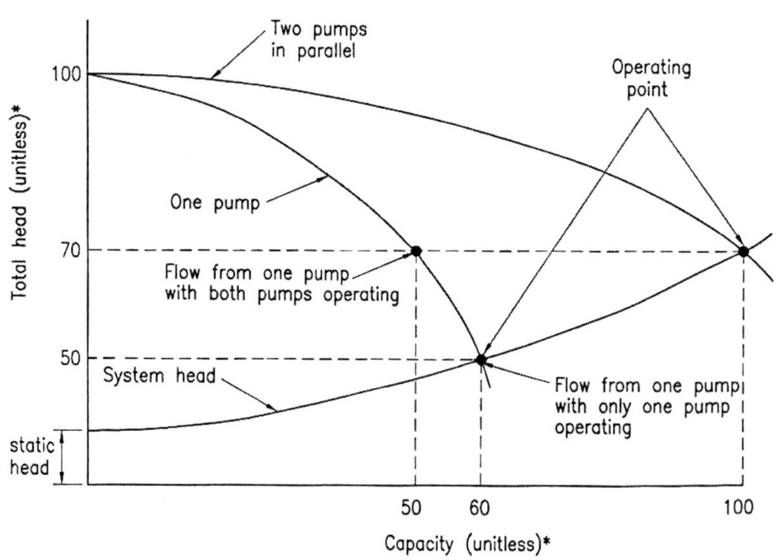

그림 5.8 ▌ 병렬운전시 펌프운전점

5.2.6 변속펌프

최대회전속도에서 펌프곡선은 상기에서 기술한 것과 동일하다. 변속펌프가 운전할 시스템 곡선상에서의 점은 시스템곡선과 펌프곡선의 교차점으로 결정된다. 감소된 회전속도에서 펌프곡선을 결정하기 위해 펌프상사법칙을 반드시 사용해야 한다. 이러한 상사법칙은 다음과 같다.

$$\frac{Q_1}{Q_2} = \frac{n_1}{n_2} \tag{5.26}$$

$$\frac{H_1}{H_2} = \left(\frac{n_1}{n_2}\right)^2 \tag{5.27}$$

$$\frac{P_1}{P_2} = \left(\frac{n_1}{n_2}\right)^3 \tag{5.28}$$

여기서 Q는 유량, H는 수두, P는 동력, n은 회전속도이고, 아래첨자 1과 2는 상사점들이다. 점 1이 점 2에 상사하는 것을 보장하기 위해 식 (5.26)과 (5.27)을 동시에 적용해야 한다. 펌프의 상사점들은 원점을 통과하여 포물선상에 떨어지는 반면 시스템 $H-Q$ 곡선상에는 떨어지지 않는다. 상사법칙으로 알려진 이러한 상관관계들을 사용하여 펌프의 유량, 수두 및 동력에 대한 회전속도의 영향을 결정한다.

모든 형식의 원심펌프와 축류펌프에서 유량과 수두들은 실제 시험 결과에 기초하기 때문에 유량과 수두를 구하기 위한 상사법칙은 정확하다. 그러나 펌프 규격이 증가하면 효율이 증가하기 때문에 동력에 대한 상사법칙은 정확하지 않다.

이러한 상관관계를 적용하면 펌프곡선상에 주어진 한 점에서 다른 곡선상의 한 상사점으로 이동할 때 효율은 동일하게 유지하는 가정에 기초한다는 사실을 기억해야 한다. 유입, 유출 그리고 펌프를 통한 수리학과 압력 특성들은 유량에 따라 변화하기 때문에 식 (5.26)과 (5.27)에서 발생하는 오차가 극도로 작을지라도 공식 5.28에서 발생하는 오차들은 과도하게 발생할 수 있다. 다른 회전속도들에서 펌프곡선들의 예증을 위해 그림 5.9를 참조한다.

예제 5.1 표 5.2와 같은 수두-유량곡선을 갖고 정상적인 최대 회전속도 1,800rpm에서 운영되는 한 펌프를 고려한다. 200rpm 증분으로 1,000~1,600rpm의 회전속도로 운영되는 경우 펌프곡선을 유도한 결과는 표 5.2와 같다.

여기서 1,800rpm 회전속도에서의 Q 수치를 n_1/n_2의 비율로 곱하여 n_2에서의 Q 수치를 구하였고, H 수치를 $(n_1/n_2)^2$의 비율로 곱하여 n_2에서의 H 수치를 구한 것이다.

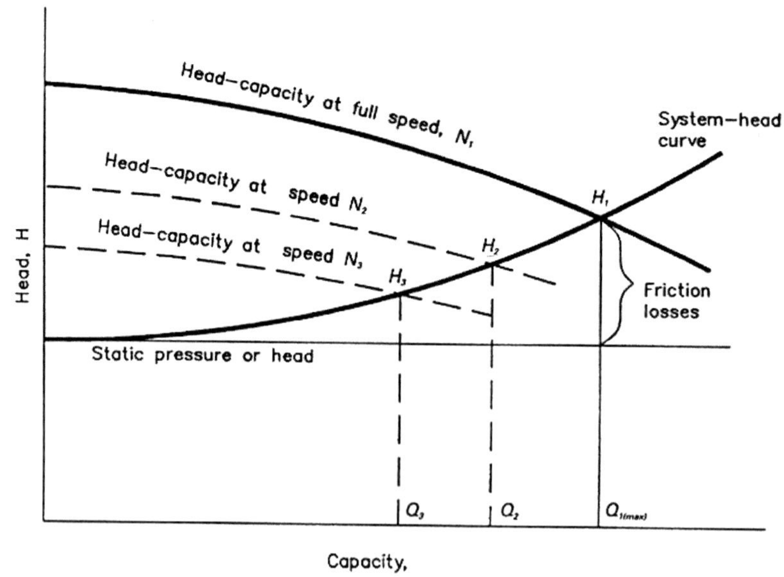

그림 5.9 ▌ 변속펌프의 전형적인 유량곡선

표 5.2 ▌ 예제 계산

회전 속도 (rpm)	비율 n_1/n_2	비율 $(n_1/n_2)^2$	여러 점에서 수두-유량							
			점 1		점 2		점 3		점 4	
			Q(gpm)	H(ft)	Q(gpm)	H(ft)	Q(gpm)	H(ft)	Q(gpm)	H(ft)
1,800	1.000	1.000	0	200	1,000	180	2,000	160	3,000	130
1,600	0.889	0.790	0	158	889	142	1,778	126	2,667	103
1,400	0.777	0.605	0	121	778	109	1,556	97	2,333	79
1,200	0.667	0.444	0	89	667	80	1,333	71	2,000	58
1,000	0.555	0.309	0	62	556	56	1,111	49	1,667	40

회전 속도 (rpm)	비율 n_1/n_2	비율 $(n_1/n_2)^2$	여러 점에서 수두-유량							
			점 1		점 2		점 3		점 4	
			Q(gpm)	H(ft)	Q(gpm)	H(ft)	Q(gpm)	H(ft)	Q(gpm)	H(ft)
1,800	1.000	1.000	0	60	63	55	126	49	189	40
1,600	0.889	0.790	0	47	56	44	112	39	168	32
1,400	0.777	0.605	0	36	49	33	98	30	147	24
1,200	0.667	0.444	0	27	42	24	84	22	126	18
1,000	0.555	0.309	0	19	33	17	70	15	105	12

5.3 비속도의 개념 정리

5.3.1 유량과 비속도의 관계

펌프의 비속도는 다음 식으로 정의된다.

$$N_s = \frac{N\sqrt{Q}}{H^{0.75}} \tag{5.29}$$

여기서 N은 펌프회전속도(rpm), Q는 펌프 토출유량(gal/min, m^3/s, L/s, m^3/hr)으로 이중 흡입인 경우 유량을 2로 나눈다. H는 펌프 토출수두(ft 또는 m)로 다단인 경우 단수로 나눈다.

유량과 수두의 단위가 다를 경우 비속도의 상관관계는 표 5.3과 같다. 동일한 비속도를 갖는 펌프는 기하학적으로 상사하다고 말한다. 비속도는 펌프 임펠러의 형상과 치수 또는 설계특성들의 표시자이다(HI, 1994). 또한 Sanks et al. (1988)은 비속도의 함수로서 임펠러 형식에 대해 기술하였다. 일반적으로 임펠러 형식에 따라 적용 가능한 비속도 범위는 다음과 같다.

임펠러 형식	비속도(rpm · gpm · ft)	비속도(rpm · m^3/min · m)
원심형	500～2500	75～375
사류형	2500～7000	375～1050
축류형	7000～15,000	1050～2250

표 5.3 ▌ 비속도 환산표

Quantity	단 위				
N Q H	rev/min L/s m	rev/min m^3/s m	rev/min, m^3/s m	rev/min gal/min ft	rev/min, ft^3/s ft
	1.0	0.0316	1.898	1.633	0.0771
	31.62	1.0	60.0	51.64	2.437
	0.527	0.0167	1.0	0.861	0.0406
	0.612	0.0194	1.162	1.0	0.0472
	12.98	0.410	24.63	21.19	1.0

출처 : Sank, et al 1998.

5.3.2 흡입비속도(Suction Specific Speed)

흡입비속도는 토출비속도와 유사하고 다음 공식으로 결정된다.

$$S = \frac{N\sqrt{Q}}{NPSH_R^{0.75}} \tag{5.30}$$

여기서 S는 흡입비속도, Q는 식 (5.29)로 정의된 펌프 토출유량, N은 펌프회전속도(rpm), 그리고 $NPSH_R$은 5.4절에서 기술한 필요흡입수두이다. 흡입비속도의 중요성은 적정한 흡입수두조건를 확보하지 않고 펌프 회전속도가 높게 되면 과도한 공동현상과 진동의 결과로서 펌프 구성품(임펠러, 축, 베어링)에 과도한 마모를 야기 시킬 수 있다는 것이다(Hydraulics Institute, 1994). 즉, 펌프형식이 결정되면(즉, 비속도가 결정되면) 펌프가 운영되어야 할 등가 최대속도가 존재한다. 즉, 식 (5.30)을 다시 작성하면

$$N = \frac{S \times NPSH_A^{0.75}}{\sqrt{Q}} \tag{5.31}$$

펌프형식이 결정되면 유효흡입수두의 함수로서 적정하고 최대 허용이 가능한 펌프 회전속도를 결정하기 위해 식 (5.31)을 사용할 수 있다. 비속도가 결정되면 식 (5.31)로부터 다음과 같은 펌프특성들이 발생하는 것을 알 수 있다.

- 유량이 클수록 허용 최대 회전속도는 낮아진다. 따라서 적정하게 선정된 대유량 펌프는 유량이 증가하면 회전수를 감소시켜야 하므로 예상한 것 보다 펌프의 규격이 상당히 크게 된다.
- $NPSH_A$가 클수록 허용 펌프 회전속도는 높게 된다.

5.4 흡입수두(Net Positive Suction Head)

흡입수두 NPSH는 실제로 유효흡입수두 $NPSH_A$와 필요흡입수두 $NPSH_R$ 두 개의 개념으로 구성된다. Hydraulic Institute(1994) 5.1절에는 $NPSH_A$와 $NPSH_R$를 다음과 같이 정의하고 있다.

5.4.1 유효흡입수두(Net Positive Suction Head Available)

그림 5.10은 $NPSH_A$의 개념을 가시적으로 묘사한다. $NPSH_A$는 임펠러에서 유용한 수두이므로 계산시에는 임의 흡입배관에서 발생하는 마찰 손실들을 감해야 한다. 따라서

$NPSH_A$를 결정하기 위한 공식은 다음과 같다.

$$NPSH_A = h_{atm} + h_s - h_{vp} - h_L \tag{5.32}$$

여기서 h_{atm} : 대기압력(ft 또는 m)

h_s : 펌프 흡입측에서의 물의 정적 수두(ft 또는 m)
(수위가 임펠러 eye보다 낮으면 -가 된다)

h_{vp} : 물의 포화증기 압력수두로서 고도와 온도에 따라 변화한다(ft 또는 m)

h_L : 흡입배관에서의 마찰손실(ft 또는 m)로서 통상적으로 흡입관로를 구성하는 여러 이형관들과 배관 길이에서 발생하는 속도수두($KV^2/2g$)의 합으로 표현된다.

$NPSH_A$ 결정시 중요한 고려 사항은 다음과 같다.

- 고도에 따른 대기 압력을 반드시 고려해야 한다.
- 폭풍시 대기 압력은 약 2%까지 감소될 수 있다.
- 수온은 증기압에 따라 상당히 영향을 받는다.

$NPSH_A$ 계산시 포함된 불확실성 때문에 안전요소로 $NPSH_A$는 반드시 $NPSH_R$보다 최소한 5ft(1.5m) 크거나 $1.35 \times NPSH_R$가 되어야 한다. $NPSH_A$ 계산 예제는 5.5절에서 기술한다.

5.4.2 필요유효흡입수두(Net Positive Suction Head Required)

Hydraulic Institute(1994)와 Sanks et al. (1998)는 $NPSH_R$의 개념에 대해 상세하게 토론하였으며 토론 내용을 요약하면 다음과 같다. 형상이 유사한 펌프를 일정한 회전속도와 유량에서 흡입수두를 변화시켜 시험하여 $NPSH_R$를 결정한다. 그림 5.10과 같이 흡입 유입부를 교축하여 3% 수두저하가 발생하면 공동화가 형성되기 시작한 것으로 가정한다. 공동화의 개시는 수두에서 3% 저하 이전에 발생하는 것으로 알려져 있다(Cavi. 1985). 수두에서 임의 저하가 감지되기 전에 공동화는 상당히 전개될 수 있고 실제로 침식은 3% 수두변화보다 1% 수두변화에서 더욱 급속하게 발생한다. 실제 공동화현상이 발생하는 펌프에서 공기를 흡입배관에 도입하여 많은 기포들을 만들어 침식을 방지할 수 있다. 따라서 현재 대부분 펌프 제작사들이 $NPSH_R$을 정의하기 위해 3% 수두변화를 표준으로 사용하기 때문에 카타로그로부터 맹목적으로 이 자료를 수용한 결과로서 심각한 침식이 발생할 수 있다. 연속적으로 운영되는 중요한 펌프 설치시 제작사로부터 $NPSH_R$ 시험 결과를 요구해야 한다. 전형적으로 $NPSH_R$은 펌프의 연속적인 곡선으로 작도된다(그림 5.11 참조). 임펠러 트림이 $NPSH_R$에 상당한 영향을 미치면 여러 곡선들을 작도해야 한다.

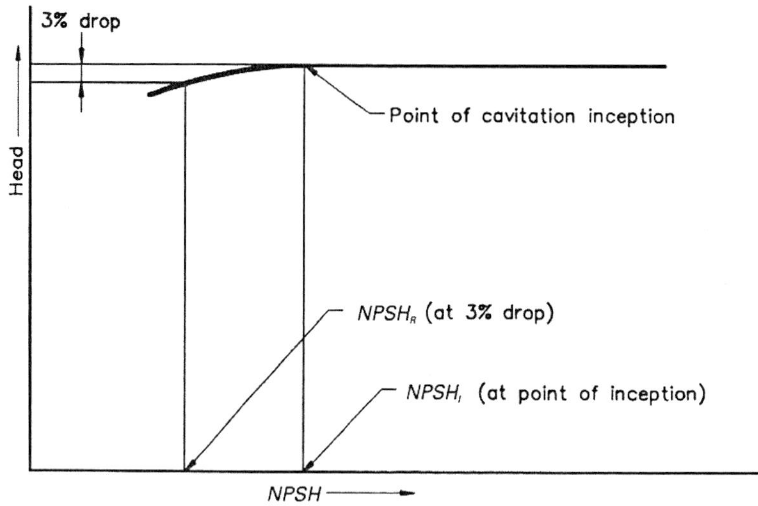

그림 5.10 ▌ 펌프시험결과로부터 NPSH 결정

모든 공동화를 억제하기 위해 필요한 NPSH는 펌프 제작사 곡선에 제시된 $NPSH_R$보다 항상 높아야 한다. 최고 효율점(BEP;best efficiency point) 기준 펌프유량의 40~60%에서 모든 공동화를 억제하기 위해 필요한 NPSH는 정격 운전점에서 수두와 유량을 보장하기 위해 필요한 NPSH의 2~5배가 될 수 있다(그림 5.10, Taylor, 1987). HI 기준은 $NPSH_A/NPSH_R$의 비가 높을 필요가 있다고 주장한다. 즉, 임펠러 설계와 운영 용량에 따라 초기 공동화를 완벽하게 억제하기 위해 $NPSH_A/NPSH_R$가 2~20이 될 수 있다.

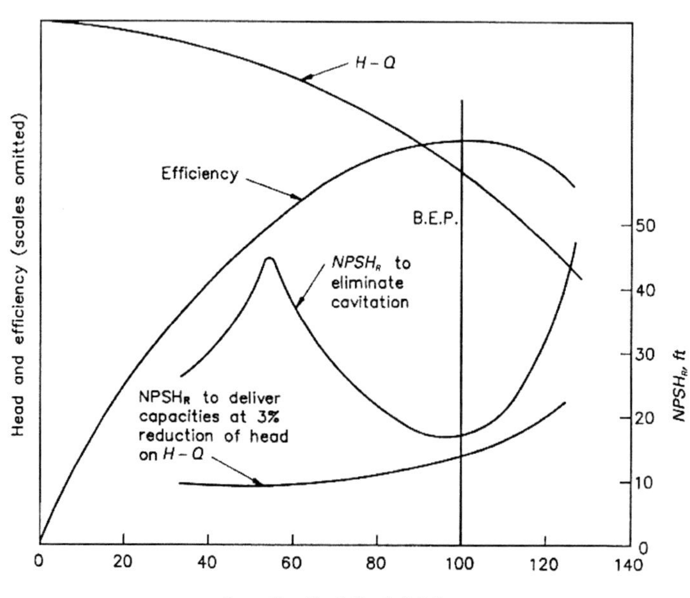

그림 5.11 ▌ 가시적인 캐비테이션을 방지하기 위한 NPSHre

만일 펌프가 낮은 수두와 BEP 유량보다 상당히 큰 유량에서 운영되면 $NPSH_R$의 상관관계는 대략적으로 다음과 같다.

$$\frac{\text{운전점에서 } NPSH_R}{\text{BEP에서 } NPSH_R} = \left(\frac{\text{운전점에서 } Q}{\text{BEP에서 } Q}\right)^n \tag{5.33}$$

여기서 n은 임펠러의 설계에 따라 1.25~3.0을 취한다. 통상적으로 수도 펌프에서 n은 1.8~2.8이 된다. BEP에서 $NPSH_R$은 펌프의 비속도에 따라 증가한다. 수두가 높은 펌프의 경우 운영점에서 충분한 NPSH를 얻기 위해 속도를 제한하거나 또는 $NPSH_R$을 증가시키기 위해 상대적으로 흡입측 수위와 펌프의 고도를 낮추어야 할 필요가 있다.

5.4.3 NPSH 여유 또는 안전계수

임의 펌프와 관로시스템은 반드시 펌프 운영범위에 걸쳐 $NPSH_A$가 $NPSH_R$ 이상이 되도록 설계되어야 한다. 여유는 $NPSH_A$가 $NPSH_R$를 초과한 양이다(HI Hydraulics Institute, 1994). 필요한 여유의 크기는 펌프 설계, 적용, 그리고 재질에 따라 다르다.

수년간에 걸친 실제 경험에 따르면 펌프설계 및 적용시 $NPSH_A$의 하한 경계로 $NPSH_R$를 사용할 수 있다는 것을 보여주었다. 그러나 동력이 큰 펌프의 경우 $NPSH_R$로는 충분하지 않을 수 있다. 따라서 설계자는 동력이 큰 펌프의 경우 공동화현상으로 인한 펌프손상을 방지하기 위해 모든 유량에 걸쳐 $NPSH_R$보다 충분한 여유를 고려해야 한다.

5.4.4 공동화(Cavitation)

공동화는 수두저하가 탐지되기 상당히 이전에 해를 끼치지 않는 아주 작은 기포로 펌프 내부에서 형성되기 시작한다. 이를 초기 공동화 점(point of incipient cavitation)이라 부른다(Cavi, 1985; Hydraulics Institute, 1994).

높은 에너지 펌프에 대한 고찰결과 $NPSH_R$보다 $NPSH_A$가 큰 경우에서도 공동화현상으로 인한 손상은 상당할 수 있다는 것을 보여주었다. 연구결과 특히 임펠러 eye에서 속도가 높은 펌프는 흡입관로에서 손실이 크게 발생하므로 수두저하 0~1% 사이에서의 $NPSH_A$ 수치(또는 $NPSH_R$의 2~3배)에서 최대손상이 발생하는 것을 보여주었다. 보편적으로 수용할 수 있는 수두저하 %와 공동화로 인한 손상 사이의 상관관계는 존재하지 않는다. 특정 펌프설계와 재질, 유체와 시스템의 특성에서 너무 많은 변수들이 존재한다. 특정 펌프형식과 높은 에너지, 낮은 $NPSH_A$를 적용시 반드시 펌프제작사와 상의해야 한다. 펌프 제작사의 연구 자료에 따르면 비속도와 흡입비속도, 또는 임의 다른 단순한 변수와 NPSH 곡선의 상관관계는 존재하지 않는다. 설계변수들과 제작변수들은 너무 방대하여 3%, 2%, 1%, 0% 수두저하 사이의 표준 상관관계가 존재하지 않는다. 0% 수두저하를 나타내는 NPSH와 $NPSH_A$ 사이 비율은 일정하지 않으나 일반적으로 1.05~2.5 범위에서 변화한다. $NPSH_R$이 주어져도 0%, 1% 또는 2 % 수두저하가 발생하는 NPSH를 계산할 수 없다.

공동화에 저항할 수 있도록 펌프를 제작할 수 없다. 즉, 공동화 침식에 대해 저항할 수 있는 재료들에 대한 풍부한 자료들이 있음에도 불구하고 공동화 손상율과 일관성 있는 상관관계를 나타낼 수 있는 특성의 조합 또는 독특한 재질 특성은 아직까지 발견되지 않았다 (Sanks et al., 1998).

5.5 펌프곡선의 수정

그림 5.6과 5.9는 "수정되지 않은" 펌프곡선들을 묘사한다. 즉, 이 곡선들은 펌프제작사들이 제공하는 펌프 $H-Q$ 곡선이다. 실제 펌프장 설계시 흡수정과 관로시스템에 연결되는 펌프의 흡입 및 토출 관로에서 발생하는 수두손실을 감하여 반드시 제작사의 펌프곡선을 수정해야 한다. 이러한 계산을 수행하기 위해 그림 5.12와 이와 관련된 표 5.4를 참조한다. 표 5.4와 예제에서는 수평펌프를 사용 하였지만 수직 터빈펌프를 사용한다면 펌프 컬럼과 토출 엘보에서 발생하는 미소손실을 반드시 포함시켜야 한다.

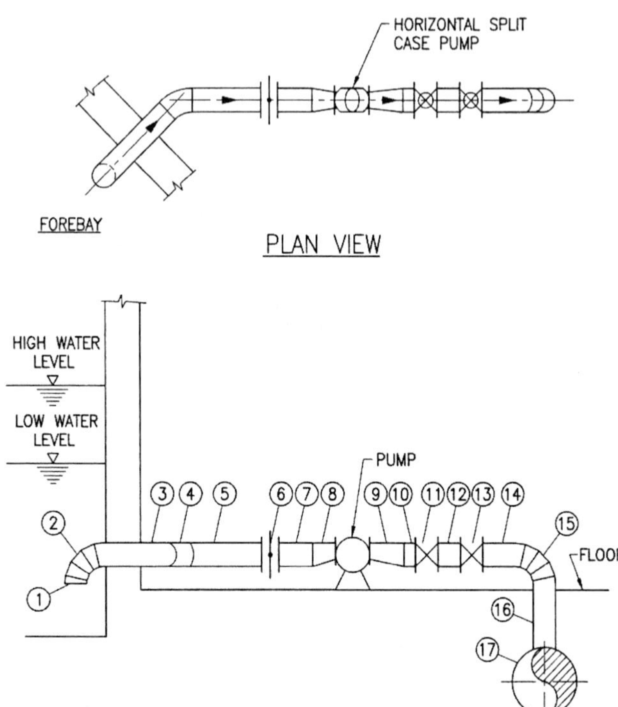

그림 5.12 | 예제에 사용된 관로시스템

표 5.4 | 미소 손실 계산

그림 5.12 항목	규 격	배관규격		마찰계수	
		mm	m	K^*	C^+
1	유입부	300	0.30	1.0	
2	90° 엘보	300	0.30	0.30	
3	직관 4.5m	300	0.30		140
4	30° 엘보	300	0.30	0.20	
5	직관 2m	300	0.30		140
6	버터플라이밸브	300	0.30	0.46	
7	직관 1.2m	300	0.30		140
8	300mm×200mm 레듀서	200	0.20	0.25	
9	150mm×250mm 확대관	250	0.25	0.25	
10	직관 1m	250	0.25		140
11	펌프 제어밸브	250	0.25	0.80	
12	직관 1m	250	0.25		140
13	버터플라이밸브	250	0.25	0.46	
14	직관 0.60m	250	0.25		140
15	90° 엘보	250	0.25	0.30	
16	직관 1.5m	250	0.25		140
17	Tee 연결	250	0.25	0.50	

*대표적인 K 수치. 문헌마다 다를 수 있음.
+몰탈 라이닝된 강관에서 타당하며 수치는 130~145에서 변화할 수 있음.

1. 수두손실 계산. 관로의 직관부에서 발생하는 수두손실 공식은 다음과 같다.

$$H_L = \left(\frac{L}{1000}\right)\left(\frac{151Q}{CD^{2.63}}\right)^{1.85} \tag{5.11a}$$

여기서 L(m)은 길이, D(m)은 직경, Q(m^3/s)은 유량, 그리고 C는 하젠-윌리엄 마찰계수이다.

이형관에서 발생하는 수두손실공식은 다음과 같다.

$$H_L = \sum K\frac{V^2}{2g}$$

여기서 K는 이형관 손실계수, V (m/s)은 유속, 그리고 g (m/s^2) 중력가속도이다.

관로 규격별 K 수치의 합 :

$K_{300\text{mm}} = 1.96$

$K_{200\text{mm}} = 0.25$

$K_{250\text{mm}} = 2.31$

관로 규격별 길이의 합 :

300mm 관로의 길이 : $L=7.7$m
250mm 관로의 길이 : $L=4.1$m
전체 수두손실 결정 :

$$H_L = H_{L300\text{mm}} + H_{L250\text{mm}} + K_{300\text{mm}}\frac{V_{300\text{mm}}^2}{2g} + K_{250\text{mm}}\frac{V_{250\text{mm}}^2}{2g} + K_{200\text{mm}}\frac{V_{200\text{mm}}^2}{2g}$$

$$H_{L300\text{mm}} = \left(\frac{7.7}{1000}\right)\left(\frac{151Q}{140\times 0.30^{2.63}}\right)^{1.85} = 3.10Q^{1.85}$$

$$H_{L250\text{mm}} = \left(\frac{4.1}{1000}\right)\left(\frac{151Q}{140\times 0.25^{2.63}}\right)^{1.85} = 4.00Q^{1.85}$$

$V^2/2g$항을 Q^2항으로 변환시킨다.

$$\frac{V^2}{2g} = \frac{1}{2g}\left(\frac{Q}{A}\right)^2 = \frac{1}{2g}\left(\frac{4}{\pi D^2}\right)^2 Q^2 = \frac{1}{2g}\left(\frac{16}{\pi^2 D^4}\right)Q^2 = \frac{0.0826}{D^4}Q^2$$

따라서

$$K_{300\text{mm}} = K\frac{V_{300\text{mm}}^2}{2g} = 1.96\left[\frac{0.0826}{0.30^4}\right]Q^2 = 19.99Q^2$$

$$K_{200\text{mm}} = K\frac{V_{200\text{mm}}^2}{2g} = 0.25\left[\frac{0.0826}{0.20^4}\right]Q^2 = 12.90Q^2$$

$$K_{250\text{mm}} = K\frac{V_{250\text{mm}}^2}{2g} = 2.31\left[\frac{0.0826}{0.25^4}\right]Q^2 = 48.85Q^2$$

전체 $H_L = H_{L300\text{mm}} + H_{L250\text{mm}} + K_{300\text{mm}}\frac{V_{300\text{mm}}^2}{2g} + K_{250\text{mm}}\frac{V_{250\text{mm}}^2}{2g} + K_{200\text{mm}}\frac{V_{200\text{mm}}^2}{2g}$

$$= 3.10Q^{1.85} + 4.00Q^{1.85} + 19.99Q^2 + 12.90Q^2 + 48.85Q^2$$

$$= 7.10Q^{1.85} + 81.74Q^2$$

2. 펌프곡선 수정. 상기 H_L 공식을 사용하여 하나의 수정된 펌프곡선을 전개할 수 있다(표 5.5 참조). 반드시 수정된 H 수치들을 작도해야 하며, 펌프의 운전점은 시스템곡선과 수정된 $H-Q$곡선의 교차점이다.

표 5.5 미소 배관손실을 포함한 펌프곡선수두 수치 환산

Q		H(m)	
L/s	m^3/s	수정 전	수정 후
0	0.	60	60.00
63	0.063	55	54.59
126	0.126	49	47.39
189	0.189	40	36.40
252	0.252	27	20.62

3. NPSH_A 계산. 상기 예제 관로에서 미소 손실들을 계산하기 위해 전개된 자료를 사용하여 펌프의 NPSH_A를 계산하는 것이 가능하다. 오직 흡입관로(그림 5.12에서 항목 1~8)에 속하는 미소 손실들만을 고려한다. 즉,

$K_{300\mathrm{mm}} = 1.96$

$K_{200\mathrm{mm}} = 0.25$

300mm 배관의 길이 $L = 7.7\mathrm{m}$

흡입관로에서 수두손실을 결정한다.

$$H_L = H_{L300\mathrm{mm}} + K_{300\mathrm{mm}}\frac{V_{300\mathrm{mm}}^2}{2g} + K_{200\mathrm{mm}}\frac{V_{200\mathrm{mm}}^2}{2g}$$

$$= H_{L300\mathrm{mm}} + 1.96\frac{V_{300\mathrm{mm}}^2}{2g} + 0.25\frac{V_{200\mathrm{mm}}^2}{2g}$$

$$= 3.10Q^{1.85} + 19.99Q^2 + 12.90Q^2$$

$$= 3.10Q^{1.85} + 32.89Q^2$$

그림 5.12에 다음 자료를 적용하는 것으로 가정한다.

고수위=고도 683m

저수위=고도 675m

펌프 중심선 고도=674m

따라서

최대 흡입정수두=683−674=9m

최소 흡입정수두=675−674=1m

표 5.6 ▌ NPSHA 계산

조 건	Flow(m^3/s)	h_s(m)	h_{atm}(m)	h_{vp}(m)	H_L(m)	NPSH(m)
높은 흡입수두	0.00	9.0	10.35	0.24	0.00	19.11
	0.06	9.0	10.35	0.24	0.13	18.97
	0.12	9.0	10.35	0.24	0.53	18.58
	0.18	9.0	10.35	0.24	1.20	17.91
	0.24	9.0	10.35	0.24	2.12	16.99
	0.30	9.0	10.35	0.24	3.29	15.82
낮은 흡입수두	0.00	1.0	10.35	0.24	0.00	11.11
	0.06	1.0	10.35	0.24	0.12	10.97
	0.12	1.0	10.35	0.24	0.53	10.58
	0.18	1.0	10.35	0.24	1.20	9.91
	0.24	1.0	10.35	0.24	2.12	8.99
	0.30	1.0	10.35	0.24	3.29	7.82

식 (5.32)에 따라 계산한 $NPSH_A$ 결과는 표 5.6과 같으며

$$NPSH_A = h_{atm} + h_s - h_{vp} - h_L$$

본 예제의 경우 다음 자료를 사용한다.

$$h_{atm} = 10.35\text{m}$$

$$h_{vp} = 0.24\text{m} \quad \text{at} \quad 15℃$$

$$h_{s_{max}} = 9\text{m}$$

$$h_{s_{min}} = 1\text{m}$$

5.6 펌프선정시 수리학 고려사항

5.6.1 원심펌프의 유량 범위

운영할 수 있는 원심펌프의 유량범위는 여러 요소들 중 펌프가 노출되는 진동수준에 의해 제한된다. API 기준 610에서 토론된 것과 같이 원심펌프 진동은 유량에 따라 변화하며 BEP 근처에서 최소가 되고 BEP로부터 유량이 감소하거나 증가하면서 진동이 증가한다. 유량이 BEP로부터 변화하면서 발생하는 진동의 변화는 펌프의 비속도와 다른 요소들에 의해 영향을 받는다. 원심펌프의 운영 유량범위는 두 개 영역으로 나누어질 수 있다. 최상의 효율 또는 선호되는 운영 영역이라 불리는 영역에서는 펌프가 낮은 진동을 보여준다. 허용할 수 있는 운영 범위라 불리는 다른 영역은 펌프의 진동이 높게 증가하나 아직 수용할 수

있는 수준이 되는 용량으로 정의된다.

ANSI/HI Standard 1.1~1.5는 다음과 같은 전형적인 원인으로 높은 진동이 발생할 수 있다고 지적한다(Hydraulics Institute, 1994).

1. 임펠러 베인들과 볼류트 cutwater 또는 디퓨저 사이의 베인-통과 주파수에서 발생된 수리적 힘
2. 적은 유량에서 재순환과 원심방향 힘. 이는 원심펌프의 유한 최소 용량이 존재하는 이유를 설명한다. 전형적으로 펌프 구성품들은 BEP 유량의 60% 또는 70% 이하 유량에서 연속 운영을 위해 설계되지 않는다.
3. 대유량에서 유체 분리. 이는 원심펌프의 유한 최대용량이 존재하는 이유를 설명한다. 전형적으로 펌프 구성품들은 BEP 유량의 120%~130% 유량에서 연속 운영을 위해 설계되지 않는다.
4. 유효흡입수두(NPSH) 문제에 기인한 공동화. 유효흡입수두 $NPSH_A$가 펌프제작사가 제시한 펌프 곡선에서의 필요흡입수두 $NPSH_R$ 이상이 되면 공동화 문제가 발생하지 않을 것이라 잘못 이해하고 있다. ANSI/HI 1.1~1.5, 1994 그리고 Taylor (1987)가 지적하였듯이 공동화를 완벽하게 제거하기 위해서는 $NPSH_R$ 수치의 2배에서 20배까지 흡입수두가 필요하다.
5. 부적절한 흡입 설계에 기인한 펌프에서의 유동 교란
6. 액체의 에어레이션 또는 공기 포획
7. 관로에서의 수리적 공명
8. 펌프 내부에서 가해진 충격으로 인한 일시적인 불평형, 또는 액체 내부에 포함된 고형물이 임펠러에 쐐기 모양으로 삽입되어 지속적인 불평형 유발

HI 기준에 따르면 펌프 제작사는 펌프 설계시 첫 번째 고려사항으로 저유량의 한계를 확립하여야 하고 시스템 설계자는 나머지 사항들에 대해 타당하게 고려할 책임이 있다고 진술한다.

그림 5.6에서 기술한 것과 같이 펌프곡선-시스템곡선 작도를 통하여 상기 토론된 내용을 실용적으로 적용할 수 있다. 만일 시스템곡선과 펌프 $H-Q$ 곡선과의 교차점이 너무 BEP의 왼쪽에 위치하거나(예를 들어 BEP에서 유량의 약 60%) 또는 너무 BEP의 오른쪽(예를 들어 BEP에서 유량의 약 130%)에 위치하면 수리학적으로 발생된 기계 손상의 결과로서 펌프는 궁극적으로 파괴될 수 있다.

5.6.2 허용 범위 외부에서 원심펌프 운영의 원인 및 영향

그림 5.6에서 볼 수 있듯이 펌프는 항상 시스템곡선과 펌프 $H-Q$ 곡선과의 교차점에서 운영된다. 결과적으로 시스템곡선 결정시 너무 보수적인 마찰계수를 사용하면 펌프는 실제로는 가정된 교차점으로부터 너무 오른쪽에서 운영하게 된다. 유사하게 시스템 곡선에서

정수두를 너무 보수적으로 가정하면(즉, 실제보다 크게) 펌프의 허용 범위를 초과하여 펌프가 운전하게 된다. 그림 5.13은 이러한 영향들을 보여주고 있다. 그림 5.13에서 유량 $Q_1 \sim Q_6$와 관련하여 1~6으로 지정된 펌프운영점의 중요성은 다음과 같다.

- Q_1은 펌프 흡입 및 토출관로에서 발생하는 미소 수두손실의 영향을 무시할 때의 이론적인 유량이다. 이에 대해서는 그림 5.12의 예제를 참조한다. Q_1은 100 unit로 표시된 가장 효율적인 유량의 약간 오른쪽에 위치한다.
- Q_2는 펌프 흡입 및 토출관로에서 발생하는 미소 수두손실의 영향을 고려할 때의 실제 유량이다. Q_2는 Q_1 보다 적고, Q_2는 가장 효율적인 유량의 왼쪽에 위치한다. 그림 5.7과 같이 임펠러가 마모되면서 이 운전점은 왼쪽으로 더욱 이동하고 펌프의 효율은 지속적으로 낮아지게 된다.
- Q_1과 Q_2는 과도하게 보수적으로 시스템 수두곡선을 가정할 때의 유량이다. 만일 시스템 수두곡선이 평탄(가정된 것보다 시스템 마찰이 적음)하고 펌프 흡입 및 토출 관로에서 미소 손실의 영향을 무시하면 운전점은 Q_3이 된다. 만일 해석시 이러한 미소 손실들을 포함하면 실제 운전점은 Q_4가 된다. 그림 5.13에서 펌프는 BEP 유량의 130% 유량인 Q_3에서 운전된다. BEP 유량의 130% 유량은 펌프의 허용 가능한 최대 유량범위의 경계선에 위치한다. 대부분 몰탈-라이닝된 강관 또는 덕타일 주철관, 콘크리트배관, 또는 플라스틱 배관의 적정한 C수치는 상하수도 펌핑 시스템의 경우 항상 120~145% 범위에 위치한다. 통상적으로 펌핑 시설이 라이닝 되지 않은 거친 배관에 연결될 때 이 보다 낮은 C수치를 사용해야 한다.
- 실제 정수두보다 너무 과도하게 정수두를 설정하면 실제 운전점은 Q_5 또는 Q_6가 된다. Q_5는 BEP 유량의 150%이고, Q_6는 BEP 유량의 135%이다. 이 유량들은 펌프의 허용 범위를 벗어난다. 공동화, 불충분한 $NPSH_A$ 그리고 임펠러와 축 베어링 상 과도한 수리적 부하들이 발생하여 펌프 성능이 불량해지고 유지관리 비용이 높아지게 된다.

5.6.3 펌프선정시 검토순서

펌프선정시 다음 단계들을 따라야 한다.

1. 정수두 범위와 관로 내 마찰 계수들을 구하기 위한 적정한 기준을 사용하여 시스템 수두곡선들을 작도한다. (a)정수두의 변화 (b)배관 마찰계수의 변화(C수치)와 같이 모든 가능한 수리적 조건들을 고려한다. 정수두의 변화는 펌프에 연결되는 공급 저수조에서의 수위변화와 펌프로부터 송수하고자 하는 최종 저수로에서의 수위변화에 기인한다. 최소 및 최대 정수두 조건 모두를 조사해야 한다.

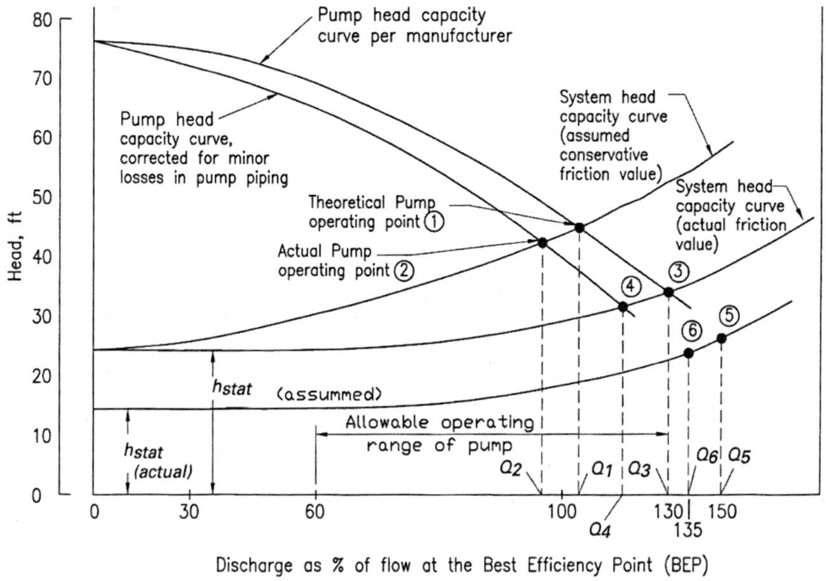

그림 5.13 ▌ 정속펌프의 운전점 결정

- 최대 정수두 : 공급 저수조에서 최소 수위와 토출 저수조에서 최대 수위
- 최소 정수두 : 공급 저수조에서 최대 수위와 토출 저수조에서 최소 수위

2. 펌프 제작사의 펌프곡선으로부터 펌프의 흡입과 토출 관로 내에서 발생하는 미소 손실들을 감하여 펌프곡선을 수정해야 한다(표 5.5와 그림 5.13). 실제 운전점은 수정된 펌프곡선과 시스템 곡선의 교차점이 된다.

3. 초기 운전점이 BEP의 오른쪽에 위치하도록 펌프를 선정한다. 임펠러가 마모되면서 펌핑 유량은 감소하나 임펠러가 마모되어 운전점이 BEP의 왼쪽으로 이동할 때까지 펌프 효율은 실제적으로는 증가한다(그림 5.7).

   정수두가 상당히 변화하는 시스템의 경우 높은 정수두 조건에서 운전점이 BEP의 왼쪽에 위치하도록 펌프 곡선을 선정할 필요가 있다. 그러나 많은 시간 동안 운전될 운전점은 BEP의 오른쪽에 위치해야 한다. 통상적으로 높은 정수두조건은 오직 짧은 기간 동안 발생한다는 것을 명심해야 한다. 즉, 동시에 공급 저수조가 낮은 수위가 되고 토출 저수조가 최대 수위조건이 되는 조건들은 그리 빈번하게 발생하지 않는다. 그러나 그림 5.14와 같이 이러한 조건에서 적정하게 운영하는 것은 물론 가장 빈번하게 운영되는 조건에서 BEP를 갖는 펌프를 선정해야 한다.

4. 여러 대의 펌프들을 병렬조합하여 운영할 경우 펌프들의 각 조합에서 운전점을 확인해야 한다. 예를 들어 펌프 2대가 운영되는 시스템에서 펌프 1대가 단독으로 운전되면

50% 이상의 유량을 펌핑한다. 유량이 증가하면서 상승하는 시스템수두곡선의 형상 때문에 이러한 상황이 발생한다(그림 5.8 참조). 펌프 토출유량이 펌프제작사가 권장하는 운영범위 이내가 되는지 확인해야 한다(그림 5.13 참조).

5. 단계 1과 단계 3에서 결정된 모든 운전점들과 수리적 조건에서 $NPSH_A$가 $NPSH_R$보다 큰지를 확인한다.

5.7 펌프장 설계를 위한 펌프 수리해석의 적용

5.7.1 펌프의 수리학적 검토사항

5.7.1.1 펌프 운전 범위

상기에서 기술한 수리적 해석에 기초하여 펌프의 최소, 최대, 그리고 설계 유량을 명시한다(그림 5.14 참조).

- 100%에서 유량을 설계유량으로 정의한다.
- 90%에서 유량을 최소유량으로 정의한다.
- 115%에서 유량을 최대유량으로 정의한다.

정수두가 변화하고 규격이 다른 여러 대의 펌프가 병렬로 운전되는 경우 다음과 같은 운전점들을 초래할 수 있다(100%=BEP에서 유량; 표 5.7 참조).

표 5.7로부터 다음과 같은 결론을 도출할 수 있다.

- 개별 펌프의 유량 범위는 약 1.8 : 1(125/70)이다.
- 가장 극한 조건이 아니라 가장 빈번하게 운전될 조건에서 가장 효율적인 운전점($Q=100$)이 되도록 펌프를 선정하였으므로 이 시스템의 소모 동력은 최소가 된다.

표 5.7 ▎ 펌프 운영 범위

운영 유량 조건	유량 % (펌프 당)	비 고
최소	70	최대 정수두 조건, 모든 펌프가 운전 중
정상 1	100	평균 또는 가장 빈번한 운영조건 : 모든 펌프 중 소수 펌프가 중지, 평균 정수두조건, 또는 최소 정수두 조건에서 모든 펌프가 운전
정상 2	110	최소 정수두조건에서 소수 펌프를 제외한 모든 펌프가 운전 중
최대 1	115	최대 정수두조건에서 펌프 한 대 운전 중
최대 2	125	최소 정수두조건에서 펌프 한 대 운전 중

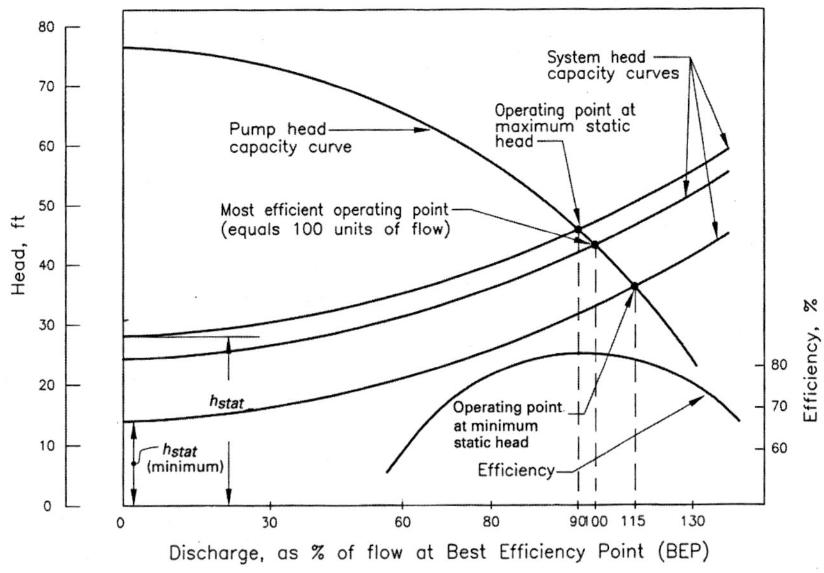

그림 5.14 ▌ 정수두가 변화하는 경우 정속펌프의 운전점 결정

- 하나 또는 두 가지의 조건이 아니라 모든 가능한 조건들에서 펌프가 운전되도록 펌프를 선정하였다.

변속 펌핑을 적용하면 최소 유량은 본 예제에서 제시한 유량보다 훨씬 적어질 수 있다. 공동화와 진동문제를 방지하기 위해 펌프 제작사가 임펠러 형식과 축 직경을 적정하게 설계하고 펌프 시방서에 최소 유량을 명시하는 것은 매우 중요하다.

5.7.1.2 특정 펌프 수리 운전 문제

최대 및 최소 용량을 초과하여 원심펌프를 운전할 때 발생할 수 있는 문제들은 다음과 같다.

- 최소유량문제. 온도상승, 과도한 원주방향 추력, 흡입측에서 재순환, 토출측에서 재순환, 그리고 불충분한 $NPSH_A$
- 최대유량문제. 조합 비틀림과 굽힘 응력들 또는 축 처짐은 허용 범위를 초과할 수 있다. 즉, 높은 유속 때문에 침식, 소음, 그리고 진동이 발생할 수 있다.

5.7.2 관로

펌프를 선정하고 운영 유량과 토출 수두 또는 압력을 결정하면 설계시 이 자료들을 고려하는 것이 바람직하다. 수평원심펌프와 관련된 전형적인 관로는 그림 5.12를 참조하기로 한다.

5.7.2.1 펌프 흡입 및 토출 관로 설치 지침

HI 발간집 ANSI/HI 1.11.5(1994)의 1.4절과 API Recommended Practice 686(1996)의 제6장은 상기에서 토론한 수리적 문제들을 방지하기 위한 원심펌프에서 배관배열에 대한 상당한 내용과 많은 권장사항들을 제공한다.

5.7.2.2 유체 속도

펌프 흡입관로와 토출관로에서 허용 가능한 유체의 속도는 다음과 같다.

흡입관로측 : 3~9ft/s(4~6ft/s가 가장 일반적임)
1.0~2.7m/s(1.2~1.8m/s가 가장 일반적임)
토출관로측 : 5~15ft/s(7~10ft/s가 가장 일반적임)
1.5~4.5m/s(2~3m/s가 가장 일반적임)

다음 이유들로 인해 펌프의 운전점은 변화하기 때문에 주어진 펌프시스템에서 유속은 변화할 수 있다는 사실을 명심해야 한다.

1. 흡입 및 토출 저수조에서 수위가 변화하면서 발생하는 정수두의 변화
2. 장기 관점에서 관로 마찰계수의 변화(그림 5.5)
3. 장기 관점에서 임펠러의 성능저하(그림 5.7)
4. 병렬운전에서 펌프 운영 대수의 변화(그림 5.8)

흡입관로와 토출관로의 규격 결정시 권장되는 절차는 다음과 같다.

1. 최소 정수두 조건에서 모든 펌프들이 운영될 때 허용할 수 있는 흡입 배관에서의 유속은 3~5ft/s(1.0~1.5m/s)로 선정한다. 운영 펌프 숫자가 감소하면서 각 개별펌프의 토출유량은 증가하므로 흡입배관에서 유속은 기준 유속 3~5ft/s(1.0~1.5m/s)를 초과할 수 있다.
2. 최소 정수두 조건에서 모든 펌프들의 운전시 허용 가능한 펌프 토출 유속은 5~8ft/s(1.5~2.4m/s)로 선정한다. 상기에서 토론한 것과 같이 펌프 운전 대수가 감소하면 개별펌프의 토출유량은 증가하게 되며 펌프 토출 관로에서의 유속도 기준인 유속 5~8ft/s(1.5~2.4m/s)를 초과할 수 있다.

5.7.2.3 배관 벽두께의 설계(압력 설계)

후프인장강도를 구하기 위한 공식을 사용하여 내부압력조건에서 금속 배관을 설계한다.

$$t = \frac{PD}{2SE} \tag{5.34}$$

여기서 t : 벽두께(인치 또는 mm)

D : 내경(인치 또는 mm)

P : 설계압력(psi 또는 kPa)

S : 허용 설계 원주방향 응력(psi 또는 kPa)

E : 길이방향 연결 효율

통상적으로 S를 위한 설계 수치들은 정상운영압력에서 재료 항복강도의 50%를 허용하고 강관 관로시스템에서 서지 또는 부정류 압력에서 재료 항복강도의 70%까지 허용한다(AWWA 1989).

길이방향 연결효율을 위한 계수 E는 용접된 부분의 유효강도와 관련된다. 압력 관로를 위한 ANSI B31.1과 B31.3 코드들은 표 5.8에 주어진 E 수치들을 권장한다(ASME, 1995, 1996).

통상적으로 플라스틱 배관(PVC, HDPE, FRP)을 사용할 경우 다음과 같이 정수압 설계기준(HDB, hydrostatic design basis)으로 알려진 식에 기초하여 벽 두께를 설계한다.

표 5.8 ▌ 용접 조인트 효율

길이방향 조인트 형식	용접 조인트 효율 계수(E)
Arc or gas weld(steel pipe)	
Single-butt weld	0.80
Double-butt weld	0.90
Single-or double-butt weld with 100% radiography	1.00
Electric resistance weld (steel pipe)	0.85
Furnace butt weld (steel pipe)	0.60
Most steel water pipelines	0.85
Ductile iron pipe	1.00

$$P_t = \frac{2t}{D-t} \times \frac{HDB}{F} \tag{5.35}$$

여기서 P_t : 전체 시스템 압력(운영압력+서지압력)

t : 최소 벽두께(인치)

D : 평균 외경(인치)

HDB : 정수력 설계 기준(psi)

F : 안전계수(2.5~4.0)

5.7.2.4 배관 벽두께 설계(진공 조건)

수리적 부정류 또는 서지를 해석한 결과 관로에서 부분적 또는 전체적으로 진공이 발생할 수 있으면 반드시 진공을 고려하고 관로를 설계해야 한다. 원형 금속 배관이 붕괴되는 부압력은 다음 식으로 표현된다.

$$\triangle P = \frac{2E}{(1-\mu^2)SF}\left(\frac{e}{D}\right)^3 \tag{5.36}$$

여기서 $\triangle P$: 관로 내부와 외부에 작용하는 압력 차이(psi 또는 kPa)

E : 배관 재료의 탄성계수(psi 또는 kPa)

μ : 프와송의 비

SF : 안전계수(전형적으로 4.0)

e : 벽두께(인치 또는 mm)

D : 외경(인치 또는 mm)

End 효과, 관 벽두께의 불균일, 원형의 미완성도, 그리고 다른 제작 허용오차 등과 같은 요소들 때문에 강관의 경우 식 (5.36)을 다음과 같이 수정하여 사용한다.

$$\triangle P = \frac{50{,}000{,}000}{SF}\left(\frac{e}{D}\right)^3 \tag{5.37}$$

5.7.2.5 배관 설계 기준 요약

다음 3가지 기준을 고려하여 관로시스템의 벽두께를 결정한다.

1. 정상 운영시 식 (5.34)를 사용하며, 이 공식에서 S는 항복강도의 50%이다.
2. 서지(정수두+동수두+부정류 상승)를 고려할 때는 식 (5.34)를 사용하며, 이 공식에서 S는 항복강도의 70%이다.
3. 붕괴 압력, 서지 조건으로 인해 부압이 발생하면, 식 (5.36)을 사용한다.

5.8 펌프장 설계와 부정류

부정류 또는 서지해석은 제6장에서 자세히 기술하였으며 서지는 다음 결과들을 초래할 수 있기 때문에 펌프와 펌핑시스템에서 반드시 부정류 영향을 고려해야 한다(Sanks et al., 1998).

- 배관 및 배관 케이싱의 변형 또는 파괴(rupture)
- 배관 붕괴(collapse)
- 진동
- 배관 또는 연결부의 과도한 이동
- 배관 이형관과 지지물 변형 또는 파손

배관 설계시 부정류에 기인하여 발생하는 압력들을 반드시 고려해야 한다.

5.8.1 밸브와 서지 영향

서지가 발생하면 최악의 경우 관로 내에서 진공으로 인해 분리된 수주(water column)가 방향을 전환하여 상당한 유속으로 역지밸브를 통해 역류하게 되고 슬래밍(slamming) 현상을 동반하면서 스윙식 역지밸브가 급격하게 폐쇄된다. 따라서 역지밸브 또는 펌프 제어밸브들은 상당한 서지 문제가 발생될 것으로 예측되는 펌프와 펌핑시스템에서 밸브의 폐쇄율을 제어하는 대표적인 수단이다. 밸브를 이용하여 서지를 제어하기 위한 방법은 다음과 같다.

- 관로 내 유동이 역전되어 높은 역류속도에 도달하기 전에 신속하게 폐쇄되는 역지밸브를 사용한다.
- 밸브 clapper 또는 디스크를 부드럽게 폐쇄시키기 위해 밸브에 dashpot 또는 buffer를 설치한다.
- 외부 유압작동기로 밸브를 폐쇄하여 역류하는 수주를 완만하게 정지시킨다. 펌프제어밸브로서 볼밸브 또는 콘밸브를 사용하여 이를 수행할 수 있다.

밸브의 압력등급(역지밸브 또는 펌프제어밸브 모두)은 관로시스템 내 예상된 서지압력을 수용할 수 있는 압력등급으로 선정해야 한다.

5.8.2 관 재질과 서지현상

강관 및 덕타일 주철과 같은 금속 관로시스템은 플라스틱 배관(PVC, HDPE, ABS, 그리고 FRP)보다 서지에 더욱 양호하게 저항한다. 서지압력과 관련하여 금속배관에서 발생하는 파속 a에 비해 플라스틱 배관에서 발생하는 파속 a는 상당히 작아 충분하게 감지할 수 없다는 단점이 있다. 플라스틱 배관에서의 서지압력들은 금속관로시스템에서의 서지압력보다 낮기 때문에 전체 서지문제를 무시할 수 있다는 오류를 범한다. 그러나 플라스틱배관은 본질적으로 낮은 압력에서 조차도 금속관로시스템보다 수리적 부정류에 대한 저항이 작다. 이는 솔벤트 또는 접착 용접된 플라스틱 이형관의 경우 특히 그렇다.

다른 플라스틱 관로시스템보다 HDPE는 서지압력에 대한 저항이 양호하다. 더욱이 접합부들은 솔벤트 또는 접착제 용접이 아니라 버트-융해 용접되어 접합부가 강하다. 그러나 적정하게 설계된 강관 또는 덕타일 주철관 시스템과 비교하여 HDPE는 아직 서지에 대한 저항이 약하다.

CHAPTER 6

관로시스템 부정류 설계

역자: 박한영, 박진훈, 강청진, 노선민, 이남영, 박태진

6.1 수충격 및 서징 소개

수충격(waterhammer)은 액체속도의 상대적으로 급격한 변화에 의해 발생하는 압력파 현상으로 정의할 수 있다. 관로에서 유량(유속)의 급격한 변화는 (1) 관로에서 펌프 및 밸브 운영, (2) 공기 포켓의 붕괴, 또는 (3) 배기구 또는 부분적으로 개방된 밸브의 급속한 공기 배출 후 물 충격의 결과로서 발생될 수 있다. 비록 수충격은 "water"와 "hammering" 소음의 함축을 암시하는 점에서 잘못된 명칭으로 보이지만 이는 액체 내 압력파 영향을 위한 유전적 용어가 되어 왔다. 엄격하게 말하면 수충격은 액체(본서에서는 주로 물)의 압축성과 직접적으로 관련될 수 있다. 압력파가 거의 영향을 미치지 않는 관로 내 유동이 완만하게 변화하는 비정상유동 현상을 서징(surging)이라 부른다.

관로공학자가 적정하게 수충격을 해석하고 설계하지 않으면 심각한 결과가 발생될 수 있다. 정도는 다르지만 재산 및 인명 손실의 결과를 초래하는 수많은 관로 파괴가 발생되어 왔다. 수충격 완화를 위한 3개의 주된 설계 전략은 (1) 관로 프로파일 및 직경과 같은 관로특성의 변경, (2) 개선된 밸브 및 펌프 제어 절차의 실행, 그리고 (3) 서지제어장치의 설계 및 설치이다.

본장에서는 두 개의 수충격의 지배적인 원인인 펌프 및 밸브운영을 토대로 수충격과 서징을 정의하고 상세하게 토론한다. 밸브 및 펌프의 수리적 관점으로부터 부정류에 미치는 영향에 대해 기술한다. 바람직하지 않은 그리고 원하지 않지만 잠재적인 수주분리와 수주의 재결합은 서지보호장비 사용을 정당화시킨다. 수충격과 서지를 기준으로 관로 내 자유공기(동반된 또는 포획된)의 유익하고 위해한 영향 모두를 토론한다. 최종적으로 수충격 완화를 위한 다양한 서지 보호장비들의 효율성에 대해서도 토론한다.

6.2 수충격 및 서지의 기초지식

유체기계 또는 물리학의 기본 보존공식들에 기초하여 수충격의 기초인 압축과정, 그리고 서징의 기초인 비압축과정 모두를 전개한다. Joukowsky의 기본적인 수충격 공식은 선형 모멘텀의 적용으로부터 유래하는 반면 음속은 질량보존(연속성)으로부터 유래한다(식 6.2 참조).

6.2.1 정의

수충격에서 빈번하게 사용하는 일부 용어들의 정의는 다음과 같다.

- 수충격(waterhammer). 액체의 압축성이 중요한 역할을 하는 압력파 현상
- 서징(surging). 오직 관성에 의해 지배되는 하나의 비정상유동 현상. 빈번하게 질량 동요(mass oscillations) 또는 강성주(rigid column) 또는 비탄성 효과라고도 불린다.
- 수주분리(Liquid column separation). 기포 공동의 형성 및 그들의 후속적인 붕괴 그리고 재결합에 따른 수충격과 관련된다.
- 포획된 공기. 불완전 충수, 불충분한 배기, 진공상태의 누수, 펌프 흡입측 보텍스로 인해 동반된 공기의 결과로서 관로 내 위치하는 자유공기
- 음속. 관로 내 수충격 또는 압력파의 속도
- Joukowsky 공식. 수충격 압력변화를 속도변화 및 음속과 관련시키는 기본적인 상관관계. 엄밀하게 말하면 이 공식은 급속한 유동변화의 경우에만 유효하다.

6.2.2 음속

액체로 채워진 배관 내 파가 전파하는 속도는 배관재질의 탄성특성 및 상대적 벽 두께에 따라 결정되며 파속공식은 다음과 같다.

$$a = \frac{\sqrt{K/\rho}}{\sqrt{1 + \frac{D}{e}\frac{K}{E}(1-\mu^2)}} = \frac{a_0}{\sqrt{1 + \frac{D}{e}\frac{K}{E}(1-\mu^2)}} \tag{6.1}$$

여기서 E는 배관 벽의 탄성계수, D는 배관 내경, e는 배관 벽두께, K는 액체 체적계수, a_0는 액체 내 음속이다. 강성체 배관이나 저수조 내 또는 큰 수체 내에서 음속 a는 잘 알려진 식 $a = a_0 = \sqrt{K/\rho}$ 으로 단순화된다. 물의 체적계수와 밀도가 $K = 2.19$GPa(318,000psi), $\rho = 998$kg/m^{3}인 경우 $a_0 = 1,483$m/sec(4,865ft/sec)이다.

6.2.2 Joukowsky 수충격 공식

급속한 속도변화 ΔV가 발생하면 압력변화 Δp가 항상 발생한다. Joukowsky 공식은 다음과 같이 선형모멘텀의 기본 물리학으로부터 Δp와 ΔV 사이 상관관계를 기술한다.

$$\Delta p = -\rho a \Delta V \tag{6.2}$$

여기서 ρ는 액체 밀도, a는 관로 내 액체 속에서 압력파의 속도이다. Joukowsky는 편리

하게 수두 개념으로 순간적인 밸브 폐쇄시 수두상승을 다음과 같이 나타내었다.

$$\Delta H = \frac{\Delta p}{\rho g} = -\frac{\rho a \Delta V}{\rho g} = \frac{a V_0}{g} \tag{6.3}$$

식 (6.1)과 (6.2)에서 보는 것과 같이 배관 벽 또는 관로의 특성은 (1) 음속, (2) 임의 수충격 결과에 대해 상당한 영향을 미칠 수 있다. 오직 배관의 원주방향변형(후프응력)의 영향을 고려하는 단순한 수충격파의 경우 밀접한 물리적 배관 특성들은 영 탄성계수 E와 Poisson ratio μ이다. 표 6.1은 일부 공통적으로 사용되는 배관 재질들의 두 물리적 특성 수치들을 요약한 것이다.

내경과 배관 벽두께 비 D/e의 범위에서 탄성계수 E가 물로 충수된 원형배관 내에서 음속에 미치는 영향은 그림 6.1과 같다.

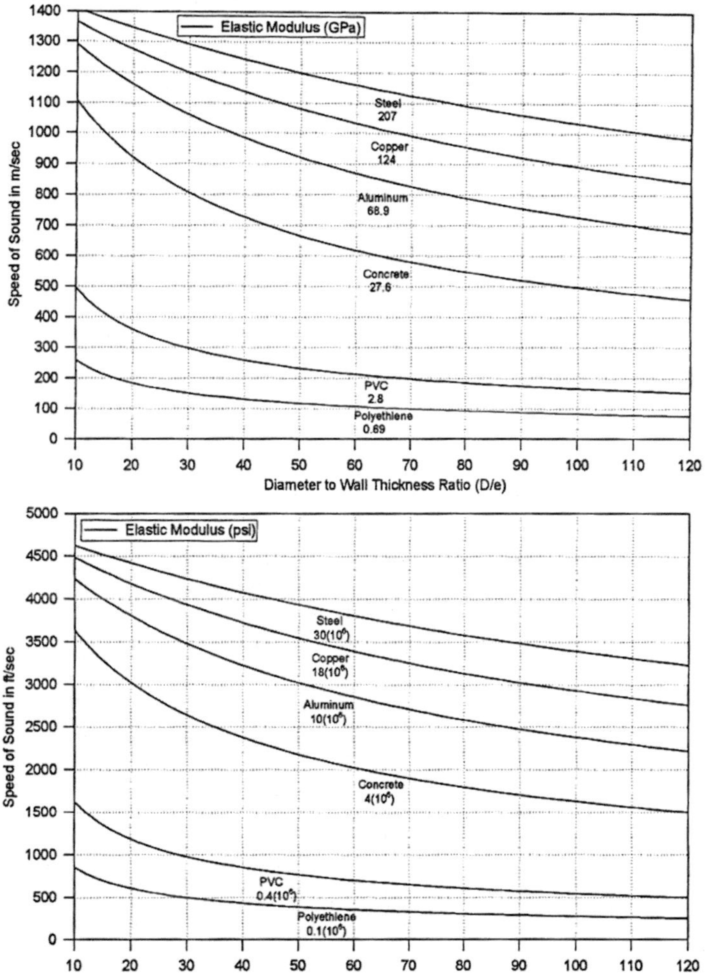

그림 6.1 ▌ 다양한 배관 재질의 벽 두께가 파속에 미치는 영향

표 6.1 ▌ 일반 배관재질의 물리적 특성

재 질	영계수 E(GPa)	포이슨 비(μ)
석면 시멘트	23~24	-
주철	80~170	0.25~0.27
콘크리트	14~30	0.10~0.15
보강 콘크리트	30~60	-
구상주철	172	0.30
폴리에틸렌	0.7~0.8	0.46
PVC	2.4~3.5	0.46
강	200~207	0.30

6.3 밸브의 수리학적 특성

밸브는 액체를 제어하고 수송하기 위해 사용되는 관로시스템의 필수 요소이다. 밸브의 주된 목적은 유량 제어, 에너지 소산, 그리고 유지를 위한 관로시스템의 분리 등이다. 정상유동과 비정상유동의 조건 아래 밸브의 수리적 특성을 이해하는 것은 설계 및 최종 운영의 목적에서 중요하다. 동적 조건의 예제들은 전동기로 밸브를 직접 개방 또는 폐쇄, 비정상유동 조건 아래 스윙 역지밸브의 반응, 그리고 유압 서보밸브의 동작 등이다. 공동화 현상 또는 비공동화 현상 아래 밸브의 수리적 특성은 밸브의 형식에 따라 상당히 변화한다. 더욱이 밸브의 특성은 물론 특수 기능을 위한 특정 밸브 설계, 절대 규격, 채택한 이형관의 형식은 제작자에 따라 다르다. 본 절에서는 압력저하(수두손실) 특성의 개념으로 밸브 수리학의 기초를 기술한다. 대표적인 제어용 밸브인 게이트, 볼, 버터플라이 밸브의 유동특성에 대해 기술한다.

6.3.1 다양한 형식의 밸브

액체유동제어의 목적으로 사용되는 밸브들은 적용에 따라 규격, 형상, 그리고 전체 설계가 다르게 된다. 밸브 규격은 작은 튜브에 사용되는 수 밀리미터로부터 용수공급관로에 사용되는 수 미터까지 변화한다. 모든 밸브 형식의 수리적 특성은 설계 및 규격에 따라 다르지만 점도 및 공동화현상과 같은 유체 영향에도 불구하고 항상 동일한 기본 계수로 단순화될 수 있다. 그림 6.2는 수리적 성능과 관련되어 토론할 일부 밸브형식들의 단면을 보여준다.

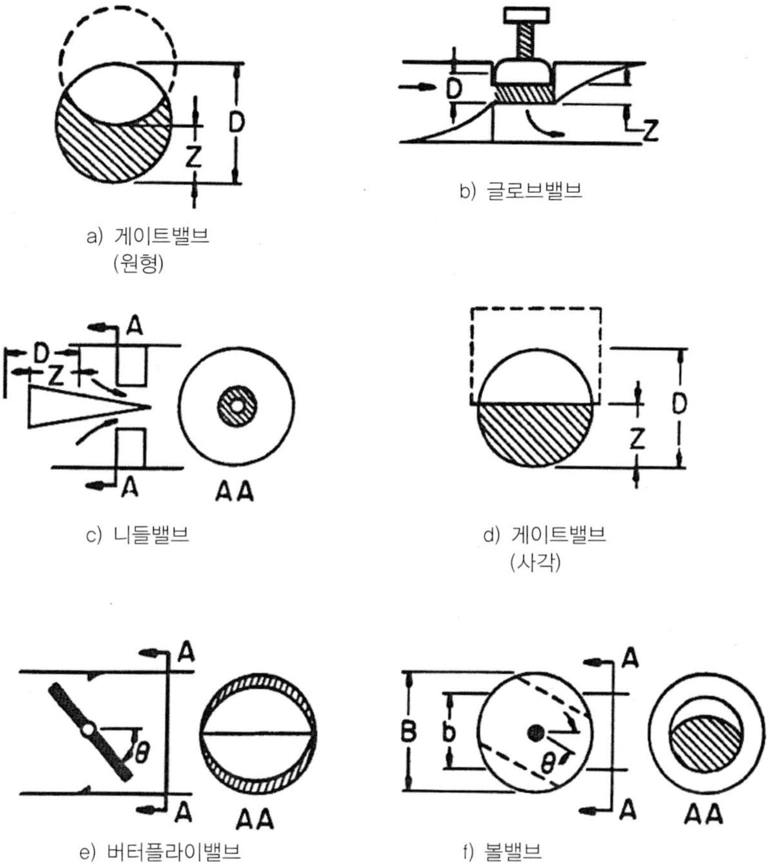

그림 6.2 ▌ 제어밸브의 단면

6.3.2 밸브의 기하학적 특성

임의 개도에서 단면적, 모서리의 예리함, 통로의 형식, 그리고 밸브 형상의 개념으로 표현된 밸브형상은 궁극적인 수리적 특성들에 대해 상당한 영향력을 갖는다. 밸브의 수리적 특성을 이해하기 위해 기하학적 정량의 개념으로 밸브의 투영단면적을 표현하는 것이 도움이 된다. 그림 6.2를 참조하여 완전 개방된 밸브의 면적 A_{v0}에 대한 투영된 밸브의 개방면적 A_v의 비율을 게이트밸브의 경우 선형길이 척도로서 그리고 볼, 콘, 플러그, 그리고 버터플라이밸브와 같은 회전밸브의 경우 각도의 척도로서 밸브개도와 관련시킬 수 있다. 이와 같은 밸브의 기하학적 특징은 밸브의 수리적 성능과 명백하게 관련되나 정상유동 또는 부정류의 수리적 성능을 예측하기 위해 직접적으로 사용되어서는 안된다는 사실에 유의해야 한다. 부정류 계산시 사용할 실제 수리적 성능은 반드시 실험으로부터 구해야 한다.

6.3.3 밸브의 기하학적 특성 정의

밸브의 수리적 성능은 밸브 개구부를 통한 유동 통로와 후속적인 압력회복에 의존한다. 밸브의 수리적 특성은 부분개방부터 완전개방 조건 아래 체적 유동율을 밸브면적과 밸브를 통과하면서 발생하는 수두손실 ΔH와 관련된다. 유동 특성에 영향을 미칠 수 있는 주된 유체 특성은 유체 밀도 ρ, 유체 점도 μ, 그리고 공동화현상이 발생할 경우 액체 포화증기압 p_v이다. 규격이 작은 밸브 또는 점도가 큰 액체를 제외하고 통상적으로 레이놀즈수의 영향은 중요하지 않고 물과 비교하여 무시된다. 관로 내 밸브는 장애물로 동작하여 유동을 교란하고 상류측과 하류측의 압력 분포에 영향을 미치는 것은 물론 에너지 손실을 야기한다. (1)정의된 압력저하의 함수로서 유동 용량 또는 (2)유속함수로서 에너지 소산(수두손실)의 개념으로 밸브특성들을 표현한다. 통상적으로 두 경우 모두 밸브에서 발생하는 압력저하 또는 수두저하는 전체수두에서 측정 점들 사이의 정상적인 배관마찰에 의해 야기된 임의손실을 뺀 것의 차이가 된다.

실험적으로 ΔH를 결정하는 적정한 방법은 밸브의 상류측과 하류측에서 균등한 유동면적이 확립될 수 있도록 밸브로부터 충분히 먼 곳에서 수력구배선(HGL)을 측정하고 밸브의 수평면에 대한 에너지구배선(EGL)들의 외삽을 고려하는 것이다. 그렇지 않으면 밸브 수두손실은 제대로 정의되지 않는다. 임의 개도에서의 수두손실계수 K_L 또는 밸브면적 A_v, 밸브에서 발생된 수두손실 ΔH의 항으로 정의되는 유출계수 C_f로서 수리적 특성을 표현하는 것이 일반적이다. 빈번하게 유출계수는 완전 개방된 밸브면적으로 항으로 정의된다. 수리적 특성은 밸브면적 A_v를 통한 기하학적 특성만이 아니라 유동특성을 상징한다.

관로 내 밸브의 충분한 상류측과 하류측에서 균등 유동이 확립되지 않으면 비균등 유동의 영향에 의해 계수 수치들은 영향을 받을 수 있다. 통상적으로 조사자들이 배관 직경의 1배의 하류측과 10배의 상류측에 각각 하나의 압력 탭을 사용한다. 많은 조사자들과 제작사들은 밸브 유동특성을 압력저하 또는 수두손실의 항으로 결정해 왔다. 여기에서는 볼밸브, 버터플라이밸브, 그리고 게이트밸브 C_D에 대한 자료와 전형적인 곡선들을 제시한다. 그림 6.3과 같이 긴 직렬관로 내에 위치한 밸브의 경우 밸브의 존재는 비균등 유동 내 non-hydrostatic인 속도분포와 압력변화에 의해 반영되듯이 장애물의 상류측과 하류측의 유동을 교란시킨다. 상류측과 하류측 균등 유동 사이 관로 마찰을 설명하기 위해 밸브를 통과하면서 발생하는 수두손실은 배관 속도와 수두손실계수 K_L 항으로 표현된다.

$$\Delta H = K_L \frac{V^2}{2g} \tag{6.4}$$

제작사들은 빈번하게 밸브의 수리적 특성을 다음과 같은 유출계수로 표현한다.

$$Q = C_f A_{v0} \sqrt{2g \Delta H} = C_F A_{v0} \sqrt{2gH} \tag{6.5}$$

여기서

$$H = \Delta H + \frac{V^2}{2g} \tag{6.6}$$

두 유출계수는 완전 개방된 밸브면적 A_{v0}와 C_f 또는 C_F로 구성된다. 여기서 C_f을 사용할 경우 수두 ΔH를, C_F을 사용할 경우 수두 H를 사용해야 하며, 후자 정의는 일반적으로 수력발전 분야에 채택되는 대형밸브들에서 사용된다. C_f, C_F 및 K_L의 상호관계는 다음과 같다.

$$K_L = \frac{1}{C_f^2} = \frac{1 - C_F^2}{C_F^2} \tag{6.7}$$

빈번하게 밸브 산업체에서는 다음과 같이 무차원 유동계수의 항으로 밸브 특성들을 표현한다.

$$Q = C_v \sqrt{\Delta p} \tag{6.8}$$

여기서 Q의 단위는 분당 갤런으로 gpm, 그리고 Δp의 단위는 psi이다. 부정류 해석시 손실계수 또는 유출계수를 완전 개방된 밸브 위치에서의 수치를 기준으로 임의 개도에서의 수치와 관련시키는 것이 편리하며 완전 개방된 위치에서는 $C_f = C_{f0}$이다. 따라서

$$\frac{Q}{Q_0} = \frac{C_f}{C_{f0}} \sqrt{\frac{\Delta H}{\Delta H_0}} = \tau \sqrt{\frac{\Delta H}{\Delta H_0}} \tag{6.9}$$

전통적으로 무차원 밸브 유출계수는 다음 식과 같이 τ로 정의된다.

$$\tau = \frac{C_f}{C_{f0}} = \frac{C_v}{C_{v0}} = \sqrt{\frac{K_{L0}}{K_L}} \tag{6.10}$$

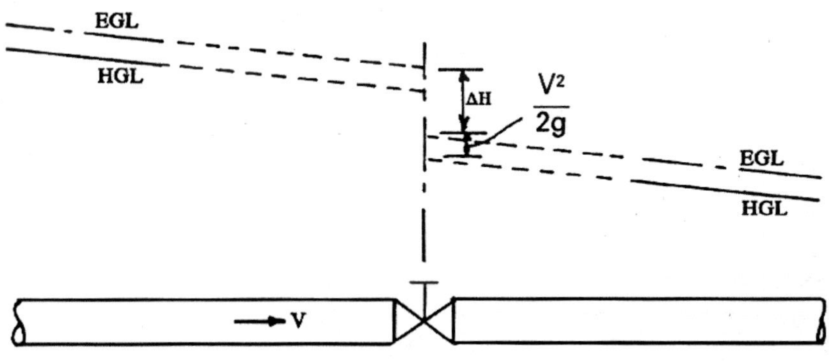

그림 6.3 ▌ 밸브 수두손실 특성의 정의

6.3.4 밸브의 특성 비교

볼, 버터플라이, 그리고 게이트밸브의 경우 그림 6.2와 같이 기하학적으로 투영된 밸브 면적을 계산하여 이와 같은 특성을 단순하게 표현할 수 있다. 비교 목적으로 선택한 3개 밸브의 여러 밸브개도에서 면적비와 함께 무차원 유출계수 τ를 그림 6.4에 작도하였다. 부정류계산시 수리학적 척도에 기초한 하부선도를 사용해야 하며 상부선도는 엄격하게 형상을 나타낸다.

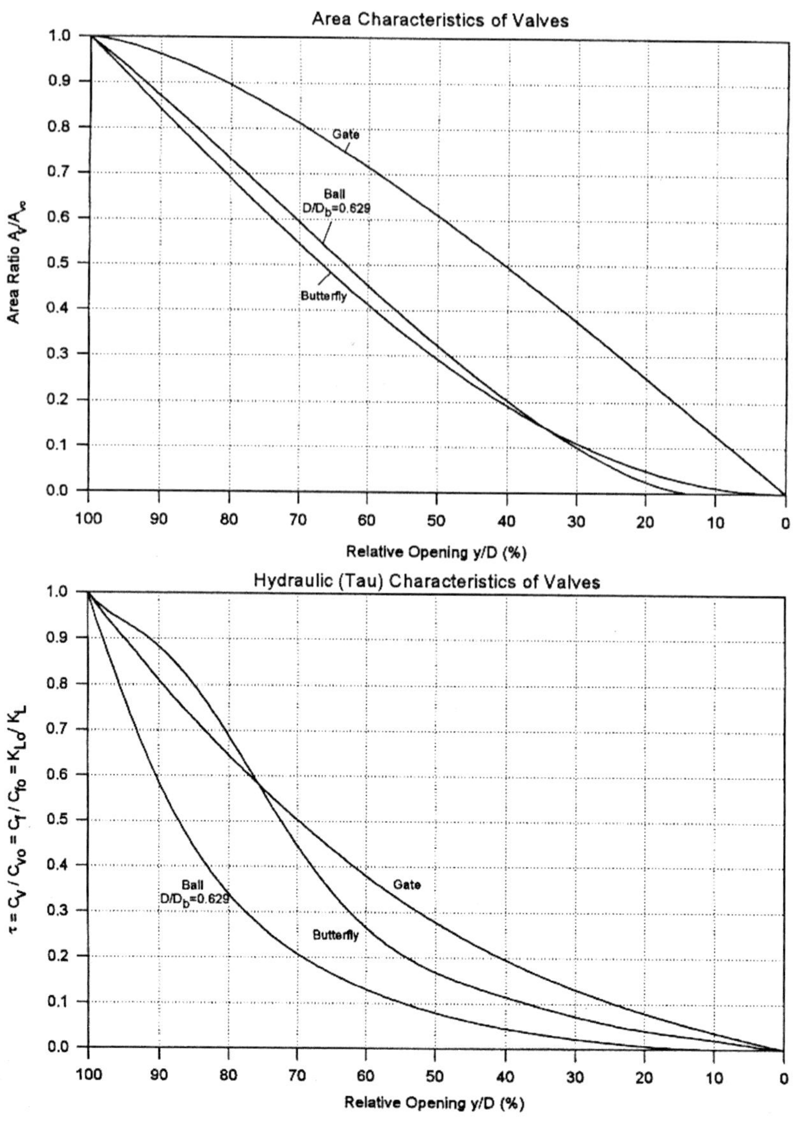

그림 6.4 ▌ 제어밸브의 기하학적, 수리학적 특성

6.3.5 밸브 운영과 수충격 현상

배관 말단부에 설치된 밸브가 순간적 폐쇄되면 Joukowsky 식 (6.2) 또는 (6.3)을 만족시키는 압력상승이 발생한다. 이 경우 속도차이는 $\Delta V = 0 - V_0$이고 여기서 V_0는 배관 내 액체의 초기 속도이다. 모든 파동에 걸쳐 식 (6.2)를 적용할 수 있지만 밸브 폐쇄시간이 $2L/a$ 보다 긴 경우 수충격현상은 상당히 완화된다. 여기서 L은 파 발생 지점으로부터 첫 번째 배관의 면적 변화가 있는 위치까지의 배관 거리이다. 실제로 단순 관로의 경우 최대 수두상승은 밸브폐쇄시간 동안 식 (6.3)의 결과를 유지하며, 여기서의 L은 배관 길이다. 만일 밸브폐쇄시간이 $t_c > 2L/a$인 경우 저수지 또는 개방부로부터 negative 파가 반사하여 유익하게 영향을 미치므로 최대상승압력이 상당히 감소된다. 폐쇄시간이 $t_c < 2L/a$일 때까지의 현상을 수충격으로 분류할 수 있고, 이 폐쇄시간을 초과하면 강성주 해석으로 알려지기도 한 서징으로 불리는 관성 또는 비압축성 감속 효과가 존재한다. 표 6.2는 네 종류의 밸브 폐쇄 분류를 보여주며 밸브형식과 무관하다.

표 6.2 ▌ 일반 배관재질의 물리적 특성

폐쇄시간 t_c	폐쇄 형식	최대수두 ΔH_{max}	현 상
0	순간	aV_0/g	수충격
$\leq 2L/a$	급속	aV_0/g	수충격
$> 2L/a$	완만	$< aV_0/g$	수충격
$\gg 2L/a$	매우완만	$\ll aV_0/g$	서 징

표준 수충격 프로그램을 사용하여 폐쇄시간, 밸브 형식, 그리고 수충격의 물리적 과정의 표시 또는 단순하게 감속의 관성 영향을 증명하기 위한 도표를 작성하기 위해 매개변수 해석을 수행할 수 있다. 도표는 저수지-배관-밸브로 구성된 단순관로의 밸브폐쇄의 해석에 기초한다. 빈번하게 단순화 목적으로서 유체 마찰을 무시하며, 이는 배관 길이가 수백 피트 정도인 경우 타당한 가정이다.

6.4 펌프의 수리학적 특성

원심펌프, 사류펌프, 그리고 축류펌프를 포함하는 관로시스템의 부정류를 해석하기 위해 드문, 실제로 비정상적인 운전영역을 통과하는 개별 터보기계의 특성을 묘사하는 상세한 정보가 필요하다. 이와 같이 펌프의 동적 거동에 관련된 자료가 거의 없기 때문에 실험실 시험으로부터 수집된 기계의 정상유동 특성을 사용하여 결정을 해야 한다. 더욱이 실제로 직면할 수 있는 모든 가능한 운전모드를 위한 기계의 완전한 정상유동의 특성을 얻지 못할 수도 있다.

본 절에서는 모든 가능한 운영 영역에서 펌프의 정상유동 특성을 정의한다. 먼저 기하학적 상사와 동적 상사의 중요성을 (1)정상유동에서 상사관계, (2)부정류해석을 위한 상사성의 가정의 중요성 측면에서 기술한다. 4개의 1/4 분원 각각에서 운영영역의 중요성을 3개의 자료 표현과 관련시켜 기술한다. 완전한 운영 가능범위와 관련하여 펌프의 정상유동 특성을 상세하게 기술한다. 정전으로 인한 펌프의 구동 동력 손실에 따라 관로에서 발생하는 압력저하는 (1)좌굴에 의한 배관 붕괴, (2)기포 공동의 형성과 후속적인 공동의 붕괴를 유발할 수 있기 때문에 통상적으로 가장 위험한 부정류이다. 스윙식 역지밸브의 슬램에 기인하거나 또는 토출측 밸브가 과도하게 신속하거나(수주분리), 과도하게 완만하게(역류로 인한 서징) 폐쇄되면 다른 수충격 문제가 발생할 수 있다. 회전속도 0을 통과하면서 후속적으로 역류유량이 최대에 도달하고 수차 영역에서 축이 보다 빠르게 회전하는 원심펌프의 경우 통상적으로 수두는 설계운영 수두를 초과하게 된다. Donsky(1961)가 보고하였듯이 사류펌프와 축류펌프의 최대유량은 무구속 조건 근방에서 발생하는 경향이 있기 때문에 수차영역에서 업서지(upsurge)를 경험하지 않을 수 있다.

6.4.1 펌프특성의 정의

펌프의 수리적 성능을 정의하기 위한 본질적인 매개변수들은 다음과 같다.

- 임펠러 직경. 펌프 회전차의 출구 직경 D_1
- 회전속도. 각속도(rad/s)는 ω, 회전속도(rpm)은 $N = 2\pi\omega/60$이다.
- 유량. 운전점에서 유량 Q
- 전체동수두(TDH). 펌프를 통한 전체 에너지 취득(또는 손실)은 다음과 같이 정의된다.

$$H = \left(\frac{P_d}{\gamma} + z_d\right) - \left(\frac{P_s}{\gamma} + z_s\right) + \frac{V_d^2}{2g} - \frac{V_s^2}{2g} \tag{6.11}$$

여기서 아래첨자 s와 d는 펌프의 흡입측과 토출측을 나타낸다.

6.4.2 상사법칙

유체기계를 포함하는 다른 어떤 분야보다 수리기계 분야에서는 동적 상사, 또는 시험결과의 무차원 표현을 성공적으로 적용하여 왔다. 단순히 처리해야 할 자료의 크기에 기인하여 정상 및 비정상 운전영역을 통과하는 것은 물론 속도가 지속적으로 변화하는 수리 기계의 부정류해석을 위해 무차원 매개변수들을 채택하는 것이 필수 불가하다. 열 영향을 무시할 수 있는 액체의 경우 유체와 관련된 힘들은 압력(수두), 유체 관성력, 저항, 상변화(공동화), 표면장력, 압축성, 그리고 중력이다. 만일 토론을 단상 액체유동으로 제한하면 상기 유체 영향들 중 공동화, 표면장력, 그리고 중력(기계 내부에서 상호간섭이 없음)의 세 가지는 무시할 수 있다. 정상유동 또는 액체에 대해 일을 수행하는 수리기계의 부정류 거동에서도 압축성 영향을 무시할 수 있다.

세 가지의 힘들을 무차원수인 오일러수(Euler number, 압력힘에 대한 관성력의 비), 그리고 레이놀즈수(점성력에 대한 관성력의 비)로 표현할 수 있다. 레이놀즈수에 의해 표현되었듯이 다음 모든 상황에서 점성력이 분명하게 존재한다. 모델자료에 기초한 대규모 수차의 성능 예측시 예외이지만, 만일 물과 같은 액체 물질이면 수리기계의 특성에 대한 레이놀즈수의 영향은 통상적으로 무시된다. 통상적으로 기계의 부정류 거동에서 레이놀스수의 실제 수치 변화는 미소하다. 원래 힘의 목록에서 점성력을 제거하면 오일러수에 의해 예를 들 수 있듯이 7개의 유체형식 힘들은 압력(수두)과 관성력 두 개의 힘으로 감소된다. 상기 공식의 함수 상관관계에서 appellation 형상은 첫 번째 베인, 디퓨저 기타의 영향을 포함하여 회전하는 임펠러의 형상, 입구 및 출구의 유동 통로, 두 번째 표면조도의 영향, 그리고 마지막으로 동적상사로 잘 알려진 유선 패턴의 형상을 상징한다. 처음 두 가지와 대조적으로 동적상사는 형상적으로 상사한 것과 관련된다. 동적상사는 베인의 입구 또는 출구에서 원주속도 U와 절대속도 V로 구성된 합동의 속도삼각형으로 상사한 유동 패턴을 명시할 수 있다는 가정을 불러 일으키며, 이는 임펠러 직경 D_1과 각속도 ω 항으로 표현된 유동상사의 정의를 허락한다.

$$C_Q = \frac{Q}{\omega D_1^3} \tag{6.12}$$

다음과 같이 오일러수(관성력에 대한 압력 힘)의 역수인 수두계수를 정의할 수 있다.

$$C_H = \frac{gH}{\omega^2 D_1^2} \tag{6.13}$$

다음과 같이 동력계수를 정의할 수 있다.

$$C_P = \frac{P}{\rho\omega^3 D_1^5} \tag{6.14}$$

부정류해석에서 펌프속도를 지속적으로 예측하기 위한 바람직한 매개변수는 불평형 토크 T이다. 여기서 $T = P/\omega$이므로 토크계수는 다음과 같이 된다.

$$C_T = \frac{T}{\rho\omega^2 D_1^5} \tag{6.15}$$

전통적으로 부정류해석에서 펌프특성은 최적 또는 최고 효율점(BEP)이 되는 소위 정격

조건을 인용하지만 때로는 duty, 명판, 또는 설계점으로도 정의된다. 그럼에도 불구하고 아래첨자 R을 채택하는 정격조건의 항으로 다음 비들을 정의한다.

$$\text{유량}: v=\frac{Q}{Q_R} \quad \text{속도}: \alpha=\frac{\omega}{\omega_R}=\frac{N}{N_R} \quad \text{수두}: h=\frac{H}{H_R} \quad \text{토크}: \beta=\frac{T}{T_R}$$

다음은 부정류를 경험하는 펌프의 D가 일정한 경우 식 (6.12)~(6.15)를 상기 항들을 사용하여 다음 식으로 표현할 수 있다.

$$\frac{v}{\alpha}=\frac{C_Q}{C_{QR}}=\frac{Q_R}{Q}\frac{\omega}{\omega_R} \qquad \frac{h}{\alpha^2}=\frac{C_H}{C_{HR}}=\frac{H}{H_R}\frac{\omega_R^2}{\omega^2} \qquad \frac{\beta}{\alpha^2}=\frac{C_T}{C_{TR}}=\frac{T}{T_R}\frac{\omega_R^2}{\omega^2}$$

6.4.3 비정상 펌프특성

지금까지 토론한 성능의 특성은 정상적으로 운영되는 펌프의 운전범위에 해당한다. 그러나 부정류 동안 기계는 상황에 따라 유량의 역류나 임펠러의 역회전 또는 이 모두를 경험할 수 있다. 비정상적인 성능의 영역들을 통해 기계를 통과하는 동안 토크와 수두는 부호가 바뀔 수 있다. 그림 6.5를 참조하여 비정상 운영영역에서 펌프 성능을 가장 잘 기술할 수 있으며 이 그림은 펌프 동력 정전시 발생하는 부정류를 모의한 것이다. 전동기에 공급되는 동력이 급작스럽게 중단되면 원심펌프는 일정한 비율로 물을 공급한다. 토출 밸브 또는

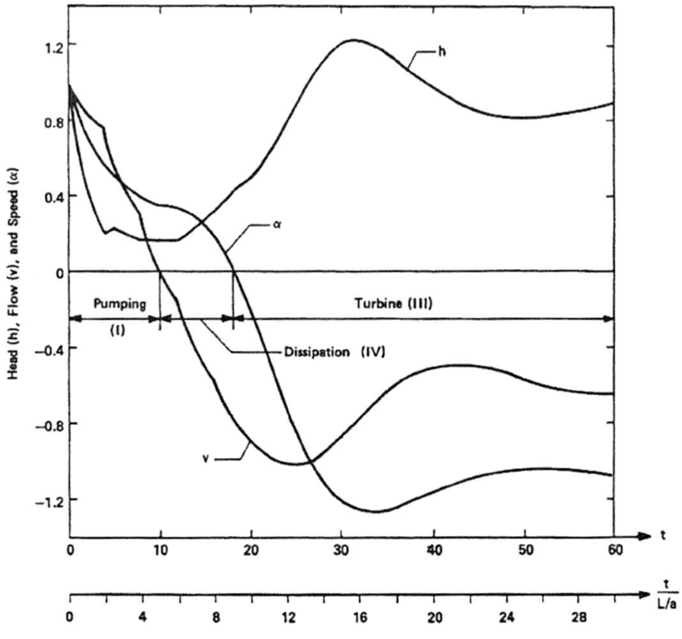

그림 6.5 ▌ 단일관로 시스템에서 밸브가 없는 경우 펌프트립 모의결과

다른 유량 조정 수단이 없는 경우를 가정하면 구동 토크의 손실로 인해 축 회전속도가 즉각적으로 감소하여 유량감소로 이어진다. 3개 곡선은 무차원 수두 h, 유량 v, 속도 α이다. 유량을 제어하는 추가 수단이 없으면 최종 공급지점(다른 저수조)에서의 높은 수두는 회전체의 관성을 + 회전조건인 $\alpha > 0$을 유지하지만 궁극적으로 유량은 역류하여 $v < 0$이 된다. 최대유량은 아니지만 유량이 역류하는 시간까지 펌프는 정상 영역에서 운전 중이다.

해석자가 − 회전속도와 − 유량영역에서 시스템 성능을 예측하기 위해서는 펌프의 대한 의심 영역에서의 특성을 필요로 한다. 사실 이 영역에서 펌프의 고유특성은 부정류에 영향을 미치는 것으로 예상된다. 이와 같은 해석 결과들은 (1) 펌프가 운전할 영역들에서 완전 펌프특성의 유용성, (2) 부정류 동안 동적 상사에 대한 완전한 신뢰성, 그리고 (3) 펌프에 의해 구동된 정상유동은 부정류해석에 유효하다는 3개 요소의 가정에 의해 중대하게 지배받는다.

Kittredge(1956)와 Knapp(1937)이 수행한 조사결과는 펌프의 비정상 운영상태를 쉽게 이해할 수 있도록 해주며 시험자료의 필요성을 강력하게 시사한다. Knapp(1941)와 Swanson(1953)의 추가 시험결과와 Donskey(1961)의 시험결과를 요약한 내용인 4개의 정상과 4개의 비정상 운영영역 즉, 총 8개의 영역에 대해 그림 6.6을 참조하여 상세하게 기술한다(Martin, 1983). 그림 6.6에서 수두 H는 예증을 단순화하기 위해 두 저수조 고도의 차이를 나타낸다. 배관의 길이가 짧고 직경이 상대적으로 큰 것으로 가정하여 배관마찰의 영향을 무시한다. 그림 6.6에 인용된 영역들은 영역 및 사분원(quadrants) 용어를 사용하고 후자 정의는 유량–펌프회전속도($v-\alpha$축) 평면에 수두와 토크 선들을 작도한 것으로부터 유래한다. Ⅰ 사분원($v > 0$, $\alpha > 0$)과 Ⅲ 사분원($v < 0$, $\alpha < 0$)은 일반적으로 펌프운전영역과 수차운전영역으로 정의된다. 그러나 이 두 사분원 사이에서 비정상 운전(펌프모드 또는 수차모드가 아닌)이 발생할 수 있다. 8개의 운전 영역은 시간상 순차적으로 발생한다. 그림 6.6에서 개략적으로 보여준 모든 조건들은 주 펌프로서 한 대(또는 두 대)의 추가 펌프와 보조펌프로서 시험할 한 대의 펌프를 사용하여 실험실 시험 루프에서 수행할 수 있다는 사실에 유의해야 한다.

Ⅰ **사분원**. 그림 6.6에서 영역 A(정상적인 펌프 운영)는 4개의 정량들 Q, N, H, 및 T가 +인 펌프의 정상적인 운전을 묘사한다. 이 경우 $Q > 0$는 에너지가 유용하게 적용되는 것을 나타낸다. 영역 B(에너지 소산)는 + 유량, + 회전, 그리고 + 토크이나 수두가 −인 비정상 조건이다. 펌프가 (1) 용량이 큰 다른 펌프와 병렬로 운전되어 overpowered된 경우, 또는 (2) 정전으로 야기된 부정류 동안 수두의 급격한 저하에 의해 펌프는 영역 B에서 운전될 수 있다. 펌프에서 유량과 회전속도가 − 방향일 경우에 펌프는 바람직하지 않지만 전력을 생산하는 것은 가능하며, − 토크 때문에 발생하는 이러한 영역 C(역 수차)는 − 수두에 의해 + 효율을 초래한다. 불량한 유입 유동 조건과 드문 출구 속도 삼각형에 기인하여 최대 효율은 상당히 낮게 된다.

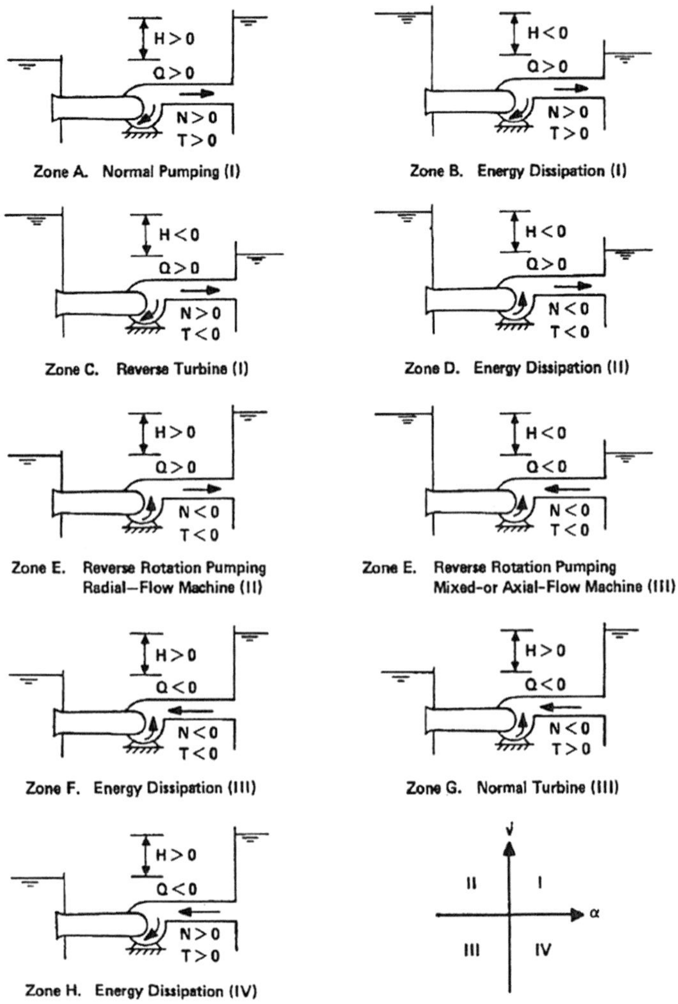

그림 6.6 ▌ 4개 사분원과 8개 펌프운영 가능 영역

Ⅳ **사분원**. 그림 6.5에서 예증하였듯이 펌프는 트립 또는 정전 직후 에너지 소산으로 표기된 영역 H를 직면한다. 이 순간 전동기, 펌프 및 펌프 내 포획된 액체, 그리고 축과 같은 모든 회전하는 요소들의 조합 관성은 펌프를 + 방향으로 회전시키고 + 수두를 형성시키나 유동이 역전될 때까지 그 수치는 지속적으로 감소된다. 이와 같이 에너지가 순수하게 소산하는 모드에서 효율은 – 또는 0이 된다. Ⅳ 사분원의 유일한 영역 H에서 수두와 유체 토크가 + 인 사실에 유의하는 것이 중요하다.

Ⅲ **사분원**. 펌프 정전 동안 영역 H를 통과한 펌프는 기계 래칫에 의해 축의 역회전이 방지되지 않으면 영역 G(정상 수차)로 들어간다. 무구속 회전속도는 발전을 하지 않지만 영역 G는 수차의 정확한 운전 모드이다. 펌프로서 수두와 토크는 + 이나, 펌프의 정상적인 운전(영역 A)에서와는 반대로 유량과 회전속도는 – 이다.

수차의 부하차단이나 트립, 또는 펌프로서 앞에서 정전된 기계의 지속적인 운영의 후속으로 영역 F(에너지 소산)을 직면한다. 영역 F와 G 사이의 차이는 영역 F에서 토크의 부호가 변경되어 제동효과를 갖고 있어 무구속 회전(free-wheeling) 기계를 감속시키는 경향이 있다. F와 G 두 영역의 경계에서 토크 $T=0$이 되어 무구속 회전속도에 도달한다.

Ⅱ **사분원**. 부정류발생 동안 펌프/수차가 영역 E로 들어가는 것을 제외하고 나머지 두 영역 D와 E는 극히 드물게 직면한다. 재차 이 두 영역들은 시험 루프에서 또는 전동기의 부적절한 결선으로 펌프가 반대 방향으로 회전할 때 발생한다. 영역 D는 순수하게 에너지가 소산되는 모드이다. 높은 저수지로부터 낮은 저수지로 유량을 증가시키기 위해 설계된 펌프가 역회전하지 않는 한 그러나 펌프가 유동을 역전시킬 수 있는(영역 E, 사류 또는 축류펌프) 용량을 갖지 못해 $H<0$에서 $Q>0,\ N>0,\ T<0$가 되는 이 모드는 실제로 발생하지 않는다. 펌프로서 기능을 발휘하는 회전방향이 역전되면 정상유동 아래 펌프 효율이 0보다 큰 영역 E가 실제로 발생할 수 있다. 궁극적인 유동의 방향에 관해 항상 의문이 존재한다. 즉, 원심펌프가 역회전($N<0$)하면 정방향 회전($N>0$)할 때와 비교하여 유량과 효율은 감소되지만 $H>0$이 된다. 반면 사류 및 축류펌프는 역회전하면 유동은 역방향(Ⅲ 사분원)으로 형성하고, $H<0$는 유동 방향에서 펌프를 통과하면서 수두 상승에 상응한다.

6.4.4 수치해석을 위한 펌프자료의 표현

부정류해석에서 전통적으로 원심펌프의 특성을 그림 6.7 및 6.8과 같이 v/α의 함수로서 h/α^2와 β/α^2로 표현된다. 그림 6.7에서 곡선들은 오직 + 회전($\alpha>0$)의 경우이고, $v>0$인 펌프 영역 A, B, 및 C 그리고 $v<0$인 펌프 정전 후속 에너지 소산 영역(영역 H)으로 구성된다. $\alpha<0$의 경우 나머지 펌프 특성 Ⅱ와 Ⅲ은 그림 6.8에서 작도된다. 그림 6.7과 6.8에 작도된 펌프의 완전특성은 Karman-Knapp 원형 선도로 알려진 선도상에서 상호 관련될 수 있고, 이 선도는 무차원 유량 v와 무차원 회전속도 α의 좌표 상에서 수두 h와 토크 β 선들을 작도한 것이다. 그림 6.9는 동일한 펌프에서 이와 같은 상관관계를 표현한 것이다. 펌프의 완전특성은 6개(3개의 수두특성과 3개의 토크특성)의 곡선을 필요로 한다. 예를 들어 $h=1$과 $h=-1$에서 연속적인 선들과 $h=0$에서 원점을 통과하는 두 개의 직선들로 그림 6.7과 6.8로부터 h/α^2 곡선들을 표현할 수 있다. 그림 6.6에서 예증한 8개 영역 A-H 이외에 v와 α 항으로 4개의 Karman-Knapp 사분원들은 잘 정의된다. 그림 6.9에서 방사선들은 그림 6.7과 6.8에서 v/α의 수치에 상응하고, 하나의 표현 형태로부터 다른 표현 형태로 상대적으로 쉽게 변형시킬 수 있다.

펌프 부정류의 전산기해석에서 물리적 이해의 관점으로부터는 의미가 있지만 그림 6.7과 6.8에서 회전속도가 $0(\alpha=0)$에 접근하면서 $|v/\alpha|$가 무한히 되는 어려움에 봉착한다. 혹자는 $|v/\alpha|>1$에서 β와 같이 $h/\alpha^2\ vs\ v/\alpha$를 $h/v^2\ vs\ \alpha/v$로 변환시켜 이 문제를 해결하였다. 이 기법은 그림 6.7과 6.8의 곡선 숫자를 2배로 만들며 자료의 저장 및 보간을 복

잡하게 만드는 것은 물론 $|v/\alpha|=1$에서 곡선의 경사에서 불연속을 발생시킨다. Marchal (1965)은 그림 6.10에서 보는 것과 같이 동일한 펌프의 완전특성을 두 개의 곡선으로 표현할 수 있는 유용한 변환을 고안하였다. 가로축을 $\tan^{-1}(v/\alpha)$의 함수로 하여 v/α가 무한히 되는 어려움을 극복하였다. 비록 일부 펌프자료의 물리적 해석이 변환과정에서 손실

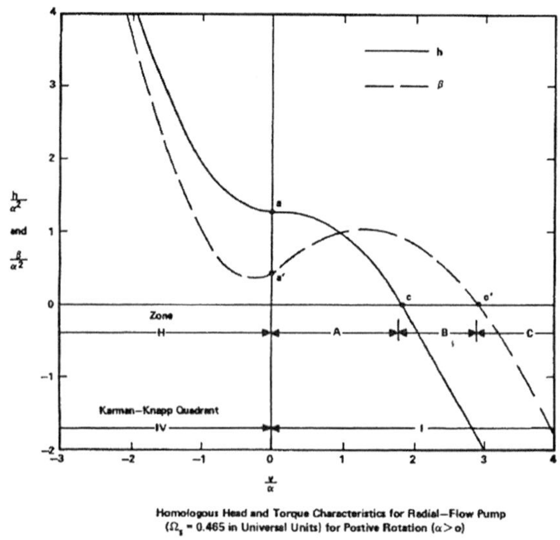

그림 6.7 ▌ 원심펌프 정방향 회전의 수두 및 토크 완전특성곡선

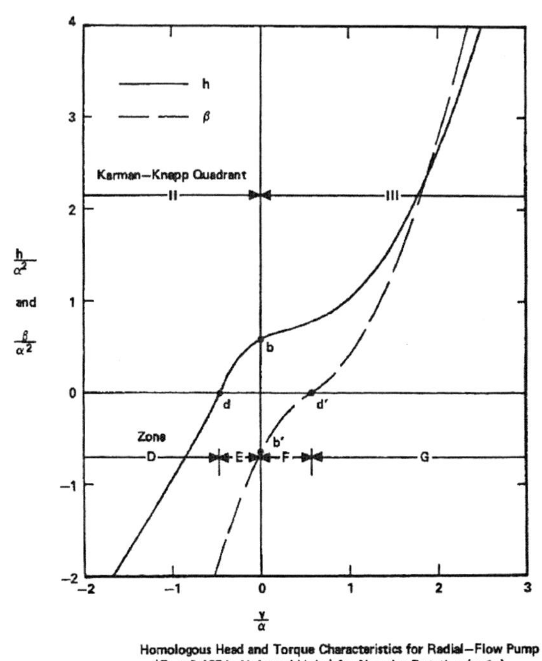

그림 6.8 ▌ 원심펌프 역방향 회전의 수두 및 토크 완전특성곡선(Martin, 1983)

되지만 수치 보간의 용이함과 함수 연속성 때문에 전산기를 사용하여 부정류해석시 그림 6.10이 선호된다. 이제 그림 6.10에서는 그림 6.7과 6.8에서의 singularity와 그림 6.9에서의 점근선은 제거되었다. 상기 변환과정에 대한 상세한 내용은 『전산기로 푸는 수충격해석 입문』 문헌(박한영, 2004)을 참조하기로 한다.

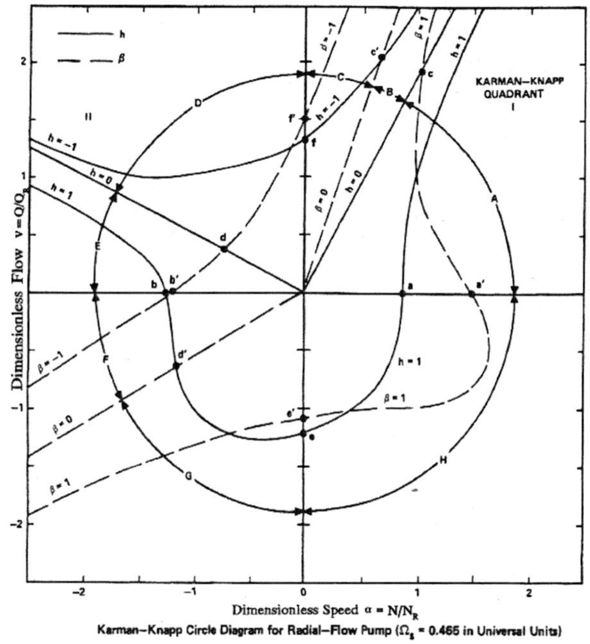

그림 6.9 ▌ 원심펌프 수두 및 토크 완전특성곡선(Martin, 1983)

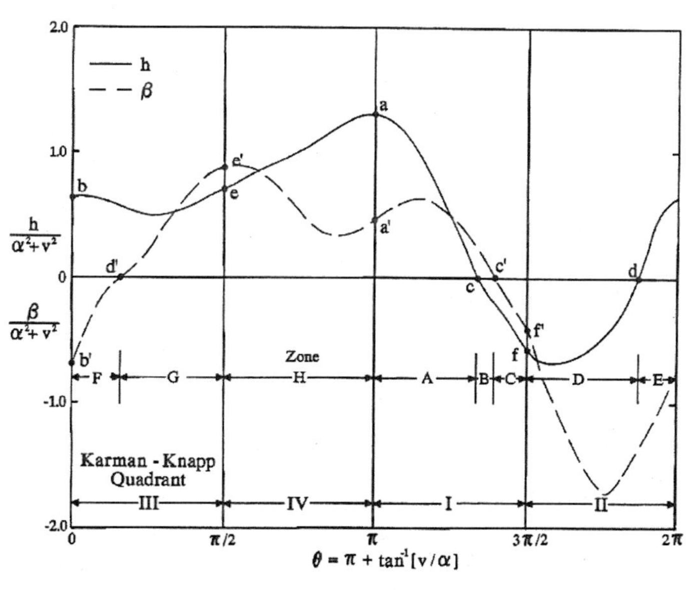

그림 6.10 ▌ 원심펌프 수두 및 토크 완전특성곡선 Suter 선도(Martin, 1983)

6.4.5 펌프를 갖는 시스템의 수리해석을 위해 필요한 중요 자료

펌프곡선, 펌프 및 전동기 관성모멘텀, 전동기 토크-회전속도 곡선, 그리고 밸브 곡선들과 같은 제작사가 제공하는 자료와 관련하여 펌프장에서 가장 중요한 자료는 아마도 펌프-전동기 관성모멘텀과 밸브 폐쇄 시간이다. 통상적으로 정상적인 펌프 곡선들은 충분하고도 쉽게 얻을 수 있다. 전동기 토크-회전속도 곡선들은 오직 펌프 기동을 평가하기 위해 필요하다. 펌프와 전동기의 조합 관성모멘텀은 펌프 트립시 중요하다.

6.5 서지보호장치와 서지제어장치

W / A / T / E / R

부정류와 수충격을 제어하기 위한 여러 기법들이 존재하며 이 기법들 중 일부는 관로설계시 고려할 사항이고 다른 기법들은 서지 보호설비의 고려한다. 관로시스템 내 잠재적인 수충격을 제거하기 위해 완전한 설계 및 운영전략을 수립해야 한다. 부정류는 펌프장 정전의 경우에서와 같이 저압[다운서지(downsurge)] 또는 하류측 밸브의 폐쇄에 의해 발생되는 고압[업서지(upsurge)]으로 시작할 수 있다. 다운서지는 바람직하지 않은 수주분리현상을 발생시킬 수 있다는 것은 잘 알려져 있다. 수주분리는 공동의 붕괴 후 심각한 압력상승을 초래할 수 있다. 일부 관로시스템에서는 (1) 배관 붕괴 또는 (2) 외부 물 또는 공기의 유입 때문에 부압들을 허락하지 않는다.

일반적으로 초기에 업서지 또는 다운서지가 발생하는지에 따라 부정류 제어 수단들은 다르게 된다. 펌프장의 경우 바람직하지 않은 주된 부정류 원인은 펌프장 정전이다. 관로가 만수되고 펌프 토출 밸브가 폐쇄된 상태에서 원심펌프가 기동하면 통상적으로 상당한 부정류 압력을 초래하지 않는다. 펌프장 건설시 주된 부정류 문제들은 밸브의 동작 여부와 관계없이 하나 이상의 펌프들의 트립으로 인한 잠재적인 수주분리와 기포 포켓 붕괴의 발생과 관련된다. 만일 펌프 토출밸브가 너무 신속하게 동작하면 다운서지 문제를 더욱 악화시킬 수 있다. 다운서지를 방지하기 위해서는 하나 또는 그 이상의 서지 보호설비를 설계하고 설치할 수 있다. 본 절에서는 다양한 서지 보호기법에 대해 토론하고 전반적으로 펌핑시스템의 관점에서 각 설비의 장점을 평가한다. 그림 6.11과 같은 압력시스템은 다양한 서지 보호 개략도를 묘사한다.

6.5.1 부정류의 임계 매개변수

서지 보호설비를 토론하기 전에 다양한 관로, 펌프 및 전동기, 제어 밸브, 유량, 그리고 부정류의 크기에 영향을 미치는 다른 매개변수들에 대해 기술하기로 한다. 펌핑 시스템에서는 (1) 펌프 유량, (2) 펌프 및 전동기 WR^2, (3) 임의 밸브 동작, (4) 관로특성 4개의 주된

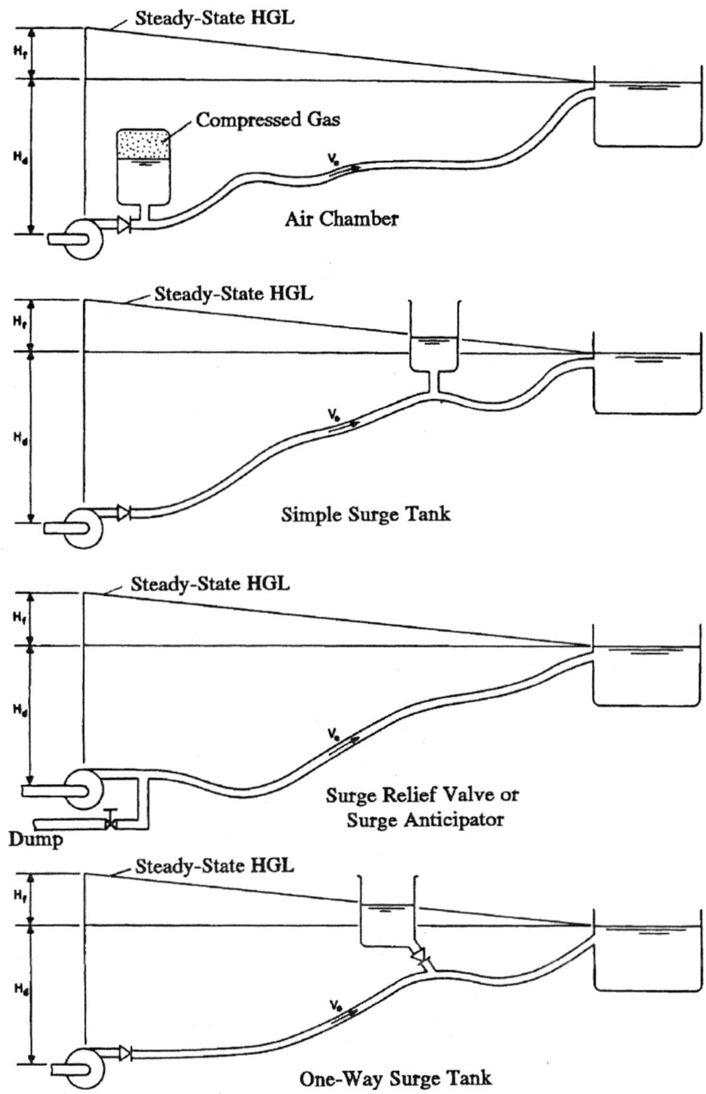

그림 6.11 ▌ 펌프설치시 다양한 서지보호장치 개략도

매개변수들이 존재한다. 관로 특성은 관로 노선(평면 및 프로파일), 배관 규격, 재질 및 음속을 포함한다. 소위 짧은 관로시스템은 긴 관로시스템과 다르게 반응한다. 즉, 밸브를 동일하게 동작시켜도 이에 따른 결과는 두 형식의 관로시스템에서 다르게 나타난다.

(4) 관로특성은 시스템의 반응을 펌프장 정전과 같은 부정류에 연관시킨다. 명백하게 하나 또는 그 이상의 서지보호설비를 추가하거나 또는 (1) 유량, 또는 (2) WR^2 또는 (3) 밸브동작 중 하나를 변경하면 반응은 다르게 나타날 것이다. 관망과 유량분포가 주어지면 부정류를 제어하는 수단은 (2) WR^2과 (3) 밸브동작으로 제한된다. 만일 이 두 수단이 문제를 완화시킬 수 없다면 관로 반응을 변경시키기 위해 서지보호설비를 사용할 필요가 있다.

6.5.2 서지보호 평론

앞에서 언급한 절차와 설비의 다양한 조합으로 펌핑시스템에서 다운서지 문제를 해결할 수 있다. 대표적인 서지보호설비를 그림 6.12와 6.13에 나타내었다. 많은 경우 기술자는 지역조건과 선호도에 따라 보호설비와 보호방법을 선정하였다. 축압기 및 서지탱크들과 같은 온라인 설비들은 비록 고가이지만 상당히 효과적이다. 현명하게 규격과 위치를 결정하면 일방향 서지탱크들도 상당히 효과적이다. 부정류 초기에 부압이 문제가 되면 서지예상 밸브를 사용해서는 안된다. 실제로 이와 같은 밸브들의 서지예상 기능이 비활성화된 곳에 설치되어 있으며 이 경우 서지완화 특징만을 갖게 된다. 더욱이 서지예상 밸브의 조기 개방에 의해 야기된 추가 다운서지에 의해 저압 상황을 악화시킨 경우가 여러 번 발생한 적이 있다.

서지보호설비의 최종 선택 및 고려와 관련된 시험결과를 가지고 수치해석 결과를 캘리브레이션한 후 단순 서지탱크 또는 스탠드파이프, 일방향 서지탱크, 그리고 수공압탱크(hydropneumatic tank)나 에어챔버를 평가해야 한다. 이러한 설비들의 조합이 가장 바람직하고 가장 경제적일 수 있다.

관로 내부로의 공기 유입은 효과적일 수 있으나 공기-진공밸브의 위치와 규격의 설계가 매우 중요하다. 만일 관로 내 공기 유입을 허용해야 한다면 효과적인 결과를 보장하기 위해 해석시 신중을 기해야 한다. 만일 Ten State Standard와 같은 시방이 압력을 + 수치로 제한하면 공기-진공파괴기의 고려는 논쟁의 여지가 있다.

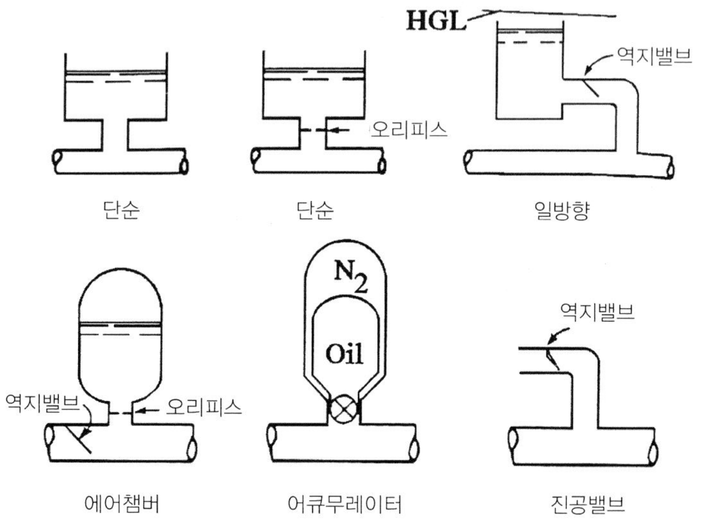

그림 6.12 ▌ 서지탱크 단면

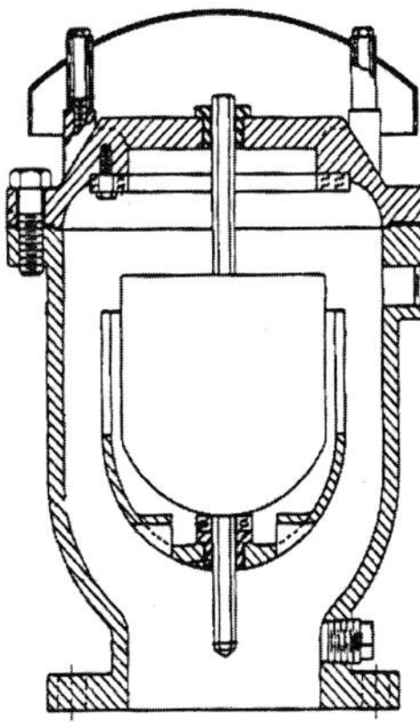

a. 진공파괴밸브

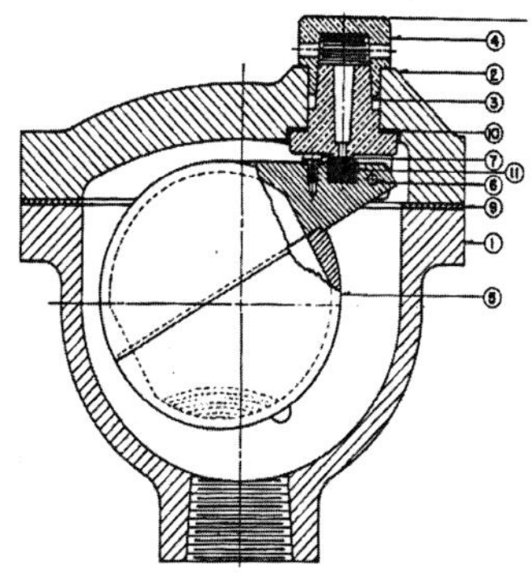

b. 공기배출밸브

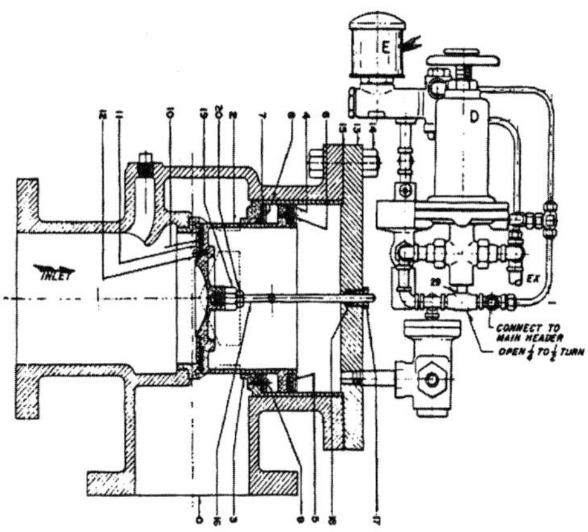

c. 서지완화 또는 서지예상밸브

그림 6.13 ▌ 진공 파괴기, 공기배출, 서지완화밸브 단면

6.5.3 서지보호제어 및 설비

펌프 토출 밸브 운영. 중력 관로시스템에서는 Wylie와 Streeter(1993)가 언급하였듯이 최적의 밸브 폐쇄(예를 들어 2단)로 업서지 부정류를 제어할 수 있다. Fleming(1990)이 보여주었듯이 만일 서지보호 설비와 연계하여 밸브를 최적 제어하면 펌프정전으로 야기된 수충격문제를 해결할 수 있다. Sanks(1989)가 언급 하였듯이 펌프장 정전시 다운서지를 제어하기 위해 빈번하게 펌프 토출측에 설치된 제어밸브의 개도를 일정 수치로 제한할 수 있다. 실제로 밸브가 너무 신속하게 폐쇄되면 다운서지를 악화시켜 잠재적인 수주분리를 유발할 수 있으며 반대로 너무 완만하게 폐쇄되면 펌프를 통한 상당한 역류가 발생한다. 단일 펌프 정전시 최적 제어는 복수 펌프 정전시 최적제어가 아닐 수 있다는 사실에 유의해야 한다. 마이크로프로세서와 서보기계를 피드백 시스템과 연계하여 사용하면 펌프 및 관로시스템

과 연계한 밸브의 최적 제어에 대한 일반 해결책이 될 수 있다. 펌프토출밸브는 다운서지를 악화시키지 않도록 너무 신속하게 폐쇄되면 안되고 밸브가 폐쇄되기 이전에 펌프 및 밸브를 통한 상당한 역류가 발생하지 않도록 너무 완만하게 폐쇄되어도 안된다.

역지밸브(Check Valve). 빈번하게 펌프토출관로에 완만하게 동작하는 제어밸브와 연계하여 스윙역지밸브 또는 다른 형식의 역지밸브를 설치한다. Tullis(1989)가 지적하였듯이 역지밸브는 쉽게 개방되어야 하고, 정상적인 + 유동시에 수두손실이 적어야 하고, 그리고 역지밸브의 동작으로 인해 바람직하지 않은 부정류를 발생시키지 않아야 한다. 짧은 관로시스템의 경우 완만하게 반응하는 역지밸브는 폐쇄 이전 생성된 높은 역류 유량 때문에 상당한 수충격을 발생시킬 수 있다. 대쉬포트를 갖는 스프링 또는 중량물 하중 역지밸브는 원하지 않은 부정류를 완화하기 위해 초기에 신속하게 폐쇄되고 완전 폐쇄개도 근방에서는 완만하게 폐쇄된다. 그러나 적정한 성능을 위해 적정한 하중의 선정과 댐핑 정도는 중요하다.

펌프의 정지 또는 병렬로 운전되는 펌프들 중 펌프 한 대의 고장시 또는 펌프장 정전시, 또는 펌프에 인접하여 설치된 에어챔버의 동작으로 인해 역지밸브 슬램(slam)이 발생 가능할 수 있으나 적정한 대쉬포트의 선정으로 역지밸브 슬램을 방지할 수 있다.

서지예상밸브 및 서지완화밸브. Lescovitch(1967)가 기술하였듯이 펌프장 매니폴드(manifold)에 빈번하게 설치되는 서지예상밸브(그림 6.13c)는 (1) 펌프장 정전, (2) 저압감지, (3) 과도압력의 감지 초기에 개방하도록 설계된다. 반면 통상적인 서지완화밸브는 과도압력을 감지하는 즉시 신속하게 개방하나 파일롯 밸브에 의해 제어되어 완만하게 폐쇄한다. 서지예상밸브는 주기의 종료시점에서 완화기능을 구체화하는 것은 물론 예상 요소까지 포함하기 때문에 서지완화밸브보다 더욱 복잡하다. White(1942)가 예제를 통해 증명한 것과 같이 수주분리가 발생하지 않는 관로시스템의 경우 역류 또는 파 반사에 기인한 펌프에서 업서지 문제를 해결할 수 있다. Weaver(1972)는 서지완화밸브의 유일한 예제를 제공하였다. Lundgren(1961)는 수주분리가 발생하지 않는 관로시스템의 경우 단순관로시스템을 위한 수충격해석 챠트를 제공하였다.

Parmakian(1968, 1982a,b)이 보고 하였듯이 완화밸브의 개방이 부압 문제를 악화시키는 것 만큼 서지예상밸브는 다운서지 문제를 악화시킬 수 있다. 또한 서지예상밸브의 오작동으로 인해 완화밸브가 개방되지 않아 과도한 압력상승 사고가 발생한 사례가 있다.

펌프우회배관(Pump bypass). 관로가 짧고 수두가 낮은 관로시스템에서는 정전 및 다운서지 발생 직후 펌프 토출관로로 물을 유입시키기 위해 펌프 우회배관을 설치할 수 있다(그림 6.11). Wylie & Streeter(1993)가 설명하였듯이 두 개의 우회배관형상이 가능하다. 첫 번째 형상은 토출관로에 하나의 제어밸브, 펌프 흡입측 또는 흡수정과 주관로 사이 우회배관 상에 하나의 역지밸브를 포함한다. 역지밸브는 다운서지 발생 후 개방되도록 설계되어 주관로에서 수주분리를 완화시킬 수 있다. 첫 번째 형상과 반대로 두 번째 형상은 우회배관에 제어밸브를 그리고 펌프 하류측 주관로에 역지밸브를 갖는다. 정전시 제어밸브가 개방되어 펌프 우회배관을 통해 물이 주관로로 유입된다.

개방(단순) 서지탱크(Open surge tank). 단순 온라인 서지탱크 또는 스탠드파이프(그림 6.11)은 업서지와 다운서지 문제 모두에 우수한 해결책이 될 수 있다. 지형조건이 적합하면 관로시스템에서 이 설비들은 상당히 광범위하게 사용된다. 이 설비는 실제적으로 유지관리가 필요 없고 온라인에 설치되므로 즉각적인 반응이 가능하다. 대부분 펌프장 인근에 고지대가 없고, 서지탱크의 상당한 높이 때문에 펌프장에는 개방 단순 서지탱크들이 설치되는 경우는 드물다. Parmakian(1968)이 언급하였듯이 단순 서지탱크들은 모든 서지보호설비들 중 가장 신뢰할 수 있다. 한 가지 단점은 펌프 체절수두를 고려하기 위한 추가 높이이다. 수위 변동을 감소시키기 위해 일부 댐핑을 포함하는 것은 물론 월류도 반드시 고려해야 한다. Kroon(1984)이 주장하였듯이 단순 서지탱크의 가장 큰 결점은 자산비용이다.

일방향 서지탱크(One-way surge tank). 일방향 서지탱크의 목적은 다운서지시 관로 내로 물을 유입시켜 초기 낮은 압력과 잠재적인 수주분리를 방지하는 것이다. 관로시스템이 정상 운영 중이면 이 탱크에 연결된 배관에 설치된 역지밸브가 폐쇄된 상태를 유지하여 관로와 탱크가 분리되나, 배관 내 HGL이 개방 탱크 내 수위보다 낮게 되면 관로 내로 물을 유입시키기 위해 역지밸브가 개방된다. 개방(단순) 서지탱크에 대한 일방향 서지탱크의 주된 장점은 정상 운영중 탱크 상단부의 고도는 관로의 HGL 고도일 필요가 없다는 것이다. 따라서 초기 업서지가 아닌 초기 다운서지에 대항할 때 단점을 갖는다. 이 개념의 창시자인 Parmakina(1968)의 권장에 따라 미국 개척국은 펌프 토출 관로에 일방향 서지탱크들을 광범위하게 채택하여 왔다. 6.9.1절에서 기술하겠지만 Martin(1992)이 펌핑 시스템에서 일방향 서지탱크들의 효과적인 적용 예제를 보고하였다.

일방향 서지탱크의 설계시 고려사항들은 (1) 고지점의 위치 또는 관로의 니이(knee), (2) 역지밸브 및 수평 배관 잉여(redundancy), (3) 플로트 제어 재충수 밸브 및 물 공급, 그리고 다른 부속설비 등이다. 필요시 밸브들과 탱크들의 운영을 보장하기 위해 유지보수가 매우 중요하다.

에어챔버(또는 수공압 서지탱크). 에어챔버를 적정하게 설계하고 유지하면 펌핑시스템에서 – 압력과 + 압력 모두를 완화시킬 수 있다. 통상적으로 에어챔버는 가장 큰 효과를 얻기 위해 펌프장 내 설치된다. Fox(1977)가 주장하였듯이 부정류 문제 해결시 상당히 효과적일 수 있지만 매우 고가이다. 에어챔버의 탱크를 수평 또는 수직으로 설치할 수 있는 장점이 있다. 주된 판단기준은 기능을 수행하기 위한 유용한 물과 공기의 체적이다.

설계시 압축된 공기, 수위 감지, 관측유리, 배수, 압력조정기 및 동결 가능성에 대해 주의한다. 통상적으로 펌프와 에어챔버 사이의 관로 길이는 상당히 짧기 때문에 역지 밸브의 슬래밍이 발생할 수 있어 쿠션 폐쇄를 위해 역지밸브에 대쉬포트를 고려할 필요가 있다.

기본적으로 탱크 내 공기량은 탱크 체적의 50% 정도로 유지해야 하며 그렇지 않을 경우 에어챔버는 효과적이지 않다. 원수 펌프장에서 압축된 공기 시스템의 오작동에 기인하여 에어챔버가 침수되는 사고가 발생하였다. 불행하게도 동시에 펌프장이 정전되어 수주분리 및 수충격이 발생하여 배관이 파괴되었다.

진공밸브 및 공기배출밸브. 관로 내 압력이 대기압 이하로 저하되거나 증기 공동이 형성되는 것을 방지하기 위한 또 다른 방법은 관로시스템에 따라 선정된 지점들에 진공밸브(air-vacuum, 또는 진공 파괴밸브)를 설치하여 공기를 유입시키는 것이다. Martin(1980)이 계산 및 측정한 것과 같이 진공밸브의 적정한 위치 및 규격은 수주분리를 방지하고 수충격 영향을 감소시킬 수 있다. Kroon(1984)이 주장하였듯이 밸브의 규격 및 위치는 매우 중요하다. 실제로 Parmakian(1982a,b)이 보고하였듯이 관로 내 진공밸브를 설치하였지만 파손을 제거하지는 못하였다. 적정하게 진공 시스템을 선정하지 않는 이상 서지가 재발하는 동안 특히, 관로 내에서 공기가 극도로 낮은 압력에 놓이면 후속적인 공기의 압축에 의해 상당한 압력이 발생할 수 있다. 더욱이 효과적이 되기 위해 반드시 공기가 신속하게 유입되어야 한다. 대표적인 설계들은 그림 6.13과 같다.

Fleming(1990)이 증명한 것과 같이 진공 파괴기는 실용적인 해가 될 수 있다. 공기-진공 파괴기 시스템은 에어챔버와 같은 다른 장비들 보다 저렴하지만 관로에 따라 공기가 축적되고 후속적으로 공기를 제거해야 하는 단점을 갖는다. 필요시 밸브 개방을 보장하기 위해 밸브의 유지관리 및 운영은 중요하다. 가끔 조합된 공기-배출 공기-진공 밸브로 공기를 제거한다. 정수시스템의 경우 공기 유입은 정상적인 해결방법이 아니므로 조심스럽게 평가해야 하며, 더욱이 부정류가 추가로 발생하지 않도록 공기를 조심스럽게 배출해야 한다.

플라이휠. 이론적으로 펌프전동기의 회전관성력 WR^2을 크게 증가시키면 기계를 완만하게 감속시켜 다운서지를 상당히 감소시킬 수 있다. 전형적으로 전동기는 전체 WR^2의 75~90%를 차지한다. 플라이휠을 부착하여 WR^2를 증가시키면 다운서지를 감소시킬 것이다. Parmakian(1968)은 플라이휠을 부착하여 WR^2를 100% 증가시키려면 전동기 비용의 20% 추가 비용이 발생된다고 주장하였다. 또한 그는 플라이휠의 해결책은 오직 일부 한계의 경우에서만 경제적인 것을 주장하였다. 통상적으로 플라이휠은 고비용 해결책이고 주로 짧은 시스템에서 유효하다. 플라이휠은 실질적으로 유지관리가 필요 없는 장점을 가지나 기동시 필요한 추가된 토크는 반드시 고려해야 한다.

무정전 전원 장치(UPS, Uninterrupted power supply). 대용량 무정전 전원장치 시스템의 유용성은 펌프장에서 수충격의 주된 원인인 펌프 정전에 기인한 저압의 생성을 방지함에 있어 상당한 가치가 있다. 여러 대의 펌프가 병렬로 설치된 펌프장에서 다른 펌프들이 정전되어도 하나 또는 그 이상의 펌프들의 운전을 유지하여 충분한 압력을 유지할 수 있도록 UPS가 고안된다. 통상적으로 UPS는 고가이므로 설치된 펌프장은 거의 없다.

6.6 설계

시스템 및 시스템 구성 요소와 관련하여 완전하지 못한 정보로 인해 서지 또는 부정류해석은 부정확할 수 있다. 펌프, 밸브, 탱크 등과 같은 요소들이 존재하는 복잡성과 초기 유량배분과 관련한 일부 불확실성 때문에 배수시스템에서 이는 특히 사실이다. 궁극적인 질문은 어떻게 이러한 모든 불확실성들을 해석에 반영하여 최종해를 도출하는 것인가 이다. 시스템 전체를 통해 퍼센트 오차의 항으로 정확도의 차이와 차감 영향(offsetting effects)들이 존재할 것이다. 불확실성 중 일부는 다음과 같다.

특히 복잡한 관망에서 특정 규격 이하의 배관을 제외시키고 복잡한 배관을 등가 배관으로 대체하는 관로시스템의 단순화는 정상상태 해의 정확도는 물론 약간의 오차를 발생시킨다. 그러나 만일 큰 유량이 잘 알려져 있으면 보다 작은 배관들에서의 오차는 아마도 크게 중요하지 않다. 앞에서 언급하였듯이 불완전한 펌프특성은 특히 역류와 역회전 동안 계산오차를 발생시킨다. 가정한 밸브특성 특히 스윙 역지밸브와 감압밸브의 반응은 실질적인 오차의 근원이다. 만일 밸브와 펌프의 반응에 대한 실제 실험결과를 전산기 모델로 입력하면 해석은 향상된다.

복잡한 관로시스템의 경우 많은 유용한 정보가 기저가 될 때까지 불확도를 평가하는 것은 어려우나 보다 단순한 시스템과 실험실 시험에서 발생하는 더욱 이상적인 조건들 아래 측정된 자료와 비교할 때 5%~10%의 오차 때로는 이 보다 양호한 정확도를 기대할 수 있다. 판단 요소도 정확도에 영향을 미친다. 실제로 파속, 펌프특성, 밸브 동작, 시스템 개략화(schematization) 등과 관한 다른 가정 때문에 해석결과가 다를 수 있다. 또한 전산기 코드 사용자의 경험과 전문성에 의해서도 해석결과가 다를 수 있으며 이 요소는 부정류해석에서 매우 중대하다. 실제로 동일한 코드를 사용해도 상당히 다른 결과들을 얻을 수 있다.

통상적으로 특성법에 기초한 전산기 코드들은 서지 보호장치와 그들의 특성 변화에 대한 시스템의 반응을 평가하기 위한 매우 귀중한 도구이다. 만일 캘리브레이션을 통해 입력자료와 관로 개략화를 개선하면 명백하게 전산기 코드의 효과는 향상된다. 전산기 코드는 서지 보호장치의 규격 최적화는 물론 많은 선택사항들을 조사할 수 있다는 장점을 갖는다. 시스템에 대한 수치해석코드를 캘리브레이션하면 적정한 서지보호 의사결정을 개선시킬 수 있다. 그러나 만일 코드가 시스템을 타당하게 표현하지 않으면 서지보호장치는 부적합하거나 과대 또는 과소 규격이 될 수 있다.

기포 포켓과 후속 붕괴의 형성을 제대로 모델하지 않는 전산기 코드는 상당한 오차를 발생시킬 수 있다. 더욱이 액체로부터의 분리 또는 배출되는 가스에 관한 불확도가 존재한다. 파속에 대한 영향은 알려져 있으나 시스템해석에서 이 영향을 쉽게 표현할 수 없으며 또한 이는 단순히 또 다른 불확도의 가능성이 될 수 있다.

전체 시스템을 적합하게 특성화할 수 있으면 실제로 측정된 결과와 비교할 때 배수관로와 같이 복잡한 시스템에서도 부정류 계산은 타당한 결과들을 제공할 수 있다. 펌프, 전동기, 그리고 밸브 특성 이외에 배관 및 유량 수요에 관해 충분한 지식을 갖추어야 한다. 관망에서 특히 중요한 요소는 관망의 개략화이다. 개략화는 수 천개의 배관을 갖는 관망을 전산기해석에 적합한 수백개의 관망으로 단순화하는(일부는 실제 배관으로 그리고 일부는 등가 배관으로) 것이다. Thorley(1991)에 따르면 루프를 갖는 관망은 많은 배관들의 분산 효과와 이와 관련된 압력파의 반사 때문에 수충격이 더욱 완화되는 경향이 있다. 반면 Karney & McInnis(1990)는 파의 중첩은 부정류의 증폭을 야기시킬 수 있는 단순한 예를 증명하였다. 일반적으로 배수관망 자체에서는 수충격이 빈번하게 발생하지 않으므로 해석 목적으로 단순화와 등가 배관을 확립하는 수단에 대한 정보가 거의 없다. 대규모 지자체 관망은 시스템을 보다 잘 표현하기 위해 관망을 특성지우는 배관들의 선택과 개략화를 개선할 필요가 있는 좋은 예이다.

6.7 관망 내 부압 및 수주분리

W / A / T / E / R

정수의 송수시스템과 배수시스템은 모든 조건들에서도 최소 압력 138kPa(20 psig)을 유지해야 하므로 해석모델이 충분한 정확도를 가지면 수주분리가 발생하지 않는다. 대규모 관망에서 수주분리와 붕괴는 흔하지 않지만 이러한 이벤트 발생이 불가능하다는 것을 의미하지는 않는다. 복잡한 관로시스템의 경우 수주분리의 모델링은 분명히 어렵다. 수많은 운영 관로에서 수주분리를 성공적으로 모델링하여 왔다. 명백하게 관로시스템에서 부압뿐만 아니라 수주분리는 바람직하지 않으므로 적정하게 설계된 서지보호장치를 설치하여 이를 방지해야 한다.

만일 관로 내 최소압력 138kPa(20psig)을 유지하면 전산기 코드로 수주분리를 예측하기 위한 경우를 제외하고 수주분리 및 공기-진공파괴기의 논제는 부적절하다. 연구목적과 별도로 주로 잠재적 결과들을 평가하기 위한 공학적 상황에서 수주분리를 모의한다. 만일 수주분리모의 결과가 심각하면 수주분리를 완화시키기 위해 운영조건을 변경하거나 서지보호장치를 설계해야 한다. 수주분리의 한계 설정에 따라 압력 예측의 정확도는 다르다. 만일 수주분리가 허용되지 않으나 포화증기압의 형성이 충분히 예측되면 수주분리 모의 자체는 필요하지 않다.

일부 코드는 수주분리를 모의하지 않지만 대신 공동 위치에서 포화증기압력을 유지한다. 그러나 공동 형성 후속 시간에서 실제 공동이 발생하면 이와 같은 코드해석 결과는 실효성이 없다. 이 기법은 수주분리의 결과를 평가할 수 없으므로 오직 공동의 발생여부를 확인하기 위해 사용할 수 있다. 수주분리를 모델할 수 없는 임의 전산기 코드는 다음을 암시한다. (1) 수주분리의 심각성을 결정할 수 없고, (2) 전산모델은 한번 포화증기압에 도달하면 시스템 부정류를 충분히 예측할 수 없다. 만일 138kPa(20psig) 이하 부압이 허용되지 않으면 수주분리의 결과와 이에 따른 붕괴를 평가할 수 없는 코드의 무능력은 당연히 문제가 되지 않는다. 코드는 오직 138kPa(20psig) 이하 압력과 부압을 깃발로(flag) 표시하고 서지보호장치의 필요 여부를 나타낼 필요가 있다.

수주분리를 적정하게 모의하는 임의 모델의 능력은 여러 요소들에 따라 결정되며 주된 요소들은 다음과 같다.

- 초기 유량에 대한 정확한 지식
- 펌프, 밸브, 그리고 관로시스템의 적정한 표현
- 기포의 형성, 성장, 그리고 붕괴
- 공동이 존재하면 공동 내 포화증기압의 유지
- 각 시간 단계에서 공동 체적의 결정
- 공동 체적이 0으로 감소되는 순간 공동의 붕괴

6.8 수리시스템에서 시간 상수들

- 탄성시간 상수(Elastic time constant)

$$t_e = \frac{2L}{a} \tag{6.16}$$

- 유동시간 상수(Flow time constant)

$$t_f = \frac{LV_0}{gH^0} \tag{6.17}$$

- 펌프 및 전동기 관성시간 상수

$$t_m = \frac{I\omega_R}{T_R} = \frac{I\omega_R^2}{\gamma Q_R H_R \eta_{RT}} \tag{6.18}$$

- 서지탱크 동요 비탄성시간 상수(oscillation inelastic time constant)

$$t_s = 2p\sqrt{\frac{L_T}{g}\frac{A_t}{A_T}} \tag{6.19}$$

6.9 사례 연구

다양한 수충격 보호장치들을 갖는 3개의 대규모 펌핑 시스템에 대해 수충격을 해석하고 현장 측정을 수행하였다. 서지보호시스템들로서 (1) 일방향 및 단순 서지탱크, (2) 에어챔버, (3) 공기-진공파괴기들을 사용한다.

6.9.1 일방향 및 단순서지탱크를 갖는 사례 연구

매우 큰 펌프장을 건설하고 30km 관로를 사용하여 물을 공급한다. 펌프의 회전속도는 720rmp, 유량은 1.14m^3/sec, 정격수두 165m, 그리고 정격동력 2090kw인 3단 펌프 3대가 가동된다. 초기 서지해석은 잠재적인 수주분리를 나타내었다. 서지보호시스템으로 일방향 서지탱크 및 단순서지탱크는 물론 전략적인 위치에 공기-진공 밸브를 설치하는 것으로 설계하였다.

현장 측정을 통해 이 다양한 서지보호장치들의 효용성을 평가한다. 다양한 부정류 시험조건에서 펌프회전속도, 토출밸브개도, 펌핑유량, 그리고 7개 위치에서 압력을 측정하였다. 펌프 3대의 운영 시험조건에서 현장 측정결과들을 사용하여 펌프 4대 및 5대의 미래 확장시 부정류 모의결과를 개선하고자 한다. 그림 6.14는 지반고도와 3쌍의 서지탱크들의 위치 프로파일을 보여준다. 첫 번째와 두 번째 탱크는 일방향 서지탱크이고 세 번째 탱크는 단순 개방 온라인탱크이다.

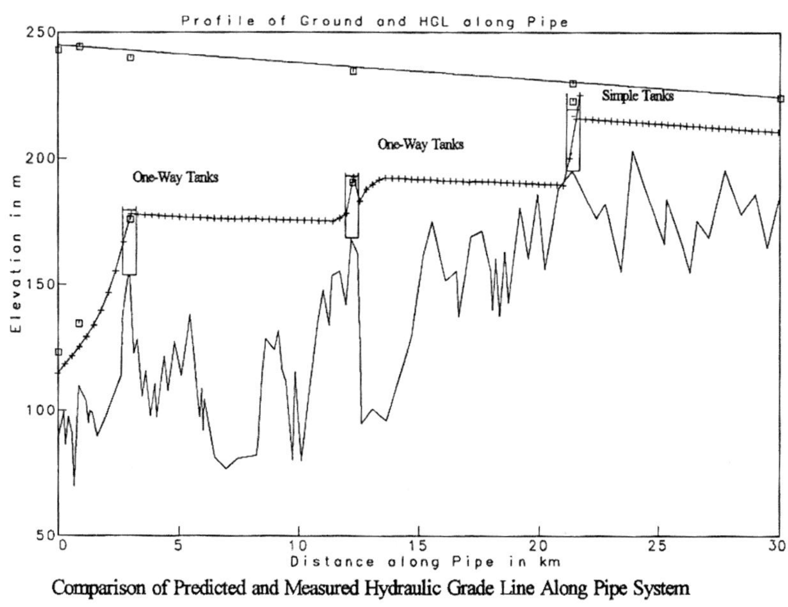

Comparison of Predicted and Measured Hydraulic Grade Line Along Pipe System

그림 6.14 ▌ 펌프장 정전시 사례연구(세 쌍의 서지탱크 설치; 두 쌍은 일방향, 한 쌍은 단순 서지탱크) Martin(1992)

전동기 동력 손실시 작동하는 콘 밸브가 설치된 펌프 3대의 운전조건에서 펌프 트립시험을 수행하였다. 특성법을 사용하는 표준 전산 프로그램을 사용하여 부정류를 모의하였다. 그림 6.15는 3대 펌프 정전시 부정류 압력을 보여준다. 모의 및 현장 측정한 부정류 압력은 처음 80초 동안 적정하게 일치한다. 또한 그림 6.15는 모의 및 현장측정한 펌프 회전속도가 양호하게 일치하는 것은 물론 그림 6.14는 최소 HGL들도 양호하게 일치하는 것을 보여준다.

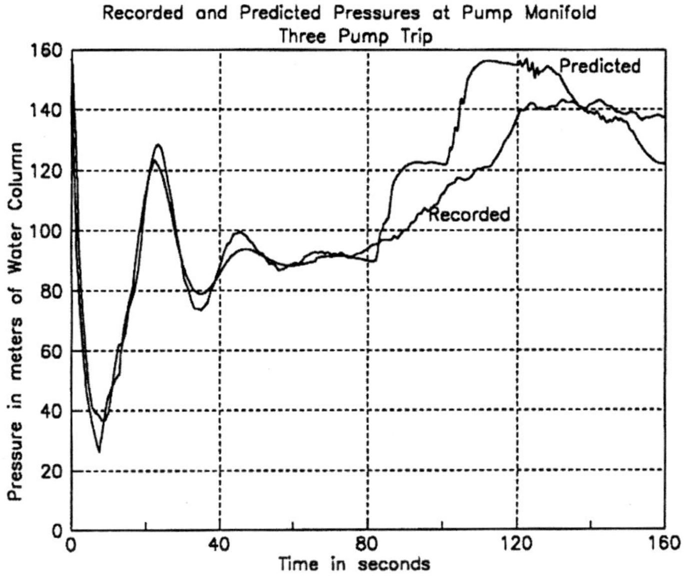

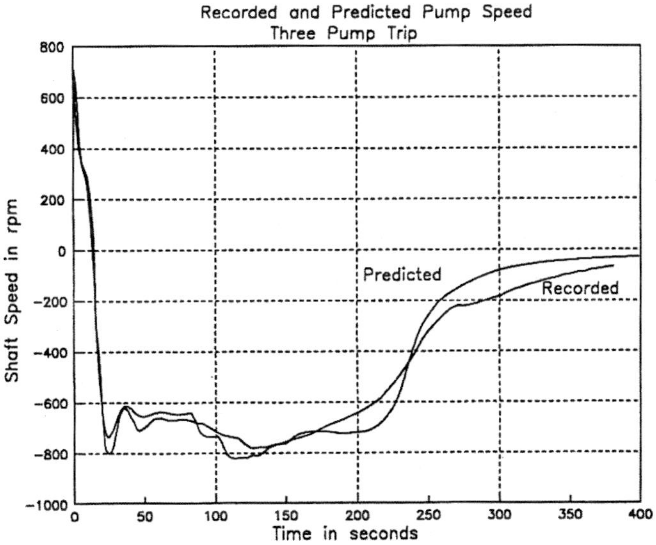

그림 6.15 ▌ 펌프장 정전시 사례연구(세 쌍의 서지탱크 설치; 두 쌍은 일방향, 한 쌍은 단순 서지탱크) Martin(1992)

6.9.2 에어챔버를 갖는 사례연구

서지보호설비의 필요성을 평가하기 위해 그림 6.16과 같은 펌프장에서 펌프들의 동시 트립시 발생되는 부정류를 평가하였다. 축압기, 진공파괴기, 또는 서지 방지기와 같은 보호장치가 없을 때 급작스런 정전에 따른 펌핑압력의 손실에 의해 발생된 압력저하로 인해 발생하는 수충격 현상을 보여준다. 보호장치가 없는 경우 펌프장 하류측 첫 번째 높은 지점

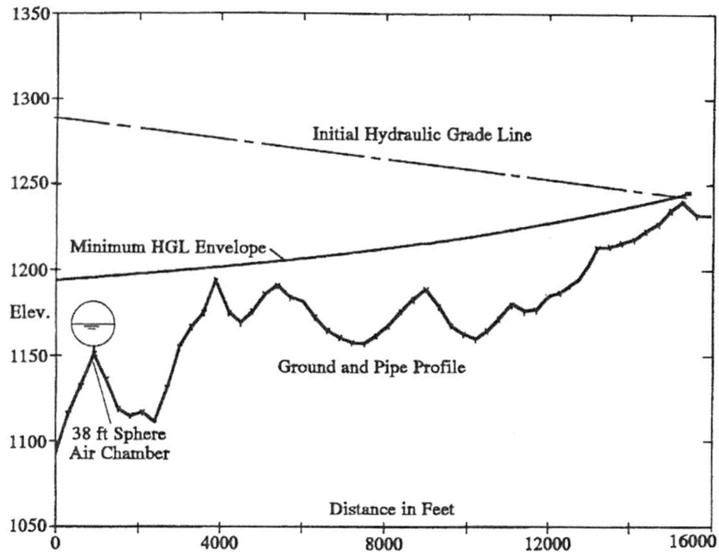

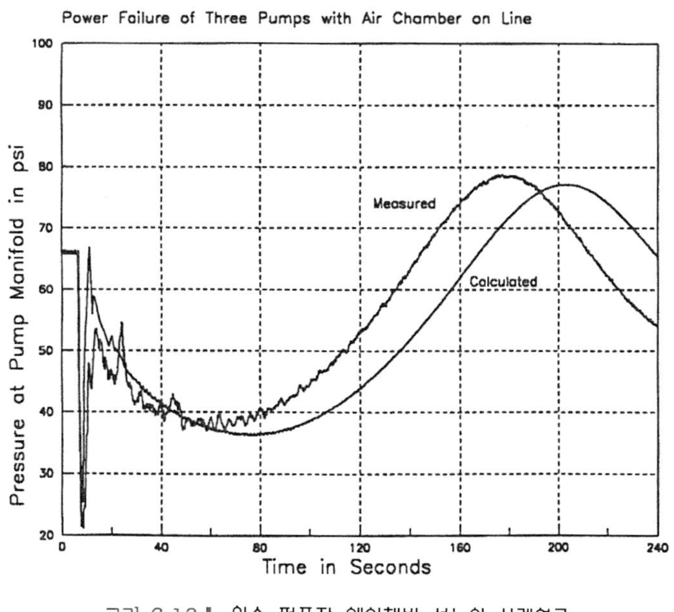

그림 6.16 ▌ 원수 펌프장 에어챔버 성능의 사례연구

에서 커다란 기포 공동이 발생하고 후속적으로 이 높은 지점을 중심으로 양측 관로로 수주분리가 발생한 후 역류하면서 공동이 붕괴된다. 압력을 증기압 이상으로 유지하여 수주분리라 불리는 이러한 현상을 완화시킬 수 있다.

그림 6.16에서와 같이 직경 11.6m(38ft) 에어챔버를 설치하고 펌프 3대의 운전 도중 트립 조건으로 시험한 결과를 측정하였으며 현장 측정결과 에어챔버의 효용성이 입증되었다. 그림 6.16에서 작성된 최소 HGL선은 모든 압력들이 +를 유지하는 것을 보여준다. 아래 그래프는 현장 측정된 결과와 특성법을 사용하는 표준 수충격 프로그램으로 얻은 모의결과를 비교하는 것이다.

6.9.3 공기-진공파괴기를 갖는 사례 연구

액체 관로시스템과 냉각수 순환관로에서 (1)잠재적인 수주분리와 기포 포켓 붕괴에 따른 수충격을 제거하고, (2)완전 진공에 가까운 외부 압력으로부터 배관을 보호하며, 그리고 (3)부정류 압력을 흡수하기 위한 탄성 쿠션을 제공하기 위해 공기-유입 밸브 또는 공기-진공파괴기들을 설치한다.

현장 시험 프로그램에 사용할 펌핑 및 관로시스템의 개략도는 그림 6.17과 같다. 이 시스템은 하부 저수조로부터 상부 저수조로 물을 펌핑하여 발전소에 냉각수를 공급한다. 5대의 동일한 용량의 수직 펌프를 병렬로 운전하여 연결된 직경 1524mm(60인치) 강관으로 물을 송수한다. 각 펌프의 토출 배관에는 460mm(18인치) 스윙 역지밸브가 설치된다. 직경 1524mm(60인치) 토출 매니폴드의 상단부에 직경 200mm(8인치) 배관이 설치되며, 이 배관에는 카운터 웨이터가 부착된 스윙역지밸브가 설치된다. 공기는 펌프장 외부로 연장된 tall riser를 통해 진공파괴기로 유입된다.

펌프 3대, 4대, 5대를 동시 트립시 토출 헤더에서 부정류 압력들을 측정하였다. 왼쪽 말단부를 펌프로서 경계조건, 배관 직경 변화가 있는 곳에서 접합부 경계조건, 그리고 시스템 오른쪽 말단부로서 일정한 압력 경계조건으로 하는 특성법에 기초하여 펌프 정전에 따른 다운서지의 초기 예측을 수행하였다.

펌프 5대의 트립 모의로 펌프 토출 라인 내에서 예측된 압력수두의 변화는 그림 6.17과 같다. 펌프 5대 트립에서 예측된 첨두압력은 측정된 첨두압력과 비교적 양호하게 일치하나 첨두압력의 발생 시간과 후속적인 진행과정은 상당히 다르다. 시스템 내 진공파괴기 또는 다른 보호장치가 없는 경우를 해석한 결과 기포 포켓의 붕괴에 따른 수충격압력은 2,450kPa(355psi)를 초과하는 것으로 예측되었다. 진공 파괴기는 첨두 압력의 60%를 효과적으로 감소시켰다. 단순화된 액체 수주, 오리피스, 그리고 공기 스프링 시스템으로 첨두압력을 충분히 예측할 수 있다. 충분한 규격의 공기-진공파괴기는 수주분리를 제거할 수 있다.

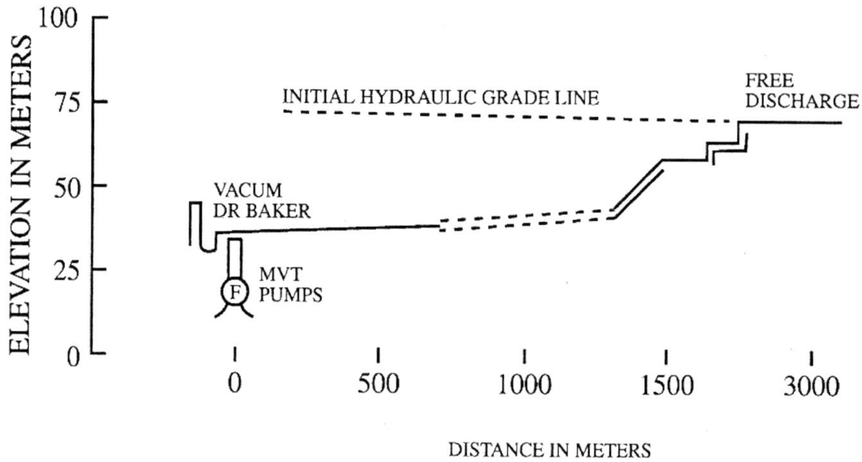

그림 6.17 ▌ 원자력발전소의 배수시스템의 진공파괴기 사례연구

CHAPTER 7

배·급수시스템 최적설계

역자: 박한영, 노선민, 정현범, 추성훈, 박태진, 유승렬

7.1 서론

배수시스템을 위한 일반적인 설계과정은 시행착오법을 사용한다. 기술자는 대안적 설계들을 선정하고 관망 solver를 사용하여 이 설계들을 모의한다. 관망을 구성하는 요소들 사이의 복잡한 인터페이스 때문에 설계를 개선하기 위한 변화를 확인하는 것은 중규모 시스템에서도 어렵다. 더욱이 이와 같은 설계방법은 최적은 고사하고 좋은 해결방법이 결정되었는지를 보장할 수 없다. 따라서 급수시스템의 최적설계를 수행하기 위한 방법을 개발하기 위해 상당한 연구를 수행해 왔으며 일부는 성공을 거두었다. 그러나 문제의 복잡성과 수학적 계획법 도구의 한계 때문에 문제를 완벽하게 해결할 수는 없다. 본장은 이러한 연구의 일반적인 방향에 대한 간략한 개관을 제공하고 이 분야에서 대표적인 연구내용을 조명하기로 한다.

7.2 최적화 문제의 정의

시행착오법 또는 정식 최적화 도구를 사용하여 급수시스템을 설계하거나 또는 건설시 광범위한 관심사항들을 고려할 수 있다. 가장 중요한 관심의 대상이 비용일 수도 있고 건설, 운영, 그리고 유지관리를 위한 비용도 포함한다. 초기 자본투자는 시스템 요소들인 배관, 펌프, 탱크, 그리고 밸브들이다. 에너지 소비는 시스템 운영 기간에 걸쳐 발생한다. 배수시스템의 주된 제약은 유출 지점에서 충분한 압력수두를 유지하여 원하는 수요량을 공급하는 것이다. 또한 배수관로에서 유량과 절점 압력수두는 반드시 에너지와 질량보존 법칙을 만족시켜야 한다. 문제를 축약하면 다음과 같다.

목적 : 자본투자와 에너지 비용의 최소화
제약조건 : 수리적 제약을 만족시키고
수요량을 충족시키고
압력 요구조건을 만족시킨다.

실제 상황에서는 상기에서 표현된 간결한 공식화를 초월한 복잡성은 최적 설계방법과 시행착오방법 모두에 상당한 영향력을 미칠 수 있다. 예를 들어 해석 이전에 반드시 수많은 수요조건과 만족시켜야 할 수요량을 정의해야 한다. 단일 수요량 패턴을 위한 최적 설계는 수지상관망인 것을 보여 주었다. 따라서 반드시 신뢰성과 과잉수요, 복수 수요를 고려해야 한다. 설계과정 중 일련의 부하 조건들의 설정을 검토하는 일반적인 지침은 존재하지 않는다.

수요량 이외 형식, 규격, 또는 재질 또는 다른 갱생 대안들(청소, 라이닝 등)의 허용과 같이 다른 단순한 제약들이 부가될 수 있다.

시스템 배열이 명시되지 않으면 복잡성이 더 추가될 수 있다. 대부분 배수시스템에서 관로들은 도로 또는 전용도로 하부에 위치하도록 제한된다. 일부의 경우 주된 공급시스템에서의 관망배열은 더욱 유연할 수 있고 반드시 결정되어야 한다. 다른 중요한 요소는 예산 제약으로 이는 시간에 걸친 단계적 건설을 필요로 한다.

상기 공식화는 시스템운영을 포함한다. 시스템운영은 수요량 정의, 운영과 관련된 결정사항 및 수많은 제약들의 언급 모두에서 중요한 문제이다. 탱크를 갖는 급수시스템을 운영하기 위해 많은 제약들을 많은 수요량 조건들로 곱하는 수요량의 시계열(time series)을 고려한다. 펌프 운영을 정의하기 위해 각 기간 동안 의사결정을 수행한다. 최적화관점에서 이러한 의사결정은 불연속(정수)이고 효율적으로 결정하기가 극도로 어렵다. 제5장에서는 현존하는 관망에서의 운영 결정을 광범위하게 고찰하였다(제15장; Ormsbee & Lansey, 1994).

관망의 요소 규격과 유량 및 압력수두 분포 모두에 관련된 단순한 한계 또는 복잡한 제약들을 표현하기 위해서는 추가 제약이 부가될 수 있다. 예를 들어 경험적으로 유량과 배관 직경의 함수인 유속의 범위를 정상적인 운영 조건에서 2~5ft/s로 제한하는 것이다. 문제에 수질 요구조건이 포함될 수 있다. 배수시스템 내 수질변화를 기술하는 복잡한 상관관계가 존재한다. 소독 후 관망에서의 수질은 시간에 따라 저하하므로 수질을 개선하기 위해 작은 배관과 탱크들을 도입하면 압력 요구조건을 만족시키고 운영비용을 감소시키는 것과 상충된다.

앞에서 언급하였듯이 기술자는 설계 중 고려해야 할 하나 이상의 수요 패턴들을 설정한다. 이러한 설정의 목적은 시스템에 적용된 조건들의 범위에서 효과적으로 운영할 방안을 도출하는 것이다. 이는 간접적으로 신뢰성의 정도를 의미하며 제18장에서는 배수관망시스템의 신뢰도를 추정하기 위한 더욱 강건한 척도들에 대해 기술한다. 신뢰도 척도는 요소의 수량 및 규격과 관련된다. 그러나 신뢰도를 개선시키려면 시스템 비용이 증가하고 정상적인 운영 조건에서는 수질에 악영향을 미칠 수 있다. 최적화 설계에서 신뢰도를 포함하는 것은 본서의 범위 밖이므로 관심 있는 독자는 Mays(1989) 문헌을 참조하기로 한다.

신뢰도 목적을 위한 밸브의 위치와 압력을 감소키기 위한 밸브 운영 그리고 누수는 Jowitt and Xu, 1990과 Reis et al., 1997 문헌에 기술되었다.

7.3 수학적 공식화

상기에서 기술한 제약들을 설명하기 위한 일반적인 상관관계들을 포함하여 배수시스템의 설계를 위한 전체적인 최적화 문제를 절점압력수두 H와 여러 설계 및 운영 매개변수 D 항을 사용한 수학식으로 표현할 수 있다.

목적 : 비용 최소화 $=f(H,\ D)$			(7.1)
제약조건 :	$G(H,\ D)=0$	질량 및 에너지보존 공식	(7.2)
	$\underline{H}\leq H<\overline{H}$	절점압력수두 한계	(7.3)
	$\underline{u}\leq u(D)\leq \overline{u}$	설계/운영 매개변수와 관련된 제약	(7.4)
	$\underline{w}\leq w(H,\ D)<\overline{w}$	압력수두 및 설계매개변수와 관련된 제약	(7.5)

여기서 의사결정 변수 D는 배관 직경, 펌프 규격, 밸브 개도, 그리고 탱크 체적 또는 고도와 같은 시스템 내 각 요소를 위한 차원을 정의한다. 목적 함수 식 (7.1)은 선형 또는 비선형이 될 수 있다. 각 관망요소는 목적함수에서의 요소와 관련된 항을 가지 수 있기 때문에 설치 위치 또는 기간에 기인한 비용 변화를 고려할 수 있다. 이러한 공식화로 시스템을 확장하거나 또는 새로운 시스템을 설계할 수 있다.

식 (7.3)에서는 절점 압력수두에서 엄격하게 허용할 수 있는 상한과 하한이 주어진다. 다른 신뢰도기반 최적화 확장들은 시스템 비용의 변화에 따라 절대 범위로부터 약간의 일탈은 수용할 수 있다는 사실을 인식한다(Cullinane et al. 1992; Halhal et al., 1997; Wagner et al., 1988).

설계 변수 u 에서의 한계들은 일반 형태의 식 (7.4)로 작성된다. 그러나 대부분 이들은 요소의 규격을 정의하는 단순한 한계들이다. 판단은 연속 또는 불연속이 될 수 있다. 상업적으로 유용한 배관 직경과 같이 많은 판단은 불연속이고 이 경우 문제 해결이 상당히 어렵게 된다. 불연속 배관 규격을 해결하는 것은 NP-hard인 것을 Templeman(1982)이 보여주었다. NP-hardness는 N-관로시스템을 해결하기 위한 연산시간은 N의 지수인 것을 의미한다. 따라서 해결 시간은 배관수량에 따라 급격하게 증가한다. 많은 연구자들이 배관 직경을 연속적인 것으로 간주하고 반올림한 해들을 최적 직경으로 선정하거나 또는 최종 설계단계에서 변화하는 배관 직경에 따라 배관을 두 부분으로 분리한다. 그러나 두 방법 모두 실행자에게 어필하지 못한다.

일반 제약 set w는 절점 압력수두들과 설계변수들(식 7.5) 모두의 함수인 항들에 대한 한계들을 의미한다. 앞에서 기술한 것과 같이 배관 유속, 수질 제약, 예산 한계, 그리고 신뢰도 척도들은 이러한 항들의 예들이다.

보존공식들(식 7.2)은 유량과 압력수두 분포를 절점 수요량과 선정된 설계변수들에 관계시키는 일련의 비선형공식들이다. 검토하는 각 부하조건에서 이러한 등식 제약들을 작성한다. 외부 절점 수요량들은 이러한 공식들에 포함된다. 시간확장모의를 포함한 분기되거나 또는 하나 이상의 수요점을 갖는 루프로 형성된 관망들을 위해 이러한 공식들을 작성할 수 있다. 최적화 문제를 해결함에 있어 보존공식들은 이러한 중요한 어려움을 제기한다. 대부분의 방법들은 이러한 공식들을 단순화하거나 또는 보존공식들이 제약들로 삽입되는 것을 방지하기 위해 최적화 모델 외부에서 해결하려고 시도한다. 많은 방법들은 이론적으로 복수 수요 조건들을 고려하나 연산 비용이 높아질 수 있다.

이제 배수시스템 설계 기술자 대부분의 관심(예산 한계와 건설 단계 비용, 수질, 신뢰성, 운영, 그리고 불연속 해)을 통합시킬 수 있는 일반 문제를 제공하였으나 일반 문제의 복잡성 때문에 아직 문제를 해결할 수 없다. 대부분의 노력은 운영을 제외하고 단순 한계(식 7.3과 7.4)들에 종속되는 비용 최소화에 집중되었다. 실제로 여기에서는 다른 문제들을 약간 토론하면서 이러한 문제를 고려한다. 연구는 명백하게 공학적으로 실행할 수 있는 결과를 도출하는 현실적이고 실용적인 관심을 통합시키는 것으로 확장되어야 한다.

7.4 최적화 기법

실제적으로 모든 최적화기법을 배수시스템 문제에 적용하여 왔으며 시간에 따라 지속적으로 발전하여 왔다. 먼저 수지상 관망들을 고려하고 배관 규격만을 고려하는 루프로 형성된 관망을 고려한다. 선형 계획법(LP; linear programming)을 사용하여 두 관망을 해결한다. 다음은 비선형 계획법(NLP)을 사용하여 더욱 일반적인 문제를 해결한다. 최종적으로 연속적인 NLP decision을 극복하기 위한 가장 최근의 연구는 유전자 알고리즘 및 SA (simulated annealing)와 같은 통계탐색기법(stochastic search techniques)에 집중하여 왔다. 다음 절들에서는 각 분야의 대표적인 연구내용에 대해 기술한다. 또한 제한된 일반적인 적용성을 갖는 이 문제에 다이나믹, 정수, 그리고 geometric 계획법들을 적용하였으나 이들 기법에 대해서는 더 이상 토론하지 않는다(Kim & Mays, 1991; Schaake & Lai, 1969; Yang et al., 1975).

7.4.1 수지상 관로시스템

수지상 관망에서 배관 규격을 결정하기 위해 분리된 배관 공식화를 사용하여 LP를 적용하였다. 여기서 하나의 배관 링크는 다른 직경의 분절로 분리되고 각 직경의 배관 길이를 최적화한다(Altinbilek, 1981; Calhoun, 1971; Gupta, 1969; Karmeli et al., 1968). 따라서 선형 최적화 모델에서 더 이상 단순화 하지 않고도 분기된 시스템들을 작성할 할 수 있다. 그 후 Walters & Lohbeck(1993)은 분리된 배관 길이의 한계를 극복하기 위해 수지상 관망(tree network)의 설계와 배열을 위한 유전자 알고리즘(GA; genetic algorithm)을 적용하였다.

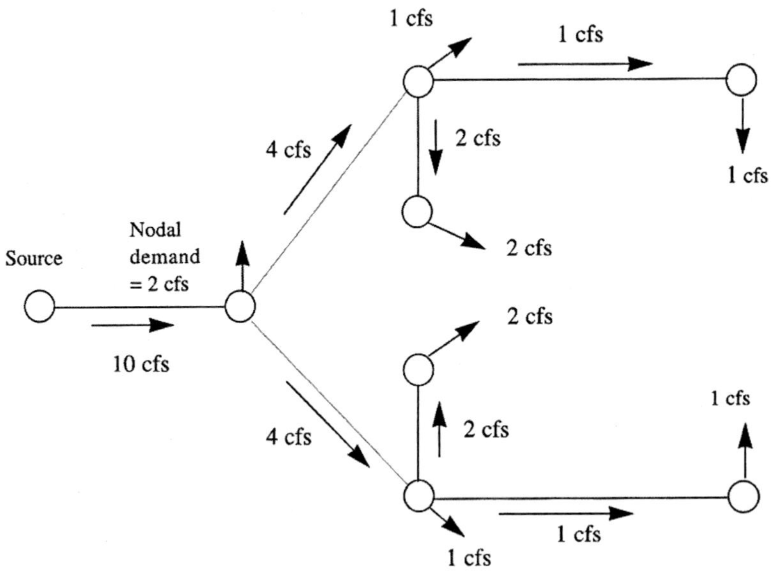

그림 7.1 ▌ 분지 관망

후에 GA에 대해 상세하게 토론하겠지만 소개 목적으로 LP 공식화를 기술한다. 관개시스템과 같은 분기 또는 수지상시스템들에서는 각 절점은 단일 유동 경로를 갖는다(그림 7.1). 따라서 질량보존에 의해 배관의 하류측 전체 수요량을 합계하여 정의된 일련의 절점 수요량을 만족시키기 위한 각 배관에서의 유량을 계산할 수 있다. 각 배관에서 에너지 손실은 선정된 배관 직경과 배관 재질의 함수이다. 또한 에너지 손실과 배관 비용은 배관 길이에 따라 선형적으로 증가한다. 따라서 다음과 같이 LP 모델을 작성할 수 있다.

목적

$$Minimize\ Z = \sum_{(i,j)\epsilon I} \sum_{m\epsilon M_{i,j}} c_{i,j,m} X_{i,j,m} \tag{7.6}$$

제약조건

$$\sum_{m\epsilon M_{i,j}} X_{i,j,m} = L_{i,j} \qquad (i,j)\epsilon I \tag{7.7}$$

$$H_{min,n} \le H_s + E_p - \sum_{(i,j)\epsilon I_n} \sum_{m\epsilon M_{i,j}} J_{i,j,m} X_{i,j,m} \le H_{max,n} \quad n = 1, \cdots, N \tag{7.8}$$

$$X_{i,j,m} \ge 0 \tag{7.9}$$

여기서 $c_{i,j,m}$, $X_{i,j,m}$ 및 $J_{i,j,m}$은 배관 단위 길이당 비용, 배관길이, 그리고 절점 i와 j를 연결하는 배관 직경 m의 수력구배이다. 목적함수는 절점 i와 j 사이 전체 배관 길이 $L_{i,j}$을 구성하는 각 배관 분절의 비용을 합계하고 전체 모든 배관 I를 합계한다. 제약 공식 (7.7)은 일련의 허용할 수 있는 M에서 다른 직경들의 분절의 전체 길이는 모든 배관들에서 절점 i와 j 사이의 거리가 동일할 것을 요구한다. 식 (7.9)는 각 배관 분절은 길이가 -가 아닌 것을 보장한다.

아는 바와 같이 절점에서의 질량보존공식은 각 배관에서의 유량을 정의한다. 원하는 유량공식을 사용하여 수력구배들을 계산할 수 있다. 예를 들어 달시-바하 수리공식은

$$J = \frac{8fQ^2}{\pi^2 gD^5} \tag{7.10}$$

여기서 f는 배관 마찰계수, Q는 유량(ft^3/s), 그리고 D는 배관 직경(ft)이다. 수리공식은 전체 수두 H_s을 갖는 수원으로부터 각 절점 N에 이르는 경로에 따른 수두손실을 나타낸다. 식 (7.8)에서 절점 압력수두가 최저와 최대 압력수두 H_{min}과 H_{max}를 초과하지 않는 것을 보장하기 위해 이 에너지손실은 제한된다. 펌프를 포함하기 위해 펌프로 상승된 수두항 E_p가 경로 공식에 포함된다.

이 형태에서 모델은 배관 분절길이에 관해 선형이므로 표준 LP 방법으로 해결할 수 있다. 이 단일 수원, 단일 부하 모델을 하나 이상의 부하 조건 그리고 복수 수원으로 확장할 수 있다. 최종적으로 상승된 펌프수두의 비용이 선형이면 목적함수에 포함될 수 있다 (Altinbilek, 1981).

7.4.2 루프로 형성된 관로시스템의 선형화

가장 성공적인 루프 시스템의 최적화 모델들 중 일부는 루프로 형성된 관망 수리학을 선형화하여 LP 방법으로 설계문제를 신속하게 해결할 수 있다(Alperovits & Shamir 1977; Featherstone & EI-Jumaily, 1983; Fujiwara et al., 1987 Morgan & Goulter, 1985a,b; Quindry et al., 1981). Alperovits & Shamir가 선형 프로그램 구배 방법(Linear programming gradient method)이라 불리는 이 선형화 방법을 최초로 개발하였다. 이 모든 방법들은 배관유량 또는 압력수두를 고정하여 반복 과정들을 적용하고, 압력분포 또는 주어진 유량에서 배관 규격의 최적화, 유량/압력수두분포를 업데이트, 그리고 재최적화한다. 유량/압력수두분포를 업데이트하고 전체 수렴 기준이 만족될 때까지 이 과정을 계속 반복한다. 불연속 직경과 연속 배관길이 모델들을 공식화하여 왔으며 일부는 배관규격 결정을 초월한 의사결정을 처리할 수 있다. 이러한 모델들의 대부분은 최적화과정 동안 오직 단일 부하조건만을 고려하는 것으로 제한된다.

Mogan & Goulter(1985b)는 배관 규격결정을 위해 복수 수요패턴을 고려하였다. 이들의 연구내용은 단일 부하조건 아래 기술되었고, 복수 수요량에 대한 확장은 단순하다. 배관길이를 직접적으로 결정하는 다른 선형화 스킴들과 분지된 관망 모델들과는 달리 여기에서 의사결정은 현재 해의 직경 m을 상업적으로 유용한 배관 직경 $m+1$ 또는 $m-1$에 인접

한 직경으로 변화시키는 배관 분절의 길이를 결정하는 것이다. 그러나 결과는 아직 분리된 배관 해이다.

목적

$$Minimize\ \ Z = \sum_{i,j} \left[(c_{i,j,m+1} - c_{i,j,m}) X_{i,j,m+1} + (c_{i,j,m-1} - c_{i,j,m}) X_{i,j,m-1} \right] \quad (7.11)$$

제약조건

$$\sum_{(i,j)\epsilon I_n} \left[(J_{i,j,m+1} - J_{i,j,m}) X_{i,j,m+1} + (J_{i,j,m-1} - J_{i,j,m}) X_{i,j,m-1} \right] \le H_{min,n} - H_n \quad (7.12)$$

$$L_{i,j} \ge X_{i,j,m+1} \ge 0 \quad (7.13)$$

$$L_{i,j} \ge X_{i,j,m-1} \ge 0 \quad (7.14)$$

여기서 $X_{i,j,m+1}$과 $X_{i,j,m-1}$은 절점 i와 j 사이의 배관 길이 $L_{i,j}$의 majority를 보상하는 직경 m에 인접한 상업적으로 유용한 배관 직경의 배관 분절 대체 길이이다. 이 분절들의 길이는 - 가 아니고 전체 거리(식 7.13과 7.14)보다 작은 것으로 제한된다.

관망 solver로 현재 일련의 배관 분절길이들에서 유량과 절점 압력수두분포를 계산할 수 있고 수력구배들을 결정할 수 있다(식 7.10). 식 (7.12)는 H_n으로부터 제한 수치 $H_{min,n}$을 향한 경로 I_n에 따른 절점압력수두의 변화를 표현한다. 만일 H_n과 $H_{min,n}$ 사이에 slack이 존재하면 이보다 작은 직경 배관은 이 보다 큰 배관의 일부 분절을 대체하여 H_n을 감소시켜 보다 낮은 목적함수 수치를 초래한다. 배관 길이 변화는 유량과 압력수두분포를 변경시키므로 LP를 해결한 후 관망 solver를 사용하여 새로운 유량 분포를 계산한다. 새로운 J를 식 (7.12)에 대입하여 다른 문제를 해결한다. 선형 프로그램에서 배관 분절들을 변경시키지 않고 최종 해가 결정될 때까지 이러한 과정을 반복한다. 선정된 경로에 따른 배관들만을 수정할 수 있기 때문에 이 방법에서 경로 선정은 관심의 대상이다(Goulter et al., 1986).

상기에서 기술한 모든 선형화방법들은 유사한 절차를 따른다. 각 반복에서 선형 프로그램이 해결될지라도 문제는 비선형이므로 전역 최적해를 보장할 수 없다. Fujiwara & Khang(1990), Eiger et al. (1994), 그리고 Loganathan et al. (1995)는 2단계 탐구를 전개하여 전역 최적해로 이동하는 방법을 개발하였다. Fujiwara & Khang은 첫 번째 단계에서 고정된 유량 패턴에서 수두손실(그리고 배관 분절 길이)을 변경하기 위해 선형 프로그램을 해결한다. 이제 국부 최적이 결정될 때까지 비선형 탐색을 사용하고 유동 패턴을 변경시켜 국부 최적을 구한다(Fujiwara et al., 1987). 고정된 수두손실과 배관길이를 갖고 최적해를 구하기 위한 두 번째 단계에서 새로운 유동 분포를 결정하기 위해 concave 선형 최적화 문제를 해결한다. 이 새로운 패턴은 이전 국부 최적보다 낮은 비용을 가지며 첫 번째 단계 문제의 또 다른 반복을 위한 시작점으로 사용된다. 보다 개선된 국부 최적해가 발견될 때까지 이 새로운 유동 패턴을 지속한다. 또한 Loganathan et al. (1995)은 배관유량을 수정하는 내부 문제를 해결하기 위해 SA기법을 사용하는 반면 내부 문제에서 배관 규격을 해결하기 위해 수정된 LP gradient 방법을 사용하였다.

Eiger et al. (1994)는 매끄럽지 못한 최적화가 문제인 것으로 간주하였고 유사한 2단계 방법을 사용하여 전역 최적으로 수렴하는 duality 이론을 사용하였다. 최적 배관 분절 길이와 전역 최적해에 대한 상한(upper bound)을 구하기 위해 LP를 사용하여 주어진 유량 분포에서 소위 내부 또는 primal 문제를 해결한다. 전역 최적해에 대한 하한(lower bound)을 제공하는 외부 nonconvex, 매끄럽지 못한 dual 문제를 해결한다. 상한과 하한 사이 차이를 *duality gap*이라 한다. 분지한계(branch and bound) 알고리즘을 적용하여 내부 문제와 dual 문제들을 해결하고, 각 루프에서 유량을 변화시켜 duality gap을 수용할 수 있는 수준으로 감소시킨다. Ostfeld & Shamir (1996)는 후에 최적화 과정에서 신뢰도와 수질을 고려하기 위해 이 방법을 수정하여 적용하였다. 이 모델들 모두는 양호한 결과를 제공하는 것으로 나타났다.

7.4.3 비선형 계획법을 이용한 일반 시스템 설계

전형적으로 많은 일반적인 문제에 NLP를 적용하여 왔다(Lansey & Mays, 1989; Ormsbee & Contractor, 1981; Shamir, 1974). 이 방법들은 관망수리모의 모델을 최적화 모델에 연계하여 최적화문제에서의 수리 제약(식 7.2)을 제거하였다. NLP 모델들은 일반적으로 여러 수요 조건들과 넓은 설계 변수의 범위를 고려할 수 있다. 또한 유사한 방법들을 최적 운영 문제에 적용하였다. 이외 신뢰도 척도를 고려하기 위해 이 방법을 확장할 수 있으나 연산비용이 고가이다.

설계 문제를 해결하기 위한 효율적이고 일반적인 방법은 관망모의모델을 비선형 optimizer에 연계시키는 최적 제어 골격을 사용하는 것이다. 이 경우 이 공식화에서 제어변수(control variable)로 알려진 일련의 의사결정 변수 D를 optimizer에서 관망 solver로 통과시킨다. 모의 모델은 수리 공식들을 해결하여 상태변수(state variable)로 알려진 절점 압력수두 H 수치를 결정한다. 따라서 일련의 수리공식들은 묵시적으로(implicitly) 만족되고 상태 변수들을(식 7.2와 7.4) 포함하는 다른 제약들을 평가할 수 있다. 이 정보는 optimizer로 반환된다. 이제 더욱 낮은 비용 해로 이동하기 위해 D를 수정하고 중지 판단기준을 만족시킬 때까지 이 과정을 지속한다.

최적화문제의 개념에서 simulator를 optimizer에 연계할 때(그림 7.2) 그리고 모든 D에서 H를 결정할 수 있다고 가정하면 최적화 문제는 다음과 같이 간소화된 문제로 변형된다.

$$\text{목적 : } Minimize \quad Cost = f\,[H(D), D] = F(D) \tag{7.15}$$

제약조건

$$\underline{H} \le H(D) \le \overline{H} \qquad \text{절점 압력수두 한계} \tag{7.16}$$

$$\underline{u} \le u(D) \le \overline{u} \qquad \text{설계/운영 매개변수와 관련된 제약} \tag{7.17}$$

$$\underline{w} \le w[H(D), D] \le \overline{w} \qquad \text{설계 매개변수와 압력수두와 관련된 제약} \tag{7.18}$$

관망 simulator가 공식들을 만족시키기 때문에 식 (7.2)는 더 이상 포함되지 않으므로 문제는 감소된다.

Optimizer에 따라 D를 수정하는 수단은 다르다. 직접 탐색방법은 D를 결정하기 위해 새로운 점들에서의 정보를 사용한다. 더욱 효율적으로 정보를 제공하고 탐색 방향을 정의하기 위해 감소된 gradient 공식을 사용하여 설계 변수들에서의 변화와 관련한 목적 함수의 gradient를 계산할 수 있다. 여러 가능한 최적화 기법들(예를 들어 뉴튼 형태 방법, conjugate gradient) 중 하나를 이용하여 탐색방향의 이동을 결정한다.

상태 변수들을(식 7.2와 7.4) 포함하는 제약들을 처리하는데 있어 어려움이 남는다. 가장 전형적으로 제약은 추가 라그란지 항과 같이 패널티(penalty) 함수의 형태로 목적 함수에 포함된다. 이러한 제약들의 위반들을 일부 계수들로 곱하여 해결 비용을 증가시킨다. 이제 패널티 항을 갖는 목적 gradient들을 사용하여 D를 변경시키고, 설계 매개변수들에서 변경을 결정할 때 제약들을 직접 고려한다.

이 공식화에서 관망 simulator를 사용하므로서 비용 항의 연속 변수로 공식화할 수 있는 임의 의사결정을 이 모델에서 고려할 수 있다. 또한 평가하고자 하는 수많은 수요 조건들은 증가된 연산 노력을 제외하고 제한되지 않는다. 따라서 화재시 여러 수요 또는 1일 운영을 기술하는 일련의 수요들을 고려할 수 있다. 이외 신뢰도 제약과 같은 더욱 복잡한 제약들을 검토할 수 있다(Duan et al., 1990; Su et al., 1987).

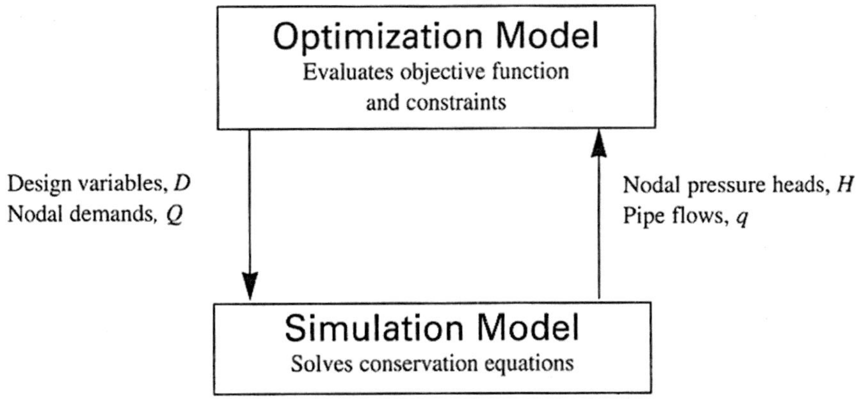

그림 7.2 ▌ 비선형 계획법 방법론을 위한 최적화-모의 모델 연결

7.4.4 확률탐색기법(Stochastic Search Techniques)

최근에는 배관 규격 결정의 문제를 해결하기 위해 진화 최적화, 유전자 알고리즘(Dandy et al., 1996; Savic & Walters, 1997; Simpson et al., 1994) 그리고 SA알고리즘(Loganathan et al., 1995)을 사용하여 왔다. 논리적 확장은 다른 의사결정 변수들로 이동하는 것이다(Savic & Walter, 1997). 최적화 알고리즘에 대한 상세한 내용은 본서에서 생략한다. Holland(1975)가 유전자 알고리즘을 제안하였으며 Goldberg(1989)가 더욱 발전시켰다. Loganathan et al. (1995)가 SA알고리즘을 상세히 기술하였다.

일반적으로 확률 탐색 알고리즘을 사용하여 최적해를 구할 때 일련의 해(D)를 구하기 위해 목적함수(식 7.1)을 평가한다. 이전 해의 목적 함수에만 기초한 새로운 의사결정 벡터들이 생성된다. 방법에 따라 생성 과정은 다르나 항상 한 개의 무작위 요소를 포함한다. 새로운 해 벡터들을 평가하고 이 정보를 사용하여 또 다른 일련의 해를 생성한다. 사전 설정된 중지 기준을 만족할 때까지 평가 및 해결 과정을 지속한다.

확률탐색기법들은 제약되지 않은(예를 들어 제어 변수 H를 포함하는 제약 없이) 최적화 문제를 직접적으로 해결한다. 배관 직경들은 오직 수용할 수 있는 범위 안에서 선정된다. 또한 관망 설계 문제의 평가 단계에서 수리적 상관관계들(식 7.2)과 나머지 제약(식 7.4)들은 전형적으로 관망 solver 실행시 계산된다. 만일 해가 식 (7.2) 또는 (7.4)를 만족시키지 못하면 목적함수에 큰 수치가 할당될 수 있어 탐색은 이 점 부근에서 지속되지 않거나 또는 목적함수 내부 패널티 항으로 제약의 위반으로 포함될 수 있다(Savic & Walter 1997).

확률탐색기법은 탐색 과정 동안 많은 해들을 검사하기 때문에 최적해와 다수의 최적해에 근접한 해들을 제공한다. 패널티 항은 탐색 동안 약간 실행 불가능한 해를 허용하는 장점을 갖는다. 의사결정자는 실행 불가능한 해의 비용을 인근 최적해와 비교하여 제약들을 만족시키지 않는 비용을 판단할 수 있다.

앞에서 언급하였듯이 LP와 NLP는 개선된 해로 이동하기 위해 gradient 정보를 사용하는 반면 통계탐색기법은 오직 목적함수 수치만을 사용한다. 확률탐색기법은 목적함수 평가에만 의존하므로 배관규격 결정시 선천적인 이산화 의사결정을 용이하게 처리할 수 있다. 확률탐색기법은 NLP와 비교하여 증명되지 않았지만 NLP 방법이 보장할 수 없는 전역 최적 해들을 생성하는 경향이 있다는 것을 경험을 통해 보여 주었으며 최저 비용 관망 설계를 구함에 있어 기대되는 결과를 보여주었다.

그러나 gradient를 필요로 하지 않는 확률탐색기법의 장점은 단점이 될 수도 있다. 즉, 오직 목적함수만이 필요하기 때문에 최적해로 이동하기 위해 수많은 모의가 필요하다. 이는 시간 낭비이며 해결할 수 있는 문제의 크기를 제한한다. 고속 전산기로 병렬 처리하면 일반 최적화기법으로 확률탐색기법을 광범위하게 사용할 수 있을 것으로 기대된다.

7.5 적용

앞 절은 최적화 설계이론에서 적용까지의 최적화 필요성과 현재 용도의 일반적인 개요를 제공하였다. 또한 다양한 방법들의 능력을 비교하는 것은 흥미롭다. Savic & Walter(1997) 문헌으로부터 표 7.1은 뉴욕시 배수시스템에 병렬 터널들을 추가하는 문제에 대한 해들을 제공한다. Schaake & Lai가 최초로 그림 7.3과 같은 배수시스템을 검토하였고 후속적으로 그 방법들을 시험하기 위해 많은 연구자들이 고찰하였다. 목적은 수요량이 정의된 수준으로

표 7.1 ▌ 뉴욕 배수문제를 위한 여러 방법들의 결과 비교

비 고	Schaake and Lai (1969)	Quindry et al. (1981)	Gessler (1982)	Bhave (1985)	Morgan and Goulter (1985)	Fujiwara and Khang (1990)	Murphy et al. (1993)	Loganathan et al. (1995)	Savic & Walters (해 1) (1997)	Savic & Walters (해 2) (1997)
결정	C	C	D	C	S	C	D	S	D	D
배관	D(in)	D(in)	D(in)	D(in)	D(in)	D(in)	D(in)	D(in)	D(in)	D(in)
1	52.02	0	0	0	0	0	0	0	0	0
2	49.90	0	0	0	0	0	0	0	0	0
3	63.41	0	0	0	0	0	0	0	0	0
4	55.59	0	0	0	0	0	0	0	0	0
5	57.25	0	0	0	0	0	0	0	0	0
6	59.19	0	0	0	0	0	0	0	0	0
7	59.06	0	100	0	144	73.62	0	120-132	108	0
8	54.95	0	100	0	0	0	0	0	0	0
9	0	0	0	0	0	0	0	0	0	0
10	0	0	0	0	0	0	0	0	0	0
11	116.21	119.02	0	0	0	0	0	0	0	0
12	125.25	134.39	0	0	0	0	0	0	0	0
13	126.87	132.49	0	0	0	0	0	0	0	0
14	133.07	132.87	0	0	0	0	0	0	0	0
15	126.52	131.37	0	136.43	0	0	120	0	0	144
16	19.52	19.26	100	87.37	96	99.01	84	96-108	96	84
17	91.83	91.71	100	99.23	96	98.75	96	96-108	96	96
18	72.76	72.76	80	78.17	84	78.97	84	84-96	84	84
19	72.61	72.64	60	54.40	60	83.82	72	72-84	72	72
20	0	0	0	0	0	0	0	0	0	0
21	54.82	54.97	80	81.50	84	66.59	72	72-84	72	72
비용										
($ million)	78.09	63.58	41.80	40.18	39.20	36.10	38.80	38.0	37.13	40.42

주석 : 결정은 다음과 같이 정의된다. D : 불연속 배관직경, C : 연속 배관직경, S : 분리된 배관 길이

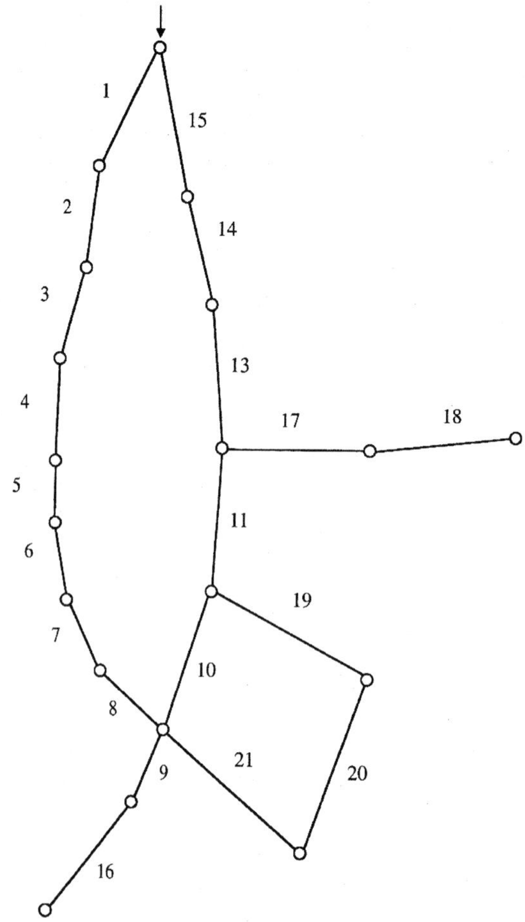

그림 7.3 ▌ 뉴욕시 배수 터널

증가하면서 충분한 압력 수두가 형성되는 것을 보장하기 위해 현존하는 21개 배관에 병렬로 설치할 배관들을 검토하는 것이다. 관망은 두 개의 루프, 두 개의 사수부 및 기저인 일정 에너지 수원을 갖는다. 표에서 보듯이 대부분 방법들은 유사한 비용을 갖는 해들로 수렴하였고 동일한 병렬 배관들을 도입하였다. 따라서 작은 관망의 경우 대부분 방법들은 타당하게 동작하지만 국부 최적조건에 의해 영향을 받을 수 있다.

표와 관련하여 약간의 명확한 주석이 보장된다. 첫 번째 주석은 Savic & Walter(1997) 해석결과에서는 2개의 GA 해들이 제공된다는 것이다. 이 해들은 하젠-윌리엄스 수두손실 공식에서 상수 항의 반올림을 통해 전개할 수 있는 해들의 범위를 설명한다. 해들에서의 차이는 부분적으로 모델에서 사용한 계수들에 기인한다. 두 번째 주석은 Gessler 해법(1982)은 진정한 최적화가 아니고 하나의 열거 스킴(enumeration scheme)이다. 세 번째 주석은 유일하게 NLP 방법이고 Alperovits & Shamir(1977)의 연장인 Fujiwara & Khang에 의한 해는 압력수두가 0.2ft보다 낮아 위반사항을 갖는 약간 실행 불가능하다는 것이다.

이 결과는 사전 설정된 절점압력 요구사항에 대한 최적 비용의 민감도를 보여주며 또한 설정된 절점압력수치들의 중요성과 원하는 서비스 수준과 배관 조도 계수를 예측함에 있어 불확실성의 잠재적인 영향을 지적한다. 또한 텍사스 대학에서 다른 저자들의 노력으로 발간된 NLP 방법론은 여러 해에 도달하였으며 최적 비용(37.9백만 달러와 39.7백만 달러)은 유사하였다. 방법은 NLP 모델 내부에 제약으로서 수리학 공식들을 내장하였다.

비용 및 새로운 배관 위치의 관점에서 해들의 강건함은 방법의 유용성에 대한 확신을 제공한다. Savic & Walter(1997)는 단일 부하조건에서 8개와 34개 배관을 포함하는 다른 두 배관 관망에서 얻은 유사한 결과를 문헌에 보고하였다.

더욱 어려운 문제가 관망모델분야 연구자에게 제기되었다(Walski et al., 1987). 미국 Anytown에 있는 실제 관망을 확장 및 갱생하기 위한 의사결정이 필요하였으며 배관 비용들은 위치에 따라 다르다. 3회의 시간범위에서의 수요량을 만족시키기 위해 일정시간에 걸쳐 탱크와 펌프들을 추가하였다. 1일 수요량에서 에너지비용을 계산하였고, 일련의 첨두수요와 화재조건들을 만족시켜야 했다.

해결방법은 모델하는 사람마다 다르다. 대부분의 경우 관망을 최적화하기 위해 단일 수요 조건을 사용하였고 판단에 따라 다른 조건들을 결정하였다. 또한 판단에 따라 에너지 소모와 펌핑을 결정하였다. 이 방법은 최적화 도구들의 유효한 사용이다. 도구의 목적은 비용을 감소시키는 것과 관련하여 지침을 제공하는 것이나 해들의 상세한 평가 없이는 도구를 사용할 수 없다. Goulter(1992)가 지적하였듯이 Anytown의 관망에 대한 최종 결론은 비용에서 놀랍게도 유사(12% 이내)하였다.

관망모델에서 중대한 어려움은 대부분의 전산기 프로그램들은 연구용도이고 프로그램을 사용하기 위해서는 상세한 지식이 필요하였다는 것이다. 개발과 적용 사이의 격차는 연구자들과 소프트웨어 개발자들에 의한 시장 감각의 결여와 실행 기술자들 사이의 관심 결여에 기인한다. 최근에는 유전자 알고리즘에 기초한 여러 상업용 최적화 프로그램들이 출시되었다. 다행스럽게도 이 모델들은 기존 모델보다 더 직관적이고 지난 30년 동안 개발되어 왔던 모델보다 더욱 광범위하게 적용할 수 있다.

7.6 요약

최적화기법 개발에 많은 노력을 기울여 왔으나 실제 실행에서 최적화 모델들의 사용은 제한되어 왔다. Camp(1939)가 경제적인 관로설계를 위한 방법을 제시한 이 후 비판론은 배관 규격을 결정하기 위한 분석적 방법의 사용을 추구하여 왔다. Lischer(1979), Walski (1996) 및 Walski(1996)가 표현하였듯이 분석적 방법들의 비판론은 최적화 방법의 비판론과 비슷하다. 이러한 비판론은 비용 계수, 미래 조도계수, 그리고 가장 중요하게는 물 수요량을 포함한 설계 매개변수들을 정의함에 있어 불확실성에 집중된다. 또한 연속적인 직경들이나 분리 배관을 제공하는 해들도 관심을 불러일으킨다. 또한 최적화 모델들은 오로지 비용 최소화에 집중하기 때문에 설계시 여유를 없게 만드는 것에 대해 비난 받아 왔다.

Lischer(1979)는 이러한 불평적인 관점에서의 경험으로 숙련된 판단 없이는 최적화와 수학적 모델링을 사용하지 않아야 한다고 주장하였다. 다시 말해 최적화 모델들은 기술자가 일련의 설계 조건을 위한 효율적이고 저비용 해를 결정하기 위한 또 다른 도구이다. 이러한 조건들의 선정은 시행착오 절차와 최적화 모델에 영향을 미친다. 어느 경우에서나 결과해의 민감도해석을 수행할 수 있고 또한 해를 개선하기 위해 수정할 수 있다. 만일 이러한 관점에서 바라보면 연속 배관 규격도 중요한 문제가 되지 않는다.

배수관망의 최소 비용 최적화의 신뢰도는 중요한 논제이다. 판단에 의해 설계할 때 기술자들은 묵시적이고 명시적으로 신뢰도와 잉여(redundancy)를 도입한다. 그러나 이러한 신뢰도는 체계적이고 정량적인 방법이 아닌 그들의 판단에 기초한다. 수요량과 압력수두를 위한 지침과 같이 수용할 수 있는 설계 기준들이 부족하고, Templeman이 1982년도에 제안하였듯이 첫 번째 단계는 배수시스템을 위한 확고한 일련의 설계 기준을 확립하는 것이다. 복수 수요 조건들을 위한 설계는 관망에 잉여를 도입한다. 신뢰도를 정량화하고 이를 최적화 모델 안에서 하나의 제약으로서 포함시키는 것은 잉여를 강요하는 또 하나의 방법이다. 그러나 보편적인 신뢰도 척도 또는 수용할 수 있는 신뢰도 수준들은 아직 개발되지 않았고, 이러한 척도들을 포함하면 연산 비용이 증가한다. 현재 최적화 방법들의 이러한 약점을 극복하는 것은 실행 기술자의 모델에 대한 관점을 개선시킬 것이다. 따라서 설계과정의 한 부분으로서 현재 유용한 최적화 모델들을 어떻게 사용할지에 대한 기술자들의 인식이 증가하면 보다 광범위한 도구로서 최적화모델을 적용하게 될 것이다.

CHAPTER 8

수질측면에서 배수관망의 건설 및 운영

역자: 김진근, 이송희, 이병두, 정성욱, 방호희

8.1 서론

건설 및 운영시 새로운 메인관들의 처리 및 소독을 포함한 여러 요소들[즉, 교차연결(cross-connection)의 방지 및 제거; 누수 및 관로파괴 방지; 건설 후 저류탱크들의 소독, 감독 또는 유지관리; 분출장치의 설치 및 운영; 공기 배출 및 소화전 플러싱; 플러싱 프로그램의 실행; 파괴된 관로의 보수; 저류탱크의 커버링 및 적정한 배기; 하수로부터 충분한 간격 유지; 적용할 수 있는 건물 배관공사 규정 시행; 그리고 모든 시간에서 + 압력 유지]은 배수시스템 내 수질에 영향을 미칠 수 있다. 이러한 고려 사항들은 관련 배수시스템 기준과 여러 문헌에 기술되었다(AWWA, 1986a; Department of Air Force, Army and Navy, 1984; Great Lakes and Upper Mississippi River Board of State Public Health and Environmental Managers, 1992). 또한 AWWA는 상기 주제들 중 일부에 대한 교육 비디오를 제공한다.

배수시스템의 수질과 관련된 중요한 측면들 중 새로운 메인관의 소독, 탱크 소독, 교차연결 제어, 그리고 플러싱에 대해서는 다음 절들에서 더욱 상세하게 기술한다.

8.2 신규 배수 메인관의 소독

급수 메인관의 소독은 AWWA 기준 C651-92(1992)에 기술되었으며 일부 수도사업자들은 AWWA 기준을 그들 환경에 적합하게 수정한 기준을 갖는다.

8.2.1 소독의 필요성

이상적으로 살균한 상태로 배수 메인관을 건설 현장으로 이송한다. 그러나 불행하게도 배관의 선적, 저장, 그리고 설치하는 동안 살균 상태를 유지시킬 수 있는 적정한 방법이 존재하지 않는다. 배관들은 설치되기 전까지 수 개월에서 수 년 동안 옥외에 방치될 수 있으며 따라서 다양한 동물, 식물, 그리고 미생물이 배관 내부로 유입되어 잠재적인 오염원이 될 수 있다. 배관은 건설하는 동안이나 그 이전에 오염된 물에 노출되어 접합, 패킹, 그리고 밀봉 재료들이 오염될 수 있다. 배관 및 접합 재료들은 용수 공급을 시작하기 전에는 가능한 청결하게 유지되어야 하나 배관 설치 후에는 소독만이 청결한 관로상태를 보장할 수 있다.

8.2.2 소독약품

다양한 소독약품을 사용할 수 있으며, 다음 세 종류의 화학약품들이 광범위하게 사용되고 있다.

1. 액체 염소[Liquid chlorine(Cl_2)] : 통상적으로 이 약품은 100lb(45.4kg) 또는 150lb (68kg) 압력 용기로 구매할 수 있다. 액체 염소는 저렴하나 매우 독성이 강하여 적정한 훈련을 받은 전문가들만이 사용해야 한다.
2. 차아염소산 나트륨(NaOCl) : 다양한 규격의 유리, 고무 라이닝된 또는 플라스틱 용기에 저장된다. 이는 액체염소보다 고가이고 부피가 크지만 취급하기가 상당히 용이하다. 통상적으로 5~15% 염소이지만 저장수명이 제한된다.
3. 차아염소산 칼슘($Ca(OCl)_2$) : 이는 중량 기준 약 65% 염소이다. 이 약품은 정제 또는 과립 형상이므로 취급이 용이하나 상대적으로 고가이고 퇴화를 방지하기 위해 건조 상태를 유지해야 한다. 만일 $Ca(OCl)_2$가 350°F로 가열되면 발열 반응하여 산소와 염소가 생긴다.

8.2.3 소독 절차

소독은 충분한 기간 동안 충분한 염소량에 관로 내부를 접촉시키는 것을 포함한다. C651-92에 제시된 3가지 방법들은 다음과 같다.

8.2.3.1 정제방법(Tablet method)

만일 메인관을 청결하게 유지하고 건설하는 동안 건조된 상태를 유지하면 이 방법을 사용할 수 있으며 관설치 동안 500ft(150m) 이내의 간격으로 배수관 내 차염소산나트륨 과립 또는 정제들을 위치시킨다. 다음 식으로 관로 길이당 5-g 정제 수량을 추정할 수 있다.

$$N = 0.0012LD^2$$

여기서 N : 5-g 정제 수량
L : 배관 길이(ft)
D : 배관 직경(인치)

이 방법을 사용하면 시험 동안 평균염소농도는 대략 25mg/L가 된다. 배수관 충수시 공기 포켓의 발생을 방지하기 위해 음용수를 1ft/s(0.3m/s) 이하로 충수해야 한다. 만일 온도가 5℃ 이상이면 배관 내부에서 물을 최소한 24시간 체류시켜야 하고, 온도가 5℃ 이하이면 48시간 체류시켜야 한다. 또는 나사 강관 접합 솔벤트 용접하지 않는 작은 배수관의 경우 이 정제 방법을 사용할 수 있다.

8.2.3.2 연속공급방법(Continuous feed method)

이 방법은 먼저 관내 침전물과 공기 포켓을 제거하기 위해 최소한 0.76m/s(2.5f/s)의 속도로 배수관을 플러싱해야 한다. 플러싱이 효과적이지 않은 대규모 메인관의 경우 brooming 또는 swabbing을 사용할 수 있다. 24시간 동안 25mg/L의 농도를 유지하도록 염소를 주입해야 한다. 시간 종료시 관로 내 모든 지점들에서 유리잔류염소는 10mg/L 이상이 되어야 한다.

8.2.3.3 슬러그방법(Slug method)

이 방법은 정제방법에서와 같이 우선 차아염소산을 과량 주입한 후 연속공급방법에서와 같이 배수관을 플러싱한다. 최소한 100mg/L의 농도를 갖는 높은 염소처리된 물의 슬러그를 배수관을 통과시켜 슬러그를 최소한 3시간 관로 내부와 접촉시키고 슬러그의 농도가 50mg/L 이하로 저하되지 않도록 해야 한다. 배관 내 음용수와 슬러그를 분리하기 위해 피그 또는 swab를 사용할 수 있다. 연속공급방법에서 필요한 수체적이 실용적이지 못한 대규모 배수관의 경우 슬러그 방법을 가장 광범위하게 사용한다.

물은 수질규정을 준수하고 환경적으로 안전한 방법으로 높게 염소처리된 물을 처리해야 한다. 즉, 물에서의 과도한 염소와 반응시키기 위해 배관의 하류측 말단부에서 화학약품(예를 들어 아황산나트륨)을 사용할 필요가 있다.

8.2.4 신규 배수관의 수질검사

신규 배수관을 소독 및 플러싱 후 음용수로 충수시키면서 표준방법(APHA, 1995)에 의거하여 대장균 세균을 검사하기 위해 최소한 1200ft(366m)마다 샘플링한다. heterotrophic plate count와 같은 다른 시험들이 필요로 할 수 있다. 샘플 시험을 실패하면 반드시 배수관을 플러싱하고 샘플링을 반복해야 한다. 만일 플러싱한 후에도 샘플 시험을 통과하지 못하면 배수관을 다시 소독해야 한다.

8.2.5 배수관 보수시 주의사항

배수관 파괴 후 배수관 내 압력손실이 발생되었다. 배수관 파손 부위 주변의 물을 제거하기 위해 배수관 플러싱과 더불어 배수관 내부 소독이 필요할 수 있다. 그러나 통상적으로 배수관은 소화 및 위생을 유지해야 하므로 안정적인 시험 결과를 얻기 이전에 서비스를 재개하기도 한다. 만일 보수기간 동안 오염이 발생할 우려가 있으면 사전 경고로 "boil water(물을 끓여서 사용하는 것)"를 공지해야 한다.

8.2.6 고농도 염소처리된 물의 처리

높게 염소처리된 물은 생물체에 유해할 수 있다. 이와 같은 물을 대기로 배출시키기 이전에 아무런 해를 끼치지 않고 이 물을 배출시킬 수 있는지 결정하기 위해 평가해야 한다. 이상적으로 하수처리시스템이 배출량을 처리할 수 있고 수도사업자가 하수처리기관으로부터 배출에 대한 허가를 받았으면 물을 인근 위생 또는 조합 하수차집시스템으로 배출시킬 수 있다. 상황에 따라 수체 또는 우수시스템으로 직접 배출시키는 것은 Clean Water Act를 위반할 수 있거나 또는 허락을 득해야 한다.

만일 물을 처리하지 않고 배출할 수 없으면 물을 배출하기 이전에 염소와 반응하는 감소제를 첨가하여 염소를 중화시켜야 한다. 표 8.1은 반응을 완료하기 위한 100% 순도와 충분한 혼합 및 체류시간에 기초하여 1mg/L의 잔류염소농도로 1MG(3.78ML)의 물을 중화시키기 위해 필요한 여러 소독약품의 양을 제공한다. 임의의 물 체적을 처리하기 위해 필요한 중화제의 양은 다음 식으로 구한다.

$$\text{Dose} = VC(100/P)$$

여기서 V : 물의 체적(MG)
C : 염소농도(mg/L)
P : 감소제의 순도(%)

표 8.1 ▌ 염소농도 1mg/L인 물 1MG을 중화시키기 위해 필요한 중화제 주입량

화학약품	분자식	주입량(lb/MG)	주입량(kg/MG)
이산화 황	SO_2	8	3.6
아황산수소나트륨	$NaHSO_3$	12	5.4
아황산나트륨	Na_2SO_3	14	6.4
티오황산나트륨	$Na_2S_2O_35H_2O$	12	5.4

8.3 저류탱크 소독

W / A / T / E / R

탱크 소독에 관한 내용은 AWWA Standard C652(1992b)에 기술되었다. 탱크 소독 절차들을 요약하면 다음과 같다. 배수 메인관의 경우 메인관을 한번 소독하면 재차 소독할 필요는 없다. 그러나 탱크들을 검사, 청소, 보수, 그리고 도장하기 위해 가끔은 서비스가 중단될 수 있다.

탱크 소독을 위한 화학약품들은 8.2.2절에서 기술한 배관 소독에 사용된 약품과 동일하다. 탱크를 청소한 후 탱크내의 모든 청소 도구들과 장비들은 물론 협잡물을 제거한다.

8.3.1 탱크 충수시 소독 절차

AWWA Standard C652는 탱크 서비스를 중지하거나 배수할 때 저류탱크 소독을 위한 세 가지 방법을 제시한다. 또한 이 기준은 수중검사 동안 소독을 위한 절차를 기술한다.

8.3.1.1 방법 1

충수시 유입관로에 액체 염소 또는 차아염소산 나트륨을 주입하거나, 또는 충수 전에 탱크 바닥에 차아염소산 칼슘을 투입하여 체류시간 후 염소 농도가 최소한 10mg/L가 되도록 한다. 여기서 체류시간은 유입부에서 염소가 균등하게 주입되면 6시간이 되고, 소독제가 탱크 내부에서 혼합되면 24시간이 된다.

8.3.1.2 방법 2

200mg/L 염소 용액으로 탱크 전체를 스프레이하거나 브러쉬한다. 방법 1에서와 같이 10mg/L 염소 용액으로 배수배관을 채운다. 높게 염소처리된 용액을 최소한 30분 동안 표면에 유지한다. 음용수와 접촉되는 표면만을 스프레이 또는 브러쉬한다. 이 방법은 충수 및 세균시험 즉시 물을 배출시키는 것이 아니라 배수시스템으로 공급할 수 있게 한다.

8.3.1.3 방법 3

탱크가 대략 5% 충수되었을 때 목표 농도가 50mg/L인 것을 제외하고 방법 1에서의 절차와 같이 염소를 첨가한다. 이 물을 6시간 유지한 후 탱크를 음용수로 완전히 채운 후 추가로 24시간 동안 유지한다. 세균시험 후 배수관을 높게 염소처리된 물로 청소한 후 염소 잔류가 최소한 2mg/L이면 이 탱크는 바로 서비스를 개시할 수 있다.

8.3.2 수중 검사

잠수부 또는 로봇 카메라를 사용하는 수중검사는 더욱 증가하고 있다. 탱크로 유입되는 장비, 복장, 작업원은 청결상태가 완벽해야 하고 장비와 복장은 오직 음용수 검사에 적합한 것으로 입증되어야 한다. 스프레이, 침수(submersion), 또는 최소한 200mg/L의 염소 용액으로 스폰징하여 장비를 청소해야 한다.

만일 잠수부를 사용하면 자격을 갖춘 두 사람의 잠수부를 현장에 배치해야 하고 비상시에 대비하여 탱크 외부에 한 사람의 추가 잠수부를 배치해야 한다. 탱크 내부로 작업원 또는 장비를 유입하기 이전에 잔류염소가 충분한지 결정하기 위해 확인해야 한다. 외부 공기 공급장비를 사용하여 잠수부에게 공기를 공급해야 한다.

가능하다면 검사하는 동안 밸브를 폐쇄하여 만족스런 세균시험 결과를 얻을 때까지 배수 라인으로부터 탱크를 분리시켜야 한다. 탱크검사 동안 충수 상태를 유지해야 한다.

8.4 교차연결(Cross-Connection) 제어

8.4.1 정의

교차연결은 특정 상황에서 오염물질이 음용수 시스템으로 유입되어 수질에 영향을 줄 수 있는 음용수와 오염원의 접합부 또는 잠재적인 접합부를 의미한다. 역류(backflow)는 이 접합부를 통해 오염물질이 용수공급시스템으로 유입되는 것을 의미한다. 접합부의 음용수 측에 작용하는 수두가 오염된 물 측에 작용하는 수두 이하로 저하하면 역류가 발생한다. 이는 음용수 측에 작용하는 압력저하로 인한 역사이폰현상 또는 잠재적인 오염물질 측에 작용하는 압력의 상승으로 인한 역압력을 통해 발생할 수 있다.

역류는 오염물질이 음용수시스템 내부로 유입하는 결과를 초래할 수 있기 때문에 바람직하지 않다. 이 오염물질의 대표적인 예는 인접 오수시설, 소화관로 내 부동액, 공장에서 독극 화학물, 또는 병원으로부터 병인학 물질로부터의 물을 포함할 수 있다. 교차연결로부터 용수공급시스템이 오염된 여러 사례들은 문서화되었다[Angele, 1974 ; AWWA, 1990 ; Foundation for Cross-Connection, Control and Hydraulic Research, 1988 ; United States Environmental Protection Agent(USEPA), 1989].

8.4.2 교차연결 제어 프로그램

교차연결 제어 프로그램은 역류를 제거하기 위한 적합한 조례와 규정으로 구성된다. 미국내 각 주와 지자체는 수도사업자는 반드시 교차연결 제어프로그램을 수행할 것을 요구한다. 통상적으로 이러한 프로그램들은 사용자의 비용으로 사용자와 관련된 위험수준과 조화된 역류를 방지하는 장치의 설치를 요구한다. 또한 이 프로그램들은 관련 공무원이 적정한 시간에 사용자의 배관공사를 조사하고 위험이 수정되지 않으면 서비스를 중지시키는 권한을 준다.

8.4.3 역류 방지(Backflow prevention)

역류 방지기는 역류를 방지하기 위해 사용된 장치 또는 다른 수단들이다. 상황에 따라 여러 형식의 역류 방지기들을 사용할 수 있다.

8.4.3.1 Air Gap

Air gap은 음용수 시스템과 오염원 사이의 물리적 격리이다. 음용수 시스템의 유출부와 임의 오염원의 최대 수위 사이의 air gap은 최소한 음용수 유출부 직경의 두 배가 되어야 하나 1인치(25mm)를 초과해서는 안된다. Air gap은 가장 단순하고 안전한 수단으로 고려된다. 그러나 air gap은 수두손실을 유발하므로 반드시 수원으로부터 하류측 관로를 가압해야 할 때는 사용하지 않는다.

8.4.3.2 감압 역류 방지기 및 이중 역지밸브 조립품

역류 및 역사이폰 모두를 방지하기 위해 이 설비를 사용한다. 두 설비 모두 두 개의 독립적으로 동작하는, 완전 폐쇄, 시험 포트를 갖는 탄성 시트 직렬 역지밸브로 구성된다. 통상적으로 역지밸브들은 스프링으로 충전(그림 8.1 및 8.2)된다. 그림 8.1과 8.2의 차이는 감소된 압력 조립품도 두 개의 역지밸브 사이에서 독립적으로 동작하는 압력-완화 밸브를 포함하며 첫 번째 역지밸브보다 낮다(그림 8.3). 위험 수준이 매우 높은 경우 감압 역류 방지기를 사용할 수 있다.

8.4.3.3 대기 및 압력 진공 파괴기, 대기 루프

이 장치는 역압력이 아니라 역사이폰을 방지할 수 있다. 그림 8.4와 같이 수압은 진공파괴기에서 밸브를 개방시키려 한다. 수압이 작용하지 않으면(즉, 역사이폰이 발생하면) 내부 플로트가 seat하여 역사이폰은 발생할 수 없다. 관로상에서 압력진공파괴기를 시험할 수 있다. 대기 루프(barometric loop)는 최소한 35ft(10.5m) 상승한 후 다시 원래 수준으로 되돌아가는 관로의 연속적인 부분이다. 이러한 루프에서 물은 사이폰이 될 수 없다.

8.4.3.4 단일 및 이중 역지밸브

이러한 형식의 역지밸브들은 소량의 누수를 허용할 수 있고 현장에서 시험할 수 없기 때문에 역류 방지 조립품으로 간주되지 않는다. 그러나 이 설비들은 위험요소가 최소이고 승인된 역류 방지기가 요구되지 않을 때 저렴한 방지설비다.

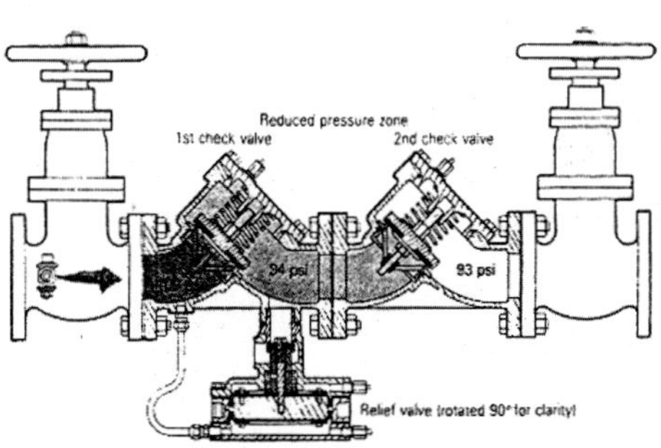

그림 8.1 ▌ 감압 역류 방지기

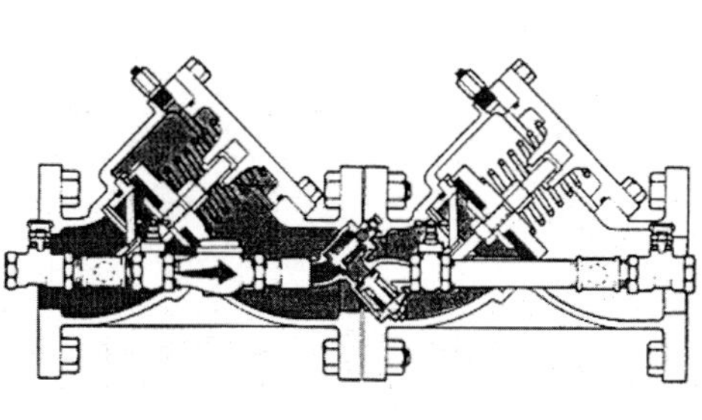
그림 8.2 ▌ 이중 역지밸브

그림 8.3 ▌ 감압 역류 방지기 적용

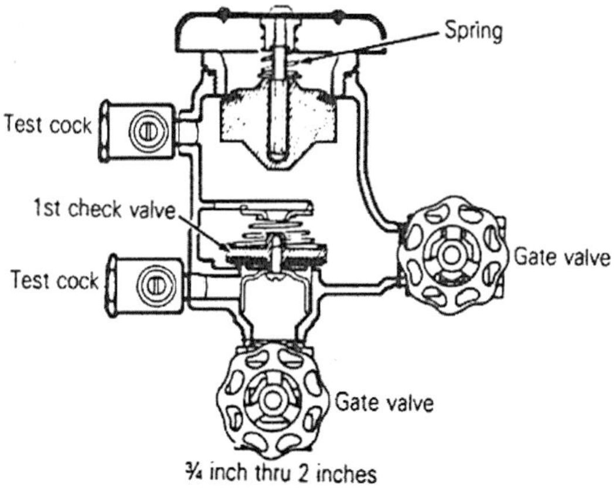

그림 8.4 ▌ 진공 파괴 밸브

8.4.4 역류 방지기의 적용

역류 방지기는 음용수가 오염될 위험을 감소시키는 데 도움을 줄 지라도 관로상에서 상당한 수두손실을 발생시키고 추가 설치비용 및 필요한 연간 시험 비용이 소비된다. 조립품들을 옥외에 설치할 수 없기 때문에 특히 추운 기후에서 현존하는 서비스를 개량할 때 이러한 요소들은 특히 문제가 된다. 역류 방지기의 설치가 소화용수를 손상시킬 때 문제가 될 수 있다. Duranceau(1998)는 소화 스프링클러 배관에서 수질은 심각하게 저하될 수 있다는 것을 증명하였다.

Hart(1996)는 위험해석을 수행하여 "스프링클러 시스템이 부족하고 화재에 민감한 주택과 관련된 사망 및 중상의 위험은 미흡한 스프링클러 시스템들과 관련된 질병의 위험보다 높다"는 결론에 도달하였다. Wood(1993)는 현존하는 소화시스템에서 역류방지를 개량하기 이전에 수리해석의 필요성을 강조하였다. 물이 정체되는 것을 방지하기 위해 주거 스프링클러들을 배관설비에 연결할 수 있다. 이와 같은 시스템에서 변기를 플러시하거나 샤워를 사용할 때마다 수질 저하를 방지하기 위해 조합된 스프링클러-주거 시스템 내부로 정수가 유입된다.

8.5 배수시스템의 플러싱(Flushing)

8.5.1 배경

배수시스템 플러싱은 수질을 개선하기 위해 관련 소화전을 개방하여 물을 분출시키는 것으로 침전물을 제거하고, 잔류염소가 낮은 물을 제거하고, 맛, 냄새, 그리고 탁도 문제를 해결하고, 주관로로부터 생물막을 제거하기 위해 실시할 수 있다. 시스템의 프로그램에 따라 또는 수용가 불만을 해소하기 위해 플러싱을 수행할 수 있다(Chaterton, 1992; Pattison, 1980). 통상적으로 소화전을 개방하여 플러싱을 수행한다. 플러싱은 배수시스템의 일부분으로 신선한 물을 유입시키는 장점을 갖는다. Yohe & Gittleman(1986) 그리고 Wajon(1988)은 플러싱의 결과로서 맛과 냄새 문제가 감소된 것을 보고하였다. Wakeman(1980) & Larson(1983)은 플러싱 후 4염화에틸렌(PCE)이 감소된 것을 보고하였다. Shindala & Chisolm(1970) 그리고 Lakshman(1981)은 플러싱의 여러 장점들을 열거하였다.

8.5.2 플러싱 절차

AWWA(1986b), Chadderton(1992, 1993) 및 캘리포니아-네바다 AWWA(1981)는 플러싱 프로그램 역학의 요약을 발표하였다. 플러싱을 성공적으로 시작하기 위해서는 철저한 계획과 대중 홍보가 필요하다. 특히 병원과 세탁소 업주들에게 플러싱의 임박함을 알려야 한다. 만일 작업원들이 야간에 작업을 하게 되면 반사복장과 조명설비를 포함한 적정한 안전장비를 갖추어야 한다. 소화전들은 깨끗한 수원으로부터 외부로 플러싱한다. 일반적으로 대형 주 관로에서는 보다 작은 주관로부터 플러싱하면 안되며, 수충격을 방지하기 위해 밸브와 소화전을 서서히 개방 및 폐쇄해야 한다. 수요지점은 물론 부분적으로 높은 고도

그림 8.5 ▌ 소화전 디퓨저

인근에서 압력을 130kPa (20psi 또는 수두 14m) 이하로 감소시키지 않도록 주의해야 한다. 교통 장애 및 손상을 최소화하도록 유출 방향을 결정해야 한다. 필요하면 디퓨저 유출부를 사용해야 한다(그림 8.5). 기온이 결빙온도 이하로 하강할 경우 플러싱을 하면 안된다. 플러싱은 가뭄 기간 보다는 저수지에 물이 충분할 때 수행해야 한다. 물 수요가 상대적으로 적을 때 플러싱을 하는 것이 가장 좋다.

배관 내 고형물들을 씻어내고 적합한 유속을 형성하기 위해 소화전을 개방해야 한다. 침전물을 부유하기 위한 유속은 최소한 2ft/s(0.61m/s)이고, 소화전 개방 및 폐쇄시 수충격 현상을 최소화하기 위해 10ft/s(3.1m/s)을 초과해서는 안된다. Walski & Draus (1996)는 최대 속도에 도달한 후 수초 이내에 대부분의 스카우어링이 수행되고 이후 유속을 감소시킬 수 있다는 것을 보여주는 자료들을 제시하였다. 물이 깨끗해질 때까지 또는 소독 잔유 농도가 증가할 때까지 플러싱을 지속해야 한다.

또한 플러싱은 유지관리직원에게 소화전의 전반적인 조건을 평가하기 위해 소화전으로부터 정압과 유량을 측정할 수 있는 기회를 제공한다. 이 계량되지 않은 사용량을 추정하기 위해 플러싱 동안 사용된 물의 양을 기록해야 하며 작업원은 플러싱 기록을 유지해야 한다.

Walski(1991) & Walski & Draus(1996)는 플러싱 효과를 모델링하는 중요성을 토론하였고 플러싱 동안 잔류염소를 증가시키기 위해 필요한 시간을 추정하기 위해 모델들을 사용할 수 있다는 것을 보여주었다.

8.5.3 방향성 플러싱

일부 밸브를 폐쇄하여 플러싱하고자 하는 관로 내 유속을 최대화하여 플러싱을 향상시킬 수 있다. Oberoi(1994)는 물을 적게 사용하고 높은 유속을 발생시키고, 그리고 밸브를 시험할 수 있는 기회를 제공하기 때문에 추가적인 노력이 필요함에도 불구하고 이러한 방향성 플러싱 방법이 바람직하다는 것을 보여주었다. 개방된 소화전으로 물이 유동할 수 있도록 방향을 제한하여 주 관로에서 유속을 최대화하고 플러싱할 개별 주 관로를 제어하는 것이 가능하다. 그림 8.6은 유출되는 소화전 방향으로 물이 도달하도록 밸브를 조작하여 소화전에서 어떻게 유속을 증가시킬 수 있는지 보여준다.

8.5.4 소독제의 변경

일부 수도사업자들은 플러싱 동안 소독제를 변경(예를 들어 클로라민으로부터 자유염소)하여 더욱 효과적으로 주관로를 청소할 있는 결과를 얻을 수 있다는 것을 발견하였다. 플러싱 동안 높은 유속과 조합된 이와 같은 소독제의 변경은 주어진 소독제에 적응된 생물막을 공격하는데 특히 효과적일 수 있다. 소독제 변경은 열대어와 투석기와 같은 의료기기들에 영향을 줄 수 있기 때문에 소독제를 변경할 때 대중 홍보는 특히 중요하다.

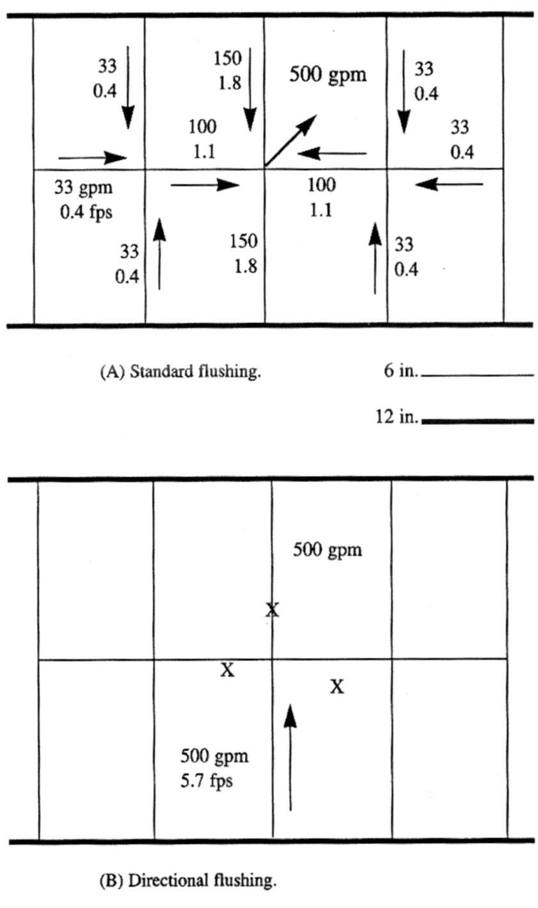

그림 8.6 ▌ 방향성 플러싱에 대한 밸브조작의 영향

CHAPTER 9 수질

역자: 김진근, 이송희, 이병두, 정성욱, 이재성

9.1 서론

수돗물 배·급수시스템의 목적은 언제 어디서나 양질의 수질로 충분한 양을 공급하는 것이다. 비록 정수장에서 공급 당시는 수질이 양호하더라도 공급과정에서 수질에 변화가 발생할 수 있다. 과거에는 배·급수시스템에서 심각한 문제가 발생하기 전까지는 수질에 대한 고려가 없이 대개 수리적 신뢰성, 경제성에 근거하여 설계되었다. 이러한 태도는 보다 많은 수도사업자가 배·급수시스템에서 체류시간이 수질에 영향을 주는 것을 인식함에 따라 변화되고 있다. 이번 장에서 배·급수시스템에서 수질저하에 영향을 미치는 가장 일반적인 수질 모니터링 방법, 수질의 이동과 변화 모델링 기술을 검토한다.

9.1.1 개요

배·급수시스템에서 관(pipe)과 저장시설(storage facility)은 공간적 시간적으로 수질에 상당한 변화를 일으킬 수 있는 제어되지 않은 복잡한 화학적 생물학적 반응조를 구성한다. 배·급수시스템에서 수질저하를 유발하는 인자들은 다음과 같다 :

- 공급되거나 차단되는 공급원(supply sources)
- 교차연결 또는 새는 관 연결부위로 부터의 오염
- 강관의 부식과 관 벽으로부터의 납, 구리의 용출
- 맛·냄새 유발의 원인이 되는 소독제와 유기/무기 화합물과의 반응
- 세균 재성장 및 기회성 병원균의 잠복
- 입자물질의 재부유(resuspension)에 의한 탁도 상승
- 일부는 발암물질인 소독부산물의 생성

배·급수시스템의 수질에 영향을 미치는 주요 요소들은 시스템에 공급되는 수질; 시스템을 구성하는 관, 밸브류, 저장시설의 재질과 상태; 그리고, 시스템내 체류시간이다. 체류시간과 관련하여 루프형 관망(looped pipe network)에서 특정 수용가에게 공급되는 물은 다른 지역 다른 상수원에서 기인하고 다른 경로를 거친 물들의 혼합체이다. 이러한 사실은 체류시간과 수질과의 관계를 이해하려고 노력할 때 상당한 영향을 줄 수 있다. 배·급수시

스템에서 수질 개선 및 저하 예방 행위들에는 수처리 방법 변경, 관 보수, 라이닝, 교체, 체류시간 감소를 위한 시스템 운영의 변경 등이 포함된다. 이러한 행위들의 적정한 조합을 찾는 것은 비용, 수리적 신뢰도, 수질저하 위험간의 상충관계가 있을 수 있다.

9.1.2 정의

배 · 급수시스템에서 수질문제 관련하여 빈번하게 사용되는 용어의 정의는 다음과 같다.

이류 이동(Advective transport) : 벌크 이동 유체와 동일한 평균 속도와 방향의 수질오염물질 이동

호기성 지역(Aerobic zone) : 용존산소가 있는 지역

알칼리도(Alkalinity) : pH 변화를 중화할 수 있는 능력

혐기성 지역(Anaerobic zone) : 용존산소가 없는 지역

생물막(Biofilm) : 고체표면에 세포밖 유기고분자들의 집합체와 함께 존재하는 미생물 집합체

벌크 반응(Bulk reactions) : 관 벽이 아닌 수체 내에서 일어나는 반응

대장균(Coliform bacteria) : 야채나 섬유와 더불어 온혈동물의 장기에 서식하는 박테리아 군으로, 존재시 잠재적인 분변 오염의 간접지표로 간주될 수 있다.

소독부산물(Disinfection by-products) : 염소, 오존과 같은 소독제와 수중에 존재하는 천연유기물의 반응 생성물로 일부는 발암물질로 의심된다.

분산 이동(Dispersive transport) : 농도구배에 의해 발생되는 수질오염물질의 이동

Eulerian 접근 : 유체제어용적에 대한 질량, 모멘텀, 에너지 흐름 보존을 전개할 때 고정 참조 틀(fixed frame of reference)을 강조하는 모델링 체제

일차반응(First-order reaction) : 오염물질의 성장 또는 감쇄반응 속도가 농도에 비례하는 화학반응

일반세균(Heterotropic bacteria) : 호흡과 세포합성에 유기탄소를 필요로 하는 단세포 미생물군

Lagrangian 접근 : 유체제어용적에 대한 질량, 모멘텀, 에너지 흐름 보존을 전개할 때 이동 참조 틀을 강조하는 모델링 체제

기회성 병균(Opportunistic pathogens) : 정상적인 미소생물의 부분으로 존재하지만 특정 상황에서 고령자, 신생아, 후천성 면역결핍자와 화학요법 치료중인 암환자와 같은 면역력이 약한 숙주에 질병을 일으킬 수 있는 생물체

관 벽 반응(Pipe wall reactions) : 수질인자와 관 벽에서 유래하는 박리된 철 또는 생물막 슬라임과 같은 물질간의 반응

배수탑(Standpipe) : 높이가 폭보다 훨씬 큰 지상 저장조

추적자 물질(Tracer chemical) : 주입지점으로부터 물의 흐름 경로나 도달시간 등을

추적하기 위해 사용되는 보존성 화학물질

위상분류(Topological sort) : 주어진 절점으로 향한 모든 링크가 낮은 수의 절점에 연결시키기 위해 방향성 절점 링크 관망에서 절점 재번호 매기기

결절(Tubercle) : 시간에 따른 산화부산물 축적으로 발생된 작은 돌기

수령(Water age) : 물이 공급과정에 체류하는 평균시간

9.2 수질프로세스

물이 배·급수계통을 통과하면서, 벌크용액과 관 벽과의 상호작용을 통해 수질의 변화나 저하가 발생할 수 있다. 이러한 변화는 물리적, 화학적, 미생물학적인 것이다. 그림 9.1은 배·급수계통에서 변화과정의 개념도이다. 관 벽에서의 물리적, 화학적, 미생물학적 변형의 개념도는 그림 9.2에 나타내었다. 이런 프로세스들은 아래에 상세히 기술된다.

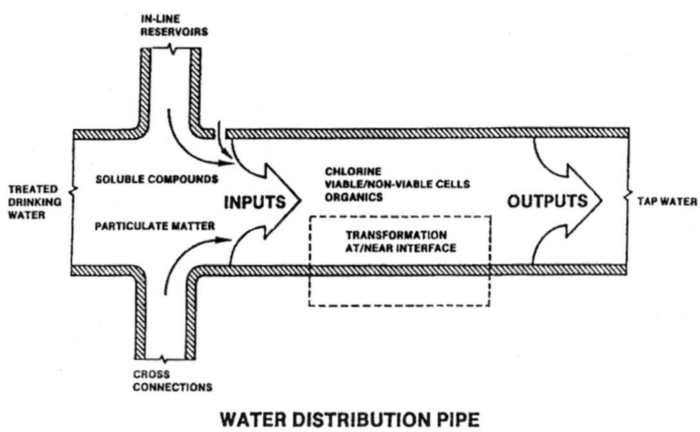

그림 9.1 ▌ 배·급수시스템 내 수질 변화

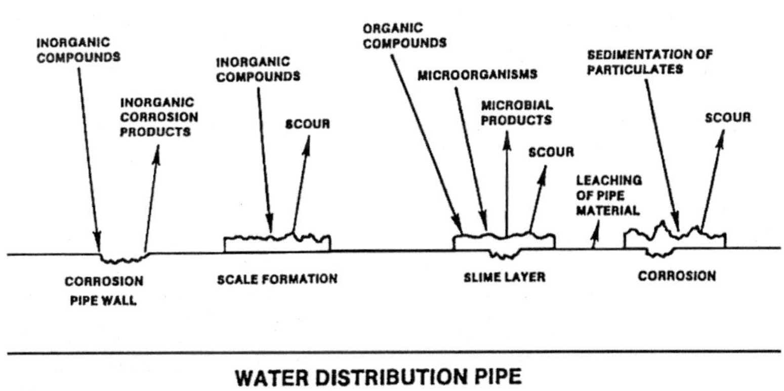

그림 9.2 ▌ 관 벽에서 수질변화

9.2.1 잔류소독제의 손실

소독은 수중에 존재할지도 모르는 해로운 미생물을 불활성화시킬 수 있는 화학적 물리적 공정이며, 배·급수를 병원균의 재생이나 재오염으로부터 보호한다. 대부분의 지표수 공급 시설은 배·급수 과정에서 일정 수준의 잔류소독제 농도를 유지한다. 미국에서 지표수 처리법은 지표수의 영향을 받는 지하수 뿐만 아니라 지표수 처리시스템의 경우에는 검출될 정도의 잔류염소농도가 유지되도록 요구하고 있다. 잔류소독제의 손실은 관 파손, 교차연결, 예기치 못했던 일들에 대한 미생물학적 오염에 대한 방어를 약화시키고 생물막에 은신하고 있는 병원균의 성장을 촉진할 수 있다.

9.2.1.1 소독방법

1차 소독은 처리공정에서 실제로 병원균을 파괴하거나 불활성화시키는 처리단계이다. 이것은 다양한 화학물질들을 사용하며, 가장 흔하게 사용되는 것은 염소, 클로라민(암모니아와 결합된 염소), 오존 그리고 이산화염소이다. 이차 또는 후소독은 잔류소독능을 갖기 위해 공급시스템에 보내지기 전에 추가소독제를 넣는 것을 일컫는다. 특성상 소독제는 매우 반응성이 좋고 장기간 지속되지는 않는다. 만약 염소나 클로라민이 일차 소독제로 사용되었다면 이차 소독은 필요없을 수도 있다. 오존을 사용할 경우에는 이차소독제가 항상 필요하다. 염소와 클로라민은 배·급수시스템에서 잔류소독능을 유지하는데 가장 흔하게 사용된다. 재소독(booster disinfection)은 원수처리단계를 지나 배·급수계통에서 소독제를 넣는 것이다. 도매업자(wholesale provider)에 의해 공급되는 지역의 경우 일반적으로 공급지역 전(前)단계나 많은 소독제 요구량이 요구되는 원거리 지점에 주입한다.

미국에서 CT 요구조건이 목표 미생물을 특정 수준으로 사멸하는데 필요한 소독제의 농도와 접촉시간을 규정하고 있다. 그것은 일차소독제의 필요농도를 결정한다. 2차 소독에 관해서는 지표수처리법(SWTR)에서 공급과정에 들어가는 물은 최소 0.2 mg/L의 잔류소독제 농도를 유지해야 하며, 공급과정에서는 검출될 정도(detectable)로 유지하여야 한다. 실제, 대부분의 정수장에서는 기온이 높은 시기에 가장 먼 지역에서 잔류소독제의 검출을 위해서는 보다 많은 소독제를 정수장 유출수에 주입해야 한다. 다른 한편으로는 배·급수 과정에 공급할 수 있는 최대주입농도의 실제적인 한계가 있다. 과도한 염소 농도는 이취미 문제를 유발할 수도 있고, 관 부식과 유해 부산물의 형성을 증가시킬 수도 있으며, 그 자체로 건강상의 염려가 된다. 미국환경청은 최근에 정수장에서 공급되는 수돗물에서 잔류염소의 상한값을 4mg/L로 규정했다.

9.2.1.2 염소 소모속도

1차 소독 과정중에 소독제가 첨가될 때 대부분의 수체에서 염소는 순간적으로 반응하여 소모된다. 수 시간의 접촉시간 동안 50% 이상의 소모는 흔한 일이다. 1차 소독공정의 접촉시간 후에 염소 소모율은 소독제와 반응성 약한 유기성분과 반응함에 따라 현저하게 감소된다. 일반적인 반감기는 수일에서 수주가 소요되는데 수온과 수체내의 유기탄소의 양과 반응성에 따라 달라진다. 이러한 속도를 벌크용액에서 발생하는 손실이라고 칭한다. 이것들은 실험실 병실험(bottle test)(9.4.4.3절 참조)을 수행함으로써 정량화될 수 있다.

추가적인 손실은 염소가 부식생성에 의한 철 및 생물막과 연관된 유기 슬라임과 관 벽 또는 주변의 물질과 반응하여 발생할 수 있다. 이러한 반응은 특히 오래되고 라이닝이 되지 않은 주철관이나 강관에서 벌크반응에 의한 것보다 더 클 수 있다. 염소반감기는 관 소모량이 클 경우 수 시간으로 감소할 수 있다. 불행하게도 관 소모량을 측정할 수 있는 간편한 방법은 없으며, 사용기간과 재질이 상이한 관들의 혼합체인 시스템을 통해 상당히 변화한다. 현장에서 할 수 있는 유일한 관 요구량 측정은 중간에 다른 유입이 없는 경우 관 유입부와 유출부의 잔류염소 농도를 측정하는 것이다.

클로라민은 유리염소보다 훨씬 느린 감소율을 나타낸다. 클로라민은 또한 훨씬 작은 염소부산물은 만드는 장점이 있다. 한 가지 단점은 특정한 pH와 염소-암모니아 비 조건하에서 클로라민의 분해가 질소를 생산할 수 있고, 이것이 배・급수시스템에서 질산화를 촉진시킬 수 있다. 현재까지 관 벽 반응이 클로라민 소모율에 영향을 미친다는 어떠한 보고도 없다.

9.2.1.3 소독제 손실의 감소

정수시설에서는 공급과정에서 과도한 염소손실 문제를 해결할 수 있는 유용한 전략이 몇 가지 있다. 첫째, 클로라민과 같은 보다 안정화된 이차 소독제로 전환할 수 있다. 둘째, 관 교체, 플러싱, 재라이닝과 같은 프로그램을 수행할 수 있다. 셋째, 저장조에 물을 적게 유지하고, 자주 탱크를 사용하고, 관 밸브를 닫고, 루프형 관 운영을 통해 물이 시스템내에 있는 시간을 감소시킬 수 있다. 넷째, 재염소를 할 수 있다. 다섯째, 총유기탄소의 농도를 줄일 수 있도록 처리공정변화를 고려할 수 있다. 최적의 저감방안은 현장에 따라 매우 다르며, 이러한 대안들의 조합과 연계된다.

9.2.2 소독부산물의 성장

염소는 처리된 물에서 대개 휴믹물질이라는 천연유기물과 반응하여, 미량이지만 수백종의 할로겐 부산물을 생성한다. 클로로포름, 디클로로아세트산과 같은 몇몇 부산물은 인간에게 잠재적인 발암물질이다. 염소소독의 부산물로 가장 많이 생성되는 것은 THMs이다. 이것은 세 개의 수소가 염소와 브롬이온의 몇 개의 조합으로 치환된 메탄분자이다. 미국에서 10,000명 이상에게 공급하는 지역수도시설은 공급과정에서 THMs를 1979년부터 100μg/L이하로 유지해야 한다. 최근에 이것은 80μg/L로 낮춰졌으며, 모든 수도시설에 적용된다.

염소소독에 의해서 생성되는 THMs의 양은 pH, 수온, 염소주입량, 유기 전구물질 양, 브롬농도와 접촉시간에 의존한다. 비록 정수장에서 염소가 처음 주입되었을 때 생성속도가 가장 크나, 잔류염소가 존재하고 반응할 수 있는 전구물질이 존재하는 한 공급과정에서 지속적으로 증가한다. 50% 이상의 THMs가 공급과정에서 생성되는 것이 이상한 것은 아니다.

THMs는 염소소독공정에서 발생하는 유기할로겐의 20~40%를 구성한다. 다른 관심 있는 부산물은 할로아세트산, 할로아세토니트릴, 시안화합물(cyanogen halides), 클로로피크린과 클로랄 하이드레이트가 있다. 소독제로 클로라민을 사용하면 소독부산물을 상당량 저감할 수 있다. 이산화염소는 1차, 2차 소독제로 가능하다. 이것의 주요한 관심 부산물은 무기 종인 클로라이트와 클로레이트이다. 1차 소독제로만 사용되는 오존은 알데하이드와 다양한 종류의 유기산, 브로모포름과 브로메이트를 생성할 수 있다. 알데하이드와 산은 쉽게 생물분해가 가능하며, 공급시스템에서 생물막 성장을 촉진할 수 있다. 오존산화는 2차 소독으로 유리염소가 사용될 경우 클로랄 하이드레이트, 클로로피크린과 같은 몇몇 염소소독부산물이 생성될 수 있다.

9.2.3 내부부식

내부부식은 물과의 반응으로 인해 관 내벽 또는 라이닝의 열화이다. 열화는 라이닝이나 관의 표면코팅을 침식하는 물리적 행동의 결과이거나 라이닝이나 관 벽 재질로부터 용출시키는 화학적 용해작용이거나 관 벽으로부터 금속을 제거시키는 전기화학적 반응의 결과이다. 부식은 유독한 납이나 구리를 용출시키고, 물에 금속 맛을 느끼게 하고, 배관자재에 얼룩을 만들고, 병원성 미생물의 서식처를 제공하고, 관의 수송능력을 저하시키고, 최종적으로는 누수나 관 막힘을 유발한다. 표 9.1은 공급시스템에서 자주 사용되는 물질의 부식특성을 요약한 것이다.

표 9.1 ▎ 공급시스템에서 사용되는 다른 물질들의 부식특성

배 · 급수 물질	부식저항	잠재적인 오염물질
구리	전체적으로 양호한 부식저항, 높은 유속, 연수, 염소, 용존산소와 낮은 pH에서 부식되기 쉬움	구리
납	낮은 pH의 연수에서 부식	납, 비소, 카드뮴
연강(Mild Steel)	균일 부식 쉬움, 대개 높은 용존산소에 영향을 받음	철, 탁도와 녹물에 의한 민원
캐스트 또는 닥타일 강관(unlined)	부식성 큰 물에 표면 침식되기 쉬움	철, 탁도와 녹물에 의한 민원
갤바닉 철	부식성 큰 물에 의한 아연의 갤바닉 부식되기 쉬움	아연과 철
석면-시멘트	양호한 부식저항, 부식성 있는 물은 시멘트로부터 칼슘용출 가능	석면섬유
플라스틱	부식 저항	-

9.2.3.1 부식의 종류들

주요한 부식의 종류는 아래와 같다.

균일(Uniform) 부식. 균일 부식은 관 표면에 걸쳐 재질 손실이나 부식 침적물이 동일한 양에 약간 많거나 적을 때 발생한다.

침식(Pitting). 피팅은 지역적으로 불균일한 부식이 관에 구멍을 낼 때 발생하며, 결국 관의 파손(failure)으로 이어진다.

결절(Tuberculation). 결절은 철의 산화물이 장기간에 걸쳐 피트 주변에 형성된 손잡이 모양의 볼록한 형태이다. 과도한 결절은 관경을 지나치게 축소시키며, 조도에 기여하며, 공극같은 구조내 생물막의 성장을 촉진한다.

생물학적(Biological) 부식. 생물학적 부식은 관 재질과 관 벽에 부착한 미생물간의 상호작용에 의해 발생한다. pH의 국부적 변화와 생물막 성장 인근의 용존산소가 부식활동을 촉진시킨다.

9.2.3.2 부식 영향요소

다양한 물리적, 화학적 그리고 생물학적 요소들이 부식의 발생과 속도에 영향을 준다. 몇몇 개별 인자들은 다른 조건에 따라 부식을 촉진하기도 억제하기도 한다. 가장 중요한 요소들은 다음과 같다.

유속. 빠른 유속은 관 벽으로 물질의 질량전달 속도를 증가시킨다. 이것은 용존산소의 전달속도를 증가시켜 부식을 촉진시키거나, 보호스케일이 형성되는 속도를 증가시켜 부식을 억제한다. 정체 상태는 강관의 결절이나 침식을 촉진시킨다.

수온. 일반적으로, 모든 화학반응과 같이 부식속도는 수온상승과 함께 증가한다. 그러나, 높은 수온에서 탄산칼슘은 침강성이 매우 높아지며 관 벽을 따라 보호층을 형성한다.

알칼리도. 알칼리도는 대부분 탄산이온과 중탄산이온으로 형성되어 있다. 이것은 물이 pH 변화에 중화될 수 있는 완충능력을 제공한다. 이것은 또한 관 벽에 탄산금속의 보호층을 형성하여 시멘트라이닝 관이나 석면-시멘트 관으로부터 칼슘의 용출을 억제한다.

용존산소. 산소는 전기화학적 부식반응에서 1차적인 요소로 간주된다. 용존산소는 부식이 진행됨에 따라 부식전극의 양극 금속으로부터 나온 전자의 수용체이다. 산소는 또한 음극으로부터 나온 수소와 반응하여 물을 형성하고 과도한 수소의 축적을 억제하여, 추가반응을 지연시킨다. 산소는 부식에 의해 형성되는 용존 철과 반응하여 불용성 수산화철을 형성한다. 이 형태의 철은 결절을 형성시키고 적수를 유발한다.

총용존고형물. 높은 총용존고형물은 수중에 높은 이온농도를 의미하며, 전기전도도를 높여 높은 전자흐름으로 전기화학적 부식을 촉진한다.

경도. 경도는 칼슘과 마그네슘 이온의 존재로부터 발생한다. 경수는 관 벽에 탄산칼슘의 보호막을 형성하기 때문에 연수보다 부식성이 덜 하다.

세균. 관 벽에 부착한 생물막에 존재하는 세균은 pH와 용존산소의 국부적 변화를 일으켜 전기화학적 부식을 촉진한다. 철산화세균은 불용성 수산화철을 만들 수 있으며, 이는 결절에 기여한다. 황환원세균은 산화되어 황산을 생성하는 황화수소를 생성하여 pH를 낮추고 부식을 촉진시킨다.

9.2.3.3 부식의 인자들

물이 부식성인지 아닌지를 예측하는 수질지표를 만들기 위한 시도들이 있었다. 모든 인자들은 용액으로부터 탄산칼슘이 침전하여 관 벽에 부식을 지연시키는 보호층을 형성하는 경향을 평가하는데 토대를 두고 있다. 그것들은 대개 물의 pH, 알칼리도, 칼슘 농도와 관련된 단순한 식으로 구성되어 있다. 보다 흔한 인자는 랑게리아포화지수(LSI), Aggressive Index(AI), Ryznar Index(RI), Driving Force Index(DFI)가 있다(Singley, 1981). 부식성을 실험하는 좀 더 직접적인 방법은 관단면과 신관이나, 현장으로부터 채취한 시편(coupon)을 포함한다. 시각적인 관찰, 전자현미경, 질량감소측정법, 파이프 스케일이나 코팅분석을 위한 엑스레이회절이나 전극방법을 활용한 시편의 표준화된 분석법이 있다. 마지막 방법은 전기화학적 부식에 유도된 전압의 변화를 측정하기 위해 물에 담근 전극을 이용한다.

9.2.3.4 부식의 제어

세 가지 일반적인 방법이 부식제어에 유용하다 : 부식성이 약한 수질로 바꾸거나, 물과 관 사이에 보호라이닝을 하거나, 부식성이 적은 관으로 관재질을 전환하는 것이다. pH를 조절하는 것이 부식제어에 가장 일반적인 형태인데 이는 전기화학적 부식에 영향을 미치고 보호막 형성에 도움이 되는 탄산칼슘의 용해도에 영향을 미친다. 이것은 또한 석면-시멘트관으로부터 칼슘의 용해에 직접적인 영향을 미친다. 또한 여러 가지 억제제가 관 벽을 따라 탄산칼슘 보호막을 형성하는데 도움이 된다. 소석회와 소다회가 관 벽에 탄산칼슘 피막 형성에 도움을 준다. 무기인산염과 규산나트륨도 보호막을 형성할 수 있지만 완전히 이해되지는 않았다. 이런 억제제의 적정 주입률과 효과성은 상황에 따라 다르고 현장 또는 파일럿 실험을 통해 결정되어야 한다.

9.2.4 생물막

생물막은 공급과정에서 먹는물의 미생물학적 특성에 중요한 역할을 한다. 이러한 막이나 슬라임은 침전물, 부식 결절, 유속이 느린 정체구역, 막힌 곳, 급수탑과 저수조에 형성된다. 공급시스템을 넘어서는 건물이나 가정 배관과 부속물이 적정하게 억제되지 않으면 생물막의 온상이 될 수 있다.

9.2.4.1 기원

공급과정 환경에서, 생물막 발달에 안전한 은신처가 많이 있다. 이중 주요한 곳은 부식지역과 유속이 느려서 침전물이 축적되고, 군집발달을 교란시킬 정도로 물의 흐름이 충분하지 않은 곳이다. 강관에서 이곳이 생물학적 부식이 발생하는 곳이다. 곧 부식지역이 생물학적 공격의 영향으로 확대되고 부식성이 강해진다. 이 시점에서 부식은 결절을 형성하기 시작하며, 보호된 미생물 서식처로 더 유익한 침전물을 형성한다. 비록 시멘트관과 PVC관 재질은 이런 종류의 부식이 일어나지 않지만, 수질특성이 표면구조나 석면/시멘트 주관을 변형시킬 수 있고, 시멘트를 침식하여 들뜨게 한다. 관의 모든 부분이 수년간의 사용 후에도 열화의 증거를 나타내지 않는다는 것을 언급하는 것은 중요하며, 이유는 시스템내의 수질화학특성과 용수수요가 많은 지역의 연속적인 물의 흐름 때문이다(Geldreich and LeChevallier, 출판중). 수돗물 공급저장조와 저수탑에도 역시 측벽과 조 바닥에 생물막의 침전물이 축적될 수 있다. 이러한 침전물들은 맛과 냄새를 유발하는 다양한 생물체의 혐기성 성장 때문에 성층화된 정체수에서 특별한 골칫거리이다.

이러한 열악한 수중환경을 견딜 수 있는 생물체들은 초기에는 관 환경의 제약요소에 적응하느라 성장이 더디다. 곧, 이러한 미세군집은 다른 생물체(레지오넬라 등)를 끌어들인다. 따라서, Geldreich(1996)가 관찰한 바와 같이 서식지가 다양한 세균, 원생동물, nematodes와 벌레들의 다양한 군집체가 되면서 생물막에 다양성을 가져온다.

9.2.4.2 구성

생물막은 제한된 산소 확산에 기인하는 호기, 혐기 지역을 포함하여 성장에 다양한 미세환경을 제공한다(Characklis and Marshall, 1990). 축축한 표면에 부착된 세포외벽 유기폴리머의 메트릭스에 포함된 다양한 생물체의 복잡한 구조안에 있다. 이 메트릭스는 생물막공학센터(1994)에서 제안한 개념적 모델에서 전체 생물막 체적의 약 40-60%를 구성한다고 알려진 용수 채널들과 상호 연계되어 있다.

9.2.4.3 중요성

물이 배·급수시스템으로 유입되면, 미생물학적 질의 변화가 생긴다. 가장 극적인 변화는 수처리 실패, 관 파손, 불법적인 도수(tap-ins), 그리고 교차연결의 결과이다. 대부분의 일별 미소한 변화는 생물막이 관망내의 물과 관망내 저장소로의 방출로부터 발생한다.

대부분의 수질변화는 일반세균수의 변화에서 발생한다. 수처리에서 생존하는 다양한 미생물군과 공급계통으로 침투하는 것 중에 몇 가지가 특히 주목을 받는다. 이러한 미생물은 대장균, 세균의 검출을 방해할 수 있고, 맛과 냄새를 유발하고, 이들 중의 몇 가지는 기회성 병원균으로 알려져 있으므로 건강상의 문제를 유발한다.

몇몇 비분원성 대장균 종이 공급과정에서 군집을 만들 수 있다는 사실이 알려짐에 따라 공중보건 측면에서 생물막에서 총대장균군의 중요성을 주의 깊게 평가할 필요성이 있다.

비록 이러한 생물막 대장균이 즉각적인 보건상의 관심은 아닐지라도 오염이 (1)병원균에 의해 사용될 수 있는 서식지의 존재, (2) 수처리 또는 공급과정 상의 문제 그리고, (3) 관망을 통해 잔류염소 유지를 방해하는 염소소모량 물질의 축적을 의미하므로 무시해서는 안 된다.

생물막 발생이 불충분한 처리 또는 배·급수시스템의 오염으로부터 분변 오염을 숨겨준다는 염려가 있다. 이러한 이유 때문에 공급과정중에 대장균 생물막(coliform biofilm)을 경험하는 수도시설은 모니터링을 강화하고 양성 시료중에 분변대장균군과 대장균의 증거를 찾아야 한다. 그래서, 이러한 대장균의 존재가 확인되면 반복시료에서 그것들이 사라질 때까지 "끓여마시기" 경고가 있어야 한다. 생물막 사건(episode) 동안 분변성 대장균이나, 대장균의 발생을 실험실 결과의 이상으로 무시해서는 안 된다. 이러한 발생은 이러한 생물체가 대개 생물막을 영구적으로 군집화할 수 없기 때문에 최근에 발생한 오염임을 의미한다.

9.2.4.4 처리와 제어

공급과정에서 생물막을 제어하려는 의도는 몇 가지 방향으로 시도되었다. 가장 극적인 방안은 상승된 소독제 농도와 플러싱에 반응하지 않는 구관의 교체이다. Halifax, Nova Scotia에서 5-km 신관로 구간이 신관 건설중에 남아있던 나무 형태들의 군집인 *Klebsiella*를 벗겨내기 위해 시멘트로 라이닝 되었다(Martin 등. 1982). 생물막의 초기 방출 방지는 수질조절(pH, 알칼리도, 랑게리아지수)이나, 관 재질의 보호뿐만아니라 미생물군의 보호처 역할을 하는 침전물의 피복을 펴줄 수 있는 부식억제제의 신중한 적용을 통해 성취될 수 있다.

종종, 문제는 체계적으로 관과 저장조 축적물의 대부분을 플러싱하려는 노력의 미흡이다. 유리잔류염소 농도를 상승시키는 것이 항상 성공적인 것은 아니었다. LeChevallier 등(1990)은 강관의 생물체에 대한 소독이 수 주 동안 5 mg/L에 노출되어도 효과가 없다는 것을 보여주었다. 그러나 1 mg/L의 유리염소나 클로라민을 사용하는 것이 아연도, 동관, PVC관의 생물막에는 유효했다. LeChevallier 등(1993)에 따르면 확실하게, 부식속도, 중탄산에 대한 염소와 황산 몰농도의 비(Larson 지수), 잔류 클로라민의 선정, 적용되는 부식억제제의 농도가 강관에서 자라는 생물체의 생물막 소독속도 변화의 75%를 담당한다.

9.3 수질모니터링

공급과정의 모니터링은 시간과 공간에서 수질변화를 인식하는 메카니즘이다. 결과 데이터베이스는 공급과정에서 발생하는 변화와 시스템의 수질모형 보정에 사용될 수 있다. 모니터링은 일상적인 시료채취와 특별한 시료채취로 분류된다. 일상적인 모니터링은 공급과정에서 법적인 요구사항을 만족시키고, 수질을 평가하기 위해 진행되는 방법(ongoing tool)이다. 특별한 연구는 공급시스템에 대한 특정 수질문제를 해결하기 위해 고안되고 실행되는 좀 더 집중된 노력들이다.

9.3.1 일상적인 모니터링(Routine Monitoring)

일상적인 모니터링은 최소 법적 요구사항을 만족해야 한다. 좀 더 집중적인 모니터링은 공급과정에서 추가적인 수질자료를 모으기 위해 수행된다.

9.3.1.1 법적인 요구조건들

미국에서 기본적인 법적 요구사항은 USEPA에서 규정하며 USEPA나 USEPA로부터 권한을 위임받은 주정부에서 시행한다. 주정부는 만약 필요하다고 판단되면 보다 엄격한 요구조건을 만들 수 있다. 비록 규정은 물이 공급과정으로 들어가는 지점에 전통적으로 적용되었지만, 규정이 사용지점으로 확대되는 경향이 있다. 현행 규정은 표 9.2에 요약되어 있다(Kirmeyer 등, 1999). 유럽에서는 음용수질에 대한 유럽연합규정에서 유럽전역에서 음용수질에 대해 광범위한 체제를 설정한다. 그러나, 이러한 규정의 해석과 실행은 국가별로 상이할 수 있다.

표 9.2 | 처리수에 대한 미국 수질기준

항 목	시료채취위치	규제값	참 고	비 고
잔류소독제	급배수시스템 유입부	연속적으로 0.2mg/L	SWTR	지표수 사용 시스템에만 적용
잔류소독제 또는 일반세균수	전체 급배수시스템	감지할 정도의 잔류소독제 또는 매월 측정시료의 2개월 연속 95% 이상 시료에서 일반세균 500 CFU/mL 이하	SWTR	지표수 사용 시스템에만 적용
아질산성질소	급배수시스템 유입부	1.0mg/L as N	NPDWR(CFR 141.23)	최대 오염물질 농도(MCL)
질산성질소	급배수시스템 유입부	10mg/L as N	NPDWR(CFR 141.23)	최대 오염물질 농도(MCL)
THMs	전체 급배수시스템	분기시료 대상 이동평균	총트리할로메탄법	10,000이상 급수시스템
총대장균군	전체 급배수시스템	95% 시료에서 0 CFU	TCR	서비스 공급 인구에 따라 시료 수 결정
납	수도꼭지	0.015mg/L	LCR	90%에서 행동 수준(Action level)
구리	수도꼭지	1.3mg/L	LCR	90%에서 행동 수준(Action level)
pH	전체 급배수시스템	최소 7.0	LCR	주에서 다르게 결정하지 않을 경우

SWTR : 지표수 처리법, NPDWR : 국가 먹는물 규정, CFR : 국가규정코드, TCR : 총대장균법, LCR : 납동법; CFU : Colony forming units; HPC : 일반세균, N : 질소, TTHM : 총트리할로메탄

9.3.1.2 시료채취 방법

시료채취는 무작위(grab) 샘플과 연속 샘플의 두 가지로 수집되고 분석될 수 있다. 무작위 샘플은 현장에서 수동으로 시료를 채취하고 현장이나 실험실에서 분석하는 것이다. 연속 모니터링은 센서와 원격 기록소를 통해 수행된다. 무작위 시료채취는 좀 더 노동력이 필요하고, 단지 시료채취시의 자료만 제공한다. 연속 시료채취는 모니터링 장비와 장비 유지관리에 비용이 수반되지만 수질변화의 연속적인 시계열 자료를 제공한다. 포괄적인 모니터링 계획은 무작위와 연속방법을 모두 사용할 수 있다.

9.3.1.3 시료채취 인자들

법적인 요구조건을 만족하고 수처리 시스템의 운영에 유용한 추가적인 자료를 수집하기 위해 일상적인 모니터링 프로그램이 확립되어야 한다. 표 9.3은 일상적인 모니터링 프로그램에서 빈번하게 측정되는 인자들의 목록이다(Kirmeyer 등, 1999).

9.3.2 개괄적인 모니터링(Synoptic Monitoring)

개괄적인 모니터링 연구가 공급과정에서 특정한 수질문제를 다루기 위해 수행되었다. 특별한 연구들의 예는 다음과 같다.

- 배·급수시스템에서 잔류농도 손실과 잔류농도가 낮은 지역을 결정하기 위한 전체 시스템내에서의 잔류소독제 측정
- 다른 공급원으로부터 급수되는 지역의 확인 및 수질학적 관망 모델의 보정을 돕기 위한 추적자 연구들
- 오염물질의 공급과정 진입의 확인

특별한 연구는 대개 공급시스템의 전체 또는 부분의 수질에 대한 시간적 공간적 이해를 목적으로 하는 단기간, 집중적인 활동이다. 시료채취 연구에는 3단계가 있다 : 준비, 시료수집, 그리고 자료의 사후 평가이다(Clark and Grayman, 1998). 준비기간 동안, 상세한 시료채취 계획이 만들어져야 한다. 종종 시료채취 시기 동안 예상되는 운영조건하에서 시료채취 지점과 빈도를 테스트하기 위해 네트워크 모델이 적용된다. 시료채취 계획 수립에 아래의 문제들이 고려되어야 한다.

시료채취 위치. 시료채취 위치는 공간적 다양성과 중요한 정보지점을 모두 반영하도록 선정되어야 한다. 쉽게 접근 가능한 위치, 즉 전용 시료채취용 수도꼭지, 소화전이 선호된다.

시료채취 빈도. 시간적 변동성, 유속, 비용과 자원의 사용가능성이 시료채취 빈도에 영향을 미치는 요소이다. 종종, 직원이 몇몇 시료채취 지점을 미리 정해진 빈도로 돌면서 시료를 채취할 수 있다. 한 개소와 전체 시료채취에 필요한 시간은 전체 노선에 대한 예비 실험과

표 9.3 ▌ 수질인자에 대한 모니터링

항 목	목 적	사용된 시료 채취 방법
알칼리도	pH 변화에 대한 완충능력을 나타냄	온라인 이온 선택식 전극 또는 무작위 샘플과 실험실 분석
알루미늄	잠재적인 응집제 과다주입을 나타냄	온라인 이온 선택식 전극 또는 무작위 샘플과 실험실 분석
암모니아, 총 또는 유리	질산화에 대한 잠재력을 나타냄	온라인 이온 선택식 전극 또는 무작위 샘플과 실험실 분석
잔류염소, 총 또는 유리	세균형성에 대한 보호, 수질저하에 대한 조기경보 신호제공, 재염소(실시시) 제어를 위해 유입유출 감시	온라인 비색분석기 또는 무작위 샘플과 전류 적정 실험실 분석
대장균군, 총 또는 분변성	세균존재를 나타냄, 수질저하의 조기경보 신호 제공	무작위 샘플과 실험실 분석
전기전도도	알칼리도와 같은 총 용존고형물의 상대적 변화를 빠르게 나타냄	온라인 이온 선택식 전극 또는 무작위 샘플과 실험실 분석
소독부산물	진행중인 화학반응과 소독부산물 생성능을 나타냄	무작위 샘플과 실험실 분석
일반세균	MCL 일치성 제공, 수질저하 조기징후를 나타냄	무작위 샘플과 실험실 분석
철	잠재적인 부식반응을 나타냄	온라인 이온 선택식 전극 또는 무작위 샘플과 실험실 분석
질산성질소	질산화 가능성을 나타냄	온라인 이온 선택식 전극 또는 무작위 샘플과 실험실 분석
아질산성질소	질산화 가능성을 나타냄	온라인 이온 선택식 전극 또는 무작위 샘플과 실험실 분석
pH	수원으로부터의 변화를 나타냄, 콘크리트나 새로운 비부식 시설의 부식을 나타냄	온라인 이온 선택식 전극 또는 무작위 샘플과 실험실 분석
맛・냄새	수질문제 진행의 증거	무작위 샘플과 실험실 분석
수온	저장시설내 차이는 성층과 정체구역 가능성을 나타냄. 미생물 문제의 조기 징후를 제공	온라인 센서
탁도	수질저하의 조기 징후를 제공	온라인 탁도계와 분석기

개별 업무에 필요한 시간, 예를 들면 물 뺌, 이동시간 등에 대한 계산을 통해 추정될 수 있다.

시료채취 작업. 수도 시스템의 운영은 시스템 전체에서 물의 이동에 상당한 영향을 갖는다. 시료채취 연구 동안, 정상적인 운영조건과 원하는 운영조건을 고려하여 시스템 운영조건들이 제어되어야 한다.

시료채취 위치의 준비. 실제 시료채취 전에 지점이 충분히 준비되어야 한다. 준비는 소화전 시험, 플러싱 시간 계산, 소유주에 대한 공지와 인식하기 쉽게 표시하는 것을 포함한다.

시료수집 절차. 시료 수집, 플러싱에 소요되는 시간, 시료 보관용기에 채우고 마킹하는 방법, 선택된 시료에 추가되는 시약이나 보존제, 시료보관 방법, 데이터 기록 절차가 확립되어야 한다. 미생물 관련 시료는 적정한 탈염소제(dechlorinating agent)의 양과 함께 무균 보관용기에 수집되어야 한다.

분석절차. 현장에서 채취된 시료는 현장이나, 시료채취 지점 인근의 현장 실험실 또는 중앙실험실에서 분석될 수 있다. 각각에 대한 실험절차는 시료채취 계획에 규정된 대로 따라야 한다.

인사조직 및 일정. 상세한 인사관리 및 시료채취 연구에 대한 이론적인 조정은 시료채취 계획에서 확립되어야 한다.

안전문제. 많은 안전상의 문제가 시료채취 연구와 연관된다. 이런 것들은 연속적인 시료채취와 익숙하지 않은 지역에서 일할 때 증가된다. 다음과 같은 안전에 관련된 염려가 시료채취 계획에 언급되어야 한다 : 경찰이나 다른 관공서 고지, 대중공지(신문, 방송국); 직접적으로 영향을 받는 수용가에 대한 고지; 손전등, 조끼 등과 같은 안전장구의 배포, 종사자가 공식적인 수도분야 종사자나 계약자임을 나타내는 표시된 차량이나 근무복, 연구에 종사함을 설명하는 공식적인 신분증이나 서류들

자료기록. 모든 자료를 기록하는 체계적인 방법이 요구된다. 연구의 모든 면을 서류화하는데 노트가 사용되어야 한다.

장비와 물품수요. 장비는 현장 시료채취 장비(예 : 염소측정기), 안전장구(조끼, 우비, 손전등), 실험장비 등을 포함한다. 확장될 수 있는 물품으로는 시료채취 용기, 시약, 마킹 펜이 포함된다. 시료채취 계획 부분으로 장비와 물품의 필요가 확인되어야 하고, 장비에 대한 다른 공급원도 검토되어야 한다. 장비 오작동과 분실이 가능하므로, 몇몇의 중복은 계획되어야 한다.

훈련 필요. 시료채취원에 대한 훈련은 필수적이며 시료채취 계획에 명시되어야 한다.

긴급사태 대책. "만약 뭔가 잘못 될 수 있다면 그럴 것이다"라는 옛 속담은 현장 시료채취 연구에 적용되며, 긴급사태 대책에 좋은 토대를 제공한다. 긴급사태대책은 장비의 오작동, 직원의 질병, 의사소통 문제, 기상악화, 예측하지 못했던 시스템 운영, 수용가 불평들을 포함해야 한다.

의사소통. 연구과정중에 행동들을 조화롭게 하고 예기치 못한 사건에 대응하기 위해 의사소통 방법이 필요하다. 대안으로 무전, 휴대폰, 워키토키, 직원들 사이를 순회하는 사람을 활용한 방법이 포함된다.

분석장비의 보정과 검토. 현장 분석장비는 연구 전과 연구 중에 보정되어야 한다.

9.4 수질모델링

물은 공급과정을 통해 움직이므로 물질의 거동과 변화에 대해 모니터링 자료만으로 이해하는 것은 어렵다. 중규모 도시도 수천마일의 관로를 갖고 있어 광범위한 모니터링을 하는 것은 불가능하다. 루프구조의 관망과 연속적인 공간과 시간에 대한 물 사용량 변화 때문에 이러한 시스템을 통한 물의 이동경로와 이동시간은 매우 유동적이다. 시스템에서 일반적인 저장조 사용은 상황을 더 유동적으로 만든다. 하루중 다른 시간대에 어떤 지점은 저장조로 새로 채워질 때는 새물을 받고, 저장조가 비워질 때는 오래된 물을 받는다. 대개 수용가들이 받는 수질에 영향을 주는 펌프 스케줄, 저장설비의 운영, 수처리 변화를 관찰함으로써 전체 시스템에서 실험을 하는 것은 비실용적이다.

이러한 이유로, 공급과정에서 수질거동을 모델링하는 것이 모니터링의 매력적인 대안이 되었다. 이러한 모델들은 다음과 같은 다양한 수질오염물질의 시간적 공간적 변화를 연구하는데 경제적인 방법을 제공한다.

- 특정 공급원으로부터의 용수 비율
- 시스템내의 수령
- 시스템에서 추가되거나 제거되는 비반응성 추적자의 농도(예 : 불소, 소금)
- 이차소독제(예 : 염소)의 농도나 손실속도
- THMs과 같은 소독부산물의 농도나 증가속도
- 시스템내 부착 또는 자유롭게 흘러 다니는 세균의 수나 양

모델은 관리자가 다양한 수질관련 연구를 수행하는 데 도움을 줄 수 있다. 예는 다음과 같은 것을 포함한다.

- 화학적 추적자를 이용한 수리학적 모델의 보정과 시험
- 수령을 줄이기 위한 저장설비의 위치와 규모결정, 또한 시스템 운영방법 변형
- 다른 공급원으로부터 원하는 물의 혼합을 제공하기 위한 시스템의 설계와 운영변경
- 관 교체의 최적 조합 찾기, 관 라이닝, 관 세정, 저장시간 감소, 시스템에서 원하는 소독제 농도 유지를 위한 가압장 위치와 주입률
- 소독부산물에 수용가 노출위험의 평가 및 최소화
- 외부 오염사고에 대한 시스템의 취약성 평가

9.4.1 역사

공급과정에서 수리적 분석에 대한 수학적 모델의 사용은 1930년대까지 거슬러 올라가지만 (Cross, 1936), 공급시스템에서의 수질모델은 비교적 최근에 발전한 것이다. 초기의 연구는

관망의 정상상태 묘사에 제한되었다. 관망에서의 슬러리 흐름(slurry flow)의 연구에서 Wood(1980)는 일련의 동시 방정식이 각각의 절점에 대해 풀리는 정상상태 수리모델까지 확대되는 것을 보여주었다. 유사한 공식화가 후에 Chun and Selznick(1985)에 의해 경도가 다른 3개의 수원을 갖고 있는 캘리포니아주 Alameda 카운티 수도국을 166개 링크로 표현하는데 사용되었고, Metzger(1985)는 배·급수시스템에서 혼합, 침전, 플러싱의 연구에 사용하였다. 이 공식화의 일반화에서 Males 등(1985)은 농도의 공간적 분포, 이동시간, 비용 그리고 링크나 절점과 관련 있는 다른 변수들의 계산을 위해 동시 방정식(simultaneous equations)을 이용하였다. SOLVER라 불리는 이 모델은 종합적 데이터베이스 관리, 모델링, 표시시스템인 Water Supply Simulation Model의 구성요소이다(Clark and Males, 1986).

정상상태 모델들은 일정한 상태에서 오염물질의 이동 조사에 유용한 도구로 증명되었다. 그러나 오염물질의 이동 역학을 표현하기 위한 필요성이 시간변동 상황하에서 배·급수시스템내 오염물질의 이동과 변화를 모의하는 모델의 개발로 이어졌다. 세 가지의 그와 같은 모델이 1986년 미국수도협회를 배·급수시스템 심포지엄에서 처음으로 소개되었다(Clark 등, 1986; Hart 등, 1986; Lino and Kroon, 1986). 오염물질과 수령을 추적하기 위한 초기 이런 모델들의 적용은 Grayman 등(1988)과 Kroon and Hunt(1989)에 의해 보고되었다. 보다 최근의 개발은 잔류염소모델에서 벌크와 관 벽 반응(Rossman 등, 1994; Vasconcelos 등, 1997), 생물막 성장모델(Servail 등, 1995), 그리고 THM 생성모델(Vasconcelos 등, 1996)이다. 1990년대 중요한 개발은 수리 수질모델을 포함한 그래픽 토대의 사용자 위주의 패키지 개발이다. 수질모델링 기능을 포함한 상용 관망모델링 패키지들로 CYBERNET, EPANET, H2ONET과 SynerGEE가 있다.

9.4.2 지배방정식

관망시스템은 물을 공급원으로부터 수요자에게 수송하기 위한 관, 펌프, 밸브, 부속물, 그리고 저장시설로 이루어져 있다. 실제 물리적 시스템은 특정한 수지상, 루프상의 절점들에서 연결된 링크의 망으로 모델링될 수 있다. 링크는 관, 펌프, 밸브를 나타낸다. 절점은 접합(junction), 공급원, 소비, 저장지점을 나타낸다. 관망 수질모델은 용존물질의 농도가 알려진 수질 조건과 공급원 입력형태 하에서 어떻게 변하는지 예측한다. 지배방정식 동력학(kinetics)과 연계된 질량보존원칙에 다음의 공급시스템에서 발생하는 현상이 전형적인 수질모델에서 표현된다.

9.4.2.1 관 내 이류 이동(Advective transport)

용존물질은 유체의 동일한 평균속도로 관 길이 방향으로 이류이동하며, 동시에 증가하고 감소하는 상태에 따라 주어진 비율로 반응한다. 종 방향의 분산은 대부분의 운영조건에서 중요한 이동 메카니즘이 아니다. 이것은 관을 따라 흐르는 물에 인근의 물과 질량은 상호 혼합이 없는 물을 의미한다. 관내 이류 이동은 다음 식으로 표현할 수 있다.

$$\frac{\partial C_i}{\partial t} = -u_i \frac{\partial C_i}{\partial x} + r(C_i) \tag{9.1}$$

여기서 C_i =파이프 i에서 거리 x와 시간 t의 함수로서 농도(M/L^3), u_i =관 i에서 유속(L/T), 그리고 $r(C_i)$=농도의 함수로서 반응속도(M/L^3/T).

9.4.2.2 관 접합에서 혼합

두 개 혹은 세 개의 관으로부터 유입수를 받는 접합점에서 유체는 순간적으로 완전 혼합되는 것으로 가정된다. 따라서 접합점을 떠나는 물질의 농도는 유입관으로부터의 유량가중 농도의 합이다. 특정 절점 k에서 다음과 같이 쓸 수 있다.

$$C_{i|x=0} = \frac{\sum_{j\epsilon lk} Q_j C_{j|x=Lj} + Q_{k,ext} C_{k,ext}}{\sum_{j\epsilon lk} Q_j + Q_{k,ext}} \tag{9.2}$$

여기서, i =절점 k를 지나는 유량의 링크, $I_k = k$로 유입되는 링크 세트, L_j =링크 j의 길이, Q_j =링크 j에서 유량(L^3/T), $Q_{k,ext}$ =절점 k에서 관망으로 유입되는 외부 유량, $C_{k,ext}$ = 절점 k로 유입되는 외부 유량의 농도

9.4.2.3 저류시설에서의 혼합(탱크, 저수조)

대부분의 수질모델은 저장시설의 내용물이 완전히 혼합되는 것을 가정한다. 따라서 저장시설의 농도는 현재의 내용물과 유입수의 혼합이다. 동시에, 내부 농도는 반응 때문에 변화될 수 있다. 다음의 방정식은 이런 현상을 나타낸다.

$$\frac{\partial (V_s C_s)}{\partial t} = \sum_{i\epsilon ls} Q_i C_{i|x=Li} - \sum_{j\epsilon Os} Q_j C_s - r(C_s) \tag{9.3}$$

여기서, V_s =시간 t에서 저장용량(L^3), C_s =저장시설내의 농도, Q_i =유입관의 유량, Q_j =유출관의 유량, I_s =시설로 유량을 공급하는 링크 세트, 그리고 Q_s =시설로부터 유량을 유출하는 링크 세트

9.4.2.4 벌크흐름 반응

물질이 관을 흐르거나 저장소에 체류하면, 물질은 수체 내에서 반응한다. 반응속도는 일반적으로 농도의 차수함수로 표현된다.

$$r = kC^n \tag{9.4}$$

여기서 k=반응속도 n=반응차수, 몇 가지 다른 반응상수는 염소감소에 대한 $r=-kC$ (1차 감쇄), THMs 형성에 대한 $r=k(C^*-C)$ (1차 증가, 여기서 C^*=가능한 최대 THM 형성), r=수령에 대해 1(0차 성장), 그리고 r=보존성물질(예 : 불소)에 대해 0.

9.2.2.5 관 벽 반응

용존물질은 관내를 흐르다가 관 벽으로 이동되어 관 벽에 있거나 가까운 부식생성물이나 생물막같은 물질과 반응할 수 있다. 반응에 유용한 관 벽의 면적과 벌크용액과 관 벽간의 질량이전속도 또한 이 반응의 자체속도에 영향을 준다. 관에서는 2/반지름인 단위용적당 표면적은 이전 인자를 결정한다. 다른 요소는 흐름의 레이놀드수에 영향을 받는 질량이전계수로 표현될 수 있다. 반응성물질의 분자확산과 1차 반응인 관 벽 반응속도는 다음과 같이 표현될 수 있다.

$$r=\frac{2k_w k_f C}{R(k_w+k_f)} \tag{9.5}$$

여기서 k_w는 관 벽 반응속도상수(L/T), k_f =질량이전계수(L/T), 그리고 R=관 직경, 만약 속도상수가 k_b인 1차 반응이 벌크흐름에서 발생한다면 전체 속도상수 $k(T^{-1})$가 벌크와 관 벽반응에 포함되어 다음과 같이 쓰일 수 있다.

$$k=k_b+\frac{2k_w k_f}{R(k_w+k_f)} \tag{9.6}$$

비록 k_b와 k_w가 시스템을 통해 동일하여도 외형적인 속도상수 k는 관 사이즈와 유속의 차이 때문에 관별로 다르다.

9.4.2.6 방정식의 시스템

전체로 관망에 적용될 때, 방정식 9.1, 9.2, 9.3은 개별 관로 i에서 C_i와 각각의 저장시설 s에서 C_s에 대해 풀어져야 하는 시간변동계수와 함께 미분/대수 방정식들로 표현된다. 이 해는 다음의 외부조건에 영향을 받는다.

- 개별관로 i에서 모든 x에 대한 C_i와 시간 0에서 각각의 저장시설 s에서 C_s를 명시하는 초기조건들
- 외부질량입력을 갖는 각각의 절점 k에서 모든 시간 t에 대한 $C_{k,ext}$과 $Q_{k,ext}$ 값을 명시하는 주변조건들
- 각각의 저장시설 s와 모든 시간 t에서 각각의 링크 i에서의 유량 Q_i를 명시하는 수리적 조건들

9.4.3 해결 방법들

두 가지의 일반적인 수질모델(정상상태, 동력학적)이 있다.

9.4.3.1 정상상태 모델들(Steady-state models)

정상상태 모델은 수리적 조건이 변하지 않고 저장이 수질에 영향을 주지 않는다는 조건하에서 관망내 수질의 공간적 분포를 계산한다. 계수가 시간에 대해 불변임을 요구해 일반적인 질량보존 방정식으로부터 유도될 수 있다. 이에 따른 방정식은 일련의 동시 방정식의 해로부터 구할 수 있다. 대안으로 'matching out' 해결방안이 관망에서 지리적 분류를 수행함으로써 사용될 수 있다. 이것은 절점의 재배열을 의미하고 어떤 주어진 절점에, 절점에 흐르는 관을 재배열에 앞서 나타난 절점에 연결되어 있다. 비록 정상상태의 모델들이 수립하기 쉽고, 풀기 쉽지만 제한적인 가정이 적용성을 제한한다.

9.4.3.2 동력학적 모델들(Dynamic models)

공급과정에서 수질의 동력학적 모델들은 어떻게 수질에 영향을 주는 장기간의 시스템 운영기간 동안 발생하는 관내 흐름과 저장시설에서의 변화가 일어나는지 명백하게 설명해준다. 따라서 이러한 모델들은 보다 사실적인 시스템 거동 현상을 제공한다. 동력학적 모델의 해를 구하는 방법은 공간적으로는 Eulerian 혹은 Lagrangian, 시간적으로는 시간적 방법 혹은 사건적 방법이 있다. Eulerian 접근법은 관망을 일련의 고정되고, 상호 연결된 제한 용적으로 나누고, 물이 흘러감에 따라 경계나 수체 내에서의 변화를 기록한다. Lagrangian 모델은 관망을 이동하는 동안 일련의 개별적인 parcel의 변화를 추적한다. 사건기인 모사는 고정된 시간 구간에서 관망상태를 update한다. 사건기인 모사는 새로 물의 parcel이 관말에 도착하거나 다른 연결관으로부터의 물과 혼합될 때와 같은 변화가 실제 발생했을 때만 시스템 상태를 update한다.

각각의 이러한 접근법은 수리학적 모델이 장기간에 걸쳐 특정한 간격 동안에 개별관에서 수류방향과 수류속도를 결정했다고 가정한다. 이러한 간격을 수리학적 시간 스텝으로도 칭하며 대부분의 경우에 1시간이다. 수리학적 시간 스텝안에서 개별 관내 유속은 일정하다. 작은 시간간격에서 진행되는 오염물질 이동과 반응은 수질시간 스텝으로 알려져 있다. 가능한 유속과 방향의 변화를 설명하기 위해 새로운 수리학적 시간 스텝의 출발에서 조정이 만들어 진다. 네 가지의 동력학적 다른 해결방안에 대한 간략한 기술은 다음과 같다.

유한차분법(FDM; Finite Difference Method). FDM은 시간과 거리의 고정된 격자 점을 따라 동등한 유한 차분과 함께 유도체(derivatives)를 추정하는 Eulerian 접근법이다.

Discrete volume method(DVM). DVM은 각각의 관을 일련의 동일규격의 완전혼합용량 세그먼트로 나누는 Eulerian 접근법이다(Grayman 등, 1988; Rossman 등, 1993). 각

각의 연속적인 수질 시간단계에서 각각의 세그먼트내 농도가 첫 번째로 반응하고 인접한 하류 부분으로 전송된다. 이웃한 세그먼트가 접속 절점(junction node)일 경우 절점으로 유입되는 물질과 유량을 다른 관으로부터 이미 얻어진 물질과 유량에 추가된다. 이러한 반응/이동 단계가 모든 관에 대해 완료되면 각각의 합류점 농도에서 혼합농도가 계산되고 농도를 출발하는 첫 번째 관 세그먼트에 방류된다.

Time driven method(TDM). 이 Lagrangian 방법은 관망에서 각각의 링크를 채우는 물의 겹쳐지지 않는 세그먼트 시리즈의 농도와 크기를 추적한다(Lino and Kroon, 1987). 시간이 지나고, 물이 링크로 유입됨에 따라 링크내 가장 상류 구획의 크기는 증가하고 반면에 물이 링크를 유출함에 따라 가장 하류 구획의 크기 손실이 발생한다. 이 과정은 새로운 수리 상태가 발생할 때까지 반복된다. 관망은 이제 관 이동시간의 변화를 반영하여 다시 구획되고, 질량(mass)은 과거 구획에서 새로운 구획으로 재할당되고 계산은 계속된다.

Event driven method(EDM). EDM은 TDM과 유사한 Lagrangian 방법이다. 고정된 시간 스텝에서 전체 관망을 업데이트하기 보다는 개별 링크/절점 상태가 링크내 앞선 구획의 하류 절점으로 완전히 소멸될 때만 업데이트된다(Boulos 등, 1995).

해결방안들의 비교결과(Rossman and Boulos, 1996), Lagrangian TDM이 가장 효율적이고 광범위하고 동력학적 수질관망 모델을 해결하는데 유용한 방법이다.

9.4.4 모델링 입력자료

수질모델에 대한 자료요구는 수리학, 수질, 반응속도, 현장자료의 범위에 속한다. 각 분야의 요구에 대한 간략한 토론은 다음과 같다.

9.4.4.1 수리학적 자료

수질모델은 입력자료의 일부로 수리학적 모델의 유량 해를 사용한다. 정상상태의 모델은 개별 관에 대한 유일한 정상상태 유량 값을 요구한다. 이 양은 연구되는 시스템의 장기간 수리학적 해석에 의해 결정된다. 대부분의 모델링 패키지는 수리학적, 수질적 분석을 한 번의 작동으로 통합하는 기능을 갖고 있다. 이것은 수질 Solver에 수동으로 유량자료를 입력하는 수고를 덜어준다. 관망에 대한 좋은 수리학적 이해를 갖는 것은 정확한 수질결과를 계산하는데 필수적이다. 부실하게 보정된 수리모델은 틀림없이 부실한 수질모델로 귀결된다.

9.4.4.2 수질자료

동력학적 모델은 모의 시작을 위해 일련의 초기 수질조건자료가 필요하다. 이러한 조건을 수립하는데 두 가지 기초적인 접근법이 있다. 하나는 현장모니터링 조사로부터의 자료를 사용하는 것이다. 이 접근법은 모델을 현장 결과에 의해 보정할 때 사용된다. 현장 지점에 상응하는 모델내 지점은 측정된 자료에 대한 초기 수질자료 세트를 가질 수 있다. 다른 지점에 대한 초기 조건을 측정된 자료들의 보간법으로 추정될 수 있다. 이 방법을 사용할 경우, 저장시설내에서 수질조건에 대해 좋은 측정기법을 갖는 것이 중요하다. 모델결과는 저장시설에서 느린 물 교체율 때문에 모의 중에 변화하기가 어려운 이러한 값에 민감할 수 있다. 이 접근 방법은 직접적으로 측정이 어려운 수령(water age)의 모델링에는 사용될 수 없다.

이런 접근방법은 임의적인 초기값으로 모델모의를 시작하고 시스템의 수질 거동이 주기적인 패턴을 가질 때까지 수리학적 부하 패턴을 반복하면서 충분히 긴 시간동안 수행하는(run) 것이다. 이 패턴의 길이는 수리적 패턴의 길이와 다르다는 것을 주목해야 한다. 마지막 기간으로부터의 결과가 도입된 수리적 부하에 대한 시스템의 반응을 나타내는 것으로 채택될 수 있다. 저장시설에서의 초기조건에 대한 좋은 추정이 동력학적 평형에 이르는 시스템에 필요한 시간을 줄일 수 있다.

초기조건 외에 수질모델은 모든 시스템의 외부유입수질에 대해 알 필요가 있다. 이러한 data는 기존 운영조건을 모의할 때는 기존의 공급원 모니터링 결과로부터 얻어지거나 운영상의 변화를 조사할 때, 특정 값으로 정해질 수 있다.

9.4.4.3 반응속도 데이터

모의되는 물질에 따라 특정형태의 반응속도 data가 수질 시뮬레이션을 돌리기 위해 필요하다. 연구에 의하면 반응속도가 다른 수원, 처리방법과 관 상태에 따라 수십 배 차이가 나기 때문에 이러한 data는 현장조건을 토대로 개발되어야 한다.

벌크흐름에서 염소소비에 대한 1차 반응상수는 실험실에서 유리병 실험수행을 통해 추정할 수 있다. 시료가 수 개의 병에 담겨 일정한 기온에서 저장될 수 있다. 실험 끝에 측정된 잔류염소의 로그 값이 시간에 대해 그려진다. 속도상수는 이러한 점들을 통과하는 직선의 기울기이다. 현재는 벽 반응속도상수를 추정하기 위해 유사한 직접적인 실험법은 없다. 대신에 측정된 현장자료에 대한 보정에 의존해야 한다.

유사한 병실험이 THMs의 1차 성장속도 추정에 사용될 수 있다. 실험은 THMs농도 최고점이 일정한 수준에 도달할 때까지 충분히 길게 수행되어야 한다. 이 값은 최대 THMs 생성능 추정치가 된다. 도표가 생성능과 시간에 대한 측정된 THMs 값의 차이에 대한 자연로그 값으로 표시될 수 있다. 이러한 점들과의 기울기가 성장속도상수(growth-rate constant)이다.

9.4.5 모델보정

모델보정은 모델의 특성과 변수를 조정하여 모델이 실제 측정값과 허용수준까지 맞추기 위한 과정이다. 만약 수학적 모델이 정확하게 실제 물리적인 과정을 나타내고, 모델에 의해 요구되는 모든 변수에 대해 정확히 안다면 보정은 필요 없다. 불행히도 위에 기재된 어떤 것도 만족되지 않는다. 따라서 보정은 모든 연구에서 중요한 고려 사항이다.

수질모델은 관내 유량과 유속에 대한 정보를 제공하기 위해 수리적 모델에 의존하기 때문에 수질모델링에서 허용될 정도로 보정된 수리적 모델이 전제조건이다. 종종 수리적 모델은 현장에서 측정된 압력 값과 맞추기 위해 보정된다. 압력만의 보정이 유량과 유속이 정확히 예측되었다고 보증할 수 없기 때문에 수질 모델링을 수행할 때는 추가적인 수리적 보정이 필요하다.

9.4.5.1 보존물질의 보정

보존성 물질과 수령에 대한 수질 보델에서, 보존물질은 물과 함께 흐르고 변형은 일어나지 않는다. 접합부에서 보존물질 농도나 수령은 유입수량의 직선적 조합에 의해 계산된다. 결과적으로 본질적인 보정은 불필요하며, 불가능하다. 현장결과는 유입농도를 변화나 시스템내 유량제어를 할 수 있는, 수리적 변수에 의해 일치될 수 있다.

9.4.5.2 비보존성물질의 보정

비보존성물질의 농도는 수중의 다른 물질과의 반응이나 관 벽, 관부속물과의 반응으로 공급시스템 내에서 물질이 이동함에 따라 변한다. 실험실이나 현장 자료가 반응의 형태와 반응상수를 수립하는데 필요하다. 벌크水에서 발생하는 변화와 변화특성파악을 위해 병실험(bottle test)이 행해질 수 있다. 가끔 일반적인 예는 잔류염소에 대한 관 벽 요구량이다. 관재질, 수령, 상태는 이 요구에 영향을 미친다. 이것을 추정하기 위해 일반적으로 현장보정연구가 필요하다.

9.4.5.3 수리적 보정의 이용

수질모델은 관망수리모델의 대안 또는 보충으로써 현장 추적자 실험과 함께 이용될 수 있다. 배·급수시스템의 수질모델이 관 흐름, 유속방향, 유속 정보제공을 위한 수리모델에 영향을 받으므로 수리모델에 의한 유량, 유속 값의 부정확은 수질예측의 부정확으로 이어질 것이다. 대부분의 수질모델들이 보존성, 비보존성물질 모두를 나타내는데 사용될 수 있지만 보존성 물질의 사용이 수리모델 보정에 더 적합하다.

보존성 물질을 보정할 때 수정되어야 하는 수질인자는 본질적으로 없다. 다른 말로 수리인자가 정확하고, 물질에 대한 초기조건과 부하조건이 정확하게 알려져 있다면 수질모델은 관망을 통해 물질농도의 좋은 예측을 제공할 것이다. 수질모델의 사용과 수리모델 보정을 위한 방법으로 보존성 추적자 사용은 이 관계에 기초한다.

수질모델을 이용한 보정과정은 다음과 같이 요약할 수 있다.

1. 배·급수시스템을 위한 보존성 추적자가 확인된다. 추적자는 적당한 위치의 흐름이나, 다양한 수원이 있는 곳에 추가되는 화학약품이거나 경도 같은 수원에 존재하는 차이일 수 있다. 일반적으로 사용되는 화학물질로는 불소, 염화칼슘, 소금, 염화리튬이 포함된

다. 추적자의 선택은 일반적으로 정부의 규정(예 : 어느 지역은 불소사용 불허)에 화학물질의 가용성과 비용, 시스템에 투입하는 방법, 측정 및 분석장비에 의존한다.

2. 제한된 현장실험이 ① 보존성 추적자를 사전에 정해진 기간 동안 시스템에 주입 ② 불소와 같은 일반적으로 주입하는 물질을 사전에 정해진 기간 동안 미주입 ③ 다른 공급원간에 다른 자연발생물질의 추적을 통해 수행될 수 있다.
3. 현장실험동안 추적자의 농도가 조 수위, 펌프 운영, 유량 등 수리모델에서 요구되는 다른 인자와 함께 배·급수시스템의 선택된 지점에서 측정된다. 보존성 추적자에 추가하여 잔류염소와 같은 다른 수질농도가 측정될 수 있으나 보정 절차에는 일반적으로 사용되지 않는다.
4. 모델은 현장 자료를 가장 잘 나타낼 수 있는 모델변수를 결정하는 수리변수 값과 함께 돌릴 수 있다. 아마도 전통적인 입력과 유량측정이 첫 단계의 보정 수행을 위해 사용될 수 있다.
5. 추적자 농도의 예측값과 실측값의 좋은 일치는 모델링되는 조건에 대한 수리적 모델의 좋은 보정을 의미한다. 측정농도와 모델링된 농도의 상당한 차이는 수리모델에 보정이 더 필요함을 의미한다. 다양한 통계적 또는 직접적인 검색기술이 사용자가 실측농도와 더 부합되는 것을 얻기 위해 수리모델인자를 조절하는데 도움을 주기 위한 보존성 추적자 자료와 함께 사용될 수 있다.

CHAPTER 10 배·급수시스템의 저류탱크 설계

역자: 박한영, 신언호, 이근영

10.1 서론

물 저류탱크(또는 저류시설)는 모든 배·급수시스템에서 실제로 많이 사용되는 설비들 중 하나다. 균등급수 및 비상 저장량을 확보하기 위한 이러한 설비들의 위치와 규격결정 방법들은 수년간에 걸쳐 거의 변화하지 않았다. 그러나 최근에는 저류탱크에서 발생할 수 있는 수질 변화에 대한 인식이 증가하고 있다. 통상적으로 저류탱크 내에서 전도현상이 발생하면 수질문제가 더욱 악화되기 때문에 큰 탱크가 좋은 탱크라고 가정하는 것은 더 이상 안전하지 않다. 올바른 위치에 올바른 규격의 탱크를 건설하는 것에 대한 중요성이 증가하였다.

수질문제는 탱크 설계를 극적으로 변화시키지는 않지만 설계 수행시 약간의 재평가가 필요하다. 본 장에서는 탱크설계의 현재 기술 수준에 대해 요약하여 기술한다.

10.2 탱크(저류시설)의 활용목적

공급, 압력유지, 균등한 펌핑과 수처리의 신뢰도를 보장하기 위해, 주 급수관로의 규격을 감소시키기 위해, 그리고 운영의 유연성과 효율성을 개선하기 위해서는 배수저장시설이 필요하다. 저류탱크 설계시 규격, 위치, 형식, 그리고 예상되는 운영을 포함한 여러 사항들을 결정해야 한다. 본 장에서는 배수저장설비의 구조, 부식, 안전, 오염 또는 측정설비와 대조적으로 수리적 측면의 설계에 집중한다. 일부 사람들은 정수처리된 물 저장시설을 표현하기 위해 배수지(reservoirs)라는 용어 사용을 선호하지만 본 장에서는 탱크란 용어를 사용하기로 한다. 일부 사람들은 지상(ground level)과 매설된 탱크를 표현하기 위해 배수지란 용어를 사용하기도 한다.

물 저류탱크의 수리적 설계에서 중요한 고려사항들은 다음 절에서 기술하고 탱크의 설계 절차는 본서의 나머지 부분에서 기술하기로 한다.

10.2.1 수요량 균등화(Equalization)

저장시설의 건설을 위한 하나의 주된 목적은 균등화이다. 수도사업자들은 상대적으로 일정한 비율로 정수장을 운영하기를 좋아하고 일반적으로 펌프장은 일정한 비율로 펌핑할 때 최상의 조건이 된다. 그러나 1일 동안에 걸쳐 물 사용량은 상당히 변화한다. 이러한 물 사용량의 변화를 만족시키기 위해 지속적으로 생산량을 변경시키고, 지속적으로 펌핑율을 변경시키거나 또는 저류탱크를 충수하여 급수한다. 일반적으로 저류탱크를 충수하고 배수하는 과정이 상당히 운영적으로 용이하고 다른 방법보다 저렴하다. 저류탱크를 갖는 배·급수시스템은 일반적으로 저류탱크를 사용하여 순간 첨두 수요량 동안 물을 제공해야 하므로 탱크의 규격을 최대 1일 수요량을 만족시키도록 결정할 필요가 있다.

10.2.2 압력 유지

탱크에 저장된 물의 고도는 탱크에 직접적으로 연결된 모든 관들에 작용하는 압력을 결정한다(감압밸브 또는 펌프를 이용하여 공급되는 부분 제외). 통상적으로 수두손실이 작으면 이를 무시할 수 있으며, 이 경우 다음과 같이 압력을 추정할 수 있다.

$$p = (H - z)\gamma \tag{10.1}$$

여기서 p : 고도 z에서 압력(Pa 또는 lb/ft^2)

H : 탱크에서 수위(m 또는 ft)

z : 배수시스템에서 고도(m 또는 ft)

γ : 물의 비중량(N/m^3 또는 lb/ft^3)

탱크 체적이 클수록 수요량의 동요 또는 펌프 운영의 변화에도 불구하고 배·급수시스템에서 압력이 더욱 안정적이 된다.

10.2.3 소화용수

만일 배·급수 저류탱크들을 사용하지 않으면 소화용수에 필요한 물을 공급하기 위해 대부분 시실물들은 보다 큰 주 배수관로와 더 큰 정수장 용량을 필요로 한다. 특히 규모가 작은 시스템의 경우 화재 발생시 배수시스템에 부과된 단기 수요량을 만족시키기 위해 저류탱크는 더욱 경제적이고 운영적으로 신뢰할 수 있는 수단이다.

10.2.4 비상 저장

화재 이외에 정전, 주 배수관로의 파괴, 정수장에서 문제, 그리고 예상하지 못한 배수시설의 중지와 같은 비상 상황은 물을 충분히 저장하지 못 한 경우 배수시스템의 파손을 야기 시킨다. 저류탱크들은 비상 상황 동안 수요량을 만족시킬 수 있다. 소화용수 이외 필요한 비상 저장량의 규모는 공급 시스템의 신뢰도에 따라 결정된다. 탱크는 단순히 저장량을 공급하는 것은 물론 펌핑 용량의 손실시(정전, 주배관 파괴) 시스템에 가압의 예비 형태를 제공한다. 이와 같은 가압은 펌프가 가동하지 않을 경우 접합부에 오염물질이 유입되는 것을 방지하는데 도움을 준다.

10.2.5 에너지 소비효율화

정수장 보다 높은 고도에 위치한 수용가에게 급수하기 위해 저장해야 할 물의 높이까지 송수하기 위해서는 에너지가 필요하다. 탱크의 존재는 시설물이 후에 사용하기 위한 물은 물론 시설물에 에너지를 저장할 수 있도록 해준다. 저류탱크를 설치하여 펌핑을 균등하게 하고 또한 균등 저장은 대규모 주 송수관로에서 유속을 상대적으로 낮게 유지하여 물을 펌핑하기 위해 사용되는 에너지를 감소시킨다.

대부분 수도사업자들은 에너지 소비의 첨두율에 기초하여 예비전력 기본요금(demand charge), 발전설비와 전력수송경로 측면을 감안한 용량요금(capacity charge) 또는 둘 모두를 전력회사에 지불한다. 저류탱크는 저장의 유용성이 첨두 에너지 사용을 감소시키는 한도까지 기본요금을 감소시키는데 도움이 될 수 있다. 만일 1일 시간대별 에너지 가격을 이용하면 첨두시간 동안 사용할 물을 첨두가 아닌 시간 동안 에너지를 사용하여 탱크 내 물을 저장할 수 있다.

10.2.6 수질관리

탱크내 수질에 영향을 미치는 일반적인 경로는 (1) 저장기간동안 물리화학 및 생물학적 반응에 의한 수질저하 (2) 외부오염에 의한 수질저하이다.

오염원은 탱크 라이닝, 탱크 바닥에서 침전물, 그리고 개방된 저수지 또는 탱크 천정과 배기구 등을 통한 동물 또는 인간 오염을 포함할 수 있다. 적정한 설계 및 유지관리로 이러한 오염물질을 제거해야 한다. 탱크 설계시 수질을 고려하기 위한 가장 큰 변화는 처리된 물 저류탱크에 대한 요구사항이다.

체류시간과 불안전한 혼합에 의해 야기된 불균등 수질저하 때문에 저장시설에서 물은 노화한다. 물의 노화 결과로서 발생할 수 있는 일반적인 퇴화 메카니즘들은 소독 잔류농도의 손실을 포함하며, 이로 인해 탱크 또는 배·급수시스템에서 미생물의 재성장, 그리고 트리할로메탄과 같은 소독 부산물이 발생할 수 있다.

또한 휘발성 유기물이 수표면을 통해 대기로 탈출할 가능성이 존재하나 탱크 내 최대 오염물질의 수준과 수표면의 정지 본질에 의해 낮은 수준의 휘발성 유기성분이 유지되기 때문에 이는 논리에 맞지 않는 것으로 간주된다. 수질에 미치는 탱크의 또 다른 영향은 휘발성과 짧은 반감기로 인해 라돈 농도가 감소가 될 수 있다. 또한 탱크의 높이가 높을 때는 탱크 내부에서 성층화될 수 있다.

저장 용량이 수질에 미치는 또 다른 영향은 탱크 내 저장되는 물은 배·급수시스템 문제(주배관의 파괴 또는 정전)의 발생과 교차연결에 의해 야기된 수질저하 사이에서 보다 큰 시간 간격을 허용한다는 사실이다. 저류탱크 내 수질에 대해서는 제11장에서 더욱 상세하게 기술하기로 한다.

10.2.7 부정류 제어

주 배수관로 내 유속변화로 인해 수충격이라 불리는 부정류가 발생한다. 특히 "float-on-the-system" 저류탱크들은 부정류에 의해 발생한 극단적으로 높거나 낮은 압력을 상당히 완충시킬 수 있다.

10.2.8 미학(Aesthetics)

대부분 사람들은 저류탱크를 수용할 수 있는 경관의 한 부분으로 고려하여 저류탱크에 대해 중립적이다. 그러나 일부 개인들은 저류탱크는 보기 흉하여 "NIMBY" 신드롬에 민감한 것으로 믿는다. 그러나 다른 사람들은 탱크를 그들 사회 또는 사업을 촉진시키는 자원으로 생각한다. 시스템 운영의 효율성과 탱크의 목적을 희생하지 않는 범위에서 이해관계자의 미적 고려를 만족시키기 위해 탱크를 설계해야 한다.

10.3 저류시설의 구분

배수 저장시설물 설계시 여러 논제와 타협(trade-off)을 해결해야 한다. 이들 중 일부는 다음 절에서 기술할 위치, 고도, 그리고 용량을 포함한다. 다음 절에서는 반드시 해결해야 할 사전 논제들의 일부를 기술한다. 저류탱크의 구조 설계와 관련된 논제들은 용접 강 탱크는 AWWA D100과 AWWA D-102(AWWA, 1996, 1997a)에, 볼트 체결 강 탱크는 AWWA D103(AWWA 1997b), prestressed 콘크리트 탱크는 AWWA D110과 AWWA D115(AWWA, 1995a, b) 그리고 압력탱크는 관련 ASME standard(ASME, 1998)에 주어졌다. 강 탱크 설계에 대한 개관은 AWWA Manual M42(1998c)에 제공되었다.

10.3.1 자연유하저류 저장 vs 펌핑 저류

본 장에서는 탱크 외부 수력구배선이 실제로 탱크 내 수위(또는 압력탱크의 경우 수력구배선)와 동일하도록 고도에 위치한 저장 용량을 "floating-on-the-system" 저장으로 정의한다. 이러한 형식의 저장에서 물은 탱크 내부로 그리고 외부로 자유롭게 유동할 수 있다. 이와 반대로 물이 오직 펌핑에 의해 이동할 수 있는 지반탱크 또는 매설탱크로서 수력구배선 이하로 물을 저장하는 것을 "펌핑저장"으로 정의한다.

많은 경우 floating-on-the-system 저장은 펌핑저장보다 건설비가 높지만 운영비가 적으므로 반드시 사례별로 결정해야 한다. 높은 위치로 탱크를 올리거나 서비스 지역으로부터 멀리 떨어진 높은 언덕에 위치시켜야 하기 때문에 비용이 높아져 통상적으로 펌핑-저장과 관련된 펌핑 장비의 비용보다 더욱 비싸진다.

예제를 통해 시스템에 따라 float하는 고가 탱크와 지반에 설치된 펌핑 탱크를 최상으로 비교할 수 있다. 낮시간 동안 탱크로 0.94ML(250,000gal)이 유입 또는 유출되는 1.88ML (500,000gal) 탱크를 고려하자. 대안들 사이 인건비와 장비 비용들은 동일한 것으로 가정한다. 고가 탱크의 비용은 $600,000이고 지반 탱크는 $400,000 및 펌핑장비와 제어장비의 비용은 $150,000이다. 초기 비용에 기초하면 이 경우 펌핑-저장의 대안은 더욱 경제적이다. 그러나 지반 탱크 내 수위는 통상적으로 고가 탱크 내 수위보다 30m(100ft) 이하가 된다. 에너지 비용은 10센트/kWh, 그리고 펌프효율은 60%인 경우 펌프 운영의 연간 비용은 다음과 같다.

$$\text{비용}(\$/\text{년}) = 62.4\frac{\text{lb}}{\text{ft}^3}\times 0.25\frac{\text{Mgal}}{\text{day}}\times 1.54\frac{\text{ft}^3}{\text{Mgal}\cdot\text{day}}100\,\text{ft}\frac{0.1\frac{\$}{\text{kwh}}8760\frac{\text{h}}{\text{yr}}}{0.6\times 737\,\text{ft}\frac{\text{lb}}{\text{ks}}}$$

$$= 4{,}760\frac{\$}{\text{year}}$$

운영 및 유지관리에 필요한 추가 비용은 $3000/year이다. 이자율 5%로 20년간에 걸친 이 비용의 현존가치(현가계수=2.65, 부록 A 참조)는 다음과 같다.

에너지 및 인건비=($4760+$3000)×2.65=$20,564

지반 탱크의 전체 현존가치=$400,000+$150,000+$20,564=$570,564

이 경우 고가 탱크($600,000)보다 약간 저렴하다. 그러나 비용은 현장에 따라 상당히 다르게 되므로 반드시 사례별로 비교해야 한다.

10.3.2 지반탱크 vs 고가탱크

시스템에 대한 탱크의 floating 여부는 지반과 상대적으로 탱크를 어떻게 건설할 것인가에 따라 결정된다. 만일 물의 바닥이 지반 고도 또는 인근이 되도록 탱크를 건설하면 이 탱크를 "지반탱크(ground tank)"라 부른다. 만일 탱크의 높이가 폭 보다 상당히 높으면 통상적으로 "스탠드파이프(standpipe)"라 한다. 통상적으로 스탠드파이프는 시스템에 float하

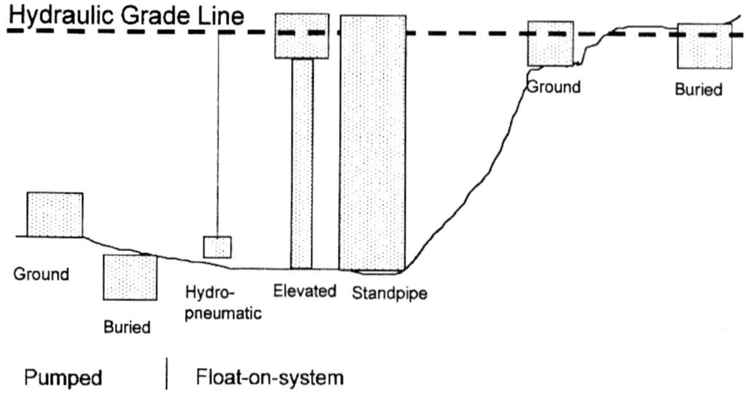

그림 10.1 ▌ 탱크 용어

도록 건설되는 반면 충분히 높은 고도에 지반고도탱크를 건설하면 지반탱크는 시스템에 float할 수 있다. 일부 지역에서는 매설탱크들은 결빙에 가장 민감하지 않기 때문에 매설 탱크들을 선호한다. 그림 10.1은 여러 종류의 탱크들을 예증한다.

통상적으로 고가 탱크와 스탠드파이프들은 강으로 제작되고, 매설탱크들은 콘크리트로 건설되고, 지반탱크들은 강 또는 콘크리트로 건설된다. 탱크의 표면이 추운 기후에 많이 노출될수록 결빙 위험은 증가한다. Hodnett(1981)는 탱크 난방에 대해 기술하였다.

10.3.3 유효저장 vs 전체저장

시스템에 float하는 탱크의 경우 탱크 외부 수력구배선이 탱크 내 수위보다 저하 하면 탱크로부터 물이 유출된다. 탱크 내 수위가 과도하게 저하하면 서비스 지역 내 고지대 수용가들에게 제공된 압력(수력구배선)은 허용할 수 있는 수위 이하로 저하 할 수 있다. 허용할 수 있는 압력을 제공할 수 있는 고도에 설치된 저장 체적을 "유효저장"이라 한다. 일부 개인들이 유효저장을 "전체저장"의 부분으로 간주할 수 있지만 최소 허용 가능한 수력구배선 이하에 위치한 저장은 유효저장이 아니다. 스탠드파이프는 전체 저장량 중 오직 작은 부분만이 유효한 저장량인 탱크의 예이다.

최소압력 즉, 138kPa(20psi) 또는 수두로 14m을 제공할 수 있는 유효저장수위 이하에 위치한 저장은 비상시 오직 그 수위까지 저하하는 것을 허락하기 때문에 때로는 "비상저장"이라 부른다.

이 개념을 그림 10.2에 묘사하였으며 이 그림은 비상 상황이 아닐 시 압력 241kPa (35psi) 또는 25m 수두, 비상 상황 시 압력 138kPa(20psi) 또는 수두 14m을 필요로 하는 X 고도에 위치한 수용가들을 보여준다. 수두손실을 무시할 경우 수력구배선과 탱크 수위는 비상 상황이 아닐 시 고도 X 보다 25m(81ft) 상부로, 그리고 비상 상황 시 14.1m(46ft) 이상을 유지해야 한다.

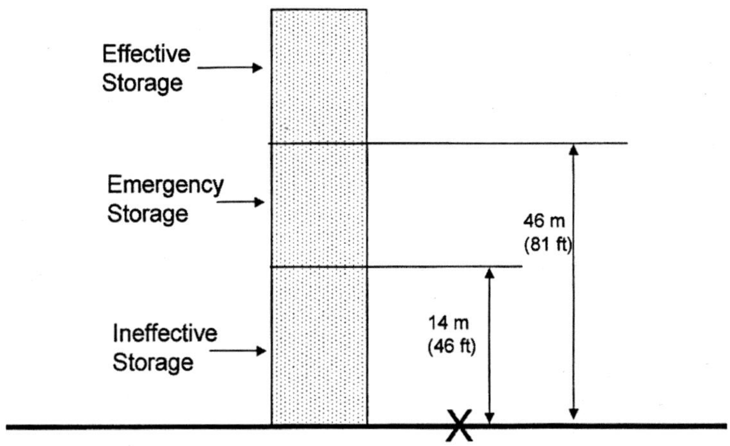

그림 10.2 ▌ 유효저장의 정의

14.1m(46ft) 수준 이하로 저장된 물을 무효저장이라 부른다(Walski et al., 1990). 이는 균등화 또는 소화용수에 도움을 주지 못하면서 탱크 내 체류시간을 증가시켜 소독제 감소 문제를 발생시킨다. 또한 높은 스탠드파이프 내 물은 성층화될 수 있어 탱크의 상부 부분에서의 물은 극도로 긴 체류시간을 가질 수 있기 때문에 수질문제를 더욱 악화시킬 수 있다. Kennedy et al. (1993)은 탱크가 높을 경우 염소 농도가 상당히 낮게 유지되는 것을 증명하였다. 이러한 이유로 상당한 무효 저장을 갖는 스탠드파이프를 자제해야 한다.

10.3.4 개인탱크 vs 기관탱크

대부분의 경우 수도사업자가 모든 급수저류탱크를 소유하는 것이 바람직하다. 만일 일부 개인 수용가가 상당한 양의 물의 저장을 필요로 하면 통상적으로 개인 수용가가 개인탱크를 소유하는 것 보다 기관탱크를 이용하도록 하는 것이 좋다. 일부 경우에는 대규모 수용가(또는 다른 수도사업자)는 기관 소유의 탱크를 건설하는 것을 선택할 수 있다. 한번 물이 개인 시스템에(또는 다른 수도시업자의 시스템) 유입되면 개인이 수질을 보호하기 위해 필요한 모든 예방책들을 준수하지 않는 한 수도사업자의 시스템 내로 역류되는 것을 허락하면 않된다. 개인탱크와 관련된 논제들은 NFPA(National Fire Protection Association standard) 22(1998)에 기술되었다.

10.3.5 압력탱크

지금까지 설명한 탱크들은 탱크 내 수표면이 수력구배선에 상응하나 가압되지 않은 탱크이다. 만일 탱크를 가압하면 수력구배선은 수표면보다 높아지며 따라서 효과적으로 시스템에 float하는 지반-수위 탱크로 사용할 수 있다. 탱크 내 수위가 변화하도록 허락하면(따라서 탱크는 단순히 배관 내 넓은 공간이 아니다) 탱크 내 물의 체적이 변화하면서 탱크 내 위치한 공기는 확장 또는 압축된다. 그와 같은 탱크들을 수공압탱크라 한다.

압력탱크들은 비압력탱크보다 상당히 고가이다. 따라서 균등화 및 비상저장이 어렵고 소화용수를 제공하지 못하는 작은 탱크에서 압력탱크 적용은 제한된다.

10.4 위치

저류탱크의 위치에 따라 저장체적의 규모가 결정된다. 그러나 유용성, 지형, 미학에 대한 한계 때문에 양호한 현장을 찾는 것은 어렵다. 위치와 관련된 고려사항 중 일부에 대해서는 아래에서 기술하기로 한다.

10.4.1 전방 저류시설

정수장의 하류측 말단부에서 또는 정수지의 유출부와 같은 정수지 저장은 통상적으로 지반고도에 위치하거나 또는 펌핑해야 할 매설 탱크들이다. 이러한 형식의 저장은 소독제 접촉시간 요구조건을 만족시키는 시간을 제공할 수 있다. 통상적으로 지반탱크들은 상대적으로 저렴하다. 그러나 통상적으로 정수장이 충분히 높은 언덕에 위치할 때는 제외하고 이러한 탱크들은 시스템에 float하지 않기 때문에 배수시스템의 저장이 제한되면 모든 물을 펌핑해야 하고 예비 동력이 필요하다. 또한 정수장 인근에서 대형 관로가 파괴되면 정수지 저장을 전혀 사용할 수 없다. 일반적으로 수도사업자들은 단수되지 않는 시간을 제공하기 위해 일부 정수지 저장을 가져야 하나 정수지 저장에 전적으로 의지하면 안된다(시스템에 float하는 정수지를 갖는 작은 수도사업자들이 아닌 이상).

10.4.2 후방 저류시설

수원하류 가장 큰 수요처 방향에 저류탱크를 위치시키는 것이 가장 좋다. 이 경우 가장 큰 장점은 수원 인근에서 배관이 파열되어도 저류탱크 하류측으로는 배·급수가 가능하다는 것이다. 두 번째 장점은 물이 한 방향 이상으로부터 수요 중심에 도달하므로 개별 배관으로 수송된 유량은 적게 될 것이고 통상적으로 배관 규격이 작게 되어 비용이 절감된다는 것이다. 물론 비첨두 시간에 탱크를 재충수하기 위해 반드시 충분한 용량을 확보해야 한다. 첨두 수요중심지와 반대에 위치한 저류탱크와의 수력구배선들은 그림 10.3과 같다.

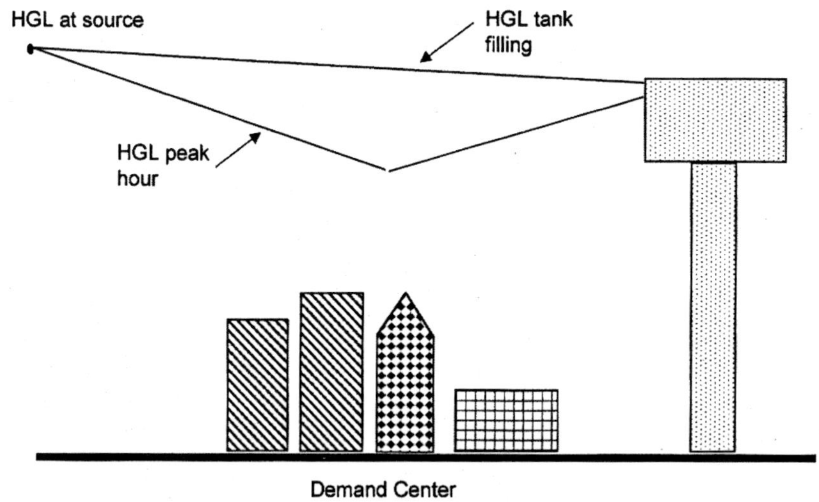

그림 10.3 ▎ 수요 중심지를 초월한 HGL

10.4.3 단일 압력 영역의 저류시설

압력 영역에 복수 탱크들이 존재하면 탱크들은 수원으로부터 대략적으로 동일한 거리에 위치해야 한다. 만일 한 탱크가 수원에 너무 인접하고 다른 탱크들은 너무 멀리 떨어져 있으면 수원에 인접한 탱크로 유입되는 관로에 압력조절을 하지 않으면 많은 물이 유입되므로 먼 거리에 위치한 탱크들을 충수하기가 어려울 수 있다. 수년전 시스템의 변두리에 위치하여 시스템 내에서 오랜 기간에 걸쳐 빈번하게 문제가 되어 왔던 탱크는 이제 성장하는 지역 내 새로운 정수장에 매우 인접하게 될 수 있다. 대부분의 경우 제어밸브를 사용하여 복수 탱크들을 효과적으로 사용할 수 있다. 시스템을 더욱 쉽게 운영하기 위해 때로는 바람직하지 않은 곳에 위치하고 유지관리가 필요한 작은 탱크는 버리는 것이 바람직할 수 있다.

압력 영역에서 복수 탱크들이 존재하면 모든 탱크들이 실제로 동일한 월류고도를 갖도록 하는 것이 기본이다. 그렇지 않으면 고도가 낮은 곳에 위치한 탱크들을 체절 또는 월류시키지 않고(따라서 낮은 탱크 내 수질 문제를 야기 시킨다) 고도가 가장 높은 곳에 위치한 탱크를 충수하는 것이 불가능할 수 있다. 통상적인 논리로 탱크들을 계획하면 일관된 고도에 탱크들을 위치시킬 수 있다. 그러나 도시의 합병 또는 구역화에 의해 배·급수시스템이 확장되면 일부 탱크들은 부적절한 고도에 위치할 수 있고, 버리거나 수정해야 할 필요가 있으며, 또한 새로운 형상의 시스템에서 효율적으로 운영하기 위해서는 압력 영역 경계들을 조정할 필요가 있다.

10.4.4 복수 압력영역의 저류시설

통상적으로 복수 압력-영역들에서 수원은 가장 낮은 영역들 중 하나에 위치하고 펌프를 통해 시스템에 물을 공급한다. 이와 같은 경우 각 영역이 거의 독립적으로 운영될 수 있도록 각 영역에서 충분한 저장 체적을 위치시키는 것이 최상이다. 이 경우 펌프를 통해 높은 영역으로 필요한 물을 공급한다. 펌프를 통해 높은 영역으로 공급된 물을 낮은 영역으로 다시 송수하는 것은 에너지 낭비이므로 가능하면 피하도록 해야 한다.

가장 높은 영역에 수원이 위치하고 감압밸브를 통해 낮은 영역들에 물을 공급하는 복수 압력-영역 시스템들에서는 대부분의 저장량을 높은 영역에 체류시켜야 한다. 이 경우 저장된 물은 실제로 임의 영역으로 공급된다. 관로 파열의 경우 신뢰도를 보장하기 위해 그리고 첨두 수요량과 국부적인 소화수요량을 만족시켜야 하는 관로 요구조건을 감소시키기 위해 탱크들을 사용하는 것이 타당하다.

10.4.5 위치선정시 고려사항

일부 개인들은 탱크를 눈에 가시로 간주하기 때문에 탱크를 주변 환경과 조화시키거나 관광지로 만들어 가시적 충격을 최소화하도록 현장을 선정하는 것이 중요하다.

만일 한 현장에 탱크를 계획하였지만 수 년 동안 건설하지 않을 것이면 탱크의 부지와 필요한 관로 전용도로를 사전에 취득하는 것이 바람직하다. 가능하다면 반드시 구역분할을 수정해야 하고 토지구획에 대한 승인을 받아 허용된 토지에 탱크를 설치해야 한다.

10.5 저류시설의 고도

10.5.1 월류수위 설정

배·급수시스템 설계시 탱크에 대한 가장 중요한 결정사항은 월류수위이다. 이 월류수위 및 이와 관련된 범위(minimum normal day, 탱크의 바닥)는 탱크가 공급할 압력 영역의 경계와 규모, 주 송수관로의 배열, 그리고 펌프장에서 필요한 수두를 결정할 것이다. 현존하는 압력 영역 내에 탱크를 위치시켜야 한다면 월류고도와 운영 범위는 앞에서 기술한 것과 같이 현존하는 탱크와 일관성 있어야 한다.

새로운 압력 영역을 위해 탱크를 설계해야 한다면 미래에 새로운 압력영역이 건설될 때에도 수용할 수 있는, 그리고 미래 어느 시점에 지역 시스템으로 이들이 통합될 가능성에 대해서도 인접 수도사업자들에서의 탱크 월류와 모순되지 않도록 월류 수위를 선정하는 것은 중요하다.

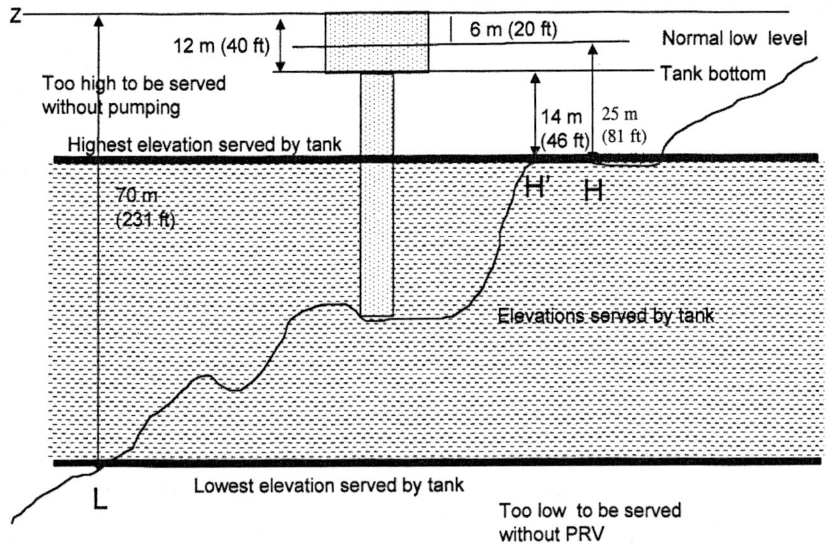

그림 10.4 ▌ 탱크 서비스 지역을 보여주는 고도 도면

10.5.2 공급지역의 확인

그림 10.4와 같이 월류고도가 Z인 한 탱크를 고려하자. 이 탱크의 정상적인 운영 범위의 하한은 통상적으로 월류수위 이하 약 6m(20ft)이고, 탱크 바닥은 월류수위 이하 약 12m(40ft)이다. 가장 높은 고도에 위치한 수용가에(점 H) 대한 정상적인 저수위와의 고도차이는 약 25m(81ft)이고 비상 저수위와의 고도차이는 14m(46ft)이다.

탱크가 만수이고 시스템 내 수두손실이 거의 없을 때 급수할 수 있는 가장 낮은 고도에 위치한 수요자는 과도한 압력 690~550kPa(100~80psi 또는 71~57m)을 받게 된다. 본 예제의 경우 690kPa(100psi)가 최대 수용할 수 있는 압력이고, 월류고도와 가장 낮은 고도(점 L)에 위치한 수요자와의 고도차이는 70m(231ft)이다. 음영처리된 범위 상부는 너무 작은 압력을 받고 하부는 과도한 압력을 받는나. 시스템 내에서 감압밸브를 사용하거나 또는 개별 공급 관로를 사용하여 과도한 압력을 받는 일부 수요자들에게 적정한 압력으로 감소시켜 급수해야 한다. 에너지 낭비를 방지하기 위해 가능한 많은 수요자들에게 낮은 압력영역으로 배・급수가 가능해야 한다.

10.5.3 압력영역 확인

월류고도, 최고점과 최저점에 위치한 수요자가 확인되면 등고선 지도상에 고도별 급수구역을 shading 또는 coloring 하여 급수구역들을 확인하는 것이 좋다. 상한 또는 하한 압력영역으로부터 서비스할 수 있는 수용가들에 대한 여러 개의 고도 밴드(band)가 존재하는 것을

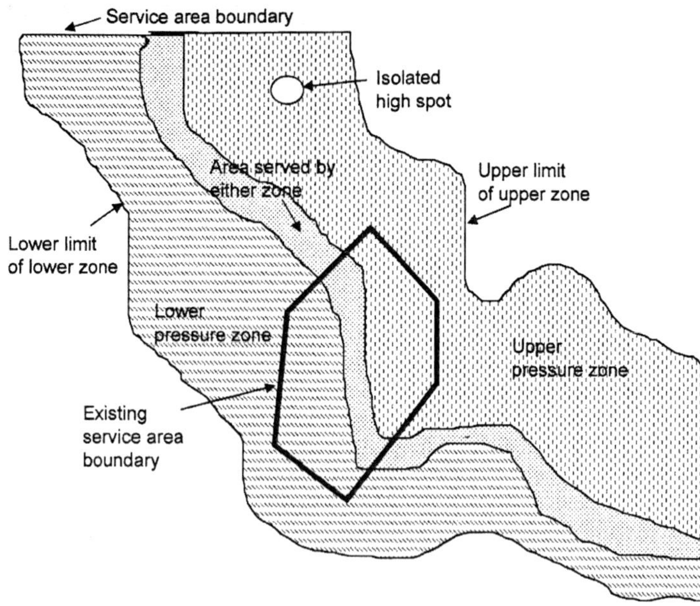

그림 10.5 ▌ 압력 zone 배열

수용할 수 있다. 압력영역 경계의 정확한 위치는 개별 영역 내에서 장기개발계획, 도로배치 및 공급능력과 모순되지 않아야 한다. 그림 10.5는 여러 월류고도를 갖는 탱크로 공급할 수 있는 수요자들을 확인하기 위해 준비할 수 있는 지도의 종류를 보여준다. 토지개발 실행 이전에 지도를 준비해야 하고 이 지도는 미래에 개발 될 수 있는 현재의 공급 지역의 외곽 토지를 포함해야 한다. 압력영역으로부터 분리된 고점들과 및 저점들은 문제를 야기시킬 수 있으므로 계획 검토시 반드시 확인해야 한다.

일반적으로 수력구배선에서 약 30m(100ft) 정도의 간격으로 압력영역들을 나눈다. 이보다 압력 간격이 크게 되면 일부 수요자는 과도하게 높거나 낮은 압력을 받게 된다. 또한 이보다 압력간격이 작게 되면 탱크, 펌프장, 그리고 감압밸브들의 수량이 과도하게 된다.

10.6 저류시설의 용량

10.6.1 용량 설계시 고려사항

최적의 탱크용량 결정시 탱크의 용량이 클수록 시스템의 신뢰도는 향상되지만 비용이 상승하고 또한 탱크 내에서 잔류소독제의 손실에 의한 소독능 감소 문제가 발생할 수 있다. 탱크 건설시 경제적인 용량이 존재하므로 탱크용량 결정은 더욱 복잡해진다. 예를 들어 탱크를 두 배로 하면 비용은 오직 60~70%만이 증가한다. 통상적으로 주어진 장기 수요량만큼 예산한계와 현장 조건을 고려하여 가능한 큰 탱크를 건설하는 것이 철칙이 되어 왔으나 이는 탱크 내 잔류소독능의 문제를 초래할 수 있다.

탱크용량 결정시 사용할 수 있는 통상적인 두 방법은 다음과 같이 규정에 의한 설계와 기능 설계이다.

10.6.2 규정에 의한 용량결정

미국 내 각 주와 지방은 탱크용량 결정을 위한 그들 자신의 기준들을 갖고 있다. 예를 들어 "Ten State Standard"(Water Work 권장 기준, 1992)는 다음 내용을 진술한다.

소화용수가 제공되는 곳은 관련 주 Insurance Service Office가 확립한 소화용수 요구조건을 반드시 만족시켜야 한다.

소화용수 저장을 제공하지 않는 시스템의 경우 최소저장용량은 평균 1일 급수량과 동일해야 한다. 수원과 정수시설이 시스템 내 첨두 수요량을 보충하기 위한 예비 동력을 갖고 충분한 용량을 가질 때 이 요구사항은 완화될 수 있다.

또 다른 예는 텍사스주 기준(Texas Department of Health, 1988)으로서 시스템의 규격과 수원의 특징에 따라 탱크용량 결정에 대해 기술하고 있다. 연결부가 50개 이상인 배·급수시스템들을 위한 텍사스 기준의 핵심 사항은 다음과 같다. "반드시 연결마다 200갤론의 전체 저장용량을 제공해야 한다. 연결마다 100갤론, 2,500 연결을 갖는 시스템의 경우 고가탱크 저장이 필요하다." 만일 18,000m^3(5백만갤론) 이상의 저장이 필요하면 수도사업자들은 지반 저장, 펌핑 및 예비동력을 대체할 수 있다.

연결부마다 20갤론(지반 탱크가 유용한 경우) 또는 연결부마다 50갤론(수원에서 지반 탱크가 없을 때)에 기초하여 수공압탱크의 용량을 결정할 수 있다.

또한 적정한 수량의 펌프 기동에 기초하여 수공압탱크의 용량을 결정할 수 있으며, Ten State Standard, 1992에 따르면 "수공압탱크의 전체 체적(갤론)은 최소한 가장 큰 펌프의 용량(갤론/분)의 10배 이상이 되어야 한다."

미국 내 다른 주와 지방들의 기준들에서 차이가 있다. 이 모든 기준들은 설계 기술자가 저장규격을 결정하기 위해 그리고 규제자들이 설계를 승인하기 위해 상당한 재량권을 제공한다.

10.6.3 기능설계에 의한 용량 결정

관련 규정을 만족시킬지라도 저장체적이 필요한 이유를 검토하는 것은 도움이 된다. (1) 균등화, (2) 소화용수, 그리고 (3) 화재 이외 비상 상황에 대처하기 위해 저장체적이 필요하며 Cesario(1995)는 이러한 3개 저장형식을 공급, 화재, 그리고 보유로 인용하였다. 각 저장형식에 대한 상세한 내용은 다음과 같다.

10.6.3.1 균등저장

수도사업자의 선호도에 따라 사전에 결정된 비율로 수원과 펌핑설비들을 운영하기 위해 균등저장을 사용한다. 펌핑설비들을 운영하기 위한 일부 선택사항들은 다음과 같다.

1. 운영을 단순하게 하기 위해 일정한 비율로 펌핑설비를 운전하고 기본요금을 감소시킨다.
2. 수요량과 대략적으로 일치하도록 유량을 조정하고 저장의 사용을 최소화한다.
3. 1일 불균등 전력요금제의 장점을 취하기 위해 비첨두시간 동안 펌핑한다.
4. 변속펌프를 사용하여 펌핑량을 수요량과 정확하게 일치시키고 저장이 없도록 한다.
5. 수공압탱크를 갖는 펌프들의 경우 단위 시간 당 적정한 기동빈도를 갖도록 한다. 그림 10.6은 전형적인 time-of-day 수요량 패턴과 이에 따른 펌핑율을 비교한 것을 보여준다. 변속펌프는 수요량과 펌핑량이 동일한 경우에 해당하므로 생략하였다.

필요한 균등저장량은 첨두일에서 수요량곡선과 펌핑곡선 사이 면적으로 주어진다. 반드시 저장해야 할 1일 물 생산량의 분율은 개별 지자체와 운영 형식에 따라 다르다. 전형적인 수치들을 요약하면 다음과 같다.

운영 형태	최대 1일 수요량의 분율로서 필요한 균등화 체적
정속 펌핑	0.10-0.25
수요량 추종(정속 펌프)	0.05-0.15
비첨두 펌핑	0.25-0.50
변속 펌프	0

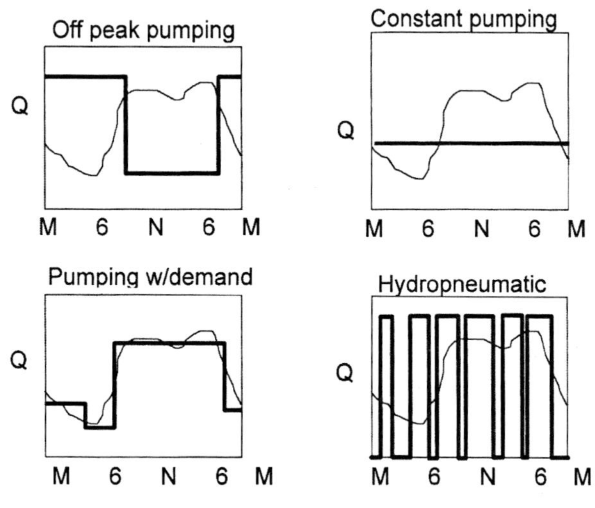

그림 10.6 ▎ 균등 규격을 위한 펌핑율과 수요 비교

상기 표에서 수치가 높을수록 상당한 첨두 수요량을 갖는 시스템의 경우이고, 수치가 낮을수록 평탄한 수요량 곡선을 갖는 시스템의 경우이다. 예를 들어 최대 1일 수요량이 7.5ML/day(2Mgal/day)이고 정속펌핑을 사용하는 수도사업자는 대략 1.5ML(0.4Mgal)의 균등화 저장(수치 0.2 사용)이 필요하다. 관망의 시간확장 모의 모델을 사용하여 균등화 저장을 확인할 수 있다.

10.6.3.2 소화용수

소화용수는 물 공급의 용량을 보충하기 위해 필요한 물에 기초한다. 만일 물 공급 용량이 최대 1일 수요량을 만족시키면서 소화용수를 제공할 수 있다면 소화용수 저장은 불필요하며 이는 소화용수가 1일 최대 수요량의 작은 부분이 될 수 있는 대규모 시스템의 경우에 해당된다.

필요한 소화용수 저장은 다음 식으로 주어진다.

$$\mathrm{SSR} = \mathrm{NFF} + \mathrm{MDC} - \mathrm{PC} - \mathrm{ES} - \mathrm{SS} - \mathrm{FDS} \qquad (10.2)$$

여기서 SSR은 필요한 저장공급량, NFF는 필요한 소화용수량, MDC는 최대 1일 소비량, PC는 생산 용량, ES는 비상 공급량, SS는 유입공급량, 그리고 FDS는 소방서 공급량이다.

상기 식의 모든 항들은 유량 단위(시간 당 체적)이고, 공식은 Fire Suppression Rating Schedule(Insurance Service Office, 1980)에 기초한다. 필요한 저장공급량 SSR은 저장설비가 반드시 공급해야 할 물이다. 필요한 소방용수량 NFF는 가장 큰 소방용수량을 갖는 구조물의 규격과 수용능력에 의해 결정된다. 비상 공급량 ES는 다른 시스템과 연결된 곳으로부터 시스템으로 유입할 수 있는 물이다. 유입공급량 SS는 화재 발생시 인근 호수나 수로로부터 유입할 수 있는 공급량으로 필요한 소방용수량을 초과할 수 없다. 소방서 공급량 FDS는 소방차로 화재장소까지 이송할 수 있는 물이다. 생산용량 PC는 아래 예제에서와 같이 시스템에 따라 정수장의 용량, 정수지 용량, 또는 펌프 용량이다. 대규모 시스템을 제외하고 통상적으로 임의로 주어진 시간에서 오직 하나의 큰 화재가 발생하는 것으로 가정하는 것이 안전하다.

화재 장소까지 이송할 수 있는 물의 양은 관망 모델을 사용하여 최상으로 해석할 수 있다. Brock(1993)은 시스템 수원과는 대조적으로 저장으로부터 유동하는 물의 양을 결정하는 도해적 방법을 제공하였다.

필요한 소화용수량이 정수장 용량과 비교하여 작은 대규모 배·급수시스템에서는 소화용수저장은 거의 필요 없다. 이와 반대로 대규모 소화용수가 필요한 구조물을 갖는 중소규모 배·급수시스템의 경우 균등화 저장과 비교하여 큰 용량의 소화용수저장이 필요하다.

유량단위로 필요한 저장 공급량이 결정되면 화재 지속시간으로 곱하여 소화용수의 전체 체적을 구해야 한다. 적정한 규모의 화재의 경우 화재지속시간은 다음과 같다(AWWA, 1998).

필요한 소화용수량(gpm)	필요한 소화용수량(L/s)	지속시간(hr)
250이하	157	2
3000~3500	189~220	3
4000~12,000	251~755	4

통상적으로 필요한 소화용수량을 결정할 때 상기 범위에서 가장 인접한 유량의 500gpm을 반올림한다.

화재지속시간과 필요 저장공급량을 곱하면 필요 소화용수저장량이 된다. 이 저장량을 소화에 사용할 수 있는 저장량과 비교하며 이는 균등화 저장의 정상적인 저수위 이하의 저장량이 된다. 예를 들어 탱크가 0.5ML(0.133MG)을 보유하고, 정상적인 저수위에 있다면 저장된 체적은 0.3ML(0.080MG)이므로 오직 0.3ML(0.088MG)만이 소화에 유용하다.

그림 10.7에 단순한 배·급수시스템에서 필요소화용수저장량의 계산을 예증하였다. 탱크의 정상적인 저수위에서 저장 체적은 0.5ML이다. 정수장을 제한요소로 간주하면 정수지 저장을 유용한 저장으로 계산할 수 있으나 펌프장이 제한되는 것으로 간주하면 정수지 저장은 유용한 것으로 계산할 수 없으며 이 경우 정수장이 제한 요소가 된다. 오직 전체 시스템만을 고찰하면 0.25ML의 저장량만이 필요한 것으로 결론을 내릴 수 있다. 그러나 펌핑 시스템은 오직 15ML/day만을 공급할 수 있기 때문에 정수지로부터 충분히 빠르게 물을 빼낼 수 없으며 실제로는 0.9ML의 저장량이 필요하다.

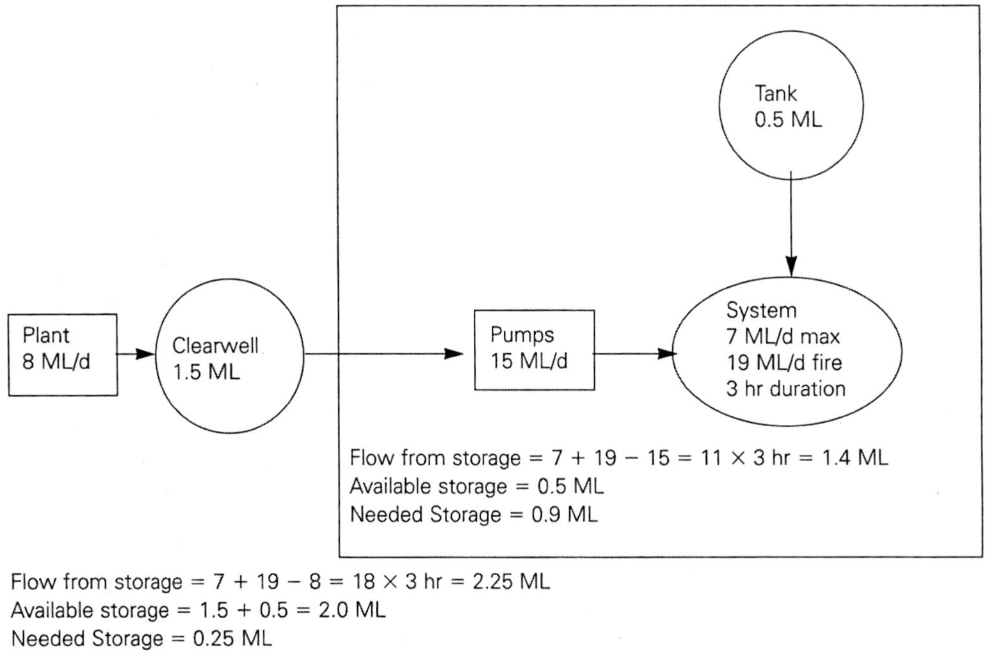

그림 10.7 ▌ 소화저장을 위한 샘플 계산

상기 계산은 상당히 단순해 보일지라도 여러 사항들을 결정해야 한다. 예를 들어 최대 1일 소비(MDC)는 급수구역의 성장과 함께 시간에 따라 변화한다. MDC에 상응하여 1년을 선정하는 것은 필요한 체적에 상당한 영향을 미칠 수 있다. 일부 사람들은 MDC=PC를 양호한 보수적인 가정으로 주장한다. 필요한 소화용수량 NFF는 방염빌딩재료, 화재, 벽 및 화재 스프링클러 시스템의 사용에 의해 영향을 받는다.

10.6.3.3 비상 저장(Emergency Storage)

필요한 비상저장량을 결정하기 위한 공식은 존재하지 않는다. 그러나 수도사업자 용수 공급의 취약성에 대한 판단에 기초하여 비상저장량을 결정해야 한다.

만일 수도사업자가 예비공급전원과 함께 여러 수원과 정수장을 가지면 비상저장량의 필요성은 작게 된다. 용이하게 차단할 수 없는 재해적 관 파열과 같은 비상사태에 대비하기 위해 비상저장이 필요하다.

만일 수도사업자가 예비전원이 없고 단일 수원과 함께 상대적으로 신뢰할 수 없는 배·급수시스템을 가지면 상당한 비상저장량의 고려를 심사숙고해야 한다.

10.6.3.4 균등화, 화재, 그리고 비상저장의 조합

필요한 유효 저장량은 균등화, 화재 그리고 비상저장의 조합에 기초한다. 일부 기술자는 균등저장에 화재 또는 비상저장 중 큰 것을 더하는 반면 일부 기술자들은 3가지 형식의 저장을 더한 것을 사용한다. 이와 같은 경우 논리는 중대한 관 파열 또는 정전과 동시에 화재가 발생하지 않을 것이라는 것이다. 전체 저장은 균등화에 화재 또는 비상 중 최대 수치를 더한 것으로 요약할 수 있다.

가장 경제적인 탱크들은 표준 규격으로 건설되는 것들로서 상기 수치들을 표준 규격으로 반올림한다.

10.6.3.5 기능적 용량결정의 요약

기능적 용량결정에 기초한 저장 요구량의 해석결과는 규정에 기초한 용량과 유사한 저장 요구량을 제공해야 한다는 것이다. 만일 상당한 차이가 발생하면 수도사업자와 규제기관은 적정한 저장 요구량을 결정하기 위해 서로 협의할 필요가 있다.

10.6.4 단계별 설계요소

만일 급수구역에서 수요증가가 완만하면 저장에 필요한 용량은 시간에 걸쳐 극단적으로 증가하지 않는다. 그러나 급수구역이 급격한 속도로 성장하는 경우 어떻게 저류탱크를 계획하고 건설해야 할지 의문이 발생한다.

예를 들어 대표적인 질문은 최종적으로 1.88ML(500,000gal)의 저장이 필요한 경우 수도사업자는 지금 1.88ML 탱크를 건설할지 또는 지금 0.94ML(250,000gal) 탱크를 건설하고 나머지 탱크를 후에 건설해야 하는지의 여부이다. 이 질문에 대한 열쇠는 두 번째 작은 탱크(0.94ML)가 필요하기 전까지 첫 번째 0.94ML의 작은 탱크가 충분하다고 예상되는 연도이다. 1.8ML 탱크의 비용은 $500,000이고 작은 탱크의 비용은 $350,000으로 가정하자. 이율 7%인 경우 두개의 작은 탱크의 현존가치비용은 다음과 같다.

$$\frac{\$350,000 + \$350,000}{(1+0.07)^n} \tag{10.3}$$

여기서 n은 두 번째 작은 탱크가 필요하기까지의 경과 년수이다. 만일 첫 번째 작은 탱크를 설치하고 5년 후 두 번째 작은 탱크를 설치해야 한다면 $n=5$가 되고 현존가치는 $600,000이므로 이 경우 용량이 큰 탱크 1대($500,000)가 최상이 되며, $n=12$인 경우에도 결과는 동일하다. 만일 $n=20$이면 현존가치는 $440,000이고 따라서 용량이 작은 탱크 2기를 사용하는 것이 좋다. 이자율이 감소하면서 손익분기연도는 더욱 증가하게 된다.

저류탱크 건설 계획에서 경제학이 유일한 고려사항은 아니다. 시스템 내에 적정하게 위치한 두 기의 탱크들은 시스템 운영에 더욱 유연성(예를 들어 탱크를 도색하고 검사하기 위해 분리시켜야 할 때)을 부여한다. 그림 10.8은 한 장소에 두기의 탱크를 설치한 예를 보여준다.

그림 10.8 ▌ 현장에서 두 탱크 사용

10.6.5 비상용수의 활용

일부 수도사업자들 추가 소화수량 또는 비상 저장량을 필요로 하지만 오직 균등화를 위해 충분한 저장량만을 갖는 높은 스탠드파이프만을 갖는 경우가 있다. 탱크의 바닥부 사수 저장(dead storage)을 유용한 저장으로 전환시키기 위한 한 방법은 화재 또는 다른 비상사태 동안 탱크 바닥의 물을 사용하기 위해 펌프를 설치하는 것이다. 이러한 방법으로 탱크의 바닥부 사수 저장량을 사용할 수 있다.

이와 같은 상황에서 탱크를 재충수할 때는 국부 압력저하를 방지하기 위해 압력유지밸브를 통해 탱크를 재충수해야 한다. 만일 탱크가 시스템 내 유일한 저장이면 펌프를 가동하기 위한 비상전원이 필요하고, 시스템의 과도압력을 방지하기 위한 제어가 필요하고, 그리고 펌핑이 수충격을 야기시키지 않음을 보장하기 위해 서지해석을 수행해야 한다.

10.7 기타 설계시 고려사항

10.7.1 수위조절밸브(Altitude valve)

탱크 내 수위가 고수위에 도달할 때 탱크로의 유입을 차단시켜 탱크가 월류하는 것을 방지하기 위해 수위조절밸브를 사용한다. 이 밸브들은 통상적으로 탱크 바닥에 위치한다. 수위조절밸브가 동작하는 동안 탱크가 잘 동작할 수 있도록 적정한 밸브를 설치해야 한다.

수위조절밸브들의 형식은 크게 단일 동작밸브와 이중 동작밸브로 구분된다. 단일동작밸브는 탱크로의 유입만을 허용하고 이중동작밸브는 탱크로의 유입 및 유출 모두를 허용한다.

단일동작 수위조절밸브를 사용하면 탱크로부터 물이 유출될 수 있도록 허락하는 역지밸브를 갖는 병렬 관로를 설치해야 한다. 이중동작 수위조절밸브가 단일동작 수위조절밸브에 역지밸브를 더한 것보다 저렴할지라도 통상적으로 비상 상황 시 이중동작 수위조절밸브의 개방 실패 위험이 존재하므로 역지밸브를 갖는 단일동작 수위조절밸브가 더욱 신뢰할 수 있는 것으로 간주된다.

수위조절밸브가 월류를 방지할 수 있으므로 월류가 발생하지 않을 것 같은 조건들에서는 이 밸브를 사용하지 않는다. 예를 들어 적정한 알람과 함께 SCADA 시스템을 이용하여 탱크수위를 감시하면 월류 위험은 최소화된다. 유량은 적지만 펌프가 가동 중이고 압력영역 내 최종 탱크의 수위조절밸브가 폐쇄되어 있으면 배・급수시스템 내에서 극단적인 압력 상승이 발생한다.

10.7.2 전기방식 및 코팅

충분하게 보호되지 않으면 금속탱크 내 물과 공기의 존재는 탱크를 급속히 부식시킨다. 다양한 형식의 페인트와 코팅들이 유용하다. 이러한 코팅들은 관련 규정에 의해 승인되어야 하고 AWWA D102, (AWWA, 1997a)에 따라 적용되어야 한다. 탱크의 내부와 외부를 도장하기 위해 다른 형식의 페인트들이 필요하다. 새로운 형식들의 코팅들이 정기적으로 도입되고 승인되기 때문에 설계 기술자는 코팅 공급자들과 항상 긴밀한 관계를 유지하는 것이 중요하다. 코팅의 파손을 방지하기 위해 엄격한 페인팅 검사와 빈번한 후속 검사가 필요하다(Drisko, 1980; Dubcak, 1994; Knoy, 1983; Roetter, 1987).

또한 전기방식시스템을 사용하여 많은 금속 탱크들을 보호할 수 있다. 전기방식은 금속이 전해질인 물과 접촉할 때 발생하는 자연부식전류를 감소시켜 탱크 내부의 금속을 보호한다. 탱크의 전기방식은 물속에 부유된 전극시스템을 통해 전류를 직접 통과시키는 것을 포함한다. 전기방식의 이점들이 문서화되었지만 결빙이 형성되어 전기방식시스템을 손상시키는 지역에서는 탱크 내 상당한 문제를 발생시킬 수 있다. 전기방식시스템의 설치는 AWWA D104(AWWA, 1998a)에 기술되었다.

10.7.3 월류 및 배기

탱크는 탱크로부터 최대 가능 월류량(예를 들어 펌프가 가동 중이나 수위조절밸브의 파손)을 처리할 수 있는 능력을 갖는 월류배관을 갖추어야 한다. 탱크내로 새들과 벌레들이 유입되는 것을 방지할 수 있도록 토출측에 air gap과 역지밸브를 갖추어야 한다. 적용 가능한 환경규정과 하류측 홍수의 가능성에 대비하여 탱크에 체류조와 탱크 부식 보호가 필요할 수 있다.

또한 탱크의 배수와 충수 기간 동안 탱크로의 대량의 공기 유입 및 유출을 필요로 한다. 공기 유입시 새들과 벌레들이 탱크로 유입되는 것을 방지하기 위해 스크린이 필요하다. 결빙시 얼음이 배기구를 막는 것을 방지하기 위해 동결방지 설계가 필요하다.

CHAPTER 11 저류시설에서의 수질관리

역자: 김진근, 이송희, 이병두, 김재원

11.1 서론

저류시설은 배·급수시스템에서 필수요소이다. 전통적으로 이 시설은 비상공급제공, 수압균등화, 일일 사용량과 균등화 등 수리적 필요사항 충족을 위해 설계, 운영되어 왔다. 그러나, 저류시설의 설계와 운영은 수질에 부정적인 영향을 줄 수 있으므로, 이런 잠재적인 영향은 배·급수시스템의 탱크와 조의 설계, 운영, 유지관리에서 고려되어야 한다.

이 주제에 대해서는 AWWARF의 후원을 받아 최근에 출간된 두 연구보고서(Grayman 등, 1999, Kirmeyer 등, 1999)에서 심도있게 기술되었다.

11.1.1 개요

처리수 저류탱크와 조는 대부분의 수돗물 배·급수시스템의 필수 부분으로 펌핑 필요 운영압력을 균등화하고 소화수나 펌핑 고장 시 비상용수 공급을 위해 사용된다. 탱크의 크기는 다양하며, 지상형 또는 고가수위형일 수 있고 유입유출이 동시에 일어나 채우고 빼쓰는(fill and draw) 형태가 될 수도 있다. 배·급수저장은 처리나 접촉시간 요구사항의 일부가 아닌 시설로 정의된다.

그러나 수질측면에서 그들의 영향은 대개 부정적이다. 저류시설에서 장기간 체류는 벌크수 감소(bulk water decay)를 통해 소독제 잔류농도 감소를 유발하고, 배·급수시스템에서 미생물 재성장을 촉진시키며, 특히 유리잔류염소가 있을 때 건강에 해로운 소독부산물을 증가시킨다. 불량한 혼합은 정상보다 더 긴 체류시간을 갖는 공간을 형성함으로써 이런 영향을 악화시킨다. 따라서 긴 체류시간은 두 가지 문제의 원인이 될 수 있다. 불충분한 사용과 불량교반, 더욱이 부적절한 유지관리는 저류시설로의 오염물질 유입경로를 제공하거나 그것들의 성장을 촉진할 수 있다.

11.1.2 정의

배·급수시스템 저류탱크와 조. 처리과정의 일부인 정수지의 반대로 배·급수시스템의 내 또는 일부인 저류시설

체류시간. 저장시설에 머무는 물의 평균 시간길이

배수탑. 직경보다 높이가 큰 일반적으로 원형인 실린더형 입형 탱크

전산유체역학(CFD). 액체나 기체의 운동역학을 모의하는 수학 모델링

시스템 모델. 물리적 공정이 경험적 관계로 대표되는 모델군(class of model)

정수지. 처리공정의 마지막에서 접촉시간이나 혼화를 제공하기 위한 단위공정

11.2 수질문제

화학적, 생물학적, 물리적인 세 가지 주요 문제가 저류시설에서 발생한다. 많은 문제들이 하나 이상의 범주에 속한다. 이런 잠재적 수질문제의 원인 및 개선 방안이 이 부분에서 논의된다.

11.2.1 화학적 문제

처리수 저류시설과 관련된 몇 가지 문제들은 화학적 반응에 기인하거나 그 결과이다. 예로는 잔류소독제 손실, 소독부산물 생성, 맛·냄새 유발, pH 증가, 부식, 철망간 생성, 황화수소 생성, 내부코팅 용출 등이다. 잔류 소독제 손실과 소독부산물 생성은 가장 흔한 화학적 문제이고, 잔류소독제 손실은 다른 미생물학적 문제로 이어지고 다음에 기술된다.

11.2.1.1 잔류소독제 손실

잔류소독제 손실은 대개 유리염소나 총염소로써 2차 소독제 감소에서 기인하는 화학적 공정이다. 이것은 아마도 가장 흔한 수질 관심사이고 시간과 소독제 감소(손실) 속도의 함수이다. 손실속도는 미생물학적 활동, 온도, 질산화, 자외선 노출, 유기물 및 무기물과 같은 염소요구량의 양과 형태에 영향을 받는다. 저류시설 물의 양은 저장조의 표면적에 노출되는 양에 비해 많으므로 염소감소에 대한 벽과 바닥의 영향은 대개 중요하지 않다. 따라서, 저류시설에서의 염소감소는 대개 벽효과보다는 벌크 수 감소에 기인한다. 처리수의 저류시설은 수용가에게 제공되기 전에 배·급수시스템에 머무르는 시간을 증가시켜 소독제 감소에 영향을 준다.

저장된 물의 실제 체류시간은 불량한 교체율(turnover rate)과 함께 몇 주 심지어 몇 달로 매우 길 수 있다. 긴 체류시간은 잔류소독제가 완전히 고갈되어 배·급수시스템의 저류시설 후속 공정에서 발생할 수 있는 미생물 재성장으로부터 처리수를 보호하지 못한다. 그 결과는 수용가에게 공급되는 수질과 먹는물의 규정 준수에 부정적 영향을 준다.

11.2.1.2 소독부산물 생성

소독부산물은 사용되는 소독제가 처리수의 유기물과 화학적으로 반응할 때 생성된다. 생성되는 소독부산물의 종류는 사용되는 1차 소독제의 종류에 따라 변화한다. 소독부산물은 고농도의 자연유기물 때문에 지하수 수원보다 지표수 수원에서 더 높다. 유기물은 또한 처리수 저류시설로 직접 유입될 수 있고, 조류(algae)성장에 의해 내부적으로 증가할 수 있다. 가장 큰 관심은 트리할로메탄과 같은 염소계 소독부산물 규제에 맞춰져 왔다. 유리염소는 결합염소에 비해 고농도의 소독부산물을 생성시키는 경향이 있다. 따라서 모든 것이 같다면 2차 소독으로 클로라민 소독을 하는 시설은 배·급수시스템에서 일반적으로 저농도 THMs와 HAAs 농도를 갖는다.

Regli(1993)에 따르면 소독부산물 생성의 주요인자는 접촉시간, 염소 주입농도, 잔류농도, 수온, pH, 전구물질과 브로마이드이온 농도이다.

처리수 저류시설은 이 여섯가지중 네가지에 영향을 준다. 위에 기술된 바와 같이 저류시설에 접촉시간은 길어지고, 긴 접촉시간은 대개 소독부산물 생성을 증가시킨다. 저류시설 내 재염소시스템은 고농도 잔류염소에 노출시키며 소독부산물 생성능을 증가시킨다. 여름철에 강재 탱크로부터의 고수온은 화학반응이 고수온에서 더 빨리 더 심하게 진행되므로 소독부산물 농도를 증가시킬 수 있다. 최종적으로 pH가 콘크리트 표면으로부터 수산화물과 탄산염의 용출에 의해 증가될 수 있으며 따라서 THMs 생성능을 증가시킨다.

11.2.1.3 맛·냄새

Burlingame and Anselme(1995)는 건축재료, 외부오염물, 생물학적 활동, 잔류소독제와 소독부산물로부터 나오는 것을 포함하여 배·급수시스템에서 맛·냄새의 원인들을 보고하였다.

처리수 공급시설에 사용되는 건축재료는 맛·냄새 문제를 일으킨다. Burlingame과 Anselme(1995)는 저수조 라이닝으로부터 용출되는 많은 냄새유발 유기용매의 예를 인용했다. 예로, 한 군데의 배·급수시스템에서 용매같은 냄새 민원은 저수조의 역청(bitumastic)과 에폭스 코팅의 유기오염물로부터 유래되는 것으로 밝혀졌다.

배·급수시스템의 정체구역에서 혐기성 미생물학적 활동은 황화수소가스와 같은 황화합물을 생산한다. 처리수 저류시설의 바닥 침전물은 혐기성 활동이 용이한 조건을 만들 수 있다. 잔류소독제 손실과 후속되는 미생물학적 성장은 이론적으로는 냄새를 유발한다. 이 상황이 필라델피아의 한 배수탑에서 수용가민원을 유발시켰다(Burlingame and Brock, 1985).

Burlingame and Anselme(1995)는 강한 냄새가 chlorophenol을 chloroanisole로 변형시킨 곰팡이와 연결된 파리의 Montiel(1987)연구를 요약했다. 적정하게 처리된 지표수에 도입된 염소는 염소주입량과 접촉시간에 따라 물의 냄새 역치농도(화학물질 농도)를 증가시킨다. 따라서 재염소는 주의 깊게 행해져야 한다. THMs과 같은 소독부산물은 요오드나 브롬이온이 있거나 조류성장이 있을 때 약품냄새를 유발할 수 있다.

Burlingame and Anselme(1995)는 맛 · 냄새에 대한 보존기간 문제를 제기했다. 건축재질에 관계없이 물의 맛과 냄새는 변할 수 있다. 어떤 조건하에서 염소냄새는 감소할 수 있으나 염소의 손실은 맛 · 냄새 마스킹(masking) 효과를 없앨 수 있다.

교차연결은 맛 · 냄새를 유발하는 또 다른 외부오염물질이다. Burlingame and Anselme (1995)는 미국수도시스템으로부터 몇 가지 예를 인용했다. 저류시설의 배수관 또는 월류관들의 교차연결은 유사한 오염문제를 유발할 수 있다. 저류시설과 관련된 교차연결이 일어나지 않도록 점검하는데 부지런해야 한다.

11.2.1.4 pH 상승

배 · 급수시스템에서 pH 안정성의 부족은 수질저하에 기여할 수 있다. 안정적인 pH는 효과적인 부식제어 피동(passivating)층을 만들고 유지시키는데 필수적이다. 게다가 저장기간중에 발생할 수 있는 높은 pH는 THMs 생성가능성을 증가시킨다. 저장시설에서 pH는 몇 가지에서 변화할 수 있다. 많은 지하수에서 그런 것처럼 수원에서 이산화탄소농도가 높으면 저장시설에서 CO_2가 전환되어 pH가 상승한다. 재염소처리는 재염소제에 따라 pH를 상승 또는 하강시킬 수 있다.

콘크리트 저장시설은 특히 새 것의 경우 벽이나 바닥과 접촉하는 물의 pH를 상승시킨다. 저장시설에 장기간 체류같은 벽에 장시간 노출은 pH 상승정도에 영향을 미칠 수 있다. 이 체류시간을 줄이는 것이 문제를 줄이는데 도움이 된다. 기능적으로 수도시설에서는 수위를 더 변화시키고 물과 접촉하는 지역에 내부코팅을 할 수 있다.

11.2.1.5 부식

소비자는 저장시설의 노출된 금속표면으로부터 철과 관련된 문제가 있을 경우 녹물(적수)을 감지하게 된다. 적수량은 pH, 물의 알칼리도나 수온, 적정한 음극보호장치의 유무, 내부코팅의 충실도와 유량과 같은 많은 요소에 의존한다. 저장시설표면의 내부부식 방지는 적절하게 설치되고, 보정되고, 유지되는 음극보호와 내부코팅이 적절하게 조사되고 유지되는 것을 요구한다.

11.2.1.6 철과 망간의 축적

수원의 용존 철, 망간은 특히 체류시간이 길거나 염소나 산소같은 산화제가 존재할 때 침전되어 저장시설에서 가라앉을 수 있다. 부적절한 양의 봉쇄제(sequestering agent)가 사용되거나 체류시간이 길 경우, 철, 망간이 저장시설이나 배 · 급수관망의 물로부터 나오거나, 수도관내의 침전물은 수도관이나 소화전 파열, 소화용수 수요, 소화전에서 유량시험 등에 의해 유속이 증가하면 교란될 수 있다(AWWA, 1986a). 이 침전물은 저수조에 들어가서 재침전된다. 금속물질이 수질에 부정적 영향을 주는 수준까지 축적되는 것을 방지하기 위해 저장시설로부터 저장된 침전물 제거를 위한 규칙적인 세정프로그램이 유익하다. 정수지내에 침전된 철, 망간이나 다른 침전물은 급격한 송수량에 의해 정수로 다시 들어올 수 있다.

11.2.1.7 황화수소의 발생

황화수소 가스는 달걀 썩는 냄새 때문에 심미적 관심사이다. 이것은 산소가 거의 없는 지하수에서 자연스럽게 발생할 수 있고, 황산이온 농도, 황 환원세균, 과도한 전자가 높거나, 용존산소가 낮거나 없는 조건의 배·급수시스템에서 발생할 경향이 크다. 배·급수시스템이나 저장시설에서 물의 체류는 기여요소이고, 반응시간에 영향을 미치고 결과적으로 황화수소 농도에 영향을 미친다(Pettie, 1990). 저장시설은 배·급수시스템의 전체적인 체류시간을 상당히 증가시킨다. 저장시설의 폭기나 환기시스템은 조건을 개선시킬 수 있다.

11.2.1.8 내부코팅으로부터의 용출

보호코팅이나 라이닝에 함유된 화학물질은 화학적 조성의 이동속도(rate of migration), 수온 등에 따라 장기간에 걸쳐 처리수로 용출된다. 코팅이 처리수 저장시설에 적용된 후에 휘발성 유기물질은 충분한 시간이 적용되지 않으면 물에 유입될 수 있다. 배·급수시스템에 사용된 다섯 가지 유기코팅에 대한 미국수도협회 연구재단의 연구에 의하면 처음 사용개시 30일 동안 1 $\mu g/L$ 이상의 오염물질 농도가 확인되었다. 유기 페인트와 코팅은 종종 세균성장을 돕는 영양물질을 포함한다. 용출물로부터의 유기물 농도는 동일 온도에서 장기간의 공기건조에 비해 물과 접촉 시에는 빠른 속도로 감소한다. AWWARF 연구는 용출물 농도에 미치는 염소의 영향을 관찰했고, 용출물에서 염소계 부산물은 물안의 전체 용출농도에 기여하는 정도가 미미하다.

11.2.2 미생물학적 문제

미생물은 배·급수시스템의 생물막, 적절하게 소독되지 않은 새로운 또는 보수된 수도관 및 저장시설, 불충분하게 처리된 물, 지하 저수조로 지표수나 지하수 유입, 교차연결로 인해 저장시설로 유입될 수 있다.

추가로 덮개 없는 저수조, 불량하게 건설되거나 불충분하게 유지되는 저장시설 덮개, 지붕, 측벽 접합, 잘못된 배기구, 해치(hatches), 다른 경로를 통해 외부원으로부터 유입될 수 있다. 예로, 몇몇 보고된 살모넬라 증상이 새 배설물에 오염된 저수조에 기인했다(Ongerth, 1971; Smith and Burlingame, 1994). 살모넬라증상은 사망을 일으키는 심각한 질병이다. 다른 미생물학적 오염은 저장조의 대기-물 경계를 통한 대기와 수도관 파열을 통한 것이 있다(Antoun 등, 1995).

11.2.2.1 세균 재성장

세균 재성장과 생물막은 저장시설에 비해 큰 표면적/ 용량 비 때문에 일반적으로 저장시설보다는 공급시스템에서의 문제이다. 저장시설 후에 물의 잔류염소는 낮아지고 수온은 올라간다; 두 요소는 관 시스템내에서 재성장과 생물막의 경향을 증가시킨다. Smith 등(1990)은 배·급수시스템에서 미생물 성장에 좋은 환경을 제공하는 요소로 다음을 확인하였다; 수온의 계절적 변동, 성장 촉진 영양소와 미네랄, 배·급수시스템에서 부식생성물의 발생, 배·급수시스템 소독 방법, 배·급수시스템 수리학(유량, 유속).

세균 재성장은 탱크 표면과 탱크의 비순환 지역에시 흔하다. 미생물의 존재는 법적 관심사이고 염소요구량 증가, 적수문제, 용존산소 감소, 맛·냄새 문제, 질산화에 기여할 수 있다. 미생물 증식에 최적조건을 제공하는 요소로는 긴 체류시간, 적절한 영양소 수준 그리고 따뜻한 수온이다. 이런 생물막 슬라임은 저수조 조사와 세척을 안전하게 수행하기 어렵게 하고 그것들을 제거하는데 특별한 방법이 필요하게 된다. Shoenen(1992)은 저수조에서 세균 재성장은 대개 시스템 의존적이라고 보고했다. 그의 연구는 저수조에서의 성장은 수체내의 용존물질의 영향보다는 관 벽 부착세균의 재현탁으로 이어지는 물의 이동에 의한다고 밝혀냈다.

유기페인트와 코팅은 세균성장을 지원하는 영양물질을 함유한다(Schatz, 1992; Sonntag, 1986). 이 과정은 저수조 구조의 생물부식으로 이어지거나 벽의 공극을 증가시켜 세균군집의 공간을 만든다. 배·급수시스템에 사용되는 모든 물질이 반드시 물과 직접 접촉되게 설치된 것은 아니나, 몇 가지의 경우에 라이닝과 부속물의 공극이 이러한 물질들이 물과 직접 접촉하게 만들어서 세균에게 영양물질로 작용할 수 있는 화학물질을 방출한다. Bellen 등(1993)은 수도시설에서 생물성장을 지원하는 음용수와 접촉하는 물질의 생성능을 측정하는 실험방법을 다듬었다.

11.2.2.2 질산화

질산화는 암모니아를 아질산성질소로, 아질산성질소를 질산성질소로 전환하는 세균에 의한 두 단계 공정이다. 질산화는 암모니아가 자연적으로 존재하는 수돗물시스템과 클로라민 소독법의 일환으로 암모니아를 넣은 시스템에서 발생할 수 있다. 잔류클로라민 농도가 없어지거나 염소, 암모니아 비가 너무 낮을 때 과잉의 유리(free) 암모니아가 존재할 수 있다. 클로라민 소독을 하는 미국 내 중대형시스템의 약 2/3가 어느 정도의 질산화를 경험했다(Kirmeyer 등 1995).

특정 수질이나 시스템 조건이 배·급수시스템에서 질산화로 귀결될 수 있다. 중요한 수질인자는 pH, 수온, 잔류 클로라민, 암모니아 농도, 염소-암모니아 비, 유기화합물의 농도이다. 중요한 시스템 요소는 체류시간, 저수조 디자인과 운영, 관로내 침전물과 결절, 생물막, 그리고 햇빛 부재이다.

배·급수시스템이나 저장시설에서 질산화는 수질에 몇 가지 영향을 준다. 예로 질산화는 배·급수시스템에서 잔류클로라민 농도를 감소시키고, 용존산소를 소모하고 pH를 약간 감소시키고 일반 세균수를 증가시키고, 아질산성질소와 질산성질소를 증가시키고, 유기질소 농도를 증가시키고, 암모니아 농도를 감소시킨다.

저장시설 관점에서 질산화를 감소시키는 방법은 전체적인 체류시간을 감소시키기 위해 교체율(turnover rate)을 증가시키는 것이다. 다른 방법은 사용을 중지하고 파과점 염소소독을 실시하는 것이다. 염소-암모니아 비를 변경하는 것이 사용가능한 암모니아를 감소시켜 질산화 발생을 감소시키는 데 도움이 된다.

11.2.2.3 벌레와 곤충

벌레와 곤충이 처리수 저장시설, 교차연결, 막다른 관(dead-end), 또는 본관 바닥의 침전물 교란을 통해 배·급수시스템에 유입될 수 있다. 작은 벌레처럼 생긴 Midge fly 유충이 환기구나 개구부에 안전한 방충망이 설치되지 않은 시설로 유입될 수 있다. 벌레나 곤충은 축적된 유기물질을 먹이로 해서 관말에서 발생할 수 있다.

11.2.3 물리적 문제들

수질문제는 침전물의 축적과 저장시설로의 오염물질 직접 유입과 같은 물리적 발생과 연결될 수 있다. 이러한 물리적 문제들은 예정된 유지 프로그램이나 원수의 처리로 접근되지 않으면 다른 화학적, 생물학적 문제로 이어질 수 있다. 덮개가 없는 배·급수 저장시설은 수도시설에서 반드시 해결해야 할 특별한 오염 문제를 제공한다.

11.2.3.1 침전물 축적

화학적 침전에 의한 저류시설내 철, 망간의 물속에 존재하는 다른 부유물질도 물에 존재하는 부유물질이 저류시설내에 침전할 수 있다. 입자물질은 수처리시설이 제대로 작동하지 않으면 배·급수시스템에 유입될 수 있다. 침전물은 종종 유속이 느린 저장조에 축적된다. 침전물은 유입량 충격에 의해 재부유할 수 있으며, 침전물은 염소요구량에 기여함으로써 수질저하의 원인이 된다. 한 수도시설에서는 저수조에서 대장균의 증가원인이 축적된 침전물에 의한 것으로 조사되었다(Beuhler 등, 1994). 다른 연구에서 맛·냄새는 다양한 생물학적 성장에 기질이 풍부한 바닥 침전물과 관련된 것으로 추정되었다.

Block 등(1996)은 저류시설과 수도관으로부터 침전시료를 모아서 성분을 분석하였다. 침전물 시료는 색이 붉은 색에서 연갈색, 흑갈색까지 있고, 외관이 다양했다. 내용물은 대개 입자나 플록 또는 두 개의 혼합물이었다. 저수조 침전물 시료의 조성은 다음과 같았다; 불용성(18%), 철산화물(19%), 휘발성 고형물(19%), 수산화알루미늄(15%), 탄산칼슘(10%), 미확인(16%) Block(1996)은 저수조와 관 침전물이 미생물에 의해 심하게 군집화되어 있다고 보고했다.

한 번 저류시설에 침전한 침전물을 배·급수시스템으로 유입되는 것을 방지하는 방법은 유출부에 수직관을 설치하는 것이다. 바닥표면을 뒤집는 흐름을 피하고, 흐름패턴을 개선하기 위해 유입유출 구조를 변경하는 것은 침전물이 배·급수시스템으로 재유입되는 것을 방지한다. 부적절하게 운영되는 정수장의 경우, 더 효과적인 처리 운영 결정을 위한 평가가 유용하다. 침전물 축적을 최소화하기 위한 저류시설 세척 또한 중요하다. 침전물이 저류시설에 도달하기 전에 퇴적된 침전물 제거를 위한 배·급수시스템 플러싱 또한 순서이다.

11.2.3.2 오염물질의 유입

1992년 수도사업 DB 통계에 의하면, 당시 미국내에 300개의 덮개 없는 저수조가 사용되는 것으로 추산되었다. 이런 덮개 없는 저수조는 오염물질이 배·급수시스템으로 유입될 수 있는 기회를 제공한다. 개방된 저수조나 저류시설은 질병발생 생물체를 처리수에 전달할 수 있는 조류 및 다른 동물의 배설물과 같은 오염물질에 잠재적으로 노출되어 있다.

또한 미생물은 바람에 의한 먼지, 파편, 조류(algae)에 의해 개방된 저수조에 유입될 수 있다. 조류는 개방된 저수조에서 충분한 일광과 영양물질과 함께 증식할 수 있다. 나뭇잎과 꽃가루 같은 유기물은 개방된 저수조에서 관심사이다. 개방된 저수조를 덮는 것이나 뚜껑 있는 저류시설로의 교체는 오염물질의 직접 유입가능성을 줄이거나 제거한다. 적절하게 디자인되고 유지되는 튼튼한 뚜껑은 최선의 보호를 제공하며, 유연 멤브레인 뚜껑(flexible membrane cover)은 많은 수도시설에서 경제적인 대안으로 간주된다.

덮개 있는 저류시설은 개방된 저류시설보다 일반적으로 더 보호되나 이것도 출입구, 지붕, 환기구나 다른 경로로 대기로부터 유입되는 미생물에는 취약하다. 조류 배설물이 발견된 미주리주 저류시설에서 수백건의 질병과 다섯건의 사망이 보고되었다(Atkinson,1995). 방충망 유지, 해치(hatch) 잠그기, 뚜껑의 구멍보수, 빈번한 검사 수행은 오염물질이 뚜껑 있는 저류시설로 유입되는 것을 최소화하는데 도움이 된다.

11.2.3.3 수온

저류시설에서 수온은 변하고 구조나 운영방법에 따라 증감된다. 이것은 혼합을 방지하는 성층현상을 유발 할 수 있다. 이 주제는 11.3.2에서 다루어진다.

11.3 저류시설에서 혼합과 수령

처리수 저류탱크와 저수조에서 발생할 수 있는 수질변화는 이러한 시설안에서 물의 혼합 정도와 체류시간에 많은 영향을 받는다. 이러한 구조물내의 유입, 유출과 유체의 이동이 혼합과 체류시간을 결정한다.

11.3.1 이상적인 흐름 체제(Ideal Flow Regimes)

물이 저류탱크나 저수조를 흐르는데 두 가지 이론적인 방법이 있다; 완전 혼합과 완전 비혼합. 이 두가지 이상적인 흐름은 그림 11.1에 예시된 바와 같이 혼합과 플러그 흐름으로 불린다. 혼합흐름에서 저수조로 들어가는 물은 순간적으로 완전히 조수조내 물과 혼합되어 항상 균일한 혼합체이다. 저수조로부터 배출되는 물의 조성은 이 때의 저수조의 균일한 조성과 동일하다. 플러그 흐름에서 물은 저수조의 물과 혼합없이 저수조로 흐른다. 이것은 선입선출(first-in, first-out)이다.

많은 요소가 저수조내의 실제 혼합에 영향을 미쳐서 완전혼합도 아니고 완전 플러그 흐름도 아닌 것을 만든다. 비이상적인 흐름을 만드는 요소로는 열효과, 단락류를 발생시키는 유입부와 유출부 간의 상호작용, 흐름이 불완전한 정체지역, 작은 규모의 파동이 있다.

정수장에서 염소접촉조나 정수지 같은 단위공정은 모든 물이 개략적으로 동일한 체류시간을 갖도록 일반적으로 플러그 흐름 조건으로 설계된다. 배·급수시스템 저류시설은 혼합이나 플러그 흐름으로 설계될 수 있다. 흐름종류를 결정하는데 영향을 주는 주요인자는 소독제 손실의 최소화이다. 소독제의 손실속도는 농도에 의존하므로 염소농도가 높을수록 물안의 다른 오염물질과의 반응으로 더 빠르게 감소한다. 반응역학이 이러한 행동을 보일 때 혼합흐름보다 플러그 흐름에서 소독제 손실이 더 크다(Grayman 등 1999).

플러그흐름은 길고 좁고 얕은 조나, 흐름 모멘텀을 감소시키는 배플, 디퓨져, 침전조 사용을 통해 얻어질 수 있다. 거의 완전한 혼합은 특별한 구조의 추가나 혼합설비의 추가없이 보통의 제트 혼합을 통해 많은 저류탱크에서 관찰될 수 있다(Baur and Eisenbart, 1982; Boulos 등, 1996; Grayman and Clark, 1993; Hammer and Marotz, 1986; Kennedy 등, 1993; Poggenburg 등, 1981).

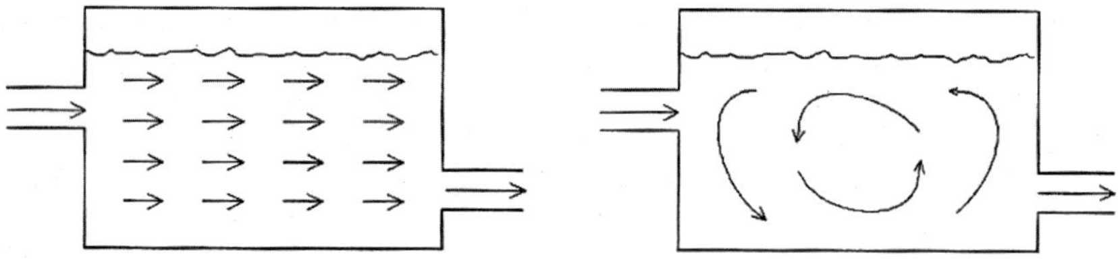

그림 11.1 ▌ 이상적인 흐름 체제

11.3.2 제트혼합

물이 저류탱크에 들어갈 때, 물의 제트가 형성된다. 제트 흐름은 층류나 난류로 분류된다. 원형(circular) 제트에서 레이놀드수는 제트구조에서 일정하며 유입관을 빠져나가는 흐름의 것과 동일하다. 완전난류제트는 레이놀드수가 3,000이상이고, 층류제트는 1,000이하로 특징지어 진다. 난류제트에서 물이 유입부로부터 이동함에 따라, 제트의 직경은 주변물이 제트에 갇힘에 따라 확대된다. 제트가 자유수면이나 경계에 도착하면 물의 방향이 바뀌어 더 혼합된다. 이러한 거동은 Okita와 Oyama(1963)로부터 변형된 그림 11.2와 같이 일련의 다이아그램으로 나타내었다. 난류제트혼합은 저류탱크에서 주요 혼합메카니즘을 나타낸다. 층류제트에서 유입수와 주변수는 몇 개의 개체로서 분자 확산의 매우 느린 메카니즘에 의해 혼합이 발생한다.

수온차의 힘은 제트혼합에 영향을 준다. 유입수가 탱크수보다 따뜻하거나 차가우면 결과적으로 제트는 부유하고 수온차나 연계된 밀도차가 운동의 또다른 원인을 제공한다. 양(+)의 부유제트(유입수온이 주변수온보다 높을 경우)는 상승하고, 부(−)의 부유제트(유입수온이 주변수온보다 낮을 경우)의 경우 수직 운동이 제한된다. 유입수와 주변수의 온도차이는 탱크벽, 수표면 위의 공기를 통한 열교환 또는 시스템내 운영변화에 의한 유입수온 변화에 기인한다. 혼합원인으로서 부유제트의 거동과 유효성은 모멘텀과 부력 두 가지 구동력의 상호작용에 지배된다.

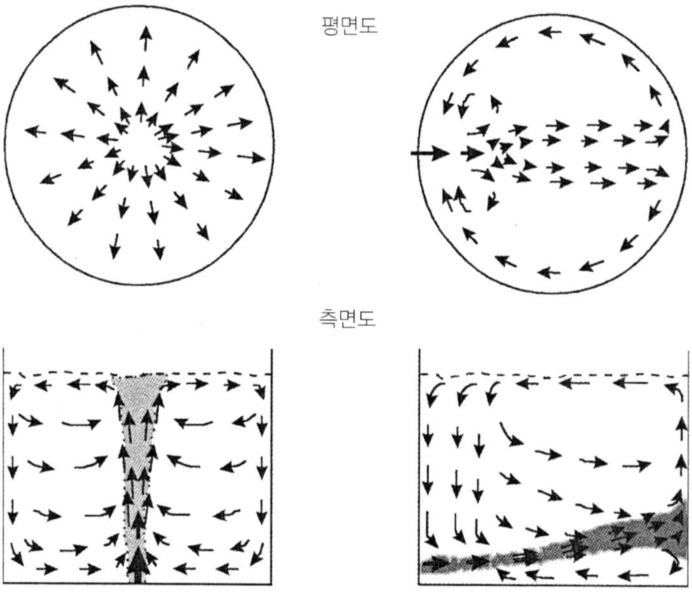

그림 11.2 ▌ 제트혼합(Based on Okita and Oyama, 1963).

11.3.3 혼합시간

제트혼합은 대형 저장조의 내용물을 혼합하는 유용한 수단으로 화학공정과 유류산업에서 흔히 사용된다. 이러한 산업에서의 경험은 음용수 저장시설의 혼합에 적용될 수 있다. 유류산업에서 Fossett와 Prosser(1949)는 유입 직경과 방향이 다른 구경과 높이의 탱크혼합에 미치는 영향을 연구했다. 그 연구와 다른 연구들에서 제트믹서의 효과는 혼합시간을 결정함으로써 측정된다. 혼합시간은 기지량의 추적자 물질이 일정수준의 탱크내 균일 농도에 도달하는 시간이다. 혼합시간과 탱크규격, 유량과 관련한 연구 결과는 Fossett (1977), Hyman(1973), Rossman and Gray(1999) and Simpson(1975)에 연구되었으며 표 11.1에 요약되었다. 각 수식은 탱크의 크기가 증가할수록 혼합시간이 증가하고, 모멘텀 플럭스(유량×속도)가 증가할수록 감소한다.

표 11.1 ▌ 저류탱크에 대한 혼합시간 공식

조사자	공 식	상 수	비 고
Fossett & Prosser(1949)	$\frac{KD^2}{M^{1/2}}$	$K=8$	D : 탱크 직경 M : 유입 모멘텀 유속×유량
Van de Vusse(1959)	$\frac{KD^2}{M^{1/2}}$	$K=9$	
Okita & Oyama(1963)	$\frac{KH^{1/2}D^{3/2}}{M^{1/2}}$	$K=4.9$ $Re > 5000$	H : 수위
Fox & Gex(1956)	$\frac{KH^{1/2}D}{Re^{1/6}M^{2/3}g^{1/6}}$	K, 단위에 따라 다름	Re : 레이놀즈수 g : 중력가속도
Rossman & Grayman	$\frac{KV^{2/3}}{M^{1/2}}$	$K=10.2$	V : 탱크 체적

11.3.4 성층

탱크안의 물은 저장시설의 벽이나 대기와 열교환 할 수 있고, 주변 환경과도 열교환 할 수 있다. 여기에 기인한 냉각이나 가온은 탱크 내 내용물과 탱크 유입수의 온도차를 발생시킬 수 있다. 또한 수온차이는 공급원의 수온변화에 기인할 수 있다. 탱크 내용물과 유입수의 온도차이는 상응하는 밀도차를 만들고, 유입기간 중에 부력발달의 원인이 된다. 음의 부력은 유입수가 탱크 내용물보다 차거나 무거울 때 발생하고, 양의 부력은 반대의 경우에 발생한다. 과도한 부력의 유입제트는 유효한 혼합장치로서의 기능을 중지시키고 탱크의 일정 부분에서 안정적인 성층조건을 만든다.

호소나 강과 같은 무제한 또는 일부 제한된 수체로의 제트방류에서 밀도 Froude(Fr)수가 안정성의 척도이다(Fischer 등, 1999). F_r은 부력에 대한 관성력의 비이며 다음과 같이 계산된다.

$$F_r = \frac{u}{(g^1 d)^{1/2}} \tag{11.1}$$

여기서 u = 방류유속, d = 방류관경,

$g' = g(\rho_f - \rho_a)\rho_a$ g = 중력가속도,

ρ_f = 방류수 밀도, 그리고 ρ_a = 주변물의 밀도

Fischer 등(1999)은 실험적으로 제한없는 지역으로 음의 수직 부유제트 방류의 최종 상승높이는 d와 F_r의 곱에 비례하고 비례상수는 0.5~0.7임을 보여주었다. Lee와 Jirka (1981)는 제한없는 수평범위 환경으로 양의 수직 부유제트 방류에서, 성층조건은 F_r>4.6H/d일 때 피할 수 있음을 증명하였으며 여기서 H는 수심, d는 유입구경이다. Rossman과 Grayman(1999)은 탱크내 성층효과를 연구하기 위해 스케일 모델링을 이용하였다. Jirka와 Lee 방정식 F_r>CH/d의 일반적인 형태와 유사한 공식에서 음이거나 양인 수평과 수직형 제트를 가진 탱크의 C값을 개발했다. 위의 참고문헌 연구에 근거하여 탱크의 스케일 모델로부터 유래되고 적용가능한 다양한 조건에 대한 C값이 표 11.2에 비교되었다. 실규모 탱크에 대한 적용성은 검증되지 않았다.

표 11.2 | 성층분류계수

유입 방향	유입 부양	탱크 실험으로부터 계수	불구속된 조건의 계수
수직	Negative	0.8	0.5~0.7
수직	Positive	1.5	4.6
수평	Negative	1.5	–
수평	Positive	0.8	–

11.3.5 수령

수질저하는 종종 수령(water age)과 관련이 있다. 잔류소독제의 손실, 소독부산물 생성, 세균재성장이 모두 수령증가에 기인한다. 결과로서, 배·급수저장시설의 설계와 운영에서의 목적은 체류시간의 최소화와 수체가 저장시설내 장기간 체류하는 것을 방지하는 것이다. 허용가능한 체류시간은 수질, 반응성, 사용된 소독제의 종류, 저장시설로의 물의 유입유출간 이동시간이다. 저수조 내의 평균 체류시간은 유입유출 패턴과 저수조 내 물의 양에 의존한다. 채우고 빼는 저장시설 운영에서 체류시간은 평균적으로 채우고 빼는 사이클 동안 교체되는 물의 비율로 나누어서 추정한다. 수학적으로 이것은 다음 식으로 표현된다.

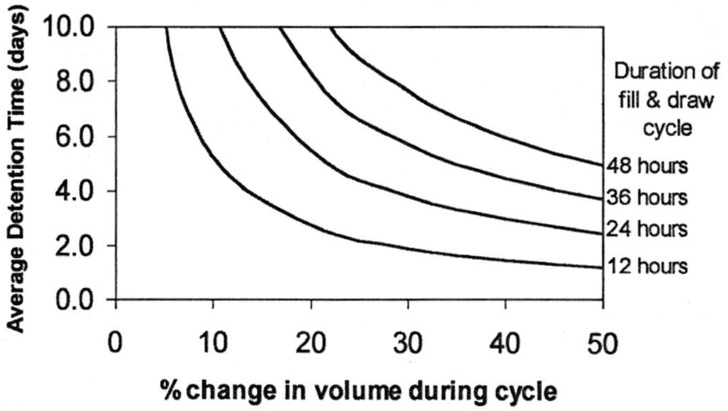

그림 11.3 | 채우고 빼는 저수조에서 평균 체류시간

$$\text{평균 체류시간} = [0.5 + (V/\Delta V)](\tau_d + \tau_f) \qquad (11.2)$$

여기서 τ_f =채우는 시간, τ_d =빼는 시간, V=채우기 시작 때의 물의 양
ΔV=채우는 기간 중의 물의 부피 변화

이 방정식의 적용결과는 그림 11.3에 나타냈다. 예로, 하루에 한 번 채우고 빼는 사이클을 갖는 그리고 20%의 물이 교환되는 저수조의 경우 평균 체류시간은 5.5일이다.

11.4 모니터링과 시료채취

저장시설에서 수질모니터링과 시료채취는 수도시설이 양질의 수질을 확인하고, 수질문제를 예측하고, 조사로부터 자료를 보충하고 유지계획 수립을 돕고 수도시설의 법규 준수에 매우 중요한 행위이다. 모니터링 프로그램은 좋은 설계, 운영, 조사와 유지에 부가되는 것으로 간주된다.

11.4.1 일상적인 모니터링

먹는물 수질법규는 급수와 저장시설에 적용되며 관심은 공중보건의 요소이다. 대부분의 법규적 관심 수질인자는 표 11.3에 열거된 것을 포함한다. 기술한 바와 같이 배·급수시스템에서 잔류소독제 유지, 일반세균과 대장균으로 표현되는 미생물학적 활동을 낮게 유지하는 것, 또한 소독부산물을 낮게 유지하는 것이 강조된다. 법규는 실제로는 저장시설에서 시료 채취를 요구하지 않지만 저장시설은 배·급수시스템의 필요 부분이므로 저장시설내 일상적인 시료채취가 높게 추천된다. 수질 법규에 부가하여, 대부분의 주는 세정과 관리 후의 소독을 규정하고 크기, 위치, 관통, 코팅, 라이닝 등을 법규나 매뉴얼에 근거하여

표 11.3 ▌ 저장시설에서 수질인자와 관련 규정들

항 목	시료채취위치	규제값	참 고	비 고
잔류소독제	배·급수 시스템 유입부	연속적으로 0.2mg/L	미국 SWTR	지표수 사용 시스템에만 적용
			영국	최대값과 최소값에 대한 규정 없음. 잔류농도는 적정한 미생물학적 수질 유지에 충분해야 함
잔류소독제 또는 일반세균수	전체 배·급수 시스템	감지할 정도의 잔류소독제 또는 매월 측정시료의 2개월 연속 95% 이상 시료에서 일반세균수 500CFU/mL 이하	미국 SWTR	지표수 사용 시스템에만 적용. Legionella도 처리기준(TT)에 의해 규제됨
	저류시설		영국	영국 저류시설은 일반세균 검사를 위해 매주 시료채취가 요구됨
THMs	전체 배·급수 시스템	분기시료 대상 이동평균, 100μg/L	총트리할로메탄법	10,000 이상 배·급수시스템
		3개월 rolling 평균, 100μg/L	영국 Prescribed Concentration of Value(PCV)	연간 채수시료가 4개 미만일 경우 어느 시료도 100μg/L 초과금지
총대장균군	전체 배·급수시스템	95% 시료에서 0CFU	TCR	서비스 공급 인구에 따라 시료 수 결정
	저류시설		영국	영국 저장시설은 매주 시료채취가 요구됨

규정하고 있다. 중요한 주(state) 참고문헌은 미국수도협회의 표준과 매뉴얼, 10개 주 표준(Ten States Standards 1997), 국가 위생재단 표준(NSF)을 포함한다. 음용수에 추가하여 우수관거나 지표수에 염소 소독된 물이 배출될 때 반드시 준수해야 할 환경표준들이 있다.

11.4.1.1 수질의 전형적인 항목들

처리수 저류시설에서 모니터 되어야 할 항목은 수도시설의 요구와 샘플링 필요에 따른다. 저류시설에서의 샘플링은 수처리, 소독, 배·급수시스템 시설운영 수질에 대한 계절적 영향 정보를 제공한다. 모니터링 프로그램을 개발할 때 잔류염소, 일반세균, 대장균에 대한 최소 프로그램을 세워야 한다. 모든 항목이 모든 시설에서 연중 모니터링 될 필요는 없다. 모니터링 프로그램을 개발할 때 각 수도시설의 필요사항들을 평가하는 것은 필수적이다. 표 11.4는 몇몇 모니터링 되는 수질항목과 샘플링 선택사항이다.

저류시설의 물에 대해 열거한 수질항목외에 수도시설은 세가지 특별한 모니터링 문제를 평가해야 한다; 질산화, 침전물, 생물막. 질산화 발생 모니터링은 벌크 수 문제이다. 침전물과 생물막은 물관련 항목이 아니고 저류시설 내 항목이지만 수질에 영향을 미친다.

표 11.4 | 정수(Finished Water) 저장시설에서 수질인자

항 목	목 적	사용된 시료 채취 방법
알칼리도	pH 변화에 대한 완충능력을 나타냄	온라인 이온 선택식 전극 또는 그랩 샘플과 실험실 분석
알루미늄	잠재적인 응집제 과다투입을 나타냄	온라인 이온 선택식 전극 또는 그랩 샘플과 실험실 분석
암모니아, 총 또는 유리	질산화에 대한 잠재력을 나타냄	온라인 이온 선택식 전극 또는 그랩 샘플과 실험실 분석
잔류염소, 총 또는 유리	세균형성에 대한 보호, 수질저하에 대한 조기경보신호 제공, 재염소(실시시) 제어를 위해 유입유출 감시	온라인 비색분석기 또는 그랩 샘플과 전류적정 실험실 분석
대장균군, 총 또는 분변성	세균존재를 나타냄, 수질저하의 조기경보신호 제공	그랩 샘플과 실험실 분석
전기전도도	알칼리도 같은 총 용존고형물의 상대적 변화를 빠르게 나타냄	온라인 이온 선택식 전극 또는 그랩 샘플과 실험실 분석
소독부산물	진행중인 화학반응과 소독부산물 생성능을 나타냄	그랩 샘플과 실험실 분석
일반세균	MCL(최대 허용농도) 준수, 수질저하 조기징후를 나타냄	그랩 샘플과 실험실 분석
철	잠재적인 부식반응을 나타냄	온라인 이온 선택식 전극 또는 그랩 샘플과 실험실 분석
질산성질소	질산화 가능성을 나타냄	온라인 이온 선택식 전극 또는 그랩 샘플과 실험실 분석
아질산성질소	질산화 가능성을 나타냄	온라인 이온 선택식 전극 또는 그랩 샘플과 실험실 분석
pH	수원으로부터의 변화를 나타냄, 콘크리트나 새로운 비부식 시설의 부식을 나타냄	온라인 이온 선택식 전극 또는 그랩 샘플과 실험실 분석
맛·냄새	수질문제 진행의 증거	그랩 샘플과 실험실 분석
수온	저류시설내 차이는 성층과 정체구역 가능성을 나타냄. 미생물 문제의 조기 징후를 제공	온라인 센서
탁도	수질저하의 조기 징후를 제공	온라인 탁도계와 분석기

11.4.1.2 질산화 모니터링 항목

2차 소독으로 클로라민 소독을 시행하는 수도시설에 대해 Kirmeyer 등(1995)은 배·급수시스템에서 질산화를 예측하고 인지하기 위한 모니터링 전략을 추천했다. 클로라민 소독을 실시하는 개별 수도시설은 처리수 저장시설에서 질산화 발생을 인지하기 위한 구체적인 모니터링 프로그램을 개발해야 한다. 표 11.5는 배·급수시스템에서 질산화를 결정하는 최소, 추천 그리고 추가 수질항목을 열거하고 있다.

표 11.5 ▌ 질산화 모니터링 항목

최 소	권 장	추 가
일반세균	일반세균	용존산소
질산성 질소	질산성 질소	알카리도
아질산성 질소	아질산성 질소	pH
암모니아	자유 및 총 암모니아	TOC
염소	염소 주입율 결합잔류염소 수온	DOC AOC 암모니아-소비 미생물 수

11.4.1.3 침전물 항목

저류시설의 침전물은 대개 물 밖이지만 수질에 영향을 미칠 수 있다. 침전물 모니터링과 관련된 규정은 없다. 철, 망간, 탁도, 부유물질, 침전된 칼슘경도와 같은 부유물은 유속이 최소인 곳에 침전할 수 있다. 충격류(flow surge)에 의한 침전물의 재용해는 수질저하의 잠재원이며 소독제 요구량에 기여한다. 법적 사항은 아니지만 침전물 샘플링은 맛·냄새나 반복되는 세균과 같은 수질문제 원인에 대한 정보를 제공해 주기 때문에 수도시설에 유용하다. 따라서 침전물 축적 모니터링은 침전물에 의한 수질문제를 최소화하기 위해 사용될 수 있다. 수도시설에서 침전물 축적 속도 결정은 세척시간 간의 주기결정에 유용한 도구이다. 침전물 분석은 과도한 알루미늄 잔류물과 같은 처리 운영에 대한 유용한 정보를 제공한다. 표 11.6은 침전물 시료를 평가하는데 사용을 고려할 항목들을 열거하였다.

수도사업자가 침전물 시료채취를 결정할 때 침전물 수집방법 개발이 필요하다. 침전물 시료 채취는 수도시설이 사용 중일 때는 어렵다. 시료 채취의 최상 기회는 배수 후나 세정작업 전이다. 시료 채취의 추천방법은 침전물 게이지의 사용이다. 강우계 운영원리에 의해

표 11.6 ▌ 질산화 모니터링 항목

매개변수	존재에 따른 의미
산화철	배·급수시스템 부식
수산화 알루미늄	Afterfloc에 기인한 과도한 알루미늄
중탄산 칼슘	경수에서 미네랄의 과포화
마그네슘	수원 문제
일반세균	- 맛과 냄새 문제의 근원이 될 수 있음 - 미생물 재증식 가능성
침전물 양	- 침전물 축적율 - 재부양에 기인한 잔류염소 소비
미생물 검사	시스템 교차연결, 불량한 수리학 순환, 실패한 시설물 screening

운영되는 침전물 게이지는 저장시설 바닥에 고정된 보정된 실린더이다. 게이지는 기지의 시료면적, 주변시설 바닥의 대표시료, 보정된 깊이 측정, 시설배수 후 교란되지 않은 시료를 제공한다.

11.4.1.4 생물막 항목

세균, 대장균, 일반세균의 분석을 위한 처리수 저류시설의 연속, 그랩 시료채취는 물속의 생물체 결정자료를 제공한다. 생물막은 맛·냄새 문제, 잔류소독제 손실, 반복적인 세균 문제의 잠재원이 될 수 있다. 침전물 모니터링과 같이 생물막 모니터링도 규정상 요구되지는 않지만 샘플링 프로그램에 포함시키는 것은 수도사업자가 잠재적인 문제에 선제적으로 대응하고 문제가 발생했을 때 보다 빨리 원인을 인지하는데 도움을 준다.

생물막은 물과 탱크 경계면에서 발생한다. 생물막 성장의 잠재적 영역은 침전물 선에서 최대 수위선까지 모든 시설의 벽을 포함한다. 몇몇 특정지역(운영 중 항상 잠기는 표면, 운영 중 수위가 변동하는 지역, 정체지역)이 생물막 모니터링에 고려되어야 한다.

생물막 시료채취는 배수 후와 세정작업 전에 침전물 수집과 결합될 수 있다. 수도 사업자는 시설과 분석능력에 최적인 시료수집 방법을 개발할 필요가 있다. 가능한 접근법 하나는 시편(coupon) 방법이다. 이 방법에서 표준화된 크기의 시편이 탱크의 내부코팅과 동일한 방법으로 처리된다. 시편은 시료 채취 위치의 탱크벽과 수직을 이루고 운영기간 동안 남겨둔다. 다음 청소기간에 시편은 제거되고 분석을 위해 실험실로 이동된다. 이 방법은 표준화된 표면적을 제공하고 탱크벽 상태를 복제하고 수집을 단순화한다.

11.4.2 시료채취 방법 및 장비

시료채취 방법과 장비는 서로 얽혀있다. 시료채취방법 결정은 작업에 필요한 장비를 결정한다. 두 종류의 시료가 수집 될 수 있다; 그랩(grab) 샘플과 연속 샘플. 둘 간의 차이는 다음과 같이 정의된다. 만약 샘플이 수동으로 수집되고 분석되면 그랩샘플이다. 만약 시료채취가 센서와 원격저장소에 의해 수행되면 연속 샘플링 또는 모니터링으로 간주된다. 그랩시료는 더 노동집약적이고 시설에 따라서는 수집하기가 어렵다. 이들은 시료채취 시점에 수질상태의 스냅 샷을 제공한다. 연속 샘플링/모니터링은 고가장비와 장비 유지시간을 요구한다. 이 방법은 연속적인 수질변화 값을 제공한다. 그랩이나 연속모니터링 장비에 사용되는 재료는 미생물의 성장을 촉진하거나 억제할 수 있고 채수되는 물에 금속이나 화학물질을 방출할 수 있으므로 신중하게 고려되어야 한다. 종합적인 모니터링 계획은 수도시설의 모니터링 프로그램을 완벽하게 하기 위해 그랩과 연속방법을 모두 사용할 수 있다.

그랩채취는 저장된 물에 설치된 채수꼭지나 해치를 통해 접근할 수 있다. 해치를 통한 시료채취는 일반적인 하천, 탱크 시료채취 장비(세척되고 소독된)를 이용해 수행될 수 있다. 이런 시료채취장비는 저장시설에서 미리 정해진 깊이에서 닫히게 설계되어 단일 유입부로부터 다양한 깊이에서 시료채취를 가능하게 한다. 시료채취기간과 시료채취팀 간의 일관된 시료채취 깊이를 유지하기 위해 시료채취기를 정해진 깊이까지 내릴 때는 눈금 표시된 코드를 이용해야 한다. 두 번째 그랩시료채취 방법은 시료채취 수도꼭지 이용이다. 시료채취용 수도꼭지는 몇 개의 고정된 깊이에서의 시료를 제공하고 고가저류시설, 지표면 탱크, 저수탑의 해치를 통한 시료채취와 관련된 안전문제를 제거한다. 최초 저장시설에 설치되지 않았다면 수도꼭지가 자연유하나 펌프흐름으로 개량될 수 있다. 수도꼭지는 연속적으로 물을 흘려서 시료 채취전에 장기간 세정의 필요성을 줄이고 세정이 필요할 곳은 수도꼭지를 개폐할 수 있다. 연속흐름 수도꼭지는 생물막 성장에 취약하다. 주기적인 염소소독과 역류세정 배수기능이 있는 전용 시료채취 꼭지가 선호된다. 이상적으로는 시료채취 수도꼭지는 실내에 위치(예, 작은 건물이나 펌프장 내)하고, 위생을 위해 포장되고, 시료채취 전용으로 하는 것이 좋다. 지속적으로 청결하고 신뢰성 있는 수도꼭지는 정확한 모니터링 결과에 유리하며 확실하게 한다(DuFresne 등, 1997).

연속 혹은 온라인 시료채취는 센서, 검출기, 자료기록과 전송장치를 이용하는 자동화된 모니터링이다. 그랩샘플로 수집될 때 정확도를 위해 현장에서 분석되어야 할 수질인자들은 온라인 측정장비로 측정될 수 있다. 수도시설에서 온라인으로 흔히 모니터되는 인자들은 잔류염소, pH, 수온, 탁도 그리고 종종 입자계수이다. 연속 모니터링 인자와 함께 이런 인자들은 저류시설 내 유량, 수위, 수요의 수리적 조건과 함께 종합될 수 있다.

온라인 모니터링을 사용할 때 연속적인 시료수가 저류시설의 원하는 위치로부터 얻어져야 한다. 샘플라인과 센서는 세척과 유지관리 접근이 용이한 곳에 설치되어야 한다. 온라인 모니터링을 고려하는 수도시설에서는 분석을 위해 사용되는 이온선택적 전극은 규칙적인 유지관리가 요구된다는 것을 인식해야 한다; 만약 규칙적인 유지관리가 불가능하다면 그랩샘플과 실험실 분석이 바람직하다.

온라인 샘플링의 장점은 단순한 연속자료 기록 이상이다. 일례는 온라인 염소분석기와 재염소시스템 통합을 통해 필요시 즉각적인 재염소를 실시하는 것이다. 염소농도가 저장시설내에서 미리 설정한 수준에 도달하면 잔류염소분석기가 신호를 보내 염소주입 시스템이 염소 공급을 가동, 중지, 고르기(trim)하게 한다. 연속 모니터링 장비에 의해 수집되는 데이터는 한 두 가지 방법으로 모을 수 있다. 첫 번째 방법은 직원이 현장을 방문하고 하드카피 데이터 기록을 수집하거나 전기신호를 이동용 컴퓨터에 내려 받기 하는 것이다. 두 번째 방법은 원격지로부터 중앙제어센터로 정보전송이 가능한 장비 사용이다. 원격자료전송은 직원이 많은 저장시설의 상태를 동시에 연속적으로 평가하고 실시간으로 운영이나 처리를 변경한다. 이런 종류의 데이터 취득, 전송, 시스템 제어는 SCADA로 알려져 있다.

단일 모니터링 방법이 수도시설의 모든 모니터링 요구를 해결할 수는 없다. 개별 수도시설 시스템과 시스템 내 개별 저장시설은 그와 관련된 독특한 특성이 있다. 수도시설은 모니터링 방법을 수립하거나 평가할 때 개별 처리수 저장시설의 접근성, 모니터링 필요, 인력의 이용가능성, 특정 모니터링 방법의 적용가능성을 점검함으로써 이득을 볼 수 있다.

11.4.3 모니터링 빈도와 시료위치

수도시설에서 모니터 인자와 수집방법이 정해졌으면 두 가지 질문이 남는다. 어디서 시료를 수집하고 얼마만큼 자주 시료를 수집할 것인가? 일상적인 모니터링은 규정상의 관심에서 운영동안 수질변화를 감지하기 위해 수행된다. 포함되는 항목은 규정상 요구되거나 장시간 동안 변화를 보여주며 큰 문제의 표시가 될 수 있다.

일상적인 모니터링 위치는 (1) 저류시설에 들어오는 유입수질에 대한 토대를 수립하기 위해 유입부 (2) 저류동안 발생한 수질변화 결정을 위해 유출부 (3) 시설 내 수질의 대표를 내부적으로 결정을 위해 한 개 또는 그 이상의 개소이다

모니터링 전후의 모든 저류시설의 운영에 대한 서류작업은 중요하며 일반적인 유입 유출부를 갖는 시설에 특별히 관련된다. 샘플링 계획과 채우기와 빼기 사이클 동안의 샘플링 시간은 운영을 고려할 필요가 있다.

하나의 샘플링 위치가 규정상 요구조건을 수행하지만 시설당 하나의 샘플은 저장 동안의 상태를 나타내지는 못한다. 다수의 샘플링 위치는 저류시설 내 수질문제의 존재와 위치 파악을 시도할 때 유용한 정보를 제공한다. Smith와 Burlingame(1994)은 탱크 유출수의 직접 모니터링이 모든 잠재적인 수질문제를 찾아낼 수 없다는 것을 알아냈다. 그들의 연구결과는 비록 유출수의 시료에서 세균이 없어도 탱크 표면의 생물막, 탱크 침전물, 혹은 물속에 미생물이 존재할 수 있다. 다른 연구에서 Boulos 등(1995)은 유리잔류염소, 수온, 저수조 유입속도와 수위를 측정하고 저장시설의 체류시간 측정을 위해 불소 추적자를 사용했다. 저자들은 저수조에 두 개의 명확한 혼합지역이 있다고 결정했다 : 저수조 끝에서 안쪽으로 향하는 환상형 링 모양의 우수 혼합지역과 느린 하류방향 유속을 갖는 내부 실린더 모양.

이러한 변화는 모니터링 전략에 중요한 의미를 지니며, 수송되는 수질의 특성화는 복잡한 문제이며, 과거에 믿었던 것보다 더 시료채취가 필요하다는 것을 의미한다. 이러한 연구들은 수질 모니터링 프로그램을 개발하기 전에 현장 특수 여건 확인의 중요성을 보여준다. 시료채취 방법을 결정할 때, 수도시설에서 각각의 독특한 시료채취 조건결정을 위해 개별 저장시설의 검토가 필요하다. 시료가 채취되는 각 시설에 대해 수도사업자는 일상적인 시료채취에 앞서 다음 사항을 인지해야 한다 :

유입 유출관과 시설의 규격. 이것은 물의 순환과 혼합 특성에 영향을 준다.

보통의 유입 유출시설 시료채취시 운영모드. 채우기와 빼기 동안의 시료채취는 대표적이어야 한다.

흐름패턴. 플러그 흐름 상태에 근접한 배출설치시설은 혼합시설과는 다른 샘플링 프로그램 형식이 요구된다.

정체지역의 위치. 유입, 유출 규격과 흐름 패턴에 대한 지식은 정체 가능성이 있는 탱크지역에 대한 확인을 돕는다.

수온성층. 수온성층은 탱크 길이별 혼합을 방해하고 분리된 상부와 하부 탱크의 정체지역을 만든다.

저장시설내의 이러한 변동에 대한 검토와 이해는 일상적이고 진단적인 시료채취에 대한 지점과 빈도를 결정하는데 필요한 정보를 제공한다.

주간, 월간, 분기시료는 현재 규정준수에는 충분하나 저장수에 대한 참다운 조건과 수질저하 원인에 대해 설명하기에는 부족하고 적절하게 시행되는 샘플링 프로그램은 수도사업자에게 수질의 급격한 변화를 알리고 어디에서 어떻게 수질저하가 발생되는지 진단적 정보를 제공하고 운영실태(혹은 시설자체)가 기여인자인지 결정해 준다. 효과적인 모니터링 스케줄은 수질, 침전물, 생물막 인자, 계절적 수온변화, 운영에서 사용변화 패턴, 소독제 종류, 질산화 잠재성, 규정상 필요조건, 조사와 세정주기에 근거한 예측과 함께 설계되어야 한다. 모니터링 전략은 수집된 자료인자를 근거로 검토되고 변경되어야 한다.

11.4.4 적정한 진단

일상적인 모니터링은 일반적으로 조 내(대개 유출부)의 단일지점에서 다른 시간대에 수질의 스냅 샷을 제공한다. 그러나 그러한 시설에서 수질변화의 시간적 공간적 변화를 보다 완전히 이해하고 혼합과 흐름의 특성을 관찰하기 위해서는 보다 집중적인 연구가 수행될 수 있다.

11.4.4.1 수질과 추적자의 집중적인 연구

다양한 자동화 및 수동기술이 수질모니터링에 유용하다. 이러한 것에는 현장이나 실험실에서 분석되는 그랩 샘플, 미리 정해진 시간에 시료를 추출하고 일정한 형태의 분석을 실시하는 자동시료 채취기, 미리 선정된 주기로 수질값을 측정하고 기록하는 현장형 전기적 센서가 있다. 이런 모든 기술에 신뢰할만한 데이터베이스를 개발하기 위해서는 정도보증/정도관리 절차를 준수해야 한다. 이런 연구에서 흔히 측정되는 인자는 잔류소독제, pH, 수온이다.

혼합과 흐름패턴은 보존성 추적자를 탱크나 저수조의 유입부에 첨가하고 탱크내와 유출의 다양한 지점에서 시간대별로 농도를 측정하여 연구된다. 추적자 연구가 정수지나 정수장 저장시설의 CT값(잔류염소와 접촉시간의 곱)을 결정하기 위해 수행될 때는 저수조 유출에 대해서만 측정한다. 그러나 배·급수시스템의 저수조나 탱크를 연구할 때는 추적자 농도는 내부혼합 패턴 평가를 위한 유출부에 추가하여 시설 내 가능한 지점들에서 측정되어야 한다. 추적자는 보존성(즉 시간에 따라 감소되서는 안 된다)이고 지역, 주, 연방규정을 따라야 한다. 불소, 염화칼슘, 염화나트륨과 염화리튬이 그런 연구에 일반적인 후보물질이다.

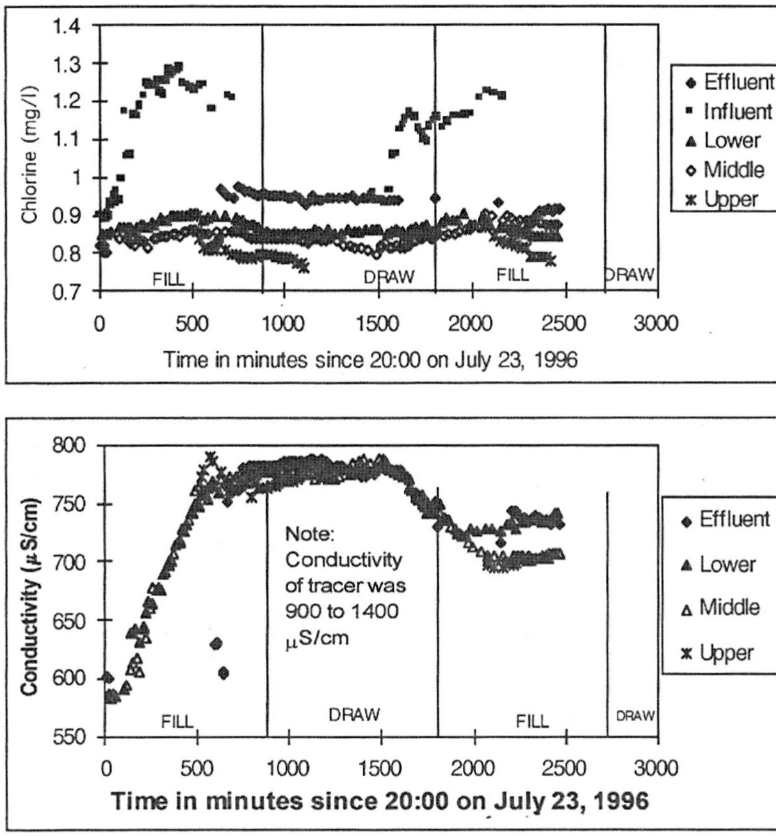

그림 11.4 ▌ 모니터링 연구중 염소와 추적자 농도의 변화

그림 11.4는 집중적인 수질과 추적자 연구에서 수집될 수 있는 정보의 종류를 보여준다. 이 2-MG 고가 탱크에서 염소와 염화칼슘 추적자가 유입 유출부와 다른 높이의 시료채취 꼭지에서 측정되었다. 이 결과는 상대적으로 잘 혼합된 탱크를 나타낸다.

11.4.4.2 수온 모니터링

탱크와 저수조에서의 수온변화는 시설에서 혼합에 영향을 주고 성층에 귀결된다. 수온은 시료채수꼭지로부터 수동으로 측정될 수 있고 펌프나 시료채취 도구를 이용해 다른 깊이로부터 물을 당길 수 있다. 그러나 탱크나 저수조 내 다른 깊이에서 장기간의 온도 추세를 결정하기 위해서 일련의 온도계와 자료 저장기가 사용될 수 있다(그림 11.5). 온도계는 다른 고정된 깊이나 수면아래 고정된 정해진 깊이에서 수온을 측정하기 위해 부표에 부착되고 한 시간 간격처럼 정해진 간격에 값을 얻도록 정해진 데이터 로거에 연결될 수 있다. 컴퓨터가 언제라도 데이터 로거에 연결되어 수집된 정보를 다운로드할 수 있다. 그림 11.6은 자동화된 장비를 이용하여 수집될 수 있는 자료의 종류를 나타낸다. 이러한 25-MG 저수조에서 기록기간 동안 수온은 저수조의 다른 시간대에 상하층 사이에서 상당히 변했다.

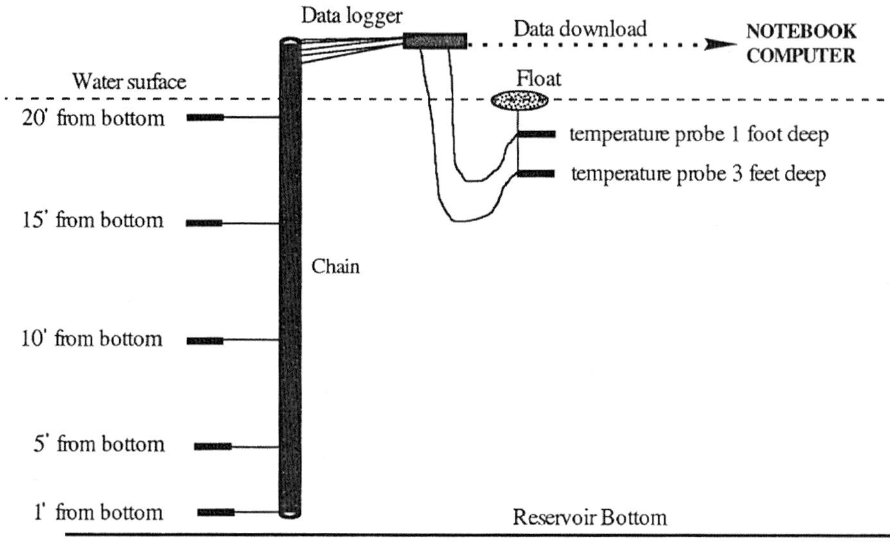

그림 11.5 ▌ 자동 수온 측정과 로거 장치

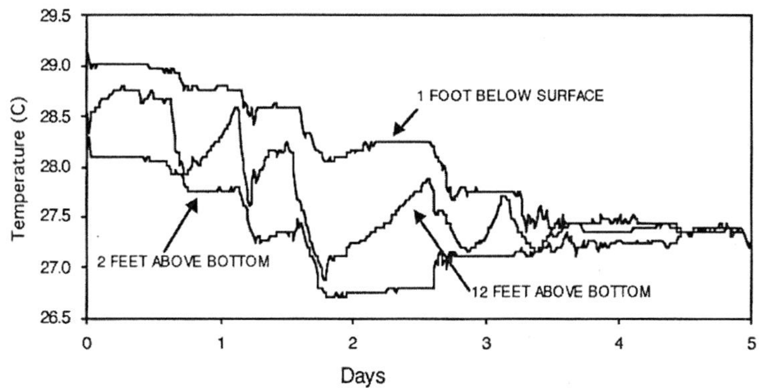

그림 11.6 ▌ 저수조내 다른 깊이에서 수온변화

11.5 모델링

모델링은 운영상황에서 기존의, 변형된, 제안된 시설에서 발생할 수 있는 것에 대한 정보를 제공하며, 두 종류의 모델이 있다 : 물리적 모델과 수학적 모델. 물리적 모델은 나무나 플라스틱과 같은 물질로부터 건설된다. 염료나 화학물질이 모델을 통해 물의 흐름을 추적하기 위해 사용된다. 수학모델에서 방정식이 탱크나 저수조내 물의 거동을 묘사하기 위해 사용된다. 이런 모델은 CFD라고 불리는 시설 내 수리적 혼합현상을 상세하게 대표하는 것부터 시스템 모델이라고 불리는 혼합 거동의 단순화된 개념적 표현까지 이른다. 모니터링 연구동안 수집된 정보는 두 형태 모델의 보정과 확인에 사용될 수 있다.

11.5.1 물리적 모델: 스케일 모델(Scale Models)

수리적 구조의 스케일 모델링의 역사는 한 세기 전까지 거슬러 올라간다. 미시시피주 Vicksburg에 있는 미공병단의 실험기지와 콜로라도주 덴버의 Bureau of Reclamation 실험실들은 대규모의 댐, 여수로, 항구, 운하의 모델을 건설하고 실험했다. 저장시설 내 혼합의 스케일 모델링은 화학공정 산업(Fossett 1973; Germeles, 1975; McNaughton and Sinclair; 1966; and Simpson, 1966)과 먹는물 분야(Crozes, 1999; Grayman 등, 1996; Rossman and Grayman, 1999)에서 수행되었다.

11.5.1.1 상사성(Similitude)의 원리

물리적 스케일 모델은 관심 있는 원형 시스템의 축소된 표현이다. 수리적 모델은 원형과 비슷하게 설계되어지나 중요한 요소는 원형과 유사한 방법으로 운영된다는 것이다. 모델의 결과가 실제 시스템을 묘사하기 위해 다양한 상사성 기준을 따라야 한다.

지배방정식은 중력, 부력, 관성, 점성과 표면장력을 고려한다. 수리실험에서 사용되는 무차원 그룹은 Froude, Reynolds, Weber수이다. Froude 수는 중력에 대한 관성력의 비를 나타내고, Reynolds수는 점성력에 대한 관성력의 비를 나타내며, Weber수는 표면장력에 대한 관성의 비이다.

$$Fr = \frac{U}{\sqrt{Lg}} \tag{11.3}$$

$$Re = \frac{UL\rho}{\mu} \tag{11.4}$$

$$W = \frac{U^2 L\rho}{\sigma} \tag{11.5}$$

여기서 U=시스템의 유속, L=직경 또는 수심, g=중력가속도, ρ=유체의 밀도, μ=유체의 점성, σ=유체의 표면장력

Re, Fr, W가 모델과 원형에 대해 같을 때 지형적으로 유사한 두 시스템 간에 상사성이 존재한다. 프로토타입 시스템의 거동예측을 위해 물리적 스케일 모델을 사용할 때 다양한 힘의 비에 대한 동시 대등성을 얻기는 어렵다. 스케일 법칙은 지배적인 힘에 근거하며 엄격한 동력학적 유사성은 얻어지지 않는다. 레이놀드수는 관내 흐름 모델링에 사용된다. Fr은 중력이 지배적이므로 자유수면을 갖는 흐름에서 지배인자이다. 여수로, 위어, 수조와 같은 수리구조물은 Froude 법칙에 따라 모델링 된다.

배·급수시스템 저수조에서 흐름의 모델링은 기본적으로 Froude 법칙에 토대를 둔다. 다음은 기초적인 관계식이다.

길이스케일 = L
속도스케일 = $L^{0.5}$
면적스케일 = L^2
유량스케일 = $L^{2.5}$
시간스케일 = $L^{0.5}$
부피스케일 = L^3

일단 길이스케일이 정해지면, 다른 스케일은 고정된다. 길이스케일 1 : 100으로 건설된 모델에서 폭, 길이, 높이는 실제 구조물의 규격의 1/100이 되고, 시간스케일은 실제 시간 값의 $(1/100)^{0.5}$ 또는 1/10이다. 따라서 모델 운영에 있어 6분은 실제로는 60분에 해당된다.

11.5.1.2 모델수집

혼합공정에 대한 모델스케일의 영향을 최소화하기 위해 가능한 한 큰 모델을 만드는 것이 바람직하다. 저수조 연구에 대한 문헌에서 스케일 모델은 1 : 10에서 1 : 100 범위이며 역사적인 스케일 모델의 대부분은 1 : 30~1 : 50의 범위이다. 종종 큰 모델이 최종설계 상황에서 사용되며 작은 스케일 모델은 일반적인 혼합거동 탐구에 만들어 진다. 그림 11.7은 작은 스케일 모델 실험 설치를 예시한다.

모델 건설에 사용되는 재질은 대개 나무, 유리섬유, 투명 아크릴, 금속판, 시멘트이다. 일반적인 형태의 저수조(실린더 형, 사각형)의 경우, 미리 건설된 소규모의 조가 플라스틱 회사, 수족관 공급회사, 농업용품 공급회사, 다른 관련 분야의 회사로부터 얻어질 수 있다. 대규모의 모델이나 불규칙 형태의 저수조 모델은 수행되는 과제를 위해 특별 제작되어야 한다. 추적자 종류가 종종 사용되어질 설치 재질에 대해 규정한다. 보이는 염료를 추적자로 사용할 때, 위에서 보는 것이 충분하지 않으면 투명한 모델이 요구된다.

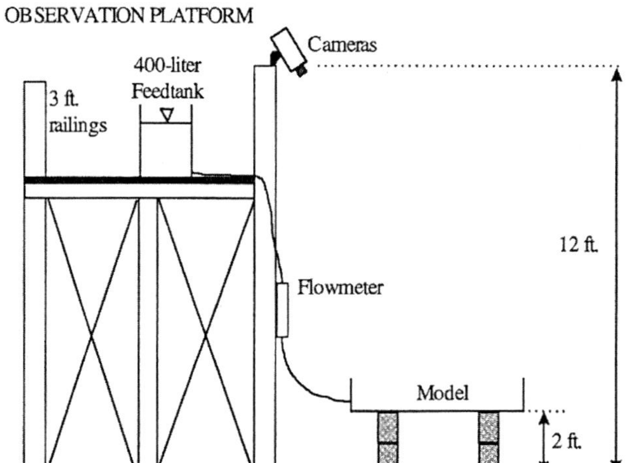

그림 11.7 ▌ 소규모 모델 설치

11.5.1.3 추적자 종류

대부분의 저수조 연구 목적은 유입으로부터 조 안에서 섞이고 유출되는 물의 흐름을 연구하는 것이다. 이것은 모델의 유입에 추적자를 추가하고 조 안에서의 흐름 관찰을 통해 이루어진다. 체류 시간의 분포 연구 같은 몇몇 상황에서는 유출측에서만 추적자를 관찰하는 것으로 충분하지만 대부분의 저수조 연구에서 저수조 내 추적자의 움직임과 혼합에 대한 지식이 필요하다.

추적자에 대한 선택은 장비에 의해 추적되는 화학물질과 시각적으로 관찰되고 카메라로 기록되는 색소이다. 추적자는 펌프나 고가탱크로부터 연속적으로 주입하거나 주입라인으로부터 직접 모델로 향하는 슬러그 방법이 있다.

스케일 모델에 전형적으로 사용되는 화학 추적자에는 불소, 염화칼슘, 염화나트륨, 염화리튬이 포함된다. 몇몇 독일 실험에서는 질산나트륨이 사용되었다. 추적자 물질의 농도는 모델에 탑재되고 외부 측정기에 연결된 이온전극이나 전기전도도 계측기를 이용하여 정확하게 측정될 수 있다. 데이터는 측정기로부터 수동으로 읽거나 데이터 로거를 통해 자동으로 취득할 수 있다.

색소가 추적자로 사용될 때, 밀도가 물과 비슷한 상업용 색소가 사용되어야 한다. 비디오 카메라나 표준 스틸카메라, 또는 디지털카메라가 실험결과를 기록하기 위해 사용될 수 있다. 그림 11.8은 저수조 스케일 모델을 통한 이동을 추적하기 위해 볼 수 있는 색소로 나타낸다. 투명한 모델이 사용될 때, 결과는 모든 측면에서 기록될 수 있다. 불투명한 모델에서의 결과는 위에서만 기록되기 때문에 수직 혼합 패턴 분석에는 제한적이다. 그림의 결과는 혼합패턴의 정성적 이해를 얻기 위해 시각적으로 분석될 수 있다. 대안으로 모델에서 색소의 강도 변화는 농도변화를 추정하기 위해 컴퓨터에서 픽셀 분석을 통해 분석될 수 있다. 형광색소(예 : rhodamine WT)에 대해 형광측정기가 유출수 내 추적자 농도 측정에 직접적으로 사용될 수 있다. 그러나 형광측정기 분석을 위해서는 시료를 추출해야 하므로 모델에서 추적자 농도를 측정하기 위해 이 방법을 사용하는 것은 모델 내 혼합패턴에 영향을 주는 것을 피하기 위해 잘 설계된 추출방법이 필요하다.

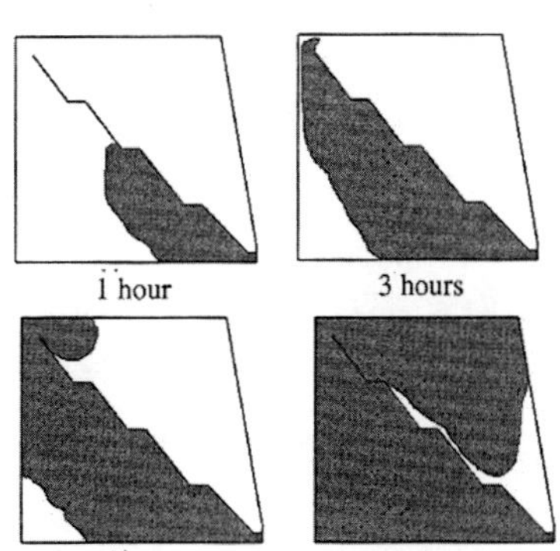

그림 11.8 ▌ 스케일 모델에서 예측된 색소 이동

11.5.1.4 수온모델링

수온은 탱크와 저수조 내 혼합패턴에 중요한 영향을 준다. 동일 수온 상황에 대한 스케일 모델링 연구에서 탱크 내 수온과 유입수의 수온이 동일하고 실험기간 동안 상대적으로 일정하게 유지하기 위한 주의가 필요하다. 스케일 모델에서 수온의 영향이 연구될 때 수온 조절 및 측정방법이 필요하다. 탱크와 유입수간의 수온 차 영향이 연구되는 상대적으로 단시간(<1h)의 연구에서 탱크와 유입 저수조의 수온이 실험 전에 확립되면 충분하다. 장기간의 실험에서 실험실의 주변온도 조절과 저수조 유입수온 조절에 대한 보다 세밀한 방법이 요구된다.

11.5.2 수학적 모델: 전산 유체역학(Computational Fluid Dynamics, CFD)

CFD는 지난 20년간 공학평가 도구로써 많은 인기를 얻은 모델링 기술이다. 이 기술은 액체와 기체 양자에 대한 운동역학 연구에 사용된다. 산업에서의 적용은 일반적이며, 자동차산업, 항공산업과 의료연구까지 다양하다.

음용수 부분에 도입은 상대적으로 최근이다. Gatel 등(1990)과 Grayman 등(1996, 1999)이 저수조에서 혼합연구에서의 사용을 기술하였다. Grozes 등(1998), Hannoun(1995), Murrer 등(1995)이 정수지와 접촉조의 설계와 운영에 CFD모델을 적용시켰다. 수처리 연구에서 Jones 등(1990)은 응집에서 정적혼화기 연구에서 CFD 사용을 연구했고 Ta 등(1996)은 DAF 탱크를 모델링 했다.

11.5.2.1 CFD모델의 수학적 공식화

CFD에서 물리적 개체는 세 가지 기초적인 프로세스로 표현된다; 수학적 표현, 수학적 모델의 수치적 표현, 수치적 표현을 푸는 컴퓨터 방법.

CFD는 1차 원칙으로부터 유체운동의 물리학 모델링에 근거한다. 다섯 개가 합쳐져서 비선형 편미분방정식이 기초적인 보존 성질을 묘사한다 : 질량 보존, 모멘텀 보존(세 가지 공간성분에 대한 세 가지 방정식), 그리고 에너지 보존.

유체 시스템에서 발생하는 다른 물리적 프로세스는 1차 물리원칙으로 처리되지 않고, 발견법(heuristic), 매개변수 모델로 처리된다. 그러한 프로세스의 예는 난류, 다차원혼합, 흐름에 의한 상(phase) 변화이다.

유체흐름에 대한 수학적 공식화는 몇 가지 방법의 수치적 표현으로 변형될 수 있다. 상업용 소프트웨어에서 실행되는 표준방법은 편미분방정식을 절점 격자와 관심 있는 유체용적을 추정하는 요소에 적용된 유한 산술 연산에 배치한다. 그림 11.9는 유입유출이 인접한 원형 저수조를 미세 그물눈으로 만든 것을 보여준다. 몇 개의 수치 알고리즘이 적절히 선정된 수치안정성(an explicit, time-marching 알고리즘)의 시간스텝에 근거하여 물리학을

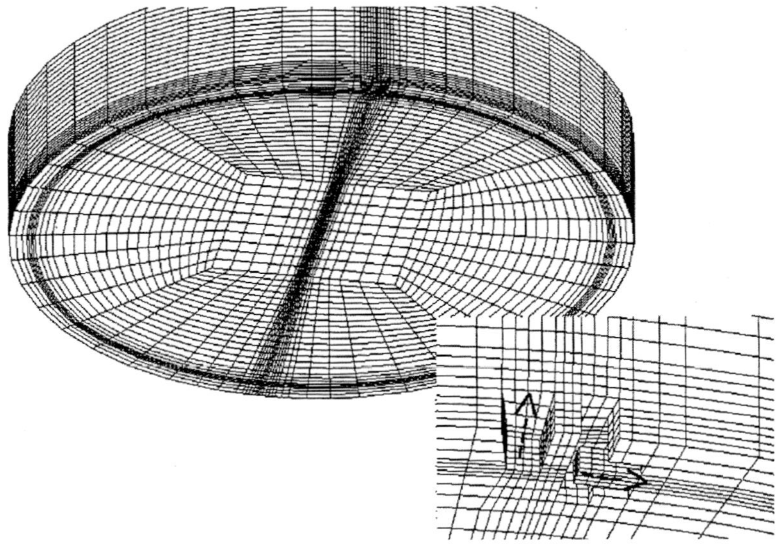

그림 11.9 ▌ 수직 유입과 인근에 유출구가 있는 실린더 탱크의 메쉬

지역 형식으로 이동시킨다. 다른 알고리즘들은 주어진 시간에서 전체적으로 일정한 방법으로 조의 전체 도메인에서 물리학의 보존법칙을 강화한다.

CFD의 수치 방법은 일정하게 진화중이다. 지난 40년 동안 CFD의 편미분방정식을 풀기 위한 일반 목적의 알고리즘의 발전은 동일기간 동안 컴퓨터 하드웨어의 발전 속도보다 더 큰 성능 발전을 가져왔다.

유체시스템의 수치공식화를 풀기 위한 컴퓨터 기술과 소프트웨어는 당초 지배적이었던 연구계 밖에서도 유용하다. 상세한 기술은 어느 정도 사례별로 변하지만 모두 동일한 일반적인 목표가 있다 : 적당한 주변조건과 일관된 비선형 방정식을 적분하는 것이다. 대부분의 소프트웨어 시스템은 유한요소나 셀의 메쉬위에서 적분한다. 이 부분을 지배하는 기술은 두 그룹으로 나뉜다 : 유한요소법과 유한체적법(유한 차분법으로도 알려짐). 오랫동안 두 가지 방법은 다른 것으로부터 가장 좋은 특성을 빌려와서 차이점이 과거처럼 명확하지는 않다.

11.5.2.2 CFD 모델의 적용

CFD 모델링은 상대적으로 소프트웨어나 하드웨어 훈련 측면에서 고가의 선진화된 모델링 형태이다. 다양한 종류의 상황을 다루는 많은 상업용 CFD 패키지 사용이 가능하다. 이런 소프트웨어 패키지는 생산적으로 사용되기 전에 훈련에 상당한 투자를 요구한다. 표 11.7은 저수조 시뮬레이션에 사용되는 인기 있는 상업용 CFD 패키지 리스트를 포함한다.

CFD 적용의 결과는 추적자나 소독제의 저수조 내 농도의 공간적 변화의 그래프 묘사(그림 11.10), 저수조 유출수 내 농도의 추이, 저수조 내 농도 변화의 통계를 포함한다.

표 11.7 ▌ 상용 CFD 패키지

CFD 패키지	회 사	Website
Fidap, Fluent	Fluent, Inc.	www.fluent.com
Phoenics	CHAM	www.cham.co.uk
FLOW-3D	Flow Science, Inc.	www.flow3d.com
FIRE	AVL List	www.avl.com/htlm/296.htm
CFX4 and CFX5	AEA Technology	www.aeat.co.uk
CF Design/TK and Hydro Tank	Blue Ridge Numerics	www.brni.com
CFD-ACE	CFD Research Corp.	www.cfdrc.com

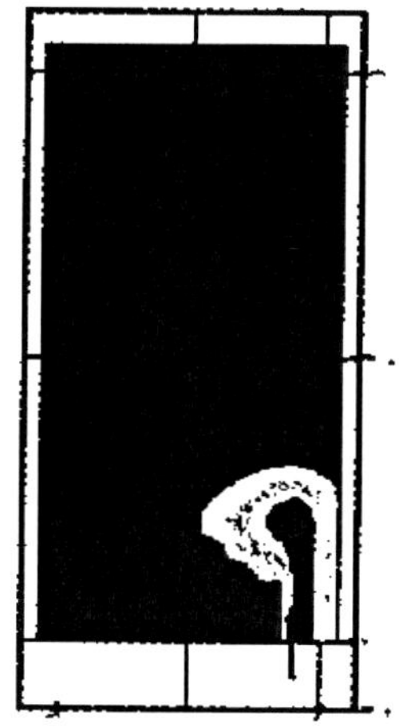

그림 11.10 ▌ 급수탑에서 수직 제트류의 모의 결과

11.5.3 시스템 모델

시스템 모델은 물리적 공정(예, 탱크나 저수조에서의 혼합현상)이 매우 개념적, 경험적 관계식으로 표현되는 모델이다. 이 형태의 모델은 종종 블랙박스 모델 또는 유입 유출수 모델로 불린다. 이런 모델은 탱크 내 물의 이동을 묘사하기 위해 상세한 수학방정식을 사용하지 않으므로 이런 모델은 모델의 거동을 제어하는 인자를 정의하기 위해 현장 데이터나 과거 경험에 지나치게 의존한다.

11.5.3.1 배경

시스템 형태의 모델은 수자원분야의 다양한 적용에 사용된다. 수리학 분야에서 집수구역은 종종 단위 유량도 모델이나(Sherman, 1932), 일련의 cascading 저수조(Nash, 1967)로 표현된다. 화학공학 분야에서는 화학반응조의 거동을 나타내기 위해 시스템 모델이 흔히 사용된다(Levenspiel, 1972) 음용수 분야에서 N 탱크 연속과 같은 수식을 사용하는 체류시간 모델이 소독접촉조에 성공적으로 적용되었다(Clark, 1996).

11.5.3.2 기초적인 시스템 모델

탱크는 이상적인 흐름 공정을 가정하는 단순 시스템에 의해 나타내질 수 있다. 가장 일반적으로 사용되는 탱크의 시스템형태 모델은 탱크가 즉시 완벽하게 항상 혼합된다고 가정하는 혼합흐름 모델이나 연속교반 탱크반응조이다. 한편, 소독제에 충분한 접촉시간을 제공하기 위해 설계되는 접촉조나 정수지는 선입선출을 가정하는 단순한 플러그 흐름 반응조로 표현된다. 세 번째 기본 시스템 모델은 후입선출을 가정하는 단락류 모델이다. 이 세 가지 기본 모델이 탱크와 저수조의 기본 시스템 모델로 고려된다.

그림 11.11은 유사한 크기나 유입 특성의 탱크에 적용됐을 때 세 가지 개별 요소모델의 거동을 나타낸다. 이 예에서 1-MG 탱크가 나타내졌다. 12시간 채우기 12시간 빼기가 동일한 비율로 모의되었을 때 1/3의 물이 교체되는 것으로 나타났다. 모의된 세 가지 인자는 농도 1mg/L의 보존성 추적자, 수령, 그리고 농도 1mg/L로 유입되고 지수 감소상수 -0.5/day인 염소이다.

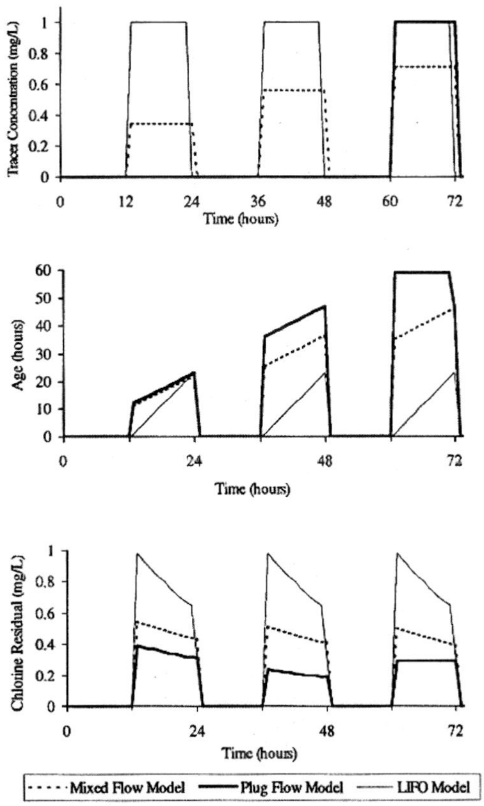

그림 11.11 ▌ 탱크의 대안요소모델의 거동

11.5.3.3 구획모델

기초적인 시스템 모델이 충분하지 않은 상황에서 기초적인 건물 블록을 좀 더 복잡한 표현으로 통합함으로써 보다 복잡한 모델이 건설될 수 있다. 이들은 기초적인 블록이 일련의 상호작용하는 구간으로 결합되어 구획모델로 불린다. 그림 11.12는 모두 보존성 물질, 시간이나 수령에 따라 감소하거나 증가하는 반응물질을 모델링하기 위해 건설될 수 있는 몇 가지 구획모델을 나타낸다.

11.5.3.4 시스템 모델의 적용

탱크와 저수조의 시스템 모델은 두 가지 넓은 영역에 적용될 수 있다 : (1) 탱크와 저수조 혼합 거동의 개념적이고 추정적인 표현, (2) 기존 또는 장래 저류시설의 기대 거동을 참되게 보정한 표현

개념적 모델로써 시스템 모델은 다른 흐름영역의 영향 시험에 유용한 메카니즘을 제공한다. 예로 저수조에서 소독제 손실은 플러그흐름과 완전혼합흐름에서 쉽게 비교될 수 있다.

시스템 모델은 실제와 제안된 저류시설의 거동을 나타내는데 사용될 수 있다. 그러나 다른 모델처럼 시스템 모델은 사용 전에 적절하게 보정되고 시험되어야 한다. 시스템 모델은 실제 시스템에서 발생하는 실제 물리적 공정을 흉내 내는 것을 시도하지 않기 때문에 모델의 거동을 제한하는 인자는 개념적이고 다구획 모델의 구획 체적과 같은 큰 인자이다. 따라서, 물리적 토대의 모델보다 보정과 시험방법이 더 어렵고 중요하다.

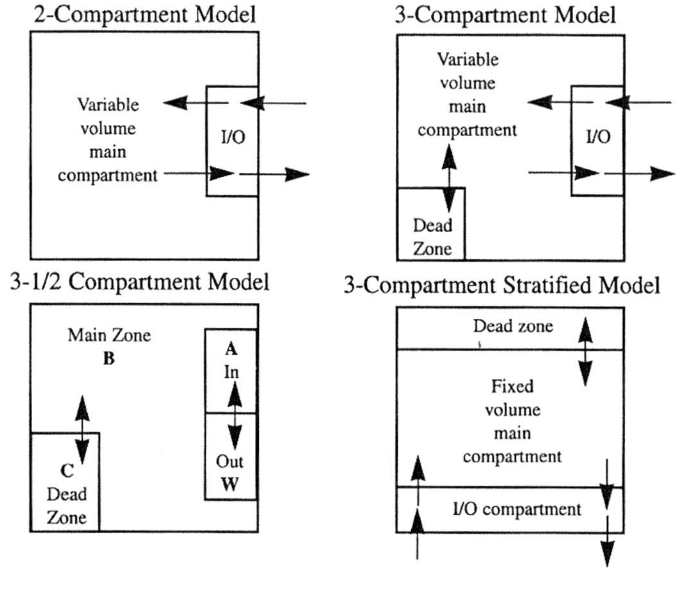

그림 11.12 ▌ 탱크 구획모델의 예

11.6 설계와 운영문제

유체 역학의 일반법칙이 탱크내의 물의 운동과 혼합공정을 지배한다. 탱크의 유체역학 이해는 수질목적을 만족시키기 위한 저류시설의 개선된 설계와 운영으로 인도한다.

11.6.1 수질설계의 목적

배·급수시스템 저수조 설계와 운영의 주요 수질 목적은 (1) 소독제 손실과 생물학적 재성장을 줄이기 위해 시설 내 체류시간의 최소화 (2) 물이 부분적으로 심각하게 고령화되는 정체구역 줄이기이다. 이것은 목적이 단락류를 최소화하여 모든 물의 부분이 대략적으로 동일한 체류시간을 갖는 정수장 염소접촉조와 정수지 설계와는 다르다. 이 두 다른 목적이 상당히 다른 설계 기준으로 인도한다.

11.6.2 운영모드 : 동시 유입유출 대 채우고 빼기 (Simultaneous Inflow-Outflow Versus Fill and Draw)

저수조에는 두 가지 기본 운영모드가 있다 : (1) 구분된 유입 유출을 통한 동시 유입 유출, (2) 결합된 유입 유출이나 구분된 유입 유출을 통해 물이 저수조를 들어오고 나갈 때 저수조의 수위가 변하는 채우고 빼기. 특정 저수조의 운영모드는 배·급수시스템의 설계와 상관관계에 의해 제어된다.

동시 유입·유출 운영모드에서 유입·유출 속도가 달라서 저수조 수위차가 발생할 수도 있고 장기간 상대적으로 동일하거나 일정할 수 있다. 채우고 빼기 운영에서, 운영은 저수요 시간대인 야간에 채우고 고수요 시간대인 주간에 빼기 같은 반복운영이나, 혹은 더 무작위의 짧고 불규칙한 채우고 빼기에 지배될 수 있다. 운영모드는 저수조 혼합 특성에 영향을 주어 수질에 영향을 준다.

11.6.3 흐름영역 : 완전혼합 vs 플러그흐름

저류탱크와 저수조를 통한 물의 흐름은 두 가지로 대별된다 : 완전혼합과 플러그흐름. 비록 이상적인 혼합흐름과 플러그흐름이 실제에서는 얻어지지 않지만 저수조 설계는 대략 둘 중 하나이다. 특정 흐름영역을 얻기 위한 저수조 설계는 저류시설의 목적과 그 영역을 얻는데 필요한 물리적 규격을 고려해야 한다.

11.6.3.1 저수조내 소독제 손실에 대한 흐름영역의 영향

잔류염소의 감소 속도는 농도에 의존하므로 동일한 크기의 유입·유출 특성을 갖는 두 탱크를 비교할 때 플러그흐름 조건이 완전혼합 조건보다 잔류염소를 더 손실하게 한다. 그림

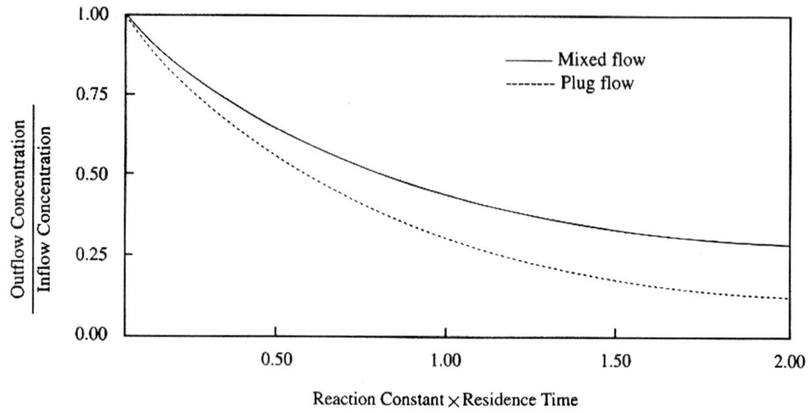

그림 11.13 ▌ 동시 유입유출에서 혼합과 플러그흐름 탱크의 소독제 손실

11.13에 나타낸 바와 같이 흐름영역간 소독제 손실의 차이는 소독제 반응성과 체류시간 증가와 함께 커진다. 이 그림은 동일한 크기의 동시 유입·유출로 운영되는 저수조에 적용된다. 유사한 상관관계가 채우기 빼기 모드로 운영되는 저수조에도 유효하다.

11.6.3.2 혼합흐름

유체혼합에는 에너지 주입원이 필요하다. 배·급수시스템 저류시설에서, 이 에너지는 대개 시설 유입수로부터 도입된다. 물이 시설로 유입됨에 따라 제트류가 생기고 주변 물이 제트에 태워지고 순환패턴이 생겨서 혼합된다. 효율적인 혼합을 갖기 위해 제트의 경로는 태움과 혼합 프로세스가 발달하는 것을 허용하기 위해 충분히 길어야 한다. 따라서 유입제트는 벽, 저수조 바닥, 방해판 같은 방해물에 직접 향해서는 안 된다. 물이 태워지기 위해서 제트는 층류 보다는 난류이어야 한다. 비록 난류가 대부분의 저류시설에서 표준이지만 다음 방정식이 제트가 난류인지 층류인지 결정하는데 사용될 수 있다. 충분한 난류 제트는 레이놀드수가 3,000이상인 것으로 특징지어 진다. 난류 제트류를 확실하게 하기위해 유입량(Q)과 유입직경(d)간에 다음의 상관관계가 있어야 한다.

영국단위(Q는 gal/min, d는 ft) : Q/d>11.5 (20℃), Q/d>17.3 (5℃)
미터단위(Q는 L/s, d는 m); Q/d>2.4 (20℃), Q/d>3.6 (5℃)

채우기-빼기 모드로 운영되는 탱크에서, 혼합은 주로 채우기 사이클 동안 발생한다. 만약 채우기 사이클 종료시에 탱크가 상대적으로 잘 혼합되면 혼합 문제는 없을 것 같다. 다양한 범위의 탱크와 저수조 설계에서 실험결과 혼합시간은 주로 시설 내 물의 체적과 모멘텀 플럭스(유량×속도)에 의존함을 보여줬다. 모멘텀 플럭스는 유량 비율과 유입직경에 의존함으로 다음의 관계가 채우기-빼기 운영하의 원형탱크에 대해 개발되었다.

$$\text{혼합시간(s)} = 9V^{2/3}\ (d/Q) \qquad (11.6)$$

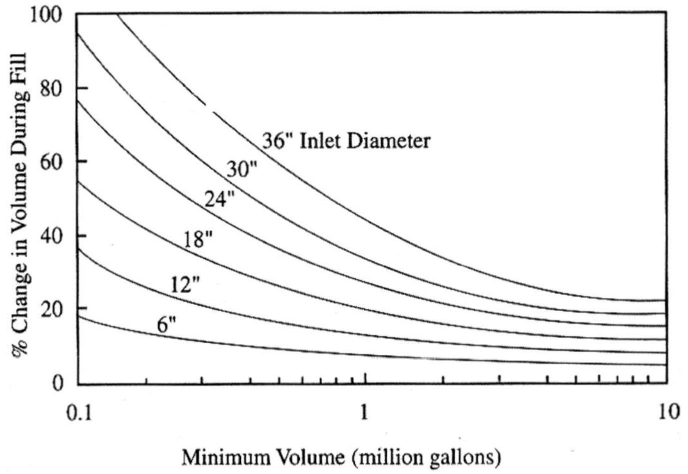

그림 11.14 ▌ 채우기 사이클 동안 혼합에 필요한 최소 교체 퍼센트

여기서, V=채우기 시점에서 탱크 내 물의 체적 feet^3(m^3), Q=유량 ft^3/s, 그리고 d=유입직경 ft(m). 채우기 시간이 혼합시간을 초과해야 한다는 요구조건과 함께 Eq(11.6)이 채우기 사이클 동안 요구되는 물 체적의 변화를 채우기 시작시점에서의 체적 분율로 다시 기술될 수 있다.

$$\Delta V / V = 9d / V^{1/3} \tag{11.7}$$

여기서 ΔV=채우기 기간 동안의 물 체적의 변화(Rossman and Grayman, 1999).

모든 단위는 일관된 길이의 단위여야 한다(ft 또는 m). Eq(11.7)에서 주어진 관계는 백만단위 갤런 체적의 저수조를 이용하여 그림 11.14에 나타내었다.

동시 유입-유출 모드로 운영되는 저수조에서 모멘텀 플럭스와 저수조 용적에 추가하여 혼합은 또한 유입 유출의 병렬구조와 상대적인 유입유출량에 의존한다. 결과로서 선진모델(스케일 모델, CFD 모델)이 종종 특정 설계가 시설 내 혼합 특성에 미치는 영향 결정을 위해 필요하다.

11.6.3.3 플러그흐름

플러그의 흐름은 긴 나선형 패턴을 만들기 위해 배플을 이용하거나 흐름 모멘텀을 줄이기 위해 디퓨져나 침전지 사용을 통해 길고 좁은 조에서 얻어질 수 있다. 조 내부 도류벽이 저장시설에서 순서대로 이동을 장려하고, 유입과 유출간의 단략류를 최소화하고, 사구역 형성을 줄이기 위해 시설 내 흐름의 방향을 잡고 제어하기 위해 설치된다. 플러그의 흐름은 장시간동안 유량의 최소변화와 함께 동시 유입유출 모드로 운영되는 저수조에서 가장 쉽게 얻어진다. 플러그흐름은 흐름의 변화와 흐름의 역전 때문에 채우기-빼기 모드로 운영하는 저수조에서는 본질적으로 성취하기 어렵다.

11.6.3.4 추천

비록 플러그흐름이 단락류를 피하고 시설에서 일정한 이동시간을 유도하기 위해 정수장 접촉조에서의 목표이나 배·급수시스템 저수조에서 혼합흐름이나 플러그흐름은 몇 가지 요소에 의존한다.

채우기-빼기 모드로 운영되는 저수조의 경우 플러그흐름은 흐름의 변화와 흐름의 역전 때문에 성취될 수 없다. 따라서, 그런 저수조는 충분한 유입모멘텀을 통해 충분한 혼합을 유도하도록 설계되어야 하며, 난류제트 형성을 보장하기 위해 적당한 유입유출의 위치와 크기가 필요하다. 지나치게 큰 유입직경, 인근의 저수조벽, 저수조 바닥, 수 표면에 직접적으로 향한 유입부나 도류벽의 설치는 피해야 한다.

동시 유입유출 모드로 운영되는 저수조에서의 혼합흐름과 플러그흐름에는 상쇄가 있다. 플러그 흐름은 혼합흐름보다 소독제 손실이 크고, 그 영향은 체류시간이 길고 반응성이 큰 물에서 가장 중요하다. 그러나 어떤 경우에는 플러그흐름이 정체지역을 줄이는데 더 나은 제어를 제공한다. 제안된 시설에서 물의 운동에 대한 설계의 영향을 점검하기 위해 스케일이나 CFD 모델 사용이 권장된다.

11.6.4 저류시설 내 성층현상

탱크 내용물과 유입간에 온도차이가 있을 때마다 불량한 혼합과 성층의 잠재성이 존재한다. 수온차이는 부력제트를 유발한다. 양의 부력(유입수온이 주변 수온보다 높은 경우)은 유입수가 수표면으로 떠오르게 하고, 음의 부력(유입수온이 주변 수온보다 낮은 경우)은 유입수를 바닥으로 가라앉게 한다. 유입모멘텀에 비해 과도한 부력(양이거나 음이거나)을 갖는 유입수는 탱크내에서 비효율적인 혼합과 안정된 성층조건으로 인도한다. 성층으로 인도하는 임계 수온차, ΔT는 다음 방정식으로 추정될 수 있다.

$$|\Delta T| = CQ^2/(d^3H^2) \tag{11.8}$$

여기서 C는 부력유입형태의 규격과 탱크 직경에 의존하는 상수, Q는 유입량(ft^3/s, L/m), H=수심(ft, m), d=유입부 직경(ft, m)

이 상관관계에 근거하여 큰 유입직경을 갖는 높은 탱크는 성층의 강한 경향이 있다. 만약 상당한 수온차가 경험되면 유입량을 증가시키는 것이 성층가능성을 줄이는데 유효한 전략이다. 수온차는 자주 알려져 있지 않고, C값에 상당한 불확실성이 있으므로 Eq 11.8은 성층경향의 정성적 평가를 제공하는데 사용될 수 있다. ΔT의 작은 값은 높은 성층현상 가능성을 나타낸다.

11.7 진단과 유지관리

처리수 저류시설은 유용한 시설수명 연장과 수질이 저하되지 않게 시설물을 깨끗하게 하기 위해 규칙적인 검사와 관리가 요구된다. 각각의 시설은 개별 저류시설에 대한 기록된 표준절차서를 개발해야 하며 실행을 기록하고 문제해결을 촉진하기 위해 좋은 기록 유지 시스템을 개발하고 유지해야 한다.

11.7.1 진단

검사는 많은 형태가 있고 일상, 주기, 정밀절차를 포함할 수 있다. 외관의 완결성, 보안, 고품질의 수질이 유지되는지 확인하기 위해서는 내·외부 검사가 필요하다. 검사의 형태와 빈도는 저류시설의 형태, 기물파손의 취약성, 사용기간과 상태, 마지막 세척과 관리 이후의 시간, 수질이력, 지역적 기준에 의해 정해진다. 일상점검은 일상 또는 주간 과업으로 지상으로부터 수행된다. 주기 점검은 보다 세밀하며 탱크에 올라가거나 매 3~4개월마다 수행할 수 있다. 정밀검사는 시설이 종종 사용중단과 배수가 요구되는 큰 작업이다. 정밀 검사는 수질, 유지관리, 운영, 공학과 다른 외부 전문가를 대표하는 다방면의 전문가 팀에 의해 수행되어야 한다. 표면을 제대로 검사하고 표면의 상태를 확실하게 하기 위해 청소가 우선 필요할 수 있다.

정밀검사의 필요성은 일반적으로 수도산업에서 인정된다; 그러나 빈도는 잘 정의되지 않았다. 최근 철회된 AWWA 표준 D101은 최장 5년 검사간격을 추천했다. 비록 많은 주가 저장시설이 가동 개시될 때 AWWA 표준 C652-92로 소독을 요구하고 설계면으로는 10 개주 기준(Ten States Standards, 1997)을 참조하지만 검사주기는 언급하지 않는다. 빈도는 대개 수도시설의 판단에 맡긴다.

유럽에서 검사빈도는 나라마다 다르다. 영국에서는 최소 10년에 한 번이다. 스위스와 프랑스에서 저수조는 연 1회 완전히 배수되고 세척되고 소독되어야 한다. 수도산업을 통해 조건이 너무 광범위하게 변화되어 필요한 검사빈도에 대한 일관된 가이드라인이 없다.

좋은 관리 방안으로, 세 가지 검사형태가 실행되이야 한다. 정밀검사에 대해 Kirmeyer 등은(1999) 구조 조건에 대해 3~5년 주기, 수질에 대해서는 보다 자주 수행할 것을 권장했다. 그러나 실제 빈도는 수질모니터링과 시설조건에 근거해야 하며 매 1년 단위로 자주 할 수도 있다. 덮개가 없는 저수조는 독특한 문제가 있으므로, 매년 1~2회 정밀검사 하는 것을 고려해야 한다. 탄력적인 멤브레인 커버가 있는 저수조는 완결성을 확실히 하고 커버의 열화를 평가하기 위해 특별한 일상, 주기, 정밀검사가 요구된다.

검사방법은 육안, 플로트 내리기, 습식을 포함한다. 가장 인기 있는 방법은 물 빼고, 청소하고, 시각적으로 시설을 검사하는 것이다. 잠수부나 원격조정 매체를 이용한 물 아래 또는 습식검사는 극적으로 증가하며 상업적 감시의 1/3 정도로 추정된다. 습식검사의 명백한 이점은 저수조가 배수되지 않아도 된다는 것이다. 수면아래 조사는 필요한 안전 요구조건에 인증된 상업적 잠수부를 포함한 특별히 훈련된 팀에 의해 수행되어야 한다. 플로트 내리기 검사는 가장 적게 사용된다.

검사원에 의해 가장 흔히 지적되는 사항은 방충망, 환기구, 월류관 부족, 작동하지 않거나 적정하게 조정되지 않는 전기방식, 잠기지 않은 덮개, 실내외 납 페인트의 존재, 그리고 국가위생협회(NSF)에서 승인되지 않은 페인트의 존재이다.

기록유지와 검사의 철저한 기록은 충분히 강조해도 지나치지 않는다. 일관성 있는 양식과 체크리스트는 동일 사항이 항상 검사되고 평가되는 것을 확실하게 한다. 정량적인 측정이 페인트, 코팅, 시설의 구조적 완결성을 문서화하는데 중요하다. 충분한 현장 노트가 있는 사진, 음성 설명이 있는 비디오 촬영은 유용한 도구이다.

11.7.2 유지관리

유지관리 활동은 예방적 예측적 활동, 비상 유지관리를 포함하는 유지관리 계획으로 구분할 수 있다. 예방적 활동은 수명연장, 구조와 장비 결함 방지, 수질문제 예방을 위해 규칙적으로 수행된다. 예측적 활동은 현재 상황을 인식하고 사고를 예측하고, 고가의 보수가 필요하기 전에 행동하기 위해 자료를 모으고 분석하는 기술과 다른 방법의 사용을 포함한다. 비상 유지관리는 자연재해나 인재의 결과로 계획되지 않고 수행되며 본질적으로 급작스럽다.

저류시설의 유지관리는 시스템에 따라 수행된다. 유지관리 활동은 성능 및 다른 기능 유지를 위한 세척, 페인트칠, 구조 보수를 포함한다. 주정부 규정은 많은 분별을 수도시설에 주지만 많은 주는 유지관리에 관한 AWWA표준 ANSI/NSF 표준 61, 10개 주 표준(1997), 소독절차, 코팅승인에 따를 것을 권장한다.

대부분 세척주기를 권장하지는 않지만 몇몇 가이드라인은 필요한 만큼 자주, 합리적인 간격 등 이다. 대부분의 시설은 세척간격이 2~5년인 규칙적인 세정프로그램을 갖고 있다. Kirmeyer는 덮여진 시설은 최소 3~5년 마다 세척되어야 하고 검사와 수질모니터링에 근거해 필요하면 더 자주할 것을 제안했다(Kirmeyer 등 1999). 뜨는 덮개(floating cover)는 수질 모니터링, 주기적 검사 운영가이드 라인, 재질평가를 포함하는 구체적인 예방적 유지관리 프로그램을 요구한다.

세척프로그램은 단수와 무단수로 구분한다. 전통적인 단수방법은 배수와 고압호스, 비질, 삽질 등을 포함한다. 무단수 세척은 점점 인기가 상승하며, 잠수부나 원격조정 장비에 의한 진공청소장비의 사용과 관계있다. 각각의 방법은 장단점이 고려되어야 한다. 무단수 방법의 명백한 장점은 빠르고 장기간 동안 단수를 요구하지 않는다는 것이다.

코팅과 라이닝은 구조물의 보호와 수명 그리고 수질과 관계된 중요한 요소이다. 승인된 코팅선택, 바탕 준비, 상태 다루기에 특별한 조심이 필요하다. NSF 승인 재료가 사용되어야 한다. 마지막으로 제 기능을 못하는 시스템은 부식과 후속 문제를 증가시키므로 전기방식은 적절하게 유지되어야 한다.

CHAPTER 12 유량계

역자: 노선민, 박주영, 박태진, 김종섭, 이행수

배·급수 관망의 중요 감시지점 또는 분기점에 유량계를 설치하여 유량을 측정한다. 또한 급수관망의 가장 말단에 수도미터를 설치하여 유량을 측정하고 그 결과에 따라 요금을 부과하게 된다. 정확한 유량측정 및 공정한 요금부과를 위해서는 설치할 지점의 측정환경에 적합하게 유량계와 수도미터를 설계해야 하므로 본 장에서는 이들의 특성에 대해 기술한다.

12.1 유량측정

유량은 임의의 단면에 단위시간당 유체가 흘러간 양을 의미하는 것으로 정확하게는 유동률(순시유량)이며 ℓ /s, m^3/h, m^3/d, gal/min 등의 단위를 사용한다. 이것은 유체가 흘러간 양을 의미하는 유동량(적산유량)과는 구별되어야 한다. 유동량은 체적의 단위를 사용한다.

12.1.1 유량측정 관련용어

Full Scale 정확도. 유량측정오차를 그 유량계가 측정할 수 있는 최대값으로 나눈 후 100을 곱한 것으로 "% FS"로 표시한다.

지시 정확도. 유량측정오차를 그때의 유량계가 측정한 값으로 나눈 후 100을 곱한 것으로 "% RD"로 표시한다. 여기서 RD는 reading의 약자이다.

기차. 유량측정오차를 그때 표준기가 측정한 값으로 나눈 후 100을 곱한 것으로 일반적으로 통용되는 오차를 뜻한다.

재현성. 동일한 측정방법 및 측정대상으로 측정요원, 측정장소, 측정시기 등 일부 환경적인 요인을 바꾸어 측정하였을 때 원래의 측정값과 일치하는 정도를 백분율로 표시한 것이다.

반복성. 동일한 측정방법 및 측정대상으로 동일한 환경에서 다시 측정하였을 때 원래의 측정값과 일치하는 정도를 백분율로 표시한 것이다.

히스테리시스(Hysteresis). 유량을 증가시키면서 측정한 결과와 감소시키면서 측정한 결과가 다르게 나타나는 정도를 뜻한다.

드리프트(Drift). 유량의 변화가 없는데도 불구하고 환경적인 요인으로 유량계 지시값이 완만하고 지속적으로 변화하는 정도를 뜻하며, 특히 유량이 흐르지 않을 때를 제로 드리프트라고 한다.

제로 컷(Zero Cut). 제로 드리프트에 의한 유동량(적산유량)의 오차 또는 유량계와 연동하여 동작하는 다른 기기의 오류를 방지하기 위하여 0 부근의 미리 정해진 값 이하로 유량이 감소하면 강제적으로 유량계가 0을 지시하도록 하는 것을 말한다. 유량계를 교정할 때에는 제로 컷을 해제함으로써 영점오차를 줄일 수 있다.

12.1.2 측정불확도

12.1.2.1 측정결과에 대한 평가

측정의 결과를 보고할 때는 그 결과를 사용할 사람이 얼마나 믿고 사용해도 되는지 신뢰성을 판단할 수 있도록, 측정결과의 품질, 다시 말해서 그 신뢰도를 나타내는 어떤 정량적인 값을 측정결과와 함께 나타내어야 한다. 측정학에서는 이러한 측정결과의 신뢰도에 관한 정량적 표현의 방법으로서 오차나 오차분석을 오랫동안 사용하여 왔다. 그러나 오차를 아무리 잘 평가하고 적정한 보정을 해 주어도 그 결과가 조금도 틀리지 않고 정확한가 하는 데는 의문이 남아 있을 수밖에 없다. 이러한 사실로 인하여 측정결과의 품질을 오차로 나타내는 데는 그 의미나 사용방법에서 일치되지 못하고 있었다. 이와 같은 이유로 근래에는 측정결과의 신뢰성을 판단할 수 있는 지표로서 불확도의 개념이 도입되어 점증적으로 사용되어 왔다.

세계적으로 무역이 확대되고 경제의 세계화가 진전됨에 따라, 서로 다른 국가에서 이루어지는 측정결과를 쉽게 비교할 수 있도록 불확도를 평가하고 표현하는 방법을 통일시키고자 하는 움직임이 오래전부터 전개되어 왔고, 그 결과 국제표준화기구(ISO)가 BIPM, IEC, IFCC, IUPAC, IUPAP 및 OIML 등의 국제기구와 합동으로 측정불확도 표현 지침서(Guide to the Expression of Uncertainty in Measurement)를 1993년 발행하여 산업 및 상업분야에 적용하였다.

12.1.2.2 측정불확도

여기서는 유량측정결과에 대하여 직접 측정불확도를 산출하기 보다는 제시된 측정불확도가 어떤 의미를 갖는가에 대한 이해를 하는 정도로 설명한다. 측정불확도란 측정결과와 관련되어, 측정량을 합리적으로 추정한 값의 분산 특성을 나타내는 파라미터이다.

다음 그림은 어떤 측정을 무한히 반복수행하여 만든 확률밀도함수이다. 확률밀도함수이므로 음영영역을 모두 적분하면 1이 된다. 측정값은 95에서 105까지 걸쳐있으며, 평균측정값(μ)은 100이고 표준편차는 σ 이다. 이 표준편차 σ 가 바로 측정불확도가 된다. 그리고

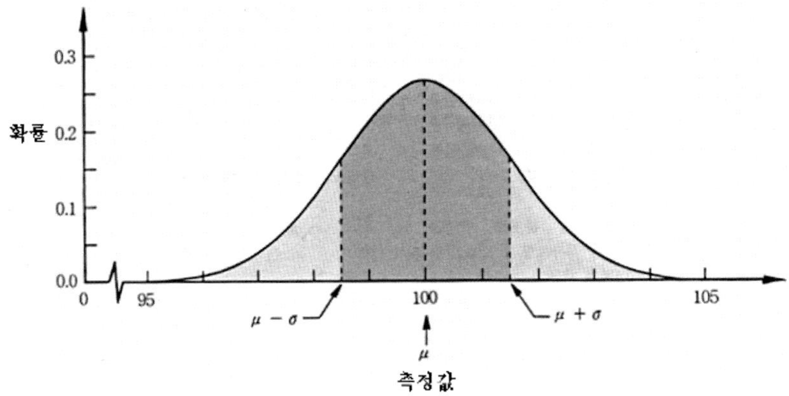

그림 12.1 ▌ 확률밀도곡선

평균측정값을 중심으로 $\pm\sigma$ 까지의 영역(그래프의 가장 진한 음영영역)이 전체영역에서 차지하는 비율을 신뢰수준이라고 한다. 정규분포의 특성을 갖는 확률밀도함수에서는 $\pm\sigma$ 영역이 전체영역의 약 68%, $\pm 2\sigma$ 영역이 약 95%, $\pm 3\sigma$ 영역이 약 99%를 차지하게 된다. 통상적으로 측정불확도를 선언할 때에는 "신뢰수준 95%에서 불확도는 ±2%이다"라고 선언하면 이 측정은 표준편차가 1%라는 의미가 된다. 위와 같이 선언된 측정결과는 동일한 측정을 100번 수행하면 제시된 평균측정값의 $\pm 2\sigma$ 영역 안에 있을 확률이 약 95%라는 정량적인 선언이 되는 것이다.

측정불확도가 언뜻 간단해 보이지만, 실제로 이를 구하는 것은 그리 단순하지 않다. 우선 무한히 많은 횟수의 반복측정을 할 수 없기 때문에 표준편차를 구할 수 없다. 우리는 유한한 횟수의 반복실험을 통해 실험표준편차만을 구할 수 있다. 또한 측정기 또는 측정대상물이 시스템적으로 편차를 발생하여 통계적으로 처리할 수 없는 경우도 있고 많은 경우에 확률밀도함수가 정규분포의 형태로 나타나지 않고 특수한 형태로 나타날 수 있다. 이러한 경우를 모두 개별적으로 산출해야 하며, 이를 통계적으로 분석하는 경우를 A형 불확도, 시스템적으로 분석하는 경우를 B형 불확도라고 한다. 이렇게 구해진 모든 불확도를 합성한 후 신뢰수준까지 확장하면 최종적인 불확도가 산출된다.

12.1.3 교정검사

유량계에 대한 정확도 또는 불확도를 조사하는 가장 쉬운 방법은 교정검사를 실시하는 것이다. 교정검사는 표준의 교정용 표준탱크와 비교하여 소급성을 유지하는 것을 의미한다. 보통 국가별로 표준기가 있으나 그 표준기로 해당국가의 모든 유량계를 비교할 수 없으므로 중간단계인 교정기관이 이를 대신하게 된다. 교정기관에서는 기관의 표준기를 주기적으로 국가표준과 비교하여 소급성을 유지하고 현장에서 사용하는 유량계를 교정기관에서 비교하여 소급성을 유지한다. 국제적으로는 국가의 표준을 상호 비교함으로써 소급성을

그림 12.2 ▌ 유량계 교정용 기준탱크 및 시험배관

유지하고 국제시험소인정협력체(ILAC)의 상호인정협정(MRA)에 서명한 국가간에는 교정기관의 교정결과를 상호 인정하여 국가간 물품 및 서비스의 교역시 중복하여 교정하지 않도록 하고 있다.

12.2 유량계

유량계는 기체, 액체, 슬러리 등 다양한 측정대상과 고온, 저온, 고압, 진공 등 다양한 측정환경에서 유량을 측정할 수 있도록 개발된다. 따라서 공업용 유량계에는 용적유량계, 면적유량계, 차압유량계, 터빈유량계, 와유량계, 초음파유량계, 질량유량계, 전자기유량계, 개수로유량계 등 여러 가지 측정원리 및 기능을 갖춘 유량계가 개발되고 있다.

배·급수 관망의 유량측정용으로는 과거에는 오리피스(orifice), 벤트리(venturi), V콘(V-cone)과 같은 차압유량계를 많이 사용해왔다. 그러나 차압유량계는 차압을 유발하는 조임부가 유체와의 마찰이 심하고 마모에 의하여 측정특성이 변하기 쉬우며 이를 수리 또는 교체하려면 많은 비용이 소요된다. 또한 유량을 산출하는 핵심인자인 차압특성이 유량에 선형적으로 비례하지 않고 유량의 제곱근에 비례하므로 측정범위가 좁고 오차가 크다는 단점이 있다. 이러한 문제점 때문에 최근에는 많이 사용하지 않고 이를 전자기유량계와 초음파유량계가 대신하고 있다. 이들 유량계는 급격한 유량변화, 과도한 유속, 수충격, 공기유입에 의한 플래싱 등과 같은 관로 내의 이상현상이 발생하여도 쉽게 고장나지 않고 측정범위가 넓으며 가격이 저렴하고 비교적 측정정확도가 높아 널리 사용되고 있다. 통상 측정유속 범위는 0.1~10m/s이며, 측정정확도는 ±0.5% 정도이다. 구경 400mm 이하에는 전자기유량계를 그 이상에서는 초음파유량계가 유리한 편이며 원격감시가 필요하지 않고 전원공급이 곤란한 300mm 이하의 구경에서는 축류익차식 수도미터(월트망)를 사용하기도 한다.

12.2.1 전자기유량계

12.2.1.1 전자기유량계 측정원리

그림과 같이 내벽이 절연성인 측정관에 도전성유체를 흘려보내고 흐름방향과 수직으로 자기장이 가해지면 전자유도원리에 의해 플래밍(Fleming)의 오른손 법칙에 따른 방향으로 평균유속에 비례하는 신호기전력 E가 유체 내에 생기게 된다.

유체의 흐름과 자속 쌍방에 대하여 수직 방향으로 측정관 내벽에 서로 마주보며 배치된 한조의 전극에 의해 유체중에 발생된 신호기전력 E를 측정하면 신호기전력 E의 크기는 다음과 같은 식으로 나타낼 수 있다.

$$E = kBDv \tag{12.1}$$

여기서 k : 비례상수
B : 자속밀도
D : 관의 내경
v : 유체의 평균유속

관내의 유량을 Q라 하면

$$Q = \frac{\pi}{4} D^2 v \tag{12.2}$$

가 되며 식 12.1을 12.2에 대입하여 정리하면 다음과 같이 된다.

$$Q = \frac{\pi}{4} \frac{DE}{kB} \tag{12.3}$$

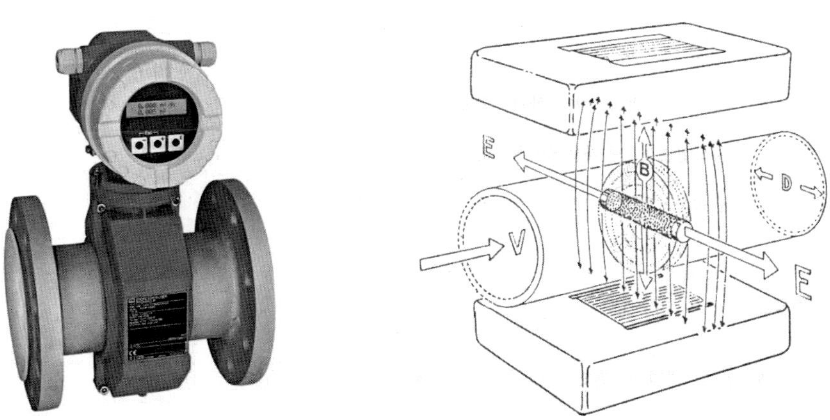

그림 12.3 | 전자기유량계

12.2.1.2 Shercliff 이론과 유속분포영향

전자기유량계의 이론이 연구되기 시작한 것은 Kolin, Thulremann까지 거슬러 올라가야지만 이해하기 쉬운 이론으로서 보급된 것은 1962년 Shercliff의 교과서가 저술된 이후라고 생각할 수 있다.

Shercliff의 교과서는 주로 액체금속용 전자기유량계에 중점을 두고 있으며 통상의 공업용 전자기유량계에 적용되는 일반적인 이론에 관해서는 충분히 상세한 검토가 되어있지 않으나 관내의 각 위치에 따라 유체의 흐름에 따라 유발되는 신호기전력의 크기가 다르다는 가중계수(weighting factors)의 개념을 도입함으로써 관내의 유속분포가 불균일한 데에 기인한 오차요인 등을 쉽게 이해할 수 있도록 했다는 점에서 전자기유량계의 기술발전에 크게 기여하였다.

이 이전에는 균일자기장에서는 유속분포가 축에 대칭되면 신호기전력은 평균유속에 비례한다는 것은 이미 밝혀져 있었지만 비대칭적이고 불균일한 유동에 대한 오차의 원인은 불분명 하였다.

전자기유량계 이론에서 관심이 가장 많이 쏠린 문제는 임의의 유속분포를 갖는 흐름에 대해 항상 평균유량을 검출하는 유량계 제작이 가능한가라는 주제였다.

1960년대 전반에는 실제의 제품개발에서 가능한 균일한 자기장을 갖는 발신기로 축대칭류를 측정하는 것이 주종을 이루었으나, 1966년 Rummel은 관내의 자속밀도와 가중계수의 곱을 일정하게 하는 불균일한 자기장을 형성하면 유속분포가 축대칭이 아닌 불균일한 유체의 흐름에 대해서도 오차가 생기지 않는 측정이 가능하다는 제안을 발표하였다.

유속 v가 관축(z축)방향 성분만을 가지고 자속밀도 B를 전극을 포함하는 평면 내에서 불균일하게 구성된 2차원의 문제로 취급할 수 있는 경우 즉

$$v = v\{0, 0, v(x,y)\} \tag{12.4}$$

$$B = B\{B_x(x,y), B_y(x,y), 0\}$$

이면, x축상의 두 전극 사이에 발생되는 유도기전력 E는 다음과 같이 표시할 수 있다.

$$E = k\int\int v(B_x W_y - B_y W_x)dxdy \tag{12.5}$$

여기서 W_x, W_y : 가중계수의 x, y 성분

Rummel은 식 (12.5)에서 관 단면의 위치에 관계없이 $(B_x W_y - B_y W_x)$가 항상 일정한 자속밀도의 분포를 만들 수 있다면 유도기전력 E는 유속분포 $v(x, y)$의 변화와 관계가 없다는 것을 알게 되었다.

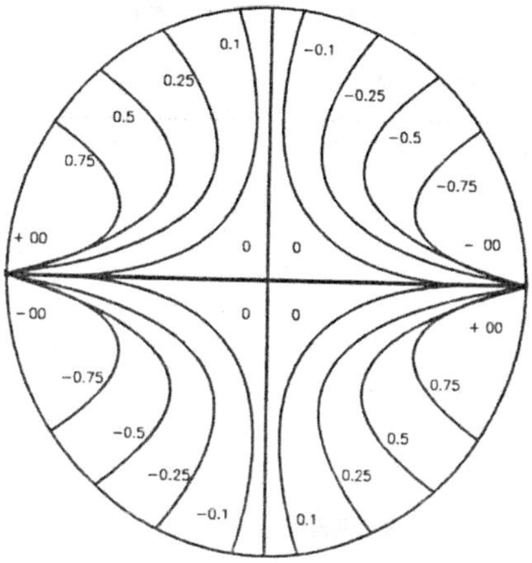

그림 12.4 ▎ x 성분

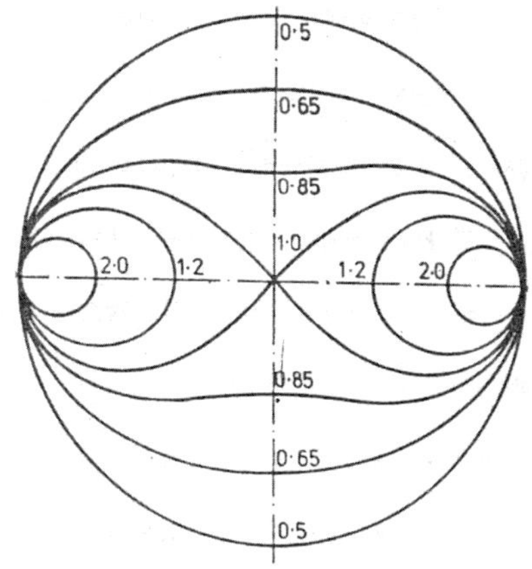

그림 12.5 ▎ y 성분

Rummel은 이와 같은 자기장분포에 근사하도록 코일을 개량하고 실험을 통해 불균일한 유속분포에 의한 영향이 매우 적게 나타나는 것을 확인했다. 그 후 이론적 관심은 $(B_x W_y - B_y W_x = const)$가 엄밀하게 성립되는 불균일 자기장을 발생시키는 코일 등의 제작이 가능한가에 집중되었으며, 1969년 Bevir는 가중계수 개념을 확장한 중량벡터 W는

$$W = B \times \nabla G \tag{12.6}$$

를 도입하고 유속분포의 영향을 받지 않는 조건으로서

$$\mathrm{rotW} = 0 \tag{12.7}$$

이 필요하며 점전극(point electrode)하에서 이 조건을 충족시키는 자기장이 존재하지 않는다는 것을 알게 되었다.

1970년 Engl은 이 문제를 2차원의 경우에 대해 엄밀히 해석하여 그 같은 자속밀도의 분포는 이론적으로 존재할 수 없다는 것을 증명하였다. Engl은 2차원에 이어 3차원 문제에 대한 해석을 완료하였고, 비슷한 시기에 Haacke도 3차원 문제의 해석을 통해 전극면에서 z축 방향으로 떨어진 몇 가시 관단면에 대한 관계수를 계산하였으며, 그 결과 전자기유량계 자체의 관경길이(면간길이)는 최소한 내경(D)의 길이만큼 되어야 한다는 것을 발표하였다.

불균일 자기장을 갖는 이상적인 전자기유량계는 이론적으로 불가능하다고 증명되었지만 어느 정도 근사적인 자기장분포는 만들 수 있어서 불균일 자기장분포를 갖는 전자기유량계가 1970년 이후 급속히 보급되기 시작했다. 특히 대구경 전자기유량계에서는 불균일한 자기장형 코일을 채용하면 면간거리가 대폭 단축되는 이점이 있기 때문에 이 같은 방식의 유량계가 주류를 이루고 있다.

12.2.1.3 전자기유량계의 기술적 진보와 특성

영점안정도 개선. 전자기유량계 개발 초기에는 상용교류전원을 이용한 여자방식이 주로 사용되어서 영점의 안정성에 문제가 있었으나 저주파 여자방식의 도입에 따라 안정도의 문제는 해결되었다. 이는 저주파 여자방식에서 주파수가 상용교류전원의 1/2 ~ 1/32 정도인 저주파 구형파로 여자하고 자속이 정상치 일 때 신호를 검출함으로써 영점변동의 원인이 되는 자속변화에 의한 잡음을 제거할 수 있었다.

상용교류전원 여자방식에서는 유도출력신호에 중첩되는 50~60㎐의 잡음은 위상이 90° 다른 성분만 동기정류방식으로 소거할 수 있었으나 저주파 여자방식에서는 출력신호의 캐리어 주파수가 상용교류전원과 전혀 다르기 때문에 그 같은 잡음에 대한 영향은 거의 받지 않게 되었다.

불균일 유속분포에 대한 개선. 한조의 점전극을 채택한 일반적인 전자기유량계에서 비대칭 유동 등의 영향을 완전히 제거할 수 있는 자계분포는 이론상으로 실현 불가능하다는 것이 판명되었지만 Shercliff의 가중계수와 자속밀도의 곱의 공간분포가 어느 정도 일정한 불균일 자계를 채용하여 비대칭유동 등에 의한 오차요인을 최소화하는 방법이 실용화 되었다. 한편, 이 같은 비대칭유동에 의한 영향을 최소화하기 위한 방안으로 자기장의 검토뿐만 아니라 전극의 구조개선면에서도 검토가 진행되어 왔다.

일반적으로 전극의 크기는 관직경에 비해 작기 때문에 이론에서는 점전극으로 취급된다. 그러나 구조상 원주방향으로 연장된 선전극 또는 흐름방향으로 확대된 면전극 등을 생각할 수 있다. 면전극을 채택한 전자기유량계는 유속의 평균화 효과가 있기 때문에 유속분포의 불균일에 대한 영향은 적어지지만 실용상 전극면적을 크게하면 전극표면의 이물질의 비대칭적인 부착으로 인하여 영점오차가 발생하기 쉬우며 제작가격도 높아지기 때문에 그다지 실용화 되어있지 않다.

이 결점을 피해 면전극과 동등한 효과를 얻을 수 있도록 두조 이상의 점전극을 배치하는 다전극(multi-electrode) 구조가 제안되었으며, 이 방법을 도입한 전자기유량계가 이미 상품화되어 있다.

변환기의 고집적, 다기능 및 지능화. 전자기술의 급속한 발전과 더불어 마이크로프로세서의 보급이 보편화 되어 전자기유량계의 변환기의 기능이 매우 다양하게 강화되었다. 예를 들어 유량측정범위를 직접 유량값으로 입력하거나, 역방향의 유량측정, 상하한 유동율에 따른 경보신호 발생 및 측정을 위한 각종 조건과 변수를 간단한 키보드를 통해 RAM에 입력할 수 있게 되었다.

그리고 신호처리 면에서도 유량측정 특성을 개선하는 여러 가지 마이크로프로세서를 채택하고 있다. 예를 들면 슬러리와 같은 유체측정시 슬러리가 전극표면을 스칠 때 전극면의 접촉전위가 돌변하여 출력신호에 급격한 잡음이 포함되는 경우 측정하여 왔던 유동율의 평균치와 현재 측정된 유동율의 차이를 계산하여 규정치를 넘는 경우에 현재 측정된 유동율

평균치에 일정변화량을 가산한 값으로 수정하여 출력하는 논리회로 등을 사용하여 잡음을 제거하고 실제적인 유량값에 근접하도록 하고 있다.

또한 슬러리나 전기전도율이 낮은 유체유량 측정 시에는 전극의 전기화학적 전위가 변동하는 경우가 있으며, 이 같은 전위변동으로 발생하는 잡음은 여자주파수에 반비례하며 여자주파수를 올림으로써 신호 대 잡음비(S/N비)를 향상시킬 수 있기 때문에 측정대상 유체의 종류 또는 측정조건에 따라 여자주파수를 변경할 수 있는 제품들이 많이 등장하고 있다.

소형·경량화 추세. 유량계뿐만 아니라 모든 기기의 소형, 경량화는 기기의 사용과 설치 및 보수 등에 큰 이점을 부가하게 된다.

전자기유량계에 있어서도 저주파 여자방식 채용으로 철손의 영향이 크게 감소하고 S/N비의 향상으로 여자전압레벨을 내릴 수 있게 되어서 코일을 포함한 여자회로의 소형화가 가능해졌으며 전산기 모의기술은 유한요소법(FEM) 등을 활용해 전자계 분포 해석, 강도설계, 열설계 등에 적용하여 전자기유량계의 소형, 경량화 및 적용범위 확대 등이 추진되고 있다.

전자기유량계 몸체의 길이는 접지링(earth ring)에 의한 기전력의 접지효과에 한계가 있어 접속되는 파이프의 내면이 도전성이냐 또는 절연성이냐에 따라 스팬(span)오차가 발생하기 때문에 현재는 최소한 내경보다는 길어야 하는 것이 한계치로 되어있다.

12.2.1.4 전자기유량계의 설치와 운전

잡음방지. 검출기 가까이에 모터나 변압기 기타 전력원이 있으면 유도장해를 일으킬 수가 있으므로 이런 것에 접근하지 않도록 주의해야 한다. 또한 배관에 전류가 흐르고 있는 장소나 전기나 자기 구동밸브 가까이에는 검출기를 설치하지 않도록 한다.

필요 직관거리. 정확한 유량측정을 위해서는 검출기의 상류측에 직관부분을 두어야 한다. 전자기유량계의 측정오차가 ±2% 이내가 되기 위한 필요 직관거리는 표 12.1과 같다.

액체의 도전율. 액체의 도전율이 불균일하게 되기 쉬운 장소는 피하여야 한다. 검출기의 상류측 가까이에 약품을 주입하면 도전율이 불균일하기 때문에 유량측정에 나쁜 영향을 줄 수 있으므로 주입장소를 유량계의 하류측으로 옮기도록 한다.

표 12.1 ▌ 전자기유량계의 필요 직관거리

설치조건		직관거리(관경배수)
상류측	완전 개방된 밸브	2
	곡 관	5
	확대관	3
	축소관	3
하류측	확대관	2
	밸 브	2

접지. 전자기유량계에서는 측정전극에 유도되는 전압이 아주 미약하기 때문에 액체의 완전접지로 검출기 부근을 흐르는 미주전류를 제한해야 한다. 금속배관일 때는 접지가 별 문제 아니지만 검출기와 배관이 전기적으로 연결되지 않았을 때는 문제가 생기며 이러한 경우에는 6mm^2 이상의 동선으로 연결시켜야 한다.

또한 플라스틱관과 같이 전기적인 절연배관에 설치할 때는 검출기 양단 즉 상류측과 하류측과 액체를 접지시켜야 한다. 이러한 목적으로 접지전극을 검출기 안에 설치하는 제작회사도 있다.

검출기는 단독접지(제 3종 접지 : 접지저항 100Ω 이하)를 하기 때문에 접지하기 쉬운 장소를 택한다.

12.2.2 초음파유량계(Ultra Sonic)

12.2.2.1 초음파유량계의 측정원리

초음파유량계는 원리상 시간차 측정방법, 위상차 측정방법, 주파수차 측정방법 등이 있으나 상수도의 배·급수 관망에는 대부분 시간차 측정방법을 이용한다. 시간차 측정방법은 흐르고 있는 유체의 동일평면상 서로 반대방향에서 초음파를 발사하면 유체의 흐름과 같은 방향인 하류측으로 발사된 초음파와 그 반대인 상류측으로 발사된 초음파가 각각 반대편의 수신기까지 도달하는데 걸리는 시간차가 발생하게 된다. 이 시간차는 유량에 비례하며 이를 검출하여 유량을 산정하는 방식이다.

그림 12.6에서 초음파 송신기 T_1부터 수신기 R_1로 초음파를 발사할 경우 초음파 속도를 C, 유체의 속도를 v라 하면, 벡터합에 의해 전파속도는 $C+v\cos\theta$이고, 이때 T_1에서 R_1까지의 도달시간 t_1은

$$t_1 = \frac{L}{C+v\cos\theta} \tag{12.8}$$

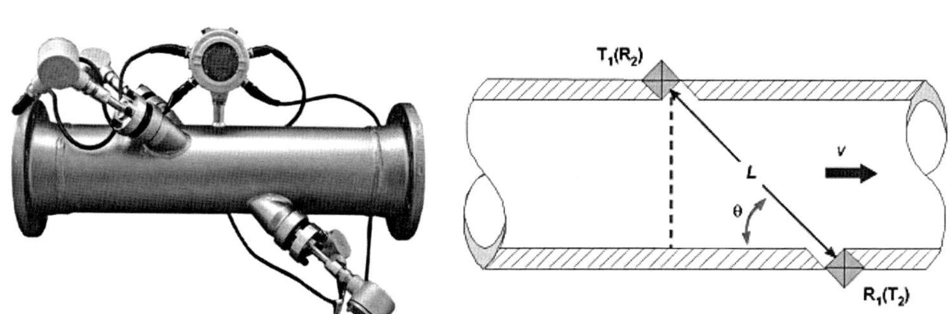

그림 12.6 ▌ 초음파유량계

여기서 L : 유체중의 초음파 경로길이

θ : 흐름방향과 초음파 경로와의 교차 각도

도달시간 T_2~$R_2(t_2)$는

$$t_2 = \frac{L}{C - v\cos\theta} \tag{12.9}$$

이다. 이때 도달시간차 Δt는 $t_2 - t_1$이므로

$$\Delta t = t_2 - t_1 = \frac{L}{C - v\cos\theta} - \frac{L}{C + v\cos\theta} = \frac{2Lv\cos\theta}{C^2 - v^2\cos^2\theta} \tag{12.10}$$

일반적으로 상온에서 유체 중에서의 음속 C는 1000m/s 이상이고, 유속 v는 수 m/s이므로 $C^2 \gg v^2\cos^2\theta$ 가 성립되며, 다음과 같이 표시될 수 있다.

$$\Delta t = \frac{2Lv\cos\theta}{C^2} \tag{12.11}$$

위식에서 유속 v를 구하면

$$v = \frac{C^2\Delta t}{2L\cos\theta} \tag{12.12}$$

즉, 초음파 경로 길이인 L과 유체중의 음속 C를 미리 알고 시간차 Δt를 측정하면 v를 구할 수 있다. 직경 1m의 관로상에 물의 유속이 1m/s 일 때 초음파 유량센서를 45°로 설치하면 Δt는 약 2000ns이고, 관직경이 10cm인 경우에 Δt는 약 200ns이다. 따라서, Δt를 증가시키기 위해 L을 증가시킬 수 있는 다중전파 방법을 채택하고 있다.

그림 12.7과 같이 상류측 변환기에서 하류측 변환기로 직접 전파되는 방법을 1 트래버스(traverse) 또는 Z법, 그림 12.8과 같이 전파거리를 늘리기 위하여 상류측 변환기와 하류측 변환기를 나란히 설치하고 관벽에 1회 반사한 전파를 수신하도록 설치하는 것을 2 트래

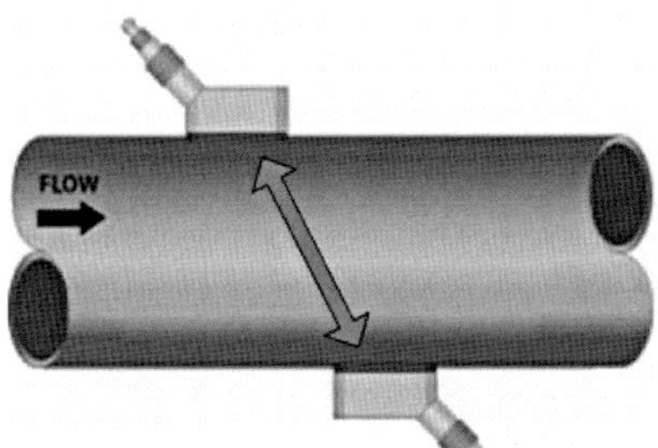

그림 12.7 ▎ Z법 설치

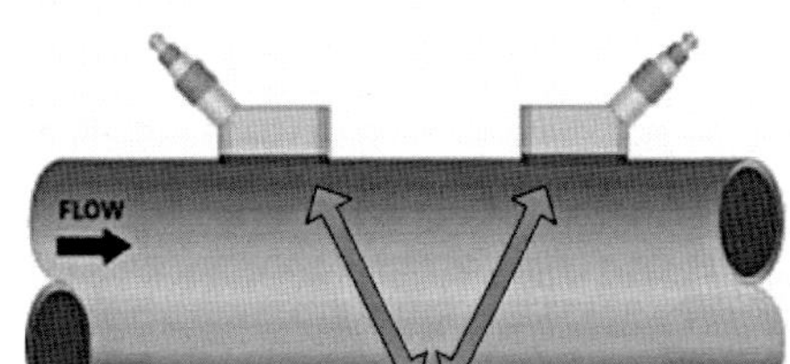

그림 12.8 ▎ V법 설치

버스 또는 V법이라 한다. Z법은 V법에 비하여 초음파의 감도가 좋으므로 안정적인 반면에 전파거리가 짧아 유량측정 분해능이 작아지고, 한쪽 방향으로의 편류에 의하여 오차가 유발될 수 있으며, 관의 반대면에 설치해야 하므로 정확한 설치가 어렵다는 단점이 있다. V법은 이와 반대로 전파거리가 길어 유량측정 분해능이 좋고, 관을 2회 반대방향으로 가로지르므로 편류에 의한 오차가 보정될 수 있으며, 변환기 설치시 관의 한쪽면에 평행으로 설치하므로 설치가 간편하고 설치오차를 줄일 수 있다. 그러나 초음파 거리가 길고 관단면에 1회 반사되어 감도가 많이 떨어지므로 대형관이나 관두께가 두꺼운 주철관, PE관에는 잘 측정이 되지 않는다. 따라서 고정형이나 습식과 같이 상시 설치하여 측정하는 경우는 Z법으로 설치하는 것이 유리하고 휴대용과 같이 일시적으로 측정하고 철거하는 경우는 V법이 유리하다.

초음파는 물속에서 그림 12.9와 같이 속도가 변화한다. 물의 온도가 20℃ 일 때 1℃의 온도변화에 대하여 음속이 약 0.2% 변하게 되며, 이를 식에 적용하면 유속측정 시 약 0.4%의 오차가 발생한다. 따라서 시간차 측정방법의 초음파유량계에 있어서는 다음과 같은 방법으로 음속변화의 영향을 보상하고 있다. t_1과 t_2의 평균치 t_0를 구하면

$$t_0 = \frac{t_1 + t_2}{2} = \frac{\dfrac{L}{C + v\cos\theta} + \dfrac{L}{C - v\cos\theta}}{2} = \frac{\dfrac{2LC}{C^2 - v^2\cos^2\theta}}{2} = \frac{LC}{C^2 - v^2\cos^2\theta} = \frac{L}{C} \tag{12.13}$$

이 되고 정지하고 있는 유체중의 초음파 도달시간을 의미한다. 따라서,

$$v = \frac{C^2\Delta t}{2L\cos\theta} = \frac{\left(\dfrac{L}{t_0}\right)^2 \Delta t}{2L\cos\theta} = \frac{L}{2t_0^2\cos\theta}\Delta t \tag{12.14}$$

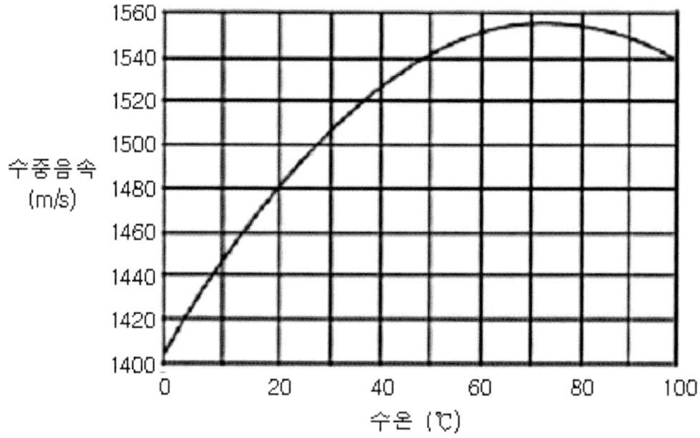

그림 12.9 ▌ 수온에 따른 음속

로 표시되고, 초음파 전파경로 길이 L을 관내경 D로 환산하면

$$L = \frac{D}{\sin\theta} \tag{12.15}$$

이므로

$$v = \frac{L}{2t_0^2\cos\theta}\Delta t = \frac{\frac{D}{\sin\theta}}{2t_0^2\cos\theta}\Delta t = \frac{D}{t_0^2\sin 2\theta}\Delta t \tag{12.16}$$

이 된다. 초음파 도달시간 t_1과 t_2의 측정값과 관내경 D, 그리고 흐름방향과 초음파 전파경로와의 교각 θ로부터 유체온도에 따라 변화하는 음속의 영향을 배제하여 유속을 구할 수 있다.

이렇게 산출된 유속은 초음파 경로상의 평균유속이다. 그러나 유체는 점성의 영향으로 배관내의 벽면 부근에서는 유속이 저하되고 관중심부에서 최대유속화 되는 유속분포를 가지고 있기 때문에 관단면의 실제적인 평균유속과는 차이가 있게 된다.

그림 12.10에서 초음파유량계에서 검출한 유속(v)은 표시된 직경상(초음파의 전파경로상)의 유속분포를 평균한 값, 즉 관내 유속분포도에서 사선부의 면적을 관직경으로 나눈 값으로 다음과 같이 표시할 수 있다.

$$v = \frac{1}{D}\int u(x)dx \tag{12.17}$$

그러나 평균유속은 관단면의 유속분포를 평균한 값으로

$$\bar{v} = \frac{1}{S}\int\int u(x,y)dx\,dy \tag{12.18}$$

로 일반적으로 $\bar{v} < Z$이다.

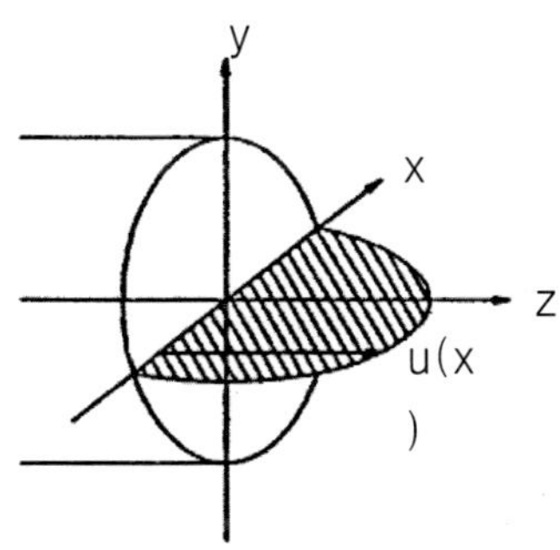

그림 12.10 ▌ 관내 유속분포

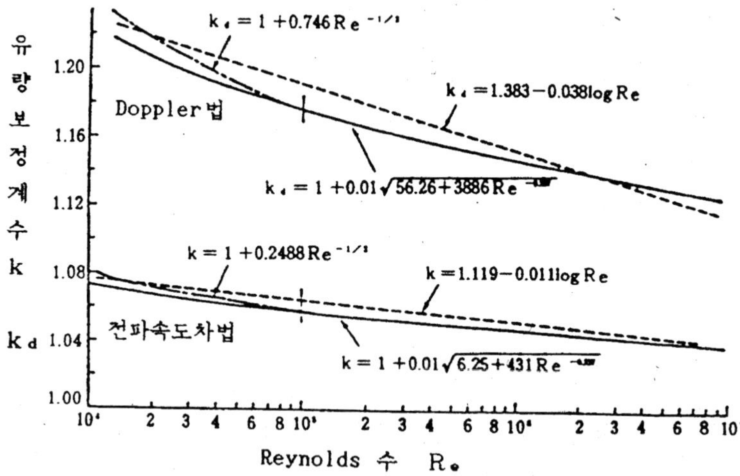

그림 12.11 | 유량보정계수 k, kd와 레이놀즈수의 관계

이런 이유로 검출유속 v와 실제적인 관내의 평균유속 $\bar{v}$의 비를 유량보정계수 k라 하여

$$k = \frac{v}{\bar{v}} \tag{12.19}$$

로 나타낸다. 관내의 유속분포를 대수법칙에 따르는 것으로 가정하여 계산한 유량보정계수 예는 다음과 같다.

실제 유량계는 검출한 유속값을 유량보정계수로 보정하고 관의 단면적을 곱하여 유량을 구한다.

$$Q = \frac{v}{k} \frac{\pi D^2}{4} \tag{12.20}$$

12.2.2.2 초음파유량계의 선정 및 설치

초음파유량계의 선정. 초음파유량계는 센서의 설치방식에 따라 배관 내에 직접 설치하는 습식(wet type)과 배관외부에 클램프 등을 이용하여 설치하는 건식(clamp on type)이 있다.

습식은 유량계측, 제어 등 공정 라인에 설치되어 연속적으로 가동하는 것을 목적으로 설계되었지만 건식은 단기간의 간이측정을 목적으로 하고 있다. 따라서 측정목적을 명확하게 하여 습식으로 할 것인지 또는 건식으로 할 것인지를 결정해야 한다.

건식이 습식에 비해 설치가 간편하다는 점을 제외하고는 측정상의 정확도, 정밀도 등 모든 면에서 습식이 많은 장점을 가지고 있다.

습식센서는 실제적으로 초음파의 전파경로를 임의로 선정할 수 있지만 일반적으로 단관의 길이를 짧게 하기 위하여 유체 흐름과의 교차 각도를 45°로 하는 것이 보통이다. 이 경우 초음파 도달시간차로 감지되는 유동벡터 성분은 0.707(cos45°)×(장치의 감도)가 된다.

건식센서에서 센서를 강관상에 부착시키면 강관에서 액체로 초음파가 진행할 때 생기는 굴절현상으로 인하여 유체흐름과의 교차각도가 60~70°정도 되는데 이 경우 감지되는 유동벡터의 성분은 (0.5~0.25)×(장치의 감도)가 되어서 두 방식에 사용된 전자회로의 감도가 동일하다면 습식의 경우가 더욱 크고 감도가 좋은 신호를 얻을 수 있다.

또한 습식 초음파 유량센서는 유체를 통과하는 초음파가 원래의 파형을 그대로 유지할 수 있으나 건식의 유량센서는 일단 관벽을 통과하는 과정에서 펄스가 그 파형을 많이 잃어버리게 되어 리딩 에지(leading edge)에 의해 동기되어 신호처리상의 재현도가 나빠지게 된다. 그 외에도 단관형은 미리 배관의 내경을 실측할 수 있으므로 특히 소구경인 경우 치수측정의 부정확함으로 인한 오차를 많이 감소시킬 수 있는 장점이 있다.

단일빔(single beam) 방식과 다중빔(multi beam) 방식. 단일빔 방식의 초음파유량계에서는 원리상 초음파가 통과하거나 반사하는 관내의 한면이나 점에서의 평균유속을 측정하고 관의 단면적을 곱하여 유동율을 구하게 된다. 그러나 실제로 관내의 유속분포는 유동율의 변화에 따라 다르게 되어 유속분포 변화에 따른 보정계수의 사용이 필요하다. 특히 유동이 층류에서 난류로 바뀌는 천이영역에서는 보정계수 값의 변화는 최대 30% 정도에 이른다. 비록 충분히 확립된 유동상태에서도 레이놀즈 수가 10^4~10^7 범위로 변함에 따라 보정계수 값도 3.5% 정도 변해야 한다. 이와 같은 유속분포에 의한 오차는 비대칭 유동이나 소용돌이(swirl)에서는 더욱 복잡한 양상을 띠게 된다.

유속분포에 의한 영향은 기본적으로 변환기를 관의 중심선에서 벗어난 위치에 적절히 설치함으로 그 오차를 어느 정도 최소화할 수 있는데 단일빔만을 사용할 경우에는 mid-radius 한쪽에 위치를 설정하는 것이 가장 적합한 것으로 평가되고 있다. 그러나 이와 같은 것으로는 유량계 상류측에 설치된 곡관, 티이, 밸브 등으로 인한 비대칭 와유동에는 그 효과를 기대할 수 없기 때문에 정확한 측정을 위해 다중 빔 방식을 채택하게 되었다.

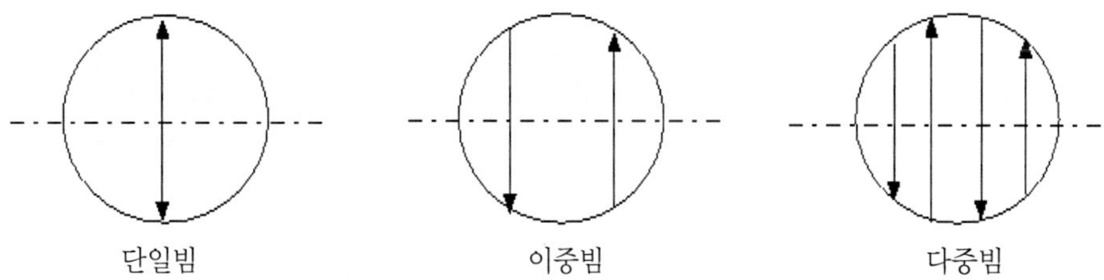

그림 12.12 ▌ 초음파유량계의 빔 방식

다중빔 방식에서는 가우스 적분법과 같은 수학적 방법 또는 실험에 의한 경험식으로 유량값을 계산한다. 다중빔 방식에서 또 하나의 장점은 다중빔 중 한조의 변환기가 고장을 일으켰을 경우 신호처리 장치에서 적절한 조작을 통하여 나머지 변환기만으로 유량을 측정할 수 있다는 것이다.

초음파유량계 설치 시 주의사항

① 배관안에는 항상 유체가 만관이 되어야 한다.
② 유체중에는 기포가 혼입되지 말아야 한다(단, doppler 방식은 예외).
③ 배관의 내면은 깨끗하고 요철이나 부착물이 없어야 하며 변환기가 접촉하는 배관표면도 부착물, 도장을 제거하여 아주 깨끗한 상태로 유지하고 돌기가 없어야 한다.
④ 검출기의 상류측과 하류측에는 충분한 길이의 직관부를 두어야 한다.
⑤ 배관의 외경치수, 배관두께, 배관의 내외면 재질, 두께를 정확하게 알아야 한다.
⑥ 수평배관 일 때는 기체(공기)의 체류, 모래의 퇴적 등에 의한 영향을 배제하기 위하여 수평면에서 ±45°이내에 설치하며 배관이 구부러졌거나, 플랜지 및 용접부위 등이 있는 곳은 피한다.
⑦ 검출기와 배관과의 접촉부에는 음향결합재(그리스 또는 접착제 등)를 칠한다. 이때 기포나 이물질이 혼입되지 않도록 하며 유량측정정도를 높이기 위해 가능한 변환기의 설치치수를 정확하게 한다.
⑧ 출력신호용 배선 및 전원용 배선은 반드시 별개의 전선관을 사용하여 배선한다.

표 12.2 ▌ 초음파유량계의 상류측 필요 직관거리

설치조건	직관거리(관경배수)
축소관	4
확대관	18
90°곡관	30
U자형 이중 곡관	22
다른 평면 이중 곡관	47
버터플라이밸브	18

12.3 수도미터

계측기 중에 상거래 또는 계량증명용으로 사용되는 것을 계량기라 한다. 계량기 중에 수돗물의 양을 측정하고 요금을 부과하기 위하여 사용하는 것을 수도미터라 한다. 계량기의 규격은 국제적으로 표준화되어 왔고, OIML(Organisation Internationale de Meterologie

Legale, International Organization of Legal Metrology)이라는 국제기구에서 그 업무를 담당하고 있다. OIML은 수도미터의 제작, 형식승인, 검정 등에 관한 사항을 OIML R 49-1, 2, 3에 정리하였고, 최근 ISO와 내용을 통일하였다. 즉 수도미터는 유량계 중에 OIML의 기준에 맞게 제작 및 시험·검사를 합격한 유량계로 수돗물의 상거래에 이용될 수 있도록 국제적으로 허가된 제품이다.

수도미터는 수차와 같이 유체와 접하고 있는 익차는 유체로 부터 동적에너지를 얻어 카운터를 돌리는 익차식이 많이 사용되고 있고, 미국과 유럽에서는 일정공간의 버킷이 있어 이 버킷으로 물을 퍼서 나르듯이 측정하는 용적식 수도미터가 가정용으로 많이 사용되고 있다.

12.3.1 수도미터의 종류

12.3.1.1 접선류 익차식

익차에 대하여 접선방향으로 물줄기가 분사되어 익차를 회전시키는 방식으로 물줄기의 갯수에 따라 단갑식(Single-Jet), 복갑식(Multi-Jet)으로 분류한다. 단갑식은 복갑식에 비하여 이물질 걸림이 적고, 구조가 단순하여 소형으로 제작할 수 있다. 복갑식은 단갑식에 비하여 감도가 뛰어나 유량측정범위가 넓고 정확하며, 유동교란에 의한 영향도 적다. 50mm 이하 소구경에 많이 적용되며, 우리나라와 일본의 가정용 수도미터로 이용되고 있다.

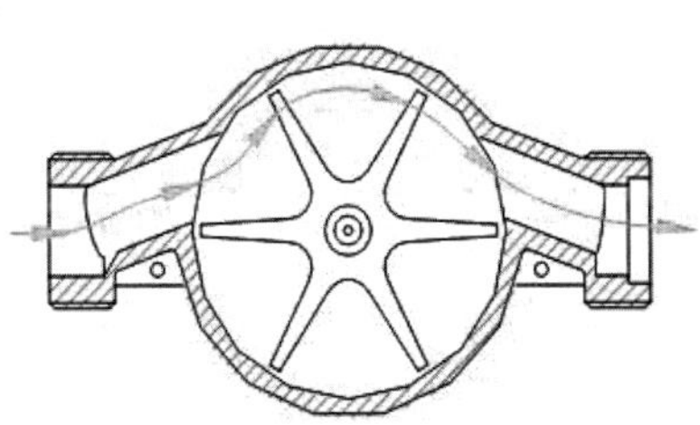

그림 12.13 ▌ 단갑식

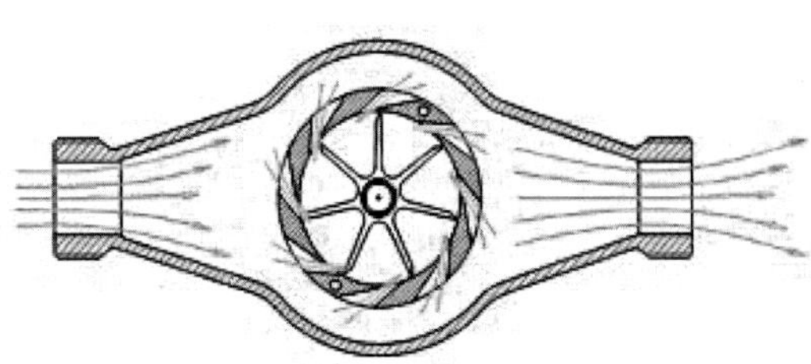

그림 12.14 ▌ 복갑식

12.3.1.2 축류 익차식

수도미터 익차축의 방향이 유체의 흐름방향과 동일한 구조로 주로 40~300mm의 큰 구경의 수도미터로 제작하여 이용되고 있다.

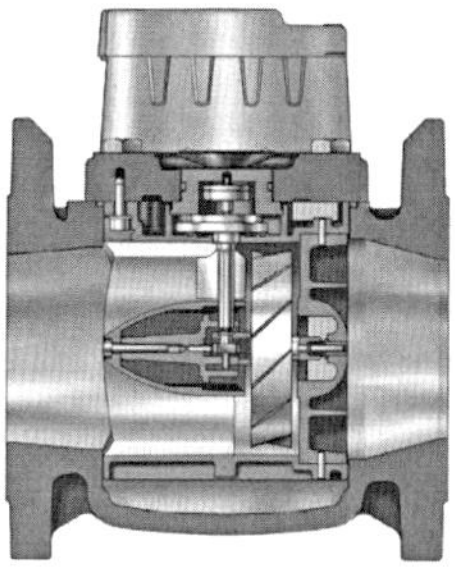

내부구조

축류익차식 외관

그림 12.15 ▌ 축류익차식

12.3.1.3 용적식(Positive Displacement)

용적식(실측식) 수도미터는 물을 버킷으로 퍼내듯이 직접적인 방법으로 물의 유량을 계량하는 방식으로 디스크방식(Nutating Disk, 미국)과 회전피스톤(Rotary Piston, 유럽)방식이 있다. 상하류 직관거리가 필요하지 않고, 인위적으로 지침을 수정하는 것이 불가하며, 시동유량이 매우 작고 정밀도가 뛰어난 장점이 있다.

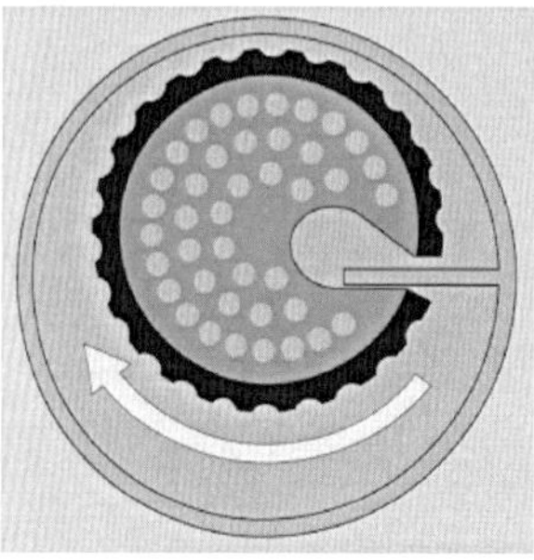

(측정원리)

(외관)

그림 12.16 ▌ 회전 피스톤 방식

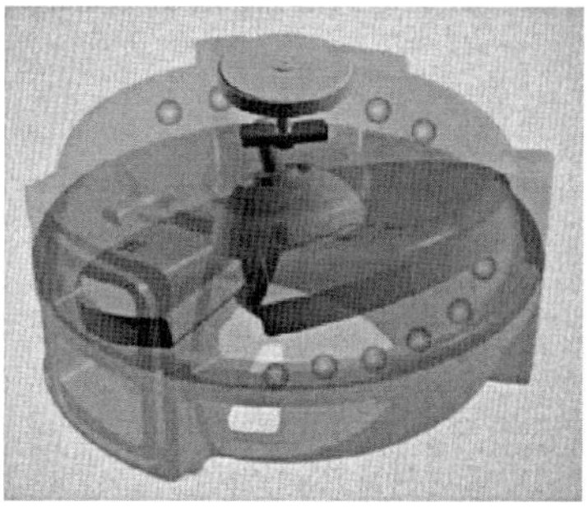

(측정원리)

(외관)

그림 12.17 ▌ 디스크 방식

12.3.1.4 조합식(Compound Meter)

구경이 작은 수도미터와 큰 수도미터를 조합해서 측정유량범위를 넓힌 것으로 작은 구경으로 접선류 익차식 또는 용적식과, 큰 구경으로 축류 익차식 수도미터를 조합하여 두개의 수도미터의 유량범위에서 사용할 수 있다. 그러나 작은 구경과 큰 구경의 수도미터가 중첩되는 유량범위에서는 오차가 커지는 단점이 있다.

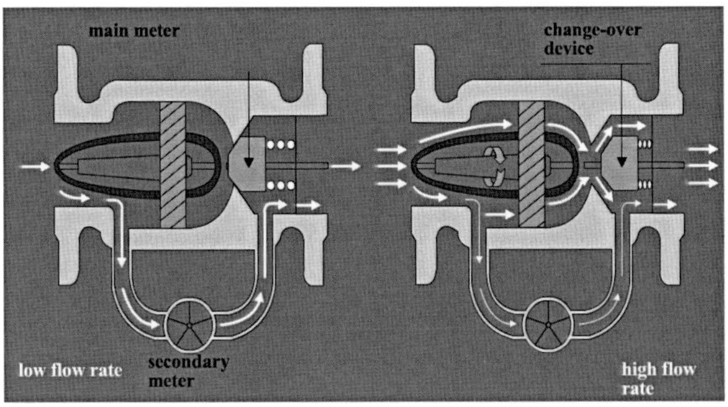

(측정원리)

(외관)

그림 12.18 ▌ 조합식

12.3.1.5 와(渦)식

유체의 흐름에 장애를 주어 발생되는 와류(vortex)의 주기를 전자기적으로 감지하여 측정하는 방식으로 주로 15mm, 20mm용 옥외검침, 원격검침 유량계로 사용되고 있다.

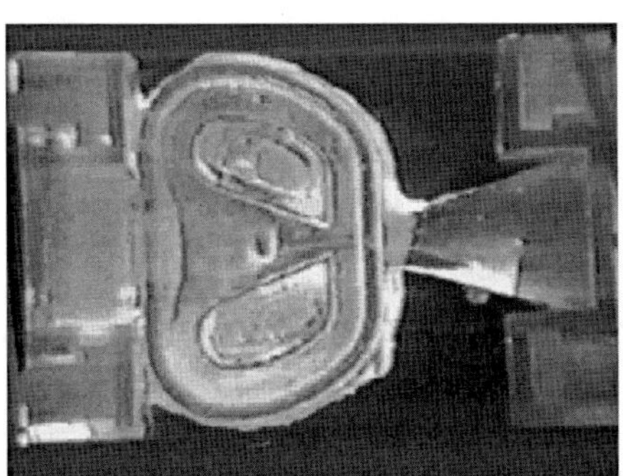

(측정원리)

(외관)

그림 12.19 ▌ 와식

12.3.2 수도미터 계수부(counter) 형식

12.3.2.1 습식(wet)

습식은 임펠러의 축이 직접 계수부로 이어져 회전력이 전달되는 형식으로 임펠러를 흐르는 유체가 계수부로 자유로이 출입할 수 있어 계수부는 유체에 잠겨있다. 습식은 회전저항이 작으므로 시동유량이 작으나, 불순물 및 유속의 급변에 의한 고장이 자주 발생한다.

12.3.2.2 건식(dry)

건식은 센서부와 계수부가 완전히 분리되어 있고, 자력에 의하여 임펠러의 회전력이 계수부로 전달되는 형식이다. 건식은 유속이 느린 경우 회전력이 전달되지 않아 측정이 되지 않고 유속이 급변할 경우 자속이 끊어져 측정오차가 발생할 수 있다. 그러나 고장이 적고 계수부가 상시 청결하다는 장점이 있다. 건식은 제조단계에서 계수부를 진공처리하고 방수를 하지 않으면 겨울철 유체와 대기의 온도차에 의하여 계수부의 안쪽에 습기나 물방울이 맺혀 검침이 불가하게 되므로 주의하여야 한다.

그림 12.20 ▎건식 수도미터 이슬 맺힘 현상

12.3.2.3 디지털식

익차의 회전을 전자기적으로 감지하여 카운트하는 방식이다. 디지털 수도미터는 기어박스에 의한 회전저항이 없으므로 감도가 뛰어나며, 익차의 회전펄스를 단순히 카운트하지 않고 내부적으로 연산·보정하므로 측정정확도가 높다. 또한 통신기능을 부가하여 원격검침이나 옥외검침용으로 활용할 수 있으며 시간대별 요금차별화 등의 제도변화 시에 유연하게 대응할 수 있다는 장점이 있다. 그러나 계수부의 방수·방습처리 및 전원공급이 필요하므로 가격이 비싸다.

12.3.3 수도미터 특성

12.3.3.1 수도미터 측정유량

OIML 규격을 따르는 모든 수도미터는 최소유량, 천이유량, 최대유량, 과부하유량을 제시하며 이 유량의 의미는 다음과 같다.

- 최대유량(Q_3) : 정격작동 조건하에서의 가장 높은 유량, 수도미터 기준유량
- 최소유량(Q_1) : 미터가 최대허용오차를 초과하지 않고 작동될 수 있는 가장 낮은 유량, Q_3/Q_1의 배율로 표시
- 천이유량(Q_2) : Q_1과 Q_3사이에 위치하는 유량으로 최대허용오차가 큰 영역과 작은 영역으로 구분되어지는 유량, Q_2/Q_1의 배율로 표시
- 과부하유량(Q_4) : 짧은 시간동안 최대허용오차를 초과하지 않고 작동할 수 있는 가장 높은 유량, 최대유량의 1.25배

따라서 수도미터의 정격사용범위는 최소유량부터 최대유량까지이며, 최대유량부터 과부하유량까지는 일시적으로 사용이 가능한 범위가 된다. 이러한 유량특성이 제작사별로 차이가 있으며 통상적인 수준은 다음과 같다.

표 12.3 ▌ 수도미터 측정유량(m^3/h)

구경(mm)	접선류익차식		축류익차식		조합식		전자기식	
	Q_1	Q_3	Q_1	Q_3	Q_1	Q_3	Q_1	Q_3
15	0.016	1.6						
20	0.02	2.5						
25	0.032	4						
32	0.05	6.3						
40	0.1	10						
50(15)	0.16	20	0.504	63	0.04	40	0.05	40
80(20)			0.8	80	0.04	80	0.125	100
100(20)			0.8	100	0.04	100	0.80	160
150(25)			2.0	250	0.08	160	1.0	400
200			3.2	400			1.575	630
250			5.0	1000			2.5	1000
300			12.5	1000			4.0	1600
350							4.0	1600

( ) 수치는 조합식의 작은 미터의 구경

12.3.3.2 수도미터 오차특성

수도미터의 익차 회전속도와 통과유량의 관계는 다음과 같다.

$$\frac{n}{Q} = a_1 + \frac{a_2}{Q} - \frac{a_3}{Q^2} \tag{12.21}$$

여기서 n : 회전속도

Q : 유량

a_1, a_2, a_3 : 상수

여기서 a_1은 익차의 회전속도와 유량과의 비례상수이며, a_2와 a_3는 익차의 베어링 마찰력, 익차와 유체경로와의 간극 등에 의해서 결정되는 상수이다. 통과유량이 아주 적을 경우 a_3항이 가장 지배적인 인자가 되며 이로 인하여 (-)오차가 발생한다. 유량이 점차로 증가하게 되면서 a_3항 보다는 a_2항이 커져 (+)오차가 발생한다. 유량이 더욱 커지게 되면 a_2항과 a_3항은 0에 가깝게 되므로 오차가 거의 사라지게 된다. 이러한 수도미터의 오차특성을 그래프로 나타낸 것이 수도미터의 오차특성곡선이다. 오차를 조절하는 방법은 접선류 익차식의 경우 유체가 익차를 통과하지 않고 지나갈 수 있는 별도의 경로를 두어 그 경로의 크기를 조절할 수 있도록 하고, 축류 익차식의 경우 익차 전단의 가이드 베인의 각도를 조절하는 것이 일반적이다. 그러나 수도미터는 공장에서 제작 후 세팅 및 검사가 끝나면 봉인을 하게 되므로 사용자가 오차를 조절할 수는 없다.

수도미터 시험 시 오차허용범위를 최대허용오차(MPE)라 하며 일반적으로 사용되는 2급미터의 최대허용오차는 다음과 같다.

- 소류영역($Q_1 \le Q < Q_2$) : ± 5.0%
- 대류영역($Q_2 \le Q \le Q_4$) : ± 2.0%

따라서 측정오차를 줄이기 위해서는 대류영역인 천이유량 Q_2과 최대유량 Q_3 사이에서 사용하는 것이 좋다.

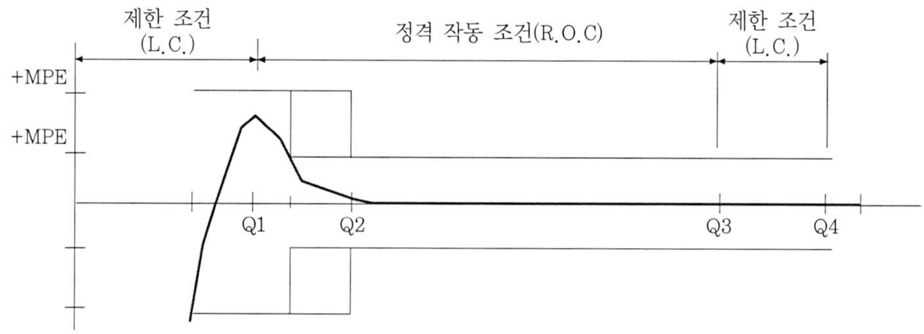

그림 12.21 ▌ 수도미터 오차특성곡선

12.3.4 수도미터 설치

수도미터의 설치방법은 대부분 법적인 규정에 의하여 정해져 있으며 이러한 규정은 국가별로, 자치단체별로 차이가 있다. 수도미터에서는 통상 50mm까지를 소구경, 그 이상을 대구경으로 분류한다. 소구경의 경우 대부분 스트레이너와 일체형으로 제작되고 나사연결방식을 채용하며 수도미터 후단에 역류방지밸브를 설치한다(국제규격은 50mm부터 플랜지 접합하도록 규정함). 또한 소구경은 전용 보호통이 제작되므로 보호통내에 설치하는 것이 보통이다.

대구경 수도미터의 경우 계량기실을 별도로 시공하여 유지보수용 밸브를 상하류에 설치하고 플랜지 커플링이나 신축관을 설치한다. 수도미터 전단에는 스트레이너를 설치하여 이물질이 수도미터에 유입되어 고장이 발생하지 않도록 하고, 후단에 시험용 분기를 설치하면 신뢰성 확보를 위한 비교시험 시 편리하다. 시험용 분기는 수도미터 구경보다 한 단계 작은 구경으로 하는 것이 보통이다.

수도미터는 제작 시 스트레이너에 의한 와류발생을 고려하여 제작되므로 스트레이너와 수도미터 사이에 직관을 확보하는 것은 계량기실 크기만 커지게 할뿐 별 의미가 없다. 단 수도미터 전단의 밸브를 교축하여 사용하면 수도미터에 오차를 유발할 수 있을 뿐만 아니라 스트레이너에 편류가 흘러 고장을 유발하기 쉽다.

수도미터는 수직 설치용이 아닌 경우 반드시 수평으로 설치해야 하고, 통수 시 또는 사용 중에도 관내 체류된 공기가 급격히 통과하지 않도록 주의해야 한다.

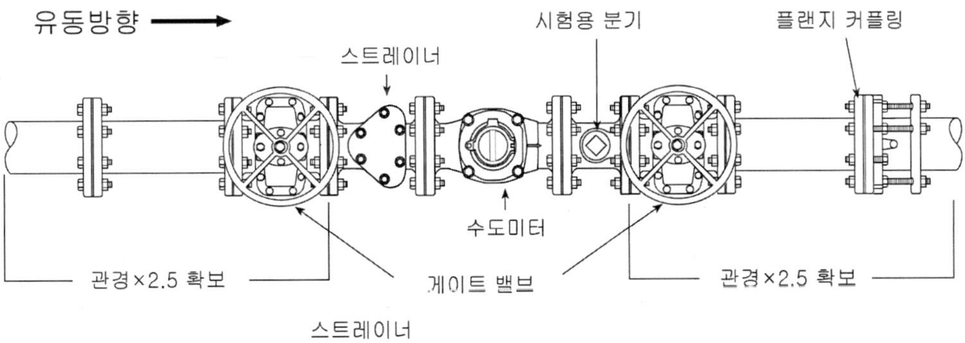

그림 12.22 ▎ 대구경 수도미터 설치

CHAPTER 13

수질모델링-사례연구

역자: 김진근, 이송희, 이병두, 조혁진

13.1 서론

1974년 안전한 음용수 법과 1986년 개정안은 미국환경청이 사람의 건강에 부정적인 영향을 줄 수 있는 개별 오염물질에 대해 최대농도 목표값을 설정하도록 요구한다. 각각의 목표는 일반적인 사람에 대하여 부정적 영향이 없고 충분한 안전상 여유가 있는 수준으로 정해져야 한다(Clark 등, 1967). 강제력이 있는 최대 오염물 농도는 타당한 목표에 가깝게 설정되어야 한다.

많은 수의 규정이 단기간에 실행되기 때문에, 그 법은 미국 수처리 산업에 주요한 도전이다. 비록 1996년 법과 개정안 아래서 공표된 대부분의 규정은 처리수에 초점을 맞추지만, 처리장과 소비지점간에 수질이 저하된다는 상당한 증거가 있다. 배·급수시스템에서 수질에 영향을 줄 수 있는 인자는 원수의 화학적 생물학적 수질, 처리공정의 효과성과 효율성; 처리시설, 저장시설, 배·급수시스템의 충분성; 급배수 관망의 년수, 형태, 설계와 유지관리; 처리수의 수질이다(Clark and Coyle, 1990). 처음에 이러한 규정들은 배·급수시스템이 수질에 대해 갖고 있는 영향에 대한 이해가 거의 없이 공표되었다.

그러나 1996년 법과 개정안은 몇몇 최대농도 수준이 소비자 수도꼭지에서 만족되어야 하는 것으로 해석되었고, 따라서 다수의 최대오염물질 수준, 법률, 규정을 준수하는 것을 고려할 때 전체 배·급수시스템의 포함을 강요했다. 결과적으로 정수장과 소비자 사이에서 음용수 수질이 저하될 수 있다는 것을 점점 인식하게 되었다. 예로, 시스템 모니터링을 강조하는 규정들에는 지표수처리법, 총대장균법, 납동법, 그리고 THM 규정이 포함된다. 앞의 두 법률은 모든 공동 용수공급자들이 만족시켜야 할 처리와 모니터링 요구조건을 명시한다. 첫 번째 법은 배·급수시스템의 대표지점에서 미생물 오염으로부터 보호를 유지하기 위해 검출될 정도의 소독제 농도를 요구한다. 대장균에 관계되는 법률은 시스템에 오염이 발생했는지를 알려주는 지표미생물로 사용되는 세균법을 요구한다. 납동법에 따르는 모니터링은 전적으로 소비자의 수도꼭지에서 채수된 시료에 의존한다.

최근 1단계 소독제와 소독부산물 법은 THM에 대한 기준을 0.1mg/L에서 0.08mg/L로 낮췄다. 이 기준은 미국 내 모든 상수도에 적용된다. 모니터링과 준수는 배·급수시스템의 선택된 지점에서 요구된다. 그러나 몇몇 규정은 상반된 가이드라인을 제공한다. 예로 지표수 처리와 대장균에 관련된 법은 미생물 오염으로부터의 위험을 최소화하기 위해 염소사용을 추천한다. 그러나 염소와 다른 소독제는 처리수의 자연유기물과 반응하여 소독부산물을 만든다. 처리수의 pH를 올리는 것은 부식제어에는 도움을 주나 THM 생성을 증가시킨다.

배·급수시스템은 매우 복잡하고 현장에서 연구하기가 어렵다. 따라서 음용수 배·급수 시스템에서 수질저하에 영향을 주는 다양한 요소를 평가하는 메카니즘으로써 수리수질모델의 사용에 대한 관심이 증가해 왔다. 이 장은 이 중요한 도구의 사용을 예시하는 많은 사례를 제시한다.

13.2 미국에서 배·급수시스템 설계

미국에서 배·급수시스템은 종종 가정용, 산업용뿐만 아니라 소화수에 필요한 충분한 수량과 수압을 포함하는 수리적 신뢰성을 확실하게 하도록 설계되었다. 이런 목표를 만족시키기 위해 대용량의 저장시설이 시스템 설계에 포함되어 긴 체류시간을 유발하고, 수질저하를 유발했다. 많은 배·급수시스템이 100년이 되어가고 26%의 배·급수시스템 관로가 라이닝이 안 된 주철관과 강관이고 상태가 좋지 않다. 배·급수시스템 구성요소의 현재 교체율로 볼 때 수도시설은 200년 마다 관을 교체할 것이다(Kirmeyer 등 1994).

보수적인 설계철학, 수도시설의 노후화, 강화되는 수질기준은 미국 내 수처리시스템의 생존능력에 대한 관심으로 귀결된다. 정수장에서 소비자에게까지 수질을 유지하는 능력뿐만 아니라 이런 시스템의 구조적 완결성에 대한 의문이 증가했다.

많은 배·급수시스템이 지하수 관정, 지표수원의 조합과 같은 다수의 수원으로부터 도시에 공급한다. 드물게 고려되나 배·급시스템에 영향을 주는 것은 다른 공급원으로부터의 물의 혼합효과이다. 배·급시스템 내에서 발생하는 다른 공급원으로부터의 물의 혼합은 복잡한 시스템 수리학의 함수이다(Clark 등, 1988a, 1991a, 1991b).

실규모 시스템에서 시스템 설계의 문제와 긴 체류시간의 효과를 연구하는 것은 어렵다. 특별히 설계된 루프관로는 실규모 시스템을 모의하는 하나의 접근법이나 적정하게 구성되고 보정된 수학적 수리모델이 현장에서 수질을 연구하는데 효과적으로 사용될 수 있다. 그런 모델은 다양한 운영상의 설계, 결정을 평가하고 배·급수시스템으로의 우연한 오염물질 유입에 기인하는 영향을 결정하고, 수질 향상을 위한 시스템 설계를 돕는데 사용 될 수 있다.

13.3 관망에서 수질

그림 13.1과 13.2는 물이 관망을 이동할 때 벌크 물과 관 벽에서 발생하는 몇 가지 변형을 나타낸다. 교차연결, 처리 실패, 벌크 상태에서의 변형은 모두 수질을 저하 시킬 수 있다. 부식, 관재질의 용출, 생물막 형성과 씻김(scour)이 관 벽에서 발생해 수질을 저하시킨

다. 오염물질은 보존성이거나 시스템내에서 이동하면서 감소하거나 증가한다. 많은 연구자들은 오염물질이 배·급수시스템에 유입되고 나서 발생 가능한 수질저하를 이해하기 위해 노력해 왔다. 세균학적 수질변화가 맛, 냄새와 관련된 심미적 문제를 일으키고, 색도, 슬라임 성장, 관부식과 재료의 생물학적 저하를 포함하는 경제적 문제를 유발할 수 있다(Water Research Center, 1976). 세균 수는 배·급수 과정에서 증가하는 경향이 있고 배·급수시스템에 유입되는 처리수의 세균학적 질과 수온, 체류시간, 잔류소독제의 유무, 건축재질, 성장에 필요한 영양물질의 유용성 같은 많은 요소에 영향을 받는다.(Gelderich 등 1972, LeChevallier 등 1987, Maul 등, 1985a, 1985b)

배·급수시스템에서 탁도, 입자수와 세균학적 질에 대한 관계는 McCoy와 Olson(1986)에 의해 연구되었다. 저자는 세 가지(두 군데는 지표수, 한군데는 지하수) 배·급수시스템의 상하류 시료채취장소를 선정하고 1년간 월 2회 시료채취를 하였다. 탁도는 총입자 농도와 선형관계가 있지만 세균수는 아니었다. 세균수질의 저하는 시스템에서 발생하는 예측 불가능한 간헐적인 사건의 결과이다.

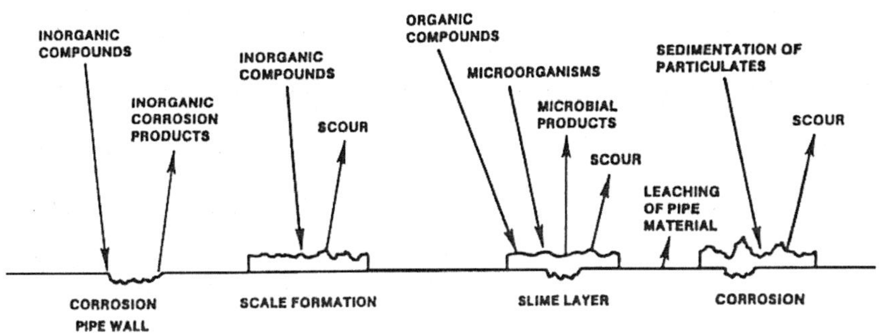

그림 13.1 ▌ 배·급수시스템 배관

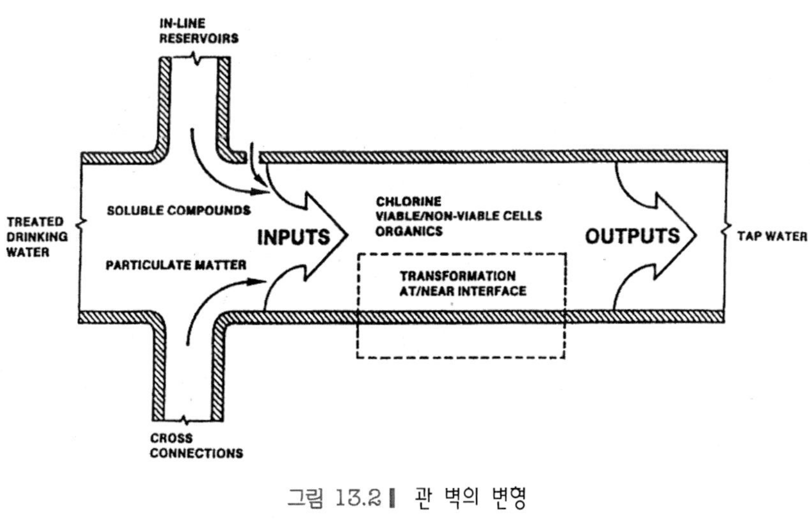

그림 13.2 ▌ 관 벽의 변형

13.4 수리적 수질모델

Cross(1936)는 관망의 흐름을 해석하기 위해 수리적 방법의 사용을 제안했고 그런 방법은 반세기 이상 사용되었다. 컴퓨터를 이용한 이런 형태의 분석은 1950년대 처음으로 개발되었고 1960년대 크게 확대되고 1970년대와 1980년대에는 사용이 더 확대 되었다. 현재는 수십개의 그런 모델이 소형 컴퓨터에서 대형 컴퓨터까지 사용 가능하다. 그림 13.3은 1950년대 이후 수리수질모델의 진화를 나타낸다.

수리모델은 정상상태나 시간변동요구 조건하에서 배·급수시스템에서 흐름이나 압력을 모의하기 위해 개발되었고, 운영 조건은 일반적으로 장기간 모의(EPS) 모델로 언급된다. 수리모델은 사용자가 시스템의 관측성능과 모델결과(Gessler and Walsti, 1958)간의 최적조합을 할 수 있는 시스템 요소 선정을 도울 수 있는 최적화 요소를 포함할 수 있다. 그런 수리모델의 이론과 응용은 폭 넓게 응용되고 있는 많은 참고 문헌에 잘 설명되어 있다(AWWA 1989, Gessler and Walski, 1958).

추가하여, 수리모델은 배·급수시스템 수질 모델에서 사용하는 유리한 정보를 제공하도록 요구한다. 수리모델과 수질모델은 단일 존재로 단단히 결합되거나 단일 수리모델이 단일 수질모델에서 사용되는 수리흐름조건 상태를 포함하는 파일을 생성하는데 사용될 수 있다. 수리모델의 유용성과 신뢰성은 전적으로 관망의 철저한 수리적 특성화에 의존한다.

13.4.1 정상상태 수질모델링(Steady-State-Water-Quality Models)

다른 수질의 공급원에 기인하는 배·급수시스템에서 수질의 공간적 패턴을 결정하기 위한 모델사용이 Wood(1980b)에 의해 관망에서 슬러리 흐름의 연구에서 제안되었다. 그는

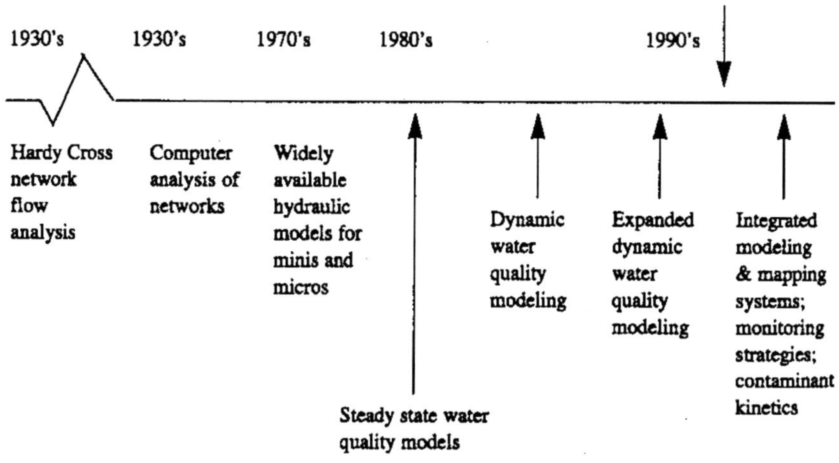

그림 13.3 ▌ 수질 배·급수시스템 모델링의 역사적 개발

일련의 동시 방정식이 각각의 절점에 대해 풀리는 정상상태 수질모델의 확장을 제시했다. 유사한 공식이 후에 경도가 다른 Alameda 카운티 급수지역의 166 링크 표현에 Chun and Selznick(1985)에 의해 사용되었다. Metzger(1985)도 유사한 접근법을 제안했다.

이 공식의 일반화에서 Males 등(1985)은 농도, 이동시간, 비용과 다른 변수 같은 링크, 절점과 연결된 변수들의 공간적 분포를 계산하기 위해 동시 방정식을 사용했다. SOLVER 라고 불리는 이 모델은 Supply Simulation Model의 구성요소이고, 관망의 수질모델링에 사용되는 종합적 데이터베이스의 관리, 모델링, 표시시스템이다(Clark, 1993a; Clark and Goodrich, 1993; Clark and Males, 1986).

다른 대안 정상상태 'matching out' 솔루션이 Clark 등(1988b)에 의해 농도, 이동시간, 공급원으로 부터의 유량 퍼센트의 공간적 패턴 계산을 위해 도입되었다. 이 접근법에서 링크는 정렬되고 공급원 절점과 함께 수리적으로 시작되어 모든 절점과 링크가 설명될 때까지 관망을 통해 계속되었다(Grayman 등, 1988b).

Wood and Ormsbee(1989)는 정상상태에서 수질과 공급된 흐름의 출처를 결정하는 대안 방법들을 연구했고, 반복순환절차(iterative cyclic procedure)가 효과적이고 효율적임을 발견했다. 이 절차는 Wood and Ormsbee가 공급원 의존적이라고 확인한 이전에 기술한 전진해결법(marching out solution)과 유사하다(절점이 공급원으로부터 출발해 수리적으로 연계되는 관망). 그러나 드문 공급원에 의존하지 않는 관망에서 유일 해가 찾아질 때까지 알고리즘이 반복된다.

13.4.2 동력학적 수질모델(Dynamic Water-Quality Models)

비록 정상상태 수질모델이 유용한 도구이나 오염물질 이동의 동력학(dynamics)을 나타낼 필요성이 인식되었다. 따라서, 1980년대 중반, 급배수시스템에서 시간적으로 변하는 상태에서 오염물의 이동과 변형을 모의하기 위한 몇가지 모델이 개발되고 적용되었다. 세 개의 그런 모델이 초기에 1986년 미국수도협회 배·급수시스템 심포지엄에서 도입되었고, 수리모델과 수치구조에 의해 관망을 통한 보존물질과 비보존물질을 추적하기 위해 이전에 생성된 흐름을 사용하는 수질모의모델이 개발되고 적용되었다. 이 모델에서 각각의 링크는 일련의 서브링크와 서브절점으로 대표되는데, 각각의 서브링크의 길이는 오염물질이 각각의 시간동안 이동할 거리를 추정하도록 선택되었다. 서브링크의 수는 링크내의 유속에 따라 변했다. Kroon and Hunt(1989)는 원래 소형컴퓨터에서 실행되는 유사한 모델을 개발했다. 이 모델은 수리모델과 직접적으로 연결되고 관망에서 오염물을 나타내는 표나 그래프를 만든다. Hart(1991)는 GASP IV 모의 언어를 이용해 모델을 개발했다.

13.5 초기수질모델링의 연구사례

음용수 공급 시스템에서 수질모델링의 타당성을 조사한 첫 번째 연구는 펜실베니아 Lansdale에 있는 North Penn 수도국과 미국 환경청간에 시작된 상호협정에 의해 수행되었다. 프로젝트는 여러 공급원으로부터 물의 혼합에 초점을 맞췄고 정상상태 수질모델의 개발과 적용 타당성을 조사하였다. 연구가 진행될수록, 주요 패턴과 수질변화의 역동성이 동적 수질모델의 개발을 요구했다. 게다가 휘발성 유기오염물의 반(semi) 연속적 모니터링이 연구되었다.(Clark 등, 1988b). 수질모델링의 개념이 배·급수시스템에서 수질에 미치는 저류탱크의 부정적인 영향을 기술한 남중부 코네티컷 수도국 연구로 확대되었다. 동력학적 수질모델(Dynamic Water Quality Model, DWQM)이라고 불리는 수질모델이 이 연구에 기인한다. DWQM은 나중에 미주리 Cabool의 수인성 질병 발생에 적용되었다(13.5.3절 참조).

13.5.1 North Penn 연구

북부 펜실베니아 수도국 환경청 연구 당시, 수도국은 10개 도시 14,500명에게 용수를 공급하고 하루 평균 5 MGD를 공급했다(Clark 등, 1988b). 수원은 Keystone 수도회사에서 구입한 1 MGD와 처리된 지표수와 수도국에 의해 운영되는 40개 지하수관정으로부터 4 MGD이다. 그림 13.4는 북부 펜실베니아의 225마일의 관, 지하수관정의 위치와 Keystone 연결, 세군데 압력지역을 나타낸다 : Souderton, Langdale, Hillcrest 지역.

Keystone에서 북부 펜실베니아 시스템으로 유입되는 물은 연결된다. 시스템의 유량은 Keystone 시스템의 탱크수위와 연결된 트로틀링 밸브에 의해 결정된다. 유량은 연속으로 모니터 되었고 상대적으로 일정했다. 물은 Lansdale의 저수압 지역으로 흘러들고, 거기서부터 Lawn Avenue 탱크로 들어간 다음 Souderton 지역으로 펌핑되었다. Hillcrest 압력지역으로부터 추가된 물은 Office Hillcrest 전송점에서 Lansdale 시스템으로 유입된다. 이 물은 Hillcrest 지역의 지하수관정으로부터 단독으로 얻어진다. 화재나 주요 관 파손 같은 비상상황을 제외하고, 물은 Souderton 지역에서 Lansdale 저압지역으로 흐르지 않고 Lansdale 지역에서 Hillcrest로 흐르지도 않는다.

뚜렷한 화학적 특성은 지하수에 비교되는 Keystone 물과 관계된다. Keystone 물은 지하수 물에 비해 상당히 높은 농도의 총트리할로메탄을 보유한다. 어떤 지하수관정은 트리클로로에틸렌, 시스-1, 2-디크로에틸렌 또는 두 항목 모두 발생했다. 무기화학물질 또한 지하수관정간, 지하수관정과 Keystone간 변동했다.

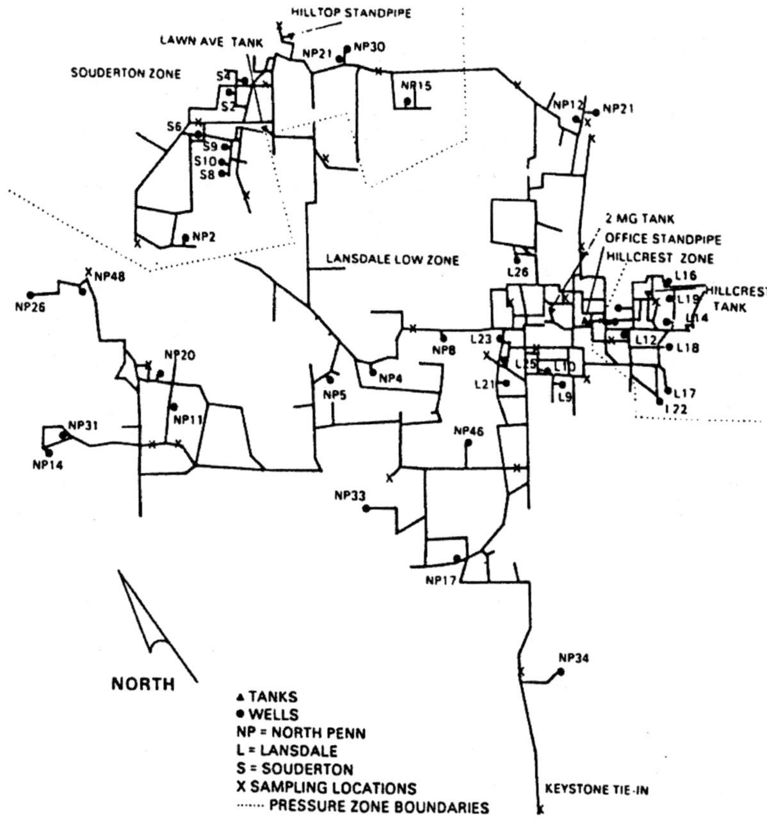

그림 13.4 ▌ North Penn 수도국의 배·급수시스템

13.5.1.1 관망모델링

North Penn 배·급수 관망시스템이 528 링크와 456 절점으로 구성된 관망표현으로 모델링되었고, 모델링의 용수수요는 1984년 5-6월 상태를 나타내었다. 사용된 관망 수리모델은 미공병단에 의해 개발되었고, 정상상태, 유사 동적수리모델링, 또는 장기간 모의요소를 포함했다(Gessler and Walski 1985). 모델은 지하수관정과 펌핑, 수요, 많은 수의 흐름 시나리오의 개발에 영향을 미치는 다른 요소들에 대한 시스템의 전반적인 민감도 연구에 사용되었다. 결과는 시스템의 상당한 부분이 흐름 역류에 종속되는 것으로 나타났다.

13.5.1.2 수질자료의 변동

시스템내 동적상태에서 수질 변동성 상태관찰을 위해, 과거자료와 모델링 결과로부터 결정된 공간적 변동에 따라 선정된 6개소에서 시료채취 프로그램이 실행되었다. 그림 13.5는 현장실험에서 사용된 다양한 시료채취 지점을 나타내고 그림 13.6은 추적자를 사용한 집중적인 샘플링 프로그램의 THMs 결과를 나타낸다. 실험실과 현장평가는 Keystone 물에서 THMs는 생성능에 도달했고 상대적으로 안정적이었으며 지하수원으로부터 생성된 THMs는 미미했다. 그림 13.6은 동일지점에서 경도 변화를 묘사한다(경도는 주로 지하수관정 흐름과 관련된다). Mainland에서 THMs 최고는 지하수관정의 최고로부터 12시간 후이며, 이 지점에서 유량은 지표수와 지하수로부터 영향받는 것을 의미한다. 이 결과는 동적인 상태를 정상상태 접근법으로 예측하는 노력과 관계된 문제점과 배·급수시스템에서 물 흐름의 동적성질을 나타낸다(Clark 등, 1988b).

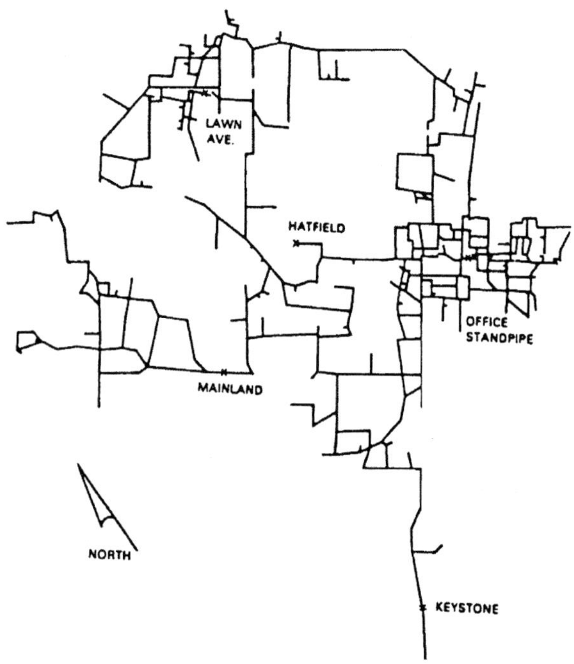

그림 13.5 ▌ 현장실험의 시료 채취 위치

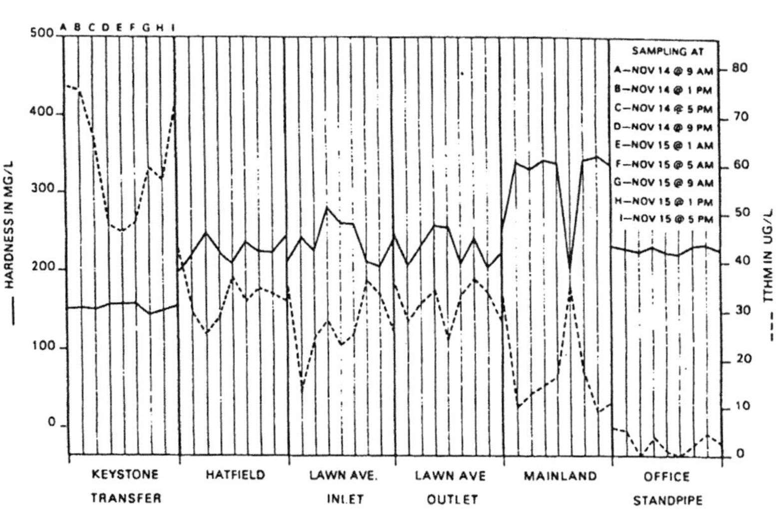

그림 13.6 ▌ North Penn 수도국내 6개 시료채취 지점의 결과

13.5.1.3 동적 수질 알고리즘의 개발

North Penn 연구에서 학습한 교훈을 토대로 관망에서 수질을 추적하기 위한 수치 라우팅 솔루션을 사용하는 DWQM이 개발되었다. 수요와 유입(값과 농도)은 사용자가 정의한 기간 동안 일정한 것으로 가정되었고, 외부에서 생성된 유사 동적 수리 솔루션이 각 기간 동안 사용되었다. 각 링크에서의 유량과 유속은 각각 기간 동안 수리 솔루션으로부터 구해졌고, 컴퓨터의 시간 단위 정수로 동일하게 나뉘어졌다. 각각의 링크는 등간격의 서브절점에 의해 서브링크로 나누어져서(비록 서브노트간의 거리가 링크간과 다른 간에서 링크가 다르지만), 서브절점(또는 노느)에서 이웃의 서브절점(또는 노드)까지 이동시간이 △t와 대략 같았다.

DWQM에서 사용된 솔루션 알고리즘은 일정기간(time period) 동안 순차적으로 작동했다. 일정기간 동안 수질에 영향을 주는 모든 외부 힘은 일정한 것으로 가정되었다(예 : 수요, 지하수 펌핑, 탱크수위). 1985년 1.14~15일에 수행된 파일럿 수준의 샘플링 수행시 존재하는 조건에 상응하는 34시간을 모의하기 위해 사용되었다. 모델의 인자들은 조정되어 선택된 지역에서 예측된 탱크수위와 유량이 시료채취 기간 동안 측정값을 나타내도록 했다. 세 지점에서 수리조건의 측정과 모델값은 그림 13.7에 나타냈다(Clark 등, 1988a, 1988c).

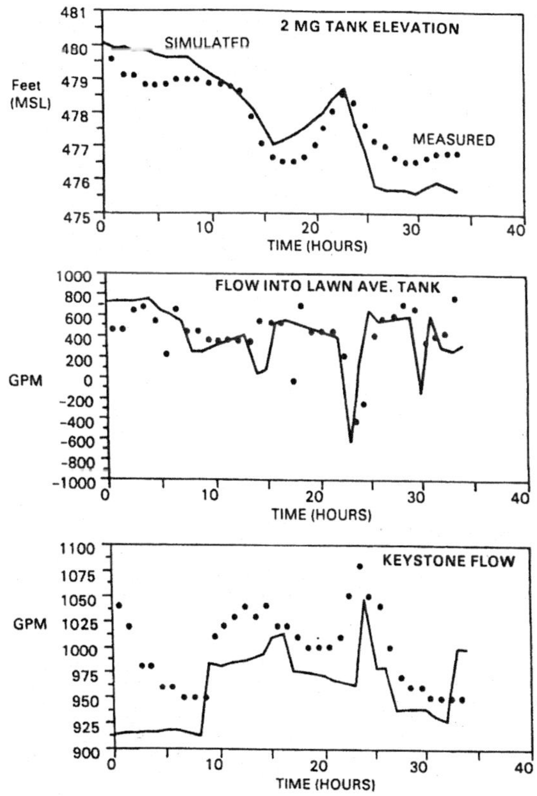

그림 13.7 ▌ 수리적 조건의 측정값과 모의값 비교

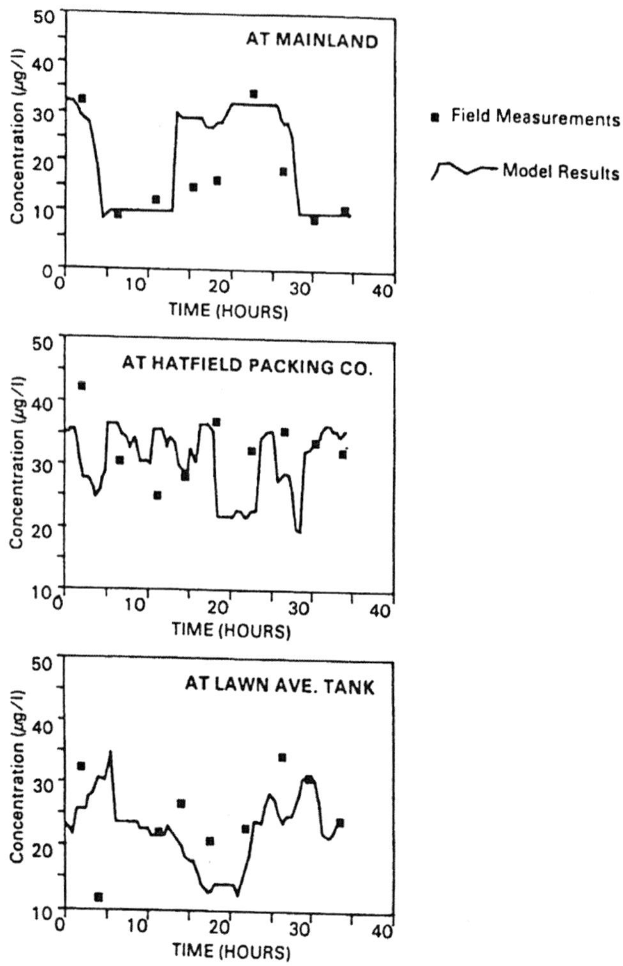

그림 13.8 ▌ 선택된 지점에서 THMs의 모의값과 측정값 비교

클로로포름, THM, 경도의 경우 세 지점에서 예측값이 실측값에 양호하게 비교된다. 그림 13.8은 THMs를 나타낸 결과이다. 각각의 경우 최고값과 최소값의 시기에 차이가 있다. 예측된 THMs 농도의 공간적 변화가 THMs의 일반적 수준의 평균과 비교했을 때, 일반적인 패턴과 동일한 것은 명백하다. 게다가, 예측된 패턴은 장기간에 나타난 평균에 상응하는 패턴을 일괄하여 다루며, 선택된 두 시기가 시료 채취기간 동안 극단적인 공간적 패턴에 해당되므로 예상된 결과이다.

13.5.2 사우스 센트럴 코네디컷 수도국

노스펜 사례연구는 동적 수질모델의 개발을 위한 좋은 시험장소를 제공했다(Clark and Coyle, 1990). 노스펜 적용을 확대하기 위해 미국환경청은 미시간대학과 다른 상호협약을 시작했다. 미국환경청과 함께 대학은 현장연구를 포함한 사전에 개발된 모델링 개념을 실험하고 모델을 검증하고 보정하기 위해 사우스 센트럴 코네디컷 수도국(SCCRWA)과 계획을 시작했다.

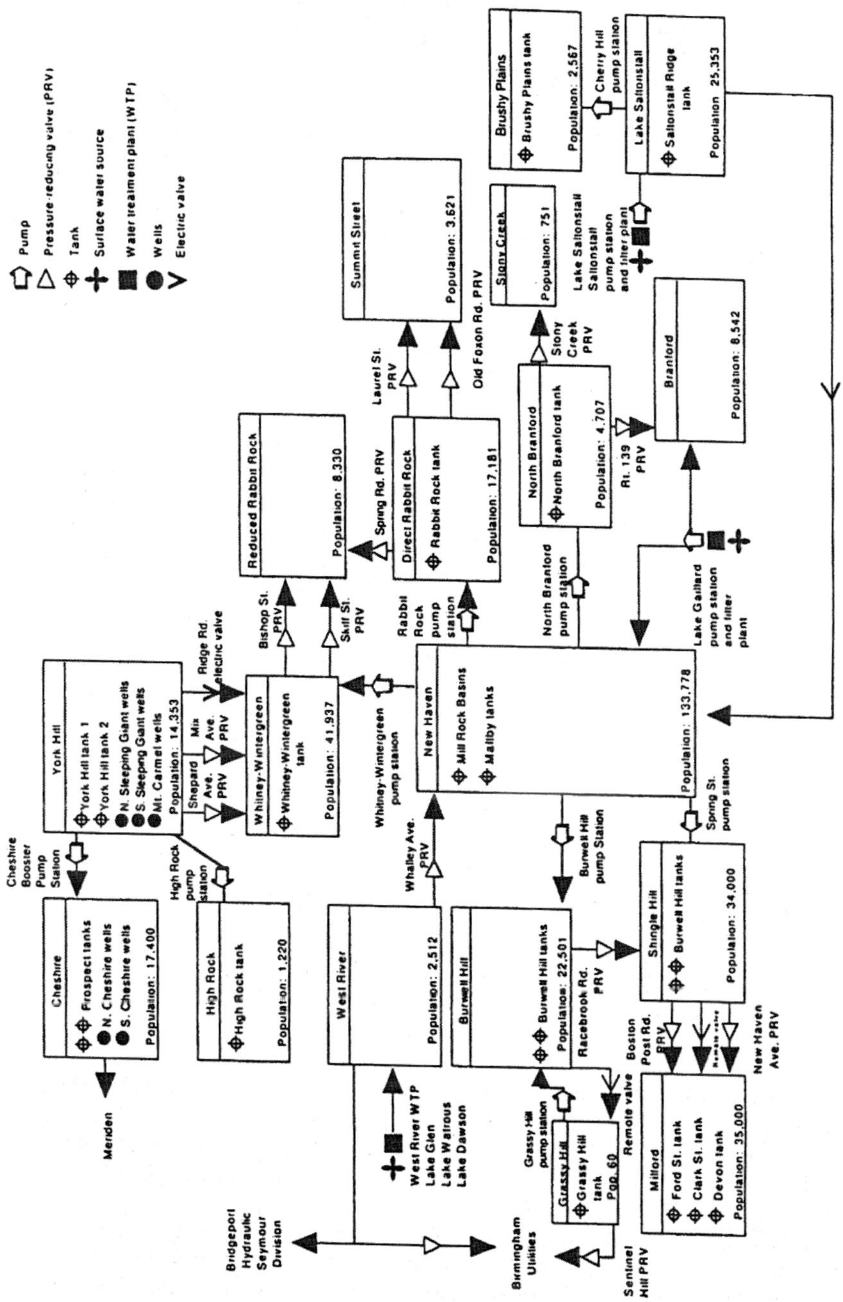

그림 13.9 ▎ 사우스 센트럴 코네티컷 수도국 배 · 급수지역도

연구할 당시, SCCRWA는 뉴헤이븐 지역에 12개 도시의 95,000명에게 용수를 공급했다. 급수지역은 16개의 개별 압력/급수지역으로 나뉘어졌다(그림 13.9). 평균 생산량은 50mgd 였고 안전한 생산량은 약 74mgd, 수원은 네 개의 지표수를 포함한다.(Lake Gaillard, Lake Saltonstall, Lake Whitney, West River System). 다섯 개 지하수관정이 수원으로 사용되었다(North Cheshire, South Cheshire, Mt. Carmel, North Sleeping Giant, and South Sleeping Giant). 개략적으로 사용하는 80%의 물이 지표수원으로부터 공급되고 나머지 20%가 지하수관정에서 공급된다. 모든 물에 소독, 여과, 그리고 인산-부식억제제가 추가되었다. 시스템은 22개 펌프장과 23개 저수탱크와 약 1300마일의 관을 포함한다.

13.5.2.1 시스템 모델링

SCCRWA에 대한 모델을 개발하고 유효화하려는 예비 작업은 Cheshire 급수지역에 집중되었다(Clark, 1993a; Clark 등, 1993b). 이 지역은 상대적으로 고립되었고 시스템의 남은 지역을 모델링하는데 본보기를 제공했다. 모델을 유효화하기 위해 North Well Field에서 불소 주입을 중단하고 불소가 주입된 물의 전파를 시스템을 통해 추적하는 집중적인 연구가 계획되었다(Clark 등, 1991b).

수질모델링 노력과 관련된 현장연구 전에 시스템에 대한 집중적인 수리연구가 수행되었다. 여기에 기술된 예비 모델링 작업으로, 전체 관망이 520 절점과 700 링크로 표현된다. 대부분의 경우 시스템은 관망 "뼈대 만들기(skeletonizing)"로 표현된다(즉, 크기와 공급관로로서의 충격에 근거한 선택적 관로선정). 어떤 경우에, 몇 개 관의 효과를 나타내기 위해 대체관이 사용되기도 한다. 예로 단일 35.6cm(14in)관이 20.3cm(8in)와 30.5cm(12in)관의 대체를 나타내기 위해 사용될 수 있다. 이 모델 적용에서 수리수질모델이 Cheshire 시스템에서 제안된 불소모의에 적용되었다. North Penn 연구에서 개발된 DWQM이 불소 주입수의 전파를 모의하고 현장연구를 위한 시료채취 위치선정을 위해 Cheshire 시스템에 적용되었다.

13.5.2.2 현장연구의 설계

모의결과와 제안된 현장연구의 목적에 근거하여 현장 시료채취 계획이 설계되었다. 불소가 주 보건국에 의해 약 1mg/L의 농도로 규칙적으로 주입되기 때문에 불소가 추적자로 선정되었다. 불소는 물에서 없어지지 않고, 시험이 쉽고, 건강이나 심미적 영향없이 불소 주입중단이 가능하다. 배·급수시스템에서 불소농도 변화를 추적하여 지하수관정에서 불소주입이 중단된 시간과 시료채취 지점에서 전파된 시간을 연결시켜 배·급수시스템에서 정확한 이동시간을 결정할 수 있다(Skov 등, 1991). 시료채취 지점은 그림 13.10에 나타냈다.

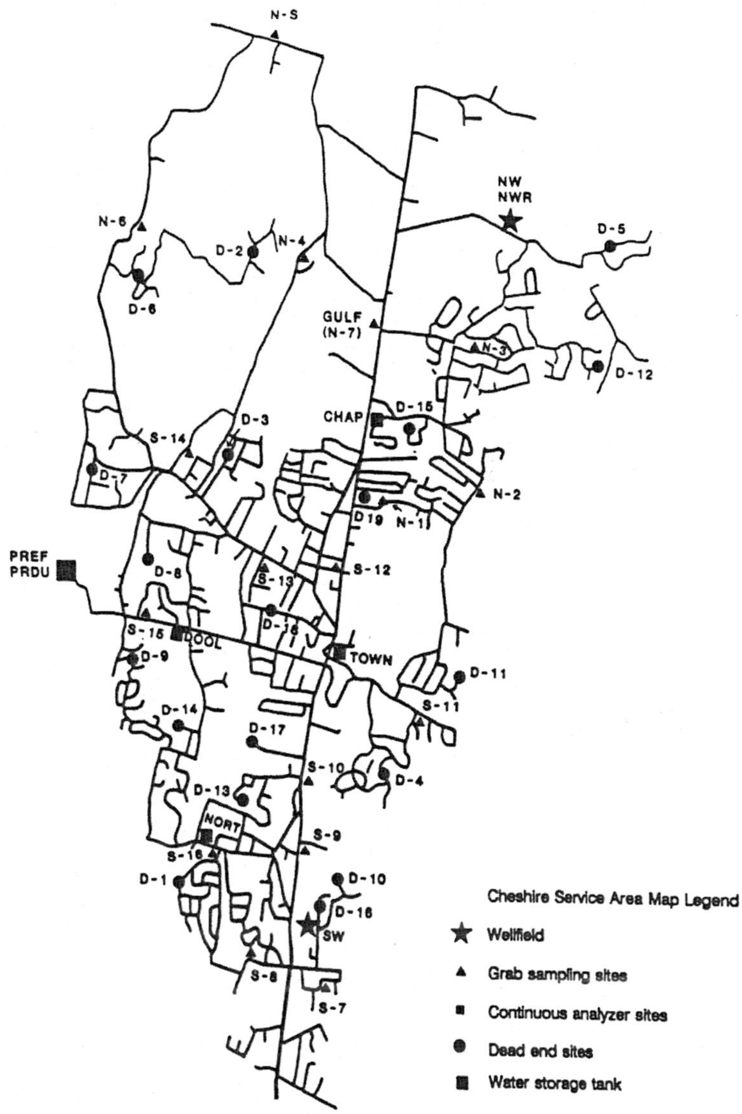

그림 13.10 | Cheshire 배 · 급수지역도

13.5.2.3 현장 연구로부터의 결과

모델예측과 시료결과는 매우 유사하다. 그림 13.11, 13.12는 절점 37, 88, 182, 323, 537 그리고 570(탱크)에서의 모델예측과 시료결과이다.

탱크내의 거동은 특별관심사이다. 시료채취기간의 초기 부분 동안 탱크수위변화는 최소로 했다(<0.91m(3ft)). 2일후 탱크 내에서 약간의 불소농도변화가 나타났고 결과로서 수위가 약 2.8m(8ft)까지 변하도록 허용되었다. 탱크수위의 폭 넓은 변화는 물을 상대적으로 빠르게 뒤집는 효과가 있었다. 빠른 교체에서도 탱크 내에서 오래된 물을 새 물로 완전히

교체하는데 거의 10일이 걸렸다. 이 분석으로부터 탱크가 수질에 좋지 않은 영향을 갖고 있고 특히 탱크 내에서 물이 오래될수록 그렇다.

1991년 8.13~15에 Cherry Hill/Brushy Plains 급수지역에서 또 다른 시료채취 계획이 이전에 논의된 모의결과를 증명하기 위해 시작되었다. 이 시료채취 계획의 목적은 급수지역의 수질 증명을 특성화하고 탱크운영이 수질에 미치는 영향을 연구하기 위한 정보를 모으는 것이다.

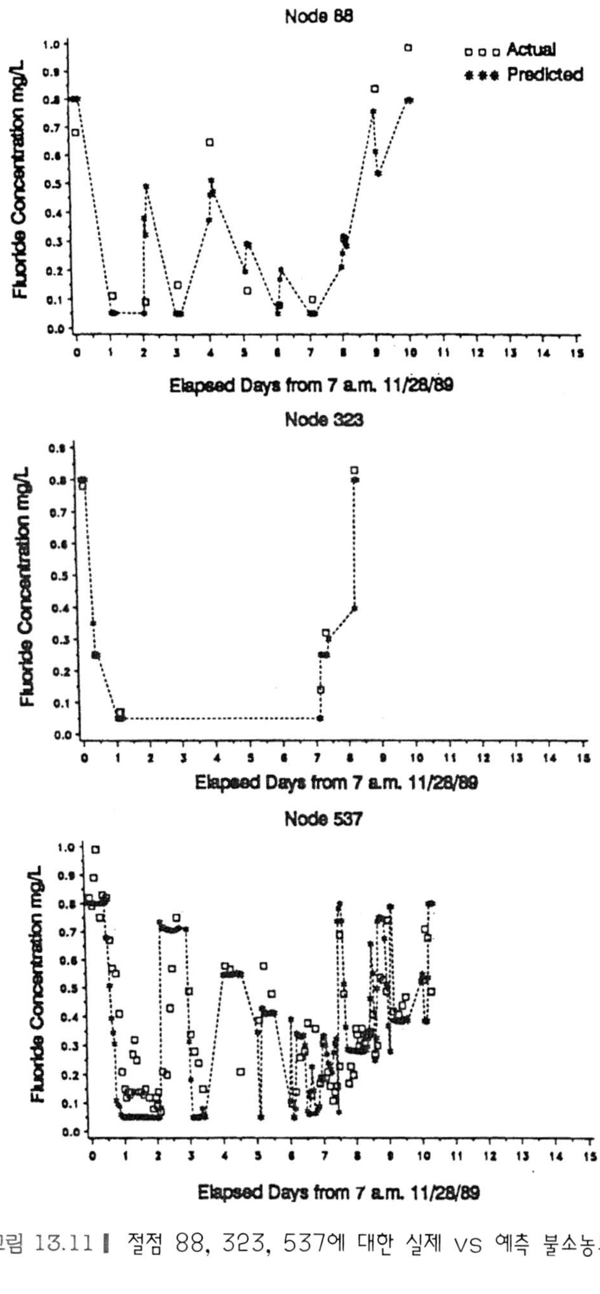

그림 13.11 ▌ 절점 88, 323, 537에 대한 실제 vs 예측 불소농도

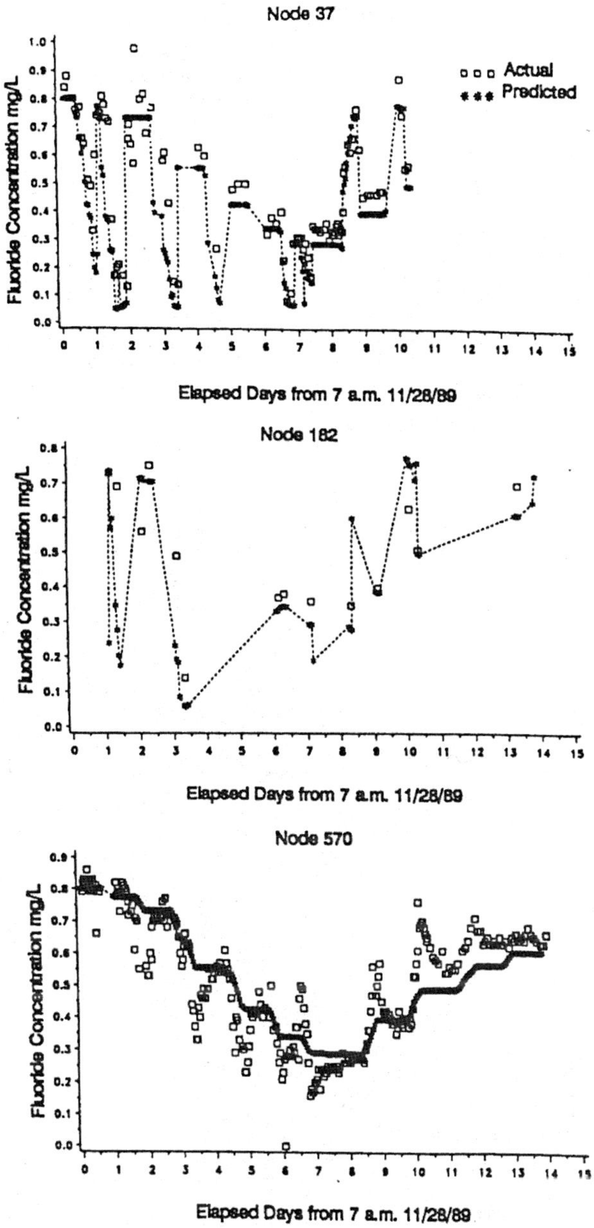

그림 13.12 ▌ 절점 37, 182, 570에 대한 실제 vs 예측 불소농도

13.5.2.4 검증연구

Cherry Hill/Brushy Plains 급수지역은 SCCRWA 급수지역의 동쪽부분인 Branford 타운의 약 $2mi^2$를 담당한다. 이 지역은 거의 주거지역이고, 단독가정과 아파트/콘도미니엄을 포함한다. 시료 채취기간 중 평균 물 사용량은 $1700m^3$/d였다. 배·급수시스템은 그림

13.13에 나타난 바와 같이 20.3cm(8in)와 30.48cm(12in)관으로 구성되었다. Cherry Hill/Brushy Plains 급수지역의 지형은 해발 15.2m~70.1m로 완만하다.

Cherry Hill/Brushy Plains는 물을 Saltonstall 시스템으로부터 공급 받는다. 물은 Saltonstall 시스템에서 Cherry Hill 펌프장에서 Brushy Plains로 가압공급된다. 급수지역 내에서의 저장은 Brushy Plains 탱크에 의해 제공된다. 펌프장은 총용량 5300m^3/d의 10.2cm 원심펌프 2대를 갖고 있다. 펌프운영은 탱크수위에 의해 제어된다. 1957년에 건설되었고 용량은 3800m^3/d이다. 직경은 15.2m, 바닥면은 해발 58.8m, 월류관까지 높이는 해발 80.2m이다. 정상운전시 탱크수위가 15.2m로 떨어지면 돌아가고 19.8m에 이르면 꺼진다.

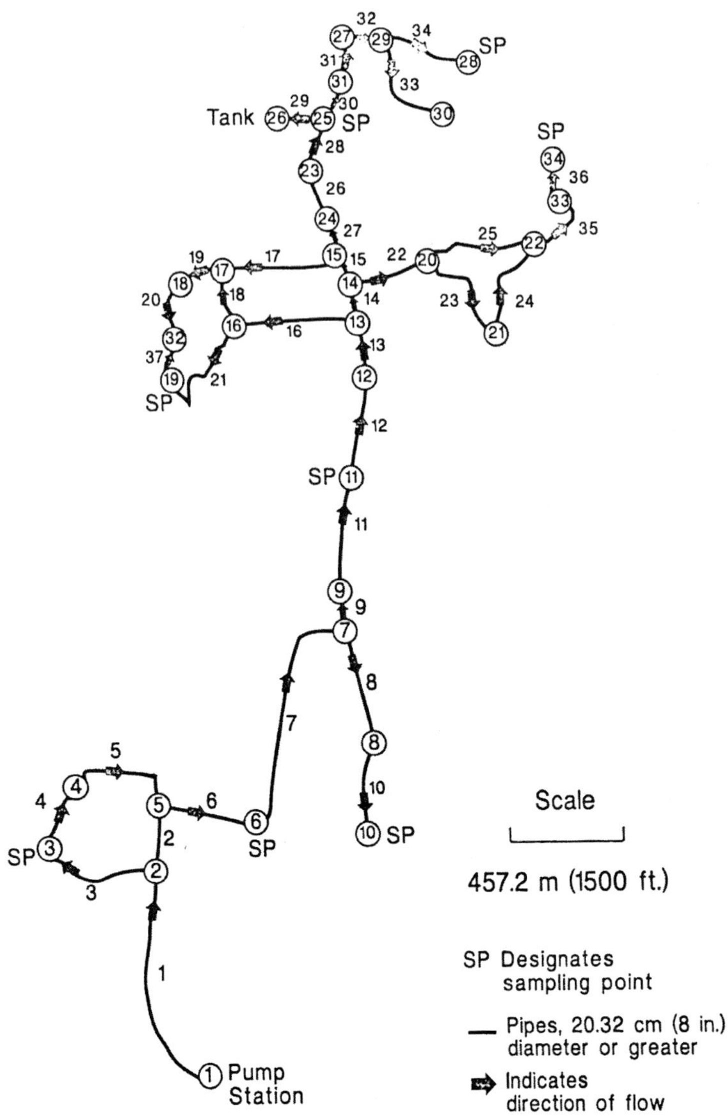

그림 13.13 ▌ 펌프 가동시나리오에서 Cherry Hill/Brushy Plains 관망의 링크-절점 표현

13.5.2.5 예비시료채취 절차

Cheshire 급수지역을 연구하는 동안 발생했듯이 WADISO 수리모델과 DWQM이 급수지역 내 흐름패턴을 수립하기 위해 적용되었다. 게다가 1991.5.21-22, 7.1-3, 7.8-10, 7.30-8.1 기간 동안 탱크에서 잔류염소가 모니터 되고 운영패턴(펌프기록), 탱크수위 변화가 연구되었다. 모델결과와 시료채취 데이터에 근거하여 Saltonstall 정수장에서 불소주입을 중단하고 Cherry Hill/Brushy Plains 급수지역에서 불소와 염소를 모두 시료채취하는 전략이 채택되었다. 의도는 불소없는 물을 시스템 내 흐름의 보존성 추적자로 사용하고 DWQM을 보정하는 것이다. 수리학 원칙에 근거한 DWQM과 염소 감소모델이 이 물질의 역학을 모델링하기 위해 사용되었다. 펌프장과 탱크의 시료채취 위치에 추가하여 배·급수 시스템의 일곱 군데 시료채취 위치가 그림 13.13에 나타낸 바와 같이 확인되었다.

13.5.2.6 시료채취결과 해석

WADISO 수리모델과 DWQM 모델이 1991.8.13 09 : 00~8.15 15 : 00까지 53시간 동안 Cherry Hill/Brushy Plains 급수지역을 나타내기 위해 개발되었다. 그림 13.13에 나타낸 이 뼈대 만들기는 모든 30.4-cm(12-in)관, 주요한 20.3-cm(8-in)관과 루프, 시료채취 지역에 연결된 관들을 포함한다. 파이프 길이는 지도로부터 축적되었고 실제 관직경이 사용되었고 다른 정보가 없을 경우 하젠윌리엄스 조도계수는 모든 관에 대해 100으로 가정되었다.

그림 13.14, 13.15는 불소 시료채취 연구와 각각의 시료채취 절점에서 모델링 노력을 나타낸다. 이 결과로부터 모델링 결과가 끝점에서의 예외를 빼면 샘플링 결과와 잘 일치한다. 그림 13.14와 13.15의 개별 도표 윗부분 음영은 펌프의 가동 사이클을 나타낸다. 명확하게, 펌프 사이클은 몇 개 샘플링 지점에서 수질에 큰 영향을 미친다. 예로, 절점 11에서 펌프운영시 불소가 함유된 물이 관망시스템으로 펌핑되었다. 관망시스템에 탱크로부터 물이 공급될 때 불소주입기를 끄기 전에 불소 평형농도에 도달한 물을 받는다.

13.5.2.7 잔류염소 모델링

앞서 언급된 두 개의 시나리오가 펌프가동, 중단상대의 샘플링 연구기간 평가되었다. 표 13.1은 파이프 길이를 피트로 나타내고 평균속도는 ft/s, 체류시간은 일, 그리고 펌프가동에서 시스템내 다양한 링크에 대한 시작과 마지막 절점에서 평균 잔류염소를 나타낸다.

상·하류의 염소농도와 링크 내 체류시간을 이용하여 염소 감소상수가 개별 링크에 대해 계산되었다. 염소요구량이 식 (13.1)에 정의된 바와 같이 1차 함수 가정에 따라 계산되었다.

$$C = C_0 e^{-kt} \tag{13.1}$$

여기서 C = 시간 t에서 농도, C_0 = 초기염소농도, k = 감소속도(min^{-1}), t = 시간(min)

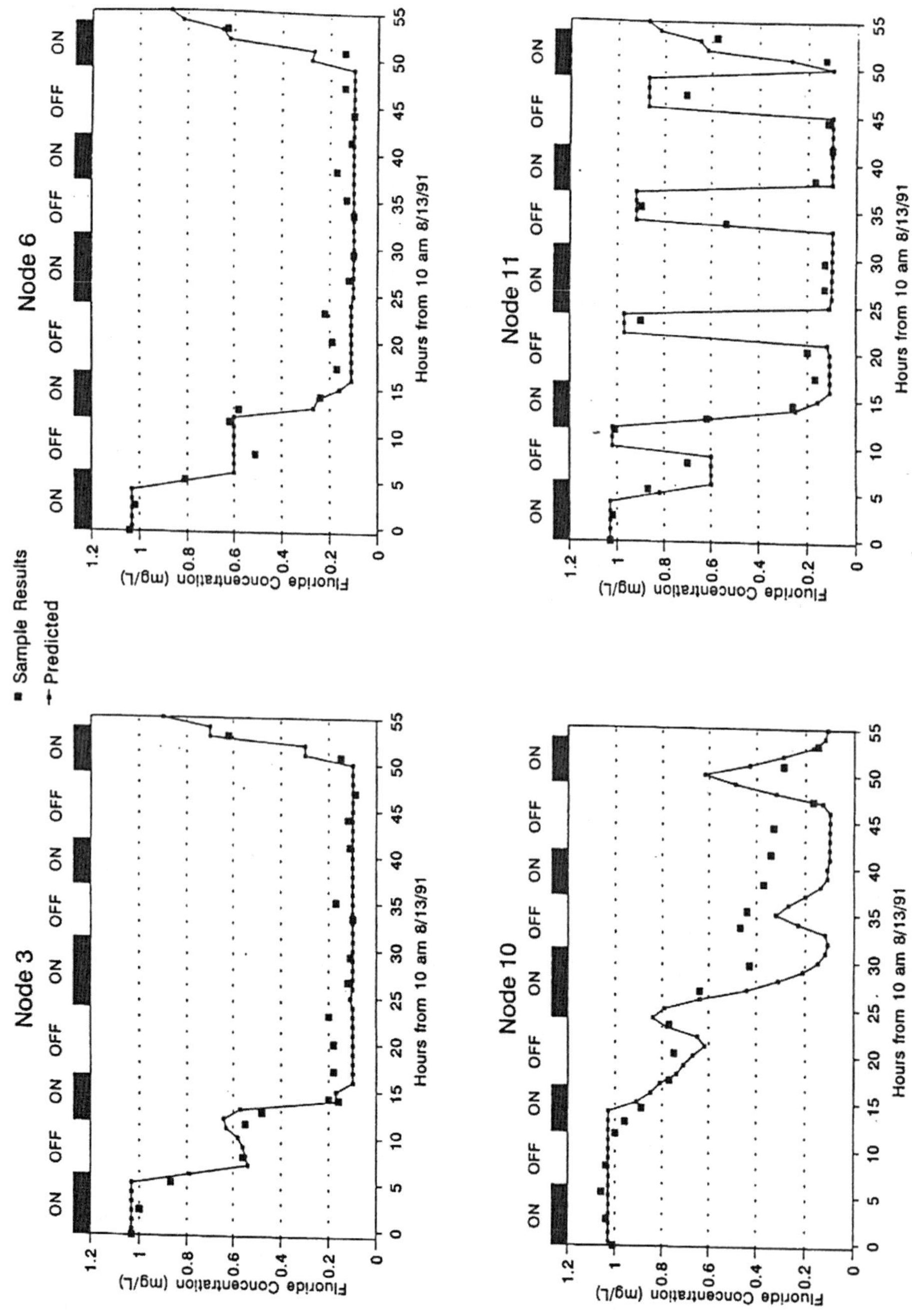

그림 13.14 ▌ 절점 3,6,10,11에서 불소시료 연구결과

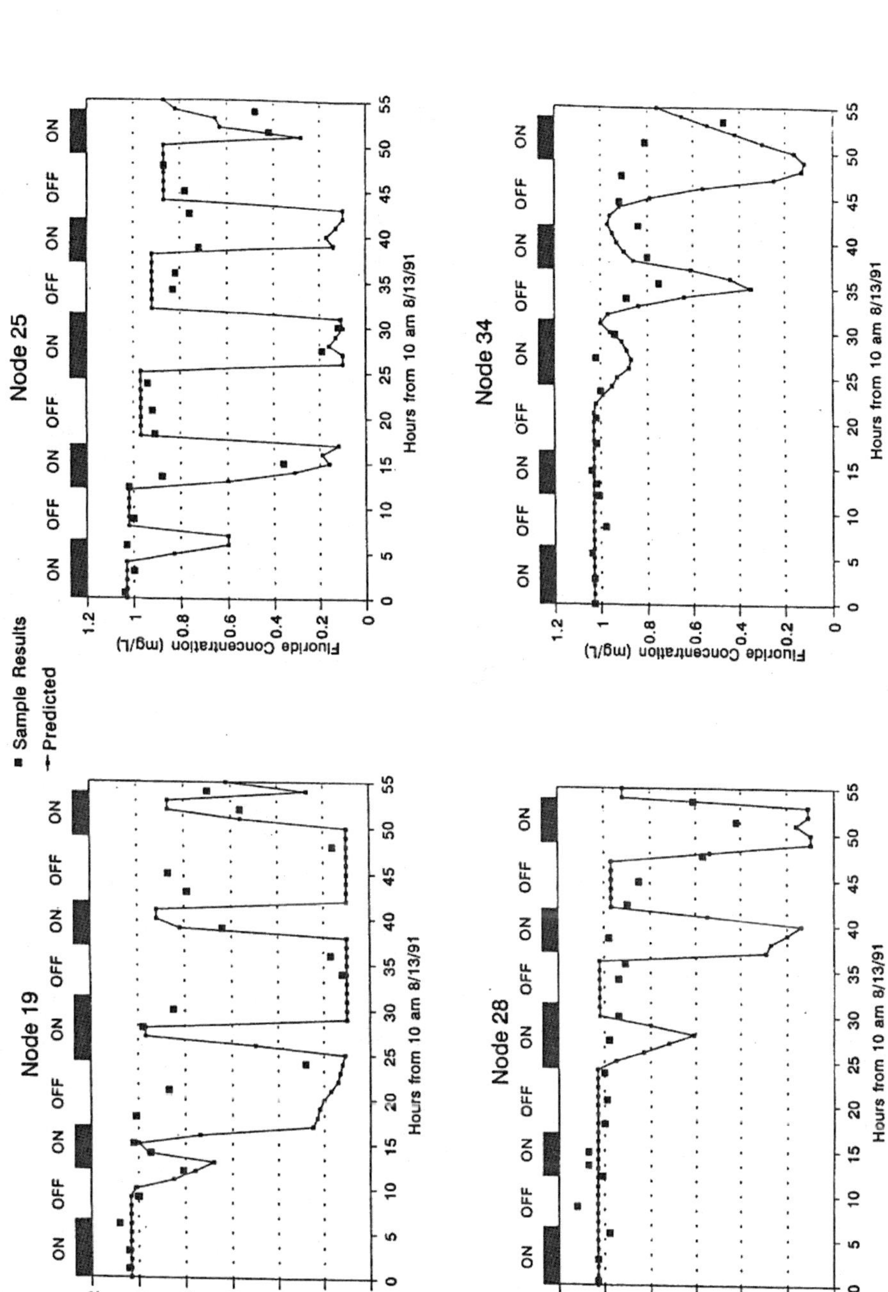

그림 13.15 ▌ 절점 19,25,28,35에서 불소시료 연구결과

Cherry Hill/Brushy Plains 물을 이용한 벤치 연구를 통해 원수에 대한 염소요구량이 계산되었고 염소감소속도는 0.55day^{-1}로 계산되었다. 이 감소속도는 벌크 감소속도나 처리수의 염소 감소속도로 간주된다. 표 13.1의 벌크 감소에 대한 관의 비 칼럼에 보이는 바와 같이 전체시스템의 요구량은 벌크 감소속도보다 훨씬 크다. 이 추가 요구량은 관 벽 요구량, 생물막, 결절에 의해서 대개 발생하며 상당히 중요하다. 결과는 어떤 시스템 요소는 수질목표만족을 위해 교체되어야 한다는 가능성을 증가시켰다. 또한 막힌 지점(펌프가동 시나리오에서 가장 낮은 평균속도를 갖는)에서 기인하는 링크는 가장 큰 요구량을 나타낸다. 게다가, 표 13.1의 감소상수 칼럼으로부터 하나의 1차 감소속도는 잔류염소를 충분히 예측하지 못하는 것이 명확하다.

표 13.1 | 펌프가동 시나리오 동안 수리적 조건

Link 시작/종료 절점	길이*(ft)	염소농도 잔류시간(days)	염소농도 상류/하류	Decay 계수 (days^{-1})	배관/bulk decay 비율
1/3	3700	0.0414	1.08/1.00	1.86	3.38
1/6	4400	0.0321	1.08/1.00	2.40	4.36
6/11	3800	0.0286	1.00/0.98	0.71	1.29
6/10	4900	0.8049	1.00/0.36	1.27	2.30
11/19	5400	0.1634	0.98/0.16	11.09	20.16
11/25	4350	0.0424	0.98/0.94	0.98	1.78
11/34	64000	1.3714	0.98/0.12	1.53	2.78
25/18	2400	1.4937	0.94/0.16	1.19	2.16
탱크	-	3.0000	0.94/0.16	0.59	1.07

13.3.5 Cabool, Missouri 사례연구

1991년 수질모델링에 대한 미국환경청/미국수도협회 연구재단(AWWARF) 컨퍼런스로부터의 권장사항은 수인성질병 발생에 적용할 수 있는 수질모델링 기술 개발이었다. 이 형태를 적용한 첫 번째 기회는 Missouri 주 Cabool(인구, 2,090)에서 1989.12.15-1990.1.20에 발생한 발병의 결과로 떠올랐다. 질병과 사망의 원인은 대장균 O157 : H7 이었다. 발병시기에 물은 처리되지 않은 지하수였다. 발병직후, EPA는 원인규명의 목적 하에 연구수행을 위한 팀 파견을 요청받았다.

발병 전 매우 추운 날씨는 두 번의 큰 관로파손과 43개소의 계량기 교체를 유발시켰다. Cabool의 하수차집관로는 대부분 배·급수관으로부터 떨어졌으나 몇 군데에서는 교차연결되거나 급수관에 가까웠다. 발병시점에 폭우는 가로변의 도랑을 통해 배수되었다. 호우동안 하수가 맨홀뚜껑으로 월류하고 몇 군데에서 거리, 주차장, 주거지역을 월류하는 것이 관찰되었다.

DWQM이 시스템 내에서 물과 오염물질의 움직임을 점검하기 위해 적용되었다. 정상상태 시나리오가 점검되었고 유량계 교체와 나중의 파손과 관련된 물과 오염물질 이동의 동적분석이 수행되었다. 각각 수용가의 유용한 계량기 사용량으로부터 수요패턴이 개발되었을 때, 물 수요는 지하수관정 평균생산량의 65%였고 부정확한 계량기와 불검침 사용과 시스템 내에서 높은 물 손실을 나타냈다.

질병패턴은 배·급수시스템의 물 흐름 패턴과 일치한다는 것을 모델링한 결과 밝혀냈는데 두 개의 관로파손을 가정한다. 따라서, 결론은 시스템 내 몇 가지 교란이 아마도 두 개의 관파손이나 43개의 계량기 교체, 오염물질의 수도시스템 유입을 허용했다. 분석은 모의된 오염용수의 이동이 감염된 인구의 85%를 설명한다는 것을 보여줬다.

13.6 수질모델링의 진화

방금 기술된 그리고 다른 연구결과에 근거하여 수질모델링이 관망에서 수질저하 요소에 대한 통찰력을 제공하는 잠재력이 있다는 것이 명백해 졌다. 1996년 안전한 음용수법과 개정안에 의해 시행되는 처리공정 투자에도 불구하고 관망 자체 내에서 수질저하 가능성이 여전히 존재한다. 이런 인식이 몇 가지 공사영역(public-and private sector)의 수질모델 개발로 이어졌다. 단지 공적분야 모델만 여기서 논의된다.

Rossman(1994)과, Rossman 등(1994)에 의해 개발된 EPANET은 질량이동개념에 토대를 둔다. Biswas 등(1993)에 의해 개발된 오염물 전파에 대한 또 하나의 접근법은 축 방향으로 염소의 동시 이류이동, 방사 방향으로 확산, 벌크 액상(bulk-liquid phase)에서 1차 반응을 설명하는 정상상태 이동방정식을 사용했다. Islam(1995)과 Islam 등(1997)은 천천히 변하는 비정상류 상태에서 관망 내 염소의 공간적, 시간적 분포를 예측하는 QUALNET이라고 불리는 모델을 개발했다. Boulos 등(1995)은 다음 사건 스케줄링 접근에 근거하고 계산시간을 상당히 줄일 수 있는 Event Driven-Method 라고 부리는 기술을 제안했다.

Eulerian 유한차분법, Eulerian 개별체적법, Lagrangian Time-Driven Method, 그리고 Lagrangian Event-Driven Method를 포함하는 이런 형태의 모델을 풀기 위한 몇 가지 다른 형태의 수치 방법이 제안되었다.

유한차분법은 시간과 공간에서 고정된 그리드 점과 동등한 유도체(derivatives)를 추정하는 방법이다.

개별 체적법은 각각의 관을 일련의 동일한 크기의 완전 혼합체적 세그먼트로 나눈다. 각각의 연속 수질 시간단계에서 각 체적 세그먼트 내 농도는 우선 반응하고 이웃한 아래의 세그먼트로 이동한다. 이 방식은 초기 DWQM 연구에서 사용되었다.

Time-Driven Method는 관망의 각 링크를 채우는 겹치지 않는 물 세그먼트의 크기와 농도를 추적한다. 시간이 지남에 따라 링크 내 최상류 세그먼트의 크기는 물이 링크로 들어가면 증가하고 물이 링크를 떠나면 최하류 세그먼트 크기의 동일한 손실이 발생한다. 이런 세그먼트의 크기는 변하지 않는다. Event-Driven Method는 본질에 있어 Time-Driven Method와 유사하다. 고정된 시간단계에서 전체관망 업데이트보다 개별 링크/절점 상태가 링크의 앞선 세그먼트가 이 하류 절점에서 완전히 사라질 때만 업데이트 된다.

EPANET 수리모델의 개발은 종합적인 공적 분야 모델에 대한 수요를 충족시키고 미국 내 많은 수도시설의 수질모델링 기초를 제공하는 핵심요소가 되었다. EPANET은 관망의 수리거동 해결방안의 장기간 모의에 토대를 둔다. 게다가, EPANET은 배·급수시스템 내 음용수 구성요소의 이동과 거동(fate) 모델링 연구도구로 설계되었다. EPANET은 보든 유량을 ft^3/s로 계산하고 분당 갤론(gpm) 일일당 백만갤론(mgd), l/s도 선택사양으로 있다.

EPANET은 관 내 손실수두 계산을 위해 Hazen-Williams 공식, Darcy-Weisbach 공식, Chezy-Manning 공식을 사용한다. 배·급수시스템의 수질을 모의하기 위해 다양한 유입점(예, 정수장)으로부터 시스템 내를 이동할 때나 사용자에게 갈 때 특정물질의 농도가 계산되어야 한다. 이 이동은 세 가지 원칙에 근거한다. (1) 다른 관 길이 내 질량보전 (2) 관접합 부위 유입수의 완전하고 순간적인 혼합 (3) 물질이 관 또는 저장시설을 흐르는 동안 물질의 성장 또는 감소에 대한 적당한 동적(kinetic)표현

13.7 오염물질 전파 모델링

미국 내에서 염소나 다른 잔류소독제 유지는 대개 수질목표로 간주되며, 대부분의 미국 수도시스템은 배·급수시스템을 통해 감지할만한 잔류농도를 유지하고자 한다. 정수장을 떠나기 전에 물은 마지막 소독단계에서 염소 소독되고 정수지에 저장된다. 물이 정수지로부터 공급되면 물은 배·급수시스템과 옥내배관을 통해 수용가에게 공급된다. 검출될 정도의 잔류염소는 수인성 질병과 시스템 내 생물막 성장 가능성을 최소화한다.

용존염소가 관망 내를 이동함에 따라 물 안의 자연유기물이나 생물막, 관 벽의 결절 또는 관 벽 자체와 반응한다(Clark 등, 1993a). 이 반응은 관망에서의 체류시간과 저장시설에서의 지체시간에 따라 잔류염소 감소와 상응하는 소독부산물이 증가하는 원인이 된다. 이런 반응에 대한 이해는 수도시설 관리자가 고품질 수돗물 공급과 1996 안전한 음용수법과 개정안에 의한 법적 요구사항을 만족하는데 도움을 준다.

수질모델링은 배·급수시스템에서 수질변화에 영향을 주는 변수에 영향을 주는 요소에 대한 통찰력을 제공하는 잠재력이 있다. TTHMs 형성에 영향을 주는 요소에 대한 이해와 잔류염소 유지는 특별한 관심사다(Clark 등1996c). EPANET은 TTHMs의 생성과 잔류염소의 전파와 유지에 특히 유용하다는 것이 증명되었다.

EPANET을 사용한 이러한 문제들에 대한 첫 번째 연구들은 캘리포니아 North Marin 지역과 EPA 공동으로 수행되었다(Clark 등, 1994). 최근에 완료된 또 다른 연구는 동일한 문

제를 시험한 EPA와 AWWARF에 의해 공동으로 수행되었다. 이 연구는 TTHMs 형성과 잔류염소 손실을 묘사하기 위해 다양한 형태의 모델을 평가했다.

13.7.1 North Marin 지역사례 연구

North Marin 지역은 캘리포니아 주 Novato 인근에 거주하는 53,000명의 교외 거주자에게 급수한다. 이곳은 두 종류의 물을 사용한다 : Stafford Lake와 North Marin Aqueduct. 수로(Aqueduct)는 연중 공급원이나 Scafford Lake는 강수량이 거의 없고 수요가 많은 더운 여름에만 사용된다. North Marin 급수지역의 가장 큰 거주 중심인 Novato는 연간 평균강수량이 68.58cm인 따뜻한 내륙 해안 계곡에 위치한다. 식물의 성장 시기인 5~9월 동안에는 거의 강수가 없다. 총 물 사용량의 85%는 거주용이고, 급수지역에 13,200 단독가구가 있는데 물 사용량의 65%를 담당한다(Clark 등,1994).

두 공급원의 수질은 매우 다르다. Stafford Lake는 휴믹물질 농도가 높고 일반적인 정수처리와 5.5-6.0mg/L의 전염소 주입률로 처리된다. 처리수는 정수지를 떠날 때 0.5mg/L의 잔류염소를 갖는다. Stafford Lake수의 TTHMs 생성능은 높다. North Marin Aqueduct 물은 Russian강을 따라 Rancy Well Field로부터 유래된다. 기술적으로 지하수는 자연적으로 여과된 물을 많이 포함한다. 수로(aqueduct) 수는 단지 소독만 되고 전구물질이 낮아서 THMs 생성능도 따라서 낮다. 두 가지 모두 시스템에 유입될 때 0.5mg/L 정도의 잔류염소를 함유한다.

그림 13.16은 전체 North Marin 급수지역을 나타내는 개요도이다. 그림 13.17은 연구의 주요 관심사인 1지역의 배 · 급수 관망을 나타낸다. 그림 13.17은 두 가지 공급원과 공급지역 배 · 급수시스템의 주요 관망도, 주요한 탱크와 펌프, 연구에 사용되었던 시료 채취점을 나타낸다. 위에 열거된 바와 같이 연중 그리고 하루의 시간에 따라 물은 한 군데 또는 두 군데의 공급원으로부터 유입된다. North Marin Aqueduct 공급원은 일 년 24시간 운영된다. Stafford Lake는 첨두 수요기간에 6 : 00~22 : 00까지 대개 16시간 운영된다. 표 13.2는 North Marin 물 사용의 특징을 요약한 것이다.

EPANET이 각 공급원으로부터 상대적 유량, TTHMs, 잔류염소 전파를 포함하는 시스템 수리학을 모의하기 위해 사용되었다(Rossman등, 1994). 모델은 Montgomery Watson사에서 North Marin에 대해 만든 초기 관망도에 근거하여 1992.5.27~29일 운영기간동안 탱크수위에 대한 모의값과 실제값의 비교를 통해 보정되었다.

시스템의 역동성은 관망내 가변적 흐름상태와 수질상태를 만들었다. 전형적인 운영기간동안 주어진 관망지역 내에서의 흐름방향이 종종 역전되었다. 그림 13.18은 2일간의 연구로 사용된 다양한 샘플링 지점에서의 Stafford Lake 물의 비율을 나타낸다. 수질에 대한 이러한 변수의 결과는 다음 절에서 토의된다.

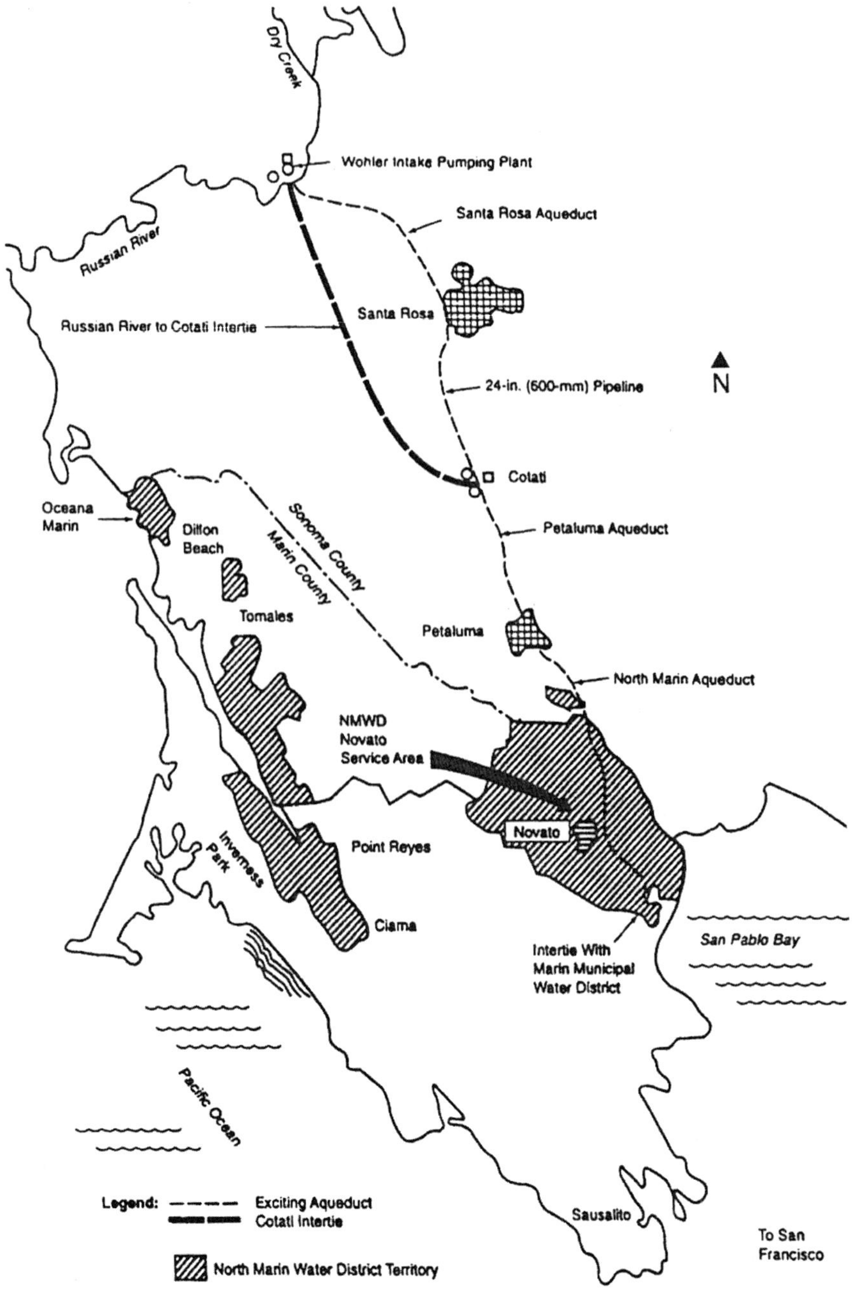

그림 13.16 | North Marin 배 · 급수 지역

표 13.2 | North Marin 지역의 물이용 특성

공급 지역	259km^2(100mi^2)
Principal service center : greater Novato area 인구 특징 평균 강우량 기준 증발량	 53,000 Suburban(near San Francisco) 69.1cm(27.2in/y) 111.76cm(44in/y)
조경에 필요한 물량	70.61cm(27.8in/y)
물 공급	Surface North Marin Aqueduct 83% Stafford Lake 17%
모두 계량된 물인가?	Yes
1인당 물 사용량	510.98L(135 gal)*
계량된 물 사용의 분포 주거용 상업용	 84.7% 15.3%
Annual residential Use* Single family(67.3%) Townhouse/condominium(12.7%) Mobile home(16.6%) Apartment(3.4%)	 545.04L(144gal) 435.28L(115gal) 291.44L(77gal) 299.02L(79gal)
무수량 및 손실	5.7%

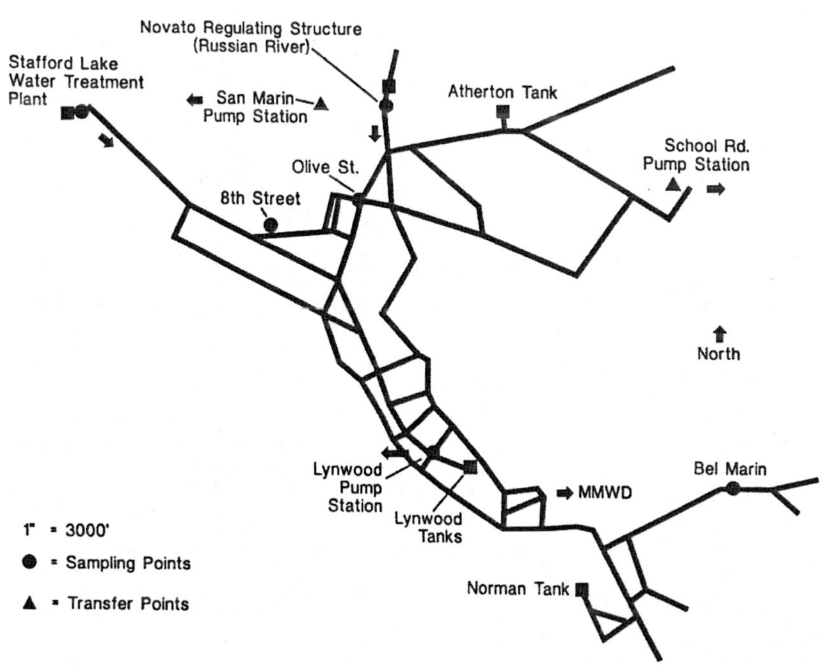

그림 13.17 | 지역 1의 관망도

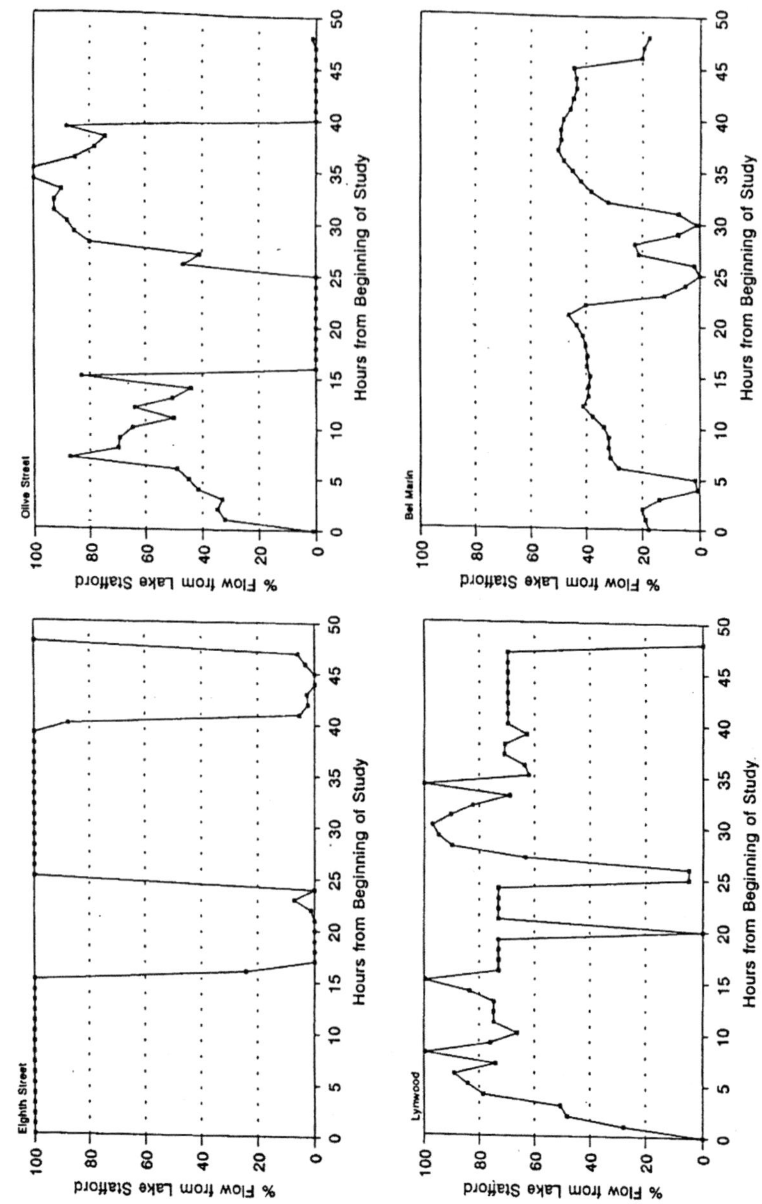

그림 13.18 ▌ Stafford Lake에서의 시료채취 지점 Eighth Street, Olive Street, Lynwood, Del Marine으로의 예측유량

13.7.1.1 수질연구

North Marin 지역의 수질특성화를 위해 미국 환경청은 시료채취 절차를 설계하고 1992.5.27~29일 동안 지역 직원과 함께 일할 조사팀을 보냈다. 그림 13.19는 두 공급원의 THMs 생성능과 염소요구량 곡선을 나타낸 것으로 두 공급원의 수질차이가 상당히 큰 것으

로 나타났다. 예로 '8번가' 시료 채취점에서 클로로포름 농도는 2일 동안 38.4 ~120.1㎍/L로 변동했다. 이 변동은 두 다른 공급원으로부터 물의 통과에 기인한다. 그림 13.18에서 보듯이 '8번가'에서 채취된 시료는 Aqueduct 또는 Stafford로부터 또는 두 가지가 섞인 물로 구성된다. 그러나, 시료채취 동안 두 공급원에서 THMs 농도는 상대적으로 일정했다. 두 공급원으로부터 극심한 수질차이와 관망 내 통과수 비율의 가변성으로부터 물의 혼합이 수질변화의 주요소라고 가정하는 것이 합리적이다.

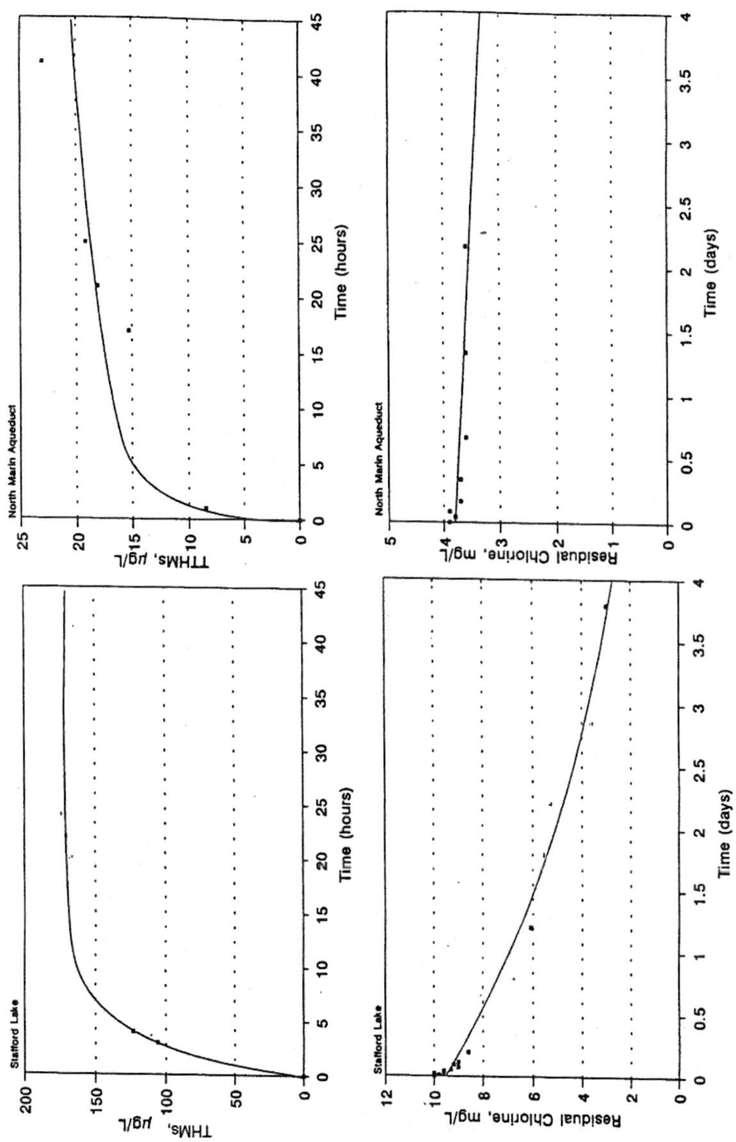

그림 13.19 ▌ Stafford Lake와 North Marin Aqueduct로부터 총 트리할로메탄 생성과 염소요구량 곡선

13.7.1.2 총트리할로메탄 생성의 모델링

이 혼합가설을 시험하기 위해 각 공급원으로부터의 THM 평균값을 사용하였다. 이 THMs 수준은 보존성으로 간주되고 각 시료채취 지점에서의 농도는 시간에 대한 그 점으로부터의 비율에 따라 계산되었다. 이 가정은 현장과 벤치시험으로 검증되었다. 예로 Stafford Lake 수와 Aqueduct 수의 평균 THMs 수준은 각각 151.1과 20.7㎍/L이었다. 시스템 내 주어진 시간, 주어진 장소에서 50%의 물이 각각 Stafford Lake와 Aqueduct에서 온다면 그 지점에서 예상되는 THMs 농도는 85.9㎍/L이다. 그림 13.20은 다양한 지점에서 이 가정의 결과를 보여준다. 그림에서 실제와 예측값의 차이는 의심할 여지없이 위에서 언급한 보정문제의 결과이다.

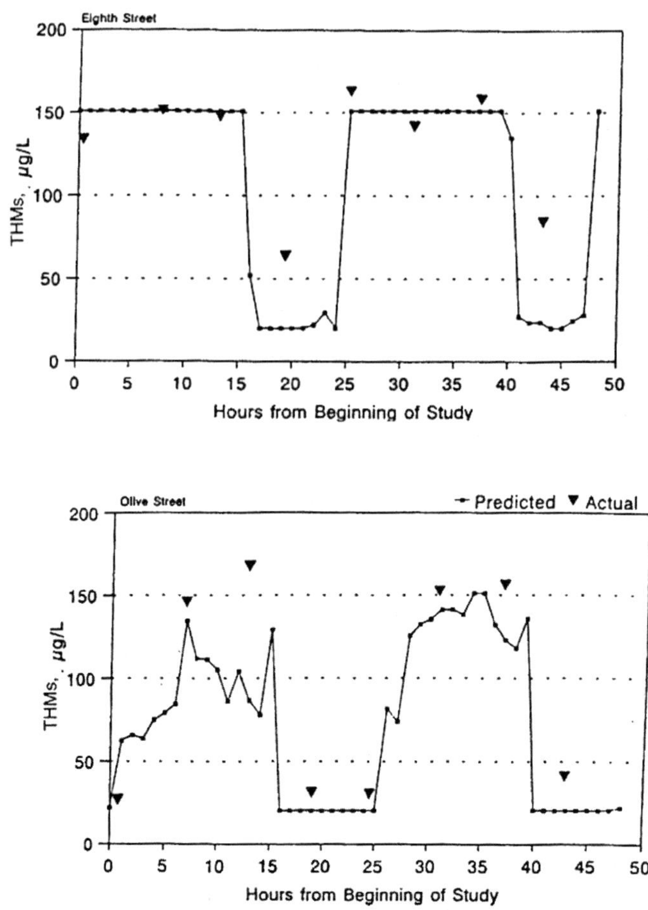

그림 13.20 | Eighth Street, Olive Street, Lynwood, Bel Marin 시료 채취지역에서 THMs의 예측치와 실측값

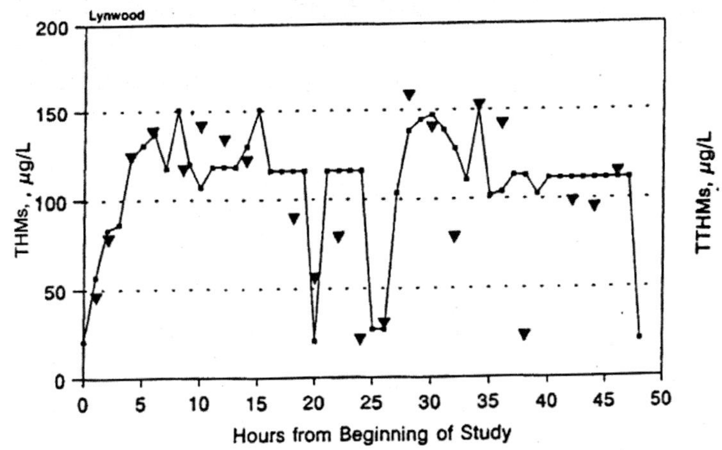

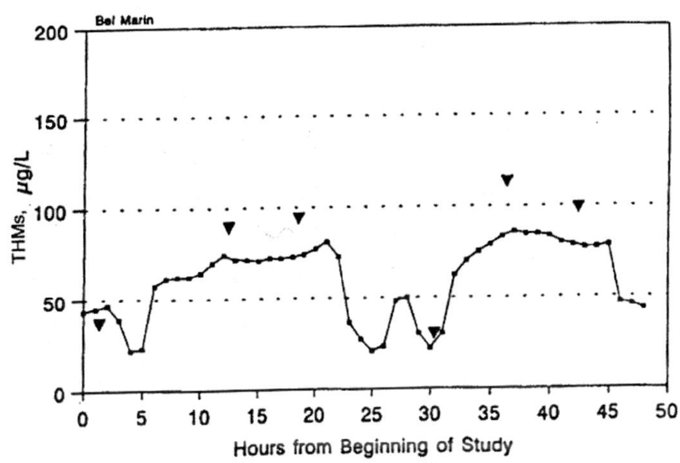

그림 13.20 ▌ (계속)

연구의 부분으로, 자외선 흡광도와 THMs이 밀접하게 관련되어 있다는 것이 관찰되었다. 자외선 흡광도가 사실상 THMs의 좋은 예측수단임을 확립하기 위해 두 공급원으로부터 자료를 이용해 자외선 흡광도와 THMs간의 회귀 상관관계가 수립되었다. 첫째날 연구자료가 다음과 같이 THMs와 자외선 흡광도간의 회귀모델 개발에 사용되었다.

$$THM = 2.0565 + 1648.2 \times UV \tag{13.2}$$

여기서 THM = 총트리할로메탄(μg/L) 그리고 UV = 250nm 범위에서 흡광도(cm^{-1}), P값 = 0.0001, $r^2 = 0.9875$. mean square error(MSE) = 11.1. 모델의 가정(에러의 일정한 분산과 normality)은 검토되었고 합리적이었다.

그림 13.21은 회귀모델 개발에 사용된 자료를 보여준다. 그림 13.22는 연구 2일차 때 다양한 시료채취 위치에서 THMs예측을 위해 사용된 Eq (13.2)를 보여준다. 아래그림에서와 같이 예측은 상당히 양호하다. 그림 13.23은 THMs농도 예측에 사용된 동일한 혼합가정에 근거하여 네 군데의 시료채취 지점에서 자외선 흡광도의 모의값과 실제값을 나타낸다.

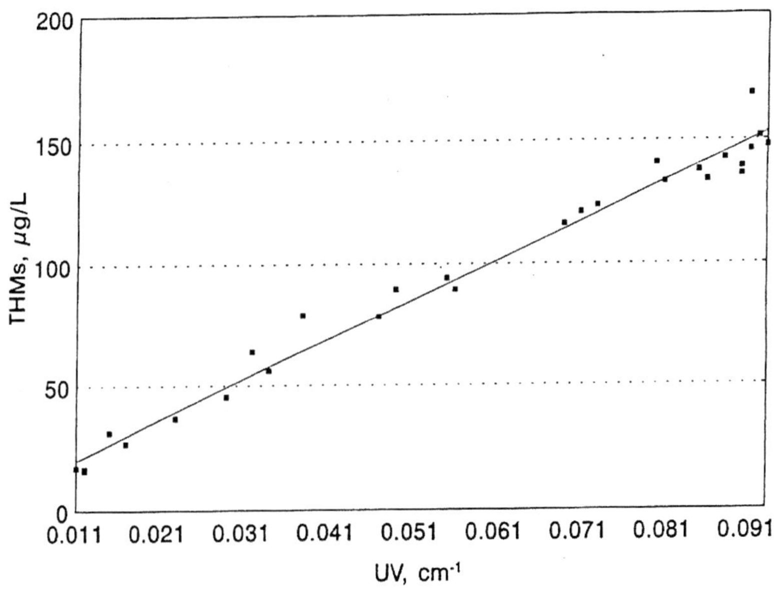

그림 13.21 ▎ 첫 날 수질연구로부터 자외선 흡광도 vs 총 THMs

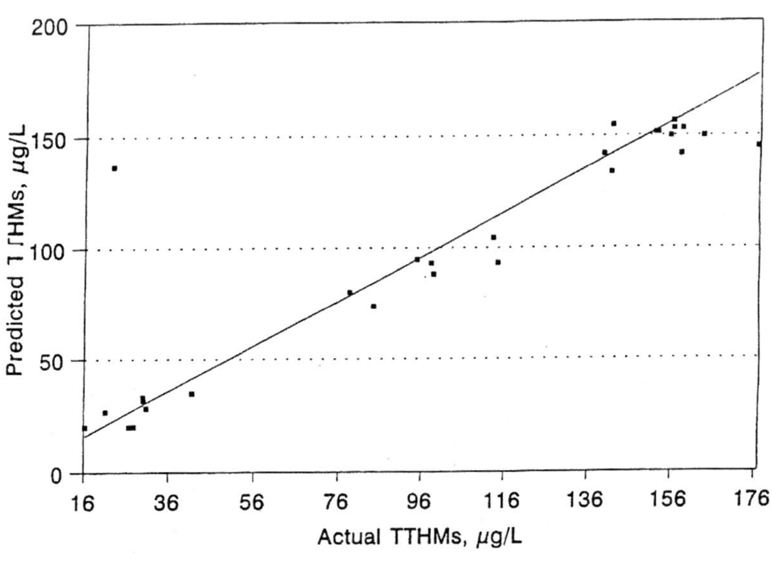

그림 13.22 ▎ 식 (13.1)에 따른 THMs의 예측치와 실측값

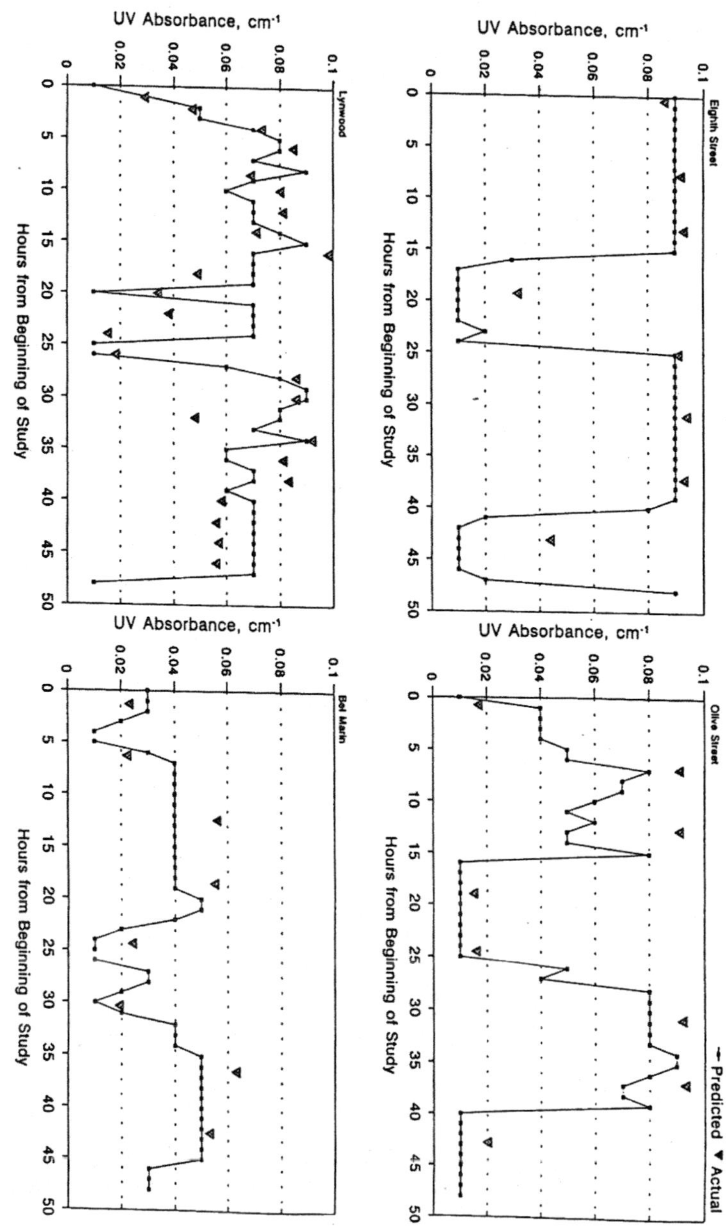

그림 13.23 | Eight Street, Olive Street, Lynwood, Bel Marin 시료채취 지역에서 자외선 흡광도의 예측치 vs 실측값

13.7.1.3 염소요구량

Stafford 호소수와 North Marin Aqueduct는 대개 처리수가 시스템에 유입될 때 0.5mg/L 정도의 잔류염소를 유지했다. 그림 13.19는 두 공급원에 대한 염소요구량을 나타낸것으로 Stafford 호소수는 Aqueduct 물보다 훨씬 더 높은 염소요구량을 갖는다. 다양한

시료채취 지점에서 염소요구량을 예측하기 위해 Eq. 13.1에 나타낸 것처럼 1차 감소관계식이 가정되었다(Clark 등, 1995). EPANET에서 염소감소는 벌크상과 관벽감소로 나타내어진다. 벌크 물의 계산에 근거하여 Stafford 호소수와 Aqueduct 수원에 대한 1차 감소와 벌크 요구량은 각각 0.31과 0.03 day^{-1}이다. EPANET과 사전에 가정된 수리적 조건을 사용하여 잔류염소가 추정되었다. 그림 13.24는 4개 시료채취 지점에 근거한 예측을 보여준다.

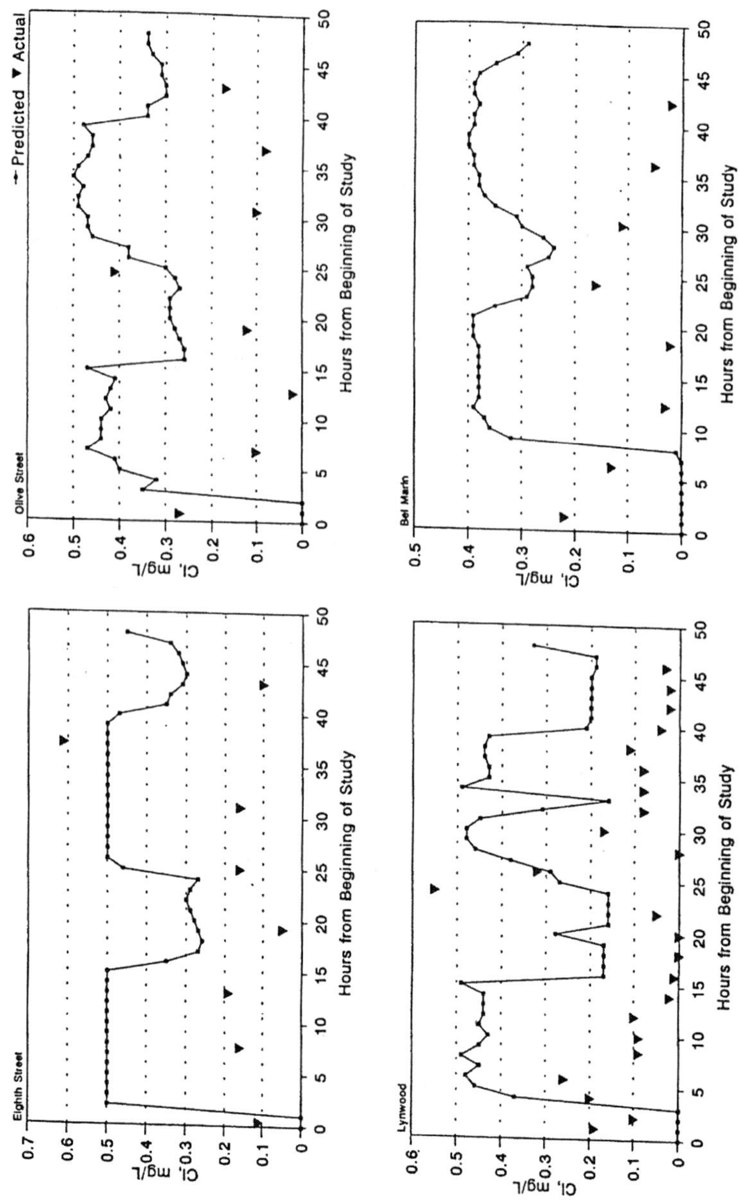

그림 13.24 ▌ 1차감소를 가정한 염소농도 예측값 vs. 실제값

13.7.1.4 시스템 요구량의 효과

배·급수관망의 관에서 염소요구량을 나타내는 것은 당연하다. 이 요구량은 결절, 생물막, 그리고 관벽재질 자체에서 올 수 있다(Clark 등, 1995). EPANET으로부터 예측된 1차 반응 가정을 이용한 잔류염소와 실제 잔류염소 간에는 좋은 결과를 나타낸다. 명확하게 시스템내 염소요구량은 벌크 수의 감소 이상이다. EPANET은 염소에 대한 벌크 요구량 항목에 추가하여 벽요구량을 합할 수 있는 능력이 있으므로 시스템이 두 공급원에 대한 벌크 요구량을 다시 모의하고, 그림 13.25에 나타낸 것처럼 관망의 4개 지점에 대한 관벽요구량을 추정하기 위해 시행착오법이 사용되었다. 관벽요구량(k_w)은 EPANET에서 정의된 대로 ft/d이다. k_w는 소독제의 통과속도(penetration velocity)로 생각될 수 있다. 4개 시료 채취지점에서 잔류염소가 다시 추정되었을 때, 벽요구량이 North Marin 시스템의 잔류염소 소모에서 중요한 역할을 했다. 그러나 그림 13.26은 여전히 연구의 중간부분 수행동안 실제 염소잔류량과 예측값 간에 큰 차이를 보여준다.

벽요구량 효과는 수원과 시스템 수령의 결과일 수 있다. 예로 그림 13.25에 나타난 바와 같이 최대 관벽요구량은 Stafford 호수에 의해 공급되는 지역에서 나타났다. 그러나 관들도 시스템내에서 가장 노후화 되었다.

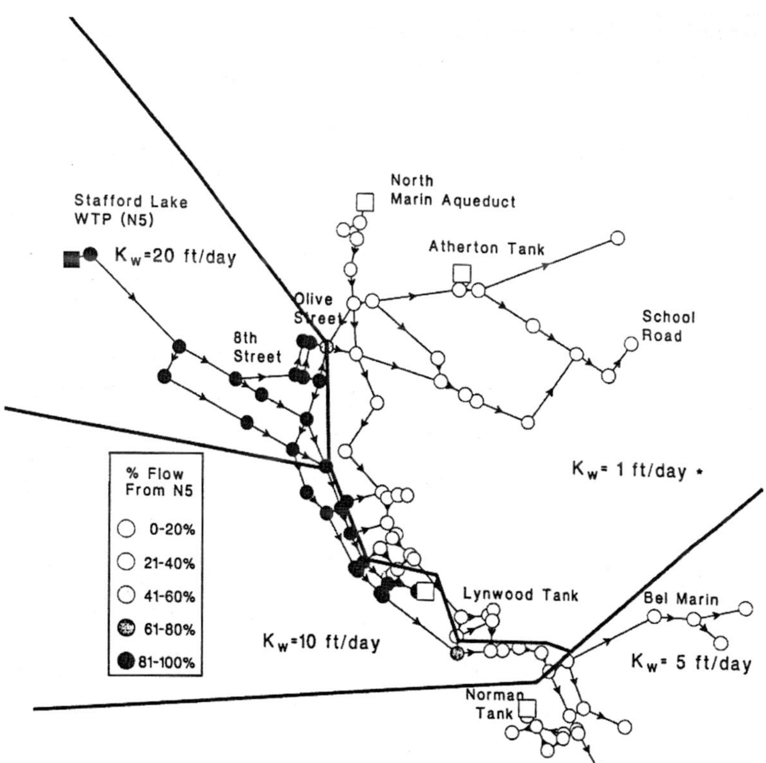

그림 13.25 | North Marin 수요를 반영하기 위한 수리 캘리브레이션(1200시간)

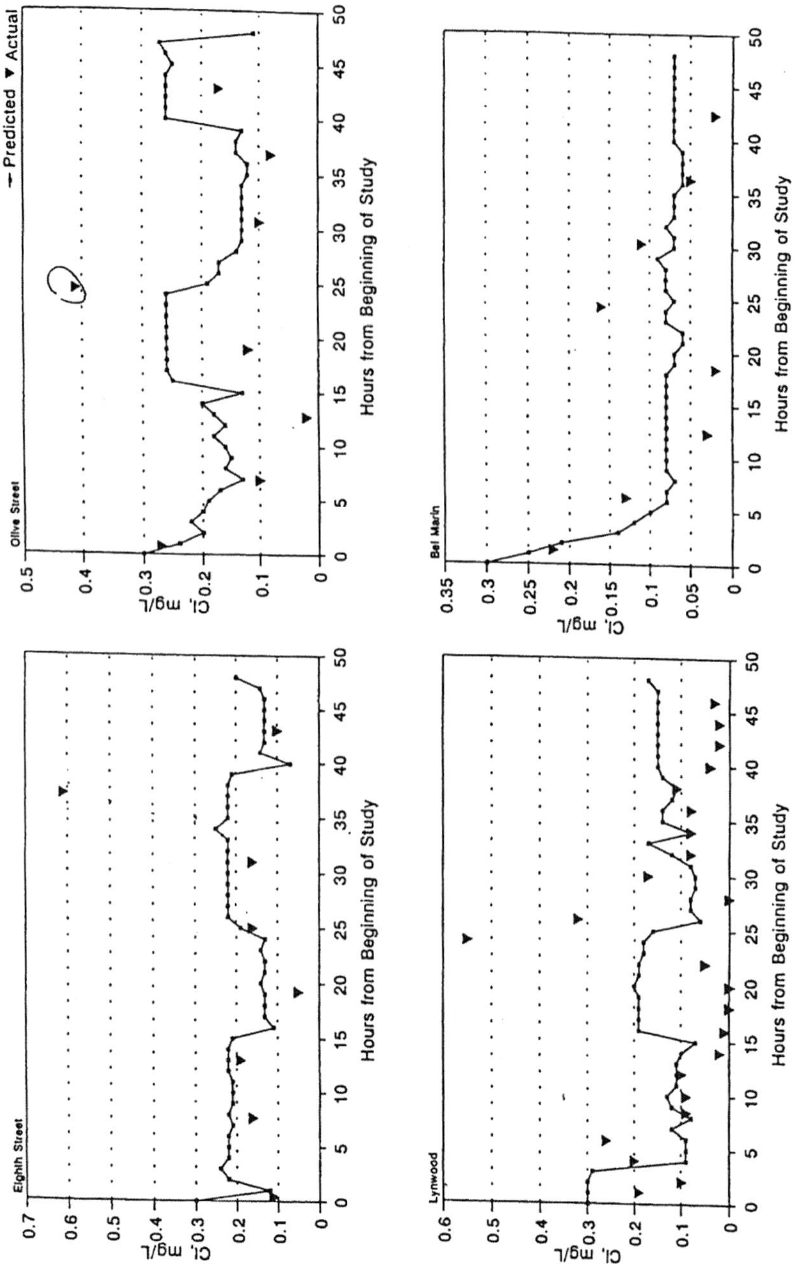

그림 13.26 ▌ 벽 요구량(wall demand)을 가정한 잔류염소농도 예측값 vs. 실측값

13.7.2 North Marin 연구의 보충

North Marin 연구의 보충으로서 EPA와 AWWARF는 배·급수시스템 내에서 염소소모와 THMs 생성을 설명하는 역학적 관계보다 더 나은 이해를 얻을 의도로 몇몇 수도시설의 사례 연구에 관련된 프로젝트를 시작했다.

몇 가지 역학적 모델이 분석의 프레임워크로 EPANET 배·급수관망 모델에 토대한 현장 샘플링 연구에서 수립된 자료를 이용하여 평가, 시험되고 검증되었다.

다른 목표는 수도사업자에 의한 수질 샘플링과 모델링 연구에 대한 정보와 가이드라인을 제공하는 것이다. EPA/AWWARF 연구의 구체적인 목적은 (1) 염소감소와 THM생성에 대한 예측모델 보정용 자료취득을 위한 프로토콜 수립, (2) 배·급수시스템에서 염소감소와 THM생성에 대한 대안 역학적모델의 평가, (3) 급배수와 이송관에서 염소 반응성에 영향을 주는 요소에 대한 보다 나은 이해, (4) 시스템 운영과 유사한 수질연구계획에 사용될 수 있는 결과 생성이다. 이 연구에 참여하는 수도시설은 다양한 원수수질을 대표할 수 있도록 선정되었다. 게다가 가능할 경우 작은 고립지역이나 긴 독립관이 포함되었다. 연구의 일부로 TTHMs 생성능이 높은 시스템도 선정되었다.

13.7.3 미주리주 Gideon의 수인성질병 발생

위에 언급되었듯이 DWQM이 Cabool 발병에 적용되었다. 수질 전파모델링의 높아지는 정교함과 함께, 이제는 수인성질병 발생에 Cabool 발생시에 가능했던 것보다 더 쉽게 적용할 수 있게 되었다. 따라서 미주리 Gideon에서 1993년 발생했을 때 EPANET이 시스템내 오염물질 전파분석에 사용되었다. 1993년 겨울 Gideon의 시골요양소에서 6~9건의 설사가 보고되었는데 수인성질병의 가능성이 높았다(Clark 등, 1996a). 미주리 보건국(Department of Health)의 초기 조사 후 미주리 자연자원국(Department of Natural Sources)이 접촉되었고, 1993.12.17~21 사이 시스템내 다양한 지점에서 채수되었다. 몇 개의 시료가 양성이었고, 총 대장균이 1~6/100mL 였고 약간의 시료는 분변성대장균에 양성이었다. 몇 개의 다른 시료는 대장균이 세기에도 너무 많이 검출 되었고 또한 분변성에 양성이었다. 발병에 대한 본래 생각은 개인 소유 물탱크에 모아졌다. 탱크는 1930년에 건설되었고 녹이 심하고 황폐한 상태였다. 이 개인 소유의 탱크는 시 수도에 역류방지 밸브를 통해 연결되었는데 솜을 타는 설비인 Cotton Compress지역의 화재예방에 우선적으로 사용되었다.

시 시스템은 두 개의 고가수조가 있었다. 하나는 189m^3 규모였고, 다른 하나는 378m^{3}이었다. 개인 소유 탱크는 Cotton Compress 지역에 있었다. 용량은 378m^{3}이었다. 두 개의 378m^3 탱크는 넓고 평평한 덮개가 있었고, 작은 시 탱크는 경사진 역청(pitch)덮개가 있었다.

표 13.3 | 미주리주 Gideon 배·급수시스템 분석에 이용된 가정들

항 목	수 치
Gideon에 있는 주택 수	429
Gideon 거주민 수	1104
Gideon 인구/주택	2.6
평균 1일 소비량	$492m^3$(130,000gal)
$189m^3$(50,000gal) municipal 탱크(T200)	
높이	8.8m(29ft)
직경	5.5m(18ft)
$378m^3$(100,000gal) municipal 탱크(T300)	
높이	7.5m(24.5ft)
직경	9.1m(30ft)
$378m^3$(100,000gal) Cotton Compress 탱크(T400)	
높이	10.1m(33ft)
직경	7.3m(22ft)

1994.1.4 EPA 현장팀은 질병센터와 미주리주와 함께 현장에서 수거된 시료에 대한 위생조사와 미생물 분석을 포함한 현장조사를 시작했다. 가능한 오염물질 이용에 대해 설명할 다양한 시나리오를 개발하기 위해 사용된 EPANET을 이용해 시스템 평가가 수행되었다(표 13.3).

13.7.3.1 시스템 설명

Gideon은 뉴마드리드 카운티의 앤더슨 타운에 있으며 미주리주의 남동지역이다. 지형은 평평하고 주요 작물은 면화이다. 1990년 Gideon의 인구는 1,104명이며, 평균소득은 $14,654였고(인구의 25%는 빈곤이하 수준이었다), 실업률은 11.3%였다. Gideon의 주요한 고용인은 68명의 거주자와 68명 직원의 요양시설과 444명 학생(유치원부터 12학년까지)의 학교였다.

Gideon의 수도시스템은 1930년대 중반에 건설되었고 원수는 이웃한 두 개의 396m 지하수관정에서 얻었다. 지하수는 질병발발 시점에는 소독되지 않았다. 급·배수시스템은 주로 소형(5, 10, 15cm)의 라이닝 되지 않는 강관과 주철관으로 구성되었다. 결절과 부식은 급배수관에서 주요 문제이다. 원수의 수온은 지하수로서는 상당히 높았는데(14℃), 시스템이 지질학적으로 활동적인 단층위에 있었기 때문이었다. 유량이 작거나 정적상태에서 수압은 $3.5kg/cm^2$에 가까웠다. 그러나 유량이 크거나 플러싱 조건에서는 압력이 급격히 떨어졌고, 이는 나중에 논의 될 것이다. 이런 급격한 수압저하는 Gideon 배·급수시스템의 심각한 문제의 증거이다. Cotton Compress에서 물은 장비세척, 휴게실 소비에 사용되었다. Gideon 시스템과 Cotton Compress간의 압력 경사는 도시 저류탱크가 채워질 때 개인 저류탱크는 월류했다. 이런 일이 발생하는 것을 방지하기 위해 Cotton Compress 탱크 유입라인에 밸브가 설치되었다. 이런 동일한 압력차이로 창고에 급격한 수요가 발생하기 전에는 Cotton Compress 탱크에는 물이 있게 하였다. Cotton Compress 전체 수도시스템은 역류방지 밸브로 인해 Gideon 시스템으로부터 독립되었다. Gideon 시스템에 주거용 수도

계량기는 없었고, 거주민은 수도와 하수도에 대해 월 $11.50의 단일요금을 납부했다. 도시 하수시스템은 두 군데 가압장과 함께 자연유하로 운영되었고 1993. 12. 31 기준 429세대에 공급되었다.

13.7.3.2 질병 발생의 확인

1993.11.29 미주리보건국은 Gideon의 두 고등학생이 배양으로 확인된 살모넬라증으로 병원에 입원한 것을 알게 되었다(Clark 등, 1996d). 2일내에 Gideon지역의 추가 환자가 살모넬라증으로 입원했다(학생 1인, 유아보호원으로부터 유아 1인, 요양소에서 2인, 요양원 방문자 1인). 주 보건실험실은 격리물을 돌시톨-음성 살모넬라로 확인하고 CDC 실험실은 생물체를 *Salmonella* serovar *typhimurium*으로 확인했다. 인터뷰를 한 보건부서에서는 대부분의 환자가 동일한 음식에 노출되지는 않았다고 했다. 모든 환자는 도시 수돗물을 이용했다.

미주리주 자연자원국은 보건국으로부터 물공급과 발병의 연관성을 의심한다고 통보받았다. 12.16일 자연자원국에서 수거한 물 시료에서 분변성대장균이 양성이었다. 12.18일 Gideon시는 자연자원국(department)에서 요구한 대로 물을 끓여먹을 것을 공포했다. 안내판이 시청과 식료품점에 붙여지고 지역 방송사에서 '물 끓임' 발령을 발표했다.

12.20일 자연자원국에 의해 수거된 몇 개의 시료가 분변대장균에 양성으로 판정되었다. 12.23일 국은 시 지하수관정에 염소소독기를 가동하고, 배·급수시스템의 다양한 지점으로부터 두 개 부서에 의해 9개의 시료가 수집되었다. 어느 시료도 염소를 포함하지 않았으나 소화전에서 채수한 한 개 시료는 돌시톨-음성 *Salmonella* serovar *typhimurium*에 양성이었다. 보건국은 CDC에 12월 초 Gideon의 발병에 대해 알리고 돌시톨-음성 *Salmonella* serovar *typhimurium*에 대한 정보를 요청했다. 12.17일 보건국은 CDC에 오염된 수돗물이 질병의 원인으로 의심된다고 알리고 12.22일 CDC가 조사에 참여하도록 요청했다. 주 보건국과 자연자원국에서 공동으로 작성된 '물 끓임' 설명 전단지가 Gideon의 모든 가정 우체통에 12.29일 배포되었으며, 개인 소유 수조는 도시 수도로부터 12.30일 물리적으로 단절되었다. 연구 마지막에 EPA는 자연자원국에 '물 끓임' 발령에 필요한 판단기준을 제공했다(Angulo 등, 1997).

1994.1.8까지 보건국은 Gideon 발병과 관련하여 실험실에서 확진된 31건을 확인했다. 주 보건실험실은 이 분리물의 21개를 돌시톨-음성 *Salmonella* serovar *typhimurium*으로 확인했다. 배양으로 확인된 31명의 환자 중 15명이 입원했다(다른 이유로 입원했다가 설사가 발생한 두 명의 환자 포함). 환자들은 10개의 병원에 수용됐다. 환자 중 두 명은 혈액배양양성, 설사증세의 요양시설 거주자 7명은 사망했으며, 그들 중 넷은 배양으로 확진(다른 셋은 배양되지 않음)되었다. 배양으로 확진된 모든 환자는 Gideon 수돗물에 노출되었다.

배양으로 확진된 10명은 Gideon에 거주하지는 않지만 학교에 출석(8명의 환자)하거나 시내 유아원을 이용(1명의 환자)하거나 요양소에서 일하거나(17명의 환자)하면서 수시로

Gideon을 출입했다. 최초의 배양으로 확진된 증상의 시초는 11.17일(이 환자는 Gideon 수돗물에 11.16일에 마지막으로 노출됨)이다. CDC 조사결과 Gideon의 1,104 주민의 약 44%인 거의 500명이 1993. 11.11~12.27사이에 설사증세에 감염되었다. 발병기간 동안 Gideon의 물을 마신 비거주자는 약 28%가 감염되었다(Angulo 등, 1997).

13.7.3.3 가능한 원인들

조사는 명확하게 살모넬라증 발생의 원인으로 수돗물의 소비를 결부시킨다. 오염된 것으로 추정된 시스템내 50개의 모든 소화전이 11. 10일에 수행된 순차적 플러싱 작업에 사용되었다. 작업은 아침에 시작되어 하루 종일 지속되었다. 각각의 소화전은 개략 2.8m^3/min의 유량으로 15분간 플러싱되었다. 지하수 5번 관정의 펌프가 플러싱 작업 동안 최대용량으로 운영되었으며(약 12시간), 도시수도 탱크가 이 기간 동안 방류되고 있었음을 의미한다. 플러싱 작업은 맛·냄새 민원에 대한 대응으로 실시되었다.

맛·냄새 문제는 민원발생 하루 전 급격한 수온저하로 일어났을지도 모를 온도역전에 의해 발생했을 거라고 가정되었다. 만약 정체되거나 오염된 물이 탱크위에 부유하면, 온도역전 발생시 이 물이 탱크 내에서 혼합되어 시스템으로 방류되고 따라서 맛·냄새 민원으로 귀결된다(Fennel 등, 1974). 결과적으로 수도사업자는 시 전체에서 플러싱 작업을 시작했다. 플러싱 작업으로 발생된 탱크 내 난류는 탱크 침전물을 뒤섞어 배·급수시스템으로 이동시켰다. 벌크 물이나 침전물 혹은 둘 다 *Salmonella* serovar *typhimurium*에 감염되었을 것으로 추정된다.

EPA의 현장방문동안 많은 수의 비둘기가 378m^3 도시수도 탱크위에 머무는 것이 관찰되었다. 발병 직후 탱크 검사원이 Cotton Compress 탱크 상부의 구멍으로, 탱크의 녹, 침전물과 새털이 물위에 떠 있는 것을 발견했다. 검사원에 따르면 탱크안의 물은 검고 탁해서 바닥이 안 보였다. EPA의 현장 연구 후에 수행된 또 다른 조사에서 Cotton Compress 탱크의 황폐화가 확인되었고, 378m^3의 도시수도 탱크도 매우 황폐하여 검사원의 의견으로는 새의 분변이 저장된 물에 들어갔을 것으로 짐작했다. 새털은 Cotton Compress 탱크와 378m^3 도시수도 탱크 주변이나 탱크입구에 있었다.

처음에는 Cotton Compress와 도시 수도간의 역류밸브가 플러싱 작업 기간 동안 고장난 것으로 추측했다. 질병 발생 후 밸브는 발견되었고 적정하게 작동하는 것으로 확인되었다. 개인 저류탱크가 조사기간 동안 질병 발생 후 사고로 배수되어 탱크 내에서 채수하는 것은 불가능했다. 그러나 Cotton Compress 탱크 내 침전물은 소화전 시료나 배양 확진된 환자에서처럼 돌시톨-음성 *Salmonella* serovar *typhimurium*을 함유했다. 소화전에서 검출된 *Salmonella*는 CDC 실험실에서 pulse field gel 전기영동을 이용해 DNA 조작을 비교분석했을 때 환자 분비물의 serovar와 일치했다. 그러나 탱크 침전물로부터의 분리물은 다른 두 분리물과 정확히 일치하지는 않았다. 시스템 내 어디서도 *Salmonella* 분리물은 발견되지 않았다.

13.7.3.4 시스템의 평가

시스템 평가의 목적은 시스템 내 오염물질의 유입경로에 대한 배·급수시스템의 설계, 운영, 수요, 수리학적 특성의 영향을 연구하는 것이다. 조사된 증거와 Cotton Compress에서의 밸브 조사결과로부터 얻은 결론은 가장 그럴만한 오염원은 대형 도시수도 탱크에서 조류분변에 의한 오염이었다. 따라서 분석은 플러싱 작업과 함께 도시수도 탱크로부터 물의 전파에 모아졌다. 이것은 교차연결과 같은 다른 가능한 오염원을 배제하지는 않았다.

모델링에 필요한 시스템 배치도, 수요정보, 펌프특성곡선, 탱크형태, 플러싱 작업 등의 정보가 지도, 인구 정보와 컨설팅 엔지니어 및 시와 자연자원국 공무원과의 토론을 통해 얻어졌다. EPANET이 오염물질 전파 연구수행을 위해 사용되었다(Rossman, 1994).

13.7.3.5 시스템의 성능

EPANET이 표 13.4에 나타난 것처럼 15분간 방류량 2.8m^3/min을 가정하고 수도전에서 플러싱 모의로 보정되었다. 모델의 손실수두와 현장 관측 손실수두가 일치할 때까지 C 값이 조정되었다(표 13.4).

수리학적 시나리오는 모델을 48시간 동안 '실행'시킴으로서 시작되었다. Cotton Compress 탱크에서 수두는 122m, 378m^3 탱크(T300)에서는 122m, 189m^{3}탱크(T200)에서는 122m에 도달했다. 셋째날 8시에 순차적으로 50개 소화전에서 15분 동안 2.8m^3/min을 보내는 모의된 플러싱 작업이 시작되었다. 전체 과정은 12.5시간이 소요되었다. EPANET에서 TRACE 선택 기능을 사용하여 두 도시수도 탱크로부터 물의 %가 72시간 동안 각 절점에서 계산되었다(그림 13.27). 역류방지밸브 발굴로부터 찾은 것을 토대로 Cotton Compress 탱크로부터의 흐름 영향은 모의에서 고려되지 않았다.

모의는 플러싱 작업 동안 펌프가 3m^3/min 이상으로 운영되고, 그 다음에 주기적인 운영으로 되돌아 간 것을 의미했다. 두 개의 도시수도 탱크수위는 변동했고, 플러싱 작업 동안 두 탱크는 방류했다. 플러싱 기간의 마지막에 큰 도시수도탱크 물의 거의 25%가 작은 도시수도 탱크로 흘러가고 그것은 다시 시스템으로 방류되었다.

표 13.4 ▌ 압력실험 결과

소화전 번호	압 력			
	정압력		동압력	
	psi	kg/cm^2	psi	kg/cm^2
4	58	0.22	7	0.026
9	53	0.20	8	0.033
49	50	0.19	18	0.068

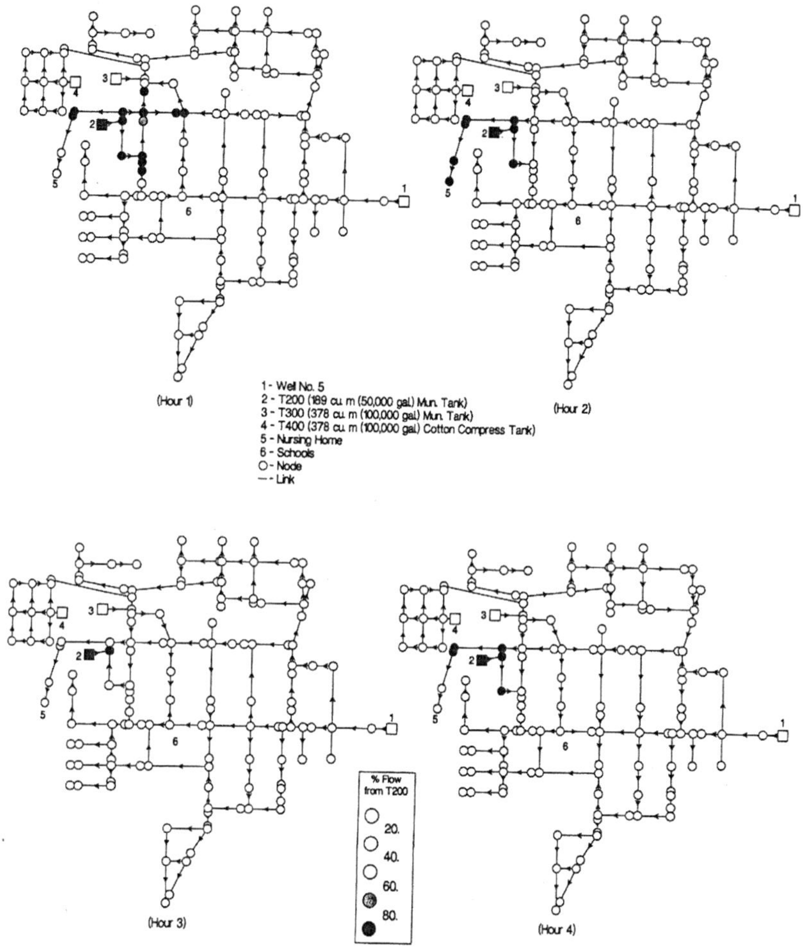

그림 13.27 ▌ 72 시간 모의기간 중 1시간에서 4시간까지 T200으로부터 물의 이동

플러싱 작업 동안 압력저하가 보정에 사용된 소화전에서 모의됐다. 모델은 플러싱 작업 동안 극적인 압력저하를 예측했다. 가용 정보위에서 이러한 결과들이 시스템 내 물의 이동 분석에 필요한 토대를 제공하기에 충분한 플러싱 작업 기간 동안 존재했던 조건들을 복제했다고 믿어진다.

13.7.3.6 오염물질의 전파

모의 연구, 미생물 조사자료, 발병자료가 시스템 내 일반적인 오염문제의 성질과 발병 자체에 대한 통찰력을 제공하는데 사용될 수 있다. 물 이동패턴은 대부분의 대장균이나 분변대장균에 양성인 대부분의 특별한 시료는 작고 큰 탱크들의 영향 권역내에 있었다. 플러싱 작업과 일반적 운영의 대부분에서 이 지역은 대부분 탱크에 의해 제공받아서, 염소 소독전에 양성의 분변성대장균이 있었기 때문에 분변성 오염의 근원으로 믿게 유도할 수 있었다.

물이동 자료를 포함하는 초기 연구 사례는 질병발병의 원인특성 추론에 사용되었다. CDC 제공자료와 물 이동 모의결과를 이용해 플러싱 기간 초기 6시간 동안 소형과 대형탱크에 공급받는 지역과 초기 기록된 사례의 겹침이 만들어졌다(그림 13.28). 그림 13.28에 보여지듯이 플러싱 기간동안 초기 기록된 사례와 *Salmonella* 양성 소화전 시료는 큰 탱크에서 우선 공급지역에서 발견 되었으며, 작은 탱크 영향 밖이었다. 플러싱 초기 6시간 동안, 확진된 집과 Gideon 학교에 도착한 물은 거의 전부 대형 탱크로 부터라고 결론지을 수 있다. 따라서 이 지역이 발병의 초기 징후를 경험했고, 이것이 큰 탱크가 오염원이라는 정황 증거로 생각하는 것이 논리적이다.

보건국과 자원자연국에서 수행한 샘플링 작업의 결과에 근거해 오염이 장기간 발생했고, 조류오염 가능성과 일치하는 것 같다. 원인이 한 가지 사례였다면, 오염물질은 플러싱 작업 동안 시스템으로 유입되었을 것이다.

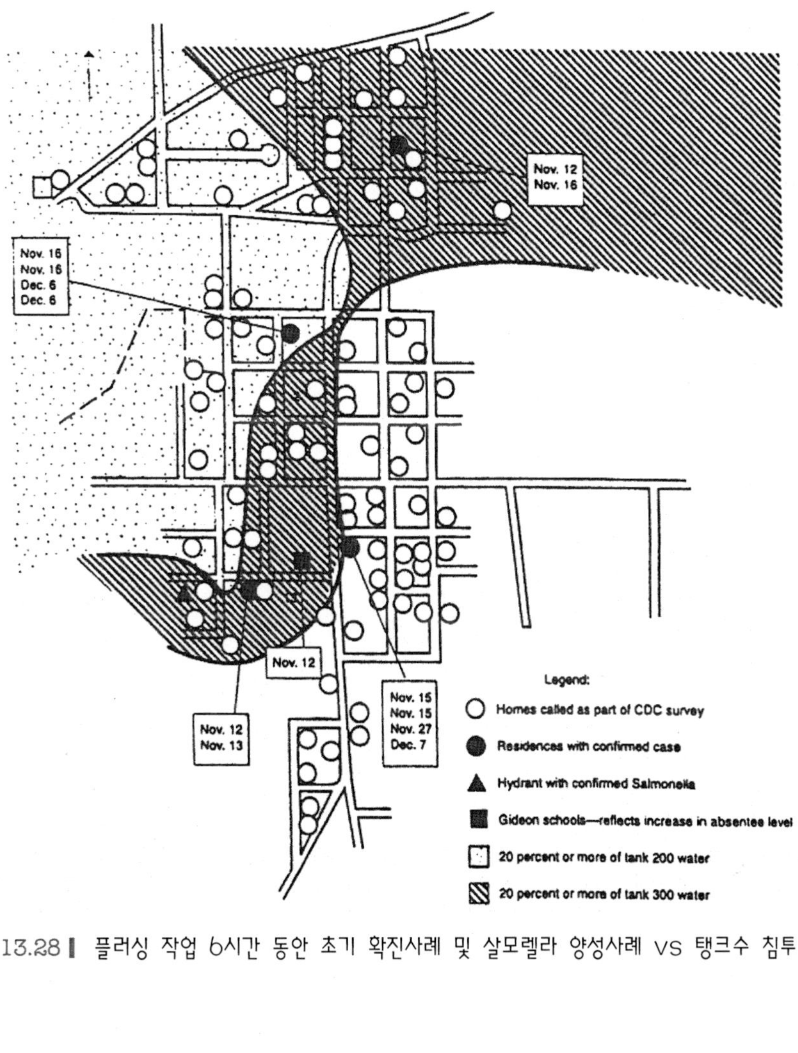

그림 13.28 ▌ 플러싱 작업 6시간 동안 초기 확진사례 및 살모렐라 양성사례 vs 탱크수 침투 비교

13.8 수질모델링의 최근 현황

배·급수시스템의 수질모델링은 1980년 말과 1990년대 초 유용했던 기초모델로부터 현재 사용중인 다기능의 모델로 진화했다. 이러한 신세대 모델은 정교한 탱크 혼합, GIS 능력과 탄력적인 사용자 인터페이스 기능을 갖고 있다. 여기에 소개된 몇 가지 사례 연구는 확장된 수질모델의 기능을 보여 준다. 저류탱크 내 수질분석 모델의 최신 개발사항이 논의된다.

13.8.1 프랑스 Cholet 연구

Cholet(인구 60,000)은 프랑스 서쪽의 도시이다. 상수원은 Moulin de Ribou와 Verdon 호소이다(Heraud 등, 1997). 도시내 가장 큰 정수장은 Moulin de Robou 호소로부터 공급된 물을 처리한다. 생산량은 약 30,000m^3/day이다. 처리된 물은 280km 이상의 관로와 두 개의 탱크로 구성된 배·급수시스템으로 배출된다.

Lyonnaise des Eaux 연구소에서 개발되고 소유권이 있는 Piccolo 수리모델이 관망 흐름분석을 위해 사용되었다. 모델은 주요 시스템이 사실상 두 개의 수리적으로 독립적인 하부조직으로 구성되어 있다는 것을 보여주기 위해 사용되었다. 연구의 특이점은 수질모델링 노력의 일환으로 연속식 온라인 잔류염소 모니터를 포함시킨 것이다.

13.8.2 코네티컷 Southington 사례연구

코네티컷 Southington 수도시스템은 299km의 관로와 0.2965m^3/d의 펌핑이 가능한 9개의 지하수관정으로 구성된 배·급수시스템을 갖고 있다(Aral and Masila, 1997; Aral 등 1996). 또한 3개의 도시호소가 시스템에 편입되어 있다. 지하수는 1970년대에 휘발성 유기화학물질에 오염되었다. EPANET이 GIS시스템과 함께 1970, 1974, 1979년의 펌핑 상태를 나타내는 4가지 노출 시나리오를 모의하기 위해 사용되었다. 연구의 결론은 (1) 휘발성 유기화학물질에 의한 오염의 노출은 특정 반경 내에서 비록 블록들이 인접해 있어도 블록 간의 상당한 공간적 차이를 나타낸다. (2) 최대 수요조건의 사용이 최대 노출(exposure)을 얻지 못할 수 있다. (3) 수리와 수질모델링은 인구의 과거 오염에의 노출을 정량화하는데 우수한 메카니즘이다.

13.8.3 저류탱크 내에서 혼합

저류탱크는 배·급수시스템에서 가장 가시적인 요소이나 수질에 미치는 영향은 잘 알려져 있지 않다. 비록 탱크들이 소화용수에 대한 수리적 신뢰성을 제공하고 신뢰성 있는 서비스 제공에 중요한 역할을 하지만 수질을 저하시킬 수 있는 복잡한 화학적, 생물학적 변화의 조로 제공될 수 있다. Garyman과 Clark(1993)은 탱크내의 긴 체류시간의 결과로 수질이 저하됨을 나타내는 연구를 수행했다. 이 연구는 수질에 관해 탱크 설계, 위치, 운영의 중요성을 강조했다. Mau 등(1995)은 정상상태를 가정하여 탱크 내 다른 혼합상태를 나타내기 위해 구획모델을 개발했다 Clark 등(1996b)은 비정상 상태를 가정함으로써 구획접근법을 확장했다.

AWWARF와 EPA간의 공동연구에 의해 탱크가 수질에 미치는 영향을 연구하기 시작했다(Vasconcelos 등, 1997). 이 연구의 일부로 Boulos 등(1996)은 캘리포니아주 Azusa의 Ed Hauk 저수조의 포괄적인 연구결과를 출판했다. 이 탱크는 14,782.6m^3(4백만 갤런)의 용량으로 Azusa 정수장 유출수에 대한 운영저류와 비상저류, 접촉시간 제공을 위해 건설되었다. 보통 운영상태는 다른 저류탱크와 달리 동시 유입·유출이었다. 이 연구가 강조한 것은 탱크내 수리적 혼합과 잔류염소에 대한 이해이다. 저수조는 완전혼합되나 두 개의 예외가 있는 것으로 확인되었다. 유입·유출간에 단락류와 저수조 중앙부에 정체구역의 존재가 발견되었다. 이 결과는 저수조 내 성층과 구획화 가능성이다.

EPANET과 같은 초기 수질배·급수시스템 내의 저류탱크모델은 상대적으로 단순했다. 일반적으로 이런 모델은 실제 혼합은 훨씬 복잡할지라도 완전혼합되는 두 개의 구획모델을 가정했다. AWWARF/EPA 연구의 부분으로 Grayman 등(1996)은 탱크의 거동을 묘사하는 세 가지 접근법을 검토하였다. 하나는 물리적 모델의 사용이고, 두 번째는 저수조나 탱크의 유입·유출을 강조한 단순화한 시스템이고, 세 번째는 수학 방정식에 근거한 CFD모델이다. 저자는 각각의 접근법이 서로다른 장점을 갖고 있음을 발견했다.

13.9 요약과 결론

수질이 정수장과 소비자사이에서 심각하게 저하될 수 있다는 인식이 증가하고 있다. 저하를 유발시키는 요소로는 취수원 수질, 처리방법, 저류시설, 수령, 설계형태, 배·급수시스템의 유지관리이다.

미국 내 배·급수시스템은 가정, 산업용 수요와 충분한 소화용수와 수압을 제공하도록 설계된다. 수리와 수질모델은 관망흐름해석과 수질저하에 영향을 미치는 요소 결정의 메카니즘으로 점점 더 받아들여진다. North Penn 수도국 연구는 수질모델링의 첫 번째 적용연구의 하나이다. DWQM이 개발되어 남중부 코네티컷 지역 수도국에 적용되었다. 그 모델은 외부 수리모델을 필요로 한다. 남중부 연구는 저류탱크의 수질저하 잠재성을 보여줬다.

EPANET의 개발은 수질모델의 다음 세대를 기록했다. 이 수리와 수질 종합모델은 많은 수도시설에 적용되었다. 예로 North Marin 수도국의 THMs 추적, 미주리주 Gideon 수인성질병 발발에 사용되었고, 최근에는 코네티컷주 Southington의 휘발성유기물질 노출을 연구하는데 사용되었다. AWWARF와 EPA에 의해 수행된 연구의 결과로 CFD와 물리적 모델이 탱크 내 수질을 모델링하기 위해 현재 개발되었다.

마지막으로 수질모델들은 관망 내 수질연구에 유용해졌다. 현재의 경향은 이런 모델들이 점점 더 정교해지고 사용자 위주의 시스템이 될 것이라고 믿는다.

CHAPTER 14 관망 모델링의 구축 및 캘리브레이션

역자: 박한영, 신언호, 이근영, 최종섭

14.1 서론

1960년 중반부터 전산 모델들을 사용하여 배·급수시스템들을 설계하고 해석하였다. 그러나 그 후 이 기법의 적용과 정교함에 대해 많은 진전들이 이루어져 왔다. 마이크로전산기의 발전과 광범위한 적용으로 전산 모델 사용이 급격하게 확대되었다. 전산모델의 출현으로 수도사업자와 기술자들은 배·급수시스템 변경시의 영향에 대한 조사는 물론 현존하는 배·급수시스템의 운영과 현 상태를 해석하는 것이 가능하게 되었다(Ormsbee & Chase, 1988). 그러나 이 모델들의 유효도는 입력자료의 정확도에 크게 의존한다.

14.1.1 관망의 골격화

전산 프로그램으로 실제 배·급수시스템을 모델하거나 모의하기 전에 전산기로 해석할 수 있는 형태로 실제 시스템이 표현되어야 하며 통상적으로 먼저 절점-링크 특성화를 이용하여 배·급수시스템을 표현할 수 있다(그림 14.1). 이 경우 개별 배관 부분을 링크(link)로 표현하고 배·급수시스템에서 두 개 이상의 관로가 서로 연결되거나 또는 시스템으로 물이 유입 또는 유출되는 점들을 절점(node)들로 표현한다.

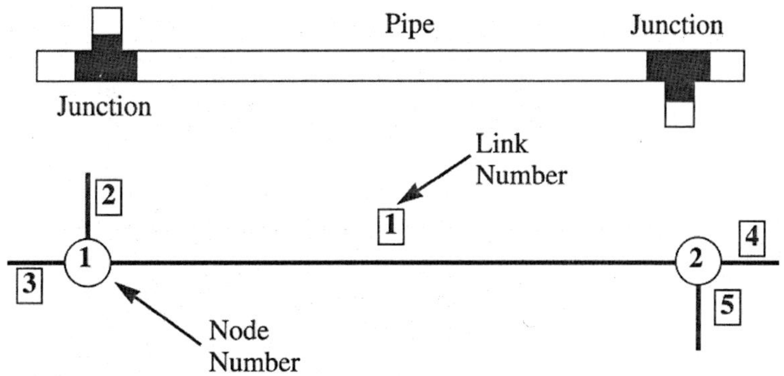

그림 14.1 ▌ 절점-link 골격화

14.1.2 필요한 관망자료

각 링크와 관련된 자료는 배관번호, 배관길이, 배관직경, 그리고 배관조도를 포함한다. 각 접합부(junction) 절점과 관계된 자료는 접합부 번호, 접합부 지반고, 그리고 접합부 수요량을 포함한다. 실제로는 관로를 따라 여러 서비스 연결부를 통해 물은 시스템에서 시간-변화 형태로 유출되지만 통상적으로 그림 14.2와 같이 모델링시 배관의 상류측 절점에서 수요량의 절반을 그리고 하류측 절점에서 나머지 수요량을 일괄 처리한다.

배관 및 절점 자료이외에 모든 탱크, 저수지, 펌프, 그리고 밸브들을 표현하기 위한 물리적 자료들도 필요하다. 통상적으로 모든 탱크와 저수지의 물리적 자료는 초기 수위는 물론 탱크 형상에 대한 정보를 포함한다. 통상적으로 펌프에 대한 자료는 평균 유효동력 수치 또는 펌프 유량/수두 특성곡선을 기술하기 위해 사용할 자료를 포함한다. 관망모델을 위해 필요한 이 자료들을 취득하면 전산기 모델과 호환될 수 있는 양식으로 전산기에 입력하여야 한다.

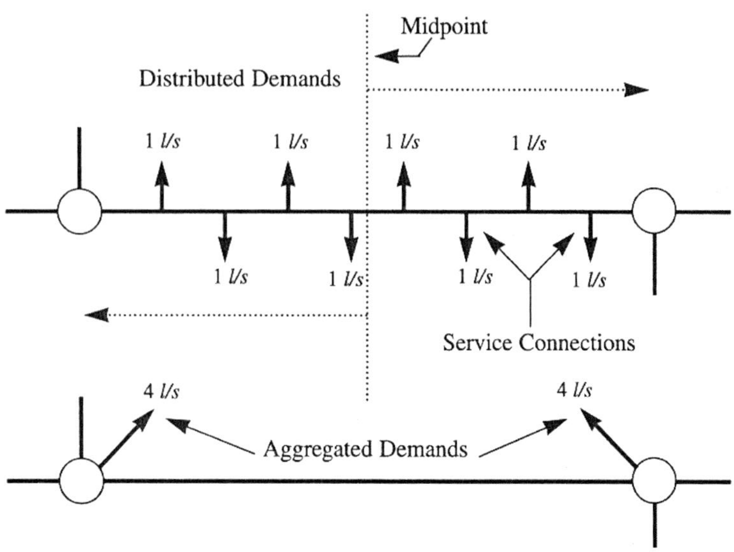

그림 14.2 ▌ 수요 부하 단순화

14.1.3 모델 매개변수

전산 관망모델을 위한 자료를 한번 취합하고 코드화하면 모델에 실제 적용하기 전에 관련된 모델 매개변수들을 결정해야 한다. 통상적으로 수리적 관망과 관련된 주된 매개변수들은 배관 조도 및 절점 수요량을 포함한다. 두 매개변수들의 경제적이고 신뢰할 수 있는 기준을 얻는 것이 어렵기 때문에 통상적으로 모델 캘리브레이션 과정을 통해 최종 모델 수치들을 결정한다. 캘리브레이션이란 현장에서 실측한 결과와 양호하게 일치하는 모의결과를 얻을 때까지 주된 관망모델 매개변수들(예를 들면 배관 조도계수 및 절점 수요량)을 조정하는 것을 의미한다. 통상적으로 관망-모델 캘리브레이션을 수행하기 위해 다음과 같은 7개의 기본단계를 따라야 하며, 다음 절에서 상세히 기술하기로 한다.

모델의 사용 목적을 확인한다.
모델의 초기 매개변수의 추정치를 결정한다.
캘리브레이션 자료를 수집한다.
모델 결과들을 평가한다.
거시적 수준의 캘리브레이션을 수행한다.
민감도해석을 수행한다.
미시적 수준의 캘리브레이션을 수행한다.

그림 14.3 ▌ 관망 캘리브레이션을 위한 7개 기본 단계

14.2 모델의 사용목적 정의

수리관망모델을 캘리브레이션하기 전에 종합계획에서 배관 규격결정, 운영적 고찰, 설계목적, 갱생고찰, 수질고찰 그리고 관련된 수리해석의 형식(정상유동 *vs* 시간확장)과 같이 사용목적을 명확히 하는 것이 중요하다. 통상적으로 해석형식은 사용목적과 직접적으로 관련된다. 예를 들어 사용목적이 수질 및 운영고찰인 경우 시간확장해석을 필요로 하는 반면 일부계획 또는 설계고찰인 경우 정상상태해석을 필요로 한다(Walski, 1995). 후자의 경우 모델은 일련의 특정 운영조건들과 수요량 아래 특정 순간에서(예를 들어 평균 또는 최대 1일 수요량) 시스템의 압력과 유량을 예측한다. 이는 특정 점에서 특정 시간에 걸쳐 시스템을 촬영하는 것과 유사하다. 시간확장해석시 모델은 확장된 기간(대표적으로 24시간)에 걸쳐 시스템의 압력과 유량을 예측하며 이는 시스템 성능의 영화를 촬영하는 것과 유사하다.

모델의 사용목적 및 이와 관련된 해석형식 모두는 수집된 현장 자료의 품질과 관측되고 예측된 유량과 압력과의 일치 정도에 대한 지침을 제공한다(Walski, 1995). 정상유동상태 적용시 변화하는 운전조건 아래 1일 중 다른 시간들에서 수집된 여러 정적 유량과 압력측정자료를 사용하여 모델을 캘리브레이션할 수 있다. 반면 시간확장 적용시 모델은 확장된 기간에(예를 들어 1.7일) 걸쳐 수집된 현장자료들을 필요로 한다.

통상적으로 일반계획고찰보다 수질해석 또는 운영고찰시 더욱 높은 수준의 모델 캘리브레이션이 필요하다. 예를 들어 한 형식의 고찰일 경우 사진지도를 사용하여 지반고를 결정하는 것이 충분한 반면 다른 형식의 고찰은 실제 현장조사를 필요로 할 수 있다. 물론 이는 사용한 지도의 윤곽 간격에 의존할 수 있다. 이와 같은 고려사항들은 필요한 모델 자료를 수집하기 위해 사용된 방법들과 후속적인 캘리브레이션 단계들에 영향을 미친다. 예를 들어 상당히 가파른 지형(예를 들어 20ft보다 큰 윤곽 간격)에서 작업하면 윤곽 사이를 단순하게 보간하는 것 보다 GPS unit를 사용하여 중요 지반고들을 결정하는 것이 좋다.

14.3 모델 매개변수들의 추정치 결정

수리관망모델을 캘리브레이션하기 위한 두 번째 단계는 주 모델 매개변수들의 초기 추정치를 결정하는 것이다. 대부분 모델들은 여러 모델 매개변수들과 관련하여 어느 정도의 불확도를 가질지라도 가장 큰 불확도를 갖는 두 개의 매개변수들은 배관 조도계수와 각 접합부 절점에 할당해야 할 수요량이다.

14.3.1 관로 조도설정

문헌에서의 평균수치 또는 현장에서 측정된 자료를 직접 사용하여 초기 배관조도를 추정할 수 있다. 여러 연구자들과 배관 제작사들은 배관 재질, 배관직경, 그리고 배관연령과 같은 다양한 배관 특성들의 함수로서 배관 조도의 추정치를 제공하였다(Lamont, 1981). 표 14.1은 이와 같은 자료 중 하나이다(Wood, 1991). 이와 같은 표들은 새로운 배관들에 대한 수치들을 제공하지만 결절, 수화학과 같은 요소들에 의한 영향의 결과로서 오래된 배관에 대한 수치들은 배관연령에 따라 상당히 감소한다. 통상적으로 새로운 배관 이외 모든 배관의 초기

표 14.1 ▌ 대표적인 하젠-윌리엄 배관 조도계수

배관 재질	노후도(년)	직 경	C 계수
주철관	신규	모든 직경	130
	5	>380mm (15in)	120
		>100mm (4in)	118
	10	>600mm (24in)	113
		>300mm (12in)	111
		>100mm (4in)	107
	20	>600mm (24in)	100
		>300mm (12in)	96
		>100mm (4in)	89
	30	>760mm (30in)	90
		>400mm (16in)	87
		>100mm (4in)	75
	40	>760mm (30in)	83
		>400mm (16in)	80
		>100mm (4in)	64
덕타일주철관	New		140
PVC	평균		140
석면시멘트관	평균		140
목관	평균		120

조도 추정치는 현장시험을 통해 직접 얻을 수 있다. 새로운 배관을 사용할 때에도 모델 내에서 사용된 조도계수들은 이형관 손실과 시스템골격화(skeletonization)와 같은 여러 부차적 요소들의 조합된 결과로서 나타날 수 있으므로 현장에서 조도수치를 증명하는 것이 도움이 된다.

14.3.1.1 관로조도 차트

그림 14.4A~C에서 예증된 과정을 통해 특정 배·급수시스템을 위한 조도 도표를 작성할 수 있다. 현장 시험을 통한 배관조도의 초기 추정치를 얻기 위해 관련된 배관들의 재질과 연령에 근거하여 배·급수시스템을 유사구역(homogeneous zones)들로 분류하는 것이 가장 좋다(그림 14.4A). 다음은 각 구역에서 직경이 다른 여러 배관들을 시험하여 개별 배관조도 추정치를 얻는다(그림 14.4B). 한번 조도 도표를 작성하면 이를 이용하여 시스템의 나머지 배관들의 조도 수치를 추정하기 위해 사용할 수 있다(그림 14.4C).

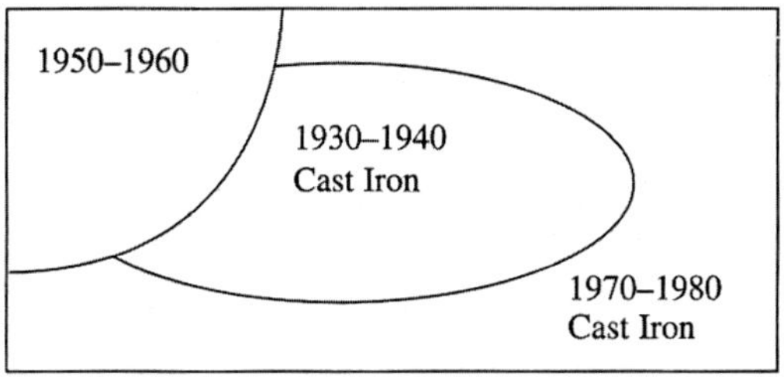

그림 14.4A ▌ link 수령과 재질에 따라 세분화된 관망

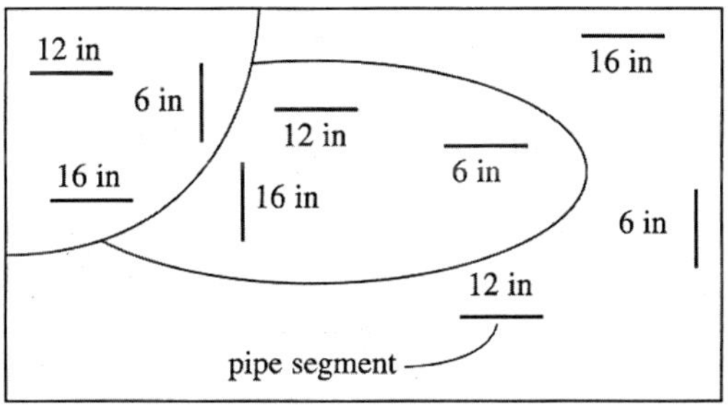

그림 14.4B ▌ 규격별 대표 배관 선정

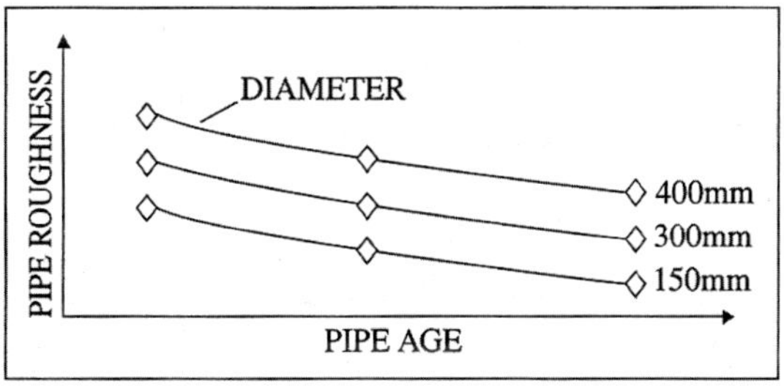

그림 14.4C ▌ 배관 직경과 수령의 함수로서 관계된 조도

14.3.1.2 배관조도 현장시험

최소한 3개 이상의 소화전을 포함하는 직관부를 선정하여 현장에서 배관조도수치를 추정할 수 있다(그림 14.5A). 직관부를 선정하였을 때 (1) 병렬-배관 방법(그림 14.5B) 또는 (2) 2개 소화전 방법(그림 14.5C) 중 하나를 사용하여 배관 조도를 추정할 수 있다(Walski, 1984). 먼저 각 방법에서 시험 배관의 직경과 길이를 결정한다. 다음은 시험 배관을 분리하고, 차압게이지 또는 두 개의 별개 압력게이지를 사용하여 유량과 압력저하를 측정한다. 하젠-윌리엄공식 또는 달시-바하공식 중 하나를 직접 사용하여 배관조도를 추정할 수 있다. 통상적으로 시험배관의 짧은 기간 운영 그리고 밸브 및 이형관 주변의 미소손실들을 결정할

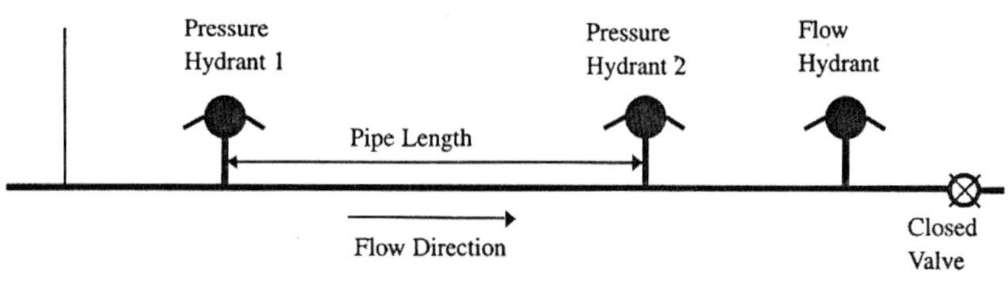

그림 14.5A ▎ 관로조도시험 구성

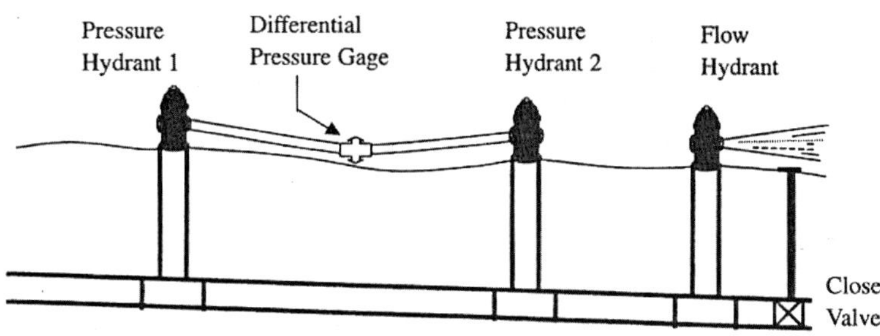

그림 14.5B ▎ 병렬관로방법

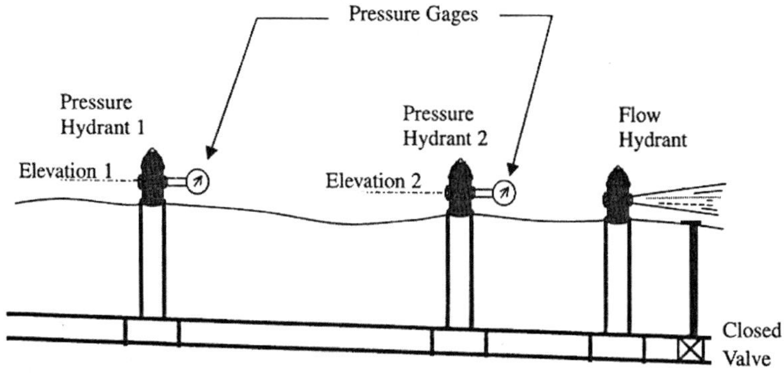

그림 14.5C ▎ 2개 소화전 방법

때 병렬배관방법이 선호된다. 시험배관을 장기적으로 운영할 수 있는 경우 일반적으로 2개의 게이지를 사용하는 2개의 소화전방법이 선호된다. 또한 병렬배관에서는 물이 가열되거나 작은 누수가 발생하면 수두손실 측정과 관련된 오차가 발생할 수 있다(Walski, 1985).

병렬관로방법. 병렬배관방법 적용시 필요한 단계들을 요약하면 다음과 같다.

1. 두개의 상류 소화전(L_P) 사이의 배관 길이를 m 단위로 측정한다.
2. 배관 직경(D_P)을 mm 단위로 결정한다. 통상적으로 배관의 공칭직경을 사용한다. 배관 두께의 변화 또는 배관 내 결절 형성 때문에 배관 직경은 실제 직경과 다를 수 있다. 그러나 정상적으로 캘리브레이션을 실행하면 조도계수를 통해 배관 직경 변경의 영향을 반영할 수 있다. 그러나 이와 같은 방법이 관로 전체에 걸쳐 유량분포 또는 수두손실에 영향을 미치지는 않지만, 배관유속에는 상당한 영향을 미쳐 수질해석의 결과에 영향을 미칠 수 있다는 사실을 유의해야 한다.
3. 2개의 상류측 소화전을 한 쌍의 병렬배관들과 연결하고 배관사이에 차압장치를 설치한다(그림 14.5B). 차압장치는 차압압력계, 전자변환기, 또는 마노미터가 될 수 있다. Walski(1984)는 단순성, 신뢰성, 내구성 그리고 경제성 때문에 공기 충진 마노미터를 사용할 것을 권장하였다. (주의 : 두 호스를 차압장치에 연결할 때 호스를 통한 유동이 존재하지 않아야 한다. 호스에서 누수가 발생하면 배관의 수두손실 계산시 호스를 통한 수두손실만큼 오차가 발생한다.)
4. 두 소화전들을 개방하고 누수가 발생하지 않는지 보증하기 위해 모든 연결부들을 확인한다.
5. 최종 소화전의 하류측 밸브를 폐쇄하고, 분리된 배관부를 통해 일정한 유동이 형성되도록 소화전의 작은 노즐을 개방한다. 유량과 압력을 측정하기 전에 유출량이 평형조건에 도달해야 한다.
6. 하류측 소화전에서 작은 노즐로부터 유출량 $Q_P(L/s)$을 결정한다. 손으로 고정하거나 노즐에 장착된 피토트를 사용하여 소화전 노즐 유출 수류의 유출압력 P_d를 측정하여 이를 수행할 수 있다. 한번 유출압력 $P_d\,(\mathrm{kPa})$을 결정하면 다음 상관관계식을 사용하여 유량 Q_P으로 변환할 수 있다.

$$Q_P = \frac{C_d D_n^2 P_d^{0.5}}{900.3} \tag{14.1}$$

여기서 D_n 노즐직경으로 단위는 mm, C_d는 노즐 유출계수로서 노즐형식의 함수이다(그림 14.6). 대형 주 배관에서 수행할 때 양호한 압력저하를 얻기 위해 작은 노즐로부터 충분한 물을 유출시킬 수 없는 경우에는 때로는 보다 큰 노즐을 사용할 필요가 있다.

그림 14.6 ▌ 소화전 노즐 유출계수

7. 유출량을 계산한 후 배관 내 유속 $V_P(m/s)$를 결정한다.

$$V_P = \frac{Q_p}{\left(\pi D_p^2/4\right)^2} \tag{14.2}$$

8. 소화전 유출량을 결정한 후 차압계를 읽어 분리된 배관 부분에서 압력저하 D_P를 측정한다. 측정된 압력저하 H_P를 m 단위로 변환하고, 배관 길이 L_P로 나누어 마찰경사 또는 수력구배 S_P로 변환한다.

$$S_P = \frac{H_p}{L_p} \tag{14.3}$$

9. 이와 같이 4개의 수치를 한번 얻으면 하젠-윌리엄공식을 사용하여 다음과 같이 하젠-윌리엄 조도계수 C_P를 결정할 수 있다.

$$C_P = \frac{218\, V_p}{D_p^{0.63} S_p^{0.34}} \tag{14.4}$$

실제 배관조도 e를 결정하기 위해 다음과 같이 달시-바하공식을 사용하여 마찰계수 f를 계산할 필요가 있다.

$$f = \frac{g S_p D_p}{500\, V_p^2} \tag{14.5}$$

여기서 g는 중력가속도로서 $9.81 m/s^2$이다.

마찰계수 f를 계산하였으면 레이놀즈수 R_e를 결정해야 한다. 표준수온 20℃로 가정하면 R_e는 다음 식과 같다.

$$R_e = 993\, V_p D_p \tag{14.6}$$

마찰계수 f와 R_e를 결정하면 이들을 다음 식과 같이 배관조도 e(mm)를 구하기 위해 Colebrook-White 공식에 대입한다.

$$e = 3.7D_p\left[exp\ (-1.16\sqrt{f}) - \frac{2.51}{R\sqrt{f}}\right] \tag{14.7}$$

2개 소화전 방법. 2개 소화전방법은 기본적으로 병렬배관방법과 동일하나 한 쌍의 정압력계들을 사용하여 배관을 통한 압력저하를 측정한다는 것이 다르다(그림 14.5C). 이 경우 배관을 통한 전체 수두손실은 두 소화전에서 수력구배의 차이다. 각 소화전에서 수력구배를 얻기 위해 측정된 압력수두 (m)를 기준점(소화전 노즐)의 고도에 더해야 한다. 2개 소화전방법의 경우 다음 공식을 사용하여 시험부를 통한 수두손실 $H_P(m)$를 계산할 수 있다.

$$H_p = \frac{(P_2 - P_1)}{9.81} + (Z_2 - Z_1) \tag{14.8}$$

여기서 P_1은 상류측 게이지의 읽음값이고, Z_1은 상류측 압력계의 고도(m), P_2은 하류측 게이지의 읽음값이고, Z_2은 하류측 압력계의 고도(m)이다.

일반적으로 변환기 또는 수위를 사용하여 두 개의 압력계 사이의 고도차이를 결정한다. 결과적으로 한 지점에서 2개의 상류측 소화전을 볼 수 있도록 소화전을 선정해야 한다. 이는 두 소화전 노즐의 고도 차이를 결정하기 위해 필요한 분기점(turning point)들의 숫자를 최소화할 것이다. 이와 같은 고도차이를 구하는 방법 대신 때로는 지형지도들을 사용하여 소화전 고도를 추정할 수 있다. 그러나 통상적으로 윤곽간격이 1m 이하가 아니면 고도차이를 추정하기 위해 지형지도들을 사용하지는 않는다. 고도를 직접 측정하기 위한 하나의 수리적 대안은 시험하기 전에 두 소화전에서 정압력을 측정하고 다음 관계식을 사용하여 측정된 압력차이를 고도차이(m)로 변환하는 것이다.

$$Z_1 - Z_2 = [P_2(static) - P_1(static)]/9.81$$

통상적으로 배관조도시험시 bourdon 튜브게이지를 사용하여 소화전압력을 측정한다. 소화전 캡을 사용하여 소화전 유출 노즐들 중 하나에 이 게이지를 장착할 수 있다. Bourdon 튜브 게이지는 상대적인 측정오차에 따라 여러 등급(예를 들어 2A, A, 그리고 B)으로 제작된다. 대부분의 경우 A 등급 게이지(오차 1%)는 소화전유량 시험에 충분하다. 정밀도를 최대로 확보하기 위해 5-kPa(1-psi) 압력증분으로 등급 매겨진 압력계를 사용하되 압력계의 최대압력은 예측된 최대압력보다 20% 이상을 초과하지 않는 압력계를 선정해야 한다(McEnroe et al., 1989). 또한 압력계에서 일시적인 영향들을 제거하기 위해 압력 snubber들을 사용하는 것이 좋다. Snubber는 압력계와 소화전 캡 사이에 위치하며 서지방지기로 동작하는 작은 밸브이다(Walski, 1984).

배관조도시험을 수행하기 전에 시험지역을 가시화 하기 위한 조사를 수행하는 것이 좋다. 지역을 조사할 때 소화전으로부터 배수시설이 충분히 확보되어 있는지 확실히 해야하며, 이외 주행도로로 유출하지 않는 소화전 노즐을 선택해야 한다. 또한 도로에 인접한 소화전에서 작업할 때 시험하는 동안 안전수단으로 교통신호와 교통 콘을 설치하는 것이 좋다. 도로 안전을 더욱 확보하기 위해 모든 작업자들은 빛 반사 복장을 착용하는 것이 좋다. 또한 시험을 보조하기 위해 작업자들은 라디오 또는 워키토키를 소지하는 것이 좋다.

앞에서 기술한 방법들은 배관이 작은 경우(예를 들어 직경 16인치 이하)에는 제대로 동작하지만 배관이 이 보다 크면 이 방법의 효율성은 감소한다. 통상적으로 소화전 개방만으로는 의미 있는 수두손실을 결정하기 위한 충분한 유량을 형성하지 못한다. 이와 같이 배관이 큰 경우에는 더욱 긴 배관에 걸쳐 수두손실시험을 수행해야 하며, 유량을 결정하기 위해 정수장이나 펌프장 유량계 또는 탱크수위 변화를 사용해야 한다.

14.3.2 절점 수요량의 배분

캘리브레이션 해석시 결정해야 할 두 번째 중요한 매개변수는 평균수요량(정상유동해석) 또는 각 접합부 절점에 할당될 일시적으로 변화하는 수요량(시간확장해석)이다. 각 접합부 절점과 관련된 영향 영역을 확인하고, 공급 지역에서 수요량 단위 형식을 확인하여 초기 절점수요량의 평균 추정을 얻을 수 있다. 대안으로 공급 지역 내 토지용도의 각 형식과 관련된 면적을 확인하고 관련된 수요 계수로 각 형식의 면적을 곱하여 추정치를 얻을 수 있다. 두 경우에서 이러한 곱들을 더하여 접합부 절점에서 수요량의 추정치를 얻을 수 있다.

14.3.2.1 수요량의 공간분포

각 수도사업자가 파일형태로 갖고 있는 자료의 특성과 원하는 정밀도에 따라 여러 방법들을 사용하여 초기 절점 수요량을 추정할 수 있다. 다음 전략을 채택하여 수요량을 결정한다.

1. 모델 캘리브레이션에서 사용할 1일 전체 시스템 수요량 TD를 결정한다. 시스템으로 유입하는(펌프장과 탱크) 전체 유량체적과 시스템으로부터 유출하는(감압밸브 및 탱크로부터) 전체 유량체적 사이에 순수 차이를 결정하고 시스템의 질량평형을 수행하여 전체 시스템 수요량을 얻을 수 있다.
2. 1일 동안의 유량계 기록을 사용하고 유량 측정되는 지역을 공급하는 여러 접합부 절점들 사이에서 관측된 수요량들을 분포시켜 주요 측정된 모든 수요량(예를 들어 MD_j, 여기서 j는 접합부 절점 번호)들의 할당을 시도한다. 전체 시스템 수요량 TD_j로부터 측정된 수요량의 합 MD_j을 감하여 나머지 수요량을 얻을 수 있으며, 이를 전체 잔류 수요량(TRD, total residual demand)이라 정의한다.

$$TRD = TD - \sum MD_j \tag{14.9}$$

3. 각 접합부 절점과 관련된 공급 지역 수요량을 결정한다. 영향묘사의 가장 공통적인 방법은 그림 14.7A와 같이 기준 절점에 연결된 각 배관을 단순하게 분기하는 것이다.
4. 나머지 접합부 절점들과 관련된 공급 지역이 결정되면 각 절점에서 초기 수요량 추정치를 작성한다. 즉, 공급 지역 내 다른 수요량 형식의 수량을 확인하고 각 형식 수량을 관련된 수요량 요소로 곱하여 이를 수행한다(그림 14.7B). 대안으로 공급 지역 내 토지사용 형식과 관련된 지역을 확인하고 관련된 단위 지역 수요량 계수로 각 형식 지역을 곱하여 추정치를 얻을 수 있다(그림 14.37C). 두 경우에서 이 곱셈들의 합계는 접합부 절점에서 수요량의 추정치를 표현할 것이다. 이론적으로 첫 번째 방법은 보다 정확하고 두 번째 방법은 더욱 신속한 것으로 예상할 수 있다. 여러 Water resources handbooks(Cesario, 1995)로부터 단위 수요량 계수의 추정치에 대한 정보를 얻을 수 있다. 통상적으로 단위 수요량 방법을 반복 적용하여 얻은 가중치로 다른 토지용도 범주를 위한 단위 지역 수요량 계수들의 추정치를 얻을 수 있다.

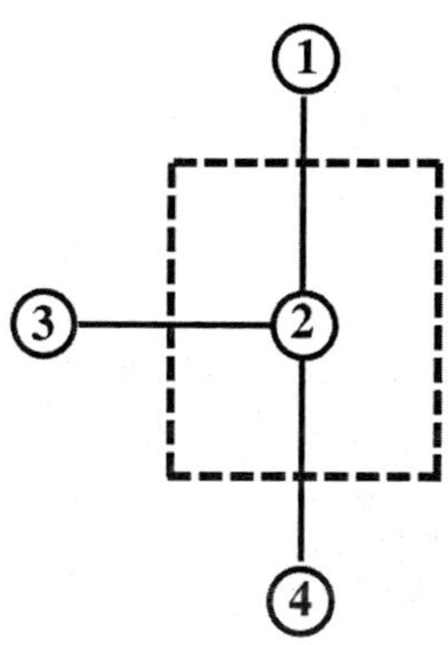

그림 14.7A ▌ 절점 2 영향 영역 묘사

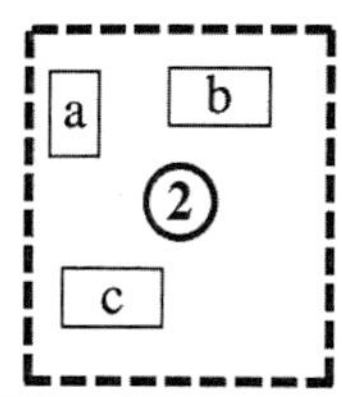

Type of Establishment	Units	Average Annual Demand (gpd/unit)	Maximum Daily Demand (gpd/unit)
a. metered residential	gpcd	70.00	140.00
b. garden apartment	gpd/unit	213.00	272.00
c. car wash	gpd/ft²	4.78	10.3

그림 14.7B ▌ 개별 단위를 사용한 수요 할당

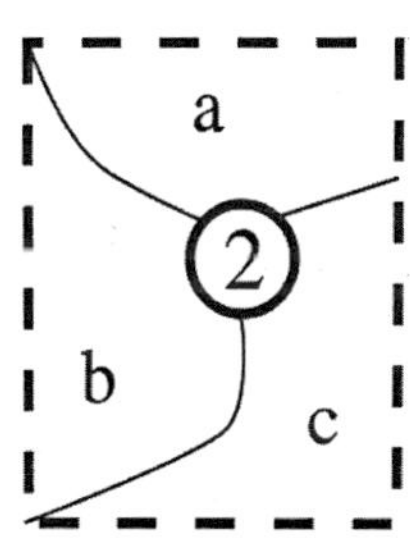

Type of Land Use	Unit Demand	Area	Total Demand
(gpd/acre)	(acres)	(acres)	(gpd)
a. metered residential	700	5	3500
b. garden apartament	600	4	2400
c. car wash	160,000	1	160000

그림 14.7C ▌ 토지용도 단위를 사용한 수요 할당

5. 각 접합부 절점 j에서 초기 수요량 추정치(IED_j)를 얻으면 다음 식으로 개정된 추정된 수요량(RED_j)을 얻을 수 있다.

$$RED_j = IED_j \times \frac{TRD}{\sum IED_j} \tag{14.10}$$

6. 최종적으로 각 접합부 절점의 개정된 수요량을 갖고 normalized 수요량을 각 접합부 절점(한 곳으로 가정)과 관련된 측정된 수요량 MD_j에 더하여 최종 절점 수요량 추정치 D_j를 얻을 수 있다.

$$D_j = RED_j + MD_j \tag{14.11}$$

14.3.2.2 시간 수요량 분포

수리학 모델의 구조에 따라 두 방법 중 하나로 시간확장 해석시 사용할 시간-변화 모델 수요량 추정치를 작성할 수 있다. 일부 모델들은 사용자가 각 접합부 절점에서 수요량을 다른 사용 범주로 세분하는 것을 허락한다. 물사용 범주를 위한 수요량 계수를 사용하여 시간에 걸쳐 별개로 수정할 수 있다. 다른 모델들은 각 절점에서 집합적 사용 범주를 필요로 한다. 후자의 경우 주어진 형식의 절점들을 별개 그룹으로 일괄 처리하여 절점 수요량의 공간-시간의 변화를 얻는다. 이제 절점수요계수를 사용하여 절점 수요량의 공간-시간의 변화를 균일하게 수정한다. 다양한 물-사용 범주를 위한 historical 유량계 기록을 검토하고 배·급수시스템을 위한 증분 질량-평형 계산을 수행하여 물사용 범주 수요량 계수들 또는 절점-수요량 계수 중 하나의 초기 추정치를 얻을 수 있다. 후속적인 모델 캘리브레이션을 통해 결과적인 일련의 임시적인 수요량 계수들을 미세 조정한다.

14.4 캘리브레이션 자료 수집

모델 매개변수들을 추정한 후 모델 매개변수들의 정밀도를 평가한다. 추정한 매개변수의 수치들과 관측한 경계조건들을 이용하여 전산기 모델을 수행하고 모델 결과들을 현장에서 측정된 실제 결과들과 비교하여 매개변수들의 정밀도를 평가할 수 있다. 이와 같은 시험에서는 소화유량시험으로부터의 자료, 펌프장 유량계 수치, 그리고 탱크 원격자료들을 공통적으로 사용한다.

모델 캘리브레이션을 위한 자료를 수집할 때 측정오차는 상당한 영향을 미칠 수 있다는 사실을 인식하는 것이 매우 중요하다. 예를 들어 배관조도의 경우에도 캘리브레이션과 관련된 C계수를 다음과 같이 표현할 수 있다.

$$C = \frac{k(V + error)}{(h + error)^{0.54}} \tag{14.12}$$

만일 V와 h의 크기가 이와 관련된 측정오차와 동일한 수준이면 모델 캘리브레이션을 위해 수집된 자료들은 본질적으로 쓸모가 없다. 즉, 실질적으로 임의 수치 C는 모델 캘리브레이션의 타당한 정도를 제공할 것이다(Walski, 1986). 그러나 배관 내 유속이 측정오차보다 적은(예를 들어 1ft/sec 이하) 시간대에서 측정된 자료를 사용하여 모델을 캘리브레이션하면 모델은 high stress 상황(예를 들어 대유량과 높은 유속)에서 정확한 유량과 압력이 예측될 것으로 거의 기대할 수 없다. 이 문제를 최소화하기 위한 유일한 방법은 측정오차를 감소시키거나 또는 관련된 측정 오차보다 유속 또는 수두손실 수치가 상당히 크도록 보장하는 것이다. 소화유량시험의 자료를 사용하거나 high stress(첨두시간 수요량 기간) 동안 유량 또는 압력 측정자료를 수집하여 후자의 조건을 만족시킬 수 있다.

14.4.1 소화유량시험

수리적 관망모델 캘리브레이션시 사용할 유량과 압력자료 모두를 수집하기 위해 소화유량시험을 수행할 수 있다. 통상적으로 표준 압력계(정수두 및 동수두를 측정하기 위해)와 피토트 게이지(유량을 계산하기 위해) 모두를 사용하여 이와 같은 시험들을 수행한다. 소화유량시험 수행시 자료수집 목적으로 최소한 두 개의 별개 소화전들을 선정해야 한다. 하나의 소화전을 압력 또는 잔류(residual) 압력 소화전으로 명시하고 다른 소화전을 유량 소화전으로 명시한다. 소화유량시험을 수행하기 위한 일반적인 절차들을 다음과 같이 요약할 수 있다(McEncore et al., 1989).

1. 잔류 소화전에 압력계를 설치하고 정압력을 측정한다.
2. 어느 소화전의 유출부가 가장 악영향(홍수, 차량 방해 등)이 작은지 결정한다.
3. 피해를 방지하기 위해 유출 소화전이 초기에 폐쇄된 것을 확인한다.
4. 유출시킬 소화전의 노즐로부터 소화전 캡을 제거한다.
5. 적합한 유출계수를 결정하기 위해 노즐 내경을 측정하고 노즐형상(원형, 사각, 돌출 등)을 확인한다.
6. 시험동안 부식 또는 교통 영향을 최소화하기 위해 필요한 조치를 취한다.
7. 소화전의 몸통으로부터 침전물을 배출시키기 위해 소화전을 잠시 동안 유출시킨다.
8. 클램프-체결 피토트 튜브를 사용할 경우에는 튜브를 유출시킬 노즐에 연결하고 소화전을 서서히 개방한다. 만일 수동 피토트 튜브를 사용할 경우 소화전을 서서히 개방하고 조심스럽게 유출 수류의 중심부에 피토트 튜브를 정렬시킨다.
9. 평형 유동조건이 확립되면 이 피토트 튜브와 잔류압력 소화전에서 압력계의 압력값을 동시에 읽는다.

10. 압력수치의 취득을 완료하면 유출 소화전을 폐쇄하고, 두 소화전으로부터 장비를 제거하고 소화전 캡을 체결한다.

모델 캘리브레이션을 위한 많은 자료를 얻기 위해 소화유량시험을 여러번 수행하고 자료를 수집해야 한다. 각 시험을 수행하기 전에 시험과 관련된 탱크수위, 펌프상태 등에 관한 정보를 포함한 시스템 경계조건 자료를 수집하는 것이 중요하다. 충분한 모델 캘리브레이션을 얻기 위해 잔류 소화전에서 측정된 정압력과 동압력 읽음값의 차이는 통상적으로 최소한 35kPa(5psi/3.6m) 이어야 하며 140kPa(20psi/14m) 이면 더 좋다(Walski, 1990a). 유출 소화전이 이와 같은 압력저하를 발생시키기에 충분한 유동을 형성하지 못하면 장치를 확인하고 유출 소화전들을 추가로 개방시킬 필요가 있다.

일부의 경우 하나 이상의 잔류압력 소화전(유출되고 있는 소화전 인근에 하나의 잔류압력 소화전, 그리고 수원으로부터 멀리 위치한 주 배관에 하나의 잔류압력 소화전)을 사용하는 것이 유익할 수 있다. 이와 같은 추가 소화전으로부터 얻은 정보는 때로는 폐쇄된 밸브를 추적하는 데 매우 유익할 수 있다(Walski, 1999).

14.4.2 원격계측 자료

관망 모델 캘리브레이션시 정적인 시험자료(static test data) 이외 시간확장기간(통상적으로 24시간)에 걸쳐 수집된 자료들을 사용할 수 있다. 가장 공통적인 자료 형식은 유량자료, 탱크 수위자료, 그리고 압력자료를 포함한다. 정상운영의 한 부분으로 시스템과 관련된 장치 및 원격계측장치의 수준에 따라 상기 자료들 중 많은 부분은 이미 수집된 상태이다. 예를 들어 대부분의 시스템들은 탱크수위와 평균 펌프장 유출량을 1시간 단위로 수집 및 기록한다. 특히 이러한 자료들은 여러 접합부 절점들 사이의 수요량 분포를 입증하기 위해 유용하다. 만일 이와 같은 자료들을 사용할 수 있다면 캘리브레이션에 사용하기 전에 정밀도를 확인해야 한다. 그러나 이러한 자료들을 쉽게 얻을 수 없다면 자료를 얻기 위해 모델기에 유량계 또는 임시 압력계들을 설치해야 한다. 탱크에 연결된 관로에 유량계가 없으면 탱크 수위의 변화를 이용하여 유입량 또는 유출량을 추론할 수 있다.

14.4.3 수질자료

최근에는 배·급수시스템의 여러 부분을 통한 이동시간을 결정하기 위해 추적자로서 보수적인 또는 비보수적인 성분들을 사용해 왔다(Cesario, et al., 1996, 1998 : Kennedy et al., 1991). 이동시간 결정을 위한 가장 공통적인 형식의 추적자는 불소이다. 특히 공급원인 정수장에서 주입율을 제어하여 시스템의 다른 곳에서 모니터할 수 있도록 유동 내에서 맥동을 발생시킨다. 주입지점으로부터 샘플링 지점까지 상대적 이동시간을 결정할 수 있다. 따라서 측정된 이동시간은 수리 관망모델을 캘리브레이션하기 위한 용도로 다른 자료를 제공한다.

대안으로 EPANET(Rossman, 1994)과 같은 수질모델을 사용하여 배·급수시스템을 모델할 수 있다. 이 경우 시스템 내 여러 지점들에서 추적자 농도를 예측하기 위해 수질모델을 사용한다. 모든 수질결과들은 근본적인 수리 결과들에 따라 결정되므로 측정되고 예측된 농도들은 근본적인 수리모델의 충분함을 평가하기 위한 보조 수단을 제공할 수 있다. 수질모델링에 대한 추가 통찰력과 캘리브레이션시 이와 같은 모델의 사용은 제9장을 참조하기로 한다.

14.5 모델링 결과의 평가

소화유량자료 사용시 모델 내 절점 수요량들로서 측정된 소화전 유량들을 할당하여 하나 또는 하나 이상의 소화전으로부터 유출량을 모의하기 위해 모델을 사용한다. 이제 모델로 예측한 유량과 압력들을 이에 상응하는 측정된 수치들과 비교하여 모델의 정확도를 평가한다. 원격계측 자료 사용시 모델로 현장자료들을 수집한 기간 동안 운영조건들을 모의하여 탱크수위의 변화와 시스템 압력을 모의한다. 예측된 탱크수위들을 측정된 수치들과 비교하여 모델의 정확도를 평가한다. 수질자료 사용시 측정된 이동시간(또는 성분 농도들)을 모델 예측치와 비교하여 모델의 정확도를 평가한다.

다양한 판단기준을 사용하여 모델의 정확도를 평가할 수 있다. 가장 공통적인 판단기준은 절대압력차이(통상적으로 psi로 측정된다) 또는 상대압력차이(시스템에 걸쳐 측정된 절대압력차이와 평균압력차이의 비율)이다. 대부분의 경우 상대압력 차이 판단기준을 선호한다. 시간확장모의의 경우 예측된 탱크수위와 측정된 탱크수위가 서로 비교된다. 모델 캘리브레이션의 바람직한 수준은 모델의 용도와 관계된다. 예를 들어 통상적으로 일반계획단계에서는 모델을 사용하는 것 보다는 수질해석 또는 운영고찰에서 더 높은 수준의 모델 캘리브레이션이 필요하다. 궁극적으로 관련된 적용에 많은 영향을 미치지 않는 정도로 모델을 캘리브레이션 해야 한다. 설계적용의 맥락에서 통상적으로 결과적인 설계수치들(예를 들어 배관직경, 탱크 및 펌프규격 또는 위치)이 정확한 매개변수 수치들을 사용하였던 것과 동일한 정도까지의 모델을 캘리브레이션해야 한다. 이와 같은 한계점을 판단하기 위해서 민감도해석이 필요하다(Walski, 1995).

모델 적용의 문제 때문에 모델 캘리브레이션을 위한 보편적이고 유일한 일련의 판단기준을 유도하는 것은 어렵다. 저자의 견해로는 대부분의 계획단계에서 허용할 수 있는 상태변수(압력구배, 수위, 유량)의 최대 편차는 10% 정도이고, 대부분의 설계단계 또는 운영단계에서 허용할 수 있는 최대 편차는 5% 이하를 권장한다. 미국에서는 이와 같은 일반적인 판단기준들이 공식적으로 개발되지 않았지만 영국 Sewers and Water Main Committee of the Water Authorities Association(1989)은 일련의 “성능판단기준(Performance Criteria)”을 개발하였다. 정상유동모델의 경우 판단기준은 다음과 같다.

1. 유량이 전체 수요량의 10% 이상일 때는 측정된 유량의 5%, 10% 이하일 때는 측정된 유량의 10%와 일치해야 한다.
2. 압력이 시험 측정의 85%인 경우 수두손실의 5% 또는 0.5m(1.6ft), 95%인 경우 수두손실의 7.5% 또는 0.75m(2.31ft), 100%인 경우 수두손실의 15% 또는 2m(6.2ft)와 일치해야 한다.

시간확장모의시 판단기준은 다른 시간기간에서 3회의 개별적인 정상유동 캘리브레이션을 수행하고 측정된 저수지 저장량과 예측된 저장량 사이 평균체적차이는 5% 이하가 될 것을 요구한다. 추가적인 상세한 내용들은 Water Authority Association 보고서로부터 직접 얻을 수 있다(1989).

(1) 그릇된 모델 매개변수(예를 들어 배관조소수치 및 절점수요량분포), (2) 그릇된 관망 자료(예를 들어 배관직경 또는 길이), (3) 그릇된 관망 형상(예를 들어 그릇된 절점에 연결된 배관), (4) 그릇된 압력영역 경계정의, (5) 경계조건 오차(예를 들어 그릇된 PRV 수치 설정, 탱크 수위, 펌프곡선), (6) 과거 운영기록에서 오차(예를 들어 그릇된 시간에서 펌프 기동 및 정지), (7) 측정장비오차, (8) 측정오차와 같은 여러 요소들로 인해 모델링 결과와 현장 측정결과의 사이에 차이가 발생할 수 있다. 자료수집시 주의를 기울이면 마지막 2개 오차의 근원들을 제거 또는 최소화할 수 있을 것으로 기대된다. 나머지 오차들을 제거하기 위해서는 모델 캘리브레이션 과정의 최종 3단계인 거시적 캘리브레이션, 민감도해석, 그리고 미시적 캘리브레이션 과정이 필요하다. 이 각 단계들은 다음 절에서 기술한다.

14.6 모델의 거시적 캘리브레이션 수행

측정된 상태 변수 중 하나 또는 그 이상이 모델된 수치와 과도하게 다르다고(예를 들어 30% 이상) 판단되는 경우 그 차이의 원인은 배관 조도 또는 절점 수요량의 추정에서의 오차들을 초월하여 확대될 것이다. 비록 이와 같은 차이들을 발생시킬 수 있는 많은 원인들이 존재하지만 (1)폐쇄되거나 또는 부분적으로 폐쇄된 밸브들, (2)부정확한 펌프곡선 또는 탱크 원격계측 자료, (3)그릇된 배관 직경(예를 들어 16인치 대신 6인치 등), (4)그릇된 배관 길이, (5)그릇된 관망형상, 그리고 (6)그릇된 압력영역 경계들을 포함할 수 있다 (Walski, 1990a).

이와 같은 오차들의 원인을 규명하는 유일한 방법은 모델의 정확도를 보장하기 위해 모델과 관련된 자료들을 체계적으로 검토하는 것이다. 통상적으로 일부 자료들은 다른 자료들 보다 신뢰성이 낮게 나타나는 경우가 발생하며, 바로 이 자료가 문제를 확인하고 시도를 위한 논리적인 시작점이 된다. 모델 민감도해석은 불일치의 근원을 확인하는 또 다른 수단을 제공한다. 예를 들어 만일 밸브가 폐쇄된 것으로 의심되면 모델 내 그 배관을 폐쇄하여 이러한 가정을 모델하고 이에 따른 결과적 압력을 평가한다. 측정된 펌프 토출량과 동일하게 설정된 유입 유량을 갖고 펌프를 모의하여 펌프곡선들에서의 잠재적인 오차를 최소화할 수 있다(Cruickshank and Long, 1992). 물론 이는 측정된 유량과 유도된 수두에서 오차는 펌프곡선을 사용하여 도입된 오차들보다 적은 것으로 가정한다. 어느 경우에든 오직 모델 결과들과 측정된 결과들이 타당한 수준(통상적으로 20% 이하 오차)의 상관관계에 도달한 후 최종적으로 거시적 캘리브레이션을 시도하여야 한다.

14.7 민감도 해석

미시적 캘리브레이션을 시도하기 전에 모델의 가장 큰 오차 근원을 확인하기 위해 모델의 민감도해석을 수행하는 것이 도움이 된다. 변화량을 달리하여 다른 모델 매개변수들을 변화시키고 관련된 영향을 측정하여 이 해석을 수행할 수 있다. 예를 들어 현재 많은 관망 모델들은 해석시 선택사항으로 복수 모의를 수행하는 능력을 가지며, 이 모의에서 배관조도수치들 또는 절점수요량수치들에 전역 조정계수들을 적용할 수 있다. 사용자는 이와 같은 결과들을 검토하여 모델 결과에 가장 중대하게 영향을 미치는 매개변수들을 확인할 수 있으며 후속적으로 미시적 캘리브레이션을 수행하여 미세조정을 수행하기 위한 잠재적 매개변수들을 확인할 수 있다.

14.8 모델의 미시적 캘리브레이션 수행

모델결과들과 현장 측정결과들이 타당한 수준에 도달한 후 미시적 모델 캘리브레이션을 수행해야 한다. 앞에서 기술하였듯이 통상적으로 이 최종 캘리브레이션 단계 동안 조정된 두 매개변수들은 배관조도와 절점수요량을 포함한다. 어느 경우에서든 미시적 캘리브레이션을 정상유동상태 캘리브레이션과 시간확장 캘리브레이션 두 개의 별개 단계들로 세분하는 것이 유익할 수 있다. 정상유동상태 캘리브레이션에서 정적 측정들과 관련된 압력 및 유량과 일치시키기 위해 모델 매개변수들을 조정한다. 통상적으로 소화유량시험을 통해 이와 같은 자료들을 얻을 수 있다. 시간확장모의에서 탱크 수위 궤적은 물론 시간에 따라 변화하는 압력 및 유량을 일치시키기 위해 모델 매개변수들을 조정한다. 대부분의 경우 시간확장 캘리브레이션은 수요량 분포에서의 변화에 더욱 민감한 반면 정상유동상태 캘리브레이션은 배관조도의 변화에 더욱 민감하다. 결과적으로 잠재적인 캘리브레이션 전략은 소화유량시험으로부터 얻은 결과들을 사용하여 배관조도 매개변수 수치들을 미세조정하고 유량-압력-수위 원격계측 자료를 사용하여 수요분포의 미세조정을 시도하는 것이다.

역사적으로 모델 캘리브레이션시 사용된 방법은 전형적으로 경험 또는 시행착오 방법이다. 그러나 대부분 전형적인 배・급수시스템 처리시 이와 같은 방법은 과도하게 많은 시간이 소요되며 실패하게 만든다. 물론 실패의 정도는 모델하는 사람의 전문지식, 시스템 규모, 그리고 현장자료의 량과 질에 어느 정도 좌우된다. 복잡한 시스템을 보다 작은 부분으로 세분하고 증분방법을 사용하여 모델 매개변수들을 캘리브레이션하여 일부 실패를 최소화할 수 있다. 폐쇄된 탱크 하나를 제외하고 모든 탱크에 설정된 복수 자료들을 수집하여 복수 탱크 시스템의 캘리브레이션을 용이하게 수행할 수 있다.(Cruickshank and Long, 1992). 최근에는 여러 연구자들이 수리관망모델의 자동 캘리브레이션 용도로 여러 알고리즘들을 제안하였다. 이러한 기법들은 분석적 공식들의 사용(Walski, 1983), 모의모델(Boulos and Ormsbee, 1991; Gofman and Rodeh, 1981; Ormsbee and Wood, 1986; Rahal et al., 1980) 그리고 최적화방법들(Coulbeck, 1984; Lansey and Basnet, 1991; Meredith, 1983; Ormsbee, 1989; and Ormsbee et al,, 1992)에 기초한다.

14.8.1 분석적 방법(Analytical Approach)

일반적으로 분석적 공식에 기초한 기법들은 골격화와 등가배관을 사용하여 관망을 상당히 단순화시켜야 한다. 따라서 이와 같은 방법들은 사용자가 엄밀해가 아닌 오직 올바른 결과들에 접근하도록 허용한다. 이와 반대로 모의방법 및 최적화방법들은 완벽한 모델을 사용하는 장점을 취한다.

14.8.2 모의방법

모의방법들은 하나 또는 그 이상의 관망공식들을 추가하여 하나 또는 그 이상의 캘리브레이션 계수들을 구하는 개념에 기초한다. 소화유량 시험토출수두와 같은 추가적으로 측정된 경계를 정의하기 위해 추가 공식 또는 공식들을 사용한다. 하나의 공식을 추가하여 양해적으로 추가 미지수를 결정할 수 있다.

모의방법의 주된 단점은 한 번에 오직 하나의 경계 조건들만을 처리할 수 있다는 것이다. 예를 들어 3개의 다른 일련의 측정(이들 모두는 다른 경계조건들 즉, 예를 들어 다른 탱크 수위 또는 펌프 상태들)을 갖는 시스템에 모의방법을 적용할 때 3개의 다른 결과들을 예상할 수 있다. 순차적 접근법(sequential approach) 또는 평균접근법(average approach) 두 적용 전략들 중 하나를 사용하여 단일 캘리브레이션 결과를 얻을 수 있다. 순차적 접근법에서는 시스템을 여러 영역으로 세분하고 이 영역의 숫자는 일련의 경계 조건들의 숫자에 상응한다. 이 경우 첫 번째 일련의 측정들을 사용하여 첫 번째 영역을 위한 캘리브레이션 계수들을 얻는다. 이제 이 계수들을 고정시키고 두 번째 영역을 위한 또 다른 일련의 계수들을 결정한다. 평균 접근법에서는 각 개별 캘리브레이션 적용을 위한 캘리브레이션 계수들을 평균하여 최종 캘리브레이션 계수들을 얻는다.

14.8.3 최적화 방법

모의방법에 대한 주된 대안은 최적화방법이다. 하나의 최적화방법을 사용할 때 캘리브레이션 문제를 선형 및 비선형, 등식 및 부등식 제약들 모두에 종속되는 비선형 목적함수로 구성된 비선형 최적화 문제로서 공식화한다. 표준 수학적 표기법을 사용하여 관련된 최적화문제를 다음과 같이 표현할 수 있다.

Minimize $$z = f(\boldsymbol{X}) \tag{14.13}$$

Subject to $$\boldsymbol{g}(\boldsymbol{X}) = \boldsymbol{0} \tag{14.14}$$

and $$\boldsymbol{L_h} \le \boldsymbol{h}(\boldsymbol{X}) \le \boldsymbol{U_h} = \boldsymbol{0} \tag{14.15}$$

$$\boldsymbol{L_x} \le \boldsymbol{X} \le \boldsymbol{U_x} \tag{14.16}$$

여기서 $\boldsymbol{X}$: 결정변수(예를 들어 배관조도계수, 절점 수요량)들의 벡터
$f(\boldsymbol{X})$: 비선형 목적함수
$\boldsymbol{g}(\boldsymbol{X})$: implicit 한계 제약 벡터(bound constraint vector)
$\boldsymbol{L}, \boldsymbol{U}$: explicit 시스템 제약들, 결정변수들에 대한 하한 및 상한 벡터

통상적으로 압력과 유량의 측정된 수치와 예측된 수치들 사이 차이의 자승을 최소화하는 방법으로 목적함수를 공식화한다. 수학적으로는 다음과 같이 표현할 수 있다.

$$f(\boldsymbol{X}) = a\sum_{j=1}^{J}(OP_j - PP_j)^2 + b\sum_{p=1}^{P}(OQ_p - PQ_p)^2 \tag{14.17}$$

여기서 OP_j : 접합부 j에서 측정된 압력
PP_j : 접합부 j에서 예측된 압력
OQ_p : 배관 p에서 측정된 유량
PQ_p : 배관 p에서 예측된 유량
a, b : normalization 가중치

문제에 대한 implicit 한계 제약들은 압력-한계 제약과 유량-한계 제약 모두를 포함할 수 있다. 모델 캘리브레이션 과정의 결과로서 캘리브레이션이 비현실적인 압력 또는 유량을 제공하지 않도록 보장하기 위해 이 제약들을 사용할 수 있다. 접합부 압력들의 벡터 $\boldsymbol{P}$가 주어지면, 이러한 제약들을 다음과 같이 수학적으로 표현할 수 있다.

$$\boldsymbol{L_p} \le \boldsymbol{P} \le \boldsymbol{U_p} \tag{14.18}$$

유사하게 배관유량 벡터 $\boldsymbol{Q}$가 주어지면, 이러한 제약들을 다음과 같이 수학적으로 표현할 수 있다.

$$\boldsymbol{L_Q} \leq \boldsymbol{Q} \leq \boldsymbol{U_Q} \tag{14.19}$$

캘리브레이션 문제의 explicit 결정변수들에 대한 한계를 설정하기 위해 explicit 한계 제약들을 사용할 수 있다. 정상적으로 이러한 변수들은 각 배관의 조도계수와 각 절점에서 수요량들을 포함할 것이다. 배관 조도계수 벡터 $\boldsymbol{C}$가 주어지면, 이러한 제약들을 다음과 같이 수학적으로 표현할 수 있다.

$$\boldsymbol{L_C} \leq \boldsymbol{C} \leq \boldsymbol{U_C} \tag{14.20}$$

유사하게 절점 수요량 벡터 $\boldsymbol{D}$가 주어지면, 이러한 제약들을 다음과 같이 수학적으로 표현할 수 있다.

$$\boldsymbol{L_D} \leq \boldsymbol{D} \leq \boldsymbol{U_D} \tag{14.21}$$

Implicit 시스템 제약들은 절점에서의 질량보존 및 에너지 보존을 포함한다. 절점 질량보존공식 $F_c(\boldsymbol{Q})$는 임의 접합부 절점으로 유입량의 합 또는 유출량의 합에서 외부 수요량 D_j를 뺀 것은 반드시 0이 되어야 하는 것을 요구한다. 각 접합부 절점 j에서 이를 다음과 같이 표현할 수 있다.

$$F_c(\boldsymbol{Q}) = \sum_{n \epsilon \{j\}}^{N_j} Q_n - D_j = 0 \tag{14.22}$$

여기서 N_j : 접합부 절점 j에 연결된 배관들의 숫자

$\{j\}$: 접합부 절점 j에 연결된 일련의 배관들

에너지보존 제약 $F_e(Q)$는 임의의 경로 또는 루프 k에 걸친 배관손실 (HL_n)와 미소손실 (HM_n)의 합에서 펌프에 의해 액체에 더해진 임의 에너지(EP_n)와 기저 에너지 두 점들 사이 수위 차이(DE_k)를 뺀 것은 반드시 0이 되어야 하는 것을 요구한다. 임의 루프 또는 경로 k에서 이는 다음과 같이 표현할 수 있다.

$$F_e(\boldsymbol{Q}) = \sum_{n \epsilon \{j\}}^{N_k} (HL_n + HM_n - EP_n) - DE_k = 0 \tag{14.23}$$

여기서 N_k : 루프 또는 경로 k와 관련된 배관들의 숫자

$\{k\}$: 루프 또는 경로 k와 관련된 일련의 배관들

HL_n, HM_n, 그리고 EP_n은 배관 유량의 비선형 함수들인 사실을 유의하여야 한다.

비록 전형적으로 implicit 및 explicit 한계 제약들을 비선형 문제 공식화에 직접적으로 합체하였지만, 다음과 같이 두 개의 다른 방법들 중 하나를 사용하여 implicit 시스템 제약들을 처리하여 왔다. 첫 번째 방법에서는 일련의 비선형 공식들에 implicit 시스템 제약들을 직접적으로 합체시키고 정상적인 비선형 계획법들을 사용하여 해결한다. 두 번째 방법에서는 최적화 문제로부터 공식들을 제거하고 수학적 모의(Lansey 및 Basnet, 1991; Ormsbee, 1989)를 사용하여 이 공식들을 외부에서 평가한다. 이와 같은 방법은 하나의 외부 모의모델(그림 14.7)을 사용하여 두 일련의 implicit 공식들을(원래 문제에 대한 선형 및 비선형 등식 제약으로 구성) 만족시킬 수 있기 때문에 더욱 처리하기기 용이하고 적은 수량의 최적화 문제를 고려한다. 이 방법에 대한 개념의 배경은 implicit 최적화 알고리즘을 사용하여 결정변수 벡터를 형성하고 모든 implicit 시스템 제약들을 평가하기 위해 이 벡터를 lower-level 모의모델로 전달한다. 모의모델로부터 피드백된 자료는 관련된 목적함수를 평가할 때 사용하기 위한 수치의 결과들과 각 제약의 상태를 확인시 사용하기 위한 수치들을 포함할 것이다.

어느 방법을 선택하든 비선형 최적화 방법을 사용하여 결과적인 수학적 공식화를 해결해야 한다. 일반적으로 비선형 최적화 방법으로 (1) gradient-기반 방법, (2) pattern- search 방법, 그리고 (3) 유전자 최적화 방법들이 제안된다.

Gradient-기반 방법들은 목적함수에서 개선을 얻기 위해 1차 또는 2차 도함수 정보를 필요로 한다. 전통적으로 패널티 방법 또는 라그랑지 승수 방법(Edgar and Himmelblau, 1988) 중 하나를 사용하여 제약들을 처리한다. Pattern search 방법은 오직 탐색 영역을 통해 순차적 경로를 결정하기 위해 목적함수 수치를 사용하는 비선형 자아학습법을 채택한다(Ormsbee, 1986, Ormsbee and Liggireddy, 1995). 결정변수에 관해 목적함수를 양해적으로 미분할 수 있는 경우 일반적으로 search 방법보다 gradient 방법이 선호된다. 현재 통상적으로 이와 같은 문제의 경우 목적함수가 결정변수의 양해적 함수가 아닐 때 수치적으로 필요한 gradient 정보들을 결정할 수 있지만 상대적인 장점은 그리 크지 않다.

최근에 여러 연구자들이 이와 같이 복잡한 비선형 최적화문제를 해결하기 위해 유전자 최적화를 사용하는 것을 조사하기 시작하였다(Lingireddy and Ormsbee, 1998; Lingireddy et.al., 1995; Savic and Walters, 1995). 유전자 최적화는 하나의 최적해를 얻기 위해 여러 해 벡터를 동시에 평가하는 것을 반복하기 때문에 이 최적화는 전통적인 최적화방법보다 상당한 장점들을 갖는다(Goldberg, 1989). 즉, 유전자 최적화방법은 gradient 정보를 필요로 하지 않으며 결정론적인 규칙에 반해 확률론적 변이(transition) 규칙들을 사용하기 때문에 강건한 해결 방법론을 보장한다.

유전자 최적화는 무작위로 생성된 결정벡터들의 초기세대를 갖고 시작한다. 관망 캘리브레이션에 적용하기 위해 각 결정 벡터들은 배관조도계수, 절점 수요량 등의 부분집합으로 구성되어야 한다. 평가, 선정, 그리고 재생성 3개의 순차적 단계들을 사용하는 반복적 해결방법을 통해 결정변수의 최종 세대를 결정한다. 평가 단계에서는 현재 세대에서 각 요소

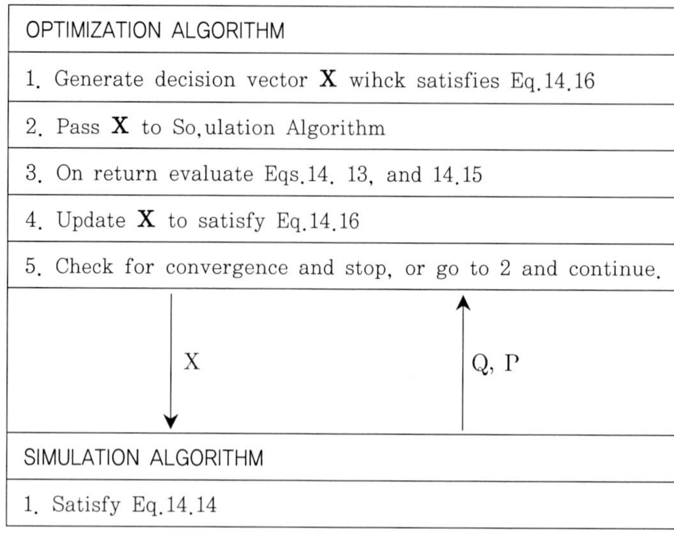

그림 14.8 | Bi-level 전산 체계

(결정변수)에 대한 적합도 함수(목적함수)의 수치 결정이 포함된다. 알고리즘은 이러한 평가에 기초하여 복제에 사용하기 위해 부분집합 해들을 선택한다. 두 개의 부모(parent) 결정벡터로부터 요소들을 선택하여 새로운 결정벡터의 수치들을 결정하는 교배과정을 통해 복제 알고리즘을 수행한다. 가끔 결과적인 벡터들 내에 도입되는 무작위 돌연변이로 해들의 생존경쟁력을 유지한다. 따라서 결과적 알고리즘은 하나의 최적해들의 일가(whole family)를 생성하고 모델의 성공적인 캘리브레이션의 확률을 증가시키는 것이 가능하다.

일반적으로 급수모델의 캘리브레이션 용도의 최적화 특히, 유전자 최적화는 매우 강력한 알고리즘을 제공하지만 알고리즘의 유용성은 입력자료의 정확도에 상당히 의존한다는 사실을 사용자는 인지하여야 한다. 자료의 오차가 상당할 때(예를 들어 수두손실이 수두손실의 오차와 동일한 크기의 수준) 이와 같은 알고리즘들은 수렴문제에 민감할 수 있다. 더욱이 대부분의 관망 모델 캘리브레이션 문제들은 과소하게(예를 들어 조도계수, 접합부 수요량) 명시되기 때문에 자료 수집시 시스템을 적정하게 가압하지 않으면 적정한 압력을 제공하지 못한다.

14.9 향후 전망

비선형 최적화의 출현 및 사용으로 어느 정도 성공적으로 미시적 수준의 캘리브레이션을 수행할 수 있게 되었다. 물론 성공의 수준은 거시적-수준 캘리브레이션 오차들의 근원을 제거하거나 또는 최소한 상당히 감소시킨 정도에 크게 의존한다. 비록 전통적인 최적화기법으로 이러한 오차의 근원들을 쉽게 확인할 수 없지만 전문가 시스템 기법을 사용하여 이러한 문제들에 대한 처방적 도구들을 개발하는 것이 가능하다. 이 경우 주어진 일련의 시스템 특성들과 운영조건들에 대한 가장 그럴듯한 모델 오차의 근원을 확인하려고 시도하는 다른 모델가들이 사용할 수 있는 경험적 자료로부터 일반적인 캘리브레이션 규칙들을 전개할 수 있다. 또한 모델 캘리브레이션 목적을 위한 상호작용 환경을 제공하기 위해 이와 같은 시스템을 그래픽 인터페이스와 관망모델에 연계할 수 있다.

최근에는 모델 캘리브레이션에서 GIS(geographic information systems) 기술과 SCADA(supervisor control and data acquisition) 시스템 데이터베이스 모두를 사용하는 것에 대한 옹호론이 증가하고 있다. GIS 기술은 절점 수요량의 초기 추정을 할당하기 위해 수용가의 고지서 기록을 관망모델 요소들에 연계시키는 효율적인 방법을 제공한다(Basford and Sevier, 1995). 또한 이 기술은 오차를 규명하기 위해 관망 데이터베이스를 검토할 수 있는 그래픽 환경을 제공한다. 관망모델 캘리브레이션과 관련하여 더욱 흥미로운 가능성들 중 하나는 온라인 SCACDA 시스템에 모델을 연계한 온라인관망모델의 개발 및 실행이다. 이와 같은 구상은 SCADA 시스템을 통해 추가 자료들을 수집하면서 모델을 지속적으로 업데이트할 수 있는 캘리브레이션의 가능성을 제공한다(Schulte and Malm, 1993).

최종적으로 Bush & Uber(1998)는 최근에 모델 캘리브레이션 목적으로 잠재적인 샘플링 위치들을 결정하기 위한 3개의 민감도-기반 행렬을 개발하였다. 비록 문서화된 샘플링 적용규모들이 작지만 저자들이 개발한 방법은 모델 캘리브레이션을 개선시키기 위해 개선된 샘플링 현장들을 선정하기 위한 잠재적인 기반을 제공한다. 향후 이 연구영역에서 많은 연구들이 전개될 것으로 예상된다.

14.10 요약 및 결론

임의 관망-해석 계획 및 설계를 수행하기 이전에 항상 관망 모델 캘리브레이션을 수행해야 한다. 관망 모델 캘리브레이션을 위한 7단계 방법론이 개발되었다. 역사적으로 캘리브레이션 과정에서 어려운 단계중 한 가지는 미시적 수준 캘리브레이션의 과정을 통해 배관조도수치들과 절점 수요량들을 최종적으로 조정하는 것이었다. 그러나 최근 전산기술의 출현으로 모델 캘리브레이션을 적정한 성공 수준으로 수행하는 것이 가능하다. 따라서 관망해석을 수행하기 전에 양호하게 캘리브레이션된 관망모델을 전개할 수 있다. 최적 샘플링 알고리즘들은 물론 미래 GIS 및 SCADA 기술의 개발 및 적용은 더욱 효율적인 도구들이 될 것이다. 기타 SCADA 시스템에 대한 상세한 내용은 제19장을 참조하기로 한다.

CHAPTER 15 배·급수시스템의 감시 및 제어

역자: 박한영, 신언호, 이근영

15.1 서론

허용할 수 있는 서비스 수준에서 성능을 충분히 발휘할 수 있도록 대규모 배·급수시스템을 적정하게 운영해야 한다. 많은 수도사업자들은 인력 운영자를 사용하며 운영자의 주된 업무는 급수시스템의 경향을 감시하고 필요시 시스템을 제어하는 것이다. 급수시스템의 특성이 변화하기 시작하면(예를 들어 탱크수위가 증가하거나 압력이 저하할 때) 운영자는 적정한 한계 이내에서 시스템이 운영되도록 보장하기 위한 조치를 시작한다. 예를 들어 시스템 내 특정 부분에서 탱크 수위가 저하하면 운영자는 펌프를 가동한다. 또한 운영자는 시스템 내 다른 부분에서 압력이 너무 높으면 그 지역에 서비스하는 펌프를 정지할 수 있다. 운영자들은 복잡한 시스템의 압력, 유량, 그리고 탱크 수위들을 허용할 수 있는 범위 이내로 유지하기 위해 시스템 내 밸브와 같은 설비들을 조작한다.

본 장에서는 급수시스템 운영의 일반적인 특징에 대해 상세히 기술한다. 물론 각 급수시스템은 운영 관점으로부터 특별한 관심을 요하는 그들 자신의 독특한 특징들을 갖는다. 수질과 관련된 운영의 역할과 비상 대응들에 대해서도 상세히 기술한다. 대부분 수도시설물들을 운영하기 위해 SCADA(supervisory control and data acquisition) 시스템을 사용한다. 본 장은 SCADA의 요체에 대해 기술하며 또한 시스템의 거동을 감시 및 제어함에 있어 SCADA 시스템의 사용에 대해 토론한다.

급수시스템의 적정 운영에서 예방적 유지관리와 비상유지관리는 매우 중요하지만, 본 장은 급수시스템 운영에서 유지관리의 역할은 토론하지 않는다. 또한 본 장은 정수장 운영에 대해서도 토론하지 않는다. 대신 본 장은 급수시스템을 통해 충분한 양의 물이 허용할 수 있는 서비스 수준으로 공급되는지 보장하기 위해 취해지는 조치에 대해 집중한다.

수도사업자들이 1일 운영에서 고도의 기술(technology)과 더욱 익숙해지면서 더욱 많은 수도사업자들은 방치된 운영의 가능성을 조사할 수 있다. 본 장에서는 자동제어와 관련된 장점 및 단점으로서 방치된 운영들을 토론한다. 또한 새로운 기술들은 에너지 소비를 관리하여 시스템 운영비용을 감소시키는 능력을 제공한다. 본 장에서는 시스템 운영의 틀 안에 최적제어모델들의 역할을 기술한다.

급수시스템의 수리학, 에너지 소비, 또는 수질 특성을 예측하는 능력을 갖는 대부분 모의 모델들은 시스템 자체에 대한 정보를 필요로 한다. 그와 같은 정보들은 전형적으로 탱크수위, 펌프 기동·정지 상태, 그리고 밸브개도와 같은 경계조건들을 포함한다. 이들 정보들 중 많은 부분은 SCADA 시스템을 이용하여 취득할 수 있다. 사실 SCADA 시스템을 수리해석 및 제어모델에 연계시키는 상당한 활동을 전개하여 왔다. 본 장은 시설운영을 개선하고 도움을 주기 위해 분석과 제어모델들을 SCADA 시스템들에 연계시키기 위한 기본적인 사항들에 대해 토론한다.

물 산업에서는 오직 단일 부서가 사용하는 단편 자료를 사용하는 것으로부터 시설물들 안에서 모든 부서들이 공유할 수 있는 centralized 데이타베이스를 사용하는 것으로 이동하고 있다. 이와 같은 소위 data centric 방법은 특정 적용시 가장 최신의 정보를 보장하는 독특한 장점을 갖는다. 본 장에서는 배·급수 운영에서 centralized 데이타베이스의 사용에 대해 토론하며 최종적으로 수도시스템 운영에서의 미래 경향에 대해 기술한다.

15.2 시스템의 운영

개념적으로 말하면 급수시스템을 운영하는 것은 그리 어렵지 않다. 운영자의 유일한 임무는 압력, 유량, 또는 탱크수위를 측정하기 위한 측정설비가 제대로 작동하여 시스템의 성능이 제대로 발휘하는지를 감시하는 것이다. 만일 시스템 운영자가 압력과 같은 정량이 허용한계 밖이면 상황에 대처하기 위해 적정한 동작을 취한다.

그러나 시스템이 4~5백 개의 압력구역을 갖고 각 압력구역은 다수의 저류탱크들과 펌프장을 가질 수 있는 것으로 가정할 수 있다. 또한 구역들이 수리적으로 연결되어 한 압력구역에서 취한 동작이 다른 구역들에 영향을 미칠 수 있다고 가정하자. 궁극적으로 물 시스템 운영은 본질적으로 시간 종속이고 급수시스템의 운영이 단순해 보이지만 특히 시스템이 크고 복잡하면 상당한 기술이 필요하다.

급수시스템을 수동으로 또는 자동으로 운영할 수 있다. 미국에서 많은 소규모 급수시스템들은 일반적으로 탱크수위를 기반으로 수 년 동안 자동으로 운영되어 왔다. 예를 들어 액체수위계는 물 저류탱크 내 수위를 감지하며 현장 계측장비는 탱크 내 수위에 따라 펌프를 기동 또는 정지 시키는 제어기로 신호를 보낸다. 더욱 큰 급수시스템은 상당히 복잡하므로 통상적으로 인력 운영자가 상주하여 근무하며 운영자의 주된 임무는 시스템의 경향을 감시하고 시스템 거동에 기초하여 조치를 취하는 것이다. 운영자가 사용하는 시스템이 적정하게 운영되는지 여부를 나타내는 기준은 거의 시스템에 걸쳐 측정되는 것에 의해 결정된다. 다시 말해 미국 내 많은 급수시스템에서 운영자의 의사결정 판단을 직접적으로 고려하는 정량(quantity)들이 측정된다.

15.2.1 전형적인 운영 지표

통상적으로 급수시스템은 압력, 유량, 탱크수위, 또는 이들 조합에 기초하여 운영된다. 운영자가 급수시스템이 허용된 방식으로 운영되는지의 여부를 파악하기 위해 운영의 기초를 형성하는 매개변수 또는 지표들을 계량화할 필요가 있다. 이에 따라 전체 시스템에 걸친 압력, 유량, 그리고 탱크수위를 측정, 기록, 그리고 저장하기 위해 측정설비와 장비들을 사용한다. 또한 펌프 진동, 전동기 온도(이들을 허용기준과 관련시킨다)와 같은 다른 정량들도 측정될 수 있으나 통상적으로 시스템 운영들에서 이 정량들을 직접적으로 고려하지는 않는다.

미국에서는 일반적으로 정수장, 펌프장, 그리고 다른 급수시스템과의 경계를 포함하여 일부 선정된 위치에서만 유량측정이 이루어진다. 일부 급수시스템에서는 정수장과 펌프장의 유출량조차 기록하지 않는다. 유량과 같이 압력들도 여러 중요한 위치(통상적으로 펌프장)에서만 기록된다. 이외 압력은 시스템 내 가장 높거나 가장 낮은 고도 또는 시스템 내 가장 높거나 가장 낮은 압력을 결정하기 위해 압력영역내의 현장에서만 기록될 수 있다. 미국 내 대부분의 급수시스템은 탱크수위를 기록한다.

반면 많은 유럽의 급수시스템은 전체시스템에 걸쳐 압력과 유량을 측정한다. 예를 들어 파리에서는 압력과 유량들이 30개 위치 이상에서 측정된다(Gagnon & Bowen, 1996). 포괄적인 전체 급수시스템 측정들은 시스템 운영에 도움을 줄 뿐만 아니라 이러한 자료들을 사용하여 급수시스템 내 수질과 수리 전산 모델들을 캘리브레이션 하는데 도움이 된다.

15.2.2 운영 기준

압력에 기준하여 운영하는 시스템의 경우 운영자들은 통상적으로 허용한계 안에서 전체 시스템 압력을 유지하기 위해 펌프와 밸브를 운영한다. 허용한계는 시스템마다 다를 수 있고 대부분의 경우 정상적인 운영 시 207kPa(30psi/21m) 이상 689kPa(100psi/71m) 이하로 유지해야 한다. 운영압력이 689kPa(100psi) 이상이 되면 누수를 통해 물이 낭비되고 급수시스템에 손상을 주는 경향이 있으며 파괴를 야기할 수도 있다. 운영압력이 207kPa(30psi)이 되면 고층빌딩의 최상층까지 물을 공급할 수 있다.

화재와 같은 비상조건시 압력은 반드시 전체 급수시스템에 걸쳐 138kPa (20psi/14m) 이상으로 유지되어야 한다. 소화용수 사용시 최저압력 138kPa/98m은 일반적으로 허용된 관례이며 소화 펌프 트럭의 펌프 흡입측에 충분한 압력을 공급한다. 이 압력이 더욱 중요한 것은 교차 부분에서 음용수의 오염을 방지할 수 있다는 것이다. 관로파괴 압력이 138kPa 이하로 저하될 수 있으며 교차부에서 급수시스템이 오염될 가능성이 있기 때문에 수도사업자가 "boil water" 상황을 발표하는 것이 드문 것도 아니다. 공중보건을 보호하기 위한 노력으로 많은 지자체는 최소압력 요구조건을 채택하여 왔다.

급수시스템의 특성에 따라 시스템 내 특정 위치에서는 반드시 207kPa(30psi)보다 큰 최소압력을 유지해야 한다. 예를 들어 특정산업 또는 병원들은 시설물 내 장비가 제대로 동작하기 위해 최소압력 207kPa 이상을 필요로 할 수 있다. 만일 급수시스템이 대량의 물을 인근지역에 공급할 경우 그 지자체는 물을 최소압력 345kPa(50psi/36m) 이상으로 공급할 것을 요청할 수 있다. 운영자들은 그들 운영 의사결정에서 그와 같은 독특한 환경을 반드시 고려해야 한다.

또한 급수시스템을 제거하기 위한 매개변수로 유량을 사용할 수 있다. 많은 급수시스템들은 펌프장이나 다른 급수시스템과의 교차부에서 유량을 측정한다. 일반적으로 허용 유량 범위는 급수시스템의 특징에 따라 결정된다. 예를 들어 급수시스템의 목적이 대량의 물을 인근 지자체에 판매하는 것이라면 운영자는 충분한 양의 물이 수요자에게 공급되는 것을 보장할 필요가 있다. 또한 물은 명시된 압력 이상으로 공급되어야 한다.

유량과 압력은 서로 직접적으로 관련된다. 관로 내 유량이 증가하면 관로의 말단부에서 압력은 감소한다. 따라서 일부 운영자들은 압력에 따라 시스템을 운영할 수 있지만 일부 운영자들은 유량에 따라 운영할 수 있다. 바꾸어 말하면 시스템의 일부분에서 압력이 허용범위 이하로 저하하면 그 부분에서 사용유량이 매우 높기 때문이다. 결과적으로 시스템의 그 부분에 펌프를 설치하여 유량과 압력을 증가시켜야 한다. 또한 운영자들은 물이 필요한 지역으로 물을 전환시키기 위해 밸브를 제어할 수 있으나 통상적으로 지자체 급수시스템에서는 밸브를 제어하지 않는다.

운영자가 감시하는 매개변수들 중 더욱 중요한 것은 아마도 시스템 탱크 내 수위이다. 탱크수위는 하나의 압력영역에 걸친 전체 압력을 표시할 수 있다. 일반적으로 탱크수위가 높으면 시스템 압력이 높다. 사실 많은 시스템들은 주요 탱크수위에만 기초하여 운영된다. 예를들어 운영자는 경험이 쌓이면서 하나 이상의 저장설비의 함수로서 전체 시스템 압력에 대한 직감력을 얻게 된다.

운영자는 반드시 화재, 정전, 또는 수원의 고갈과 같은 비상시를 포함하여 언제든지 탱크에 충분한 물이 저장되도록 보장하여야 한다. 사실 과거에는(일부 시스템에서는 오늘날에도) 일반적으로 급수시스템 운영시 모든 시간에 저류탱크를 가능한 만수위로 유지하였다. 그러나 이제 대부분의 운영자는 저류탱크 수위와 탱크 내 수질과의 상관관계를 인식한다. 결과적으로 운영자들은 통상적으로 1일 과정에 거쳐 탱크수위를 약간 변화시키려고 시도한다.

15.2.3 수질 및 운영

지난 10년간 급수시스템에서 수질에 대한 인식이 상당히 증가되어 왔다. 이 증가된 인식은 새로운 정부규정에 의해 수용가가 수도꼭지에서의 수질기준을 만족하는 것이다. 운영자의 의사결정시 가장 중요시 하는 것은 수리성능이지만 급수시스템 내 수질거동에도 많은 주의를 기울인다.

현존하는 급수시스템 내부 수질에 영향을 미칠 수 있는 중요한 요소는 운영이다. 예를 들어 운영자들은 조작을 통해 탱크 수질과 펌프운영에 직접적으로 영향을 미칠 수 있다. 운영자들은 이러한 조작들을 통해 정수장으로부터 신선한 물을 가져올 수 있으며 서비스 지역 특정 부분으로 전환시킬 수 있다. 통상적으로 미국 내 운영자들은 물을 급수시스템 내 특정 부분으로 보내기 위해 시스템 내 밸브를 조작하지 않는다. 그러나 미래에는 이러한 방법은 급수시스템을 운영하는 전통적인 수단보다 더욱 많은 제어를 제공할 수 있다.

가까운 미래에 더욱 많은 물 공급시스템은 인라인 가압 소독시설 또는 시스템 내 전반적인 수질을 개선하기 위한 노력으로 인라인 정수장 사용을 고려할 수 있다. 이러한 요소들은 급수시스템 내 위치하기 때문에 이들 운영은 시스템 운영자의 영역이 될 것이다. 운영자는 수질을 최상으로 유지하기 위해 화학약품 공급율을 감시 및 제어하게 된다.

15.2.4 비상시 운영

대규모 급수시스템 내 운영자들이 상주하는 실제 이유는 화재, 주 시설의 파괴, 수원오염, 수원고갈, 또는 정전과 같은 비상사태에 대응하는 것이다. 운영자들은 발생하는 임의 비상사태에 대응할 수 있어야 하고 시스템 성능을 허용된 서비스 수준으로 유지하여야 한다.

운영자들은 화재동안 급수시스템으로부터 많은 유량을 공급하기 위해 더욱 많은 펌프를 가동할 수 있다. 정전동안 운영자들의 과업들 중 하나는 펌프 운영을 지속하기 위해 디젤 또는 천연가스 발전기를 가동하는 것이다. 그러나 많은 시스템의 경우 정전이 발생하면 예비 발전기들은 자동으로 운전된다. 말할 필요 없이 비상운영은 운영자의 지극히 중요한 임무 중 하나이다.

15.3 SCADA 시스템을 이용한 시스템 성능 감시

앞에서 토론하였듯이 수도사업자들은 급수시스템의 경향을 감시하기 위해 통상적으로 운영자를 상주시킨다. 운영자들이 업무를 수행하기 위해 탱크수위, 압력, 유량 등에 대한 정보가 필요하다. 대부분 급수시스템에서 원격계측장치라 불리는 SCADA 시스템은 이러한 정보를 제공한다. SCADA 시스템이란 전형적으로 원격으로 시스템의 거동을 감시하고 제어할 수 있도록 허용하는 현장 계측설비, 통신시스템, 그리고 하드웨어와 소프트웨어의 집합이다(ASCE, 1991). 다음 예제는 SCADA 시스템의 기능성을 요약한 것이다.

물 공급 관망 운영시 감시제어하기 위해 SCADA 시스템을 적용하는 것으로 가정한다. 급수시스템과 설비들의 상태를 감시하기 위해 전산기 스크린을 갖는다. 예를 들어 SCADA 시스템으로 각 고가 또는 지상 저류탱크의 현재 수위를 볼 수 있다. 일부 시스템들은 터치스크린을 사용하기 때문에 스크린 상에 있는 탱크를 터치하면 SCADA 시스템은 지난 24시간 동안 탱크수위를 보여주는 도표를 작성한다.

근무자의 근무시간 동안 특정 탱크에서 수위가 절반 이하로 저하되는 것을 인지하면 경험으로부터 이 특정 탱크에서 수위가 절반 이하로 떨어질 때마다 탱크가 서비스하는 압력영역의 일부분에서의 압력은 허용할 수 없을 정도로 낮다는 것을 안다. 따라서 제어패널로부터 관련 가압펌프장의 "pump on" 버튼을 눌러 펌프를 가동시키면 잠시 후 탱크수위가 상승하기 시작하여 압력 영역에서 압력은 허용수준으로 유지되는 것을 볼 수 있다.

물론 SCADA 시스템 사용은 급수시스템 또는 물 산업에만 제한되는 것은 아니다. 일부 수도사업자들은 정수처리시설과 급수시스템 모두를 감시하고 제어하기위해 SCADA 시스템을 활용한다. 사실 감시 또는 제어가 필요한 모든 곳에 SCADA 시스템을 사용할 수 있다. SCADA 시스템은 다른 시설물들을 포함하여 많은 다른 산업으로 확대된다. 공통 주제는 처리과정 또는 시스템의 거동을 감시하여 관련정보를 중앙제어실로 송신하여 운영자가 의사를 결정하고 조치를 취할 수 있도록 하는 것이다.

급수시스템의 수리모델을 위한 경계 자료들 중 많은 부분은 SCADA 시스템으로부터 얻을 수 있다. 이와 같은 정보는 탱크수위, 펌프기동/정지 상태, 펌프회전속도, 그리고 밸브 상태를 포함할 수 있다. 예를 들어 비상 대응시 시설물의 실시간 모의를 수행하길 원하면 SCACDA 시스템으로부터 최신 경계자료를 신속하고 용이하게 얻을 수 있다. SCADA 시스템이 제공하는 자료의 시각적 사용은 모델 캘리브레이션이다. 많은 SCADA 시스템들은 일정 시간 동안 자료를 수집하므로 historical 정보를 얻을 수 있다.

15.3.1 SCADA 시스템 해부

앞에서 언급하였듯이 통상적으로 SCADA 시스템은 원격 감시와 제어를 허용하는 현장 계측, 통신, 그리고 하드웨어 및 소프트웨어 시스템으로 구성된다. 그림 15.1은 급수시스템에서 사용되는 대표적인 SCADA 시스템에서 발견할 수 있는 각 요소들의 일반적인 개략도를 보여준다. 현장 계측기기의 목적은 수리 시스템의 상태에 대한 정보를 수집하는 것이다. 그와 같은 계측기기는 PLC(programmable logic controllers), RTU(remote terminal unit), 액체수위 스위치, 또는 다른 계측기기를 포함할 수 있다(AWWA, 1983). 이러한 장비들은 압력, 유량, 또는 탱크수위와 같은 시스템 자료(index)들을 측정하고 기록할 수 있다. 일부 장비들의 경우 통신장애시 현장제어가 가능하다.

지난날에는 일반적으로 현장자료를 수집하고 이 자료들을 중앙 전산기로 송신하기 위해 RTU를 사용하였으며 따라서 RTU의 현장 제어능력은 제한되었다. 반면 PLC는 전형적으로 일부 현장제어의 형식을 제공하기 위해 사용되었으나 PLC도 자료 수집과 저장이 제한되는 특징들을 가졌다. 오늘날 RTU와 PLC의 능력들이 합병되기 때문에 그들은 유사한 기능성을 제공한다. 현재 PLC는 자료를 저장하고 이 정보를 중앙 전산기와 교환할 수 있는 반면

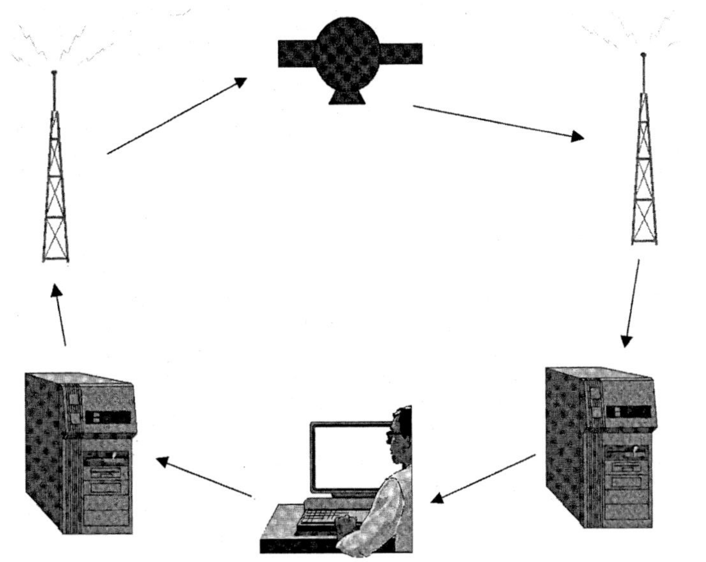

그림 15.1 ▌ SCADA 시스템 요소

현재 RTU는 일부 현장제어를 제공하기 위해 프로그램될 수 있다. RTU의 한 예는 그림 15.2와 같다.

현장 수준이나 중앙 위치에서의 제어가 유지되는 것과 관계없이, 또는 자료들이 마스터 전산기로 전송되거나 현장에 저장되는 것과 관계없이 자료들은 반드시 현장에서 측정되어야 한다. 전형적으로 급수시스템에서 측정되는 자료들은 압력, 유량, 그리고 탱크수위를 포함한다. 따라서 압력 변환기, 유량 변환기 또는 액체 수위 센서와 같은 측정 장치가 반드시 설치되어야 한다. 그림 15.3은 압력 변환기의 예를 보여주고, 그림 15.4는 유량자료를 수집하는 장치의 예를 보여준다. 또한 압력 변환기들에 연결된 벤트리 튜브를 사용하여 유량 자료를 수집할 수 있다.

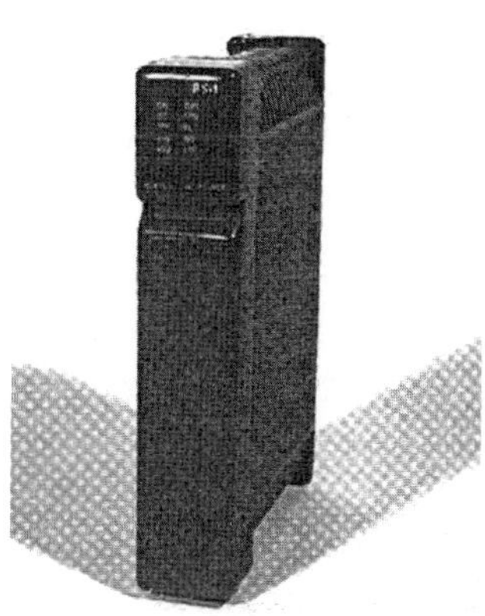

그림 15.2 ▌ RTU(remote terminal unit)

그림 15.3 ▌ 압력변환기

그림 15.4 ▌ 유량측정장치 예

SCADA 시스템은 현장에서 측정된 자료를 수집한 후 다음 단계로 이러한 정보를 전송하는 것이다. 전화선, 광섬유, 단파, 라디오, 또는 위성을 사용하여 통신을 수행할 수 있으며, 각 통신 형식에 따라 고유 특성을 갖는다. 예를 들어 microwave는 전화선보다 신뢰도가 높을 수 있으나 단파(microwave)는 전송기, 수신기, 그리고 중계소가 반드시 서로 시각적으로 접속되어야 하기 때문에 상당한 고도 차이를 갖는 시스템의 경우 적합하지 않을 수 있다. 그림 15.5는 라디오-기반 SCADA 시스템의 일부 요소를 보여준다.

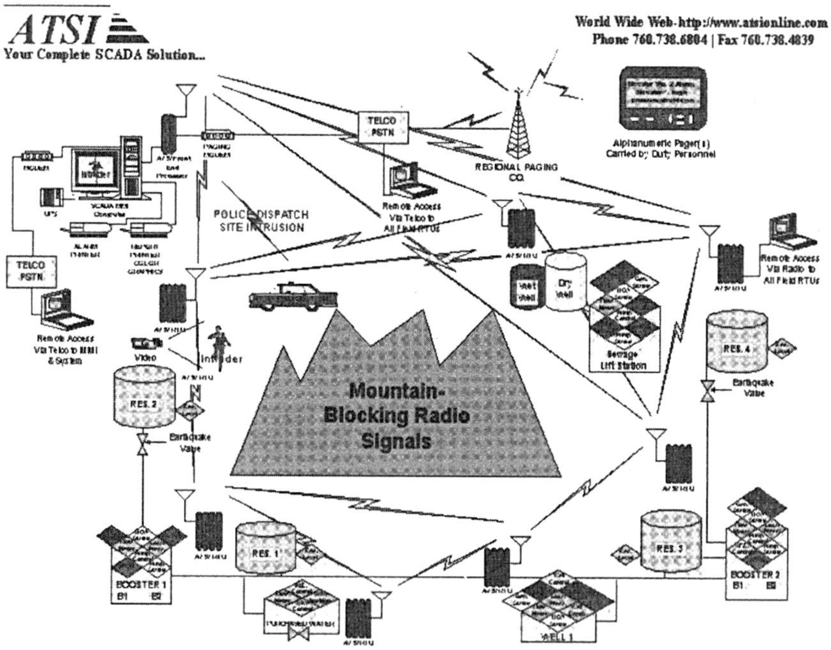

그림 15.5 ▌ 라디오-기반 통신을 사용한 SCADA 시스템의 개략도

일반적으로 통신시스템으로 전송된 정보들은 운영자가 상주하는 중앙제어실로 보내진다. 디지털 SCADA 시스템의 경우 수신기로 정보를 수집하고 이 수집된 정보는 전산기 시스템으로 직접 전송된다. 아날로그 SCADA 시스템의 경우 어떤 방법으로든 전산기 시스템에 공급되어야 한다. 전산기 시스템에서 소프트웨어는 MMI(man-machine interface)를 제공하고 MMI는 운영자가 중앙 콘솔로 시스템을 시각적으로 감시하는 것을 가능하도록 한다. 또한 MMI는 시스템 운영자가 현장 설비를 제어하는 기능을 제공한다. 아날로그 감시와 제어를 사용하는 시스템의 경우 현장으로부터 수신된 정보는 통상적으로 원형 도표 또는 스트립 도표로 전달된다.

SCADA 시스템은 급수시스템의 전반적인 운영의 핵심 요소기 때문에 신뢰도는 극히 중요하다. 많은 수도사업자는 이 점을 인식하고 여분의 SACAD 시스템을 사용하며 빈번하게 이중 전산기 시스템들을 사용한다. 즉 하나는 주 SCADA 전산기 그리고 다른 하나는 일부 감시와 제어 특징을 지원하는 보조 SCADA 전산기다. 만일 어떤 이유로든 주 전산기가 고장 나면 보조 전산기가 이를 대체한다.

물 산업은 명백하게 디지털 감시 및 제어로 이동 중이다. 사실 많은 수도사업자들은 개인 전산기로 디지털 SCADA 시스템을 사용하여 그들 시스템을 제어한다. 급수시스템 전체에 걸쳐 진행되는 상황을 운영자가 쉽게 이해할 수 있도록 그래픽 형식으로 정보를 가시화하여 제공한다.

SCADA 시스템의 감시 부분과 동등하게 중요한 요소는 중앙 위치에서 현장 요소를 제어하는 능력이다. 만일 펌프를 기동하거나 밸브를 반드시 폐쇄해야 한다면 운영자는 중앙 위치에서 통신 링크를 통해 신호를 원격으로 현장으로 보내 조치를 시작한다. 현장 설비는 신호를 수신하고 해석하여 요청한 조치를 수행한다.

또 다른 SCADA 시스템의 공통 특징은 알람 기록을 포함한다. 시스템 내 많은 요소들은 실패(fail)할 수 있으나 실패(failure)가 재앙적이지 않을 수 있다. 예를 들어 저류탱크가 월류하여도 시스템은 운영을 지속한다. 물론 월류하는 저류탱크는 바람직하지 않다. 따라서 SCADA 시스템은 탱크에서 문제가 발생한 것을 알리는 알람을 울리면 운영자는 수정 조치를 취할 수 있다. 일부 SCADA 시스템들은 운영 책임자와 같이 지정된 개인에게 전화하여 알람 조건을 알리는 능력을 갖는다.

15.3.2 자료 기록(Archiving)

오늘날의 SCADA 시스템들 중 많은 SCADA 시스템들은 시스템 성능에 대한 historical 정보를 보여주는 자료 복구기능을 제공한다. 예를 들어 버튼 조작으로 지난 수 주 전에 발생하였던 주 관로 파괴동안 탱크수위, 펌프상태, 그리고 시스템 압력자료들을 콘솔상에 보여줄 수 있다. Historical SCADA 정보를 저장하는 것은 엄청난 량의 자료저장을 요구한다. 반드시 감시해야 할 각 요소가 100개 이상이 되는 대규모 시스템에서 중앙제어실로 각

설비 관련 자료를 매 30초마다 송신한다고 가정하면 단 1일 동안에도 상당한 양의 정보가 생성될 수 있다는 것을 알 수 있다.

운영자 교육시, 또는 hindcasting(과거의 자료를 기초로 예측하는 것) 그리고 소송시 자료기록은 귀중한 자산이다. 예를 들어 사고 발생시 운영자가 적합한 조치를 취하였는지 결정하기 위해 운영근무자의 실제 대응이 목록으로 만들어지고 재생된다. 유사하게 특정 비상사태에 대응한 시스템의 거동에 대한 정보를 사용하여 새로운 운영자들을 교육할 수 있다. 최종적으로 시스템 성능상의 자료들을 사용하여 이를 모의하는 수학적 모델들을 캘리브레이션할 수 있다.

15.4 배·급수시스템 제어

운영자는 배·급수시스템에서 여러 항목들을 제어할 수 있으나 가장 공통적인 제어요소들은 펌프들이다. 펌프들은 온라인으로 설치할 수 있고 가동율이 높은 펌프장이나 소규모 가압장에서 운영되지 않고 중지 시킬 수 있다. 일반적으로 가동율이 높은 펌프장은 정수장으로부터 또는 지하 저수조로부터 물을 급수시스템으로 공급한다. 가동율이 높은 펌프장들은 급수시스템으로의 물의 유입점으로 역할을 한다. 반면 가압펌프는 시스템 내 특정 위치에서 압력 또는 유량을 증가시키는 것이 주된 기능인 인라인 펌프들이다. 가압펌프의 공통적인 적용은 두 압력 영역 사이 경계에 위치한다.

제어해야 할 또 다른 공통요소는 밸브들이다. 통상적으로 밸브들은 펌프의 토출측에 위치한다. 비록 펌프가 폐쇄된 밸브에 대항하여 기동을 시작하지만 일부 펌프설비는 토출밸브가 개방된 상태에서 기동한다. 통상적으로 이러한 경우에는 펌프로의 역류를 방지하기 위해 역지밸브를 사용한다. 수충격이 발생하는 것을 방지하기 위해 펌프 토출밸브들은 서서히 개방되어야 한다. 또한 운영자들은 유출량을 제어하기 위해 밸브를 조작할 수 있다.

15.4.1 제어 전략

여러 방법들을 사용하여 급수시스템을 제어하기 위한 자동화 수준을 향상시킬 수 있다. AWWARF(American Water Works Association Research Foundation)는 최근에 수처리 시설에서 제어수준을 다음과 같이 3단계로 구분하여 고찰하였다(Younkin & Huntley, 1996).

15.4.1.1 감시제어(Supervisory control)

미국 내 많은 물 시설물들은 감시제어로 운영되고 있다. 특정 시스템이 적합하게 운영되는지 보장하기 위해 운영자가 상주하여 1일 24시간, 1주일에 7일 급수시스템의 거동을 감시한다. 장시간에 걸쳐 얻은 운영자의 지식과 경험에 기초하여 운영자가 의사결정하여 원격에서 버튼을 눌러 수동으로 제어한다.

15.4.1.2 자동제어(Automatic control)

자동제어 형태는 배·급수시스템을 제어하기 위해 계측장치와 제어장비를 사용하는 경우를 나타낸다. 시설물 현장에서 또는 시스템을 통해 자동제어를 수행할 수 있다. 전형적으로 단순한 운영 규칙을 사용하여 어떤 설비를 어떻게 운영할지를 결정한다. 앞에서 기술한 자동제어의 예는 탱크 내 액체수위 스위치를 사용하여 펌프의 기동/정지 상태를 제어하는 것이다.

개념상 자동제어는 방치된 운영(무인운영)과 동일하다. 명칭이 의미하는 것과 같이 방치된 운영은 근무하는 인력 운영자가 없다. 소규모 시스템에서는 일정기간 방치된 운영을 사용하였다. 통상적으로 이러한 경우에 펌프의 기동/정지 상태는 저류탱크 내 수위에 의해 제어된다. 상대적으로 단순한 특성 때문에 방치된 운영은 소규모시스템을 운영하는 자연스런 방법으로 보인다.

자동제어는 방치된 운영(한국에서는 무인운영)에 한정되지 않는다. 시스템이 자동으로 운영되어도 운영자들은 1일 24시간 1주일 7일 근무할 수 있다. 통상적으로 자동제어모드에서 운영자들은 대기상태를 유지하는 반면 전산기와 제어 로직이 시스템을 가동한다.

15.4.1.3 고도제어(Advanced control)

고도제어에 의지하는 시스템들은 급수시스템을 제어하기 위해 최적화 알고리즘, 의사결정 지원시스템, 인공지능, 또는 제어로직을 사용한다. 통상적으로 제어로직을 개발하기 위해 사용된 방법론들은 자동제어에 사용된 것보다 상당히 복잡하다. 제16장에서는 운영에 사용할 수 있는 제어모델의 기본에 대해 기술한다. 고도제어와 자동제어를 서로 조합할 수 있으며, 운영규칙을 제공하는 고도제어 알고리즘과 규칙을 수행하는 자동제어 특징들과 조합할 수 있다. 오늘날 전산기와 제어기술의 능력을 고려할 때 많은 물 시설들에 대한 완전하게 자동화된 제어와 고도제어의 가능성을 조사 중이다. 지난 수년 동안 공정감시와 제어기술이 신뢰할 만한 수준으로 발전하였지만 보다 복잡한 설비를 고도제어하기 위한 주 구동력은 비용절감이다.

대부분 수도시설의 예산에서 인건비는 가장 비중이 큰 항목이다. 실제로 작은 시설물을 운영하기 위해 직원에 소요되는 비용은 최대 연간 $400,000가 될 수 있다(Younkin & Huntley, 1996). 인건비 다음으로 큰 예산은 펌핑비용이다. 자동제어는 운영근무자를 줄일 수 있으므로 직원과 관련된 비용을 줄일 수 있다. 고도제어는 최적화된 펌핑 또는 운영스킴을 사용하여 운영비용을 더욱 줄일 수 있다.

미국 내 수도시설 운영자들은 고도제어를 극단적으로 조심스러워하는 것으로 보인다. 대부분 그들은 전산기로 시스템이 운영되는 것을 꺼려한다. 이러한 이유는 고도제어의 발전과 후속적인 적용을 다소 방해하여 왔다. 그러나 AWWARF는 최근에 고도제어가 가능하도록 하는 소프트웨어를 위한 일련의 기준을 확립하기 위한 연구에 착수하였다.

15.4.2 중앙제어 vs 현장제어

중앙제어실이나 현장에서 제어하는 두 모드 중 한 모드로 급수시스템을 운영할 수 있다. 많은 급수시스템들은 두 방법을 조합하여 수행하면서 대부분의 시간을 중앙제어로 운영하지만, 정전 또는 통신두절과 같은 비상 조건에서는 현장제어로 시스템을 운영한다. 미국 내 많은 급수시스템의 경우 운영자가 중앙제어실에서 시스템제어를 감시하면서 자동으로 운전할 수 있도록 구성되어 있다.

중앙제어의 경우 단일 위치에서 의사결정을 한다. 물론 의사결정을 돕기 위해 모든 급수시스템 매개변수들은 반드시 중앙 위치로 전송되어야 한다. 통상적으로 운영자가 모든 제어결정을 하기 때문에 중앙제어는 간단하다. 대안적으로 사전에 정의된 운영 규칙에 따라 급수시스템 설비들을 자동으로 기동시키거나 정지시킬 수 있다.

현장제어의 경우 펌프장 또는 저류탱크와 같은 시설물이 설치된 현장에서 모든 제어가 수행된다. 전형적으로 제어로직은 제어기 내부에 내장되어 적합한 동작이 수행된다. 예를 들어 가압펌프장에서 압력이 설정된 수치 이하로 저하하고 가압 펌프장의 모든 펌프들이 정지되었다고 가정하면 펌프장에서 제어기 로직은 가장 큰 펌프를 가동시키도록 한다. 펌프장에서 압력이 허용할 수 없는 상태로 지속되면 다음 큰 펌프를 가동시키고 압력이 허용범위 이내가 될 때까지 그 다음 펌프들을 가동시킨 고장으로 운영할 수 없는 펌프들 또는 최근에 운영을 완료한 펌프들을 가동시키지 않도록 운영 및 유지 제약들을 설정하도록 제어 로직을 명시할 수 있다.

15.5 해석 및 제어모델에 SCADA 시스템의 연계

가까운 미래에 물산업에서 광범위하게 사용될 최근 발전은 SCADA 시스템을 다른 해석 및 제어모델들 또는 의사결정 지원시스템과 연계시키는 것이다. 운영 책임자는 운영자교육, 비상대응, 에너지관리, 그리고 수질거동을 포함하여 관망수리해석, 최적제어, 그리고 수질모델과 같은 해석 및 제어모델들을 광범위한 방법으로 활용할 수 있다. 제16장에서 제어모델들을 더욱 상세히 기술하고 운영에서 어떻게 사용되는지 토론한다.

- 운영자 교육
- 비상 대응
- 에너지관리
- 수질거동

관망수리해석, 최적제어, 그리고 수질모델은 통상적으로 시스템의 현재 상태에서 경계조건과 시스템부하의 형태로 정보를 필요로 한다. 탱크수위, 펌프상태, 그리고 밸브개도와 같은 경계조건은 SCADA 시스템으로부터 직접 얻을 수 있다. 부하조건들은 급수시스템에 부과된 수요량을 나타낸다. SCADA 시스템으로부터 이러한 정보를 직접 얻지 못할 수 있으나 SCADA가 제공한 정보들을 사용하여 시스템 부하를 추정할 수 있다.

15.5.1 해석 및 제어모델들의 필요자료

해석 및 제어모델들이 필요로 하는 자료는 모델의 궁극적인 연산 목적에 따라 결정된다. 관망수리해석모델에서는 관망에서의 압력과 유량의 분포가 결정된다. 이 모델은 저류탱크로의 유입량과 유출량 그리고 시스템 펌프들과 밸브들의 운영 특성들을 포함한다. 많은 수리모델들은 24시간과 같이 명시된 시간 범위에 걸쳐 시스템의 성능을 나타내는 시간확장모의를 수행할 수 있다.

에너지사용 및 운영비용을 최소화하기 위해 어떤 펌프를 언제 가동해야 하는지를 나타내기 위해 최적제어모델들을 사용할 수 있다. 반드시 시스템의 허용된 운영범위 안에서 에너지비용을 감소시켜야 한다는 사실을 인식하는 것이 중요하다. 최적제어모델은 문제 공식화에서 허용할 수 있는 운영특성들을 고려해야 한다.

수질모델들은 급수시스템을 통해 명시된 수질성분의 농도를 예측할 수 있다. 예를 들어 수질모델을 사용하여 시스템 내 여러 위치에서 염소농도를 결정할 수 있다. 수질모델들이 결정할 수 있는 관심 있는 다른 매개변수들은 물의 노화 및 각 저류탱크들과 정수장으로부터 수송된 물의 양을 포함한다. 수리관망모델은 최적제어모델 또는 수질모델들이 필요로 하는 대부분의 정보들을 제공할 수 있다. 사실, 많은 제어 및 수질 모델들은 관망수리모델들과 합체된다.

시스템 운영자가 사용하는 의사결정 지원시스템은 관망수리모델과 최적제어모델들을 포함하여 많은 구성요소들을 포함할 수 있다. 대안적으로 의사결정 지원시스템은 오직 오랜 시간에 걸쳐 개발된 일반적인 급수시스템 운영규칙으로만 구성될 수 있다. 일반 운영규칙들을 사용함에 있어 어려움은 새로운 펌프장 또는 탱크건설시 운영규칙은 구식이 될 수 있다는 것이다.

SCADA 시스템이 제공할 수 있고 관망수리모델에서 직접적으로 사용될 수 있는 정보는 탱크 및 저수지 수위, 펌프 기동/정지 상태, 펌프속도, 밸브상태, 그리고 밸브개도를 포함한다. 또한 질량평형법칙을 사용하여 SCADA 시스템으로부터 전체 시스템 사용량을 추정할 수 있다. 만일 SCADA 시스템이 가동율이 높은 펌프장 유량과 탱크 수위를 감시하면 시스템의 전체 물 사용량을 아래 식으로부터 결정할 수 있다. 이 식은 다수의 펌프들은 다수의 저류탱크들로 유량을 송수할 수 있다는 것을 고려한 점에 유의하여야 한다.

$$Q_{sys} = \sum Q(j)_{pump} + \sum \frac{(Level(k)_{t+\Delta t} - Level(k)_t) \times \overline{Area(k)}}{\Delta t} \tag{15.1}$$

여기서 Q_{sys}은 시간 Δt에 걸친 시스템 평균유량, $Q(j)_{pump}$는 시간 Δt에 걸친 펌프의 평균 토출량, $Level(k)_{t+\Delta t}$는 시간 $t+\Delta t$에서 탱크 k내 수위, $Level(k)_t$는 시간 t에서 탱크 k내 수위, 그리고 $\overline{Area(k)}$는 시간 Δt에 걸친 탱크 k의 평균 단면적이다.

앞에서 언급한 것과 같이 대부분의 상용 관망수리모델들은 급수시스템의 일시적인 특징들을 표현하는 시간확장모의를 수행할 수 있다. 시간확장모의를 수행할 때 반드시 여러 시간대에서 시스템 수요량들이 제공되어야 한다. 예를 들어 24시간 모의 동안 매시간 시스템 추정 수요량을 제공할 필요가 있다. 질량평형법칙과 곡선적합절차를 조합하여 이러한 수요량추정을 제공할 수 있다.

만일 1일 과정에 걸쳐 시스템 수요량을 작도해야 한다면 통상적으로 수요량은 매끄럽고 연속적인 것을 발견한다. 다시 말해 시스템 수요량 작도시 “kinks”가 존재하지 않는다. 질량평형법칙을 사용하여 임의 시간에서 시스템 추정 수요량을 연산하면 앞에서 기술한 것과 같이 펌프-유량과 탱크-수위 자료를 얻을 수 있다.

수요량은 실제로 매끄럽고 연속적인 것으로 가정하여 지난 3시간 또는 4시간의 추정 수요량을 하나의 곡선으로 적합 시킬 수 있다. 이제 이 곡선을 사용하여 다음 시간 단계에서 수요량을 외삽할 수 있다. 그림 15.6은 이러한 방법을 도해적으로 보여준다. 물론 실제 시스템 추정 수요량을 얻는 순간 이 수요량들을 사용하여 곡선을 업데이트한다.

대안적 방법은 “전역수요조정(areawide demand adjustment)”을 사용하는 것이다(Schulte & Malm, 1993). 급수시스템 내 주요 지점에 유량계가 설치되어 유량자료가 SCADA 시스템에 제공된다고 가정하면 단순한 질량평형을 수행할 수 있다. 그림 15.7은 이러한 개념을 예증한다. 배관 $P1$과 $P2$로 통해 유입되는 측정된 유량으로부터 $P3$에서 측정된 유출량을 뺀 유량 차이는 급수지역에서의 사용량을 나타낸다.

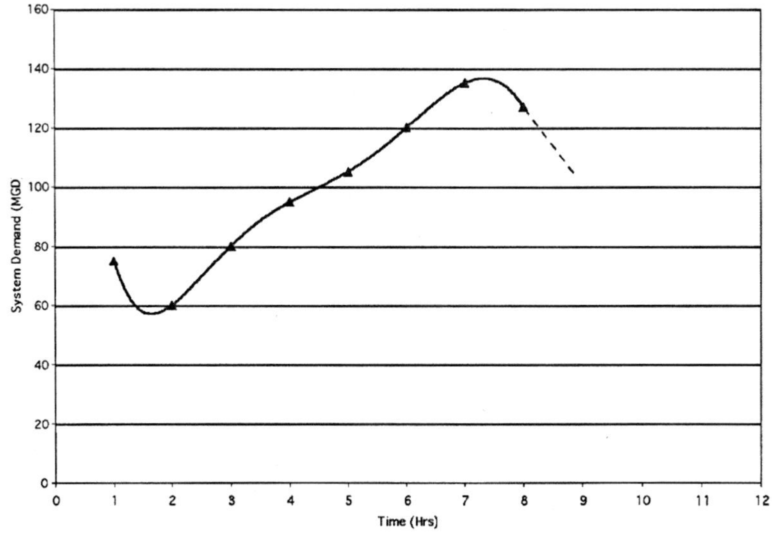

그림 15.6 ▌ 과거 수요로부터 미래 수요 예측

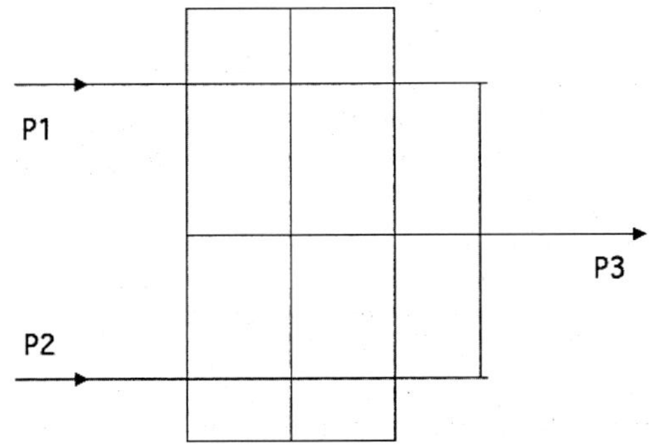

그림 15.7 | 물 사용에 대한 질량평형접근법

또 다른 방법은 다른 시스템과의 상호접합부에서 또는 물 사용량이 많은 지점들에서 소위 "smart meters"를 사용하는 것이다. 유량계실에 설치된 원격계측장치는 실시간 물 사용량의 자료를 중앙 위치에 전송한다. 또한 나중에 이 자료를 사용할 수 있도록 정보는 현장에서 기록된다.

15.5.2 링크 확립

명백하게 해석가와 최적제어모델들이 사용할 수 있는 자료들은 SCADA 시스템에 존재한다. 따라서 의문은 SCADA 시스템으로부터 해석 및 최적제어모델의 자료 전달방법과 유사하게 수리해석 및 최적제어모델들의 결과들을 SCADA 시스템으로 전송하는 방법이다. 이러한 후속 단계는 비교 목적과 자동제어의 수행을 위해 필요하다.

대부분 SCADA 시스템들은 정보를 저장하기 위해 데이타베이스를 사용한다. 데이타베이스에는 단순히 관련되거나 또는 관련되지 않는 정보들이 수집된다. 아마도 데이타베이스에 저장된 자료를 다른 적용들과 교환하는 가장 공통적인 수단은 ODBC(Open Database Connectivity) 인터페이스이다. ODBC는 전산기 프로그램이 ORACLE, Microsoft Access, dBASE, Microsoft Excel, Microsoft FoxPro, Borland Paradox, 또는 IDBC 인터페이스를 사용하는 다른 소프트웨어와 교환 가능한 일련의 소프트웨어 구동기들로 구성된다. 실제로 자료들은 이들 프로그램들 사이에서 교환되지 않지만 ODBC 인터페이스를 사용하는 프로그램들은 SCADA 시스템이 생성한 데이타베이스에 접근할 수 있다.

비주얼 베이직, C/C++ 등과 같은 다양한 프로그래밍 언어들이 지원할 수 있는 일련의 statement와 commands인 SQL(Structured Query Language)을 사용하여 데이타베이스를 조작할 수 있다. 데이타베이스에 저장된 자료를 갖고 다양한 기능들을 수행하기 위해 SQL을 사용하여 프로그램을 작성할 수 있다.

예를 들어 SCADA 시스템은 급수시스템의 거동에 대한 정보를 포함한 데이타베이스를 생성할 수 있다. 수리관망모델은 ODBC를 사용하여 데이타베이스에 접근할 수 있다. 수리

관망모델 내부에 내장된 SQL statement를 사용하여 최대 물 사용을 나타내는 날(즉, 급수시스템의 최대 1일 조건)을 찾기 위해 데이타베이스를 조작할 수 있다. 관망수리모델은 SQL을 사용하여 주어진 날에서 경계 조건들을 추출할 수 있다. 이제 관망수리모델을 실행하여 전체 시스템에서의 압력과 유량을 결정한다. 이제 이러한 정보를 사용하여 수요량이 많은 기간 동안 예측되는 시스템 거동에 대해 운영직원을 훈련시킬 수 있다.

SCADA 시스템과 다른 적용들 사이 대안적 자료의 전달 수단은 파일을 사용하는 것이다. 표준 양식을 사용하는 파일들은 SCADA 시스템과 다른 소프트웨어 사이에 공유된다. 이와 같은 방법은 특히 SCADA 시스템이 사용자가 명시한 양식으로 파일이 생성하는 것을 허락하지 않으면 엄격하고 유연성이 없다. 성능을 측정하는 시스템에 자료들을 제공할 필요가 있는 각 소프트웨어를 위해 통일된 양식이 필요하다. 이외 새로운 소프트웨어를 업그레이드하려면 프로그램들 사이에 새로운 양식을 확립해야만 한다.

15.6 시스템 제어와 데이타베이스의 연계

지난 10년 동안 수도산업에서 분산된 자료관리 구조로부터 모든 자료들을 중앙 데이타베이스에 수용하는 중앙자료 관리방법으로 이동하여왔다. 중앙 데이타베이스에 모든 자료를 수용하는 방법의 장점은 명백하다. 유사한 자료들을 사용하는 다른 소프트웨어 적용시 정보를 공유할 수 있다. 예를 들어 관망수리모델과 배관 인벤토리 프로그램은 급수시스템을 구성하는 메인관의 길이와 규격에 관한 정보를 필요로 한다. 유사하게 SCADA 시스템과 수리모델 모두는 탱크수위에 대한 정보를 사용할 수 있다.

물공급시스템에 대한 정보를 중앙 위치에서 수용하면 정보를 필요로 하는 모든 사용자가 가장 최근의 자료를 취득할 수 있다. 설계기술자가 대규모 산업단지 건설의 일부분으로 준공도면과 같이 건설 동안 발생한 급수시스템에 대한 변경 사항들을 수행하고자 하는 경우를 고려해보자. 준공도면들은 지하에 무엇이 매설되었는지 나타내기 때문에 이러한 정보는 계획부서의 모델링 기술자에게 극도로 소중하다. 모델링 기술자가 지하에 매설된 새로운 배관을 인식하지 못하는 한 수리모델에서 가장 최근 관망자료를 사용하는 것을 보장할 수 없다.

전형적으로 data-centric 방법은 그림 15.8과 같이 다수의 client-server 전산기를 포함한다. Server라 불리는 한대의 전산기는 모든 데이타베이스를 수용하면서 자료를 사용하는 적용 프로그램을 포함할 수 있다. Client 또는 host 전산기라 불리는 다른 전산기들은 server의 자료에 접근한다. 따라서 동시에 다수 사용자들이 동일한 데이타베이스에 접근하고 수정할 수 있다.

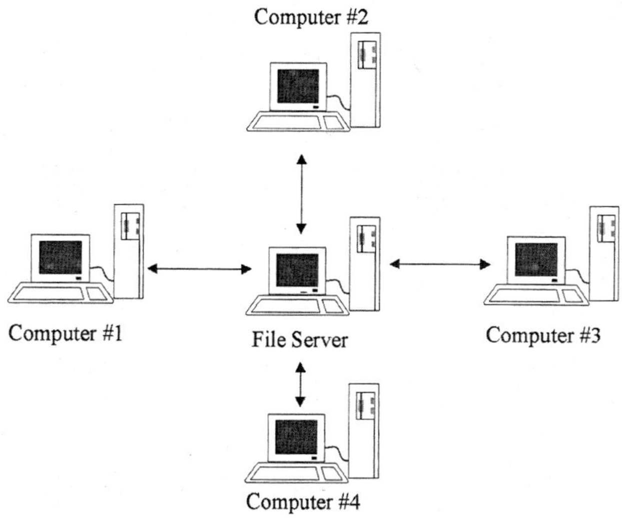

그림 15.8 | Data-centric 방법의 예

15.7 향후 전망

미래의 배·급수시스템 운영에서 고도제어의 사용은 물론 급속한 감시 및 제어기술의 성장의 결과로 흥미로운 잠재력이 제공된다. 다음 내용들은 멀지 않은 미래에 급수시스템 운영자들이 볼 수 있는 발전의 일부를 기술한다.

미국 내 여러 수도사업자들은 운영에서 관망모델들을 사용하고 있으나 시스템 운영자들이 모델을 사용하는 것을 허락하는 시스템은 거의 없다. 미래에는 급수시스템의 일상적인 운영과 비상 대응시 도움을 받기 위해 수리관망모델들을 사용하는 운영자들은 더욱 증가할 것이다. 급수시스템 운영자들이 모의모델을 광범위하고 편리하게 사용하기 위해서 가장 중요한 요소는 운영자들이 "what-if" 조건들을 명시할 수 있는 그래픽 인터페이스 사용의 용이성이다. 미래에는 더욱 많은 수도사업자들이 급수시스템의 실시간 모의와 제어를 허락하기 위해 해석모델과 최적제어모델을 SCADA 시스템과 연계시킬 것이다. 이 연계는 상기에서 기술한 그래픽 인터페이스를 필요로 한다. SCADA 시스템과 관망수리해석 및 최적제어모델 사이 자료 교환의 대부분은 시스템 운영자에게 명료하다.

더욱 많은 수도사업자들이 최적제어와 관련된 이익을 조사할 것이다. 전력산업의 규제철폐에 의해 이러한 이익에 대한 관심이 고조될 것이다. 최적제어모델들은 에너지소비와 관련된 운영비용을 감소시킬 수 있는 효율적인 운영전략 개발수립을 가능하게 한다. 제어기술에서의 발전은 자동제어수행을 보다 용이하게 하고 그로 인해 방치된 운영(무인운영)들의 수량이 증가하게 될 것이다. SCADA 시스템에 대한 상세한 내용은 제19장을 참조하기로 한다.

CHAPTER 16 배·급수시스템의 최적화 모델링

역자: 박한영, 노선민, 정현범, 추성훈, 박태진, 유승렬, 한화영

16.1 서론

급수시스템의 운영은 펌프의 기동과 정지, 탱크 수위조정, 소독, 그리고 양질의 물을 적정한 유량과 압력으로 수용가에 공급하는 것을 포함한다. 상수도시설은 양호한 공학적 설계와 이러한 목표를 신뢰성 있게 만족시킬 수 있는 시설물의 관리와 운영자의 기술과 경험에 의존한다. 표준화를 위해 그리고 직원이 품질을 개선하기 위해 공정매뉴얼 및 운영매뉴얼과 같은 도서를 제공한다. 급수시스템이 확장되거나 수정되고 새로운 기법과 모델들이 채택될 때 성능유지 향상을 위한 문헌들은 지속적으로 수정되고 업데이트된다. 이러한 소중한 도구들을 갖고 있어도 관로 파괴, 화재, 그리고 대장균시험의 실패와 같은 예상치 못한 사건이 발생할 수 있다. 펌프와 밸브들은 무작위로 파괴되어 시스템의 일체성을 손상시키고 서비스를 중단시킨다. 이러한 상황에 대한 대처방안은 문헌에서 얻을 수 있으나 통상적으로 운영자의 경험으로 대처 시간을 절약할 수 있다.

숙련된 급수시스템 운영자가 시스템 운영을 개선하고 비상사태에 대응시 도움을 줄 수 있는 최적화 모델들이 개발되어 왔다. 전산기가 더욱 강력해지고 저렴해지면서 최적화모델의 사용자는 연구자로부터 실행자로 이동되고 있다. 급수시스템 운영은 극도로 복잡하다. 즉, 전형적인 급수시스템은 수천명의 수용가와 수백개의 밸브, 수십대의 펌프와 탱크, 그리고 수질이 다른 여러 수원을 가질 수 있다. SCADA의 출현으로 시스템의 상태를 원격 위치에서 감시할 수 있다. 원격계측장치를 사용하여 펌프운영, 탱크수위, 압력, 유량, 그리고 수질들을 중앙 위치에서 감시 및 리포트할 수 있다. 많은 펌핑 시설들은 압력과 유량을 감시하고 프로그램된 로직 제어기를 사용하여 시스템의 요구조건을 자동으로 만족시키기 위해 펌프 운영을 조정한다. 시스템의 필요에 따라 원격계측장치는 자료를 중앙제어실로 전송하여 원격으로 운영자가 상황을 감시하고 펌프 운영을 제어할 수 있으며, 이와 유사하게 필요에 따라 염소설비를 원격으로 운영하여 소독제주입량을 제어할 수도 있다. 원격계측장치를 갖추고 급수시스템을 원격으로 운영하는 현재 기술수준은 운영자들의 경험과 기술에 의존한다.

최적화 모델들은 급수시스템의 운영을 개선하기 위한 효율적인 도구를 제공한다. 급수시스템을 수리모델하기 위해 KYPIPE 및 EPANET과 같은 전산기 모델들을 사용할 수 있다. 전산수리모델로 예측한 압력, 유량, 그리고 수질을 현장에서 측정된 수치들과 비교하고 수

동으로 또는 최적화 기법을 사용하여 모델이 캘리브레이션될 때까지 시스템 특성들을 조정할 수 있다. 에너지의 효율적 운영과 수질 측면에서 급수시스템 운영을 최적화하기 위해 수학적기법에 기초한 최적화기법들을 시스템 수리모델과 연계시킬 수 있다.

본 장은 급수시스템 운영을 최적화하기 위해 개발된 모델들에 대해 기술한다. 내용은 일반적이나 독자에게 각 모델의 능력에 대한 직관력을 제공하기 위해 충분히 포괄적이다. 참고문헌을 참조하여 독자들은 최적화기법에 대한 지식을 확장시킬 수 있다.

급수시스템 운영은 너무 복잡하여 전산시스템이 급수시스템 운영자들에게 자동항법을 제공할 것이라고 기대할 수는 없다. 기대할 수 있는 것은 급수시스템 특성을 학습하고 운영자의 대응을 개선하기 위한 지침을 제공하여 더욱 효율적인 운영 및 최적화 그리고 시스템에 대한 비용효과 변용(modification)을 얻을 수 있는 전산기법의 개발이다.

현재의 저장량과 예상된 수요량에 기초하여 다음 12시간을 위한 펌프 운영 스케줄링의 문제를 고려하자. 전산기법을 사용하여 자료를 해석하고 시스템 요구사항을 만족시키면서 비용을 감소시키는 펌프 스케줄 메뉴를 제공할 수 있다. 유지관리 또는 설비고장으로 주요 펌프 또는 흡수정을 사용할 수 없는 경우 사용 가능한 설비들을 갖고 시스템 요구조건을 효과적으로 만족시키는 일련의 펌프 스케줄을 제공하기 위해 상기 전산기법들을 적용할 수 있다.

최종적으로 최적화 기법들의 잠재적 적용은 수질 또는 에너지 비용의 최소화에 국한되지 않는다. 최적화 기법들을 사용하여 관 대체 또는 관 갱생을 위한 배관 선정, 효율적인 운영을 위한 밸브의 최적위치 선정, 그리고 시스템 누수의 발생 가능 지점을 찾을 수 있다. 전산기가 더욱 강력해지고 연구자들이 급수시스템 운영을 개선하기 위해 전산기를 사용하면서 최적화기법의 적용성이 더욱 확장될 것이다.

16.2 에너지비용 최소화를 위한 최적화

16.2.1 에너지 관리

수리성능과 경제적인 효과성을 포함해 다양한 목적을 만족시키기 위해 급수시스템들을 제어한다. 수리성능의 척도는 압력 수준, 소화, 수질, 그리고 다양한 시스템 신뢰도를 포함한다. 일반적인 운영 및 유지비용 그리고 펌핑 비용과 같은 요소들은 경제 효과성에 영향을 미친다. 전통적인 배·급수시스템에서 정수처리된 물의 펌핑은 전체 에너지의 대부분을 차지하며 전체 운영비용에서 상당한 비중을 차지한다. 따라서 급수시스템에서의 최적 제어 전략은 이와 같은 운영비용의 최적화에 집중된다.

펌핑비용의 최소화와 관련하여 최적 제어시스템의 목적은 운영자에게 급수시스템 내 모든 펌프장들에서 운영비용을 최소화할 수 있는 운영정책을 제공하는 것이다. 펌프장 운영정책은 명시된 시간에 걸쳐 특정 펌프 또는 펌프 그룹을 기동 또는 정지시켜야 할 때를 나타내는 단순한 일련의 규칙 또는 스케줄이다. 최적 정책은 주어진 일련의 경계조건과 시스템의 제약들을 만족시키면서 전체 운영비용을 최소화 시키는 것이다.

16.2.2 관리 전략

배・급수시스템의 운영을 고려할 때 자동화 제어 수준들을 최소한 3개로 분류할 수 있다. 가장 낮은 제어는 그림 16.1과 같은 **전산기감시제어구조**(computer -monitored command structure) 또는 실시간 감시다. 이 구조의 심장부는 자료의 수집 및 기록(log), 시스템의 운영상태 감시, 그리고 운영자의 지시를 현장에 있는 다양한 제어장치로 전송하는 전산기이다. 다음 수준의 자동화된 제어는 그림 16.2와 같이 때로는 실시간 모의라 불리는 **전산기-보조제어구조**이다. 이 제어구조는 SCADA 시스템과 연계하여 수요예측 프로그램, 수리모델, 그리고 제어모델이 통합되어 상호작용하는 환경을 운영자에게 제공한다.

전산기-보조제어 구성(computer-assisted control configuration)은 운영자들이 현장에서 실제로 조치를 수행하기 전에 이들 조치에 따른 결과를 검토할 수 있도록 해준다. 제어의 최종 수준은 그림 16.3과 같은 **전산기-지시(computer-directed)제어 구조**이다. 이 제어구조는 매개변수 예측을 기반으로 운영정책(최적의 정책일 수 도 있음)을 제공하고 중앙처리(central processing) 전산기와 현장에 위치한 제어장치들 사이 직접적인 연계를 통해 자동으로 운영정책을 수행하는 것이 가능하기 때문에 빈번하게 전산기-지시 구조를 실시간 제어라 부른다. 물론 운영자는 안정장치로서 언제든지 제어구조를 완전하게 수동제어 모드로 전환시킬 수 있다(Caves & Earl, 1979).

전산기-보조시스템과 전산기-지시시스템 모두는 관련 SCADA 시스템 이외 수리관망모델, 수요예측모델, 그리고 최적 제어모델 3개의 중요한 요소를 갖는다. 이러한 요소들 각각에 대해 다음 절에서 토론한다.

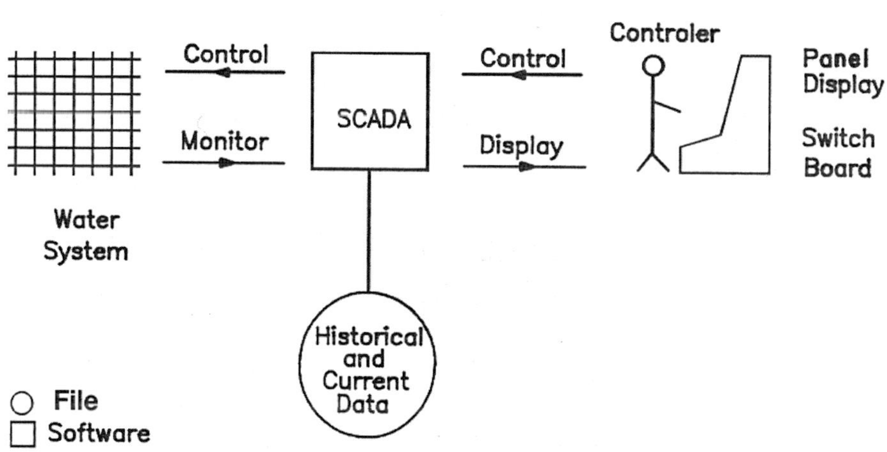

그림 16.1 ▌ 전산기 감시제어

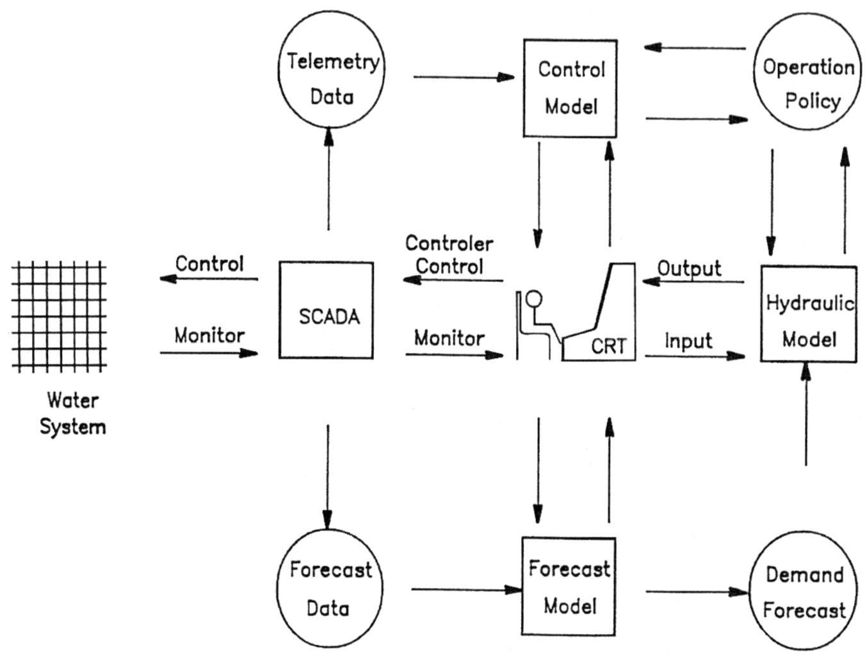

그림 16.2 ▌ 전산기 보조제어

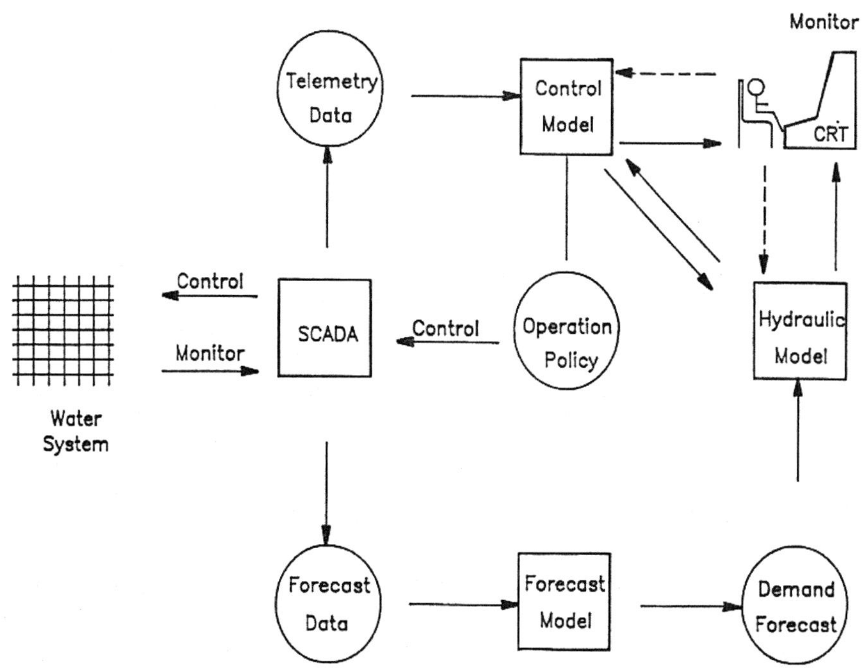

그림 16.3 ▌ 전산기 지시 제어

16.2.3 관리 모델(Management Model)

16.2.3.1 관망수리모델

특정 펌프-운영정책의 비용과 이와 관련된 운영 제약들을 평가하기 위해서, 급수시스템의 수리모델이 필요하다. 잠재적 모델구조는 질량평형모델, regression 모델, 단순화된 관망수리모델, 완전 관망수리모델, 그리고 신경관망모델들을 사용한다.

1. **질량평형모델**. 단일 탱크 시스템의 단순 질량평형모델에서 관망시스템 내로의 유입 유량은 수요량과 탱크에서 저장량의 변화율을 더한 것과 동일하다. 탱크로의 유입 유량을 얻기 위한 압력수두를 무시하였고, 탱크 내 저장량의 원하는 변화를 달성하기 위한 펌프조합이 가능하다고 가정한다. 통상적으로 탱크의 수위를 원하는 범위 이내로 유지하면 절점압력요구는 만족된 것으로 가정한다. 질량-평형모델을 사용함에 있어 운영비용은 유량 및 유량에 가해지는 에너지 모두와 관련되기 때문에 주어진 유량을 펌핑하기 위한 비용을 결정할 때는 반드시 주의를 기울여야 한다.

   또한 다차원 질량-평형 모델들도 개발되어 왔다. 이 모델들은 탱크유량과 펌프장 유량 사이 가중함수 상관관계로 구성된다. 선형 회귀(Sterling & Coulbeck, 1975a) 또는 비선형 관망의 선형화(Fallside & Perry, 1975)를 사용하여 함수적 상관관계와 관련된 가중치를 결정할 수 있다.

   질량평형모델의 주된 이점은 모의모델보다 더욱 신속하게 시스템의 반응을 결정할 수 있다는 것이다. 따라서 이러한 모델들은 대규모 모의해석을 필요로 하는 최적화 전략 사용에 적합하다(Joalland & Cohen, 1980). 일반적으로 질량평형모델들은 루프로 형성된 관로시스템이 수리학을 지배하는 급수관망이 아닌 주 관로에 의해 유량이 수송되는 지역적 공급 시스템에 더욱 적합하다.

2. **회귀모델(Regression Models)**. 단순한 질량평형모델을 사용하는 대신 일련의 비선형 회귀공식을 사용하여 시스템 수리학의 비선형 특성을 더욱 정확하게 표현할 수 있다. 이와 같은 모델을 형성하기 위해 필요한 정보를 여러 방법으로 얻을 수 있다. 탱크 수위와 부하 조건들이 다른 여러 상황에서 캘리브레이션된 모의모델을 반복 실행하거나(Ormsbee et al., 1987) 또는 펌프수두, 펌프유량, 탱크수위, 그리고 시스템 수요량과 관련된 데이타베이스를 형성하는 실제 운영조건들로부터 정보를 사용하여 회귀곡선을 작성할 수 있다(Tarquin & Dowdy, 1989).

   회귀모델은 시스템 반응을 평가하기 위한 효율적인 시간 미케니즘을 제공하는 한편 시스템 비선형성을 어느 정도 반영할 수 있다는 장점을 갖는다. 그러나 회귀곡선들과 데이타베이스는 오직 주어진 수요량 범위에 걸친 관망에서의 정보만을 포함한다. 만일 관망이 현저하게 변화하거나 또는 예측된 수요량들이 데이타베이스의 범위를 벗어나면 회귀모델은 그릇된 결과들을 제공한다. 더욱이 회귀곡선은 시스템 반응을 단순화 한 것이기 때문에 곡선들이 실제 반응의 단순화와 근접하지 않는 한 운영과정에 걸쳐 오차들이 누적되어 최적화 알고리즘과 그 결과의 정확도 및 수용성에 악영향을 미친다.

3. **단순화된 관망 수리모델**. 비선형 회귀모델과 완전한 비선형 관망모델 사이의 중간 단계로서 단순화된 관망수리모델들을 사용할 수 있다. 이 경우 거시적인 관망모델을 사용하여 관망 수리학을 단순화시키거나 또는 선형화된 수리공식시스템을 사용하여 해석할 수 있다. 거시적 관망모델들은 고도로 골격화된 관망모델을 사용하여 시스템을 표현하며 통상적으로 이 모델은 오직 한대의 펌프, 일괄 처리된 저항(한 개의 배관), 그리고 한 개의 일괄 처리된 수요량들을 포함한다. DeMoyer & Horowitz(1975) 그리고 Coulbeck(1984)은 다양한 시스템 요소들의 영향을 관련시키는 여러 항들을 한 개의 공식으로 표현하는 거시적 모델을 사용하였다.

   특별한 경우(예를 들어 시스템 경계조건들이 본질적으로 펌프장 토출유량과 독립적인) 단일 선형모델을 사용하여 시스템 수리학을 표현하는 것이 가능할 수 있다. Jowitt & Germanopoulos(1992)는 대형펌프 수두에 의해 지배된 한 시스템을 표현하기 위해 근사 선형모델을 적절하게 사용하였다. 이 경우 탱크수위에서 작은 변화는 펌프운영에 중대한 영향력을 갖지 않았다. Little & McCrodden(1989)은 유사한 적용에서 제어 탱크에서 수두가 일정하게 유지되는 공급시스템을 위한 단순 선형 모델을 개발하였다. 광범위하게 시스템을 해석한 후 두 모델 형식들을 위한 계수들을 결정할 수 있다. 결과적으로 모델들의 수용성을 판단하기 위해 반드시 이와 같은 모델들을 시스템 종속기반에 기초하여 평가해야 한다.

4. **완전 수리모의모델(Full hydraulic simulation model)**. 관망모의모델들은 일련의 지배 유사-정상상태 수리공식들을 해결하여 급수시스템의 비선형 동역학을 모델링하는 능력을 제공한다. 급수시스템의 경우 지배 공식들은 질량보존과 에너지보존을 포함한다. 접합부 수위(Shamir & Howard, 1968), 루프 유량(Epp & Fowler, 1980), 그리고 배관 유량(Wood & Charles, 1972)을 위한 조정 계수들의 항으로 지배공식들을 해결할 수 있다.

   질량평형모델 및 회귀모델과 대조적으로 완전 수리모의모델들은 공간적 수요량변화와 시스템변화 모두에 적응한다. 예를 들어 갑자기 탱크 또는 메인관에 이상이 생겨 사용할 수 없게 되어도 제대로 캘리브레이션된 모의모델은 수정된 시스템의 수리반응을 제공할 수 있다. 반면 질량평형 또는 회귀모델은 시스템의 반응에서 변화를 설명하기 위해 데이타베이스 또는 회귀곡선의 수정을 필요로 한다. 완전수리모의모델들은 질량평형 또는 회귀모델보다 더욱 강건하지만 일반적으로 공식화하기 위해 더욱 많은 자료를 필요로 한다. 또한 이 모델은 적정하게 캘리브레이션하기 위해 상당한 작업이 필요하며 질량평형모델 또는 회귀모델보다 더욱 많은 연산노력이 필요하다. 따라서 일반적으로 개별 시스템을 최소의 횟수로 평가하는 최적 제어 공식화를 갖추면 더욱 유용하다.

5. **신경망 모델(Neural network models)**. 완전한 수리모의모델의 연산 요구조건들을 감소시키기 위해 시스템 반응의 신경망 모델로 이 모델을 대체할 수 있다(Ormsbee & Lingireddy, 1995b). 이 경우 오프라인에서 신경망을 완벽하게 훈련하여 관망모델 대신 사용한다. 신경망을 훈련하기 위해 필요한 자료는 이전 캘리브레이션된 수리모의모델의 여러 적용들로부터 얻을 수 있다. 대안적으로 실시간 또는 SCADA 시스템으로부터 취득한 자료를 사용하여 온라인에서 신경망을 훈련시킬 수 있다.

   신경망은 일련의 고도로 상호 연계된 그러나 단순 처리 단위들로 구성되며 각 단위는 오직 약간의 초보적인 연산을 수행하는 것을 책임진다. 주어진 시스템을 위한 순차적인 일련의 입력과 출력이 제공되면 관망은 관망자체가 또 다른 주어진 입력을 위한 예상된 출력을 재생성하는 것을 허락하는 방법으로 내부적으로 체계화한다. 자체-체계화의 내부 과정 또는 일반화된 시스템의 표현을 전개하는 것은 훈련과정으로 인용되며 신경망의 효율적인 재생성 단계를 위해 이 훈련과정은 매우 중요하다. 신경망으로부터 명시된 출력이 허용범위 이내가 되면 신경망은 잘 훈련된 것으로 판단 할 수 있다. 망 위상학에 기초하여 절점 특성들, 그리고 학습 과정, 여러 형식의 신경망들을 개발할 수 있다.

16.2.3.2 수요예측모델

최적 펌프운영정책을 수립하기 위해 반드시 관망시스템 수요량들을 알아야 한다. 수요자의 실제 1일 수요 스케줄은 사전에 알 수 없기 때문에 수요-예측 모델로부터 예측된 수요량을 사용하여 최적 운영정책을 수립한다. 일괄처리방법, 비례방법, 또는 분산방법을 사용하여 예측된 수요량들을 최적 제어모델로 합체시킬 수 있다. 통상적으로 일괄처리방법에서는 시스템 수요량들을 단일 일괄처리된 수치로 표현한다. 통상적으로 이 방법은 질량평형 수리모델들과 연결하여 사용되며 이 경우 전체 시스템 수요량에 비례하여 변화하는 단일 수요패턴으로부터 회귀 상관관계들을 유도한다. 완전관망모의모델을 사용할 때 분산된 수요방법(distributed demand approach)을 적용하는 것이 가능하다. 분산수요방법에서 전체 시스템 수요량을 여러 관망 수요점들 사이에서 시간적으로 그리고 공간적으로 분산시킬 수 있다. 이 방법은 지정된 운영기간에 걸쳐 발생할 수 있는 시스템 수요량의 상당한 변화들에 적응할 수 있는 최적제어정책의 수립을 가능하게 한다.

분산된 수요 예측모델은 전형적으로 3개 단계를 채택한다. (1)이 모델들은 1일 수요량을 예측한다. (2)이 모델들은 접합부 절점들 사이에서 1일 수요량을 공간적으로 분산한다. (3)이 모델들은 24시간 운영시간 범위에 걸쳐 접합부 수요량들을 시간적으로 분산한다. 1일 기후조건, 일기예보, 연중 계절, 그리고 과거 물 사용의 경향들과 같은 인자들을 고려하여 1일 수요예측을 수행할 수 있다(Maidment et al., 1985; Moss, 1979 : Ormsbee & Jain, 1994; Sastri & Valdes, 1989; Smith, 1988; Steiner, 1989). 과거 유량계 기록 또는 실시간 데이타베이스 정보를 사용하여 접합부 절점들 사이에서 1일 시스템 수요량을 분산할 수 있다. 요일별과 계절별 1일 수요량의 계절적 패턴을 고려하여 접합부 수요량에서 1일 보다 작은 시간 간격으로 분해할 수 있다(Bree et al. 1987; Chen, 1988a; Coulbeck et al., 1985; Perry, 1981).

일반적으로 수요량을 추정할 수 있는 여러 기법들이 존재하나 자료의 유용성(공간적 및 시간적 자료)으로 인해 많은 유용한 도구들의 개발과 적용이 제한되어 왔다. 따라서 이 분야에서는 짧은 기간 자료를 사용하여 짧은 간격 예측과 공간적 분해를 위한 개선된 방법을 포함한 추가개발이 아직 필요하다. 포괄적인 SCADA 데이타베이스 사용이 증가하면서 모델공식화와 성능이 개선될 것으로 기대된다.

16.2.3.3 제어모델(Control model)

관련된 제어모델을 해결하기 위해서는 해결하고자 하는 문제의 특성에 적합한 최적화 알고리즘을 선정하여야 한다. 에너지비용 최소화 문제를 해결하기 위해 선형 계획법(LP), 다이나믹 계획법(DP, Dynamic programming), 그리고 비선형 계획법(NLP)과 같은 여러 수학적 계획법들을 사용할 수 있다. 지금까지 과거 연구자들은 DP를 최적화 알고리즘으로 사용하여 왔으며 통상적으로 탱크 수위를 제어변수로 하여 implicit 제어 공식화 작성시 DP를 사용하여 왔다. DP를 사용할 때 제어문제는 규정된 일련의 잠재적 제어변수 수치들(state)을 갖는 일련의 불연속 시간 단계들(stage)로 세분된다. 모든 상태들(state, 예 전체목록) 사이에서의 모든 상태변이(state transition)들을 평가하는 것에 대립된 인접 단계들 사이 모든 상태변이들을 평가하여 제어문제에 대한 최적해를 구한다. 각 단계들 사이에서 상태변이들을 평가하여 여러 세부문제를 포함하는 복잡한 하나의 문제를 단일 변수로 포함하는 일련의 문제로 감소시킬 수 있다. DP의 사용과 관련된 주된 문제는 제어변수들의 수량이 증가하면서 이 방법의 연산 효율이 감소하는 이른바 차원의 저주(curse of dimensionality)이다. 이러한 문제를 방지하기 위해 공간적 분해(docomposition) 스킴을 사용하거나 또는 대안 결정 변수들의 항으로 문제를 재구성하고 다른 수학적 계획법을 사용하여 해결한다.

LP는 목적함수와 모든 제약공식들이 결정변수들이 비음(nonnegative)인 선형 함수문제를 해결하기 위해 사용되는 수학적 계획법의 한 종류이다. 빈번하게 목적함수와 제한된 해 영역의 부분들을 미리 정해진 간격 안에서 근사 선형으로 가정하여 LP를 사용하여 비선형 문제들을 해결한다. 1940년대 후반 최초로 Dantzig가 개발한 simplex 방법이라 불리는 방법을 사용하여 LP 문제들을 해결한다. Simplex 방법은 목적함수에서 가장 큰 개선을 얻는 결정변수를 반복적으로 선정하여 문제에 대한 최적해를 구하는 효율적인 수단을 제공한다. 선형 해 영역 특징의 결과로서 LP 문제의 해들은 항상 두 개 이상의 제약공식들의 교차점에 위치한다. Simplex 방법은 제약공식들의 교차점을 따라 이동하면서 convex 문제들의 특징을 유리하게 사용한다. 초기 실행 가능한 해가 한번 결정되면 알고리즘은 목적함수를 개선하는 하나의 인접점(adjecent point)을 확인한 후 새로운 점을 향한 제약을 따라 이동한다. 현재 점을 통과하는 각 제약의 구배들을 검토하여 새로운 점을 선정하고 최적해를 구할 때까지 반복한다.

제어모델의 3번째 형식은 NLP를 사용한다. 명칭이 의미하는 것과 같이 최적화문제의 목적함수 또는 제약함수들 또는 둘 모두가 비선형인 문제들을 해결하기 위해 NLP을 사용한다. LP 및 DP와 달리 NLP는 최적화 문제를 해결하기 위해 여러 기법들을 사용할 수 있다. 이 기법들은 정교한 구배-기반 기법들로부터 개념적으로 단순한 직접 탐색방법(direct search method)까지 광범위하다. 최근에는 여러 연구자들은 SA 및 유전자 알고리즘과 같은 자아학습법의 사용을 조사하기 시작하였다.

16.2.4 최적화 모델

16.2.4.1 문제 공식화

결정 변수(decision variables). 결정 변수의 선정에 따라 직접방법 또는 간접방법을 사용하여 용수공급 펌핑시스템을 위한 최적 제어문제를 공식화할 수 있다. 최적제어문제의 직접 공식화는 운영 기간을 일련의 시간 간격으로 나눈다. 각 시간 간격에서 시간 간격 동안 펌프가 운영 중인 시간의 부분을 나타내는 결정 변수를 각 펌프에 할당한다. 그 후 각 시간 간격에서 각 펌프의 운영과 관련된 에너지비용의 합으로 제어 알고리즘을 위한 목적함수를 구성한다. 이제 LP 또는 NLP(Chase & Ormsbee, 1989; Jowitt et al., 1988; Ormsbee & Lingireddy, 1995a, 1995b)을 사용하여 문제를 해결할 수 있다. 펌프-제어 정책은 필요한 펌프의 조합 및 이 조합과 관련된 운영 시간들로 구성되기 때문에 explicit(또는 discrete)로 분류될 수 있다.

제어문제를 펌프 운영시간의 항으로 직접적으로 공식화하는 대신 탱크수위 또는 펌프장 유출량과 같은 대리제어변수(surrogate control variable)를 사용하여 문제를 간접적으로 표현할 수 있다. 이와 같은 공식화의 사용은 대리제어변수로 표현된 비용함수의 사전 전개를 필요로 한다. 실제 비용자료의 여러 회귀분석으로부터 또는 특정 시스템의 여러 수학적 모의로부터 이와 같은 비용 상관관계를 전개할 수 있다.

탱크수위를 대리제어변수로 사용하는 목적 중 하나는 명시된 운영기간에 걸친 최소-비용 탱크-수위 궤적을 결정하는 것이다. 펌프장 유출량을 제어변수로 사용할 때 목적은 모든 펌프장으로부터 유량(또는 수두)의 최소-비용 시간 분포를 결정하는 것이다. 최적 상태 변수들과 관련된 각 펌프 운영 시간들은 explicitly 결정되지 않기 때문에 이와 같은 공식화로 얻은 펌프-제어 정책들을 implicit(또는 연속)으로 분류할 수 있다(Fallside & Perry 1975; Sterling & Coulbeck, 1975a; Zessler & Shamir 1989). 그러나 통상 후속적으로 2차 최적화 프로그램을 적용하여 이와 같은 implicit 해와 관련된 일련의 상태변수들을 펌프 운영시간의 explicit(discrete) 정책으로 변환시킬 수 있다(Coulbeck et al. 1988b; DeMoyer & Horowitz 1975; Lansey & Awumah 1994).

목적 함수(Objective function)-운영비용 최소화. 전형적으로 펌핑시스템의 운영비용은 에너지 사용요금과 기본요금으로 구성된다. 사용요금은 청구 기간 동안 소비된 전기에너지의 kWh에 기초한 전기요금 청구서의 부분이다. 기본요금은 초과 에너지를 제공하기 위한 비용을 의미하며 통상적으로 명시된 시간 동안 발생하는 에너지의 첨두 소비에 기초한다. 현존하는 급수시스템 제어알고리즘의 대부분은 오직 사용요금만을 고려하는데 이는 주로 수요부과율(demand-charge rate) 스케줄의 가변성의 결과이고 이와 같은 부과율은 1주일과 1년 사이에서 변할 수 있다. 이와 같은 부과율이 최적 제어 목적함수에 explicitly 포함되지 않을 때는 부과율을 무시하거나 시스템 제약공식들을 통해 다룰 수 있다.

목적함수로부터 기본요금을 배제하면 에너지 사용요금 항 단독으로 목적함수를 표현할 수 있다. 통상적으로 펌핑된 물의 양을 감소시켜 전체 시스템 수두를 감소시키고, 적정 펌프의 선정으로 펌프장 전체 효율을 증가시키거나 균등하고 고효율 펌프 운영을 유지하기 위해 탱크를 사용하여 에너지 사용요금을 감소시킬 수 있다. 대부분의 경우 최적 제어 알고리즘을 사용하면 가장 효율적인 펌프의 조합을 선정하여 주어진 수요량을 만족시키면서 동시에 펌프의 효율을 개선시킬 수 있다. 탱크의 적정한 충수와 배수를 통해 펌프 운영을 비첨두 물수요 기간으로 이동시켜 추가로 에너지비용을 절감시킬 수 있다. 특히 가변 전력요금체계하에서 비첨두 펌핑은 시스템 운영에 매우 유익하다.

운영 제약들. 최적제어문제와 관련된 제약들은 시스템의 물리적 한계, 물리법칙, 외부 요구조건으로 구성된다. 시스템의 물리적 제약은 탱크가 저장할 수 있는 물 체적에 대한 한계, 수원 그리고 밸브 또는 펌프가 공급할 수 있는 물의 양을 포함한다. 공급 및 급수시스템과 관련된 물리법칙들은 절점에서 유량보존(질량 보존)법칙과 하나의 루프 또는 전체 수위가 기저인 두 점들 사이에서 주변 에너지보존법칙이다. 또한 배관, 펌프 또는 밸브를 통한 수두손실과 유량 사이 상관관계도 여기에 포함된다. 전형적으로 유일한 외부 요구조건들은 정의된 수요량을 만족시키는 것과 시스템 압력수두를 허용할 수 있는 수준으로 유지하는 것이다. 압력-수두 요구조건은 누수를 방지하고 사용자 요구조건을 만족시키는 것을 보장하기 위해 상한과 하한을 가질 수 있다. 탱크수위를 사전 설정된 수치 범위 이내로 유지하기 위해 추가적인 제약들이 필요할 수 있다.

최적화 문제를 풀 때 시스템의 상태는 해석시간에서 기저이고 타겟으로써 하나의 가정된 최종조건을 설정한다. 시스템의 초기상태는 펌프 운영과 탱크수위를 포함하는 반면 최종상태는 주기종료시 탱크의 수위를 포함한다. 해석시간은 1일보다 긴 주기를 고려할 수 있지만 통상적으로 1일 주기를 고려한다. 대부분 제어 스킴에서 한 주기는 전형적으로 모든 탱크들을 완전하게 충수하거나 또는 사전 설정된 저수위로 시작하여 24시간 후 동일한 조건으로 종료한다(Shamir, 1985).

대부분 제어 알고리즘들에서 통상적으로 explicitly하게 고려하지는 않지만 펌프 유지관리 비용들은 임의 펌프 운영예산에서 상당한 부분을 차지할 수 있다는 사실을 인식하여야 한다. 주어진 수명 주기에 걸친 펌프의 기동 및 정지 회수와 펌프 마모는 운영예산과 직접적으로 관련된다. 따라서 최소운영비용을 결정하면서 동시에 펌프의 기동·정지 회수를 최소화해야 한다. 보다 개선된 설계와 더욱 내구성 있는 재질로 제작된 신규 펌프의 경우 이 문제는 심각하지 않으나 많은 구식 펌프 시스템의 경우 주된 관심사이다. 불행하게도 현재는 자료가 충분하지 않아 목적함수에 그와 같은 비용들을 직접적으로 반영시킬 수 없지만 대신 시스템 제약을(Lansey & Awumah 1994)을 통해 또는 하나의 근사비용 항(Coulbeck & Sterling, 1978)을 사용하여 펌프 기동·정지 회수에 대한 제한을 설정할 수 있다.

16.2.4.2 시스템 분류

많은 연구자들은 용수공급 펌핑시스템과 관련된 운영비용을 최소화하기 위해 최적의 제어공식들을 개발하여 왔다. 본 절에서는 표 16.1을 주로 참조하여 관련된 제어 문제를 해결하기 위해 개발되어온 여러 알고리즘들을 인용하고 분류한다. 시스템의 물리적 구성(예를 들어 탱크와 펌프장의 수량)을 기반으로 모델 공식화들을 분류한다. 분류 후 다양한 알고리즘에 대해 전반적으로 평가한다.

다양한 제어 알고리즘을 분류하는 요소는 모델이 역점을 두어 다루는 시스템의 형식이다. 표 16.1에서 칸 2와 3은 각 모델이 고려할 수 있는 탱크와 수원의 수량을 정의하며 대안적 펌핑 위치들의(각 펌프들 또는 펌프장) 수량으로 수원을 정의한다. 표 16.1에서 모델을 적용할 수 있는 시스템의 형식(칸 2, 3) 다음은 알고리즘이 사용한 수리모델형식(칸 4), 수요모델의 형식(칸 5), 사용한 제어 알고리즘의 형식(칸 6), 그리고 제어정책의 형식(explicit 또는 implicit)(칸 7)들을 열거하였다. 제어알고리즘은 DP, 선형 quadratic 계획법, NLP, 정수 계획법, 혼합-정수 선형 계획법, 비선형 자아학습법, 그리고 유전자 알고리즘을 포함한다.

탱크가 없는 단일 및 복수 펌프장. 물 공급 시스템의 최적 제어와 관련된 대부분의 연구는 하나 이상의 저류탱크를 갖는 시스템에 집중되었다. 두 조사자는 유효 저장이 없는 시스템을 위한 제어전략을 개발하였다. Chen(1988b)은 탱크가 없는 관망을 고려하였고 펌프장들에 최적 공급 할당을 결정하였다. 펌프장의 각 펌프효율을 펌프장 평균효율로 가정하고 하나의 일괄 처리된 시스템의 상관관계를 전개할 수 있다고 가정하여 연속 비선형 문제를 해결하였다. DP를 적용하여 주어진 연속 유출량을 제공하기 위한 최적펌프들을 선정하였다.

Little & McCrodden(1989)은 일정한 수두 유량을 갖는 공급 시스템을 고려함에 있어 목적함수에서 에너지 사용과 수요부과금을 포함하여 단일 펌프장의 최적 펌프 조합들을 선정하기 위한 알고리즘을 개발하였다. 이 알고리즘은 결정 변수들로서 펌프 운영 시간을 사용하였다.

표 16.1 ▌ 최적화 모델 요약

References (1)	Number of Tanks (2)	Number of Sources (3)	Hydraulic Model (4)	Demand Model (5)	Control Algorithm (6)	Control policy (7)	Comments (8)
DeMoyer and Horowitz (1975)	Single	Single	Simplified hydraulics	Lumped	Dynamic programming (DP)	Explicit	Pump combinations determined in a conventional DP model with a simplified hydraulic representation (macroscopic model).
Sterling and Coulbeck (1975b)	Multiple	Multiple	Mass balance	Lumped	Linear quadratic programming (LQP)	Implicit	Pump-station discharges are determined with a mass-balance-type linear hydraulic model. Extended in Coulbeck and Sterling (1978)and Cembrano et al.(1988).
Sterling and Coulbeck (1975a)	Single	Multiple	Mass balance	Lumped	DP	Implicit	Conventional DP model determines continuous pump-station discharge.
Fallside and Perry (1975)	Multiple	Multiple	Mass balance (linearized hydraulic equation)	Lumped	LQP	Implicit	Spatial decomposition with fixed transfers between subsystems. Lagrangian relaxation, like Sterling and Coulbeck(1975a), is applied. Optimization later dropped for heuristic-based pump priority logic.
Joalland and Cohen(1980); Carpentier and Cohen(1984)	Multiple	Multiple	Mass balance	Lumped	DP	Implicit	Extension of Fallside and Perry,(1975). Spatial transfers are optimized with discrete pump operations. Each subsystem has a single-tank and pump source.
Coulbeck (1984)	Single	Single	Simplified hydraulics	Lumped	DP	Explicit	Approach for an in-line hydraulics source resistance-tank-demand supply system. Simplified similar to DeMoyer and Horowitz(1975). Extended to special cases of multisource and multi-tank systems.
Sabet and Helweg (1985)	Single	Multiple	Nonlinear regression	Proportional	DP	Implicit	Uses single pump sources but neglects the interaction between pumps in developing hydraulic relationships.
Whaley and Hume (1986)	Multiple	Multiple	Nonlinear system equation	Proportional	Nonlinear programming (NLP)	Explicit	Gradient-based NLP system algorithm with penalty weights.
Solanos and Montoliu (1988)	Multiple	Multiple	Mass balance	Lumped	DP/LQP	Implicit	Optimal lumped controls are determined in iterative DP-optimal control approach.
Chen(1988)	None	Multiple	Mass balance	Lumped	NLP	Implicit	Determines allocation of demand between sources using Lagrangian funtion.
Jowitt et al.(1988)	Multiple	Multiple	Mass balance	Lumped	Linear programming (LP)	Explicit	Pump run times are determined.
Tatejewski (1988)	Multiple	Multiple	Mass balance	Lumped	LQP	Implicit	Two-level approach with pump station flows determined in an upper level using continuous cost approximations.
Coulbeck et al. (1988a,b)	Multiple	Multiple	Mass balance	Lumped	NLP/integer programming (IP)	Explicit	Three-level model that fixes tank trajectories by NLP in the upper level. These are passed to two lower levels to select pump combinations in an IP

표 16.1 ▌ 최적화 모델 요약(계속)

References (1)	Number of Tanks (2)	Number of Sources (3)	Hydraulic Model (4)	Demand Model (5)	Control Algorithm (6)	Control policy (7)	Comments (8)
Ormbee et al. (1989)	Single	Multiple	Nonlinear regression	Proportional	DP	Explicit	Optimal tank trajectories are determined in a DP model using regression curves for cost and hydraulics. Enumeration is then used to determine exact pump combinations.
Lannuzel and Ortalano(1989)	Single	Multiple	Nonlinear system equation	Distributed	Heuristic	Explicit	Operation heuristics are captured in an expert system linked with a simulator.
Little and McCrodden (1989)	None	Single	Simplified hydraulics	None	Mixed-integer Linear programming (MILP)	Explicit	Pump operation times for a supply system to a constant elevation tank via a pipeline are determined in an integer-LP model.
Zessler and Shamir(1989)	Multiple	Multiple	MAss balance	Lumped	DP	Implicit	Reginal supply system is spatially decomposed with a single tank and equivalent-demand node in each subsystem. Optimal flows are determined by DP and converted by logic to discrete operations.
Chase and Ormbee (1989,1991)	Multiple	Multiple	Nonlinear system equation	Distributed	NLP	Explicit	Linked optimization-simulation model using pump run times as decisions for fixed time intervals (Chase and Ormsbee, 1989) and variable time intervals (Chase and Ormsbee, 1991).
Lansey and Zhong(1990)	Multiple	Multiple	Nonlinear system equation	Distributed	NLP	Explicit	Linked optimization-simulation determines optimal pump-station added energy. Converted to discrete operations in a DP model.
Ulanicki and Orr(1991)	Multiple	Multiple	Mass balance	Distributed	NLP/ MILP	Explicit	Two-level model selects pump run times to meet a desired upper-level tank flows. Approximate mass-balance model used in the uper level and full system equations in the lower level.
Brion and Mays(1991)	Multiple	Multiple	Nonlinear system equation	Distributed	NLP	Explicit	Extension of Chase and Ormsbee (1989) to consider analytical gradients.
Jowitt and Germanopoulos (1992)	Multiple	Multiple	Simplified	Distributed	DP	Explicit	Pump runtimes are decisions with constant hydraulics pump output due to elevation difference between sources and users.
Awumah and Lansey(1992)	Single	Multiple	Nonlinear regression	Proportional	DP	Explicit	Discrete pump operations with pump switching limits.
Ormsbee and Lingireddy (1995a)	Multiple	Multiple	Nonlinear system equation	Distributed	H	Explicit	Uses a heuristic algorithm. based optimization algorithm
Ormsbee and Lingireddy (1995b)	Multiple	Multiple	Neural network	Distributed	GA	Explicit	Links a genetic optimization algorithm with a neural network model of system response.

단일 및 복수 펌프장을 갖는 단일 탱크. DeMoyer & Horowitz(1975)는 단일 탱크를 갖는 급수시스템에 적용하기 위한 펌프운영 최적화 노력들 중 하나를 적용하여 필라델피아의 급수시스템 중 한 부분을 완성하였다. 이들은 DP 모델에서 탱크수위를 상태변수로 사용하여 문제를 공식화하였다. 또한 Sterling & Coulbeck(1975a)은 단일-저수지, 복수-수원 문제를 해결하기 위해 DP 모델을 적용하였고, 이 모델에서 탱크수위를 상태변수로 그리고 질량평형 상관관계를 사용하여 탱크 수리조건들을 모델하였다. Sabet & Helweg(1985)도 유사한 공식화를 제안하였으며 이후 Coulbeck(1984)은 고정 및 가변속 펌프들을 포함시키기 위해 그의 당초 공식화를 확장하였다.

복수-탱크 및 복수-수원 시스템. 일반적으로 DP는 단일-탱크 시스템을 위한 최적제어 정책들을 얻는데 매우 효율적인 알고리즘이다. 그러나 다수의 결정변수들과 상태변수들로 인해 증가된 연산 부담 때문에 복수-탱크 시스템을 해결하기 위해 DP를 확장하는 것은 상당히 제한된다. 이러한 문제를 방지하기 위한 하나의 방법은 공간분해기법을 사용하는 것이다(Coulbeck, 1988a & 1988b. Joalland & Cohen, 1980; Zessler & Shamir, 1989). 이 방법에서는 시스템을 오직 하나 또는 두 개의 탱크를 포함하는 하부시스템으로 세분한다. 그 후 각 하부시스템을 위한 최적 제어 정책들을 전개하고 결과 정책들을 서로 연계시키는 상관관계를 사용하여 상위 제어 수준에서 조정한다.

다른 연구자들은 분해스킴(decomposition scheme)을 통해 DP에 대한 한계를 극복하는 것보다 탱크수위가 아닌 다른 결정변수들을 사용하여 제어 문제를 공식화시켰다(Cembrano et al, 1988; Coulbeck & Sterling, 1978; Fallside & Perry 1975; Lansey & Zhong, 1990; Solanos & Montoliu, 1988; Sterling & Coulbeck, 1975a; Tatejawski 1988). 펌프장 유출량 또는 펌프 수두와 같은 연속적인 변수를 사용하여 복수-탱크 시스템을 직접 고려할 수 있는 dual-level 최적화 스킴을 개발할 수 있다. 이와 같은 방법들은 먼저 최적 유출량 또는 각 펌프장과 관련하여 추가된 수두를 결정한다. 그 후 부차적인 일련의 불연속 최적화 문제들을 해결하여 최적 유출량 또는 최적펌프수두들과 관련된 펌프 운영스케줄들을 결정한다. 펌프 운영시간들을 다른 implicit 결정 변수들의 항으로 표현하는 dual-level 최적화 알고리즘을 개발하는 대신 결정 변수들로서 펌프 운영 시간을 explicitly 고려하는 최적 제어 알고리즘을 개발할 수 있다. 그 후 선형 계획법(Jowitt et al. 1988; Jowitt & Germanopoulos 1992), 비선형 계획법(Whaley & Hume 1986; Chase & Ormsbee 1989; Brion & Mays 1991; Ulanicki & Orr 1991; Chase & Ormsbee 1991), 또는 자아학급기반 방법들(Ormsbee & Lingireddy, 1995 a, b)을 사용하여 이와 같은 공식화들을 해결할 수 있다.

16.2.5 요약 및 결론

앞에서 기술하였듯이 용수공급 펌핑시스템을 위한 최적 제어 알고리즘을 개발하기 위해 많은 방법론들이 제안되었다. 특정 적용을 위한 적정 알고리즘의 선택은 시스템의 물리적 특성에 크게 의존한다. 단일 탱크시스템의 최적화 문제를 해결하기 위한 가장 간단한 방법은 DP 모델로 탱크수위를 상태변수로 하는 공식화를 해결하는 것이다. 통상적으로 이 방법은 시스템 수요량들이 단일 절점에서 일괄 처리되거나 비례하여 변화할 때 효율적이다. 시스템의 여러 요소들에서의 운영상태변화나 공간적 변화의 영향을 반영하기 위해서는 통상적으로 대안적 공식화를 사용해야 한다. 적정한 수량의 펌프를 포함하는 시스템의 경우 펌프가동시간 모델을 사용하는 것이 그럴듯할 수 있다(Chase & Ormsbee, 1991; Ormsbee & Lingireddy, 1995a, 1995b). 전체 펌프 수량이 많을 때는 implicit 펌프장 결정 변수를 사용하는 것이 더욱 적합할 수 있다(Lansey & Zhong, 1990).

매우 연속적이거나 뚜렷한 수리 단위로 편리하게 세분(subdivision)할 수 있는 복수수원-복수탱크 시스템들의 경우 동적 계획법 공간분해방법을 사용할 수 있다. 그러나 공간분해를 쉽게 허락하지 않는 시스템의 경우 통상적으로 제어 알고리즘들은 일괄 처리된 펌프장 모델 또는 펌프가동시간 방법을 필요로 한다. 통상적으로 비선형 최적화 형태를 사용하여 일괄 처리된 펌프장 모델들과 펌프가동시간 모델들 모두를 해결할 수 있다. 시스템 수리조건을 상당히 단순화시킬 수 있을 때는 quadratic 계획법 또는 LP를 사용하여 공식화를 해결하는 것이 가능할 수 있다. 일괄 처리된 펌프장 매개변수 모델들과 펌프가동시간 모델들은 대부분 복수수원/복수탱크 시스템의 비선형 동역학을 직접적으로 수용할 수 있는 능력을 갖지만 이는 비선형 최적화의 사용을 수용할 수 있는 양자간의 관계로 만든다. 많은 탱크들과 분산된 수요량들을 고려할수록 더욱 상세한 모의모델이 필요하다. 그 후 양자간의 관계가 최적화 수행시간, 정확도, 그리고 관련된 수리모델의 정밀도 사이에서 발생한다. 경험법칙들을 유도하는 것이 어렵기 때문에 반드시 관망 사례별 이러한 양자간의 관계를 평가하여야 한다.

대리제어변수로서 펌프장 토출량을 사용할 때 극도로 주의하여 토출량-비용 상관관계를 설정해야 한다. 대부분의 경우 펌프장 토출량은 수요량과 탱크수위에 따라 변화할 것이다. 따라서 관련된 비용과 수리학적 상관관계는 반드시 2개의 독립 변수 수요량과 탱크수위를 갖거나(Ormsbee et al, 1989) 다른 단순화 방법으로 요구되는 압력수두에 대해서도 반드시 설명해야 한다(Coulbeck, 1984). 더욱이 일괄 처리된 수리모델에서 결정변수로서 펌프 토출량을 implicitly 사용하는 것은 탱크수위에서 바람직한 변화를 야기 시키는 올바른 압력크기 아래 최적 유량을 공급하는 펌프의 조합들이 존재하는 것으로 가정한다. 복수수원 및 복수탱크 시스템에서 관망 수리학이 더욱 복잡하게 되면서 이러한 가정을 만족시키는 것은 더욱 어려울 수 있다.

일반적으로 펌프의 수량 또는 펌프 조합의 수량이 증가하면 펌프가동시간 방법에 대한 일괄 처리된 펌프장 매개변수 방법의 연산 장점은 증가한다. 그러나 비록 펌프가동시간 방법이 바람직한 펌프운영정책을 직접적으로 도출할지라도 후속적으로 일괄처리된 펌프장 매개변수 방법을 사용하여 얻은 해를 적합한 펌프정책으로 변환시켜야 한다는 사실을 반드시 기억해야 한다. 통상적으로 세부문제를 해결하기 위해 필요한 연산시간이 implicit 제어 문제를 해결하기 위해 필요한 시간의 미소 부분일지라도 상당한 부분이 될 수 있다.

지금까지 정속펌프에 적용할 수 있는 최적 제어 알고리즘의 대부분을 개발하여 왔다. 변속펌프는 결정변수에 따라 문제도를 단순화시키거나 또는 복잡하게 만들 수 있다. 펌프가 동시간을 설정하면 일련의 정속펌프로 각 변속펌프를 나타낼 수 있으나 이와 같은 공식화는 결정변수의 수량과 연산시간을 증가시킨다. 반면 변속펌프의 광범위한 연속-범위 펌프 출력은 일괄 처리된-펌프장 매개변수의 공식화와 관련된 연속 해들을 구하기 위한 개선된 메커니즘을 제공한다. 대안으로 일괄 처리된 시스템 공식화에서 펌프속도를 연속 결정변수로 선택할 수 있다(Lansey & Zhong, 1990).

용수공급 펌핑시스템의 최적 제어를 위해 많은 제어알고리즘들이 개발되었지만 그럼에도 불구하고 아직도 많은 연구분야가 남아 있다. 예를 들어 일부 연구자들은 장기간(예를 들어 주간) 계획을 위한 최적제어정책들을 연구 하였지만 최종펌프운영이 펌프 유지관리에 미치는 영향에 대한 연구는 거의 수행되지 않았다. 또한 운영의 강건성도 무시된 연구분야이다. 최종적으로 급수시스템의 설계에 대한 최적화는 상당히 검토되었으나 운영에 대한 최적화연구 수행에 대해 강조된 적은 없다.

최적제어전략 개발 또는 수행에서 전문가-시스템 기술 또는 신경망기술의 사용이 표면적으로 상당한 잠재력을 가질지라도 이 분야에서는 거의 실행되지 않았다. Fallside (1988) & Lannuzel & Ortolano(1989)는 지식-기반선정(knowledge-based selection) 적용에 대해 기술하였다. Fallside & Perry(1975)는 현존하는 급수시스템에 분해방법을 적용하였으나 그들은 경험 축적과 광범위한 시스템해석을 수행한 후 "pump priority logic"으로 표기된 자아학습법을 지지하여 이 방법을 탈락시켰다(Fallside, 1988). 또한 Lannuzel & Ortoland(1989)도 용수공급 펌핑시스템을 조사하였고 경험으로부터 운영적 자아학습법을 개발하였다. 전문가 시스템에서 이러한 경험법칙들을 모의모델과 조합하였다. 비록 두 연구 모두는 다른 시스템에 대한 적용이 제한되지만 이와 같은 방법의 유용성에 대한 일부 통찰력을 제공한다.

최적 펌핑 제어의 여러 성공적인 적용사례들이 유럽과 이스라엘에서 존재함에도 불구하고(Alla & Jarrige, 1989; Orr & Coulbeck, 1989; Orr et al., 1990; Zessler & Shamir, 1989) 미국에서는 이와 같은 제어기법의 적용이 심각하게 제한되어 왔다. 앨버커키, 뉴멕시코(Jentgen & Hume, 1989), 디트로이트, 그리고 미시간(Chase et al., 1994)에서의 제어 시스템을 제외하고 다른 지자체는 전산기-기반 펌프 정책을 사용하여 펌프운영을 제어하는 능력을 갖는 것으로 보이지 않는다. 여러 지자체들이 전산기-보조 펌프 선정의 일부 형태를 수행하여 왔고 그들 시스템을 위한 전산기-제어기법 연구를 고려하고 있지만 실제 적용은 제한되는 것으로 보인다(Hutchinson, 1991).

최적 제어기술을 급수시스템들에 광범위하게 적용하기 위해서는 더욱 정교한 미래 SCADA 시스템 사용의 증가와 상업용 맞춤(off-the-shelf) 제어소프트웨어의 유용성에 의존할 것이다. 제대로-캘리브레이션된 관망모델의 필연성과 정확한 수요-예측 모델의 유용성은 극복해야 할 추가 문제들이다. 이와 같은 기술적 문제들을 극복해도 이 기술의 수행시 커다란 장애물은 필요한 도구의 결핍이 아니라 이 기술을 사용하는 것을 꺼리는 직원들의 소극적인 태도이다. 과거에 에너지비용 최소화 프로그램을 개발하기 위한 시도가 있었지만 많은 펌프장 운영자들은 일반운영에서 특히 자동화된 운영에서 전산기들에 대한 본질적인 불신을 갖는 것으로 나타났다. 이에 대한 이유는 대부분 수도사업자의 보수적인 특성과 "최적정책"이 수용가에게 미치는 영향에 대한 운영자의 염려이다. 또 다른 이유는 시스템 운영자들은 그와 같은 기술이 그들 직업에 미칠 수 있는 영향에 대해 상당히 염려하고 있기 때문이다.

이와 같은 염려는 시스템 해석가들이 특정 제어환경을 개발하고 수행하기 위해서는 운영자들과 밀접하게 일해야 할 필요성을 강조한다. 대부분의 경우 숙련된 운영자들은 이미 그들 시스템의 운영에 대한 소중한 직관력을 갖고 있으며 이는 성공적인 제어스킴의 개발에 매우 중요하다. 이상적으로는 운영자가 편할 뿐만 아니라 최적제어기술 개발에 어느 정도 기여했다고 느낄 수 있는 환경을 조성하기 위해 시스템 해석가는 시스템 운영자와 협력하여 일해야 한다. 특히 시스템제어능력을 확장하기 위한 골격을 개발하면서 운영자가 원하는 것과 필요한 것을 최대한 반영해야 한다. 최종 해석에서 시스템해석의 실제 도전과제는 더욱 세련된 전산기 알고리즘의 개발이 아니라 더욱 효율적인 전략과 이 전략을 수행하기 위한 프로그램의 개발이다.

16.3 수질을 만족시키기 위한 최적화

급수시스템의 수리학적 거동을 모의하기 위해 전산기 모델을 오래 전부터 사용하여 왔다. 더욱 최근에는 이러한 모델들은 수리거동모의는 물론 수질모의까지 확대되어 왔다. 이 모델들을 사용하여 급수시스템에서 용해된 물질의 수송과 소멸(fate)을 모의하는 것이 가능하고 수용가 도달지점에서 수질을 예측할 수 있다. 1974년 미국에서 발효된 Safe Drinking Water Act와 1986년 수정안은 도달지점에서 잔류 염소, 납, 그리고 동의 농도 측정을 요구한다. 이전에는 규정의 관심은 급수시스템에서 수질변화를 무시하고 급수시스템으로 유입되기 전 정수장을 떠나는 수질에 관심이 집중되었다(Clark, 1994).

사전에 정의된 시간 범위동안 수질 목적으로 급수시스템에서 최적펌프운영 스케줄을 결정하고 수리적 제약, 수질 제약, 펌프 운영시간, 압력, 탱크 물 저장 높이에 대한 제약들을 만족시키면서 펌핑비용을 최소화하기 위해 여러 최적화 모델들이 개발되어 왔다.

수질을 위한 급수시스템의 최적운영을 반영하는 목적함수들을 공식화할 수 있으며 여기서 목적함수들은 (1) 성분의 바람직한 농도 수치로부터 실제 농도의 일탈의 최소화, (2) 전체 펌프운영시간의 최소화, 그리고 (3) 전체 에너지비용의 최소화이다. 모든 경우와 모든 시간에서 반드시 고려해야 할 제약들은 기본적으로 수리제약, 수질제약, 그리고 한계제약이다.

시간 T 동안 운영되는 배관 M, 접합부 절점들 K, 저장 절점(탱크 또는 저수지) S, 그리고 펌프 P를 갖는 급수시스템을 고려하자. 바람직한 범위로부터 농도의 일탈을 최소화하는 목적함수는 다음과 같다.

$$MinZ_{\mathrm{I}} = Minimize \sum_{t=1}^{T}\sum_{n=1}^{N} min\ \left[0,\ min\ \left(C_{nt} - \underline{C}_{nt},\ \overline{C}_{nt} - C_{nt}\right)\right]^2 \qquad (16.1)$$

여기서 N은 전체 절점수(접합부 및 저장), $C_{nt}(M/L^3)$는 시간 t와 절점 n에서 성분 농도 그리고 $\underline{C}_{nt}$와 $\overline{C}_{nt}(M/L^3)$는 시간 t와 절점 n에서 성분의 하한과 상한이다.

전체 펌프 운영시간의 최소화를 고려하는 목적함수는 다음과 같다.

$$Min\ Z_{\mathrm{II}} = Minimize \sum_{p=1}^{P}\sum_{t=1}^{T} D_{pt} \qquad (16.2)$$

여기서 $D_{pt}(T)$는 시간 t 동안 펌프 p가 운영되는 기간이다. 전체 에너지비용을 최소화하기 위한 목적함수는 다음과 같다.

$$Min\ Z_{\mathrm{II}} = Minimize \sum_{p=1}^{P}\sum_{t=1}^{T} \frac{UC_t 0.746 PP_{pt}}{EFF_{pt}} D_{pt} \qquad (16.3)$$

여기서 $UC_t(\$/Kwh)$는 시간 기간 $t(hr)$ 동안 펌핑 비용 또는 단위 에너지 비용, PP_{pt}는 시간 t 동안 펌프 p의 동력, EFF_{pt}는 시간 t 동안 펌프 p의 효율이다. 펌프의 효율과 단위 에너지 비용은 모든 시간 동안 일정한 것으로 간주한다.

관망을 통한 유량의 분포는 반드시 수리적 제약으로 정의된 질량보존과 에너지보존을 만족시켜야 한다. 물을 비압축유체로 가정하면 각 접합부 절점에서 질량보존은 다음과 같다.

$$\sum_i (q_{ik})_t - \sum_j (q_{kj})_t - Q_{kt} = 0 \quad k = 1, \cdots, K \ \text{ and } \ t = 1, \cdots, T \qquad (16.4)$$

상기 식에서 $(q_{ij})_t$는 시간 t에서 절점들 i와 j를 연결하는 배관 내 유량으로서 단위는 ft^3/sec, Q_{kt}는 시간 t, 접합부절점 k에서 유량으로 단위는 ft^3/sec이고 소비될 때 +, 공급될 때 − 가 된다. 일련의 모든 배관 M에서 절점 i와 j를 연결하는 각 배관 m을 위한 에너지보존은 다음과 같다.

$$h_{it} - h_{jt} = f(q_{ij})_t, \ \forall \boldsymbol{i,j,} \in \boldsymbol{M} \ \text{ and } \ t = 1, \cdot\cdot\cdot, \ T \qquad (16.5)$$

상기 식에서 h_{it}는 시간 t, 절점 i에서 수력구배선(고도 수두 E_i에 압력수두 H_{it}을 더한 것)으로 단위는 ft, $f(q_{ij})_t$는 시간 t에서 절점 i와 j를 연결하는 배관 내 수두손실과 유량의 함수관계로서 단위는 ft이다.

전체 수리적 제약 수량은 $(K+M)T$, 또는 전체 미지수 수량도 $(K+M)T$이고, 이들은 M 배관 내부 유량과 K 절점들에서 수력구배고도이다. 이제 펌프운영은 확장기간모의(extended period simulation)의 문제이다. 현재 시간 y_{st} 동안 저장 절점에서 저장되는 물 높이는 이전 시간으로부터 저장된 물의 높이의 함수로서 다음과 같이 표현된다.

$$y_{st} = y_{s(t-1)} + \frac{q_{s(t-1)}}{A_s}\Delta t \qquad s=1, \cdots S \text{ and } t=1, \cdots, T \tag{16.6}$$

모든 일련의 배관 M에서 절점 i와 j를 연결하는 각 배관 m 사이 물질의 질량보존인 수질 제약은 다음과 같다.

$$\frac{\partial (C_{ij})_t}{\partial t} = -\frac{(q_{ij})_t}{A_{ij}}\frac{(\partial C_{ij})_t}{\partial x_{ij}} + \theta(C_{ij})_t \qquad \forall \boldsymbol{i,j} \in \boldsymbol{M} \text{ and } t=1, \cdots, T \tag{16.7}$$

여기서 $(C_{ij})_t$: 거리와 시간의 함수로서 절점 i와 j를 연결하는 배관 m 내부에서 물질 농도 (mass/ft^3)

x_{ij} : 배관 거리(ft)

A_{ij} : 절점 i와 j를 연결하는 배관의 단면적(ft^2)

$\theta(C_{ij})_t$: 시간 t, 절점 i와 j를 연결하는 배관 사이 성분 반응율(M/L^3/day)

지금까지 고려한 모든 제약들은 수질제약들이고 관망 수리모의로 이를 처리한다. 이 외 부등식 제약들인 한계 제약들이 존재한다. 펌프 운영시간에 대한 하한과 상한들은 다음 식으로 주어진다.

$$\Delta t_{min} \le D_{pt} < \Delta t_{max} \qquad p=1, \cdots, \ P \text{ and } t=1, \cdots, \ T \tag{16.8}$$

여기서 D_{pt}는 시간 t에서 펌프 p의 운영시간 길이, t_{min} 및 t_{max}는 D_{pt}의 하한과 상한이다. 운휴(idle) 펌프를 모의하기 위해 Δt_{min}은 0이 될 수 있고, Δt_{max}은 한 주기의 시간 길이와 동일하다.

절점 압력수두 한계는 다음과 같다.

$$\underline{H}_{kt} \le H_{kt} \le \overline{H}_{kt} \qquad k=1, \cdots, \ K \text{ and } t=1, \cdots, \ T \tag{16.9}$$

여기서 $\underline{H}_{kt}$와 $\overline{H}_{kt}$는 시간 t, 절점 k에서 압력수두의 하한과 상한이다. 보편적으로 수용되는 하한과 상한 수치는 확립되지 않았다. 평균 부하 조건에서 최소압력범위 20~

40psi(수두 14~28m)을 허용할 수 있으나 화재시와 같은 비상상황동안에는 더욱 낮을 수 있다.

물 저장 높이에 대한 한계는 다음과 같다.

$$\underline{y}_{st} \leq y_{st} \leq \overline{y}_{st} \qquad s=1,\ \cdots,\ S \quad \text{and} \quad t=1,\ \cdots,\ T \tag{16.10}$$

여기서 $\underline{y}_{st}$와 $\overline{y}_{st}$는 시간 t, 절점 s에서 물 저장된 높이 y_{st}의 하한과 상한이다. 이러한 제한은 저류탱크의 물리적 한계 또는 소화시 필요한 저장량의 한계이다.

Cohen(1982)은 관망 운영에서 주기성(periodicity)이 없으면 운영 최적화는 의미가 없다고 주장하였다. 따라서 주기성을 달성하기 위해 펌프운영문제에 대한 사전 검토단계에서 탱크에서 최종 저장량이 초기 저장량과 거의 동일한 상태가 되도록 탱크에서 저장량 한계를 제어해야 한다. 그러나 1일 펌프운영 스케줄이 특정 기간 동안 반복되면 시스템은 정상상태(steady state)에 도달한다. 현실적으로 급수시스템은 이러한 정상상태 조건에 도달할 수 없으나 정상상태 조건에 도달하면 하루의 시점과 종점에서 탱크수위는 동일하다. 따라서 1일 종점에서 탱크수위가 초기상태와 거의 동일해야 한다는 사실을 강요하는 제약을 고려하지 않는 대신 탱크 내 수위가 원하는 범위 안에 들어오도록 강요하는 제약을 고려한다.

펌프운영시간과 펌프운영비용을 최소화하기 위해 성분 농도 수치를 바람직한 한계 이내가 되도록 추가 제약으로 농도 수치의 일탈을 최소화하는 일련의 제약을 고려한다.

성분 농도들에 대한 한계는 다음과 같다.

$$\underline{C}_{nt} \leq C_{nt} \leq \overline{C}_{nt} \qquad n=1,\ \cdots,\ N \quad \text{and} \quad t=1,\ \cdots,\ T \tag{16.11}$$

여기서 $\underline{C}_{nt}$와 $\overline{C}_{nt}$는 시간 t, 절점 n에서 성분 농도 C_{nt}의 하한과 상한이다.

상기 공식화들은 결정변수(decision variable) $(q_{ij})_t$, H_{kt}, y_{st}, D_{pt} 그리고 $(C_{ij})_t$를 갖는 대규모 비선형 계획법 문제를 초래한다. 최적화 알고리즘을 전개하는 한 방법은 결정변수들을 독립변수인 제어(control)변수와 종속변수인 상태(state)변수 두 부분으로 나누는 것이다. 펌프운영시간은 제어변수들이다. 불연속 시간 최적 제어문제로서 상기와 같이 문제를 공식화한다. 식 (16.1)~(16.3)들은 바람직한 수치범위로부터 농도 일탈의 최소화, 펌프 운영시간 최소화, 그리고 에너지비용의 최소화를 위한 목적함수들의 예제들이다. 식 (16.9)~(16.11)은 전형적인 수리 등식 제약들과 수질 부등식 제약들을 정의한다. 부등식 제약들은 압력, 탱크고도, 그리고 절점 오염물질농도와 같은 상태변수에 대한 한계들이다. 식 (16.8)은 펌핑의 지속시간과 같은 제어변수를 위한 시간한계 제약이다.

16.4 수질 목적을 위한 해결방법과 적용

본 절은 수질분포시스템의 최적운영을 결정하는 두 방법에 대해 기술한다. 이 방법론들은 급수시스템에서 펌프의 최적운영스케줄을 결정하기 위해 사용할 수 있는 불연속-시간 최적-제어 문제로서 펌프운영을 기술하는 방법에 기초한다. 한 방법은 수학적 계획법에 기초하고, 다른 방법은 SA 방법에 기초한다. 다음 절들은 두 방법들을 기술하고 비교하기 위해 적용사례를 제시한다.

16.4.1 수학적 계획법

수학적 계획법에서 사용한 해결 알고리즘은 저감기법(reduction technique)으로 이는 Wanakule et al. (1986)이 개발한 지하수 관리 모델, Lansey & Mays(1989)가 개발한 급수시스템 설계, Brion & Mays(1991)가 개발한 급수시스템에서 펌프장의 운영, Unver & Mays(1990)가 개발한 최적 홍수조절운영, 그리고 Bao & Mays(1994a, b)가 개발한 만으로의 담수유입 최적화를 결정하기 위해 사용된 알고리즘과 유사하다. 이들 모든 적용에서 수리모의코드에 비선형 최적화 코드를 연계시켜 문제에 대한 최적해를 얻는다.

수학적 방법은 최적해를 구하기 위해 수리모의코드 EPANET(Rossman, 1994)을 최적화 코드 GRG2(Lasdon & Waren, 1986)와 연계시키는 최적 제어 골격을 사용하여 문제를 재공식화한다. 감소된 문제의 공식화에서 결정변수들은 제어변수들과 상태변수들로 분류된다. 제어변수들은 각 시간 동안 펌프가 운영하는 시간의 합계이다. 일련의 운영시간은 펌프 운영 스케줄을 초래한다. Optimizer는 제어변수 수치(펌프 운영 스케줄)들을 결정하고 수리모의기는 이 수치들을 입력자료로 사용하여 상태변수(압력, 수질, 그리고 탱크수위)를 해결한다. 따라서 제어변수들의 implicit 함수들로서 상태변수를 얻는다. 이로 인해 수리모의기가 등식 제약들을 해결하면서 제약의 수량이 대폭 감소하고 따라서 optimizer가 해결해야 할 수리 및 수질의 부등식 한계 제약들만이 남는다.

감소된 문제의 제어변수들을 변경시켜 NLP 문제들의 목적함수를 개선시킬 수 있다. NLP 코드는 제어변수의 한계들을 위반하지 않도록 변화단계의 크기를 제한한다. 제어변수들의 implicit 함수들인 상태변수들은 단계 크기 결정을 고려하지 않는다. 상태변수들의 한계들을 위반하면 실행 가능한 해를 얻기 위해 더욱 많은 반복들이 필요하게 된다. 이러한 문제를 극복하기 위해 패널티 함수 방법을 사용한다. 상태변수-한계 제약들은 패널티 항들로 목적함수에 포함된다. 또한 이 기법을 적용하면 문제의 크기와 제약의 수량을 감소시키기 때문에 유익하다.

많은 종류의 패널티 함수들을 사용하여 한계 제약들을 목적함수에 합체시킬 수 있다. 패널티 함수 적용시 bracket 및 augmented 라그랑지 두 개의 다른 방법들을 사용한다.

Bracket 패널티 함수 방법(Li & Mays, 1995; Reklaitis, et al. 1983)은 다음 형태의 단순한 패널티 함수를 사용한다.

$$PB_j(V_{j,i},\ R_j) = R_j \sum_i [min\ (0,\ V_{j,i})]^2 \tag{16.12}$$

Augmented 라그랑지 방법(Fletcher, 1975)은 다음 패널티 함수를 사용한다.

$$PA_j(V_{j,i},\ \mu_{j,i}, \sigma_{j,i}) = \frac{1}{2}\sum_i \sigma_{j,i} min\ \left[0, \left(V_{j,i} - \frac{\mu_{j,i}}{\sigma_{j,i}}\right)\right] - \frac{1}{2}\sum_i \frac{\mu_{j,i}^2}{\sigma_{j,i}} \tag{16.13}$$

여기서 아래첨자 j는 압력수두 H, C는 농도, 그리고 y는 저장높이 한계 제약을 나타낸다. 아래첨자 i는 압력-수두 패널티 항을 위한 (k, t), 농도 패널티 항을 위한 (n, t), 그리고 저장 한계 패널티 항을 위한 (s, t) 이중 index의 1차원 표현이다. PB_j와 PA_j는 한계 제약 j를 위한 bracket 패널티 및 augmented 라그랑지 패널티 함수들을 정의한다. $V_{j,i}$는 한계 제약 j의 위반이다. R_j는 bracket 패널티 방법에서 사용된 패널티 매개변수이고, $\sigma_{j,i}$와 $\mu_{j,i}$는 augmented 라그랑지 방법에서 사용된 패널티 가중치와 라그랑지 승수이다. Bracket 및 augmented 라그랑지 패널티 함수방법에 대한 상세한 내용과 패널티 함수 매개변수들을 업데이트하는 방법에 대한 상세한 기술은 Sakarya(1998)을 참조한다.

압력수두 제약의 위반은 다음과 같이 정의된다.

$$V_{H,kt} = min\ \left[(H_{kt} - \underline{H}_{kt}),\ (\overline{H}_{kt} - H_{kt})\right] \tag{16.14}$$

유사하게 물질농도와 물-저장-높이 한계제약의 위반을 정의할 수 있다. 상한 및 하한으로부터 농도의 일탈을 최소화하기 위한 감소된 문제는 다음과 같다.

$$Min\ L_{\mathrm{I}} = P_C(V_{C,nt} F_C) + P_H(V_{H,kt}, F_H) + P_y(V_{y,st},\ F_y) \tag{16.15}$$

subject to

$$0 \le D_{pt} \le \Delta t \quad p = 1,\ \cdots,\ P \quad \text{and} \quad t = 1,\ \cdots,\ T \tag{16.16}$$

여기서 P_C, P_H 및 P_y는 사용된 패널티 함수 방법에 따라 농도, 압력수두, 그리고 저장 한계 제약과 관련된 bracket 또는 augmented 패널티 항들을 정의한다. 유사하게 F_C, F_H 및 F_y는 bracket 패널티 방법에서는 패널티 매개변수 또는 augmented 라그랑지 패널티 방법에서는 농도, 압력수두, 그리고 저장 한계 제약과 관련된 패널티 가중치와 라그랑지 승수인 패널티 함수 매개변수들을 정의한다.

펌프 운영시간을 최소화하는 경우 감소된 목적함수는 식 (16.16)으로 정의한 동일한 제약에 종속하고 다음 형태를 갖는다.

$$Min\ L_{\text{II}} = \sum_{p=1}^{P}\sum_{t=1}^{T} D_{pt} + P_C(V_{C,np}, F_C) + P_H(V_{H,kt}, F_H) + P_y(V_{y,st}, F_y) \tag{16.17}$$

펌프에너지를 최소화하는 경우 감소된 목적함수는 다음과 같이 정의되고

$$Min\ L_{\text{III}} = \sum_{p=1}^{P}\sum_{t=1}^{T} \frac{UC_t 0.746 PP_{pt}}{EFF_{pt}} D_{pt} + P_C(V_{C,nt}, F_C) + P_H(V_{H,kt}, F_H) + P_y(V_{y,st}, F_y) \tag{16.18}$$

식 (16.16)으로 정의된 제약에 종속된다.

Brion & Mays(1991), Lansey & Mays(1989), Mays(1997) 그리고 Wanakule et al. (1986)이 기술한 두 단계 최적화 절차로 문제에 대한 최종형태의 해를 얻는다. 제어변수인 펌프운영시간에 관한 목적함수의 도함수를 계산하기 위해 유한차분 근사값을 사용하였다. 이 도함수들은 최적화 코드가 최적해를 찾기 위해 필요한 감소된 구배들이다. 그림 16.4는 최적화 모델의 흐름도를 보여준다. 초기에는 고려하고자 하는 경우에 따라 원래 목적함수와 패널티 방법을 선정한다.

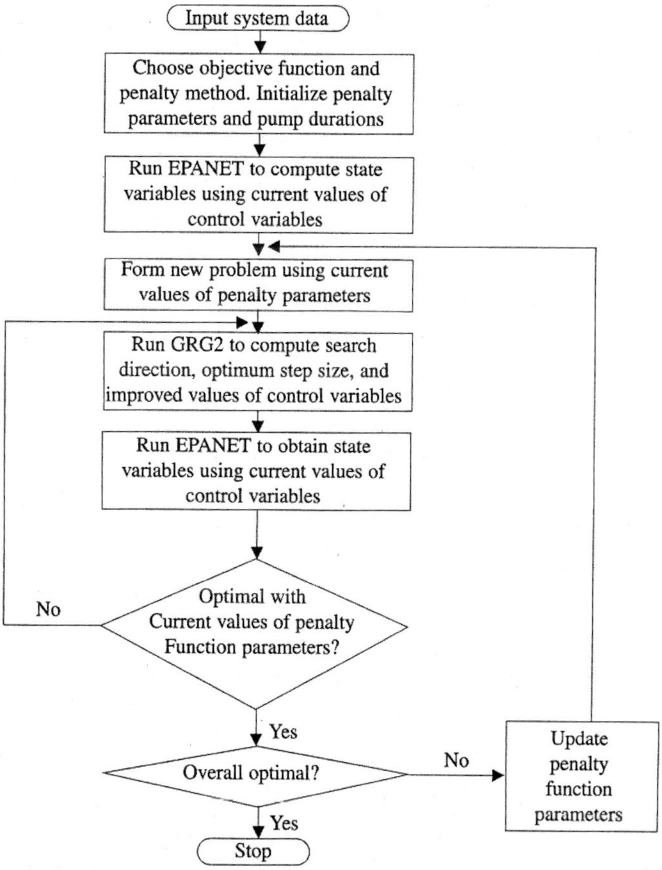

그림 16.4 ▌ 최적화 모델의 흐름도

최적화 절차는 내부 level과 외부 level로 나누어진다. 외부 level-코드는 패널티 함수 매개변수를 위한 수치들을 선택한다. 이 수치들은 augmented 라그랑지 패널티 함수를 위한 라그랑지 승수와 패널티 가중치이고, 목적함수의 3개 항들과 관련된 bracket 패널티 함수를 위한 패널티 매개변수들이다. 고정된 라그랑지 승수들과 고정된 패널티 매개변수들은 GRG2 내부에서 프로그램 되고, GRG2와 EPANET가 연계되어 내부-level 최적화가 작성된다. GRG2는 일련의 제어 변수 D_{pt}을 구하며 이는 시도 펌프운영스케줄이다. 시도 펌프운영스케줄을 사용하여 목적함수를 평가한다. 만일 현재 펌프운영스케줄이 이전 스케줄보다 개선되지 않으면 현재 펌프운영 스케줄을 최적으로 채택한다. 만일 스게줄에서 상낭한 차이가 발생하면 외부-level 루프를 수행하여 패널티 함수 매개변수들을 업데이트한다. GRG2 라그랑지 승수들과 고정된 패널티 매개변수를 업데이트하고, 새로운 펌프운영스케줄을 구하기 위해 GRG2-EPANET 최적화가 재차 수행된다. 라그랑지와 패널티 함수 매개변수들이 업데이트되지 않거나(예를 들어 전역 최적이 발견된다), 외부 루프의 반복 한계에 도달하거나, 또는 일부 사전 정의된 연속 반복 동안 개선사항이 나타나지 않을 때 까지 이 절차를 반복한다.

해결 절차 동안, GRG2는 최적해를 탐색하면서 감소된 목적함수와 감소된 구배들의 수치들이 필요하다. 내부 루프 각 반복 단계에서 GRG2는 제어변수들을 변경하고 새로운 펌프 운영 스케줄을 제공한다. 유한요소법을 사용하여 구배들을 구한다.

EPANET 호출을 감소시키기 위해 단순화된 방법을 사용한다. 이 단순화된 방법의 주된 아이디어는 연속적인 반복들 사이에서 제어변수들의 최대변화가 작으면 상태변수들의 변화도 작아진다는 것이다. 따라서 만일 연속적인 반복 사이에서 제어변수의 최대 변화가 명시된 한계보다 작으면 상태변수들의 수치 변화도 또한 작게 된다. 상태변수들을 계산하기 위해 그 반복에서 EPANET은 호출되지 않고 이전 수치들을 사용할 것이다.

16.4.2 담금질기법(S.A; Simulated Annealing)

SA는 대안적 배열(arrangement)들의 수용성을 평가하고 최적해에 완만하게 수렴하는 Metropolis 알고리즘을 사용하는 조합 최적화 방법이다. 이 최적화 방법은 도함수들을 필요로 하지 않고 많은 다른 목적함수와 제약들을 고려하기에 충분히 유연하다. SA는 통계적 열역학의 개념을 사용하고 이 개념을 조합 최적화 문제들에 적용한다. Kirkpatrick et al.(1983)은 SA 방법론을 설명하였고 이 방법을 “traveling salesmen”과 전산기 설계 문제에 적용하였다. Kirkpatrick(1984)은 전자산업 회로설계에서 유용한 그래픽 분할 등에 SA방법을 적용하였고 추가적인 직관력들을 제공하였다. Dougherty & Marryott(1991)는 SA를 지하수 개선에 적용하였다.

조합 최적화는 반드시 결정변수들을 일련의 불연속 수치들로 제한할 것을 요구한다. 일련의 모든 가능한 조합들을 구성 공간(configuration space)이라 부른다. 예를 들어 펌프

1대가 1시간 주기로 6시간 동안 기동 또는 정지하는 경우 펌프-운영 조합의 수는 2^6=64이다. 펌프 1대가 1시간 주기로 24시간 동안 운전하는 펌프는 2^{24}=16,777,216 조합수를 갖는다. 6시간 예제는 시행착오법으로 해결할 수 있으나 24시간 예제는 시행착오법으로 해결하기에 너무 방대하다. SA는 대규모 조합 최적화 문제를 해결할 수 있는 전략을 제공한다.

Kirkpatrick et al. (1983)은 높은 온도에서 저에너지준위(ground energy state)로 완만하게 냉각하는 원자시스템을 통계에 기초하여 수학적으로 모의하기 위해 어떻게 Metropolis 알고리즘을 개발하였는지 설명하였다. 만일 원자에 작은 무작위 변화를 주면 시스템 에너지에서 변화 ΔE가 발생할 것이다. 만일 $\Delta E \leq 0$이면 새로운 구성은 낮은 에너지상태에 있고 새로운 구성이 허용된다. 만일 $\Delta E > Q$이면 시스템구성을 보다 높은 에너지상태로 변화시키는 판단을 확률적으로 처리하며 다음 식으로 계산한다.

$$P(\Delta E) = exp\left(-\frac{\Delta E}{k_B T}\right) \tag{16.19}$$

여기서 T는 온도 그리고 k_B는 Boltzmann 상수이다. 0과 1 사이에서 균등하게 분포된 하나의 무작위 수를 선정하고 만일 무작위 수가 $P(\Delta E)$ 보다 작으면 새로운 높은 에너지 구성이 허용된다. 반대의 경우에는 무작위 수를 버리고 이전 구성을 사용하여 다음 배열을 생성한다. 식 (16.19)를 검토하면 극도로 높은 온도에서는 $P(\Delta E)$는 1에 근접하고 모든 높은 에너지시스템 형상들이 거의 수용될 것이다. 시스템이 냉각되고 온도가 하강하면서 $P(\Delta E)$는 작은 수가 되고 보다 낮은 에너지 구성들이 수용된다. 시스템의 바닥 온도에 근접하면 $P(\Delta E)$가 낮아져 시스템은 보다 높은 에너지 구성을 수용할 확률은 작아지게 될 것이다. Metropolis 알고리즘은 온도가 T인 수조 안에서 원자들의 무작위 이동을 모의한다. 식 (16.19)를 사용하면 시스템은 Boltzmann 분포가 된다. 그림 16.5는 Metropolis 알고리즘의 흐름도를 보여준다.

Kirkpatrick et al. (1983)는 공학적 문제들에 적용된 annealing 과정을 기술하기 위해 물리적 상사성을 재차 사용하였다. 이들은 $k_B T$를 "유효 온도" T로 대체하였다. 펌프 최적화 문제에서 "유효 온도"는 펌프 에너지 비용과 시스템 제약들의(고압 또는 저압 또는 극한 화학농도와 같은) 위반에 대한 패널티들로 구성된 스칼라 숫자이다. 먼저 높은 "유효 온도"를 선정하여 최적화할 시스템을 용해한 후 시스템이 "결빙" 될 때까지 온도를 완만하게 내린다. 시스템이 "안정된 상태"에 도달할 때까지 각 온도에서 이 과정을 반복한다. "annealing schedule"은 각 온도와 일련의 온도에서 시험된 시도 시스템 재배열(rearrangement)의 수이다.

Metropolis 알고리즘을 이용하면 반복 개선은 국부 최적에서 고착되는 반면 SA는 낮은 온도에서도 국부 최적으로부터 변화할 수 있기 때문에 최적해가 국부 최적에 고착되는 것을 방지한다. 주어진 온도에서 충분히 여러 번 시도한 후 시스템은 평형에 도달한 것으로

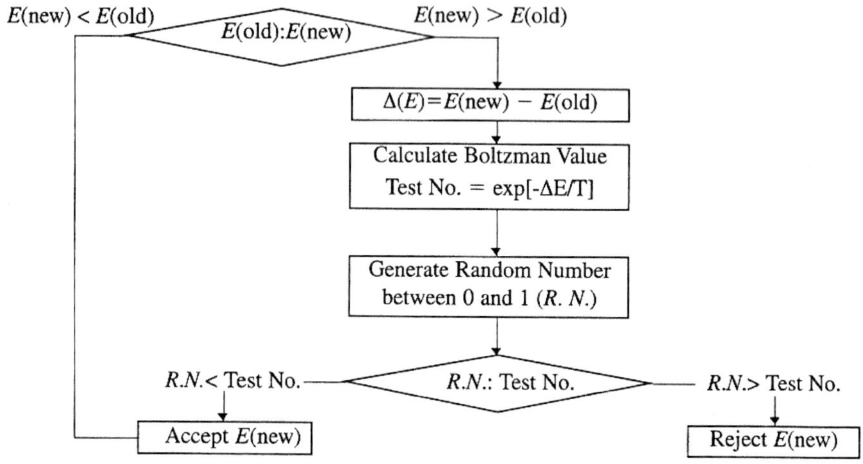

그림 16.5 ▎ Metropolis 알고리즘

간주한다. 이제 온도를 완만하게 하강시키면 보다 높은 비용을 갖는 새로운 구성이 수용되는 가능성은 완만하게 감소한다. 충분히 냉각될 때까지 이 과정을 지속하며 충분히 냉각되었는지 여부는 보다 개선된 구성이 생성되지 않는 시도 횟수 또는 실제 공학문제에서 빈번하게 사용하는 타당한 전산기 시간결과로 결정된다.

금속 담금질의 상사법칙은 "원자들은 동일하고 단일 바닥 에너지 수준이 존재한다"고 추론한다. 실제 공학 시스템들은 서로 간섭하는 제약들을 가지며, 구성은 모든 제약을 만나지 않을 것이다. Kirkpatrick et al. (1983)은 서로 잡아 당기거나 미는 양극 자석 시스템의 예제를 사용하였다. 그와 같은 시스템들은 Hamiltonians의 한 분류이며, 제약들 사이에서 간섭을 *frustration*이라 정의한다. 어느 단일 구성도 모든 상호작용을 동시에 만족시킬 수 없다. 이는 많은 거의 동일한 저준위 에너지들이 존재한다는 것을 의미한다. 통상적으로 저준위 에너지들은 당초 무작위 상태와 비교할 때 극도로 낮고, 과정 종료시 한 상태에서 다른 상태로 이동하기 위해서는 상당한 재배열을 필요로 한다.

담금질형식 최적화는 여러 의미를 갖는다. Frustration이 존재할 때에도 무작위 시작 배열에 걸쳐 상당한 개선들을 기대할 수 있다. 반드시 많은 양호한 해들, 인근 최적해들이 이용 가능해야 하기 때문에 담금질과 같은 확률론적인 탐색 절차는 일부 바닥상태들을 찾는 좋은 기회를 가져야 한다. 하나의 ground 상태가 다른 바닥상태 보다 상당히 더 좋을 것으로 기대할 수 없으므로 절대 최적해를 탐색하는 것은 유익하지 않다.

엔트로피는 주어진 온도에서 에너지 변화의 척도이다. 높은 온도에서 에너지 변화는 상당히 크나 온도가 하강하면서 에너지 변화는 극적으로 작아진다. 이는 에너지 상태는 항상 변화할 수 있기 때문에 담금질과정은 고착(stuck)하지 않는 것을 의미한다. 또한 과정은 "adaptive divide-and-conquer"의 형태이다. 저온에서 발현되는 섬세한 상세내용을 갖고 고온에서 궁극적인 해의 전반적인 특징이 나타난다(Kirkpatrick et al., 1983).

SA알고리즘을 공학문제에 적용하기 위해 필요한 사항은 (1)결정변수들 구성의 간략한 표현, (2)스칼라 비용함수, (3)시스템 재배열을 생성하기 위한 절차, (4)하나의 제어 매개변수, 그리고 (5)종결을 위한 판단기준(Cougherty & Marrott, 1991)이다.

16.4.3 비용함수의 전개

원자시스템의 에너지 자리에 주어진 구성을 위한 비용함수를 사용한다. 비용함수는 반드시 펌핑 비용과 저류탱크 수위, 압력, 그리고 수질 한계의 위반에 대한 패널티들을 포함하여야 한다. 펌핑 비용은 각 펌프의 가동기간에서 계산되고, 펌핑비용은 펌핑 유량, 수두, 펌프 효율, 그리고 그 기간 동안 전력단가의 함수이다. 패널티 함수를 사용하여 압력과 수질 한계의 위반 비용을 계산한다. 패널티 함수들을 조정하여 다른 제약에 걸쳐 하나의 제약을 치우치게 하기 위해 최적화 문제를 조정할 수 있다. SA에서의 온도 T를 비용 함수와 동일한 단위를 갖는 하나의 매개변수로 간주할 수 있으며 펌프 비용함수를 다음과 같이 나타낼 수 있다.

$$COST_{pumps} = K\sum_{pt}\frac{Q_{pt}\,TDH_{pt}P_tD_{pt}}{EFF_{pt}} \tag{16.20}$$

여기서 K는 단위 변환계수, Q_{pt}는 기간 t 동안 펌프 p의 토출유량, TDH_{pt}는 기간 t 동안 펌프 p의 운전점에서 전체 동수두(dynamic head), P_t는 기간 t 동안 전력량 Kwh당 전력비용, D_{pt}는 기간 t 동안 펌프 운영 시간 길이(기간 길이×0 또는 1), 그리고 EFF_{pt}는 펌프 p의 인입전려과 수동력의 비인 펌프효율이다.

전형적으로 저류탱크들은 비상 소화용수를 저장하기 위해 최소 수위를 갖는다. 만일 탱크수위가 이 수위 이하로 저하하면 소화용수량이 부족하게 된다. 이러한 제약을 설명하기 위해 Brion(1990)이 개발한 제약 패널티 항들에 기초한 다음 패널티 항이 개발되어 왔다.

$$P_1 = \sum_t \beta_s\left[min\ (0, y_{min,s} - y_{st})\right]^2 \tag{16.21}$$

여기서 P_1 : 탱크 저수위 한계 위반 패널티

y_{st} : 기간 j 동안 탱크 s의 수위

$y_{min,s}$: 탱크 s에서 최소수위 또는 하한 한계

β_s : 탱크 하한수위 제약을 위한 패널티 항

Cohen(1982)은 "운영에서 특정 주기성이 없으면(예를 들어 24시간) 이와 같은 제한된 시간범위에 걸친 관망의 최적화는 아무런 의미가 없다. 주기성을 얻는 단순한 방법은 최종상태를 초기상태와 동일하게 제약하는 것이다"라고 진술하였다. 만일 종료시점 탱크수위가

시작시점 수위로 되돌아오지 않을 경우 비용을 발생시키기 위해 제약 P_2가 개발되었다.

$$P_2 = \sum_s \beta_{s2} \left[min \ (0, 1 - |y_{s,1} - y_{s,T}|) \right]^2 \tag{16.22}$$

여기서 $y_{s,1}$: 기간 1에 걸친 모의 시작점에서 탱크 s의 수위

$y_{s,T}$: 최종기간 T에 걸친 모의 종료시점에서 탱크 s의 수위

β_{s2} : 탱크 s의 시작 및 종료 탱크수위 제약을 위한 패널티 항

펌프가 절점 수요량의 합과 동일한 물량을 공급하는 시작 구성(모의 종료시 탱크수위는 모의 시작시 수위로 되돌아오는)을 사용하여 24시간 모의에 대한 개념을 기술할 수 있다. 탱크가 하나인 경우 시스템 수요량의 총 체적과 동일한 총 체적을 펌핑하면 당초 수위로 정확하게 되돌아올 것이다. 그러나 여러 탱크가 존재하고 모든 탱크가 만수위 상태에서 시작하지 않으면 정확하게 수요량을 펌핑하여도 각 탱크들은 당초 수위로 되돌아오지 않을 수 있다. 이는 모의 동안 한 탱크는 다른 탱크로 물을 공급할 수 있기 때문이고 따라서 저장된 전체 체적은 동일하나 물은 한 탱크로부터 다른 탱크로 이동할 수 있다.

Cohen 조건은 제한적(restrictive)일 필요는 없다. 24시간 동안 펌프운영의 수정을 포함하였던 방법과 비교하기 위해 앞에서 사용한 예제를 초기 조건들을 극복하기 위해 수질의 변화를 허락하는 12일간의 운영에 반복하여 적용한다. 펌프들이 수요량과 동일한 유량을 공급할 때까지 탱크들은 그들 자신들을 조정하여 주기적 거동을 보여주는 것으로 관측되었다. 만일 펌프가 보다 길게 운영되면 탱크들은 만수위 근처로 유지되고 유량이 감소하면서 펌프 수두는 시스템 곡선의 왼쪽으로 이동한다. 만일 펌프가 보다 짧게 운영되면 유량이 수요량을 만족시킬 때까지 탱크 수위는 하강한다. 여러 날에 걸쳐 모의를 수행하면 효율을 최적화하여 비용을 감소시키기 위한 펌프운영 스케줄을 작성할 수 있다.

급수시스템을 통해 수요자에게 충분한 압력으로 물을 공급할 필요가 있으나 압력은 급수시스템 또는 사용자 설비에 손상을 주지 않아야 한다. Uniform Plumbing Code는 정상적인 압력 범위를 15～80psi(수두 11～57m)로 설정하였다(IAPMO, 1994). 도시에서 압력 범위는 40～80psi(수두 28～57m)이며 소화용수 사용시 잔류압력은 20psi(수두 14m)가 되어야 한다. 따라서 두 개의 극단적인 압력 p_{min}과 p_{max} 사이에서 급수시스템을 운영할 필요가 있다.

각 절점에서 최소 및 최대 압력 한계를 위한 패널티 함수는 다음과 같다.

$$P_3 = \sum_{k,t} \gamma_1 \left[min \ (0, p_{k,t} - p_{min}) \right]^2 \tag{16.23}$$

$$P_4 = \sum_{k,t} \gamma_2 \left[min \ (0, p_{max} - p_{k,t}) \right]^2 \tag{16.24}$$

여기서 p_{min} : 급수시스템 최소 압력 한계

p_{max} : 급수시스템 최대 압력 한계

p_{kt} : 시간 기간 t 동안 절점 k에서 압력

γ_1, γ_2 : 최소 및 최대 압력 위반에 대한 패널티 항

EPANET 프로그램(Rossmann, 1994)은 급수시스템 수리해석을 수행하고 일정 기간 동안 급수시스템을 통한 화학약품 또는 오염물질을 추적한다. 또한 EPANET는 시간에 따른 염소농도의 감소와 같은 화학작용을 고려할 수 있다. 수리해석기와 수질계산을 조합하면 프로그램은 임의 시간, 시스템 내 임의 절점에서 잔류염소를 예측할 수 있다. 상한 및 하한 잔류염소 한계의 위반을 고려하기 위해 패널티 항을 사용한다. 최소 및 최대 잔류염소농도를 위한 패널티 항들은 다음과 같다.

$$P_5 = \sum_{kt} \gamma_3 \left[min\ (0,\ C_{kt} - C_{min}) \right]^n \tag{16.25}$$

$$P_6 = \sum_{kt} \gamma_4 \left[min\ (0,\ C_{max} - C_{kt}) \right]^n \tag{16.26}$$

여기서 C_{min} : 최소 잔류염소농도

C_{max} : 최대 잔류염소농도

C_{kt} : 시간 기간 t 동안 절점 k에서 잔류염소농도

γ_3, γ_4 : 최소 및 최대 잔류염소농도 한계 위반에 대한 패널티 항

상기 식에서 통상적으로 $n=2$이다. 염소농도의 하한이 더욱 중요한 경우 $n<1$ 수치는 최소 잔류염소농도 위반에 대해 높은 패널티가 된다. 사용된 염소량에 대한 항들이 존재하므로 가장 적은 염소량을 사용하면서 잔류염소한계를 만족시키면 운영비용을 저감시킬 뿐만 아니라 TTHM(total trihalomethane) 발생량도 저감시킬 수 있다.

16.4.4 적용 사례

두 해결방법을 예증하기 위해 그림 16.6과 같은 North Marin 급수시스템을 사용하였다(Rossman, 1994, Vasconcelos et al. 1996). 이 급수시스템은 115개 배관, 91개 접합부 절점, 2대 펌프, 3개 저류탱크, 그리고 2개 저수지로 구성된다. 수요 절점에서 최소압력과 최대압력을 20psi(수두 14m)와 100psi(수두 71m)로 설정하였다. 모든 탱크에서 바람직한 최소 물 저장 높이는 5ft이다. 모든 수요 절점에서 최소 및 최대 허용농도 한계를 50μg/L과 500μg/L으로 설정하였다. 모의시 사용한 수체 및 관벽의 감소계수들은 −0.1/day와 −1ft/day이다. 총 12일간 모의를 수행하였고, 최종일에서 수치들을 사용하여 목적함수와 제약들을 평가하였다. 단위 에너지 비용은 모든 기간 동안 0.07$/kWh, 그리고 두 펌프 효율을 0.75로 일정한 것으로 가정하였다.

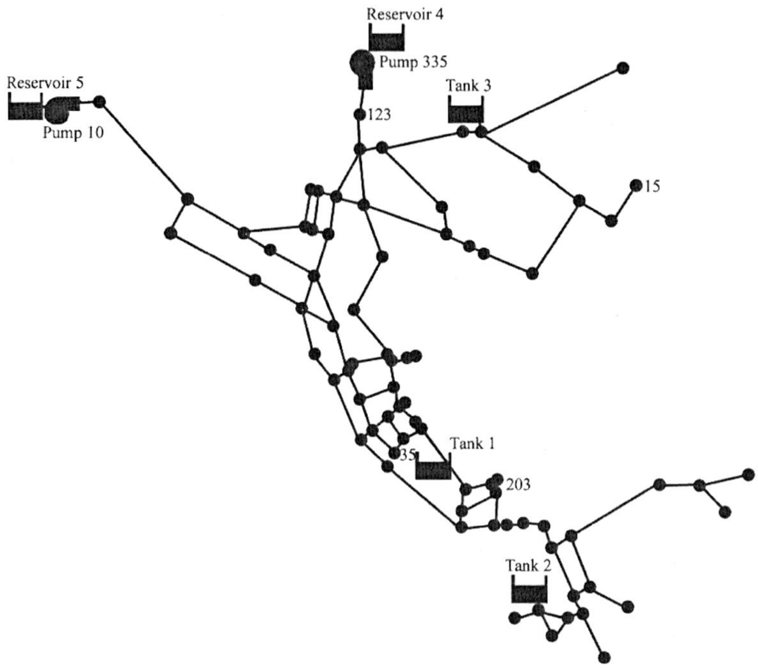

그림 16.6 ▌ North Marin 배·급수시스템

펌핑시간과 펌핑비용을 최소화하기 위한 모의시 두 저수지에서 농도는 500$\mu g/L$로 일정하게 유지되고, 수학적 계획법과 SA 방법들을 사용하여 얻은 최적해들을 표 16.2에 열거하였다. 두 방법들로 얻은 최종해들은 임의 제약들을 위반하지 않았다. 펌프 335는 펌프 10보다 크기 때문에 특정 시간 동안 펌프 335를 중지시키면 펌프 10을 중지시키는 것보다 더 크게 영향을 미친다. 펌프 335를 중지시키면 가장 큰 구배가 발생하기 때문에 수학적 계획법에서는 항상 이 펌프를 먼저 중지시키고, 감소된 구배를 사용하여 최적해를 구한다. SA 방법은 변화를(펌프중지에서 기동 또는 펌프기동에서 중지) 주기 위해 무작위로 펌프와 시

표 16.2 ▌ 두 저수지에서 농도가 500μg/l인 경우 다른 해결 방법에 따른 최적해

비 고	최소 펌프 운영시간		최소 펌프운영비용	
	수학적 계획법	SA	수학적 계획법	SA
Original objective function	34.47	24.00	399.95	429.53
Concentration violation	0.00	0.00	0.00	0.00
Pressure violation	0.00	0.00	0.00	0.00
Tank water level violation	0.00	0.00	0.00	0.00
Operation time of pump 10 (h)	19.97	5.00	24.00	14.00
Operation time of pump 355 (h)	14.50	19.00	13.62	17.00
Total pump operation time (h)	34.47	24.00	37.62	31.00
Total 24 h energy cost ($)	401.06	433.63	399.95	429.53

간을 선정하기 때문에 SA 방법은 특정 펌프에 편중되지 않았다. 수학적 계획법으로 구한 전체 펌프 운영시간은 SA 방법으로 구한 것 보다 길다. 그러나 수학적 계획법은 대형 펌프 335를 먼저 중지 시키는 것을 선호하기 때문에 수학적 계획법으로부터 얻은 펌프 335의 전체 펌프 운영시간과 전체 24시간 에너지 비용은 SA 방법으로부터 얻은 것 보다 적다. SA 방법을 사용할 때 펌프운영시간과 펌프운영비용을 최소화하기 위한 EPANET의 전체 호출 회수는 두 경우 모두 1500회인 반면 수학적 계획법의 전체 호출 회수는 425회와 356회였다.

그림 16.7과 16.8은 최소 펌프운영시간을 구하기 위한 수학적 계획법과 SA 방법을 사용하여 얻은 펌프 10과 펌프 335의 최적 펌프운영시간을 보여준다. 유사하게 펌프운영비용 최소화를 위해 두 방법을 사용하여 얻은 펌프 10과 335의 최적 펌프 운영시간은 그림 16.9 및 16.10과 같다.

16.4.5 두 방법의 장점 및 단점

상기 두 방법을 사용하여 수질 목적을 달성하기 위한 펌프운영의 최적해를 구할 수 있다. 수학적 계획법은 펌프운영시간과 관련하여 목적함수의 도함수들을 계산해야 하는 번거로움이 있기 때문에 SA가 더욱 유연한 방법이다.

수학적 계획법은 가장 고비용(대형) 펌프의 운영시간을 감소시키려고 시도하기 때문에 SA 방법과 비교하면 전체 펌프운영시간이 길어진다. 전체 24시간 에너지비용을 검토한 결과 유사한 결과들을 얻는 반면 전체 펌프운영시간에서는 뚜렷한 차이가 발생하였다.

수학적 계획법은 하나의 "전역 최적(global optimum)" 해를 구하려고 시도하는 반면 SA 방법은 많은 해들을 구하며 이 해들의 전체 패널티들은 서로 인접한다. 수학적 계획법을 사용하여 얻은 해들은 패널티 함수 매개변수들의 초기 수치에 의존하므로 전역 최적을 구하는 것을 더욱 어렵게 만든다. 목적함수의 convexity를 증명할 수 없기 때문에 전역 최적해를 보장할 수 없다.

16.5 추가 소독시설의 최적화

수도사업자 및 규제기관은 급수관망 내 모든 물 수요 지점에서 탐지할 수 있는 잔류 소독제를 원한다. 물 저장설비와 수요자들이 공간적으로 광범위하게 분포하기 때문에 정수장과 같은 단일 지점에서 소독제를 주입하면 각 수요자에게 물이 도달하는 시간이 다르기 때문에 잔류염소농도를 일정하게 유지하는 것이 어렵다. 잔류농도를 유지하는 모든 소독제들은 다양한 무기물 및 유기물 성분과 반응하므로 시간이 경과함에 따라 잔류농도가 감소한다.

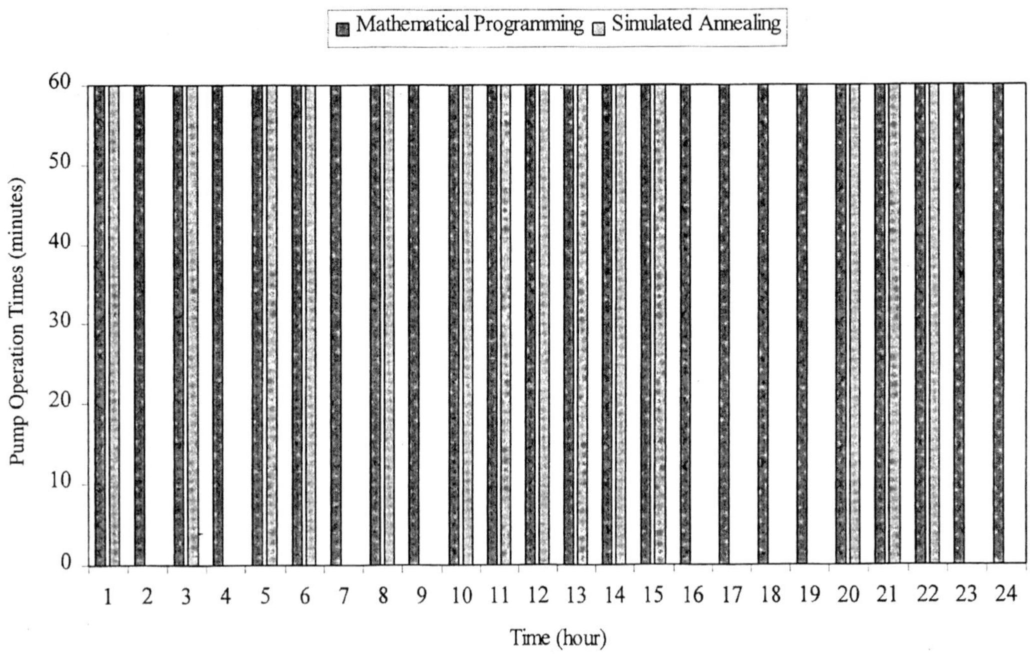

그림 16.7 ▌ 펌프운영비용 최소화를 위해 사용된 펌프 10의 최적 운영시간

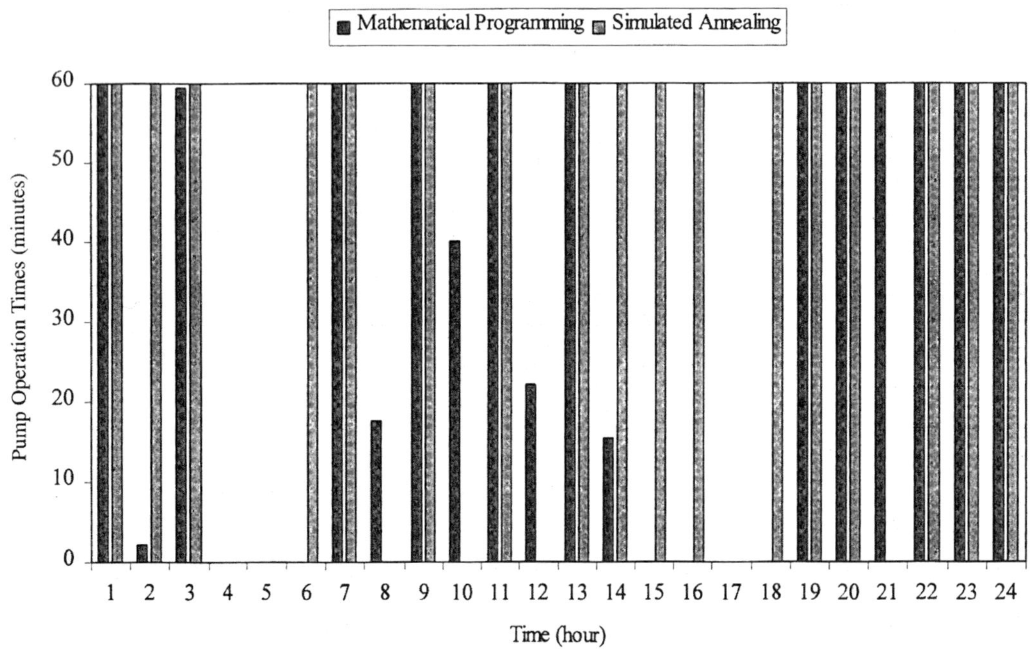

그림 16.8 ▌ 펌프운영시간 최소화를 위해 사용된 펌프 335의 최적 운영시간

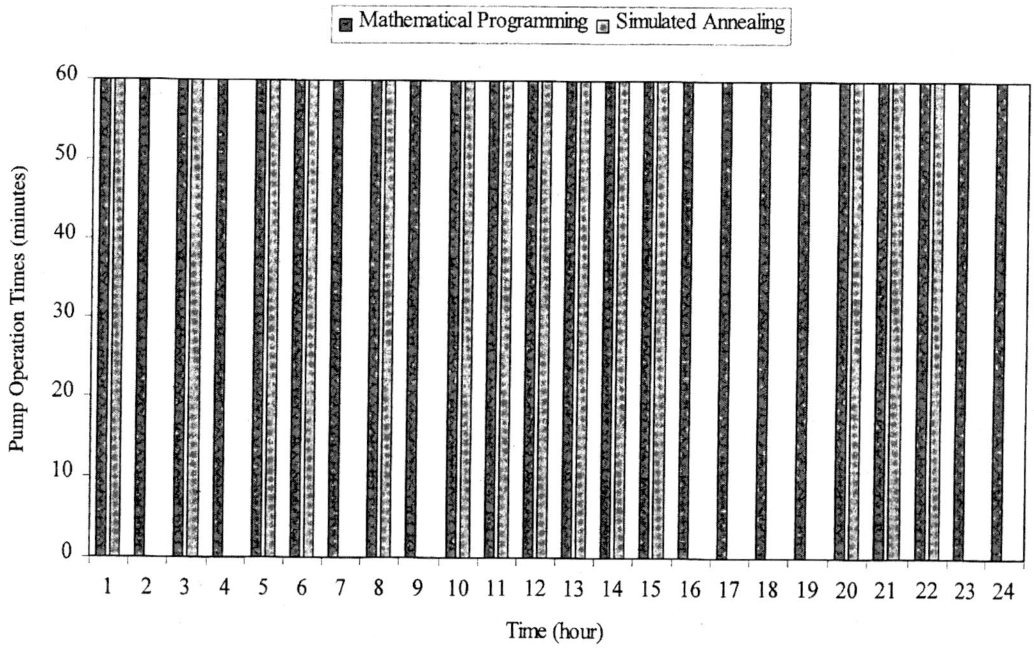

그림 16.9 | 펌프운영비용 최소화를 위해 사용된 펌프 335의 최적 운영시간

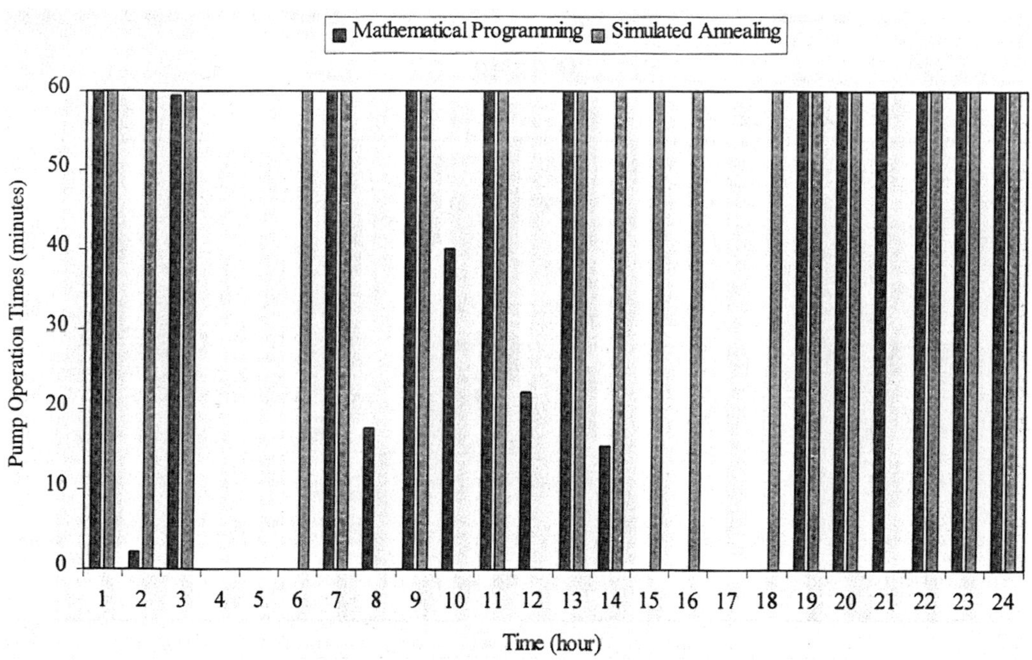

그림 16.10 | 펌프운영비용 최소화를 위해 사용된 펌프 335의 최적 운영시간

가장 먼 곳에 위치한 수요자에게 공급되는 물에도 기준 잔류염소농도를 유지하기 위해서 정수장과 같은 단일 지점에서 고농도염소를 주입하여야 한다. 그러나 이 경우 정수장 인근에 위치한 수요자에게 공급되는 물에는 기준 잔류염소농도보다 높은 잔류염소가 존재하게 되어 불쾌한 맛과 냄새가 발생한다. 공중 보건의 관점에서 불쾌한 맛과 냄새는 바람직하지 않다(과도한 염소의 불쾌한 맛 또는 염소처리된 유기성분 또는 소독부산물이 건강에 미치는 영향 Bull & Kopfler, 1991).

급수시스템 내 잔류염소농도를 유지하기 위한 어려움을 극복하기 위해 급수관망 내 전략적으로 분포된 지점들에서 소독제를 주입할 수 있다. 때로는 수도사업자는 이러한 "재염소소독(booster disinfection)"을 실행하여 왔다. (1) 최상의 재염소 소독지점과 수량, 그리고 (2) 시간에 따른 각 지점에서 최상의 주입량 제어 및 스케줄을 결정하는 것이 어려울 수 있다. 수체 및 관벽 반응에 따른 소독제 감소와 연계된 소독제의 이동에 영향을 주는 복잡한 동 수리학으로 인해 이러한 어려움이 발생한다.

본 절에서는 수학적 계획법 공식화(최적화모델), 급수관망에서 소독제의 주입 스케줄링, 소독제 주입 위치와 관련된 설계방법인 3개의 공식화들을 제시한다. 재염소주입시설들의 숫자와 위치들을 기저로 가정하여 전체 소독제 주입량이 최소가 되도록 하는 관점에서 재염소주입시설에서 소독제 최적 주입율을 확인하기 위해 첫 번째 공식화를 시도하고 표준 simplex 알고리즘으로 이 선형문제를 해결한다. 두 번째 공식화는 첫 번째 공식화의 함수를 일련의 잠재적인 위치들 사이에서 재염소주입시설들의 최상의 위치 결정과 조합한다. 이 공식화는 특정 구조가 없는 mixed-integer linear programming(MILP)이며 표준기법들을 사용하여 해결하는 것이 상당히 어렵다. 세 번째 공식화는 최대/최소 잔류농도의 비율을 제어하면서 재염소주입시설의 수량을 최소화하는 최적위치선정문제를 최대 지역담당(maximum set-covering) 문제라 불리는 정수 선형 계획법(ILP)의 특정 형태로 표현할 수 있는 것을 보여준다. 통상적으로 이렇게 하면 simplex 또는 자아학습법을 사용하여 ILP 문제들을 효율적으로 해결할 수 있기 때문에 큰 장점을 갖는다.

상기 모든 공식화들은 다음 특징들을 공유한다. (1) 공식화들은 기저 시간-변화 관망 수리학(즉, 하나의 기저와 반복하는 수요 패턴)과 1차식 소독제 감소 동역학으로 가정하고, (2) 공식화들은 충분한 장-기간 운영의 목표를 달성하기 위해 관망에서 동적 수리학 거동을 explicitly하고 논리적으로 고려하며, (3) 공식화들은 표준 확장시간 관망수질 모델 내부에 포함된 정보와 가정들을 선형 최적설계 공식화들에 효율적으로 삽입한다. (4) 상기 두 번째 공식화는 제외될 가능성이 있지만 상기 공식화들을 실제 관망에 적용하여 적정한 전산 수행 시간 내에 해결할 수 있다.

모델 공식화들을 작성한 후 최적위치 및 스케줄링(MILP) 또는 최적 스케줄링(LP) 모델을 스크린 모델로서 최대 지역담당 모델을 사용하기 위한 위치들을 선정하기 위해서 최적화 모델 공식화들을 사용하는 제안된 설계방법들과 함께 해결방법들은 물론 이 모델들의 해결과 전개를 용이하게 하는 유용한 소프트웨어들도 토론하기로 한다.

16.5.1 선형 중첩(Linear Superposition)

급수시스템에서 감시 및 재염소주입시설 위치들은 동적 수리학과 수질 관망모델의 절점들과 일치한다(Boulos et al., 1995; Grayman et al., 1989; Liou & Kroon, 1987; Rossman & Boulos, 1996; Rossman et al., 1993). 기간 m과 감시 절점 j에서 $c_j^m(\boldsymbol{u})\,[M/L^3]$로 표기된 소독제의 농도는 통상적으로 모든 재염소주입시설 위치들 i와 기간들 $k \le m$ 한도 내에서 재염소주입 절점 i와 기간 k에서 $\boldsymbol{u_i^k}\,[M/T]$로 표기된 소독제의 질량 주입율에 종속하며, 여기서 $\boldsymbol{u}$는 질량 주입율과 같은 모든 벡터이다. 재염소주입시설과 감시 절점들 사이 물 이동의 상당한 시간 지연으로 인해 그리고 임의 재염소주입시설과 감시 위치들 사이 복수 이동경로에 기인하여 이 종속도는 복잡해 질 수 있다. 관망수질모의모델들에서 공통적인 특정 가정 아래 질량 주입율 $\boldsymbol{u}$의 선형함수로서 농도 $c_j^m(\boldsymbol{u})$을 표현하기 위해 선형 중첩 원리를 적용할 수 있다. 주입율과 농도사이 이 선형 상관관계는 실용적인 최적설계 공식화들을 전개하기 위한 강력한 도구이며, 본 절에서 기술한 각 최적화 모델 공식화의 기초가 된다. 따라서 복수 재염소주입시설들에서 주입량으로 인한 염소 농도의 동력학을 모델링하기 위해 어떻게 선형 중첩을 적용할 수 있는지 간략하게 토론할 가치가 있다.

우리는 (1) 급수시스템 수리학들은 시간에 따라 변화하지만 기저이고, (2) 소독제 감소 동력학은 소독제 농도의 1차식이고, (3) 반응계수들은 재염소 질량주입율 $\boldsymbol{u}$에 독립적인 것으로 가정한다. Boccelli et al. (1998)은 이러한 조건아래 선형 동역학 시스템으로 시간에 따라 수리학이 변화하는 급수관망 소독제의 이동과 소독제 주입량을 수학적으로 기술할 수 있는 것을 보여주었다. 따라서 선형 중첩의 원리를 적용할 수 있다(Luenberger, 1979). 또한 이들은 단순한 관망 예제를 사용하여 더욱 직관적인 선형 중첩에 대해 설명한다. Zierolf et al., (1977)은 다른 방법으로 모든 소독제의 source들의 중첩된 영향을 구하기 위해 급수시스템을 통한 모든 이동 경로들을 역추적(backtracking)하여 $c_j^m(\boldsymbol{u})$을 위한 순환(recursive) 표현식을 유도하였으며 이 표현식은 임의 복잡한 급수시스템에서의 각 재염소-주입 영향의 선형 합계로서 감시농도 $c_j^m(\boldsymbol{u})$를 정의할 수 있다는 것을 보여준다.

$$c_j^m(\boldsymbol{u}) = \sum_{i=1}^{n_b} \sum_{k=1}^{m} a_{ij}^{km} \boldsymbol{u_i^k} \tag{16.27}$$

여기서 $a_{ij}^{km} = \partial c_j^m / \partial \boldsymbol{u_i^k}\,[(M/L^3)/(M/T)]$는 시간 m, 감시 절점 j에서 농도에 미치는 주입량 u_i^k의 영향을 기술하는 이산화된 충격반응함수의 계수에 상응한다(Chow et al., 1988; Oppenheim & Willsky, 1997). 관망수질모의 소프트웨어를 사용하여 충격반응계수(impulse response coefficient)들을 계산할 수 있다(다음 절 참조). 즉, 식 (16.27)은 $\boldsymbol{u}$의

변화가 잔류농도들에 미치는 영향을 정확하게 표현하는 수학식이고 형태가 단순하여 주입량과 위치들을 최적화하기 위한 효율적인 수학식 모델을 개발하는 것을 가능하게 한다.

16.5.2 계획단계에서 동적관망 수질모델

공학적 목적들을 만족시키기 위해 항상 급수시스템 내 최소압력을 유지하도록 설계해야 하는 것과 같이 재염소 소독 주입량들은 모든 시간에서 충분한 잔류소독농도를 유지해야 한다. 그렇지만 재염소주입시설의 위치와 스케줄링을 위한 실용적인 모델을 작성하기 위해서는 계획단계에서 주입량과 관망 수리학에서 미래 변화에 대한 가정들이 필요하다. 이와 같은 가정들은 수리관망 설계의 기본으로 첨두 수요량에 소화수량을 더한 것을 채택하는 개념에서 유사하다. 이와 같은 수리관망 설계의 기본에 기초하여 설계된 관망들은 미래에 알 수 없는 교란(통상적으로 실제 수요량은 설계시 가정한 수요 시나리오와 절대 동일하지 않다. 그럼에도 불구하고 설계시 시나리오를 수용할 수 있는 것으로 가정하기 때문에 가정된 시나리오는 유용하다.)에도 불구하고 허용되는 방법으로 운영되는 것으로 가정한다. 여기에서 본질적인 문제는 기본설계시 동적모델(steady state model과 반대)들을 사용하면 재염소주입에 대한 동적 수질반응은 반드시 설계에 반영되지만 이러한 동역학은 임의 독단적인 초기 조건들에 기초할 수 없기 때문에 초기 조건들을 조심스럽게 처리해야 한다는 것이다. 개념은 수질 동역학들은 주기적이고 이러한 주기적 동역학의 대표적인 “snapshot”에 기초하여 설계할 수 있도록 확실히 하는 것이다. 설계 가정 및 조건을 제시한 후 이러한 개념적 설계 논제들을 더욱 완전하게 토론한다.

불연속 질량 주입율들은 주기적이어서 각 재염소주입시설에서 질량 주입량 변화는 주기시간 $T_s = n_s \Delta t$을 갖는다고 가정한다. 여기서 n_s는 한 스케줄링 주기에 포함된 주입율의 횟수이고, Δt는 한 불연속 질량 주입의 기간이다(주기시간은 파장과 유사하다). 그와 같은 가정은 $v_i^k = u_i^{k+qns}$, $\forall q$, $k=1, \cdots, n_s$와 같이 주기 질량 주입율 v_i^k를 정의한다. 따라서 식 (16.27)은

$$c_j^m(\boldsymbol{v}) = \sum_{i=1}^{n_b} \sum_{k=1}^{m} \alpha_{ij}^{km} \boldsymbol{v_i^k} \tag{16.28}$$

여기서 복합 충격반응계수 α_{ij}^{km}은 재염소투입시설에서 단위 주기 주입량에 대한 감시 위치에서 농도의 반응을 정량화한다.

주입율 이외 만일 α_{ij}^{km}, $\forall i,k$들이 충격반응주기 시간 $T_a = n_a \Delta t_m$와 주기적이면 감시농도 c_j^m들은 주기시간 T_a와 주기적이 된다(식 16.28)(여기서 n_a는 한 충격반응주기에 포함된 감시시간의 횟수, Δt_m은 소독제 잔류-감시 시간 단계). 따라서 복합 충격반응계수들은 주기시간 T_a와 주기적인 것으로 가정할 수 있으며, 이 경우 이러한 동역학의 오직 한

주기만을 고려하여도 설계 목적은 충분하다(α_{ij}^{km}이 주기적이라는 가정은 아래에서 토론한다). 이와 같은 주기성 가정은 많은 장기계획들에서 본질적인 불확실에 대한 실용적인 해가 된다.

만일 최적 소독제 농도들이 주기적이라면 시스템의 다른 특성들도 반드시 이와 같은 거동에 일관되어야 한다(즉, 단순히 잔류농도들이 반드시 주기적이어야 한다고 주장한다고 해서 농도가 주기적으로 되지는 않는다). 첫 번째 우리는 최적 소독제 주입량들은 주기 시간 T_s와 주기적인 것으로 가정한 것을 이미 토론하였다. 직관적으로 핵심 구동력(주입 스케줄)이 주기적이지 않으면 감시 절점 농도들은 주기적이 될 수 없다. 두 번째 수리 동역학은 명백하게 합성농도 동역학에서 중요한 역할을 한다. 특히 관망의 수리 동역학의 주기시간 T_h와의 주기성을 가정한다(유량, 탱크 고도, 그리고 압력들은 주기시간 T_h와 주기적이다). 실용적인 수준에서 주기적 관망 수리학은 관망 절점들에서 주기적 물 수요를 요구한다. 물론 실제 수요는 설계시 가정한 수요와 다를 수 있다. 따라서 설계는 모델 예측과 달리 수행한다. 재차 강조하지만 이러한 어려움을 극복하는 완벽한 방법은 없다.

Boccelli et al. (1988)은 감시 절점농도들과 복합 충격반응계수들은 일부 정수 $\eta > 0$, $\mu > 0$에서 주기시간 $T_a = \eta T_s = \mu T_h$을 갖는 것을 보여주었다. 따라서 감시 절점농도들의 장기 주기성(long-term periodicity)은 주입 스케줄과 가정된 수리 동역학 모두의 장기 주기성을 필요로 하고, 독립 주기시간들 T_s와 T_h 사이 상관관계는 주기시간 T_a을 결정하기 충분하다. 특별한 예를 들기 위해 만일 수리 동역학들이 24시간 주기이고 재염소주입량들은 12시간 주기이면 잔류농도들은 24시간 주기가 된다($n = 2,\ h = 1$).

주기적인 주입 스케줄과 관망 동역학을 가정하여 소독제의 주기적인 농도를 달성하면 적정한 자료 요구조건들을 유지하면서 중요한 동적 과정들이 최적 스케줄에 영향을 미치는 것을 허락한다. 소독제 농도 동역학과 이러한 동역학을 구동하는 수리 힘에 대한 다른 그럴듯한 가정들을 고려하여 이 점을 강조한다. 예를 들어 정상상태 수리학에 의해 강제된 정상상태 농도들을 가정할 수 있다. 논쟁의 여지가 있지만 동 수리학에 의해 강제된 dynamic concentration들의 가정 사항들은(독단적인 주기성) 급수시스템에서 소독제의 이동과 감소를 더욱 현실적으로 표현할 수 있도록 한다.

16.5.3 선형계획법의 재염소주입시설 최적 스케줄링

본 절은 주기적 주입율 v_i^k, $i = 1, \cdots, n_b$, $k = 1, \cdots, n_s$으로 정의된 최적 재염소주입 스케줄을 위한 공식화에 대해 기술한다. 재염소주입시설들 n_b 위치들을 기저로 가정한다. 설계 목적은 농도 동역학의 한 주기에 걸친 전체 소독제 질량주입율을 최소화하는 것이다. 이 목적의 의도는 소독부산물, 약품비용, 그리고 염소소독과 관련된 거북스런 맛과 냄새를 최소화하는 것이다. 그러나 이 시점에서 소독부산물 또는 거북스런 맛과 냄새의 형성의 실제 감소량을 정량화할 수 없다. 모든 시간에 걸쳐 감시 지점들 n_m에서 소독 잔류물에 대한 하한 및 상한 제약들을 만족시키기 위해 질량 주입이 필요하다. 이러한 제약들은 급수시스템의 미생물 오염에 대비한 방책으로서 모든 수요지점들에서 탐지할 수 있는 잔류염소농도를 요구하는 환경 규정들과 일치한다.

다음 LP 문제와 같이 모델 공식화를 표현할 수 있다.

목적

$$z = min \sum_{i=1}^{n_b} \sum_{k=1}^{n_s} \upsilon_i^k \tag{16.29}$$

제약조건

$$c^{min} \le c_j^m(\upsilon) = \sum_{i=1}^{n_b} \sum_{k=1}^{n_s} \alpha_{ij}^{km} \cdot \upsilon_i^k \le c^{max} \tag{16.30}$$

$$j = 1, \cdots, n_m \quad m = 1, \cdots, n_a$$

$$\upsilon_i^k \ge 0, \; i = 1, \cdots, n_b \quad k = 1, \cdots, n_s \tag{16.31}$$

여기서 c^{min}와 c^{max}는 급수시스템 내 최소 및 최대 잔류염소농도 한계이고, n_a는 농도 동역학의 한 주기에 포함된 감시 기간의 횟수이다.

16.5.4 혼합-정수 선형계획법의 재염소 최적 위치와 스케줄링

이 공식화는 최적 재염소주입시설의 위치를 고려하기 위해 상기 최적 스케줄링을 확장한다. 식 (16.29)~(16.31)의 확장은 혼합-정수 선형 프로그램(MILP, mixed integer linear program) 문제를 야기한다(Hillier & Lieberman, 1980). 목적은 농도 동역학의 한 주기 동안 전체 질량 주입율을 최소화하고 전체 시간에 걸쳐 감시 절점들에서 농도에 대한 제약사항들을 만족시키는 것이며, 이들을 공식화하면 다음과 같다.

목적

$$z = min \sum_{i=1}^{n_b} \sum_{k=1}^{n_c} \upsilon_i^k \tag{16.32}$$

제약조건

$$c^{min} \le c_j^m(\upsilon) = \sum_{i=1}^{n_b} \sum_{k=1}^{n_s} \alpha_{ij}^{km} \cdot \upsilon_i^k \le c^{max} \tag{16.33}$$

$$j = 1, \cdot \cdot, n_m \quad m = 1, \cdot \cdot, n_a$$

위치 i에 새로운 재염소주입시설의 설치($\delta_i = 1$) 또는 미설치($\delta_i = 0$) 여부를 결정하기 위해 이진법 변수 δ_i를 도입한다. 위치 i에 재염소주입시설이 존재하지 않으면 그 위치에서 전체 질량 주입량이 0이 되도록 보장하기 위해 다음과 같은 추가 제약이 필요하다.

$$\sum_{k=1}^{n_s} v_i^k \leq M_i \cdot \delta_i,\ i = 1, \cdots, n_b \tag{16.34}$$

여기서 M_i는 재염소주입시설 위치 i에서 전체 질량 주입량의 상한과 동일한 + 상수이다(유입되는 농도 c^{min}은 위치 i에서 유출하는 농도 c^{max}와 동일한 주입량으로 가정하고, 시간에 걸쳐 위치 i에서 유출되는 전체 유동율로부터 유도할 수 있다). 따라서 $\delta_i = 0$이면 전체 주입량은 0으로 제한되어야 하는 반면, $\delta_i = 1$이면 위치 i에서 전체 주입량은 제한되지 않는다. 이 "big M" 공식화는 일반적인 "fixed-charge" 문제 또는 시설의 위치를 포함하는 문제에서 흔히 사용되고 또한 공식화의 선형성을 보존하기 때문에 사용된다. 식 (16.34) 대신 식 (16.33)의 v_i^k를 $v_i^k \delta_i$의 곱으로 대체하면 곱셈항을 갖지만 식 (16.34)는 이 곱셈항을 포함하지 않기 때문에 선형성을 유지한다.

건설해야 할 재염소주입시설들의 전체 수량에 대한 제약조건은 $\overline{n_b} < n_b$이며, 이는 건설할 재염소주입시설의 비용을 나타낸다.

$$\sum_{i=1}^{n_b} \delta_i \leq \overline{n_b} \tag{16.35}$$

최종적으로 변수들 δ_i는 0 또는 1로 제한되고, 주입량율들은 반드시 +가 되어야 한다.

$$\delta_i = \{0,\ 1\}, i = 1, \cdots, n_b \tag{16.36}$$

$$v_i^k \geq 0,\ i = 1, \cdots, \overline{n_b}, \quad k = 1, \cdots, n_s \tag{16.37}$$

Simplex 방법과 분지한계법(branch-and-bound method)을 사용하여 상기 MILP 문제(식 16.32~16.37)를 해결할 수 있다(Hillier & Lieberman, 1980). 공식화를 약간 수정하면 이미 존재하는 재염소주입시설들과 새로운 잠재적 위치들을 조합하여 최적화할 수 있다. 그러나 이 MILP 모델은 LP 스케줄링 모델보다 해결하기가 상당히 더 어렵다[스케줄링 모델의 해결은 본질적으로 MILP 위치모델을 해결하기 위한 분지한계법 절차의 부작업(subtask)으로서 통합된다]. 실제적인 경험이나 다른 수단으로서 상대적으로 작은 일련의 잠재적 위치들을 결정한 후 대규모 관망을 해석하기 위해 MILP 모델을 적용할 수 있다. 즉, 만일 n_b가 작으면 관망의 전체 절점수보다 상당히 적을 것이다. 재염소주입시설 최적의 위치를 선정하기 위해 다음 절의 최대 지역담당 모델의 공식화가 필요하고 사용자는 자기 책임하에 재염소주입시설 위치선정의 방법으로 또는 MILP 공식화에서 양호한 잠재적 위치들을 선정하기 위한 스크린 도구로서 이 모델을 사용할 수 있다.

16.5.5 최대지역할당 모델의 재염소주입시설 최적위치 선정

본 절은 어떻게 최대 지역담당(MSC; maximum set-covering) 모델이라 불리는 전통적인 정수 선형 계획법(ILP)으로서 재염소주입 위치선정 문제를 공식화 할 수 있는지 보여준다. 이와 같은 공식화는 중간 규모 이상의 관망을 처리할 수 있는 점에서 상당한 연산 장점을 갖는다. 즉, 연산적으로 다루기 쉬운 모델을 사용하여 원하면 모든 관망 절점들을 잠재적인 재염소주입 위치들로 고려할 수 있다. 이러한 연산적 장점들을 얻기 위해 주입 스케줄링의 최적화 능력을 포기하는 대신 다소 전형적인 방식으로 모든 재염소주입시설들을 운영하는 것처럼 처리한다. 따라서 MILP 공식화와는 달리 MSC 공식화는 최적화 스케줄링 LP 모델에 직접적으로 의지하지 않으므로 최적 스케줄링과 최적 위치선정 두 함수들을 조합하지 않는다. 이러한 이유로 최적 스케줄링 또는 최적 스케줄링/위치선정 모델 공식화들과 연계하여 MSC 모델을 사용할 것을 제안한다. 이와 같이 연계하여 사용하면 특히 최대 지역담당 위치모델(maximal covering location model, Church & Revelle, 1974)은 시설 위치선정 모델에서 조속한 결과들을 얻게 하고, 또한 지하수 감시 관망에서 관정의 위치선정 모델들을 위한 영감을 제공하여왔다(meyer & Brill, 1988).

기본적인 MSC 재염소주입 위치모델은 수학적으로 진술하기가 상대적으로 단순하므로 먼저 이를 수행하고 후에 상세한 내용과 동기를 기술하기로 한다. 재염소주입 위치 i에서 소독제 주입이 감시 위치 j와 기간 m에서 "상당한 반응"을 유도하면 i가 N_j^m에 포함되도록 일련의 잠재적 재염소주입 위치들 N_j^m의 index를 정의한다. 따라서 N_j^m는 감시 위치 j와 시간 기간 m에서 잔류염소농도에 영향력을 갖는 것으로 가정된 모든 잠재적 재염소주입 위치들에 대한 일련의 index가 된다. 여기서 "상당한 반응"과 일련의 N_j^m에 대한 정확한 정의를 다음에 토론한다. 당분간 만일 한 재염소주입 위치가 감시 위치 및 시간에서 "상당한 반응"을 유발하면 적정한 조건 아래 그 재염소주입시설의 운영으로 감시 위치와 시간에서 수용할 수 있는 잔류염소농도를 유지할 수 있다고 단순하게 가정할 수 있다.

위치 i에 재염소주입시설을 건설할지($\delta_i = 1$) 또는 건설하지 않을지($\delta_i = 0$)를 나타내기 위해 이진법 변수들 δ_i를 정의한다. 다음 식을 사용하여 재염소주입시설 숫자의 최소화(재염소주입시설 건설 및 운영비용의 최소화를 위한 대리 목적)를 탐색한다.

$$min \sum_{i=1}^{n_b} \delta_i \tag{16.38}$$

여기서 n_b는 잠재적 재염소주입시설 선정위치 숫자이나 잠재적 재염소주입 위치들로서 일련의 모든 관망 절점들을 사용할 수 있기 때문에 MILP 공식화에서 사용된 것 보다 상당히 클 수 있다. 재염소주입시설의 숫자를 최소화함에 있어 최소한 하나의 선정된 재염소주입 위치로부터 "상당한 반응"을 포함시키기 위해 각 감시 위치와 시간을 필요로 한다. 그렇지 않으면 그 감시점에서 잔류농도를 유지하는 것이 불가능하다. 따라서 수학적으로 다음 제약을 갖는다.

$$min \sum_{i \varepsilon N_j^m} \delta_i \geq 1, \ j=1, \cdot \cdot \cdot, n_m, \quad m=1, \cdot \cdot \cdot n_a \tag{16.39}$$

LP와 MILP 모델과는 달리 제약 공식 (16.39)는 주기적 잔류-농도 동역학의 한 주기를 위해 작성된다. 식 (16.39)에 종속되는 식 (16.38)의 해는 각 감시 위치와 시간에서 잔류농도는 최소한 선정된 한 위치에 의해 영향을 받기 때문에 관망에서 공간적 그리고 시간적 "포함범위(coverage)"을 제공하는 재염소주입 위치들의 최소 수량을 제공한다.

만일 위치 i에서 단위 설정점(unit set point) 농도가 감시 위치 j와 기간 m에서 한계 $0 < \eta < 1$을 초과하는 잔류농도 반응을 유발하면 재염소주입 위치 i를 포함하기 위해 coverage set N_j^m을 더욱 정확하게 정의해야 한다. 반응을 단위 설정점 농도의 항으로 명시하는 이유는 최적 주입위치에 대한 결정으로부터 최적 주입 스케줄에 대한 결정을 분리시키기 위한 것이다. 만일 이러한 연관관계를 분리해야 한다면 반드시 재염소주입시설들의 운영을 위한 논리적 시나리오를 작성해야 한다. 여기서 각 잠재적인 재염소주입시설은 동일한 방법으로 운영되어 적용한 질량 주입 스케줄이 재염소주입시설 출구로부터 균등한 단위 유출농도가 되도록 시나리오를 정의한다. 이와 같은 운영 시나리오는 단위 설정점을 유지하기 위해 주입율을 조정하는 현장 피드백 제어기와 일치한다.

이제 충격계수 α_{ij}^m 항으로 coverage set를 정의할 수 있다.

$$N_j^m = \{i | \alpha_{ij}^m \geq \eta\} \tag{16.40}$$

여기서 재염소수입 위치 i에서 특징 주기 질량주입의 결과로서 감시 위치 j와 시간 m에서 주기적 농도 반응을 나타내어 모든 시간 위치 i에서 단위 설정점 농도가 유지되도록 하는 것을 제외하고 충격반응계수들 α_{ij}^m는 16.5.3절에서와 같이 유사한 방법으로 정의된다.

잔류 coverage 매개변수 η에 약간의 의미를 부여하기 위해 다음과 같이 진행한다. 첫 번째 다음과 같이 coverage set들을 정의한다.

$$N_{ij}^m = \{i | c_j^m \geq c^{min}\} \tag{16.41}$$

여기서 c_j^m은 재염소주입시설 위치 i에서 설정점 농도를 유지하는 결과로서 발생하는 농도, c^{min}은 바람직한 또는 허락되는 최소 잔류염소농도이다. 또한 소독제 감소로 인해 관망에서 최대 잔류염소농도는 재염소주입 위치들에서 유지되는 설정점 농도가 된다. 모든 재염소주입시설들은 동일하게(동일한 출구 설정점 농도) 운영되는 것으로 가정하므로 이 설정점 농도를 관망 모든 곳에서 최대인 c^{max}로 부르기로 하자. 이제 선형중첩을 사용하여 충격반응계수 a_{ij}^{m} 항으로 식 (16.41)의 농도 c_j^m을 정의할 수 있다. 따라서 $\alpha_{ij}^{m} c_j^m = \alpha_{ij}^{m} c^{max}$가 되고 식 (16.41)에 대입하여 정리하면

$$N_j^m = \{i|\alpha_{ij}^m \geq c^{min}/c^{max}\} \tag{16.42}$$

따라서 식 (16.40)과 (16.42)를 비교하면 잔류 coverage 매개변수 $\eta = c^{min}/c^{max}$는 관망에서 최소/최대 잔류염소농도의 비로서 의미있는 해석을 가지며 유용한 잔류염소농도변화의 척도가 된다. 사실 식 (16.39)를 만족시키는 임의의 재염소주입시설들은 모든 감시위치와 시간동안 최소한 하나의 재염소주입시설을 포함하게 되어 $\alpha_{ij}^m \geq \eta$가 될 것이므로 동일한 설정점을 유지하기 위해 운영되는 재염소주입시설에서 c^{min}/c^{max}에 대한 하한으로서 η를 더욱 정확하게 해석할 수 있다.

잔류 coverage 매개변수는 MSC 재염소주입 위치모델을 해결하기 위한 중요한 결정자이다. 정신운동(mental exercise)으로 모든 절점(따라서 모든 감시 위치)들이 잠재적 재염소주입 위치가 되는 하나의 관망을 고려할 수 있다. 극한 경우 수치 $\eta = \epsilon$(여기서 ϵ은 임의 작은 + 상수) 그리고 $\eta = 1$의 경우 즉시 최적 MSC 해들을 구할 수 있다. 즉, $\eta = \epsilon$일 때 관망 수원과 관련된 것들로 제한된 최소 하나의 재염소주입 위치들이며, 이는 오직 정수장 절점들에서 소독제가 주입되는 전형적인 경우이다. $\eta = 1$일 때 해는 관망에서 모든 절점을 포함하며 이는 각 감시 절점에서 완벽하게 균등한 농도를 갖는 유일한 방법이다. 따라서 η는 감시 위치들과 시간들의 "coverage"를 성취하기 위해 필요한 재염소주입시설들의 수량과 관련될 것이고, 최적 재염소주입시설들의 수량에 대한 잔류 coverage 매개변수 η의 그래프는 소독제 잔류물의 가변성과 잔류물 유지비용의 척도사이 최적 trade off를 나타낸다.

16.5.6 최적화 모델의 해

상기에서 기술한 각 최적화 모델을 해결함에 있어 중대한 단계는 적절한 충격반응계수들의 계산이다. 더욱이 이러한 충격반응계수들은 반드시 주기적 주입이 주기적 농도 동역학에 미치는 영향을 전달해야 한다. 전술하였듯이 수리적 주기성 및 소독제-주입-주기성은 장기 잔류농도 주기성을 위해 필요한 조건이지만 잔류물이 주기적이 되기 위해 필요한 시간에 대해서는 언급할 것이 거의 없다(관망 모의에서). 간략하게 동역학 농도들은 초기 조건들에(모의시 명시되는 배관과 저수지에서 초기 농도들) 기인한 비주기적 동역학과 주기적 주입 및 수리학으로 인한 주기적 동역학 두 성분들로 구성된다고 말할 수 있다. 여기서 기술한 설계방법에 따르면 초기 조건들은 임의의 것으로 간주하여 충격반응계수들을 계산

할 때 반드시 초기조건들의 영향을 무시한다. 일부 소프트웨어는 섭동(perturbation) 방법들을 사용하여 반응계수들을 계산할 때 상기 과정을 완수한다 (16.5.7절 참조).

현존하는 방법들 특히 simplex 방법을 사용하여 일반 LP 문제를 해결하는 것은 상대적으로 간단하다. 결정변수들의 수량은 선정된 스케줄링 기간들의 수량에 재염소주입시설의 수량을 곱한 $n_s \times n_b$에 종속되거나 아니면 관망 배관의 규격과 시스템 동역학에 독립적이기 때문에 실제 관망을 위한 문제의 규격은 상용 LP 소프트웨어의 능력 이내가 된다. 그러나 제약 수량은 감시 위치들의 수량 n_m과 충격주기시간 T_a와 관련되므로 관망에 종속된다. 어느 경우에서든(최소한 충격반응계수들을 계산하는 가장 간단한 방법의 경우) 실제 LP 해결보다 문제 설정에 의해 전체 해결효율이 더욱 많이 결정되는 것으로 보인다. 복합 충격반응계수 α_{ij}^{km}의 계산은 최소한 전체 연산부하에서 중요한 요소가 될 것이다.

또한 MILP 스케줄링/위치 모델을 해결하기 위해 지금까지 토론한 대부분의 내용을 적용할 수 있다. 그러나 해를 구하기 위해 simplex 방법과 함께 분지한계법을 사용하는 것은 연산적으로 상당히 더욱 집중적이고, 사전에 해결 시간을 예측하는 신뢰성 있는 방법은 존재하지 않는다. 또한 알고리즘 선택 또는 문제내용 명시의 상세한 정도는 연산시간에 상당히 영향을 미친다. 간단히 말하면 해결은 간단하지 않으나 잠재적인 재염소주입 위치들이 너무 많지 않고 알고리즘 선택사항의 영향과 분지한계법의 성능에 대한 허용오차를 이해하기 위해 충분한 시간을 할애할 수 있다면 실제 관망을 해결할 수 있다.

MSC 모델의 공식화는 ILP 최적화 모델의 특별한 범주이다. 통상적으로 이러한 형식의 모델들은 임의 특정구조가 없는 동일한 규격의 IP 모델과 비교할 때 효율적으로 해를 구할 수 있다. 즉, MSC 모델의 느슨한 해(relaxed solution, 0과 1 사이에서 이진법 변수들이 연속적으로 변화하여 순수 LP 문제를 제공하는 것이 허락된다)가 자연 정수해가 되는 것은 특이한 경우가 아니며, 이 경우 simplex 알고리즘으로 해를 얻는 것이 효율적이다. 또한 특별한 형태의 제약들에 기초하여 자아학습법이 고안되어 왔다. LP+자아학습법, PL+분지한계법 implicit enumeration, 그리고 SA을 사용하여 유사한 모델들(다른 적용 문맥에서)을 해결하여 왔다(Church & Revelle, 1974, Meyer & Brill, 1988, Meyer et al., 1994).

16.5.7 유용한 소프트웨어

캘리브레이션된 동적 관망 수질모델이 주어지면 상기 최적 재염소주입 스케줄링과 위치 선정 또는 둘 모두를 자동으로 명시하기 위해 급수시스템 수질모델인 EPANET(Rossman, 1994)과 호환되도록 BDDA(Booster disinfection design algorithms)라 불리는 전산기 코드가 개발되었다. 이 코드는 표준 MPS 양식(Murtagh, 1981)으로 최적화 모델 공식화들의 시방서를 생산할 수 있다. 임의 유용한 simplex 알고리즘(LP) 또는 simplex 방법과 함께 분지한계법(MILP/MSC)을 실행하여 LP/MILP/MSC 문제의 이 시방서를 해결할 수 있다. 대안으로 이 상용 소프트웨어의 사용자들을 위해 코드는 CPLEX LP 및 MILP 해결 알고리즘

(CPLEX, 1988)과 직접적으로 호환한다. 표준 EPANET 자료 파일은 급수시스템의 물리적 그리고 화학적 특성들에 대한 정보를 포함한다. BDDA를 적용하기 위해서는 잠재적이고 현존하는 재염소주입 위치들, 재염소주입 스케줄 주기시간 T_s, 각 재염소주입 위치에서 질량주입 간격의 횟수 n_s와 주입길이, 감시절점위치, 그리고 잔류물 하한 및 상한 c^{min} 및 c^{max}을 포함한 최적화 모델 공식화에 관련된 추가 정보를 필요로 한다.

그림 16.11은 해를 구하기 위한 LP 최적 스케줄링 문제를 설정하기 위해 필요한 단계들을 보여준다. MILP 및 MSC 문제 설정도 유사하다. 먼저 후속적인 수질 모의 동안 사용하기 위해 관망 수리학을 모의한다. 즉, 이 수리 해로부터 주기시간 T_h를 결정한다. 이제 $T_a = \eta T_s = \mu T_s = \mu T_h$가 최저가 되도록 η와 $\mu > 0$의 수치로 T_a를 결정할 수 있다. 이제 행렬 발생기는 간단한 섭동방법으로 복합 충격반응계수들을 연산한다. 이제는 각 재염소주입 위치 i와 주기적 주입간격 k를 설정하고, 이들을 소독제의 주기적 근원으로 모델한다(따라서 $u_i^{k+pm_s} = \hat{\upsilon}, \forall p \ge n$). $\hat{\upsilon}$은 충분하게 큰 주입율이기 때문에 충격반응의 계산시

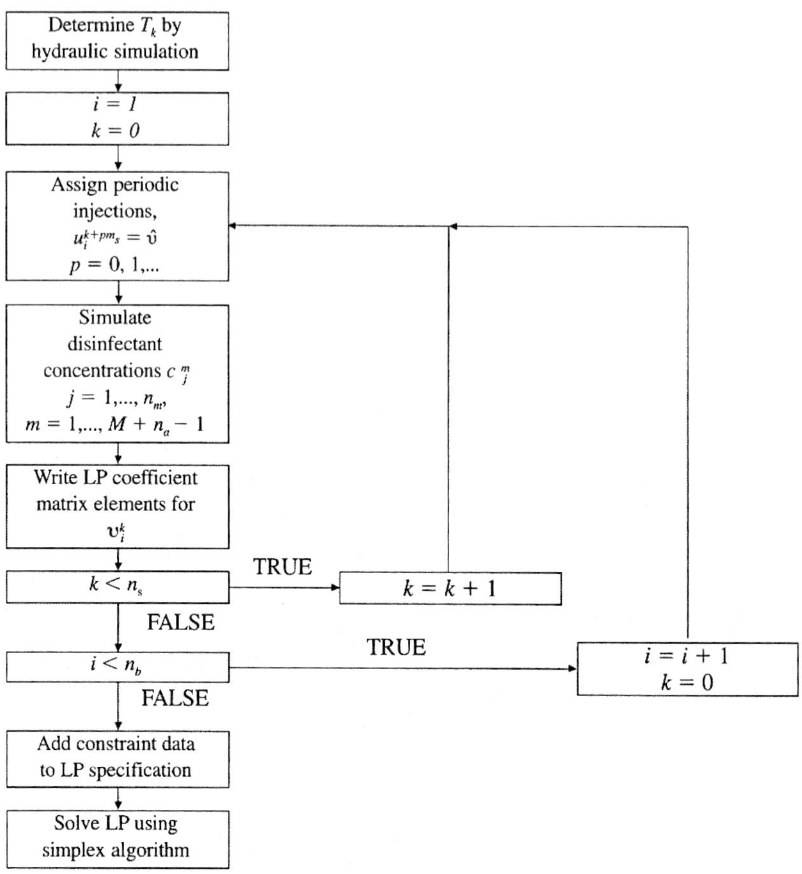

그림 16.11 ▌ 선형계획법으로서 booster 소독제 주입 최적 스케줄링 설정

절삭에 따른 오차는 방지된다. 행렬 발생기는 주기적 질량주입($a_{ij}^{km} = c_j^m / \hat{v}$, $m = M, \cdots, T, M + n_a - 1$)에 상응하는 복합 충격반응계수들을 계산하기 위해 감시 절점들 n_m을 위해 모의된 농도 c_j^m를 사용한다. 기간 M 수치는 연속적인 충격주기들에(길이 T_a의) 걸쳐 충격반응계수 수치들의 차이가 상당하지 않을 때 $\left(\left|\alpha_{ij}^{km} - \alpha_{ij}^{k, m-n\alpha}\right| \leq \epsilon\right)$의 시간으로 추정된다. 특정 재염소주입 절점 i와 주입기간 k에서 한번 M이 결정되면 BDDA는 v_i^k에 상응하는 LP 계수 행렬의 칸을 기록한다. 모든 재염소주입 위치들과 주입기간들이 해석될 때까지 이러한 반복 절차는 계속된다. 이제 BDDA는 상용 최적화 알고리즘으로 해결하기 위해 필요한 제약 정보들을 LP 문제의 MPS 서술부에 첨부한다. 또는 필요한 제약 정보들을 관련 CPLEX 모듈과 직접적으로 호환한다.

16.5.8 요약

일정기간과 급수관망 전체에 걸쳐 재염소주입시설의 최적위치를 선정하고 최적스케줄링을 도출하기 위한 최적화 모델 공식화들을 기술하였다. 이 최적화의 목적은 급수시스템의 여러 지점들에서 주입된 전체 소독제의 질량을 최소화하는 것과 건설해야 할 전체 재염소주입시설 숫자를 최소화하는 것을 포함한다. 제약들은 모든 감시 절점과 시간에서 충분한 잔류염소농도가 유지되는 것을 보장한다. 이러한 공식화들에 중요한 것은 미래 수리 동역학들을 기저로 가정하고 급수관망에서 소독제의 이동에 선형 중첩을 적용할 수 있다는 사실을 인식하는 것이다. 수리학의 주기성을 가정하고 최적 주입 스케줄들이 주기적인 것으로 요구하여 공식화들을 유도하였으며, 이는 재염소주입 스케줄링과 위치 선정에 소독제 농도 동역학의 중요한 영향을 논리적으로 반영한다.

CHAPTER 17

유지관리 및 갱생/대체

역자: 박한영, 신언호, 이근영, 박진훈

17.1 서론

다른 하부 관망과 비교할 때 급수시스템의 신뢰도는 상당히 높다. 파괴 또는 누수 없이 100년 이상 기능을 유지하는 배관은 드물지 않다. 정기적인 유지관리를 통해 수 많은 펌프들은 40년 이상 가동한다. 실제로 일부 오래된 도시에서는 아직도 목관을 사용하여 물을 수송하고 있다. 급수시스템은 거의 관심을 필요로 하지 않고 특히 눈에 보이지 않는 시스템과 같이 당연한 것으로 받아들여져 왔다. 그러나 유지관리를 적정하게 시행하면 급수시스템 요소의 수명을 연장시킬 수 있고 갱생을 통해 이들 수명을 더욱 연장시킬 수 있다.

17.1.1 유지관리 및 갱생

많은 상수도시스템은 오래되었지만 아직도 충분하게 성능을 발휘하고 있다. 그러나 점검하지 않으면 많은 요소들이 실패할 수 있다. 주된 요소들 중 일부는 다음과 같다.

17.1.1.1 정상적인 마모

동작하는 대부분의 요소들은 시간이 경과하면서 마모된다. 급수시스템에서는 동작하는 요소들이 많지 않기 때문에 마모에 그리 민감하지 않다. 마모에 가장 직접적으로 노출되는 요소는 펌프다. 펌프형식에 따라 일상적인 유지관리는 수명을 최대화할 수 있고 펌프효율을 유지할 수 있다. 정기적인 유지관리를 수행하여 제어밸브 내 동작하는 부분들이 지속적으로 충분한 기능을 발휘할 수 있어야 한다.

17.1.1.2 부식

급수시스템의 많은 요소들은 금속으로 구성되며 금속은 전해질과 접촉하여 부식되는 경향이 있다. 금속 배관과 탱크들은 이러한 부식형식의 대표적인 사례이다. 또한 부식은 콘크리트 구조물 내 보강 철근을 공격할 수 있고, 밸브 스템과 볼트 나사에서 부식은 이러한 요소들이 작동할 수 없도록 만들 수 있다. 또한 부식은 다른 문제들의 근본 원인이다. 금속의 손실, 요소의 약화, 그리고 궁극적으로 파손을 유발시킨다. 부식과정의 부산물들은 배관 벽에 축적되어 통수능력을 감소시키고 압력을 저하시킨다. 또한 부식은 수질을 악화시킬 수 있다.

17.1.1.3 예측하지 못한 부하

일부 급수시설은 설계부하를 초과하는 부하가 발생하기 때문에 실패한다. 과도한 서지압력 또는 외부하중에 의해 파괴된 배관은 건설 당시에는 올바르게 설계되었지만 시간에 걸쳐 수요량이 증가하면서 임의 요소(배관, 펌프 등)들이 너무 작게 될 수 있다.

17.1.1.4 불량한 제작 및 설치

요소들을 적합하게 설계해도 올바르지 못하게 제작 또는 설치될 수 있다. 배관 파괴의 공통 원인은 불량한 베딩 및 채움이다. 불량한 코팅은 탱크부식을 가속시킨다. 잘못 설치된 펌프는 급속하게 성능을 발휘하지 못하게 된다. 수도사업자는 충분한 자격을 갖춘 공급자 및 건설자와 계약한 후 체계화된 계약문서와 품질검사를 통해 불량한 설치의 위험을 감소시킬 수 있다.

17.1.2 본장의 개관

급수시스템 문제의 주된 원인들 중 상기와 같은 일부 문제를 갖고 있지만 실질적으로 때와 장소를 가리지 않고 충분한 압력으로 깨끗한 물을 수용가에게 공급하는 것은 물산업의 신용이다. 본 장의 후속 절에서 문제의 구체적인 형식을 토론하고 해결책을 제시한다. 문제와 해결책을 제시한 후 무수수량(unaccounted-for-water), 관로 파괴, 수리적 통수 능력, 그리고 정보관리에 따라 주된 절들을 분류한다.

본 장에서는 단순히 유지관리와 갱생에 관련된 주제의 개요에 대해 기술하고 더욱 상세한 내용은 AWWA Series on water supply operations(1996), Deb et al. (1995), Male & Walski(1990), O'Day et al.(1986), O'Day et al.(1987), Utility Infrastructure Manual (1984) and Walski(1987a)를 참조하기로 한다.

17.2 무수수량(Unaccounted-for water)

정수처리되어 급수시스템에 공급된 물은 수용가에게 판매되어야 하며 허가 없이 급수시스템으로부터 유출되거나 손실되면 안된다. 한 때는 많은 양의 물이 계측되지 않고 판매되었으나 물의 가치가 높아지면서 유량계측 기술이 개선되었고 미국 내 거의 모든 상수도 시스템은 모든 수용가들의 사용량을 계측한다. 수도사업자가 공급하는 모든 수용가들의 사용량은 계측되지만 수도사업자가 생산한 물의 상당한 부분은 수용가 미터기를 통하지 않는다. 일부는 소화용수 그리고 수질 이유로 플러싱 및 분출장치와 같은 공인된 용도로 유출된다. 통상적으로 이러한 유출량은 상당히 적기 때문에 계측되지 않은 상당한 물량의 주된 원인은 누수이다.

17.2.1 무수수량의 정의

무수수량은 수도사업자가 생산한 물량(통상적으로 정수장에서 계측됨)과 계측된 사용량(예를 들어 판매량+비세입 계측된 물)의 차이다. 유량단위로 무수수량을 표현할 수 있으나 [백만 갤런/일 (mgd)], 통상적으로 물 생산량의 %로 표시한다.

$$\text{무수율 }(\%) = \frac{\text{생산량} - \text{계측된 사용량}}{\text{생산량}} \times 100\% \tag{17.1}$$

여러 사람들이 무수수량에 대한 일관된 정의를 제안하였지만 계산을 수행하는 개인만큼 무수수량을 계산하는 많은 방법들이 존재한다. 예를 들어 일부 수도사업자는 물 생산량으로부터 분출 및 플러싱에 사용된 추정물량을 빼는 반면 다른 업체들은 계측된 사용량에 분출량(blowoff) 및 플러싱을 더하거나 무수수량으로 포함시킬 수 있다. 일부 수도사업자는 알고 있지만 보수하지 않은 누수의 추정치를 무수수량 용도에 포함시킨다. 시스템 성능의 지표(indicator)로서 무수수량을 사용하기 때문에 동일한 정의를 사용하여 주어진 시간에 걸쳐 용수기간들 사이에서 비교들을 작성하는 한 보편적으로 일치된 정의는 그리 중요하지 않다.

무수수량을 제거시키는 것은 모든 수도사업자들의 목표이나 이 목표에 도달하는 것은 불가능하다. 수용할 수 있는 무수수량의 수준은 경험법칙으로부터 약 15%이다(이 수치는 매우 높은 수치이지만). 무수수량이 허용 수준의 이내인지 여부를 결정하기 위한 실제 규칙은 경제성에 기초한다. 즉, 물 생산의 경제적 절감은 최소한 무수수량을 감소시키는 비용을 차감시켜야 한다. 예를 들어 현존가치 기준으로 누수탐지와 보수비용은 더 이상 누수되지 않는 가치에 누수와 관련된 임의 손상액을 더한 것 보다 적어야 한다. 정수처리비용이 고가이고 수원용량이 제한된 지역에서는 무수수량을 10% 이하로 감소시킬 가치가 있을 수 있다. 여유 용량, 성장이 거의 없는, 그리고 저렴한 정수처리와 펌핑시스템을 갖는 지역에서는 20%를 초과하는 무수수량을 수용할 수 있다.

정수장에서 예상치 못한 생산량 증가는 새로운 누수가 발생하였으나 탐지되지 않은 것을 의미한다. 만일 급수시스템 내 작은지역에서 1일 물 생산량을 감시할 수 있으면 새로운 누수가 발생한 위치를 쉽게 발견할 수 있다.

17.2.2 무수수량의 원인과 이해

무수수량을 감소시키기 위해 이 물이 어디로 가는지 이해할 필요가 있다(Hudson, 1978; Siedler, 1985; Wallace, 1987). 이는 누수, 도수, 과소 계측, 계측되지 않은 승인된 사용량, 일괄과세 사용자가 될 수 있다. 그러나 무수수량의 주된 원인을 확인하는 데 도움을 줄 수 있는 약간의 경험법칙이 존재한다(Siedler, 1982). 무수수량의 주된 원인을 제거하면 무수수량을 감소시키기 위한 효과적인 프로그램을 실행할 수 있다.

무수수량에 대한 이해를 돕기 위해 여러 공식을 사용하여 1인당 물 사용량을 계산할 수 있다. 가장 단순한 1인당 물 사용량의 정의는 다음과 같다.

$$\text{Systemwide per capita use} = \frac{\text{물 생산량}}{\text{급수 인구}} \tag{17.2}$$

외부 관개용수 및 산업용수가 전형적인 곳에서는 550Lpcd(liter per capita per day) 또는 150 gpcd(gallons per capita per day) 정도의 사용량은 정상적인 것으로 간주된다. 모든 수도사업자는 생산기록을 유지하기 때문에 이 수치를 얻는 것은 쉽다. 이 수치를 월별로 계산하면 계절별 패턴에 대한 통찰력을 얻을 수 있다. 예를 들어 여름철 관개용수량이 많은 지역에서는 겨울철에도 1인당 물 사용량은 550Lpcd 인근이다. 수용가 용수량을 계측하지 않는 시스템에서도 이 매개변수를 계산할 수 있다.

또 다른 지표는 높은 무수수량 용도의 원인을 더욱 상세하게 예측할 수 있다. 예를 들어 다음과 같이 nonindustrial per capita use를 계산할 수 있다.

$$\text{Nonindustrial use} = \frac{(\text{생산량} - \text{상용 및 산업용수})}{\text{급수 인구}} \tag{17.3}$$

상기 식은 물수요량에 대한 산업용수의 영향을 제거하고 생활용수 수용가의 사용량을 반영한다. 만일 이 수치가 비관개 계절에서 260Lpcd(70gpcd)보다 크면 과도한 누수가 발생하는 것으로 판단할 수 있다.

또 다른 지표는 다음 식과 같이 생산량에서 산업용수를 뺀 것이 아니라 생활용수 사용량을 직접적으로 관찰하는 것이다.

$$\text{생활용수} = \frac{(\text{계측된 생활용수 소비량})}{\text{급수 인구}} \tag{17.4}$$

생활용수 수용가의 실제 수도미터기 읽음값에 기초하므로 이 수치는 더욱 직접적인 생활용수사용량의 척도이다. 만일 이 매개변수가 260Lpcd(70gpcd) 이하이면 수도미터의 과소기록(underregistration)이 무수수량에 대한 주된 원인이 될 수 있다. 상기 3개 지표 식 (17.2), (17.3), 및 (17.4)를 조합하면 전형적인 시스템에서 무수수량의 원인을 감지하는 것이 가능하다. 전형적인 용수시스템에 사용하기 위해 이 지표들을 수정할 필요가 있을 수 있다. 수도사업자가 수용할 수 없는 무수수량의 원인을 규명하면 무수수량을 감소시키기 위한 프로그램을 개발할 수 있다. 이와 같은 원인을 설명하기 위한 올바른 척도를 아래와 같이 기술할 수 있다.

비록 대부분 물 사용은 전형적인 낮시간(diurnal) 패턴을 따를지라도 통상적으로 누수는 1일 24시간 동안 일정한 비율로 발생한다. 무수수량의 가능 원인과 크기의 또 다른 지표를 전개하기 위해 이 지식을 사용할 수 있다. 이는 다음과 같이 정의되는 야간최소비율(minimum nighttime ratio)이다.

$$야간최소비율(\%) = \frac{(최소\ 시간당\ 사용량)}{평균\ 시간당사용량} \times 100\% \qquad (17.5)$$

시간당 사용량을 결정하기 위해 1일 동안 1시간 기준 시간당 공급원 생산량과 저류탱크 수위의 변화를 계산하는 것을 포함한다. 이제 최소 시간당 사용량을 평균 시간당 사용량으로 나눈다. 전형적인 시스템에서 이 수치는 40% 이하가 되어야 한다. 수치가 40% 이상이면 누수 또는 지속적으로 높은 사용(예를 들어 24시간 가동되는 제조사)을 나타낸다. 만일 24시간 동안 물 사용량이 많은 단일 산업체가 존재하면 야간최소비율을 구하기 위해 그 산업체의 영향을 배제하기 위해 각 시간당 사용량으로부터 이 산업체의 시간당 사용량을 결정하고 그 사용량을 감하여 자료를 기록하는 것이 가능하다.

전체 시스템에 기초하여 야간최소비율을 계산할 수 있으나 시스템의 보다 작은 부분(예를 들어 단일압력 영역)에서 계산할 수 있으면 가장 가치가 있다. 이 방법은 누수가 문제가 되는지 여부를 나타낼 뿐만 아니라 시스템의 어느 부분이 가장 누수가 심할 것 같은지를 발견할 수 있다.

17.2.3 무수수량 요인

무수수량을 제공하는 여러 요인들에 대한 의견차이는 크다. 즉, 일부 요인은 시스템으로부터 실제 물의 손실인 반면 다른 요인은 물 사용에 대한 지식의 부족에 기인할 수 있다. 무수수량의 요인들은 다음과 같이 기술할 수 있으며 더욱 상세한 내용은 AWWA M-36 (1996), Jeffcoat and Saravanapavan (1987) 및 Male (1985)을 참조한다.

17.2.3.1 메인관 누수

대부분의 경우 무수수량의 가장 큰 부분은 메인관에서 누수로 인한 손실이다. 수도사업자 직원은 다른 방식으로 "누수(leak)" 및 "파괴(break)"의 용어를 사용하나 표준화된 정의는 없다. 여기에서는 메인관에서 파괴는 비상 복구를 필요로 하는 반면 누수는 필요로 하지 않는 것으로 정의한다. 더욱이 파괴의 증거는 명백한 반면 누수탐지는 특별한 장비를 필요로 할 수 있다. 비록 확실하고 신속한 규칙들은 존재하지 않지만 파손과 누수의 특성을 열거하면 표 17.1과 같다.

표 17.1 ▌ 누수 및 파괴의 일반 특성

누 수	파 괴
계획된 보수 가능	비상 보수 필요
구체적인 탐지 수단이 필요	탐지 용이(예를 들어 표면수, 낮은 압력)
통상적으로 보수하기 위해 공급 중단 불필요	보수하기 위해 공급 중단 필요
배관 조인트와 공급 라인에서 더욱 빈번하게 발생	빈번하게 배관 몸통에서 발생

빈번한 조인트 결함이 누수의 주된 원인이다. 이 결함은 불량 설계, 부적절한 설치, 그리고 불량한 조인트 재질을 포함한 수많은 요소에 기인할 수 있다. 불량한 추력 제약 때문에 곡관 인근 조인트들이 파손될 수 있고, 불량한 설치 때문에 개스킷을 사용하는 조인트들이 파손될 수 있다. 오래된 납 조인트들은 시간이 경과하면서 취성을 띄어 빈번하게 균열이 발생할 수 있다. 이러한 오랜 조인트들에 납을 재충전하는 것은 잊혀진 기술이기 때문에 배관의 부분 대체가 필요할 수 있다. 대형 배관의 경우 내부로부터 불량한 조인트를 밀봉하는 것이 가능하다. 조인트 밀봉문제 이외에도 오래된 배관은 벨에 균열이 발생할 수 있다. 비록 벨 보수 클램프를 사용하여 벨을 보수할 수 있지만 조건에 따라 배관 대체가 더욱 적합할 수 있다.

통상적으로 배관으로부터 빠져나가는 물의 소리를 듣는 음파 누수-탐지 장비를 사용하여 누수를 탐지한다. 이러한 장비들은 밸브와 소화전에 접촉하는 pinpoint 청음장비(그림 17.1) 그리고 지상에서 직접 청취하는 수진기(geophone)(그림 17.2)를 포함할 수 있다. 이외 상호비교 장비(그림 17.3)는 두 지점에서 동시에 청취하여 정확한 누수 위치를 찾는다. 또한 경험이 많은 직원은 누수규모를 정확하게 추정할 수 있다(Male, et al. 1985).

특히 누수된 물이 지표면으로 표출되면 신속하게 발견하여 보수할 수 있기 때문에 이러한 누수로 인해 상당한 물의 손실이 발생하지 않는다. 그러나 작지만 탐지되지 않은 누수는 장기간 지속될 수 있으므로 상당한 물의 손실이 발생할 수 있다. 반어적으로 작은 누수는 소음이 더욱 크고 수중청음기를 사용하여 더욱 쉽게 들을 수 있기 때문에 발견하기가 더욱 용이하다. 통상적으로 탐지 및 보수가 가장 어려운 누수는 하천 횡단 하부에서 발생하는 누수이다.

그림 17.1 ❙ pin-point 청음장비

그림 17.2 ❙ 지상 청취 수진기

그림 17.3 ▌ pin-point 누수측정을 위해 사용된 상호비교장비

배·급수시스템에서 가장 누수가 클 것으로 예상되는 부분에 누수탐지 노력을 집중해야 한다. 높은 야간최소유량(minimum nighttime flow), 또는 급수시스템의 특정 부분에서 높은 무수수량은 누수발생 가능성이 높은지역을 의미할 수 있다. 수도사업자는 시스템의 특정 부분을 접근하기 위해 물이 그 영역으로 유입되는 것을 보장할 수 있어야 한다. 통상적으로 이와 같은 노력은 특정부분을 분리하기 위해 밸브를 폐쇄하고 일부 주요 지점들에서 유량을 측정하는 것을 포함한다. 시스템 내 주요 위치에 유량계를 추가로 설치하여 압력구역경계, 밸브, 또는 둘 모두를 사용하여 시스템을 세분할 것을 권장한다.

물론 누수탐지는 누수를 제거하기 위한 첫 번째 단계일 뿐이다. 누수보수는 이 과정에서 가장 비용이 높은 절차이다. 작은 누수복구시에는 보수 클램프 또는 칼라(collars) 사용을 선호하는 반면 대규모 누수복구시에는 배관 일 부분을 대체할 필요가 있다. 이러한 배관 보수방법은 다음 절에서 토론한다.

평균적으로 누수로 인한 손실을 방지하여 얻은 물 절감금액은 누수탐지 및 보수비용을 충분히 보상한다(Moyer, 1985, et al. 1983). 대부분 시스템에서 누수를 탐지한 후 보수하는 것으로 가정하면 1년~3년 주기로 시스템을 완벽하게 조사하는 것이 경제적이다. 또한 수도사업자는 과거 기록상 높은 누수율을 보인 시스템의 부분들을 더욱 자주 조사하는 것이 유익하다는 것을 보여주었다.

일부 기술자는 누수되는 메인관들을 보수하는 대신 누수가 자주 발생하는 배관(일반적으로 오래된 배관)을 대체하는 것이 유익하다고 주장한다. 배관 내 누수의 빈도, 대체 및 보수의 상대적 비용에 따라 보수 또는 대체 여부를 결정한다. 대체 또는 탐지 및 보수 여부는 현장 누수율과 비용에 따라 결정된다. 일반적으로 탐지 및 보수는 즉각적으로 물 손실을 감소시킬 수 있는 반면 대체는 누수 근본 원인을 제거하는 정도로 장기간 지속적으로 영향을 미친다. 또한 대체는 도로 재포장 또는 다른 지하매설물 공사와 같은 다른 조치를 취하기 이전에 실행하는 것이 유익할 수 있다. 보수에 관한 결정은 17.3절에서 더 상세하게 기술한다.

17.2.3.2 공급관로 누수

공급관로 누수를 탐지하기 위해서는 메인관 누수를 탐지하는 방법과 유사한 방법을 적용할 수 있다. 통상적으로 누수되는 공급관로는 접근이 어려운 위치가 아니면 보수보다는 대체하는 것이 좋다. 많은 경우 수도사업자는 오직 공급관로로부터 지수전(止水栓, curb stop)까지를 소유하며 지하 또는 기어들어가야 하는 공간에 위치한 수용가 계량기까지는 소유하지 않는다. 비록 수용가들이 지수전과 계량기 사이 배관을 소유하지만 수용가는 누수되는 물에 대해 지불하지 않기 때문에 공급관로를 보수할 의지를 갖지 않는다. 미국 내 일부 수도사업자들은 공급관로 누수를 수용가에게 공지한 후 공급을 중단하는 규정을 갖는다.

17.2.3.3 시스템 압력

급수시스템에서 수압은 여러 방식으로 무수수량에 영향을 미칠 수 있다. 첫 번째 높은 압력은 높은 누수율을 유발할 수 있고, 수충격은 파괴 및 곡관에서 분리를 유발할 수 있다. 이러한 문제는 다음 절에서 더욱 상세하게 기술한다. 누수 개념에서 한번 누수가 발생하면 높은 압력은 높은 누수율을 초래할 수 있다. 일련의 연구 고찰결과는 30psi압력(수두 21m)을 저하시키면 6%의 물 사용량 감소를 보여주었다(Hoag, 1984a). 통상적으로 수도사업자는 배수 메인관에서 압력을 100psi(수두 71m)이하로 유지하려고 시도한다. 높은 압력이 발생하는 곳(예를 들어 계곡을 횡단하는)에서는 충분한 압력 등급을 갖는 배관을 설치하여야 한다.

관로시스템 건설이 완료되고 압력영역들이 확립되면 한 지역에서 압력을 감소시키는 것이 어렵다. 특히 미국 이외 수도사업자들 중 일부 사업자들은 누수를 감소시키기 위해 밸브를 사용하여 야간에 압력을 감소시키는 것으로 알려져 있다(Jowitt and Xu, 1989; National Water Council, 1980). 시스템에 따라 float하는 탱크에 의해 직접적으로 공급받는 영역에서는 밸브를 사용하여 야간에 압력감소 실행이 불가능하지만 감압밸브와 폐쇄된 시스템 내부로 토출하는 펌프장(특히 가변속 펌프장)으로부터 공급받는 압력영역들 내에서는 가능하다.

17.2.3.4 소화용수

소화용수로 사용한 물은 무수수량이고, 재앙적 화재 동안 짧은 기간에 걸쳐 사용되며, 이때 소화용수량은 생산량의 상당한 부분이 될 수 있다. 그러나 오랜 시간에 걸쳐 계산하면 전체 생산량의 1% 또는 2% 이하가 된다. 따라서 높은 무수수량에 대한 주된 원인이 될 것 같지는 않다. 유사하게 주기적인 소화전 유량시험에 사용된 물은 무수수량의 상당한 부분을 차지하지 않는다.

17.2.3.5 메인관 플러싱

소화전을 통한 메인관 플러싱은 소화용수만큼 높은 유량을 사용하지 않지만 실제로는 플러싱 프로그램 동안 모든 메인관들이 운영된다. 즉, 플러싱 동안 사용된 물의 전체 체적은 상당할 수 있다. 플러싱 요원들은 유량과 플러싱 시간을 기록하여 이 과정 동안 사용된 물의 양을 평가해야 한다. 피토트 게이지를 사용하여 플러싱 유량을 더욱 정확하게 평가할 것을 권장한다. 방향성 플러싱의 경우 플러싱 속도를 최대화하고 신선한 물을 시스템 수원으로부터 유출되는 소화전까지 최대로 수송하기 위해 밸브를 조작한다(Oberoi, 1994). 방향성 플러싱은 플러싱에 사용할 물의 량을 감소시킬 수 있다.

또한 플러싱 동안 소화전 유량의 데이타베이스를 유지하면 메인관 내 통수능력의 손실을 감지할 수 있다. 특히 한 해에서 다음 해 유량의 급격한 저하는 소화전 인근 시스템 내 밸브가 부분 폐쇄되었다는 것을 의미할 수 있다.

17.2.3.6 분출(Blowoffs)

본 장에서 분출은 메인 관에서 결빙을 방지하기 위한 유속을 유지하기 위해 또는 수질을 개선하기 위해 사수부 관로내부로 신선한 물을 유입시키기 위해 급수시스템(통상적으로 사수부 관로에서) 내 밸브들을 개방하는 것을 말한다. 따라서 수질을 유지하고 결빙을 방지하기 위해서는 필요한 유동율로 분출시켜야 한다. 각 분출에서 유량과 가동시간을 기록하면 무수수량에 대한 비중을 평가할 수 있다. 만일 분출량이 생산량의 상당한 부분을 차지하면 이 유량을 감소시키기 위한 조치를 실행해야 한다. 통상적인 조치는 사수부 제거(특히 오래된 라이닝되지 않은 금속 배관), 오래된 배관을 새로운 배관으로 대체 또는 결빙이 문제가 되지 않는 깊이로 배관을 매설하는 것이며 이들은 장기간 노력을 요구한다.

17.2.3.7 일괄과세(Flat rate) 수용가

통상적으로 일괄과세수용가는 수도계량기가 없는 수용가들이다. 따라서 그들은 사용된 물에 대한 요금을 지불하는 것이 아니라 각 요금고지 기간 동안 일정 금액을 지불한다. 요금은 주택 규모 또는 더욱 빈번하게는 공급 연결배관 규격에 기초한다. 이러한 형식의 요금 스케줄은 물 절약을 촉진시키지 못한다. 또한 이 요금체계는 수용가의 입장에서 물이 유익하게 사용되는지 또는 누수나 도둑에 의해 손실되는지의 표시를 제공하지 않는다. 일괄과세에 기초하여 물을 판매할 때 조차도 소비지에게 약간의 의무를 부여하기 위한 최소 수단으로 계량기를 설치할 수 있다. Hoag(1984b)는 계측되지 않는 가정들과 비교하여 계측되는 가정들에서 물 사용량이 20% 감소되는 것을 보여주었다.

17.2.3.8 승인된 계측되지 않는 사용

일부 수도사업자는 지자체 소유 빌딩, 공원 관개, 도로 청소, 그리고 지자체 수영장 및 분수대와 같은 공공시설물에 무료로 물을 공급한다. 무료 물 공급 규정은 수도사업자의 특권이지만 물 절약의 의무를 부여하기 위해 이러한 공공용수량을 계측한다.

17.2.3.9 수도미터 과소기록(Under registration)

대부분 수용가의 수도미터는 시간이 경과하면서 서서히 회전하여 실제 사용된 물량보다 적게 기록한다. 이 경우 물 사용량을 정확하게 계측하기 위해서는 수도미터를 대체하여야 하나 대체비용이 상대적으로 비싸 교체하기를 꺼려한다. 이와 같은 수도미터 과소기록으로 인한 손실비용이 수도미터 대체비용을 초과할 때 수도미터를 대체하는 것이 최상이다.

수도미터의 대체 비용은 미터의 형식 및 규격, 접근의 용이성, 체계적인 대체 프로그램의 일부분으로 수행되는지의 여부 또는 대체기준에 따라 결정된다. 물의 손실비용은 계측된 평균 유량, 미터기의 정확도, 그리고 물의 가치에 따라 결정된다(Male, et al., 1985). 물 생산을 위한 가변운영 및 유지관리비용일 때의 누수 복구비용과는 달리 과소기록으로 손실된 물의 가치는 수용가에게는 물의 실제비용이다.

수도미터의 정확도는 시험에 의해 결정된다. 수도미터가 작은(예를 들어 가정용) 경우 그 부류의 수도미터(규격, 형식, 경년 등에 의한 그룹)의 정확도를 결정하기 위해 수도미터를 분리하여 공장에서 시험한다. 그러나 수도미터가 큰 경우 가능한 현장에서 수도미터를 시험하여 정확도를 분석한다(California Section Committee Report, 1966; Kuranz, 1942; Noss, et al., 1987; Sisco, 1967).

수도미터는 설계 유량범위에서는 정확할 수 있으나 소유량에서는 상당히 부정확할 수 있다. 수용가의 첨두유량이 아니라 통상적으로 사용하는 유량에서 수도미터의 전반적인 정확도를 평가하는 것이 중요하다. 예를 들어 20~150gpm에서는 정확도가 100%일 수 있으나 대부분 시간 동안 실제 수도미터를 통과하는 유량은 10gpm일 수 있다. 따라서 이 유량에서 수도미터를 시험하는 것은 중요하다. 만일 수용가의 실제 사용 유량을 잘 알지 못하면 수도미터들에 자료기록 장치를 부착하여 실제 유량을 결정할 수 있다.

일부의 경우 실제 사용량보다 큰 용량의 수도미터를 사용한다. 이 경우 수도사업자는 현재 물 사용량의 범위(산업체 또는 상업용 수용가들이 개인 소화시스템 또는 스프린클러 시스템을 가질 때 필요한 소화용수량을 포함)를 평가할 필요가 있다. 유량을 기록하는 자료기록장치를 사용하여 수용가의 물 사용량을 자료수집하여 사용율을 결정할 수 있다. Sullivan & Speranza(1992) 그리고 Walski et al (1995)은 현재 수용가를 위한 수도미터 규격을 결정하기 위해 어떻게 자료기록을 사용하는지 기술한다.

물 사용량이 수도미터의 최적 범위보다 상당히 낮으면 보다 작은 수도미터로 교체해야 한다. 만일 물 사용량의 변동 폭이 클 경우에는 보다 넓은 유량측정범위를 갖는 조합 수도미터가 필요하다. 수도미터의 규격 및 선정은 AWWA M-6(1986b), AWWA M-22(1975) 그리고 AWWA M-33(1989)에 기술되었다.

17.2.3.10 도수(Theft of water)

소화전 특히 계약자가 물 트럭을 채워야 할 필요가 있을 때 공사 현장 인근에서 물은 쉽게 도둑질 당할 수 있다. 수도사업자는 계약자에게 소화전에 부착할 수 있는 휴대용 수도미터를 공급할 수 있다. 일부 수도사업자는 계약자가 물을 구매할 수 있는 급수장을 설치한다. 물을 구매할 수 있는 승인된 장소를 제공하면 압력에 악 영향을 미치지 않고 물을 유출할 수 있고 또한 역류 방지를 충분히 보장할 수 있다.

또한 공급라인에서 도둑질이 발생할 수 있다. 일부 수용가들은 빌딩을 건설할 때 설치되지 않은 수도미터로 또는 건설 후 수도미터를 제거하여 물을 도둑질하려고 시도한다. 통상적으로 수도미터를 설치할 때 뒷거래를 방지하기 위해 밀봉한다. 만일 수도미터를 지하에 설치하는 경우 미터의 상류측 공급라인을 분기하는 것이 실제로 불가능하도록 설치해야 한다. 또한 검침구역에서 검침하지 않은 임의 구조물이 존재하면 검침원들이 이를 보고하도록 장려해야 한다.

많은 수도사업자들은 계측되지 않은 소화 공급라인을 통해 또는 detector meter만을 사용하는 공급라인으로 물을 공급한다. detector meter는 메인관 라인에 위치하지 않고 오직 수용가가 사용한 물의 일부분만을 측정한다. 수도사업자들은 정기적으로 detector meters를 읽고 매 월 사용량을 검토하면 간헐적인 유량시험에서 예상량을 초과한 물이 불법적으로 소화용도로 사용되고 있는지의 여부를 판단할 수 있다. 이와 같은 경우 라인으로부터 불법적인 사용을 분리하거나 detector meter를 fire-line compound meter로 대체하여야 한다.

17.2.4 요약

무수수량은 두 개의 기본 요인으로 구성된다. 즉, 첫 번째 요인은 시스템으로부터 손실된 물이고, 두 번째 요인은 유익하게 사용되었지만 충분히 문서화되어 있지 않고, 요금은 지불하지 않고 사용된 물이다. 본 절에서는 다양한 형식의 무수수량을 결정하는 방법과 문서화하는 방법에 대해 기술하였다. 그렇게 함으로서 누수의 범위를 더욱 효과적으로 평가할 수 있다.

대부분의 수도사업자들은 일부 형태의 누수탐지와 보수를 실행한다. 노력 수준은 시스템의 조건, 시스템 내 잉여 용량, 유지관리에 대한 관리자의 철학, 직원 사용량, 물의 가치에 따라 결정된다. 배관 및 추력공의 불량한 설치는 많은 배관 누수 문제의 원인이 되었다. 철저한 설치와 검사만이 장기적인 누수감소를 실현할 수 있다(Arrequin-Cortes and Ochoa-Alejo, 1997; Boyle Engineering, 1982; Hanke, 1981; Heim, 1979; Kingston, 1979; Lai, 1991; Laverty, 1979; Male et al., 1985; Male and Franz, 1986; Moyer, et al., 1983, National Water Council, 1980; Walski, 1984).

17.3 관로 파손(Pipe Breaks)

본 절에서는 배수 메인관의 구조적 완결성(structural integrity) 그리고 이 완결성과 배관 분절에서 파괴와의 상관관계를 기술한다. 따라서 앞 절에서는 시스템으로부터 물의 손실에 대해 누수를 강조한 반면 본 절은 시스템 완결성의 관점으로부터 배관 파괴의 원인과 영향을 기술하기로 한다. 또한 각 파괴들의 주된 원인과 파괴와 관련된 처방조치들을 기술한다. 가능한 각각의 파괴 원인들을 별개로 기술할지라도 빈번하게 메인관의 파괴는 상호작용의 결과이다. 예를 들어 부식은 메인관을 약화시키고 그 지점에서 과도한 압력(내부 또는 외부)은 배관을 파괴시킨다.

제18장 신뢰도에 대한 초반부와 Jowitt & Xu(1993) 문헌에서 배관 파괴가 급수 수리학에 미치는 영향에 대해서 기술되었다. 파괴의 영향을 감소시키는 것은 파괴된 배관을 밸브로 분리하는 능력에 따라 결정된다(Bouchart and Goulter, 1991, Walski, 1993).

17.3.1 부식(Corrosion)

배관 부식은 시스템의 완결성에 악영향을 미치는 주된 요소이고 메인관에서 파괴, 감소된 통수능력, 그리고 불량한 수질을 포함한 메인관에서 많은 문제들을 야기시킨다. 많은 경우 오래전에 설계된 메인관들은 부식의 영향을 고려하지 않고 즉, 배관 내부 벽을 라이닝하지 않고 외부 벽을 보호하지 않고 설치되었다. 그러나 새롭게 설치된 배관의 내부 벽은 라이닝하고 외부 부식을 감소시키기 위해 배관들을 wrapp하거나 코팅한다.

배관 분절을 대체할 때 이 분절의 부식 영향을 검사한다. 강관에서 부식은 곰보자국(pitting)으로 나타난다. 주철관에서는 철이 산화할 때 흑연이 뒤에 남는 흑연성 부식(graphitization)의 형태로 나타난다. 주철관 내 곰보자국들을 표출시키기 위해서는 스크레이프하거나 연마청소(abrasive clean)를 해야 한다. Dempsey & Manook (19986)은 주철관의 상태를 평가하기 위한 절차를 기술하였다. 이상적으로 수도사업자는 관로 내에서의 부식 및 구조적 완결성을 평가하기 위해 비파괴 검사장치를 갖추어야 한다. 강으로 제작된 가치가 높은 가스 및 오일 관로에는 비파괴 검사시 초음파, 와전류, 그리고 지가력(magnetic flux)과 같은 방법들을 사용한다. 이러한 산업에서는 제품의 고가, 강의 특성, 그리고 관로 운영을 방해하지 않기 때문에 이 방법을 사용할 수 있으나 배수 메인관에서 광범위하게 적용되고 있지는 않다(Battelle Memorial Institute, 1998; Jackson et al., 1992).

17.3.1.1 외부 토양부식

새로운 배관의 벽두께는 상당한 안전 여유를 갖지만 여러 요소들에 의해 배관수명이 감소한다. 금속배관 및 콘크리트배관을 약화시키는 외부 부식 및 공격성 토양들은 파손의 최종 원인은 아니지만 대부분 파괴들에 영향을 미치는 요소들이다(Fitzgerald, 1968; Gerhold, 1976; Romanoff, 1964, 1968). 만일 느슨한 wrapping 또는 접착 처리된 코팅들의 완결성이 손상되지 않으면 배관을 상당히 보호할 수 있다. 대규모 관로에서는 전기방식을 사용할 수 있다.

17.3.1.2 내부부식

부식이 발생하면 흑연성 부식으로 인해 배관 벽이 약화되고 부식으로 인해 생성되는 결절로 인해 메인관의 통수능력이 감소된다. 부식과 결절형성 정도는 pH, 전도도, 용존 산소, 부식방지제의 사용과 같은 수질측면과 칼슘 탄산염과 같은 코팅을 응결시키려는 물의 경향에 따라 결정된다. 통상적으로 적정하게 높은 알카리도를 갖는 시스템에서 미소한 + Langlier지수를 유지하는 것이 바람직한 것으로 간주된다(Langlier, 1936; Loewenthal & Marais, 1976; Merrill & Sank, 1978). 메인관 내부에 필름을 형성하기 위해 정수처리된 물에 다가의 인산이온을 첨가하면 부식을 감소시킬 수 있다. 이에 대한 상세한 자료들은 AWWA & DVGW Forshcungsstelle (1985), Kirmeyer and Logsdon(1983), and Singley, et al. (1984)를 참조한다.

17.3.1.3 미주전류(Stray current) 부식

미주 직류 전류는 배관 내 부식 구멍을 발생시킬 수 있다. 미주전류의 근원은 지하철, 트롤리, 그리고 전기기차와 같은 전기 장비; 인가된 전류 음극보호를 위한 지반; 그리고 수도관로에 전기장치의 접지를 포함한다. 통상적으로 토양부식 결과로서 큰 면적의 곰보자국이 발생하는 것과는 대조적으로 미주전류로 인한 부식 결과로서 작은 원형 구멍들이 발생한다. 또한 미주전류는 작업원이 이 배관과 접촉하면 감전사고가 발생할 수도 있다(Duranceau, et al. 1998).

미주전류의 원인을 파악할 수 있으면 문제해결에 도움이 된다. 전류원의 제거가 바람직하나 이는 일부 경우(예를 들어 불법적 접지)에서만 가능하다. 다른 경우에서는 배수 관로를 보호하기 위해 음극 보호가 필요할 수 있다. 매설된 희생양극 또는 인가된 전류가 음극보호를 제공할 수 있다.

17.3.1.4 이중금속 연결(Bimetallic connections)

전해질이 있는 상태에서 두 금속이 접촉하면 귀족성이 떨어지는 금속에서 부식이 발생할 수 있다. 습기 찬 점토질 토양에 설치된 급수시스템의 탭(taps) 및 보수 클램프에서 이러한 부식이 발생할 수 있다. 만일 수도사업자가 이 문제를 인식하고 문제를 제거하기 위해서는 통상적으로 태핑(tapping)과 보수 절차를 조사해야 한다.

17.3.2 외부 하중

과도한 외부하중은 배·급수 메인관 파괴의 가장 큰 원인이다. 이 하중들을 (1) 굴착동안 접촉, (2) 불량한 설치 또는 불량한 제품 품질, 그리고 (3) 표면하중 또는 베딩 조건의 변화 3개 그룹으로 분류할 수 있다. 통상적으로 외부하중에 의한 파괴들은 배관을 톱으로 절단한 것과 같이 원주방향으로 파괴된다. 이 파괴는 배관에 작용하는 빔 하중(beam loading)의 결과이다. 직경이 작은 배관들은 빔 강도가 적기 때문에 원주방향 파괴에 더욱 민감하다.

통상적으로 굴착장비 운전원이 굴착동안 장비가 배관과 접촉하면서 배관이 파괴된다. 일반적으로 관로에 따라 국지적으로 "one-call.", "dial before you dig", 또는 이와 유사한 경고표지를 설치하여 배관파괴를 방지할 수 있다. 일부 굴착자는 조심스럽게 굴착하는 것보다 배·급수 메인관 파괴를 보수하는 것이 더 쉽다고 생각한다. 일부 수도사업자는 이와 같은 경고 표지를 준수하지 않아 발생하는 파괴에 대해서는 무거운 벌금을 부과하고 있다.

메인관을 매설하기 전에 불량한 배관설치 및 불량자재 사용에 대해 고심할 필요가 있다. 통상적으로 그릇된 베딩과 채움 또는 불량한 조인트 조립으로 인해 나중에 배관 배렬에서 파괴가 발생할 수 있다. 감독자가 전수검사하지 않고 계약자가 배관을 설치하면 불량한 배관을 설치할 가능성이 높다. 배관 제작사들은 배관을 위한 베딩 및 채움 요구조건을 반드시 명시해야 하고 상세한 조사 없이 이러한 요구조건을 위배해서는 안된다. 곡관과 조인트에서 충분하지 못한 추력공은 문제를 발생시킬 수 있기 때문에 교란되지 않은 흙으로 추력공을 지지하는 것이 중요하다.

한번 배관을 적합하게 설치하면 부가적인 하중으로부터 배관을 보호하여야 한다. 특히 포장되지 않은 지역 아래 매설된 배관들은 배관 상부에 위치할 구조물에 영향을 받을 수 있다. 이러한 부가적인 하중을 고려하여 배관을 설계하지 않는다. 기존에 설치된 매설배관 인근에 또 다른 수도사업자들이 배관을 설치하면 기존에 설치된 배·급수 메인관의 적합한 베딩을 약화시킬 수 있다. 배관에서의 작은 누수를 복구하지 않고 방치하면 배관의 베딩을 약화시켜 궁극적으로 배관이 파괴된다. 운영을 잘 하는 수도사업자들은 전용도로의 잠식을 방지하기 위해 전용도로를 순찰한다.

통상적으로 조인트에서 발생하는 누수는 침하를 유발하는 외부하중 또는 수충격이 추력공을 이동시키는 수충격으로 인한 내부압력에 의해 발생한다. 피어에 위치한 하천 횡단배관과 같은(그림 17.4) 지상 관로에서 발생하는 조인트 처짐은 발견하기 쉽다. 연성연결(예를 들어 고무개스킷)을 갖는 배관은 파괴되기 전에 제한된 처짐량을 흡수할 수 있다.

수도사업자가 제어할 수 없는 외부하중의 근원은 결빙 침투(frost penetration)에 의해 발생된 부가적 하중이다. 결빙은 배관 상부 토양을 경화시키기 때문에 배관에 작용하는 외부하중을 상당히 증가시킬 수 있다. 통상적으로 이러한 영향은 겨울에 특히 첫 번째 결빙 시 배관 파괴의 증가로 나타난다(O'Day, 1986; Walski, 1982). 이 상황에서는 배관 파괴의 증가에 대비하는 것과 보다 더욱 깊이 매설하는 것 이외 다른 처방은 없다(Cohen and Fielding, 1979; Gros, 1976; Monie and Clark, 1974; Smith, 1976).

그림 17.4 ▌ 하천횡단 배관 조인트의 처짐

17.3.3 불량한 태핑(Tapping)

배관 태핑은 배관을 약화시켜 누수를 발생시킬 수 있다. 태핑시 배관 제작사의 권장을 따르는 것이 중요하다. 일부 배관들은 오직 태핑새들을 사용하여 태핑할 수 있으나 주철과 덕타일 주철은 통상적으로 작은 구경은 직접 태핑할 수 있다. 미래 문제의 가능성을 감소시키기 위해 수도사업자들은 태핑과 채움을 올바르게 수행한 후 외부코팅과 wrap을 보수한다.

17.3.4 압력과 관련된 파괴

통상적으로 내부압력과 관련된 파괴는 배관의 길이방향 파열로 나타난다(그림 17.5). 통상적으로 정상적인 운영압력을 상당히 초과한 압력에도 견딜 수 있도록 배관을 설계한다. 만일 배관이 정상적인 운영 도중 파열하면 배관은 초기에 결함이 있던지, 설치시 손상을 입던지, 또는 부식에 의해 약화되어 있을 수 있다.

대부분의 압력과 관련된 파괴들은 배관 내 유속의 급격한 변화와 관련된 수충격 서지에 의해 발생된다. 양호하게 설계 및 설치된 배관이 갑작스럽게 파열하면 수충격이 주된 원인이 될 수 있다. 짧은 시간 동안 높은 압력을 확인하기 위해 파괴 현장 인근에서의 압력기록도표와 SCADA 시스템 자료를 검토 및 조사하여 파괴를 야기한 서지와 파괴로부터 야기된 서지를 구별하여 향후 대책을 수립하여야 한다.

정상적인 펌프의 기동 및 정지 또는 정전으로 인한 펌프의 정지는 서지의 원인이 될 수 있다. 또한 소화전 시험 또는 화재동안 사용하던 소화전의 급작스런 정지도 서지를 발생시킬 수 있다. 경험이 많은 운영자들은 압력신호와 압력도표를 검토하여 서지 발생여부를 확인할 수 있다. 수충격 문제가 확인되면 적합한 밸브를 설치하고 시스템을 조심스럽게 운영하면 수충격 영향을 최소화할 수 있다.

그림 17.5 ▌ 주철관의 길이방향 파열

17.3.5 보수 vs 대체

과도한 배관 파괴를 수정하기 위해 시도할 때 수도사업자들이 취할 수 있는 선택사항은 파괴가 발생할 때 마다 보수를 계속하거나 또는 문제가 되는 메인관 분절을 대체하는 것으로 극히 제한된다. 통상적으로 비상 상황아래 보수를 수행하려면 공급을 중단시켜야 하고 만일 칼라(collar)를 사용해도 충분하지 않으면 하나 또는 두 개의 배관 분절을 대체해야 한다. 그림 17.6은 역지밸브 토출측에서 설치된 보수 클램프를 보여준다. 그림 17.7과 17.8은 덕타일 주철 보수 배관과 이들을 연결하기 위해 사용하는 커플링을 보여준다. 통상적으로 배관대체는 각 메인관 부분이 하나의 도시 블록에 상응하는 길이에 걸쳐 수행된다.

그림 17.6 ▌ 배관에 설치된 보수 클램프

그림 17.7 ▌ 야적장에 있는 주철관

그림 17.8 ▌ 배관 보수를 위한 커플링

배관이 높은 비율로 파괴되면 수도사업자는 파괴를 계속하여 보수하는 것 보다 체계적인 대체 프로그램을 수행하는 것을 선택할 수 있다. 계속적인 보수의 현존가치와 메인관 분절 또는 분절 그룹의 대체 프로그램의 비용을 비교하는 경제성 해석에 기초하여 대체 프로그램의 수행여부를 결정해야 한다. 그림 17.9는 대체 범위의 증가에 따른 전체비용의 변화를 보여준다. 비용해석시 두 대안의 비용을 비교하고 공급 중단과 같은 직접적으로 측정할 수 없는 간접적인 비용의 가치를 포함해야 한다.

대체의 필요성을 정량화하는 한 방법은 J^*로 표기되는 임계 배관 파괴율을 사용하는 것이다. 만일 배관이 J^* 보다 높게 파괴되면 대체하는 것이 좋다. 이보다 낮은 비율로 파괴되면 파괴된 배관을 보수하는 것이 더 저렴하다.

$$J^* = \frac{\left[(KrC_r - C_d)e^{-bT} - C_w Q_0\right]}{C_b} \tag{17.6}$$

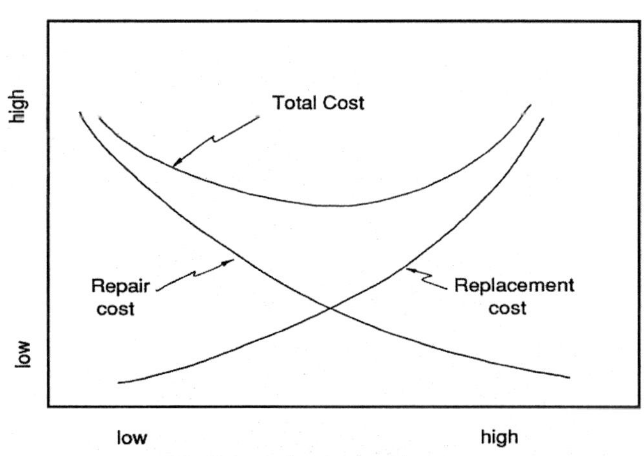

그림 17.9 ▌ 대체 및 보수비용의 상관관계

여기서 J^*는 임계파괴율(파괴건수/년/km), K는 영국단위에서는 5280, 미터단위에서는 1000, r은 할인율(분율, 예를 들어 4%인 경우 0.04), C_r은 배관 대체 비용($/m 또는 $/ft), b는 파괴증가율(분율), T는 계획시간길이(년), C_w는 누수 비용($/ML, $/MG), Q_0는 누수율(ML/km/년, MG/mile/년), C_b는 파괴손실비용($/파괴), 그리고 C_d는 누수탐지 및 보수비용($/km, $/mile)이다.

매개변수 b는 배관 퇴화율(rate of deterioration)의 지표이다. 여러 연구보고서(Walski & Pelliccia 1992, Walski & Wade 1987)에서 파괴율의 연간 증가는 2~4%(즉, b는 0.02 ~ 0.04로 변화한다)로 변화하는 것으로 나타났다. 식 (17.6)의 매개변수들을 결정하는 방법에 대한 상세한 설명은 Walski 1987에서 기술되었다. C_w 수치는 평가된 누수율과 예상된 누수기간에 기초한다. C_r과 C_b 수치는 가능한 범위까지 임의 직접 비용에 대한 추정치까지 포함해야 한다.

수도사업자는 누수율, 배관설치비용, 메인관 범주에 기초한 파괴비용을 위한 대표적인 수치를 사용하여 대략적인 스크린 도구로서 식 (7.6)을 적용할 수 있다. 이러한 범주는 직경, 재질, 위치 등과 같은 유사한 특성을 갖는 메인관 분절로 구성될 수 있다. 각 범주의 임계파괴율을 개별배관파괴율 J와 비교한다. 만일 $J > J^*$이면 대체를 고려해야 한다. 한 번 대체가 필요한 일련의 가능성 있는 배관들을 확인하면 현장 특성을 고려하여 배관 고유의 매개변수들을 결정할 수 있다.

상기 접근은 파괴, 보수, 대체, 그리고 손실된 물의 비용을 고려한다. 그러나 배관을 대체하면 수질과 유동(특히 소화유량, 특히 만일 대체를 고려하는 메인관이 오래되었거나 결절이 발생되었으면)을 개선시킬 수 있다. 만일 수질개선 또는 유동개선 중 하나가 해당되면 이를 해석에 포함시켜야 한다. 그러나 소화유량개선 또는 수질 개선효과를 화폐가치로 환산하는 것은 어렵다.

메인관 대체를 위한 추가 지침은 AWWA Task Group 2850-D(1969), Clark, et al. (1985), Heitzman & Willis (1995), Kutsal(1995); Li and Haimes(1992a, 1992b), Male, et al. (1990a, 1990b), O'Day et al. (1986), Quimpo(1991), Ramos (1995), Shamir and Howard(1979), 그리고 Weiss et al. (1985)에서 찾아 볼 수 있다.

17.4 수리학적 통수능력

제대로 설계된 급수시스템을 통해 충분한 용량을 제공할 수 있도록 구성요소들의 규격을 결정해야 한다. 시스템 수리적 설계와 관련된 주제들은 앞 장에서 기술하였다. 그러나 수요량 패턴들은 수년간에 걸쳐 변화할 수 있고, 실질적으로 시스템의 구성요소들은 변경될 수 있다. 예를 들어 지역 합병때문에 공급인구가 극적으로 증가할 수 있으며 또는 결절 때문에 배관의 통수능력이 극단적으로 감소할 수 있다. 시스템의 설치와 설계가 올바르게 수행된 것으로 가정하면 수도사업자는 그 시간 이후 무슨 일이 발생하였는지 고민해야 한다. 다음 절에서 이러한 증후들에 대한 공통적인 원인들과 해결책들을 기술한다. 통상적으로 급수시스템 내 수리적 문제는 낮은 압력 또는 불량한 소화용수량의 형식으로 나타난다.

17.4.1 압력문제 진단

압력문제에 대한 원인을 규명하는 것은 그리 단순하지 않다. 급수시스템들은 극도로 복잡하고, 수년에 여러 요소들이 추가로 설치되고, 시간과 위치에 따라 수요량이 변화한다.

17.4.1.1 압력계

급수시스템은 미래 수요량을 만족시키기 위한 규모로 설계된다. 발전하는 지역에서 새로운 수요량은 시스템 계획시 사용한 수요량을 초과할 수 있다. 문제는 수요가 많은 기간 동안 압력저하로 나타나므로 이 지역에 압력기록계를 설치하여 진단할 수 있다. 압력저하는 수요량이 시스템의 용량을 초과한 것을 의미할 수 있다. 수도사업자는 문제의 원인을 진단할 것이며 주된 원인은 배관규격이 더 이상 충분하지 않거나 또는 펌프가 증가된 수요량을 만족시킬 수 없는 것과 같이 하나 또는 두 개의 개별 요소들과 관련된 것으로 나타날 수 있다. 한번 확인되면 소화전 유량시험으로 메인관 분절의 송수능력을 결정할 수 있다. 이 시험을 수행하는 절차는 AWWA M-17(1989) 및 NEPA(1988)에 기술되었다.

17.4.1.2 수리 모델링

본서의 다른 부분에서 기술한 수리 모델들은 시스템의 문제를 진단하고 개별 요소들로 관심을 좁히기 위한 유용한 도구이다. 압력문제가 보고된 지역에서는 배관조도시험과 소화전시험의 결과를 사용하여 모델을 캘리브레이션 한다(그림 17.10). 만일 모델이 시스템의 그 부분을 캘리브레이션을 할 수 없으면 시스템은 설계한 것과 같은 성능을 발휘할 수 없다. 이와 같은 상황에 대한 원인은 실수로 밸브를 폐쇄하거나 부분 폐쇄된 상태로 방치한 경우이다. 한번 모델을 캘리브레이션하면 모델 내 저압문제의 복제를 시도할 수 있다. 통상적으로 이 과정에서 문제의 원인은 불충분한 펌핑 용량, 불충분한 메인관 용량, 결절 및 스케일로 인한 송수능력의 손실, 또는 시스템의 설계용량을 초과하는 수요량의 결과로 나타낸다. 한번 모델이 문제를 모의할 수 있으면 가장 경제적인 대안을 도출하기 위해 사용할 수 있다. 통상적으로 지속적인 압력 문제는 고도가 너무 높은 곳에 위치한 수요자에게 공급하려고 시도하는 것에 기인한다. 다시 한번 잠재적인 해결책들을 평가하기 위해 모델을 사용할 수 있으며 이 해결책은 압력-영역 경계의 조정 및 PRV 설정치를 조정하기 위한 펌프 설치를 포함할 수 있다.

그림 17.10 ▌ 소화유량시험

17.4.2 압력문제 해결

급수시스템에서 빈번하게 발생하는 문제들과 잠재적인 해결책들은 다음 절에서 다루기로 한다. 구체적으로 압력문제에 대한 원인들을 규명하기 위해서 빈번하게 어렵고 광범위한 시스템의 지식, 공학적 판단, 그리고 앞 절에서 기술한 특정 절차들의 사용을 요구한다. 더욱이 저압과 관련된 문제들과 감소된 송수능력은 여러 원인들을 가질 수 있다.

17.4.2.1 폐쇄된 분리(isolating) 밸브

명칭이 암시하듯이 유지관리 및 보수 또는 플러싱할 시스템의 부분들을 분리하기 위해 분리용 밸브들을 사용한다. 압력 영역 경계에 따라 설치된 분리용 밸브들은(특히 대형인 경우 버터플라이 밸브를 사용하지만 통상적으로 게이트 밸브이다) 반드시 완전 폐쇄되어야 하나 시스템의 나머지에서는 완전히 개방되어야 한다. 루프로 형성된 시스템에서 밸브가 실수로 폐쇄된 상태 또는 부분적으로 폐쇄된 상태로 남겨지면 확인하기가 어렵다. 대부분의 시스템에서 유속은 상당히 낮아 물은 심각한 압력손실 없이 모든 수요자에게 이르는 대안적 경로들을 따라 이동한다. 그러나 특히 화재시와 같은 높은 유량 기간 동안 폐쇄되거나 부분적으로 폐쇄된 밸브들은 시스템의 용량을 심각하게 제한할 수 있다.

때로는 모델 캘리브레이션을 통해 폐쇄된 밸브를 찾아낼 수 있다. 그러나 밸브가 적정히 설정된 것을 보장하는 최상의 방법은 밸브 동작 프로그램을 수행하는 것이다. 이와 같은 프로그램에서는 시스템 내 설치된 모든 밸브를 주기적으로(통상적으로 매년) 동작시킨다. 이 프로그램은 밸브의 올바른 개도 유지를 보장하고, 밸브가 제 자리에서 녹스는 것을 방지하고, 밸브가 최종 운영된 후 포장된 도로에 위치한 밸브를 찾고, 또한 밸브의 위치에서 신입사원의 교육 등 여러 목적으로 이 프로그램을 수행한다. 더욱이 만일 프로그램 수행 동안 밸브가 파괴되면 비상이 아니라 계획된 유지관리로 보수를 수행할 수 있다.

17.4.2.2 고도 및 압력 영역

계획된 고지대와 저지대 사이에 모든 수요자들을 포함하도록 초기에 압력 영역들을 계획한다. 급수시스템 건설 후 인접지역의 개발에 따라 때로는 압력 영역들은 수요자들이 충분한 압력을 받기에 너무 높은 고도에 위치할 수 있고 반대로 과도한 압력을 초래하는 너무 낮은 고도에 위치할 수 있다. 일부 수도사업자들은 수요자들에게 올바르게 공급할 수 있도록 압력-영역 경계들을 주기적으로(통상적으로 종합계획 수립시) 검토한다. 통상적으로 낮은 압력을 갖는 수요자들은 신속하게 수도사업자에 알리는 반면 과도한 압력을 갖는 수요자들은 이 압력에 익숙해진다. 놀랍게도 수요자에게 공급되는 기존 높은 압력(예를 들어 110psi/78m)을 수용할 수 있는 압력(예를 들어 80psi/57m)으로 감소시키면 민원을 제기한다.

압력-영역 경계를 조심스럽게 조정하여 소화유량에 악영향을 미치지 않도록 하고, 또한 사수부들로 인해 수질문제가 발생하지 않도록 하여야 한다. 특정 메인관 압력에 기초하여 일부 스프링클러 시스템들을 운영하도록 설계한 경우 압력영역을 조정하면 스프링클러 성능에 영향을 미칠 수 있다. 압력영역경계 조정시 발생할 수 있는 모든 문제들을 고려하여 시스템 설계시 압력영역경계를 수립하는 것이 중요하다.

17.4.2.3 송수 능력

오래된 시스템에서 특히 라이닝되지 않은 주철관에서 그림 17.11이 보여주는 것과 같이 메인관에서의 결절 때문에 송수능력이 감소할 수 있다. 결절은 배관 벽에서 산화된 철의 침적결과이며 배관 단면을 상당히 감소시킬 수 있다(California Section Committee Report, 1962; Hudson, 1966). 다른 시스템에서 플럭(floc)의 사후 침전(postprecipitation), 산화된 미그네슘 또는 탄산칼슘의 침전으로 인한 스케일의 형성 결과로 송수능력이 감소될 수 있다. 만일 급수모델을 사용하여 캘리브레이션시 낮은 하젠-윌리엄 C 계수가 필요하면 이와 같은 문제가 존재하는 것을 암시한다. 배관의 일부분에서 수두손실시험을 수행하여 이 문제를 증명할 필요가 있으며, 이 시험에서 수두손실, 시험배관 길이, 유량, 그리고 직경을 측정할 필요가 있다(Walski, 1984). 이제 하젠-윌리엄 공식에 기초하여 배관의 C 계수를 계산할 수 있고 하젠-윌리엄 공식을 다시 정리하여 다음과 같이 C 공식을 표현할 수 있다.

$$C = KVD^{-0.63}\left(\frac{h}{L}\right)^{-0.54} \tag{17.7}$$

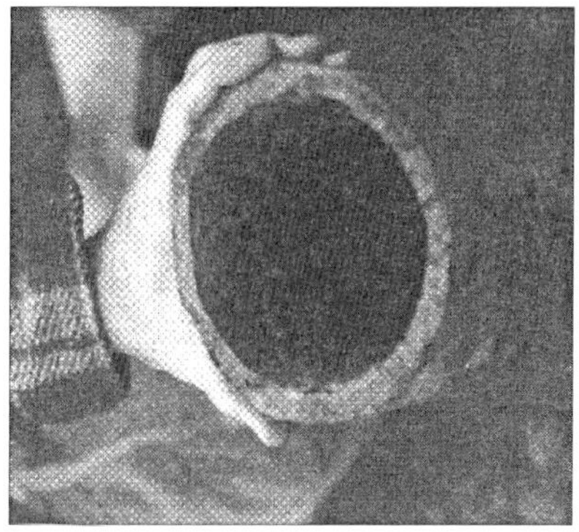

그림 17.11 ▎ 배 · 급수 메인에서 결절

여기서 C는 하젠-윌리엄 계수, $K = 2.85$(미터단위) 또는 $K = 1.82$(인치단위), V는 유속(m/s 또는 ft/s), D는 직경(m 또는 ft), h는 시험 구간에서 수두손실(m 또는 ft), L은 시험구간의 배관 길이(m 또는 ft)이다.

계수 C 수치가 100 이하이면 송수능력의 상당한 감소를 의미한다. C 수치가 낮은 것으로 나타나면 이에 대한 원인을 규명해야 한다. 통상적으로 배관 보수 및 배관 태핑 동안 유지관리 직원은 결절 또는 스케일의 존재여부를 확인할 수 있다. 이와 같은 확인이 불가능할 때는 배관 샘플을 취하기 위해 배관을 절단한다.

청소를 정당화하는 계수 C는 현장 특성에 따라 결정된다. 약간 과대한 규격의 배관은 계수 C가 50 이하에서도 충분히 성능을 발휘하는 반면, 과소규격의 배관은 계수 C 100 이상에서도 충분한 유량을 송수하지 못한다. 일반적으로 오래전 결절이 발생한 주철 메인관을 청소 후 시멘트 몰탈 라이닝하면 100~120 정도의 수치로 복구시킬 수 있다. 최종 C 계수는 재생 후 배관의 조도와 규격에 따라 결정된다.

청소 후 충분한 용량의 복구여부를 예측하기 위해 수리 모델을 사용하여 재생 후 압력과 유량을 계산할 수 있다. 만일 재생의 일부 형식이(청소 및 라이닝 또는 라이닝 하지 않고) 요구조건을 만족시킬 수 있으면 재생 비용을 다른 대안(대체, 병렬 관로 설치)들의 비용과 비교할 필요가 있다. 일반적으로 청소만으로도 감소된 송수능력을 복구시킬 수 있으면 새로운 배관을 설치하는 것 보다 더욱 경제적일 것이다. 그러나 청소를 통한 송수능력의 복구 한계는 제한된다. 따라서 배관 재생을 고려하기 전에 배관의 누수 및 파괴 기록을 검토하여 만일 배관에서 수 많은 파괴, 누수 또는 둘 모두가 발생하였다면 새로운 배관의 대체가 최상의 대안이 될 수 있다. 그러나 배관이 구조적으로 건전하면 재생이 최상의 대안이 될 수 있다.

17.4.2.4 용량 부족

급수시스템 용량의 문제들은 관망을 구성하는 배관의 그룹 또는 개별 배관과 관련된 문제로 빈번하게 간주된다. 그러나 급수시스템은 배관과 다른 설비로 구성되며 펌프 및 PRV와 같은 다른 설비들은 압력 및 유량 문제와 관련될 수 있다. 더욱이 배관 용량의 단독 평가로는 가장 경제적인 해결책을 도출하지 못한다.

작은 규격의 배관으로 인해 저압문제가 발생하는 경우, 그리고 문제를 수정하기 위해 필요한 배관 길이가 긴 경우 첨두 시간 동안 압력을 개선하기 위해 시스템의 경계선 인근에 높은 고도의 저장(또는 언덕 위에 설치된 지상탱크)시설을 설치하는 것이 경제적일 수 있다. 이제 저장시설은 순간적인 첨두 수요량을 만족시키기 위한 유량을 공급할 수 있으므로 첨두 1일 수요량을 만족시킬 수 있는 정도로만 배관규격을 증가시킬 필요가 있다.

만일 고도가 높은 영역 인근에 위치한 고도가 낮은 영역에서 관로의 말단부에서 저압이 문제가 되는 경우 두 영역 사이에 PRV를 설치하는 것이 경제적일 수 있으며, 이 밸브는 오직 고도가 낮은 영역에서 압력이 상당히 저하할 때 만 개방된다. 통상적으로 이러한 형식의 연결이 경제적이지만 오직 고도가 낮은 영역으로 유동시키기 위해 고도가 높은 영역에 펌핑된 물은 에너지의 낭비인 점을 유의하여야 한다.

불충분한 펌핑으로 인해 압력문제가 발생하고 펌프가 full sized 임펠러를 갖지 않아 전동기의 용량이 충분한 경우 임펠러를 큰 것으로 대체하는 것이 가능하다. 만일 단순하게 펌프의 용량이 충분하지 않다면 펌프용량을 증가시키기 위한 자산투자 경제성을 검토하여야 한다.

17.4.3 관로 갱생 기법

상수도 메인관에서 손실된 송수능력을 복구하기 위해 배관 벽에 생성된 침적물을 제거하고 필요하면 배관 내부를 라이닝한다(AWWA, 1986, Deb et al. 1990). 수압으로 구동하는 피그 또는 케이블을 당겨 배관을 청소할 수 있다. 피그는 연마성이 있는 표피를 갖는 폴리에틸렌으로 제작된다(그림 17.12). 수압으로 주입 지점으로부터 메인관을 통해 유출지점까지 피그를 통과시킨다. 일반적으로 각 지점에서 굴착이 필요하나 지점들의 간격은 상당히 길다. 일반적으로 피그를 사용하면 하류측 말단부에서 처리해야 할 상당히 더러운 물이 발생하며, 때로는 배수 허가를 받는데 문제가 발생할 수 있다. 만일 향후 배관을 재라이닝할 계획이면 피그를 사용하는 장점이 거의 없다. 배관을 통해 케이블을 먼저 관통시킨 후 스크레이퍼를 당겨야 하므로 라이닝 할 경우 각 단계에서 짧은 배관길이를 스크레이퍼 한다.

만일 청소가 단순히 스케일 또는 다른 부드러운 침적물들을 제거하는 것이면 배관을 재라이닝할 필요는 없을 수 있다. 그러나 만일 청소 후 금속배관이 물에 노출되면 결절 과정이 다시 진행되고 적수 문제가 발생할 수 있다. 배관을 라이닝하거나 또는 수질(pH 조정, 부식 방지제)을 변경하여 부식을 최소화하여 이러한 문제를 방지할 필요가 있다.

라이닝의 기본적인 3가지 형식은 스프레이 라이닝(spray lining), 슬립 라이닝(slip lining) 및 인버전 라이닝(inversion lining)이다. 스프레이 라이닝은 배관 내부 벽에 시멘트 몰탈 또는 에폭시를 스프레이하고 양생 후 배관을 통해 물을 공급한다. 스크레이퍼와 같이 몰탈 스프레이 장치를 메인관을 관통하여 당기고 cone(작은 배관) 또는 회전하는

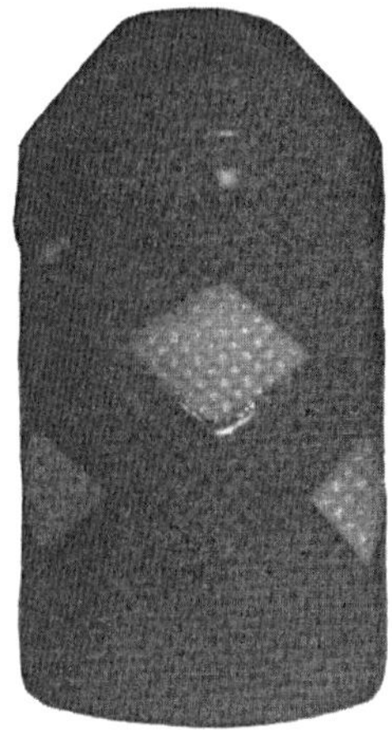

그림 17.12 ▌ 물 메인 청소를 위한 피그

trowel(큰 배관) 장비를 통과시켜 라이닝 표면을 부드럽게 만든다. 공급이 중지되는 것을 방지하기 위해 메인관 내부로 압축된 공기를 불어 넣어 공급라인 연결을 복구할 수 있다. 슬립 라이닝에서는 두께가 얇은 신규 배관을 청소된 메인 관 내부로 삽입한다. 로보트를 활용한 기술을 이용하여 배관 내부로부터 공급라인을 복구하려는 새로운 방법이 개발되었지만 수동으로 공급라인을 복구할 필요가 있다. 인버전 라이닝은 inside-out 양말과 흡사하게 소프트 라이닝을 메인관 내부로 당기고 그 자리에서 양생한다. 이 기법은 중력 하수에서는 잘 적용할 수 있으나 라이닝이 상당히 두꺼워야 하는 압력배관에서는 적용하지 않는다. 배관 재생 기법에 대한 상세한 내용은 AWWA M-28(1987a) 및 Warren et al. (1990)에 기술되었다.

또 다른 기법인 배관 삽입법(pipe insertion)은 mole을 관로 내부를 통해 당긴다. 배관의 내경보다 큰 mole은 그 자리에서 오래된 배관을 파괴하고 구경을 확대한다. 새로운 배관을 구경 내부로 삽입한다. 일반적으로 이 기법을 사용하면 약간 큰 배관을 설치하는 것이 가능하다. 이 기법은 배관이 주철 또는 석면 시멘트와 같은 취성 재질로 제작된 오래된 배관에만 적용할 수 있다.

17.4.4 배관 갱생 평가

배관의 갱생 여부를 결정하기 위해서 배관 대체비용, 병렬배관 설치비용 또는 재생비용을 비교하여야 한다. 만일 배관이 과거에 누수 및 파괴 문제들의 이력을 가졌거나 이와 같은 문제가 발생할 여지가 있으면 배관을 대체한다. 만일 현존하는 배관이 아직도 수도사업자의 자산이면 통상적으로 병렬 메인관의 설치는 대체에 대한 대안이 될 수 있다. 만일 수요량의 증가가 예상되면 청소는 배관의 규격을 증가시킬 수 없기 때문에 적합하지 않다. 그러나 수요량의 증가가 중간 정도로 예상되면 현존하는 배관의 청소가 경제적일 수 있다. 배관 갱생에 대한 결정시 관련된 평가 방법은 Evins et al.(1989), Halhal, et al. (1987), Kettler & Goulter(1985), Kim & Mays(1994), Lansey et al. (1992), Walski (1985, 1986) 그리고 Woodburn et al. (1987)에 기술되었다. 앞 장들과 AWWA M-32(1989), Cesario(1995), 그리고 Walski et al. (1990)에서 기술한 것과 같이 수리 모델을 사용하여 여러 대안들을 모의할 수 있다.

또한 통상적으로 배관청소는 펌프장의 에너지 비용절감에 기초할 수 있다. Walski(1982)가 제안한 평가는 청소의 비용과 에너지 비용의 잠재적인 절감의 현존가치의 비교에 기초한다. 펌핑 설비들이 변경되지 않는 단순한 경우 다음과 같이 주어진 식에 따라 에너지 절감 비용이 청소비용을 초과하면 청소가 정당화된다.

$$c_r = \frac{10.43C^*\left[Q_a^{1.85}P(swpf)(0.0164)\right]}{D^{4.87}} \tag{17.8}$$

여기서 c_r은 재생비용($/ft), Q_a는 펌프장 평균유량(gpm), P는 에너지비용(cent/kWh), $spwf$는 현가계수(series present worth factor), D는 직경(인치), $C^* = 1/C^{1.85} - 1/C'^{1.85}$, C는 청소전 C 계수, 그리고 C'는 청소 후 C 계수이다.

17.5 유지관리 정보 시스템

양호한 유지관리 및 갱생 결정은 양호한 정보의 확보 여부에 따라 크게 결정된다. 불행하게도 양호한 정보가 양호한 결정들을 유도하였을 때 이와 같은 많은 결정들은 직관력에 기초한다. 정보관리를 위한 일부 도구들은 다음과 같다.

17.5.1 관망시스템 지도관리

급수시스템의 양호한 지도를 갖는 것은 유지관리를 위한, 그리고 양호한 수리해석시 필요한 모델링을 위한 시작점이다. 최소한 지도들은 모든 배관들, 밸브들, 소화전, 조정 밸브들, 탱크들, 그리고 펌프장들에 대한 정보(규격과 같은)와 위치를 포함해야 한다. 압력영역 경계, 설치자료, 갱생자료, 서비스연결, 소화전 표시, 밸브 표시, 그리고 배관 재질과 같은 다른 많은 정보들을 지도에 나타낼 수 있다. 그러나 너무 많은 정보는 지도를 판독하기 혼란스럽게 만든다.

수도사업자들은 종이지도의 사용으로부터 CAD 시스템에 기초한 전산지도의 사용으로 이동하였다(Martinez, 1995). 전산기-기반 지도는 상세한 색상-코드, 특별한 지도는 임의 스케일로, 오직 필요한 자료들만을 지도에 나타낼 수 있는 능력을 갖고 있다. 전산화된 지도들은 상대적으로 업데이트가 용이하다. 비록 운영 및 유지관리 직원들에게 아직도 종이

지도를 공급해야 하지만 직원들이 지도 관련 휴대용 전산기를 소유할 날이 곧 올 것이다.

일반 급수시스템 지도들은 수도사업자들이 필요한 일종의 지도 형식이다. 시설물이 복잡하게 교차하는 경우 대부분의 수도사업자들은 더욱 상세한 지도를 가지며 이 지도를 교차부 상세도면, 밸브대장, 게이트대장, 또는 다른 명칭으로 인용하고 있다. 통상적으로 작은 규격(예를 들어 8 1/2 x 11인치 종이)으로 이 지도를 작성하고, 지수전 또는 토지 소유선(lot lines)으로부터 단형후퇴(setbacks)와 같은 정보까지를 포함하고, 수도사업자 기둥(poles), 빌딩 코너, 그리고 맨홀과 같은 영구 시설물에 매단다.

수리해석에 유용한 또 다른 형식의 지도는 고도지도(elevation map) 또는 수리 프로파일이다. 이러한 형식의 지도는 주요 시설(예를 들어 탱크, 펌프, 제어밸브)들을 수직 방향으로 스케일하여 보여주고 시스템 운영에 대한 중요한 직관력을 제공한다. 만일 설비가 변경되면 지도를 정기적으로 업데이트하여 시스템에서 모든 업그레이드된 내용을 지도에 추가한다.

17.5.2 관망시스템 데이터베이스

정보를 지도상에 또는 문자 데이터베이스에 유지할 수 있다. 본질적으로 문자 정보는 지도뿐만 아니라 데이터베이스 내에도 저장할 수 있다. 배관의 영구 특성들인 설치년도, 배관 재질, 설치작업순서 또는 계약자 명칭, 배관 클래스, 밸브 제작사, 소화전 제작사, 토피두께와 같은 정보들을 지도에 나타내거나 데이터베이스로 유지할 수 있다. 시간에 따라 변화할 수 있는 소화전 유동시험, 기록된 압력, 파괴 이력, 그리고 수두손실시험의 결과와 같은 정보들은 기록 지도가 아닌 데이터베이스에 유지한다. Habibian(1992)와 O'Day(1983)는 갱생 결정을 위한 이와 같은 자료의 사용 예제를 기술하였다.

17.5.3 지리정보시스템(GIS; Geographic Information Systems)

앞 절에서 그래픽자료(예를 들어 지도상 배관의 작성)와 그래픽정보와 관련된 수치(예를 들어 설치 년도) 사이 차이를 도출하였다. 지리정보시스템 GIS의 가치는 이상적으로 이러한 두 종류의 정보를 연계시킬 수 있다는 것이다. GIS에서는 속성을 임의 실체(선, 점)로 관련시켜 지도와 데이터베이스의 기능을 통합한다. 특히 수도사업자의 입력자료를 포함할 때 GIS 구축비용은 고가이다. 그러나 GIS 구축비용은 지속적으로 하락하기 때문에 대부분 수도사업자들은 GIS를 구축할 여유가 있다. 기본 지도작성 비용을 다른 수도사업자 및 정부기관과 공유하여 비용을 감소시킬 수 있다.

GIS 구축시 반드시 대답해야 할 기본질문 그리고 반드시 저장해야 할 것은 기본 규격 실체를 결정하는 것이다. 예를 들어 배관분절을 도시의 한 블록 또는 밸브와 교차로 사이 거리로 표현할 것인지, 펌프와 전동기를 하나의 실체로, 또는 펌프와 전동기를 별개 실체로 표현할 것인지, 또는 펌프장을 하나의 실체로 표현할 것인지, 배관들의 명칭을 x-y 좌표, 도로 블록 평면, 또는 일부 다른 시스템으로 부여할 것인지 등이다. GIS 구축시 가장 어려운 작업은 많은 양의 자료들을 입력하고 자료의 정확도를 보장하기 위해 상당한 노력이 필요하고 후속적으로 GIS를 적정하게 유지하는 것이다. 한번 GIS를 구축하면 의사결정시 강력한 도구가 된다. GIS의 광범위한 용도의 예는 AWWA Information Technology conference의 대략 25% 정도가 GIS을 주제로 다루고 있다는 사실이다. 일부 예들은 Buyens et al.(1996), Cannistra et al. (1992), Dacier et al.(1995), 그리고 Holliman & Lin(1985) 문헌에 포함되었다.

수도사업자는 GIS를 사용하여 광범위한 정보를 유지하고 쉽게 분류하거나 추출할 수 있다. 규모가 큰 지자체는 도로 경계선, 대지경계선 등은 물론 여러 지하 시설물(물, 위생 하수, 우수, 전력선)을 위한 GIS 정보를 유지한다.

17.5.4 유지관리시스템

통상적으로 수도사업자들은 보수 및 갱생작업의 기록을 유지한다. 이러한 이벤트들을 체계적으로 기록하고 그 기록에 대한 해석을 수행하기 위해서는 유지관리도구를 이용할 수 있다. 일부는 생성부터 완료까지 작업 순서 궤적을 추적할 수 있고 프로그램된 정기적인 유지 필요를 관리자에게 상기시켜 준다. 배관 파괴 이력과 같은 정보는 배관을 체계적으로 대체할 것인지 결정하기 위해 앞에서 기술한 해석을 수행하는데 도움이 된다. 이러한 유지관리 시스템들은 GIS와 호환되어 완전한 잠재력을 실현한다.

17.5.5 SCADA 시스템

수도사업자는 1일 운영 결정시 도움을 받기 위해 상당한 양의 운영자료를 수집한다. 원격계측장치와 자동화 제어의 통합된 시스템을 표현하기 위해 용어 "감시제어 및 자료취득 이하 SCADA(Supervisory Control and Data Acquisition)"를 사용한다. 본서의 다른 장에서 급수시스템의 운영에 대해 기술하였으나 유지관리 및 재생 의사결정시 SCADA 시스템으로부터 많은 정보들을 사용할 수 있다. 통상적으로 압력센서로부터 취득한 정보는 낮은 압력 및 수충격과 같은 문제와 연관된 의사결정시 가장 유용하다. 또한 무수수량을 평가할 때 필요한 최소야간유량과 같은 양들을 계산할 때 SCADA 정보는 중요하다.

비록 SCADA 시스템들이 운영 및 유지관리시 도움이 될지라도 상당한 양의 유지관리를 필요로 한다. 20년된 펌프 또는 밸브는 쉽게 발견할 수 있지만 SCADA 시스템은 전자 부품들로 구성되어 있어 5년된 SCADA 시스템은 실제로는 구식이 될 수 있고 10년 된 SCADA 시스템의 경우 대체 부품을 찾는 것이 거의 불가능할 수 있다. 수도사업자들이 대량의 예비품들을 확보하지 않는 이상 전체 시스템을 매 수년 마다 업그레이드할 준비를 하여야 한다.

CHAPTER 18 배·급수시스템 설계시 신뢰도 해석

역자: 박한영, 신언호, 이근영, 박진훈

18.1 배·급수시스템의 신뢰도란?

18.1.1 필요성 및 정당화

수도사업자들은 배·급수시스템의 건설, 운영, 그리고 유지관리를 수행한다. 수도사업자의 기본 기능은 수원으로부터 물을 취수하여 허용할 수 있는 수질 수준으로 물을 처리하고, 수요자가 원하는 시간에 원하는 수량을 공급하는 것이다. 용수공급시스템의 해석은 빈번하게 5개로 구성된 주된 시스템 요소(수원, 송수, 정수처리시스템, 저장 시스템, 또는 급수시스템) 중 하나 이상의 요소를 평가한다. 저장시스템은 원수저장과 정수 처리된 물의 저장인 정수저장으로 구성된다.

AWWA(1974)는 급수시스템(water distribution system)을 'distribution-equalizing 저장'을 포함하여 펌핑-관망을 통해 중력 저장 공급 또는 펌프의 수단으로 음용수 또는 정수 처리된 물을 수용가 또는 다른 수요자들에게 공급하기 위한 모든 용수시설 요소들을 포함하는 시스템으로 정의한다. 일반적으로 급수시스템의 설계 또는 확장은 지속적인 운영, 유지관리, 그리고 보수비용은 물론 대규모 자산지출을 포함한다. 많은 숫자의 설계요소들로부터 발생하는 문제의 복잡성과 요소들의 상호작용, 그리고 신뢰성을 확보하면서 최소의 비용으로 자동화를 구현해야 하기 때문에 비용 설계가 필요하다. 전통적인 설계방법은 관망형상, 배관규격, 저수지 규격 및 고도, 그리고 설비들을 선정하는 것으로 구성된다. 통상적으로 이러한 절차는 저비용 해를 나타내는 하나의 설계안을 찾는 것을 시도하는 실행착오법 절차이다. 따라서 이러한 절차로 설계한 급수시스템은 최소 비용해 또는 시스템의 신뢰도를 보장하지 않는다(Mays, 1989).

사용자에게 정수 처리된 물을 공급하기 위해 반드시 예상된 비상부하조건들의 범위를 수용할 수 있도록 급수시스템을 설계해야 한다. 일반적으로 이러한 비상 조건들은 배관파괴, 소화유량, 동력 정전 3개 그룹으로 분류된다. 시스템에 미치는 영향을 기술하고, 시스템 성능의 상대적인 척도를 전개하고, 수용할 수 있는 신뢰도를 갖고 비상 조건들을 대처하기 위해 필요한 시스템의 용량 설계를 중점적으로 하여 각 조건들을 검토해야 한다.

문헌(Mays, 1989, 그리고 18.4절)을 검토하면 현재로서 보편적으로 적용할 수 있는 급수시스템 신뢰도의 척도 또는 수용할 수 있는 정의는 없다는 것을 알 수 있다. 여러 저자들이 다른 절에서 약간 다르게 신뢰도를 정의한 것을 본장을 통해 다시 정리하기로 한다. 통상적으로 신뢰도는 명시된 환경에서 주어진 기간 동안 명시된 한계 내에서 시스템이 임무를 수행하는 가능성(probability)으로서 정의된다. 대규모 시스템의 경우 상호 작용하는 하부시스템(subsystems)이 존재하므로 수학적 신뢰도를 계산하는 것은 극히 어렵다. 신뢰도를 수학적으로 정확하게 계산하기 위해서는 기본 하부시스템 또는 요소들의 정확한 신뢰도 그리고 하부시스템(요소)의 발생 가능한 실패가 임무 수행에 미치는 영향에 대한 지식이 필요하다.

많은 연구자들, 지자체 기술자들, 도시 계획자들, 기관, 정부기관들은 급수시스템의 신뢰도와 비상부하조건아래 급수시스템의 성능을 평가하기 위해 explicit 척도 및 방법론을 개발할 필요성에 대해 언급하여 왔다. 일부 연구자들은 신뢰도 지수, 경제적 손실 함수, 그리고 설계 내 강제된 잉여성(redundancy)과 같은 개념을 사용하여 다른 방법들을 제안하여 왔다. 이 모든 방법들은 문제의 공식화와 해결을 위한 기법들에서 한계를 갖는다. 일부 조사자들은 비상부하 조건 아래 시스템 운영을 예측하기 위해 신뢰도 척도를 양해적으로 최적화 모델에 합체할 필요성에 대해 토론한다. 그러나 현재 "최적화-신뢰도" 평가 또는 범용 설계기법은 아직까지 개발되지 않았다.

예상된 비상부하조건의 범위에서 신뢰성을 갖고 사용자에게 공급할 수 있도록 급수시스템을 설계할 필요가 있다. 이러한 비상조건들은 (1) 소화용수, (2) 관로파괴, (3) 펌프고장, (4) 정전, (5) 제어밸브 고장, 그리고 (6) 불충분한 저장 용량으로 분류될 수 있다. 일반적으로 최소비용과 신뢰도의 측면을 고려하여 적용할 수 있는 방법론은 반드시 이러한 비상조건 각각을 고려해야 한다. 시스템 설계시 (1) 시스템에 대한 비상조건들의 중요성을 기술하고, (2) 시스템 성능의 상대적인 척도를 개발하고, (3) 수용할 수 있는 신뢰도 척도를 갖고 비상부하조건시 용량을 고려하기 위해 방법론 내에서 반드시 이러한 비상조건들을 검토해야 한다.

18.1.2 배 · 급수시스템의 파손종류

AWWARF(American Water Works Association Research Foundation)은 미국 환경보호청과 연계하여 Water Main Evaluation for Rehabilitation/ Replacement(O'Day et al. 1986)이라 명칭된 지침 매뉴얼을 개발하였다. 이 문헌의 부분들을 본절을 통해 인용한다. AWWARF 매뉴얼의 한 부분에서는 누수(leak) 및 파괴(break)와 관련된 용어를 명확하게 기술한다.

급수시스템의 조건들을 비교할 때 수도사업자들의 누수와 파괴에 대한 정의에서 일관성이 결여되어 어려움이 발생한다. 일반적으로 용어 "누수"는 부적절하게 밀봉된 조인트, 결함이 있는 공급라인 탭, 그리고 부식에 의해 발생된 구멍들로부터 물의 손실은 물론 구조적 파손 모두를 포함할 수 있다. 반면 "파괴"는 상수도 메인관의 구조적 파손을 암시하며 이는 메인관의 균열 또는 완전한 절단을 초래한다. 파괴는 누수 및 물 손실을 야기하기 때문에 누수의 특별한 형태인 것으로 논쟁이 되기도 한다.

보수된 요소(메인관, 급수관, 소화전), 누수의 본질(조인트 누수, 파괴), 그리고 보수 형식에 따라 급수시스템 보수를 분류할 수 있다. 급수보수기록은 구체적으로 보수된 요소를 명시해야 한다. 급수시스템 요소들은 다음을 포함한다(O'Day et al., 1986).

메인관	소화전배관	밸브	급수관
몸통(barrel)	분지관로	볼트	tap
조인트	밸브	본네트	배관
플러그	cap barrel	스템	배관
		curb stop	

배·급수관 보수의 보고서 및 로깅(logging)을 표준화할 때 도움을 제공하기 위해 다음과 같은 일련의 정의를 전개하였다(O'Day, et al., 1986).

누수보수(Leak repairs). 누수보수는 배수 메인관, 밸브, 소화전배관, 그리고 급수관에서 발생한 누수를 보수하기 위해 취해진 모든 행동을 나타낸다.

배수 메인관 누수(Main leaks). 배수 메인관 누수는 메인관으로부터 물의 누수를 야기하는 모든 문제들을 포함한다. 이는 조인트 누수, 구멍, 원주방향 파괴, 길이방향 파괴, 결함이 있는 테이프, 그리고 파괴된 벨들을 포함한다. 소화전배관, 급수관, 그리고 밸브에 관련된 누수는 메인관 누수가 아니다.

조인트 누수(Joint leaks). 조인트 누수는 메인관들을 연결하는 조인트부로부터 물의 손실을 나타낸다. 이는 구조적 문제가 아니며 압력 또는 배관 처짐 때문에 조인트의 이동, 또는 확장 및 수축, 침하에 의해 발생된 메인관 조인트들의 분리이다.

배수 메인관 파괴(Main breaks). 배구 메인관 파괴는 과도한 하중, 베딩의 약화, 다른 구조물과의 접촉, 부식, 또는 이러한 조건들의 조합으로 야기된 배관의 벨 또는 몸통의 구조적 파괴를 나타낸다. 메인관 파괴의 형식들은 황 성분 조인트 재질로부터 야기된 벨 파손을 포함하여 (1)원주방향 파괴, (2)길이방향 파괴, 그리고 (3)파괴된 벨을 포함한다.

소화전 누수 보수(Hydrant leak repairs). 소화전 배관, 소화전 밸브, 그리고 소화전 몸통을 보수하기 위해 취해진 모든 행동들을 소화전 누수 보수라 한다.

급수관 보수(Service line repair). 누수되는 탭들, 분기전(分岐栓), 급수관, 그리고 지수전(止水栓)들을 보수하기 위해 취해진 모든 행동들을 급수관 누수 보수라 한다.

밸브 누수 보수(Valve leak repair). 밸브 플랜지, 본네트, 또는 몸통에서 누수를 보수하기 위해 취해진 모든 행동들을 밸브 누수 보수라 한다.

18.1.3 배 · 급수 관망의 실패(파손)의 종류

비록 급수관망들은 다른 형식들의 관망들과 많은 공통된 특징들을 갖지만(Templeman & Yates, 1984), 실패에 기초한 관점으로 이들을 검토하면 상당한 차이들이 존재한다. 이 차이들은 주로 급수관망들이 "실패(또는 파손, 이후 실패로 표기하기로 한다)"할 수 있는 방법들의 결과로서 발생한다. 가장 기본적인 측면에서 급수관망의 실패를 관망 내에서 하나 또는 하나 이상의 절점에서 압력, 유량, 또는 둘 모두가 명시된 수치 이하로 저하하는 것으로 정의할 수 있다.

이와 같은 정의 아래 급수관망의 주된 실패모드는 두개가 존재한다. 즉, 성능 실패(예를 들어 설계된 수치보다 수요량이 큰 경우)와 요소(기계적) 실패(배관, 펌프, 그리고 밸브와 같이 관망 개별 요소의 실패)로 두 실패 모드는 관망 신뢰도 해석시 합체해야 할 확률적 기초를 갖는다.

18.1.3.1 성능 실패

첫 번째 경우 관로에 부여된 부하가 설계 용량을 초과하는 측면에서 관망이 "실패"한다. 그러나 이러한 실패는 트러스와 같은 관망 구조물의 실패와 같이 재해적이지는 않다. 그러나 하나 이상의 절점들에서 압력과 유량은 필요한 수준 이하로 저할 할 수 있다. 이와 같은 실패는 상대적으로 짧은 시간 동안(예를 들어 6시간) 감소된 수준으로 세대에 공급할 수 있는 것을 암시하기 때문에 정의하기가 어렵다. 반면 이와 같은 실패는 큰 화재발생시 물 공급 부족을 초래하여 경제적 손상과 생명 손실을 증가 시킬 수 있다.

첫 번째 경우에서 실패 확률은 운영될 것으로 예측되는 급수관망의 부하 조건 아래 확률 분포로부터 발생한다. 대부분의 경우에서 관망이 반드시 수행해야 할 수요량의 확률 분포는 타당하게 잘 알려진다. 관망에서 설계 수요량의 선정(예를 들어 10년, 6시간 최대 유량)은 결정론적이 아니므로 관망이 시방서를 수행하는 것이 불가능할 수 있는 확률도 수용해야 한다는 것을 암시한다. 관망해석에서 빠트린 것은 확률적 처리과정의 명확한 인식이다.

실제 수리부하가 설계부하보다 크게 되면서 발생하는 실패의 영향은 요소실패의 영향과 유사하다. 즉, 공급유량 또는 압력은 바람직한 수준 이하로 떨어질 수 있다. 발생하는 실패의 확률로 측정하는 것과 같이 급수시스템의 신뢰도를 개선하는 수단들도 유사하다. 관망 내 요소 규격들이 보다 크면 명백하게 보다 큰 전체 용량을 제공할 것이고 따라서 실제 수요량이 설계 수치를 초과하는 확률을 감소시킨다. 더욱이 앞에서 현존하는 급수관망에서 배관 파괴율은 직경과 강하게 상호 관련되는 것을 보여주었다(Ciottoni, 1983; Kettler & Goulter, 1985; Mays, 1989, O'Days, 1982, 1983; 그리고 O'Day et al., 1980). 직경이 큰 배관은 직경이 작은 배관보다 덜 파괴된다. 따라서 직경이 큰 배관을 선정하면 요소 실패의 확률을 감소시키는 동시에 초과 유량에 기초한 신뢰도의 한계를 개선한다.

그러나 실패의 한 모드에 기초한 신뢰도 척도를 기준으로 성능이 양호하게 나타난다고 해서 다른 모드에도 양호한 성능을 의미하지는 않다는 사실을 인식하는 것이 중요하다. 예를 들어 특정 관망에서 공급원 인근 큰 배관을 고려하자. 이 배관은 공급원 인근에 위치하므로 이 지점 하류측으로 이동하는 많은 유량이 이 배관을 통해 유동하기 때문에 직경이 크고, 대 용량 배관이 필요하다. 이 직경이 큰 배관은 파괴율이 낮으므로 요소실패 가능성에 따른 신뢰도는 양호한 것으로 나타난다. 동일한 배관이 수송해야 할 유량이 이 배관의 설계 용량보다 크게 될 확률은 커질 수 있다. 만일 이러한 경우라면 이 "flow exceedance" 신뢰도는 높다. 보다 직경이 큰 배관을 선정하여 두 신뢰도의 척도에 대한 개선을 달성할 수 있다.

큰 배관을 명시하여 관망 신뢰도에 대한 개선을 얻을 수 있듯이 관망의 다른 중요한 요소들을 보다 큰 용량으로 선정하여 신뢰도를 개선할 수 있다. 더 많은 펌프들을 제공하면 펌프장 실패는 감소된다. 또한 추가 펌프들은 펌프장의 용량을 증가시켜 수요량이 펌프장의 설계용량을 초과하는 확률을 감소시킨다. 관망에서 다른 요소들에 대해 유사한 논쟁이 발생할 수 있다.

18.1.3.2 요소(기계) 실패[Component (mechanical) failure]

실패이력기록으로부터 요소실패의 확률을 전개할 수 있고 관련 확률분포를 사용하여 모델할 수 있다(18.3절 time-to-failure 해석 참조). Goulter & Coals(1986)는 배관 파손을 위한 매개변수 λ(파괴/km/yr)를 사용하는 포아송 확률(Poisson probability) 분포를 제안하였다. 또한 이력 자료로부터 설계수치보다 큰 수요의 확률을 유도할 수 있으며 적합하게 모델할 수 있다. 그러나 가장 어려운 문제는 두 실패모드들의 적정한 확률을 알고 있어도 신뢰도를 명확하게 정의하기가 어렵다는 것이다. 요소실패의 확률 또는 설계용량보다 큰 수요 확률의 감소는 명백하게 시스템 신뢰도를 개선시킨다. 질문은 다음과 같다. 얼마나? 그리고 만일 하나의 배관이(또는 다른 요소) 실패하면 나머지 관망에 미치는 영향은 무엇인가? 명백하게 문제가 되는 관망이 중요할수록 영향은 더욱 심각하다. 광범위한 관망운영 모의를 수행하지 않고 이러한 영향을 계량화하여 평가하는 것은 어렵다. 유사하게 상당한 노력 없이 그 지역에 대한 설계수치보다 큰 특정 수요의 "network-wide"를 평가하는 것은 어렵다. 더욱이 만일 둘 중 하나의 실패모드에 기초한 척도로 정의된 관망 신뢰도가 만족스럽지 않으면 이를 개선하기 위한 최상의 방법은 무엇인가?

18.1.4 신뢰도 지수 및 접근법(Indexes and Approach)

전통적인 신뢰도의 공학적 정의는 수요를 만족시키는 시스템의 능력이다. 일부 저자들은 이 개념을 "이용도(availability)"로 인용하는 반면 시스템이 실패없이 수행할 것으로 기대할 수 있는 시간의 길이를 신뢰도(reliability)라는 용어를 사용하여 표현한다. 일반적인 개념에서 신뢰도란 요구조건을 만족시키는 시스템 능력의 척도로서 정의된다.

수많은 다른 신뢰도 지수들의 척도들이 제안되어 왔으나 보편적이고 유일한 척도는 존재하지 않는다. 신뢰도 해석시 해석의 목적에 따라 각기 다른 척도들을 사용할 수 있다.

1. 빈번하게 신뢰도는 정의된 일련의 부대조항(contingencies) 아래 수요를 만족시키는 시스템의 능력으로 정의된다. 예를 들어 기록의 부족 또는 중요한 장비의 일부분의 실패에도 불구하고 수요를 만족시킬 수 있으면 시스템은 신뢰성이 있는 것으로 판정할 수 있다. 초기 설계 판단기준들은 아래와 같은 정량적인 지수 대신 경험식에 기초하였다. 동일한 부대조항을 견딜 수 있는 다른 설계들은 다른 실패의 가능성을 가질 수 있기 때문에 부대조항 판단기준은 부대조항의 선정에서 자의성(arbitrariness)과 모순을 경험한다.
2. 이용도는 주어진 임의 순간 시스템에서의 수요가 유용한 공급 또는 용량을 초과하지 않는 상태인 것으로 발견할 수 있는 확률과 동일하다. 그렇지 않으면 운영 조건들이 만족스럽지(예를 들어 압력이 낮은 수압) 않게 된다. 평균 이용도는 이와 같은 상태에서 발견된 기간에 걸친 평균 확률이다. 본절과 다음 절에서 평균 이용도의 측면에서 용어 이용도를 사용할 것이다. 시스템 실패의 확률은 때로는 1에서 이용도를 뺀 것으로 정의된다.
3. 가혹 지수(severity index)는 실패의 크기를 기술한다. 물 공급 고찰시 수요량과 연간 공급한 유량의 비로서 신뢰도를 정의하였다.
4. 빈도 및 기간 지수는 주어진 가혹한 상태가 얼마나 자주 발생하는가 그리고 얼마나 오랜 동안 지속하는가를 나타낸다. 이와 같은 지수는 전력설비 계획검토에서 사용이 점차적으로 증가하고 있다.
5. 경제 지수(economic index)는 부족에 따른 경제적 영향을 측정하고 또한 민감도로 인용되기도 한다. 물 공급량을 S_u로, 수요량을 $Q(m^3/hr)$로 표기하면 이 경제지수를 다음과 같이 표현할 수 있다.

   a. 부대조항(Contingency). $P(S_u < Q + contingency) = 0$이면 시스템은 신뢰성이 있다.
   b. 이용도. 시스템의 이용도는 $P(S_u > 0)$이다.
   c. 실패의 가능성 및 가혹도. 특정 기간에 걸쳐 또는 특정 순간에서 $P(S_u < Q - s)$으로 실패의 가능성을 정의할 수 있다. 여기서 s는 사전 정의된 실패의 가혹 수준이다.
   d. 빈도 및 기간. 최소 가혹 s (m^3/h)에서의 실패 이벤트의 예상되는 빈도 $E(F)$(단위는 1/T)는 다음 공식으로 예상되는 기간 $E(D)$와 관련된다.

$$E(F)E(D) = P(S_u < Q - s)$$

   e. 경제적 결과(단위는 dollars)는 빈도, 기간, 그리고 사건의 가혹함과 비선형적으로 관련된다.

18.2 신뢰도가 제공하는 실용적 측면

18.2.1 급수시스템의 신뢰도 향상

일부 저개발 국가에서 수요자들은 제한 급수서비스를 수용할 수 있으나 개발된 국가에서의 수용가들은 지속적인 물 공급서비스를 기대한다. 지속적으로 용수를 공급하기 위해서는 급수시스템의 비용이 증가하고 급수시스템의 설계, 운영, 그리고 유지관리에 영향을 미친다. 18.2.2절은 급수시스템의 신뢰도를 개선하는 일부 측면을 기술한다(Walski, 1993a). 이들은 설계시 배관재질의 명시로부터 부정류해석에 이르는 충분한 사항들을 고려한다. 다음 절에서는 시스템을 여러 분절로 나누는 밸브조작(valving)에 대해 기술한다. 여기서 분절(segment)은 밸브를 이용하여 분리할 수 있는 급수시스템의 가장 작은 부분이다.

18.2.1.1 배관재질

사용할 수 있는 재질들이 많고 현장 조건들의 복잡성 때문에 배관재질의 선정은 복잡해질 수 있다. 핵심은 배관 재질을 배관 부설조건, 내부하중 및 외부하중과 조화시키는 것이다. 적정하게 설계하면 대부분 배관재질은 유지관리의 용이성을 포함하여 대부분의 조건들과 비용에서 성능을 발휘하며 수도사업자가 보유한 배관 재질의 성능 이력기록을 검토하면 배관재질을 결정할 수 있다.

다음에 고려할 사항은 베딩이고 통상적으로 배관제작사의 권장사항을 따르면 허용할 수 있는 부설 조건을 얻을 수 있다. 통상적으로 토양형식에 따라 금속 배관을 코팅하거나 wrap하는 것이 좋다. 베딩에 대한 더욱 상세한 내용은 제3장을 참조한다.

배관의 압력등급을 명시하면 두께가 결정되고 따라서 파괴에 대한 배관의 저항이 결정된다. 대부분의 경우 압력 클래스 350은 외부하중에 대한 저항능력과 서지를 고려한 내부압력에 대한 저항능력을 갖는다. 그러나 배관이 극도로 큰 하중에 노출되고 실패의 영향이 큰 지역(예를 들어 지하철역과 변압기 인근, 중요한 교차로 아래)에서는 더욱 두꺼운 벽두께의 배관을 명시하는 것이 좋다.

굴착시 우발적인 접촉에 의해 배관이 손상 되는 것을 방지하기 위해 금속배관이 더욱 바람직하고, 비금속 배관의 경우 tracer wire를 사용할 것을 권장한다. 통상적으로 복합재질배관(예를 들어, 콘크리트 실린더, 유리섬유)은 덕타일 주철 또는 PVC와 같은 균일 재료로 제작된 배관보다 보수 및 탭 작업하기가 더 어렵다.

18.2.1.2 건설방법

만일 배관을 부적절하게 설치하거나 또는 준공도면이 올바르지 않으면 최상으로 설계된 급수시스템도 신뢰성을 잃게 된다. 배관 설치공은 배관 수명에 기초하지 않고 설치한 배관의 양에 따라 지불받고, 손쉬운 배관 부설을 숙지하고 있다는 사실은 수도사업자에게 장기적인 문제를 야기 시킬 수 있다. 급수시스템의 신뢰성을 확보하기 위해 철저한 전수검사와 압력시험이 필요하다.

18.2.1.3 배관규격

배관규격은 두 방법으로 급수시스템의 신뢰도에 영향을 미친다. 먼저 루프로 설치하면 배관이 클수록 루프 내 다른 배관을 사용할 수 없을 때에도 시스템은 수요를 만족시킬 더 큰 능력을 갖는다. 두 번째 빔 파괴(원주방향 파괴)는 가장 공통적인 배관 실패형식이다. 배관 직경이 클수록 더 큰 빔 강도를 갖기 때문에 파괴에 대해 상당한 저항력을 갖는다. 구조적 강도를 증가시키기 위해 배관 직경만을 증가시키는 것은 경제적으로 정당화되지 않는다.

18.2.1.4 루프로 형성된 급수시스템

궁극적으로 모든 급수시스템에서 배관 파괴 또는 시스템의 용수공급 중지를 요구하는 다른 이벤트들이 발생하게 된다. 영향을 받는 수용가들의 숫자는 시스템 내 밸브조작의 범위에 따라 결정되며 이 내용은 다음절에서 기술한다. 시스템의 일부 분리에도 불구하고 수용가들에게 공급할 수 있는 능력은 루프의 용량과 물을 보낼 수 있는 병열 관로에 따라 결정된다. 만일 시스템이 충분한 규격을 갖는 배관과 격자의 형태로 제대로 형성되면 급수시스템의 단일 분절이 손실되어도 대부분 수용가들에게 중대한 영향을 미치지 않을 것이다.

급수격자 내 배관 직경이 작을 경우 일반적으로 배관규격은 소화유량 요구조건에 의해 결정되므로 배관들은 정상 운영시 평균 1일 수요량에 비해 상당히 과대규격이 된다(유속이 극도로 낮다). 단일 분절의 손실은 분절 외부에서 인지하지 못한다(어려운 이유 중 하나는 급수 격자 내 폐쇄된 밸브를 찾기가 어렵기 때문이다). 만일 시스템이 정상적으로 소화유량 요구조건을 처리할 수 있고 루프로 형성되면 단일 분절의 손실은 상당한 문제들을 야기하지 않을 것으로 가정하는 것이 안전하다(화재 동안은 제외). 배관 파괴와 화재가 동시에 발생할 확률은 극도로 적다.

대규모 송수 메인관과 소화유량이 필요 없는 시골 급수시스템의 메인관에서 유속은 낮지 않을 수 있으며 루프는 제한된 용량을 갖는 배관을 포함할 수 있다. 따라서 루프가 존재하면 루프 주변 대안적 경로에서 충분한 용량을 보장할 수 없다. 따라서 수리 설계 동안 급수시스템의 개별 분절들의 손실의 영향을 검토하는 것이 중요하다. 다음 절에서 알 수 있지만 분절 손실의 영향을 모의할 때 밸브의 위치를 고려하는 것이 중요하다.

18.2.1.5 비상저장(Emergency storage)

급수시스템의 배열 및 규격에 따라 루핑은 신뢰도를 제공하는 가장 효율적인 수단이 아닐 수 있다. 급수저장은 두 방법으로 신뢰도를 개선시킨다. 첫 번째, 저장된 물은 급수 분절이 손실된 경우 대체 수원이 될 수 있다. 두 번째, 저장은 화재와 같은 비상시 필요한 물을 제공한다. 저장 규격 및 위치는 제10장에서 상세히 기술하였다.

대규모 급수시스템에서 수원으로부터 먼 곳에 위치한 종점 저장은 급수 메인관의 비용을 상당히 감소시킬 수 있다(잉여의 필요성과 크기 면에서). 충분한 저장은 한 지역을 공급하는 메인관들이 오직 1일 첨두 수요만을 만족시킬 필요가 있는 반면 저장된 물은 짧은 기간 첨두를 만족시킬 수 있다는 것을 의미한다. 또한 저장은 한 지역을 공급하는 주된 메인관이 짧은 시간 공급을 중지하여도 저장은 심각한 공급 중단 없이 서비스할 수 있다는 것을 의미한다.

또한 탱크들의 신뢰도에 대해서도 약간의 논쟁의 여지가 있다. 단일 탱크를 갖는 압력 영역들은 복수 탱크들을 갖는 영역들보다 운영하기가 상당히 용이하다. 그러나 검사, 청소, 그리고 도장 등을 위해 반드시 탱크들의 공급을 중단시켜야 한다. 이는 탱크에서 공급이 중단되었을 때 단일 탱크를 갖는 압력 영역을 올바른 압력 범위로 유지하는 것과 비상 첨두 수요량을 만족시키기 위한 어려움이 증가된다는 것을 의미한다.

18.2.1.6 예비 펌핑 및 제어밸브

펌프들과 제어밸브(예를 들어 감압밸브, 압력유지밸브)들은 정기적인 유지관리를 필요로 한다. 따라서 각 압력 영역에서 여분의 밸브들과 펌프들을 구비해야 하는 것이 매우 중요하다.

각 압력 영역은 반드시 두 밸브가 서비스해야 한다. 대부분의 제어밸브들은 동력을 요하지 않기 때문에 수원과 서비스하고자 하는 압력 영역 사이 다른 위치들에 제어밸브들을 설치하면 압력 영역에 대한 독립적인 경로를 얻을 수 있기 때문에 약간의 이점이 있다.

반면 펌프장들은 구조물, 제어, 원격제어, 그리고 전력공급 측면에서 상당히 요구조건들이 많다. 통상적으로 각 펌프장에서 하나 이상의 펌프를 설치한다. 펌프 설치 대수를 위한 통상적인 법칙은 가장 큰 펌프설비가 용수공급할 수 없을 때에도 펌프장은 설계 유량을 만족시킬 수 있어야 한다는 것이다. 대부분의 경우 이 법칙의 적용은 상당히 단순명료하다. 그러나 고도가 높은 저장설비를 갖지 않는 작은 하나의 압력 영역(예를 들어 20 가구)을 고려하자. 이 압력 영역에 용수공급하는 한 펌프장은 약 40gpm 용량의 작은 펌프 두 대와 750gpm 용량의 소화펌프 한 대를 가질 수 있다. 이제 의문은 여분의 화재 펌프가 필요한가? 이는 "단일의 대용량 펌프가 서비스 중단될 때 소화펌프가 필요하게 될 것인가?"와 유사한 질문이다.

18.2.1.7 예비 동력(Standby power)

펌프장 신뢰도에 관한 다음 질문은 예비 발전기 또는 내부연소엔진으로 구동되는 펌프의 필요성이다. 발전기 필요성 여부는 펌프장 하류측의 저장설비 이용도, 보조수원, 그리고 펌프장에 대한 동력공급의 신뢰도에 따라 결정된다. 통상적으로 보조수원이 있거나, 또는 다른 수원에서 자연유하로 이 압력 영역 내부로 물을 공급할 수 있으면 예비 발전기는 필요하지 않다.

통상적으로 펌프에 직결된 내부 연소엔진은 발전기보다 저렴하나 정전시 펌프장 조명, 제어, 그리고 원격제어에 사용할 수 있는 능력을 갖추고 있는 발전기가 통상적으로 선호된다.

펌프장 하류측에서 제한된 저장시설을 이용할 수 있고 펌프장에서 충분한 밸브조작이 가능하면 펌프장 내 전기 절환스위치를 갖는 이동용 발전기를 사용하거나 또는 이동용 펌프를 사용하여 신뢰도를 제공할 수 있다.

18.2.1.8 비상 제어(Emergency controls)

펌프가 제어되지 않을 때에도 펌프가 만족스럽게 운영될 수 있도록 펌프장을 설계해야 한다. 예를 들어 저장시설을 사용하지 않고 시스템의 사수부에 물을 공급하기 위해 통상적으로 펌프장에서 변속구동장치들을 사용한다. 만일 변속구동장치가 실패하면 펌프는 쉽게 압력 영역 내 압력을 증가시킬 수 있어 급수시스템 또는 수용가의 배관을 손상시킬 수 있다. 만일 가변구동장치가 실패하면 압력완화밸브는 압력을 제어하고 중앙제어실 또는 알람 시스템으로 신호를 전송하여 즉시 문제를 해결해야 한다.

전기 서지는 펌프 전동기에는 심각하게 영향을 미치지 않지만 제어설비에 손상을 줄 수 있기 때문에 전기서지로부터 제어설비들을 보호할 필요가 있다. 역으로 펌프와 동일한 회로에 제어설비들을 설치하지 않도록 하여 펌프가 트립되어도 제어설비 또는 원격설비가 중단되지 않아야 한다.

18.2.1.9 비상 내부연결(Emergency interconnections)

대부분 수도사업자들은 그들 물을 인근 수도사업자의 물과 혼합되지 않는 것을 선호한다. 그러나 인근 수도사업자들과의 연결은 신뢰도를 제공하는 가장 저렴한 수단이 될 수 있다. 비상사태가 발생하기 전에 내부연결을 설치하고 반드시 유량을 계측한다. 각 시스템에서 수력구배선과 고도를 고려하여 펌프 또는 제어밸브의 규격을 적정하게 결정한다.

내부연결을 사용하여 첨두 수요 또는 소화유량을 만족시킬 필요가 있을 때는 운영자의 관여 없이도 유동이 자동으로 형성되어야 한다. 만일 간헐적으로 연결하여 사용할 것이라면 운영자가 수동으로 연결하여 조작하는 것을 수용할 수 있다. 최종 수용가와 평상시 폐쇄된 내부연결 사이의 거리가 상당히 멀면 그 배관 내 수질은 악화될 수 있으므로 그 라인을 정기적으로 플러시 또는 분출시킬 필요가 있다.

만일 물을 받는 수도사업자가 물을 공급하는 수도사업자의 용수공급에 악 영향을 미칠 수 있는 가능성이 있으면 급수시스템 내 충분한 압력을 유지하기 위해 일종의 제어밸브(통상적으로 압력유지밸브)가 필요하다.

18.2.1.10 급수시스템 모델링

급수시스템의 신뢰도를 해석하기 위해 급수 모델들은 중요한 도구이므로 이에 대해서는 본 장의 후반부에서 상세하게 다루기로 한다. 급수시스템 모델로 배관들을 폐쇄하고 영향을 검토하는 것이 실제로 배관을 폐쇄하고 수용가의 불만을 기다리는 것 보다 더 바람직하다.

18.2.1.11 부정류 해석

부정류(수충격)는 물이 가속되거나 감속될 때 마다 발생한다. 대부분의 경우 급수시스템 내 이 부정류의 영향은 무시할 수 있다. 그러나 유속이 높은 큰 송수 메인관과 펌프장에서는 부정류해석과 제어가 필요할 수 있다. 제6장에서 부정류해석에 대해 기술하였고 보다 상세한 내용은『그림으로 푸는 수충격해석』,『전산기로 푸는 수충격해석 입문』,『전산기로 푸는 수충격해석 완성』(박한영, 2004, 2005, 2009) 문헌을 참조하기로 한다.

18.2.1.12 운영 고려사항

비록 설계 및 건설시 급수시스템의 신뢰도를 보장하는 것이 가장 효과적인 방법이지만 운영자는 반드시 다음과 같이 시스템을 바르게 운영해야 한다. 첫 번째, 운영자는 반드시 계기들과 알람들을 감시하고, 만일 운영자가 올바르게 대응하지 못하면 사소한 문제들도 중대한 문제로 확대될 수 있다는 것을 명심한다.

두 번째, 운영자는 비상시 대처하기 위한 교육을 받아야 하고, 필요한 보수 및 감시 인원을 호출하기 위한 충분한 비상연락망, 그리고 "boil water" 상황 발생시 소방서와 보도기관에 필요한 내용을 공지할 수 있도록 교육을 받아야 한다.

세 번째, 부정류와 이들의 영향을 최소화하도록 밸브와 펌프들을 운영해야 한다. 통상적으로 이는 펌프의 완만한 기동과 정지, 그리고 밸브의 완만한 개방 및 폐쇄를 포함한다. 또한 이는 서지 제어설비가 동작할 수 있도록 이 설비들의 조건(예를 들어 서지 탱크 내 수위)을 감시하는 것을 포함한다.

네 번째, 비상시에 대비하여 탱크 내 물을 유지할 필요가 있다. 이는 단순히 탱크가 언제든지 완전하게 충수되어야 한다는 것이 아니라 탱크들의 적정 범위(통상적으로 중간 수위 이상) 내에서 수위가 변화해야 한다는 것을 의미한다.

18.2.1.13 유지관리 고려사항

통상적으로 유지관리는 요소의 실패를 방지하고 또 실패가 발생할 경우 신속하게 보수하여 시스템 신뢰도에 영향을 미친다. 유지관리 직원의 충분한 훈련, 보수 부품과 도구들의 충분한 예비품 확보, 그리고 비상시 신속한 이동 연습은 시스템 신뢰성을 확보하기 위한 유지관리의 핵심이다.

밸브조작 연습은 신뢰도를 향상시키기 위한 가장 중요한 단일 예방유지관리 형태이다. 다음 절에서는 밸브조작(valving)에 대해 토론하나 훈련되지 않으면 최상으로 배치된 밸브들조차도 도움이 되지 않는다. 밸브조작 훈련은 밸브가 동작하도록 유지하고, 직원들이 밸브의 위치를 숙지하게 만들고, 동작하지 않는 밸브를 확인하고, 포장으로 매몰 밸브들을 발견하고, 밸브 박스를 청소할 수 있는 기회를 제공하고, 수도사업자의 밸브 데이타베이스의 업데이트를 가능하게 한다.

18.2.2 시스템 신뢰도에 대한 밸브조작 영향 해석

18.2.2.1 배경

만일 상수도 메인관이 실패하여 수용가들에게 용수를 공급할 수 없다면 급수시스템의 신뢰도를 개선하는 비결은 충분한 밸브들을 설치하여 용수공급 중지를 시스템의 미소 부분으로 제한하는 것이다. 만일 급수시스템에 밸브가 전혀 설치되지 않았으면 유지관리를 위해 공급원에서 완전 중지시켜야 한다. 통상적으로 상수도 메인관이 파괴되고 밸브조작이 불가능하여 메인관의 파괴를 시스템의 작은 부분으로 분리할 수 없으면 많은 수용가들에게 급수가 중지되는 상황이 발생한다.

수년간에 걸쳐 분리용 밸브들의 위치를 찾기 위한 경험법칙들을 전개하여 왔다. 이 법칙들은 각 교차점(cross-intersection)에서 최소 3개 밸브, T-접합부에서 두 개의 밸브를 설치하는 것과 같은 고려사항들을 포함한다. AWWA's Introduction to Water Distribution (1986)은 "급수시스템 내 상업지역에서는 최소한 500ft(150m) 간격 그리고 다른 지역에서는 800ft(240m) 간격으로 분리용 밸브를 설치한다. 각 블록의 말단부에 밸브들을 설치하여 보수작업 동안 오직 한 블록만이 단수되도록 하는 것이 좋다."고 기술한다.

AWWA Manual M31(1998)과 Ten States Standards(1992)는 유사한 표현을 포함한다. Ten State Standards는 "시스템들이 광범위하게 산재된 수용가들에게 용수를 공급하거나 미래 개발이 예상되지 않는 곳에서의 밸브 간격은 1마일을 초과하지 않아야 한다."고 주장한다. 또 다른 경험법칙은 급수시스템의 한 분절을 분리하기 위해 조작할 밸브는 4개 이상이 되어서는 않되고 모든 소화전 병렬 배관에서 하나의 분리 밸브가 필요하다는 것을 지시한다.

대부분 급수시스템은 충분한 밸브를 갖도록 설계된다. 그러나 시스템이 진화하면서 단일 배관의 실패가 수많은 수용가들에게 대한 용수공급에 악영향을 미칠 수 있는 상황이 발생하고 단일 밸브는 이와 같은 악영향을 방지하여 왔다. 급수 분절의 해석은 이와 같은 문제를 확인할 수 있다.

18.2.2.2 급수 분절 선도

급수시스템들이 상당히 단순하면 급수지도를 사용하여 분절들을 확인하고 해석할 수 있다. 그러나 도로에 여러 관로들이 존재하면 시스템의 복잡성은 밸브조작의 부족함을 감출 수 있으며 급수격자를 갖고 연결이 거의 없는 이웃 관로를 횡단하는 송수 메인관에서는 특히 그렇다. Walski(1993b, 1994)는 밸브조작 해석을 위해 관로분절을 원 또는 타원으로 표현하고 밸브들을 직선으로 표현한 분절선도를 작성하는 것이 좋다고 증명하였다.

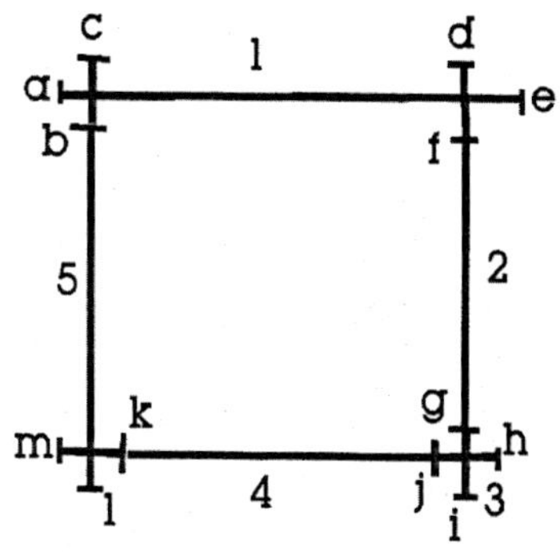

A. Distribution map showing piping and valves for a typical city block.

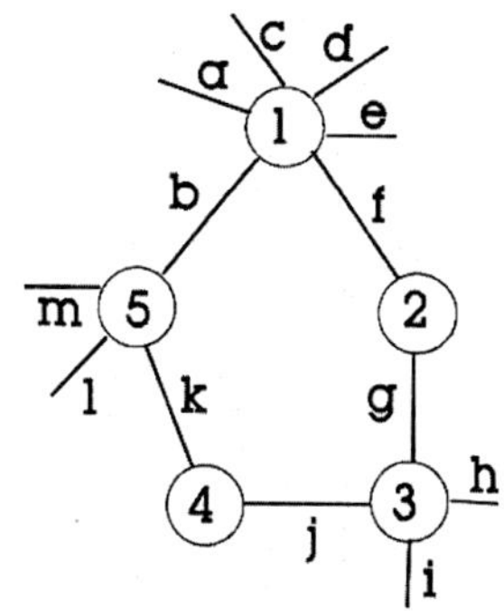

B. Segment diagram for block.

그림 18.1 ▌ 배 · 급수지도로부터 분절선도 작성 예

그림 18.1A는 분절들을 숫자로, 밸브들을 문자로 나타낸 전형적인 도시 블록의 배관 및 밸브를 보여준다. 그림 18.1B는 동일한 블록에 대한 분절 선도를 보여주며 여기서 분절들을 원으로 표현하고 밸브들을 선들로 표현한 것을 보여준다. 그림 18.1B는 분리 분절 1은 반드시 6개 밸브들을 성공적으로 조작해야 하기 때문에 이 분절을 분리하는 것이 어렵다는 것을 보여준다. 밸브조작의 성공 확률은 p^n 이다. 여기서 p는 성공적으로 조작되는 임의 개별 밸브의 확률이고, n은 조작해야 할 밸브의 숫자이다. 예를 들어 개별 밸브를 성공적으로 조작할 수 있는 확률이 90%인 경우 모든 6개 밸브를 성공적으로 운영할 수 있는 확률은 53%($0.90^6=0.53$)이다.

불충분한 밸브조작으로 인한 문제는 통상적으로 송수 메인관에서 발생하며 더욱 중요한 것은 송수 메인관들이 급수 격자에 연결되는 장소에서 발생한다는 것이다. 이 위치에서 실패한 밸브와 연결된 배관의 파열은 역으로 공급원의 운전중지로 문제를 확대시킬 수 있기 때문에 송수 메인관은 중요하다. 다음 절에서 실제 예제들을 통해 밸브조작 해석을 증명한다.

18.2.2.3 송수 메인관으로부터 용수공급 받는 루프

이 상황에서 분절 1, 2, 그리고 3은 길이 약 2500ft(800m), 직경 12인치(300mm) 배관으로 구성되며 분절 2의 양쪽 말단부에 밸브들이 설치된다. 분절 3 이후 수용가에게 용수공급하기 위해 분절 2를 설치하였을 때 이 밸브들의 간격은 수용할 수 있다. 그러나 시스템이 확장되면서 분절 2에 따라 여러 하부영역들이 형성된다. 이와 같이 확장된 분절 2에서의 배관이 파괴되면 수많은 수용가들에게 용수공급이 중단되는 결과를 초래한다(그림 18.2 참조).

그림 18.2A보다 상당히 더 복잡한 급수지도를 사용하면 이러한 문제를 파악하는 것은 쉽지 않다. 그러나 그림 18.2B와 같은 분절선도를 사용하면 분절 2 내부 각 T 접합부에서 최소한 3개의 추가 밸브들이 필요하다는 것이 명백해 진다. 따라서 하부영역은 신뢰도를 확보하기 위한 루핑을 가질지라도 신뢰성 있는 송수 메인관을 갖지 않는다.

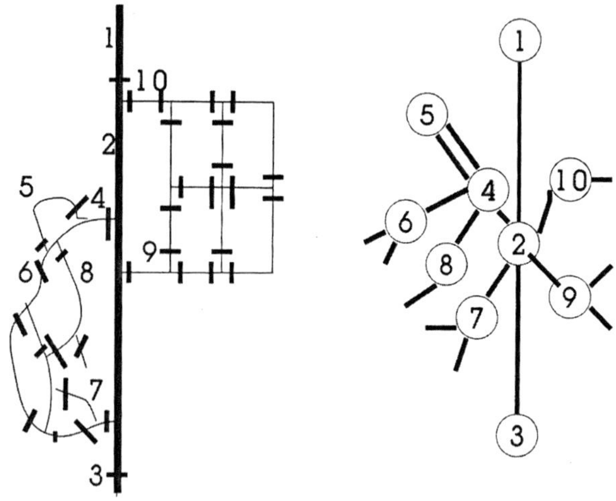

A. Distribution map B. Segment diagram

그림 18.2 ▌ 송수 메인관에서 불충분한 밸브조작

보다 작은 스케일에서는 분절 4를 하나 이상의 분절로 나누어야 한다. 이는 급수 지도에서는 분명하지 않지만 분절 선도에서는 분절 4가 정지되면 분절 5 또한 용수공급을 받을 수 없다는 것을 보여준다. 따라서 분절 4와 5가 서로 연결하는 두 장소들 사이 분절 4 내부에 밸브 1개를 설치해야 한다.

18.2.2.4 비상 내부연결

그림 18.3A와 같이 수도사업자 A가 운영하는 분절 3에 주 수용가가 위치한다. 이 수용가는 공급원(분절 1을 통해)으로부터 먼 거리에 위치하기 때문에 수도사업자 A는 수도사업자 B와 인접한 두 곳에서 내부연결 및 유량계를 설치하였다.

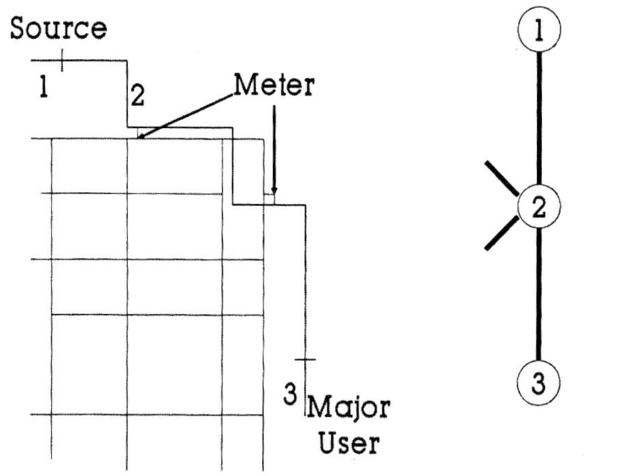

A. Distribution map B. Segment diagram

그림 18.3 ▌ 동일 배 · 급수 분절의 내부연결

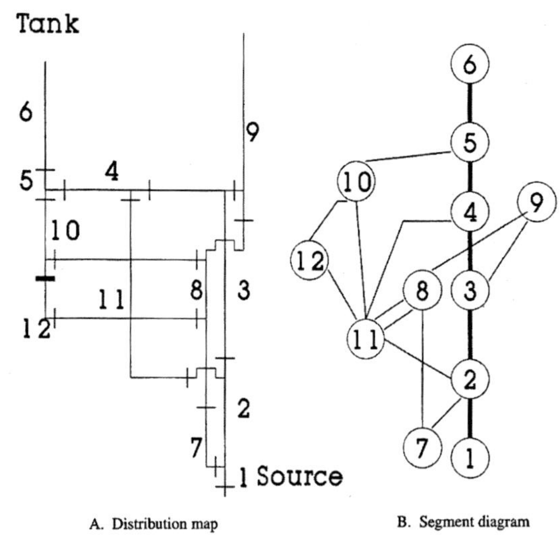

그림 18.4 | Shutdown방지를 위해 필요한 많은 밸브를 갖는 대규모 분절

따라서 시스템 A의 상류측 운전중지로부터 시스템을 보호하는 관점에서 신뢰도가 개선되었다. 그러나 분절 2에서 배관이 파괴되면 수도사업자 A의 공급 유량은 물론 두 개의 내부연결을 통해 수도사업자 B로부터 유량이 편중되어 유출된다. 궁극적으로 이러한 문제를 해결하기 위해 분절 3에서 수도사업자 B와의 또 다른 내부연결을 설치하였다.

18.2.2.5 오래된 시스템과 연결된 송수라인

그림 18.4A에서 직경 12인치 송수 메인관은 배관 분절 1, 2, 3, 4, 5 및 6을 통해 공급원으로부터 저류탱크로 연결된다. 약점은 상당히 큰 인접 지역(분절 10, 11, 그리고 12)은 주로 1890년에 설치된 4인치 주철관으로 용수를 공급받고 있다는 사실이다. 만일 오래된 배관들 중 하나가 파괴되고 밸브 1개가 운영 불가능한 상태가 되면 송수 메인관을 죽일 수 있다. 특히 송수 메인관으로부터 분절 11을 분리하기 위해 분절 11은 6개의 밸브운영이 필요하다. 만일 이 밸브들 중 하나를 운영할 수 없으면 이 급수시스템의 주요 부분은 중지된다. 여기서 해답은 더욱 용이하게 분리하기 위해 분절 11을 더 작은 분절들로 만들기 위해 여러 개의 분리밸브를 설치하는 것이다.

18.2.2.6 전형적인 교차 내부연결(cross-intersections)

밸브들의 위치를 포함하는 가장 전형적인 상황들 중 하나는 교차내부연결(cross-intersection)이다. 교차점에서 4개의 밸브를 사용하여 운전 중지시 가장 높은 수준의 보호를 제공할 수 있다. 그러나 통상적으로 그림 18.5에서와 같이 오직 3개의 밸브만을 설치한다. 교차 배관들이 8인치(200mm)와 6인치(150mm)이고 밸브 비용이 직경에 크게 좌우되면 8인치 밸브 1개와 6인치 밸브 2개를 사용하는 것을 선호한다.

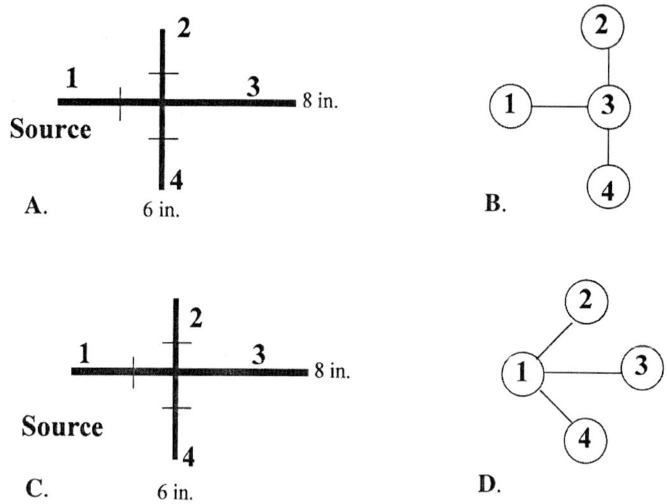

그림 18.5 ▌ 전형적인 교차 내부연결에서 밸브조작

대부분 상황에서는 주로 일방향 유동이고, 그림 18.5A 및 C와 같이 유동을 발생시키는 곳을 "공급원(source)"으로 표기한다. 물론 급수시스템은 루프로 형성된 것으로 가정하여 각 분절을 통해 다른 방향의 유동이 존재할 수 있다. 첫 번째 대안에서는 교차점의 공급원 관로 측면에 8인치 밸브를 위치시켜 그림 18.5B에서와 같이 4개 분절을 제공한다. 두 번째 대안에서는 교차점의 공급원 하류측 관로에 8인치 밸브를 위치시킨다. 첫 번째 분절 선도에서는 분절 1 또는 3이 파괴되면 교차점 전체의 용수공급에 영향을 미치는 반면 두 번째 대안에서 오직 분절 1이 파괴될 때만 교차점 전체의 용수공급에 영향을 미치므로 두 번째 대안이 우수한 것을 보여준다. 밸브 위치를 결정해야 하는 임의 상황에 유사한 논리를 적용할 수 있다.

18.2.2.7 밸브 위치 및 신뢰도 평가에서 분절의 적용

상기 예제는 기술자가 새로운 시스템 내 최상의 밸브 위치를 결정하거나 또는 현존하는 시스템의 신뢰도를 향상시키기 위해 새롭게 설치할 밸브 위치를 평가하는데 분절 선도가 어떻게 도움을 주는지 보여준다.

통상적으로 공급원으로부터 시작하여 각 분절을 다른 색연필(또는 CAD 장비로 도면을 작성하면 색상을 갖는 선의 종류)로 마킹 및 추적하여 급수시스템 지도로부터 분절들을 확인할 수 있다. 이제 각 분절을 숫자로 표기한다. 분절로부터 각 밸브를 숫자 또는 문자로 표기하고, 분절 선도상에 상응하는 선을 작성한다.

분절이 송수 메인관으로부터 멀리 그리고 급수 격자내부로 들어 올 때까지 시스템 전체에 걸쳐 분절들을 생성해야 한다. 얼마나 깊숙이 급수격자내부로 들어 가야 하는지에 관한 결정은 유용한 자원과 원하는 신뢰도 수준에 따라 결정된다.

분절선도를 검토함에 있어 분절들에 첨가된 많은 숫자의 밸브를 갖는 분절들을 찾아야 하며 이는 분절 분리가 어렵다는 것을 의미한다. 또한 시스템에 주어진 부분에서 모든 물이 실제로 통과하는 한 분절을 찾아야 한다. 만일 이와 같은 분절을 반드시 운영중지 시켜야 한다면 중대한 문제가 발생한다는 것을 의미한다.

만일 급수시스템 내에 소화전들을 위치시킬 때 통상적으로 한 분절에 두 개의 소화전을 설치하고 다른 분절에 소화전을 설치하지 않는 것 보다 분절마다 하나의 소화전을 설치하는 것이 좋다. 이러한 방법에서는 한 분절의 용수공급이 중단되어도 오직 하나의 소화전만 용수공급이 중단된다.

급수시스템 수리모델로 배관 파열의 영향을 모델링함에 있어 단일 배관의 용수공급을 중단시키는 것 뿐만 아니라 모델로부터 전체 급수시스템 분절을 제거하는 것이 중요하다. 이는 파괴를 보수하기 위한 운영중지를 올바르게 모의하기 위해서는 하나 또는 그 이상의 배관들과 접합부 절점들을 제거해야 한다는 것을 의미한다.

만일 분절선도를 전개하고 특정 밸브가 동작불가능 한 것으로 결정되면 밸브와 연결된 두 분절들을 단일 분절로 융합시켜야 한다. 이는 실패한 밸브의 영향을 검토하는 용이한 방법이다.

18.3 요소 신뢰도 해석

하나의 시스템 또는 시스템의 요소들을 블랙박스 또는 일괄 처리된 매개변수로 처리할 수 있고 시간에 걸쳐 요소들의 성능을 측정한다. 이는 신뢰도 해석을 시간을 유일한 변수로 하는 1차원 문제로 감소시킨다. 이와 같은 경우 한 시스템의 또는 그 시스템의 한 요소의 time-to-failure(TTF)는 무작위 변수이다. 더욱 일반적인 의미로 용어 "시간"을 사용할 수 있다는 사실에 유의해야 한다. 일부 상황에서는 시스템 성능 평가시 거리 또는 길이와 같은 다른 물리적 스케일 척도가 적합할 수 있다. TTF 해석은 시스템의 신뢰도, 보수할 수 있는 요소들, 또는 둘 모두를 평가하기에 특히 적합하다. 시스템의 실패 발생 후 보수가 가능한 시스템의 경우 운영이 가능한 상태로 보수하기 위해 필요한 시간은 불확실하다. 따라서 time-to-repair(TTR)도 하나의 무작위 변수이다.

서비스하기 위해 사용할 수 있는 보수 가능한 시스템이 보수 불가능한 시스템 보다 상당히 크면 보수 가능한 시스템 또는 요소의 수명을 무기한 연장시킬 수 있다. 본 절에서는 파손, 보수, 그리고 time-to-failure 해석으로 보수 가능한 시스템의 이용도에 대해 집중하기로 한다.

18.3.1 실패밀도, 실폐율, 그리고 실패 평균시간

어느 시스템이든 궁극적으로 실패할 것이다. 즉, 실패는 단순히 시간문제이다. 급수시스템의 운영에 영향을 미치는 많은 불확실성이 존재하기 때문에 시스템이 의도된 것과 같이 만족스럽게 수행하지 못하고 실패하는 시간은 하나의 무작위 변수이다.

실패밀도 함수는 실패가 언제 발생할지 시간을 지배하는 확률 분포이다. 실패밀도 함수는 TTF 해석의 신뢰도 평가에서 공통적인 맥락으로 사용된다. 명시된 시간 간격 [0, t] 안에서 한 시스템 또는 한 요소의 신뢰도를 다음과 같이 표현할 수 있다.

$$p_s(t) = P(TTF > t) = \int_0^{\tau} f(\tau)d\tau \qquad (18.1)$$

여기서 TTF는 실패밀도 함수로서 $f(t)$를 갖는 무작위이다. 신뢰도 $p_s(t)$는 시스템이 [0, t] 안에서 실패를 경험하지 않는 확률이다. 실패의 확률 또는 불확도를 $p_f(t) = 1 - p_s(t)$로 표현할 수 있다. 불신도 $p_f(t)$는 하나의 요소 또는 시스템이 노후화되면서 시간 간격 [0, t] 안에서 첫 번째 실패를 경험하는 확률이다. 역으로 다음과 같이 신뢰도 또는 불신도로부터 실패밀도 함수를 얻을 수 있다.

$$f(t) = -\frac{d[p_s(t)]}{dt} = \frac{d[p_f(t) - 1]}{dt} \qquad (18.2)$$

TTF는 특성상 연속, 비음(nonnegative) 무작위 변수이다. 18.3.1절에서 기술한 많은 분포 함수들은 time-to-failure의 통계학적인 특성을 모델링하기에 적합하다. 이 함수들 중 지수 분포가 가장 광범위하게 사용된다. 지수 분포는 현상학적이고 경험주의적으로 요소들, 장비들, 그리고 혼합된 수명 분포들을 갖는 요소들을 포함한 시스템에 대해 time-to-failure를 충분히 기술하는 것으로 밝혀져 왔다.

실패율(failure rat)은 시간 t에서 나머지 population 단위 당 시간 간격 $(t + \Delta t)$에서 단위 시간 당 발생하는 실패 숫자로서 정의된다. 순간 실패율 $m(t)$는 다음과 같다.

$$m(t) = \lim_{\Delta t \to 0}\left[\frac{N_F(\Delta t)/\Delta t}{N(t)}\right] = \frac{f(t)}{p_s(t)} \qquad (18.3)$$

여기서 $N_F(\Delta t)$는 시간 간격 $(t,\ t + \Delta t)$에서 실패 숫자, $N(t)$는 시작부터 시간 t까지 실패 숫자이다. 이 순간 실패율을 모험 함수(hazard function) 또는 사망력함수(force of mortality function)라 부른다.

많은 시스템 또는 요소들을 위한 실패율은 그림 18.6에서와 같이 욕조(bathtub) 형상을 가지며 여기서 3개의 명확한 수명기간 즉, 초기 수명기간(또는 유아 사망), 유용한 수명

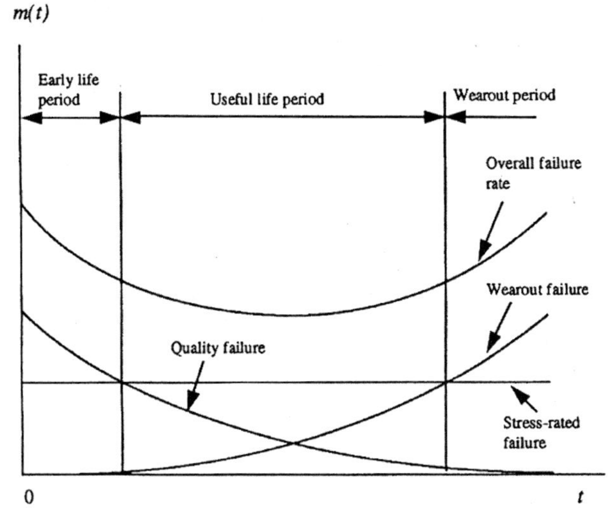

그림 18.6 ▌ 전형적인 위기함수의 형상과 요소

기간, 그리고 마모 수명기간을 확인할 수 있다. 초기 수명기간에서는 마모 실패의 영향은 거의 없고 품질(quality) 실패 및 응력 실패가 지배한다. 유용한 수명기간 동안 3개 실패 형식 모두가 시스템 또는 요소의 잠재적인 실패에 영향을 미치며, 이들 중 마모 실패와 응력 실패들이 주된 영향인자들이고 마모 실패는 노후화되면서 시스템의 실패를 더욱 지배하기 때문에 전체 실패율은 증가한다.

다음과 같이 실패로부터 신뢰도를 직접 계산할 수 있다.

$$p_s(t)= exp\left(\int_0^t m(\tau)d\tau\right) \tag{18.4}$$

식 (18.4)를 (18.3)에 대입하면 다음과 같이 실패율 항으로 실패밀도 함수 $f(t)$를 표현할 수 있다.

$$f(t)= m(t)\left[exp\ \int_0^t m(\tau)d\tau\right] \tag{18.5}$$

일반적으로 하나의 시스템 또는 하나의 요소인 신뢰도는 노후도에 강하게 종속되며, 이를 다음과 같은 조건확률(condition probability)로 수학적으로 표현할 수 있다.

$$p_s(\xi|t)= \frac{p_s(t+\xi)}{p_s(t)} \tag{18.6}$$

여기서 t는 그 시점까지 실패하지 않은 시스템의 노후도, 그리고 $p_s(\xi|t)$는 기간 t에 걸쳐 성공적으로 운영되어 왔고, 새로운 임무기간에 걸친 신뢰도이다.

일반적으로 사용하는 시스템 성능의 신뢰도 척도는 mean-time-to-failure(MTTF)로서 이는 예상되는 실패에 도달하는 시간이다. 다음과 같이 MTTF를 수학적으로 정의할 수 있다.

$$MTTF = E(TTF) = \int_0^{\infty} \tau f(\tau) d\tau \tag{18.7}$$

일부 실패밀도 함수들을 위한 MTTF는 표 18.1과 같다. 관망, 펌프장, 그리고 우수 배제실 구조물과 같이 보수 가능한 시스템의 경우 시스템 내 실패한 요소들을 보수하거나 대체하여 다시 용수를 공급할 수 있다. 시스템을 보수하기 위해 필요한 시간은 불확실하다. 결과적으로 시스템의 실패를 운영상태로 복구하기 위해 필요한 전체 시간은 무작위 변수이다.

TTF와 같이 무작위 TTR은 보수밀도함수(repair density function) $g(t)$를 가지며, 이 함수는 시간 0에서 실패가 발생할 때 실패한 시스템을 보수하기 위해 필요한 시간의 무작위 특성을 기술한다. 보수 확률(repair probability) $G(t)$는 실패한 시스템이 주어진 시간 기간 $[0,\ t]$ 내 복구될 수 있는 확률이다.

표 18.1 | Mean-Time-to-Failure for Some Failure Density Functions

분포	PDF,f(t)	신뢰도, $p_s(t)$	실패율 m(t)	MTTF
Normal	$\frac{1}{\sqrt{2\pi}\,\sigma_T} exp\left[-\frac{1}{2}\left(\frac{t-\mu_r}{\sigma_T}\right)^2\right]$	$\phi\left(\frac{t-\mu_T}{\sigma_T}\right)$	$\frac{f(t)}{\phi\left(\frac{t-\mu_T}{\sigma_T}\right)}$	μ_T
Lognormal	$\frac{1}{\sqrt{2\pi}\,\sigma_{InT'}} exp\left[-\frac{1}{2}\left(\frac{In(t)-\mu_{InT}}{\sigma_{InT}}\right)^2\right]$	$\phi\left(\frac{In(t)-\mu_{InT}}{\sigma_{InT}}\right)$	$\frac{f(t)}{\sigma\left(\frac{In(t)-\mu_{InT}}{\sigma_{InT}}\right)}$	$exp\left(\mu_{InT}+\frac{\sigma^2_{InT}}{2}\right)$
Exponential	$\beta e^{-\beta t}$	$e^{-\beta t}$	β	$\frac{1}{\beta}$
Rayleigh	$\frac{t}{\beta^2} exp\left[-\frac{1}{2}\left(\frac{t}{\beta}\right)^2\right], \beta > 0$	$\exp\left[-\frac{1}{2}\left(\frac{t}{\beta}\right)^2\right]$	$\frac{t}{\beta^2}$	1.253β
Gamma	$\frac{\beta}{\Gamma(\alpha)}(\beta t)^{a-1} e^{-\beta t}$	$\int_t^{\infty} f(\tau) d\tau$	$\frac{f(t)}{p_s(t)}$	$\frac{\alpha}{\beta}$
Gumbel	$e^{\pm y - e^{\pm y}}; y = \frac{t-t_0}{\beta}$	$1-e^{e \pm y}$	$\frac{f(t)}{p_s(t)}$	$x_0 \pm 0.577\beta$
Weibull	$\frac{\alpha}{\beta}\left(\frac{t-t_0}{\beta}\right)^{\alpha-1} e^{-(\frac{t-t_0}{\beta})a}$	$e(\frac{t-t_0}{\beta})^a$	$\frac{\alpha(t-t_0)^{a-1}}{\beta^\alpha}$	$t_0 + \beta\Gamma(1+\frac{1}{\alpha})$
Uniform	$\frac{1}{b-a}$	$\frac{b-t}{b-a}$	$\frac{1}{b-t}$	$\frac{a+b}{2}$

$$G(t) = P[\,TTF \le t\,] = \int_0^t g(\tau)d\tau \tag{18.8}$$

실패율과 유사한 보수율(repair rate) $r(t)$는 만일 시스템이 시간 0에서 실패하였으나 시간 t에서 아직 보수되지 않은 것으로 가정하면 단위 시간 당 시스템이 보수되는 조건부 확률이다. $r(t)dt$는 만일 시스템이 시간 t에서 실패하는 것으로 가정하면 시간 간격 $(t,\ t+dt)$ 동안 시스템이 보수되는 확률이다. 보수밀도함수 $g(t)$, 보수율 $r(t)$, 그리고 보수 확률 $G(t)$사이 상관관계는 다음과 같다.

$$r(t) = \frac{g(t)}{1 - G(t)} \tag{18.9}$$

만일 보수율 $r(t)$가 주어지면 밀도함수 $g(t)$와 유지관리성(maintainability) $G(t)$을 다음과 같이 결정할 수 있다.

$$g(t) = r(\tau)exp\left(-\int_0^t r(\tau)d\tau\right) \tag{18.10}$$

그리고

$$G(t) = 1 - exp\left(-\int_0^t r(\tau)d\tau\right) \tag{18.11}$$

MTTR(mean-time-to-repair)은 실패한 시스템의 예상되는 TTR(time-to-repair)의 수치이다. 즉,

$$MTTR = \int_0^t tg(t)dt \tag{18.12}$$

유지관리 운영을 수행하기 위해 필요한 경과된 시간을 추정하고 시스템의 비가동시간을 추정하기 위해 MTTR을 사용하며 또한 시스템의 유지관리성을 위한 척도이다. 보수밀도함수로부터 여러 형식의 유지관리성 척도들을 유도할 수 있다.

MTTR은 보수 불가능한 시스템의 평균 수명 span의 적정한 척도이다. 보수 가능한 시스템의 실패-보수 주기를 나타내기 위한 더욱 대표적인 지표는 MTBF(mean-time-between-failure)로서 이는 MTTF와 MTTR의 합이다.

$$MTBF = MTTF + MTTR \tag{18.13}$$

MTBR(mean-time-between-repair)은 두 개의 연속적인 보수 사이 예상되는 시간 수치로서 MTBF와 동일하다(표 18.2 참조).

표 18.2 | Summary of Constant-Rate Model

보수가능한 시스템	보수 불가능한 시스템
Failure process	
$m(t)=\lambda$	$m(t)=\lambda$
$p_s(t)=e^{-\lambda t}$	$p_s(t)=e^{-\lambda t}$
$p_f(t)=1-e^{-\lambda t}$	$p_f(t)=1-e^{-\lambda t}$
$f(t)=\lambda e^{-\lambda t}$	$f(t)=\lambda e^{-\lambda t}$
$MTTF=1/\lambda$	$MTTF=1/\lambda$
Repair process	
$r(t)=\eta$	$r(t)=0$
$G(t)=1-e^{-\eta t}$	$G(t)=0$
$g(t)=\eta e^{-nt}$	$g(t)=0$
$MTTR=1/\eta$	$MTTR=\infty$
Dynamic behavior of whole process	
$U(t)=\frac{\lambda}{\lambda+\eta}[1-e^{-(\lambda+\eta)^{t}}]$	$U(t)=1-e^{-\lambda t}=p_f(t)$
$A(t)=\frac{\eta}{\lambda+\eta}=\frac{\lambda}{\lambda+\eta}[1-e^{-(\lambda+\eta)t}]$	$A(t)=e^{+\lambda t}=p_s(t)$
$w(t)=\frac{\lambda\eta}{\lambda+\eta}=\frac{\lambda^2}{\lambda+\eta}[1-e^{-(\lambda+\eta)t}]$	$w(t)=f(t)=\lambda e^{-\lambda t}$
$\gamma(t)=\frac{\lambda\eta}{\lambda+\eta}[1-e^{-(\lambda+\eta)t}]$	$\gamma(t)=0$
$W(o,t)=\frac{\lambda\eta}{\lambda+\eta}t+\frac{\lambda^2}{(\lambda+\eta)^2}[1-e^{-(\lambda+\eta)t}]$	$W(0,t)=p_f(t)$
$\Gamma(0,t)=\frac{\lambda\eta}{\lambda+\eta}t-\frac{\lambda\eta}{(\lambda+\eta)^2}[1-e^{-(\lambda+\eta)t}]$	$\Gamma(0,t)=0$
Stationary values of whole process	
$U(\infty)=\frac{\lambda}{\lambda+\eta}=\frac{MTTR}{MTTF+MTTR}$	$U(\infty)=1$
$A(\infty)=\frac{\eta}{\lambda+\eta}=\frac{MTTF}{MTTF+MTTR}$	$A(\infty)=0$
$w(\infty)=\frac{\lambda\eta}{\lambda+\eta}=\frac{1}{MTTF+MTTR}$	$w(\infty)=0$
$\gamma(\infty)=\frac{\lambda\eta}{\lambda+\eta}=w(\infty)$	$\gamma(\infty)=0$

출처 : Adapted from Henley and Kumamoto(1981)

18.3.2 이용도 및 무용도(Availability and Unavailability)

보수 가능한 시스템은 용수공급하는 수명 동안 repair-to-failure, 실패 그리고 failure-to-repair 과정들의 반복을 경험한다. 따라서 보수 가능한 시스템의 경우 임의 주어진 시간 t에서 시스템이 운영할 수 있는 조건일 확률은 보수 불가능한 시스템의 것과 다르다. 일반적으로 보수 가능한 시스템의 경우 임의 주어진 시간 t에서 시스템이 운영할 수 있는 확률을 나타내기 위해 용어 이용도 $A(t)$를 사용한다. 반면 보수 불가능한 시스템의 경우 신뢰도 $p_s(t)$가 적합하며, 시간 0으로부터 시간 t에 이르기까지 연속적으로 시스템이 운영할 수 있는 상태일 확률을 나타낸다. 표 18.2는 보수 가능한 그리고 보수 불가능한 시스템 모두를 위한 $p_s(t)$를 보여준다.

또한 명시된 기간 내에서 시스템이 운영 조건인 시간의 퍼센트로서 이용도를 해석할 수 있다. 일반적으로 시스템의 이용도와 신뢰도는 다음 부등식 관계를 만족시킨다.

$$0 \leq p_s(t) \leq A(t) \leq 1 \tag{18.14}$$

상기 식에서 등호는 보수 불가능한 시스템의 경우에 해당한다. 그림 18.7에서 시스템이 노후되면서 시스템의 신뢰도는 단조롭게 0으로 감소하는 반면 이용도는 감소하나 + 수치 확률로 수렴하는 것을 알 수 있다.

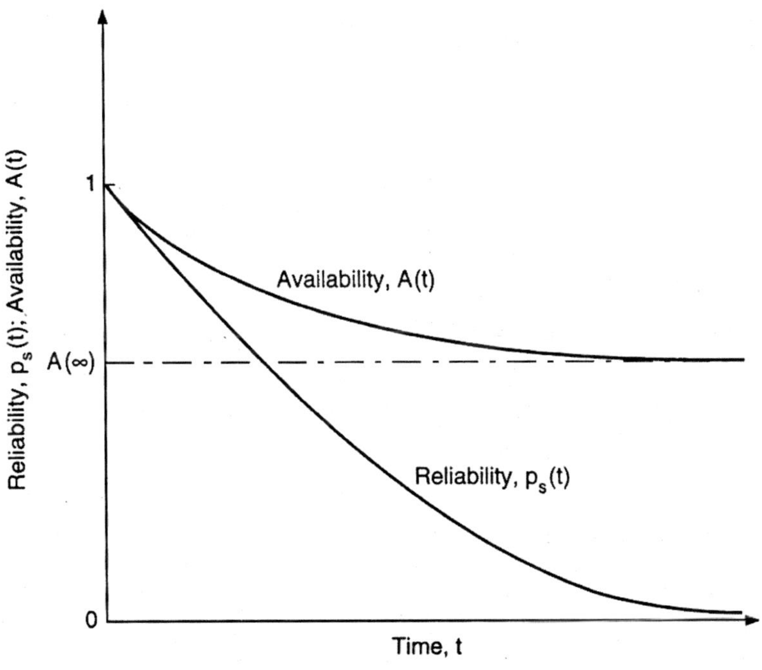

그림 18.7 ▌ 시간에 따른 신뢰도와 이용도의 변화

이용도에 대하여 보완하는 무용도 $U(t)$는 만약 시스템이 시간 0에서 운영 중인 조건으로 가정하면 시간 t에서 시스템이 실패된 조건일 확률이다. 다시 말해 무용도는 만약 시스템이 시간 0에서 운영할 수 있는 조건이지만 기간 $(0,\ t)$에서는 시스템이 의도된 서비스를 제공할 수 없는 시간의 %이다. 이용도 $A(t)$, 무용도 $U(t)$, 그리고 불신도 $p_f(t)$는 다음 상관관계를 만족시킨다.

$$A(t)+U(t)=1.0 \tag{18.15}$$

그리고

$$0 \le U(t) \le p_f(t) \le 1 \tag{18.16}$$

보수 불가능한 시스템의 경우 무용도는 불신도와 동일하다. 즉, $U(t)=p_f(t)$이다.

한 시스템의 이용도 또는 무용도를 결정하기 위해서는 실패 및 보수 과정들을 고려할 필요가 있다. 이와 같은 과정들을 기술하는 기본 요소들은 실패밀도 함수 $f(t)$와 보수밀도함수 $g(t)$이다. 일정한 실패율 λ, 그리고 하나의 일정한 보수율 η을 갖는 한 시스템을 고려하자. 이용도와 무용도는 다음과 같다.

$$A(t)=\frac{\eta}{\lambda+\eta}+\frac{\lambda}{\lambda+\eta}e^{-(\lambda+\eta)t} \tag{18.17}$$

그리고

$$U(t)=\frac{\lambda}{\lambda+\eta}\left[1-e^{-(\lambda+\eta)t}\right] \tag{18.18}$$

시간이 무한으로 접근하면서 $(t\to\infty)$ 시스템은 시스템의 정적인 조건(stationary condition)에 도달하며 따라서 정적인 이용도와 무용도는 다음과 같다.

$$A(\infty)=\frac{\eta}{\lambda+\eta}=\frac{\frac{1}{\lambda}}{\frac{1}{\lambda}+\frac{1}{\eta}}=\frac{MTTF}{MTTF+MTTR} \tag{18.19}$$

그리고

$$U(\infty)=\frac{\lambda}{\lambda+\eta}=\frac{\frac{1}{\eta}}{\frac{1}{\lambda}+\frac{1}{\eta}}=\frac{MTTR}{MTTF+MTTR} \tag{18.20}$$

18.4 급수시스템 신뢰도를 위한 모델 검토

급수시스템에서 적합한 수준의 신뢰도를 정의하는 논제는 지난 20여년에 걸쳐 상당한 관심을 받아 왔다. 두 개의 다른 그러나 관련된 요소들로 인해 이 관심은 지속될 것으로 예상된다. 첫 번째 요소는 서비스의 신뢰도 향상에 대한 지속적인 요구이다. 두 번째 요소는 세계적으로 전개되고 있는 급수시스템의 공유화와 사유화의 증가하는 수준이다. 이 급수시스템이 사유화되면서 정부(예를 들어 지자체, 시 위원회, 광역급수권)는 수도사업자가 반드시 준수해야 할 서비스 수준을 명시하는 문제와 직면한다. 이러한 서비스 시방은 수요와 관련하여 공급된 물의 양, 물이 공급되는 압력, 그리고 수용가에게 공급된 수질 그리고 요구되는 성능 신뢰도의 수준으로서 신뢰도의 정의 등을 포함한다. 급수시스템 실패모드의 고려 그리고 어떻게 이러한 모드들이 신뢰도 해석에 포함되는지를 진행하기 전에 급수시스템의 신뢰도가 실제로 무엇을 의미하는지 정량적으로 정의할 필요가 있다.

18.4.1 배·급수시스템의 신뢰도

Goulter(1995)의 접근에 따르면 급수시스템의 신뢰도를 시스템에 부여한 수요들을 만족시키는 급수시스템의 능력으로서 정의할 수 있다. 여기서 수요들은 (1)공급해야 할 유량(전체 체적 및 유동율) 및 (2)유량을 공급할 때 압력범위의 개념으로 명시된다. Cullinane et al. (1992)는 상기 정의를 "비정상적인 조건에도 불구하고 수용할 수 있는 수준의 장애를 갖는 서비스를 제공하는 시스템의 능력"으로 확대 해석하였다.

Cullinane et al. 정의의 핵심적인 특징은 신뢰도를 정의하고 계산함에 있어 중요한 결정자로서 수요를 만족시키기 불가능한 기간과 환경이 시스템이 수요량을 공급하는 것을 불가능하게 만드는 기간의 개념을 암시하고 도입하는 것이다. 이와 같은 신뢰도 해석은 공급되지 않은 수요와 관련된 유량 또는 공급되나 최소 허용보다 낮은 또는 특정 환경에서 명시된 최소보다 낮은 압력으로 공급되는 수요와 관련된 유량을 통해 "시스템 실패"가 발생할 수 있다는 것을 인정한다. 동일하게 중요한 것은 이 정의는 실패가 오직 비정상적인 조건들(예를 들어 요소 실패 그리고 또는 비정상적으로 높은 수요 또는 둘 모두)과 관련하여 발생해야만 한다는 것을 인정한다는 사실이다.

급수시스템 내에서 실패가 발생할 수 있는 방법들의 조합 범위는 실제 급수시스템의 설계 및 운영시 사용할 수 있는 포괄적이고 개념적으로 신뢰도에 대한 유순한 척도를 확립할 때 직면하여 왔던 많은 이론적이고 실천적 어려움들로 구성된다. 그러나 급수관망에서 가장 경제적인 해결책이 아닌 루프로 형성된 관망의 존재가 증명하였듯이 신뢰도는 상당한 시간 동안 급수관망의 설계 및 운영에서 explicit 요소가 되어 왔다는 사실을 인식해야 한다. 그러나 루프는 시스템 요소의 실패에도 불구하고 물 공급을 위한 잉여 용량 및 대안적 경로를 제공하여 시스템에 신뢰도와 잉여성을 추가한다. 급수산업의 선구자들이 직면하는 문제는 공급의 신뢰도를 정량적으로 explicit하게 만드는 방법이다. 지자체 책임자가 이 신뢰도의 정량적 시방서를 사용할 수 있고 사기업 및 공기업 모두 수도사업자 운영자가 제공해야 할 신뢰도 수준을 정의한다. 유사하게 운영자들은 시스템의 성능을 최적화하고 미세 조정하기 위한 지침으로 이와 같은 시방서를 사용할 수 있다.

18.4.2 신뢰도 상실의 원인

앞에서 정의한 것과 같이 급수시스템의 실패는 두 개의 주된 방법으로 발생한다. 첫 번째, 관망에 부과된 실제 수요량 Q_a가 관망의 설계된 수요량 Q_d보다 클 수 있다. 두 번째, 만일 오래된 관망의 경우 현재 용량 Q_c보다 클 수 있으나 노후도에 따라 관망의 통수능력 저하를 통해 설계 수치이하로 감소될 수 있다. Goulter(1995)는 이를 "수요변화실패" 또는 더욱 단순하게 "수요실패" 형식이라 불렀다(이후 수요실패로 표현한다). 또한 "수리성능실패"로도 정의하였다. 그러나 이 실패 미케니즘을 수리적 성능 실패 범주로 정의하는 것은 다음과 같은 결점을 갖는다. 특정 시간에 지배하고 있는 요소실패를 포함한 상황아래 유량을 공급하는 수리성능의 부족에 의해 주 수원의 부족 또는 정수장에서의 수질 문제에 의해 야기된 실패를 제외한 급수시스템의 모든 정량-기초 실패(요구된 유량의 공급 불가능)들은 부분적으로 야기되거나 악화된다.

수요실패의 고려는 부분적으로 하나의 explicit 인식으로서 여기서 수요들은 통계학적이므로 단일 결정론적 수치가 아닌 확률 분포를 사용하여 가장 올바르게 정의할 수 있다. 급수시스템의 설계유량 결정시 이 통계학을 인정하여 왔다(예를 들어 20년 최대 평균 1일 유량 또는 10년 최대 1시간 유량). 이러한 설계수치들의 사용은 이러한 개념에서 설계수치보다 큰 수요량이 알고 있는 확률로 실제로 발생할 수 있다는 사실을 인정한다. 또한 설계자는 설계수치보다 큰 수요량의 확률을 인정하고 이러한 수요량이 발생할 때 시스템이 실패할 확률을 정의하고 있다.

50년 최대 평균 1일 평균 유량 Q_{50}를 고려하자. 20년 최대 평균 1일 유량 Q_{20}을 기초하여 설계한 관망은 Q_{50} 시나리오에서 압력과 유량 요구조건을 만족시키는 것이 불가능하여 "실패"한다. 평균적으로 Q_{50} 조건은 매 50년 마다 한번 발생한다. 따라서 임의 주어진 년도에 발생할 확률 0.02가 된다. 유사한 방법으로 모든 수요 시나리오들의 확률을 계산할 수 있고, 하나의 특정 설계수치보다 큰 수요의 전체 확률을 결정할 수 있다. 이와 같은 해석들에서 복잡하게 만드는 요소들은 다른 설계시방서에서 유량들 사이 상관관계들이다. 예를 들어 설계시방서들에서 설계유량들 사이 상관관계는 10년 최대 평균 1시간 유량과 20년 최대 평균 1일 유량 모두를 포함할 때 어떻게 두 이벤트들의 확률을 조합하여 전체시스템 실패의 확률을 추정할 수 있을까?

더욱 복잡한 것은 시간에 걸쳐 수요가 변화한다는 사실이다. 시스템상 예측된 부하들에 기초하여 설계수치들을 결정한다. 그러나 용수를 공급받는 인구 또는 생활습관의 변화에서 예상하지 못한 증가 때문에 수요는 설계수치들을 초과하여 증가할 수 있다. 이 경우 그림 18.7에서 수요확률분포는 오른쪽으로 이동하지만 Q_d는 수평축상 동일한 위치에 남게 되므로 실패 확률이 증가한다. 정부 책임자는 이러한 문제들을 극복하기 위해 예를 들어 자발적인 물 보존과 입법화된 물-사용 감소 제도와 같은 새로운 방법들을 검토하고 적용하고 있다(Briassoulis, 1994; Cameron & Wright, 1990; Nieswiadomy, 1992; Weber, 1993; Wilchfort & Lund, 1997). 흥미롭게도 이러한 방법들 중 많은 방법들은 본질적으로 급수관망에서의 문제가 아니라 전체 수요량에 대한 주된 물 공급의 상대적인 부족으로 인한 결핍으로부터 발생한 실패 조건들에서 형성되어 왔다. 따라서 전체 공급량은 충분하나 급수시스템이 증가된 수요량을 수리적으로 만족시키지 못하는 급수시스템의 관리 및 운영에 유사한 방법을 적용할 수 있는 여지가 존재한다.

주된 첫 번째 실패형식인 수요실패는 관망이 노화하면서 수리적 용량이 감소하는 경향이 있다는 것이다. 이러한 수리적 용량의 감소는 그림 18.7과 같이 수요량의 특성을 변경시키지 않는다. 그러나 관망의 수리적 용량을 나타내는 Q_c 위치는 좌측으로 이동하여 수요량이 시스템의 수리적 용량을 초과할 것이라는 전반적인 확률은 다시 증가하는 결과를 초래한다.

주된 두 번째 실패형식은 급수시스템의 요소들(예를 들면, 시스템의 물리적 또는 운영의 하부구조를 구성하는 배관, 펌프, 정수처리 공정, 또는 SCADA 시스템)의 실패와 관련된다(이후 "요소실패"로 인용한다). 시스템이 실패하여 보수하고 있을 때에는 시스템의 제어 또는 관망의 수리적 용량이 감소하여 시스템은 이러한 상황에서 압력 또는 유량 요구조건을 만족시키기 못하게 된다. 만일 시스템 내부에 충분한 잉여(그리고 implicitly, 신뢰도)를 설계하였다면 요소의 실패가 반드시 급수시스템의 실패를 초래하지는 않는다는 사실에 주의한다. 그러나 급수시스템 신뢰도 해석시 시스템 실패가 발생하는 시점까지 시스템의 성능을 감소시킬 수 있는 요소의 잠재력을 반드시 분명하게 언급해야 한다.

신뢰도 해석시 요소실패를 고려할 때 중요한 점은 알고 있는 확률로 요소가 실패하거나, 또는 최소한 타당한 확신을 갖고 이력 또는 경험 자료로부터 요소실패를 추정할 수 있어야 한다는 것이다. 따라서 요소실패로 인한 시스템실패의 확률을 계산할 수 있다. 따라서 급수시스템의 "수요실패"에서와 같이 요소실패로 인한 시스템실패는 강한 확률적 기본을 갖는다. 그리고 상대적으로 구성적 확률(constituent probability)을 용이하게 결정할 수 있다.

임의 시스템의 신뢰도를 해석하기 위해서 시스템의 성능에 영향을 미치는 극한의 경우 시스템을 실패시키는 동작들 또는 이벤트들의 확률적 특성을 고려해야 한다. 앞에서 언급한 것과 같이 필요한 확률론적 개념으로 급수시스템의 실패에 대한 두 개의 주된 형식들을 정의할 수 있다. 이 두개의 주된 시스템실패 형식들을 독립적으로 타당하게 처리하여 왔다. 그러나 시스템 신뢰도의 단일 척도로 두 실패 형식들을 연계하여 고려할 때 어려움이 발생한다. (1)어떻게 두 실패 형식들이 상호작용하는가? (2)두 실패 형식들을 다루는 척도 또는 기법을 어떻게 충분히 개발하여 사용할 수 있는지, 그리고 (3)그 척도 또는 기법에 따라 시스템 성능을 수용할 수 있는 수준으로 정의하는 방법을 이해하기 위해서 관망실패의 영향(다시 말해 서비스의 손실)을 더욱 상세하게 검토할 필요가 있다.

선행 토론은 공급되지 않는 수요량, 수용할 수 있는 최소 수준 이하의 압력으로 공급되는 유량조건 또는 둘 모두로부터 실패가 발생할 수 있다는 관점으로부터 실패를 검토하였다. 상대적으로 단일 수요지점에서 실패 조건들을(즉, 그 절점에서 유량 또는 압력 또는 둘 모두 불충분하다) 정의하기가 용이하다. 또한 실패의 가혹도를 정의하는 매개변수들을 성능부족의 크기로 쉽게 압축할 수 있다. 즉, 수요 절점에서 압력이 낮을수록 실패의 크기가 커지고 수요량과 공급된 유량 사이의 차이가 클수록 부족의 크기가 커진다.

그러나 시스템을 하나의 통합체로서 간주할 때 문제는 상당히 더욱 복잡해진다. 단일 수요 절점에서 불충분한 유량 또는 압력, 또는 각 절점에서 수요량 이하로 공급되는 유량이 될 수 있는 또는 시스템 내 각 절점에서 최소 허용압력 이하로 공급될 수 있는 수요 절점들의 임의 조합을 통해 시스템 실패가 발생할 수 있다. 하나의 절점에서는 주된 실패를 갖지만 기타 다른 절점들에서는 미소한 실패 또는 전체 실패를 경험하지 않는 것과 같이 수요 절점들에서 부족은 상당히 변화할 수 있다. 즉, 주된 또는 재해적 실패가 발생하는 절점을 제외한 다른 모든 절점들은 상당히 균일한 미소 실패를 경험할 수 있다. 시스템 실패 형식을 표현하는 각 시나리오들에서 이러한 변화는 하나의 단위로 시스템의 신뢰도를 정의하는 문제 그리고 다른 실패 시나리오들의 가혹도 사이를 구별(즉, ranking)하는 문제를 보여준다. 예를 들어 다음 경우들을 고려하자.

- Case 1 : 시스템에서 시간의 95%에 걸쳐 수요량은 최소압력 이상으로 공급되는 반면, 시간의 5%에 걸쳐 최소압력 이하로 수요량이 공급된다.
- Case 2 : 시스템에서 시간의 100%에 걸쳐 95%의 수요량이 최소압력 이상으로 공급된다.
- Case 3 : 시스템에서 시간의 100%에 걸쳐 100%의 수요량이 공급되나, 공급압력은 최소허용압력의 95%이다.
- Case 4 : 95%의 절점들에서 시간의 100%에 걸쳐 수요량 및 수요압력 100%가 만족되나, 5% 절점들에서는 전혀 공급되지 않는다.

상기 4개 경우들 중 어느 것이 가장 신뢰성 있는 관망인가? 상기 4개 경우 모두 "95% 신뢰도 수준"으로 기술할 수 있는 요소들을 갖는다. 그러나 명백하게 Case 4는 수용할 수 없지만 다른 3개 케이스들과 이들의 순위는 구별하기가 상당히 어렵다. 또한 상기 케이스들 사이에서 신뢰도 해석시 차이는 오직 시스템이 수요를 만족시킬 수 없는 시간의 비율인 것을 보여준다.

급수시스템의 신뢰도를 고려할 때 실패 판단조건과 그 실패의 기간을 발생시키는 이벤트의 확률만을 고려하는 것은 충분하지 않다. 따라서 반드시 최소 수준으로부터 편차의 크기(예를 들어 실패의 크기)를 기술해야 한다. 이러한 관심들은 정량적 척도들로 신뢰도를 명시하는데 있어 핵심 요소로 작용한다. 이 정량적 척도를 "명시된 기간에 걸쳐 시스템 내 임의 수요 절점에서의 공급수압은 연속 24시간 이상 허용할 수 있는 최소 수준의 이하가 되어서는 안된다. 또는 1년에 20회에 걸쳐 1시간 동안 최소압력보다 낮아서는 않된다"와 같이 명시할 수 있다. 또한 최소 공급 압력 이하로 수용가에게 공급된 전체 물체적은 정의한 체적보다 커서는 안된다는 사실을 진술하는 정량적 척도로 명시해야 한다. 이 방법은 수요가 큰 절점과 적은 절점에 동일한 크기로 허용할 수 있는 최소압력보다 적은 압력으로 공급되어 실패가 발생하는 경우 수요가 큰 절점에서 발생한 실패의 영향이 더 크다는 사실을 반영한다.

그러나 충분한 압력으로 공급된 물의 부족량과 허용할 수 있는 최소압력 이하로 공급된 동일한 물의 부족량을 압력의 편차로 구별하는 것이 가능하다. 공급 압력이 허용할 수 있는 최소압력으로부터 이탈의 크기가 중요하다. 다시 말해 급수시스템에서 신뢰도를 정의하고 고려할 때 실패의 범위는 물론 크기(실패가 정의한 매개변수의 최소 수치로부터 이탈의 크기)는 중요한 요소들이다. 이러한 형식의 추가적인 복잡성은 급수관망에서 유량과 압력들이 매우 밀접하게 관련된다는 것이다.

다른 실패 형식들의 관점으로부터 이러한 논제들을 어떻게 다룰 것인지 토론하기 전에 지금까지 토론은 공급의 품질이 아닌 신뢰도의 정량적 측면들을 강조하여 왔다. 유사한 논제들은 공급의 품질과 관련하여 신뢰도 실행 수준의 명시 및 정의와 관련된다. 허용할 수 없는 낮은 수준의 수질문제는 정수장에서 요소 실패, 원수의 수질문제(수량 부족보다는 양호한 수질의 물 부족에 상응), 정수장 이후 급수관망 내에서 발생하는 물의 오염(요소실패와 유사어), 그리고 공급된 수질에 대한 증가된 요구조건(증가된 수요에 상응)으로부터 발생할 수 있다. 다음 절에서는 신뢰도 해석의 정량적 측면과 정성적 측면 모두에 대해 기술하기로 한다.

18.4.3 신뢰도 평가 방법

신뢰도 척도가 공급된 물 체적의 부족에 기초하는 경우를 고려하자. Bouchart & Goulter (1991, 1992)는 (1) 수요실패와 요소실패 모두를 합체할 필요성, (2) 관망해석 및 설계시 통상적으로 가정하는 것과 같이 수요절점들은 실제 절점들에 위치하지 않는 사실, 그리고 (3) 실패를 발생시킬 이벤트의 확률 특성을 고려하여 체적 부족을 나타내기 위한 척도를 다음과 같이 공식화하였다.

1. "수요 변화 실패"로부터 발생하는 체적 부족

$$ED_d^\eta = K\int_{Q_{de}^\eta}^{\infty}\left(Q^\eta - Q_{de}^\eta\right)pQ^\eta dQ^\eta \tag{18.21}$$

여기서 ED_d^η는 절점 η에서 설계 수요량 Q_{de}^η 보다 큰 수요로부터 발생하는 예상 부족 체적, Q^η는 절점 η에서 단위 시간당 수요량, K는 예상된 체적에 대한 예상된 유량 비율 계수, Q_{de}^η 는 절점 η에서 설계 수요량, 그리고 p^η는 절점 η에서 수요 Q^η의 확률이다.

2. "요소실패"로부터 발생하는 체적 부족

$$ED_f^s = q_d t_f E(NF) \tag{18.22}$$

여기서 ED_f^s는 실패와 연계된 배관 부분과 보수를 위해 분리할 필요가 있는 배관 부분으로 인해 발생하는 예상된 체적 부족, q_d는 분리된 배관 부분에서 단위 시간당 평균 수요량, t_f는 보수의 평균 기간, 그리고 $E(NF)$는 배관 부분의 단위 시간당 평균 실패 회수(밸브들 사이 배관 부분의 길이에 배관 단위 길이당 파괴 회수를 곱한 것과 동일)이다.

이제 요소(배관)실패와 수요실패로 인한 부족 체적들에서 예상된 부족은 동일한 단위를 갖는다. 따라서 관망에 걸친 예상된 전체 부족 체적을 구하기 위해 이들을 직접 더할 수 있다.

$$TND = \sum_{all\ links\ s} ED_f^s + \sum_{all\ nodes\ \eta} ED_d^\eta \tag{18.23}$$

여기서 TDN은 요소실패 및 수요실패 모두에 기인한 예상된 전체 부족체적이다.

Bouchart & Goulter(1991, 1992)가 사용한 신뢰도 공식 (18.23)은 한 요소의 제거와 관련된 관망의 수리적 감소가 나머지 관망에 미치는 영향을 고려하지 않는다는 사실에 주의한다. 이러한 관점에서 펌프 또는 밸브 실패(밸브 실패시 밸브를 포함하는 관망의 부분을 분리하여 밸브를 보수하여야 하기 때문에 배관실패의 일부 특성을 갖는다)의 영향을 검사한다. 이 방법의 중요성은 확률 측면에서 요소 실패와 수요 변화 실패 모두를 인지한다는 것이다. 그러나 식 (18.23)은 오직 부족체적과 관계되나 감소된 압력에서 수요량을 만족시키는 관망의 능력을 고려하지 않는다.

신뢰도 측정에 대한 한 가지 방법은 Cullinane(1986) & Cullinane et al.(1992) 공식을 사용하는 것이다. 이 방법은 관망 내 압력들이 사전 설정된 특정 압력 이하인 시간의 퍼센트로 정의된 이용도 개념에 기초한다. 임의 절점에서의 압력이 사전 설정된 압력 이하가 되는 시간 퍼센트로 절점의 이용도를 표현한다. 즉,

$$A_j = \sum_{i=l}^{M} \frac{A_i t_i}{T} \tag{18.24}$$

여기서 A_j는 절점 j에서 절점 이용도, A_i는 기간 i 동안 이용도, t_i는 기간 i의 길이, M은 기간의 숫자, i와 T는 모의 시간 또는 신뢰도 해석을 위한 시간 영역이다.

절점 이용도와는 대조적으로 관망 이용도를 다음과 같이 정의할 수 있다.

$$A = \sum_{j=l}^{N} \frac{A_j}{N} \tag{18.25}$$

여기서 A는 관망 이용도, N은 전체 절점 숫자이다.

이 척도는 요소실패와 수요변화 실패 모두를 고려할 수 있다. 요소실패와 수요 실패의 확률적 측면을 포함시키기 위해 다음 식을 통해 이 기법을 확장할 수 있다.

$$AE_{jl} = R_{jl}A_{jl} + Q_{jl}A_{j} \tag{18.26}$$

여기서 AE_{jl}은 요소 l을 고려한 절점 j에서 예상된 이용도 수치, R_{jl}은 요소 l을 운영할 수 있는 확률, Q_{jl}은 요소 l을 운영할 수 없는 확률, A_{jl}은 운영할 수 있는 요소 l을 갖는 절점 j의 이용도, A_j는 운영할 수 없는 요소 l을 갖는 절점의 이용도이다.

Cullinane et al.은 이 척도의 애매한 특징은 “모델-설계자의 판단과 경험은 시스템 평가에 있어 결정적이다”라고 평가하였다. 이제 관망 신뢰도의 평가를 위한 모의 모델들과 관련하여 이 평가의 중요성과 타당성을 기술한다.

수요실패는 R_{jl} 항을 통해 식 (18.26)에 합체된 사실을 유의하여야 하며, 여기서 사전 설정된 압력을 만족시키지 못하는 실패는 오직 수요실패의 조건을 통해 발생할 수 있다. 반면 $Q_{jl}A_j$ 항은 요소실패와 수요실패 모두를 반영한다(즉, A_j 항을 통한 수요실패와 Q_{jl} 항을 통한 요소실패). 그러나 식 (18.26)은 “수요실패”의 확률적 측면들을 explicitly 고려하지 않는다. 따라서 식 (18.26)을 다음과 같이 수정하여 확률적 측면들을 고려할 수 있다.

$$AE_{ji}^{T} = \int_{0}^{\infty} (R_{jl}A_{jl} + Q_{jl}A_{j})p(Q^{\eta})dQ^{\eta} \tag{18.27}$$

여기서 AE_{ji}^{T}는 수요실패와 요소실패를 고려한 절점 j에서 예상된 이용도며 기타 다른 항들은 이미 앞에서 기술하였다. 비록 식 (18.27)은 관망실패 정의시 다루어야 할 하나의 인자로서 압력부족을 반영하지만, 이 척도는 허용할 수 있는 최소압력보다 약간 작은 압력저하를 초래하는 많은 실패 수를 포함하는 실패조건들과 허용할 수 있는 최소압력보다 상당히 큰 압력저하를 초래하는 많은 실패 수를 포함하는 실패조건들을 구별하는 것이 불가능하다. 예를 들어 한 절점에서 압력수두를 30m로부터 10m로 감소시키는 배관실패는 동일한 시간 동안 동일 질점에서 입력수두를 30m로부터 29m로 감소시키는 배관실패 보다 상당히 더 심각하다. 식 (18.27)은 이러한 실패들을 구별하지 못한다.

이러한 문제에 대한 해결방법은 다음과 같은 일반 형태의 척도를 사용하는 것이다.

$$ND = \sum_{j=l}^{n} q^{j} H_{min} - \sum_{j=l}^{n} q_{a}^{j} H_{aj} \tag{18.28}$$

그리고

$$ND = Q_{T}^{*} H_{\min} - \sum_{j=l}^{n} q_{a}^{j} H_{aj} \tag{18.29}$$

여기서 ND는 관망 부족량, q^j는 절점 j에서 수요량, n는 전체 절점 수, $Q_T{}^*$는 전체 관망 수요량, q_a^j는 절점 j에 공급된 실제 유량, 그리고 H_{aj}는 절점 j에서 실제 공급된 압력이다. 만일 $H_{aj} > H_{min}$ 이면 $H_{aj} = H_{min}$으로 설정한다.

이 척도는 수요의 통계학적인 특징을 고려하지 않고 오직 알고 있는 결정론적인 절점 수요만을 적용한다는 사실에 주의한다. 그러나 이 척도의 주된 장점은 유량과 압력 사이 상관관계를 explicitly하게 인식하는 능력에 있다. 만일 모든 수요량들이 만족되면 발생할 수 있는 문제는 오직 공급압력의 부족이다. 만일 모든 수요 압력들이 만족되면 발생할 수 있는 문제는 공급유량의 부족이다. 두 경우 모두에서 유량 또는 압력 요구조건이 만족되지 않는 크기가 증가하면서 "부족"의 크기가 증가한다. 그러나 만일 두 요구조건들이 동시에 만족되지 않으면 즉, 수요량보다 적은 유량이 공급되고 이 유량들은 허용할 수 있는 최소 압력 이하로 공급되는 것이 가능하면 식 (18.29)에서 q와 H 항의 곱은 오직 하나의 요구조건이 만족되지 않았던 곱보다 적을 것이다. 이러한 점에서 상기 공식은 신뢰도 해석에서 매우 포괄적이다.

그러나 척도의 단위들은 체적-압력(예를 들어 $m^3/h \cdot m$)이고 기술자는 이를 평가하는 경향이 있어 신뢰도에 직접적으로 영향을 미치지 않는다. 이러한 이유로 신뢰도의 자아학습법 척도로서 공식을 고려해야 하며 여기서 만일 척도에 의해 결정되는 부족함이 감소하면 시스템의 신뢰도는 향상되는 것으로 알려져 있다. 더욱이 이 공식은 공급된 압력 또는 유량들이 요구조건보다 적게 만드는 이벤트들의 기간 또는 확률들을 고려하지 않는다. 식 (18.27)의 "예상된 이용도 척도"에서와 같은 동일한 방법으로 식 (18.27)의 Q_j와 A_{jl} 항들을 절점에 의해 분해된 식 (18.29) 우변의 요소들로 대체하여 이러한 실패를 반영시킬 수 있다. 다시 말해

$$ED_{jl} = R_{jl}\left[q^j H_{min}\right] + Q_{jl}\left[q_a^j H_{aj}\right] \tag{18.30}$$

전체 관망에서 부족은 다음 식으로 주어진다.

$$TND = \sum_{j=l}^{N} ED_{jl} \tag{18.31}$$

여기서 ED_{jl}은 유량부족과 압력부족의 곱으로 측정된 절점 j에서 예상된 "부족(deficit)"이고, TND는 수요들의 통계학적인 특성을 고려하지 않고 유량부족과 압력부족의 곱으로 평가하여 예상한 전체 관망에서의 부족이다.

다음 식으로 각 절점에서 수요변화를 합체시킬 수 있다.

$$ED_{jl}^T = \int_0^\infty ED_{jl} p(Q^\eta) dQ^\eta \tag{18.32}$$

이러한 방법으로 이러한 확률적 측면들을 반영할 때 조차도 척도는 오직 평균 조건만을 제공한다. 즉, 이 척도는 평균으로부터 부족의 변화범위를 나타내는 임의 지표를 제공하지 않는다. 즉, 극도로 크고 아마도 허용할 수 없는 크기의 부족들이 적은 숫자로 또는 허용할 수 있는 크기의 부족들이 많은 숫자로 평균을 얻은 것인지 구별하지 못한다. 신뢰도 언급 시 이와 같은 논제들은 중요하므로 신뢰도 해석을 위한 모의 모델에서 더욱 상세하게 토론한다(18.4.4.1절 참조).

이 논제와는 별도로 상기 토론은 급수관망에서 신뢰도를 평가하는 문제가 본질적으로 해결되었다는 것을 암시할 수 있으나 이는 명백하게 사실이 아니다. 현재까지 신뢰도 해석을 위한 포괄적이고 동시에 연산적으로 실용적인 신뢰도 평가를 위한 방법 또는 척도는 존재하지 않는 것으로 받아들이고 있다(예들 들어 Cullinane et al., 1992, Goulter (1992a,b). 다음 절에서는 급수관망의 신뢰도를 평가하기 위해 현재 유용한 모의모델과 분석모델들에 대해 토론하고 이 모델들의 장점과 단점을 조명한다.

18.4.4 관망 신뢰도 평가를 위한 모델과 기법

앞 절에서는 급수관망의 신뢰도를 평가하기 위한 척도를 개발함에 있어 반드시 고려해야 할 논제들을 검토하였다. 그러나 어떻게 이와 같은 척도들을 계산할지에 대해서는 언급하지 않았다. 신뢰도를 평가하기 위해 수용할 수 있는 척도의 부족과 관련하여 앞에서 언급한 연산적 현실성의 문제는 이 계산 단계에서 발생한다. 신뢰도를 평가하기 위해 유용한 두 방법은 다음과 같다.

- 개별 케이스에 기초하거나 또는 관망의 요구조건을 정의하는 근원적인 조건들의 분포로부터 생성된 “이벤트들”의 시계열(time series)로부터 공식화된 시나리오의 범위에서 관망을 평가하는 모의접근법(Simulation approaches).
- 관망 부하들(수요)을 정의하는 매개변수들로부터 그리고 이러한 수요들을 만족시키기 위한 관망의 능력으로부터 직접 신뢰도를 구하기 위한 폐쇄된 형태의 해를 유도하는 분석접근법(Analytical approaches).

상기 두 접근법들에서 반드시 두 개의 기본 논제들을 인식하여야 한다. 첫 번째 논제는 관망에서 유량 및 압력 수두 요구조건, 배관 규격, 배관 내 유량, 배관 내 수력구배, 그리고 절점들과 배관들 내 압력과 같은 인자들에 의해 나타나는 수리성능이고, 두 번째 논제는 절점들 사이 연결의 수준(특히 수요 절점들과 공급원), 관망의 형체(shape, 예를 들어 루프의 숫자), 그리고 분기관의 존재여부 등에 의해 나타나는 관망 구성이다. 관망구성(configuration)과 수리성능 모두는 신뢰도를 결정하기 위한 모의접근법 및 해석접근법에 중요하다. 그러나 관망 구성은 신뢰도에 대한 해석접근법에서 더욱 큰 관심을 받아온 반면 수리성능과 이 계산은 모의접근법의 지배적인 특징이 되어왔다.

다음 절에서는 신뢰도 평가에 대한 모의접근법 및 분석접근법을 평가하고 검토한다.

18.4.4.1 모의 모델

앞에서 언급하였듯이 통상적으로 케이스별 또는 시나리오에 기초하여 모의 모델로 신뢰도를 결정한다. 항상 모의 모델 내에서 케이스별 또는 시나리오에 기초하여 요소실패의 영향을 평가한다. 신뢰도를 완벽하게 평가하기 위해서 모의 모델들은 수요실패의 영향을 고려해야 한다. 만일 예상된 체적 부족과 관련하여 신뢰도를 평가하려면 식 (18.21)을 사용하여 수요실패의 영향들을 분석적으로 결정할 것이다. 이용도 식 (18.26) 또는 식 (18.29)에 주어진 자아학습법과 같은 다른 더욱 포괄적인 신뢰도의 척도를 사용하려면 수요실패 및 요소실패 모두를 위한 케이스별 해석 또는 시나리오해석을 수행해야 한다.

케이스별 접근에서는 일련의 수요 또는 수요 패턴 및 관망 구성과 같은 일련의 케이스들을 정의한다. 이제 이러한 조건들의 결과로서 시스템 내 발생하는 압력과 유량을 결정하기 위해 각 케이스마다 관망을 모델하거나 모의한다. 이제 일련의 완전한 케이스에 걸쳐 수요를 만족시키는 능력과 관련하여 관망의 성능을 평가할 수 있다.

이러한 해석에서 사용한 수요들은 소화유량과 같이 관망이 공급하도록 예상할 수 있는 수요와의 조합이 될 수 있다. 모의에서 관망 구성을 수정하여 관망 성능의 요소 실패 측면들을 처리한다. 즉, 수리 모의 이전에 관망으로부터 펌프, 배관, 그리고 밸브들과 같은 관망요소를 제거하여 임의 관망 요소들의 조합 실패를 평가할 수 있다. [수요 변화의 영향들을 평가할 때 일반적으로 관망 설계 용량보다 큰 비정상적인 수요로부터 발생하는 관망 내에서 압력과 유량을 결정할 때는 요소실패를 포함할 필요는 없다. 그러나 만일 이와 같은 비정상적인 수요의 기간 동안 한 요소의 실패 가능성은 충분히 큰 것으로 믿어지고, 이러한 연대 발생(joint occurrence) 영향들은 충분한 크기이므로 요소실패와 수요변화의 연대 숙고를 고려할 수 있다.]

각 케이스에 포함할 요소실패와 부하 패턴의 실제 조합의 결정 그리고 결정할 관망 성능을 위한 케이스들의 숫자는 상당하다. 이상적으로 특정 부하 또는 수요 패턴과 연계하여 고려한 요소실패는 관망 성능에 가장 중요한 것이(예를 들어 최악의 케이스 시나리오의 형식) 될 것이다. 이 접근에서 임계 요소는 명시된 수요를 만족시키는 관망의 능력과 관련하여 가장 문제가 되는 요소의 실패이다. 따라서 한 부하 패턴에서 임계 요소는 부하 패턴에 따라 다를 수 있다. 예를 들어 한 지역에서 화재시 임계 요소는 또 다른 지역에서 화재시 임계 요소와는 다를 것이다.

전형적으로 이 모의접근법에서는 오직 한 번에 하나의 요소가 실패한 것으로 하여 관망 성능을 평가한다. 이와 같은 단일 요소의 실패로 제한하는 것은 전력공급망의 신뢰도를 평가하는 접근법과는 일관성이 없는 것이 아니며 $k-1$ 해석으로 알려져 있다. 여기서 k는 관망 내 요소들의 숫자이다. 해석시 한 번에 한 요소의 실패로 제한하는 이유는 일반적으로 두개 이상의 실패(예를 들어 한 요소가 보수되기 전에 다른 요소가 실패한다)들이 동시에 발생할 확률은 매우 적기 때문이다. 두 요소의 실패의 영향이 너무 재해적이어서 이와 같은 동시 발생을 반드시 고려해야 할 때에는 예외로 한다. 즉, 지진 조건 아래 급수시스템을 해석할 때는 많은 요소들이 동시에 실패할 수 있으므로 이때는 예외로 한다.

그럼에도 불구하고 해석을 단일 요소의 실패로 제한할 때 조차도 관망성능의 포괄적인 그림을 얻기 위해 반드시 수요 패턴과 요소실패의 많은 조합들을 검토해야 한다. 또한 관련된 유량과 압력들을 결정하기 위해 이 각각의 경우들에서 관망을 수리적으로 모의하여야 한다는 사실을 기억한다. 실제로는 설계 공학자는 검토해야 할 이러한 조합들의 부분집합들을 정의한다. 이 부분집합에 어느 조합들을 포함시켜야 할지와 관련된 결정은 설계자의 경험에 기초하고, 아마도 기준들 또는 지자체 규정에 의해 지배된다.

그러나 이러한 방법으로 검토할 부분집합의 조합을 정의할 때 여러 문제들을 직면한다. 아마도 가장 중요한 첫 번째 문제는 조합들의 부분집합이 모든 임계 조합들을 포함하는지 여부 그리고 특히 최악의 경우의 조합을 포함하는지 여부이다. 숙련된 설계공학자가 처리할 때는 모든 극적인 조합들을 정의하였고 검토한 것으로 가정하는 것이 타당하다.

또 다른 문제는 부족이 발생할 때 신뢰도의 명시와 관련된다. 만일 모든 케이스들 또는 시나리오 아래 관망이 만족스러우면 즉, 관망이 유량과 압력측면에서의 수요를 만족시키는 것이 가능하면 관망은 신뢰성이 있다(모든 임계 케이스들을 고려하였다고 가정한다). 이 경우 부족이 발생하지 않기 때문에 요소실패로 인한 예상된 부족을 계산할 필요가 없다. 모든 부족들을 만족시키는 것이 불가능하지만 관망은 아직도 충분한 것으로 간주할 수 있는 경우를 고려하자. 즉, 부족들과 관련된 발생 확률들은 수용할 수 있으나 더 이상의 평가를 요구하지 않는다. 반면 수요가 만족되지 않는 범위를 파악하는 것 그리고 관련된 이벤트들의 확률은 충분하지 않을 수 있다. 예상된 부족 또는 최소한 부족의 분포를 평가할 필요가 있을 수 있다. 만일 모의를 수행한 결과 임계 조합들 중 일부가 부족을 초래하면 원래 모의에서 고려하지 않은 수요실패와 요소실패의 다른 조합들도 부족을 초래할 것이다. 이와 같은 부족들은 임계 조건들과 관련된 부족만큼 크지 않을 수 있으나 발생 가능성은 존재한다. 모의 부분집합 내에 포함된 조합들을 기초하여 계산한 예상된 부족 요소 실패는 예상된 부족 또는 부족의 분포의 진실된 그림을 제공하지 않을 것이다. 부족의 분포를 정의하기 위한 목적으로 완벽한 일련의 부족의 계산은 수리모의를 필요로 한다. 이는 극도로 커다란 일련의 조합들 그리고 관련된 커다란 연산 노력을 필요로 할 수 있다. 이 연산 문제는 모의접근법에 제한되지 않는다는 사실에 유의한다. 즉, 신뢰도 평가에 대한 분석접근법에서도 특히 어려운 문제이다. 이 시점에서 전산기의 성능을 향상시켜 문제의 크기를 감소시키는 것 이외 연산문제에 대한 쉬운 해답은 없는 것으로 보인다.

그러나 하나의 잠재적인 해답은 Jowitt & Xu(1993)가 제안한 완전한 수리 모의를 수행하지 않고 미세유동해석을 사용하여 연역적으로 요소 실패 후(그리고 보수를 위해 관망으로부터 그 요소를 제거한다) 관망 내 유동 분포를 예측하는 방법에서 찾을 수 있다. 저자들은 실패한 절점들의 미세유동(microflow)에 기초한 예측의 정확도는 절점 실패의 수두 기반 정의에서 72%로부터 절점 실패의 수요량 기반 정의에서 47%까지 다르다는 것을 증명하였다. 수두기반 실패의 정의들에 관한 방법의 실행은 신뢰도 평가를 위한 케이스별 모의 방법들의 연산부하의 일부를 감소시키는 방법으로 그 이상의 정교함과 보다 넓은 시험관망 범위에 걸친 조사를 보장한다는 사실을 암시한다. 소화유량 또는 배관파괴는 미세유동 패턴을 극적으로 변경시킬 수 있고 이 경우 완전한 수리 모의가 필요하기 때문에 이 방법은 제한될 수 있다.

신뢰도 평가에 대한 또 다른 중요한 모의접근법은 배관 및 펌프 실패 그리고 보수 시간을 위한 근본적인 확률 분포에 기초한 시나리오의 "시계열(time series)"의 생성과 모의에 기초한다. 그 시계열 내에 포함된 조건들 아래 관망의 수리적 성능을 해석한다. 시계열로부터 얻은 수리적 결과들로부터 관망의 신뢰도 실행에 대한 광범위한 측면을 반영하는 여러 신뢰도 척도들을 유도할 수 있다. 이러한 접근법은 근본이 되는 확률 분포는 관망이 노출될 조건들의 범위를 충분히 나타내는 것으로 가정한다.

Wagner et al. (1988b)는 이러한 형식의 모의해석법을 사용하여 얻을 수 있는 다음 20개의 신뢰도 척도들을 열거하였다.

Event-related	Link-related
이벤트 형식(실패 또는 보수)	배관 실패의 숫자
interfailure 시간 및 보수 기간	각 펌프의 실패 시간의 시간 %
이벤트 숫자(모의 기간 내 각 이벤트 동안 시스템 상태, 예를 들어 정상, 감소된 용수공급, 또는 실패)	각 배관의 실패 시간의 %
Node-related	펌프 실패의 숫자
모의 기간 동안 전체 수요	각 펌프의 실패 시간의 전체 기간
Shortfall(전체 만족되지 않은 수요)	**시스템-related**
평균 수두	전체 시스템 소모
감소된 용수공급 이벤트들의 숫자	파괴의 전체 숫자
감소된 용수공급 이벤트들의 기간	이벤트 당 파손의 최대 숫자
실패 이벤트의 숫자	
실패 이벤트의 기간	

Duan & Mays(1990)가 보고한 신뢰도에 대한 지배적인 분석접근법은 Biem & Hobbs (1988), Hobbs & Biem(1988), 그리고 Wagner et al. (1988a)가 사용한 것들과 유사한 많은 모의 특징들을 접근법들에 합체시켜 다른 8개의 신뢰도 척도들을 유도하는 것이 가능하였으며, Bao & Mays(1990)도 또한 신뢰도의 척도(measurement)에 대한 Monte Carlo 모의접근법을 사용하였다는 사실이 흥미롭다. 그러나 그들의 경우 신뢰도 문제는 수요량, 압력수두, 그리고 배관 조도의 확률 분포를 모델링하여 시나리오들의 시계열을 생성하는 "수리적 신뢰도"에 집중된다. 시계열 기반 모의 접근법을 사용하는 관망 신뢰도의 완벽한 해석은 Wagner et al. (1988)의 요소실패측면들과 Bao & Mays(1990)의 유량기반 측면 모두를 필요로 한다.

Germanopoulis et al. (1986)은 배관 실패의 확률 분포를 합체하는 확장된 모의에 기초한 신뢰도에 대한 유사한 접근법을 제안하였다. 이 접근법의 중요한 특징은 실패 이벤트와 전량용수공급 시간 사이 조건들의 고려사항들을 재확립하였다는 것이다. 이 고려사항은 시스템 운영자가 요소 실패시 실패의 영향을 최소화하기 위해 시스템을 관리할 수 있는 능력을 인정하고 따라서 이러한 능력은 신뢰도를 개선시킬 수 있기 때문에 급수 관망의 신뢰도 해석시 중요하다.

이러한 모의접근법들의 중요한 특징들 중 하나는 시계열을 생성하고 시계열 내에서 생성된 조건을 또는 각 경우에서 관망의 수리적 성능을 모델하고 모의해야 할 필요성이 있다. 이러한 요구조건은 상당한 연산노력을 요구하므로 명백하게 이러한 형식의 접근법은 심각한 단점을 갖는다. 그러나 문제는 앞에서 토론한 관망 신뢰도의 모의해석법에 대한 케이스별 접근법에서 직면한 문제와 유사하다. 그러나 케이스별 접근법보다 연산적으로 더욱 집중할지라도 일반적으로 시계열 접근법은 보다 광범위한 범위의 케이스들을 고려하여 관망이 어떻게 수행되는지 더욱 완벽하게 기술한다는 사실에 유의해야 한다.

모든 모의접근법들의 중요한 특징은 관망의 수리적 실행으로부터 유도할 수 있는 임의 신뢰도 척도의 사용을 허락한다는 것이다. 이러한 모의접근법의 특징은 분석 접근법과 차별화하며 또한 분석기법에 비해 가장 큰 장점이 된다.

18.4.4.2 분석접근법(Analytical approaches)

관망과 관망부하(예를 들어 관망배열과 부하특성을)에 관련된 모든 매개변수들을(관망의 완전한 모의를 요구하지 않고 신뢰도의 단일 또는 복수 척도로) 통합하는 기법들에 따라 분석접근법들이 구별된다. 분석기법들의 중요한 특징은 절점들 사이 특히 공급원 절점들과 수요 절점들 사이 연계성(connectivity)과 형체의 개념으로 관망의 근본적 수행을 기술하기 위해 그래프 이론의 사용이 증가하고 있다는 것이다. 그래프 이론의 사용 증가는 Goulter(1992b)의 예측과 일관성이 있으며 Goulter는 수리적 성능과 이 성능의 신뢰도 접근법들로의 합체는 정체기에 도달하였고 신뢰도 해석 영역에서 더 이상의 개발은 그래프 이론으로부터 유도된 개념들을 합체하는 결과가 될 것으로 지적하였다.

급수 관망의 신뢰도 해석에서 가장 일반적으로 사용되는 이론의 특성은 (1) reachability, 특정 수요 절점을 공급원절점으로 연결하고; (2) connectivity, 모든 수요 절점을 최소한 하나의 공급원으로 연결하고; 그리고 (3) cut-set, 관망으로부터 제거될 때 일련의 링크들이 나머지 관망 내부에서 하나 이상의 절점들을 완벽하게 분리한다.

한 절점의 연결(connection)은 이 절점의 수요를 만족시키기 위한 절점의 필요조건이지만 충분조건은 아니다. 만일 공급원 사이의 연결이 너무 작은 한 배관으로 구성되거나 또는 시스템 내 압력이 전반적으로 낮으면 절점이 공급원에 연결되었음에도 불구하고 용수공급을 받지 못할 수 있다. 관망 배열과 관련된 그래프 이론의 특징을 갖고 이러한 수리적 성능의 측면들을 통합하는 효과적인 수단의 개발은 관망 신뢰도 평가를 위한 해석기법들에서 중요한 문제이다. 여기서 급수관망의 신뢰도를 평가하기 위한 해석기법들을 사용하는데 있어 근본적인 원리를 강조하는 것이 중요하다. 또한 시나리오들의 범위의 조사에 기초한 해석보다는 관망의 기본적인 매개변수들의(각 절점에 연결된 링크 숫자, 배관 규격, 절점들의 위치, 수요) 해석에 기초한 분석적 기법들을 사용하여 신뢰도 성능을 평가한다.

전력 공급망, 통신망 등의 해석시 그래프 이론의 원리를 광범위하게 적용하여 왔다. Goulter(1988), Jacobs & Goulter(1988, 1989)는 급수관망의 신뢰도 평가에 대해 최초로 이 원리들을 공식적으로 고려한 것 중 일부를 보고하였다. 그 후 급수 관망의 신뢰도 평가를 위한 분석적 기법들에서 그래프 이론 접근들의 사용이 증가하였다.

Wagner et al. (1988a)는 reachability 및 connectivity 개념에 기초한 일련의 분석적 기법들을 검토한 결과 reachability 및 connectivity의 확률을 평가하기 위해 제안된 특정 기법들은 일부 관망에 유효하지만 해석을 위한 벤치마크로서 문헌에서 통상적으로 인정된 다른 관망에 적용할 때 연산적 문제들에 직면하는 것을 자주 목격하였다.

Goulter & Jacobs(1989)는 Wagner et al. (1988a)의 방법이 잘 적용되는 관망을 단순하게 확장할 때 유사한 문제들에 대해서 언급하였다. 그리고 다른 분석적 기법들을 신뢰도 평가에 적용할 때 직면하는 연산의 어려움들은 NP-hard(관망규격에 따라 연산노력이 지수적으로 증가하는)이다(Jocobs & Goulter, 1989). 더욱이 분석적 기법들로 평가하기 위해 관망에 부과된 가정들 또는 요구조건들은 일반적으로 엄격하다. 따라서 결과들은 엄밀히 신뢰도의 해석을 제공하지 않는다. 또한 한 관망상황으로부터 다른 관망상황으로 기법들과 결과들을 일반화할 수 없다.

그럼에도 불구하고 기본적, 이론적으로 올바른 형태 또는 일부 수정된 형태로 급수관망의 신뢰도 평가를 위한 분석적 기법들에 있어 그래프 이론 원리의 사용은 계속하여 증가할 수 있다. 일부 신뢰도 평가들에서 그래프 이론을 사용하는 기법들은 표 18.3과 같으며 이 표는 급수관망의 신뢰도 평가에 유용한 해석 및 모의 기법들을 열거하고 요약한 것이다. Su et al. (1987)은 분석적 기법들과 이 기법들과 관련된 연산 요구조건에 대한 특별한 관련성을 제시하였다. 이러한 기법들의 사용과 관련된 연산문제들과 결과들을 일반화하는 것과 관련된 어려움들로 인해 Su et al.(1987)의 모델과 Dual Cyber 기계를 사용할 때 14-링크, 하나의 루프로 형성된 관망에서 1157초로부터 17-링크, 14-링크 및 하나의 루프 관망에 기초한 3-루프 시스템에서 200.5분까지 연산시간이 증가하는 것을 볼 수 있다.

신뢰도의 분석적 평가에 대한 다른 접근법들은 그래프 이론 원리들에서 다른 원리를 사용하여 관망을 단순화하여 연산 문제를 다루려고 시도하였다. 이와 관련된 두 개의 기법들인 series reduction 알고리즘과 parallel reduction 알고리즘이 특별한 관심을 받아왔다. Awumah & Goulter (1992), Wagner et al. (1988a), Wu & Quimpo (1992), 그리고 Wu et al. (1993)은 이 기법들을 적용하여 왔다. 이러한 기법들의 근본적인 특징은 근본적인 신뢰도의 결정자들을 다시 정의하지 않고 링크들과 절점들을 일괄 처리하여 관망의 복잡성의 감소(예를 들어 반드시 고려하여야 할 링크들의 숫자의 감소)시킨 것이다.

표 18.3 | Summary of Major Simulation and Analytical Approaches to Assessment of Reliability in Water Distribution Networks

Study	Approach	Simulation or Analytical	Issues Addressed	Remarks
Rowell & Barnes (1982)	Minimum-cost branched network with cross-connections	S	Design branched system-add cross-connections (with a branch failed) to meet demands	Some hydraulic inconsistencies
Morgan & Goulter (1985)	Minimum-cost design model for looped systems	S	Designed for a range of combinations of critical flows (fire flows) and pipe failure	Judgement of engineer needed to define the worst location of a broken pipe for each fire flow
Kettler & Goulter (1983)	Minimum-cost design model with constaints on the probability of a pipe failing	A	"Reliability" constrained-probability of pipe breakage ≤acceptable level "removed"	No concern with, ore recognition of, performance of network with the pipe
Goulter & Coals (1986)	Minimum-cost design model under constraints on probability of node isolation	A	Probability of a node being disconnected from the network must be <an acceptable value - if unacceptable which link should be improved? be able to meet the demand	Does not address the problem of "partial supply _ remaining connections to the network with links after one (or two) links(s) fail may not
Su et al. (1987)	Minimum-cost design model with restrictions on the probability of "minimum cut-sets"	S ↓ A	Examines the impacts of removal of one (and two) links on the ability of network to meet demands in the network-use probability of pipe breakage Graph theory	Computationally intensive! 14 links, 1 loop : 1157 s 17 links, 3 loop : 12030 s (200.5 min on a Dual Cyber machine)
Germanopoulos et al. (1986)	Assessing reliability of supply and level of service	S	Network performance in failure/post failure Simulation of failure occurrences and repair times	Examines management of a failure to minimize impacts
Wagner et al. (1988a)	Realiability analysis-analytical	A	Reachability and connectivity Series and parallel reductions to get trees Probability of sufficient supply as a reliability measure	Not general for all networks Need for supporting simulation User graph theory
Wagner et al. (1988b)	Reliability analysis_ simulation	S	Models failures of the components Models repair times for failure Looks at a range of reliability measures	Time-consuming Hard to generalize the results
Lansey et al. (1989)	Minimum-cost design model chance constrained on probability of meeting demands	A	Uncertainties in : Future demands Pressure requirements Pipe roughness	Cost-reliability function is convex-the cost of achieving improvements in reliability is greater at higher levels of reliability
Bao and Mays (1990)	Reliability of water distribution systems	S	Distribution of operating Scenarios from Monte Carlo simulation Probability of head being larger minimum required	Difficulty in distinguishing between critical and noncritical events
Goulter and Bouchart (1990)	Minimum-cost design model with reliability constraints on node performance	A	Probability distribution of demand at each node Probability of node isolation	Emphasized the distribution of demand at each node particularly with respect to extreme events (fire flows) Used a "heuristic" combination of

표 18.3 | Summary of Major Simulation and Analytical Approaches to Assessment of Reliability in Water Distribution Networks(계속)

Study	Approach	Simulation or Analytical	Issues Addressed	Remarks
			mechanical failure and failure to meet demand	
Duan & Mays (1990)	Reliability analysis of pumping systems Frequency/duration analysis	A	Mechanical failure and hydraulic failure of pumps not networks Eight parameters related to reliability, failure Probability, failure frequency, cycle time, and expected duration of failure, expected unserved demand of a failure, expected number of failure, expected total duration of failures, and total expected unserved demand	Does not consider nodal reliability Does not consider mechanical failure of network
Duan et al. (1990)	Optimal reliability-based design of pumping and distribution systems	A	Extension of work of Duan and Mays (1990) into the design of the distribution network	
Kessler et al. (1990)	Least cost improvements in network reliability	S	Topologic redundancy from alternative trees in the net work level-one redundancy Different levels of acceptable service under component failure	Not probability based Avoids need for cut-set calculations Use graph theory
Fujiwara and De Silva (1990)	Reliability-based optimal design of water distribution networks	A	Ratio of expected maximum demand to total water demanded	
Fujiwara and Tung(1991)	Improving reliability through increasing pipe size	A		
Awumah et al. (1990)(1991)	Entropy-based measures of network redundancy	A	Associates reliability with redundancy	Heuristic or surrogate measure Employs aspects of graph theory
Bouchart and Goulter (1991), (1992)	Improving reliability through valve lacation	A	Demands are not located at nodes Variation in demand at node Mechanical failure of links (nodes) Expected volume of deficit	Recognizes the option, through valve location, of managing the reliability of network to minimize the impact of component failure
Quimpo and Shamsi (1991)	Reliability-based distribution system maintenance	S	Component reliability Enumeration of cut-sets and path sets Nodal pair reliability Lumped systems Computational problem in identifying	Uses graph theory Does not recognize that existence of a path. Does not guarantee demand can be met links to "improve" to obtain the greatest increase in reliability

표 18.3 | Summary of Major Simulation and Analytical Approaches to Assessment of Reliability in Water Distribution Networks(계속)

Study	Approach	Simulation or Analytical	Issues Addressed	Remarks
Jachbs and Goulter (1991)	Estimation of network reliability_cut-set approaches	A ↓ S	Probability of isolation Node Groups of nodes Probability of m links failing simultaneously Probability of m simultaneous link failures causing network failures	Does not consider capacity issues Uses graph theory
Cullinane et al. (1992)	Minimum cost model with availability constraints	S/A	Considers pipes, tanks, and pumps Repaire time for failures	Examines probability of failure and impacts of failure on pressure Recognizes "fuzziness" in level of acceptable pressure Results are consistent with engineering rule of thumb
Wu et al. (1993)	Capacity-weighted reliability	A	Connectivity based (nodal pair reliability) Includes capacity of links Reduces system by block reduction and path set methods	Recognizes practical contributions to meeting demands Weighted nodal pair reliability-importance of link in supplying a demand Computational problems Heuristic reliability index Users graph theory
Park and Liebman (1993)	Redundancy-constrained minimum cost model	S	Expected shortage due to pipe failure Based on geometry of the network Reduces system by block reduction and set methods	Computationally demanding Recognizes that network "operator" can adjust system in the face of a component failure to minimize impacts
Jowit and Xu (1993)	Predicting pipe failure effects on service	S	Failure of pipes Simplified prediction of nodal conditions_network performance under failed pipes Expected shortfalls at nodes	Proposes a new methodology for allocating flows and identifying pressure and demand-based failure without the need for a full hydraulic simulation
Gupta and Bhave (1994)	Reliability analysis considering nodal demands and heads simultaneously	S	Failure of pipes and pumps node reliability network reliability	Comments about aggregation of demand at nodes Comments about isolation of breaks by values Reliability index Recognizes unacceptable reliability of 100% of demands 100% of time at 90% of nodes No supply at 10% of nodes

이러한 기법들은 신뢰도 해석에서 적합한 수준의 포괄성을 유지하면서 연산의 요구조건을 어느 정도 성공적으로 감소시켰으나 아직도 상당한 연산부하로 인해 장애를 겪고 있다(Wu et al., 1993). Wagner et al(1988a)의 토론에서 Goulter & Jacobs(1989)가 지적하였듯이 이 기법들은 상대적으로 단순한 관망에서도 항상 효과적이지는 않다.

Jacobs와 Goulter (1991)는 이러한 연산 부하에 대한 흥미로운 반응을 연구하였다. 이들은 cut-set 이론에 기초한 하나의 기법을 개발하기 위해 시도하였다. 이 기법을 사용하여 알고 있거나 또는 명시된 오차 이내로 각 절점이 공급원에 연결된 가능성으로 정의된 관망의 신뢰도를 측정할 수 있다. 그러나 이러한 기법들은 한 절점을 관망에 연결시키는 링크들의 수리적 성능을 다루지 않았으며, 이는 수리적 성능의 개념에서 수요를 만족시킬 수 없어 관망이 실패한 상태가 되는 반면 connectivity 기반 단독으로는 관망이 신뢰성이 있는 것으로 나타나는 사실을 간과한다. Jacobs(1992)는 링크들을 제거한 관망을 수리적으로 고려하는 것으로 해석을 확장하였으나 이와 같이 확장하기 위해서는 커다란 전산 부하와 함께 관망의 광범위한 수리적 모의를 필요로 하였다.

18.4.4.3 자아학습 기법

배·급수관망의 신뢰도 척도에서 최근 발전은 신뢰도를 평가하고 관망의 신뢰도를 개선시킬 때 설계자를 돕기 위해 자아학습법 척도들을 사용하는 것이다. 자아학습법 척도들은 신뢰도를 정밀하게 반영하지 않는 척도들로서 정의되나(예를 들어 자아학습법 척도들의 단위는 전통적인 신뢰도의 정량적 측면들에 관한 아무런 실질적인 의미를 갖지 않을 수 있다) 신뢰도에서 변화를 반영하는 그 수치들은 그 변화에서의 신뢰도를 반영한다. 이러한 자아학습법 척도들의 신뢰도는 급수관망의 설계에 대한 최적화 접근법들 중 각별한 관심을 받아 왔다.

Awumah & Goulter(1992), Awumah et al.,(1990, 1991) 그리고 Lansey et al., (1992)가 이와 같은 자아학습법 척도들의 최초 사용을 보고하였다. Awumah & Goulter (1992)는 엔트로피 이론으로부터 잉여척도를 사용하였다. 잉여척도의 근본적인 원리는 엔트로피 이론은 시스템 내 유연성 및 다양성을 측정하는 것이 가능하여 관망의 잉여가 신뢰도에 공헌하는 것으로 반영한다는 것이다. 단순한 수학적 개념으로 척도를 진술할 수 있으며 최적화 골격 내에서 사용할 수 있다. Awumah et al. (1991)은 최적화 적용시 이 척도를 사용하였고 상당히 큰 연산노력으로 모의-기반 접근들로 설계한 관망에 대한 신뢰도에서 호환성 있는 관망을 설계하는 것이 가능하다는 것을 보여주었다.

또한 Wu et al. (1993)은 수요를 만족시키는 링크들의 부분 공헌을 인식하는 자아학습법 신뢰도 지수를 제안하였다. 특정 경로에서 connectivity-based 신뢰도 척도를 path 내 전체 유량에 대한 절점의 전체 수요량의 비율로 그 경로의 중요성을 가중하여 신뢰도 평가시 링크들의 부분 공헌을 인식한다. 지수는 관망 내 조건들을 정확하게 반영하지 않으며 연산에 기초하여 신뢰도를 구하는 통상적인 분석적 접근법들에서 발생하는 동일한 연산 문제들을 갖는다. 그러나 이 접근법은 그래프 이론과 수리적 성능을 단일 신뢰도 척도로 통합하여 표현하기 때문에 중요하다.

Goulter & Bouchart(1990)가 사용한 신뢰도 척도는 직접 곱셈으로 “no node isolation”의 확률을 “no demand failure”의 확률과 조합하기 때문에 자아학습법 범주에 속한다. 신뢰도 식 (18.29)의 의미와 단위들은 정상적인 정량적 신뢰도 척도를 따르지 않기 때문에 자아학습법 범주에 속하는 사실을 기억하라. 이 공식에 대해 기술하였듯이 식 (18.29)는 포괄적인 부족의 신뢰도를 진술하며 부족의 크기를 제공한다. 또한 척도 수치를 변경하면 관망 내 신뢰도가 변경된다.

초기에는 급수관망 내 신뢰도의 평가에서 미래 발전은 수리적 이론과 그래프 이론의 고도 통합에 기초할 것으로 주장하였다. 포괄적이고 타당하게 현실적인 신뢰도의 진술을 유지하면서 연산적으로 민감한 두 이론들의 원리들을 조합하는 수단으로서 자아학습법들을 사용하는 전략은 매우 유용한 접근법이다. 이 접근법은 신뢰도의 평가에 대한 현재 접근법을 개선할 뿐 아니라 신뢰도를 최적화 모델 내로 더욱 용이하게 합체하기 위한 것이다.

18.4.4.4 잉여기반 척도

급수관망 내 신뢰도의 고려 및 평가에서 또 다른 최근의 발전은 가장 순수한 측면에서의 신뢰도와는 대조적으로 잉여사용의 증가이다. 잉여는 정상적인 운영 조건에서 사용된 하나 이상의 요소들이 실패할 때 사용할 수 있는 대안적 경로의 존재, 또는 정상적인 운영 조건들에서 필요한 용량보다 큰 여유로서 정의된다. 관망의 신뢰도는 관망의 배열 또는 형상 그리고 이 배열 내에서 선천적인 잉여에 의해 크게 결정된다는 사실을 인지하여 잉여에서 새로운 흥미가 유발되었다. Morgan & Goulter(1985) 및 Rowell & Barnes(1982) 작품은 하나의 배관이 파열될 경우 관망 내 충분한 용량의 대안적 경로를 제공하는 것에 집중하였으며 이 작품은 잉여를 명쾌하게 고려하는 초기 예제이다. Goulter(1988)는 또 다른 초기 작품에서 그래프 이론으로부터 유도한 inter-connectivity와 clusters의 관점으로부터 잉여를 면밀히 검토하였다. 또한 자아학습기법과 관련하여 앞에서 인용한 Awumah & Goulter(1991)와 Awumah et al.(1990, 1991) 고찰은 잉여를 명쾌하게 고려한 예제이다. Kessler et al., (1990) 및 Ormsbee & Kessler(1990)는 잉여를 고려할 때 다른 trec 내에서 임의 링크가 실패할 경우 한 절점으로 공급하는 것이 가능한 독립적인 spanning trees을 확인하여 그래프 이론을 직접적으로 사용하였다. 이 접근법의 중요한 특징은 실패한 링크를 보수하는 동안 낮은 수준의 용수공급(예를 들어 80% 이하의 수요량이 공급되는)을 수용할 수 있다는 인식이다. 또한 이 두 고찰은 허용할 수 있는 수준으로 감소된 용수공급은 설계 판단기준의 부분이 될 수 있다는 사실을 인식한다.

더욱 최근에 Park & Liebman(1993)은 관망설계를 위한 잉여-제약된 최소비용(redundancy-constrained minimum-cost)모델이라 불리는 모델을 제안하였다. 이 접근법은 개별 배관들의 실패로 인한 예상된 부족에 기초한 대리 척도(surrogate measure)를 통해 잉여를 기술하기 위해 시도한다. 이 접근법은 더욱 용이하게 신뢰도를 고려하기 위한 모의 방법들의 범주에 속한다.

18.4.5 신뢰도의 척도

표 18.3은 신뢰도를 평가하기 위해 가장 잘 알려지고 일반적으로 사용하는 분석적기법과 모의기법의 요약은 물론 급수관망의 신뢰도 척도 개발에서 주된 획기적인 발전을 조명할 수 있는 기회를 제공한다.

표에서 첫 번째 연구결과(Rowell & Barnes, 1982)는 시스템 내 다른 링크들의 실패 관점에서 루프로 형성된 관망 내 필요한 내부연결 링크들의 용량을 확실하게 인식하는 급수관망 설계를 위한 첫 번째 최적화 모델이다. Alperovits & Shamir(1977) 및 Quindry et al. (1981)과 같은 선행 최적화 모델들은 링크들의 필요한 용량을 검토하는 대신 배관의 최소규격에 제약들을 부과하여 루프로 형성된 관망 내 내부연결의 용량을 고려하였다.

Morgan & Goulter(1985)는 루프로 형성된 관망 설계시 임계 유량(소화 유량)과 실패한 링크들의 조합 범위를 동시에 검토하는 것이 가능한 기법을 개발하여 중요한 발판을 마련하였다. 그러나 모의접근법과 유사하게 이들의 방법은 여러 소화유량과 실패한 링크 조건들을 정의하기 위해 공학적 판단을 필요로 하였다.

Kettler & Goulter(1983)는 관망의 신뢰도에서 최초의 확률적 논제를 확실하게 고려한 것을 보고하였다. 이들은 관망설계를 위한 최적화모델 내에서 수용할 수 있는 수준보다 약간 낮게 각 링크 내에서 배관들의 파손 가능성을 제약하였다. Goulter & Coals(1986)도 관망신뢰도 평가를 위해 이들 모델 내 배관 파손의 가능성을 고려하였지만 이들은 해석시 그래프 이론을 고려하는 첫 번째 그룹에 속한다. Shamir & Howard(1985)는 그래프 이론 개념(cut-sets와 같은)의 다른 초기 사용을 보고하였다. Mays et al.(1986) 및 Su et al. (1987)은 그래프 이론에 기초한 정의 아래 이러한 그래프이론 개념들을 관망의 실패를 야기하는 개념들과 관련된 이벤트들의 발생 가능성과 조합하였다. Wagner et al. (1988a)는 신뢰도 해석시 루프로 형성된 관망을 더욱 다루기 쉬운 단순화된 관망인 “tree”로 표현하기 위해 직렬 및 병렬배관으로의 축소를 처음 제안하였다.

동일한 시대에 Germanopoulis et al. (1986)은 공급의 신뢰도를 평가하기 위한 두 기법들과 서비스 수준 그리고 요소실패의 시간과 서비스가 완전히 복구되어 실패의 영향을 최소화하여 신뢰도를 개선하는 시간 사이 관망의 운영 방법을 검토하기 시작하였다. 또한 Germanopoulis et al.에 뒤이어 Biem & Hobbs(1988) 그리고 Hobbs & Biem(1988)은 관망이 운영될 것으로 예상되는 시나리오들의 시계열 모의를 소개하였다.

그 시점까지 신뢰도 해석에 대한 대부분의 토론은 수요실패가 아닌 요소실패와 관련된 신뢰도 측면들에 집중되어 왔다. Lansey et al. (1989)는 신뢰도 계산시 수요변화를 확실하게 고려하였다. 후속적으로 Duan & Mays는 신뢰도 계산시 펌프성능을 고려하였고

Bouchart & Goulter(1991, 1992)는 수요들은 실제 절점들에 위치하지 않으나 해석목적으로 절점들에 위치시킬 수 있는 점을 제안하였다. 또한 Bouchart & Goulter(1991, 1992)는 밸브의 배치 및 운영의 영향이 관망의 신뢰성 있는 성능에 미치는 영향을 검토하였다.

이 시점에서 해석범주 또는 모의범주로 구분할 수 있는 기법들과 비교하여 자아학습법 및 잉여기반 척도들의 개발수준이 낮고 또한 사용 빈도가 적기 때문에 자아학습법 및 잉여기반 척도들을 제외하고 분석기법 및 모의기법들의 장점과 단점에 대해 일반적인 결론을 내리는 것이 가능하다. 표 18.4에 요약한 것과 같이 장점과 약점이 다르지만 또한 공통적인 특징도 갖는다. 표 18.4를 검토하면 분석적 기법과 모의기법들은 급수관망의 신뢰도 개선 및 평가시 대안이 아닌 파트너가 되어야 한다는 것을 알 수 있다. Wagner et al.(1988a, 1988b)는 두 형식 기법들의 통합을 찬성하였으며 시스템을 스크린하기(예를 들어 관망 내에서 connectivity 및 reachability의 수준을 결정하기) 위해 분석적 기법들을 최상으로 사용할 수 있다고 주장하였다. 연결들이 수요를 만족시키기에 충분한 용량을 가졌는지의 여부와 동일한 신뢰도와 관련된 다른 특징들을 결정하기 위해 시나리오들 또는 조건들의 부분집합에 대해 모의 기법을 사용하여 더욱 정교하게 해석할 수 있다.

급수시스템의 신뢰도 해석을 위한 가장 흥미롭고 유용한 기법들 중 가장 신뢰성 있는 수단으로서 받아들여지고 있는 분석기법 및 모의기법들의 통합 실행에도 불구하고 Xu & Goulter(1998)는 급수관망 내 포괄적인 신뢰도를 고려하기 위한 새로운 접근법들을 제안하였다. 이 분석적 접근은 급수시스템의 신뢰도에 영향을 미치는 광범위한 인자들의 범위들에서 불확도를 고려할 수 있다. 이 접근법의 핵심 특징은 수리적 모의요소에서 선형 단순화를 사용하는 것이다. 이 선형 단순화는 광범위한 조건들의 범위 아래 정확한 결과들을 제공하고 배관 용량, 절점 수요량, 그리고 저수지 저류탱크 수위와 관련된 불확도를 신뢰도 해석에 직접 포함시킬 수 있다. 이러한 불확도들의 영향을 요소실패의 신뢰도 함축과 조합하여 일반적으로 수용된 신뢰도의 정의 아래 절점의 양호한 추정치와 전반적인 시스템 신뢰도를 제공한다.

표 18.4 | Strengths and Weaknesses of Analytical and Simulation Techniques for Assessing of Reliability in Water Distribution Networks

단 점		장 점	
분석적 기법	모의기법	분석적 기법	모의기법
• 극단적으로 단순화한 신뢰도 해석 (예; connectivity *vs* 수리적 성능) • 연산 집약적	• 고려하기 위한 "샘플 조건"만을 평가 • 연산 집약적	• 샘플이 아닌 완전한 관망을 고려	• 보다 광범위한 신뢰도 척도를 생산하거나 고려할 수 있다. • 신뢰도의 현실적인 해석

Fujiwara & Li(1998)는 시스템 실패의 영향을 분포시키기 위해 신뢰도 해석과 최적화를 사용하였다. 이 접근법은 공급압력과 유량 사이 상관관계를 고려하고 시스템 운영자가 최악의 시스템 실패 영향을 최소화하기 위해 유량을 재분배하는 것을 허락하지만 확률은 고려하지 않는다. Xu & Goulter(1998)는 신뢰도 해석을 사용하여 절점 수요, 배관 용량, 그리고 저수지 수위에서 불확도와 함께 요소실패의 가능성을 고려하였다. 이들의 접근법은 요소실패와 수요실패를 통합하고, 연산 요구조건을 감소시키기 위해 확률적 수리모델을 사용하고, 저수지 수위와 수리(배관) 용량과 같은 관망 신뢰도에 영향을 미치는 다른 불확도들을 고려한다.

18.4.6 결론

18.4절에서는 (1) 배·급수관망 평가시 반드시 고려해 할 논제들, (2) 신뢰도 평가를 위해 사용될 수학적 기법들과 표현식 형식, (3) 현재 이러한 기법들과 표현식들을 사용하여 계산하는 것이 가능한 접근법들(특히 모의기법 및 분석적 기법들), (4) 신뢰도를 평가하기 위한 현재 방법들 또는 척도들의 상대적인 강점과 약점, 그리고 (5) 신뢰도 평가를 위한 개선된 방법들 또는 척도들의 잠재적인 미래 방향의 관점으로부터 급수 관망의 신뢰도 해석에 유용한 방법들을 검토하였다. 요소실패와 관망 용량을 초과하는 수요실패 모두의 신뢰도 측면을 고려해야 하는 필요성과 함께 두 형식의 시스템 실패의 확률 측면들을 고려해야 하는 필요성을 강조하였다.

급수관망설계에 대한 수많은 사전 검토결과 급수관망의 신뢰도 해석을 위한 척도는 신뢰도 해석에서 포괄적이고 연산적이지 아닌 사실이 밝혀졌다. 급수시스템의 신뢰도 평가에 유용한 기법들에서 약간의 개선과 연산능력의 상당한 개선이 이루어져 문제를 다소 축소시켰음에도 불구하고 이 상황은 그대로 남는다. 흥미롭게도 그래프 이론의 사용이 증가하면서 신뢰도 평가에 유용한 척도들에서의 가장 큰 진보가 이루어졌으며, 이는 수리적 측면의 신뢰도 평가가 달성할 수 있는 포괄성과 효율성의 최고 수준에 접근하고 있는 것을 나타낸다.

신뢰도를 평가하는 현재 능력의 중요한 특징은 모의기법과 분석적 기법들의 상대적 장점과 단점에도 불구하고 신뢰도를 평가하기 위해 이 모든 방법들을 사용해야 한다. 초기 스크린을 위해 분석적 기법들을 사용해야 하고 더욱 상세한 해석을 위해 모의기법들을 사용해야 한다. 하나의 기법을 사용한 후 다른 하나의 기법을 사용할 것을 권장하는 주된 이유는 한편으로는 신뢰도의 분석적 해석을 위해 필요한 엄격한 가정들에 있으며 또 다른 한편으로는 관망의 신뢰성 있는 성능의 모든 측면을 다루는 광범위한 신뢰성 있는 척도들을 계산하는 모의기법들의 능력에 있다.

미래의 신뢰도 해석을 바라볼 때 여러 사항들을 권장할 수 있다. 요소실패 또는 비정상적인 수요 또는 둘 모두의 영향을 완화하기 위한 시스템 운영자의 능력은 점차적으로 인정받고 있다. 미래의 신뢰도 척도들은 관망 신뢰도 평가시 이러한 관망 운영의 유연성을 반드시 고려해야 한다. 신뢰도와 관련된 엄밀한 또는 전형적인 정량적인 진술을 제공하지 않는 자아학습기법들은 더욱 검토할 필요가 있다. 상대적인 신뢰도를 평가하고 신뢰도를 개선하기 위해 자아학습기법을 사용할 수 있다면 이와 같은 기법들은 가치를 가질 것이다.

최종적으로 신뢰도를 뒷 받침하는 특징으로서 잉여는 신뢰도의 개선된 자아학습법 척도들의 개발 및 조사와 연계하여 더욱 관심을 받아야 한다. 잉여로부터 유도된 척도들을 고려할 것을 권장하는 것은 관망의 형상 또는 배열이 달성할 수 있는 신뢰도 수준에 미치는 영향을 고려하는 수단으로서 그래프 이론을 강조하는 것을 암시한다.

미래 신뢰도 해석에 대한 상세한 내용은 Bouchart & Goulter(1991), Briassoulis(1994), Cameron & Wright(1990), Cullinane(1986), Cullinane et al.(1992), Goulter(1995), Nieswiadomy(1992), Weber(1993), 그리고 Wilchfort & Lund(1997) 문헌들을 참조하기로 한다.

18.5 링크의 중요성 척도

실패의 결과로서 수용가들에게 공급된 물 부족의 크기로서 요소실패(예를 들어 배관 파괴)로 인한 관망의 취약성을 정의할 수 있다. 비록 대부분 관망들은 실패한 요소의 손실을 보상하기 위해 관망 내에서 유량을 재분산시키려는 어느 정도의 복원력을 보여주지만 특정 요소가 실패하면 지속적이고 전체 물 수요 공급이 가능하지 않을 수 있다.

예를 들어 그림 18.8과 같은 관망의 링크 1에서 배관이 파열하면 배관을 보수하는 동안 전체 수용가들에게 용수공급이 중단되는 시스템의 전체 실패가 발생할 것이다. 이와 대조적으로 동일한 관망에서 링크 9가 파열하면 국부 실패가 발생하여 상대적으로 오직 소수의 수용가들만이(절점 8을 통해 공급받는 수용가들이 많지 않을 경우) 영향을 받는다. 링크 1에서 실패의 결과는 상당히 크기 때문에 링크 1은 링크 9보다 더욱 중요하다는 것을 암시한다.

Bouchart & Goulter(1989)는 다음 식과 같이 관망 내 전체수요량과 링크 i가 실패하였을 때 공급되지 않는 수요량의 비율로서 링크 i의 중요도 척도 LI_i를 정의하였다.

$$LI_i = \frac{D - F_i}{D} \times 100\% \tag{18.33}$$

여기서 LI_i는 링크 i의 중요도(%), D는 관망 전체 수요량(L/s), 그리고 F_i는 링크 i가 실패할 때 공급할 수 있는 전체 수요량(L/s)이다. 링크-중요도 척도는 관망에 대한 하나의 링크의 상대적인 수치의 지표이다. 모든 링크들의 링크-중요도 척도들이 결정되면 링크 실패시 용수공급에서 중대한 문제를 초래하는 링크들을 확인할 수 있다. 전체 관망 그리고 관망 내부 개별 요소들의 신뢰도 해석과 조합하면 링크-중요도 LI_i 수치는 관망을 통한

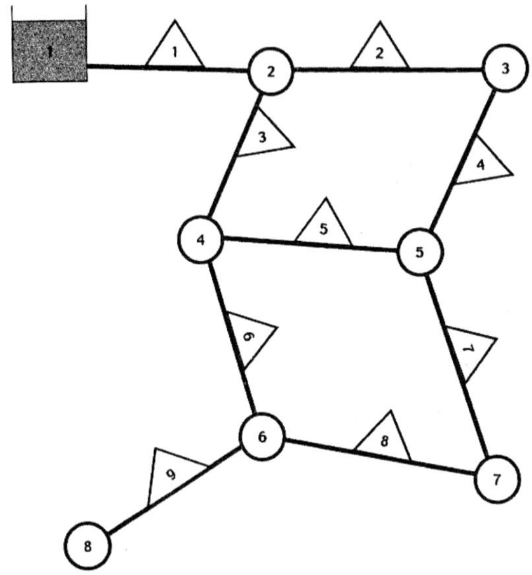

그림 18.8

물의 이송에 중요한 배관 분절들을 조명한다. 예를 들어 그림 18.8에서 요소 신뢰도 해석시 링크 1의 실패의 가능성은 낮을 수 있으나, 실패가 발생하면 모든 수용가들이 영향을 받기 때문에 이와 같은 실패의 결과는 상당히 크다. 반대로 링크 8이 실패하면 공급된 전체 물에서 미소 감소만을 초래하므로 이 링크들은 관망에 덜 중요하다.

그림 18.9와 같은 분기된 급수관망을 고려하자. 표 18.5와 18.6은 관망 유량과 압력을 구하기 위해 해결할 필요가 있는 관련 자료들을 보여준다. 링크들 5와 8은 그림 18.9와 같은

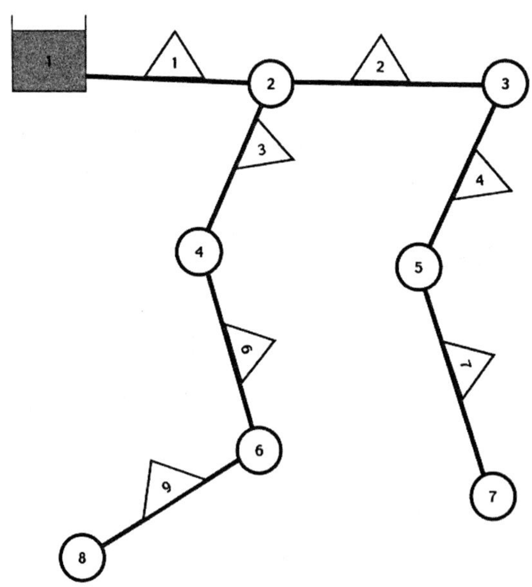

그림 18.9 ▌ 분지된 급수관망

분지된 관망을 그림 18.8로 변형시키기 위해 필요한 추가 링크들이다. Bouchart & Goulter(1989)가 제안한 LI_i 척도에 의지할 필요 없이 분기된 관망 내 각 배관 링크의 상대적인 중요도를 직관적으로 유도할 수 있다. 공급원에 인접한 링크들과 같은 상류측 링크가 실패하면 수요의 상당한 부분을 만족시킬 없기 때문에 의심의 여지없이 하류측 링크 보다 상류측 링크가 더욱 중요하다. 표 18.7은 표 18.5에서 정의된 두 개의 수요 부하 조건들에 기초한 분기된 관망에서 배관 링크들의 LI_i 수치들을 나타낸다.

분기된 관망의 LI_i 수치들은 분기 배관 말단부에서의 링크보다 공급원 인근에서의 링크들이 상대적으로 더 중요한 경향을 보여준다. 또한 LI_i 척도는 공급에서 절대 부족분이 아니라 공급될 수 없는 수요의 부분(또는 %)에 기초하기 때문에 다른 부하 조건들 사이 직접적인 비교를 고려한다. 시스템에서 전체 물 수요는 각 부하 경우(예를 들어 부하 A에서 전체 수요는 78L/s 그리고 부하 B에서 57L/s) 마다 다를 수 있기 때문에 이와 같은 비교들은 공급에서 부족분의 절대 수치를 사용하는 것을 더욱 어렵게 만든다. 정의한 것과 같이 관망 내 모든 링크들의 LI_i 척도 범위를 얻기 위해 다른 부하 시나리오들에서의 LI_i 척도들을

표 18.5 | 절점 자료

절점	고도 (m)	수요 A (L/s)	수요 B (L/s)
1	60	–	–
2	0	3	2
3	0	15	8
4	0	8	4
5	0	23	11
6	0	17	9
7	0	5	20
8	0	7	3

표 18.6 | 링크 자료

링크	길이 (m)	직경 (mm)	조도계수
1	1000	400	100
2	1000	300	100
3	1000	400	100
4	1000	200	100
5	1000	300	100
6	1000	250	100
7	1000	200	100
8	1000	200	100
9	1000	200	100

표 18.7 | 분지관망에서 링크 중요도

링크	링크 중요도(%)	
	부하 A	부하 B
1	100	100
2	55	68
3	41	28
4	36	54
6	31	21
7	6	35
9	9	5

표 18.8 | 루프로 형성된 관망에서 링크 중요도

링크	링크 중요도(%)	
	부하 A	부하 B
1	100	100
2	0	0
3	0	0
4	0	0
6	0	0
7	0	0
9	9	5

비교할 수 있다. 최종적으로 표 18.7의 결과들은 관망의 극단부에 위치한 링크들의 잠재적인 중요도를 증명한다. 만일 수요 부하 B가 빈번하지 않은 이벤트(예를 들어 절점 7에서 화재)인 것으로 증명되면 위험 해석시 링크 7의 상대적으로 높은 LI_i 수치를 무시할 수 있다. 그러나 만일 부하 조건 B가 빈번하게 발생하면 35% LI_i 수치는 더욱 중요하게 된다. 후자 시나리오에서 결정된 LI_i 수치는 링크 7은 관망의 필수적인 요소인 것을 암시한다.

분기된 관망에서 결정된 LI_i 척도 수치는 배관 링크들 내 요소 실패 발생시 관망 신뢰도(또는 정확하게 민감도)에 대해 오직 제한된 추가 통찰력을 제공한다. 이와 같이 통찰력이 제한되는 이유는 분기된 관망 내에서 복원력의 선천적인 부족 때문이고, 정의에 의해 이 관망은 실패한 요소의 손실을 보상하기 위해 관망 내에서 유량을 재분산 시킬 필요가 있는 대안적 유동 경로가 부족하기 때문이다. 반면 루프로 형성된 관망은 요소실패가 용수공급 수준에 미치는 영향을 감소시키기 위해 필요한 잉여 유동경로를 갖는다.

그림 18.9의 관망에 링크 5와 8을 추가한 결과인 그림 18.8의 관망은 링크들 1과 9에서의 실패를 제외한 모든 요소 실패들에 대해 복원력을 갖게 된다. 요소 실패들을 대처하는 이 능력은 표 18.8의 LI_i 수치에 반영된다. 두 시나리오들에서 수요를 만족시키는 충분한 양의 물은 규정된 서비스 수준 이상 압력(예를 들어 20m)으로 유지된다. 임의 상용 수리관망 solver를 사용하여 이를 증명할 수 있다. 이 결과들의 의미는 이 관망의 신뢰도 해석시 링크 1의 요소 신뢰도는 관망전체의 신뢰도 보다 더욱 중요하다는 것이다.

앞에서 고려한 두 예제 관망들은 링크 중요도 척도의 완전한 이점을 증명하지 못한다. 분지된 관망의 경우 공급원에 대한 링크의 위치를 고려하여 직관적으로 링크의 중요도를 규명하는 것이 가능하다. 또한 루프로 형성된 관망으로부터 LI_i 척도는 급수관망(링크 1은 공급원과 관망 나머지 사이 연결이다) 내에서 모든 분기들을 단순히 조명하는 것을 알 수 있다. 이 분지들은 항상 관망 내 임계 연결들을 표현하며, 이 경우 관망은 높은 잉여도를 보여주기 때문에 링크 1를 제외한 다른 모든 링크들은 중요하지 않다.

그림 18.8의 루프로 형성된 급수관망에서 링크 2의 배관 직경을 300mm에서 200mm로 감소시켜 약간 수정한다. 이 새로운 관망 배열에서 두 부하 조건들 아래 유동 패턴들은 최소요구수준인 20m 보다 상당히 높은 압력수두를 초래한다. 그러나 표 18.9의 LI_i 수치에 의해 증명되듯이 실패 발생시 관망의 복원력은 더욱 작아진다.

표 18.9의 결과들로부터 도출할 수 있는 첫 번째 결론은 공급에서 절대 부족분이 아니라 %로서 LI_i 척도를 정의하는 것은 관망상 수요 부하의 크기를 완벽하게 포함하지 않는다는 것이다. 관망은 전체 수요가 높을 때(부하 case A)와 비교하여 낮을 때(부하 case B) 링크 3의 손실을 더욱 흡수할 수 있다. 두 번째 결론은 링크 3에서 요소 실패시 링크 2에서 작은 배관을 사용하여 발생된 용량손실은 관망을 더욱 취약하게 만든다는 것이다. 이제 부하 조건 A에서 링크 3이 실패하면 공급에서 30% 부족이 발생한다.

표 18.9 ▌ 수정된 루프관망에서 링크 중요도

링 크	링크 중요도(%)	
	부하 A	부하 B
1	100	100
2	0	0
3	30	9
4	0	0
6	0	0
7	0	0
9	9	5

LI_i 척도의 사용에서 최종적으로 고려할 내용은 F_i 수치를 얻기 위해 사용한 방법이다. 표준상용 수리관망 solver들은 수요에 의해 구동된다(demand-driven). 즉, 수리관망 solver는 관망상 명시된 수요 부하에서 각 배관 분절 내 유량과 이에 상응하는 절점 압력수두를 결정한다. 절점들에서 실제 압력과 관계없이 물 수요는 만족된다. 이 경우 시스템 실패는 수요량을 공급할 수 없는 능력이(해결 알고리즘은 수요가 만족된 것으로 가정하므로) 아니라 절점들에서 명시된 최소압력수두 이하의 수두에 의해 정의된다. 상황의 실체는 관망 내에서 압력이 특정 기준 수준(통상적으로 20m) 이하로 저하하면서 수용가들에게 공급된 실제 물 체적은 전체 수요량에 미치지 못하기 시작한다. 압력과 실제로 공급된 물량의 상관관계는 링크 실패 동안이고, 압력은 기준 수치 이하로 떨어질 수 있으며 따라서 공급된 전체 물량이 감소한다. 상기 관망에서 링크 3이 실패하면 나머지 링크들은 전체 수요를 공급하는 것이 불가능하기 때문에 이와 같은 상황이 발생한다. 불행하게도 상용 수리 관망 solver로부터 이 부족의 정도를 얻을 수 없다. 대신 낮은 또는 - 압력으로 실패를 반영한다. 따라서 F_i 수치를 얻기 위한 대안적 방법이 필요하다.

F_i 수치를 얻기 위한 첫 번째 방법은 낮은 압력이 형성되는 절점들에서 압력들이(표준 수리 관망 solver를 사용하여 계산 되듯이) 명시된 최소수준(예를 들어 20m) 이상으로 상승할 때 까지 수요량을 점진적으로 삼소시키는 것이다. 이 최소 압력의 사용은 계산된 부족한 수요량의 상한(upper bound)을 나타내는 것을 보장한다. 사실 이 부족은 수용할 수 있을 정도로 약간 낮은 것이 될 수 있으나 계산된 부족은 최악의 경우를 표현한다. 두 번째 방법은 핵심 하류측 절점을 수용할 수 있는 최소수두로 설정하는 것이다.

필요한 F_i 수치를 얻기 위한 대안은 비선형 최적화 모델을 공식화하는 것이고 이 공식화의 목적은 관망에 공급된 전체 수요를 최대화하는 것이다. 이 대안은 공식화 및 최적화 모델을 해결해야 하는 복잡한 문제가 발생하지만 최소압력 요구조건을 만족시키면서 공급할 수 있는 최대 체적을 확인할 수 있도록 보장한다. 링크 i에서 배관 실패 발생시 모델은 다음과 같다.

$$Maximize\ \ F_i = \sum_{m=1}^{ND} d_m \tag{18.34}$$

subject to

$$d_m \leq D_m \tag{18.35}$$

$$\sum_{k \in IN_m} Q_k - \sum_{k \in QUF_m} Q_k - d_m = 0 \tag{18.36}$$

$$\sum_{j \in P_m} \triangle H_j \leq H_s - H_m = 0 \tag{18.37}$$

그리고

$$\sum_{j \in LOOP_m} \triangle H_j = 0 \tag{18.38}$$

여기서 d_m은 절점 m에 공급된 실제 유량, D_m은 절점 m의 수요량, ND는 관망 내 전체 절점 수, Q_k는 링크 k에서 유량, IN_m은 절점 m으로 물을 수송하는 절점 m에 직접적으로 연결된 일련의 링크들(링크 i 제외), OUT_m은 절점 m으로부터 물을 수송하는 절점 m에 직접적으로 연결된 일련의 링크들(링크 i 제외), H_j는 링크 j 내부 마찰에 의해 야기된 수두손실, H_s는 공급원에서 수두, H_m은 절점 m에서 허용할 수 있는 최소수두, P_m은 공급원으로부터 절점 m까지 선택된 경로에 포함된 일련의 링크들 (링크 i 제외), LOOP는 주어진 루프 내 포함된 일련의 링크들 (링크 i 제외)이다.

이 모델은 발생 가능한 각 링크 실패에 대해 이 모델을 공식화하여 해결한다. 이제 결과적 F_i 수치들을 사용하여 링크-중요도 수치를 계산한다.

CHAPTER 19 원격감시제어(SCADA)시스템

역자: 전화성, 이원경, 송우선, 반재혁

19.1 계측제어설비와 원격감시제어(SCADA)시스템의 개요

19.1.1 용어정의 및 기본개념

어느 정도 규모의 정수시설과 송·배수시설을 포함한 근대적인 수도시설들은 각종 기술의 총합체이다. 그 시설을 감시하고 제어하는 기술과 장치들은 복잡하고 다양해지고 있으며 이와 같이 서로 다른 과학기술들을 명확하게 분류하기는 어렵다. 그러나 어느 정도 기본적인 정의와 개념을 설정해 두는 것이 중요하다.

수도사업에서의 "계측제어(Instrumentation)"란 공정을 감시하고 제어하기 위한 과학기술과 장치의 설치를 의미하며, 또 조작의 관찰이나 조정에 관련되는 정보처리를 수행하는 것을 의미하는 것으로 정의한다.

경우에 따라서는 공정이나 조작은 중요한 계측제어로 독립되어 있을 수도 있으며 계측제어가 공정의 부속부분이 되는 경우도 있다(예를 들면, 일부의 약품주입시설이나 여과지 등). 그러나 어떤 경우에는 계측제어가 공정에 통합되기도 하며 계측제어가 없으면 기능을 발휘할 수 없는 필수부분이 되기도 한다(배수지 수위나 배수관압에 의한 펌프의 자동운전 등). 수도시설의 기술이 정교해짐에 따라 수도시설의 조작은 더욱 계측제어에 의존하게 되었다.

"자동화(Automation)"의 정의는 사용자나 사용분야에 따라 크게 변한다. 자동화란 시스템이나 공정단계의 중간적인 구성부분을 대체시키거나 제거하는 것을 수반하며, 특히 공정단계에 인간이 개입하거나 의사결정이 포함되는 경우에는 기술적으로 더욱 발전된 것이다. 자동화는 기술혁신을 활용하여 생산 공정을 근본적으로 변화시키는 것을 의미한다.

수도시설에서 전산기는 "제어용(control)"과 "관리용(management)"으로 사용되고 있다. 제어용은 공정에 관계되는 것이지만 전산기만으로는 제어할 수 없다. 전산기는 신호를 받아서 처리하고 처리결과를 신호로 출력하는 장치이다. 전산기에는 유량이나 수위 등을 감지하는 눈이나 귀가 없을 뿐 아니라 이들 신호를 조정하기 위한 손이나 발도 없다. 대신에 이러한 임무를 수행하기 위하여 검출기와 제어기를 사용한다. 전산기 출력은 직접적으로 또는 간접적으로 제어장치에 보내진다. 그러므로 계측제어가 전반적인 제어시스템으로서 일반적인 의미로 사용되기도 한다. 계측제어는 정수장과 같은 공정제어에서 중심적인 역할을 담당한다. 공정 제어용 전산기가 출현할 때까지는 계측제어시스템의 일부인 중앙제어장치는 아날로그식의 제어장치이거나 또는 시분할제어장치(시퀀스제어)였었다. 이와 같이 전산기가 바로 제어 시스템에서의 기술적인 대체품이나 또는 강화수단이라고 할 수 있다.

제어기구의 개념도를 그림 19.1에 나타내었다. 약품주입이나 가압펌프와 같은 몇 개 장치들은 제어장치에 의해 조작되고 있다. 장치가 사용된 공정으로부터 받은 주요한 정보(피드백 루프) 또는 공정에 가해진 외란에 관한 정보(피드포워드)에 의해 제어되고 있다. 제어장치 자체도 알려진 설정순서에 따라 수작업으로도 조작할 수 있다. 적정한 제어단계를 추천하기 위한 전산기에 의한 의사결정지원시스템으로 운전자를 도울 수 있다. 전산기는 더욱 광범위한 데이터베이스에 접근할 수 있으며 매우 복잡한 모델링과 알고리즘에 근거하여 제어조정을 권장할 수 있다. 경우에 따라서는 전산기 자체가 제어장치와 직접 대화하는 것도 있다. 여러 종류의 전산기와 계측제어기기를 접속하여 이용할 수 있다. 즉, 전산기 자체에 의한 직접디지털제어(DDC), 전산기와 제어장치간의 직접 접속에 의한 설정치제어(SPC) 전산기로부터 지시에 따라 운전자가 간접적으로 수작업에 의해 제어장치를 조작하는 것 등이다. 값싼 마이크로프로세서를 이용할 수 있게 됨으로써 전산기 대수와 설치장소에서 많은 변화가 발생하였다.

오늘날은 센서의 수를 증가시킴으로써 제어장치 자체가 지능화(intelligent)된 것이 많다.

"정보시스템(information systems)"이란 재고데이터나 요금고지서발행과 회계정보, 그리고 이들 정보에 운전자가 접근하여 수행한 입력에서부터 출력까지와 같은 관련 데이터나 기록으로 구성된다. 일반적으로 정보시스템은 데이터의 크기나 중요도와 상관없이 이들을 전산화시킨다. 즉, 데이터는 데이터베이스에 저장되고 이러한 정보를 검색하고 수정하기 위해 전산기 및 관련 소프트웨어를 사용한다. 일반적으로 정보시스템은 "실시간시스템"이 아니다. 실시간시스템에서는 데이터가 발생하는 즉시 시스템에 입력되고, 그 시스템으로부터의 반응(분석 등)은 매우 신속하므로 충분히 공정을 제어하고 수정할 수 있다. 일반적으로 정보시스템은 과거의 사건이나 거래를 나타내는 데이터를 포함한다. 전산기의 처리속도와

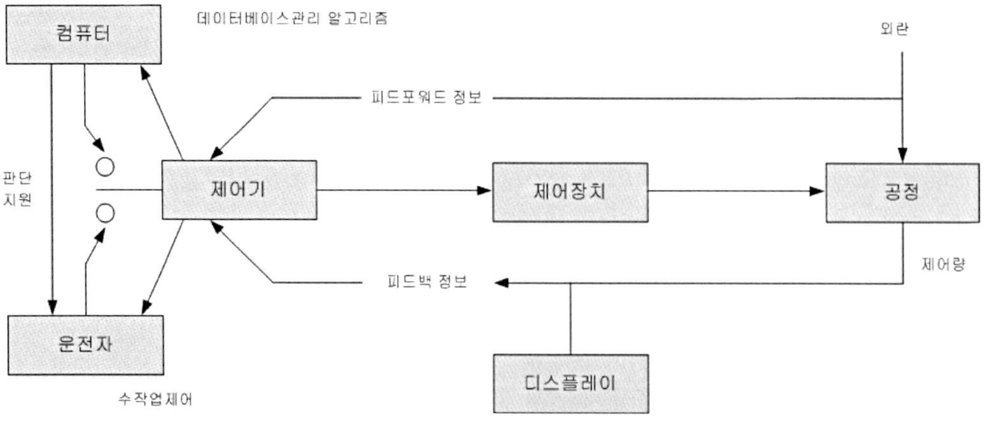

그림 19.1 ▌ 제어 메커니즘 개념도

출력이 증가함에 따라 공정으로부터의 데이터를 사용하거나 추적하는 정보관리시스템은 실시간 시스템으로 이행되고 있다.

"통합(integration)"이란 다른 시스템에 포함되어 있는 당해 시스템에 유익한 데이터를 당해 시스템이 획득하고 이용할 수 있도록 2개 또는 그 이상의 시스템이나 응용력을 통합한 것이다. 경우에 따라서는 데이터, 기능, 응용력 또는 시스템자체를 조합하기도 한다. 전산기 통합은 간단히 전산화된 시스템의 결합이라고 할 수 있다. 통합의 개념 정의에 관해서는 다음 장에서 상세히 기술하기로 한다.

19.1.2 계측제어시스템과 정보관리시스템의 발전

수도시설 운전에서 계측제어의 종류는 자동제어장치에서 유래된 것으로 생각된다. 19세기 초 미국에서 급속여과방식이 개발되었다. 급속여과지에서의 손실수두는 완속여과지에서의 손실수두에 비해 12배 이상 크게 증가하였다. 이런 상황에서 수작업으로 여과유량을 잘 제어할 수 없었으므로 자동유량제어장치가 개발되었다. 유량과 수위 및 약품주입과 이와 유사한 공정들을 정확하게 제어하기 위하여 다양한 기계장치와 자동장치가 개발되었다. 이러한 것들에는 공정자체의 에너지를 이용하여 제어하는 자기제어장치도 포함되었다. 설치가 비교적 쉬우며 조작과 관리가 경제적이므로 자기제어장치(이른바 자력식 제어장치)는 정확도와 출력요건이 그다지 엄격하지 않은 경우에는 앞으로도 계속 널리 이용될 것이다. 일반적으로 수도시설 중에는 계측제어에 의한 정수약품주입의 비율제어 수준까지는 발전하였다. 수질에 의한 최적약품주입은 자연현상에 대한 정수처리조작의 감수성, 수질예측능력의 결여와 이용할 수 있는 수질계측기기의 부족 때문에 달성하기 어려웠다. 이러한 결점의 대부분은 정확한 피드포워드(feedforward)제어기술과 고도 알고리즘의 장점을 이용하는 전산기 제어에 의해 거의 극복할 수 있었다.

19.1.2.1 계측제어 및 감시제어시스템의 발전

1960년대까지 취수시설, 정수장, 도·송·배수관 및 배수지에는 수위나 압력 등을 측정하기 위한 계측기를 구비하였고 수도시설 운전자가 육안으로 이런 계측기를 감시하고 있었다. 수도사업자에서는 정기적으로 원격시설을 순회하면서 계측기의 데이터를 기록하고 밸브를 개폐하고 수작업으로 장치를 조작하는 "순회점검원"을 두고 있었다. 계측기가 읽은 값 (reading)을 차트나 스트립레코드(기록지)에 기입하는 기계적인 기록장치로 보완된 경우도 있었다. 1960년대 수도시설은 전용회선을 이용하여 1대 1의 아날로그 음성텔레미터장치를 사용하기 시작하였으며, 이에 따라 기록계와 표시등 또는 몇 가지 제어기능이 중앙제어반으로 옮겨지게 되었다

1960년대 후반 미니전산기가 개발되면서 프로세서나 펌프장 원격제어용의 감시제어 및 데이터수집시스템(SCADA)이 일반적으로 사용되었다. SCADA라는 용어는 원격지센서에서

의 데이터수집과 펌프나 밸브와 같은 장치를 원격감시제어하는 것을 포함한 기술을 조합하기 위한 보다 포괄적인 정의로서 오리건 주 포틀랜드의 본빌전력회사(Bonneville Power Administrator)에 의해 만들어진 신조어이다.

1970년대가 되면서 반도체를 이용한 감시제어장치, 디지털통신, 데이터다중변환장치, 단말기에 의한 그래픽장치 등이 등장하였다. 1980년대에는 시설의 감시제어시스템은 상황정보를 제공하면서 수도시설과 정수장의 기기를 자동으로 조작하도록 현장제어장치에 보다 강력한 마이크로프로세서를 조합하였다. 또 시스템의 최적화를 위하여 보다 고도의 알고리즘과 소프트웨어도 조합시켰다.

일본의 수도시설에서 계측제어기기류의 주요개발을 시대순서로 기록한 다음 표는 이 기술이 급속하게 발달된 상황을 보여주고 있다.

표 19.1 ▌ 일본 수도시설에서 계측제어설비의 발전사 개요

1950년 : 여러 대의 펌프를 일인제어방식으로 가동하였다.

1952년 : 유량/수위/탁도 감시와 약품주입량의 비례제어에 중점을 두면서 정수장에 설치된 통합계측제어. 자동자기평형장치는 대부분 제어장치를 구성하고 있는 대형 전자관을 중심으로 만들어 졌다. 캐스케이드(cascade)제어의 개념은 탁도감지기에서 탁도를 감지한 다음 자기평형브리지를 이용하여 황산알루미늄 주입률을 최적화하는 것이었다.

1958년 : 대도시에서 대규모 정수장 계획과 설계에는 계측제어에 중점을 두었다. 계측제어는 주로 대형 공기압식이나 전자관(electron tube)으로 구성되는 일반적인 패널형의 것이었다. 정수장의 중앙감시 및 제어용으로 「관리실」이 설치되었다(대규모 전기설비의 제어는 별개로 처리 되었다. 이러한 목적에는 특수조작반에 설치된 대형스위치가 일반적인 구성방법이었다).

1959년 : 정수장에서 여과지 조작의 집중화와 자동제어의 길을 열게 되는 급속여과지 조작용으로 모터구동밸브가 채용되었다.

1960년 : 소형의 공기압식 또는 전자관식의 계측제어와 표시패널이 등장하였다. 기계적인 릴레이를 사용하는 완전 시퀀스제어에 의해 급속여과가 자동화되었다. 공정제어와 시퀀스제어가 통합되었다. 펌프의 회전속도에 의한 관말압력과 유량 제어용으로 송수압력 제어장치가 채용되었다.

1962년 : 반도체부품을 사용하는 전자장치가 실용적인 단계에 이르렀다. 소형의 전자장치와 세미-미믹 보드의 조합이 채용되었다.

1963년 : 대용량펌프의 에너지절약형 회전속도 제어방식이 등장하였다.

1965년 : 자기측정된 데이터를 전산기에 저장하며 전산화된 제어방법이 채용되었다. 감쇠여과공정이 실용단계에 이르렀다.

1966년 : 공정용 전산기와 공업용계기를 조합하여 대규모 정수장의 계측제어가 실현되었다(아사쿠라 (朝箱)정수장, 도쿄도). 이 정수장에서는 계층제어에 의해 여러 제어실 간에 기능을 나누는 분산처리 개념이 채용되었다.

1968년 : 제2세대의 전산기가 사용되기 시작했다. 취수와 전염소 주입단계에서의 피드포워드제어를 포함한 유량평형제어에 관심이 집중되었다.

1970년 : 공업용계기가 제공하는 거의 대부분 기능에 직접디지털제어를 응용할 수 있는 제3세대 공정용 전산기가 보급되었다(시퀀스제어장치를 포함함), 약품주입량의 피드포워드제어를 위한 개발노력은 계속되었다.

1980년 : 초소형 전자기술의 급속한 발달을 반영하는 제어장치를 구비한 통합형 전산기가 공정제어기술자들의 주요 초점이 되었다. 자동화의 목표로서 배수계통의 제어가 등장하였다. 소형 전산기의 대폭적인 기능향상으로 소규모 수도시설에서의 공정관리, 원격측정제어, 데이터 기록과 기타 유사한 기능으로 저렴하고 융통성이 있는 PC(개인용 전산기)가 사용되는 것이 일반화 되었다.

1989년 : 관리수준의 전산기기능과 역할이 커졌다, 특히 대도시와 주요 지방도시의 수도사업자 사이에 서는 「전산통합화」의 움직임이 활발해졌다.

1989년부터 1994년 사이에 미국 수도사업자가 SCADA시스템에 대해 3억 5,000만 달러 이상의 자금을 투입할 것으로 추정되었으며(Newton-Evans, 1987년) 매년 투입되는 금액은 대폭적으로 증가할 것으로 예상되었다. 또 이 예측은 이 시기에 이러한 기기들의 [성능/가격]율이 비약적으로 증가할 것으로 예상되었기 때문에 투자강도를 적정하게 표현하지 못하였다고 생각된다. 전산화와 자동화는 수도사업운영에 사용되는 자원의 혼합비에 변화를 가져오는 원인이 되었다. 이 20년 사이에 노동력 부분은 대폭 감소되었다. 기존의 소규모 정수장보다도 적은 인력으로도 정상적으로 운영되는 대규모의 신규 정수장이 여러 개가 생겼다.

현재 계측제어기기류의 개발은 수질향상, 특히 맛과 냄새와 관련된 수질향상에 눈을 돌리고 있다. 가까운 장래에 수도업무의 제어와 정보관리시스템의 많은 부분에 인공지능이 채용 될 것으로 예상된다. 정수시설에 인공지능의 이점을 살려서 보다 뛰어나고 또한 정확한 정수처리제어와 보전관리가 실현되고 있다.

19.1.2.2 검침과 요금고지서 발행시스템의 개발

검침과 요금고지서 발행시스템의 개발은 전산화된 정보관리시스템 중에서 유사한 사례가 된다. 예를 들어 1960년대까지는 수요자정보와 요금고지서 발행 시스템에서 수도사업자들 중에서 일반적인 검침방법이라고 하면 검침원이 계량기의 최종계측치를 검침부에 기록하는 방법이었다. 검침부를 수도사업소의 사무실로 가져오면 사무직원이 수요자의 사용량을 계산하고 수작업으로 요금고지서를 작성하였다(기계적인 계산기의 도움으로). 어떤 경우에는 검침부가 수요자의 기록부이었다, 수요자의 서비스와 요금납부에 관한 모든 경보가 종이로 된 검침부 철에 들어 있었다. 모든 증서와 특수서비스요구들은 수작업으로 처리되었다, 1960년대 후반이 되어서 몇몇 수도사업자에서는 수요자기록을 자동처리하기 위하여 메인프레임 전산기로 전환하였으며, 또 몇 개 수도사업자에서는 검침기록을 기계로 읽을 수 있는 마크센스카드를 사용하기 시작하였다, 1970년대에는 수도사업자에서 휴대용자료기록장치(hand-held data recorder)를 사용하여 검침수치를 카세트테이프에 기록하기 시작하였다. 1980년대 초 테이프레코드는 반도체(solid state)레코드로 대체되었고, 1980년대 후반이 되어서 전화회선을 사용하는 자동검침이 상용화되었다.

19.1.2.3 휴먼-머신 인터페이스(human-machine interface)의 발전

수도시설의 계측제어기류와 전산화가 발전함에 따라 수도시설이 작동되는 방식 특히 휴먼-머신 인터페이스가 대폭적으로 변화 하였으며, 이 인터페이스의 중요도에 대한 인식이 높아졌다. 휴먼-머신 인터페이스는 4단계로 발전하였다(그림 19.2A~19.2G 참조).

당초 콘솔(console)은 표시기와 레코드 및 제어기를 조합한 단순한 스위치보드에 지나지 않았으며 계측제어와는 직접적으로 관계되지 않았다(그림 19.2A). 차츰 미믹보드 중에 계기류와 표시기 등이 들어가게 되었으며 운전자가 공정의 운전상태를 한눈에 쉽게 파악할 수 있게 되었다.

또한 콘솔에도 운전자와 기계 사이에 간단한 의사전달을 할 수 있는 몇 가지 종류의 계기류가 들어가기 시작하였다(그림 19.2B). 다만, 그래픽패널은 구성을 수정하기 어렵다는 문제가 있었다.

그림 19.2A ▌ A 대형 계기를 설치한 자립반 및 스위치 보드부 자립반

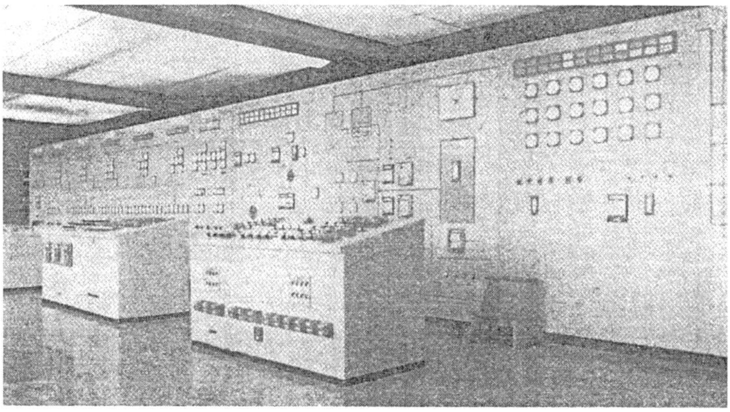

그림 19.2B ▌ 소형 계기와 시퀀스 제어장치를 조합한 운전용 콘솔과 그래픽패널, 콘솔에 있는 스위치류는 공정에 직결되어 있다.

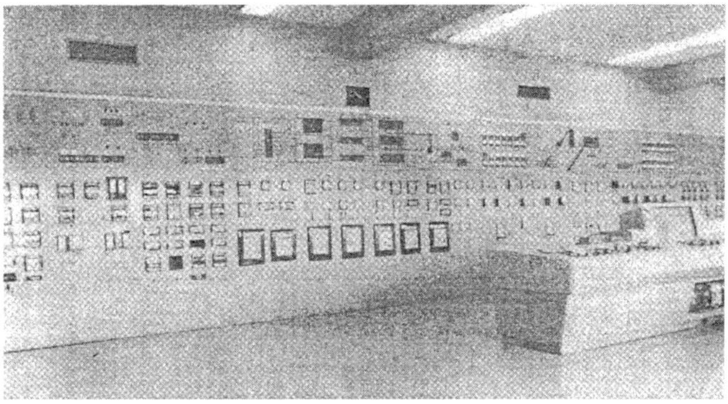

그림 19.2C ▌ 필요한 부분을 변경할 수 있는 세미그래픽패널이 1962년에 출현하였으며, 전산기제어방식이 출현할 때까지의 사이에 수도계측제어의 중추적인 위치를 차지하였다.

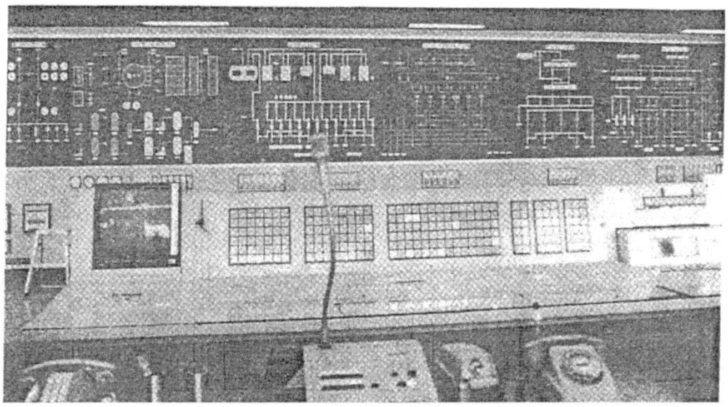

그림 19.2D ▌ 전산화된 기능키를 가진 그래픽패널

표시 기능만을 구비하고 있던 세미그래픽패널이 결국 그래픽 패널로 교체되기 시작하였다. 그래픽패널 구성은 소형과 대형의 계기류와 표시장치를 수용할 수 있는 충분한 유연성을 갖게 되었다. 콘솔은 일련의 선택스위치를 사용하는 초보적인 프로그램기능을 갖춘 것이었다. 세미그래픽패널과 콘솔의 시대는 전산기와 CRT의 등장으로 끝나게 되었다.

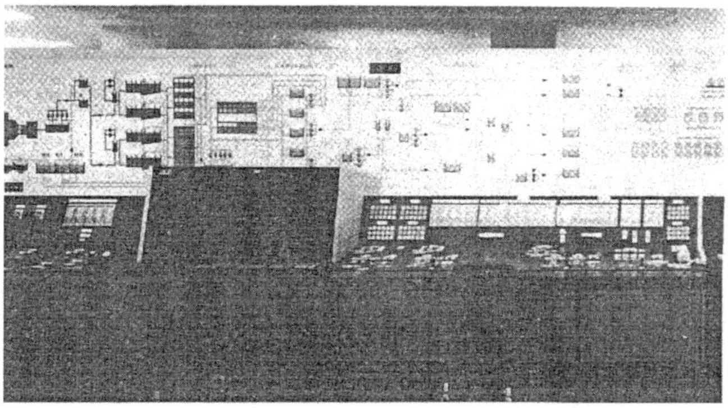

그림 19.2E ▌ 백업용 수동 제어기를 구비하고 전산화된 제어시스템을 갖춘 그래픽패널

그림 19.2F ▌ 운전용 콘솔의 키보드를 갖춘 CRT가 제어용 전산기와 디지털 계측제어를 조합하여 현재의 휴먼-머신 인터페이스로서 보급되고 있다. 고정 표시 장치는 임의로 선택된다. 그래픽 또는 세미그래픽패널은 필요에 따라 설치된다. 백업용 수동제어기도 필요하다.

전산화된 제어시스템이나 정보관리시스템에서의 휴먼-머신 인터페이스에 관해서는 키보드의 콘솔이 가장 일반적인 것으로 되었다(그림 19.2f). 현재로서는 터치스크린, 라이트펜과 음성입출력장치가 콘솔에 조합되고 있다.

CRT는 대단한 유연성을 갖고 있지만 비교적 표시부가 작다. 이와 같은 한계를 극복하기 위하여 프로젝션화면이 사용되는 경우가 있다. 그 결과 이른바 "하드"화면은 옵션으로 되었으며, 또 종래의 그래픽패널보다 소형인 그래픽패널이나 세미그래픽패널이 CRT콘솔과 조합하여 설치되었다. 전산기조작을 백업하기 위해 일반적으로는 콘솔에 최소한의 수작업 제어장치를 함께 설치하고 있다. 일부 최근의 제어시스템은 그래픽패널을 만드는데 CRT나 LCD 프로젝터를 이용한 그래픽의 비디오 디스플레이에 의존하고 있다(그림 19.2g).

그림 19.2G ▌ 일본 삿포로시 시라이가와(白川)정수장의 비디오 그래픽 후면주사형 표시 장치

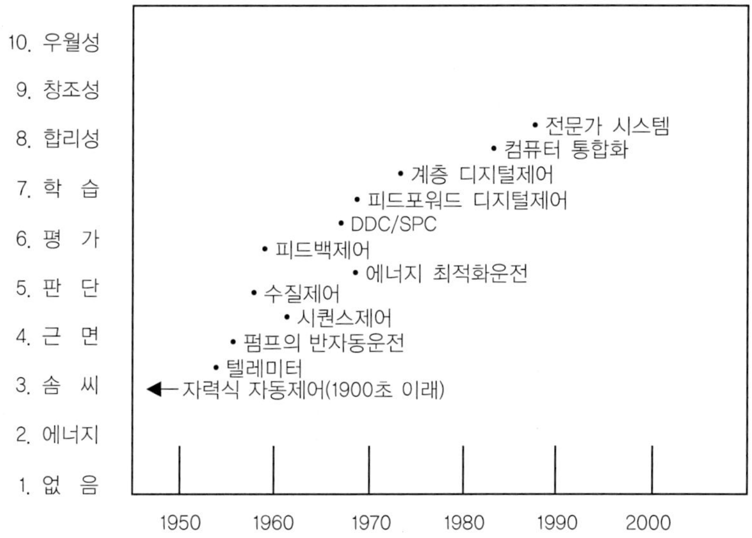

그림 19.3 ▌ 자동화의 10단계

수도업계에서의 전산화와 자동화의 현재 상황과 앞으로의 발전방향은 이러한 진화발전의 경험적인 모델을 검토함으로써 얻을 수 있다. 자동화에 관한 이와 같은 모델개발과 자동화의 정도를 분류하기 위한 많은 시도가 있었다. 그 예로서 앰버앤앰버(Amber and Amber) 사(1962)에서는 기계화와 자동화 과정에 10단계의 모델을 제안하였다(그림 19.3 참조).

이러한 구조에 의하면 대부분의 근대 수도시설에 대한 제어기술은 단계 5의 '판단' 수준과 단계 6의 '평가' 수준의 중간지점에 있다. 단계 8의 '합리성'은 수도사업에서 전산기를 활용하는 발전곡선의 점근선(asymptote)이라고 생각할 수 있다. 지식추론 중심의 전산기나 제5세대 전산기의 개발과 응용이 수도산업을 이 단계로 발전시킬 것이라고 본다. 전산기 전문가에 의하면 일반적으로는 인간두뇌의 신경망계 다음으로 인간의 도형인식이나 직감을 대신하도록 개발 중인 제6세대 전산기(신경회로 전산기, 초병렬, 초분산 전산기)가 수도산업에서 '합리성'에 의한 제어기술 개발을 촉진할 것으로 예상된다.

19.2 전산시스템의 발전

전산기가 갖는 힘은 여러 가지 일을 수행하기 위하여 메모리에 축적된 명령을(프로그램) 읽고 명령들을 실행하는 능력에서 나온다. 수도사업에서는 전산기가 이렇게 주어진 명령에 따라 공정의 감시·제어에서부터 수도요금 계산업무에 이르기까지 여러 업무를 처리하는 애플리케이션(프로그램의 집합)에 사용되고 있다. 본 절에서는 개략적인 전산기기술에 대하여 기술하기로 한다.

그림 19.4는 기본적인 전산기의 구성을 나타낸 것이다. 전산기는 대개 다음과 같은 3가지 기능으로 구성되어 있다.

- 명령을 실행하고 또 각 구성요소의 동작을 제어하는 논리장치
- 논리장치가 사용하는 프로그램이나 데이터를 저장하는 메모리(기억장치 또는 저장장치)
- 전산기시스템에 프로그램과 데이터를 입력하고 처리결과를 사용가능한 형태로 출력해 주는 입출력장치

이들 세 가지 구성요소는 정보를 고속으로 전송하고 제어하는 시스템 버스(BUS)에 의해 서로 연결된다. 이들 구성요소의 복잡성, 처리속도 및 용량은 사용하는 애플리케이션에 따라 다르지만, 대부분의 전산기는 이들 3가지 구성요소를 갖추고 있다. 전산기는 명령을 신속하게(초당 수천에서 수십억 개의 명령) 실행하고 신속하게 접근할 수 있도록 방대한 정보를 저장하고 또한 이러한 정보가 아주 다양한 형태로 시용되도록 만들 수 있다.

마이크로일렉트로닉스의 진보에 따라 전산기 기술은 급속도로 발달되고 있기 때문에 최신의 전산기기술을 포괄적으로 설명하는 것은 지극히 어렵다. 따라서 본 절에서는 최근 전산기 기술의 특색을 설명하고 현재 펼쳐지고 있는 경향을 묘사해 보는 동시에 자동화 시스템의 개발과 실시에 소요되는 비용과 위험을 경감시킬 수 있는 유용한 기술동향에 대하여 기술하기로 한다.

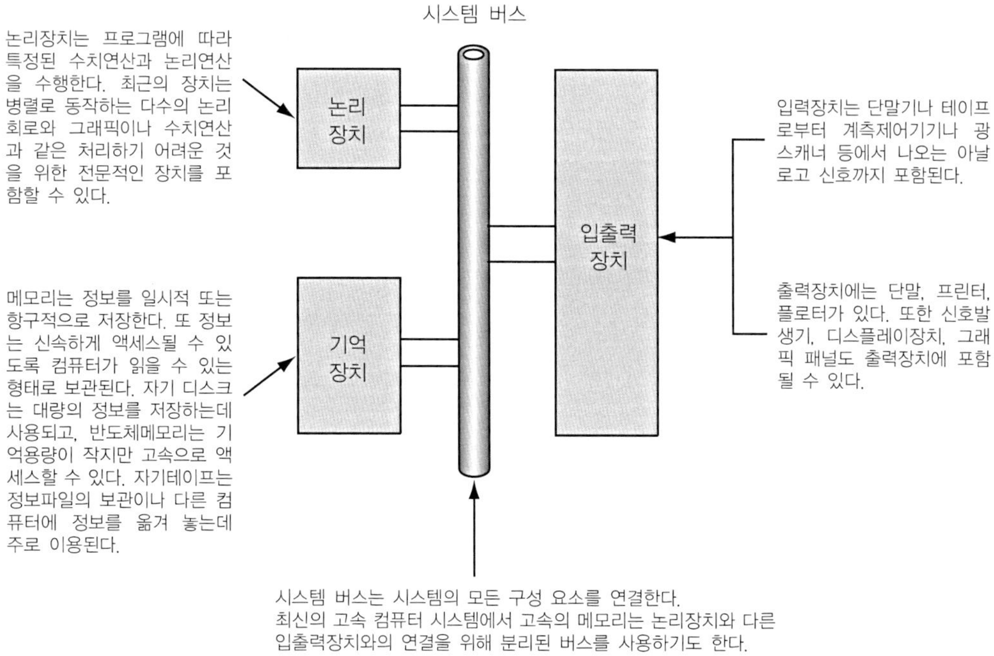

그림 19.4 ▌ 전산기의 기본 구성

이 절은 네 개의 부분 즉, 하드웨어, 소프트웨어, 통신 및 향후 전망으로 구성된다. 이들 각 부분에서는 전산시스템의 현재 기술과 새로이 만들어지고 있는 하드웨어 및 소프트웨어의 성능에 대해 개략적으로 기술하기로 한다. 하드웨어의 절에서는 주요 전산시스템과 수도사업자에서의 전산기 이용 상황에 대해 소개한다. 또 소프트웨어의 절에서 전산시스템을 움직이는데 필요한 소프트웨어를 소개한다.

통신능력은 수도시설의 제어와 운전관리에서 중요하다. 수도사업자에서는 기기 상태를 제어장치에 전송하는 것으로부터 운전자의 작업시간을 급여계산부서에 알리는 업무에 이르기까지 모든 부문에서 통신의 필요성을 접하게 된다. 세 번째 통신부분에서는 통신의 필요성이 다양함과 독립된 전산기시스템의 상호접속을 지원하는 방향으로 발전되어 가고 있는 동향에 대해 기술한다.

본 절은 "향후 전망"으로 종결한다. 전산기시스템의 장래는 상호접속과 정보공유 및 표준화에 달려 있다. 이 절에서는 다른 제작사와 상호 접속함으로써 사용하는 기기 성능을 증대 시킬 수 있는 개방형 아키텍처와 표준화에 대해 기술한다. 생산성을 향상시키기 위하여 전산산업이 제공하는 능력을 활용하는 것이 바로 수도사업자가 직면한 도전이다.

19.2.1 하드웨어

메모리에 축적된 명령을 차례대로 실행할 수 있는 전산기의 능력은 문제해결 분야나 감시제어 분야에서 대단히 유효한 수단이다. 프로그램과 데이터를 저장할 수 있는 메모리 능력은 전산기에서는 대단히 중요한 것이기 때문에 이 절에서는 메모리에 대한 설명을 먼저 시작한다.

19.2.1.1 메모리

전산 메모리는 반도체, 자기(magnetic), 광(optical) 3종류 기본적인 기술을 사용하고 있다. 반도체 또는 트랜지스터 메모리는 전산기의 중앙처리장치에 의해 저장된 프로그램과 데이터에 고속으로 접근할 수 있다. 한편, 자기와 광학 기술은 정보를 장기저장하기 위한 보조메모리로서 역할을 한다. 전산기 기술의 모든 영역과 마찬가지로 메모리 기술도 눈부시게 발전하고 있는 분야이다. 오늘날의 메모리는 10년 전의 장치와 비교하여 대단히 싼 가격으로 훨씬 우수한 고속성과 대용량이며 높은 신뢰성을 갖고 있으며, 또 미래에는 한층 더 개선된 성능이면서 가격도 낮아질 것이다. 표 19.2는 2000년대 초의 메모리 개요를 나타낸 것이다.

반도체 메모리. 반도체 메모리는 일반적으로는 읽기 전용 메모리(ROM, read only memory)와 랜덤 액세스 메모리(RAQM, random access memory)의 두 가지로 분류된다. ROM은 정보를 영구적으로 저장하도록 설계된 메모리이다. 어떤 ROM 칩은 수정할 수 있

표 19.2 ▌ 2010년대에 이용 가능했던 메모리

종 류	용 량	데이터 유지	접근 속도	데이터 전송 속도(MB/s)	비 고
ROM	0.1.~0.5 (MB)	전원이 끊어져도 데이터 유지	마이크로초 (μs)	1~10	데이터가 소거되지 않는 영구적인 반도체 메모리
RAM	1~4(GB)	전원 끊어지면 데이터 소멸	나노초(ns)	1~600	고속으로 읽고 쓸 수 있는 메모리
자기 디스크	80~2,000 (GB)	상동	미리초(ms)	0.5~4.0	현재의 전산기에서는 가장 기본적인 대용량의 기억매체
광 디스크	0.7~3.5 (GB)	영구 또는 소거될 때까지 데이터 유지	0.01초 정도	0.5~2.0	대량정보의 보존에 사용되는 기억매체
반도체 디스크	60~120 (GB)	전원 끊어지면 데이터 소멸	나노초(ns)	1.0~4.0	RAM과 마이크로프로세서에 의해 구성되고, 자기디스크와 같은 동작을 하는 고속의 기억 매체
자기 테이프	0.1~1.2 (GB)	소거될 때까지 데이터 유지	수분	1.0~4.0	정보의 장기보존이나 자기디스크에 기억된 정보의 백업에 사용되는 기억 매체

으며, 칩에 있는 오래된 정보를 지울 수 있는 기능을 가지고 있으므로 새로이 프로그램(reprogram)할 수 있다. ROM칩은 계측제어기기나 고정된 프로그램을 필요로 하는 다양한 장치들을 위해 프로그램을 저장하는데 사용된다. RAM은 전산기의 고속임시저장용의 주메모리 등에 사용되지만, 전력이 없어지면 RAM에 저장된 정보도 잃게 된다.

자기메모리. 자기테이프는 오랫동안 디지털정보의 기억매체로서 대량 정보를 장기 저장하기 위한 가장 경제적인 매체로서 사용되어 왔다. 자기테이프 기술에서의 주요 진보는 소형 카트리지식 테이프와 드라이브가 개발된 것과 테이프에 저장시킬 수 있는 정보량도 대폭적으로 증가된 것이다.

자기테이프에서는 데이터를 테이프 선단에서부터 찾아 읽고 가져와야 하지만, 자기디스크는 이러한 결점을 해결하였다. 자기디스크는 테이프와 유사하게 산화물 피막이 씌워진 원판의 원주상에 정보가 저장되며 디스크표면의 시작점을 표시하는 인덱스마크가 있다. 레코드 플레이의 바늘에 상응하는 독해와 기록(read/write)용 헤드가 원판의 내외면상을 이동하면서 정보를 기록하거나 읽어내는 일을 한다. 현재 가장 많이 보급된 디스크드라이브는 대용량이고 고성능인 고정식 하드디스크장치와 착탈가능한 디스켓으로 상대적으로 소용량의 디스크용량을 갖는 디스켓드라이브이다.

광(optical) 메모리. 광디스크는 가장 최신 기술이다. 광디스크는 레이저디스크장치로 읽을 수 있는 디스크에 정보를 기록·재생하기 위하여 레이저를 사용한다. 현재 광디스크의 가장 광범위한 용도는 제작자가 디스크에 정보를 영구히 저장시키는 것이다. 이러한 디스크를 정보원으로 이용자들이 구매하여 이용한다. 대용량의 정보보존을 위해서는 "한번 기록하여 여러 번 읽는(WORM)" 광디스크방식을 사용할 수 있다. 이러한 디스크에 기록된 정보는 영구히 보존된다. 광디스크는 자기디스크의 장점, 즉 정보에 랜덤으로 접근할 수 있는 장점이 있다. 현재로서는 광디스크는 자기디스크에 비해 접근시간이 늦지만, 보다 다량의 데이터에 접근할 수 있는 능력이 있다. 재기록(rewrite)할 수 있는 광디스크도 이용되고 있다.

기타 메모리. 최근에 반도체디스크방식이 등장하였다. 이 방식은 자기디스크를 본뜬 소프트웨어와 결합시킨 배터리로 백업된 RAM으로 구성되어 있다. 반도체디스크는 전산기장치에 의한 대화를 조정하기 위해 내장된 전산기를 가지고 있다. 이 장치는 가격이 상당히 합리적이고 고속 보조메모리로 사용된다. 이러한 메모리는 비휘발성 메모리이지만 정보가 소멸되지 않도록 하는 것은 배터리에 달려 있다.

19.2.1.2 싱글칩 전산기

지난 20~30년간 개발된 계측제어기술 중에서도 가장 눈부신 발전을 이룬 기술의 하나로 싱글칩 전산기(논리장치, 기억장치, 입출력제어장치가 한 개의 칩으로 이루어진 전산기)를 들 수 있다. 이들의 적용분야로는 종래 사용하였던 복잡한 전자장치들을 필요정보를 구비한 싱글칩 전산기로 대체시키는 추세이다. 그림 19.5는 계측제어 및 제어분야의 싱글칩 컴퓨의 응용 예를 나타낸 것이다.

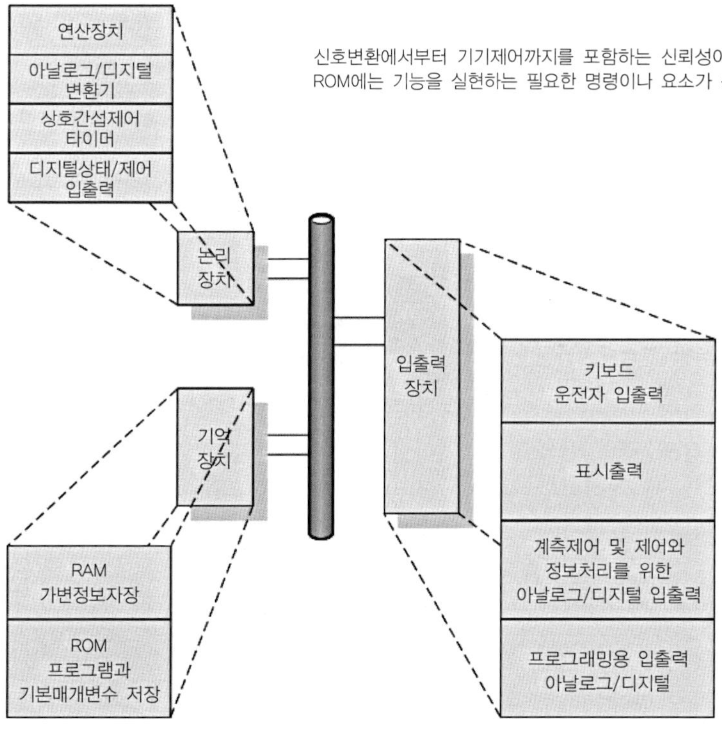

그림 19.5 ▌ 계측제어 및 제어분야의 싱글 칩 전산기의 응용 예

싱글칩 전산기는 예전에는 값비싼 전자장치를 필요로 하였던 비선형 계산과 환경조건들을 손쉽게 처리하기 위해 프로그램 할 수 있다. 또 싱글칩 전산기는 프로그램의 매개변수(parameter)를 바꾸는 것만으로 단순한 계기류를 광범위하게 취급할 수 있다. 또 출력방법과 표현방법도 자유롭게 조정할 수 있기 때문에 프로그램의 출력부분에 유연성이 대폭적으로 높아졌다. 자동차업계에서는 미끄럼방지 브레이크장치나 전산기제어점화/연료장치와 같은 부분에 까다롭고 고성능인 전산기를 이용하는 방법을 선호하고 있다. 수도사업에서의 잠재적인 응용범위는 대단히 넓다. 싱글칩 전산기는 알맞은 가격인 자력식(magnetic) 유량계 출현을 가능하게 하였을 뿐만 아니라 지극히 고성능의 모터제어장치를 개발하는데도 기여하였다. 또 싱글칩 전산기는 계측제어기기들에 대해 지능형 전송기능을 갖출 수 있게 하였으며, 계측제어출력을 아날로그형태로나 디지털형태로도 보낼 수 있게 하였다. 수도사업에서 싱글칩 전산기를 직접 사용하는 기회는 적지만 이들 싱글칩 전산기는 계측과 제어를 보다 신뢰성이 높고 정확하게 만들 것이다. 싱글 칩 전산기는 고도의 자동수질분석장치와 같은 응용을 경제적으로 가능하게 한다.

19.2.1.3 퍼스널컴퓨터와 워크스테이션

퍼스널컴퓨터(PC)의 매력은 개인사용자에게 전산기에 내장된 개인 전용 전산시스템을 제공할 수 있다는 점이다. PC는 사무환경에서 개인 사용자가 조작하도록 설계되었다. 단일사용자방식과 다중 사용자방식의 가장 큰 차이는 사용자 대화능력에 주어진 상대적인 관심의 크기이다. 대표적인 PC의 구성을 그림 19.6에 나타내었으며 그 특징은 다음과 같다.

- 보조메모리-1장이나 2장의 플로피디스크. 범용PC는 중소용량의 하드디스크를 내장하고 있으며 또 데이터 백업을 위하여 테이프를 갖출 수도 있다.
- 처리장치에 의해 처리된 사용자 대화정도는 다중사용자방식에 비해 상당히 크다. 이 방식은 한사람이 사용하도록 설계 되었으므로 다중사용자방식에서 요구되는 정도로 고기능의 프로세서 이용도를 유지할 필요가 없다.
- 보안가능성을 갖는다. 통상 플로피디스크에 데이터가 저장되기 때문에 데이터의 보호성이 뛰어나다. 플로피디스크에의 접근을 보호하고 장치의 전원차단으로 저장 데이터가 지켜진다.
- 개인용의 광범위한 소프트웨어를 이용할 수 있다. 이것들은 문서작성이나 표계산에서부터 쉽게 사용될 수 있는 파일링시스템에 이르기까지의 각종 소프트웨어들이다. 오늘날 전자출판(desktop publishing), 설계와 그래픽애플리케이션 등에서 전문가가 작성한 것과 같은 보고서나 프레젠테이션(presentation)을 만들 수 있다.

주변장치나 데이터를 공유하는 다중 사용자방식의 이점을 살리기 위하여 PC들을 상호접속시키고 있다. 다만, 이와 같은 능력은 상호접속장치를 추가해야 하며 이렇게 부가함으로써 능력이 확장된다. 그러나 PC의 안전성과 유연성이 어느 정도 상실된다. 따라서 사용

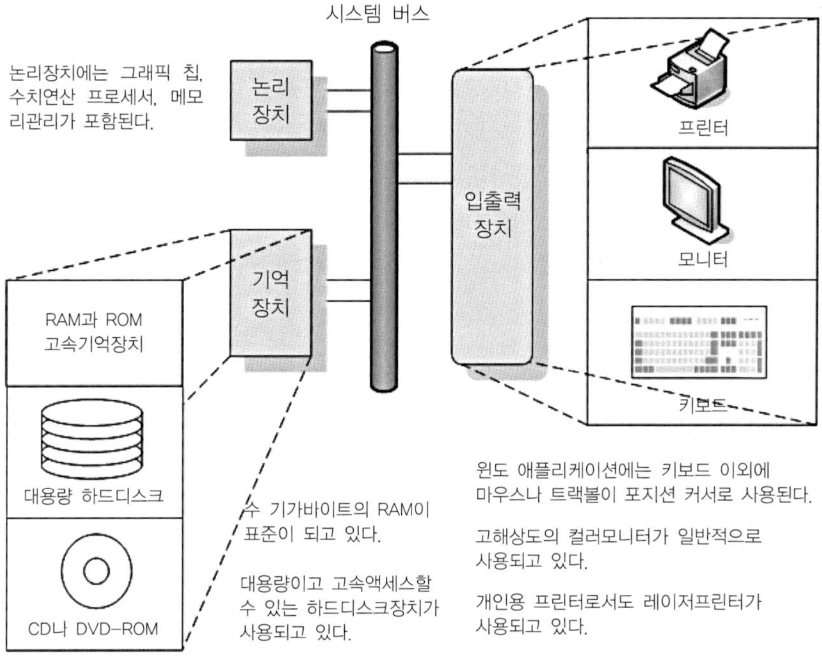

그림 19.6 ▎ PC의 구성

자는 상호접속의 규칙에 따라야 하는 동시에 어떤 데이터를 어디에 저장할 것인가에 대해 보다 신중해야 한다.

워크스테이션은 방대한 계산작업을 지원하기 위하여 설계된 고성능의 개인사용자용 시스템이다. 워크스테이션은 고도의 운영체제와 함께 아주 높은 해상도(표시색)를 구비한 고속 프로세서로 구성되어 있다. 워크스테이션은 네트워크능력을 갖고 있기 때문에 정보를 공유할 수 있다. 또 고도의 CAD기능을 갖추고 있으므로 엔지니어링작업에서 유용한 도구로 이용된다.

워크스테이션과 PC는 수도사업자에서 문서작성기에서부터 네트워크분석에 이르기까지 광범위한 분야에 이용되고 있나. PC의 능력이 항상됨에 따라 이들의 적용범위는 다른 어떤 것보다도 통신 능력에 따라 제한된다. 워크스테이션은 설계 작업이나 자동지도 작성에 활용된다. 워크스테이션은 그래픽과 관망해석에서 뛰어난 능력을 가지고 있으므로 이러한 양 분야에 이상적으로 사용된다.

19.2.1.4 미니전산기와 서버

미니전산기는 처음에는 소형용으로 비용효과가 우수한 방식의 전산기로 설계된 소규모 장치이다. 이 장치는 시험소나 부서(국이나 과 등)용으로 이미 광범하게 사용되고 있다. 미니전산기가 배수관망이나 정수장을 자동감시하고 자동제어할 수 있다. 현재 사용되고 있는 미니전산기는 메인프레임(대형 전산기)능력을 갖춘 복잡한 다중사용자장치로 구성되어 있다.

고성능 워크스테이션이나 고속 PC출현으로 미니전산기의 역할이 바뀌고 있다. 공정제어용으로 미니전산기의 멀티시스템을 사용하게 되었다. 다중과업을 효율적으로 처리할 수 있는 장치의 설계개념이 미니전산기를 이러한 분야에서 이상적인 장치로 만들었다. 또 기술적인 진보와 경쟁으로 미니전산기 가격이 대폭적으로 떨어졌으며 전산기 능력은 비약적으로 향상되었다. 업무적인 전산기환경에서 최근에는 미니전산기가 다른 종류의 PC간에 커뮤니케이션을 제공하기 위한 서버로도 사용되고 있다. 이와 같은 서버기능은 2개 이상의 PC에 대해 플로터, 컬러프린터, 고성능디스크서브시스템과 백업자원과 같은 값비싼 자원에 공용으로 사용할 수 있다. 이와 같은 서버기능에 의해 2개 이상의 PC에서 공통정보를 활용할 수 있다는 것이 가장 중요하다.

19.2.1.5 메인프레임전산기

옛날에 이용할 수 있는 유일한 전산기였던 메인프레임전산기는 수도사업의 중추적인 전산기가 될 정도로 처리속도와 용량이 대폭적으로 향상되었다. 온라인으로 사용하는 것으로 수십억 바이트의 디스크용량을 이용할 수 있다. 현재도 장기저장매체의 기본은 자기테이프이다. RAM은 수백만에서 수십억 바이트를 이용할 수 있고 한 시스템이 몇 개의 처리장치를 처리할 수 있다. 메인프레임 전산기는 단말기를 통해 동시에 수많은 사용자를 지원할 수 있다.

메인프레임전산기는 주변 환경으로부터 보호하기 위하여 실내에 두도록 설계되어 있으며 아주 최상의 냉각기술을 구비시켜야 한다. 이 기술은 많은 사용자에게 영향을 미치기 때문에 아주 고도의 기술을 이용해야 한다. 메인프레임의 주요 특징은 다음과 같다.

- **보조메모리**. 메인프레임전산기는 대단히 많은 수의 디스크를 지원하도록 설계되어 있다. 이러한 디스크들은 접근효율을 극대화하도록 설계된 지능형이고 고성능의 제어장치에 의해 관리된다.
- **중앙처리장치(CPU)의 속도**. 메인프레임은 이용할 수 있는 가장 빠른 처리속도를 가진 기술을 사용한다. 메인프레임 분야에서는 2개 이상의 프로세서장치를 갖추는 것이 표준이고 수치 계산 분야에서는 통합벡터프로세서를 이용할 수 있다.
- **소프트웨어 지원**. 메인프레임은 가장 복잡한 운영체제를 사용한다. 애플리케이션소프트웨어도 가장 최신의 것으로 광범위한 업무를 지원할 수 있다. 광범위한 지원소프트웨어나 보안소프트웨어를 이용할 수 있다. 메인프레임은 대량의 애플리케이션을 다루기 때문에 유연성은 최소의 요구사항이고 또 고도로 숙련된 많은 지원요원이 필요하다,
- **입출력(I/O)기능**. 메인프레임은 각 개별 마이크로프로세서를 탑재한 제어장치를 갖춘 여러 개의 I/O채널을 지원한다. 그리고 장치의 프로세서부분은 입출력운용을 시작할 수 있지만, I/O를 완성시키는 주변장치에 대한 인터페이스 부담을 경감시키는 것은 채널프로세서가 담당한다.

메인프레임전산기에는 여전히 고액의 투자가 필요하며 광범위하게 이용되는 정보의 저장용으로 사용된다. 메인프레임은 지금까지 수요자 수도요금고지서 발행, 급여계산, 구매관리 등 수도사업의 주요업무에 사용되어 왔다. 그렇지만 기술진보로 메인프레임과 고급미니전산기시스템간의 차이가 애매하게 되었다. 예전에는 미니전산기나 메인프레임을 특징지었던 아키텍처와 운영체제(O/S)에 관하여 표준화 작업이 진행됨에 따라 양자의 경계는 좁아지고 있다.

메인프레임형 전산기의 최상위는 슈퍼전산기이다. 시뮬레이션프로그램, 영상처리와 실시간그래픽 등의 연산처리중심의 애플리케이션용으로는 이 장치가 최적이다. 이 장치는 매초 수십억의 부동소수점연산을 할 수 있도록 가장 최신 부품과 기술을 사용하고 있다. 기계장치를 통과하는 정보전송속도시간을 고려할 정도로 슈퍼전산기의 내부처리속도는 대단히 고속화되어 있다. 또 개별 프로세서 처리속도를 더 빠르게 하는 것보다는 보다 많은 프로세서를 사용함으로써 처리속도를 빠르게 하는 방법이 유효하였다. 이와 같이 2개 이상의 프로세서를 갖춘 전산기 설계에는 2가지 방법 즉, 단일명령다중데이터(SIMD)설계와 다중명령다중데이터(MIMD)설계 방식이 있다. 우선 첫 번째의 경우는 여러 개의 프로세서가 다른 데이터에 대해 동일한 명령을 처리하는 것이다. 현재 65,000개 이상의 프로세서를 내장한 장치가 제작되고 있다. 행렬계산과 같은 용도에는 이러한 장치가 저렴한 가격으로 지극히 고도의 처리능력을 발휘한다. 두 번째 경우인 다중명령다중데이터(MIMD)설계는 2개 이상의 독립된 프로그램을 동시에 실행할 수 있다. 이러한 장치는 보다 복잡한 처리용에 강력한 처리능력을 구비하고 복잡한 개별 프로세스에 적합하다.

보다 강력한 PC와 워크스테이션을 이용할 수 있게 됨에 따라 메인프레임이나 슈퍼전산기는 아주 큰 서버, 아주 빠른 프로세서, 특수용 프로세서 그리고 집중정보저장고와 같은 특화된 역할을 담당하게 되었다.

19.2.2 소프트웨어

전산기하드웨어에 명령을 주는 프로그램이 전산기소프트웨어이다. 그림 19.7과 같이 전산기하드웨어와 사용자간에는 소프트웨어의 여러 계층이 있다. 이들 소프트웨어는 하드웨어의 자원을 제어하는 운영체제로부터 개별 애플리케이션프로그램에 이르기까지 다양하게 있다.

19.2.2.1 운영체제(OS, Operation System)

운영체제는 많은 소프트웨어(프로그램) 중에서 중요한 소프트웨어의 하나이다. 운영체제나 사용자인터페이스가 전산기 구성소자간의 상호작용(interaction)을 제어하고 사용자와 대화하는 수단이다. 운영체제는 프로그램의 그룹이고 사용자가 하드웨어의 개별적인 동작을 의식하지 않고 전산기자원을 효율적으로 이용할 수 있다. 운영체제의 기능은 사용자의 처리스케줄이나 시스템자원에의 접근 준비, 사용자 데이터와 프로그램의 보호, 디스크에의

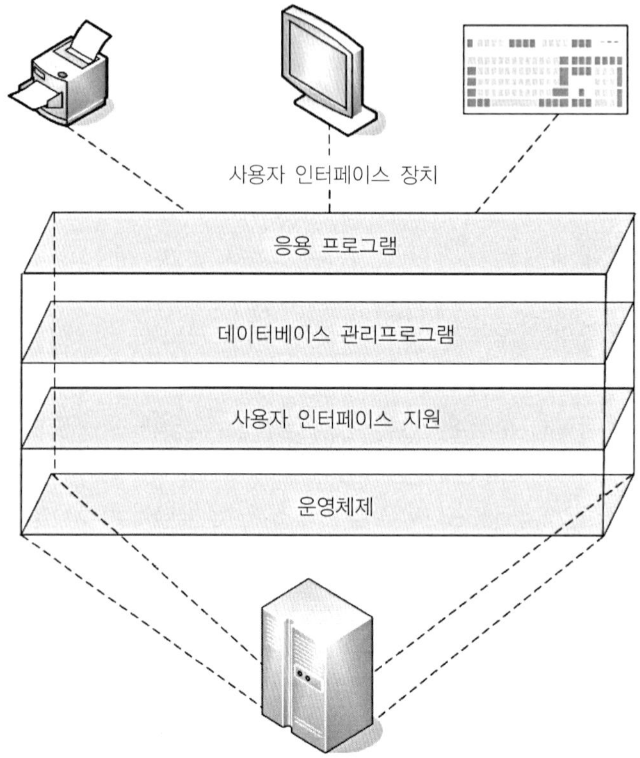

그림 19.7 ▎ 소프트웨어의 계층

정보저장이나 단말기로부터 정보입력 등과 같은 공통적인 작업의 처리 등을 담당한다. 운영체제는 프로그램을 개발하고 실행하는 전산기 환경을 제어하는 소프트웨어이다.

지금까지 대부분의 대형 전산기시스템에서 운영체제는 효율적으로 작동하도록 하드웨어 제작사가 개발하여 왔다. 그러나 최근에는 산업표준화된 운영체제를 설치한 하드웨어를 제작자가 제조하는 방향으로 가는 추세이다. 이러한 방법은 특정제작사 제품에 의존할 필요가 없으므로 사용자 입장에서는 여러 가지 장점이 있다.

19.2.2.2 사용자 인터페이스 지원

사용자 인터페이스는 일반사용자와 전산기와의 대화를 가능하게 하는 것이라고 정의한다. 종래에는 사용자가 전산기와 대화하기 위해서는 명령어인 전산언어를 배워야만 하였지만, 최근에는 전산기시스템과 사용자가 보다 직관적이고 보다 간단히 대화할 수 있도록 그래픽사용자 인터페이스(GUI)가 개발되었다. GUI는 PC와 워크스테이션용 인터페이스 기술로 개발되었다.

사용자 인터페이스로서 GUI의 기본은 시스템운용을 보다 시각적으로 실행한다는 개념이다. 화면에는 파일이나 프로그램 또는 시스템기능에 접근할 수 있는 것과 같은 일반적으로 사용되는 항목을 대표하는 키워드 그래픽기호(아이콘)나 메뉴를 표시하거나 빠르게 접근할 수 있다. 현재의 GUI는 사용자가 키보드와 마우스를 병용하여 프로그램과 파일에 접근하여 전산기와 대화가 이루어진다. 표시창의 상단에 나타나는 그래픽기호나 키워드메뉴가 있는데, 이는 사용자가 메뉴를 풀다운할 수 있고 처리메뉴들을 볼 수 있다. 이 메뉴는 그래픽아이콘과 키워드를 포함하고 있으며 사용자가 마우스-키보드를 사용하여 선택할 수 있다. 그림 19.8은 GUI화면을 나타낸 것이다.

GUI는 2개 이상의 과업을 수행하거나 감시하는 편리한 방법을 사용자에게 제공하고 있는 것을 보여준다. 윈도우를 사용함으로써 이들이 수행하고자 하는 과업이나 여러 개의 과업들을 불러(open)올 수 있고 표시(display)할 수 있다. 사용자가 운용하는 프로그램에 관한 정보를 윈도우에 표시한다. 사용자는 자신이 실행하고 싶은 특정 윈도우 크기를 맞추고 윈도우간을 "앞으로" 또는 "뒤로"를 클릭하여 프로그램을 전환시킬 수 있다. 예를 들면, 한쪽 창에는 대화방을 실행하고 다른 창에서는 스프레드시트를 실행할 수 있다.

많은 GUI가 특수한 운영체제의 확장으로 개발되었다. 수도사업에서 만약 한 개만의 운영체제와 하드웨어플랫폼을 사용하고 있는 경우에는 해당 수도사업자에 있는 모든 사용자는 어차피 동일한 GUI를 갖게 된다. 그러나 현재는 네트워크 환경에서 서로 다른 여러 제작사의 다른 종류의 기기들을 상호 접속시켜서 데이터와 값비싼 주변기기를 공유하는 것이

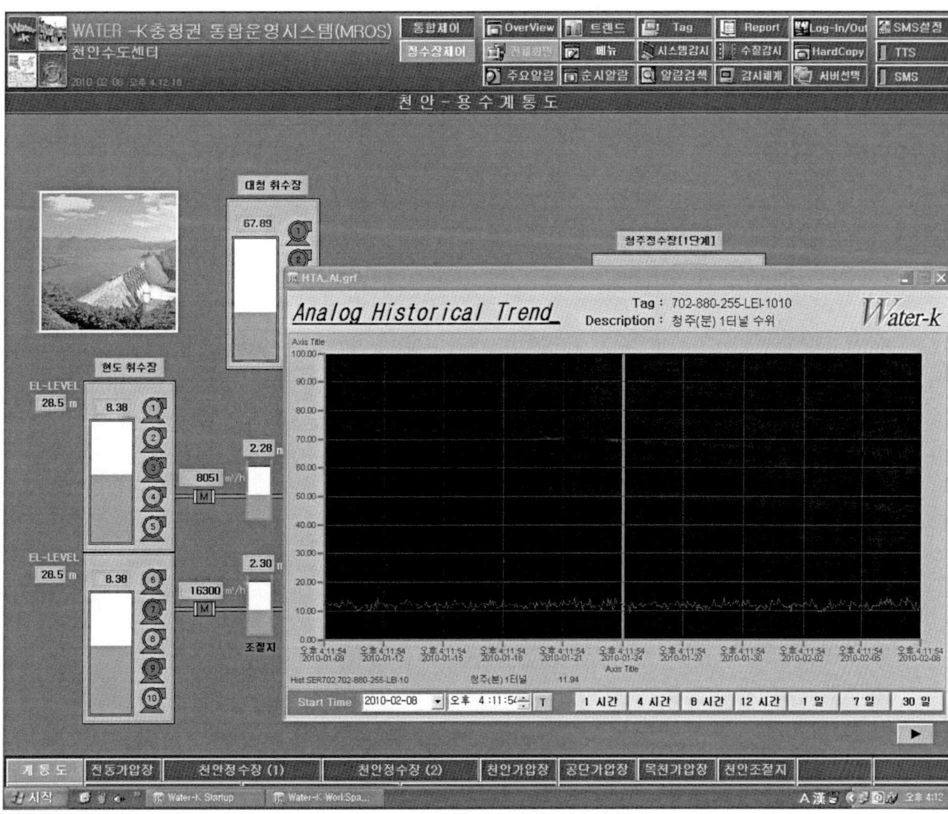

그림 19.8 ▌ GUI화면의 예

일반적인 추세이다. 이 경우 운영체제와 GUI가 다르기 때문에 지원용으로 다른 소프트웨어가 있어야 한다. 이 문제를 해결하기 위하여, "X-윈도우"규격이 개발되었다. X-윈도우규격은 특정 운영체제에 의존하는 것은 아니고 네트워크를 의식한 것이다. X-윈도우규격은 네트워크에 연결된 모든 전산기에서 애플리케이션을 실행하고, 그 결과를 네트워크 내의 모든 단말이나 화면에 표시할 수 있다. X-윈도우규격은 현재 대부분의 주요 전산기제작사에서 채용하고 있으며 최종적으로는 이것이 사용자와 전산시스템과의 인터페이스를 표준화하고 간소화하게 될 것이다.

19.2.2.3 애플리케이션 지원환경

소프트웨어 개발자는 "애플리케이션 지원환경"이라는 도구의 성장에 의해 도움을 받았다. 제곱근이나 sin(正弦) 등과 같은 기능을 제공하는 대부분의 언어로 된 실시간 라이브러리로부터 이러한 도구가 개발되기 시작하였다. 이러한 라이브러리는 매트릭스 운용을 표준화시킨 FORTRAN과 같은 특수 언어에 대한 보조라이브러리에서 확장된 것이다. 이러한 지원라이브러리의 목적은 빈번하게 반복되는 작업에 필요한 프로그램 양을 줄이는 것이었다.

애플리케이션 지원환경에 포함될 수 있는 분석의 특수 형태에 관하여 몇 개의 애플리케이션 패키지가 있다. 그러한 패키지의 예로서는 통계분석법, 선형계획법, 시뮬레이션법 등의 패키지도 포함된다. 이러한 패키지의 대부분은 사용자가 결과를 얻을 수 있는 특수한 고유언어를 가지고 있다.

애플리케이션 지원라이브러리는 저장된 절차를 포함하고 있다. 예를 들면, 매트릭스를 전환하는 서브루틴을 불러오거나 정수의 평방근으로 되돌아가는 기능을 불러올 수 있다. 두 경우에 사용자는 빈번하게 되풀이되는 작업을 수행하기 위하여 보조프로그램을 불러오게 된다. 함수나 서브루틴을 사용하기 위하여 사용자는 불러온 보조프로그램에 특수정보를 주어야 한다. 사용자는 보조프로그램에 일정한 형식의 데이터를 입력해야 하며 결과는 정의된 형식으로 나오게 된다. 서브루틴을 사용하는 두 가지의 이점으로는 중복된 코드를 피하고 인터페이스규칙을 따르는 것과 결과가 되돌아온다는 것이다.

종종 데이터 구조가 여러 번 사용된다. 예를 들면, 평면상의 한 지점은 한 쌍의 숫자로 표현된다. 화면의 경우를 보면 첫 번째 숫자가 화면의 수직방향 위치를, 두 번째 숫자를 수평방향 위치로 정한다. 그러면 만약 CRT화면이 디스플레이의 특정형식에 관한 규칙(예를 들면, 첫째는 0~640, 둘째는 0~480)을 만족하고 있다면, 이 한 쌍의 숫자로 CRT화면상의 목적한 특정지점(POINT)을 지시할 수 있다. 또 2개 지점은 한 개의 선을 정의할 수 있으며 또한 첫째 지점을 왼쪽 상단 지점의 위치에, 두 번째 지점을 오른쪽 하단에 위치를 지정함으로써 직사각형을 정의할 수 있다. 이와 같이 데이터구조를 설명하는 객체와 그것을 규정하는 규칙을 사용할 수 있다. 절차들을 라이브러리로 조합시킬 수 있게 되었으므로 객체의 라이브러리들은 프로그램을 단순화하였다. 이것은 객체지향 프로그래밍 개념이며 또한 프로그래머의 생산성을 향상시키는 것이다.

19.2.2.4 데이터베이스 관리시스템

데이터베이스 관리시스템(DBMS)은 프로그래머들과 사용자들에게 제공되는 가장 강력한 도구의 하나이다. 데이터베이스는 데이터에 접근하는 것을 표준화시킨 DBMS소프트웨어로 지원된다. 표 19.3은 세 종류의 주요 DBMS의 개요를 나타낸 것이다. 계층형 데이터베이스는 응답이 가장 빠르지만 유연성이 가장 뒤떨어진다. 관계형(relational) 데이터베이스는 응답속도는 약간 떨어지지만 유연성이 아주 풍부하다. 가지고 있는 정보들이 데이터사전이며 이것을 데이터요소라고 정의한다. 데이터베이스에서 데이터구조가 정의되었고 다양한 기능의 접근 필요성이 요구되었으므로, 다중 DBMS를 채택하는 것과 이들을 연결시켜 이용하는 것도 고려할 수 있다. 이와 같은 경우에 데이터베이스 설계와 유지관리에 관해서는 중앙관리자가 조정해야 한다는 것을 충분히 유의해야 한다.

운영체제가 프로그래머에게 효율적인 작업환경을 제공하던 것과 마찬가지로 동일한 종류의 지원을 DBMS가 정보관리자에게 제공한다. 파일관리와 데이터접근의 기본기능을 DBMS가 처리하기 때문에 데이터 자체나 사용자가 강조하며 이용하고자 하는 데이터의 상호관계에 대해서 프로그래머나 사용자가 집중할 수 있다. DBMS는 축적된 정보를 관리하고 사용자 인터페이스를 보다 자연스럽게 하는 것을 시도하고 있다.

표 19.3 ▌ 주요 데이터베이스의 구조

분 류	구 조	특 징
계층형 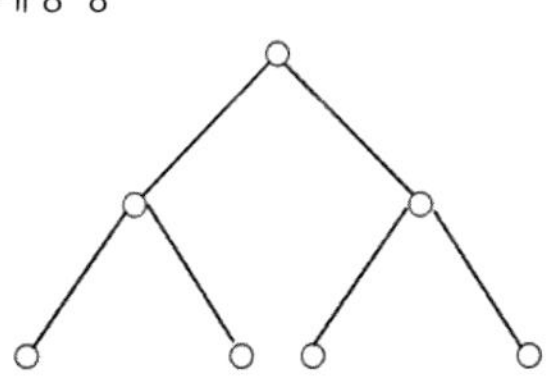	데이터는 상위 데이터(예 : OO정수장), 하위 데이터(예 : 펌프설비), 또는 하위 데이터(예 : 펌프1호 …)에 거꾸로 된 나뭇가지모양으로 저장된다. 각 노드는 2개의 분기를 가지게 되며 각각의 주종관계로 연결된다.	데이터의 구조는 고정화되고, 데이터 상호연관관계의 변경을 위해서는 데이터베이스의 재구축이 필요하다. 수많은 데이터 상호연관관계는 제한적이다. 사용자의 요구에 고속응답이 가능하다.
네트워크형 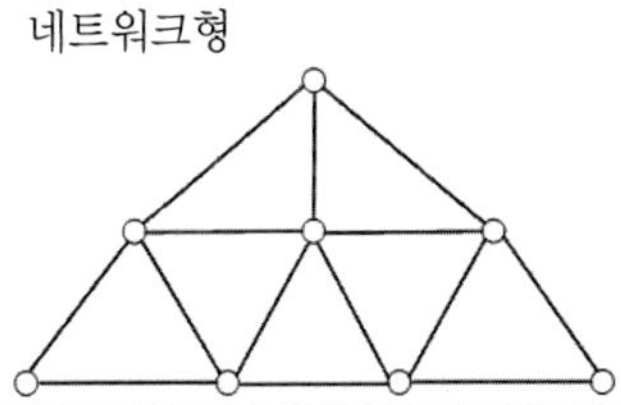	계층형과 유사하지만 노드는 2개 분기 이상을 가진다. 따라서 수직관계뿐만 아니라 수평관계의 데이터 상호관련의 관계가 존재한다.	계층형보다 많은 데이터간의 상호연관관계가 가능하다. 데이터구조의 변경에는 데이터베이스의 재정의와 재구축이 필요하다. 응답성은 계층형 보다 약간 뒤떨어진다.
관계형 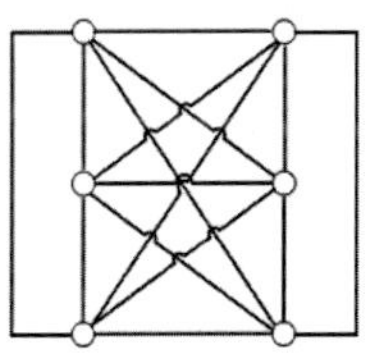	데이터는 흔히 관계형 또는 파일이라 불리는 2개의 구획된 표에 저장된다. 모든 데이터는 상호연관관계를 가지므로 전체적으로 유연한 상호관계를 가진다. 원하는 어떠한 관계형 노드에서도 정보에 접근할 수 있다.	대단히 알기 쉽고 사용하기 쉬운 구조이다. 데이터의 기억되는 표는 다른 표와는 독립이지만, 필요에 따라 다른 표와 통합하거나 부분삭제도 가능하다. 데이터베이스의 변경이나 추가도 쉽게 할 수 있다.

19.2.2.5 프로그램 개발

전산기시스템에서는 항상 새로운 애플리케이션프로그램이 개발되거나 낡은 애플리케이션 프로그램이 수정되어야 하기 때문에 전산기시스템에는 프로그램을 기록하거나 수정해야 한다. 프로그램 개발도구는 이와 같은 기능을 프로그래머에게 제공한다 이런 지원에는 프로그램을 시험하고 기록하는 프로그래머에게 필요한 언어와 편집기 및 링커가 포함된다. 프로그래머는 이러한 도구를 사용하여 작업 시방을 만들고 작업을 수행하기 위한 프로그램을 만들어 오류를 찾아낸다.

모든 신규 시스템에서 많은 비용과 리스크를 갖는 것이 소프트웨어 개발이다. 때로는 개발된 소프트웨어가 이미 진부한 것으로 끝나기도 한다. 또 가격이 떨어지는 것과 함께 하드웨어 능력이 향상됨에 따라 이와 같은 현상은 더 심해지고 있다. 프로그래머의 생산성 향상과 시스템설계공정의 효율을 증진시키기 위하여 많은 노력을 하였다. 그러한 분야와 개선된 주요 부분은 다음과 같다.

- 언어의 설계
- 전산기지원 소프트웨어엔지니어링 CASE(개발) 도구
- 소프트웨어 개발요원의 조직화, 훈련, 그리고 지원
- 기업레벨의 아키텍처

언어개선에는 소프트웨어의 일부 재이용성을 향상시키는 것을 목적으로 하는 소프트웨어 구조 지원이 포함된다. 이 분야에서 최근 주목받는 것이 객체지향 프로그래밍이고, 재이용 할 수 있는 처리순서나 데이터구조를 재이용할 수 있는 서브루틴의 라이브러리 개념을 확장하는 것이다. 비슷하지만 최근의 DBMS에는 시스템용의 지원을 위한 4세대 언어가 포함된다.

CASE도구에는 프로그램을 전산기언어로 고치는 시스템설계를 지원하기 위한 도구에서부터 종합적인 데이터 분석 및 해석도구를 정의하고 지원하기 위한 도구에 이르기까지 다양하다. CASE 도구는 데이터 해상력에 공통으로 쉽게 접근할 수 있으며, 또 공동 저장소에 정보와 데이터항목을 추가하는 방법도 효율적으로 제어할 수 있다. CASE 도구는 공통 데이터에 근거한 애플리케이션 설계와 제작을 지원한다. 이들은 제작모듈을 재사용하며 생산성을 향상시킬 수 있다.

현재 사용자와 정보시스템 개발요원과의 관계는 우호적인 방향으로 가고 있다. 하드웨어의 가격이 비쌌던 시대에는 지원요원의 주된 임무는 사용자 요구를 정확하게 파악하고, 사용할 기기를 어떻게 조합하여 사용자 요구에 부응할 것인가 하는 것이었지만 하드웨어 능력이 충분하지 않으면서 생산성을 극대화하기 위해서는 필요하였다. 최근 강력한 성능을 가지면서 싼 가격의 장치를 이용할 수 있게 되었으므로 이와 같은 방법들에도 변화가 생겼다. 시스템을 개발하기 위한 보다 생산적인 방법은 사용자의 도움을 받아서 시스템 견본을

만들고 시스템을 될 수 있는 한 빨리 향상시켜서 사용자가 사용하기 쉽도록 그 시스템을 개량함과 동시에 사용자가 필요로 하는 시스템과 실제로 제공되는 시스템과의 사이에 불협화음을 찾아내는 것이다. 각 기업은 프로젝트를 설계하고 개발하여 이를 실행하기 위하여 고도로 훈련된 전문가팀을 사용하여 장점을 찾아내고 있으며 비교적 단기간(60일 정도)에 일련의 작업을 할 수 있다. 프로젝트를 단기간에 완성시킬 수 있으며 또 시스템변경에 대한 사용자 요구를 수용할 수 있기 때문에 이러한 접근방식의 설계, 개발, 실행, 개량은 개발자와 사용자 쌍방에게 보다 만족할 수 있는 방법이다.

19.2.2.6 애플리케이션 프로그램

전산기 가격이 낮아짐에 따라 표준적인 패키지 애플리케이션에 의한 해결책에 수반되었던 문제들이 부각되고 있다. "표준화된" PC가 널리 보급됨에 따라 영업업무처리와 과학기술계산에 패키지화된 해결책의 거대한 시장이 열렸다. 이러한 해결책들 중에서 가장 으뜸인 것은 문서처리 패키지, 표계산, 전자출판과 PC용 데이터베이스 관리시스템이다.

최근에는 그래픽처리 소프트웨어가 눈부시게 발전하고 있다. 고해상도의 그래픽화면을 갖춘 PC나 엔지니어링 워크스테이션은 설계 작업에서 아주 강력한 능력을 제공하고 있다. 전산기 지원 설계(CAD)와 전산기 지원 엔지니어링(CAE)소프트웨어가 이러한 영역의 생산성을 높이기 위하여 개발되었다. 이러한 패키지는 표준설계도면을 더욱 확실하게 갖는 습관의 변화를 가져왔다. 전산기시스템은 변경할 수 있고 새로운 도면을 작성할 수 있다.

영상처리(image processing) 소프트웨어도 크게 발전하고 있다. 현재 이러한 기술은 위성영상처리나 의학용 영상처리 분야에서 실용적으로 사용되고 있다. 수도분야에서는 일본에서 이 기술을 사용한 플록감시시스템이나 물고기의 행동인식(image recognition)에 의한 독극물감시시스템에 적용되고 있다. 또 지리정보시스템(GIS)은 도면지도(hard copy)를 전산기 독취형(machine-readable forms)으로 전환시키는데 사용되는 애플리케이션에 공헌할 것이다.

전산기가 보다 광범위하게 보급됨에 따라 전산기 애플리케이션은 전산기를 잘 모르는 사람도 쉽게 사용할 수 있게 되었으며, 전산기가 기계적인 것으로 되고 있지 않다는 것이 중요하다. 인간지능의 특성을 전산기가 갖도록 하는 것이 인공지능의 주요목적이다.

LISP나 PROLOG 등과 같은 비전통적인 전산기언어를 사용하여 보다 인간에 가까운 사고특성을 갖는 전산기가 개발되고 있다. 개발의 여러 수단 중에서 현재 가장 중요한 3개 영역은 전문가시스템, 퍼지추론시스템과 신경망이다.

통계분석, 배수관망해석, 배수조정과 정수장 제어시스템 등은 수도시설에서 해결책을 제시하기 위하여 그래픽출력을 이용하여 강력한 분석기술을 조합시킨 실용적인 소프트웨어의 예이다.

표준하드웨어와 각종 개발도구 활용 및 하드웨어 가격하락에 따라 좋은 소프트웨어 개발과 취득이 쉬워져서 수도사업자 운영능력을 개선시키고 있다.

19.2.3 통신

전산기통신은 최근 크게 변화하고 있는 분야이다. 종래의 전산기통신은 단말기와 메인프레임 또는 미니전산기간의 통신이 중심이었다. 기기는 거의 모두 동일한 제작사로부터 공급되는 제품으로 구성되었거나 전산기시스템과 상호 호환되도록 설계된 주변기기나 통신제어기를 사용하였다. 워크스테이션이나 PC에서 성능이 좋은 전산기가 보급됨에 따라 통신기술에 근본적인 변화를 가져왔다. 중앙전산기에 의한 집중관리방식에 의하여 정보를 수집하는 종래에는 중앙전산기를 중심으로 한 스타(star)형 토폴로지였던 것을 비교적 가까운 지역에서 동등한 기기들을 상호 접속하는 링형 구성이나 버스형 구성(그림 19.9 참조)으로 대체되고 있다. 이러한 통신방식을 소위 근거리통신망(LAN)이라고 하며 상호접속된 장치간에 고속통신이 가능하다. 일반적으로 동축케이블이나 광섬유와 같은 통신매체에 의해 비교적 가까운 장소에 있는 2대 이상의 전산기를 접속시켜서 LAN이 구성된다.

광역통신망(wide area network : WAN)은 지역적으로 광범위하게 설치된 전산기를 상호 접속시키기 위하여 사용된다. 종래에는 WAN은 원거리에 있는 메인프레임이나 미니전산기간에 상호통신을 하기 위하여 사용되었다. 그러나 LAN끼리 접속시켜서 WAN을 구축하는 것이 최근 추세이다. LAN간 데이터전송에는 브리지(bridge)나 라우터(router)가 사용된다. WAN의 전송로는 극초단파무선, 고속전용 전화회선이나 위성통신 등이 사용된다. 또 브리지는 2개의 LAN사이에 전용전송로가 있는 경우에 사용된다. 라우터는 보다 복잡한 네트워크에서 최적경로를 선택하도록 도와준다. LAN이 상호 접속되었을 때 한 LAN에서 다른 LAN으로 전송시켜야 할 메시지를 전달하는데 브리지가 사용된다.

또 여러 종류의 전산기를 상호접속할 때의 일반적인 문제로는 다른 두 제작사의 접속장치이다. 이와 같은 장치에는 두 개의 다른 제작사의 프로그램 논리제어기(PLC)나 다른 제작사의 계측제어기기류 및 다른 제작사의 대형 전산기시스템일 수도 있다. 각 경우 문제는 각 제작사의 통신능력과 프로토콜을 어떻게 적용하도록 선택하느냐 하는 것이다. 모든 제작사가 동일한 통신형식을 채용함으로써 각종 통신표준의 진척과 같은 문제가 해결된다. 한편 게이트웨이라는 장치는 특정한 제작사의 메시지와 데이터포맷을 다른 회사의 프로토콜로 번역해 주는 것에 이용되고 있다. 이 게이트웨이를 사용함으로써 다른 제작사의 다른 시스템을 전체적으로 유용하게 상호 접속시킬 수 있다.

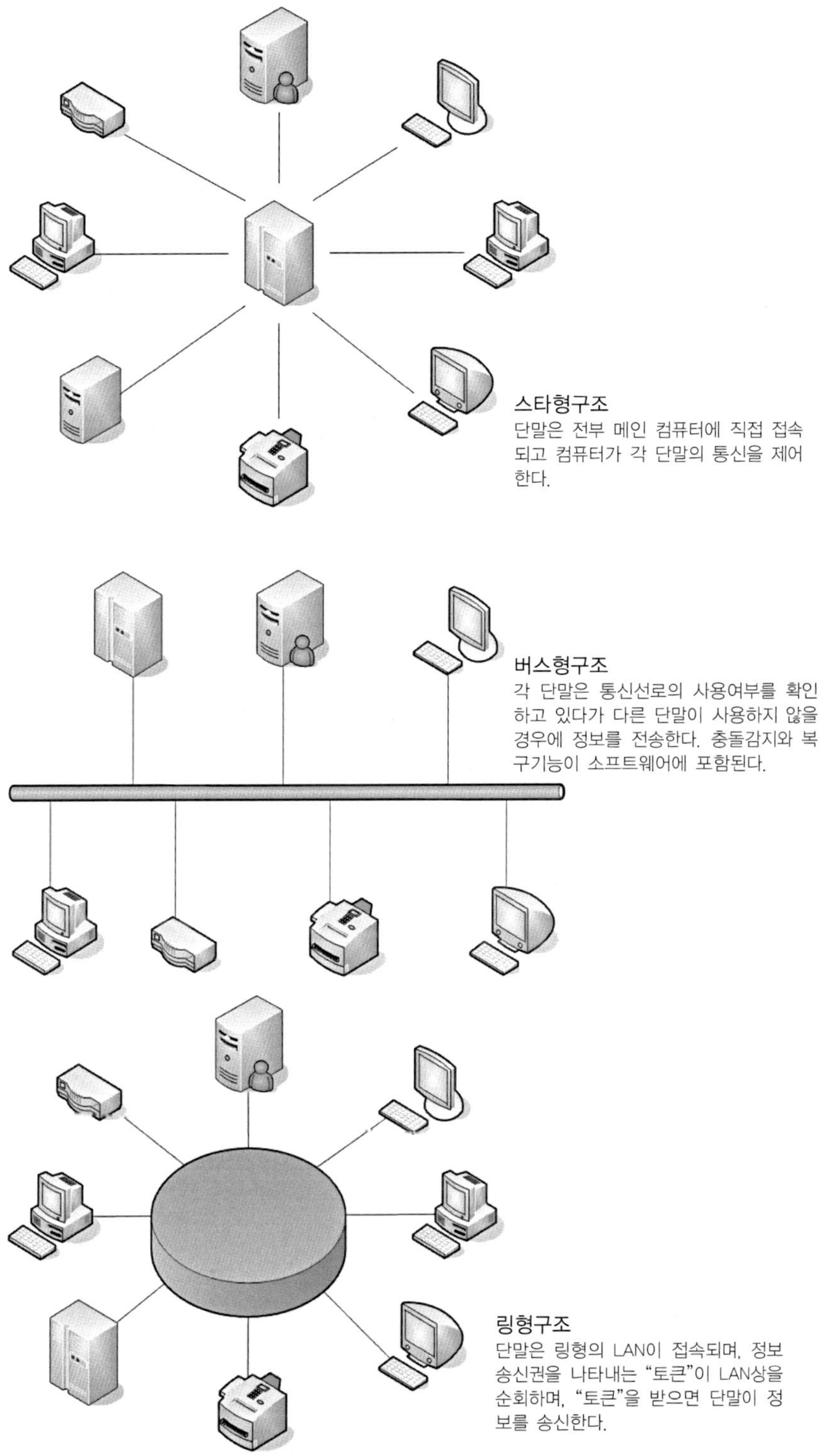

그림 19.9 ▍ 전산기 네트워크의 대표적 구성

19.2.3.1 통신매체

표 19.4는 주요 통신매체의 장점과 단점을 나타낸 것이다. 하드웨어와 기술의 진보에 따라 이들 매체들의 이용 가능한 범위는 더욱 넓어지고 저렴한 비용으로 이용하게 되었다. 트위스트페어 케이블이 광범위하게 이용되는 것이 현재까지의 주류지만 앞으로 10년 내에 광케이블이 보다 더 광범위하게 사용될 것으로 생각된다. 광케이블은 대용량 전송이 가능하고, 전자유도의 영향을 받지 않으며, 네트워크와 네트워크에 접속된 기기가 절연되는 점 등의 3가지 중요한 특징을 가지고 있다. 한편 트위스트페어 동케이블의 주요 장점은 어디에서나 구입할 수 있고 가격이 비교적 저렴하다는 점이다. 저렴한 가격의 금속접속선(트위스트페어 케이블이나 동축케이블)과 개선된 광섬유의 고속성과 신뢰성을 비교하여 선택해야 한다.

수도사업 운영에는 다음 세 가지 분야에 대하여 통신기능의 분명한 요구조건이 있다

- 공정제어. 계측제어기기류로부터 감시제어장치나 기기에 정보를 또는 액추에이터에 제어명령을 전송한다.
- 감시제어 및 데이터수집(SCADA). 광역으로 분산되어 있는 수도시설 상태를 원격단말장치에 의해 통신함으로써 감시한다.
- 정보관리시스템. 수도사업운영에 필요한 각종 기술업무와 유지관리 및 영업업무를 지원한다.

공정제어. 그림 19.10은 대표적인 공정제어통신의 구성 예를 나타낸 것이다. 마이크로전산기를 사용한 프로그램논리제어장치(PLC)가 LAN을 거쳐서 장내 제어용 미니전산기와 통신한다. 계측제어기기에서의 아날로그정보는 4~20mA 신호로 피복동케이블로 입력된다. PLC가 이 신호정보를 디지털 형태로 변환시킨다. 디지털정보는 접점정보를 사용하여 기기를 제어하거나 또는 주제어전산기에 필요한 정보를 전송한다. 계전기는 분산된 정보를

표 19.4 ▌ 주요 통신 매체

종 류	장 점	단 점
twist pair cable	• 통상의 전화에 사용되는 것으로 값이 싸고 부설이 쉽다.	• 잡음의 영향을 받기 쉽다.
동축케이블	• 전송대역이 넓고 고속전송이 가능하다. • 잡음에 강하다.	• 트위스트페어 케이블에 비해 부설이 어렵고, 가격이 비싸다.
광케이블	• 동축케이블보다 더 전송대역이 넓고, 고속전송이 가능하다. • 유도장애의 영향을 받지 않는다.	• 다른 케이블보다 가격이 상대적으로 비싸고, 부설이 어렵다.
무선 (VHF/UHF)	• 값싼 장치로 구성할 수 있다.	• 사용 가능한 주파수가 적으며, 허가가 곤란하다. • 전파장해에 약하다.
마이크로무선	• 전송대역이 넓고, VHF/UHF와 비교해서 전파장해에 강하다.	• VHF/UHF와 비교하여 값이 비싸고, 유지관리비가 고가이다.
위성통신	• 광역을 커버하는데 유리하다.	• 전송지연과 신호손실이 있다.

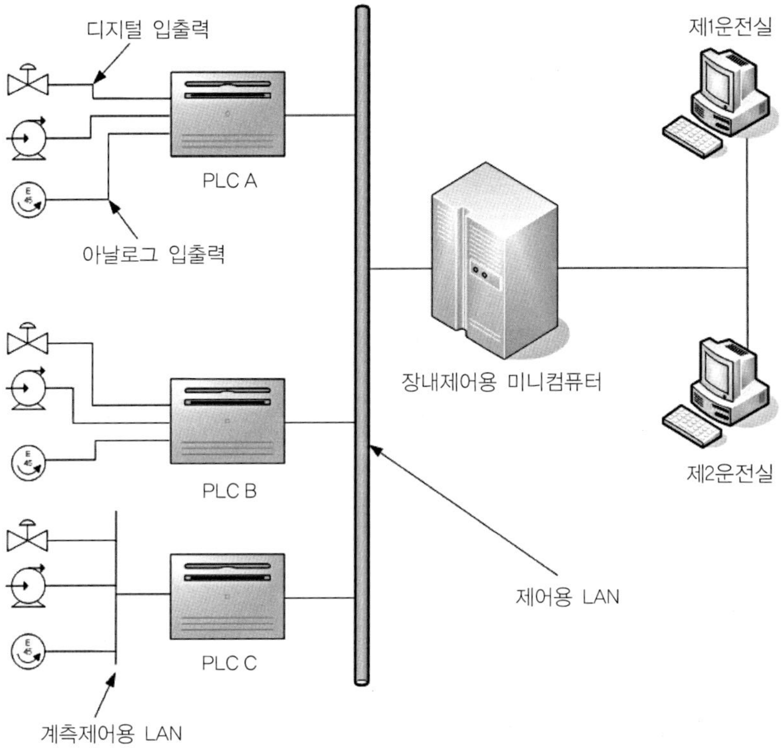

그림 19.10 ▌ 공정제어통신의 구성 예

제공하기도 한다. 두 경우에 모두 선로는 혼란스런 잡음이나 펄스를 전송할 수 있다. 정보는 센서로부터 지역제어기로 흘러가거나 또는 제어기에서 피제어장치로 흘러간다. LAN전송 매체로서는 통상적으로 트위스트페어케이블, 동축케이블 또는 광섬유케이블이 사용된다.

지능형 전송기가 출현함으로써 PLC나 단말을 사용하는 운전자가 센서와 직접 디지털통신을 할 수 있게 되었다. 그림 19.10의 PLC C에 지능형 전송기간 디지털통신의 장점을 설명하고 있다. 디지털통신 루프에 여러 개의 장치를 부착시킬 수 있다. 또한 지능형 전송기는 진송기가 감지한 어떤 문제의 상황들을 PLC나 마스터전산기에 알려줄 수 있다.

감시제어 및 데이터수집(SCADA). 그림 19.11에 나타낸 바와 같이 감시제어 및 데이터수집시스템은 시스템의 특정시설에서 중요한 공정제어를 할 수 있으나, 중요한 특징은 영상표시와 저장 및 제어를 위하여 원격제어센터에서 정보를 수집할 필요성이다. SCADA시스템은 먼 곳에 있는 시설 간에 통신을 하고 정보를 수집한다는 점이다. 최초에는 알맞은 통신매체로서 전화선을 빌려 쓰는 것이었다. 그러나 미국 벨-전화회사의 분할에 따라 전용선 요금이 상당히 비싸게 되었고 또한 표준전화선으로는 신뢰성이 떨어졌다. 무선통신을 사용하는 것이 감시제어 및 데이터수집시스템에는 많은 장점이 있었다. 무선통신 중에서도 마이크로파를 중추로 하고 다중채널에 사용되는 UHF를 사용하여 신뢰성이 높은 통신매체를 이루었다. 또 원격지에 있는 저수지 정보를 전송하는 등 장거리통신에 관해서는 위성통신을

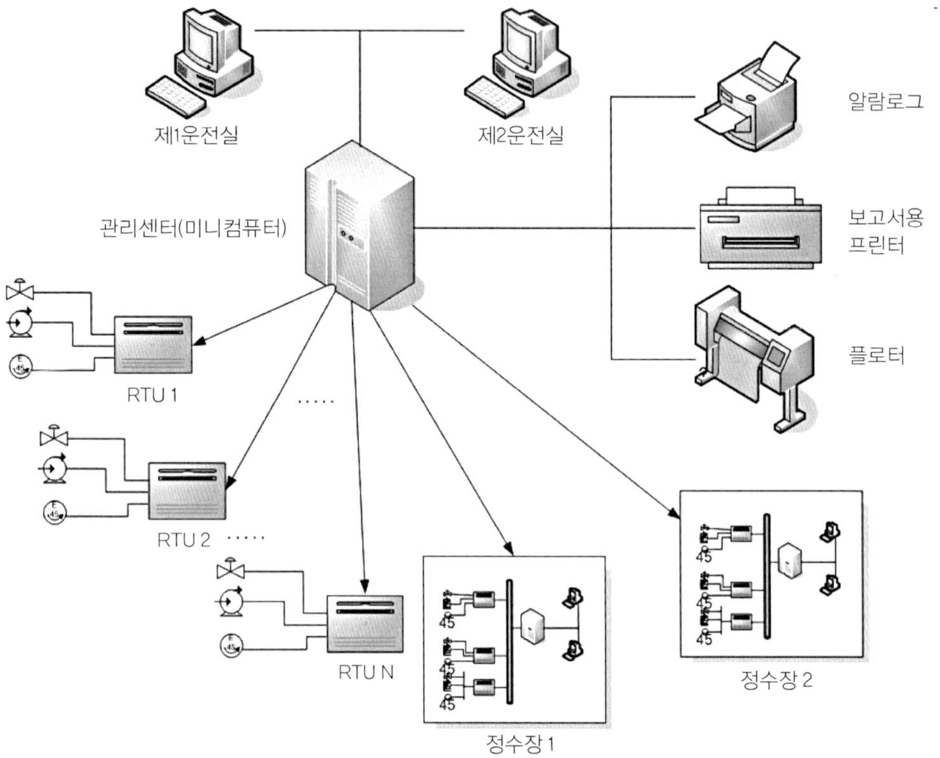

그림 19.11 ▌ SCADA통신의 구성(접속)예

사용할 수도 있다. 통상적으로 감시제어 및 데이터수집시스템은 제작사의 독자적인 통신프로토콜을 사용한다. 감시제어 및 데이터수집시스템은 통신 트래픽을 최소화하기 위하여 예외보고(report-by-exception)절차를 종종 채택한다.

정보관리시스템. 종합관리시스템은 수도시설의 공정제어와 감시제어 및 데이터수집시스템으로부터 운영데이터를 취하며, 분석적인 용도로서 상응하는 정보를 수집하고 조직을 서로 묶어주는 관리시스템을 통합한다. 이들의 추세는 종래에는 LAN으로 메인프레임과 PC가 연결된 방식이었으나 최근에는 기업과 기업을 연결하는 인터넷연결이 추세이다. LAN에는 여러 가지 방식이 있다. 단일서버를 가진 PC들이 있으며 IEEE 802.3 Ethernet 이나 IEEE 802.5 토큰링망 방식이 적합하다. 각각 10Mbps. 16Mbps의 전송속도를 가지므로 용도에 따라 활용할 수 있다. 서버환경에서는 개개 PC가 서버에서 정보를 취득하지만, 네트워크 부하에 따라 그 응답 속도는 변화한다.

그림 19.12는 수도사업 전체 광역정보통신(utility-wide communication)이 미래상을 나타낸 것이다. 광섬유분산데이터인터페이스(fiber distributed data interface : FDDI) 방식은 100Mbps로 고속전송 속도이며 토큰전달방식의 표준이다. 이 LAN은 신뢰성을 높이기 위하여 2회선의 광케이블을 사용하는 것이 특징이다. 즉 제어를 효율적으로 조정하는 토큰전달방식이며 또한 네트워크의 신뢰성이 높도록 설계된 것이다. FDDI는 당초에는 대량

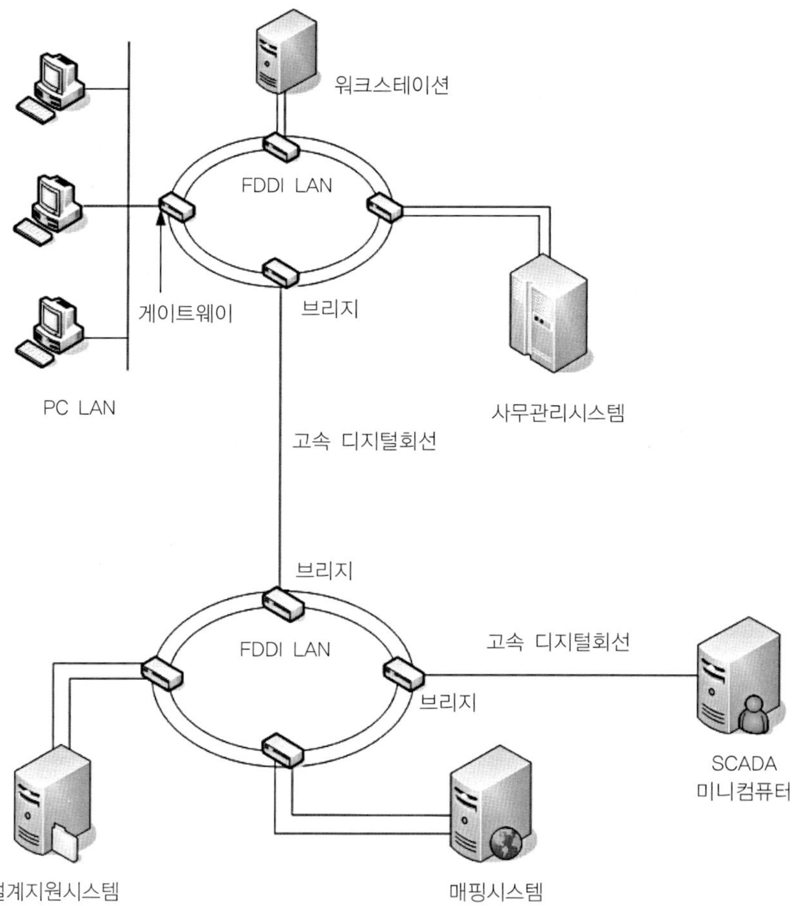

그림 19.12 ▌ 수도사업자 광역정보통신의 미래상

데이터용 전산기와 애플리케이션에 상호 접속하여 사용되었지만, 1990년대 후반에 가격이 떨어짐으로써 FDDI가 보다 광범위하게 사용되었다.

미국에서는 T1과 T3의 고속디지털회선서비스를 전산기간의 상호접속용으로 이용할 수 있다. T1은 1.54Mbps의 속도로, 또 T3은 44.7Mbps의 속도로 정보를 전송한다. T1회선은 현재 LAN간을 접속하기 위해 널리 사용되고 있으며, 또 T3회선은 장래 데이터전송부하가 증가하고 기기 가격이 떨어지게 되면 보다 광범위하게 사용될 것으로 예상된다. 일본에서는 1.5Mbps, 3Mbps, 4.5Mbps, 6Mbps의 고속디지털회선서비스를 이용할 수 있다.

종합정보통신망(integrated services digital network : ISDN)서비스가 도입되고 있으며 현재 많은 지역에서 이용할 수 있다. IDSN은 음성, 데이터, 기타 메시지를 하나의 서비스로 통합하여 고품질의 데스크탑 전산기간 통신을 제공하는 것이다. 일본에서는 과거 1.5Mbps의 ISDN서비스로 이용을 시작하였다.

현재 데이터통신용 매체와 기술은 존재하고 있으나 통신에서 가장 중요한 필요성은 표준화이다. 각 전산기 제작사가 독자적인 운영체제를 개발하는 것과 같이 통신장치 제작사도 독자적인 통신표준을 채용하고 있다. 그러나 이 분야가 눈부시게 발전하였으며 국제표준기구(ISO)에서는 개방형 상호접속(OSI)규약을 정하였다. 이는 통신을 위한 국제적인 틀을 마련하는 것이고 정부와 전산기업계 쌍방으로부터 지지를 받고 있다. 마찬가지로 공정제어통신에 관해서도 규약작성을 진행시키고 있다. 이러한 노력의 결실로 가까운 장래에는 시스템과 애플리케이션 통합이 훨씬 간단하게 될 것이다.

19.2.4 향후 전망

한정된 재원으로 양질의 음용수를 공급하고자 하는 목표를 만족시키기 위하여 전산기시스템을 통합시킬 수 있다. 이러한 전산기시스템 통합은 이미 일부 실시되고 있다. 본 절에서 기술하였던 애플리케이션은 현재 이행되고 있거나 이미 이행되었으며, 이들 애플리케이션 통합은 기존기술을 이용하여 진행 중이다. 또 앞으로 10년 사이에 시스템 통합을 쉽게 하고 위험도를 줄이며 가격을 낮추는데 기여하는 새로운 기술이 출현할 것이다. 그러나 본 절에서 전하고자 하는 부분이 통합시스템을 구축하기 위해서는 다른 기술들보다 더 중요하다.

19.2.4.1 하드웨어

최초로 등장하였던 PC에 비하면 현재의 PC능력은 약 100배 정도 향상된 것과 같이 앞으로 10년 사이에 현재 능력의 100배 이상 향상될 것이다. 또 공동프로세서와 다수의 프로세서장치를 보다 효율적으로 활용함에 따라 PC와 워크스테이션이 최고급품의 능력으로 향상될 것이다. 차세대 PC는 오늘날의 메인프레임 처리능력에 필적하는 능력을 갖출 것이다.

보조메모리는 높은 신뢰성과 용량을 갖추고 보다 소형화되는 경향이다. 주메모리와 보조메모리 등 모든 처리장치의 능력향상과 경합되는 용량확대와 가격인하를 예상할 수 있다. 하드디스크 능력에서 주요 개선점은 전산기에서 디스크를 적당하게 구동시키는 전자제어장치와 소프트웨어의 능력향상이다. 이에 따라 과거에 실행할 수 있었던 것보다 훨씬 빨라지고 신뢰할 수 있는 디스크와 전산기의 상호접속구조로 되는 것이다. 또 광학식 구동디스크가 보다 보편적인 장치가 될 것이다. 광학식 구동디스크는 오디오업계에서 이미 실용화되었으며 앞으로는 전산기 보조메모리로서 대량기록과 읽기(reading)용으로 광범위하게 사용될 것이다.

화면에서도 해상도나 표시색과 표시속도가 계속 향상되고 있다. CRT의 방사선(전자파) 문제와 관련하여 앞으로는 보다 소형이면서 더욱 안전한 LCD로 대체되도록 서둘러야 할 것이다. 고화질화면텔레비전(HDTV)은 멀티미디어용으로서의 전산기사용이 증대되도록 촉진시킬 것이다. 적절한 가격의 PC를 사용하여 화면과 대화훈련능력의 양자를 조합시킬 수 있는 역량이 더욱 바람직한 멀티미디어기술로 될 것이다. 또 여러 개의 화면을 조합하여 대형 벽면화면으로 표시하는 멀티화면도 사용되고 있으며 앞으로는 현재 사용되고 있는

SCADA화면패널을 대체시키거나 더욱 증대시키는데 고화질화면이 이용될 것이다.

데스크탑전산기의 처리능력 향상이 전산기환경을 근본적으로 바꾸게 될 것이다. 메인프레임이나 슈퍼미니전산기는 현재의 범용역할로부터 특수지원기능을 담당하는 것으로 바뀔 것이다. 그 예로서는 하나 이상의 파일/데이터베이스서버를 수용한 정보센터일 것이다. 또 다른 기능은 전산기서버기능일 것이다. 또 병렬처리아키텍처의 슈퍼전산기는 고속연산애플리케이션을 처리할 것이다.

19.2.4.2 통신

광케이블이 가장 일반적인 통신매체로서 동선(銅線)을 대체시킬 것이다. 정수장이나 펌프장과 같은 시설분야에서는 광케이블이 상당한 거리를 커버하는 이상적인 통신매체이다. 광케이블은 잡음을 방지할 수 있으며 전기도 흐르지 않는다. 그러므로 보다 신뢰성이 높고 안전한 통신매체로 광케이블을 사용할 수 있다. 현장에서의 광케이블설치는 디지털데이터를 받아들일 수 있는 디지털 통신용의 지능형 전송기와 PLC 및 원격단말장치(RTU) 및 전송기가 통신용으로 사용하는 합리적인 표준 프로토콜에 달려있다.

FDDI는 전산기 LAN의 중추가 된다. FDDI는 최초에는 대형 서버나 워크스테이션간의 상호접속과 전산기 LAN의 상호접속에 사용되었다. 가격하락에 따라 FDDI가 쉽게 표준 LAN이 될 것이다. 이중회로의 신뢰성과 고속·고효율전송 및 통신지점간의 큰 허용거리 등의 장점으로 FDDI가 매력적인 프로토콜이 될 것이다. FDDI가 내구설비로서 현행의 LAN을 대체하면, LAN보다 10배 이상의 고속인 간선계 기술설비가 될 것이다.

전산기접속전용 LAN 이외에 더 많은 데이터를 전송시킬 수 있는 광대역네트워크(wide-band network)가 개발되고 있다. 이러한 네트워크는 400~600Mbps의 전송속도를 갖고 있으며 멀티미디어 LAN으로 사용되고 있다. 2개 이상의 전산망에 상호 접속하는 것에 덧붙여서 이러한 LAN은 전화, FAX. 영상정보전송에도 사용되고 있다.

현재 광역통신망(wide area network : WAN)을 형성한 전용 고속디지털회선으로 두개 이상의 LAN을 접속시켜가고 있다. 고속라우터의 출현으로 고성능인 전산기간의 통신을 지원할 수 있는 고속 WAN의 구축이 가능해졌다. 그리고 통신회선과 전산기 양쪽에서는 현재도 성능향상과 가격 하락이 진행되는 추세이다.

19.2.4.3 소프트웨어

운영체제는 금후에도 중요한 역할을 계속할 것이다. 전산기와의 '보는 대화'가 1990년대의 괄목할 만한 기술이었다. 앞으로 10년간에는 전산기와 '말하는 대화'가 가능하게 될 것이다. 멀티프로세서나 네트워크시스템의 통합된 프로세싱에 대한 효율향상도 운영체제개발에 포함된다. 하나의 칩으로 강력한 프로세서를 구성할 수 있으면 개별시스템에 다수의 프로세서를 구비하는 것이 일반화된다는 의미이며, 운영체제가 이와 같은 성능을 최대한으로 발휘할 것이다.

네트워크를 구성하는 주된 이유는 정보를 공유함으로써 사용자들의 능력을 향상시키는 것이다. 지금부터의 운영체제에는 네트워크 전체 데이터베이스에 대한 지원이 포함되어야 할 것이다. 앞으로 10년 사이에 사용자들은 자기의 개인전산기에서 네트워크 상에 등록하고 정보가 어디에 위치하고 있는지를 모르더라도 정보를 입수할 수 있게 될 것이다. 운영체제와 데이터베이스가 결합된 네트워크상에서 정보의 위치를 파악하고 이용자의 개인적인 부담을 경감시키게 될 것이다.

19.2.4.4 사용자 인터페이스

지난 몇 년 동안에 전산기그래픽 사용자인터페이스를 소개하고 채용하는 것이 눈부시게 발전하였다. 다음 10년간에는 이러한 인터페이스 중에서 「최선」의 것이 수용되는 동시에 표준화가 진행될 것이다. 앞으로 10년 안에 애플리케이션 패키지가 그래픽 사용자 인터페이스를 포함할 것이다. 대부분의 사용자들에게 사용자 인터페이스를 통하여 보다 많은 기능이 제공될 것이다. 네트워크표준으로서 X윈도우를 채용하는 것이 현행화면의 표준이 될 것이며, GUI의 경쟁은 중요성이 낮아질 것이며, GUI를 지원하는 것은 더욱 단순해질 것이다.

19.2.4.5 애플리케이션 개발

새로운 시스템을 개발할 때에 중요한 것은 애플리케이션 개발도구의 능력이다. 복잡한 그래픽을 포함한 사용자 인터페이스를 사용한 통합 애플리케이션 작업을 할 때는 프로그래머의 능력을 향상시키는 CASE 도구에 의해 보완된 객체 지향적인 언어가 표준이 되어야 한다. 하드웨어의 능력향상에 따라 보다 직관적인 사용자 인터페이스가 더욱 실용화되어야 할 것이다. 2개 이상의 서버가 사용할 수 있는 네트워크 지향적인 데이터베이스는 성능과 유연성이 표준화되어야 할 것이다. 더욱 더 많은 병렬프로세싱지원은 그러한 애플리케이션이 채택되는 결과로 되어야 할 것이다.

19.2.4.6 표준화와 개방시스템

전산기의 상호접속은 처리능력을 향상시키며 개인은 자기 책상에서 모든 데이터를 이용할 수 있게 될 것이다. 앞으로는 이상적인 전산기간 통신은 하나의 과업을 2대 이상의 전산기가 공동으로 실행하는 상호운용(interperability)의 방향으로 갈 것이다. 여러 개의 다른 전산기간에 공통 통신프로토콜, 하드웨어 플랫폼의 차이에 의한 공통 사용자인터페이스 및 데이터 정의와 데이터처리의 공통규칙개발에 상호운용의 성패가 달려있다. IEEE는 표준운영체제인 POSIX를 제공하고 있다. 이는 전세계 주요 전산기 제작사에서 후원하고 있는 국제조약인 X/open에서는 공통애플리케이션환경(common application environment)을 설명하고 있다 (POSIX 표준에 관한 적합성도 포함하고 있다). 이러한 노력의 목표는 소프트웨어의 이식을 쉽게 하기 위한 이식가능성(portability)과 상호운용을 실현하는 것이다.

이와 같은 활동에 따라 하드웨어시스템과 소프트웨어공급자 양쪽에서는 제안된 생산품 가격과 품질 및 유용성을 경쟁체제로 유지하게 될 것이다. 이것은 소프트웨어개발업자에게는 여러 개의 하드웨어용 소프트웨어개발을 필요로 하지 않고 오히려 공통애플리케이션환경의 특징을 제공하는데 치중할 수 있기 때문이다. 또 전산기 사용자에게도 대단히 유리하다. 특정 전산기나 특정 전산기를 위해 사용된 소프트웨어에 의존하는 것은 상당히 줄어들 것이다. 사용자에게는 장래에 구입가격이 낮아질 것이고, 생산성이 향상되며, 특정 제작사에 의존하는 위험성이 상당히 줄어드는 표준시스템으로의 방향이 대세일 것이다.

19.3 감시제어 및 데이터수집(SCADA)시스템

감시제어 및 데이터수집(supervisory control and data acquisition : SCADA)은 감시제어와 데이터수집이라는 2개의 별개기능을 가지고 있다. 감시제어는 펌프나 밸브와 같은 장치를 원격에서 감시하고 제어하는 것이다. 한편 데이터수집은 유량이나 압력과 같은 데이터를 원격센서로부터 수집한다.

미국에서 "공정제어"라는 말은 정수장 운전이나 펌프장에서의 자동제어를 의미하고 있다. 일반적으로 미국에서의 SCADA 정의에는 공정제어가 포함되지 않는다.

SCADA라는 용어에 대하여

감시제어라는 용어는 원격장치가 다른 장소로부터 수신된 설정치를 유지시키기 위하여 원격장치가 자기동작을 조정하는 시스템을 포함하여 사용되는 것이다. 다만 SCADA라는 약자에서 사용되고 있는 감시제어라는 말은 그렇게 강제된 것은 아니고 연속적인 (설정치)제어를 포함한 on/off제어를 다룬다.

일본에서는 SCADA라는 용어가 비교적 새로운 것이긴 하지만 미국에서보다 광의적으로 해석되고 있다. 일본에서 사용되는 SCADA라는 말은 미국에서는 일반적으로 포함되지 않는 공정제어를 포함한다.

이 책에서 취급하는 용어 중에서 SCADA와 같은 의미를 갖는 용어는 계속 바뀌고 있으므로 그 용어가 궁극적으로 어떻게 사용되는가를 설명할 수 없다. 따라서 이 용어를 국제적인 입장에서 사용하는 경우에는 특히 신중해야 한다.

용어의 유래

「감시제어 및 데이터수집(SCADA)」이라는 말은 「원격측정」과 「감시제어」라는 호칭으로는 일찍이 오리건 주 포트랜드 Bonneville Power Administration社에 의해 만들어진 신조어라고 간략하게 설명할 수 있으며 근대적인 장치를 설명하는 데는 적합하지 않을 수도 있다.

19.3.1 목적

SCADA는 수도시설의 원격감시와 제어를 실행하기 위하여 사용하는 도구이다. 원격제어는 수작업이나 자동으로 선택할 수 있다. 수작업원격제어에 관해서는 제어센터에 있는 운전자가 마치 현장에 있는 것처럼 밸브나 펌프 또는 기타 장치를 제어할 수 있다. 한편 자동원격제어는 시스템에 미리 설정된 방식에 따라 현장장치를 자동으로 제어한다.

또 SCADA시스템은 선로단선이나 전원 이상 등과 같은 긴급사태를 신속하게 파악하고 대처할 수 있다. SCADA시스템에 의해 수집된 수도시설운전의 상세한 데이터는 운전상황을 파악하고 모델화하는데 대단히 가치가 있으며, 시스템을 개선하기 위한 설계에도 유익한 자료이다.

미국에서 실시된 975개 수도사업에 대해 실시한 조사(Clauder System Research, 1990년)에 의하면 이러한 수도사업 중에서 93%가 어떤 형태로라도 SCADA시스템을 실시하고 있었다. 초기에 SCADA시스템을 채용하였던 사업체에서는 대부분이 근대적인 장치로 업그레이드할 계획을 가지고 있었다.

19.3.2 SCADA 시스템의 배경

원격제어와 원격표시에 관한 특허가 1880년대 초에 미국에서 신청되었다. 이들 초기 시스템은 원격제어 또는 원격표시의 어느 쪽인가를 목적으로 하는 것이었고, 두 기능을 동시에 유지하는 것은 아니었다. 1920년대와 1930년대에는 '운영전 기능확인(check-before-operate)'하는 개념채용과 함께 여러 상태를 전송하는 능력을 갖춘 다양한 상업용 시스템이 개발되었다. 이들 초기 시스템은 전화장치기술에서부터 발전된 전기기계적인 논리에 기초한 것이었다.

전기기계적인 시스템은 주로 원격제어와 단순한 상태표시를 크게 하고자 하는 것이 목적이었고 각 지점의 상태표시나 아날로그 값을 사용하는 실용적인 시스템은 없었다(Gaushell and Darlington 1987년). 즉, 그림 19.13에 나타낸 바와 같이 각 원격장치가 1대 1로 구성되어 독립된 마스터장치에 보고하는 구조로 되어 있었다.

일반적으로 이러한 시스템은 상태보고와 명령을 보내기 위해서 정지모드에서 작동하였다. 즉, 마스터장치가 명령을 보내기 위해서 원격장치에 일련의 부호화된 펄스를 보내고 원격장치는 상태변화를 보고하기 위하여 마스터장치에 펄스를 반송하였다. 이때 이외는 시스템의 상태보고와 지시부분은 정지상태가 된다. 아날로그값은 개별수치 또는 펄스지속이란 형태로 원격계기에 지속적으로 전해졌다.

이와 같은 시스템은 신호전송원리에서 오는 많은 근본적인 문제점이 있었다. 예를 들면, 원격장치-마스터장치의 통신고장을 신속하고 분명하게 발견할 수 없었다. 또 신호왜곡이나 통신회로의 유사잡음 등에 의해 피제어장치에 부정확한 상태보고나 명령받지 않은 기기작동이 많으므로 이러한 시스템에는 안정성문제가 있었다. 또 아날로그 값을 연속적으로 원격계측하는 것은 통신자원을 급속히 낭비시킨다. 이들 초기시스템은 명령과 상태보고용의 감시제어장치(supervisory control)와 아날로그 값을 전송시키는 원격측정장치(telemetry)라 하였다.

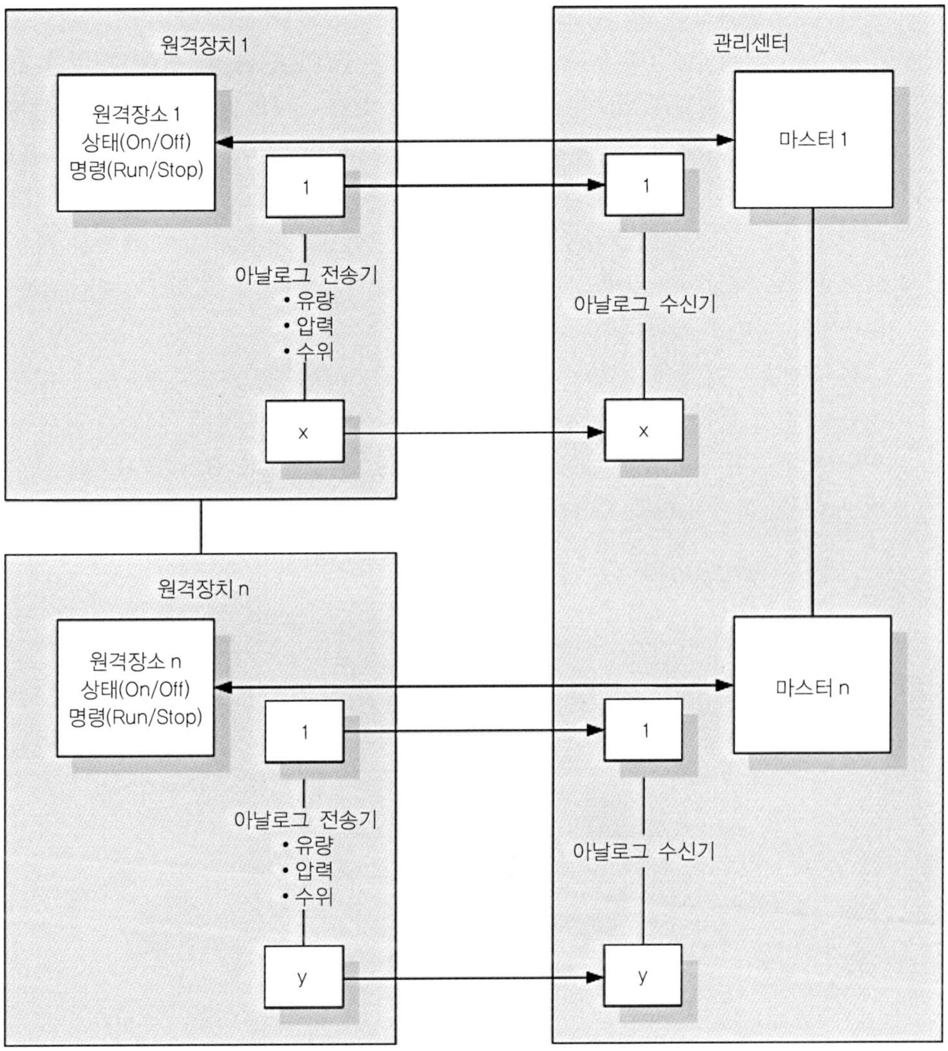

그림 19.13 ▍ 1 : 1 원격감시 계측제어장치

19.3.2.1 SCADA 시스템

새로운 미니전산기수준의 시스템이 등장하였던 1960년대 후반부터는 대량의 데이터수집이 가능하게 되었다. 이와 같은 시스템을 보다 정확하게 표현하는 용어로서 감시제어 및 데이터수집 또는 SCADA라는 말이 등장하였다.

미니전산기수준의 SCADA시스템이었던 초기에는 시스템 내의 모든 원격장치와 통신하는 마스터(주국)를 가지고 있었으며, 모든 아날로그, 상태, 그리고 명령을 처리하는 원격장치를 원격단말장치(RTU)라고 하였다. 이러한 방식이 집중방식이었다. 마스터에서 모든 원격장치에 연속으로 스캐닝하는 방식으로 통신을 실행하였다. 스캐닝 주기는 수초에서부터 수분 까지 다양하였다. 스캐닝 주기 내에 단말장치가 응답이 없다면 곧 눈에 띄기 때문에 이와 같은 연속적인 스캐닝으로 통신상의 문제를 조기에 발견할 수 있었다. 스캐닝 주기 중에 마스터는 상태변화나 아날로그데이터를 전송하도록 요청하였다. 이러한 값은 원격장치에 의해 디지털화되었고 마스터에 보고되었다. 운전자의 명령메시지는 우선권이 주어졌으므로 스캐닝 주기를 중단시킬 수도 있었다. 모든 전송은 디지털로 부호화 되었고 에러검출기술의 급속한 진보에 따라 실수한 명령이나 잘못이 포함된 데이터가 배제되도록 아주 정교해졌다. 또 신뢰성을 높이기 위해서 첫 번째 프로세서 기능이 정지된 경우에는 다음 프로세서로 자동으로 절체되는 이중 프로세서를 사용하였다. 그림 19.14는 집중형 SCADA 시스템을 나타낸 것이다.

미니전산기 가격이 저렴해지고 상대적으로 SCADA시스템이 대형화됨에 따라 중간처리 지점으로 서브마스터(submaster)를 사용하는 것이 실현되었다. 이러한 계층적 시스템은 1980년대 후반까지 많이 채용되었다. 그림 19.15에 계층적 SCADA시스템을 설명하였다. 미니전산기 가격이 더욱 떨어짐에 따라 SCADA시스템 처리범위를 더욱 확장시킬 수 있었다.

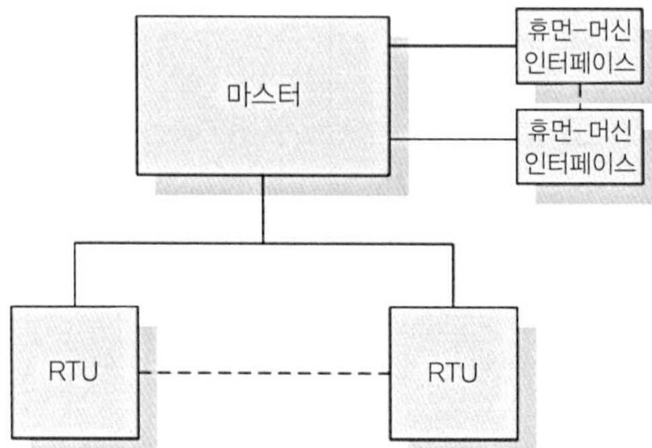

그림 19.14 ▌ 집중적 SCADA시스템

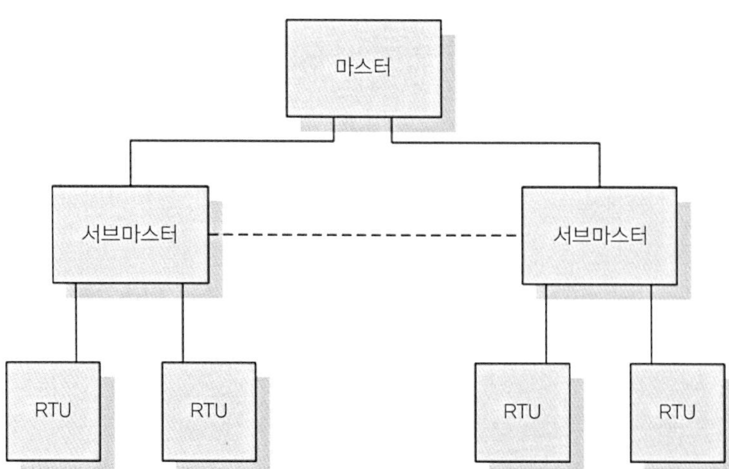

그림 19.15 ▌ 계층적 SCADA시스템

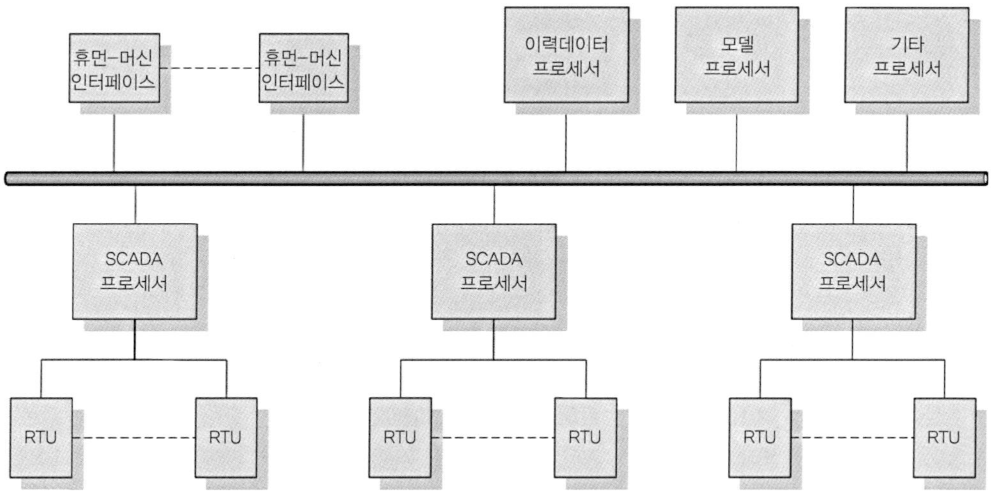

그림 19.16 ▌ 분산형 SCADA시스템

이것은 마스터와 서브마스터 처리부하를 직렬분산형 계층적시스템과는 반대로 처리부하를 병렬로 처리시키는 것을 실현하였다. 또한 마이크로프로세서의 장점과 함께 모듈방식에서 신뢰성과 능력이 향상된 RTU에 SCADA처리기능을 분산시키는 것이 타당하게 되었다. 그림 19.16에 분산형 시스템을 설명하였다.

19.3.3 시스템의 설명

SCADA시스템에는 다음 4개 주요 서브시스템이 있다.

- 원격단말장치(RTU)
- 통신
- 마스터
  - 1개 마스터에 의한 집중처리방식
  - 계층방식으로 1개 또는 그 이상의 서브마스터를 갖춘 마스터
  - 분산방식으로 병렬 처리하는 1개 그룹
- 휴먼-머신 인터페이스

19.3.3.1 원격단말장치(RTU)

RTU는 현장 센서와 피제어장치와의 인터페이스를 담당하고, 현장제어기능을 수행하며, 마스터와의 통신도 실행한다(그림 19.17). RTU는 기본적으로는 멀리 떨어진 장소인 현장 계측제어기기와 피제어기기를 접속시키는 인터페이스장치이다. 다만 현재 RTU는 시퀀스 제어와 연속제어 양쪽을 실행할 수 있는 다목적 장치로 발전하고 있다.

그림 19.17 ▌ RTU 캐비넷의 외형

RTU는 릴레이 접점이나 센서입력의 현장 기기에서 전기신호를 받아서 이 신호를 부호화하고 부호화된 메시지를 원격지로 송신한다. 또 RTU는 원격지에서의 명령을 받아서 적절한 전기적인 출력(릴레이접점 출력 등)을 펌프나 밸브 또는 이와 유사한 기기로 보낸다. RTU의 기본적인 구조에 관해서는 그림 19.18에 나타내었다.

RTU 기능. 수도시설에서 RTU의 기본적인 기능은 다음과 같다.

- 밸브나 펌프, 기타 기기의 상태를 연속적으로 감시
- 아날로그 입력을 연속적으로 감시
- 펄스적산과 함께 계량기로부터 펄스를 축척
- 회선의 연속적인 감시
  - 마스터(master)가 요청한 데이터에 응답
  - 마스터로부터 수신된 명령의 실행
- 데이터 요청에 응답할 때는
  - 요청의 타당성을 확인한다.
  - 모든 상태의 변화를 인지한다.
  - 아날로그 값을 디지털화한다.
  - 마스터로부터의 메시지를 부호화한다.
  - 마스터에 메시지를 송신한다.

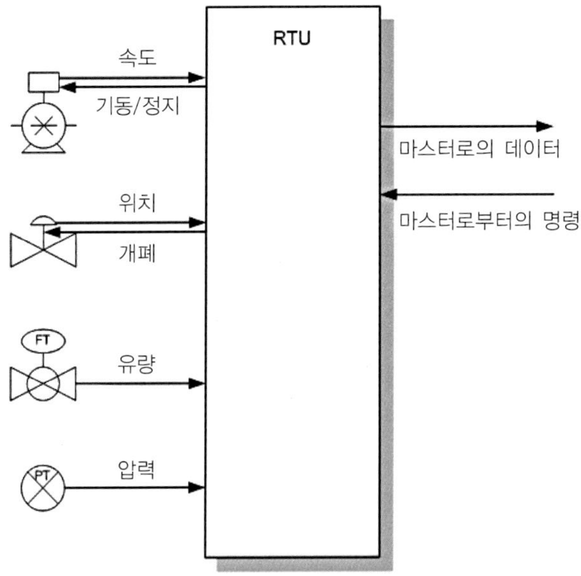

그림 19.18 ▌ RTU의 기능

- 명령에 응답할 때는
  - 명령의 타당성을 확인한다.
  - 처리받은 명령을 마스터에 응답한다.
  - 마스터로부터 확인을 수신하였을 때는 명령을 실행한다.
    마스터에 명령 실행을 보고한다.

위에서 설명한 기본적인 기능 이외 RTU는 고도화된 기능의 로직을 가지고 있으며, 이들 중 일부는 다음과 같다.

기능명칭	목 적
시퀀스제어	on/off 시퀀스
연속제어	설정치제어
데드밴드(dead bands)	아날로그측정치에서 중요하지 않은 변화치의 전송최소화
예외보고	변화되지 않은 상태(on/off 또는 accumulator) 자료의 송신
자료저장	마스터에 전송하기 편리하거나 가능할 때까지 자료 저장
다른 RTU들과 통신	마스터가 부재일지라도 한정된 제어를 한다.
이중통신 출구	임계 RTU들에서 다중통신회로를 제공한다.
현장 휴먼 · 머신 인터페이스	RTU에서 상태표시와 상호작동관계를 제공한다.

시퀀스제어와 연속제어 논리를 별개로 하기보다 RTU에 편입시키는 것이 일반적이다. 이 방법이 상당한 비용을 경감할 수 있고 또 변경이나 운전에 대한 유연성을 줄 수 있다. 예를 들면, 새로운 제어전략을 쉽게 상위 전산기(master)로부터 내려받을(download) 수

있다. 연속제어에 관해서는 설정치를 RTU에 전송할 수 있고, RTU는 소정의 설정치를 유지하기 위하여 펌프나 밸브를 제어한다. RTU는 새로운 설정치를 받을 때까지는 이미 주어진 제어를 계속한다. 통신이 정지된 경우에는 RTU가 최종 설정치로 작동을 계속하도록 프로그램할 수 있다. 즉,

- 사전에 설정된 자동안전(fail-safe) 설정치로 변경한다.
- 근처의 배수지수위 등과 같은 다른 기준을 근거로 작동한다.
- 사전에 설정된 시간이 지나면 펌프운전을 중단한다.
- 기타 유사한 조치를 시행한다.

시퀀스제어는 RTU에 의해 쉽게 수행된다. 다만, 과열이나 과전류와 같은 중대한 연동은 신뢰성을 극대화시키기 위하여 직접 작동해야 한다. 그러므로 이와 같은 결정적인 연동은 일반적으로 RTU에 포함시키지 않는다.

수도사업에서 기본요소로서 RTU

RTU는 감시제어 및 데이터수집(SCADA)시스템의 중추부분이다. 아래 그림은 SCADA시스템 내에서 RTU기능을 나타낸 것이다. PLC를 RTU와 결합하여 사용하든지 RTU를 그대로 사용할 수 있지만 경제적으로는 매력이 없다.

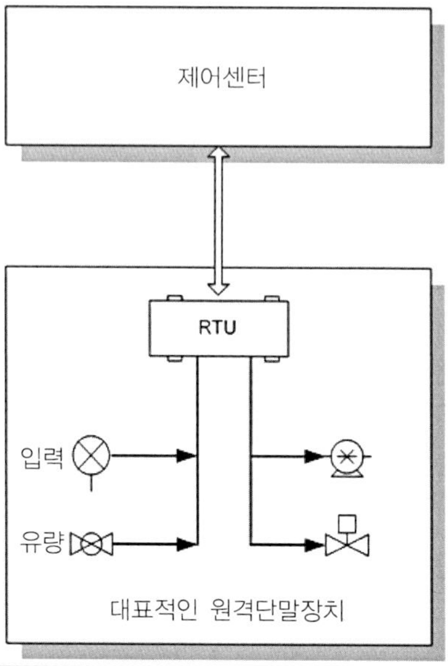

더 이상 말할 것도 없는 RTU 시대

1985년 이전에는 RTU가 일반적으로 주로 그 시스템이 마이크로프로세서베이스인가 아닌가에 따라 "지능형" 또는 "비지능형"으로 분류되었지만, 현재는 "지능형" RTU와 "비지능형" RTU의 구별은 기본적으로는 없어졌다. 지금은 모든 RTU가 마이크로프로세서베이스화 되어 있으며 어떤 것은 고도의 기능을 수행하기 위한 크기와 프로그램으로 되어 있다.

> **이벤트의 시퀀스 기록용**
>
> 전력공급업계에서는 디지털데이터의 단기적인 저장도 광범위하게 이용되고 있다. 이와 같은 방법은 '이벤트시퀀스' 기록용으로 사용되고 있다. 이 기능을 실행할 때에 RTU는 몇 천 분의 1초 내에 발생한 상태 변화를 연결된 각 이벤트발생시간과 함께 저장한다. 발생한 정확한 시간과 변화를 사후에 보고하는 것으로, 거의 순시에 발생한 여러 차단기 트립(Trip)과 같은 이벤트시퀀스를 상세하게 재구축할 수 있다. 이 기능은 수도시설에는 거의 사용되지 않는다.

RTU의 또 다른 유용한 기능은 값이 설정된 한계(deadband)를 초과하였을 경우에만 보고하는 방식으로 유량이나 압력과 같은 측정값을 연속적으로 감시할 수 있다. 이 기능에 따라 중요하지 않은 데이터를 빈번하게 전송시키는 것을 방지함으로써 통신량을 대폭적으로 삭감시킬 수 있다.

이와 유사한 기능으로서 예외 보고방식은 상태(예 : on/off, open/close)의 값이 변하였을 경우에만 보고하는 방식이다. 단말기기에 송신하도록 작용되었을 경우에 변화가 없으면, RTU는 간단히 "변화 없음"의 메시지로 응답한다. 변화가 생긴 경우에는 변경내용을 보고해야 한다. 이 기능에 따라 실제 변화를 보다 신속하게 마스터에 전달하면서 불필요한 통신을 줄인다.

사후의 회복처리를 위하여 RTU에 아날로그데이터 또는 디지털데이터를 저장하고 있는 것이 편리한 경우가 종종 있다. 데이터저장은 통신중단으로 인한 중요데이터의 분실에 대한 보호수단이다. 이러한 데이터로는 요금계산, 서지분석 또는 이와 유사한 항목에 관한 필요한 유량치나 압력치를 포함할 수 있다.

많은 RTU의 편리한 특징은 RTU에서 마스터로 전송하는 것과 마찬가지로 다른 RTU에도 보고하는 기능을 갖는 것이 편리하다. 예를 들면, 펌프장이 배수지의 송수원인 경우에 배수지 RTU가 펌프장 RTU에 배수지정보를 전송하는 구조이다. 이와 같은 시스템이면 마스터의 통신이 중단되더라도 배수지의 제어범위 내에서 펌프운전을 계속함으로써 펌프장의 RTU기능에 방해받지 않을 수 있다.

다수의 원격지나 2차적 통신채널에 통신할 수 있는 RTU 능력을 "dual porting"이라고 한다. Dual porting은 중요시설의 통신 신뢰성을 높이는데 특히 유용하다. 또 2개 기관에 의해 공동으로 감시되거나 관리되는 시설에 대해서도 유용하다.

RTU로 사용되는 프로그램 논리제어장치(PLC). PLC기술은 1960년대 후반에 등장하였고 현재 모든 산업분야에서 관심을 계속 끌고 있다. PLC는 처음에 대규모 시퀀스제어가 소요되는 곳에서 릴레이 대신 사용되었다. 이 기술은 시퀀스제어뿐만 아니라 PID제어도 가능한 제어장치로 급속하게 발전하였다. 또 PLC는 통신기능을 갖추게 되었고 복잡한 제어를 수행하도록 PLC끼리의 접속도 가능하게 되었다. 그러면서 현재는 제어기능이 강조된 RTU의 대용으로 사용되기도 한다.

PLC 프로그래밍

PLC가 보급되기 전까지는 시퀀스제어에는 릴레이가 사용되었으며, 이러한 제어장치를 프로그램하기 위해서는 릴레이용 회로도와 유사한 ladder 표시방법이 채용되었다. PLC의 제어능력이 보다 고도화됨에 따라 새로운 프로그래밍방법을 이용할 수 있게 되었다.

다음과 같은 여러 가지 대표적인 방법 중에서 시퀀스제어용으로는 ladder법과 로직다이아그램법 및 테이블 방식이 적합하다. 한편 연속제어용으로는 flow chart와 timing chart가 적합하다.
또한 PLC에는 보다 고급언어가 사용 되었으며, 이것이 네트워크상으로 조직된 어플리케이션에 특히 유용하다.

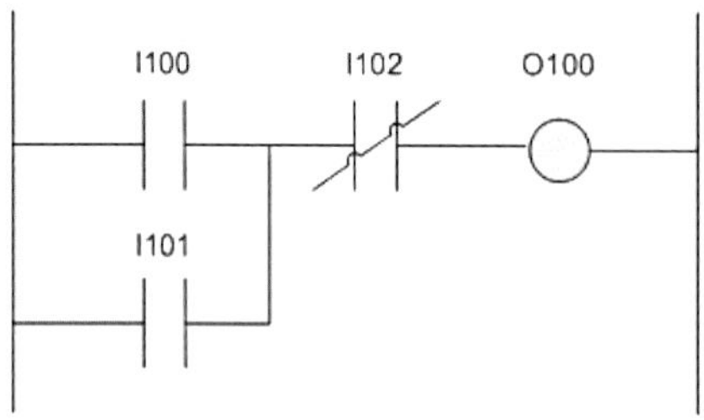

래더(ladder)법

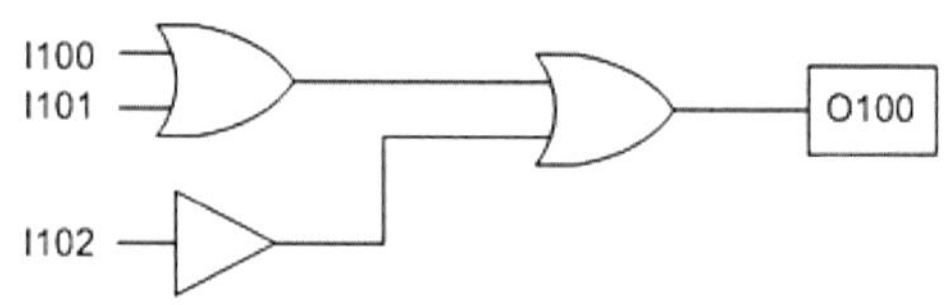

로직다이어그램법

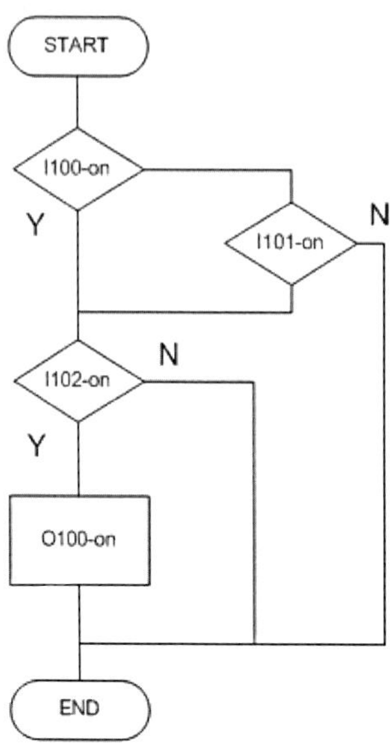

플로우차트법

	1	2
I100	Y	
I101		Y
I102	N	N
O100	Y	Y

테이블법

19.3.3.2 통신

통신은 SCADA시스템 내의 서브시스템간을 접속시키는데 필요하다. SCADA시스템을 효율적으로 작동시키기 위해서는 통신시스템의 신뢰성이 필수이다. SCADA 통신은 공중통신회선, 무선, 금속케이블, 광케이블과 위성을 조합하여 이루어지는 것이 일반적이다.

통신시스템을 계획할 때에는 수도시설의 모든 데이터통신 요구를 고려하여 신중하게 해야 한다. 이 계획에는 SCADA에 관한 ①관리정보시스템, 보수관리 정보시스템, 지리정보시스템, 수질시험소 정보시스템과 수요자 정보시스템 등의 기타 데이터시스템, ②전화나 이동식 무선 등의 음성시스템, ③안전시스템 등과 같은 통신요구를 포함해야 한다.

지금까지 수도분야에서는 이동식 무선장치를 제외하고는 모든 통신을 전화회선이나 단순무선방식에 의존해 왔다. 분산방식이나 네트워크화된 방식에서 데이터요구 증가에 따라 다른 대체방법을 고려하는 시기가 오고 있다. 또 미국에서는 전화사업 규제철폐로 많은 업체에서 독자적으로 통신망을 설치하여 자기 수요처에 서비스하는 것이 경제적으로 유리하게 되었다.

19.3.3.3 마스터

앞서 설명한 바와 같이 마스터는 단일장치(집중형 처리방식, 분산형 처리방식)로 하거나, 서브마스터를 갖춘 마스터(계층시스템)로 하기도 하고 또는 병렬프로세서(분산방식)로 할 수 도 있다. 이러한 각 방식을 총칭하여 단순하게 마스터라고 한다.

마스터의 기능에는 RTU를 스캐닝하는 것이 포함된다. RTU의 정상동작 감시, RTU의 메시지에 잘못이 없는지를 확인, 메시지가 부적정한 경우에 재시행, RTU나 통신이상의 전송 등에 의하여 스캐닝이 이루어진다. 또 마스터에서는 RTU로부터 수신한 데이터도 처리한다. 경보상태를 조사하고 아날로그 데이터를 평균화시키거나 추세를 조사하고, 상태변화를 기록하며 데이터베이스 내에 데이터로 입력하고 저장하는 것도 마스터가 한다.

운전자 명령 전송도 마스터의 또 다른 중요한 기능이다. 전송되는 명령에는 ①스캐닝을 중단하고 적당한 원격장치를 작동상태로 하는 단계, ②명령을 부호화 하여 전송하는 단계, ③명령이 적절하게 수신되고 있는 것을 확인하는 단계, ④명령 실행을 승인하는 단계, ⑤명령 실행을 확인하는 단계와 같은 많은 단계가 포함된다.

마스터는 또 이력데이터에 대하여 데이터베이스를 유지해야 한다. 이렇게 하기 위한 방법으로서 RTU의 스캐닝으로 얻은 정보를 시간평균이나 일일평균으로 압축시키며 첨두치의 윤곽을 기록하고, 데이터 저장량을 최소화 하기 위하여 여러 데이터를 압축시키는 방법이 사용된다. 또 이력데이터에는 유량, 압력, 수위를 추후에 상대적으로 비교할 수 있도록 펌프운전, 밸브개도, 기타 항목 등도 포함하는 경우가 있다. 또 이력 데이터베이스 소프트웨어 항목은 유연성이 풍부한 데이터검색 능력을 갖춘 것이어야 된다.

마스터는 또 휴먼-머신 인터페이스의 역할을 담당한다. 이와 같은 기능에는 비디오 화면 장치나 맵보드(mapboard) 또는 프린터 및 그래픽을 포함한 스크린포맷을 정의하여 능력을 제공하고 보고서포맷을 정의하여 능력을 제공하는 등의 이와 유사한 매체를 사용하여 데이터를 표시한다.

서브마스터(계층방식)와의 통신, 프로세서(분산방식) 상호간의 조정, 다른 데이터시스템과의 인터페이스도 마스터가 담당해야 하는 기능이다. 마스터에는 필요할 경우 백업하는 중요한 기능인 고장절체(fail-over)기능도 갖고 있다. 이와 같은 기능에는 백업 프로세서에 이중 데이터파일의 보관, 상용프로세서의 감시(백업용 프로세서에 의함)와 상용 프로세서의 기능정지나 에러를 감지하였을 때의 백업 프로세서로의 절체 등이 있다.

마스터는 또 공급예측, 수요예측, 최적펌프운전과 누수검출 등과 같은 고도의 기능도 수행할 수 있다.

19.3.3.4 휴먼-머신 인터페이스

휴먼-머신 인터페이스는 운전자가 SCADA시스템과 대화하는 지점이다. 현재의 SCADA 시스템은 대화형식의 휴먼-머신 인터페이스모듈을 갖추고 있다. 이러한 모듈 덕택에 프로그래밍에 관한 지식이 없는 사람이 화면을 구축할 수도 있다. 또 이 기능에 의해 시스템을 사용하는 운전자가 자신들의 요구에 정확하게 맞는 그래픽과 표시화면을 구축할 수도 있으며, 이러한 화면은 대화식일 수도 있다. 결국 펌프의 표시가 펌프의 상태에 따라 색깔이 바뀌거나 저수지의 수위가 올라가면 저수지의 표시부가 「채워짐」으로 표시되는 형태로 바뀔 수 있다.

운전인터페이스를 직접 제어하기 위한 운전자 개인에 관한 특징은 최근의 SCADA기술 개발 중에서도 특히 중요한 개발사항이다. 운전자가 “주어진 것만을 사용”해야 하는 종래의 시스템에 비해서 이들 시스템은 사용하기가 훨씬 편리하다.

19.3.3.5 SCADA시스템 입력

SCADA시스템으로의 입력은 RTU에 의해 자동적으로 실시간 감지되고 보고됨으로써 입력되거나 휴먼-머신 인터페이스를 통해 수작업으로 입력된다. RTU에 의한 입력에는 상태, 유량, 압력, 수위가 있다. 한편 휴먼-머신 인터페이스에 의한 입력에는 개/폐, 실행/정지, 설정치가 있다.

19.3.3.6 SCADA시스템 출력

SCADA시스템으로부터의 출력은 휴먼-머신 인터페이스를 구동시키거나 또는 RTU에서 명령을 실행시키기 위한 것이다. 휴먼-머신 인터페이스를 위한 출력정보에는 정기적인 보고, 경보, 경보요약보고서, 그래픽, 실시간 데이터화면, 평균화 또는 추세데이터 화면 및 이력보고서가 포함된다. 제어(명령실행)를 위한 출력정보에는 설정치나 on/off 또는 개시/정지가 포함된다.

최근의 SCADA기술은 운전자에 의한 휴먼-머신 인터페이스 화면을 작성할 수 있지만, 마찬가지로 현행방식은 프로그래밍기술이 없는 사람도 보고서를 작성할 수 있다. 예를 들면, 한 운전자나 엔지니어가 보고서 포맷을 간단히 정할 수 있다. 이에 따라 특별조사보고서나 일상운용보고서로서 자동 출력되는 계획된 보고서를 작성할 수 있다.

19.3.4 현재의 활용현황

현재 수도사업에서의 SCADA시스템은 주로 다음과 같은 기능을 수행하고 있다.

- 모든 중요지점의 상태감시
- 모든 중요한 압력, 유량, 수위 및 기타 아날로그값의 감시
- 원격 수작업 제어
- 이력데이터의 편집
- 모델작성(또는 다른 모델 소프트웨어의 기초 제공)
- 한정적인 자동제어
- 다른 데이터시스템과의 한정적인 접속

19.3.4.1 현재의 원격단말장치(RTU)

현재 RTU는 마이크로프로세서로 구성되어 있으며 광범위한 능력을 가지고 있다. RTU 기능을 실행하는데 프로그램 논리제어장치(PLC)가 사용되기도 한다. 일반적으로 PLC는 크고 복잡하며 원격지인 경우에 대해서만 경제적으로 유리하다.

가장 싼 가격의 RTU로도 상당한 논리기능을 실행할 수 있다. 또 가격을 약간만 올리면 RTU에 시퀀스제어나 연속제어기능을 갖게 할 수도 있다. 거의 모든 RTU는 전원에 이상이 생겼을 경우에도 상태 보고를 실행할 수 있는 배터리 백업을 구비하고 있다.

RTU 통신프로토콜은 제작사에 의존하고 있다. 그러나 대부분의 제작사는 다른 제작사의 RTU가 동일한 마스터와 통신을 할 수 있는 프로토콜변환기를 제공하고 있다. 그렇지만 통신을 실행할 수 있는 것은 다른 RTU가 서로 같이 동작한다는 것을 의미함은 아니다. 명령이나 설정치를 보내거나 경보에 응답하는 등의 절차는 여전히 제작사에 의존한다.

19.3.4.2 현재의 마스터

일반적으로 마스터는 미니전산기 또는 마이크로전산기로 구성되며, 분산 방식을 지향하는 추세가 높아지고 있다. 현재 여러 제작사에서는 전산기나 워크스테이션을 사용하는 분산마스터를 제공하고 있다. 이러한 방식에는 비교적 가격이 싼 프로세서를 추가함으로써 시설을 확장시킬 수 있는 이점이 있다. 새로운 수도시설이나 새로운 애플리케이션에는 이와 같은 방법으로 증설할 수 있다. 따라서 시설이 지나치게 커지는 것은 좋지 않다.

SCADA, 휴먼-머신 인터페이스, 보고서 작성, 화면작성, 평균이나 추세를 위한 데이터처리와 이력데이터 저장과 검색용으로 소프트웨어를 사용할 수 있다 일반적으로는 자동제어와 같은 고도기능용으로 미리 만들어진 소프트웨어는 없다.

19.3.5 중요한 인터페이스

SCADA시스템은 수도시설을 감시제어하는 네트워크화된 시스템의 핵심이다. SCADA는 모든 수도시설에서부터 다른 시설에 이르기까지의 운영데이터를 제공한다. 정보운영관리 시스템 방식은 SCADA시스템으로부터 데이터를 이용할 수 있다. 특히 수용가정보시스템, 보수관리시스템(CMMS)과 수질시험실 정보관리시스템(LIMS)은 이러한 SCADA입력정보의 혜택을 받는다.

19.3.6 신규기술의 동향

SCADA시스템의 구조가 출현한 이래 단기간에 극적으로 변천하였다. 앞으로는 분산방식이 보다 광범위하게 보급될 것이다. 분산방식의 등장에 따라 SCADA 시스템과 무관한 데이터 진입방지대책의 필요성이 높아지고 있다. 당연한 것이면서 이동단말이나 재택근무용 워크스테이션에서의 다이얼 호출식 접근기능을 갖춘 시스템은 비인가자의 접근을 방지하기 위한 적절한 기밀보호조치를 가지고 있어야 한다.

SCADA시스템에서의 한정적이고 긍정적인 변화로서 일상 업무에서의 조작, 변경 또는 업그레이드(upgrade)로부터 프로그래머를 없애는 추세이다. 예를 들면, RTU 추가, RTU에 항목 추가, 보고서포맷이나 출력시간의 추가나 수정, 그래픽화면 포맷의 추가나 수정, 또는 대부분의 시스템문제 진단과 같은 일에 프로그래머가 필요하지 않게 되었다. 이와 같이 SCADA시스템이 지극히 운전자 지향적이고 운전자 요구에 대응할 수 있는 방식으로 만들어지는 추세이다.

현재 경보처리를 위하여 기준에 근거한 접근방식이 개발되었다. SCADA시스템은 대량 데이터를 감시하는 방향으로 가고 있으며, 개개의 변화나 한계를 벗어난 상태를 보고하도록 프로그램된 경우에는 많은 경보가 발생할 것이다. 기준에 근거한 접근방식으로 필터를 거치게 되면 경보의 수를 대폭적으로 삭감시키고 운전자에 대해서는 중요한 사건을 압축하여 알릴 수 있다. 예를 들면, 펌프장에서 전원에 이상사태가 발생한 경우에 수많은 경보가 발령되지만 이러한 경보 모두가 전원이상(전문가 시스템에 의하여)에 기인한다고 판단되는 경우에는 전원이상만을 보고하면 된다.

CHAPTER 20 전기방식(Cathodic Protection)

역자: 이경, 심성현, 유정호, 박태영

20.1 부식 및 방식

20.1.1 부식의 개요

부식(corrosion, 腐蝕)이란 금속재료가 그 주변 환경과의 사이에서 화학적 혹은 전기화학적으로 반응하는 과정이다.

그러나 좁은 의미에서의 부식이란 금속재료가 사용환경 속에서 퇴화되어 본래의 기능을 상실하게 되는 것을 의미한다. 이러한 금속의 부식은 자발적인 현상으로서 금속이나 합금은 원래의 상태인 광석(*ore*)으로 회귀하려고 하는 과정으로 이해할 수 있다. 금속은 자연계에서 대부분 산화물이나 유화물 등의 형태로 존재하고 있으나 이것을 환원이라는 과정을 통하여 유용한 금속(높은 에너지 상태)을 얻어서 각종 용도에 활용하고 있다. 다시 말해서 자연상태로 존재하는 광석에 제련이라는 형태로 에너지를 주입하여 금속을 생산하게 되는데, 에너지가 주입되어 불안정한 금속이 자연상태의 안정된 화합물 상태로 되는 것이 에너지적으로 안정하기 때문에 금속재료는 주위에 존재하는 다른 원소와 결합하여 화합물(광석)의 상태로 회귀하려고 하는 과정을 부식이라고 이해할 수 있다.

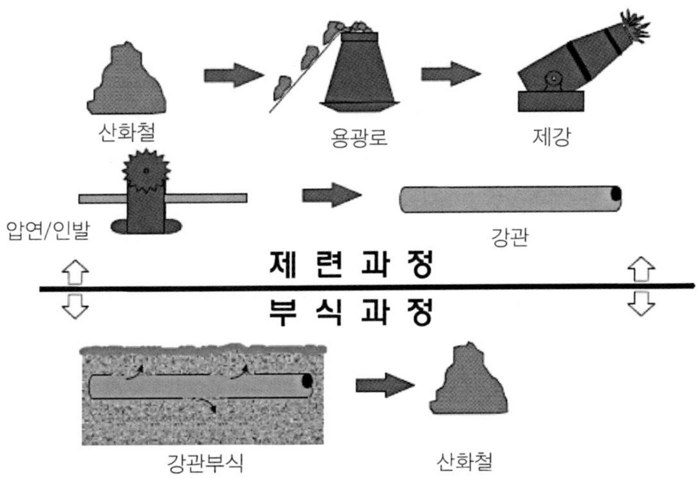

그림 20.1 ▌ 철의 제철/제련과 부식과정

금속의 부식경향은 예측할 수 있으며, 따라서 불안정도가 높은 금속은 쉽게 부식되리라는 것을 알 수 있다. 제련과정에서 많은 양의 에너지가 투입된 금속은 불안정하여 부식되려는(에너지를 버리고 자연상태로 회귀하려는) 경향이 크고, 반면에 제련이 용이한 금속은 부식되려는 경향이 작다고 할 수 있다. 예를 들어 구리나 구리합금 등은 철이나 강에 비해 제련에 필요한 에너지가 훨씬 적으므로 부식에 대한 저항성이 크다. 자연상태에서도 금속의 형태로 존재하는 금(*gold*)이 부식되지 않는 것도 이러한 이유이다.

모든 부식현상은 전기화학적 반응에 의해 진행되는데, 전기화학적 반응이란 화학반응의 진행과정에 전자(*electron*)가 참여하는 반응이다. 이러한 반응은 반드시 두 개의 반쪽반응(*half reaction*)으로 이루어지게 된다. 예를 들어서 산성 용액에서 철이 부식되는 경우는 다음과 같은 두 개의 반쪽반응에 의해 진행된다.

$$Fe \rightarrow Fe^{2+} + 2e^- \quad (20.1)$$

$$2H^+ + 2e^- \rightarrow H_2 \quad (20.2)$$

위의 반응에서 철은 전자를 잃는 산화반응이라 하며 부식이 진행되고 있는 철의 표면에서는 식 20.1과 식 20.2의 두 가지 반응이 모두 일어난다. 다시 말해서 철은 식 20.1의 반응에 의해 Fe^{2+}의 형태로 소실되며, 이 반응에서 생성되는 전자는 식 20.2의 반응에 의해 소모된다. 부식의 원인을 이해하고 적절한 부식방지 대책을 제시하기 위해서는 이 두 가지 반응에 대한 확실한 이해가 필요하다.

20.1.2 방식의 개요

방식(防蝕)이란 간단히 부식현상을 방지하는 것이라고 할 수 있으나, 실질적인 의미에서는 부식현상을 억제하는 것일 뿐, 완벽하게 부식을 방지하는 방법은 없다고 해도 과언은 아니다. 우리가 많이 시행하고 있는 전기방식의 경우에도 방식전위 범위에서는 방식이 이루어지고 있다고 말하고 있으나, 100% 완벽하게 철배관이 산화되는 속도를 방지한다는 것보다는 산화속도를 억제하고 있는 것이라고 할 수 있다. 즉 외부의 에너지를 이용하여 그 속도가 미미하도록 유지하고 있을 뿐이다. 따라서 부식을 억제하기 위해서는 부식 현상을 먼저 정확히 이해해야 한다. 왜냐하면 대부분의 실용적인 방식법은 모두 부식 발생의 원인 및 발생과정(기구) 등의 이해로부터 도출되었기 때문이다.

20.1.3 방식의 중요성

부식으로 인한 경제적 손실은 미국에서만 연간 약 80억~1,260억 달러에 이르는 것으로 추정되었다. 1976년에 수행한 미국 내 부식으로 인한 경제적 손실에 관한 가장 광범위한 조사에서는 연간 손실을 약 700억 달러로 추정하였다. 한편 미 상무성에서는 1982년 부식으로 인한 미국 내의 경제적 손실을 1,260억 달러라고 발표하였다. 기준점인 무부식(無腐蝕 ; zero corrosion) 상태를 설정하는 것이 어렵기 때문에 이러한 수치들은 어느 정도 오차를 갖기 마련이다. 부식을 방지하기 위한 어떤 방법들은 부품 또는 장비 그 자체의 구입보다 더 많은 예산이 소요되는 경우가 있다. 부식을 방지하거나 줄이기 위한 방안들이 모두 취해졌을 경우 그 비용은 연간 약 300억 달러에 달하는 보다 현실적인 수치가 제시되기도 했다. 어떻든 부식으로 인한 경제적 손실은 실로 엄청나다고 할 수 있다.

20.2 부식의 원리

20.2.1 전기화학적 원리

20.2.1.1 산화반응(Oxidation reaction)

양극반응(Anodic reaction)은 전자를 잃는 반응으로 양극 금속이 손실되며 부식이 발생된다.

$$Fe \rightarrow Fe^{2+} + 2e^{-} \qquad (20.3)$$

20.2.1.2 환원반응(Reduction reaction)

음극반응(Cathodic reaction)은 전자를 소모하는 (consumption) 반응이다.

- 전하를 중성으로 만들기 위해 산화반응에서 나온 전자를 소비
- 부식이 진행되기 위해서는 양극반응에 의해 생성된 전자가 소모 될 수 있는 음극반응이 동시에 수반되어야 한다.
- 양극반응이 금속의 산화반응인 것과는 달리, 음극반응은 부식환경에 따라 다양한 반응이 발생한다.
- 대표적인 음극반응은 수소발생 반응, 산소환원 반응 및 금속이온의 환원반응이 있다.

〈수소발생 반응〉

$$2H^{+} + 2e^{-} \rightarrow H_2 \quad pH \le 5,\ \text{산성 용액} \qquad (20.4)$$

$$2H_2O + 2e^{-} \rightarrow H_2 + 2OH^{-} \quad pH \ge 6\ \text{중성 또는 알칼리 용액} \qquad (20.5)$$

〈산소환원 반응〉

$$4H^{+} + O_2 + 4e^{-} \rightarrow 2H_2O \quad pH \leq 5,\ \text{산성 용액} \tag{20.6}$$

$$2H_2O + O_2 + 4e^{-} \rightarrow 4OH^{-} \quad pH \geq 6\ \text{중성 또는 알칼리 용액} \tag{20.7}$$

〈금속이온 환원 반응〉

$$M^{n+} + e^{-} \rightarrow M^{(n-1)+} \tag{20.8}$$

20.2.1.3 전극

- 양극(Anode)은 산화반응이 일어나는 전극(부식이 일어나는 전극)이다.
- 음극(Cathode)은 환원반응이 일어나는 전극(부식이 억제되는 전극)이다.

20.2.2 부식이 발생하기 위한 조건

부식이 발생되기 위해서는 다음의 다섯 가지의 조건이 반드시 만족되어야만 한다.

- 양극(Anode)이 있어야 한다.
- 음극(Cathode)이 있어야 한다.
- 금속이라는 도선역할의 전자전도체(electronic conductor)가 존재해야 한다. 즉, 전자가 생성되고 소모되는 반응부위들 사이에 전자의 흐름이 가능한 전도체가 있어야 한다.
- 금속 주변에 이온전도체(ionic conductor)가 존재해야 한다[1]. 앞에서 살펴본 바와 같이 두 가지 반응에는 모두 이온들이 참여하고 있는데, 이러한 이온의 전달이 가능한 매체가 있어야 한다.
- 전류의 흐름이 가능한 폐쇄회로(closed loop)가 구성되어야 한다. 이것은 전자전도체와 이온전도체 사이에 전류 흐름 양상의 변환이 있어야 함을 의미하는 것으로서, 계면반응에 의한 전하전달 과정을 의미한다.

위에서 언급한 다섯 가지 조건은 부식의 필요 충분 인자들로서 이 조건들이 갖추어지면 반드시 부식이 진행되며, 반대로 다섯 가지 조건 중 어느 하나만 결핍되어도 부식은 진행되지 않는다. 부식을 방지하기 위한 방식 방법을 생각할 때 부식반응인 양극반응을 억제할 수 있는 방안에만 집착하는 경향이 있으나, 이상에서 언급한 다섯 가지의 조건 중에서 어느 하나를 억제해도 충분한 방식효과를 얻을 수 있다.

1) 실제 부식시스템에서는 이를 전해질이라고 하며, 토양, 해수, 수분 등이 이러한 기능을 한다.

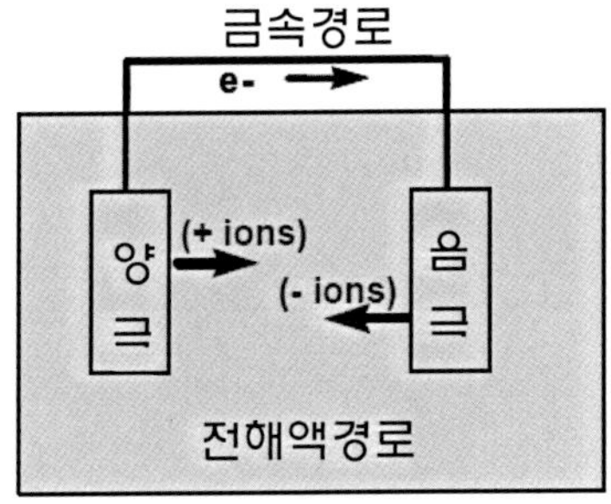

그림 20.2 ▌ 전기화학적인 부식전지에서의 전류의 흐름

20.2.3 부식속도

전기화학적 반응은 산화반응과 환원반응으로 구별되고, 이들 두 반응은 동일한 전체 반응에서 서로 반응량의 평형을 이룬다. 이 때 평형을 이루는 산화환원 반응속도를 그 시스템에서의 부식속도라 부르며, 대표적인 물리적 표현방법으로는 전류(단위시간당 흐른 전하량) 값을 사용한다.

20.2.3.1 Faraday's Law

Faraday는 전류와 부식속도의 관계를 나타내는 공식을 아래와 같이 제안하였으며 이를 *Faraday' s 법칙*이라 한다.

$$\frac{m}{at} = \frac{iM}{nF} \tag{20.9}$$

여기서, m : 금속에서의 질량 손실[g]

t : 시간[sec]

a : 금속의 노출된 면적[cm^2]

i : 전류밀도[A/cm^2]

M : 금속의 원자량[g]

n : 금속원자당 교환된 전자수

F : 패러데이 상수(96,500 Coulombs/mole of e^{-1})

상기 공식의 좌변을 ρ[g/cm^3]로 나누면 부식속도[cm/s]가 된다.

$$\text{corrosion rate[cm/s]} = \frac{(1/\rho)m}{at} \tag{20.10}$$

20.3 토양부식(매설배관에서의 부식)

20.3.1 토양부식의 개요

토양부식이란 토양속에 묻혀있는 배관, 강파일, 저류탱크 및 동력선의 부식을 지칭하는 것으로 넓은 의미에서는 "콘크리트"도 토양의 범주에 포함하기도 한다. 토양환경에서의 부식은 근본적으로 수용액 환경(aqueous environment)에서 발생하는 부식과 같은 원리에 의해서 발생한다(토양에 함유된 수분이 전해질로 작용). 차이점이라면 수용액 환경에서는 부식성 화학물질의 유동성이 높지만, 토양에서는 유동성이 작다는 점이다.

20.3.2 토양부식의 특징

토양의 부식에 영향을 미치는 인자들을 열거하면 수분함량(water content), 통기성(aeration), 비저항(resistivity), pH, 이온농도(ion concentration), 미생물의 활동성(microbial activity), 미주전류(stray current) 또는 기계적인 작용(stress 등) 등과 같은 화학적, 전기적, 기계적인 요인 등이 매우 많고, 또한 이 인자들이 상호 복합적으로 작용하기 때문에 정확한 토양의 부식성을 파악하기는 매우 어려우며 부식형태가 주로 국부부식을 취한다는 것이 특징이다.

표 20.1에서 언급한 인자들은 독립적으로 작용하여 부식에 영향을 미칠 수 있고, 경우에 따라서는 둘 이상의 인자가 동시에 작용하여 부식반응을 유발시킬 수도 있다.

표 20.1 ▎ 부식에 영향을 미치는 주요인자

인 자	관련된 매개변수	결 과
화학적 인자	• 수분함량 • 용존산소량 • pH • 부식 유발 이온 • 토양비저항	• 균일부식 • 공식
미생물학적 인자	• 황산염 환원세균	• 미생물 부식
전기적 인자	• 간섭전류(직류 또는 교류)	• 전기분해 • 교류로 인한 부식
기계적 인자	• 운영압력 • 토압 • 토양 화학적 성분	• 응력부식균열 • 부식피로

20.3.2.1 화학적 인자(chemical factor)

수분함량(water content). 수분의 존재는 부식전지(corrosion cell)가 작동하여 토양 부식이 발생하기 위한 필수조건이다. 따라서 지하수위와 매설 구조물의 상대적인 위치가 중요하다. 즉, 일반적으로 지하수위의 하부에 매설된 경우가 부식의 위험성이 더 크다고 할 수 있다. 지하수위의 깊이는 종종 지역에 따라서 매우 폭 넓게 변한다. 그러나 많은 경우 토양 조건 및 기후에 따라서 변화는 있지만 대략 지표면에서 약 1~3m 깊이에 존재하는 것이 일반적이다. 또한, 모래나 자갈과 같이 배수성(排水性 ; drainage)이 좋은 토양의 경우라면 상당히 깊은 위치에 지하수위가 존재할 수도 있다.

지하수위 상부의 토양이라고 하더라도 토양입자의 공극(空隙 ; *pore*) 사이에는 항상 수분이 존재하게 된다. 토양 입자 및 공극이 미세할수록 수분함량은 크다. 이러한 대표적인 토양으로는 점토(*clay*)를 들 수 있다. 점토처럼 수분이 토양 내부로 침투 및 응집하는 속도가 낮은 경우에는 산화환원전위(*reduction oxidation potential ; Eh*)가 낮은 혐기성 조건(*anaerobic condition*)과 산성화(acidification)의 원인이 될 수 있는 이산화탄소 농도가 증가하는 경향을 보인다. 산소 및 이산화탄소 농도와 함께 수분함량은 주된 부식 결정인자라고 할 수 있다.

용존산소농도(통기도, aeration). 산소는 부식 과정 중 음극반응(*cathodic reaction*), 즉, 환원반응(*reduction re-action*)에 참여하는 물질이다. 즉, 산소가 존재하는 경우 대부분의 부식반응은 양극에서 발생하는 부식(금속의 용출)과 음극에서 발생하는 산소 환원반응이 같은 속도로 진행된다(산성토양이거나 혐기성 미생물의 활동도가 높은 토양이 아닌 경우, 즉 일반적 토양조건하에서).

산소공급량은 지하수위 상부에서는 상당히 큰 반면에 하부에서는 매우 적다. 따라서, 배관이 매설된 위치와 지하수위의 상관관계가 중요한 인자가 된다. 또한, 통기도는 토양의 종류에 따라 바뀐다. 예를 들면, 모래에서는 크고 점토에서는 작다. 게다가 자연 상태의 굴착된 적이 없는 토양(*undisturbed soil*)보다 일단 배관 매설 등으로 굴착된 토양(*disturbed soil*)의 경우 토양이 제대로 다져지지 않아서 상대적으로 공극이 더 많기 때문에 산소 공급량이 더 많은 것이 일반적이다. 또한, 토양의 물리적인 특성인 입도 분포, 비중 등도 통기도에 중요한 역할을 한다. 토양은 건조시키면 부피가 감소하고, 반대로 수분을 함유한 상태에서는 부피가 증가하게 된다. 반면에 건조시키면 토양이 응집됨과 동시에 균열이 형성되어 산소가 토양 내부의 공극을 통해서 자유롭게 이동하여 부식반응에 참여할 기회가 더욱 크다.

통기성의 척도로서 많이 측정하고 인용되고 있는 변수 중의 하나가 바로 산화환원 전위(*reduction-oxidation potential ; redox potential ; Eh*)이다. 이 개념은 원래 미생물학 분야에서 자주 사용하는 용어로서, 호기성 세균(*aerobes or aerobic bacteria*)과 혐기성 세균(*anaerobes ; anaerobic bacteria*)이 산소의 존재 유무에 따라서 성장속도가 크게 차이가 나는 점을 고려하여 산소농도를 간접적으로 측정할 수 있는 전기화학적인 방법으로서 널리 사용되고 있다.

산화환원 전위는 산소 환원반응의 평형전위(*equilibrium potential*)에 해당하는 값이다. 즉,

$$O_2 + 2H_2O + 4e^- \rightarrow 4OH^- \tag{20.11}$$

이 식의 평형전위는 25℃, 1기압의 표준상태에서 열역학적인 정의에 의해서 다음과 같게 된다.

$$E_h = E^0 + 0.059\left(\frac{1}{4}\log P_{O_2} - \mathrm{pH} - A\right) \tag{20.12}$$

산화환원 전위 E_h는 pH와 기울기가 $-0.059[V]$인 직선관계를 가지게 된다. 여기에서 E^0는 표준전극전위(*standard electrode potential*), A는 물의 이온적(*ion product*)과 관계된 상수이다.

또한, 산화환원 전위는 토양중의 수분 내 산소농도와도 직선적인 관계를 가진다. 따라서 산소함량이 클수록(즉, 호기성) 산화환원 전위가 높고, 산소함량이 적은 혐기성일수록 산화환원 전위가 낮다. 매설배관을 따라서 산소공급의 차이가 발생할 경우 부식반응을 유발시키는 것은 바로 이 산화환원 전위의 차이로 인한 통기차전지이다.

산화환원 전위는 미생물 부식(*microbiologically influenced corrosion : MIC*)의 관점에서도 매우 중요한 변수이다. 매설 환경에서 가장 널리 알려진 부식유발 세균인 황산염환원세균(*sulfate reducing bacteria ; SRB*)은 혐기성 세균이다. 따라서, 산화환원전위를 측정하여 토양의 호기성/혐기성 정보를 파악하여 간접적으로 황산염환원세균의 활동성을 판단할 수 있으며, 이 방법은 토양 부식성 평가 항목 중의 하나로도 많이 사용되고 있다.

일반적으로 산화환원전위가 *100mV* 이상이면 충분히 공기가 잘 통하는 토양이고, 황산염환원세균의 활동성은 그리 크지 않다고 말할 수 있다. 또한, 산화환원전위가 음(-)의 값이라면 이는 토양이 혐기성 조건이라는 것을 의미한다. 대부분의 경우 점토, 비료, 유기토가 산화환원전위가 낮은 부식성 토양으로 평가된다.

토양의 pH를 측정한 후, 백금전극(*Pt* electrode)의 전위를 포화황산동 기준전극(CSE, saturated copper-copper sulfate reference electrode)을 기준으로 측정한 후, 이 값을 pH *7*에서의 표준수소전극(SHE, standard hydrogen electrode)기준으로 보정한 값이 E_h이다.

$$E_h(mV\ vs.\ SHE) = E_{Cu/CuSO_4} + 242 + 59(pH-7) \tag{20.13}$$

여기서 주의할 점은 이 산화환원전위는 평형전위, 즉, 열역학적인 값이다. 따라서 실제 상황에서는 산화환원전위가 일정한 값을 유지하지 않고 지속적으로 변화한다.

표 20.2 ▌ 산화환원전위와 토양의 부식성 관계

산화환원전위(mV : SHE)	부 식 성	비 고
100 이하	격　렬	
100 ~ 200	중간정도	
200 ~ 400	경　미	
400 이상	부식없음	

따라서 산화환원전위를 측정하기 위해서는 측정에 사용되는 백금전극과 황산동 기준 전극을 토양에 접촉시키자마자 측정해야 가장 실제 값에 가까운 값을 읽을 수 있다. 또한, 굴착한 토양은 공기와 접촉하면 산화환원전위가 변하기 때문에 굴착 후에 즉시 측정하거나, 측정할 때까지 공기와의 접촉을 차단하며 보관해야 한다.

pH. 토양의 pH는 탄산(*carbonic acid;* H_2CO_3)함량, 광물, 유기산 및 무기산 등의 함량, 산업 폐기물 또는 산성비 등에 의해서 결정된다.

강산성의 토양(pH *4*이하; 예를 들면 이탄층(泥炭層 ; *peat*) 및 침엽수림과 같은 산성 수목이 집중되어 있는 토양 등)을 제외하면 대부분의 토양에서 pH는 *5* ~*8*정도의 값을 보이는 것이 일반적이다. 따라서 이러한 pH 조건에서 금속구조물의 부식은 토양 pH 이외의 다른 인자들에 의해서 주로 결정된다. 토양 입자의 pH는 부식생성물의 용해도에 영향을 미칠 수 있다. pH 약 *4* ~*5* 이하에서는 보호성을 가지는 부식생성물 피막이 철강재료 표면에 생성될 수 없다. 따라서 부식속도는 상대적으로 증가할 수 있다.

또한, pH가 *4* 이하이면 수소이온 농도의 증가로 전기전도도가 증가하므로 좋은 전해질의 역할을 할 수 있고, 이 시점부터 부식성이 커진다고 볼 수 있다. 중성의 pH(*6.5* ~*7.5*)에서는 화학적인 부식성은 감소하지만, 적절한 환경에서는 황산염환원세균의 작용이 활발해져서 역시 부식이 발생할 가능성이 있다. 토양의 pH는 일반적으로 현장의 토양을 채취해서 실험실에서 일정 비율의 물로 희석한 후 측정할 수도 있고, 그림과 같이 현장에서 직접 pH *meter*를 이용하여 측정하는 것도 가능하다.

그림 20.3 ▌ 토양 pH 측정

토양비저항(soil resistivity). 부식 시스템에서 전해질의 저항은 시스템의 부식속도에 직접적으로 영향을 주게 된다. 일반적인 산, 염기, 염 등의 전도성 수용액 전해질을 고려할 때에는 전해질의 비저항 문제가 그리 크게 부각되지 않는다. 그러나 토양의 경우 토양의 종류 및 건조상태 등에 따라 비저항이 크게 변할 수 있으므로 토양 비저항의 측정은 부식성 평가 및 방식정도를 결정하는데 있어서 매우 중요한 과정이라고 할 수 있다. 토양비저항은 전기방식을 위한 설계시에도 매우 중요한 설계인자가 된다.

토양비저항은 전기전도도의 역수의 의미를 가지며, 토양비저항이 작다는 것은 전해질로서 우수한 역할을 할 수 있는 토양이라는 것을 의미한다. *[Ω*cm*]*의 단위로 표현되는 토양비저항은 주어진 부피의 토양에서 단위부피(즉, $1cm^3$)당 평균 전기 저항에 해당한다. 이 값은 수분함량 및 여러 이온들의 농도 및 이동도에 따라 결정되는 인자이다. 통상 부식 관점에서의 토양의 비저항은 토양의 부식성을 판단하기 위하여 측정된다. 토양 중에 이온 농도가 높으면 이러한 이온들에 의하여 부식 속도가 증가할 수 있으므로 토양의 부식성이 높다고 판단하게 된다. 이러한 토양 부식성은 방식의 필요성 판단이나 토양과 접해있는 구조물의 수명을 예측하기 위하여 활용된다.

토양이 갖는 여러 인자들 중에서 부식에 가장 큰 영향을 미치는 인자는 비저항이다. 비저항이 높은 지역에서는 누설전류량이 적어 미주전류(*stray current*)에 의한 부식의 위험도 감소할 뿐만 아니라, 그 속에 포함되는 화학성분(그 대부분이 유해 인자임)의 양이 적기 때문에 자연부식의 위험도 적어진다고 할 수 있다.

부식반응에서는 여러 가지 저항성분이 존재하는데 토양환경의 경우에는 이 토양의 저항으로 인한 전압강하(IR drop)가 부식반응 진행에 가장 큰 저해요소로 작용하므로 토양비저항은 부식성을 유추할 수 있는 매우 중요한 지표가 된다. 토양비저항은 염분을 많이 함유한 점토나 침적토에서는 1,000[Ωcm] 이하의 낮은 값을 보인다. 한편, 염분농도가 낮은 모래 등에서는 수만[Ωcm]의 높은 값을 보이게 된다.

비저항은 부식전지에서 전류의 흐름에 영향을 미친다. 부식에서 특히 문제가 되는 국부부식(*localized corrosion*)의 가능성은 토양비저항이 대략 1,000[Ωcm] 이하인 경우에는 매우 크고, 약 5,000[Ωcm] 이상인 경우는 작다고 판단하는 것이 일반적이다. 또한, 비저항 측정은 대개 현장에서 별 다른 경험이 없어도 쉽게 측정할 수 있고, 부식과 상당한 연관성이 있기 때문에 비저항 범위에 따라서 토양의 부식성을 정성적으로 평가하는 경우가 많다. 특히, 다양한 토양인자들을 모두 분석하여 부식성을 평가한다는 것은 매우 어려운 일이므로, 경우에 따라서는 토양비저항 만을 측정하여 부식성을 간접적으로 유추하는 경우가 많다.

표 20.3에서 구분 *1, 2, 3*은 서로 다른 학자들에 의해 주장되는 의견이지만 대체적으로 1,000[Ωm] 이하에서는 부식성이 대단히 높다는 데 의견이 일치하고 있다. 우리나라는 설계상의 여유를 고려하여 대부분의 설계서에서 구분 2(Appligate)의 분류를 따르고 있는 실정이다.

표 20.3 ▌ 토양비저항과 부식의 상관관계

부식성	비저항 [ohm-cm]		
	구분 1 (Waters)	구분 2 (Applegate)	구분 3 (Romanoff)
대단히 높다	0~900	0~1,000	<700
비교적 높다	900~2,300	1,000~5,000	700~2,000
중간 정도	2,300~5,000	5,000~10,000	2,000~5,000
낮다	5,000~10,000	10,000~100,000	>5,000
아주 낮다	>10,000	>100,000	

토양 비저항은 수분 함유량에 의해 좌우되는데, 함유량이 커질수록 비저항이 낮아지기 때문에 부식량이 증가하는 경향을 나타낸다. 그러나 완전히 물로 채워진 토양에서는 부식에 필요한 산소의 농도가 희박하므로 부식량이 오히려 감소하게 되며, 토양에 관계없이 수분포화도가 *65%* 정도일 때 부식량이 최대가 되는 것으로 알려져 있다.

표 20.4 ▌ 토양비저항에 미치는 수분함량의 관련성

수분함유(%)	비저항 [ohm-cm]		
	모래 섞인 토양	표토(표층토)	점토
2	180,000		
4	60,000	200,000	
8	29,000	90,000	
10	22,000	56,000	260,000
20	9,000	11,000	13,000
28	6,000	8,000	10,000

20.3.2.2 기계적 인자 – 응력부식균열(SCC; stress-corrosion cracking)

응력부식균열(SCC; stress-corrosion cracking)이란 금속 구조물이 부식환경에 노출될 때 외부하중의 영향을 받아서 부식환경 만의 영향으로 발생하는 두께의 감소가 아니라 응력집중을 유도하는 균열의 발생 및 성장으로 인해서 구조물이 급작스럽게 파괴되는 현상을 말한다.

매설 금속 구조물, 특히 매설배관의 경우에는 배관 외부로부터 가해지는 토압이나 차량하중과 같은 외부하중 이외에도, 배관 내부를 흐르는 유체의 운영압력에 의한 내부하중도 동시에 받고 있으므로 배관 내·외면에서 모두 발생할 가능성이 있다. 최근에는 특히 미국과 캐나다와 같이 배관의 매설 경과기간이 오래된 국가에서 그 사례가 빈번히 보고되고 있으며, 활발한 연구가 진행 중이다.

그림 20.4 ▌ 매설배관의 미생물 부식 사례

20.3.2.3 미생물학적 인자(microbiological factor)

토양 중에 서식하는 미생물은 다양한 기작을 통해 금속의 부식에 영향을 미칠 수 있다. 일반적으로 미생물 부식이란 세균(bacteria)의 존재 및 활동의 영향으로 발생하는 부식을 말한다. 부식을 유발하는 세균에는 혐기성인 황산염환원 세균(SRB ; sulfate reducing bacteria)와 호기성인 철산화 세균 등이 있다. 이미 상수도관 및 도시가스 배관에서 황산염환원 세균에 의해 발생한 부식 사례가 보고되었다. 캐나다 천연가스 공급업체인 NOVA사에서는 배관 외면에 형성된 부식생성물의 약 27%는 미생물에 따른 부식에 의한 것으로 보고하고 있다.

20.3.2.4 전기적 인자(Electric factor)

전기적 인자는 "20.4절 간섭에 의한 부식"을 참조하기로 한다.

20.3.3 토양 부식(매설배관) 발생의 유형

20.3.3.1 통기도 차이에 의한 부식

포장도로구간을 횡단하는 매설관로에 부식이 발생할 수 있으며 이 경우, 포장도로 직하부는 상대적으로 산소농도가 낮고 부식전위도 낮아 배관은 양극이 되어 부식속도가 가속된다.

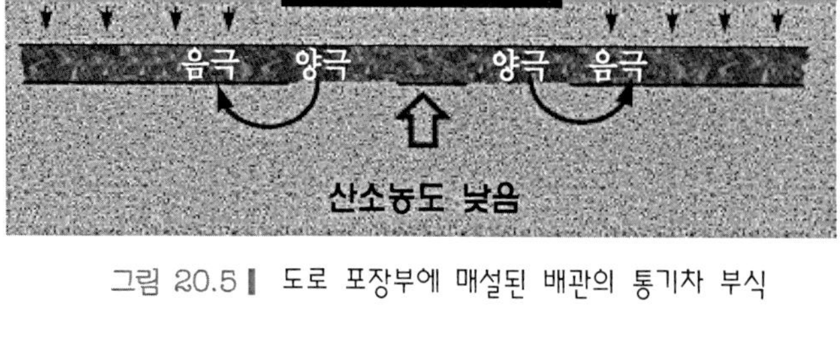

그림 20.5 ▌ 도로 포장부에 매설된 배관의 통기차 부식

20.3.3.2 기존 관로와 신설 관로 사이의 부식

노후된 배관을 교체할 경우 즉, 신설 강관과 기존 강관이 서로 접촉할 때 갈바닉 부식이 발생한다. 이 경우, 신설 배관은 양극이 되어 갈바닉 부식이 가속된다.

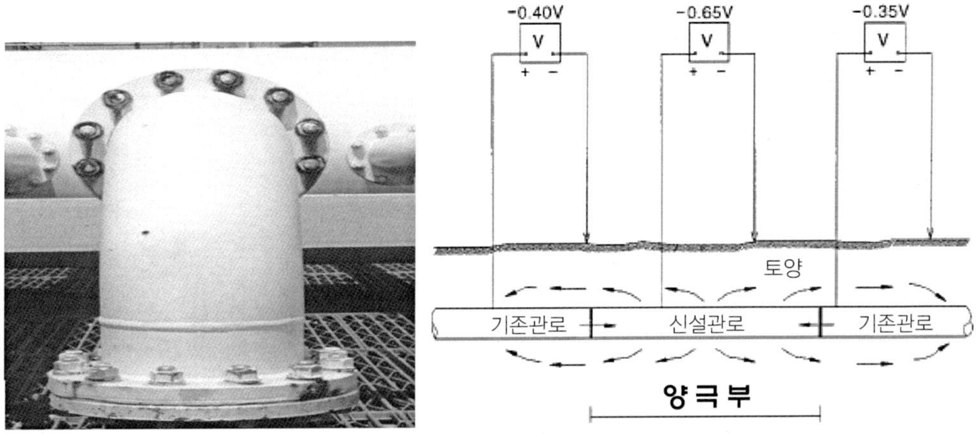

그림 20.6 ▌ 신설 강관과 기존배관 사이의 부식

20.3.3.3 콘크리트 보호공에 설치된 배관에서 발생되는 부식

콘크리트 보호공에 설치된 배관(강 알칼리성)은 토양에 매설된 배관에 비해 부식전위가 높다. 이 경우, 토양에 매설된 배관은 콘크리트 보호공이 설치된 배관에 대해 양극이 되어 부식속도가 증가한다.

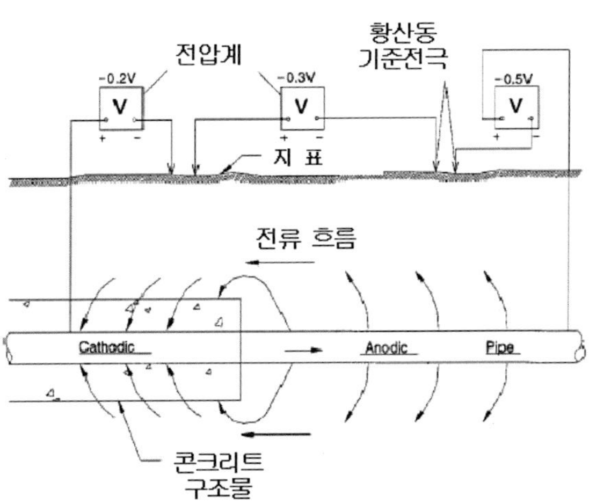

그림 20.7 ▌ 콘크리트 보호공이 설치된 배관에서 발생되는 부식

20.3.3.4 양극 및 음극의 크기에 따른 부식

소양극-대음극. 그림 20.8의 왼쪽 그림과 같이 소양극은 전류밀도가 상당히 높고 음극으로 공급되는 전류는 적으므로 충분한 방식이 될 수 없다. 특히, 대지비저항이 낮은 환경에서 양극은 아주 빠른 속도로 부식이 진행된다.

대양극-소음극. 소양극-대음극의 경우와는 반대로 대양극의 부식은 비교적 느린 속도로 진행된다.

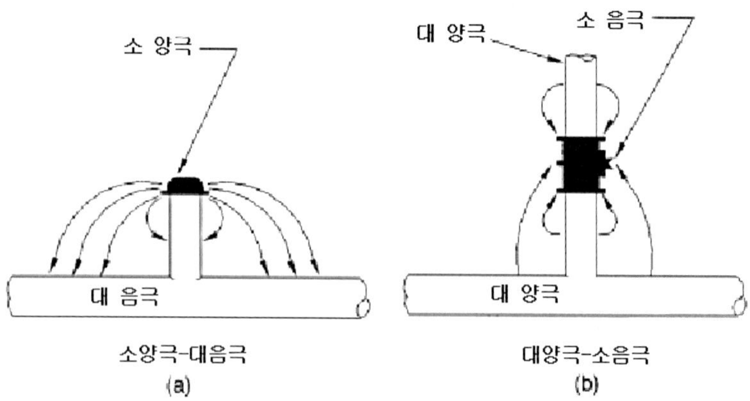

그림 20.8 ▌ 양극과 음극의 크기에 따른 갈바닉 부식

20.3.3.5 간섭 및 미주전류에 의한 부식

어떠한 시설물의 전위 분포가 주변에 있는 다른 시설물의 전위분포에 영향을 주어 전위를 변화시키는 것을 간섭이라고 한다. 관심 대상 배관에 영향을 미치는 전원(예를 들면, 외부전원법 전기방식시스템)이외의 다른 전원으로부터 토양 내로 흘러나오는 전류를 미주전류라고 하고 미주전류가 장거리 배관의 한쪽 끝에서 유입되어 배관을 따라 흐르다가 다른 지점에서 유출, 토양 내로 빠져 나가서 원래의 전원으로 회귀하는 폐쇄회로가 형성될 때 미주전류가 유출되는 지점에서 부식현상이 발생한다.

20.4 간섭에 의한 부식

20.4.1 타시설물(배관)의 방식시스템에 의한 간섭

외부전원법 전기방식 시스템은 양극 및 배관의 위치, 방식설비의 운전조건에 따라서 미주전류에 의한 간섭 영향을 유발할 수 있다.

20.4.1.1 양극간섭

양극간섭 개요. 외부전원법을 이용하여 어떤 구조물을 방식시키기 위해 설치한 양극으로 인하여 주변 토양에 전위구배가 형성되고, 그 결과 다른 구조물이 음극화되는 현상이다.

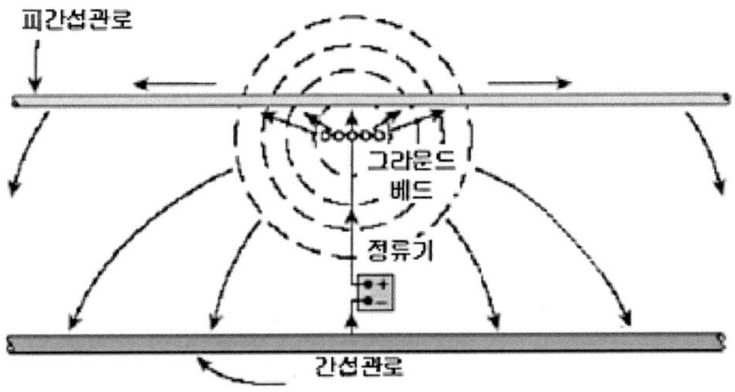

그림 20.9 ▌ 타 배관 방식시스템에 의한 전형적인 양극간섭의 예

양극간섭의 문제점. 전류 유입부에 과방식이 발생되고 전류 유출부에는 부식이 발생할 우려가 있다.

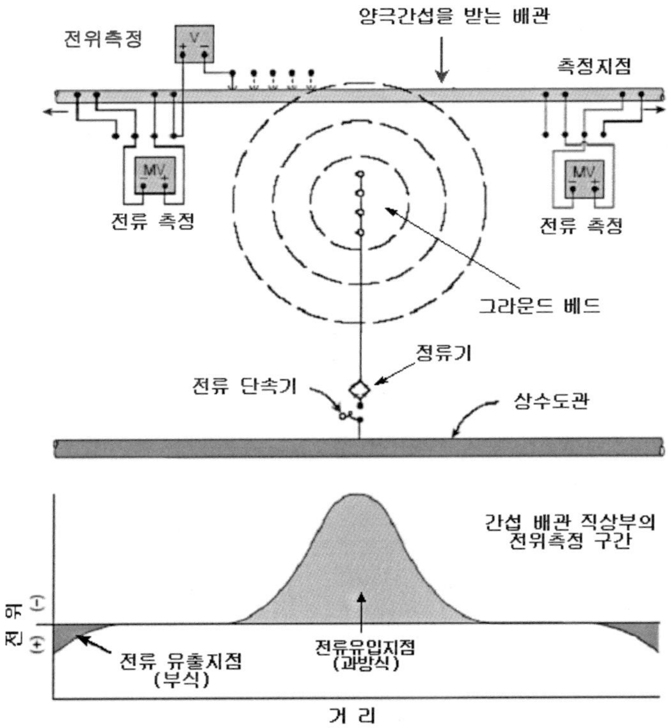

그림 20.10 ▌ 매설배관에서 발생될 수 있는 전형적인 양극간섭의 예

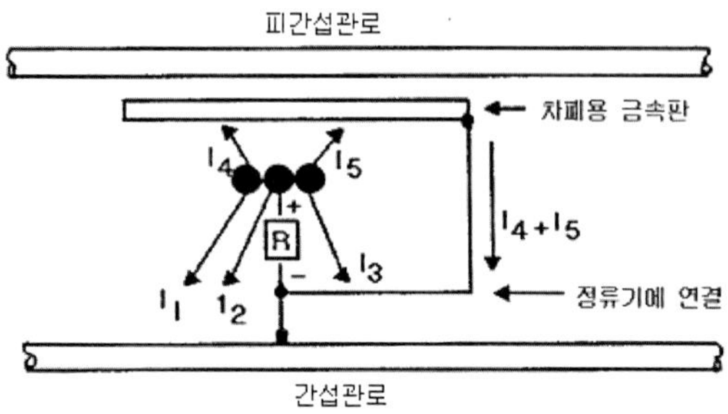

그림 20.11 ▌ 전기적 차폐법

양극간섭에 대한 대책. 양극간섭에 대한 대책으로 ① 간섭원 제거, ② 전기적 차폐법, ③ 전기적 차폐법과 배류의 병용, ④ 피복 강화 방법이 있다. 먼저 ① 간섭원 제거는 간섭의 원인이 되는 양극을 제거하거나 정류기 출력을 줄이는 방법이 있다. 단, 여기서 두 구조물 당사자의 상호 합의 및 다른 방식 대책이 반드시 수반되어야 한다. ② 전기적 차폐법은 양극과 양극 간섭을 받는 배관 사이에 금속체를 넣고 이를 정류기에 연결하는 방법이 있는데 이를 전기적 차폐법이라 한다. 이 경우, 피 간섭배관에 영향을 주던 미주전류가 차폐 금속물에 대부분 유입된다.

③ 전기적 차폐법과 배류의 병용은 전기적 차폐법만 적용할 경우에는 차폐 지점과 벗어난 지역으로 미주전류가 유출입 될 수 있으므로, 전기적 차폐와 동시에 희생양극을 매설하는 방법이 있다. ④ 피복 강화방법은 피간섭 구조물의 피복을 강화하면 피복의 저항이 커져 피간섭 구조물로 유입되는 전류는 작아진다.

20.4.1.2 음극간섭

음극간섭 개요. 방식으로 인하여 음극화된 구조물 주변에 다른 구조물이 있을 때, 이 구조물이 방식 구조물의 영향을 받아서 양극화되는 현상을 말한다. 이 경우, 미주전류는 두 배관의 교차지점에서 다소 떨어진 지점으로 유입되고 교차지점에서 다시 방식 배관으로 유입, 정류기로 회귀한다.

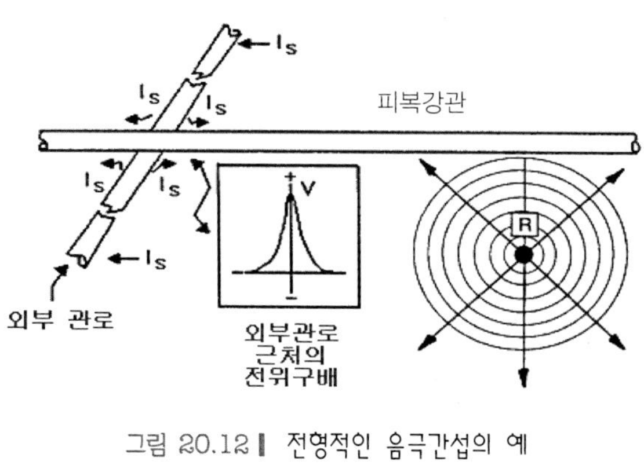

그림 20.12 ▌ 전형적인 음극간섭의 예

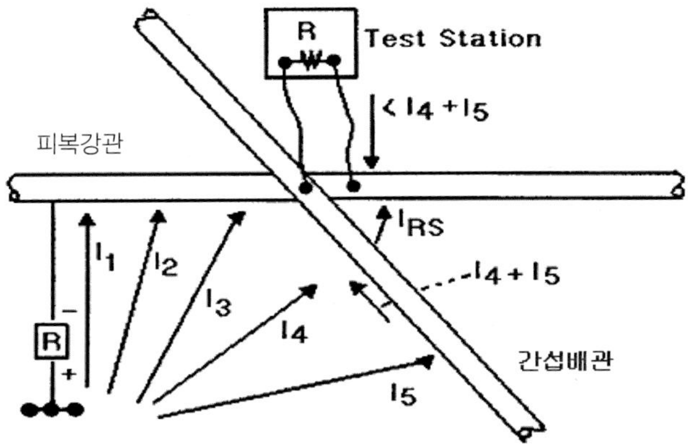

그림 20.13 ▌ 저항 연결법을 이용한 음극간섭 대책의 예(1)

음극간섭의 문제점. 음극간섭의 경우 피간섭 배관에서 전류가 유출되는 면적이 양극간섭에 비해 아주 작기 때문에 교차지점에서의 전위는 급격하게 상승하고 부식이 발생한다.

음극간섭에 대한 대책. 음극간섭에 대한 대책으로 ① 저항 연결법, ② 희생양극의 설치가 있다. ① 저항 연결법이란 간섭 배관과 피간섭 배관 사이에 가변 저항을 통하여 전기적으로 연결함으로써 피간섭 배관에서 토양을 통하여 간섭배관으로 흘러가던 전류를 전선을 통하여 흘러가게 하여 피간섭 배관에서 전류가 직접적으로 유출되는 것을 방지하는 방법을 말한다.

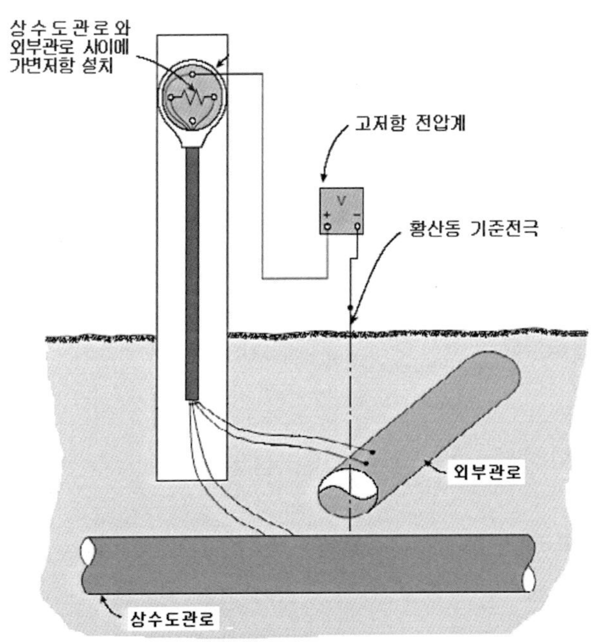

그림 20.14 ▌ 저항 연결법을 이용한 음극간섭 대책의 예(2)

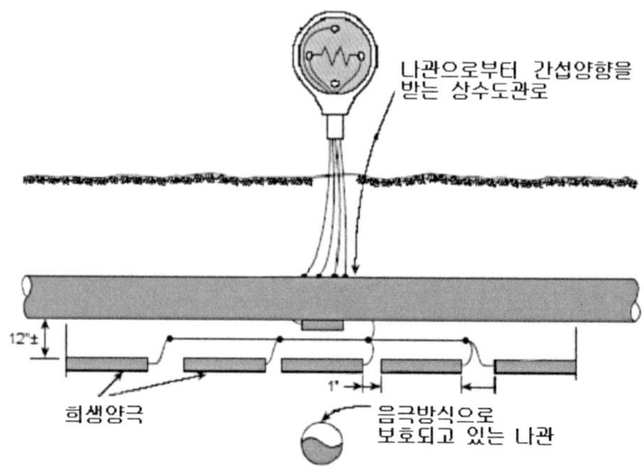

그림 20.15 ▌ 희생양극을 이용한 음극간섭 대책의 예

여기서, 전류는 설치한 저항과 두 배관 사이의 토양 저항에 반비례하는 크기로 전선 및 토양을 통하여 흐르게 된다. 따라서 간섭배관에 전류 단속계를 설치하여 정류기 전원을 *on, off* 시키면서 간섭배관 및 피간섭 배관의 전위를 측정하여 가변 저항값을 적절하게 조정해야 한다.

가장 이상적인 경우는 가변 저항을 조정한 후, 간섭 배관 방식용 정류기를 *on, off* 하였을 때 전위차가 발생하지 않는 것이다. 그러나 이는 현실적으로 어렵고 우리나라의 경우 특별한 기준은 없으나 일본의 경우 전위차를 *50mV* 이하로, 오스트레일리아의 경우는 *100mV* 이하로 유지시킬 것을 권장하고 있다.

② 희생양극의 설치법은 교차지점의 피간섭 배관에 마그네슘(Mg)과 같은 희생양극을 설치하여 피간섭 배관에서 토양으로 유출되는 전류가 배관의 피복에 비해 상대적으로 저항이 낮은 희생양극을 통하여 유출되도록 하는 것이다.

20.4.1.3 합동간섭

양극간섭과 음극간섭이 동시에 일어나는 간섭을 합동간섭이라 하며 교차지점에서 많은 전류가 유출될 가능성이 있다. 부식이 매우 빠른 속도로 진행될 우려가 있고 합동간섭의 대책은 양극간섭 및 음극간섭의 대책과 동일하다.

20.4.2 직류 지하철 시스템에 의한 간섭

20.4.2.1 R/S 전위(Rail-to-Soil potential) 및 R/P(Rail-to-Pipeline potential) 전위

직류 지하철 시스템에서 부하전류의 흐름은 변전소에서 나와 지하철을 구동시키고 레일을 통하여 변전소로 회귀하는 구조로 되어 있다. 여기서 만일, 지하철 레일이 일부 단선 등으로 저항이 크거나 토양과의 절연이 잘 되어 있지 않은 경우에는 레일을 통하여 회귀하던

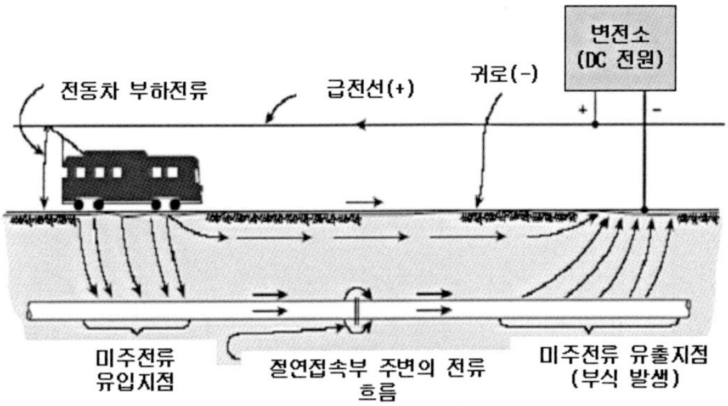

그림 20.16 ▌ 지하철 미주전류 간섭의 예

전류중 일부가 토양으로 유출되어 배관으로 유입되며 다시 토양을 통하여 변전소로 회귀하게 되고 배관은 부식이 진행된다. 이 때, 배관으로 유입되는 전류는 배관을 통한 회로저항에 반비례하여 결정된다.

- 전류 유입부 : 지하철이 지나는 지점
- 전류 유출부 : 특히, 변전소 부근으로 이러한 전류 유출부에서는 부식발생 가능성이 높다.

20.4.2.2 P/S 전위(Pipe-to-Soil potential)

R/S 전위와 R/P 전위는 전류 유출입의 가능성만 제시할 뿐이고, 실제 전류량은 P/S 전위를 측정함으로써 알 수 있다. 이 P/S 전위는 차트 기록계나 데이터 로거를 이용하여 지하철 간섭이 의심되는 지점의 관대지 전위를 측정하여 알 수 있다.

그림 20.17은 지하철 레일에 인접한 배관의 미주전류 유출지점에서 측정한 관대지(pipe to soil) 전위의 변동을 보여주고 있다. 여기서 전류 유출부는 전위가 상승하고 부식이 발생할 우려가 높다.

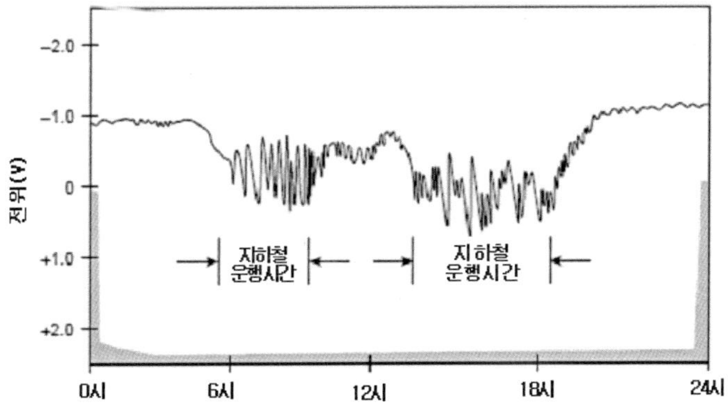

그림 20.17 ▌ 지하철 운행 여부에 따른 배관의 전위변동 예

20.4.2.3 지하철 미주전류 간섭의 대책

토양에 대한 배관 및 레일의 절연. 레일의 절연을 강화하거나 매설배관의 피복을 강화하면 레일에서 유출되거나 피복으로 유입되는 전류량을 줄일 수 있다. 하지만 기존에 시공되어 있는 배관 및 레일의 절연을 강화하는 것은 많은 어려움이 있으므로 신중한 검토가 요구된다.

절연조인트 설치. 이 방법은 지하철과 평행 또는 교차하는 배관에서 절연조인트를 사용하여 설치하는 방법이다. 배관의 단면적이 작아져 전체회로 저항이 커지므로 미주 전류량을 줄일 수 있다. 이 방법 또한 평행구간이 매우 길고 지하철과 배관노선이 복잡한 경우에는 적용이 어렵다.

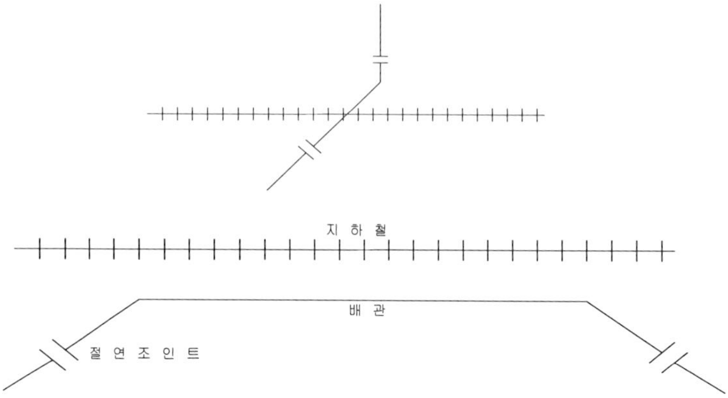

그림 20.18 ▌ 지하철 미주전류를 차단하기 위한 절연조인트의 설치 예

배류법(drainage bonding). 배류법은 지하철 간섭 구간에서 가장 많이 사용하는 방법으로서 ① 선택배류법, ② 강제배류법, ③ 외부전원법이 있다. ① 선택배류법은 레일과 배관을 직접 전선으로 연결하고 다이오드를 설치하여 배관에서 레일로만 전류가 흐르고 그 반대로는 전류가 흐르지 못하게 하는 방법이다. 즉, 배관에 유입된 미주전류가 저항이 큰 토양을 통하지 않고 저항이 작은 전선을 통하여 레일로 회귀하게 된다.

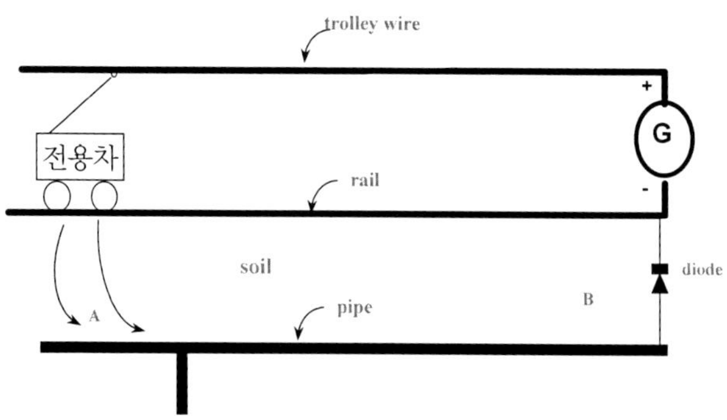

그림 20.19 ▌ 선택배류법

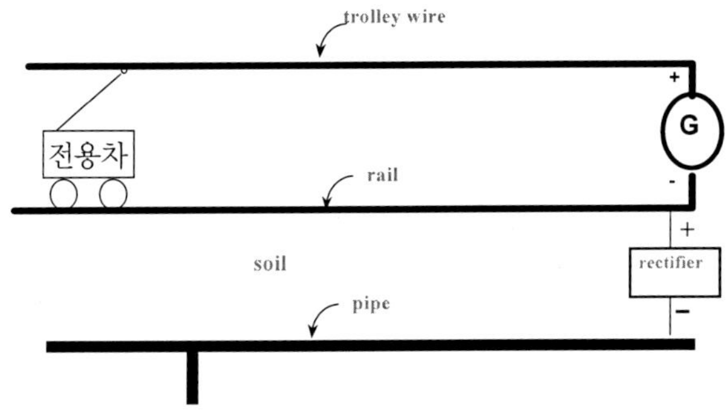

그림 20.20 ▌ 강제배류법

설치 위치는 배관에서 전류가 최대로 유출되는 지점에 설치하면 된다. 하지만 실제적으로 지하철의 경우에 짧은 간격으로 운행하므로 R/P 전위차는 수시로 달라지고 전류의 유입 및 유출도 수시로 바뀌므로 선택배류법을 적용할 정확한 지점을 정하는 것은 쉽지 않다.

② 강제배류법은 강제 배류기(일종의 정류기)의 양극을 지하철의 레일에 연결시키고 음극을 배관에 연결하여 배관을 음극화시켜서 방식하는 방법이다. 이 방법은 외부전원법에서 별도로 매설하는 양극 대신에 레일을 사용하여 병행 또는 교차하는 배관을 방식하는 방법으로 미주전류에 의한 불안정한 전위를 안정화시키지는 못하나 전체적인 전위를 방식상태 영역으로 낮추는 역할을 한다.

하지만 이 방법도 어느 한 지점에서 배관의 방식전위가 과방식이 될 우려가 있고 방식영향의 범위가 외부전원법에 비하여 상대적으로 좁아질 수 있으며, 또한 주변의 다른 시설물에 간섭 영향을 줄 수 있으며, 레일의 부식문제가 발생할 수도 있고, 경우에 따라서는 지하철 시스템의 전기신호에 영향을 미칠 수도 있기 때문에 미주전류에 대한 대책을 수립할 때 최종적으로 사용하는 방법이다.

③ 외부전원법은 지하철 간섭 구간에 외부전원법을 사용하여 배관을 방식하는 방법이다. 강제배류법을 사용하는 것보다 간섭 정도는 약하다.

20.4.3 교류 시설물에 의한 간섭

일반적으로 금속 구조물에 유입 또는 유출되는 교류전류는 금속구조물을 거의 부식시키지 않는 것으로 알려져 있으나, 최근 연구결과에 의하면 교류전류도 특정 조건이 될 경우에 금속 구조물을 부식시킬 수 있는 것으로 보고되고 있다. 또한 교류 유도전압이 크면 감전의 위험이 있으므로 유의하여야 한다.

따라서, NACE(National Association of Corrosion Engineers)에서는 교류전압에 대한 규제사항을 정하고 있는 데 그 규제 전압은 15V이다.

20.4.3.1 교류 간섭에 대한 대책

Mg 혹은 Zn과 같은 희생양극을 설치하는 방법. 유출된 교류전압이 희생양극을 통해 유입되도록 하는 방법이다.

접지를 이용하는 방법. ① 집중접지 : 배관 주위에 아연 띠 구리선을 집중 매설하여 배관의 유도전위를 낮추는 방법이다. 이 방법은 설치비가 저렴하고 비저항이 낮은 지역에 유리하다(비저항이 높은 경우 넓은 접지면적과 많은 접지봉 필요하다). ② 와이어형 접지(Gradient Control wire) : 이 방법은 배관 주위에 아연 띠, 또는 구리선을 매설하고 일정 간격으로 연결하여 배관의 유도전위를 낮추고 섭촉전압을 감소시키는 방법이다.

20.5 부식 방지 대책

매설배관의 부식 방지 대책으로서 가장 많이 쓰이는 방법은 피복과 전기방식이 있다. 피복은 금속표면에 절연성이 우수한 물질을 사용하여 폐쇄 회로가 형성되는 것을 차단해 주는 방식 방법이며, 전기방식은 인위적으로 금속의 전위를 낮추어 줌으로써 양극반응이 일어날 수 없는 조건을 만족시키는 방식 방법이다.

20.5.1 피복

근본적으로 부식매체를 차단한다는 일차적인 목적을 가지며, 경우에 따라서는 희생양극 기능 등을 부여하기도 한다. 전기방식이 되고 있는 구조물에서 피복의 주요기능은 배관의 노출된 금속의 면적을 줄임으로써 전기방식에 소요되는 전류를 감소시키는 것이다. 표 20.5는 피복상태에 따른 방식전류 소요량을 나타낸다. 나관의 소요전류는 피복이 양호한 배관과 비교할 때 수 천배의 전류량이 필요하다.

표 20.5 | 직경 36인치 배관 10-mile을 방식하는 데 소요되는 전류량

제곱 ft 당 유효 코팅저항(Ω/ft^2)	소요전류량 단위(mA)
Bare Pipe[a]	500
10,000	14.91
25,000	5.964
50,000	2.982
100,000	1.491
500,000	0.2982
1,000,000	0.1491
5,000,000	0.0298
Perfect coating	0.000058

"Bare pipe[a]" 는 최소 $1mA/ft^2$이 소요되는 것으로 가정

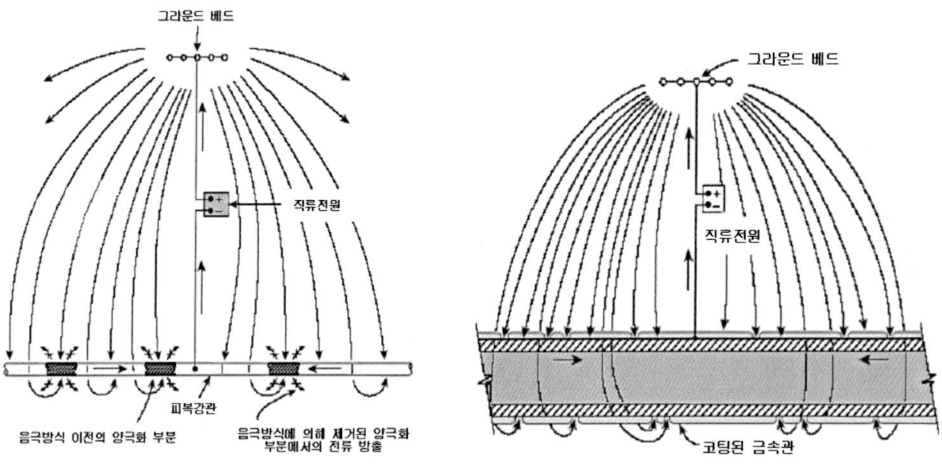

그림 20.21 ▌ 피복과 전기방식(좌 : 피복불량, 우 : 피복양호)

표 20.6 ▌ 피복의 분류(수도, 가스)

구 분			특징 및 용도
유기질 피복	역청질 도료	아스팔트계	• 가열 용융하여 사용하는 가열형과 상온에서 사용하는 용액형이 있다. • 가열형은 두꺼운 피복이 가능하고 방식 성능도 비교적 우수하다. • 용액형은 방식능력이 떨어지며 대부분 흑색이라는 점 때문에 합성수지 도료가 발달된 최근에는 그 용도가 많이 제한되고 있다.
		콜탈계	• 타르 에폭시는 상온 경화형이나 피막성능이 우수하여 널리 사용되고 있다. • 수도용 강관이나 선박용으로 주로 사용된다.
	비역청질 플라스틱 도료	폴리 에틸렌	• 분말 용착, 압출, 가열 수축 등 다양한 시공방법이 가능하다. • 뛰어난 전기 절연성, 내화학성, 가공성 및 기계적 특성이 우수하다. • 산화성 산이나 자외선에 의해 산화될 수 있다. • 가스 배관에 주로 사용된다.

- 피복은 전기방식 소요전류 계산시 방식대상 면적을 줄이는 효과
- 배관에 적용될 경우 일정한 피복손상율이 존재하는 것으로 가정하여 전기방식 설계를 한다(콜타르에나멜 피복 : 5%, 폴리에틸렌 피복 : 2%).
- 전기방식으로 피복손상부위의 금속 모재를 보호

20.5.2 전기(음극) 방식

전기방식(Cathodic Protection)은 금속을 전기화학적으로 음극화함으로써 금속표면의 부식속도를 경감시키는 것이다. 배관 부식을 야기시키는 여러 환경에서 양극영역과 음극영역은 배관표면에 존재한다. 양극영역에서는 전류가 배관에서 주위 전해질(토양 또는 물)로 유출되며 배관은 부식된다. 이러한 양극영역, 즉 배관 전체에 걸쳐 전류를 유입시켜 주면

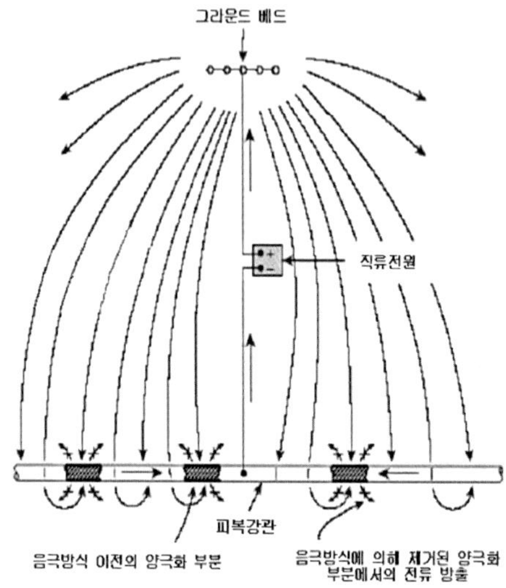

그림 20.22 ▌ 전기방식 원리

전류는 전해질에서 강관으로 이동하여 부식속도가 경감된다. 이와 같이 금속배관이 전류를 받아들이면 부식속도는 경감되며 이것이 전기방식의 원리이다(그림 20.22 참조).

전기방식(*CP*)은 외부에서 인위적으로 전원을 인가함으로써 구조물의 산화전위를 낮추어 부식을 감소시키는 것이다.

전기방식의 원리는 그림 20.23의 *Evans diagram*으로도 설명할 수 있다. 즉, 전기방식 전류(i)를 인가함으로써 금속의 전위는 자유부식전위($E_{\rm corr}$)에서 $E_{\rm CP}$로 바뀐다. 음극 전류가 인가되면 전위가 (−)로 됨에 따라 부식속도는 감소한다. 여기서, 양극과 음극 부식속도는 전위를 유지하기 위해 인가되는 전류의 양이며, 이 전류는 구조물에 인가되는 전기방식 전류값이다.

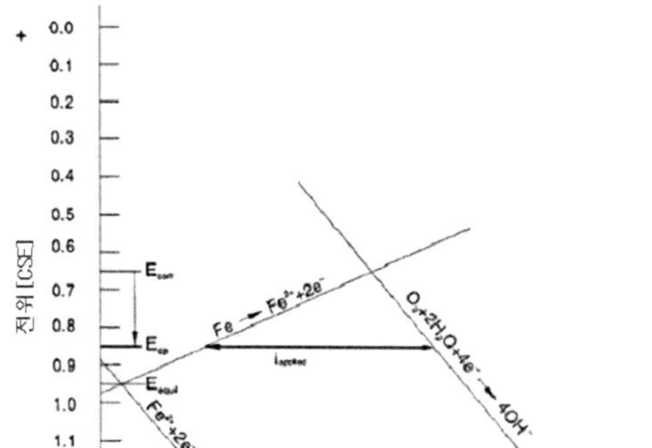

그림 20.23 ▌ Evans diagram (전기방식의 원리)

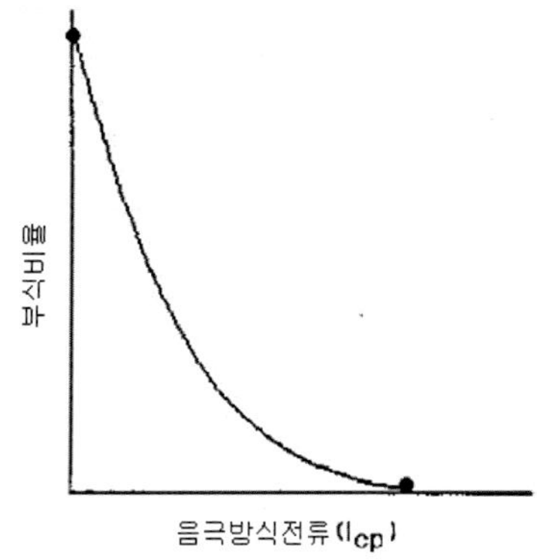

그림 20.24 ▌ 음극방식 전류량과 부식속도

금속의 전위가 평형전위(E_{equil})에 이르기 전까지는 완전한 보호란 있을 수 없다. 평형전위(E_{equil})에서의 부식속도는 "0" 이다. 완전한 보호를 위해서는 아주 많은 전류량이 요구되므로(즉, 전위를 감소시키는 데 요구되는 전류량은 지수적으로 증가함) 실제적으로는 적용할 수 없다.

실제적인 양극 *Tafel* 경사는 일반적으로 *100mV* 정도이므로 (−)방향으로 *100mV*의 전위 변화는 부식속도를 *1/10* 정도로 감소시킬 수 있다. 이 정도의 부식감소로도 대부분의 구조물을 충분히 보호할 수 있다.

20.5.3 전기방식법의 종류

20.5.3.1 희생양극법(sacrificial anode)

서로 다른 금속이 갈바닉쌍을 이룰 경우 갈바닉 계열상의 보다 귀한(noble, 양의 방향으로 높은) 전위의 금속은 갈바닉부식에서 양극반응을 가지게 된다. 천한(Active) 전위의 금속은 양극용해가 잘 된다는 갈바닉 원리로부터 응용된 방법으로 방식 대상이 되는 금속보다 천한 (음의 방향으로 높은) 전위의 금속을 전기적으로 접속하여 음극방식의 원리를 얻어내는 방법이다.

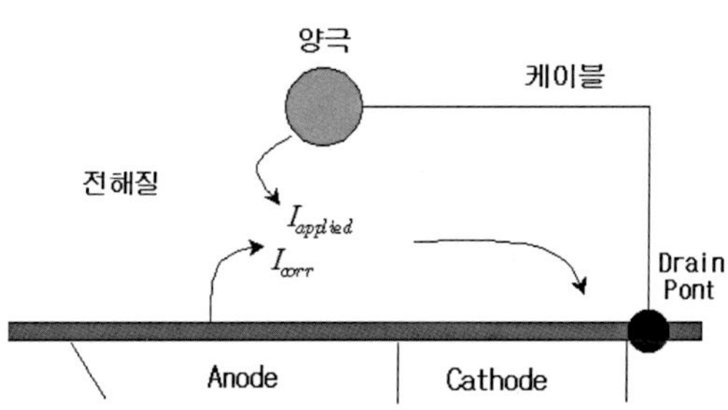

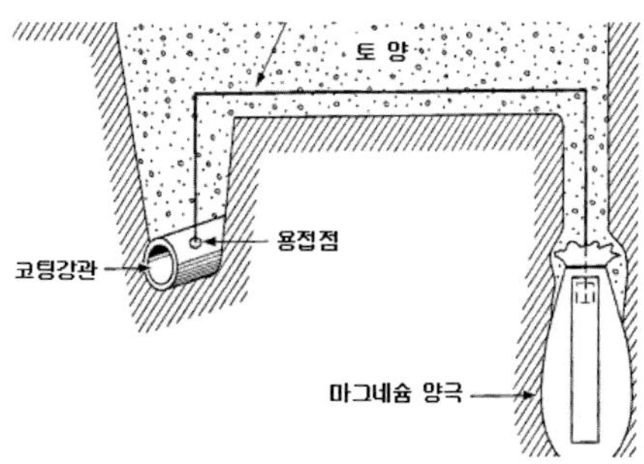

그림 20.25 ▌ 희생양극 연결시 부식셀에서 전류의 흐름

표 20.7 ▌ 표준전극전위 계열

	반 응	표준 환원전위[V] (SHE)
↑	$Au^{3+} + 3e^{-} = Au$	+1.498
귀금속	$Pt^{2+} + 2e^{-} = Pt$	+1.200
(node)	$Pd^{2+} + 2e^{-} = Pd$	+0.987
	$Ag^{+} + e^{-} = Ag$	+0.799
	$Hg_2^{2+} + 2e^{-} = 2Hg$	+0.788
	$O_2 + 2H_2O + 4e^{-} = 4OH^{-}$	+0.401
	$Cu^{2+} + 2e^{-} = Cu$	+0.337
	$2H^{+} + 2e^{-} = H_2$	0.000
	$Pb^{2+} + 2e^{-} = Pb$	−0.126
	$Sn^{2+} + 2e^{-} = Sn$	−0.136
	$Ni^{2+} + 2e^{-} = Ni$	−0.250
	$Co^{2+} + 2e^{-} = Co$	−0.277
	$Cd^{2+} + 2e^{-} = Cd$	−0.403
	$Fe^{2+} + 2e^{-} = Fe$	−0.440
	$Cr^{3+} + 3e^{-} = Cr$	−0.744
	$Zn^{2+} + 2e^{-} = Zn$	−0.763
	$Al^{3+} + 3e^{-} = Al$	−1.662
활성	$Mg^{2+} + 2e^{-} = Mg$	−2.363
(Active)	$Na^{+} + e^{-} = Na$	−2.714
↓	$K^{+} + e^{-} = K$	−2.925

표 20.7은 각 금속들의 표준전위를 나타낸 것이다. 각각의 금속들은 일정한 주변 환경에서 다른 평형전위를 나타낸다. 이렇게 전위가 다른 것을 이용하여 구조물을 방식시키고 희생양극을 대신 부식시키는 것이 희생양극법이다.

만약 금속구조물을 토양에 매설하면 금속표면에서는 식 20.14와 같은 금속산화반응, 식 20.15와 같은 수소환원반응, 식 20.16과 같은 산소환원반응이 동시에 일어나며 전체적으로 산화반응속도와 환원반응속도가 같아 외부로 흐르는 전류는 0인 상태로 금속의 부식이 진행된다. 이러한 금속에 금속의 전위보다 낮은 다른 금속(양극)을 연결하면 금속구조물은 전위가 높으므로 음극이 되고 다른 금속은 전위가 낮으므로 양극이 된다. 따라서 금속구조물에서는 환원반응이 우세하게 되어 부식반응인 산화반응은 억제되고 양극에서는 양극이 녹아나는 산화 반응이 같은 속도로 나타난다.

이러한 희생양극법에서 가장 중요한 것은 금속구조물과 양극으로 사용되는 금속사이의 전위차이다.

$$M \rightarrow M^{n+} + ne^{-} \qquad (20.14)$$

$$2H^{+} + 2e^{-} \rightarrow H_2 \qquad (20.15)$$

$$2H_2O + O_2 + 4e^{-} \rightarrow 4OH^{-} \qquad (20.16)$$

표 20.8 | 통상적인 희생양극의 전위

양극재질	전형적인 성분(중량 %)	정상운영 (황산동 기준전극 전위)
아연(고순도)	99.99 아연 0.0014 최대 철	-1.10
아연(대전류용)	0.2 알루미늄 0.04 카드늄 0.005 최대 철 나머지 아연	-1.10
마그네슘(일반)	6 알루미늄 3 아연 나머지 마그네슘	-1.55
마그네슘(고전압용)	1.4 망간 나머지 마그네슘	-1.75
알루미늄-아연-수은	0.45 아연 0.045 수은 0.1 실리콘 나머지 알루미늄	-1.10
알루미늄-아연-인듐	3 아연 0.015 인듐 0.1 실리콘 나머지 알루미늄	-1.15

표 20.9 | 중성토양에서의 갈바닉 계열

재 료	전위(황산동 기준 전위)
탄소, 흑연, 코크	+0.3
백금	0 to -0.1
연강	-0.2
고규소철	-0.2
구리, 놋쇠, 청동	-0.2
콘크리트 내 연강	-0.2
납	-0.5
주철(흑연으로 전환되지 않음)	-0.5
연강(녹슨)	-0.2 to -0.5
연강(깨끗하고 빛이 나는)	-0.5 to -0.8
상업적으로 순수한 알루미늄	-0.8
알루미늄 합금(5% 아연)	-1.05
아연	-1.1
마그네슘합금(6%알루미늄, 3%아연, 0.15%마그네슘)	-1.6
상업적으로 순수한 마그네슘	-1.75
황산동 기준전극으로 추정하고 자연상태의 토양이나 물에서 관측되는 전위	

20.5.3.2 외부전원법(impressed current)

금속의 표면에서 토양으로 전류가 방출되면 부식이 되고 반대로 토양에서 금속으로 전류가 유입되면 방식이 되는 것이므로 외부에 양극을 매설하고 정류기를 사용하여 정류기의 (+)극을 양극에 연결하고 (-)극을 금속구조물에 연결하여 정류기에서 강제적으로 전류를 흘려주어 양극을 통해 흘러나간 전류가 토양을 통해 음극인 금속구조물로 유입되게 하여 구조물을 방식하는 방법이다. 음극분극을 시키기 위하여 외부에서 전류를 부가시키게 되는데 이때에는 외부의 전원을 공급할 수 있는 정류기(교류전압을 직류전원으로 전환하기 위하여 사용되는 기기)가 필요하며, 양극전극으로는 주로 그라파이트, 고실리콘 주철 혹은 플라티늄 피복, 티타늄 전극 등이 사용된다.

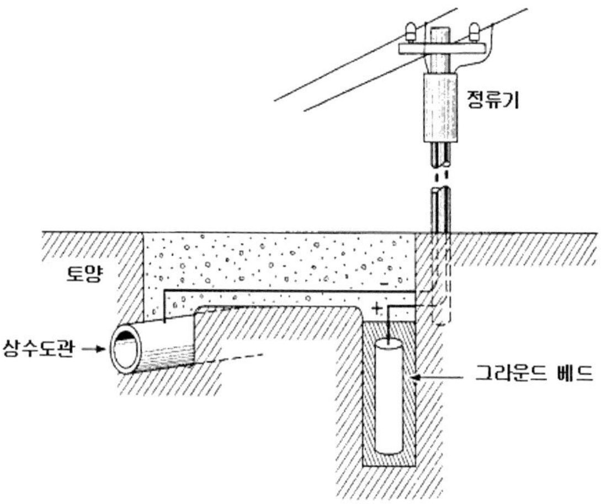

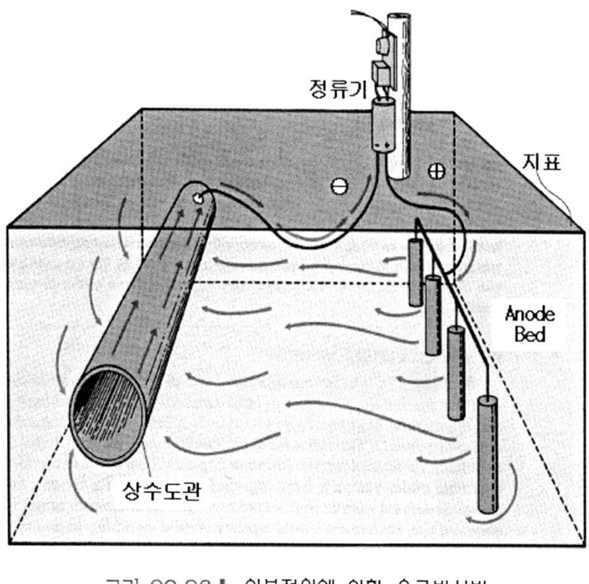

그림 20.26 ▌ 외부전원에 의한 음극방식법

20.5.3.3 전기방식법 비교

표 20.11 ▌ 전기방식법 비교

구 분	외부전원법	희생양극법
장 점	• 정류기의 출력을 조정함으로써 구조물의 전위를 낮은 값에서 높은 값까지 변화시킬 수 있다. • 에너지원이 단지 1개의 정류기로만 사용할 수 있다. • 양극으로 다양한 종류를 사용할 수 있다. • 많은 외부전원용 양극들은 매우 적은 소모율을 가지며 작은 크기에서도 큰 전류량을 흐르게 할 수 있다. • 전기적인 방법으로 제어 및 감시가 가능하다. • 양극의 수명이 길다. • 저항이 높은 지역의 방식도 가능하다. • 넓은 지역을 한 에너지원으로 방식이 가능하다.	• 외부의 힘에 의해 파괴될 가능성이 적다. • 설계수명기간 동안 유지비가 적게 든다. • 전기와 같은 외부 에너지원이 필요하지 않다. • 시스템 요소가 적다(간단하다). • 주변 구조물과 전기적으로 절연된 국부적인 구조물을 방식하기에 좋다. • 작용하는 전위차가 크지 않으므로 주변 구조물에 간섭 영향을 주지 않는다. • 과방식에 대한 우려가 없다. • 시공이 간단하고 편리하다. • 전류분포가 균일하다. • 유지비가 필요없다.
단 점	• 외부전원이 필요하다. • 정기적인 유지관리가 필요하며 유지비가 소요된다. • 양극에 연결되는 전선이 부식될 수 있다. • 양극은 상당히 높은 전위를 유지하므로 이러한 전위가 주변의 다른 구조물에 간섭을 줄 수가 있다. • 시공이 까다롭고 시공비가 많이 든다.	• 토양비저항이 높은 지역에는 비경제적 • 긴 수명을 요구하는 장소에는 불리 • 계절에 따라 전류출력이 달라진다. • 산성환경에서는 직접적인 환경의 영향으로 양극재료의 수명과 효율이 급격히 떨어진다. • 설계수명을 길게 하기 위해서는 양극의 양을 많게 해야 한다. • 용액의 화학조성과 온도에 따라 양극의 전위가 달라진다.

20.5.4 전기방식 기준

NACE 표준 *RP-01-69(1996 Revision)* *"Control of External Corrosion of Underground or Submerged Metallic Piping Systems"* 에서 정하고 있는 강관 및 주철관에 대한 세가지 주요 방식 기준은 다음과 같다.

20.5.4.1 전기방식 적용시 −850[mV](CSE) 전위 기준

이 기준은 충분한 방식이 되고 있다는 가정하에, 전기방식 적용시 배관(강관 및 주철관)의 전위는 *CSE*(황산동 기준전극)을 기준으로 *-850mV* 이하를 유지해야 한다는 것이다. *850mV*는 피복이 된 매설 강구조물의 최소 자연전위가 약 **800mV** 정도라는 데에서 기인한다. 다시 말하면 같은 구조물에서 전체 구조물의 자연전위보다 국부 양극의 자연전위가 낮은 전위값이 유지되도록 전기방식을 적용하면 *macro-cell*에 의한 부식이 발생되지 않는다. 또한 *50mV*는 여유율을 적용한 값이다. 전기방식 적용시 *-850mV* 전위 기준은 아주 오래전부터 그 효용성이 증명되어 왔다.

20.5.4.2 −850[mV](CSE) 분극전위 기준

개요. 황산동 기준전극을 기준으로 분극전위가 $-850mV$ 이하를 유지해야 한다.

분극전위. 구조물과 전해질의 계면에서 측정한 전위이다. 분극전위는 모든 전류원을 차단하고 직접 측정한 값으로 일반적으로 *off-potential* 또는 *instant off-potential*(E_{off})이라고 한다.

$$E_{off} = E_0 + E_p,\ E_{on} = E_0 + E_p + E_s = E_0 + IR_p + IR_s \tag{20.17}$$

여기서, E_{on} : 관-대지 전위(pipe-to-soil potential)

E_0 : 자연전위(narural potential)

E_p : 분극량(electrochemical polarization)

E_s : IR drop(voltage drop in soil)

I : 방식전류 (constant protective current)

R_p : 분극저항 (polarization resistance)

R_s : 토양저항 (soil resistance)

자연전위와 분극전위(*off-potential*)의 차이는 전기방식을 적용함으로써 발생되는 분극량(E_p)이라고 정의한다.

$$E_p = E_{off} - E_0 \tag{20.18}$$

*on-potential*과 *off-potential*의 차이는 전해질이나 측정회로를 형성하는 도선에서의 전압강하로 인해 발생되는 손실, 즉 IR drop(E_s)이다.

$$E_s = E_{on} - E_{off} \tag{20.19}$$

20.5.4.3 100mV 분극전위 변화 기준

이 기준은 충분한 보호를 위해서는 구조물 표면과 전해질에 접촉하고 있는 안정적인 기준전극 간에 음극 분극량은 최소한 *100mV*이어야 한다는 것이다.

음극분극량은 그림 20.27과 같이 전기방식 시스템을 인가한 직후부터 차단할 때까지 시간에 대한 전위곡선의 형상(*formation*)과 전기방식 시스템을 차단한 직후의 곡선 형상(*decay*)을 통해 알 수 있다.

음극분극량을 측정하는 또 다른 방법은 그림 20.28과 같이 전기방식 시스템을 차단한 후 발생되는 분극 시간에 대한 전위곡선의 형상(*decay*)과 전위 변동의 관계를 비교 측정하는 방법이다. 특히, 이 방법은 그림 20.27의 방법에 비해 측정시간이 비교적 적게 소요되므로 분극량을 평가하는 데 있어 가장 많이 쓰이는 방법이다.

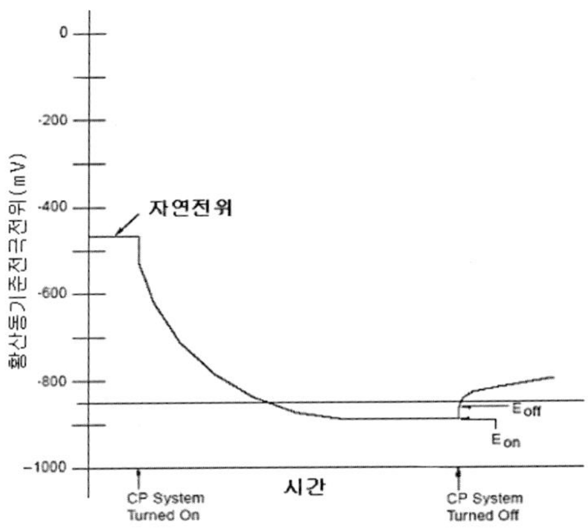

그림 20.27 ▌ 전원 인가(on)시 전위변화곡선

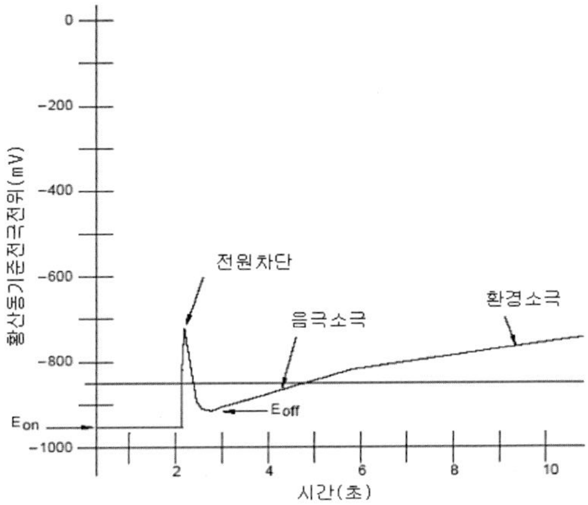

그림 20.28 ▌ 전원 차단(off)시 전위변화곡선

20.5.4.4 과방식 기준

금속 구조물은 방식을 충분히 해야 부식을 방지할 수 있으나 과도한 방식은 또 다른 문제점을 야기시키기도 한다. 과도한 방식전류를 흘려주면 금속 주변에 수소발생반응이 발생하면서 주변 용액이 알칼리성으로 변화된다. 알루미늄, 아연 및 납과 같은 물질들은 알칼리성 분위기에서 금속이 부식되므로 과방식에 의한 부식이 일어날 수 있다. 이러한 형태의 부식을 음극 부식이라고 한다.

일반 피복 강관의 과도한 방식전류에 의해 일어날 수 있는 문제는 첫 번째로 피복의 열화 및 박리를 들 수 있다. 손상부위와 같이 금속이 노출된 배관 표면에서 환원반응이 발생하면 배관 표면은 알카리성이 된다. 철은 알칼리성에서 부식이 억제되는 경향이 있으나 환원반응이 과다하게 발생하면, pH가 과다하게 높아지고, 손상부위 주변 피복의 박리가 발생한다. 방식전류에 의한 피복의 박리현상을 "음극박리(*cathodic disbonding*)"라 칭한다.

방식전위가 과다하게 낮아지면 환원반응으로 수소이온의 환원이 이루어지며, 환원된 수소는 분자상태로 결합하여 기포가 형성되나, 일부 수소원자는 금속내부로 확산해 들어가서 금속내부의 결함부위에서 매우 높은 압력의 수소가스를 형성할 수 있다. 이러한 고압의 수소가스에 의하여 금속이 부풀어오르는 현상(블리스터링)이 발생할 수도 있다. 확산된 수소에 의하여 배관의 인성이 저하되는 수소 취성을 나타내기도 한다. 이러한 현상을 방지하기 위하여 배관의 방식전위가 일정 전위 이하로 내려가지 않도록 주의한다.

일반적으로 배관에 적용하는 과방식 기준은 배관의 피복에 따라 달라진다. 영국의 *BSI* 기준에는 아스팔트 피복관의 경우 *-2.5V(vs CSE)*로 규정하고 있으나, *PE* 피복관에 대한 명확한 규정은 나와 있지 않다. 우리나라에서는 간섭에 의한 경우를 제외하고는 *-2.5V* 이하로 방식전위가 내려가지 않도록 권장하고 있다.

20.6 부식탐측 및 진단

현장 탐측에 앞서 부식 기술자는 탐측할 배관에 대해 가능한 한 많은 정보와 지식을 보유 및 습득하고 있어야 한다. 이러한 정보와 지식으로 배관이 매설된 지점의 부식환경을 알 수 있고 설계 또는 탐측시 아주 유용하게 쓰인다. 다음 항목은 현장 탐측을 수행하기에 앞서 필수적으로 알고 있어야 할 정보이다.

- 배관 재질
- 피복 상태, 재질 및 특징 등
- 사고 이력
- 배관의 직경, 두께 및 단위 중량 등
- 케이싱관의 직경, 두께, 단위중량, 피복여부 및 절연상태
- T/B, 분기관, 용접부, mechanical coupler, 절연조인트 및 절연플랜지 위치
- 관로 노선도 및 상세 도면
- 타 매설 구조물의 위치
- 미주전류의 존재 여부
- 지하철, 고속전철 또는 초고압 송배전선과 병행 및 교차 여부
- 초고압 송배전선과 병행 및 교차시에는 병행 구간 길이, 근접 거리 및 접지방식
- 현재 운영되고 있는 배관의 온도 및 향후 온도 증가 가능성
- 탐측 및 진단 주요항목

구 분	방식 배관	미방식 배관	건설전
전위 측정	○	○	
배관 전류 측정	○	○	
피복 유효 전기저항	○	○	
굴착 조사	○	○	
미주전류 영향 평가	○	○	
배관 주변의 토양비저항		○	○
미생물 부식 발생 가능성		○	○
토양 환경 분석		○	○
전기방식 소요전류 밀도 조사		○	

20.6.1 전위 측정

배관의 전위는 일반적으로 관대지 전위(*pipe-to-soil potential*)를 말한다. 관대지 전위를 측정하는 방법은 기준전극을 배관 직상부 대지에 대고 배관의 전위를 측정한다. 기준전극의 하단에 있는 캡(*cap*)을 제거하면 다공성 플러그가 나타나는 데, 이것은 습기 있는 대

지와의 접촉을 용이하게 한다. 만일 대지가 건조하다면 땅을 조금 파서 측정한다. 또한 매우 건조한 지역에서는 깨끗한 물을 기준전극 주위에 뿌려서 접촉이 용이하도록 하고 풀이나 잡초가 있으면 반드시 제거한 후 측정한다.

가장 일반적으로 *CSE*라 하는 포화 황산동(*copper-copper sulfate*) 기준전극을 사용한다.

표 20.12 ▌ 기준전극의 전위

전 극	전위 [V] 25℃
$Cu^{2+}/CuSO_4$ (Saturated) [CSE]	+0.300
Calomel (Saturated KCl) [SCE]	+0.241
$Ag^{+}/AgCl$ (Saturated KCl)	+0.196
$Ag^{+}/AgCl$ (0.6 M Cl^{-}) [seawater]	+0.250
Standard Hydrogen Electrode [SHE]	0.000
Zinc [seawater]	−0.800

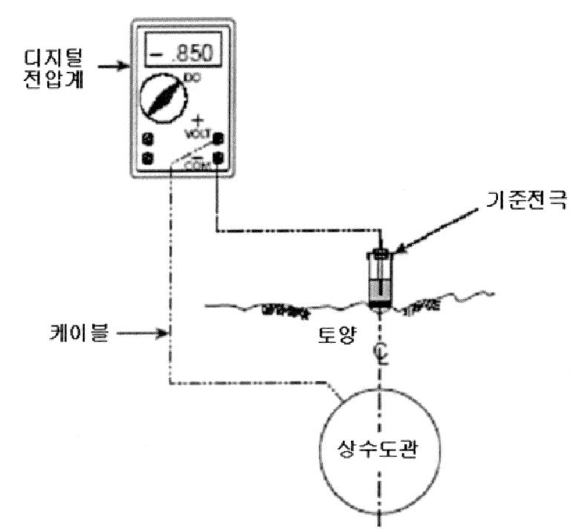

그림 20.29 ▌ 관대지 전위 측정

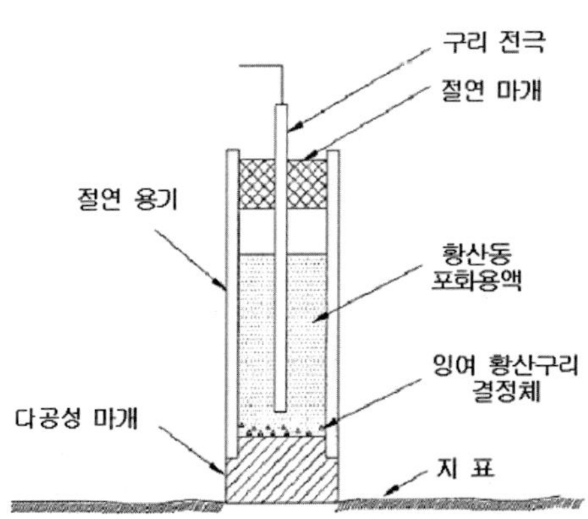

그림 20.30 ▌ 포화 황산동 기준전극 [CSE] 상세도

20.6.1.1 미방식 배관의 전위 측정

배관노선을 따라 일정한 간격으로 기준전극에 대해 배관의 전위(미주전류나 외부영향 포함)를 측정 하면 신설 배관이나 부식이 적게 진행되고 있는 배관은 낮은 전위를 가진다. 피복된 신설 배관은 평균적으로 -0.5~0.7V(CSE)의 전위를 가진다. 반면, 노후된 배관이나 나관은 평균적으로 -0.1~0.3V(CSE)의 전위를 가진다. 전위측정으로 알 수 있는 것은 부식의 진행상태, 토양의 부식성 및 미주전류의 존재 등을 알 수 있다.

그림 20.31에서 측정 전위 E_t가 1,000mV[CSE]이고 접촉저항(R_c)이 100kΩ이며 전압계 내부저항 R_m이 1MΩ이라 하면, 실제 전위 E_m은 다음과 같다.

$$E_m = \frac{E_t}{R_{total}} = \frac{E_t R_m}{R_m + R_c} = \frac{1000 \times 1}{1 + 0.1} = 909\,\mathrm{mV} \text{ 측정오차 약 10\%} \qquad (20.20)$$

기준전극 설치시 접촉저항이 클수록 측정오차가 많이 발생하고, 배율기의 원리에 의해 전압계 내부저항이 클수록 측정오차가 줄어든다.

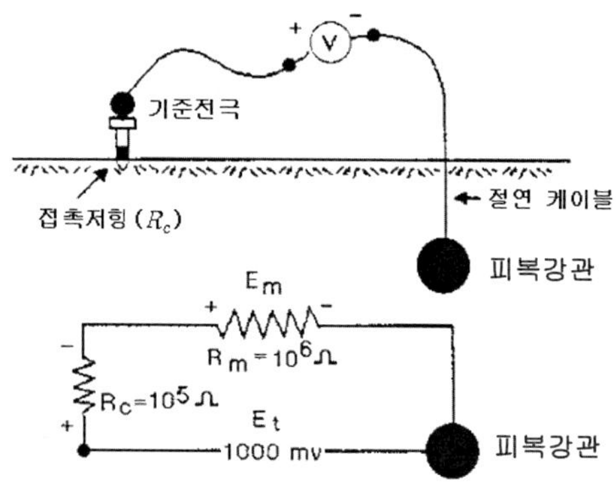

그림 20.31 ▌ 기준전극 설치시 접촉저항 및 내부저항의 관계

20.6.1.2 방식 배관의 전위 측정

미방식 배관에 비해 방식 배관의 전위 측정은 전압강하와 배관의 분극을 고려해야 하므로 다소 복잡한 양상을 띤다. “20.5 부식 방지 대책”에서 언급한 바와 같이 부식이 진행 중인 배관의 음극 영역이 양극 영역의 개방회로 전위로 분극이 이루어지면 부식은 감소된다. 이 개념을 바탕으로 이상적인 값은 배관과 대지 환경 사이의 계면에서 직접 측정한 값이 될 것이다. 하지만 매설된 배관에서 실제로 이 위치의 전위를 측정하기는 어렵고 일반적으로 측정할 수 있는 전위는 배관 직상부 표면에서 관대지 전위를 측정한다. 즉, 그림 20.32의 등가회로가 보여주는 바와 같이 측정할 수 있는 전위는 분극전위와 배관과 대지사이의 IR drop의 비율에 따라 흐르는 전류에 의해 정해지는 전위의 합이다. 피복이 되어 있다면 피복 저항을 포함한다.

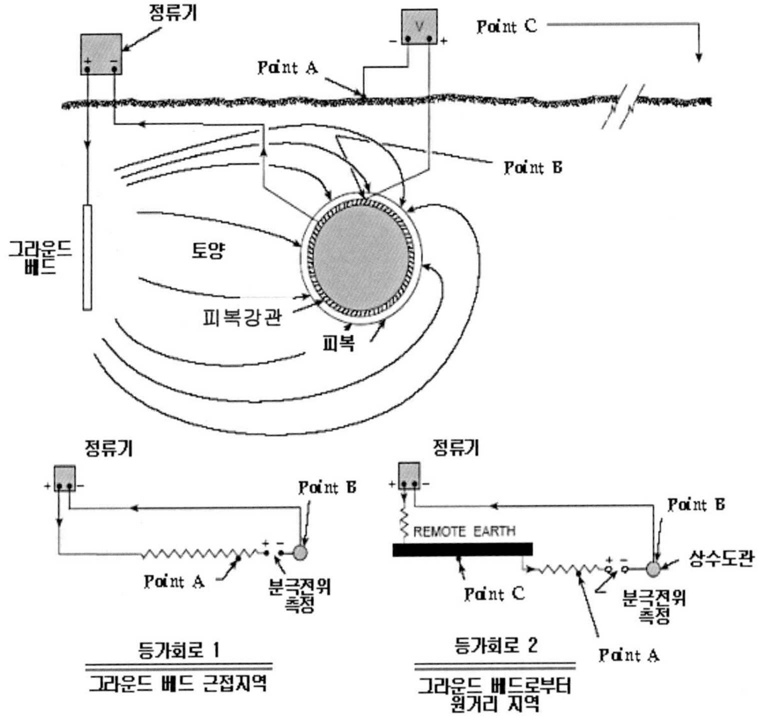

그림 20.32 I-R Drop 비율에 따른 등가회로도

20.6.1.3 분극 전위 측정

분극전위에 대한 내용은 20.5.4.2절을 참조하기로 하며 일반적으로 분극전위를 측정하는 방법으로는 모든 정류기를 동시에 차단하여 이 때 측정한 off-전위를 통해 분극전위를 측정할 수 있다. 하지만 엄밀하게 말하면 분극에 소요되는 시간이나 모든 미주전류의 영향을 고려할 수 없으므로 정확한 분극전위라 하기는 어렵다. 따라서 분극전위 측정을 위해 개발된 "분극전위 측정용 전극"을 이용하여 분극전위를 측정할 수 있다.

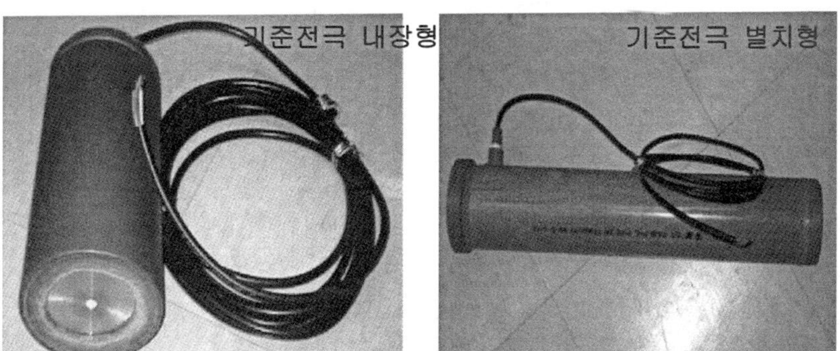

그림 20.33 분극전위 측정용 전극

"분극전위 측정용 전극"을 배관과 전기적으로 접속하고 기준전극을 시제와 아주 근접한 구조로 제작하여 IR Drop 최소화한 분극전위를 측정할 수 있다. 이를 통해 관-대지 전위와 실제 분극전위로부터 양극간섭 또는 미주전류의 영향 등을 알 수 있다.

20.6.2 피복 손상 탐측

20.6.2.1 피복 손상 탐측의 필요성

매설배관의 방식 방법으로는 보통 배관표면에 폴리에틸렌과 같은 비전도성 물질을 코팅하고 동시에 외부전원을 이용한 음극방식을 병행하여 사용한다. 피복이 완전하게 유지될 경우 배관은 부식으로부터 보호될 수 있으나, 공사 중의 충격, 피복재질의 불량, 토하중에 의한 변형 등으로 피복은 손상될 수 있으며, 이러한 손상부위로부터 부식이 진행될 수 있다. 이러한 피복 손상 부위는 전기방식을 통하여 보호할 수 있으나, 적절한 방식전위가 유지되지 못하거나, 외부의 간섭 요인에 의하여 부식으로 발전할 수 있다. 또한, 이러한 피복의 손상부는 과도한 방식전류 소모의 원인이 될 수 있으므로 피복손상 탐측이 필요하게 된다.

피복손상 탐측에 의한 배관 관리는 특히 신설 배관의 경우에 중요하다. 시공된 배관의 검사항목의 하나로 피복손상 탐측을 실시할 경우, 공사시의 충격이나 여타 요인들에 의한 피복 손상여부를 찾아낼 수 있어 시공자의 경각심을 유지할 수 있다. 실제 한국가스공사 가스배관의 경우 피복손상 탐측이 시행된 이후로 방식소요 전류가 급격히 감소한 사례가 보고되고 있어 배관의 품질이 크게 향상되었음을 짐작할 수 있다.

20.6.2.2 피복 손상 탐측의 종류

피복손상부 탐측 방법은 여러 가지 방법이 개발되어 적용되고 있다. 이중 대표적인 것은 CIPS(Close Interval Potential Survey 또는 CIS), DCVG(DC Voltage Gradient Survey), Pearson Survey, Cell-to-Cell survey, Current Attenuation 등이 있으며, 이러한 기술들은 다양한 시판용 장비로 개발되어 있다.

실제 시판용 장비는 다양한 방법을 복합적으로 수행할 수 있도록 제작된 경우가 많으며, 다양한 변형이 시도되고 있다. 각각의 방법을 간략히 살펴보면 다음과 같다.

CIPS/CIS. CIPS/CIS는 방식전위 수준을 평가하기 위하여 시행하는 방법으로 주로 다른 구조물과의 접촉여부나 미주전류 영향여부를 진단하기 위해 시행하는 방법이다. 이 방법은 작은 크기의 결함을 탐지하는 데에는 한계가 있다.

DCVG/ACVG. DCVG(DC voltage gradient) 와 ACVG(AC voltage gradient)방법은 작은 핀홀을 탐지하기 위해 주로 사용된다. 때로 이 방법은 조사영역이 양극부위인지 음극부위인지를 알아내기 위하여 사용되기도 한다. 그러나 이 방법만으로는 방식전위를 얻을 수는 없다. 통상적인 경우 조사시 무시할 수 있을 만한 작은 신호에도 주의를 기울인다면 부식이나 타공사에 의한 손상과 관련된 작은 피복 결함도 찾아낼 수 있다.

피어슨 법(Pearson Survey). 피어슨 법(Pearson Survey)은 다양한 종류의 결함에 적용할 수 있으나 결함의 크기를 알아낼 수는 없다.

Cell-to-Cell 측정방법. Cell-to-Cell 측정방법은 DCVG/ACVG와 유사하나 나관 또는 피복상태가 열악한 경우에 적용하며 전류 유출지점을 탐지하기 위해 사용한다. 이 방법은 전기적으로 불연속적인 배관에도 적용이 가능하다.

교류 전류 감쇄법(Current Attenuation). 교류 전류 감쇄법(Current Attenuation)은 피복의 품질과 피복 이상 유무를 탐지하기 위하여 사용되는 방법이다. 이 방법은 토양과 전기적으로 접촉하지 않아도 가능하기 때문에 자기장이 투과되는 물, 얼음, 콘크리트 등으로 덮혀 있는 배관에도 사용이 가능하다.

앞서 살펴본 다양한 피복손상 탐측법들은 배관의 매설환경에 따라 제한점이 있어 유용한 결과를 얻기 곤란한 경우도 있으며, 각각의 방법의 특징에 의해 최적의 탐측법이 달라질 수 도 있다. 표 20.13은 각 탐측법의 적용성을 상대적으로 비교하여 등급을 부여한 것이다(NACE Standard RP0502-2002 'Pipeline External Corrosion Direct Assessment Methodology'). 적용된 등급에서 "1"은 적용이 가능하다는 의미이며, 작은 피복 결함(면적 $600m^2$ 이하)도 탐지가 가능하며, 방식전위의 변동을 가져오지 않는 경우에 해당된다. 등급

표 20.13 ▌ 피복손상 탐측법의 상대 등급

조 건	CIS	DCVG /ACVG	피어슨법	Electro-magnetic	교류전류 감쇄법
피복 결함	2	1, 2	2	2	1, 2
나관에서의 양극 영역	2	3	3	3	3
도강부	2	3	3	2	2
동토지역	3	3	3	2	1, 2
미주전류	2	1, 2	2	2	1, 2
차폐된 부식부	3	3	3	3	3
인접 금속구조물	2	1, 2	3	2	1, 2
근접한 평행배관	2	1, 2	2	3	3
고압송전철탑	2	1, 2	2	3	3
케이싱 접촉	2	2	2	2	2
포장도로	3	3	3	2	1, 2
도로횡단부	2	1, 2	2	2	1, 2
케이싱 내부	3	3	3	3	3
심도 깊은부위	2	2	2	2	1, 2
습지	2	1, 2	2	2	1, 2
암반지역	3	3	3	2	2

"2"는 적용이 가능하며, 비교적 큰 결함에 적용이 가능하거나, 방식전위에 변동을 가져오는 경우의 등급이다. 등급 "3"은 적용이 불가한 경우이다. 이 경우에는 보완조치 없이 적용할 수 없다.

20.7 전기방식 설계의 예

전기방식 설계는 현장조사를 실시하고 방식범위, 방식대상 관로상황, 각종 방식법의 특성 등을 종합적으로 고려하여 그림 20.34와 같은 절차에 의해 설계한다. 상수도관의 부식방지로 가장 많이 사용되고 있는 외부전원법(심매)의 세부 설계절차를 그림 20.35에 나타내었으며 부식탐측 및 진단을 통해 측정된 대지비저항, 가통전시험 결과를 바탕으로 전기방식 설계검토의 사례를 제시한다.

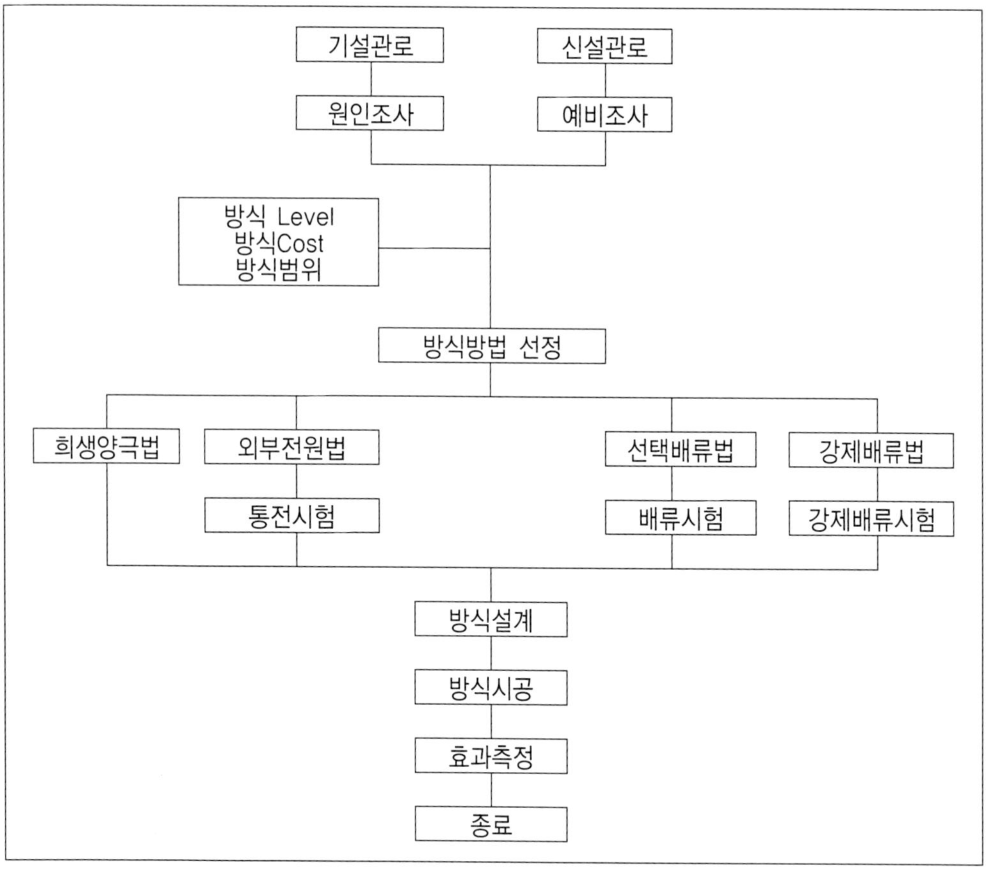

그림 20.34 ▌ 전기방식 설계 절차

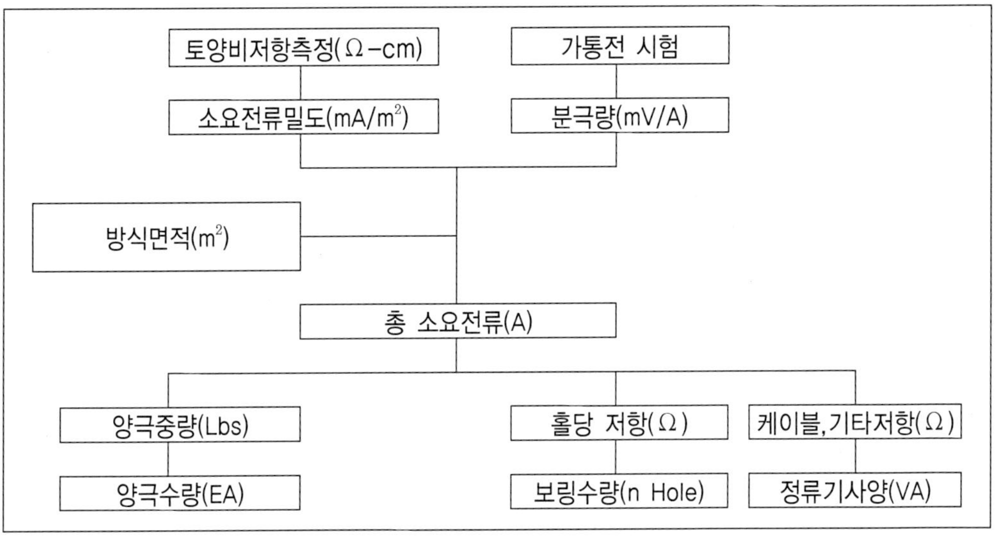

그림 20.35 ▌ 외부전원법의 설계절차

20.7.1 현장조사

해당 설계의 예는 상수도관 강관(1,100mm) 2.4km에 대한 전기방식공사 현장조사 및 가통전 시험자료를 기초로 한 설계계산 예제이다.

20.7.1.1 토양 비저항 측정

전기방식 설계에서 토양 비저항의 측정은 설계의 주요인자이며 현장 실측치를 적용하고, 소요 전류 밀도는 측정된 토양저항으로 계산하거나 참고 문헌을 이용하여 적용하고 있다.

측정계기. 측정하고자 하는 깊이의 평균 저항을 최소의 오차 한계로 측정할 수 있는 Wenner Four Pin Method로 측정하였으며, 사용 계기는 다음과 같은 토양 비저항기(YOKOGAWA Model 3243)를 사용하였다.

① TYPE : MODEL 3243

② 제작사 : YOKOGAWA ELECTRIC.

측정원리. 그림 20.36과 같이 C1과 C2 사이에 흐르는 전류(I)에 의해서 P1과 P2 사이에서 일어나는 전압강하(ΔV)를 측정하여 V=I x R공식에 의해 저항(R)을 구하고, 비저항식 $\rho = 2\pi a R$에 의하여 토양의 비저항값을 구한다. 여기서, ΔV= P1 과 P2 사이에서 일어나는 전압 강하(V), I =C1 과 C2 사이에 흐르는 전류(A), R=P1 과 P2 사이의 저항(ohm), ρ=토양 비저항(ohm-cm), a=pin 간격 (cm), 측정 깊이는 15m, 25m, 35m, 45m이다.

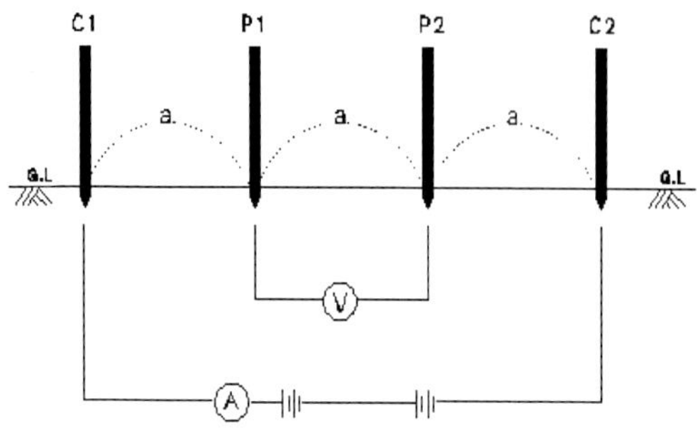

그림 20.36 ▌ 토양비저항 측정(Wenner 측정방법)

그림 20.37 ▌ 토양비저항 측정모습

측정방법

- 그림 20.38과 같이 측정하고자 하는 토양의 깊이로 그림과 같이 동일한 간격 a로 한다.
- 측정 pin의 타설 깊이는 측정 간격의 1/5 보다 작아야 하며, Pin의 직경은 측정간격의 1/25 보다 작아야 한다.
- pin을 정해진 간격 a로 약 5[Cm] 깊이 정도로 타설한다.
- 상기 그림과 같이 토양 비저항기의 C1, C2 터미널과 양쪽 바깥의 핀을 전선으로 연결하고 P1, P2 터미널과 안쪽의 핀을 연결한다.
- 토양 비저항기의 S/W를 on 시키고 저항을 조정하여 galvanometer의 지침이 "0"이 되는 지점을 찾는다.
- 그때의 측정치 R을 읽는다.
- 측정된 저항값(R)로 부터 $\rho = 2\pi a R$ 비저항값(ρ)을 계산한다.

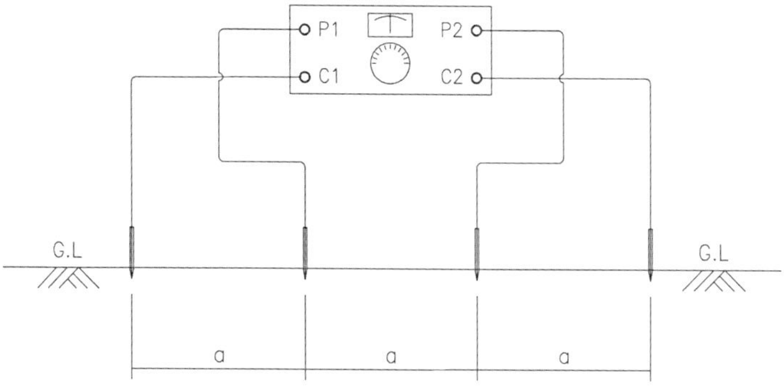

그림 20.38 ▌ 토양비저항 측정시 결선방법

측정결과

구 분	깊이별 비저항값(ohm-cm)			평균 대지비저항값 (Ω · cm)
양극설치부	1.6m	2.4m	3.25m	
	13,700	11,300	13,000	12,700

구 분	깊이별 비저항값(ohm-cm)												등가대지 비저항값 (Ω · cm)
Anode 베드	5m	10m	15m	20m	25m	30m	35m	40m	45m	50m	55m	60m	
	10,367	12,440	9,896	9,801	10,249	11,215	9,863	10,229	11,603	12,299	11,723	12,063	10,893

20.7.1.2 가통전 시험

가통전 시험은 이미 매설되어 있는 배관에 음극방식을 적용할 때 가장 정확한 설계 정보를 제공할 수 있다. 이 시험으로 음극방식의 효과와 필요한 전류, 분극량 및 타 배관에 미치는 간섭정도 등을 판정할 수 있으며, 전기방식 설계 및 설치에 관하여 신뢰도 높은 데이터를 얻을 수 있다. 시험방법은 임시 매설된 양극에 직류전원을 공급하고 방식대상물의 전위변화를 측정한다. 이 때 통전시험에 의한 방식구간을 정확히 파악하여 대상구간 말단에 방식전위 유지여부를 판정하고, 그 때의 정류기 출력전류를 읽어 소요전류 밀도 등을 역산한다. 주의할 점은 시험 대상구간 이외의 부분은 반드시 절연하여 방식전류의 누설요소를 제거해야 한다는 점이다.

가통전 시험장비 설치. 가통전시험은 양극매설 예정지에 실제양극 매설 수량과 같게 하는 것이 원칙이나, 현장여건상 불가능할 경우 임시양극으로 접지동봉(14Φ×1000L) 또는 펜스, 도로 가드레일 등을 사용할 수 있다.

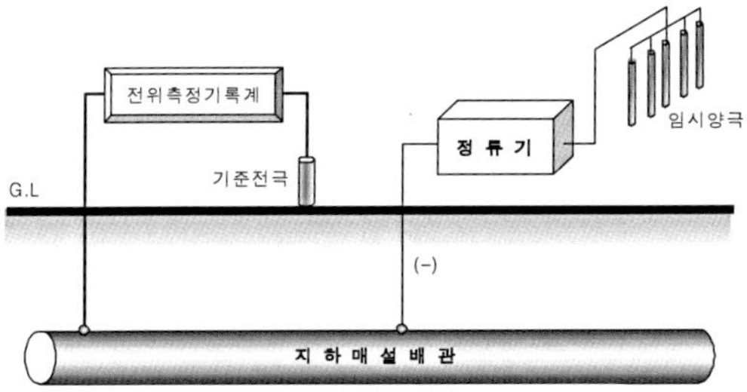

그림 20.39 ▌ 가통전 시험 개략도

그림 20.40 ▌ 가통전 시험정류기

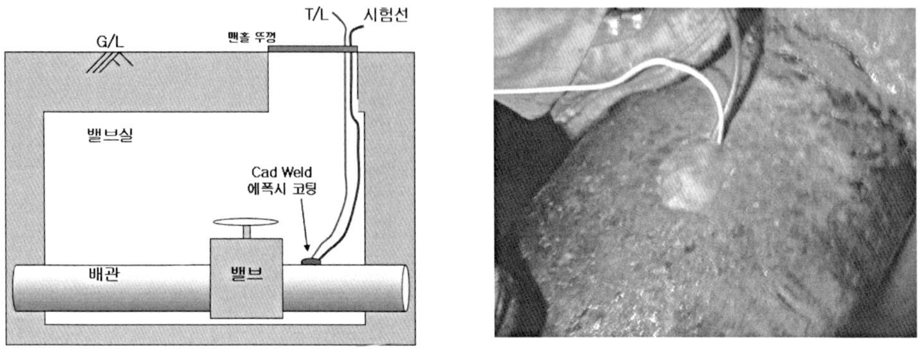

그림 20.41 ▌ 전위측정 시험선 인출

측정방법

- Anode bed 예정지역에 임시 양극을 매설.
- 가통전 시험개략도(그림 20.39)와 같이 양극 및 배관에 정류기 + 및 -케이블 연결
- 정류기 interrupter로 on/off를 수행하면서 전위측정기록계에서 전위 값을 측정한다.
- 가통전 시험 대상 구간은 신축관 전, 후단의 도통시험, 저항측정 또는 가통전시의 전위 변화를 통하여 충분히 절연되었음을 확인한다.

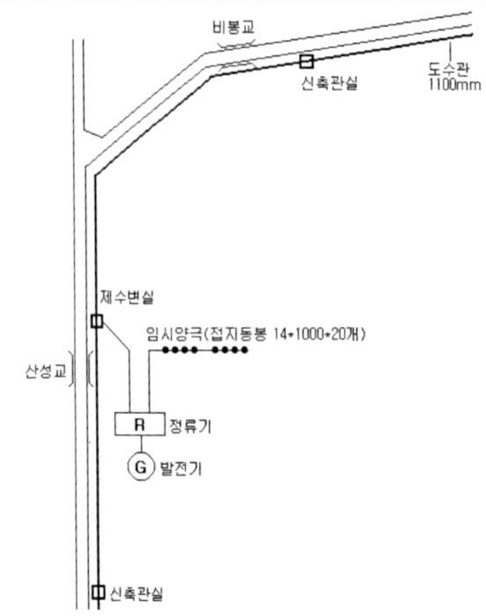

- 신축관은 기본적으로 배관의 열팽창으로부터 배관을 보호하기 위해 설치되고, 신축관의 특성상 전기적으로 절연된다.
- 밸브실 외벽의 철근과의 접속 및 신축관 시공상의 요인에 의해서 완벽한 절연은 어려운 경우가 많으며 경우에 따라 신축관 양단을 본딩하여 방식대상의 범위를 수정할 수 있다.
- 신축관의 절연특성을 이용하여 일정구간까지만 방식이 되도록 제한하여 방식구간을 효과적으로 관리한다.

그림 20.42 ▌ 가통전 시험 위치도

〈신축관의 절연확인〉

측정결과

표 20.14 ▌ 가통전 시험결과

측정점(T/B)	on(mV)	off(mV)	분극량(mV)
측정점 A (신축관실 #1)	−725	−620	105
측정점 B (제수변실)	−900	−700	200
측정점 C (신축관실 #2)	−790	−690	100

20.7.1.3 토양 pH 및 습도측정

pH를 측정하는 방법 및 장비는 그림 20.43에서 보는 바와 같이 직독식 pH 측정기를 토양표면에 설치하여 측정한다.

표 20.15 ▌ pH 및 습도 측정결과

측정위치 (Sta.)	pH	습도
측정점 A	7.6	27%
측정점 B	7.6	28%
측정점 C	7.5	26%

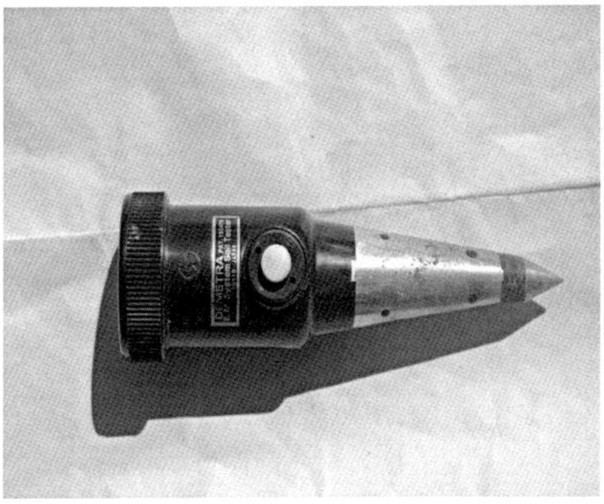

그림 20.43 ▌ 토양 pH 측정기 [모델명 : Type-36, DEMETRA(Japan)]

측정결과 우리나라 평균 토양 pH 및 습도값과 비슷한 값이며 방식설계시 추가적인 소요전류의 증가여부를 고려할 정도는 아니다.

20.7.2 설계 계산(외부전원 심매법)

20.7.2.1 방식 소요전류 계산

토양 비저항 값에 의한 계산. 소요 전류밀도를 산출하면 다음과 같다. 토양 비저항값은 배관이 매설된 부위의 평균 비저항값 12,700[Ω-cm]을 적용한다.

$$\log(i) = 2.7 - 0.428\log(\rho) \quad (20.21)$$

여기서 i : 소요전류밀도(mA/m^2)

ρ : 토양 저항값 (Ω-cm)

$$\log(i) = 2.7 - 0.428\log(12,700) = 2.7 - 0.428 \times 4.10 = 0.9452$$

$$\therefore\ i = 8.81\,\mathrm{mA/m^2}$$

이 계산값은 나관상태의 기준으로 산출된 것이므로 여기에 도장 손상율을 적용해야 한다. 본 현장의 송수관은 매설된지 10여년이 경과하여 15%(도장효율 85%)정도의 도장 손상이 되었다고 가정하면 본 현장의 소요 전류 밀도는 다음과 같이 계산된다.

$$i = 8.81 \times 0.15 = 1.32\,\mathrm{mA/m^2}$$

상수도 배관 2.4km를 방식할 수 있는 총 소요전류는 다음과 같이 계산된다.

배관 전체면적 : $S = \pi DL = 3.14 \times 1.1 \times 2400 = 8,293.8\,\mathrm{m^2}$

방식 소요전류 : $I = S \times$ 전류밀도 i

$= 8,293.8 \times 1.32\,\mathrm{mA/m^2}$

$= 10.95A$

가통전 시험에 의한 계산. 소요전류를 구하기 위해서는 시험구간(신축관실로 절연된 구간)의 가통전 시험결과는 표 20.16과 같다. 먼저 방식전위 기준을 −850mV로 하고 가통전 시험구간중 전위가 가장 높게 측정된 측정점 A를 방식기준에 만족시키기 위한 소요전류를 분극량과 입력전류의 비를 사용하여 계산한다.

표 20.16 ▌ 가통전 시험에 의한 계산결과

항 목		측정결과 분석
방식기준전위(V_{pp})		850mV
배류점의 자연전위(V_1)		700mV
측정점 A의 자연전위(V_2)		620mV
시험전류(I_o)		5A
통전시 배류지점의 전위(V_p)		900mV
통전시 측정점 A의 전위(V_n)		725mV
배류지점의 전위차($\triangle V_p$)		200mV
측정지점의 전위차($\triangle V_n$)		105mV
방식에 필요한 분극량($\triangle V_o$)		230mV
배류지점에서 측정지점까지 배관거리(L_o)	관경 1,100mm	1,400m
시험 대상구간 전체 배관거리(L)	관경 1,100mm	2,400m

① 방식 소요전류

$$I = \triangle V_0 \frac{I_0}{\triangle V_n} = 230 \times \frac{5}{0.105} = 10.95A \qquad (20.22)$$

② 전류 밀도

$$\text{전체전류 } I = S \times i$$

$$\text{전체면적 } S = 8,293.8\,\mathrm{m}^2$$

$$\text{전류밀도 } i = \frac{10.95\mathrm{A}}{8,293.8\mathrm{m}^2} = 1.32\mathrm{mA/m}^2$$

③ 배류지점 과방식 검토

배관의 방식필요 전류(I)를 통전할 때의 배류지점 전위는 다음과 같다.

$$V_o = V_1 + [(\Delta V_p / I_o) \times I] \tag{20.23}$$

$V_o = -700\mathrm{mV} + [(-200\mathrm{mV}/5\mathrm{A}) \times 10.95\mathrm{A}] = -1,138\mathrm{mV}$

배류지점의 전위가 -1,138mV는 과방식전위 -2,500mV 보다 + 방향으로 위쪽에 있어 과방식에 해당되지 않는다.

각 방법에 따른 소요전류 비교. 관로매설부의 대지비저항 측정을 통한 소요전류 계산값과 가통전시험을 통해 도출된 소요 전류값이 산출되었다. 일반적으로 각각의 방법으로 산출된 소요 전류값은 측정오차 및 측정지점의 편차 등에 따라 약간의 차이를 보이지만 상기의 토양비저항 산출을 통한 계산값과 가통전 시험에 의한 소요전류 계산값은 동일하게 산출되었다. 통상적으로 두 값의 차이가 크지 않을 경우에는 두 값을 비교하여 소요전류가 높게 산출된 값을 기준으로 여유를 두어 설계한다.

표 20.17 ▎ 소요전류 계산결과

구 분	대지비저항 측정에 의한 방법	가통전시험에 의한 방법
방식면적(S)	8,293.8m^2	8,293.8m^2
전류밀도(i)	1.32mA/m^2	1.32mA/m^2
소요전류(I)	10.95A	10.95A

20.7.2.2 양극수량 계산

양극 중량(W)

$$W = \frac{Y \times I \times S}{U_f} \tag{20.24}$$

여기서 Y : 양극의 목표 수명 : 20[년]

S : 양극의 소모율 : 0.75[Lb/A · Yr]

I : 소요 전류량[A]

U_f : 양극 사용율 : [50%]

양극 수량(N)

$$N \geq \frac{W}{W_a}$$

여기서 W : 양극 중량(Lbs)

W_a : 적용양극 1개의 중량(Lbs)

구 분	계 산 값
계 산 식	$W = \frac{Y \times I \times S}{U_f}$, $N = W/W_a$
소요전류량(A)	10.95A
이론양극중량(W)	328.5Lbs
양극 1개 중량(Wa)	26Lbs
양극수량(N)	13EA (12.6)

20.7.2.3 직류회로 저항 계산

전선저항(R_w)

사용 전선 : HMW PE 600V 1C 22[m^2](0.825Ω/km)

사용 길이 : 200m/정류기

$$R_w = 0.825km \times 10^{-3} \times 200m = 0.165\Omega$$

기타저항(R_e)

$$R_e = 0.3\Omega$$

직류회로 전체저항(R). 직류회로의 전 저항은 전선저항, Anode Bed 접지저항 및 기타저항의 합으로 정류기 정격 60V에서 안전율 50%를 고려한 방식전류를 공급할 수 있는 저항값이어야 한다.

R=전선저항(Rw)+기타저항(Re)+Anode Bed 접지저항(Ra)

R≤60÷소요전류량(I)÷1.5

구 분	계 산 값
계 산 식	R≤60÷소요전류량(I)÷1.5
소요전류량(A)	10.95A
직류회로 전체 저항(R)	R≤3.65

20.7.2.4 Anode Bed 최대 접지저항(Ra1)

구 분	계 산 값
계 산 식	Ra1=R−(Rw+Re)
전선저항(Rw)	0.165
기타저항(Re)	0.30
직류회로 전 저항(R)	3.65
Anode Bed 최대접지저항(Ra1)	3.18

20.7.2.5 Anode Bed의 hole 수량

이 예제에서 hole의 총 깊이는 60m, 유효깊이는 45m, 그리고 절연깊이는 15m로 설계하였다.

Anode Bed 한 hole의 접지저항(R_a) : 200Φ×60[m]

$$R_a = \frac{\rho}{(2\times\pi\times L)} \times [\text{Ln}\ \frac{(8\times L)}{D} \ - \ 1] \qquad (20.25)$$

여기서 ρ : Bed의 등가대지비저항(Ω−cm)

L : Anode backfill의 유효깊이(4,500cm)

D : Anode Backfill의 직경(20cm)

구 분	계 산 값
계 산 식	$R_a = \frac{\rho}{(2\times\pi\times L)} \times [\text{Ln}\ \frac{(8\times L)}{D} \ - \ 1]$ $N \geq \frac{Anode\ Bed 1 Hole\text{의 접지저항 } (Ra1)}{Anode\ Bed\text{최대접지저항 } (Ra)}$
Anode Bed 토양비저항(ρ)	10,893(등가대지 비저항값)
Anode Bed 1 Hole의 접지저항(Ra)	2.50
Anode Bed 최내집지지항(Ra1)	3.18
DEEP WELL수 (N)	1

단, 심매법의 경우 산출된 Anode bed 한 hole의 접지저항값(Ra)이 Anode Bed 최대접지저항(Ra1)값을 초과하지 않으므로 deep well 수가 1개로 만족되나, 초과할 경우 deep well 수를 증가시켜 Anode Bed 최대 접지저항값 이하를 만족시켜야 한다.

20.7.2.6 정류기 정격

$$\text{정격전압 } V = 1.5IR \qquad (20.26)$$

$$\text{정격전류 } A = 1.5I$$

여기서, I는 소요전류(A), R은 직류 총회로 저항(Ω), 1.5는 안전율이다. 따라서 정류기의 정격은 60V/20A로 선정한다.

구 분	계 산 값
소요전류 (A)	10.95
직류회로 전 저항 (R)	2.97(0.165+0.3+2.5)
정류기 정격	60V/20A(48.78V/16.43A)

20.7.2.7 양극의 수명 (Y)

$$Y = \frac{W \times 0.5}{(S \times I)} = \frac{26 \times 13 \times 0.5}{0.75 \times 10.95} = 20.57 \quad (20.27)$$

여기서 Y : 양극의 목표 수명(년)

S : 양극의 소모율(0.75lb/A·Yr)

I : 소요 전류량(A)

W : 양극 1개 중량(lbs)×양극수량(N)

구 분	계 산 값
계 산 식	$Y = \frac{W \times 0.5}{(S \times I)}$
양극수명(년)	20.57(목표수명 20년 만족)

20.7.2.8 설계계산 결과

표 20.18 최종 설계계산 결과값

항 목	설 계 결 과	비 고
대지비저항(Ω-cm)	12,700	
방식대상 총면적(m^2)	8,294	
소요전류밀도(mA/m^2)	1.32	
방식소요전류(A)	10.95	
양극 설치방법	DEEP WELL	
양극갯수(H.S.C.I)	Φ1.5"×60"×13EA	Anotec社 제품기준
양극회로 총 저항(Ω)	2.97	
정류기 정격	DC 60V 20A	
정류기 설치대수	1	
사용 케이블	HMWPE 1C-22sq × 200m	
DEEP WELL수	1	

CHAPTER 21 내부부식(Internal Corrosion)

역자 : 박영오, 이송희, 이병두, 임한식, 임성호, 이영재

21.1 부식의 정의

부식(corrosion)은 일반적으로 금속이 녹슨 상태를 나타내는 용어로서 라틴어로는 "rodere(to gnaw)"로 물질이 화학적, 전기화학적 작용에 의해 깎이거나 공격당한다는 뜻을 가지며, 자연에서 취한 것이 자연으로 돌아가는 것이라고 표현하기도 한다. 금속은 광석을 제련하여 변환시킨 것으로 제조과정에서 열의 형태로 다량의 에너지를 사용하기 때문에 금속은 많은 양의 에너지를 함유한 상태에서 사용된다. 따라서 땅속에 묻히거나 대기중에 노출된 채로 산소, 습기와 접하는 금속들은 저장된 에너지를 방출하면서 부식이 진행된다. 결국 금속이 원상태로 회귀하는 셈이다. 따라서 부식은 에너지를 많이 함유한 상태에서 빠른 속도로 진행되지만, 원광상태의 금속이 사용되면 부식은 매우 느린 속도로 진행된다.

수중에서 금속의 부식은 기본적으로 전기화학적인 과정에서 일어나는 현상으로 금속이 처해 있는 환경이나 부식에 관여하는 제반요인에 의해서 부식형태는 전면부식과 국부부식으로 구분된다. 일반적으로 수용액중의 금속표면에는 전위차가 다른 부분이 혼재되어 있어, 국부전지가 무수히 활동하고 있다. 이 국부전지의 양극부(Anode)에서는 부식전류가 흐르면서 금속은 이온상태로 용출된다. 철의 경우에 그 양극부와 음극부에서 각각 아래 식과 같이 산화·환원반응이 일어난다.

전류가 금속에서 수용액으로 유출하는 표면을 양극, 반대로 수용액에서 전류가 금속으로 유입하는 표면을 음극이라고 부른다. 그리고 음극부는 고전위이고, 양극부는 저전위이다.

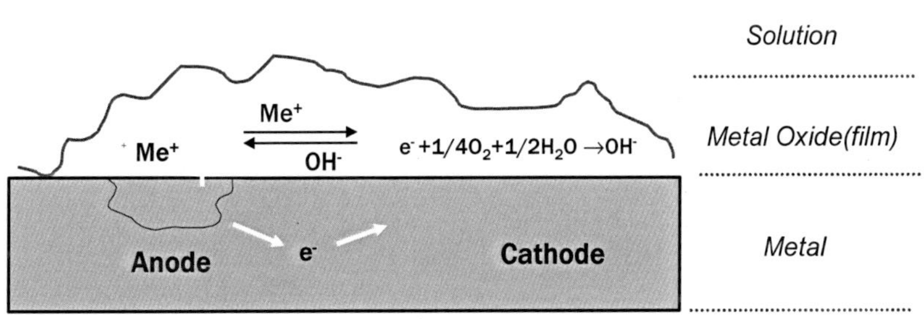

그림 21.1 ▌ 금속표면의 국부부식

음극에서의 반응은 물의 pH와 용존산소(DO)농도에 따라 다르며 용액이 중성 또는 알칼리성일 경우에는 식 21.2와 같이 산소소비형 부식이, 산성이면 식 21.3을 거쳐 식 21.4와 같이 수소 발생형 부식이 일어난다. 중성, 알칼리성에서는 다시 음극부에서 발생된 OH^-와 양극부의 Fe^{2+}이 결합하여 수산화제1철을 생성한다. 수산화제1철은 다시 수중의 용존산소와 반응하여 불용성의 수산화제2철(붉은 녹)로 되어 침전되기도 한다.

$$\text{양극} : Fe \rightarrow Fe^{2+} + 2e^- \tag{21.1}$$

$$\text{음극} : 1/2O_2 + H_2O + 2e^- \rightarrow 2OH^- \tag{21.2}$$

$$1/2O_2 + 2H^+ + 2e^- \rightarrow H_2O \tag{21.3}$$

$$2H^+ + 2e^- \rightarrow H_2 \tag{21.4}$$

$$Fe^{2+} + 2OH^- \rightarrow Fe(OH)_2 \tag{21.5}$$

$$2Fe(OH)_2 + 1/2O_2 + H_2O \rightarrow 2Fe(OH)_3 \tag{21.6}$$

붉은 녹(정확하게는 $Fe_2O_3 \cdot XH_2O$)은 철의 부식에 의한 생성물이지만, 그 조성은 복잡하며 산소의 양이 충분하지 않을 경우에는 그 중간생성물의 자성산화물($Fe_2O_4 \cdot XH_2O$), 즉 검은 녹이 생성되는 경우도 있으며, 최종적으로는 X FeO + Y Fe_2O_3 + Z H_2O으로 조성되는 것으로 알려져 있다.

부식의 전기화학적 이론은 여러 실험연구에 의해 확인되었다. 이 이론에 의하면 수용액 중 금속표면에는 각종 원인에 의해 전위차가 다른 부분이 실제로 존재하고, 그 결과 많은 국부적 단락전위(短絡電位)가 형성되어 양극부에 해당하는 금속표면이 부식되는 것이다.

이러한 부식 전위를 형성하는 원인은 여러 가지가 있으나, 내부인자로는 금속의 조성, 조직, 표면상태, 내부응력, 온도차, 그리고 금속 측에서 일체의 불균일성 등이며, 외부인자로는 금속표면과 접촉하는 물의 이온농도, 용존산소량, 온도, 유속 등이 부분적으로 차이를 가질 때 국부전지가 된다.

21.2 부식의 형태

W/A/T/E/R

부식에는 여러 가지 유형이 있으며 관의 재질, 구조, 스케일과 산화보호막 형성여부, 그리고 수리학적 상태에 따라 다양하게 나타난다. 일반적으로 부식은 다음의 3가지 형태로 분류된다.

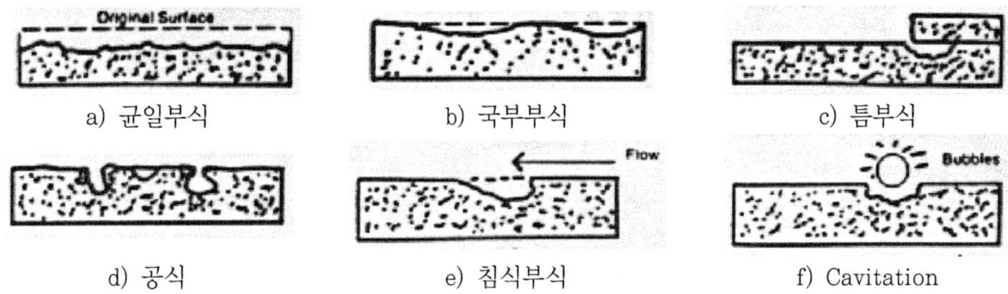

그림 21.2 ▌ 부식의 형태

- 부식용매의 성질에 따라 액체나 습기에 의한 습식부식과 고온가스와의 반응에 의한 건식부식
- 부식기구에 따라 전기화학적 부식과 화학반응에 의한 부식
- 부식된 금속의 외향에 따라 금속표면이 균일하게 부식되는 균일부식과 일부만 부식되는 국부부식

21.2.1 균일부식(均一腐蝕)

금속 표면이 균일하게 규칙적으로 부식되는 균일부식(均一腐蝕 : uniform corrosion)은 일반적으로 예상되는 형태의 부식이다. 균일부식이 발생하기 위해서는 부식용액이 전체 금속 표면에 똑같은 영향을 미쳐야 하며, 금속 자체도 조직 및 조성이 균일해야 한다. 실제로 이러한 조건이 정확히 만족되기는 어려우며, 따라서 어느 정도 불균일한 부식도 균일부식의 범주에 포함시킨다.

21.2.2 갈바닉 부식(Galvanic Corrosion)

두 개의 서로 다른 금속이 쌍(雙;Couple)을 이룬 상태로 부식용액에 노출되면 한 금속이 우선적으로 부식되고 다른 한 금속은 부식으로부터 보호된다. 서로 다른 두 금속은 서로 다른 부식전위 E_{corr}을 가지고 있다.

표 21.1의 갈바닉 계열(Galvanic Series)에는 유용한 여러 금속 및 함금들을 E_{corr}의 순서대로 나열하였다. 어떤 금속 또는 갈바닉 계열에서 +전위 즉 귀전위(貴電位; noble potential)를 가진 다른 금속 또는 합금과 쌍을 이루게 되면 우선적으로 부식을 일으키고 상대적으로 +전위를 가진 금속 또는 합금은 부식으로부터 보호될 수 있다.

표 21.1의 갈바닉 계열은 해수(海水)에서의 계열이다. 그러나 부식성은 조금 더 강한 다른 용액에서도 그 차이는 그리 크지 않다. 스테인리스강과 니켈은 활성상태로도 부동태상태로도 있을 수 있다는 사실이다. 만일 주위 환경이 변화되어 스테인레스강이 부동태 상태에서 활성상태로(활성태 상태에서 부동태 상태로)변화된다고 하면 스테인레스강 및 그와

표 21.1 ▌ 금속과 합금의 갈바닉계열

부식경향이 강함(양극, 또는 최소 귀족금속)	
마그네슘	
마그네슘 합금	
아연	
알루미늄	
카드뮴	
철	
주철	양극부
철합금	산화(녹발생)
납-주석 합금	↑
납	
주석	
니켈	
놋쇠	↓
구리	
청동	음극부
티타늄	부식방지
모넬	
은합금	
은	
탄소(흑연)	
금	
부식 방지(음극 또는 최고 귀금속)	

쌍을 이룬 다른 금속의 전위가 바뀌고, 따라서 예기치 않은 갈바닉 부식이 발생할 수 있다. 서로 다른 두 금속 사이의 접합부에서 발생하는 우선부식(優先腐蝕)은 갈바닉 부식의 특성이다. 두 금속의 접합부에서 멀리 떨어진 곳은 갈바닉 부식이 줄어드는데 그 이유는 먼 거리의 전해액을 통한 저항 때문이다. 그리하여 전해액의 저항 때문에 두 금속의 접합부에 인접한 작은 표면 영역에만 전류가 흐르게 된다.

21.2.3 틈 부식

금속 또는 합금이 다른 물질과 접촉되어 생긴 작은 틈 영역에 부식이 심하게 발생하는 경우가 자주 있다. 이러한 다른 물질은 동일한 또는 다른 종류의 금속 또는 합금으로 만들어진 볼트, 리벳, 와셔 등과 같은 조임 기구 또는 침전된 먼지, 모래 등의 불용성 고체, 그 외 비금속 개스킷 혹은 패킹 등이 될 수 있다. 금속과 금속사이의 틈에서 발생하는 부식은 주로 틈 부식이라 일컬어지지만 금속과 비금속 사이의 틈에서 금속 표면에 발생하는 부식은 침전부식(沈澱腐蝕;deposit corrosion)또는 개스킷 부식(gasket corrosion)이라 일컬어지기도 한다. 틈이 두 개의 서로 다른 금속 또는 합금 사이에서 존재하는 경우, 또는 금속 표면상의 침전물이 전도성을 가지고 있는 경우에는(예 : 자철광, 흑연) 틈부식과 갈바닉 부식이 함께 결합해서 발생할 것이다. 대기 중에서도 금속 표면의 틈이 물을 흡수한 경우에는 비록 외부표면은 건조하더라도 틈 부식을 일으킬 수 있다.

21.2.4 공식(孔蝕, Pitting)

금속 표면상의 국부적인 부식은 공식(孔蝕 : pitting corrosion)을 야기한다. 공식은 그 깊이가 얕을 수도 있고 깊을 수도 있으며, 때로는 밑이 넓은 형태를 가질 수도 있다. 크롬(Cr)을 함유하고 있는 스테인레스강과 니켈 합금은 부동태 피막의 생성으로 인해 내식성(耐蝕性)을 갖게 되며, 그리하여 어떤 한 국부적인 지점의 피막 파괴에 의한 공식에 특히 민감하다. 스테인레스강에서 발생하는 공식은 틈부식과 그 기구가 동일하다. 피트(pit)는 스스로 만들어지게 되는 틈으로써 양극인 pit와 용액 사이의 이온 수송이 제한을 받게 된다.

21.2.5 침식부식(浸蝕腐蝕)

부식용액이 높은 유속으로 흐르게 되면 침식부식이 발생하게 된다. 똑같은 용액이라도 정체되어 있거나 유속이 낮을 때에는 부식속도가 대단히 낮을 수 있다. 그러나 부식용액이 빠른 속도로 움직이는 경우에는 보호피막(保護皮膜)이 물리적으로 침식되어 제거되며, 따라서 금속 표면이 직접 부식용액에 노출됨으로써 부식이 촉진될 수 있다. 모래나 물에 떠 있는 부유물들은 침식부식을 더욱 가속화시킨다. 표면에 생성되는 보호 산화피막(保護酸化皮膜)으로 인해 내식성을 갖게 되는 저강도합금(低强度合金)들은 침식부식에 민감하다. 침식부식은 금속 표면의 어떤 불규칙한 부분에서 발생하는 국부적인 용액의 흐름 또는 와류의 방향을 따라 발생하게 된다. 강도가 큰 합금(황동 및 청동)은 침식부식에 대해 저항성이 크지만 부식용액의 조성이 영향을 미칠 수 있다. 알루미늄과 니켈 같은 합금 원소는 단단하고 흡착성이 큰 표면 피막을 형성함으로써 침식부식에 대한 저항성을 증가시킨다.

캐비테이션 부식(Cavitation Corrosion)은 침식부식의 특수한 형태이다. 침식부식은 대단히 큰 유속으로 인하여 압력이 충분히 낮아져 증기포가 생성되고 이 증기포가 금속 표면에서 파괴되어 발생한다. 증기포의 이러한 표면에서의 파괴는 대단히 큰 압력파를 생성하여 표면피막 또는 금속 그 자체 입자를 제거한다. 캐비테이션 부식은 거친 pit의 형태를 가지며 금속내부로 뚫고 들어간다. 캐비테이션 부식은 터빈 블레이드, 펌프 임펠러, 선박 프로펠러 및 그 외 큰 압력 변화가 존재하는 튜브 또는 파이프 등에서 발생한다. 캐비테이션 부식은 기계적인 작용이 대단히 크긴 하지만 화학적 또는 전기화학적 영향도 크기 때문에 내식성 재료의 선택 및 용액 조성의 변화 등의 방법으로 그 피해를 줄일 수 있다.

21.2.6 미생물 부식(Biological corrosion)

미생물, 조류, 곰팡이 등과 관 재질 사이의 반응을 미생물 부식이라 한다. 미생물 부식은 관 재질의 노후와 마찬가지로 수돗물의 맛, 냄새유발에서 중요한 인자가 된다(AWWA, 2002). 기계적인 틈이나 부식생성물의 축적은 미생물 서식지를 제공하여 미생물 제어를 어렵게 하는 요인이 된다. 미생물은 산소나 염소가 존재하지 않은 결절(tubercle)내에서 서식하기 때문에, 일부 시스템에서는 잔류 소독제에 의한 제어에 앞서 세관작업을 통하여 관벽이나 틈 사이에 미생물의 서식지를 제거하는 것이 필요하다. 정체구역을 해소하는 것도 미생물 성장을 억제하는 부식 방지대책이 될 수 있다.

21.3 부식의 영향인자

상수도관에서 부식이 우려되는 주요 관 종류는 주철관, 강관 그리고 동관이며 철의 부식을 중심으로 수질인자 중 부식 촉진인자와 억제인자로 다음과 같이 구분하였다.

21.3.1 부식촉진 인자

21.3.1.1 pH

pH는 물에 존재하는 수소이온의 활동도를 나타내는 척도이다. 수소이온은 금속이 부식될 때 금속에 의해 방출된 전자를 받는 중요한 물질 중 하나이기 때문에 pH는 부식촉진인자로써 중요한 의미를 가지고 있다. 철(Fe)의 부식에 미치는 pH의 영향은 그림 21.3과 같다. 철 부식에서 양극반응은 모든 pH에서 다음과 같다.

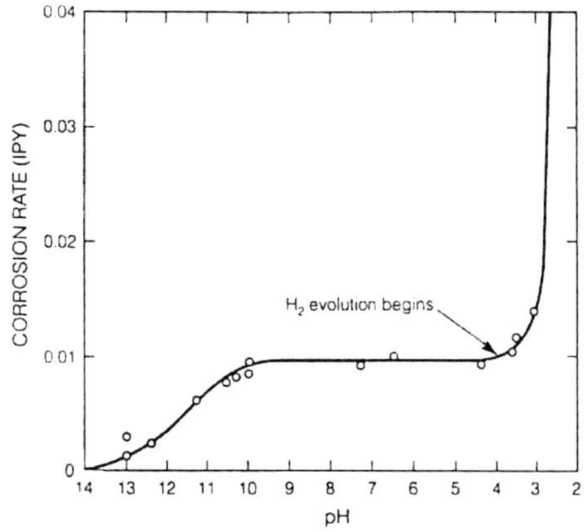

그림 21.3 pH와 부식도의 관계

$$Fe \rightarrow Fe^{2+} + 2e^- \tag{21.7}$$

그러나 음극환원반응의 변화로 인해서 부식속도는 달라진다. pH 4~10에서는 느슨한 다공성의 침전물인 산화철에 의해 표면이 보호받게 되며 침전물 내부는 pH값이 약 9.5로 유지된다.

이 범위의 pH 값에서는 부식속도가 거의 일정하며 그 값은 침전물을 통한 용존산소의 균일 확산에 의해 결정된다. 침전물 밑의 금속표면에서 산소는 다음 반응에 의해 음극 환원된다.

$$O_2 + 2H_2O + 4e^- \rightarrow 4OH^- \tag{21.8}$$

pH 4이하의 산성용액에서는 산화물이 침전되지 않고 용해되며 다음과 같은 환원반응을 일으킬 수 있는 H^+ 이온이 많기 때문에 부식속도가 증가한다.

$$2H^+ + 2e^- \rightarrow H_2 \tag{21.9}$$

표면에 산화물이 침전되지 않으면 용존산소의 접근이 더 용이하며 따라서 부식속도는 더욱 촉진된다. 용존산소는 산 용액에서 다음과 같은 반응에 의해 음극 환원된다.

$$O_2 + 4H^+ + 4e^- \rightarrow 2H_2O \tag{21.10}$$

이 반응은 중성 및 알칼리 용액에서 반응식 21.8과 동일하다. 용존산소가 존재하는 산성용액에서의 반응식 21.9와 21.10은 동시에 발생한다.

pH 10 이상에서는 용존산소의 존재하에 산화철 부동태 피막이 생성되어 부식속도가 감소한다. 용존산소가 없는 상태에서 pH값이 14이상이 되면 가용성의 페라이트 이온($HFeO_2^-$)이 생성되어 부식속도가 증가할 수도 있다.

pH 5 이하에서 강관과 동관은 빠르고 균일하게 부식되나, pH 9 이상에서는 대개 보호막이 형성된다. 그러나 pH가 5~9 사이에서 보호막이 존재하지 않으면 공식이 발생된다.

21.3.1.2 용존산소(DO, Dissolved Oxygen)

산소는 부식 영향인자 중 가장 중요한 인자 가운데 하나이다. 대기에 노출되어 있는 수돗물 속에 철이 담겨져 있는 경우 양극반응(anodic reaction)으로 식 21.7과 같이 발생한다. 매질은 대기에 노출되어 있고 용존산소를 함유하고 있다. 수돗물은 대부분 중성이기 때문에 식 21.8과 같은 음극반응(cathodic reaction)이 일어난다.

수돗물 속에 Cl^-와 Na^+가 존재하더라도 반응에 관여하지 않기 때문에 총괄반응은 다음과 같은 식으로 나타낼 수 있다.

$$2Fe + 2H_2O + O_2 \rightarrow 2Fe^{2+} + 4OH^- \rightarrow 2Fe(OH)_2 \downarrow \tag{21.11}$$

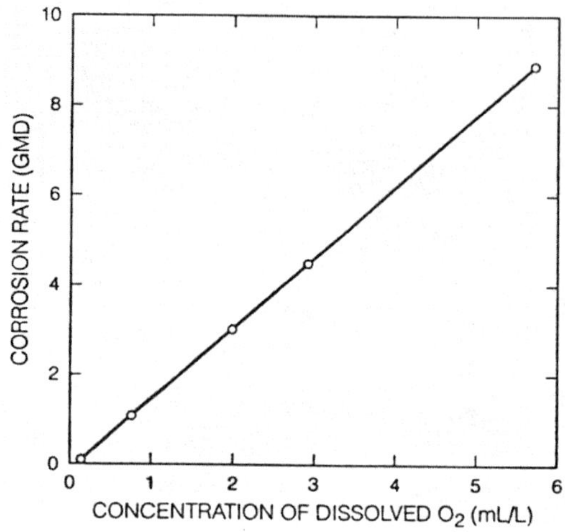

그림 21.4 ▌ 철의 부식에 미치는 용존산소의 영향(Jones, 1996)

이에 따라 용액으로부터 수산화제일철($Fe(OH)_2$)이 침전한다. 그렇지만 이 화합물은 산소가 있는 용액 속에서 불안정하기 때문에 철염으로 산화한다.

$$2Fe(OH)_2 + H_2O + 1/2O_2 \rightarrow 2Fe(OH)_3 \quad (21.12)$$

최종생성물은 녹과 유사한 물질이다. 부식의 가장 중요한 문제는 누수보다도 적수인 녹물이다. 여러 수질에서 나타나는 녹물 발생의 차이는 형성된 스케일의 두께와 구조에 있다. 두껍고 불균일한 스케일은 유속의 갑작스런 변동이나 그 외의 영향으로 떨어져 나오며 결과적으로 녹물 문제를 일으킨다.

대부분 결정 구조의 스케일보다는 수산화제이철($Fe(OH)_3$) 침전물이 발견되지만, 만일 잔류염소농도가 낮으면 제일철이온을 산화시키지 못해 높은 농도의 제일철이온이 나타나기도 한다. 따라서 스케일로 침적하지 않고 나오는 제일철이온이 실질적인 녹물 문제를 발생시킨다.

21.3.1.3 잔류염소

염소는 물과 반응하여 다음과 같이 HOCl, Cl^-, H^+을 형성하며 물의 pH를 낮춘다.

$$Cl_2 + H_2O \rightarrow HCl + HOCl \quad (21.13)$$

이 반응은 물의 부식 잠재성을 보다 높게 한다. 이 반응은 pH 7 이상으로 유지되면 염소에 의한 강의 부식은 거의 영향이 없다. 알칼리도가 낮은 물은 pH변화에 대해 저항력이 작기 때문에 pH에 대한 염소의 효과는 더 커진다. 잔류염소 농도가 1mg/L 이상일 경우 금속의 보호막을 이탈시켜 부식을 촉진시킨다고 알려져 있다.

21.3.1.4 수온(Temperature)

온도에 의한 영향은 수도관 재질과 수질화학적 특성에 따라 달라진다. 보통 온도가 10℃ 상승하면 반응속도는 2배 증가하고 전극전위도 절대온도에 비례하므로 부식반응속도도 증가한다. 일반적으로 부식반응을 포함한 모든 화학적인 반응은 온도의 상승과 함께 활발해진다. 온도가 상승하면 확산도 잘되기 때문에 과전압(overvoltage)과 점도를 감소시킨다. 확산이 잘되면 용존산소가 음극표면에 쉽게 도달하여 부식전지를 감극화(depolarizing)하기 쉽다. 과전압이 감소되면 수소방출에 의한 감극화도 잘 발생한다. 점도의 감소는 대기 중에 있는 산소의 용해도를 증가시키고 수소방출을 촉진하므로 감극작용 메커니즘을 도와주는 역할을 한다. 급수시스템에서 온도가 상승하면 산소의 용해도가 감소함에도 불구하고 부식도는 증가한다. 이는 확산속도가 더 빨리 증가하기 때문이다. 전체적인 효과는 금속표면에 도달하는 용존산소의 양이 증가하기 때문이다. 이러한 경향은 76.6℃까지는 계속되지만 그 후에는 용존산소의 손실이 확산에 의해 증가하는 양을 초과하기 때문에 부식도는 다시 감소한다. 같은 금속조각 내에서도 뜨거운 부분이 차가운 부분보다 쉽게 양극화된다. 이러한 조건은 온도가 불균일하게 분포되는 시스템에서 부식이 쉽게 발생하는 원인이 된다. 일부금속이나 합금들은 온도가 상승함에 따라 전기적인 전위를 바꾸기도 한다. 아연도금 강에 코팅된 아연은 약 65.5℃에서는 철부분에 대해 음극이 되기 때문에 더 이상 부식방지 역할을 하지 못한다.

또한 온도는 탄산칼슘($CaCO_3$) 용해도에도 영향을 미친다. 탄산칼슘은 온도가 상승하면 고체로 침전되는 특징을 갖고 있어 온도가 높을수록 탄산칼슘의 침전이 잘 이루어져 보호막 형성이 쉽게 이루어진다. 이에 따른 방식효과가 있는 반면에 과도한 탄산칼슘 침전이 이루어져 관 폐쇄현상을 일으키게 된다.

21.3.1.5 유속(Velocity)

용존산소 확산속도가 지배적인 균일부식에서 배관 금속표면의 액체가 층류 상태 하에 있는 유속일 때 부식속도는 다음과 같은 관계가 성립된다.

$$i_c = BV^e \tag{21.14}$$

여기서 i_c : 부식속도

B : 금속에 따라 정해지는 비례상수

e : 금속의 형상에 관계하는 형상계수

V : 유속

형상계수 e는 일반적으로 관로에서는 1/3, 평판에서는 1/2의 값을 가짐을 실험적으로 밝혔다. 따라서 유속의 증가에 따라 부식의 속도도 증가하며, 유속이 증대하여 난류역으로 들어가면 부식속도는 식 21.14에서 얻어지는 값 이상으로 증가한다. 그러나 유속증가로 인한 산소확산전류의 증가가 금속을 부동태화시킬 정도가 되면 부식의 속도는 급격히 감소하며, 유속이 과대해질 경우에는 공동(cavitation)이 발생하여 금속의 부동태 피막을 박리시키는 침식(erosion)이 발생하게 된다. 반면에 물이 정체되거나 유속이 느려지면 결절과 홈을 형성하고 미생물의 성장을 촉진시켜 관의 수명을 감소시킨다. 적수문제도 물이 정체되는 곳에서 흔히 발생한다. 부식억제제의 농도가 저농도일 경우 유속을 증가시키면 부식억제효과가 개선된다. 부식억제제를 투여하여 양호한 방식효과를 얻기 위해서는 최소 0.5m/s이상의 유속을 유지하는 것이 바람직하다.

21.3.1.6 총용존고형물질(TDS; Total Dissolved Solid)

TDS농도는 전기전도도를 증가시키는 이온농도와 관련이 있다. TDS농도 증가로 인한 전기전도도의 증가는 전기화학적 회로를 완성시키고 부식성 전류를 전도하는 물의 능력을 증가시킨다.

21.3.1.7 황산이온과 염소이온

Cl^-와 SO_4^{2-}는 용액에서 금속과 반응하여 금속을 용해시킴으로써 금속보호산화막의 형성을 막아 금속관의 공식을 일으킨다. 염소이온은 황산이온보다 이런 경향이 약 3배 정도 강한 것으로 알려져 있다(AWWARF, 1996).

염소이온은 스테인리스강관에 틈부식을 유발하는 것으로 알려져 있다. 응집침전과정에서 알칼리제로 투입되는 수산화나트륨, 소석회는 주철관에서 염소이온의 부식성을 감소시켜 주지만, 인산염계나 규산염계의 부식억제제와 같이 양극을 보호하기 위해 투입되는 부식억제제가 충분하지 않은 경우 pitting을 촉진하게 된다. 염소이온은 용존산소가 부족한 구멍이나 틈으로 이동하여 강산상태에서 용존 금속과 결합한다. 또한 강산은 금속의 용출속도를 증가시킨다. 금속이온의 농도는 염소이온에 있어서 틈이나 구멍으로의 이동속도를 증가시킴으로써 틈이나 구멍내의 염소이온의 농도는 수중의 농도보다 3~10배 정도 높아진다. 어떤 틈에서는 pH가 3~4까지 내려가기도 한다. 내식성을 갖게 되는 부동태층을 형성하고 있는 금속이나 합금은 특별히 틈부식에 영향을 받는다. 스테인레스강관의 표면에 형성된 보호막은 염산에 의해 파괴되어 틈부식은 더욱 진행된다. 이러한 부식은 염소이온의 농도가 50mg/L 이상이 되면 나타난다. 틈부식의 부식성과 부식경향은 온도, 응력(stress), 염소이온의 농도가 증가할수록 커진다. 규산염계 부식억제제는 성분중의 알칼리도 때문에 틈부식을 억제하는데 있어 인산염계보다 효과적인 것으로 알려져 있다.

선진국에서는 상수도의 수질기준에 황산이온의 함유량을 규제하고 있으며, 미국에서는 250mg/L, WHO는 200mg/L이다. 특히, 일본의 경우 황산이온의 규제는 없으나, 일본 냉동공조공업회에서는 냉각수가 보급수일 경우 50mg/L 이하, 냉각수는 200mg/L 이하를 온수보일러는 20mg/L 이하를 권장하고 있다.

21.3.2 부식억제 인자

21.3.2.1 알칼리도(Alkalinity)

물의 알칼리도는 산을 중화시키는 물의 능력을 나타내는 크기이며, 다음과 같이 나타낼 수 있다.

$$총알칼리도 = [HCO_3^-] + 2[CO_3^{2-}] + [OH^-] - [H^+] \tag{21.15}$$

CO_3^{2-}와 HCO_3^-농도는 부식화학에 많은 영향을 미치는데 이것은 $CaCO_3$, $FeCO_3$, $Cu_2CO_3(OH)_2$, $Zn_5(CO_3)_2(OH)_2$, $Pb(CO_3)_2(OH)_2$ 등과 같은 침전물을 생성하여 피막을 형성하거나 부식을 촉진시키는 산(acid)을 중화시키기 때문이다. 또한 납, 구리, 아연 등과 같은 금속과 용해도가 높은 착화물을 형성한다. 상수도 계통에서 알칼리도의 조절은 금속의 부식조절에 중요한 역할을 한다. 정수처리시 $Ca(OH)_2$를 첨가하여 부식성이 강한 물의 칼슘과 알칼리도를 증가시켜 부식성을 감소시킨다. 음극부위에서 생성된 OH^-이온은 국부적인 pH 상승을 초래한다. 이러한 국부적인 pH 상승은 음극부위에 탄산칼슘의 석출을 일으킨다. 이러한 스케일의 형성은 이 부위에 산소가 확산되어 접근하는 것을 막아서 수도관의 부식을 억제한다. 물의 pH가 7을 넘어 알칼리성을 나타낼 경우 수중에는 중탄산염이 증가하며 일부 탄산염이 생성된다. 중탄산염과 탄산염은 탄소강의 부식방지제 역할을 한다.

21.3.2.2 경도(Hardness)

경도는 칼슘과 마그네슘이온에 의해 발생한다. 탄산칼슘이나 혼합된 철-탄산칼슘막이 형성되는 pH범위에서 칼슘이온과 알칼리도가 충분히 존재하면 경수는 연수보다 부식성이 낮아진다.

21.3.2.3 규소와 정인산염

규소와 정인산염은 물과 관 내부 표면 사이에 경계를 만들어 부식을 감소시키거나 억제하는 보호막을 형성한다. 규소는 관내면 위에 부식부산물과 반응하여 더욱 강력한 보호막을 형성하고 정인산염은 관의 금속자체와 반응하여 불용성의 비활성막을 형성한다.

21.3.2.4 철, 구리, 망간, 아연, 마그네슘

용해성 철 ,망간, 아연 등은 시멘트라이닝관의 부식속도를 감소시킨다. 이 금속성화합물은 수도관의 시멘트 매트릭스와 결합하여 수도관내면에 보호막을 형성한다.

구리는 이종금속에서 갈바닉 전지를 형성하여 강관의 공식을 일으켜 관을 파손시킨다. 마그네슘은 탄산칼슘이 방해석 형태가 되는 것을 막는다. 대신 마그네슘 방해석으로 침전되는데 이들의 용해도는 매우 높다.

표 21.2 | 물의 화학적 요인이 부식에 미치는 영향

인 자	영 향
pH	낮은 pH는 부식속도를 증가시키고 pH가 높으면 보호막이 형성되어 부식이 감소한다.
알칼리도	보호피막을 형성하고 pH 변화를 조절한다. 알칼리도가 낮으면 구리와 납의 부식이 가중된다.
용존산소	부식반응의 속도를 증가시킨다.
잔류염소	구리, 철의 금속성 부식속도를 증가시킨다.
TDS	높은 TDS는 전기전도도와 부식속도를 증가시킨다.
경도	칼슘은 탄산칼슘으로 침전하여 피막을 형성함으로써 부식을 감소시키며, 알칼리도, pH와 함께 완충효과를 강화시킨다.
염소이온, 황산이온	농도가 높으면 철, 구리, 아연도강관의 부식을 증가시킨다.
규산염, 정인산염	금속표면에 보호막을 형성시켜 부식의 진행을 억제시킨다.
Fe, Zn, Mn	보호피막을 형성하기 위해 시멘트라이닝관 내부에서 화합물과 반응한다.
Mg	침전된 탄산칼슘으로부터 방해석의 침전을 억제시킨다.

표 21.3 | 배관재질과 부식에 관련되는 수질(EPA, 1984)

관 종	관련된 성질
주철관	색도, 전기전도도, 용존산소, 철, 망간, pH(몰타르라이닝관일 때는 특히, 알칼리도, 칼슘)
강관	색도, 전도도, 용존산소, 철, 망간, pH
콘크리트관	알칼리도, 칼슘, 전기전도도, pH

21.3.3 미생물에 의한 영향(Biological factors affecting corrosion)

미생물 부식(MIC, Microbiologically Induced Corrosion)은 온도 10~50℃, pH 4~9의 중성수가 특히 정체된 상태로 탄소강, 스테인레스강, 알루미늄과 구리합금 등과 지속적으로 접촉하고 있을 때 발생하기 쉽다(Jones, 1998). 미생물부식의 첫 번째 징후는 부식이 진행되기 어려운 조건 즉, 부식성 수질인자의 영향이 없는 조건에서도 예기치 않게 극심한 부식현상이 나타나는 것이다. 과량의 부식침전물 혹은 결정이 생성된다. 침전물을 제거하면 생물막 형태의 슬라임과 함께 검은 색의 마그네타이트와 썩은 달걀냄새인 H_2S가 발생한다. 미생물 부식을 방지하기 위해서는 미생물 증식을 제어하기 위한 충분한 잔류염소와 함께 세관작업이 이루어져야 한다. 그러나 세관작업 없이 살균처리만 행하는 것은 침전물 깊이 슬라임층을 형성하고 있는 생물막을 효과적으로 제어할 수 없다. 구리합금은 부식생성물이 본질적으로 독성을 지니고 있기 때문에 미생물부식에 대한 내식성이 우수하지만, 몇몇 종의 미생물은 철과 마그네슘이 함유된 구리합금을 부식시키는 것으로 알려져 있다(Johne, 1998).

21.3.3.1 혐기성 미생물에 의한 부식

탈기된 중성수와 묽은 염 용액에서 철의 부식속도는 매우 느리다. 혐기성 상태에서 발생할 수 있는 유일한 음극환원반응은 다음과 같으며 그 반응속도는 매우 느리다.

$$2H_2O + 2e^- \rightarrow H_2 + 2OH^- \tag{21.16}$$

혐기성 세균은 황산염을 환원하여 물과 함께 부식성 황화수소를 형성한다. 이러한 황산염-환원세균(sulfate-reducing bacteria)은 부식을 촉진하는 것으로 알려진 미생물 가운데 가장 유해한 것이다. 황산염 세균이 성장하기 위해서는 혐기성 환경이 조성되어야 하지만 일부 종들은 장기간의 호기성 환경에서도 살아남을 수 있으며, 환경이 유리해질 때 활동하기 위해 준비하고 있다. 황산염 세균이 철을 부식시키는 기작에 대해서는 아직 확실하게 알려져 있지 않으나, 다음과 같은 이론이 널리 알려져 있다.

$$2H^+ + 2e^- \rightarrow 2H \rightarrow H_2 \tag{21.17}$$

음극환원반응은 발생기 수소가 산소와 반응할 때 가속화되는데, 이때 산소는 다음과 같은 황산염 환원반응에 의해 생성된다.

$$SO_4^{2-} \rightarrow S^{2-} + 4O \tag{21.18}$$

특정한 종의 황산염 환원세균에 의한 수소화 효소가 전극의 음극전류를 증가시켜 부식속도를 증가시킨다. 혐기성미생물에 의한 강의 부식과정은 다음과 같이 정리될 수 있다.

$$\text{양극} : 4Fe \rightarrow 4Fe^{2+} + 8e^- \tag{21.19}$$

$$\text{물의 해리} : 8H_2O \rightarrow 8H^+ + 8OH^- \tag{21.20}$$

$$\text{음극} : 8H^+ + 8e^- \rightarrow 8H(\text{금속표면에 흡착}) \tag{21.21}$$

세균에 의한 황 변환

$$8H(\text{adsorbed}) + SO_4^{2-} \rightarrow S^{2-} + 4H_2O \tag{21.22}$$

최종 부식 생성물

$$4Fe^{2+} + S^{2-} + 6OH^- \rightarrow FeS + 3Fe(OH)_2 \tag{21.23}$$

전체 반응

$$4Fe + SO_4^{2-} + 4H_2O \rightarrow 3Fe(OH)_2 + FeS + 2OH^- \tag{21.24}$$

21.3.3.2 호기성 미생물에 의한 부식

호기성 세균은 슬라임 형성, 황화물의 산화, 철의 산화, 신진대사 부산물생성 등의 대사를 수행한다. 슬라임은 미생물들이 성장환경과 표면접착을 촉진하기 위해 분비하는 고분자물질이다. 이러한 슬라임은 금속표면을 차단하여 산소농도전지를 형성하고, 결국에는 호기성 세균이 거주하는 환경을 제공한다. 황화물 산화세균은 잠재적인 부식성을 지닌 황산을 생산한다. 철산화세균은 철 이온을 이보다 용해도가 낮은 철 이온 Fe^{3+}으로 산화시킨다. 부식생성물로 차폐된 영역은 산소농도전지에서 양극이 되며, 주위 금속과 전기적으로 유도된 침전물 표면에서 OH^-을 생성시키고,

$$O_2 + 2H_2O + 4e^- \rightarrow 4OH^- \tag{21.25}$$

증가된 OH^-의 표면농도는 $Fe(OH)_3$의 용출을 촉진하게 된다. 혐기성 황산염 환원세균은 결절 아래에 잠복하여 침전물 내에서 부패하고 있는 생물체를 먹고 살며 산성 H_2S를 생산한다.

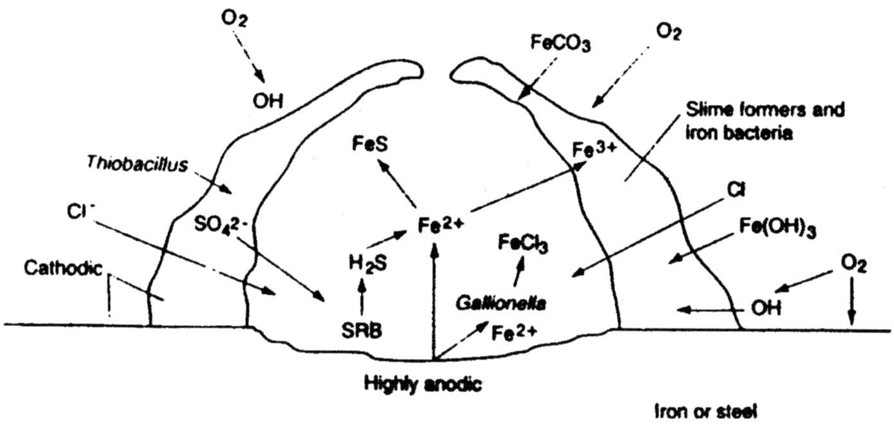

그림 21.5 ▌ 미생물에 의한 공식 진행 모형

21.3.4 부식성 지수(Corrosion Index)

부식현상은 매우 복잡하기 때문에 부식의 발생여부를 예측하는데 사용할 수 있는 방법의 개발은 매우 힘들다. 물에 함유된 용존산소, pH, 알칼리도, 칼슘, 부유물질, 유기물, 완충세기, 양극의 반응을 감소시키는 금속이온, 총염 농도, 염소, 황산염, 인산염, 규소 등의 음이온, 생물적인 요소, 온도 등은 부식에 영향을 미치며 이들 대부분은 금속 관의 종류에 따라 부식에 미치는 영향도 달라진다. 부식을 예측하기 위해 많은 지수들을 사용하지만 부식의 원인을 이해하기 위한 목적으로 보다 더 유용하게 사용된다.

21.3.4.1 탄산칼슘 포화에 의한 지수

여기에서 부식지수는 두 가지로 분류된다. 즉, 부식억제를 위한 수단으로써 탄산칼슘 침전원리에 따른 지수와 다른 여러 가지 수질 화학적 항목과 관련된 부식에 따른 지수가 있다. 많은 지수들이 본질적으로는 같지만 표현방법이 다를 뿐이다.

LSI(Langelier Saturation Index). LSI는 Langelier(1936)가 개발한 부식지수로 물속의 $CaCO_3$의 포화평형 여부를 나타내는 지표이다. LSI는 어떤 물의 $CaCO_3$와 평형일 때의 pH와 실제 pH와의 차를 말한다.

$$LSI = pH - pH_s \tag{21.26}$$

여기서 pH : 물의 실제 pH

pH_s : $CaCO_3$와 포화평형일 때의 pH

LSI > 0 : $CaCO_3$의 과포화

LSI = 0 : $CaCO_3$와 평형

LSI < 0 : $CaCO_3$ 불포화

아래 식의 평형상수로부터 pH_s값을 유도한다.

$$Ca^{2+} + HCO_3^- \leftrightarrow CaCO_3 + H^+ \tag{21.27}$$

$$pH_s = pK_2 - pK_s + p[Ca^{2+}] + p[HCO_3^-] + 5pf_m \tag{21.28}$$

상기 식에서 K_2는 H_2CO_3의 해리상수이고, K_s는 $CaCO_3$에 대한 용해도 곱의 상수이며 온도에 따라 달라진다. f_m은 설정된 온도에서 단원자가(monovalent species)를 갖는 이온종에 대한 활동계수 값이다. pH<9인 물에서는 HCO_3^- 대신 총알칼리도(eq/L)값을 측정하여 사용할 수 있다. 수용성의 실리카 등이 총알칼리도에 기여하고 있으면 그 몫을 총알칼리도에서 빼야 HCO_3^-가 된다. 또한 칼슘 착화합물의 농도가 높은 경우에는 칼슘 총농도에서 칼슘 착화합물의 농도를 빼면 Ca^{2+}가 된다.

물의 탄산칼슘 포화 여부는 수질 안정화에 중요한 문제이다. 탄산칼슘 포화 소선은 송수과정 및 여과 중의 거동과 관련된다. $CaCO_3$가 과포화된 물은 관로내부에 $CaCO_3$의 침전물인 스케일을 생성하고, 물의 이동을 방해하고 결국은 관로를 막히게 한다. 그러나 관로 내벽에 얇은 $CaCO_3$ 피막은 관로의 부식을 방지하는 효과가 있으므로 보호막 역할을 한다. $CaCO_3$가 불포화된 물은 관로의 $CaCO_3$ 보호막을 용해시키고 부식성을 띄게 된다. 일반적으로 LSI를 0.1 정도로 유지하는 것이 좋다. 그러나 LSI는 침전 또는 용해의 발생 여부만을 말해줄 뿐, 어느 정도인지는 나타내지 않으므로 이용에 한계가 있다.

RSI(Ryznar Saturation Index). 이 지수는 Ryznar(1944)가 개발한 탄산칼슘지수의 함수로써 강관에서 부식속도와 피막형성에 대한 정보를 얻을 수 있다.

$$RSI = 2pHs - pH \tag{21.29}$$

RSI < 5.5 : 스케일이 많이 형성됨

5.5 < RSI < 6.2 : 스케일이 생성될 가능성이 있음

6.2 < RSI < 6.8 : 적당함

6.8 < RSI < 8.5 : 물의 부식성이 있음

RSI < 8.5 : 물의 부식성이 매우 큼

이 지표는 수학적이고 화학적인 판단에 의해 정의된 것으로 이론적인 정당성을 갖지 못한다. 물의 pH가 pHs를 초과하면 탄산칼슘이 침전될 가능성이 있어 높은 경도와 알칼리도 경향을 나타낸다. 일반적으로 RSI 값을 변화시키기 위해서는 물의 pHs를 조정해야 하며, 탄산칼슘 포화상태와 침전 가능성을 계산하는 여러 다른 방법들에는 적용하기 힘들다.

21.3.4.2 기타 지표

SI(Saturation Index). 일반적인 포화지수는 고체의 용해도로 정의된다.

$$SI_{x} = \log [IAP_{x} / K_{x}] \tag{21.30}$$

IAP_x와 K_x는 무기물 X에 대한 생성물 이온 활동도와 용해도 계수이다. 예를 들어 용해하는 탄산칼슘(방해석)의 반응식은 다음과 같다.

$$CaCO_{3(s)} \rightarrow Ca^{2+} + CO_3^{2-} \tag{21.31}$$

$SI_{\text{방해석}}$는 다음과 같이 표현된다.

$$SI_{\text{방해석}} = \log[\{Ca^{2+}\} \{CO_3^{2-}\} / K_s] \tag{21.32}$$

상기 식에서 중괄호는 농도가 아닌 활동도를 나타낸다. 아연도금관의 부식생성물인 홍아연광과 같은 고체생성물의 경우 반응식과 SI는 다음과 같다.

$$Zn_5(CO_3)_2(OH)_6 \rightarrow 5Zn^{2+} + 2CO_3^{2-} + 6OH^- \tag{21.33}$$

$$SI = \log[\{Zn^{2+}\}^5 \{CO_3^{2-}\}^2 \{OH^-\}^6 / Ks] \tag{21.34}$$

이 지표는 LSI와 유사하기 때문에 SI = 0이면 평형 상태이고, SI > 0이면 과포화, SI < 0이면 불포화를 나타낸다. 보호막이 관 표면에 형성될지 여부를 결정하기 위해 이런 유형의 지수들을 사용할 수 있다. 한편 SI는 CSI(Calcite Saturation Index)라고도 하며 다음과 같이 표현하기도 한다.

$$CSI = \log[HCO_3^-] + \log[Ca^{2+}] + pH - \log K \tag{21.35}$$

여기서, $K=[HCO_3^-]\ [Ca^{2+}]\ /\ [H^+]$

HCO_3^{-} = 총알칼리도, as $CaCO_3$ for pH < 8.3

그리고 $[HCO_3^-] < [H^+]$

HCO_3^-와 H^+가 감소하면 CSI는 감소하며, 탄산칼슘막의 부식성을 나타냄과 동시에 탄산칼슘 불포화를 나타낸다.

LR(Larson's Ratio). 이 부식지수는 Larson(1975)이 개발한 것으로 부식과정을 알기 위해서 개발되었다. 염소이온과 황산이온 같은 반응성 있는 음이온들은 금속을 부식시키는 양극 홈에서 강산을 형성한다. 반면에 중탄산염과 같은 이온은 약산을 형성하고 보호스케일을 형성하여 침전한다. LR값이 0.4 보다 높은 경우 지수는 부식성이 높다는 것을 나타내고 반대로 낮은 경우는 부식성이 낮다는 것을 뜻한다.

$$LR = \frac{[Cl^-][SO_4^{2-}]}{HCO_3^-} \tag{21.36}$$

RCI(Riddick Corrosion Index). Riddick는 부식에 영향을 미치는 모든 수질인자를 부식성과 연관시켜 다음 식과 같은 부식지수를 만들었다.

$$RI=(75/Alk)\times[(CO_2+0.5(\text{경도}-Alk)+Cl^-+2NO_3^-]\times[10/SiO_2]\times[(DO+2)/DO_{sat}] \tag{21.37}$$

여기서 단위는 경도와 알칼리도(Alk)는 mg $CaCO_3$/L, NO_3^-는 mg N/L, 다른 항목은 mg/L이다.

RI					
0~5	6~25	26~50	51~75	76~100	101 이상
스케일 형성	부식 안됨	약간 부식	부식	매우 부식	아주 심함

이 지수는 미국의 북동지역의 자료를 토대로 개발되었고, 연수에는 적용이 잘되나 경도가 높은 물에는 잘 맞지 않는다.

AI(Aggressiveness Index). 이 지수는 LSI지수를 단순화한 것으로써 탄산칼슘포화와 관련하여 석면시멘트의 부식성을 예측하기 위하여 개발되었다. 이는 AWWA 규격 위원회에서 물과 다른 액체에 대한 석면-시멘트 압력관(4인치에서 24인치)의 부식연구를 위해 개발되었으며, 지표를 나타내는 식은 다음과 같다.

$$AI = pH + \log\ (Ca)\ (Alk) \tag{21.38}$$

여기서 Ca, Alk는 mg/l as $CaCO_3$이다. 값의 평가는 다음과 같다.

AI > 12.0 : 부식성 없는 물

10.0 < AI < 11.9 : 약간 부식성 물

AI < 10.0 : 부식성이 큰 물

표 21.4 ▌ 수질 부식성 지수

지 수	공 식	매개변수	의 미
Langelier Saturation Index(LSI)	$LSI=pH-pH_s$	• 총알칼리도(mg/L as $CaCO_3$) • 칼슘(mg/L as $CaCO_3$) • 경도(mg/L as $CaCO_3$) • 총용존고형물(TDS, mg/L) • 현장 pH, 온도	• LSI>0＝과포화된 물; $CaCO_3$ 침전경향 • LSI＝0＝포화된 물; $CaCO_3$ 스케일은 용존하지도 침전하지도 않은 상태 • LSI<0＝불포화된 물; $CaCO_3$가 용존 고체로 남아있음
Aggressive Index(AI) (for use with asbestos cement)	$AI=pH+\log[(A)(H)]$	• 총알칼리도(mg/L as $CaCO_3$) • 경도(mg/L as $CaCO_3$) • 현장 pH	• LSI<10＝매우 부식성 있음 • LSI＝10～20＝보통 • LSI>12＝부식성이 없음
Ryznar Stability Index(RSI)	$RSI=2pHs-pH$	• 총알칼리도(mg/L as $CaCO_3$) • 칼슘(mg/L as $CaCO_3$) • 경도(mg/L as $CaCO_3$) • 총용존고형물(TDS, mg/L) • 현장 pH, 수온	• RSI<6.5＝과포화된 상태; $CaCO_3$ 침전경향 • 6.5<RSI<7.0＝포화상태; $CaCO_3$ 스케일이 용존하지도 침전하지도 않음 • RSI>7.0＝불포화상태; $CaCO_3$가 용존고체로 남아있음
Riddick's Corrosion Index(CI)		• CO_2(mg/L) • 경도(mg/L as $CaCO_3$) • 알칼리도(mg/L as $CaCO_3$) • Cl^-(mg/L) • N(mg/L) • 용존산소(mg/L) • 포화 용존산소[a](mg/L)	• CI＝0-5 : 스케일 형성 6-25 : 부식성이 없음 26-50 : 보통 51-75 : 부식성 있음 76-100 : 매우 부식성 있음 101> : 극도로 부식성 있음

21.4 상수관로의 내부부식 제어기법

부식은 물과 관이 직접 접촉함으로써 발생하고 부식을 제어하기 위한 기본적인 방법은 다음과 같은 3가지로 요약할 수 있다(EPA, 1984).

- 수질에 변화를 주어 관에 미치는 부식성을 낮추는 방법
- 물과 관 사이에 보호벽이나 라이닝을 형성하는 방법
- 관 종류와 시스템 설계를 변경하여 부식을 제어하는 방법

이 가운데 부식제어 효과를 얻을 수 있는 가장 일반적인 방법들은

- 적정한 관 종류나 시스템 설계
- 부식성 수질 개선

- 부식억제제
- 음극보호제 활용
- 내부식성 라이닝, 코팅, 도장 등이 있다.

21.4.1 적절한 관 종류 선정 및 적합한 관망설계

많은 경우에 부식은 적절한 관 종류를 선정하거나 최적의 시스템 설계를 통하여 상당부분 저감할 수 있다. 일반적으로 반응성이 낮고 내식성이 높은 재질이 부식에 강하다. 오래된 관을 개선하거나 신관을 라이닝하기 위하여 재료를 선택하는 경우, 지나치게 내식성에 무게를 두는 것은 바람직하지 않다. 부식에 대한 내식성뿐만 아니라 경제성, 적용 용이성, 활용성, 유지관리성 등에 기초하여 재질을 선택해야 한다(EPA, 1986).

특정 수질 조건하에서 관 재질에 따라 부식의 정도가 다르므로 노후관을 교체하거나 신관을 매설할 때 내식성이 높은 재질의 관을 선택해야 한다. 예를 들어 용존산소 농도가 높고 pH가 매우 낮은 물은 내면에 콘크리트나 시멘트 라이닝된 덕타일주철관보다는 동관에서 많은 부식을 유발시킨다. 이러한 경우에는 합금성분을 변화시켜 내식성을 높여주는 방법도 고려할 수 있다.

관망의 설계는 관 종류를 선택하는 것만큼 중요하다. 내식성이 높은 관을 선택했다고 해도 내부관망의 설계가 부적절하면 심각한 부식의 원인이 될 수 있기 때문이다. 따라서 관망의 설계시 다음과 같은 사항을 고려해야 한다.

- 밀폐된 구역이나 정체구역이 발생하지 않을 것
- 볼트/너트 대신 용접사용
- 적절한 유속유지
- 적합한 금속두께 선택
- 기계적 응력 감소
- 열 공급의 균등성 확보
- 관의 만곡부와 곡률반경이 크지 않을 것
- 적절한 절연체 삽입
- 관의 적당한 모양과 기하학적 구조 선택
- 주기적 검사, 손상된 부위의 교체 등 유지관리 접근용이
- 관에서 전기 발생원인 제거

21.4.2 수질인자 조절(Modification of water quality)

정수장에 수질조절을 통하여 부식성 없는(noncorrosive) 수돗물을 만드는 것이 가장 쉽고, 널리 이용할 수 있는 방법이다. 원수의 성상이 다양하기 때문에 각 정수과정에서 수질

인자를 조절하는 방법의 효과 역시 다양하게 나타날 수 있다. 그러나 수질인자 조절에 의한 부식제어 기법은 가장 경제적인 부식제어 기법임에 틀림없다(EPA, 1984).

물의 pH조절은 수도관의 부식을 감소시키는 가장 일반적인 방법으로서 부식에 대한 pH의 영향은 다음과 같다. 먼저, 수소이온이 전자수용체로 작용하면 전기화학적 부식반응을 일으킨다. pH가 낮은 수돗물은 높은 수소이온농도로 인하여 부식반응이 잘 진행된다. pH 6.5 이하에서는 균일부식, pH 6.5~8.0에서 공식이 잘 발생한다. pH는 관재질의 용해도를 결정하는 중요한 인자이다. 관의 제조에 사용되는 대부분의 물질(구리, 아연, 철, 납 등)들은 낮은 pH에서 용해도가 증가한다. pH가 높은 경우에는 불용성의 염기성 탄산염을 갖는 금속들(납, 구리)은 용해도가 감소한다. 또한 pH는 탄산이온, 알칼리도, 이산화탄소, 이온강도와 같은 인자들의 상호관계에 의한 보호피막 형성에 영향을 미친다. 관 내면위에 스케일을 침전시켜 보호피막을 형성하기 위해서는 수중에 충분한 농도의 탄산이온과 칼슘이 존재해야 하고 pH는 탄산칼슘의 포화 pH값보다 약간 높아야 한다. 수중에 충분한 탄산이온과 칼슘이 존재하지 않으면 탄산칼슘의 보호피막은 형성되지 않는다.

탄산이온농도가 낮은 물의 경우 탄산염 보충제를 첨가하여 pH를 조절함으로써 연관의 부식을 최소화할 수 있다. 탄산이온농도가 높은 물은 pH조절시 연수화를 위해 폭기시켜 CO_2를 제거하는 것이 바람직하다. 정인산염과 기타 방식제는 최대효과를 얻기 위해 pH범위를 좁히는 것이 필요하다.

표 21.4 ▌ 수질 부식성 지수

pH 조절 약품	적정 주입농도 (mg/L)	1mg/L에 대한 알칼리도 비율	주입장비
소석회 ($Ca(OH)_2$)	1~29	1.35	• 생석회소화기(소화기) • 수화된 석회용액탱크 • 정량펌프
가성소다 (NaOH(50%))	1~29	1.25	• 정량펌프 • 약품저장탱크 • 희석조 • 유량계
소다회 (Na_2CO_3)	1~40	0.94	• 약품저장탱크 • 정량펌프 • 희석용 용수공급조 • 교반조 • 분말투입장치 • 유량계
중탄산나트륨 ($NaHCO_3$)	5~30	0.59	• 약품저장탱크 • 정량펌프 • 희석용 용수공급조 • 교반조 • 분말투입장치 • 유량계

물의 pH를 조절하는 것이 부식을 감소시키는데 도움은 되지만, 모든 종류의 부식을 억제할 수는 없다. 그러나 pH 조절은 부식을 억제할 수 있는 가장 저렴하고 손쉬운 방법인 반면, 이는 염소소독제 주입량을 증가시켜 THM과 같은 소독부산물을 증가시키는 문제점이 있다.

pH가 낮은 물에 의한 부식은 탄산칼슘, 수산화칼슘, 수산화나트륨, 탄산나트륨과 같은 알칼리제를 첨가함으로써 부식을 효과적으로 감소시킬 수 있어 알칼리제의 첨가방법이 정수처리과정에 많이 사용되고 있다. 알칼리제의 첨가량은 일반적으로 pH 적정곡선과 탄산염의 종류에 따라 달라지지만 pH는 7.5~8.5범위로 조절하는 것이 적절하다(EPA, 1986). 특정 pH 범위에서는 염소이온이나 황산이온 등의 음이온이나 칼슘 등 양이온의 상대적인 농도가 부식에 상당한 영향을 미치므로 pH 이외의 수질변수도 고려해야 한다(Sander et al., 1996).

한편 중화제 취급 시에는 안정성뿐만 아니라 경제적인 측면도 고려해야 하는데 석회는 가성소다보다 경제적이고, 가성소다는 탄산나트륨(소다회)이나 중탄산나트륨보다 경제적이다. 그러나 석회는 용해도가 낮고 스케일이 형성되므로 취급이 어렵고 가성소다는 상대적으로 취급이 위험한 약품이므로 소규모 처리시설에서는 대부분 사용하지 않고 있다. 중탄산나트륨은 pH 8.3 정도에서 자연적인 완충작용을 하고 미네랄 함유량이 낮은 연수에서는 탄산나트륨보다 효과가 높다.

소석회($Ca(OH)_2$)나 탄산칼슘($CaCO_3$)은 스케일을 형성하는 경향이 있지만 산의 중화제로도 사용된다. 일반적으로 중화제로써 칼슘염은 초기에 나트륨보다 경제적이지만 용해도가 낮고 유지관리 비용이 많이 든다. 따라서 중화제로 석회를 첨가하는 것은 대규모 정수처리에 적당하고 나트륨염은 소규모 정수처리에 적합하다.

탄산칼슘을 사용하기 위해서는 물과 석회의 접촉시간을 15~30분 정도 유지할 수 있는 과립상의 여과상이 필요하기 때문에 시설비용이 많이 든다. 그러나 완충용량을 증가시키는데 매우 효과적이고 최종적인 pH를 조절할 필요가 없기 때문에 최종 운전 가격은 매우 낮다. 중화제 주입량 결정시 고려해야 할 또 다른 사항은 인간의 심장병 예방을 위하여 나트륨 농도를 20mg/L로 제한해야 한다는 점이다.

한편 중화제를 사용하게 되면 다음과 같은 수질변화가 일어난다.

- pH증가와 함께 THM의 반응속도가 빨라지고 농도가 증가한다.
- 경도의 증가로 배관내에 스케일이 형성되며, 급탕관에서 스케일은 열전달 효율을 감소시키고 비누와 세제사용량이 증가하며 공업용수를 처리하는 비용이 상승한다.
- 완충용량과 미네랄 농도가 낮아 소량의 화학제 첨가로도 pH의 변화가 심한 연수에서는 이산화탄소의 흡착으로 pH가 낮아진다.

21.4.3 부식억제제(Corrosion inhibitor)

관 표면 즉, 물과 관 사이에 보호피막을 형성하는 약품을 물속에 투여함으로써 부식을 제어할 수 있다(EPA, 1984). 이러한 화학약품을 통칭하여 부식억제제라고 부른다.

일반적으로 수돗물에 적용하도록 인정받은 부식억제제는 $CaCO_3$ 스케일형성, 인산염계, 규산염계이다. 이러한 부식억제제가 성공적으로 활용되기 위해서는 기본적으로 3가지의 필요조건이 있다.

첫 번째는 부식억제제를 정수장에서 주입하는 경우 초기에 적정 주입량의 2~3배를 주입하여 가능한 빠른 시간 내에 보호피막이 형성될 수 있도록 하는 것이다. 이것은 금속표면 전체에 보호피막이 형성되기 전에 pitting이 생성되는 것을 최소화하기 위함이다. 일반적으로 초기 몇 주 동안 코팅피막이 형성되도록 해야 한다.

두 번째는 부식억제제를 연속적으로 충분한 양을 주입해야 한다. 너무 낮은 농도는 표면에 고르게 피막이 형성되지 않을 수 있고, 또한 여러 가지 방해물질이 보호피막의 재용해를 유도하기 때문이다. 반면에 지나치게 많은 알카리 부식억제제를 장시간 주입하면 스케일이 과다하게 형성되고 물이 경수가 될 수도 있다.

세 번째는 충분한 유량이 연속적으로 부식억제제를 관 표면으로 이동시킬 수 있어야 한다. 예를 들면 물의 흐름이 없는 저수조에서는 부식억제제를 연속적으로 주입할 수 없기 때문에 부식억제제에 의한 부식제어가 불가능하다.

21.4.4 관세척(Flushing)

21.4.4.1 미국사례

심미적, 법적인 문제와 민원에 대한 예방적인 조치로서 대부분의 도시에서 일방향 플러싱을 이용한 세관작업을 하고 있으며, 워싱턴주의 시애틀에서는 관망의 수질저하를 최소화하기 위하여 계획적인 유지관리 업무 중의 하나로 일방향 플러싱을 도입하였다.(유속 2m/s, 세관주기 4~5년에 1회) 포틀랜드시에서는 1980년대 중반까지 피그를 이용한 세척과 관말지역에 재래식 플러싱을 실시하다가, 일방향 플러싱에 대한 파일롯 연구를 실시하여 이를 도입하고 있다. 또한 LADWP(Los Angeles Department of Water and Power)에서는 플러싱 프로그램을 수행한 후 주민들의 불만이 감소하는 것을 조사하였으며, 플러싱 후 수질향상 정도를 평가하였다.

21.4.4.2 일본사례

동경에서는 매년 400블럭에 대하여 플러싱 실시계획을 수립하고 있으며 1985년부터 전체 관로에 대해 10년 주기로 계획적인 플러싱을 실시하고 있다. 오사카시에서는 탁수발생의 제어 및 수질보전을 위해 세정 배수설비(세정전 및 소화전)를 활용하여 급수관이 연결되어 있는 관경 300mm 이하의 배수관에 대해 플러싱을 하고 있다. 또한 삿포로시에서는 1950년 흑수장애 대책으로 플러싱을 도입하였으며, 배수관내 산화 축적된 망간산화물을 소화전 또는 퇴수설비로 배출하여 제거하였고, 매년 400km의 관로를 계획적 플러싱을 통해 세척하고 있다.

21.4.5 라이닝, 코팅, 도장

부식성 수질로부터 관 내벽을 보호할 수 있는 또 다른 방법은 관 벽에 보호 코팅을 시행하는 것이다. 이러한 라이닝은 기계적으로 관을 제작할 당시나 현장에 매설하기 전에 시행된다. 일부 라이닝은 관이 매설된 후에 시행되기도 하는데, 이 경우 비용이 더 상승하게 된다.

표 21.6 ▎ 라이닝, 코팅, 페인트 재료별 특성(EPA, 1986)

재 료	비 고
가열 콜타르 에나멜 Hot applied coal tar enamel	• 가장 일반적으로 저수조에 사용되는 콜타르 코팅 • 관체 외면에 적용시 저수조 벽면을 가열함으로써 주름이 생기거나 침하되기 쉬움.
콜타르 도료 Coal tar paints	• 기존 저수조를 다시 라이닝하는데 주로 사용된다. • xylene(크실렌)과 naphtha solvents(유기용매)로 구성된 이도복장은 불쾌한 맛과 냄새를 유발하므로 단지 관로 외면에만 사용 • 용매를 포함하지 않는 콜타르 도료는 관로 내벽에 사용될 수 있으나 직사광선 또는 추위에 노출되지 않아야 함 • 내용연수 5~10년
콜타르 에폭시 도료 Coal tar epoxy paints	• 콜타르 코팅보다 침식(마모)에 약함 • 물에서 맛·냄새 문제를 야기할 수 있음; 내용연수 20년
콜타르 에멀젼 도료 Coal tar emulsion paints	• 강한 접착성, 무취, 그리고 일광에 의한 열화를 방지하나 다른 콜타르 도료처럼 방수에 강하지 않아 관체 내벽에 사용을 제한
비닐 Vinyl	• 비반응성 • 견고하고 매끄러운 표면 • 내용연수(약 20년)는 연수조건에서 감소
에폭시 Epoxy	• 견고하고 매끄러운 표면을 형성한다. • 물에 대한 낮은 침투성 • 올바르게 제조하여 적용할 경우 강한 접착성을 나타냄
가열·냉각 납 코팅 Hot and cold wax coatings	• 녹슬거나 오래된 도료에 직접 적용, 내용연수(약 5년) 짧음.
분체 아연 코팅 Metallic-sprayed zinc coating	• 좋은 부식억제제 • 특별한 기술과 기기가 필요한 비교적 비싼 처리과정 • 내용연수 50년
아연 도료 Zinc-rich paints	• 견고한 표면 • 부식과 마모에 강함 • 비교적 비쌈.
고무 도료 Chlorinated rubber paints	• 다른 라이닝의 적용시 발생되는 연기(fume)를 제어하거나 사용을 지정하였을 경우에 사용
아스팔트 라이닝 Asphalt-based linings	• 일반적으로 기존 아스팔트 라이닝 수조를 다시 라이닝 할 경우에만 사용을 제한

가장 일반적인 관 라이닝 방법은 콜탈 에나멜, 에폭시 페인트, 시멘트 몰탈, 폴리에틸렌 등이 있다. 콜탈 에나멜은 과거에 수도용관에 널리 이용되어 왔으나, 콜탈 내에 다중방향족탄화수소(polynuclear aromatic hydrocarbon)와 기타 위해 물질의 존재에 대해서 미국 EPA에서 우려를 나타냄에 따라 사용이 제한되고 있다. 표 21.6에 가장 널리 이용되는 라이닝, 코팅제의 장, 단점을 정리하였다.

21.5 부식측정 방법

21.5.1 직접 측정방법

부식이 일어나는 관 표면에 물리, 화학, 생물학적 변화를 측정장비를 사용하여 직접 측정하는 것으로 부식속도, 부식생성물질 등을 분석하는 방법 등이 있다.

21.5.2 간접 측정방법

물의 pH, 수온, 알칼리도, 칼슘, 전기전도도 등 물리·화학적 특성을 파악할 수 있는 수질인자를 측정하여 탄산칼슘의 침전모델에 기초한 식에 대입하여 물의 부식성을 평가하여 부식의 발생여부를 측정하거나, 수요자의 부식관련 민원을 체계적으로 조사하여 평가하는 방법이다.

표 21.7 | 부식측정 방법

구 분		방 법
직접 측정	물리·화학적 분석법	① 육안 및 현미경 검사법
		② 용출시험법 a. 침수실험법 b. 순환시험법
		③ 부식생성물분석 a. XRF(X-ray Fluorescence Spectrometry) b. EDXA(Energy Dispersive X-ray Analysis) c. XRD(X-ray Diffraction Spectroscopy)
		④ 관체 표면 분석 a. SEM(Scanning Electronic Microscopy)
	부식속도 측정법	① 시편의 무게감량속도 측정법 a. 침수실험법(Immersion Test) b. 순환시험법(Pipe Loop Test)
		② 전기화학적 부식속도 측정법

간접 측정	민원에 의한 평가법	부식관련 민원건수를 통계적으로 처리하여 평가
	부식성 지수	① Langelier Saturation Index (LSI)
		② Aggressiveness Index (AI)
		③ Calcium Carbonate Precipitation Potential (CCPP)
		④ Driving Force Index (DFI)
		⑤ Fiegenbaum Index (FI)
		⑥ Larson's Ratio Index (LRI)
		⑦ Ryznar Stability Index (RSI)
		⑧ Korea Water Index (KWI)
	탄산칼슘포화도 실험	Marble Test

예제 21.1

다음의 경우 물의 부식성을 판단하는 Langelier 지수를 계산하라. 그리고 이 물은 부식을 일으키는가? 탄산칼슘 피막이 형성되어 부식이 방지될 수 있는가?

온도	10℃
pH	8.5
총용존고형물(TDS)	280mg/L
칼슘이온농도	60mg/L as Ca^{2+}
총알칼리도	91mg/L as $CaCO_3$

풀이 LI(Langelier Index : 랑게리아지수)는 LSI(Langelier Saturation Index)라고도 하는 부식지수로서, 음의 지수는 물이 부식성이 있음을 의미하며, 양의 지수는 물이 탄산칼슘 피막이 형성됨을 의미한다. 공식 LI를 계산하기 위해 식 (21.26)을 사용할 수 있으나 다음과 같이 현장 실험에 의한 계산법을 사용하기로 한다.

$$LI = pH - pHs = pH - [(9.3 + (A + B) - (C + D)]$$

여기서, pHs : 수중 탄산칼슘이 용해·석출되지 않는 평형상태의 pH

A : 증발잔류물(총고형물질)

B : 수온

C : 칼슘경도

D : 총알칼리도에 따라 결정

칼슘이온농도를 칼슘경도로 환산하면

$$60 \times (50/20) = 150\text{mg/L as } CaCO_3$$

A, B, C, D의 계산은 아래 표로부터 각각 A=0.1, B=2.3, C=1.8, D=2.0이 된다.

따라서

$$LI = 8.5 - [9.3 + (0.1 + 2.3) - (1.8 + 2.0)] = \underline{0.6}$$

따라서 이 물은 관 표면에 탄산칼슘 피막이 형성되어 부식을 방지할 수 있다.

표 21.8 ▎ A, B, C, D의 환산표

증발잔류물 mg / ℓ	A	칼슘경도 $CaCO_3$ mg/ℓ	C	알칼리도 $CaCO_3$ mg/ℓ	D
50~300	0.1	10~11	0.6	10~11	1.0
400~1000	0.2	12~13	0.7	12~13	1.1
온도 ℃	B	14~17	0.8	14~17	1.2
		18~22	0.9	18~22	1.3
		23~27	1.0	23~27	1.4
		28~34	1.1	28~35	1.5
0~1	2.6	35~43	1.2	36~44	1.6
2~6	2.5	44~55	1.3	45~55	1.7
7~9	2.4	56~69	1.4	56~69	1.8
10~13	2.3	70~87	1.5	70~88	1.9
14~17	2.2	88~110	1.6	89~110	2.0
18~21	2.1	111~138	1.7	111~139	2.1
22~27	2.0	139~174	1.8	140~176	2.2
28~31	1.9	175~220	1.9	177~220	2.3
32~37	1.8	230~270	2.0	230~270	2.4
38~43	1.7	280~340	2.1	280~350	2.5
44~50	1.6	350~430	2.2	360~440	2.6
51~56	1.5	440~550	2.3	450~550	2.7
57~63	1.4	560~690	2.4	560~690	2.8
64~71	1.3	700~870	2.5	700~880	2.9
72~81	1.2	880~1000	2.6	890~1000	3.0

참고문헌

1. American Water Works Association Research Foundation and DVGW-Technologie-zentrum Wasser, Internal corrosion of water distribution systems (1996).
2. American Water Works Association, Corrosion control for operators (1986).
3. Appenzeller, B. M. R., Batte, M., Mathieu, L., Block, J. C., Lahoussine, V., Cavard, J., and Gatel, D., "Effect of adding phosphate to drinking water on bacterial growth in slightly and highly corroded pipes", *Wat. Res.*, 35(4), 1100～1105 (2001).
4. ASTM G-31, Standard Practice for Laboratory Immersion Corrosion Testing of Metals (2004).
5. AWWA Research Foundation, Internal Corrosion of Water Distribution Systems, 2nd Edition (1996).
6. Characklis, W. G. Bacterial Regrowth in Distribution Systems. AWWARF, Denver, (1988).
7. Choi, D. J, You, S. J., Kim, J. G., Development of an environmentally safe corrosion, scale, and microorganism inhibitor for open recirculating cooling systems, *Materials Science and Engineering*, A335, 228～236 (2002).
8. Clark, R. M. et al., Water Quality Changes in a Simulated Distribution System. *J. Water SRT-AQUA*, 43(6), 263～277 (1994).
9. Demand for water treatment chemicals to grow steadily, *J. AWWA*, 96(2), 38～39 (2004).
10. Edwards, M. A., "US perspective on corrosion inhibitor use in potable water supplies", *International Workshop on Corrosion Inhibitor for Public Water Supply*, 41～64 (2002).
11. Edwards, M. A., "US perspective on corrosion inhibitor use in potable water supplies", *International Workshop on Corrosion Inhibitor for Public Water Supply*, 41～64 (2002).
12. Edwards, M., Hidmi, L., Gladwell, D., "Phosphate inhibition of soluble copper corrosion by-product release", *Corrosion Science*, 44, 1057～1071 (2002).
13. El-Dib, M. A. and Ali R. K., THMs Formation during chlorination of raw nile river water, *Wat. Res.*, 29(1), 375～378 (1995).
14. EPA, "Lead and Copper Rule Guidance Manual Volume II : Corrosion Control Treatment", EPA 811-B-92-002, EPA(1992).

15. Freedonia Group Co., "Demand for water treatment chemicals to grow steadily", *J. AWWA*, 96(2), 38~39 (2004. 2)
16. Gonzalez, Y., Lafont, M. C., and Pebere, N., A, "Synergistic effect between zinc salt and phosphonic acid for corrosion inhibition of a carbon steel", *Journal of Applied Electrochemistry*, 26, 1259~1265 (1996).
17. John, J. L., et al., "Optimizing corrosion control for lead and copper using phosphoric acid and sodium hydroxide", *Proceeding of the AWWA Water Quality Technology Conference*, 451~470 (1995).
18. Lopez, D. A., Schreiner, W. H., Sanchez, S. R., Simison, S. N., The influence of carbon steel microstructure on corrosion layers An XPS and SEM characterization, *Applied Surface Science*, 207, 69~85 (2003).
19. NACE Standard TM0169-2000, "Standard Test Method : Laboratory Corrosion Testing of Metals", NACE international, 1~10(2000).
20. Nancollas, G. H., "Phosphate precipitation in corrosion protection reaction mechanisms", *Corrosion*, 39(3), 77~80 (1983).
21. O'Neil, M. J., The Merck Index : an encyclopedia of chemicals, drugs, and biologicals, 13th ed., Merck (2001).
22. Pinto, J. A., McAnally, A. S., Flora, J. R. V., "Evaluation of lead and copper corrosion control techniques", J. Environ. Sci. Health, A32(1), 31~53(1997).
23. Rozenfeld, I. L., "Corrosion inhibitors", McGraw-Hill Inc. (1981).
24. Volk, C., Dundore, E., Schiermann, J., and Lechevallier, M., "Practical evaluation of iron corrosion control in a drinking water distribution system", *Wat. Res.*, 34(6), 1967-1974 (2000).
25. Water Treatment Chemicals to 2007, The Freedonia Group, Inc. (2003. 10).
26. Wattam, R., C-002X Specialty Water Treatment Chemicals : What's Ahead?, Business Communications Company, Inc. (2003. 3).
27. 경희대학교 환경연구소, 수도관의 부식과 방식대책 (1996).
28. 김도환, 이재인, 한동엽, 이지형, 김동윤, 노재순, 권기원, "수도관 부식방지를 위한 CCPP 조절유무에 따른 모의관로와 매설관로에서의 중금속농도 변화", 대한환경공학회 2003 추계학술연구발표회 논문집, 1383~1387 (2003)
29. 김준환 외, 먹는물 정수처리공정 개선에 관한 연구(I), 국립환경연구원보 (1995).
30. 김준환 외, 먹는물 수질관리기법 개발에 관한 연구(II), 국립환경연구원보 (1998).
31. 김창수, 박선구, 김정화, 정동환, 송기봉, 수처리제의 품질관리기법 개발에 관한 연구(III), 국립환경연구원보, 23, 341~357 (2001).

32. 남상호, "국내 수돗물의 수질특성 및 방청제 관리 현황", 수도용 방청제 국제워크샵, 13 ~37 (2002).
33. 박재광, "21세기의 한국 정수장-설계, 개선 및 운영 방안", 정수장 관련 기술향상을 위한 워크샵 (2003. 6)
34. 서울시 상수도연구소, "2003 급수과정별 모니터링 수질검사결과 보고서", 2003년도 수질 조사분석보고서, 575~625 (2003).
35. 안효원, 우달식, "상수도 배·급수시설 부식방지를 위한 부식억제제 적용의 현안과 과제", 상하수도협회지, 96~103 (2004).
36. 윤제용, 정현미, "수돗물 2차 오염실태 및 오염저감방안 강구", 2003 대한 상하수도학회·물환경학회 공동 포럼, I-61~87 (2003).
37. 이광호, "급·배수관망에서 부식 및 녹물발생의 영향인자에 관한 연구 (I)", J. KSEE, 979~958 (1997).
38. 이목영, "필라델피아수도국 부식제어와 납동규제법", 수자원환경, 54~58 (2000. 10).
39. 이성식, 성낙창, 이종팔, 박현석, 정미은, 이상준, 윤태경, 정수처리공정에서 소독부산물인 트리할로메탄의 생성모델, 한국환경과학회지, 13(3), 297~300 (2004).
40. 조달청, 정부구매물자 가격정보 (2005. 1).
41. 한국수자원공사, 2004년도 환경보고서 (2004).
42. 한국물가정보, 물가정보, (2004).
43. 한국계면공학연구소, 상수도 급배수시설 부식방지를 위한 방청제의 개발 및 최적이용모델 개발, 환경부 (2003).
44. 허방련, "최근 미국의 정수처리 동향 분석", 한국상하수도학회지, 45~59 (2003).
45. 환경공학연구정보센터, 약품투입시설의 설계 및 운영에 관한 사례연구(1), DICER Techlnfo Part II, 3(8), 404~415 (2004).
46. 환경부, 환경부 보도자료 '7월부터 정수장의 수질관리방법 강화' (2004. 6).

APPENDIX A 경제용어

A.1 소개

본 절에서는 먼저 관례적인 이자 지급법에 대해 설명하고 일괄지급(lump sum) 가치, 균등지급 가치, 그리고 시간에 따라 선형적으로 변화하는 지불가치를 평가함에 있어 이자적용에 대해서 기술하기로 한다.

A.2 이자

가장 기본적인 이자 형식은 단리(simple interest)이나, 거의 적용하지 않기 때문에 자세한 내용은 생략하기로 한다.

예제 A.1

\$500를 년간 8% 단리 이자로 5년간 계산하면 채무자가 채권자에게 지불하여야 할 비용은?

해답 년간 이자는 $\$500 \times 0.08 = \$40$이고 5년 뒤 채무자가 지불하여야 할 비용은 다음과 같다.

$$\$500 + 5 \times \$40 = \$700$$

A.3 년 단위 일괄지불

년 단위 일시불 원금에 대한 이자는 매년말에 유효하게 되고, 원금에 이 이자를 더하고, 다음 년도에는 이 원금과 이자의 합계에 대한 이자를 계산한다. 예제 A.1에서 이자가 년 단위로 일시불로 지급되면 처음 년도말에서 가치는 다음과 같다.

$$\$500 + \$500 \times 0.08 = \$540$$

두 번째 년도에서 이자는 \$540에 대해 계산되므로

$$\$540 + \$540 \times 0.08 = \$583.20$$

세 번째 년도에서 이자는

$$\$583.2 + \$583.2 \times 0.08 = \$629.86$$

당초 원금 P에 대해 년 단위로 일시불로 지급되는 이율 i를 적용할 경우 금액을 계산하는 형식은 표 A.1과 같다.

표 A.1 ▌ 년단위 일시불 이자 지급시 금액

Year	년간 이자	년말 금액 S
1	Pi	$P+Pi=P(1+i)$
2	$P(1+i)i$	$P(1+i)+P(1+i)i=P(1+i)^2$
•	•	•
n	$P(1+i)^{n-1}i$	$P(1+i)^{n-1}+P(1+i)^{n-1}i=P(1+i)^n$

예제 A.2

예제 A.1에서 원금 \$500에 년 단위로 8% 이자를 일시불로 지급할 경우 5년 후 지불하여야 할 금액은?

해답 $P(1+i)^n = 500(1+0.08)^5 = \$734.66$

A.4 년간보다 짧은 일시불 Lump sum

대부분의 사업 환경에서 일시불 지급 주기는 반년, 분기, 또는 1일 단위가 된다. 일시불 지급기간이 년간이 아닌 경우 이자율을 다르게 표현한다. 예를 들어 i가 공식 년간 이자율인 경우 이자를 반년마다 일시불로 지급하면 매 반년마다 $i/2$를 평가한다.

예제 A.3

원금 \$500에 대해 년 이자율 8%을 적용하여 5년간 차용할 때 분기별 이자율을 적용하면 상환하여야 할 비용은?

해답 $P(1+i)^n = 500\left(1+\dfrac{0.08}{4}\right)^{20} = \$742.97$

예제 A.3에서 년간 8% 이자에 대한 분기별 이자는 1/4이 되고 5년 동안 20분기가 존재한다.

A.5 일시불 미래가치계수(f/p) 및 현존가치계수(p/f)

현재가치 및 미래가치 사이 일괄지불 수치를 환산하는 계수들은 다음과 같다.

- Compound-amount factor(CAF 또는 f/p)
- Present-worth factor(PWF 또는 p/f)

상기 계수들의 적용은 다음과 같다.

미래가치=(현존 가치)(f/p)
현존가치=(미래 가치)(p/f)

상기 두 계수들은 상호간 역수이고, 계수들의 표현은 다음과 같다.

$$f/p = \left(1+\frac{i}{m}\right)^{mn}, \qquad p/f = \frac{1}{\left(1+\frac{i}{m}\right)^{mn}}$$

여기서 i : 공식 년간 이자율
n : 년 횟수
m : 이자 지불 횟수/년

예제 A.4

신용협동조합에 분기마다 5% 이자율로 $5000를 투자한 경우 5년 후 투자가치는?

해답 미래 금액 = (현재 금액) $\left(f/p,\ \frac{0.05}{4},\ 20pcriods\right)$

협약에 따라 상기 식과 같이 $(factor, rate,\ periods)$으로 표기한다.

미래 금액 = $\$5000\left(1+\frac{0.05}{4}\right)^{20} = \$6400$

예제 A.5

자녀가 초등학교 입학시 투자하기 시작하여 12년 후 대학 입학시 $10,000로 만들려고 한다. 원금에 대해 8% 이자로 반년마다 일시불 지급할 때 초기 투자금액은?

해답 현재 금액 =(미래 금액) $\left(p/f, \frac{0.08}{2}, 24periods\right)$

현재 금액= $\dfrac{\$10,000}{\left(1+\dfrac{0.08}{2}\right)^{24}} = \$3901.20$

A.6 균일 지불 미래 가치(f/a)

계수 f/a는 균등한 금액 R을 일정 주기로 저축하였을 때 이 금액의 가치를 미래 가치로 환산한다. 균등한 금액 R를 그림 A.1에서 기호로 나타내었다. 미래가치를 나타내는 화살표는 정기적으로 저축되는 금액에 관련 이자를 적용할 때 미래가치와 동등하다.

그림 A.1에서 R의 크기를 $100으로 가정하고 이 금액은 년 단위로 나타난다. 이자율은 6%이고 년 단위로 일시 지불 된다. 1차년도 년말에서 누적 합계 S는 $100가 되고 2차년도 년말에서 누적 합계는 1차년도 년말에서 $100와 이자를 더한 금액에 새로운 $100가 더해진다.

$$S = (\$100)(1+0.06) + \$100 = (\$100)[(1+0.05)+1]$$

7차년도 년말에서는

$$S = (\$100)\left[(1+0.06)^6 + (1+0.06)^5 + \cdots + (1+0.06)+1\right]$$
$$= (\$100)(8.3938) = \$839.38$$

통상적으로 정기적으로 저축되는 R과 동일한 주기로 이자율 i로 이자가 일시에 지불되는, 즉 균일 지불시 R의 미래가치는 다음과 같다.

$$S = R\left[(1+i)^{n-1} + (1+i)^{n-2} + \cdots + (1+i)+1\right]$$

[ ] 내부 항들은 균일지불계수(SCAF : series-compound-amount factor 또는 f/a)라 한다.

$$f/a = (1+i)^{n-1} + (1+i)^{n-2} + \cdots + (1+i)+1 \qquad \text{(A.1)}$$

식 (A.1) 양변을 $1+i$를 곱하여 series를 위한 폐쇄 형태를 작성할 수 있다.

$$f/a(1+i) = (1+i)^n + (1+i)^{n-1} + \cdots + (1+i) \qquad \text{(A.2)}$$

식 (A.2)로부터 (A.1)를 감하면

$$(f/a)[(1+i)-1] = (1+i)^n - 1$$

따라서

$$f/a = \frac{(1+i)^n - 1}{i} \tag{A.3}$$

감채기금계수(SFF : sinking-fund factor 또는 a/f)로 불리는 f/a 역수는 미래가치를 알고 있을 때 정기적인 금액 R을 제공하는 계수이다.

정기 금액 R=(미래 가치)(SFF)=(미래가치)(a/f)

a/f는 f/a의 역수이다.

$$a/f = \frac{i}{(1+i)^n - 1} \tag{A.4}$$

강조할 점은 첫 번째 정기 금액이 유효한 시점에 대한 협약이다. 그림 A.1은 첫 번째 기간의 시점이 아닌 종점에서 첫 번째 금액 R이 유효한 것을 보여준다. 때로는 시점 0에서 첫 번째 금액을 평가하여야 하는 경우가 있으며 이에 대해서는 후에 설명하기로 한다. 식 (A.3) 또는 (A.4)를 사용할 때마다 첫 번째 정기적인 금액이 시점 또는 종점에서 발생하는 것으로 협약하는 것이 중요하다.

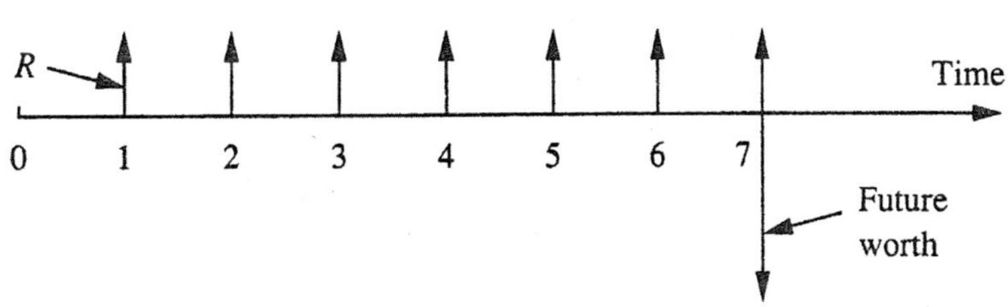

그림 A.1 ▌ 균일 지불 미래가치

예제 A.6

공장에 새로운 기계를 설치하였다. 관리자는 기계를 대체하기 위해 이제부터 10년에 걸쳐 $16,000을 만들기로 한다. 적금에 대한 이자는 년간 8%로 일시불로 지불되는 경우 매년 얼마를 균일하게 저축하여야 하는가?

해답 년간 균일금액 R은

$$R = (\$16{,}000)(a/f, 8\%,\ 10)$$
$$= (\$16{,}000)\frac{0.08}{(1+0.08)^{10}-1}$$
$$= (\$16{,}000)(0.06903)$$
$$= \$1{,}104.50$$

A.7 균일 지불 현존가치(p/a)

그림 A.2와 같이 균일 지불시 현존가치계수(SPWF : series-present-worth factor 또는 p/a)는 균등 금액 R의 가치를 현존가치로 변환시킨다.

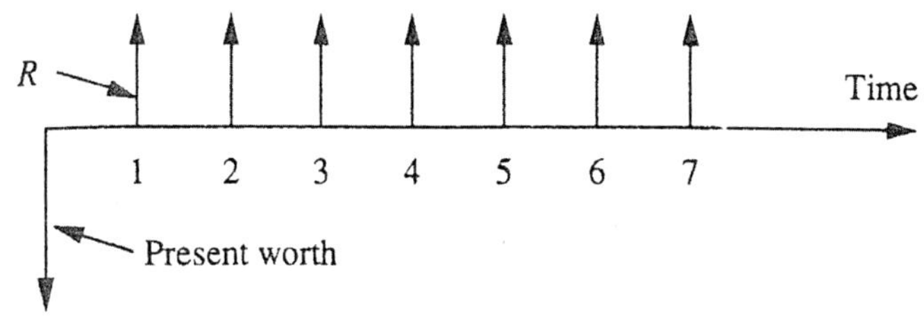

그림 A.2 ▌ 균일 지불 현존가치

앞 절에서와 같이 기간 0이 아닌 첫 번째 기간에 종점에서 첫 번째 금액이 발생하는 것으로 협약한다. 균일 지불시 현존가치는 각 R에 p/f 계수를 적용하여 구할 수 있다.

$$\text{Present worth} = \frac{R}{(1+i)^1} + \frac{R}{(1+i)^2} + \cdots + \frac{R}{(1+i)^n}$$

또는

$$\text{Present worth} = R\left[\frac{1}{(1+i)^1} + \frac{1}{(1+i)^2} + \cdots + \frac{1}{(1+i)^n}\right] \tag{A.5}$$

식 (A.5)의 양변을 $(1+i)^n$으로 곱하면 [ ] 내부 항들은 식 (A.1)의 f/a와 동일하게 된다. 따라서

$$\text{Present worth}\ (1+i)^n = R(f/a) = R\frac{(1+i)^n - 1}{i}$$

균일 지불 현존가치 p/a는 R를 곱하였을 때 현존가치를 나타낸다. 따라서

$$p/a = \frac{(1+i)^n - 1}{i(1+i)^n} \tag{A.6}$$

식 (A.3)과 (A.6)를 비교하면

$$p/a = (f/a)(p/f)$$

균일 지불 현존가치 계수 a/p의 역수는 자본회수계수(capital-recovery factor)라 한다.

$$a/p = \frac{i(1+i)^n}{(1+i)^n - 1} \tag{A.7}$$

예제 A.7

융자회사로부터 공식 년간 이자율 15%로 매달 일시불로 이자를 지불하는 조건으로 $1000를 빌렸다. 이 융자에 대해 매달 $38를 상환할 경우 전체 융자를 갚기 위한 기간은?

해답 $\$1000 = (\$38)(p/a, 1.25\%,\ n\,months)$

$$1000 = 38\frac{1.0125^n - 1}{0.0125 \times 1.0125^n}$$

$1.0125^n = 1.490$

$n = 32.1$ months

A.8 등차지불 현존가치 계수(GPWF : Gradient-Present-Worth Factor)

p/a, f/a, 그리고 이들의 역수는 상환액이 균등할 때 적용한다. 그러나 연속적으로 증가하는 금액에 대한 현존가치를 생각할 수 있다. 이에 대한 대표적인 경우는 유지관리비용과 에너지비용이다. 설비의 유지관리비용은 설비의 경년변화에 따라 지속적으로 증가하고, 에너지비용은 화석연료가 고가가 되면서 증가할 것으로 예측된다.

그림 A.3과 같이 첫 번째 1년 동안 비용이 존재하지 않을 때 등차지불 현존가치계수(GPWF)를 적용하고, 2차년도 종료점에서 비용 G, 3차년도 종료점에서 2G가 된다. 그림 A.3에서 직선은 1차년도 종료시점에서 시작한다. 연속적으로 증가하는 금액의 현존가치는 각 현존가치의 합계가 된다.

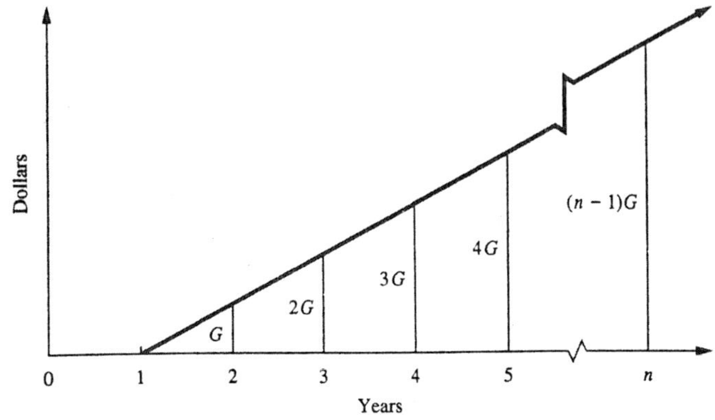

그림 A.3 ▌ 등 차

$$PW = \frac{G}{(1+i)^2} + \frac{2G}{(1+i)^3} + \cdots + \frac{(n-1)G}{(1+i)^n}$$

상기 식을 다음과 같이 나타낼 수 있다.

$$PW = G(GPWF) = G\left\{\frac{1}{i}\left[\frac{(1+i)^n - 1}{i(1+i)^n} - \frac{n}{(1+i)^n}\right]\right\}$$

예제 A.8

시설의 첫 번째 년간 에너지 비용은 $3000이고(년도 말 기준) 그 후부터 10%씩 또는 $300 상승한다. 만일 이자율 9%로 매년 일시불로 지불하여야 한다면 12년 연속 에너지 비용의 현존가치는?

해답 그림 A.4에서 연속 금액은 $3000의 연속 균등과 G=300인 연속 차등 두 개의 조합에 의해 다시 작성할 수 있다. 따라서

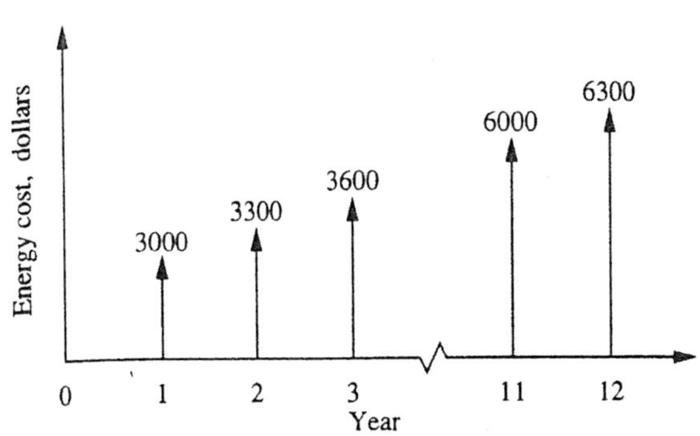

그림 A.4 ▌ 예제 A.8에서 점차적으로 증가하는 에너지 비용

$$PW = 3000(p/a, 9\%, 12) + 300(GPWF, 9\%, 12)$$
$$= (\$3000)\frac{1.09^{12}-1}{0.09\times 1.09^{12}} + \$300\left\{\frac{1}{0.09}\left[\frac{(1.09)^{12}-1}{0.09(1.09)^{12}} - \frac{12}{(1.09)^{12}}\right]\right\}$$
$$= \$21,482 + \$9,648$$
$$= \$31,130$$

A.9 이자 계수 요약

계수 p/f, f/a, p/a와 그들의 역수, 그리고 GPWF는 다양한 경제적 문제들을 해결하기 위해 현명하게 적용하고 조합할 수 있는 도구들이다. 이러한 계수들을 표 A.2에 요약하였다.

A.10절부터 A.13절 그리고 각 절의 종료부에 많은 문제들은 더욱 복잡한 상황들을 해결하기 위해 이러한 계수들을 어떻게 조합하는지 증명한다.

표 A.2 ‖ 이자계수 요약

계 수	공 식
f/p	$(1+i)^n$
f/a	$\frac{(1+i)^n-1}{i}$
p/a	$\frac{(1+i)^n-1}{i(1+i)^n}$
GPWF	$\left\{\frac{1}{i}\left[\frac{(1+i)^n-1}{i(1+i)^n} - \frac{n}{(1+i)^n}\right]\right\}$

이러한 문제들 중 대부분에서 다른 시간에서 존재하는 량의 등가를 표현하는 하나의 공식 설정에 의해 해가 결정된다. 따라서 모든 량의 미래가치, 현존가치, 또는 년간 가치와 같은 동일한 기본으로 량들을 변환하여 이러한 문제들 대부분을 해결할 수 있다. 강조할 점은 이자의 영향으로 임의 합계는 다른 시간에서 다른 가치를 가질 수 있다는 것이다. 반드시 량들을 항상 공통 기본으로 먼저 변환시켜야 한다.

중요한 재무처리 중 하나는 보험, 판매, 그리고 증권의 구매이다. 증권은 표 A.2에서 계수들 조합의 첫 번째 적용이 될 것이다.

A.10 증권(Bonds)

회사는 그들 영업을 확장하거나 수행하기 위해 자본(capital)을 높이기 위한 다양한 방법들을 갖는다. 회사는 은행으로부터 돈을 빌리고, common 주식 판매, preferred 주식 판매, 또는 증권을 발행한다. 통상적으로 증권은 $1000의 액면가(face value)로 발행되며 이는 만기시 소유주는 증권을 발행한 회사에 증권을 반납하면 $1000를 받는다는 것을 의미한다. 더욱이 회사는 소유주에서 증서에 명시된 율로 이자를 통상적으로 반년마다 지급한다. 따라서 증권 보유주는 매 6개월마다 $(i/2)(\$1000)$와 만기시 $1000를 받게 된다. 최초 구매자는 증권을 증권 수명동안 보유할 필요가 없으며 2차 구매자와 합의된 가격에 증권을 판매할 수 있다. 가격은 $1000 이상 또는 이하가 될 수 있다.

투자 현금의 유용성에 따라 이자율은 변동한다. 증권을 발생할 당시 증권을 판매하기 위해 회사는 10% 이자를 지불하여야 하나 예를 들어 2년 후 현재 이자율은 10% 이상 또는 이하가 될 수 있다. 예를 들어 현재(going) 이자율이 8%이면 이자율 10% 증권 소유주는 증권에 대해 $1000 이상을 요구할 수 있으나 going 이자율이 12% 이였다면 증권을 $1000 이하로 팔아야 한다. 다시 말해 증권의 현재 가격은 전체 투자금은 현재 이자율을 확보하는 가격이 되어야 한다는 것이다.

증권으로부터 얻어야 할 것에 대해 지불하여야 할 것을 등치시켜 모든 가격들을 공통 기본에 반영하는 하나의 공식을 설정하는 원리를 적용한다. 임의로 모든 량들의 기본으로서 미래가치를 선택한다.

$$P_b\left(f/p,\ \frac{i_c}{2},\ 2n\right) = \left(f/a,\ \frac{i_c}{2},\ 2n\right)\frac{i_b}{2}(1000) + 1000 \tag{A.8}$$

여기서 P_b : 현재 증권을 위해 지불하여야 할 가격

i_c : 현재 이자율

i_b : 증권 이자율

n : 만기 년수

식 (A.8)에서 항들은 다음과 같다. 공식 좌변은 투자의 미래가치이고 이는 미래로 환산하였을 때 증권에 지불하여야 할 가격이다. 적용할 수 있는 이자는 현재의 이자율로서, 지금부터 증권 만기일까지 지속하는 것으로 가정한다.

식 (A.8) 우변의 첫 번째 항은 증권상 반년 이자 지불의 균등 연속 미래 가치이다. 투자자는 going 이자율 i_c로 지불되는 이자를 즉시 재투자하는 것으로 가정한다. 공식 우변의 다른 항은 $1000로서 이는 만기시 회사가 증권 소유주에서 지불하여야 할 금액이다. 이 $1000는 이미 미래 시간으로서 상관관계가 필요 없다.

예제 A.9

만기 10년인 $1000 증권으로 이자는 반년마다 지불되며 공칭 년간 이자율은 8%이다. 투자자는 이자율 9%를 원할 경우 이 9% 이자율을 얻기 위한 증권가격은?

해답 식 (A.8)을 적용하면

$P_b(f/p,\ 0.045, 20) = (f/a, 0.045, 20)(0.04)(1000) + 1000$

$P_b(2.4117) = (31.371)(0.04)(1000) + 1000$

$P_b = \$934.96$

A.11 Shift in Time of a Series

그림 A.1에 나타낸 연속상환의 미래가치와 그림 A.2 현존가치에서 처음 정기 금액은 처음시점이 아니고 종료시점에 나타나는 것으로 협약하였다. 실제 상황에서 그림 A.5와 같이 처음 금액은 종료시점이 아닌 시간 0에서 나타날 수 있다.

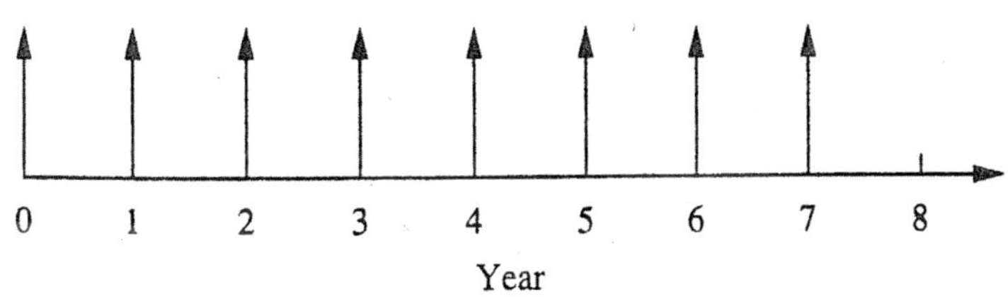

그림 A.5 | 시간 0에서 나타나는 균일 지불액

이 경우 연속지불의 미래가치를 구하고자 하면 식 (A.1)의 각 항들을 $(1+i)$로 곱하여 수정하여야 한다. 식 (A.3)에서 closed 형태에 $(1+i)$를 곱하면 그림 A.5 연속상환의 경우 f/a는 다음과 같다.

$$(f/a)_{shift} = (1+i)\frac{(1+i)^n - 1}{i} \tag{A.9}$$

A.12 균일지불의 다른 주기

동일한 주기로(년간 또는 반년) 저축과 이자가 지급되는 것으로 가정하여 공식 f/a와 p/a를 전개하였다. 그러나 년 단위로 저축하되 이자 지급은 분기가 되는 것과 같이 주기가 달라지는 상황이 자주 발생한다. 저축기간들 사이에 적용할 수 있는 등가 이자율을 결정하여 이와 같이 저축빈도보다 이자지불빈도가 큰 경우를 수용할 수 있다.

예제 A.10

금융기관에 10년에 걸쳐 년차별 년말에 $1200를 투자하고자 한다. 이 기관이 공식 년간 이자율 5%로 분기마다 이자를 지불할 경우 10년 종료시점에서 예상 투자가치는?

해답 1년 시작점에서 금액 X가 이자를 발생시키기 시작하고 년 5% 율로 분기마다 이자지불하면 년도 종료시점에서 가치 Y는 다음과 같다.

$$Y = X\left(1+\frac{0.05}{4}\right)^4 = X(1.0509) = X(1+0.0509)$$

분기마다 이자 지불로 인한 등가 년간 이자율은 5.09%가 된다. f/a 계수에서 이 이자율을 적용하여 미래가치를 계산할 수 있다.

$$\begin{aligned} \text{미래가치} &= (f/a,\ 5.09\%,\ 10year)(\$1200) \\ &= \frac{1.0509^{10}-1}{0.0509}(1200) \\ &= 12.631 \times 1200 \\ &= \$15,157 \end{aligned}$$

A.13 중도변경(Changes in Midstream)

균일상환(또는 환수)을 포함하는 계획은 특정 정기적인 금액과 예상된 이자율에 기초하여 수립된다. 계획수명 동안 동의된 이자율과 정기적인 저축금액은 변경될 수 있고, 또한 계획도 수정될 수 있다. 이러한 종류의 문제들은 일반적으로 변경 시점까지 가치를 구하고 잔여기간에 대한 새로운 계산을 수행하여 해결할 수 있다.

예제 A.11

10년이 종료되는 시점에 시설을 대체하기 위해 $12,000를 확보할 수 있도록 감채기금을 수립하고자 한다. 4번째 균일 적금 다음인 4년차 종료시점에서 관리자는 9년차 종료시점에서 시설물을 대체하기로 결정하였다. 년간 6% 이자율로 이자가 지불되는 조건인 경우 처음 4년과 마지막 5년 동안 적금액은?

해답 당초 계획에 따라 10년 동안 균일 저축하는 경우 1회 적금액은 다음과 같다.

$$(\$12{,}000)(a/f, 6\%, 10) = (12{,}000)(0.075868) = \$910.42$$

4년 종료시점에서 균일 저축액의 미래가치는

$$(\$910.42)(f/a, 6\%, 4) = (910.42)(4.3746) = \$3982.72$$

이 누적된 가치는 다음 5년 동안 이자를 발생시키나, 5회 추가 저축액과 이자로 $12,000의 나머지 금액을 보충하여야 한다.

$$R(f/a,\ 6\%,\ 5) = \$12{,}000 - (3982.72)(f/p,\ 6\%,\ 5)$$

나머지 5년 동안 저축액은 다음과 같다.

$$R = \frac{12{,}000 - (3{,}982.72)(1.3382)}{5.6371} = \$1183.30$$

A.14 잠재적 투자 평가(Evaluating Potential Investment)

기술 회사에서 경제성 분석의 중요한 기능은 제안된 투자(investment)를 평가하는 것이다. 금융회사는 반드시 투자금액에 대한 상환율을 계산하여야 한다. 이 상환율은 법인세를 지불하고도 투자 자본을 제공한 주식에 대한 배당금 또는 증권에 대한 이자를 충분히 지불하고도 남아야 한다. 평가는 매우 복잡하게 될 수 있으나 여기에서는 오직 기본적인 투자 상황에 대해서만 설명하기로 한다. 그러나 이 기본적인 접근방법은 더욱 복잡한 상황에서 수정 및 정제될 수 있는 점부터 시작하기로 한다.

투자 분석에서 (1) 초기비용, (2) 수익(income), (3) 운전비용, 그리고 (4) 보험공제액(salvage) 4개 요소들을 고려한다. 이자율과 동일하게 상환율을 고려한다.

예제 A.12

신사무실 빌딩 투자회사는 5년 동안 빌딩을 운영한 후 판매하기 위해 빌딩 A 또는 B를 구매하고자 한다. 빌딩 A는 발전하는 지역에 위치하여 5년 후에는 20%의 가치 상승이 기대되는 반면 빌딩 B는 쇠퇴하는 지역에 위치하여 5년 후에는 10% 가치 하락이 예상된다. 이 빌딩들에 대한 경제관련 자료들은 표 A.3과 같다. 각 빌딩에 대한 상환율은?

표 A.3 ▎경제성관련 자료

구 분	빌딩 A	빌딩 B
초기비용	$800,000	$600,000
임대로 인한 년간 income	160,000	155,000
년간 운영 및 유지관리 비용	73,000	50,300
예상되는 판매가격	960,000	540,000

해답 여러 금액들을 미래가치, 년간가치, 또는 현존가치와 같은 공통 기본으로 전환시켜야 한다. 모든 금액들을 현존가치 기준으로 나타내려면 다음 공식을 적용한다.

빌딩 A

$$800{,}000 = (160{,}000 - 73{,}000)(p/a,\ i\%,\ 5) + (960{,}000)(p/f,\ i\%,\ 5)$$

빌딩 B

$$600{,}000 = (155{,}000 - 50{,}300)(p/a,\ i\%,\ 5) + (540{,}000)(p/f,\ i\%,\ 5)$$

2개의 현존가치 공식에서 미지수는 상환율 i이다. 표현식은 i가 선형이 아니므로 i 가치를 구하기 위해 반복법을 사용한 결과 다음과 같다.

$i = 13.9\%$ 빌딩 A

$i = 16.0\%$ 빌딩 B

빌딩 B이 상환율이 높고, 이제 투자회사는 16% 상환율의 경제적 타당성에 대해 검토하여야 한다.

A.15 세금

정부 운영을 위한 그리고 정부에 의해 제공되는 금융 서비스를 위한 재정은 주로 세금으로부터 나온다. 일부의 경우 세금은 프로젝트의 수행여부를 결정하는 요소가 될 수 있기 때문에 경제성 분석시 세금을 반드시 포함시켜야 한다. 특별한 경우에는 세금 고려시 2개의 대안들 중 어느 것이 더욱 경제적으로 매력적인가에 영향을 미칠 수 있다.

미국 대부분 section에서는 학교, 시 정부 및 서비스, 그리고 공원과 하수 시스템 비용을 지불하기 위해 substate taxing district가 재산세를 징수한다. 이론적으로 시설물의 가치가 떨어지면서 부동산세는 감소하여 시설물의 경년에 따라 부동산세가 떨어진다. 그러나 빌딩과 같은 곳에 투자함에 있어 세금은 dollar figure와 같이 절대 감소하지 않는다. 따라서 투자분석시 일정한 부동산세를 고려하여 계획을 수립하는 것이 일반적이다. 세금의 영향은 높은 세금가치를 갖는 시설물을 불리하게 한다.

가장 규모가 작은 기업을 제외하고 연방 법인세는 이익의 약 50% 정도를 부과한다. 예제 A.12에서 빌딩 B에 투자에 대한 상환율은 16%로서 통상적인 이자율 5~10%와 비교할 때 상당히 양호하나 16% 상환율은 세금 전이고, 법인 소득세후에는 이 회사의 주식 또는 증권 소유주에게 유효한 상환율은 약 8% 수준이 된다. 경제성 분석에서 통상적으로 소득세는 재산세보다 더욱 중요한 계수이므로 소득세에 대해서는 더욱 상세하게 기술하기로 한다. 소득세 계산의 구성 요소인 감가상각(depreciation)에 대해서는 다음 절에서 기술하기로 한다.

A.16 감가상각(Depreciation)

감가상각은 시설물의 수명이 종료되는 시점에 그 시설물을 대체하기 위해 세금 계산에서 년간 비용에 포함되는 량(금액)이다. Internal Revenue Service는 직선(straight line), sum-of-the year's digit, 그리고 double-rate declining balance와 같은 감가상각을 계산하는 다양한 방법들을 허용하며 본 절에서는 처음 두 방법에 대해 설명하기로 한다.

직선 감가상각은 단순히 시설물의 초기비용과 보험공제액(salvage value)의 차이를 세금 life의 년수로 나눈 것으로 이 계산결과는 년간 감가상각 $(P-S)/N$이 된다. Internal Revenue Service는 적용할 세금 life를 규정하고 있으며 경제성 분석시 사용되는 경제적 수명(economic life)과 동일할 수도 동일하지 않을 수도 있다.

Sum-of-the-year's-digits(SYD) 방법에서 주어진 년수에 대한 감가상각을 다음 공식으로 나타낸다.

$$\text{감가상각},\ \ dollar = 2\frac{N-t+1}{N(N+1)}(P-S) \tag{A.10}$$

여기서 N : tax life, years

t : year in question

P : first cost, dollars

S : salvage value, dollars

예를 들어 tax life가 10년인 경우 감가상각은 다음과 같다.

$$\text{초기년도} = 2(10/110)(P-S)$$
$$\text{2차년도} = 2(9/110)(P-S)$$
$$\vdots$$
$$\text{10차년도} = 2(1/110)(P-S)$$

직선법으로 계산한 감가상각율과 SYD법으로 계산한 감가상각율을 비교하면 STD법은 초기 life 부분에서 큰 감가상각을 허용한다. SYD법에서 시설물 수명의 초반에서 지불하여야할 소득세는 직선법보다 적고 수명 종료 부근에서는 크다. 두 방법 모두 시설물의 tax 수명에 걸쳐 지불하여야할 전체 세금은 동일하나 SYD법 사용시 이점은 세금의 많은 부분을 후에 지불하나 이는 현금의 시간 가치의 관점에서는 단점이 된다.

그러나 세금율이 인상될 가능성이 있으면 직선법이 이점을 갖는다. 만일 세금율이 급격하게 상승하면 투자금의 큰 부분에 대해 적은 세금을 지불하는 것이 좋다.

A.17 소득세가 경제성 분석에 미치는 영향

감가상각과 연방 소득세의 영향을 살펴보기 위해 자료가 A.4와 같이 명시된 투자 대안 A 및 B 중 하나를 선정하는 단순한 예제를 고려하기로 한다.

표 A.4 | 대안 투자

구 분	대안 A	대안 B
초기 비용	$200,000	$27,000
Life	20 years	30 years
Salvage value	0	0
년간 소득	$60,000	$60,000
년간 운영 비용	$14,000	$6,200
부동산세 및 보험(초비비용의 5%)	$10,000	$13,500
이자	9%	9%

소득세를 포함하지 않은 두 대안의 년간 비용의 계산 결과는 다음과 같다.

구 분	대안 A	대안 B
년간 기준 초기비용(초기비용)$(a/p,\ i,\ n)$	$21,910	$26,280
년간 운영비용	14,000	6,200
부동산세 및 보험	10,000	13,500
Total	$45,910	$45,980

대안 A와 B의 경제성 분석결과 대략 동일한 년간비용과 소득을 보여준다. 소득세를 지불하기 위한 이자계산에서 실제 지불된 이자는 하나의 비용으로 열거되었고, 만일 직선 감가상각을 적용하면 두 대안의 초기년도 비용은 표 A.5와 같다.

표 A.5 | 두 대안에 대한 소득세

구 분	대안 A	대안 B
감가상각	$10,000	$ 9,000
지불되지 않은 balance의 이자 9%	18,000	24,300
운영비용, 세금, 및 보험	24,000	19,700
전체 비용	$52,000	$53,000
이익=소득-비용	8,000	7,000
소득세(이익의 50%)	4,000	3,500

초반 년도 동안 대안 B 보다 A에 높은 소득세를 지불하여야 한다. 프로젝트 후반 년도에서 대안 B가 높은 세금을 지불하여야 한다. 본 예제는 투자 분석결과 두 대안에서 동일한 이익이 나타나지만 소득세를 포함하면 대안 B가 선호되는 것을 보여준다. 대안 B의 이점은 세금 지불의 현존가치는 대안 A보다 적다는 것이다.

A.18 연속지불(Continuous Compounding)

년간, 반년, 그리고 분기와 같은 지불주기를 토론하였다. 그러나 많은 금융기관은 투자자들에게 1일 지불과 같은 짧은 지불기간을 제안한다. 분기 또는 반년 지불을 위해 현금을 축적하는 관념은 대표적이지 않고 높은 지불주기는 영업 운영에서 상당히 현실적이다. 사업에서 batch가 아닌 유동성에 기초하여 현금을 제어한다. 지불주기의 한계는 년간 무한한 숫자의 지불주기가 될 수 있으며 이를 "*연속지불(continuous compounding)*" 이라 한다. 본 절에서는 연속지불에 적용할 수 있는 (1) 연속지불 f/p 계수, (2) 연속으로 지불되는 균일 lump sums, 그리고 (3) 연속적으로 지불되는 continuous flow 3개 계수들에 대해 기술한다.

n년 기간 동안 년간 m 횟수로 지불되는 공식 이자율 i을 갖는 f/p항은 다음과 같다.

$$f/p = \left(1 + \frac{i}{m}\right)^{mn}$$

m를 무한대로 접근시켜 연속적으로 지불하기 위한 f/p계수인 $(f/p)_{cont}$를 구할 수 있다.

$$(f/p)_{cont} = \left(1 + \frac{i}{m}\right)^{mn}\Bigg|_{m\to\infty} \tag{A.11}$$

이 한계를 평가하기 위해 양변을 로그를 취하면

$$\ln(f/p)_{cont} = mn\left[\ln\left(1 + \frac{i}{m}\right)\right]\Bigg|_{m\to\infty}$$

i/m의 무한 연속으로서 $\ln(1+i/m)$을 표기하면

$$\ln(f/p)_{cont} = mn\left[0 + \frac{i}{m} + (const)\frac{i^2}{m^2} + \cdot\cdot\cdot\right]_{m\to\infty}$$

m를 cancel하고 $m\to\infty$ 하면

$$\ln(f/p)_{const} = in$$

따라서

$$(f/p)_{const} = e^{in} \tag{A.12}$$

예제 A.13

$(f/p, 8\%, 10)$과 $\left[(f/p)_{const}, 8\%, 10\right]$를 비교하라.

해답 $(f/p, 8\%, 10) = (1+0.08)^{10} = 2.1589$

$\left[(f/p)_{const}, 8\%, 10\right] = e^{0.8} = 2.2255$

다음은 연속적으로 지불되는 lumped 량의 균일지불의 미래가치이다. 식 (A.1)에서 $(1+i)$를 e^i로 대체하여 연속적으로 균일 지불하는 조건에서 년간 량 R를 위한 연속적인 f/a 계수를 유도할 수 있다.

$$(f/p)_{const,lump} = \left(e^i\right)^{n-1} + \left(e^i\right)^{n-2} + \cdots + e^i + 1$$

식 (A.3)의 closed-form 표현에서 $1+i$와 i를 e^i와 $e^i - 1$로 대체할 수 있으므로

$$(f/p)_{const,lump} = \frac{e^{in}-1}{e^i - 1} \tag{A.13}$$

마지막으로 연속 지불계수는 연속유동미래가치계수[continuous-flow future-worth factor $(f/a)_{flow}$]이다. 이는 연속적으로 지불되는 연속유동(continuous flow)의 미래가치를 나타낸다. 만일 $1를 년간 균일 량 m으로 나누어져 전체 년도에 걸쳐 균등하게 spread 되고, 그리고 각 m 량은 이자를 즉시 발생시키기 시작하면 n 년 후 이 연속유동의 미래가치는 다음과 같다.

$$\frac{\$1}{m}\left(1+\frac{i}{m}\right)^{mn-1} + \frac{\$1}{m}\left(1+\frac{i}{m}\right)^{mn-2} + \cdot\cdot\cdot\cdot + \frac{\$1}{m}\left(1+\frac{i}{m}\right)^{1} + \frac{\$1}{m} \tag{A.14}$$

식 (A.1)과 (A.3) 사이 상사법을 사용하면 식 (A.14)를 closed form으로 변환시킬 수 있다.

$$(f/a)_{flow}\,\text{for}\,\$1\,per\;\;year = \frac{1}{m}\,\frac{(1+i/m)^{mn}-1}{i/m} = \frac{(1+i/m)^{mn}-1}{i}$$

m이 무한대로 접근하면서 $(1+i/m)^{mn}$ 항은 e^{in}으로 접근한다. 따라서

$$(f/a)_{flow}\,\text{for}\,\$1\,per\;\;year = \frac{e^{in}-1}{i} \tag{A.15}$$

예제 A.14

공장을 위한 위치 A는 위치 B를 선택할 때보다 년간 이익이 $10,000 많은 것으로 예상된다. 이 이익을 1년 전체에 걸쳐 균일하게 분포시켜 년간 $10,000의 연속유동(continuous flow)으로 구성한다. 년간 14%의 이율로 지급되는 이익은 연속적으로 재투자된다. 8년 종료시점에서 공장의 예상되는 미래가치는?

해답 년간 $10,000 이익은 연속유동(continuous flow)으로 연속적으로 지불되는 경우 미래가치는 다음과 같다.

$$(\$10,000)\frac{e^{0.14\times 8}-1}{0.14}=\$147,490$$

A.19 요약

본 절에서 기술한 것 보다 높은 수준의 경제성 분석법들이 존재한다. 회계, 재무, 그리고 세금 계산에서 복잡성은 여기서 기술한 것을 초월한다. 본 절에서 기술한 단계는 두 번째 수준의 경제성 분석이며 첫 번째 수준은 단순히 현금의 시간 가치를 고려하여 전체 비용을 합산하는 일반적인 수준이다. 두 번째 수준은 현금의 가치를 평가에서 금액은 물론 시간에 따른 이자의 영향을 고려한다.

엔지니어링 실행에서는 본 절에서 기술한 투자분석법을 반복적으로 사용하고, 대부분의 경우 기술자들은 본 절에서 기술한 내용을 초월하여 숙지할 필요는 없다. 또한 이 방법들은 더욱 복잡한 경제성 분석으로 확장하기 위한 기초가 된다.

찾아보기

I / N / D / E / X

ㅇ

ㅈ

[역자약력]

박한영

- 경희대학교 기계공학과 졸업
- Texas Tech University 석사
- University of Wisconsin_Madison 방문연구원
- 충남대학교 공학박사 수료
- 유체기계기술사
- 펌프토출유량 조정방법에 따른 소요동력 비교분석 프로그램 APEDCOM 개발
- 『펌프핸드북』 저술(2002)
- 『그림으로 푸는 수충격해석』 저술(2004)
- 『전산기로 푸는 수충격해석 입문』 저술(2005)
- 『전산기로 푸는 수충격해석 완성』 저술(2005)
- 『밸브 핸드북』 저술(2005)
- 『펌프장설계』 저술(2007)
- 『상하수도 관망해석·설계』 저술(2007)
- 『Pipe2008을 이용한 관망해석·설계』 저술(2008)
- 『Pipe2010을 이용한 관망해석·설계』 저술(2010)
- 『정수설비핸드북』 저술(2009)
- 『배관핸드북』 저술(2010)
- 『전산유체 따라잡기』 저술(2010)
- 현 한국수자원공사 기술진단팀장

김진근

- 서울시립대학교 환경공학과 졸업
- 서울대학교 보건대학원 환경보건학과 석사
- University of Texas at Austin, 환경공학박사
- 상하수도기술사
- 전 한국수자원공사 교육원 교수
- 한국수자원공사 수도관리처 차장
- 전 한국수자원공사 연구원 책임연구원
- 상수도시설기준 저술(2010)
- 현 제주대학교 환경공학과 조교수

정가 55,000원

배·급수시스템 핸드북

2011년 4월 1일 초판 인쇄
2011년 4월 10일 초판 발행

저 자 : LARRY W. MAYS
역 자 : 박한영·배상식·김진근·이근영·신언호
박영오·전화성·이 경·노선민
발행자 : 우명찬·송 준
발행처 : 홍릉과학출판사
주 소 : ㊝142-885 서울시 강북구 인수동 455-60
등 록 : 1976년 10월 21일 제5-66호
전 화 : 999-2274~5, 996-8341, 903-7037
팩 스 : 905-6729
ISBN : 978-89-7283-943-9

hongpub@hongpub.co.kr
www.hongpub.co.kr